Neue Methoden zur Charakterisierung der QSAR-Anwendungsdomäne

Max Nedden

Neue Methoden zur Charakterisierung der QSAR-Anwendungsdomäne

Modifizierte Kerndichteschätzung der Vorhersagegüte empirisch abgeleiteter Modelle in der Chemie

RESEARCH

Max Nedden
Düsseldorf, Deutschland

Von der Fakultät für Mathematik, Physik und Informatik der Universität Bayreuth angenommene Dissertation zur Erlangung des Grades eines Doktors der Naturwissenschaften (Dr. rer. nat.). Akademische Betreuung durch die Universität Bayreuth und das Helmholtz-Zentrum für Umweltforschung. Finanzielle Teilförderung durch das Helmholtz-Zentrum für Umweltforschung und durch die Europäische Union im Rahmen des Projektes „Computer Assisted Evaluation of Substances According to Regulation" (SSPI-022674-CAESAR).

Erster Gutachter: Prof. Dr. Reinhard Laue
Zweiter Gutachter: apl. Prof. Dr. Walter Olbricht
Auswärtiger Gutachter: Prof. Dr. Gerrit Schüürmann

ISBN 978-3-8348-2488-2 ISBN 978-3-8348-2489-9 (eBook)
DOI 10.1007/978-3-8348-2489-9

Die Deutsche Nationalbibliothek verzeichnet diese Publikation in der Deutschen Nationalbibliografie; detaillierte bibliografische Daten sind im Internet über http://dnb.d-nb.de abrufbar.

Springer Spektrum

Einbandentwurf: KünkelLopka GmbH, Heidelberg

Gedruckt auf säurefreiem und chlorfrei gebleichtem Papier

Springer Spektrum ist eine Marke von Springer DE. Springer DE ist Teil der Fachverlagsgruppe Springer Science+Business Media
www.springer-spektrum.de

In Memoriam

Dipl.-Ing. Arch.

Hartmut Nedden

18.04.1942 - 13.07.1997

Vorwort

Die vorliegende Arbeit ist im Rahmen einer Forschungsstelle am Department Ökologische Chemie des Fachbereiches Ökotoxikologie am Helmholtz-Zentrum für Umweltforschung in Leipzig entstanden und wurde durch das EU-Projekt CAESAR (contract no. 022674) finanziell teilgefördert. Akademisch betreut und begleitet wurde die Dissertation durch die Arbeitsgruppe Angewandte Informatik VI (Diskrete Algorithmen) sowie den Lehrstuhl für Stochastik der Fakultät für Mathematik, Physik und Informatik der Universität Bayreuth.

Um das Forschungsziel - eine möglichst präzise Abschätzung der Vorhersagegüte empirisch abgeleiteter Modelle - zu erreichen, wurden auf Grundlage modifizierter Kerndichteschätzer mathematische Lösungsansätze in sehr allgemeiner Form entwickelt, die prinzipiell auf ein sehr breites Spektrum unterschiedlicher Modellklassen anwendbar sind. Gleichwohl orientieren sich die konkrete Ausgestaltung der entwickelten Verfahren und deren rechentechnische Implementation an den Erfordernissen der Theoretischen Chemie, welche Anstoß und Motivation zu diesem Thema gegeben hat.

Eine interdisziplinäre Forschungsarbeit wie diese, an der Schnittstelle von Mathematik, Theoretischer Chemie und Angewandter Informatik, kann nur mit der Hilfe und Unterstützung von Spezialisten aus den einzelnen involvierten Teilgebieten erfolgreich umgesetzt werden.

Herr Prof. Dr. Gerrit Schüürmann hat mit der Ausschreibung der Doktorandenstelle am Helmholtz-Zentrum für Umweltforschung und der damit verbundenen Vorgabe des Forschungsziels Idee und Motivation zu meiner Arbeit gegeben. Er hat mich in die Welt der Theoretischen Chemie eingeführt und in unzähligen wertvollen Diskussionen Anstoß zu wichtigen Überlegungen gegeben, die meine Lösungsansätze und Konzepte beeinflusst und auf vielfältige Weise bereichert haben. Mit seinem unermüdlichen Engagement bei der Einwerbung von Projektmitteln hat er nicht zuletzt auch die finanzielle Grundlage für die Entstehung dieser Arbeit geschaffen und mir die Teilnahme an diversen internationalen Fachkongressen in Europa und Übersee ermöglicht, auf denen ich meine Arbeit vorstellen und mich mit namhaften

Forschern aus dem QSAR-Umfeld austauschen konnte. Ihm gebührt an dieser Stelle mein herzlichster Dank.

Herr Prof. Dr. Reinhard Laue hat mit seinen Vorlesungen zu Konstruktionsalgorithmen sowie der Betreuung meiner Diplomarbeit über algorithmische Verfahren zur Fehlerkorrektur und Ähnlichkeitssuche in Graphendatenbanken schon während meines Mathematikstudiums in Bayreuth eine große Begeisterung für Fragestellungen der Diskreten Mathematik in mir geweckt. Ohne diesen Hintergrund wäre mir der Aufbau einer effizienten Datenstruktur zur rechentechnischen Umsetzung der entwickelten Schätzmethoden sicher nicht in dieser Form möglich gewesen. Gemeinsam mit Herrn apl. Prof. Walter Olbricht, der mit den Augen eines Stochastikers meine Aufmerksamkeit auf Problemfelder zu lenken vermochte, die ich ohne ihn womöglich übersehen und damit zum Nachteil des Projektes auch unbeachtet gelassen hätte, hat Herr Prof. Laue meine Dissertation auf Seiten der Universität Bayreuth akademisch betreut. Bei beiden möchte ich mich für ihre fortwährende Unterstützung und die zahlreichen guten Ideen und Hinweise, mit welchen sie die Entstehung dieser Arbeit gefördert haben, ganz besonders bedanken.

Schließlich gilt mein ausdrücklicher Dank den Kolleginnen und Kollegen am Department Ökologische Chemie des Helmholtz-Zentrums für Umweltforschung in Leipzig. Besonders nennen möchte ich Herrn Dr. Ralph Kühne, der mir bei Fragen auf dem - für einen Mathematiker zuweilen fremd wirkenden - Gebiet der Chemie stets hilfreich zur Seite stand, Herrn Ralf-Uwe Ebert, der mir mit der Zusammenstellung und Aufbereitung der Datensätze, die ich in meiner Vergleichsstudie verwendet habe, einen großen Dienst erwiesen hat, und Herrn Dominik Wondrousch, der mir mit der freundlichen Überlassung einer von ihm geschriebenen Eigenwertroutine den Aufwand erspart hat, eine solche selbst zu implementieren. Ein ganz besonderer Dank geht an Frau Barbara Wagner, mit der ich nahezu meine gesamte Zeit am Helmholtz-Zentrum ein Büro teilen durfte. Ohne sie wäre der Forschungsalltag um einiges ärmer und langweiliger gewesen.

Zum Abschluss möchte ich mich noch mit einem Wort an Maxi, Jule und Tom wenden, das ich auf diesen Seiten schon mehrfach gebraucht habe. Bislang habe ich es jedoch stets auf meine Arbeit bezogen. An dieser Stelle ist es auf alles bezogen, was mir im Leben wichtig ist: Danke!

Max Nedden

Inhaltsverzeichnis

Abbildungsverzeichnis

Tabellenverzeichnis

Kapitel 1

Einleitung

"Wir wollen also annehmen, die Seele sei, wie man sagt, ein weisses, unbeschriebenes Blatt Papier, ohne irgend welche Vorstellungen; wie wird sie nun damit versorgt? Woher kommt sie zu dem grossen Vorrath, welche die geschäftige und ungebundene Phantasie des Menschen darauf in beinah endloser Mannichfaltigkeit verzeichnet hat? Woher hat sie all den Stoff für die Vernunft und das Wissen? Ich antworte darauf mit einem Worte: Von der Erfahrung. All unser Wissen ist auf diese gegründet, und von ihr leitet es sich im letzten Grunde ab. Unser Beobachten, entweder der äussern wahrnehmbaren Dinge oder der innern Vorgänge in unserer Seele ist es, was den Verstand mit dem Stoff zum Denken versieht. Sie sind die beiden Quellen des Wissens, aus der alle Vorstellungen, die wir haben oder natürlicherweise haben können, entspringen."

John Locke [89]

„Die Mathematik handelt ausschließlich von den Beziehungen der Begriffe zueinander ohne Rücksicht auf deren Bezug zur Erfahrung.“, soll Albert Einstein[1] einmal gesagt haben und er meinte damit wohl den weitgehend deduktiven Aufbau dieser Formalwissenschaft. Und es stimmt, in den meisten Fällen versucht der Mathematiker mit Hilfe allgemein gültiger Sätze Lösungen für besondere Problemstellungen zu finden. Gleichzeitig sind aber die meisten Erkenntnisse des Menschen, gerade auch in der Entwicklung der Mathematik, induktiv gewonnen. Beobachtung und Erfahrung sind letztlich Grundlage jeden menschlichen Denkens[2] und jede Axiomatik kann sinnvollerweise nur durch Empirie begründet werden.

Da aber unsere Wahrnehmungsfähigkeit begrenzt und unser Erfahrungsschatz endlich ist, gelingt es für viele Problemstellungen, speziell in den Naturwissenschaften, nicht, eine vollständige Axiomatik zu finden, auf der eine universell gültige Lösung aufgebaut werden könnte. Man behilft sich daher damit, aus dem verfügbaren Erfahrungswissen insofern zu lernen, als dass man daraus Modelle ableitet, die die komplexen und unter den gegebenen Voraussetzungen nicht hinreichend durchschaubaren Vorgänge der Natur auf einen einfacheren Zusammenhang zurückführen. Man tut dies in dem Glauben, dass die im Modell nicht berücksichtigten Abhängigkeiten entweder generell keinen nennenswerten Einfluss auf das Ergebnis ausüben oder aber bei Anwendung des Modells in exakt der gleichen Weise vorliegen werden, wie zum Zeitpunkt[3] seiner Erstellung. Die in das Modell einbezogenen Eigenschaften des Untersuchungsgegenstandes hingegen werden verallgemeinert. Wohl wissend, kein Naturgesetz gefunden zu haben, hofft man dennoch, und zwar wiederum durch Erfahrung begründetet, dass die zur Modellbildung ausgewählten Eigenschaften mit den gemachten Beobachtungen korrelieren und sich in einem System, in welchem diese Eigenschaften geändert vorliegen, auch die zu beobachtenden Folgeerscheinungen entsprechend verändern.

Im Folgenden beschäftigen wir uns mit der Frage, unter welchen Umständen und in welchem Maße diese Hoffnung gerechtfertigt ist.

---

[1] Albert Einstein (*14.03.1879, †18.04.1955). Der Physiker wurde 1921 mit dem Nobelpreis geehrt.

[2] Siehe einführendes Zitat von John Locke (*29.08.1632, †28.10.1704). Der englische Philosoph gilt als ein Hauptvertreter der britischen Aufklärung und des aufkommenden Empirismus.

[3] D. h. man nimmt an, der Untersuchungsgegenstand, auf den das Modell angewendet wird, gleiche in allen nicht berücksichtigten Eigenschaften dem oder den in der Erfahrung vorhandenen.

Ausgehend von der Hypothese, dass ein Modell[4] genau dann besonders zuverlässige Vorhersagen erwarten lässt, wenn der Untersuchungsgegenstand den bei der Modellerstellung verwendeten Mustern möglichst ähnlich ist, wird ein Verfahren entwickelt, welches anhand von Distanzen im Raum der Modellparameter die Güte eines Modellergebnisses wahrscheinlichkeitstheoretisch beurteilt.

Im Gegensatz zu klassischen Verfahren wird hierbei nicht nur auf die zum Zeitpunkt der Modellbildung bekannte Information zurückgegriffen, sondern die Beurteilung kann auch von allen erst später gemachten Beobachtungen beeinflusst werden. Der neu entwickelte Güteschätzer kann dadurch nicht nur wertvollere Informationen darüber liefern, in welchen Situationen auf ein bestimmtes Modell zurückgegriffen werden kann und in welchen sein Einsatz besser unterbleiben sollte, sondern liefert gleichzeitig Hinweise zur Verbesserung des zugrunde liegenden Modells als solchem. Der Güteschätzer ist auf alle empirisch abgeleiteten Modelle anwendbar, deren Eingangsvariablen die sinnvolle Definition eines Abstandsbegriffes zulassen (insbesondere also reelle Parameter). Auf welche Weise die Modellbildung erfolgt ist, ist dabei ohne Belang. So kann der Modellzusammenhang zum Beispiel Ergebnis einer linearen oder nichtlinearen Regression sein oder auch die Ein- und Ausgabe eines künstlichen neuronalen Netzes.

1.1 Motivation

Die nachfolgende Arbeit ist im Rahmen einer Forschungsstelle am Department Ökologische Chemie des Helmholtz-Zentrums für Umweltforschung (UFZ) in Leipzig entstanden.

Auch wenn das entwickelte Verfahren zur Güteabschätzung, wie bereits erwähnt, prinzipiell auf eine große Bandbreite empirisch abgeleiteter Zusammenhänge anwendbar ist, orientiert sich die konkrete Ausgestaltung daher an den Anforderungen der Theoretischen Chemie, welche Anstoß und Motivation zu diesem Thema gegeben hat.

[4] Es wird sich auf Modelle mit reellen Eingangsparametern beschränkt.

Computerbasierte sogenannte In-silico-Methoden[5] haben in den letzten Jahren in der Chemie- und Pharmaindustrie enorm an Bedeutung gewonnen [15–17, 59, 60, 94, 114, 149].

Einerseits hat die Politik die regulatorischen Anforderungen in Form von verschärften Verordnungen und Gesetzen zur Umwelt- und Verbrauchersicherheit zuletzt massiv erhöht und somit etwa im Bereich der Toxikologie einen großen Bedarf an entsprechenden Test- und Nachweisverfahren geschaffen, andererseits wächst seit langem der öffentliche Widerstand gegen bestimmte In-vitro-[6] und In-vivo-Methoden[7], insbesondere gegen Versuche an Säugetieren [1, 41]. Verschärfend kommt hinzu, dass Laboruntersuchungen oft sehr kostspielig sind und somit auch rein ökonomische Interessen für eine Reduktion in diesem Bereich sprechen [14, 51].

Am UFZ wurde daher bereits seit den neunziger Jahren ein Programmpaket namens ChemProp entwickelt, welches zahlreiche sogenannte **Q**uantitative **S**tructure-**A**ctivity **R**elationship[8]-Methoden zusammenfasst. QSAR-Methoden sind empirisch abgeleitete Modelle, die die quantitative Korrelation zwischen der Struktur einer chemischen Verbindung und deren physikochemischen Eigenschaften oder biologischen Aktivität beschreiben[9]. Vereinfachend gesprochen dienen sie also dazu, unterschiedlichste makroskopische Stoffeigenschaften - von der Wasserlöslichkeit bis hin zur Narkosewirkung - aus der Molekülstruktur vorherzusagen [107, 132].

An der Universität Bayreuth wurde mit dem Molgen-Paket [66] eine Softwarelösung geschaffen, die eine leistungsfähige Datenbank für diskrete Strukturen mit geeigneten statistischen Lernalgorithmen verknüpft und es damit ermöglicht, Struktur-Wirkungs-Beziehungen gezielt zu erforschen.

Auch wenn am UFZ, an der Universität Bayreuth und in anderen Forschungseinrichtungen bereits große Fortschritte in dem Bestreben erzielt wurden, toxikologische

[5] In silico: Untersuchungen am Computer. Bezeichnung nach dem chemischen Element Silizium, auf dessen Basis Computerchips hergestellt werden.

[6] In vitro: Untersuchungen im Reagenzglas.

[7] In vivo: Untersuchungen am lebenden Organismus.

[8] Deutsch: quantitative Struktur-Wirkungs-Beziehung.

[9] Manche Autoren unterteilen quantitative Struktur-Wirkungs Beziehungen daher genauer in Struktur-Aktivitäts und Struktur-Eigenschafts Beziehungen. Während erstere weiterhin als QSAR bezeichnet werden, findet für letztere die Abkürzung QSPR (engl. **Q**uantitative **S**tructure-**P**roperty **R**elationship) Verwendung.

Untersuchungen in silico zu modellieren [154] und eine große Bandbreite an unterschiedlichen Verfahren zur Vorhersage physikochemischer Stoffeigenschaften zur Verfügung steht, so fehlt doch vielen dieser Methoden noch immer eine hinreichend genaue Beschreibung davon, unter welchen Bedingungen sie tatsächlich zuverlässige Ergebnisse liefern können [118]. Die präzise Charakterisierung dieser sogenannten Anwendungsdomäne (AD) ist jedoch eine unerlässliche Voraussetzung für den Einsatz der Verfahren für regulatorische Zwecke [150, 151]. Man stelle sich nur vor, eine Chemikalie solle daraufhin geprüft werden, ob und gegebenenfalls in welchen Konzentrationen sie beispielsweise ins Grundwasser gelangen darf. Es ist klar, dass man bei dieser Entscheidung nur dann auf entsprechende Tierversuche verzichten kann, wenn die Zuverlässigkeit alternativ eingesetzter Methoden zweifelsfrei feststeht.

Diese Grundvoraussetzung für den sicheren Einsatz alternativer Testverfahren wurde auch von der OECD[10] in ihren „Prinzipien zur Validierung von QSARs" eindeutig festgeschrieben [38, 112]. Darüber hinaus führt eine gut dokumentierte AD letztendlich auch immer zu Erkenntnissen, die zu der Entwicklung von neuen, noch vorhersagekräftigeren Modellen beitragen können [135, 136]. Erst die systematische Aufdeckung von Schwachstellen und Beschränkungen eines postulierten Modellzusammenhanges erlaubt seine zielgerichtete Verbesserung und Vervollkommnung.

Aktuell ist die enorme Bedeutung von QSAR-Methoden im Bereich der Europäischen Union mit einer besonderen umweltpolitischen Maßnahme verbunden: Im Jahr 2007 verabschiedete die Europäische Kommission eine neue einheitliche gesetzliche Regelung zur Registrierung, Bewertung und Zulassung von Chemikalien (REACH[11]), die das bisherige Chemikalienrecht grundlegend harmonisiert und vereinfacht [51, 82].

Danach müssen Hersteller oder Importeure alle Substanzen, welche sie in Größenordnungen von über einer Tonne pro Jahr innerhalb der Europäischen Union produzieren oder in den gemeinsamen Wirtschaftsraum einführen, hinsichtlich ihres Risikopotentials für Mensch und Umwelt untersuchen und gemäß der REACH-Verordnung zertifizieren lassen [15]. Die bisherige Gesetzgebung sah solche Analysen in der Regel nur für Neuentwicklungen vor[12], weswegen für zahlreiche, zum Teil schon

[10] **O**rganistaion for **E**conomic **C**ooperation and **D**evelopment.

[11] **R**egistration, **E**valuation and **A**uthorisation of **Ch**emicals.

[12] Es bestanden und bestehen je nach Einsatzbestimmung der Chemikalien unterschiedliche gesetzliche Vorschriften z. B. im Lebensmittelrecht oder bei der Arzneimittelzulassung.

seit vielen Jahrzehnten gebräuchliche „Altstoffe“ keine ausreichenden Risikoanalysen vorliegen[13] [16]. Diese Untersuchungen müssen nun, mit in Abhängigkeit von der Produktions- bzw. Importmenge gestaffelten Übergangsfristen, bis zum 1. Juni 2018 nachgeholt werden. Es wird daher erwartet, dass die chemische Industrie in den kommenden Jahren bis zu 30.000 Chemikalien neu registrieren lassen wird [113].

Neben den bereits angesprochenen politisch-moralischen und ökonomischen Aspekten ist die effiziente Bewältigung dieser gewaltigen Aufgabe auch eine logistische Herausforderung. Die Laborkapazitäten sind knapp und Versuchsreihen oft nicht nur kosten- sondern auch zeitintensiv.

In dieser Situation kann der Einsatz von In-silico-Methoden nicht nur als vollwertiger Ersatz von In-vivo- und In-vitro-Versuchen sinnvoll sein, sondern auch im Rahmen einer vorläufigen Zwischenbewertung, welche der abschließenden Beurteilung vorgreift, die erst zu einem späteren Zeitpunkt nachgeholt wird. Dieses Vorgehen empfiehlt sich immer dann, wenn ein Computermodell zur Verfügung steht, dessen Zuverlässigkeit jedoch nicht ausreicht, um gänzlich auf eine experimentelle Überprüfung zu verzichten. Aus Gründen der Gefahrenabwehr im Umgang mit unbekannten Chemikalien ist dann eine nicht vollständig abgesicherte Aussage allerdings immer noch wertvoller, als völlige Ungewissheit.

Für eine Güteschätzung der verwendeten In-silico-Methode bedeutet dies, dass man nicht nur an der absoluten Aussage interessiert ist, ob das betrachtete Verfahren einen Laborversuch unter den gegebenen Umständen vollständig ersetzen kann, sondern bereits aus der Information, für welche Eingaben das Modell relativ gesehen eine höhere Zuverlässigkeit erwarten lässt, nützliche Schlüsse ziehen kann. Es liegt nämlich auf der Hand, dass man im weiteren Vorgehen die Zwischenbescheide jener Chemikalien bevorzugt experimentell überprüfen sollte, welche relativ gesehen die höchste Unsicherheit aufweisen.

Die Charakterisierung der Anwendungsdomäne eines empirisch abgeleiteten Modells dient also nicht nur zur Entscheidung, ob das Verfahren in einer bestimmten Situation eingesetzt werden sollte, sondern auch der Priorisierung ergänzender Untersuchungen (vgl. [132]).

[13] Die Altstoffe sind insbesondere alle im EINECS (**E**uropean **In**ventory of **E**xisting **C**ommercial Chemical **S**ubstances) gelisteten Verbindungen.

1.2 Zielsetzung und Untersuchungsgegenstand

Zur vereinfachten Darstellung bezeichne in diesem Absatz stets[14]

- Q *ein gegebenes QSAR-Modell,*
- $W(x)$ *die Eigenschaft einer Chemikalie* x*, die von* Q *vorhergesagt wird*[15]*, d. h.* Q *wurde mit dem Ziel* $Q(x) \approx W(x)$ *entwickelt.*

Ziel der vorliegenden Arbeit ist die Entwicklung eines Güteschätzers auf der Basis nichtparametrischer Kerndichteschätzung, der, bezüglich Q angepasst, folgendes leistet:

- Relative Beurteilung: Sortierung einer Gruppe X von Anfragestoffen nach der zu erwartenden Abweichung $\|Q(x) - W(x)\|, \quad x \in X$.
- Absolute Beurteilung: Einschätzung, ob ein Anfragestoff x mit hinreichender Wahrscheinlichkeit genau genug vorhergesagt wird, um z. B. regulatorischen Anforderungen zu genügen. D. h. Abschätzung von $P(\|Q(x) - W(x)\| < \zeta)$, ζ ein vordefinierter Grenzwert.
- Einschätzung der eigenen Gütebeurteilung anhand der Datenbasis, die verwendet werden konnte. M. a. W. Aussagen der Form „Die Erwartung, dass die Abweichung $\|Q(x) - W(x)\|$ groß/klein ist, trifft mit hoher/niedriger Wahrscheinlichkeit zu". Man beachte, dass es ein Unterschied ist, ob beispielsweise das Güteurteil „Es kann keine Aussage über die Abweichung $\|Q(x) - W(x)\|$ getroffen werden" dadurch zustande gekommen ist, dass zahlreiche dem Anfragestoff x sehr ähnliche Chemikalien bekannt sind, für die das QSAR-Modell zum Teil gut, zum Teil aber auch schlecht funktioniert hat, oder, weil x Charakteristika besitzt, für die noch überhaupt keine Erfahrungswerte im Bezug auf Q vorliegen.

Unmittelbar mit diesem Anliegen verbunden sind Fragestellungen wie:

- Was bedeutet Ähnlichkeit von Chemikalien im Sinne von QSAR-Modellen?
- Welche Abstandsbegriffe gelten im Untersuchungsraum?

[14] Es handelt sich hierbei nicht um eine mathematisch einwandfreie Bezeichnung der Zusammenhänge (Q bildet in Wahrheit nicht aus dem Raum aller Chemikalien, sondern lediglich aus dem von bestimmten, ausgewählten und vermessenen Eigenschaften der Chemikalien aufgespannten Raum in den Zielraum ab). Die korrekte Beschreibung findet sich in Kapitel 3.

[15] Wir bezeichnen W auch als natürlichen Zusammenhang.

- Wie können Bereiche hoher Dichte effizient ermittelt werden?
- Wie kann der hohe rechentechnische Aufwand einer Dichteschätzung über große Eingabemengen minimiert werden?

Um die Eignung der neue Methode hinsichtlich der formulierten Anforderungen zu überprüfen, schließt sich an ihre Entwicklung eine Vergleichsstudie mit einem konventionellen Ansatz zur Güteschätzung, der Leverage-Methode, an. Im Zuge dessen wird ein neues Maß konzipiert, welches das Leistungsvermögen von AD-Schätzern auf eine reelle Zahl zwischen null und eins zurückführt.

Des Weiteren werden die, bereits auf Seite 3 angesprochenen, erweiterten Einsatzmöglichkeiten der Neuentwicklung vorgestellt, welche über die klassischen Aufgaben einer Schätzung der Anwendungsdomäne hinausgehen. Dies betrifft insbesondere die Ableitung von Optionen zur Optimierung des zugrunde liegenden QSAR-Modells, wobei folgende Fragestellungen beleuchtet werden:

- Warum funktioniert Q unter bestimmten Voraussetzungen gut/schlecht?
- Können Mängel durch gezieltes Training behoben werden oder war die Auswahl der Parameter, über denen das Modell aufgebaut wurde, unzureichend?
- Liegt Overfitting vor?

Abschließend erörtern wir weiteren Forschungsbedarf und formulieren mittel- und langfristige Vorhaben wie

- die Begründung einer Strategie zur Verteilung der Wahrscheinlichkeitsmasse in Randbereichen des Definitionsgebietes,
- die Erweiterung des Schätzers auf Modelle mit diskreten Eingangsparametern,
- die Berücksichtigung von Messfehlern und -unsicherheiten bei der labortechnischen Bestimmung der Zielparameter und
- die Kombination mit Schätzungen auf Basis anderer Ähnlichkeitskonzepte, insbesondere die Integration von Strukturraum-Informationen.

1.3 Vorschau

1.3.1 Übersicht Kapitel 2–12

Kapitel 2: Mathematische Grundlagen

Kapitel 2 richtet sich in erster Linie an Nichtmathematiker, etwa Leser aus dem Umfeld der Theoretischen Chemie. Es widmet sich den mathematischen Grundbegriffen, die in dieser Arbeit benötigt werden. Diese finden sich in gleicher oder ähnlicher Form in zahlreichen Lehrbüchern und dürften jedem Mathematiker im Laufe seines Studiums begegnet sein. Der Autor hat die dargestellten Zusammenhänge lediglich neu geordnet, hinsichtlich ihrer Notation vereinheitlicht und Beweise behutsam so aufbereitet, dass sie durch den Leser möglichst einfach nachvollzogen werden können. Weiterhin hat er die eingeführten Begriffe mit diversen Beispielen und Abbildungen illustriert, um das Verständnis zusätzlich zu erleichtern. Leser mit entsprechender Vorbildung können diesen Abschnitt überspringen und nur bei etwaigen Unklarheiten in der Notation hier nachschlagen. Allen anderen sei zur weiteren Vertiefung im Bereich der Wahrscheinlichkeitstheorie das gleichnamige Buch von Klenke [74] und für die Graphentheorie die Einführung von Matoušek und Nešetřil [93] empfohlen, an deren Darstellung sich Kapitel 2 in großen Teilen orientiert.

Kapitel 3: Einführung in die Thematik

In diesem Abschnitt werden die theoretischen Grundlagen erläutert, die die Aufgabenstellung aus Sicht der Chemie definieren und, soweit möglich, in eine mathematisch exakte Darstellung überführt. Die hier getroffenen Vereinbarungen bilden die Basis für alle nachfolgenden Kapitel.

Kapitel 4: Konventionelle AD-Schätzer

Mit dem Begriff „Konventionelle AD-Schätzer“ sind Methoden zur Charakterisierung der Anwendungsdomäne gemeint, die bereits weit verbreitet Anwendung finden. Nach einem kurzen Überblick über die verschiedenen Verfahren wird insbesondere auf das sogenannte Leverage-Maß detailliert eingegangen. In diesem Zusammenhang wird auch die Mahalanobis-Norm eingeführt und die ihr zugrunde liegende Hauptachsentransformation anhand eines Beispiels illustriert.

Kapitel 5: Nichtparametrische Kerndichteschätzung

In diesem Kapitel erfolgt die Einführung in die nichtparametrische Kerndichteschätzung, wobei insbesondere die Unterschiede zu parametrischen Schätzverfahren hervorgehoben werden. Ausgehend von dem Zweck, für den diese Technik ursprünglich entwickelt wurde, wird zunächst der univariate Fall besprochen und seine Verwandtschaft zum klassischen Histogramm erläutert. Anschließend gehen wir auf multivariate Erweiterungsmöglichkeiten ein und geben Hinweise zur geeigneten Wahl wichtiger Steuerungsgrößen wie der Kernfunktion und des Bandbreiteparameters.

Kapitel 6: Der kernbasierte AD-Schätzer KADE

Über den Einsatz von Kerndichteschätzern zur Charakterisierung der QSAR-Anwendungsdomäne wird erst seit wenigen Jahren in der Literatur diskutiert. Da es sich bei der AD-Schätzung jedoch nicht um eine Dichteschätzung im klassischen Sinn handelt, muss das Verfahren entsprechend modifiziert und speziell an die neuen Anforderungen angepasst werden. In diesem Kapitel zeigen wir Möglichkeiten auf, wie dies zu leisten ist, und stellen mit dem kernbasierten AD-Schätzer KADE erstmals eine systematische Verfahrensweise vor, um einen Kerndichteschätzer für die AD-Beurteilung geeignet zu parametrisieren.

Kapitel 7: Datenstrukturen

Das Kapitel Datenstrukturen setzt sich mit der rechnertechnischen Umsetzung von kernbasierten Schätzverfahren auseinander und macht Vorschläge, in welcher Form die empirisch gewonnene Datengrundlage von QSAR-Modell und AD-Schätzung strukturiert werden sollte, um auch bei großen Datenmengen eine effiziente Berechnung zu gewährleisten. Der Abschnitt stellt damit einen Exkurs von der eigentlichen Thematik dar und kann ohne Konsequenzen für das weitere Verständnis zunächst übersprungen werden.

Kapitel 8: HDR-Berechnung

HDR steht für „Highest Density Region“ und bezeichnet das Gebiet, auf dem eine Dichteschätzung die relativ gesehen höchsten Werte annimmt. Alle Stoffe, die in die HDR einer kernbasierten AD-Schätzung fallen, werden zur Anwendungsdomäne des betrachteten QSAR-Modells gezählt. Ohne Kenntnis der HDR können die KADE-Schätzwerte nur zum paarweisen Vergleich der AD-Zugehörigkeitswahrscheinlichkeit zweier chemischer Verbindungen untereinander genutzt werden, eine absolute Aussage über die tatsächliche Anwendbarkeit des QSAR-Modells ist dagegen nicht möglich. Die HDR-Berechnung ist somit für einen sinnvollen Einsatz der in Kapitel 6 und 9 vorgestellten AD-Schätzer von zentraler Bedeutung. Da die analytische Bestimmung der HDR im Multivariaten jedoch sehr komplex ist, entwickeln wir, in Anlehnung an ein von Wei und Tanner [157] beschriebenes Vorgehen, ein numerisches Verfahren auf Grundlage einer Monte-Carlo-Integration, um ihre relevanten Kenngrößen bestmöglich zu approximieren.

Kapitel 9: Der zielraumgestützte AD-Schätzer EKADE

Dieses Kapitel stellt in gewisser Weise das Herzstück der Arbeit dar. Aufbauend auf dem zuvor Erarbeiteten wird der kernbasierte AD-Schätzer KADE weiterentwickelt und um die Zielrauminformationen zum EKADE ergänzt. Dabei wird ein fundamental neuer Ansatz bezüglich des für die Charakterisierung der Anwendungsdomäne maßgeblichen Ähnlichkeitsbegriffes formuliert. Er bewirkt, dass die AD-Schätzung nicht wie bisher mit der Beendigung der QSAR-Modellerstellung ebenfalls als abgeschlossen angesehen werden muss, sondern ermöglicht, die Domänenschätzung noch während der Anwendungsphase des QSARs durch neu gewonnene Erkenntnisse über das Modellverhalten dynamisch zu erweitern und beständig zu präzisieren.

Kapitel 10: Optimalitätskriterien für AD-Schätzer

Bislang existiert kein allgemein akzeptiertes Maß, um die Leistungsfähigkeit von AD-Schätzern miteinander zu vergleichen. Zwar gibt es, wie in Abschnitt 10.1 erläutert wird, die Möglichkeit, die Vorhersagequalität des QSAR-Modells für eine durch den jeweiligen AD-Schätzer konkret bestimmte Stoffmenge mit Hilfe der gängigen statistischen Maße zu beurteilen, eine unverzerrte Gegenüberstellung der AD-Schätzverfahren ist damit jedoch nicht gewährleistet. Mit dem $\aleph$-Maß (gesprochen „Aleph-Maß“) entwickeln wir in 10.2 ein völlig neues, speziell auf die Anforderungen der AD-Charakterisierung angepasstes Maß. In ihm werden alle relevanten Qualitätsfaktoren zu einer einzelnen Maßzahl zwischen null und eins zusammengefasst, womit der unverzerrte, paarweise Vergleich der unterschiedlichsten AD-Schätzmethoden ermöglicht wird.

Kapitel 11: Vergleichsstudie

Anhand von sieben der Literatur entnommenen QSAR-Modellen werden die Verfahren, welche in den vorangegangenen Kapiteln erarbeitet wurden, praktisch getestet und miteinander verglichen. Dabei werden die verschiedenen Schätzer sowohl auf ihre Fähigkeiten zur relativen, wie auch zur absoluten Gütebeurteilung (im Sinne der Zielsetzung, S. 7) hin überprüft.

Kapitel 12: Erweiterte Anwendungen

Das letzte inhaltliche Kapitel vor den Schlussbemerkungen und dem Ausblick enthält eine Kurzvorstellung der erweiterten Einsatzmöglichkeiten der neu entwickelten Güteschätzer KADE und EKADE. Tabellarisch strukturiert werden unterschiedliche Zustände der beiden Verfahren aufgelistet und möglichen Handlungsoptionen gegenübergestellt.

1.3.2 Hinweise zur Implementation

Alle im Rahmen der vorliegenden Arbeit[16] beschriebenen Verfahren, Datenstrukturen und Algorithmen wurden in der Programmiersprache *C++* [160] implementiert und in dem Programm *(E)KADE MN* zusammengefasst. Die graphische Benutzeroberfläche wurde unter Verwendung des *Borland C++Builder 6* [62] erstellt. Für die Schnittstelle zu der Tabellenkalkulation *Microsoft Excel®* wurde die Softwarekomponente *XLSReadWriteII 3.0* der Firma *Axolot Data* [3] genutzt. Die Verarbeitung von *XML*-Ein- und Ausgaben [161] erfolgte mit Unterstützung des Add-on *TXMLDocument* [145]. Der Quellcode für die Gauß-Jordan-Elemination wurde [121, 122] entnommen. Nicht zuletzt gebührt außerdem Herrn Dipl.-Chem. Dominik Wondrousch herzlicher Dank für die Bereitstellung der Eigenwertroutine.

[16] Für die Abfassung der Dissertation wurde das Textsatzprogramm LaTeX [79, 80] genutzt.

Kapitel 2

Mathematische Grundlagen

Kapitel 2 richtet sich in erster Linie an Leser ohne einschlägige mathematische Vorbildung. Der Autor hat durch Auswahl und Anordnung der nachfolgenden Definitionen und Sätze sowie durch die Angabe zahlreicher Beispiele versucht, die wichtigsten mathematischen Hintergründe, auf denen die weiteren Kapitel aufgebaut sind, für den Leser in möglichst verständlicher Form aufzubereiten. Dort, wo es nötig erschien, hat er Beweise behutsam überarbeitet und umgestellt, um ihre Lesbarkeit zu erhöhen. Anspruch auf geistige Urheberschaft an den in Kapitel 2 aufgezeigten mathematischen Erkenntnissen erhebt er nicht. Sie finden sich in dieser oder ähnlicher Form in zahlreichen Lehrbüchern (z. B. [13, 26, 30, 32–34, 67, 74, 98, 99, 119, 138, 152]) und dürften jedem Studenten der Mathematik im Laufe seines Studiums bereits begegnet sein.

2.1 Allgemeine Bezeichnungen I

Bezeichnung 2.1

Sei X eine Menge. Soweit nicht anders angegeben bezeichnet x_i das i-te Element von X. Ist $X \subset \mathbb{R}^d$, dann bezeichnet ferner $x_{(i)}$ ein Element von X, für das gilt: $\exists^{=i-1} x \in X$ mit $x \leq x_{(i)}$.

Bemerkung 2.1.1 (Multimengen)

Zwischen Mengen und Multimengen trennen wir sprachlich nicht. Es ergibt sich aus dem Kontext, wann Elemente mehrfach enthalten sein können.

Bezeichnung 2.2 (Potenzmenge)

Die Potenzmenge einer Menge X bezeichnen wir mit $\wp(X) := \{U | U \subseteq X\}$.

Bezeichnung 2.3 (Komplement)

Sei M eine Menge im Universum U. Dann bezeichnet $M^{\complement} := U \setminus M$ das Komplement von M in U.

Bezeichnung 2.4 (disjunkte Vereinigung)

Soll betont werden, dass eine Vereinigung $\bigcup_{i \in I} X_i$ paarweise disjunkt ist, d. h. dass gilt $X_i \cap X_j = \emptyset \quad \forall i, j \in I$ mit $i \neq j$, so schreiben wir auch $\biguplus_{i \in I} X_i$.

Definition 2.1 (Metrik)

Sei X eine beliebige Menge. Eine Abbildung $d : X \times X \mapsto \mathbb{R}$ heißt Metrik auf X, wenn $\forall\, x, y, z \in X$ gilt:

1. *$d(x, x) = 0$ und $d(x, y) = 0 \Rightarrow x = y$,*
2. *$d(x, y) = d(y, x)$ (Symmetrie),*
3. *$d(x, y) \leq d(x, z) + d(z, y)$ (Dreiecksungleichung).*

2.2 Vereinfachte Bezeichnungen im $\mathbb{G}^d$

In diesem Abschnitt bezeichne $\mathbb{G}$ stets eine geordnete Menge, wie z. B. die Menge der natürlichen Zahlen $\mathbb{N}$ oder die der reellen Zahlen $\mathbb{R}$.
Hinsichtlich der Schreibung gelte für ein Element $a \in \mathbb{G}^d$ stets:

$$a := (a_1, a_2, ..., a_d) \text{ mit } a_i \in \mathbb{G} \quad \forall\, i \in \{1, .., d\}.$$

***Bezeichnung* 2.5** (Intervalle/ achsenparallele Quader im $\mathbb{G}^d$)
Seien $a, b \in \mathbb{G}^d$. O. B. d. A. sei $b_i \geq a_i \ \ \forall\, i \in \{1, .., d\}$.

- *Für $[a_1, b_1] \times [a_2, b_2] \times ... \times [a_d, b_d]$ schreiben wir kurz $[a, b]$.*
- *Für $[a_1, c] \times [a_2, c] \times ... \times [a_d, c]$, $c \in \mathbb{G} \bigcup \{-\infty, \infty\}$ schreiben wir kurz $[a, c]$.*

Diese Schreibweise gilt für halboffene und offene Intervalle analog.

***Bezeichnung* 2.6** (Ordnungsrelationen)
Seien $a, b \in \mathbb{G}^d$, $c \in \mathbb{G}$ und $\mathcal{R} \subseteq \mathbb{G} \times \mathbb{G}$ eine Ordnungsrelation[1]. Dann schreiben wir:

- $a \,\mathcal{R}\, b \;:\Leftrightarrow \exists\, j \in \{1, ..., d\}$ *mit* $a_j \,\mathcal{R}\, b_j$ *und* $\forall\, i \in \{1, ..., d\}$ *gilt:* $a_i \,\mathcal{R}\, b_i \ \vee \ a_i = b_i$,
- $a \,\mathcal{R}\, c \;:\Leftrightarrow \exists\, j \in \{1, ..., d\}$ *mit* $a_j \,\mathcal{R}\, c$ *und* $\forall\, i \in \{1, ..., d\}$ *gilt:* $a_i \,\mathcal{R}\, c \ \vee \ a_i = c$,
- $a \overset{\vee}{\mathcal{R}} b \;:\Leftrightarrow a_i \,\mathcal{R}\, b_i \quad \forall\, i \in \{1, ..., d\}$,
- $a \overset{\vee}{\mathcal{R}} c \;:\Leftrightarrow a_i \,\mathcal{R}\, c \quad \forall\, i \in \{1, ..., d\}$.

***Definition* 2.2** (Schranken)
Sei $\mathbb{G}^d$ eine geordnete Menge und $M \subseteq \mathbb{G}^d$.
Ein Element $a \in \mathbb{G}^d$ heißt obere Schranke für M (in $\mathbb{G}^d$), falls $x \leq a \ \ \forall\, x \in M$.
Analog heißt $a \in \mathbb{G}^d$ untere Schranke für M (in $\mathbb{G}^d$), falls $x \geq a \ \ \forall\, x \in M$.

***Definition* 2.3** (Supremum, Infimum)
Sei $\mathbb{G}^d$ eine geordnete Menge, $M \subseteq \mathbb{G}^d$ und $a \in \mathbb{G}^d$ eine obere Schranke für M.
Dann heißt a Supremum von M, falls für alle $a' \in \mathbb{G}^d$ mit $a' < a$ gilt:

a' ist keine obere Schranke für M.

[1] Z. B. $=, >, <, \geq, \leq, \neq$, usw..

Wir schreiben $sup(M) := a$.
Analog heißt a *Infimum von* M, *falls für alle* $a' \in \mathbb{G}^d$ *mit* $a' > a$ *gilt:*
a' *ist keine untere Schranke für* M, *und wir schreiben* $inf(M) := a$.

Ergänzung 2.4
Wir definieren $sup(\emptyset) := -\infty$ *und* $inf(\emptyset) := \infty$.

Bezeichnung 2.7 (Limes)
Sei $\mathbb{M}$ *eine beliebige Menge und* $F : \mathbb{G}^d \mapsto \mathbb{M}$.

Wir schreiben:

$$\lim_{x \to g} F(x) := \lim_{x_1, x_2, \ldots, x_d \to g} F(x) := \begin{cases} \lim\limits_{\substack{x_1 \to g \\ \vdots \\ x_d \to g}} F(x_1, x_2, \ldots, x_d), & \text{falls } g \in \mathbb{G} \\ \lim\limits_{\substack{x_1 \to g_1 \\ \vdots \\ x_d \to g_d}} F(x_1, x_2, \ldots, x_d), & \text{falls } g \in \mathbb{G}^d \end{cases}.$$

Analog ist für $g \in \mathbb{G}$:

$$\lim_{x_i \to g} F(x) := \lim_{x_i \to g} F(x_1, x_2, \ldots, x_{i-1}, x_i, x_{i+1}, \ldots, x_d),$$

$$\lim_{x_i, x_j \to g} F(x) := \lim_{\substack{x_i \to g \\ x_j \to g}} F(x_1, x_2, \ldots, x_{i-1}, x_i, x_{i+1}, \ldots, x_{j-1}, x_j, x_{j+1}, \ldots, x_d),$$

usw. und für $g \in \mathbb{G}^d$:

$$\lim_{x_i, x_j \to g} F(x) := \lim_{\substack{x_i \to g_i \\ x_j \to g_j}} F(x_1, x_2, \ldots, x_{i-1}, x_i, x_{i+1}, \ldots, x_{j-1}, x_j, x_{j+1}, \ldots, x_d).$$

Diese Schreibweisen gelten für $\lim\limits_{x \downarrow g}$ *und* $\lim\limits_{x \uparrow g}$ *analog.*

Bezeichnung 2.8 (Integrale)
Sei $Q := [a, b]$ *ein achsenparalleler kompakter Quader im* $\mathbb{R}^d$ *und* $f := Q \mapsto \mathbb{R}$ *eine stetige Funktion.*
Dann schreiben wir für

$$\int_Q f(x_1, ..., x_d) dx_1..dx_d = \int_{a_d}^{b_d} ... \left(\int_{a_2}^{b_2} \left(\int_{a_1}^{b_1} f(x_1, x_2, ..., x_d) dx_1 \right) dx_2 \right) ...dx_d$$

auch kurz

$$\int_Q f(x) d^d x \qquad \text{oder schlicht:} \qquad \int_Q f(x) dx.$$

Analog schreiben wir $\int_D f(x)dx := \int_Q f(x)\chi_D dx$ *für ein beliebiges Gebiet* $D \subseteq Q$*, für das gilt:* χ_D *ist integrierbar*[2].

Für stetiges $g := Q \mapsto \mathbb{R}^d$ *schreiben wir:*
$$\int_D g(x)dx := \begin{pmatrix} \int_D (g(x))_1 \, dx \\ \int_D (g(x))_2 \, dx \\ \vdots \\ \int_D (g(x))_d \, dx \end{pmatrix}.$$

Definition 2.5 (Hadamard-Multiplikation)
Für $a, b \in \mathbb{G}^d$ *ist die komponentenweise (oder auch Hadamard-) Multiplikation definiert durch:*

$$a \odot b := (a_1 \cdot b_1, a_2 \cdot b_2, ..., a_d \cdot b_d),$$

und allgemeiner für Matrizen $A, B \in \mathbb{G}^{d \times n}$ *durch:*

$$A \odot B := \begin{pmatrix} A_{1,1} \cdot B_{1,1} & A_{1,2} \cdot B_{1,2} & \cdots & A_{1,n} \cdot B_{1,n} \\ A_{2,1} \cdot B_{2,1} & A_{2,2} \cdot B_{2,2} & \cdots & A_{2,n} \cdot B_{2,n} \\ \vdots & \vdots & \ddots & \vdots \\ A_{d,1} \cdot B_{d,1} & A_{d,2} \cdot B_{d,2} & \cdots & A_{d,n} \cdot B_{d,n} \end{pmatrix}.$$

Weiterhin legen wir fest, dass die Hadamard-Multiplikation Vorrang vor der normalen Matrixmultiplikation hat [75].

Definition 2.6 (Hadamard-Potenz)
Für $A \in \mathbb{G}^{d \times n}$ *gilt:*

$$A^{\overset{\odot}{k}} := \underbrace{A \odot A \odot \cdots \odot A}_{k \text{ Faktoren}}.$$

[2] Vgl. Def. 2.33, S. 66 und Def. 2.34, S. 66.

2.3 Normalteilungen im $\mathbb{R}^d$

Bezeichnung 2.9

Die Menge der halboffenen Intervalle auf $\mathbb{R}^d$ bezeichnen wir mit

$$\mathbb{HI}^d := \{\,]a,b] \,|a,b \in \mathbb{R}^d, a \leq b\} = \{\,]a,b] \,|a,b \in \mathbb{R}^d, a \overset{\forall}{<} b\} \cup \{\emptyset\}.$$

Definition 2.7 (Normalteilung)

Sei $A :=]a,b] = \bigtimes_{i=1}^{d}]a_i, b_i]$ mit $a_i, b_i \in \mathbb{R}$ und $a_i \leq b_i$.

Ferner sei $]a_i, b_i] = \biguplus_{j=1}^{k_i}]a_{i,j-1}, a_{i,j}]$ mit $a_i = a_{i,0} \leq ... \leq a_{i,k_i} = b_i \quad \forall i \in \{1, ..., d\}$.

Dann heißt

$$\mathcal{N}_A := \{N_{\nu_1,...,\nu_d} := \bigtimes_{i=1}^{d}]a_{i,\nu_i-1}, a_{i,\nu_i}] \;\Big|\; 1 \leq \nu_i \leq k_i\}$$

Normalteilung von A.

Korollar 2.3.1

Mit den Bezeichnungen aus Definition 2.7 gilt:

$$\mathcal{N}_A \subset \mathbb{HI}^d \qquad \text{und} \qquad A = \biguplus_{\substack{(\nu_1, ..., \nu_d) \\ \nu_i \in \{1, ..., k_i\}}} N_{\nu_1,...,\nu_d}.$$

<u>Beweis:</u>

Für alle $i \in \{1, .., d\}$ und $1 \leq \nu_i \leq k_i$ gilt offensichtlich $]a_{i,\nu_i-1}, a_{i,\nu_i}] \in \mathbb{HI}^d$.

$\Longrightarrow N_{\nu_1,...,\nu_d} \in \mathbb{HI}^d \Longrightarrow \mathcal{N}_A \subset \mathbb{HI}^d$.

Da für festes i die Intervalle $]a_{i,\nu_i-1}, a_{i,\nu_i}]$, $1 \leq \nu_i \leq k_i$ nach Definition paarweise disjunkt sind, sind auch die Elemente $N_{\nu_1,...,\nu_d}$ aus $\mathcal{N}_A$ paarweise disjunkt.

Ferner ist $A = \bigtimes_{i=1}^{d}]a_i, b_i] = \bigtimes_{i=1}^{d} \biguplus_{j=1}^{k_i}]a_{i,j-1}, a_{i,j}] = \biguplus_{j=1}^{k_i} \bigtimes_{i=1}^{d}]a_{i,j-1}, a_{i,j}] = \biguplus_{\nu_i \in \{1,...,k_i\}} N_{\nu_1,...,\nu_d}$.

□

Beispiel 2.3.1 (Normalteilung)

Sei $d = 2$ *und* $A :=](2,4),(8,10)] =]2,8] \times]4,10] =:]a_1, b_1] \times]a_2, b_2]$.

Dann ist $\mathscr{N}_A = \{N_{1,1}, N_{1,2}, N_{1,3}, N_{2,1}, N_{2,2}, N_{2,3}\}$ *eine Normalteilung mit:*

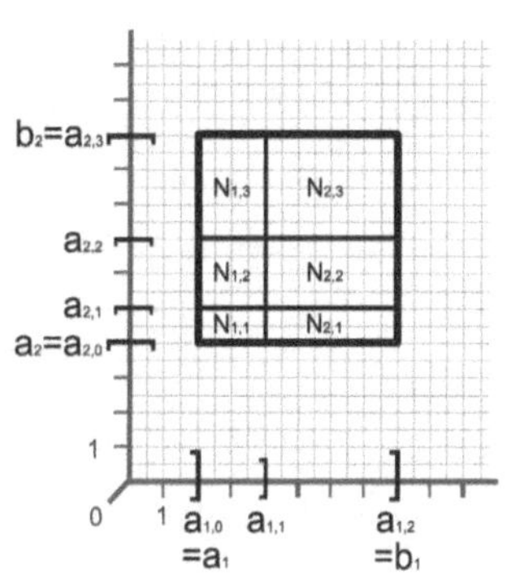

Abbildung 2.1: $\mathscr{N}_A$

- $\underbrace{a_1 = 2}_{=a_{1,0}} \leq \underbrace{4}_{=a_{1,1}} \leq \underbrace{8 = b_1}_{=a_{1,2}}$
- $\underbrace{a_2 = 4}_{=a_{2,0}} \leq \underbrace{5}_{=a_{2,1}} \leq \underbrace{7}_{=a_{2,2}} \leq \underbrace{10 = b_2}_{=a_{2,3}}$
- $\Longrightarrow k_1 = 2$ und $k_2 = 3$,
- $N_{1,1} =]a_{1,0}, a_{1,1}] \times]a_{2,0}, a_{2,1}] =]2,4] \times]4,5]$,
- $N_{1,2} =]a_{1,0}, a_{1,1}] \times]a_{2,1}, a_{2,2}] =]2,4] \times]5,7]$,
- $N_{1,3} =]a_{1,0}, a_{1,1}] \times]a_{2,2}, a_{2,3}] =]2,4] \times]7,10]$,
- $N_{2,1} =]a_{1,1}, a_{1,2}] \times]a_{2,0}, a_{2,1}] =]4,8] \times]4,5]$,
- $N_{2,2} =]a_{1,1}, a_{1,2}] \times]a_{2,1}, a_{2,2}] =]4,8] \times]5,7]$,
- $N_{2,3} =]a_{1,1}, a_{1,2}] \times]a_{2,2}, a_{2,3}] =]4,8] \times]7,10]$.

Satz 2.3.2

Seien $A(1), ..., A(m) \in \mathbb{HI}^d$.
Dann existiert ein $A \in \mathbb{HI}^d$ *und eine Normalteilung* $\mathscr{N}_A$ *mit:*

$$\{N \in \mathscr{N}_A | N \subset A(j)\} \text{ ist Normalteilung von } A(j) \quad \forall j \in \{1, ..., m\}.$$

Beweis:

Für $j \in \{1, ..., m\}$ *sei* $A(j) :=]a(j), b(j)] = \mathop{\times}\limits_{i=1}^{d}]a(j)_i, b(j)_i]$.
Für $i \in \{1, ..., d\}$ *ordne die Menge der i-ten Koordinaten wie folgt:*

$$(1) \quad \bigcup_{j \in \{1,...,m\}} \{a(j)_i \cup b(j)_i\} = \left\{c_{i,k} \,\middle|\, k \in \{0, ..., k_i\},\ c_{i,k} \leq c_{i,k+1}\ \forall k \in \{0, ..., k_i - 1\}\right\}.$$

Dann ist $c_{i,0} = min\{a(1)_i, ..., a(m)_i\}$ *und* $c_{i,k_i} = max\{b(1)_i, ..., b(m)_i\}$.
Setze nun $A := \mathop{\times}\limits_{i=1}^{d}]c_{i,0}, c_{i,k_i}]$.
Aufgrund der Konstruktion in (1) wird $]c_{i,0}, c_{i,k_i}]$ *in die* k_i *disjunkten Intervalle* $]c_{i,j-1}, c_{i,j}]$, $j \in \{1, ..., k_i\}$ *zerlegt und man erhält eine Normalteilung von A wie folgt:*

$$\mathscr{N}_A := \{\mathop{\times}\limits_{i=1}^{d}]c_{i,j-1}, c_{i,j}] \mid 1 \leq j \leq k_i\}.$$

Ebenfalls nach (1) gilt $\forall\ j \in \{1, ..., m\}$*:*

$$A_j =]a(j), b(j)] = \mathop{\times}\limits_{i=1}^{d}]c_{i,\nu_{i,j}}, c_{i,\xi_{i,j}}] \text{ mit } 0 \leq \nu_{i,j} \leq \xi_{i,j} \leq k_i.$$

Also bilden die $]c_{i,\nu_{i,j}}, c_{i,\xi_{i,j}}] \subset A_j$ *(wiederum aufgrund der Konstruktion von (1)) eine Normalteilung von* A_j. □

Beispiel 2.3.2

Sei $d := 2$, $m := 2$,
$A(1) :=]a(1)_1, b(1)_1] \times]a(1)_2, b(1)_2] :=]2,8] \times]5,7]$ *und*
$A(2) :=]a(2)_1, b(2)_1] \times]a(2)_2, b(2)_2] :=]4,8] \times]4,10]$.

Dann erhalten wir

$$\underbrace{c_{1,0}}_{=2} \leq \underbrace{c_{1,1}}_{=4} \leq \underbrace{c_{1,2}}_{=8} \leq \underbrace{c_{1,3}}_{=8}$$

und

$$\underbrace{c_{2,0}}_{=4} \leq \underbrace{c_{2,1}}_{=5} \leq \underbrace{c_{2,2}}_{=7} \leq \underbrace{c_{2,3}}_{=10}$$

und damit ein A und ein $\mathscr{N}_A$, *die identisch zu A und* $\mathscr{N}_A$ *aus Beispiel 2.3.1 sind.*

Hiermit gilt dann:

- $\{N \in \mathscr{N}_A | N \subset A(1)\} = \{N_{1,2}, N_{2,2}\}$ *ist Normalteilung von* $A(1)$ *und*
- $\{N \in \mathscr{N}_A | N \subset A(2)\} = \{N_{2,1}, N_{2,2}, N_{2,3}\}$ *ist Normalteilung von* $A(2)$.

2.4 Maß- und Wahrscheinlichkeitstheorie

2.4.1 Motivation

In diesem Abschnitt geben wir eine Einführung in das wahrscheinlichkeitstheoretische Grundmodell. Dabei orientieren wir uns im Wesentlichen an der Darstellung von Klenke, aus dessen Lehrbuch [74] weite Teile der Beweisführung entlehnt sind.

Ein Vorgang (auch (Zufalls-)Experiment genannt) liefere ein (zufälliges) Ergebnis, ein sogenanntes Ereignis. Ziel ist es, zu einer Menge von Einzelereignissen (sogenannten Elementarereignissen) zu bestimmen, wie wahrscheinlich es ist, dass sie als Ergebnis des Experiments eintreten. Dabei wird die Wahrscheinlichkeit als eine Zahl zwischen null ([quasi-]unmöglich) und eins (sicher) dargestellt, die jedem Einzelereignis durch eine Abbildung $W : \Omega \mapsto [0,1]$ zugewiesen wird. Die Menge Ω der Elementarereignisse heißt Grundgesamtheit. Neben den einzelnen Elementen stellen auch die Teilmengen von Ω ihrerseits selbst Ereignisse dar, denen eine Wahrscheinlichkeit zugeordnet werden kann. Wird beispielsweise aus einem Geldbeutel, in dem sich eine Zwei-Euro-Münze, eine Ein-Euro-Münze und ein Zehn-Cent-Stück befinden, wahllos ein Geldstück gezogen, so besteht das Ereignis „das gezogene Geldstück ist weniger als zwei Euro wert" aus den Elementarereignissen „das gezogene Geldstück ist die Ein-Euro-Münze" und „das gezogene Geldstück ist das Zehn-Cent-Stück". Die Abbildung W wird daher derart erweitert, dass nicht nur Ω, sondern ein ganzes System von Teilmengen $\mathscr{S}_\Omega$ nach $[0,1]$ abgebildet wird. Diese Abbildung $P : \mathscr{S}_\Omega \mapsto [0,1]$ heißt Wahrscheinlichkeitsmaß.

In der Regel kann man mit den „realen" Ereignissen aus Ω bzw. $\mathscr{S}_\Omega$ schlecht rechnen. Eine Abbildung $\mathcal{X} : \Omega \mapsto \Omega'$ ordnet jedem Ereignis aus Ω daher ein Ereignis zu, mit dem dies besser möglich ist, beispielsweise eine reelle Zahl[3]. Die Wahrscheinlichkeit, dass $\mathcal{X}$ einen bestimmten Wert $\mathcal{X}(\omega)$ annimmt, entspricht also genau $P(\omega)$, d. h. der Wahrscheinlichkeit, dass ω eintritt. $\mathcal{X}$ heißt Zufallsvariable. Resultiert aus der einmaligen Durchführung des Experiments das Ereignis $\omega \in \mathscr{S}_\Omega$, so heißt $X := \mathcal{X}(\omega)$ Realisation[4] von $\mathcal{X}$.

Es ist leicht einzusehen, dass die Wahrscheinlichkeit für den Eintritt eines beliebig, aber fest gewählten Elementarereignisses im Mittel abnimmt, je mehr Elementarereignisse in der Grundgesamtheit enthalten sind. Enthält die Grundgesamtheit unendlich viele prinzipiell mögliche Elementarereignisse, so konvergiert daher die Eintrittswahrscheinlichkeit für fast alle (die Anzahl der Ausnahmen ist endlich) einzelnen Elementarereignisse gegen null[5], d. h. $P(\omega) = 0$ für fast alle $\omega \in \Omega$. Hingegen kann, selbst wenn für alle $\omega \in \Omega$ $P(\omega) = 0$ gilt, die Wahrscheinlichkeit, dass ein Elementarereignis eintritt, welches einer bestimmten Teilmenge von Ω angehört, durchaus größer als null sein. Deshalb ist es sinnvoll, P mit Hilfe einer sogenannten Verteilungsfunktion zu beschreiben, die jedem Wert $a \in \Omega'$ genau die Wahrscheinlichkeit dafür zuweist, dass ein Ereignis eintritt, das durch $\mathcal{X}$ auf ein $\mathcal{X}(\omega) \in \Omega'$

[3] Die Teilmengen aus $\mathscr{S}_\Omega$ werden durch $\mathcal{X}$ entsprechend auf Teilmengen $\mathscr{S}_{\Omega'}$ abgebildet.

[4] Im Folgenden bezeichnen wir die Ergebnisse einer mehrmaligen Durchführung eines Zufallsexperimentes als „Menge von Realisationen", obwohl wir streng genommen von einer Multimenge sprechen müssten, da mehrere Experimente den gleichen Ausgang haben können.

[5] Konvergiert die Eintrittswahrscheinlichkeit für alle Elementarereignisse gegen null, so tritt nach wie vor mit Sicherheit irgendein Elementarereignis ein, aber für jedes Elementarereignis einzeln betrachtet ist sein Eintritt quasi unmöglich.

abgebildet wird, das kleinergleich a ist, d. h. $a \mapsto P(\{\omega \in \Omega\ |\mathcal{X}(\omega) \leq a\})$. Hierbei muss Ω' selbstverständlich eine geordnete Menge sein, so dass die Relation „$\leq$" definiert ist.

Abbildung 2.2 verdeutlicht die genannten Zusammenhänge visuell, bevor sie nachfolgend mathematisch exakt beschrieben und hergeleitet werden.

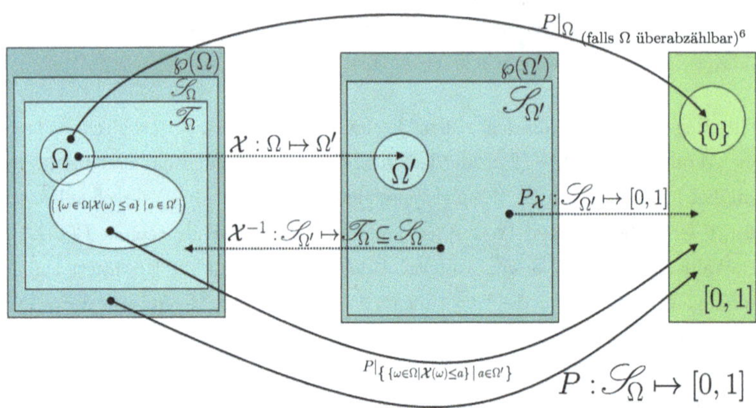

Die Symbole werden - soweit noch nicht bekannt - im nachfolgenden Abschnitt eingeführt[7].

Abbildung 2.2: Wahrscheinlichkeitstheoretisches Grundmodell

2.4.2 Grundlagen

Definition 2.8

Ein Mengensystem $T \subseteq \wp(\Omega)$ heißt

- $^\complement$*-stabil (komplementstabil)* $\Leftrightarrow S \in T \Rightarrow S^\complement := \{\Omega \setminus S\} \in T$,
- δ*-$\setminus$-stabil (delta-differenzmengenstabil)*
  $\Leftrightarrow S_1, S_2 \in T$ *mit* $S_1 \subseteq S_2 \Rightarrow S_2 \setminus S_1 \in T$,

[6] Genauer: $P\Big|_\Omega : \Omega \mapsto \{0\}$ gilt, falls Ω überabzählbar viele prinzipiell mögliche Elementarereignisse enthält (vgl. S. 21). Anmerkung: Die Konstruktion nur in Teilbereichen stetiger Dichtefunktionen, die Ausnahmen für einzelne Elementarereignisse zulassen, ist möglich.

[7] Bemerkung: Ω und $\left\{ \{\omega \in \Omega | \mathcal{X}(\omega) \leq a\} \ \middle|\ a \in \Omega' \right\}$ sind nur disjunkt, falls Ω überabzählbar ist.

- *h-$\setminus$-stabil (h-differenzmengenstabil)*
  $\Leftrightarrow$ $(A_i \in T)_{i \in I}$ *eine Familie von paarweise disjunkten Mengen mit endlicher Indexmenge I und* $S_1, S_2 \in T \Rightarrow S_2 \setminus S_1 = \biguplus_{i \in I} A_i$,

- *$\setminus$-stabil (differenzmengenstabil)* $\Leftrightarrow S_1, S_2 \in T \Rightarrow S_2 \setminus S_1 \in T$,

- *$\cup$-stabil (vereinigungsstabil)* $\Leftrightarrow S_1, S_2 \in T \Rightarrow S_1 \cup S_2 \in T$,

- *$\cap$-stabil (schnittstabil)* $\Leftrightarrow S_1, S_2 \in T \Rightarrow S_1 \cap S_2 \in T$,

- *δ-$\cup$-stabil (delta-vereinigungsstabil)*
  $\Leftrightarrow (S_i \in T)_{i \in \mathbb{N}},\ S_i \cap S_j = \emptyset\ \forall\, i, j \in \mathbb{N} \Rightarrow \bigcup_{i=1}^{\infty} S_i \in T$,

- *σ-$\cup$-stabil (sigma-vereinigungsstabil)* $\Leftrightarrow (S_i \in T)_{i \in \mathbb{N}} \Rightarrow \bigcup_{i=1}^{\infty} S_i \in T$,

- *σ-$\cap$-stabil (sigma-schnittstabil)* $\Leftrightarrow (S_i \in T)_{i \in \mathbb{N}} \Rightarrow \bigcap_{i=1}^{\infty} S_i \in T$.

Definition 2.9 (Mengensysteme $T \subseteq \wp(\Omega)$)
Eine Teilmenge $T \subseteq \wp(\Omega)$ der Potenzmenge einer nichtleeren Menge Ω heißt

- *Halbring über Ω, falls gilt:*
  1. $\emptyset \in T$,
  2. *T ist $\cap$-stabil,*
  3. *T ist h-$\setminus$-stabil.*
- *Dynkin-System über Ω, falls gilt:*
  1. $\Omega \in T$,
  2. *T ist δ-$\cup$-stabil,*
  3. *T ist δ-$\setminus$-stabil.*
- *σ-Algebra[8] über Ω, falls gilt:*
  1. $\Omega \in T$,
  2. *T ist ^{c}-stabil,*
  3. *T ist σ-$\cup$-stabil.*
- *Ring über Ω, falls gilt:*
  1. $\emptyset \in T$,
  2. *T ist $\cup$-stabil,*
  3. *T ist $\setminus$-stabil.*
- *Algebra über Ω, falls gilt:*
  1. $\Omega \in T$,
  2. *T ist $\cup$-stabil,*
  3. *T ist $\setminus$-stabil.*

Bezeichnung 2.10

Es gelten folgende Bezeichnungen:

- *Halbring über Ω: $\mathscr{H}_\Omega$.*
- *Ring über Ω: $\mathscr{R}_\Omega$.*
- *Dynkin-System über Ω: $\mathscr{D}_\Omega$.*
- *Algebra über Ω: $\mathscr{A}_\Omega$.*
- *σ-Algebra[8] über Ω: $\mathscr{S}_\Omega$.*

Satz 2.4.1

Sei $T \subseteq \wp(\Omega)$, $\Omega \neq \emptyset$. Dann gilt:

(a) *T ist $\setminus$-stabil $\Longrightarrow$ T ist h-$\setminus$-stabil.*

(b) *T ist $\setminus$-stabil $\Longrightarrow$ T ist δ-$\setminus$-stabil.*

(c) *T ist σ-$\cap$-stabil $\Longrightarrow$ T ist $\cap$-stabil.*

(d) *T ist σ-$\cup$-stabil $\Longrightarrow$ T ist $\cup$-stabil.*

(e) *T ist σ-$\cup$-stabil $\Longrightarrow$ T ist δ-$\cup$-stabil.*

(f) $\left.\begin{array}{r}\Omega \in T\\ \text{T ist } \setminus -\text{stabil}\end{array}\right\} \Longrightarrow \emptyset \in T.$

(g) $\left.\begin{array}{r}\Omega \in T\\ \text{T ist } \delta - \setminus -\text{stabil}\end{array}\right\} \Longrightarrow T \text{ ist }{}^{\complement}\text{-stabil.}$

(h) *T ist* $\left.\begin{array}{r}\cap-\text{stabil}\\ \delta - \setminus -\text{stabil}\end{array}\right\} \Longrightarrow T \text{ ist } \setminus-\text{stabil.}$

(i) *T ist* $\left.\begin{array}{r}\cap-\text{stabil}\\ {}^{\complement}-\text{stabil}\end{array}\right\} \Longrightarrow T \text{ ist } \setminus-\text{stabil.}$

(j) *T ist ${}^{\complement}$-stabil $\Longrightarrow$*
T ist $\cap$-stabil $\Leftrightarrow$ T ist $\cup$-stabil.

(k) *T ist ${}^{\complement}$-stabil $\Longrightarrow$*
T ist σ-$\cap$-stabil $\Leftrightarrow$ T ist σ-$\cup$-stabil.

(l) *T ist $\setminus$-stabil $\Longrightarrow$ T ist $\cap$-stabil.*

(m) *T ist* $\left.\begin{array}{r}\setminus-\text{stabil}\\ \delta - \cup -\text{stabil}\end{array}\right\} \Longrightarrow T \text{ ist } \sigma\text{-}\cup\text{-stabil.}$

(n) *T ist* $\left.\begin{array}{r}\setminus-\text{stabil}\\ \sigma - \cup -\text{stabil}\end{array}\right\} \Longrightarrow T \text{ ist } \sigma\text{-}\cap\text{-stabil.}$

Beweis:

(a)-(e) *trivial.*

(f) *Es gilt: $\Omega \setminus \Omega = \emptyset \in T$.*

(g) *Es gilt: $A^{\complement} = \Omega \setminus A = \emptyset \in T\ \forall A \in T$.*

(h) *Seien $A, B \in T$. Wegen $A \cap B \subseteq A$ folgt $A \setminus B = A \setminus (A \cap B) \in T$.*

(i) *Seien $A, B \in T$. Dann ist $A \setminus B = A \cap B^{\complement} \in T$.*

(j),(k) *Sei I eine beliebige Indexmenge und $(A_i \in T)_{i \in I}$. Nach den de Morgan'schen Regeln[9] gilt $\left(\bigcup\limits_{i\in I} A_i\right)^{\complement} = \bigcap\limits_{i \in I} A_i{}^{\complement}$.*
Sei beispielsweise T $\cap$-stabil, so folgt mit $I := \{1,2\}$: $A_1 \cap A_2 = {A_1}^{\complement} \cup {A_2}^{\complement\complement}$.
Die anderen Fälle folgen analog.

[8] Gesprochen: Sigma-Algebra.

[9] Werden als bekannt vorausgesetzt.

(l) *Seien* $A, B \in T$. *Dann ist auch* $A \cap B = A \setminus (A \setminus B) \in T$.

(m) *Sei* $(A_i \in T)_{i \in \mathbb{N}}$. *Dann ist*

$$\bigcup_{i=1}^{\infty} A_i = \underbrace{\underbrace{A_1}_{\in T} \uplus \underbrace{(A_2 \setminus A_1)}_{\in T \text{ wegen } \setminus-\text{stabil}} \uplus \underbrace{((A_3 \setminus A_1) \setminus A_2)}_{\in T \text{ wegen } \setminus-\text{stabil}} \uplus \underbrace{(((A_4 \setminus A_1) \setminus A_2) \setminus A_3)}_{\in T \text{ wegen } \setminus-\text{stabil}} \uplus \ldots}_{\in T \text{ wegen } \delta-\cup-\text{stabil}}.$$

(n) *Sei* $(A_i \in T)_{i \in \mathbb{N}}$. *Dann ist*

$$\bigcap_{i=1}^{\infty} A_i = \bigcap_{i=2}^{\infty} (A_1 \cap A_i) = \bigcap_{i=2}^{\infty} (A_1 \setminus (A_1 \setminus A_i)) = A_1 \setminus \left(\bigcup_{i=2}^{\infty} (A_1 \setminus A_i) \right) \in T. \qquad \square$$

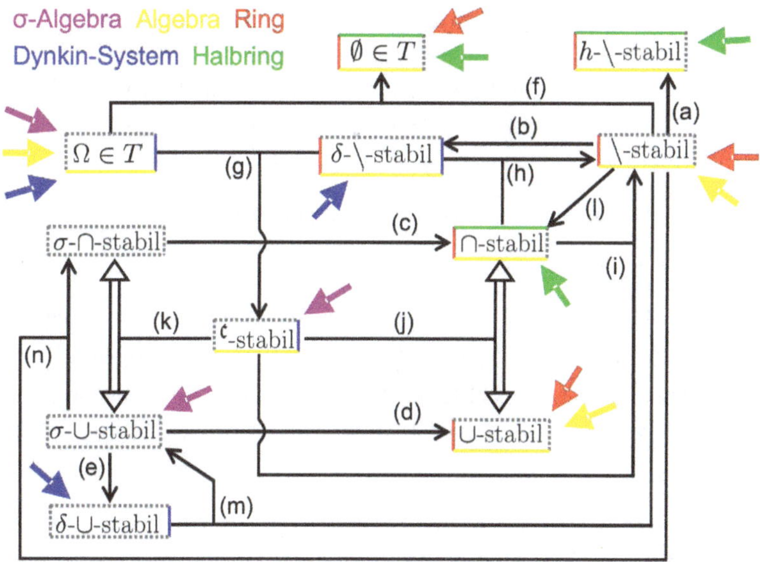

Für jedes Mengensystem werden die in Definition 2.9 geforderten Eigenschaften durch die zugehörigen Farbpfeile markiert. Die schwarzen Pfeile geben an, welche weiteren Eigenschaften vermittels Satz 2.4.1 gefolgert werden können. Für σ-Algebren sind dies alle abgebildeten Eigenschaften. Für die übrigen Mengensysteme sind die für sie möglichen Folgerungen jeweils entsprechend farblich umrandet.

Abbildung 2.3: Der Zusammenhang zwischen den Mengensystemen $T \subseteq \wp(\Omega)$.

Bemerkung 2.4.2

Offensichtlich ist

- *eine σ-Algebra stets auch eine Algebra, ein Dynkin-System, ein Ring und ein Halbring.*
- *eine Algebra stets auch ein Ring und ein Halbring.*
- *ein Ring stets auch ein Halbring.*

Satz 2.4.3

Sei Ω eine abzählbare Menge und $\mathscr{S}_\Omega$ eine σ-Algebra über Ω. Dann gilt:

$$\mathscr{S}_\Omega = \wp(\Omega) \Leftrightarrow \{\omega\} \in \mathscr{S}_\Omega \quad \forall\, \omega \in \Omega.$$

M. a. W.: Es gibt nur eine σ-Algebra über einer abzählbaren Menge Ω, die alle einelementigen Teilmengen von Ω enthält, nämlich die Potenzmenge $\wp(\Omega)$.

Beweis:

Da Ω nach Voraussetzung abzählbar ist, gelte o. B. d. A. $\Omega = \mathbb{N}$.

(i) $\mathscr{S}_\mathbb{N} \subseteq \wp(\mathbb{N})$ *gilt nach Definition 2.9.*

(ii) *Sei $M \in \wp(\mathbb{N}) \Rightarrow M \subseteq \mathbb{N}$. Wegen der Abzählbarkeit von $\mathbb{N}$, ist auch M abzählbar und es gilt $M = \bigcup_{i=1}^{\infty} m_i$ mit $m_i \in \{\{\omega\} | \omega \in \mathbb{N}\} \cup \emptyset$. Da nach Voraussetzung aber $\{\omega\} \in \mathscr{S}_\mathbb{N} \quad \forall\, \omega \in \mathbb{N}$, gilt $m_i \in \mathscr{S}_\mathbb{N} \quad \forall\, i$ und wegen der σ-$\cup$-Stabilität von $\mathscr{S}_\mathbb{N}$ folgt $M \in \mathscr{S}_\mathbb{N}$. $\Longrightarrow \wp(\mathbb{N}) \subseteq \mathscr{S}_\mathbb{N}$.*

(i)+(ii) $\Longrightarrow \mathscr{S}_\mathbb{N} = \wp(\mathbb{N})$. □

Satz 2.4.4 (Erzeuger einer σ-Algebra)

Sei $\Omega \neq \emptyset$ eine Menge, $M \subseteq \wp(\Omega)$ und $\mathfrak{J}_M := \bigcap_{\substack{\mathscr{S}_\Omega \text{ ist } \sigma\text{-Algebra über } \Omega \\ M \subseteq \mathscr{S}_\Omega}} \mathscr{S}_\Omega.$

Dann ist $\mathfrak{J}_M$ die kleinste σ-Algebra über Ω, die M enthält. M. a. W. es gilt:

1. *$\mathfrak{J}_M$ ist σ-Algebra über Ω.*
2. *$M \subseteq \mathfrak{J}_M$.*
3. *$|\mathfrak{J}_M| \leq |\mathscr{S}_\Omega| \quad \forall\, \mathscr{S}_\Omega$ mit $\mathscr{S}_\Omega$ ist σ-Algebra über Ω und $M \subseteq \mathscr{S}_\Omega$.*

$\mathfrak{J}_M$ heißt die von M erzeugte σ-Algebra. M heißt Erzeuger von $\mathfrak{J}_M$.

Beweis:

1. $\mathscr{S}_\Omega := \wp(\Omega)$ ist eine σ-Algebra mit $M \subseteq \mathscr{S}_\Omega$. Also ist $\bigcap\limits_{\substack{\mathscr{S}_\Omega \text{ ist } \sigma\text{-Algebra über } \Omega \\ M \subseteq \mathscr{S}_\Omega}} \mathscr{S}_\Omega$ nicht leer und ist nach Definition 2.9 eine σ-Algebra, denn:

   (a) $\Omega \in \mathscr{S}_\Omega \quad \forall \mathscr{S}_\Omega$ mit $\mathscr{S}_\Omega$ ist σ-Algebra über $\Omega \Rightarrow \Omega \in \bigcap\limits_{\substack{\mathscr{S}_\Omega \text{ ist } \sigma\text{-Algebra über } \Omega \\ M \subseteq \mathscr{S}_\Omega}} \mathscr{S}_\Omega$.

   (b) Sei $S \in \mathscr{T}_M$. Dann gilt $\forall \mathscr{S}_\Omega$ mit $\mathscr{S}_\Omega$ ist σ-Algebra über Ω, $M \subseteq \mathscr{S}_\Omega$: $S \in \mathscr{S}_\Omega$ und damit auch $\{\Omega \setminus S\} \in \mathscr{S}_\Omega$.
   $$\Rightarrow \{\Omega \setminus S\} \in \bigcap_{\substack{\mathscr{S}_\Omega \text{ ist } \sigma\text{-Algebra über } \Omega \\ M \subseteq \mathscr{S}_\Omega}} \mathscr{S}_\Omega = \mathscr{T}_M.$$

   (c) Sei $(S_i)_{i\in\mathbb{N}}$, $S_i \in \mathscr{T}_M \ \forall i \in \mathbb{N}$.
   Dann gilt $\forall \mathscr{S}_\Omega$ mit $\mathscr{S}_\Omega$ ist σ-Algebra über Ω, $M \subseteq \mathscr{S}_\Omega$: $S_i \in \mathscr{S}_\Omega \quad \forall i \in \mathbb{N}$ und damit auch $S := \bigcup\limits_{i=1}^{\infty} S_i \in \mathscr{S}_\Omega$.
   $$\Rightarrow S \in \bigcap_{\substack{\mathscr{S}_\Omega \text{ ist } \sigma\text{-Algebra über } \Omega \\ M \subseteq \mathscr{S}_\Omega}} \mathscr{S}_\Omega = \mathscr{T}_M.$$

2.&3. Der Beweis lässt sich unmittelbar aus der Definition der Schnittmenge ableiten und wird dem Leser überlassen. □

Ergänzung 2.10 (Erzeuger eines Dynkin-Systems)

Analog zu Satz 2.4.4 wird das von M erzeugte Dynkin-System $\mathscr{D}_M$ definiert und die entsprechenden Eigenschaften bewiesen.

Satz 2.4.5

Sei $\Omega \neq \emptyset$ eine Menge, $M \subseteq \wp(\Omega)$ $\cap$-stabil.
Dann gilt: $\mathscr{D}_M = \mathscr{T}_M$.

Beweis:

$\subseteq$ Wie anhand von Grafik 2.3 bzw. Satz 2.4.1 leicht nachzuprüfen ist, ist jede σ-Algebra stets auch ein Dynkin-System.

$\supseteq$ Es ist zu zeigen, dass $\mathscr{D}_M$ eine σ-Algebra ist. Ebenfalls anhand von Grafik 2.3 bzw. Satz 2.4.1 ist ersichtlich, dass dies der Fall ist, wenn $\mathscr{D}_M$ $\cap$-stabil ist. Dies wiederum ist offensichtlich gezeigt, wenn $\forall\, B \in \mathscr{D}_M$ gilt:
$$\mathscr{D}_M \subseteq D_B := \{A \in \mathscr{D}_M | A \cap B \in \mathscr{D}_M\}.$$

Nach Ergänzung 2.10 ist $\mathcal{D}_M$ das kleinste Dynkin-System, das M enthält, $M \subseteq \mathcal{D}_M$ gilt also trivialerweise.
Sei $b \in M$ beliebig. Da M nach Voraussetzung $\cap$-stabil ist, gilt $a \cap b \in M$ $\forall\, a \in M$ und es folgt:

$$M = \{a \in M | a \cap b \in M\} \subseteq \{A \in \mathcal{D}_M | A \cap b \in \mathcal{D}_M\} = D_b.$$

Es ist also $M \subseteq D_b \subseteq \mathcal{D}_{D_b}$ und da $\mathcal{D}_M$ per Definition der Durchschnitt aller Dynkin-Systeme ist, die M enthalten, folgt: $\mathcal{D}_M \subseteq \mathcal{D}_{D_b}$.
Wie wir im Anschluss unter (*) zeigen werden, ist D_b bereits ein Dynkin-System und somit automatisch das kleinste Dynkin-System, das D_b enthält.
M. a. W. es gilt $\mathcal{D}_{D_b} = D_b$.
Sei nun also $B \in \mathcal{D}_M \subseteq D_b$. Dann gilt nach Definition von D_b: $B \cap b \in \mathcal{D}_M$ und somit $b \in D_B\ \forall\ B \in \mathcal{D}_M$.
Weil $b \in M$ beliebig gewählt war, folgt $M \subseteq D_B\ \forall\ B \in \mathcal{D}_M$ und wiederum mit (*) $\mathcal{D}_M \subseteq D_B\ \forall\ B \in \mathcal{D}_M$ wie gewünscht.

(*): Für alle $C \in \mathcal{D}_M$ ist D_C ein Dynkin-System, denn D_C erfüllt die Forderungen aus Definition 2.9:

1. *Offenbar ist $\Omega \cap C = C \in \mathcal{D}_M \Longrightarrow \Omega \in \mathcal{D}_M$.*
2. *Seien $A, B \in \mathcal{D}_M$, $A \subseteq B$. Dann ist $(B \setminus A) \cap C = (B \cap C) \setminus (A \cap C) \in \mathcal{D}_M$.*
3. *Sei $(A_i \in \mathcal{D}_M)_{i\in\mathbb{N}})$, $A_i \cap A_j = \emptyset\ \forall\, i \neq j$.*
   Dann ist $\left(\bigcup\limits_{i=1}^{\infty} A_i\right) \cap C = \biguplus\limits_{i=1}^{\infty} (A_i \cap C) \in \mathcal{D}_M$.

□

Definition 2.11 (Topologie)

Sei $\Omega \neq 0$ eine Menge und $\tau \subset \wp(\Omega)$ ein Mengensystem. (Ω, τ) heißt topologischer Raum und τ Topologie auf Ω, wenn gilt:

1. *$\emptyset, \Omega \in \tau$.*
2. *$A, B \in \tau \Rightarrow A \bigcap B \in \tau$.*
3. *Sei I eine nicht notwendigerweise abzählbare Indexmenge und $(S_i \in \tau)_{i\in I}$ eine Familie nicht notwendigerweise disjunkter Mengen, dann gilt: $\bigcup\limits_i S_i \in \tau$.*

Die Mengen $M \in \tau$ heißen offen, die Mengen $M \in \wp(\Omega)$ mit $\{\Omega \setminus M\} \in \tau$ heißen abgeschlossen.

Bemerkung 2.4.6

Eine Topologie erlaubt also im Gegensatz zur σ-Algebra nicht nur abzählbar unendliche Vereinigungen, sondern auch überabzählbar unendliche. Zwar ist eine Topologie damit insbesondere auch σ-$\cup$-stabil, aber da sie anders als eine σ-Algebra nicht komplementstabil ist, folgt hieraus nicht die σ-$\cap$-Stabilität. Während bei einer σ-Algebra also abzählbar unendliche Schnitte zulässig sind, sind bei einer Topologie nur endliche Schnitte erlaubt.

Definition 2.12 (Standard-Topologie im $\mathbb{R}^d$)

Das gewöhnliche System offener Mengen

$$\tau_{]\mathbb{R}[} := \{ \bigcup_{(x,r)\in S} \{y \in \mathbb{R}^d : \sqrt{\sum_{i=1}^{d}(x_i - y_i)^2} < r\} : S \subseteq \mathbb{R}^d \times]0,\infty[\}$$

heißt Standard-Topologie im $\mathbb{R}^d$.

Soweit nicht anders vermerkt, gehen wir stets davon aus, dass der $\mathbb{R}^d$ mit der Topologie $\tau_{]\mathbb{R}[}$ ausgestattet ist.

Definition 2.13 (Borelsche σ-Algebra)

Sei (Ω, τ) ein topologischer Raum, dann heißt die von τ erzeugte σ-Algebra $\mathscr{L}_{(\Omega,\tau)} := \mathscr{L}_\Omega := \mathcal{A}_\tau$ die Borelsche Algebra auf Ω.

Die Elemente $B \in \mathscr{L}_{(\Omega,\tau)}$ heißen Borelsche Mengen oder Borel-Mengen.

Bezeichnung 2.11 ($\mathscr{L}^d$)

Ist $\Omega := \mathbb{R}^d$ und $\tau := \tau_{]\mathbb{R}[}$, so schreiben wir kurz:

$$\mathscr{L}^d \text{ für } \mathscr{L}_{(\mathbb{R}^d,\tau_{]\mathbb{R}[})} \qquad \text{und} \qquad \mathscr{L} \text{ für } \mathscr{L}^1.$$

Satz 2.4.7 (Erzeuger von $\mathscr{L}^d$)

Seien $\mathfrak{E}_1 := \{M \subset \mathbb{R}^d | M \text{ ist offen}\}$, $\mathfrak{E}_2 := \{M \subset \mathbb{R}^d | M \text{ ist abgeschlossen}\}$,

$\mathfrak{E}_3 := \{M \subset \mathbb{R}^d | M \text{ ist kompakt}\}$, $\mathfrak{E}_4 := \{\,]a,b[\; | a,b \in \mathbb{Q}^d, a \overset{\forall}{<} b\}$,

$\mathfrak{E}_5 := \{\, [a,b[\; | a,b \in \mathbb{Q}^d, a \overset{\forall}{<} b\}$, $\mathfrak{E}_6 := \{\,]a,b]\; | a,b \in \mathbb{Q}^d, a \overset{\forall}{<} b\}$,

$\mathfrak{E}_7 := \{\, [a,b]\; | a,b \in \mathbb{Q}^d, a \overset{\forall}{<} b\}$, $\mathfrak{E}_8 := \{\,]-\infty,b[\; | b \in \mathbb{Q}^d\}$,

$\mathfrak{E}_9 := \{\,]-\infty,b]\; | b \in \mathbb{Q}^d\}$, $\mathfrak{E}_{10} := \{\,]a,\infty[\; | a \in \mathbb{Q}^d\}$,

$\mathfrak{E}_{11} := \{\, [a,\infty[\; | a \in \mathbb{Q}^d\}$.

Dann gilt:

$$\mathcal{B}^d = \sigma_{\mathfrak{E}_i} \quad \forall i \in \{1, ..., 11\}.$$

M. a. W.:

Die Borelsche σ-Algebra $\mathcal{B}^d$ wird von jedem der angegebenen Mengensysteme erzeugt.

Beweis:

1. $\mathcal{B}^d = \sigma_{\mathfrak{E}_1}$ gilt nach Definition 2.13 und Bezeichnung 2.11.

2. Sei $M \in \mathfrak{E}_1$. Dann ist $M^{\complement} \in \mathfrak{E}_2$. Damit gilt trivialerweise $M^{\complement} \in \sigma_{\mathfrak{E}_2}$ und wegen der Komplementstabilität von $\sigma_{\mathfrak{E}_2}$ folgt $M = M^{\complement^{\complement}} \in \sigma_{\mathfrak{E}_2}$.
   Somit ist $\mathfrak{E}_1 \subseteq \sigma_{\mathfrak{E}_2}$, und da $\sigma_{\mathfrak{E}_1}$ per Definition die Schnittmenge aller σ-Algebren ist, die $\mathfrak{E}_1$ enthalten, folgt $\sigma_{\mathfrak{E}_1} \subseteq \sigma_{\mathfrak{E}_2}$.
   Analog folgt aber auch $\sigma_{\mathfrak{E}_2} \subseteq \sigma_{\mathfrak{E}_1}$ und somit $\sigma_{\mathfrak{E}_2} = \sigma_{\mathfrak{E}_1}$.

3. Da jede kompakte Menge abgeschlossen ist, gilt $\sigma_{\mathfrak{E}_3} \subseteq \sigma_{\mathfrak{E}_2}$. Sei $M \in \mathfrak{E}_2$ und $(M_i)_{i \in \mathbb{N}}$ eine Familie mit $M_i := M \cap [-i, i]^d$. Dann sind die M_i kompakt und die abzählbare Vereinigung $\bigcup_{i=1}^{d} M_i = M$ ist in $\sigma_{\mathfrak{E}_3}$. Also gilt $\sigma_{\mathfrak{E}_2} \subseteq \sigma_{\mathfrak{E}_3}$ und damit die Gleichheit.

4. Wegen $\mathfrak{E}_4 \subset \mathfrak{E}_1$ folgt $\sigma_{\mathfrak{E}_4} \subset \sigma_{\mathfrak{E}_1}$. Sei nun $M \subset \mathbb{R}^d$ offen und $r : M \mapsto \mathbb{R}^d$ mit $r(a) := \min(1, sup\{b \mid\ ]a - b, a + b[\subset M\})^{10}$. Ferner sei $q : M \mapsto \mathbb{Q}^d$ mit $\frac{r(a)}{2} \leq q(a) \leq r(a)$. Dann gilt $\forall y \in M$ und $x \in]y - \frac{r(y)}{3}, y + \frac{r(y)}{3}[$:
   $$r(x) \geq r(y) - \|x - y\| \overset{\forall}{>} \tfrac{2}{3} r(y), \text{ also } q(x) \overset{\forall}{>} \tfrac{1}{3} r(y)$$
   und somit $\qquad y \in]x - q(x), x + q(x)[.$
   Folglich ist $M = \bigcup_{x \in M \cap \mathbb{Q}^d}]x - q(x), x + q(x)[$ eine abzählbare Vereinigung von Mengen aus $\mathfrak{E}_4$ und damit $M \subset \sigma_{\mathfrak{E}_4}$. $\Rightarrow \sigma_{\mathfrak{E}_1} \subset \sigma_{\mathfrak{E}_4}$.

5. Die Beweise für $\mathcal{B}^d = \sigma_{\mathfrak{E}_i}$, $i \in \{5, .., 11\}$ folgen analog.

□

Korollar 2.4.8

Da $\mathbb{Q}^d$ in $\mathbb{R}^d$ dicht liegt, ergibt sich aus Satz 2.4.7 unmittelbar, dass auch $\mathbb{H}^d$ ein Erzeuger von $\mathcal{B}^d$ ist[11].

---

[10] $r(a)$ ist wohldefiniert, da M offen ist und es gilt: $r(a) \overset{\forall}{>} 0$ (komponentenweise).

[11] Vgl. Def. 2.9, S. 18.

Satz 2.4.9

$\mathbb{HI}^d$ ist ein Halbring über $\mathbb{R}^d$.

Beweis:

Überprüfe die Forderungen aus Definition 2.9:

1. $\mathbb{HI}^d \subset \wp(\mathbb{R}^d)$ *trivial.*
2. *Zu zeigen:* $\emptyset \in \mathbb{HI}^d$.
   Sei $a \in \mathbb{R}^d$. *Dann ist* $]a, a] = \emptyset \in \mathbb{HI}^d$.
3. *Zu zeigen:* $\mathbb{HI}^d$ *ist* $\cap$*-stabil.*
   Seien $H_1, H_2 \in \mathbb{HI}^d$ *und o. B. d. A.* $H_1 \cap H_2 \neq \emptyset$.
   Dann folgt:
   (a) $H_1, H_2 \neq \emptyset \Longrightarrow H_k = \bigtimes_{i=1}^{d}]inf(H_k)_i, sup(H_k)_i], \quad k \in \{1,2\},$
   (b) $\max(inf(H_1), inf(H_2)) < \min(sup(H_1), sup(H_2)).$

$$\begin{aligned}\Longrightarrow H_1 \cap H_2 &= \bigtimes_{i=1}^{d}]inf(H_1)_i, sup(H_1)_i] \cap \bigtimes_{i=1}^{d}]inf(H_2)_i, sup(H_2)_i] \\ &= \bigtimes_{i=1}^{d} (\,]inf(H_1)_i, sup(H_1)_i] \cap]inf(H_2)_i, sup(H_2)_i]) \\ &= \bigtimes_{i=1}^{d}]\max(inf(H_1), inf(H_2)), \min(sup(H_1), sup(H_2))] \in \mathbb{HI}^d.\end{aligned}$$

4. *Seien* $H_2, H_1 \in \mathbb{HI}^d$.
   Zu zeigen: $H_2 \setminus H_1 = \biguplus_{i \in I} C_i, \quad C_i \in \mathbb{HI}^d \quad \forall\, i \in I := \{1, ..., k\}.$
   Wegen $H_2 \setminus H_1 = H_2 \setminus (H_1 \cap H_2)$ *mit* $(H_1 \cap H_2) \in \mathbb{HI}^d$ *nach 3. können wir im Weiteren o. B. d. A. annehmen, dass* $H_1 \subset H_2$ *gilt.*
   Wegen $H_2 \setminus \emptyset = H_2 =: C_1$ *können wir weiterhin* $H_1 \neq \emptyset$ *annehmen.*
   Unter diesen Voraussetzungen folgt sofort $H_2 \neq \emptyset$ *und nach Satz 2.3.2 existiert ein* $G \in \mathbb{HI}^d$, *zu dem eine Normalteilung* $\mathcal{N}_G$ *existiert, mit der gilt:* $\{N \in \mathcal{N}_G | N \subset H_j\}$ *ist Normalteilung von* H_j, $j \in \{1, 2\}$.
   $$\Longrightarrow \quad H_2 \setminus H_1 = \biguplus_{\substack{N \in \mathcal{N}_G \\ N \subset H_2}} N \setminus \biguplus_{\substack{N \in \mathcal{N}_G \\ N \subset H_1}} N = \biguplus_{\substack{N \in \mathcal{N}_G \\ N \subset H_2,\ N \not\subset H_1}} N.$$

□

Satz 2.4.10

Es gilt $\{a\} \in \mathscr{L}^d \quad \forall a \in \mathbb{R}^d$.

Beweis:

Da $\{a\}^{\complement} :=]-\infty, a[\cup]a, \infty[$ *offen ist, gilt* $\{a\}^{\complement} \in \mathscr{L}^d$*gemäß Satz 2.4.7 und Definition 2.9. Wegen der Komplementstabilität von* $\mathscr{L}^d$ *ist dann aber auch* $\{a\}^{\complement\complement} = \mathbb{R}^d \setminus \{a\}^{\complement} = \{a\} \in \mathscr{L}^d$.

□

Definition 2.14 (Wahrscheinlichkeitsmaß)

Sei $\mathscr{S}_\Omega \subseteq \wp(\Omega)$ *eine* σ*-Algebra über der nichtleeren Menge* Ω.
Eine Funktion $P : \mathscr{S}_\Omega \mapsto \mathbb{R}$ *heißt Wahrscheinlichkeitsmaß, falls gilt:*

1. $P(S) \geq 0 \quad \forall S \in \mathscr{S}_\Omega$.
2. *Sei* $(S_i \in \mathscr{S}_\Omega)_{i \in \mathbb{N}}$ *eine Familie paarweise disjunkter Mengen mit* $\biguplus_{i=1}^{\infty} S_i \in \mathscr{S}_\Omega$, *dann gilt:* $P(\biguplus_{i=1}^{\infty} S_i) = \sum_{i=1}^{\infty} P(S_i)$.
3. $P(\Omega) = 1$.

Eigenschaft 2 wird als σ*-Additivität bezeichnet*[12].

Korollar 2.4.11

Sei $P : \mathscr{S}_\Omega \mapsto \mathbb{R}$ *ein Wahrscheinlichkeitsmaß und* $A, B \in \mathscr{S}_\Omega$, $A \subseteq B$, *dann ist* $B \setminus A \in \mathscr{S}_\Omega$, *weil* $\mathscr{S}_\Omega$ $\setminus$*-stabil ist, und es gilt:*

- $P(B \setminus A) = P(B) - P(A)$,
- $P(A) \leq P(B)$.

Beweis:

$$P(B) = P(A \uplus \{B \setminus A\}) \overset{\sigma-\text{Additivität}}{=} P(A) + \underbrace{P(B \setminus A)}_{\geq 0}.$$

□

[12] Vgl. Definition 2.23, S. 40.

Definition 2.15 (Wahrscheinlichkeitsraum)

Sei $\mathscr{S}_\Omega \subseteq \wp(\Omega)$ eine σ-Algebra über der nichtleeren Menge Ω und $P : \mathscr{S}_\Omega \mapsto \mathbb{R}$ ein Wahrscheinlichkeitsmaß.
Dann heißt das Tripel $(\Omega, \mathscr{S}_\Omega, P)$ Wahrscheinlichkeitsraum.
Die Menge Ω wird als Grundgesamtheit und die Elemente $A \in \mathscr{S}_\Omega$ werden als Ereignisse bezeichnet. Insbesondere heißen die Ereignisse $A \in \Omega$ Elementarereignisse.

Definition 2.16 (Verteilungsfunktion)

Eine Funktion $F : \mathbb{R}^d \mapsto [0,1]$ heißt Verteilungsfunktion, wenn gilt:

1. *Rechtsstetigkeit:*
$$F(x) = \lim_{h \in \mathbb{R}^d \downarrow 0} F(x+h),$$
2. *Monotonie:*
$$F(x+h) \geq F(x) \quad \forall h \in \mathbb{R}^d \text{ mit } h \geq 0,$$
3. *Asymptotisches Verhalten im Unendlichen:*
$$\lim_{x_i \to -\infty} F(x) = 0, \quad i \in \{1, ..., d\},$$
$$\lim_{x \to \infty} F(x) = 1.$$

Bemerkung 2.4.12

$F : \mathbb{R}^d \mapsto \mathbb{R}, \quad i \in \{1, ..., d\}, \quad a, b \in \mathbb{R} \cup \{-\infty, \infty\}$:
$$\lim_{x_i \to b} F(x) = a \quad \Rightarrow \quad \lim_{x \to b} F(x) = a, \qquad \text{aber} \qquad \lim_{x \to b} F(x) = a \quad \not\Rightarrow \quad \lim_{x_i \to b} F(x) = a.$$

Definition 2.17

Eine Verteilungsfunktion $F : \mathbb{R}^d \mapsto [0,1]$ heißt

- *absolutstetig, falls es eine (Lebesgue)-integrierbare[13] Funktion $f : \mathbb{R}^d \mapsto \mathbb{R}_0^+$ gibt, so dass*
$$F(x) = \int_{]-\infty, x]} f(x) dx \quad \forall x \in \mathbb{R}^d.$$
Die Funktion f wird dann als Dichte bezeichnet.

[13] Wir verzichten auf die Einführung des Lebesgue-Integrals, geben aber den Hinweis, dass jede auf einer kompakten Teilmenge $T \subseteq \mathbb{R}^d$ Riemann-integrierbare Funktion auf T auch Lebesgue-integrierbar ist und der Wert beider Integrale übereinstimmt.

- *diskret, falls es eine höchstens abzählbar unendliche Menge* $A \subset \mathbb{R}^d$, $|A| \subseteq \mathbb{N}$ *und eine Funktion* $f_A : \mathbb{R}^d \mapsto \mathbb{R}_0^+$ *mit* $f_A(a) := \begin{cases} b_a, & \text{falls } a \in A \\ 0, & \text{sonst} \end{cases}$ *gibt,*

  so dass $$F(x) = \sum_{a \leq x} f(a) \quad \forall\, x \in \mathbb{R}^d.$$

  Die Funktion f_A *wird dann als Massefunktion bezeichnet. Soweit keine Verwechslungsgefahr besteht, schreiben wir für* f_A *auch kurz:* f.

Korollar 2.4.13

- *Für die Dichte* f *einer absolutstetigen Verteilungsfunktion* F *gilt:*
$$\int_{]-\infty,\,\infty]} f(x)dx = 1.$$
- *Für die Massefunktion* $f = f_A$ *einer diskreten Verteilungsfunktion* F *gilt:*
$$\sum_{a \in \mathbb{R}^d} f(a) = \sum_{a \in A} f(a) = 1 \quad \Longrightarrow \quad 0 \leq f(a) \leq 1 \quad \forall\, a \in \mathbb{R}^d.$$

Beweis:
Die Behauptungen ergeben sich direkt aus dem asymptotischen Verhalten von F *im Unendlichen.* □

Definition 2.18 (Zufallsvariable)

Eine Abbildung $\mathcal{X} : \Omega \mapsto \Omega'$ *heißt Zufallsvariable, falls gilt:*
$$\mathcal{X}^{-1}(S') := \{\mathcal{X}^{-1}(s') | s' \in S'\} \in \mathscr{S}_\Omega \quad \forall\, S' \in \mathscr{S}_{\Omega'}.$$
Ist $\Omega' = \mathbb{R}^d$, *so heißt* $\mathcal{X}$ *(d-dimensionale) reelle Zufallsvariable.*
Ist $\Omega' \subset \mathbb{R}^d$ *höchstens abzählbar unendlich, so heißt* $\mathcal{X}$ *diskrete (d-dimensionale, reelle) Zufallsvariable. Im Allgemeinen kann man für diskrete Zufallsvariablen o. B. d. A.* $\Omega' \subseteq \mathbb{N}^d$ *setzen.*

Bemerkung 2.4.14

Man beachte:
$$\mathscr{S}_{\Omega'} \overset{\text{Def.: 2.9}}{\subseteq} \wp(\Omega') \overset{\text{Bez.: 2.2}}{=} \{U | U \subseteq \Omega'\}$$
$$\Longrightarrow S' \subseteq \Omega' \quad \forall S' \in \mathscr{S}_{\Omega'}$$
$$\Longrightarrow s' \in \Omega' \quad \forall s' \in S' \text{ mit } S' \in \mathscr{S}_{\Omega'}.$$

Bemerkung 2.4.15

Definition 2.18 ist gleichbedeutend mit:

$\mathcal{X} : \Omega \mapsto \Omega'$ *ist Zufallsvariable* $\Leftrightarrow$

$$\mathcal{X}^{-1}(\mathcal{S}_{\Omega'}) := \{\mathcal{X}^{-1}(S')|S' \in \mathcal{S}_{\Omega'}\} := \{\{\mathcal{X}^{-1}(s')|s' \in S'\}|S' \in \mathcal{S}_{\Omega'}\} \subseteq \mathcal{S}_{\Omega}.$$

Oder in Worten:

$\mathcal{X} : \Omega \mapsto \Omega'$ *ist genau dann Zufallsvariable, wenn für die Umkehrabbildung* $\mathcal{X}^{-1} : \Omega' \mapsto \Omega$ *insbesondere gilt:* $\mathcal{X}^{-1} : \mathcal{S}_{\Omega'} \mapsto \mathcal{T}_{\Omega} \subseteq \mathcal{S}_{\Omega}$.

Korollar 2.4.16

Ist Ω *höchstens abzählbar unendlich, ist jede Zufallsvariable* $\mathcal{X} : \Omega \mapsto \Omega'$ *diskret.*

Beweis: *Die Behauptung folgt direkt aus Definition 2.18.* □

Bezeichnung 2.12

Falls Ω' *ein d-dimensionaler Raum ist, so schreiben wir zur vereinfachten Darstellung für* $\big(\mathcal{X}(\omega)\big)_i$ *auch kurz:* $\mathcal{X}_i(\omega)$.

Definition 2.19 (Wahrscheinlichkeitsverteilung)

Sei $P : \mathcal{S}_{\Omega} \mapsto \mathbb{R}$ *ein Wahrscheinlichkeitsmaß und* $\mathcal{X} : \Omega \mapsto \Omega'$ *eine Zufallsvariable. Dann heißt* $P_{\mathcal{X}} : \mathcal{S}_{\Omega'} \mapsto \mathbb{R}$,

$$P_{\mathcal{X}}(S') := P(\mathcal{X}^{-1}(S')) = P(\{\mathcal{X}^{-1}(s')|s' \in S'\}) = P(\{\omega \in \Omega|\mathcal{X}(\omega) \in S'\})$$

Wahrscheinlichkeitsverteilung von $\mathcal{X}$.

Bezeichnung 2.13

Zuweilen schreiben wir zur Vereinfachung

$$\mathcal{X} \in S' \text{ anstatt } \{\omega \in \Omega|\mathcal{X}(\omega) \in S'\} \text{ (d. h. anstatt } \mathcal{X}^{-1}(S')).$$

Damit folgt dann beispielsweise:

- $P_{\mathcal{X}}(S') = P(\mathcal{X} \in S')$.
- $P_{\mathcal{X}}(]a, b]) = P(\mathcal{X} \in]a, b]) = P(a < \mathcal{X} \leq b)$.
- $P_{\mathcal{X}}(]-\infty, a]) = P(\mathcal{X} \in]-\infty, a]) = P(\mathcal{X} \leq a)$.
- *Für die Zufallsvariable* $\mathcal{Y} := \mathcal{X}^2 + 2\mathcal{X}$:

$$P_{\mathcal{Y}}([a, \infty[) = P(\mathcal{Y} \geq a) = P(\mathcal{X}^2 + 2\mathcal{X} \geq a).$$

Korollar 2.4.17

Die Wahrscheinlichkeitsverteilung einer Zufallsvariablen $\mathcal{X} : \Omega \mapsto \Omega'$ ist ein Wahrscheinlichkeitsmaß.

Beweis:

- $\left.\begin{array}{ll}\text{Bem. 2.4.15:} & \mathcal{X}^{-1}(S') \in \mathcal{T}_\Omega \subseteq \mathcal{S}_\Omega \\ \text{Def. 2.14:} & P(S) \geq 0 \quad \forall S \in \mathcal{S}_\Omega\end{array}\right\} \Rightarrow P(\mathcal{X}^{-1}(S')) \geq 0 \quad \forall S' \in \mathcal{S}_{\Omega'}$

  $\Longrightarrow P_\mathcal{X}(S') \geq 0 \quad \forall S' \in \mathcal{S}_{\Omega'}$.
- Sei $(S'_i \in \mathcal{S}_{\Omega'})_{i \in \mathbb{N}}$ eine Familie paarweise disjunkter Mengen mit $\biguplus_{i=1}^{\infty} S'_i \in \mathcal{S}_{\Omega'}$,

  dann gilt: $P_\mathcal{X}(\biguplus_{i=1}^{\infty} S'_i) = P(\mathcal{X}^{-1}(\biguplus_{i=1}^{\infty} S'_i)) = P(\{\mathcal{X}^{-1}(s') | s' \in \biguplus_{i=1}^{\infty} S'_i\})$

  $= P(\biguplus_{i=1}^{\infty} \{\mathcal{X}^{-1}(s') | s' \in S'_i\}) = P(\biguplus_{i=1}^{\infty} \underbrace{\mathcal{X}^{-1}(S'_i)}_{\substack{\text{Bem. 2.4.15:} \\ \in \mathcal{T}_\Omega \subseteq \mathcal{S}_\Omega}}) \overset{\text{Def.2.14}}{=} \sum_{i=1}^{\infty} P(\mathcal{X}^{-1}(S'_i))$

  $= \sum_{i=1}^{\infty} P_\mathcal{X}(S'_i)$.
- $P_\mathcal{X}(\Omega') = P(\mathcal{X}^{-1}(\Omega')) = P(\{\omega \in \Omega | \mathcal{X}(\omega) \in \Omega'\}) = P(\Omega) = 1.$ □

Definition 2.20 (Die Menge $\mathbb{F}^d$)

Sei $\mathcal{X} : \Omega \mapsto \mathbb{R}^d$ eine reelle Zufallsvariable, dann definieren wir:

$$\mathbb{F}_\mathcal{X}{}^d := \left\{ \{\mathcal{X}(\omega) | \mathcal{X}(\omega) \leq a, \omega \in \Omega\} \, | a \in \mathbb{R}^d \right\}.$$

Besteht keine Gefahr der Verwechslung, schreiben wir für $\mathbb{F}_\mathcal{X}{}^d$ auch kurz: $\mathbb{F}^d$.

Satz 2.4.18

Sei $\mathcal{X} : \Omega \mapsto \mathbb{R}^d$ eine reelle Zufallsvariable.

Dann gilt:

1. *Ω abzählbar* $\overset{o.\,B.\,d.\,A.}{\Longrightarrow}$ $\mathbb{F}^d = \left\{ \left\{\mathcal{X}(\omega) \in \mathbb{N}^d | \mathcal{X}(\omega) \leq a, \omega \in \Omega\right\} | a \in \mathbb{N}^d \right\}$,
2. *Ω überabzählbar* $\Longrightarrow$ $\mathbb{F}^d = \{\,]-\infty, a] \, | a \in \mathbb{R}^d\}$,
3. $\mathbb{F}^d \subset \mathcal{L}^d$.

Beweis:

1. *Ist Ω eine abzählbare Menge, folgt unmittelbar, dass auch die Mengen $M \in \mathbb{F}^d$ nur abzählbar viele Elemente enthalten.*

   Mit Definition 2.18 schreiben wir o. B. d. A.:

   $\mathcal{X} : \Omega \mapsto \mathbb{N}^d$ und somit $\mathbb{F}^d = \left\{ \left\{\mathcal{X}(\omega) \in \mathbb{N}^d | \mathcal{X}(\omega) \leq a, \omega \in \Omega\right\} | a \in \mathbb{N}^d \right\}$.

2. *Ist Ω hingegen überabzählbar, so sind auch die Mengen $M \in \mathbb{F}^d$ überabzählbar und mit der Definition der Intervalls $]-\infty, a] := \{x \in \mathbb{R} | x \leq a, a \in \mathbb{R}\}$ und Bezeichnung 2.5 folgt:*
$$\mathbb{F}^d = \left\{ \left\{\mathcal{X}(\omega) \in \mathbb{R}^d | \mathcal{X}(\omega) \leq a, \omega \in \Omega\right\} | a \in \mathbb{R}^d \right\} = \{\,]-\infty, a] \, | a \in \mathbb{R}^d\}.$$
3. *Für den Fall, dass Ω abzählbar ist, folgt dann $\mathbb{F}^d \subset \mathscr{L}^d$mit Satz 2.4.10, für den Fall, dass Ω überabzählbar ist, folgt $\mathbb{F}^d \subset \mathscr{L}^d$direkt aus Satz 2.4.7.* □

Korollar **2.4.19**

Sei

- *$\mathcal{X} : \Omega \mapsto \mathbb{R}^d$ eine reelle Zufallsvariable mit Wahrscheinlichkeitsverteilung $P_\mathcal{X} : \mathscr{L}^d \mapsto \mathbb{R}$,*
- *$\mathit{rf} : \mathbb{R}^d \mapsto \mathbb{F}^d$, $\mathit{rf}(x) := \{\mathcal{X}(\omega) | \mathcal{X}(\omega) \leq x, \omega \in \Omega\}$.*

Dann ist $F_\mathcal{X} := P_{\mathcal{X}|_{\mathbb{F}^d}} \circ \mathit{rf}$ wohldefiniert.

Beweis:
Nach Satz 2.4.18 ist $\mathbb{F}^d \subset \mathscr{L}^d$und somit gilt:
$$F_\mathcal{X} : \mathbb{R}^d \mapsto \mathbb{R} \quad = \quad \mathbb{R}^d \overset{\mathit{rf}}{\mapsto} \mathbb{F}^d \subset \mathscr{L}^d \overset{P_\mathcal{X}}{\mapsto} \mathbb{R}, \qquad F_\mathcal{X}(x) := P_\mathcal{X}(\mathit{rf}(x)).$$ □

Satz 2.4.20 (Verteilungsfunktion von X)

Es gelten die Vorraussetzungen aus Satz 2.4.18 und Korollar 2.4.19. Dann ist
$$F_\mathcal{X} : \mathbb{R}^d \mapsto \mathbb{R}, \qquad F_\mathcal{X} := P_{\mathcal{X}|_{\mathbb{F}^d}} \circ \mathit{rf}$$
eine Verteilungsfunktion.
$F_\mathcal{X}$ heißt Verteilungsfunktion von $\mathcal{X}$.

Beweis:

- *Monotonie:*
$$F_\mathcal{X}(x) = P_\mathcal{X}(\mathit{rf}(x)) = P_\mathcal{X}(\,]-\infty, x]) \overset{\substack{\text{Kor. 2.4.17} \\ \text{Kor. 2.4.11}}}{\leq} P_\mathcal{X}(\,]-\infty, x+h]) = P_\mathcal{X}(\mathit{rf}(x+h)) = F_\mathcal{X}(x+h).$$
- *Asymptotisches Verhalten im Unendlichen:*

1. $\lim\limits_{x\to\infty} F_\mathcal{X}(x)$
$$= \lim_{x\to\infty} P_\mathcal{X}\left(\{\mathcal{X}(\omega)|\mathcal{X}(\omega) \leq x, \omega \in \Omega\}\right) = P_\mathcal{X}\left(\left\{\mathcal{X}(\omega)|\mathcal{X}(\omega) \leq \lim_{x\to\infty} x, \omega \in \Omega\right\}\right)$$
$$= P_\mathcal{X}\left(\{\mathcal{X}(\omega)|\omega \in \Omega\}\right) = P_\mathcal{X}(\Omega') \overset{\text{Kor.2.4.17}}{=} 1.$$

2. $\lim\limits_{x_i \to -\infty} F_{\mathcal{X}}(x)$
$= \lim\limits_{x_i \to -\infty} P_{\mathcal{X}}\left(\{\mathcal{X}(\omega) | \mathcal{X}(\omega) \leq x, \omega \in \Omega\}\right)$
$= P_{\mathcal{X}}\left(\left\{(\mathcal{X}(\omega)_1, ..., \mathcal{X}(\omega)_d) \, | \mathcal{X}(\omega)_j \leq x_j \; \forall \, j \neq i, \mathcal{X}(\omega)_i \leq \lim\limits_{x_i \to -\infty} x_i, \omega \in \Omega\right\}\right)$
$= P_{\mathcal{X}}(\emptyset) = 0$

(da $\{\mathcal{X}(\omega)_i \leq \lim\limits_{x_i \to -\infty} x_i | \omega \in \Omega\} = \emptyset$).

- *Rechtsstetigkeit:*

$$\begin{aligned}\lim_{h \in \mathbb{R}^d \downarrow 0} F(x+h) &= \lim_{h \in \mathbb{R}^d \downarrow 0} P_{\mathcal{X}}\left(\{\mathcal{X}(\omega) | \mathcal{X}(\omega) \leq x + h, \omega \in \Omega\}\right) \\ &= P_{\mathcal{X}}\left(\{\mathcal{X}(\omega) | \mathcal{X}(\omega) \leq \lim_{h \in \mathbb{R}^d \downarrow 0} x + h, \omega \in \Omega\}\right) \\ &= P_{\mathcal{X}}\left(\{\mathcal{X}(\omega) | \mathcal{X}(\omega) \leq x, \omega \in \Omega\}\right) = F(x).\end{aligned}$$

□

2.4.3 Lebesgue-Stieltjes-Wahrscheinlichkeitsmaß

Im Folgenden wollen wir zu einer gegebenen Verteilungsfunktion $F : \mathbb{R}^d \mapsto [0,1]$ mit Dichte bzw. Massefunktion f ein Wahrscheinlichkeitsmaß bestimmen, so dass die Wahrscheinlichkeit für den Eintritt eines Elementarereignisses $\omega \in \Omega$ mit $\mathcal{X}(\omega) \leq a$, $\mathcal{X} : \Omega \mapsto \mathbb{R}^d$ genau $F(a)$ beträgt[14].

In Satz 2.4.29 auf Seite 52 werden wir sehen, dass die Funktion $\mu_F : \mathscr{L}^d \mapsto [0,1]$,

$$\mu_F(x) := \begin{cases} inf\left\{\sum\limits_{\mathfrak{m} \in \mathfrak{U}} \int\limits_{\mathfrak{m}} f(y)dy \;\middle|\; \mathfrak{U} \in \mathfrak{A}_{\mathrm{HI}^d}(x)\right\}, & \text{falls } F \text{ absolutstetig} \\ inf\left\{\sum\limits_{\mathfrak{m} \in \mathfrak{U}} \sum\limits_{y \in \mathfrak{m}} f(y) \;\middle|\; \mathfrak{U} \in \mathfrak{A}_{\mathrm{HI}^d}(x)\right\}, & \text{falls } F \text{ diskret} \end{cases}$$

diese Anforderungen erfüllt. Um dies zeigen zu können, ist aber zunächst noch etwas Vorarbeit nötig.

Zur visuellen Unterstützung zeigt Abbildung 2.4 die wichtigsten Zusammenhänge, die im Nachfolgenden entwickelt werden.

[14] Vgl. Seite 22.

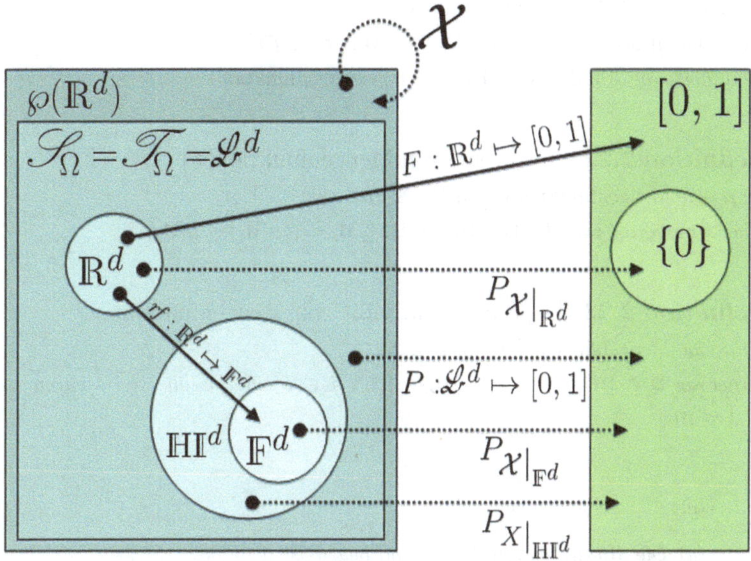

Gegeben sei $\Omega := \mathbb{R}^d$ und eine beliebige absolutstetige Verteilungsfunktion $F : \mathbb{R}^d \mapsto [0,1]$ mit Dichte f. Setze:

- $\mathcal{X} := id_{\mathbb{R}^d} \Leftrightarrow id_{\wp(\mathbb{R}^d)}$,
- $rf : \mathbb{R}^d \mapsto \mathbb{F}^d, rf(x) := \{\mathcal{X}(\omega)|\mathcal{X}(\omega) \leq x, \omega \in \Omega\} = \{\omega \in \mathbb{R}^d|\omega \leq x\} =]-\infty, x]$,
- $P_{\mathcal{X}} := \mu_F$.

Dann ist $F_{\mathcal{X}} = P_{\mathcal{X}}\Big|_{\mathbb{F}^d} \circ rf = F$ sowie $P = P_{\mathcal{X}}$ und es gilt:

- $P(]a,b]) = \int_a^b f(y)dy$,
- $P(]-\infty,a]) = F(a) \qquad \forall\ ]-\infty,a] \in \mathbb{F}^d$,
- $P(a) = 0 \qquad \forall\ a \in \mathbb{R}^d$.

Abbildung 2.4: Der Wahrscheinlichkeitsraum $(\Omega := \mathbb{R}^d, \mathscr{S}_\Omega := \mathscr{L}^d, P := \mu_F)$

Definition 2.21 (Mengenfunktion)
Sei Ω eine nichtleere Menge und $\mathfrak{M} \subseteq \wp(\Omega)$ mit $\emptyset \in \mathfrak{M}$.
Dann heißt die Abbildung $\mu : \mathfrak{M} \mapsto [0, \infty[$ Mengenfunktion.

Definition 2.22 (Monotonie von Mengenfunktionen)
Sei μ eine Mengenfunktion wie in Def. 2.21.
μ heißt monoton $\Longleftrightarrow \mathfrak{U}_1, \mathfrak{U}_2 \subseteq \mathfrak{M}$ mit $\mathfrak{U}_1 \subseteq \mathfrak{U}_2 \Longrightarrow \mu(\mathfrak{U}_1) \leq \mu(\mathfrak{U}_2)$.

Definition 2.23 ([σ-][Sub-]Additivität von Mengenfunktionen)
Sei μ eine Mengenfunktion wie in Def. 2.21.
Ferner sei $\mathfrak{V} \in \mathfrak{M}$ und $(\mathfrak{U}_i)_{i \in I}$, $\mathfrak{U}_i \in \mathfrak{M} \; \forall \; i \in I$ eine Familie von Mengen mit $\bigcup\limits_{i \in I} \mathfrak{U}_i \in \mathfrak{M}$.

1. *Gilt:*
   (a) *Die Mitglieder von $(\mathfrak{U}_i)_{i \in I}$ sind paarweise disjunkt,*
   (b) $\mathfrak{V} = \bigcup\limits_{i \in I} \mathfrak{U}_i$,
   (c) $\mu(\mathfrak{V}) = \sum\limits_{i \in I} \mu(\mathfrak{U}_i)$.

   Dann heißt μ (endlich) additiv, falls I endlich ist,
   und σ-additiv, falls I höchstens abzählbar unendlich ist.
2. *Gilt:*
   (a) *Die Mitglieder von $(\mathfrak{U}_i)_{i \in I}$ sind nicht notwendigerweise paarweise disjunkt,*
   (b) $\mathfrak{V} \subseteq \bigcup\limits_{i \in I} \mathfrak{U}_i$,
   (c) $\mu(\mathfrak{V}) \leq \sum\limits_{i \in I} \mu(\mathfrak{U}_i)$.

   Dann heißt μ (endlich) subadditiv, falls I endlich ist,
   und σ-subadditiv, falls I höchstens abzählbar unendlich ist.

Bemerkung 2.4.21
Die σ-Additivität kennen wir bereits von der Definition des Wahrscheinlichkeitsmaßes (Def. 2.14).

Definition **2.24** (äußeres Maß)

Eine monotone, σ-subadditive Mengenfunktion μ mit $\mu(\emptyset) = 0$ heißt äußeres Maß.

Bezeichnung **2.14** (Menge der Überdeckungen $\mathfrak{U}$)

Sei $\mathcal{M} \subseteq \Omega$ eine beliebige Teilmenge einer nichtleeren Menge Ω. Ferner sei das Mengensystem $\mathfrak{m} \subseteq \wp(\Omega)$ eine beliebige Teilmenge der Potenzmenge von Ω mit $\emptyset \in \mathfrak{m}$.

Dann bezeichnet $\mathfrak{U}_{\mathfrak{m}}(\mathcal{M})$ die Menge der abzählbaren Überdeckungen $\mathfrak{u}$ von $\mathcal{M}$ mit Mengen $\mathfrak{m}$ aus $\mathfrak{m}$:

$$\mathfrak{U}_{\mathfrak{m}}(\mathcal{M}) := \left\{ \mathfrak{u} \subseteq \mathfrak{m} \,\middle|\, \mathfrak{u} \text{ ist abzählbar und } \mathcal{M} \subseteq \bigcup_{\mathfrak{m} \in \mathfrak{u}} \mathfrak{m} \right\}.$$

Ist der Zusammenhang klar, schreiben wir auch kurz: $\mathfrak{U}(\mathcal{M})$.

Beispiel **2.4.1**

Sei $\Omega = \mathbb{R}$, $\quad \mathcal{M} := \{x |\, x \in]-2, 3.2]\, \} \cup \{4\} \cup \{7.1\} \cup \{x |\, x \in]16.6, 90]\, \} \subseteq \Omega$,
$\mathfrak{m} := \{\, [a, b] \,| a, b \in \mathbb{Z}, a \leq b\}$,
$\mathfrak{u}_1 := \{[-2, 4], [7, 8], [16, 90]\}$ und $\mathfrak{u}_2 := \{[-5, 18], [3, 100], [600, 605]\}$.

Dann sind sowohl $\mathfrak{u}_1$ als auch $\mathfrak{u}_2$ Elemente aus $\mathfrak{U}_{\mathfrak{m}}(\mathcal{M})$.

Beweis:

$\mathfrak{u}_1$: *Offenbar ist $\mathfrak{u}_1 \subseteq \mathfrak{m}$ und abzählbar. Mit $\mathfrak{m}_1 := [-2, 4] \in \mathfrak{u}_1$, $\mathfrak{m}_2 := [7, 8] \in \mathfrak{u}_1$ und $\mathfrak{m}_3 := [16, 90] \in \mathfrak{u}_1$ gilt außerdem: $\mathcal{M} \subseteq \bigcup_{i=1}^{3} \mathfrak{m}_i$.*

$\mathfrak{u}_2$: *Analog.* □

Beispiel **2.4.2**

Sei $\Omega = \mathbb{R}$, $\quad \mathcal{M} := \{x |\, x \in]-7, 8]\, \} \subseteq \Omega$, $\quad \mathfrak{m} := \wp(\mathbb{R}_0^+) \subset \wp(\mathbb{R})$.

Dann ist $\mathfrak{U}_{\mathfrak{m}}(\mathcal{M}) = \{\emptyset\}$.

Beweis:

Wegen $\mathcal{M} \not\subseteq \bigcup_{\mathfrak{m} \in \mathfrak{m}} \mathfrak{m}$ lässt sich keine Überdeckung $\mathfrak{u}$ von $\mathcal{M}$ finden, also insbesondere auch keine abzählbare. □

Hilfssatz 2.4.22

Sei $\mathfrak{M} \subseteq \wp(\Omega)$, $\emptyset \in \mathfrak{M}$ wie in Bezeichnung 2.14. Ferner sei $g : \mathfrak{M} \mapsto [0,\infty[$ mit $g(\emptyset) = 0$ eine monotone Abbildung.

Sei $\qquad \tilde{\mu}_g : \wp(\Omega) \mapsto [0,\infty[\,, \qquad \tilde{\mu}_g(\mathcal{M}) := inf\{ \sum_{\mathfrak{m}\in\mathfrak{U}} g(\mathfrak{m}) \,|\mathfrak{U} \in \mathfrak{A}_{\mathfrak{M}}(\mathcal{M})\}.$

Dann gilt:

i. $\tilde{\mu}_g$ *ist ein äußeres Maß, d. h.*

   (a) $\tilde{\mu}_g(\emptyset) = 0$,

   (b) $\tilde{\mu}_g$ *ist monoton,*

   (c) $\tilde{\mu}_g$ *ist σ-subadditiv, d. h.* $\tilde{\mu}_g(S) \leq \sum_{i\in\mathbb{N}} \tilde{\mu}_g(S_i)$.

ii. *Gilt außerdem: g ist subadditiv (d. h. $g(T) \leq \sum_{i\in I} g(T_i)$), so folgt:*
   $\tilde{\mu}_g(A) = g(A) \quad \forall\, A \in \mathfrak{M}$,

wobei $(S_i \in \wp(\Omega))_{i\in\mathbb{N}}$ eine abzählbare Familie von nicht notwendigerweise disjunkten Mengen und $S \subseteq \bigcup_{i\in\mathbb{N}} S_i$ sei, sowie $(T_i \in \mathfrak{M})_{i\in I}$ eine Familie nicht notwendigerweise disjunkter Mengen mit endlicher Indexmenge I und $T \subseteq \bigcup_{i\in I} T_i$.

<u>Beweis:</u>

i. $\tilde{\mu}_g$ *ist ein äußeres Maß, d. h.*

   (a) $\emptyset \in \mathfrak{M} \Longrightarrow \{\emptyset\} \in \mathfrak{A}_{\mathfrak{M}}(\emptyset) \Longrightarrow \tilde{\mu}_g(\emptyset) = 0$.

   (b) Seien $A, B \subseteq \Omega$ mit $A \subseteq B$.
   $\Longrightarrow \mathfrak{A}_{\mathfrak{M}}(B) \subseteq \mathfrak{A}_{\mathfrak{M}}(A)$, weil alle Überdeckungen von B auch A überdecken.
   $\Longrightarrow \tilde{\mu}_g(A) \leq \tilde{\mu}_g(B)$.

   (c) Sei $(A_n \subseteq \Omega)_{n\in\mathbb{N}}$ eine Familie von Mengen und $A \subseteq \bigcup_{n=1}^{\infty} A_n$.
   Für alle $n \in \mathbb{N}$ sei o. B. d. A. $\tilde{\mu}_g(A_n) < \infty$ und somit $\mathfrak{A}_{\mathfrak{M}}(A_n) \neq \emptyset$[15]. Dann können wir zu einem beliebigen $\epsilon > 0$ und jedem $n \in \mathbb{N}$ eine Überdeckung $\mathfrak{U}_n \in \mathfrak{A}_{\mathfrak{M}}(A_n)$ wählen, so dass gilt:
   $$\sum_{\mathfrak{m}\in\mathfrak{U}_n} g(\mathfrak{m}) \leq \tilde{\mu}_g(A_n) + \tfrac{\epsilon}{2^n}.$$
   Nun ist $\mathfrak{U} := \bigcup_{n=1}^{\infty} \mathfrak{U}_n$ eine Überdeckung von A, m. a. W.: $\mathfrak{U} \in \mathfrak{A}_{\mathfrak{M}}(A)$.
   $$\Longrightarrow \qquad \tilde{\mu}_g(A) \leq \sum_{\mathfrak{m}\in\mathfrak{U}} g(\mathfrak{m}) \leq \sum_{n=1}^{\infty} \sum_{\mathfrak{m}\in\mathfrak{U}_n} g(\mathfrak{m}) \leq \sum_{n=1}^{\infty} \tilde{\mu}_g(A_n) + \epsilon.$$

[15] Vgl. Ergänz. 2.4.

ii. *Sei* $A \in \mathfrak{M}$. *Dann ist* $\{A\} \in \mathfrak{A}_{\mathfrak{M}}(A)$ *und damit* $\tilde{\mu}_g(A) \leq g(A)$.
Falls g *subadditiv ist, so gilt nach Definition 2.23 für alle endlichen Überdeckungen von* A, *d. h. für alle* $\mathfrak{U} \in \mathfrak{A}_{\mathfrak{M}}(A)$: $\quad g(A) \leq \sum_{\mathfrak{m} \in \mathfrak{U}} g(\mathfrak{m})$.
Insbesondere gilt also auch $g(A) \leq \tilde{\mu}_g(A)$. □

Beispiel **2.4.3** (zu Hilfssatz 2.4.22 i.(c))

Seien $\mathcal{M}_1 := \{x |\ x \in]-7,0[\ \}$ *und* $\mathcal{M}_2 := \{x |\ x \in\ [0,8]\ \}$. *Im Übrigen gälten die Vereinbarungen aus Beispiel 2.4.2 und Hilfssatz 2.4.22.*
Offensichtlich gilt $\mathcal{M} \subseteq \mathcal{M}_1 \cup \mathcal{M}_2$, *genauer sogar* $\mathcal{M} = \mathcal{M}_1 \uplus \mathcal{M}_2$.
Wie bereits in Beispiel 2.4.2 gezeigt ist $\mathfrak{A}_{\mathfrak{M}}(\mathcal{M}) = \{\emptyset\}$ *und analog* $\mathfrak{A}_{\mathfrak{M}}(\mathcal{M}_1) = \{\emptyset\}$.
Demgegenüber ist $\mathfrak{A}_{\mathfrak{M}}(\mathcal{M}_2)$ *nicht leer und enthält beispielsweise die endlichen Überdeckungen* $\{[0,5],[4,12]\}$ *und* $\{[a-1,a]\ |a \in \mathbb{N}, 1 \leq a < 9\}$.

Damit ist:

$$\underbrace{\tilde{\mu}_g(\mathcal{M})}_{= inf\left\{\sum_{\mathfrak{m}\in\mathfrak{U}} g(\mathfrak{m})\ |\mathfrak{U}\in\{\emptyset\}\right\} = inf\left\{\underbrace{g(\emptyset)}_{=0}\right\} = 0} \leq \underbrace{\tilde{\mu}_g(\mathcal{M}_1)}_{=inf\left\{\underbrace{g(\emptyset)}_{=0}\right\}=0} + \underbrace{\tilde{\mu}_g(\mathcal{M}_2).}_{\geq 0,\ \text{da } g(\mathfrak{m}) \geq 0 \quad \forall \mathfrak{m} \in \mathfrak{M}}$$

Um von der Funktion $\tilde{\mu}_g$ zu einem Wahrscheinlichkeitsmaß der eingangs erwähnten Form von μ_F zu gelangen, muss die σ-Additivität gewährleistet werden (vgl. Def. 2.14, Forderung 2). In Hilfssatz 2.4.22 i.(c) muss also das Ungleichheitszeichen für disjunkte Vereinigungen einem Gleichheitszeichen weichen, welches sich darüber hinaus nicht nur auf endliche, sondern sogar auf abzählbar unendliche Familien beziehen muss.

Im Folgenden werden wir daher eine Teilmenge $\mathscr{M}_{\tilde{\mu}_g} \subseteq \wp(\Omega)$ des Definitionsbereiches von $\tilde{\mu}_g$ identifizieren, für den diese σ-Additivität gegeben ist.

Definition **2.25** (μ-messbare Menge)

Sei Ω *eine nichtleere Menge und* $\mu : \wp(\Omega) \mapsto [0,\infty]$ *ein äußeres Maß.*
Dann ist $\quad \mathscr{M}_\mu := \{\mathfrak{A} \in \wp(\Omega)\ |\mu(\mathfrak{B}) = \mu(\mathfrak{A} \cap \mathfrak{B}) + \mu(\mathfrak{A}^c \cap \mathfrak{B}) \quad \forall\, \mathfrak{B} \in \wp(\Omega)\}$
die Menge der μ*-messbaren Mengen.*

Hilfssatz 2.4.23

Die Menge der μ-messbaren Mengen ist eine Algebra.

Beweis:

1. $\mu(\Omega \cap \mathfrak{B}) + \mu(\Omega^c \cap \mathfrak{B}) = \mu(\mathfrak{B}) + \mu(\emptyset \cap \mathfrak{B}) = \mu(\mathfrak{B}) + \underbrace{\mu(\emptyset)}_{=0,\text{ da } \mu \text{ äußeres Maß}}$
   $= \mu(\mathfrak{B}) \quad \forall\, \mathfrak{B} \in \wp(\Omega) \overset{\text{Def.2.25}}{\Longrightarrow} \Omega \in \mathscr{M}_\mu$.
2. Aus Definition 2.25 folgt direkt $A \in \mathscr{M}_\mu \Leftrightarrow A^c \in \mathscr{M}_\mu$,
   d. h. $\mathscr{M}_\mu$ ist komplementstabil.
3. $\cap$-stabil, d. h. $A, B \in \mathscr{M}_\mu \Rightarrow A \cap B \in \mathscr{M}_\mu$, denn $\forall\, E \in \wp(\Omega)$ gilt:
   $$\begin{aligned} &\mu((A\cap B)\cap E) + \mu((A\cap B)^c \cap E) \\ &= \mu(A\cap B\cap E) + \mu\left((A^c \cap B \cap E) \cup (A \cap B^c \cap E) \cup (A^c \cap B^c \cap E)\right) \\ &\overset{\mu \text{ ist } \sigma-\text{subadditiv}}{\leq} \mu(A\cap B\cap E) + \mu(A^c \cap B \cap E) + \mu(A \cap B^c \cap E) + \mu(A^c \cap B^c \cap E) \\ &\overset{A \in \mathscr{M}_\mu}{=} \mu(B \cap E) + \mu(B^c \cap E) \\ &\overset{B \in \mathscr{M}_\mu}{=} \mu(E). \end{aligned}$$
   Ebenfalls aufgrund der Tatsache, dass μ als äußeres Maß σ-subadditiv ist, gilt wegen $E \subseteq ((A\cap B)\cap E) \bigcup ((A \cap B)^c \cap E) = E$ aber auch:
   $$\mu((A\cap B)\cap E) + \mu((A\cap B)^c \cap E) \geq \mu(E) \quad \forall\, E \in \wp(\Omega)$$
   und damit die Gleichheit.

Mit Satz 2.4.1 lassen sich aus 1.-3. dann unmittelbar die entsprechenden Forderungen aus Definition 2.9 ableiten und $\mathscr{M}_\mu$ ist eine Algebra. □

Hilfssatz 2.4.24

Ein äußeres Maß μ ist monoton auf $\mathscr{M}_\mu$, d. h. $A, B \in \mathscr{M}_\mu$ mit $A \subseteq B \Longrightarrow \mu(A) \leq \mu(B)$.

Beweis:
Seien also $A, B \in \mathscr{M}_\mu$ mit $A \subseteq B$.
Dann gilt nach Definition 2.25 $B \in \wp(\Omega)$ und somit insbesondere
$$\mu(B) = \mu(A \cap B) + \mu(A^c \cap B).$$
Wegen $A \subseteq B$ ist $A \cap B = A$. Ferner ist $A^c \cap B = B \setminus A \in \mathscr{M}_\mu$, weil $\mathscr{M}_\mu$ nach Hilfssatz 2.4.23 eine Algebra ist und als solche nach Satz 2.4.1 insbesondere auch

$\setminus$-stabil. Somit folgt:

$$\mu(B) = \mu(A) + \underbrace{\mu(B \setminus A)}_{\geq 0, \text{ nach Def. } 2.21}.$$

Hilfssatz 2.4.25

Ein äußeres Maß μ ist σ-additiv auf $\mathscr{M}_\mu$.

Beweis:

Sei $(S_i \in \mathscr{M}_\mu)_{i\in\mathbb{N}}$ eine Familie paarweise disjunkter Mengen mit $\biguplus_{i=1}^{\infty} S_i \in \mathscr{S}_\Omega$.
Dann ist

$$\mu(S_1 \cup S_2) = \mu(S_1 \cap (S_1 \cup S_2)) + \mu({S_1}^\complement \cap (S_1 \cup S_2)) = \mu(S_1) + \mu(S_2).$$

Induktiv folgt für festes $n \in \mathbb{N}$ die (endliche) Additivität:

$$\mu(\biguplus_{i=1}^{n} S_i) = \sum_{i=1}^{n} \mu(S_i).$$

Da μ nach Hilfssatz 2.4.24 monoton ist, folgt $\mu(\biguplus_{i=1}^{n} S_i) \leq \mu(\biguplus_{i=1}^{\infty} S_i) \quad \forall n \in \mathbb{N}$ und

somit
$$\sum_{i=1}^{\infty} \mu(S_i) \leq \mu(\biguplus_{i=1}^{\infty} S_i).$$

Da μ als äußeres Maß per Definition σ-subadditiv ist, gilt insbesondere:

$$\mu(\biguplus_{i=1}^{\infty} S_i) \leq \sum_{i=1}^{\infty} \mu(S_i).$$

$$\Longrightarrow \mu(\biguplus_{i=1}^{\infty} S_i) = \sum_{i=1}^{\infty} \mu(S_i).$$

□

Satz 2.4.26 (Lebesgue-Stieltjes-Wahrscheinlichkeitsmaß)

Sei $F : \mathbb{R}^d \mapsto [0,1]$ eine Verteilungsfunktion mit Dichte bzw. Massefunktion f. Dann ist die Abbildung

$$\mu_F : \mathscr{L}^d \mapsto [0,1], \quad \mu_F(x) := inf \left\{ \sum_{\mathfrak{m} \in \mathfrak{U}} G(\mathfrak{m}) \,\middle|\, \mathfrak{U} \in \mathfrak{A}_{\mathbb{HI}^d}(x) \right\}$$

mit $$G : \mathbb{HI}^d \mapsto [0,1], \quad G(\mathfrak{m}) := \begin{cases} \int_{\mathfrak{m}} f(y)dy, & \text{falls } F \text{ absolutstetig} \\ \sum_{y \in \mathfrak{m}} f(y), & \text{falls } F \text{ diskret} \end{cases}$$

ein Wahrscheinlichkeitsmaß.

μ_F heißt Lebesgue-Stieltjes-Wahrscheinlichkeitsmaß zur Verteilungsfunktion F.

Beweis:

Um den Beweis möglichst übersichtlich zu strukturieren, sind einzelne Beweisteile ausgegliedert und nachfolgend unter den Ziffern NF1 - NF3 angegeben.

Überprüfe die Forderungen aus Definition 2.14:

1. $\mu_F(S) \geq 0 \quad \forall S \in \mathscr{L}^d$: *trivial*
2. μ_F *ist* σ*-additiv (auf* $\mathscr{L}^d$*):*

   Setze $\tilde{\mu}_G : \wp(\mathbb{R}^d) \mapsto [0,1], \quad \tilde{\mu}_G(x) := inf\left\{\sum_{\mathfrak{m}\in\mathfrak{U}} G(\mathfrak{m}) \,\middle|\, \mathfrak{U} \in \mathfrak{A}_{\mathbb{HI}^d}(x)\right\}$.

   2.1 $\tilde{\mu}_G$ *ist* σ*-additiv auf* $\mathscr{M}_{\tilde{\mu}_G}$*:*

   i. $a \in \mathbb{R}^d : \emptyset =]a,a] \in \mathbb{HI}^d$, $\mathbb{HI}^d \subseteq \wp(\mathbb{R}^d)$ *trivial.*

   ii. G *ist monoton:*

   Seien $A, B \in \mathbb{HI}^d$, $A \subseteq B$.

   Damit folgt $A \cap B = A$ *und weiter:*

   $$G(B) = G\left((A \cap B) \uplus (B \setminus A)\right) = G\left(A \uplus (B \setminus A)\right) \overset{\substack{\text{Def. 2.9}\\ \text{Satz 2.4.9}}}{=} G\left(A \uplus \left(\biguplus_{i=1}^{n} C_i\right)\right)$$

   $$\overset{NF1}{=} G(A) + G(\biguplus_{i=1}^{n} C_i) \overset{NF1}{=} G(A) + \sum_{i=1}^{n} G(C_i) \geq G(A)$$

   $\overset{\text{Def.2.22}}{\Longrightarrow}$ G *ist monoton.*

   iii. $G(\emptyset) = 0$*:*

   Folgt direkt aus Ergänzung 2.4 und Definition 2.16.

   $\overset{\text{Hilfssatz2.4.22}}{\Longrightarrow}$ $\tilde{\mu}_G$ *ist äußeres Maß* $\overset{\text{Hilfssatz2.4.25}}{\Longrightarrow}$ $\tilde{\mu}_G$ *ist* σ*-additiv auf* $\mathscr{M}_{\tilde{\mu}_G}$.

   2.2 $\mathscr{L}^d \subseteq \mathscr{M}_{\tilde{\mu}_G}$*:*

   i. $\tilde{\mu}_G$ *ist* σ*-subadditiv:*

   Nach 2.1 ist $\tilde{\mu}_G$ *ein äußeres Maß und somit trivialerweise* σ*-subadditiv nach Definition 2.24.*

   ii. $\mathbb{HI}^d \subset \mathscr{M}_{\tilde{\mu}_G}$*:*

   Seien $A \in \mathbb{HI}^d$, $\epsilon > 0$ *beliebig und* $E \in \wp(\mathbb{HI}^d)$ *mit* $\tilde{\mu}_G(E) < \infty$.

   Dann gibt es eine Familie $(E_i \in \mathbb{HI}^d)_{i\in\mathbb{N}}$ *mit*

   $$E \subseteq \bigcup_{i=1}^{\infty} E_i \text{ und } \sum_{i=1}^{\infty} G(E_i) \leq \tilde{\mu}_G(E) + \epsilon.$$

   Setze $B_i := E_i \cap A \in \mathbb{HI}^d$.

   $\overset{\text{Def.2.9}}{\Longrightarrow} \forall i \in \mathbb{N}\ \exists m_i \in \mathbb{N}$ *und* $C_{i,1}, \ldots, C_{i,m_i} \in \mathbb{HI}^d$ *mit*

   $$E_i \setminus A = E_i \setminus B_i = \biguplus_{k=1}^{m_i} C_{i,k}.$$

Damit ist:

$$E \cap A \subseteq \bigcup_{i=1}^{\infty} B_i, \quad E \cap A^{\complement} \subseteq \bigcup_{i=1}^{\infty} \biguplus_{k=1}^{m_i} C_{i,k} \text{ und } E_i = B_i \uplus \biguplus_{k=1}^{m_i} C_{i,k}$$

und es folgt:

$$\begin{aligned}
\tilde{\mu}_G(E \cap A) + \tilde{\mu}_G(E \cap A^{\complement}) &\overset{\text{nach i.}}{\leq} \sum_{i=1}^{\infty} \tilde{\mu}_G(B_i) + \sum_{i=1}^{\infty} \tilde{\mu}_G\left(\biguplus_{k=1}^{m_i} C_{i,k}\right) \\
&\overset{\text{nach i.}}{\leq} \sum_{i=1}^{\infty} \tilde{\mu}_G(B_i) + \sum_{i=1}^{\infty}\sum_{k=1}^{m_i} \tilde{\mu}_G(C_{i,k}) \\
&= \sum_{i=1}^{\infty} \left(\tilde{\mu}_G(B_i) + \sum_{k=1}^{m_i} \tilde{\mu}_G(C_{i,k})\right) \\
&\overset{\text{NF2}}{\leq} \sum_{i=1}^{\infty} \left(G(B_i) + \sum_{k=1}^{m_i} G(C_{i,k})\right) \\
&\overset{\text{NF2}}{=} \sum_{i=1}^{\infty} \left(G(B_i) + G\left(\biguplus_{k=1}^{m_i} C_{i,k}\right)\right) \\
&= \sum_{i=1}^{\infty} \left(G(B_i) + G(E_i \setminus B_i)\right) \\
&\overset{\text{NF2}}{=} \sum_{i=1}^{\infty} G(E_i) \leq \tilde{\mu}_G(E) + \epsilon.
\end{aligned}$$

Da ϵ beliebig gewählt war, folgt $A \in \mathscr{M}_{\tilde{\mu}_G}$ unmittelbar, und da $A \in \mathbb{HI}^d$ ebenfalls beliebig war, somit auch $\mathbb{HI}^d \subset \mathscr{M}_{\tilde{\mu}_G}$.

iii. *$\mathscr{M}_{\tilde{\mu}_G}$ ist σ-Algebra nach NF3.*

$$\left.\begin{array}{ll} \text{ii.} & \mathbb{HI}^d \subset \mathscr{M}_{\tilde{\mu}_G} \\ \text{iii.} & \mathscr{M}_{\tilde{\mu}_G} \text{ ist } \sigma\text{-Algebra} \end{array}\right\} \overset{\text{Satz 2.4.4}}{\Longrightarrow} \mathscr{T}_{\mathbb{HI}^d} \overset{\text{Kor. 2.4.8}}{=} \mathscr{L}^d \subseteq \mathscr{M}_{\tilde{\mu}_G}.$$

$\underset{2.2}{\overset{2.1}{\Longrightarrow}}$ $\tilde{\mu}_G$ ist σ-additiv auf $\mathscr{L}^d$.

Wegen $\mu_F = \tilde{\mu}_G\big|_{\mathscr{L}^d}$ folgt μ_F ist σ-additiv auf $\mathscr{L}^d$.

3. *$\mu_F(\Omega) = 1$, wobei $\mathscr{T}_\Omega := \mathscr{L}^d$:*

   (a) *Nach Satz 2.4.7 und Korollar 2.4.8 ist $\mathscr{T}_{\mathbb{HI}^d} = \mathscr{L}^d$.*

   (b) *$]-\infty, \infty] = \mathbb{R}^d$.*
   $\overset{\text{Def. 2.16}}{\Longrightarrow} \mu_F(]-\infty, \infty]) = 1.$

$\overset{1.-3.}{\Longrightarrow}$ *$\mu_F : \mathscr{L}^d \mapsto [0, 1]$ ist ein Wahrscheinlichkeitsmaß.* *q. e. d.*

....

NF1 G ist (endlich) additiv, d. h. für je endlich viele paarweise disjunkte Mengen $H_1, ..., H_n \in \mathbb{HI}^d$ mit $\bigcup_{i=1}^{n} H_i \in \mathbb{HI}^d$ gilt:

$$G\left(\biguplus_{i=1}^{n} H_i\right) = \sum_{i=1}^{n} G(H_i).$$

Beweis:

Seien $A :=]a_1, a_2], B :=]b_1, b_2] \in \mathbb{HI}^d$, $A \cap B = \emptyset$ *und* $A \cup B \in \mathbb{HI}^d$.

Offensichtlich gilt $A \cup B \in \mathbb{HI}^d \Leftrightarrow a_2 = b_1 \dot\vee b_2 = a_1$. *Sei daher o. B. d. A.* $a_2 = b_1$.

$\Longrightarrow A \cup B = A \uplus B =]a_1, b_2]$.

$\Rightarrow G(A \uplus B) = \int\limits_{a_1}^{b_2} f(y)dy = \int\limits_{a_1}^{a_2=b_1} f(y)dy + \int\limits_{b_1=a_2}^{b_2} f(y)dy = G(B) + G(A)$,

bzw. $G(A \uplus B) = \sum\limits_{]a_1,b_2]} f(y) = \sum\limits_{]a_1,a_2=b_1]} f(y) + \sum\limits_{]b_1=a_2,b_2]} f(y) = G(B) + G(A)$.

Die (endliche) Additivität folgt nun induktiv. *q. e. d.*

NF2 Es gilt: $\tilde{\mu}_G\big|_{\mathbb{HI}^d} \leq G$.

Beweis:

Sei $x \in \mathbb{HI}^d$ *beliebig. Dann ist trivialerweise* $\{x\} \in \mathfrak{A}_{\mathbb{HI}^d}(x)$ *und somit*

$$\begin{aligned}\tilde{\mu}_G(x) &= inf\left\{\sum_{\mathfrak{m}\in\mathfrak{U}} G(\mathfrak{m})\ \Big|\mathfrak{U} \in \mathfrak{A}_{\mathbb{HI}^d}(x)\right\}\\ &= inf\left\{\sum_{\mathfrak{m}\in\{x\}} G(\mathfrak{m}), \left\{\sum_{\mathfrak{m}\in\mathfrak{U}} G(\mathfrak{m})\ \Big|\mathfrak{U} \in \mathfrak{A}_{\mathbb{HI}^d}(x) \setminus \{x\}\right\}\right\}\\ &= inf\left\{G(x), \left\{\sum_{\mathfrak{m}\in\mathfrak{U}} G(\mathfrak{m})\ \Big|\mathfrak{U} \in \mathfrak{A}_{\mathbb{HI}^d}(x) \setminus \{x\}\right\}\right\}\\ &\leq G(x).\end{aligned}$$

q. e. d.

NF3 $\mathscr{M}_{\tilde{\mu}_G}$ *ist eine σ-Algebra.*

Beweis:

Unter 2.1 haben wir bereits gezeigt, dass $\tilde{\mu}_G$ *ein äußeres Maß ist, so dass mit Hilfssatz 2.4.23 folgt, dass* $\mathscr{M}_{\tilde{\mu}_G}$ *eine Algebra ist. Wir müssen daher nur noch zeigen, dass* $\mathscr{M}_{\tilde{\mu}_G}$ *δ-∪-stabil ist, um mit Satz 2.4.1 alle Eigenschaften einer σ-Algebra unmittelbar ableiten zu können.*

Seien also $(S_i \in \mathscr{M}_{\tilde{\mu}_G})_{i\in\mathbb{N}}$, $S_i \cap S_j = \emptyset\ \forall i, j \in \mathbb{N}$.

Zu zeigen ist, dass $S := \biguplus\limits_{i=1}^{\infty} S_i \in \mathscr{M}_{\tilde{\mu}_G}$, *m. a. W., dass* $\forall\, \mathfrak{B} \in \wp(\mathbb{R}^d)$ *gilt:*

$$\tilde{\mu}_G(\mathfrak{B}) = \tilde{\mu}_G(S \cap \mathfrak{B}) + \tilde{\mu}_G(S^{\complement} \cap \mathfrak{B}).$$

Setze $T_n := \biguplus\limits_{i=1}^{n} S_i\ \forall\, n \in \mathbb{N}$.

Da $\mathscr{M}_{\tilde{\mu}_G}$ *als Algebra ∪-stabil ist, sind für festes n also auch alle* $T_n \in \mathscr{M}_{\tilde{\mu}_G}$ *und nach Definition 2.25 gilt:*

$$\mu(\mathfrak{B}) = \mu(T_n \cap \mathfrak{B}) + \mu(T_n^{\complement} \cap \mathfrak{B}) \quad \forall\, \mathfrak{B} \in \wp(\Omega).$$

Und wegen $(T_{n+1} \cap \mathfrak{B}) \in \wp(\Omega)\ \forall\, \mathfrak{B} \in \wp(\Omega)$ *somit auch:*

$$\mu(T_{n+1} \cap \mathfrak{B}) = \mu(T_n \cap (T_{n+1} \cap \mathfrak{B})) + \mu(T_n^{\complement} \cap (T_{n+1} \cap \mathfrak{B})) \quad \forall\, \mathfrak{B} \in \wp(\Omega).$$

Offensichtlich ist $T_{n+1} \cap T_n = T_n$ *und* $T_{n+1} \cap T_n^{\complement} = S_{n+1}$ *und somit folgt für alle* $n \in \mathbb{N}$ *und* $\mathfrak{B} \in \wp(\mathbb{R}^d)$*:*

$$\tilde{\mu}_G(T_{n+1} \cap \mathfrak{B}) = \tilde{\mu}_G(T_n \cap \mathfrak{B}) + \tilde{\mu}_G(S_{n+1} \cap \mathfrak{B}).$$

Aus dieser Gleichung folgt per Induktion sofort:

$\tilde{\mu}_G(T_{n+1} \cap \mathfrak{B}) = \sum_{i=1}^{n} \tilde{\mu}_G(S_i \cap \mathfrak{B})$. *Da* $\tilde{\mu}_G$ *als äußeres Maß monoton ist und* $T_n \subset S \Rightarrow S^{\complement} \subset T_n^{\complement}$*, gilt dann:*

$$\begin{aligned} \tilde{\mu}_G(\mathfrak{B}) &= \tilde{\mu}_G(T_n \cap \mathfrak{B}) + \tilde{\mu}_G(T_n^{\complement} \cap \mathfrak{B}) \\ &\geq \tilde{\mu}_G(T_n \cap \mathfrak{B}) + \tilde{\mu}_G(S^{\complement} \cap \mathfrak{B}) \\ &= \sum_{i=1}^{n} \tilde{\mu}_G(S_i \cap \mathfrak{B}) + \tilde{\mu}_G(S^{\complement} \cap \mathfrak{B}). \end{aligned}$$

Für $n \to \infty$ *und wegen der* (σ-)*Subadditivität des äußeren Maßes* $\tilde{\mu}_G$ *folgt:*

$$\tilde{\mu}_G(\mathfrak{B}) \geq \sum_{i=1}^{\infty} \tilde{\mu}_G(S_i \cap \mathfrak{B}) + \tilde{\mu}_G(S^{\complement} \cap \mathfrak{B}) \geq \tilde{\mu}_G(S \cap \mathfrak{B}) + \tilde{\mu}_G(S^{\complement} \cap \mathfrak{B}).$$

Wegen $\mathfrak{B} \subseteq (S \cap \mathfrak{B}) \cup (S^{\complement} \cap \mathfrak{B}) = \mathfrak{B}$ *ergibt sich mit der Subadditivität von* $\tilde{\mu}_G$ *aber auch:*

$$\tilde{\mu}_G(S \cap \mathfrak{B}) + \tilde{\mu}_G(S^{\complement} \cap \mathfrak{B}) \geq \tilde{\mu}_G(\mathfrak{B}) \quad \forall\, \mathfrak{B} \in \wp(\mathbb{R}^d)$$

und damit die Gleichheit wie gewünscht. □

Ergänzung 2.4.27 (Eindeutigkeit von μ_F)

Es gilt:

1. $\mu_F(A) = G(A) \quad \forall\, A :=]a,b] \in \mathbb{H}\mathbb{I}^d$.
2. *Es existiert kein von* μ_F *verschiedenes Wahrscheinlichkeitsmaß* $P : \mathcal{L}^d \mapsto [0,1]$ *mit* $\quad P(A) = G(A) \quad \forall\, A :=]a,b] \in \mathbb{H}\mathbb{I}^d$.

Beweis:

Mit den Bezeichnungen aus dem Beweis zu Satz 2.4.26 ergibt sich:

1. $\mu_F(A) = G(A) \quad \forall\, A :=]a,b] \in \mathbb{H}\mathbb{I}^d$:
   (a) *G ist monoton nach Satz 2.4.26, Beweisteil 2.1 ii.*

(b) *G ist σ-subadditiv.*

Seien $n \in \mathbb{N}$ und $A, A_1, A_2, ..., A_n \subset \mathbb{HI}^d$ mit $A \subseteq \bigcup\limits_{i=1}^{n} A_i$.

Setze $B_1 = A_1$ und $B_k = A_k \setminus \bigcup\limits_{i=1}^{k-1} A_i = \bigcap\limits_{i=1}^{k-1} (A_k \setminus (A_k \cap A_i))$.

$\overset{NF1}{\Longrightarrow} \exists\, c_k \in \mathbb{N}, C_{k,1}, ..., C_{k,c_k} \in \mathbb{HI}^d : \biguplus\limits_{i=1}^{c_k} C_{k,i} = B_k \subset \mathbb{HI}^d$

und $\exists\, d_k \in \mathbb{N}, D_{k,1}, ..., D_{k,d_k} \in \mathbb{HI}^d : \biguplus\limits_{i=1}^{d_k} D_{k,i} = A_k \setminus B_k$.

$$\overset{NF1}{\Longrightarrow} G(A_k) = G(B_k \uplus (A_k \setminus B_k)) = \sum_{i=1}^{c_k} G(C_{k,i}) + \sum_{i=1}^{d_k} G(D_{k,i}) \geq \sum_{i=1}^{c_k} G(C_{k,i})$$

$$\Longrightarrow G(A) = G(\biguplus_{k=1}^{n} (A \cap B_k)) = G(\biguplus_{k=1}^{n} (A \cap \biguplus_{i=1}^{c_k} C_{k,i})) = G(\biguplus_{k=1}^{n} \biguplus_{i=1}^{c_k} (A \cap C_{k,i}))$$

$$\overset{NF1}{=} \sum_{k=1}^{n} \sum_{i=1}^{c_k} G(A \cap C_{k,i}) \overset{(a)}{\leq} \sum_{k=1}^{n} \sum_{i=1}^{c_k} G(C_{k,i}) \leq \sum_{k=1}^{n} G(A_k).$$

$\Longrightarrow$ *G ist subadditiv.*

Seien nun $E, E_1, E_2, ... \subseteq \mathbb{HI}^d$ mit $E \subseteq \bigcup\limits_{i=1}^{\infty} E_i$.

Ferner sei zu einem beliebigen $\epsilon > 0$ ein $\delta(\epsilon) \in E$ derart gewählt, dass

$$G(\,]\delta(\epsilon), sup(E)]) \geq G(E) - \tfrac{\epsilon}{2},$$

sowie für alle $i \in \mathbb{N}$ ein $\gamma_i(\epsilon) > sup(E_i)$ derart, dass

$$G(\,]inf(E_i), \gamma_i(\epsilon)]) \leq G(E_i) + \tfrac{\epsilon}{2^{i+1}}.$$

Nun ist $[\delta(\epsilon), sup(E)]$ kompakt und

$$[\delta(\epsilon), sup(E)] \subset\,]inf(E), sup(E)] = E \subseteq \bigcup_{i=1}^{\infty} E_i \subset \bigcup_{i=1}^{\infty}]inf(E_i), \gamma_i(\epsilon)[.$$

$\Longrightarrow$ *Es existiert eine endliche Überdeckung*

$$\bigcup_{i=1}^{k}]inf(E_i), \gamma_i(\epsilon)[\, \supset\,]\delta(\epsilon), sup(E)],\ k \in \mathbb{N} \text{ fest.}$$

Aufgrund der Subadditivität von G folgt nun:

$$G(E) \leq \tfrac{\epsilon}{2} + G(\,]\delta(\epsilon), sup(E)]) \leq \tfrac{\epsilon}{2} + \sum_{i=1}^{k} G(\,]inf(E_i, \gamma_i(\epsilon)])$$

$$\overset{Subadditivität}{\leq} \tfrac{\epsilon}{2} + \sum_{i=1}^{k} \tfrac{\epsilon}{2^{i+1}} + G(E_i) \overset{G(x)\geq 0\ \forall\, x \in \mathbb{HI}^d}{\leq} \epsilon + \sum_{i=1}^{\infty} G(E_i).$$

Da ϵ beliebig war, folgt die σ-Subadditivität von G.

$$\overset{\text{Hilfssatz2.4.22}}{\Longrightarrow} \tilde{\mu}_G(A) = G(A) \quad \forall\, A \in \mathbb{HI}^d$$

$$\Longrightarrow \quad \mu_F(A) = G(A) \quad \forall\, A \in \mathbb{HI}^d, \text{ wegen } \mu_F = \tilde{\mu}_G\big|_{\mathscr{L}^d}.$$

2. *Sei $P : \mathscr{L}^d \mapsto [0, 1]$ ein beliebiges Wahrscheinlichkeitsmaß mit*

$$P(A) = \mu_F(A)\ \forall\, A \in \mathbb{HI}^d.$$

Dann gilt: $\mu_F = P$. M. a. W. zeige, dass $\mu_F(B) = P(B) \quad \forall\, B \in \mathscr{L}^d$:

Definiere $M_{A \in \mathbb{HI}^d} := \{B \in \mathscr{L}^d \mid \mu_F(A \cap B) = P(A \cap B)\}$.

Behauptung: M_A ist Dynkin-System für alle $A \in \mathbb{HI}^d$.

(a) *Offensichtlich gilt $\mathbb{R}^d \in M_A$.*

(b) *Seien $B, C \in M_A$ mit $B \subset C$. Dann ist*

$$\begin{aligned}\mu_F((C \setminus B) \cap A) &= \mu_F((C \cap A) \setminus (B \cap A))) \\ &\overset{\text{Kor.2.4.11}}{=} \mu_F(C \cap A) - \mu_F(B \cap A) \\ &= P(C \cap A) - P(B \cap A) \\ &\overset{\text{Kor.2.4.11}}{=} P((C \setminus B) \cap A)\end{aligned}$$

und folglich $(C \setminus B) \in M_A$.

(c) *Sei $(S_i \in M_A)_{i \in \mathbb{N}}$ mit $S_i \cap S_j = \emptyset \ \forall i, j \in \mathbb{N}$ und $S = \bigcup_{i=1}^{\infty} S_i$. Dann ist $\mu_F(S \cup A) = \sum_{i=1}^{\infty} \mu_F(S_i \cup A) = \sum_{i=1}^{\infty} P(S_i \cup A) = P(S \cup A)$, also $S \in M_A$.*

Nach Definition 2.9 ist M_A also ein Dynkin-System. Da trivialerweise $A \subseteq M_A$ ist, folgt $\mathcal{D}_A \subseteq M_A$ und weil $\mathbb{HI}^d$ nach Satz 2.4.9 schnittstabil ist, gilt mit Satz 2.4.5:

$$\mathcal{L}^d = \mathcal{T}_{\mathbb{HI}^d} = \mathcal{D}_{\mathbb{HI}^d} \subseteq M_A \subseteq \mathcal{L}^d.$$

Damit folgt: $M_A = \mathcal{L}^d$.

Für jedes $A \in \mathbb{HI}^d$ und jedes $B \in \mathcal{L}^d$ gilt also:

$$(*) \quad \mu_F(A \cap B) = P(A \cap B).$$

Sei nun $(A_i \in \mathbb{HI}^d)_{i \in \mathbb{N}}$ mit $A_i :=]-\infty, i]$. Dann gilt wegen der σ-Additivität von Wahrscheinlichkeitsmaßen $\forall B \in \mathcal{L}^d$:

$$\begin{aligned}\mu_F(B) &= \mu_F(\mathbb{R}^d \cap B) = \mu_F(\biguplus_{i=1}^{\infty} \{A_i \setminus A_{i-1}\} \cap B) = \mu_F(\biguplus_{i=1}^{\infty} \{\{A_i \setminus A_{i-1}\} \cap B\}) \\ &= \sum_{i=1}^{\infty} \mu_F(\{A_i \setminus A_{i-1}\} \cap B) = \lim_{n \to \infty} \sum_{i=1}^{n} \mu_F(\{A_i \setminus A_{i-1}\} \cap B) \\ &= \lim_{n \to \infty} \mu_F(\biguplus_{i=1}^{n} \{A_i \setminus A_{i-1}\} \cap B) = \lim_{n \to \infty} \mu_F(A_n \cap B)\end{aligned}$$

und analog $\lim_{n \to \infty} P(A_n \cap B) = P(B)$.

Insgesamt erhalten wir also

$$\mu_F(B) = \lim_{n \to \infty} \mu_F(A_n \cap B) \overset{(*)}{=} \lim_{n \to \infty} P(A_n \cap B) = P(B)$$

wie gewünscht. □

Satz 2.4.28

Sei F eine diskrete Verteilungsfunktion mit Massefunktion f_A. Dann ist:

$$\mu_F(x) = f_A(x) \;\; \forall x \in \mathbb{R}^d.$$

Insbesondere gilt $\mu_F(x) = f_A(x) \;\; \forall x \in \wp(A)$.

Beweis:

Da $|A|$ höchstens abzählbar unendlich ist, existiert zu jedem $x \in \mathbb{R}^d$ ein $\epsilon_x > 0$ mit

$$]x - \epsilon_x, x] \cap A = \begin{cases} \{x\}, & \text{falls } x \in A \\ \{\emptyset\}, & \text{sonst} \end{cases},$$

und weil $\{x\} \subset \mathfrak{U} \;\; \forall \mathfrak{U} \in \mathfrak{A}_{\mathbb{HI}^d}(x)$, folgt:

$$\begin{aligned} \mu_F(x) &:= inf\left\{ \sum_{\mathfrak{m} \in \mathfrak{U}} G(\mathfrak{m}) \,\middle|\, \mathfrak{U} \in \mathfrak{A}_{\mathbb{HI}^d}(x) \right\} = inf\left\{ \sum_{\mathfrak{m} \in \mathfrak{U}} \sum_{y \in \mathfrak{m}} f(y) \,\middle|\, \mathfrak{U} \in \mathfrak{A}_{\mathbb{HI}^d}(x) \right\} \\ &= \sum_{y \in]x-\epsilon, x]} f(y) = f(x) \;\; \forall x \in \mathbb{R}^d. \end{aligned}$$

Der Zusatz folgt dann unmittelbar aus der σ-Additivität von μ_F. □

Satz 2.4.29

Zu jeder absolutstetigen Verteilungsfunktion $F : \mathbb{R}^d \mapsto [0,1]$ existiert eine reelle Zufallsvariable $\mathcal{X} : \Omega \mapsto \mathbb{R}^d$ mit $F_{\mathcal{X}} = F$.

Beweis:

Wähle den Wahrscheinlichkeitsraum $(\Omega := \mathbb{R}^d, \mathscr{S}_\Omega := \mathscr{L}^d, P := \mu_F)$ und die identische Abbildung $\mathcal{X} = id_{\mathbb{R}^d} : \mathbb{R}^d \mapsto \mathbb{R}^d$, $\mathcal{X}(x) = x$ als Zufallsvariable.

Wegen $\mathcal{X} = id_{\mathbb{R}^d}$ folgt $P_{\mathcal{X}} = P$ unmittelbar und weiter:

$$F_{\mathcal{X}} : \mathbb{R}^d \mapsto \mathbb{R}, \qquad F_{\mathcal{X}} \overset{\text{Satz2.4.20}}{=} P_{\mathcal{X}}\Big|_{\mathbb{F}^d} \circ rf = \mu_F\Big|_{\mathbb{F}^d} \circ rf.$$

$\Longrightarrow$

$$F_{\mathcal{X}}(x) = \mu_F(rf(x)) \overset{\text{Satz2.4.18}}{=} \mu_F(\,]-\infty, x]) \overset{\text{Satz2.4.27}}{=} G(\,]-\infty, x]) \overset{\text{Def.2.17}}{=} F(x) \;\; \forall x \in \mathbb{R}^d.$$

□

Satz 2.4.30

Zu jeder diskreten Verteilungsfunktion $F : \mathbb{R}^d \mapsto [0,1]$, $F(x) := \sum_{a \leq x} f_A(a)$ existiert eine diskrete Zufallsvariable $\mathcal{X} : \Omega \mapsto \Omega' \subset \mathbb{R}^d$ mit $F_{\mathcal{X}} = F$.

Beweis:

Wähle den Wahrscheinlichkeitsraum $(\Omega := A, \mathscr{S}_\Omega := \wp(A), P := \mu_F)$ *und die identische Abbildung* $\mathcal{X} = id_A : A \mapsto A \subset \mathbb{R}^d$, $\mathcal{X}(x) = x$ *als Zufallsvariable*[16].

Gemäß Definition 2.20 und Korollar 2.4.19 folgt dann:

$$\mathbb{F}^d = \Big\{\{a \in A | a \leq x\} \Big| x \in \mathbb{R}^d\Big\} = A \text{ und } rf : \mathbb{R}^d \mapsto \mathbb{F}^d,\ rf(x) = \{a \in A | a \leq x\}.$$

Wegen $\mathcal{X} = id_{A=\Omega}$ *ist* $P_\mathcal{X} = P$ *und somit gilt für* $F_\mathcal{X} : \mathbb{R}^d \mapsto \mathbb{R}$:

$$F_\mathcal{X} = P_\mathcal{X} \circ rf = \mu_F\Big|_{\mathbb{F}^d = A} \circ rf \overset{\text{Satz 2.4.28}}{=} f\Big|_A \circ rf.$$

$$\begin{aligned}\Longrightarrow \qquad F_\mathcal{X}(x) &= f(rf(x)) = f(\{a \in A | a \leq x\}) \\ &= \sum_{\substack{a \in A \\ a \leq x}} f(a) = \sum_{\substack{a \in A \\ a \leq x}} f(a) + \sum_{\substack{a \notin A \\ a \leq x}} \underbrace{f(a)}_{=0} = \sum_{a \leq x} f(a) \\ &= F(x) \qquad \forall x \in \mathbb{R}^d.\end{aligned}$$

□

Bezeichnung 2.15

Mit der Aussage:

„*Sei* $\mathcal{X}$ *eine Zufallsvariable mit Verteilungsfunktion* $F : \mathbb{R}^d \mapsto [0, 1]$"

bezeichnen wir (analog zu Satz 2.4.29 und 2.4.30) im Folgenden o. B. d. A.:

- $\mathcal{X} := id_{\mathbb{R}^d}$ *im Wahrscheinlichkeitsraum* $(\Omega, \mathscr{S}_\Omega, P) := (\mathbb{R}^d, \mathscr{L}^d, \mu_F)$, *falls* F *absolutstetig*
- $\mathcal{X} := id_A$ *im Wahrscheinlichkeitsraum* $(\Omega, \mathscr{S}_\Omega, P) := (A, \wp(A), f_A)$, *falls* F *diskret (mit Massefunktion* f_A*)*

Da F *durch die Angabe der Dichte bzw. Massefunktion bereits eindeutig festgelegt ist, schreiben wir gelegentlich auch:*

„*Sei* $\mathcal{X}$ *eine (absolutstetige) Zufallsvariable mit Dichte f*"

bzw. „*Sei* $\mathcal{X}$ *eine (diskrete) Zufallsvariable mit Massefunktion f*".

Definition 2.26 (Gleichverteilung)

- *Eine diskrete Zufallsvariable heißt gleichverteilt, wenn es ein* $c \in \mathbb{R}$ *gibt, so dass für ihre Massefunktion* f_A *gilt:*

$$f_A(x) = \begin{cases} c, & \text{falls } x \in A \\ 0, & \text{sonst} \end{cases} \qquad \forall\, x \in \mathbb{R}^d.$$

[16] Beachte, dass wegen Satz 2.4.10 gilt: $\wp(A) \subset \mathscr{L}^d$.

- *Eine absolutstetige Zufallsvariable heißt auf einem Gebiet $A \subset \mathbb{R}^d$ gleichverteilt, wenn es ein $c \in \mathbb{R}$ gibt, so dass für ihre Dichtefunktion f gilt:*
$$f(x) = \begin{cases} c, & \text{falls } x \in A \\ 0, & \text{sonst} \end{cases} \qquad \forall\, x \in \mathbb{R}^d.$$

Korollar 2.4.31

Mit Korollar 2.4.13 und unter Verwendung des auf Seite 66 in Definition 2.34 eingeführten Volumens ergibt sich für die Konstante c unmittelbar:
$c := \frac{1}{|A|}$ im Falle der diskreten und $c := \frac{1}{Vol_d(A)}$ im Falle der stetigen Gleichverteilung.

Bemerkung 2.4.32

Bei einer gleichverteilten Zufallsvariable ist der Eintritt aller prinzipiell möglichen Ereignisse gleich wahrscheinlich.

Definition 2.27 (μ-σ-Normalverteilung)

Eine absolutstetige Zufallsvariable heißt (μ-σ-)normalverteilt oder normalverteilt zum Mittelwert μ und Standardabweichung σ, falls für ihre Dichtefunktion f gilt:

$$f(x) = \frac{1}{\sigma\sqrt{2\pi}} \exp\left(-\frac{1}{2}\left(\frac{x-\mu}{\sigma}\right)^2\right).$$

Die Verteilungsfunktion lautet entsprechend:

$$F(x) = \frac{1}{\sigma\sqrt{2\pi}} \int_{-\infty}^{x} \exp\left(-\frac{1}{2}\left(\frac{t-\mu}{\sigma}\right)^2\right) \mathrm{d}t.$$

Ist $\sigma = 1$ und $\mu = 0$, so spricht man auch von der Standardnormalverteilung.

Bemerkung 2.4.33

Die Motivation für die Normalverteilung erschließt sich aus den Sätzen 2.4.45, S. 61 und 2.4.51, S. 65 sowie Bemerkung 2.4.52, S. 65.

2.4.4 Bedingte Wahrscheinlichkeiten

Satz 2.4.34

Sei $(\Omega, \mathscr{S}_\Omega, P)$ ein Wahrscheinlichkeitsraum, $W \in \mathscr{S}_\Omega$ mit $P(W) \neq 0$. Ferner sei $\mathscr{S}_{\Omega,W} := \{S \in \mathscr{S}_\Omega | S \subseteq W\}$ und $P_W : \mathscr{S}_{\Omega,W} \mapsto [0,1]$, $P_W(S) := \frac{P(S)}{P(W)}$.

Dann ist $(\Omega, \mathscr{S}_{\Omega,W}, P_W)$ ein Wahrscheinlichkeitsraum.

Beweis:

1. $\mathscr{S}_{\Omega,W}$ *ist σ-Algebra: trivial.*
2. P_W *ist Wahrscheinlichkeitsmaß:*
   (a) $P_W(S) = \frac{P(S)}{P(W)} \geq 0 \quad \forall\, S \in \mathscr{S}_{\Omega,W}$,
   (b) *Sei* $(S_i \in \mathscr{S}_{\Omega,W})_{i \in \mathbb{N}}$ *eine Familie paarweise disjunkter Mengen mit* $S := \biguplus\limits_{i=1}^{\infty} S_i \in \mathscr{S}_{\Omega,W}$, *dann gilt:*
   $P_W(S) = P(W)^{-1} P(S) = P(W)^{-1} \sum\limits_{i=1}^{\infty} P(S_i) = \sum\limits_{i=1}^{\infty} \frac{P(S_i)}{P(W)} = \sum\limits_{i=1}^{\infty} P_W(S_i)$.
   (c) $P_W(W) = \frac{P(W)}{P(W)} = 1$. □

Satz 2.4.35 (Bedingtes Wahrscheinlichkeitsmaß)

Sei $(\Omega, \mathscr{S}_\Omega, P)$ ein Wahrscheinlichkeitsraum, $S, W \in \mathscr{S}_\Omega$, wobei $P(W) \neq 0$. Ferner sei $P(S|W) := P_W(S \cap W) = \frac{P(S \cap W)}{P(W)}$.

Dann ist

$$P(\cdot|W) : \mathscr{S}_\Omega \mapsto [0,1]$$

ein Wahrscheinlichkeitsmaß
und somit $(\Omega, \mathscr{S}_\Omega, P(\cdot|W))$ ein Wahrscheinlichkeitsraum.

$P(\cdot|W)$ heißt bedingtes Wahrscheinlichkeitsmaß (unter Bedingung W). $P(S|W)$ heißt bedingte Wahrscheinlichkeit von S unter Bedingung W.

Beweis:

1. $P(S|W) = P_W(S \cap W) \geq 0 \quad \forall\, S \in \mathscr{S}_\Omega$.
2. *Sei* $(S_i \in \mathscr{S}_{\Omega,W})_{i \in \mathbb{N}}$ *eine Familie paarweise disjunkter Mengen mit* $S := \biguplus\limits_{i=1}^{\infty} S_i \in \mathscr{S}_\Omega$, *dann ist* $S \cap W = \biguplus\limits_{i=1}^{\infty} (S_i \cap W) \in \mathscr{S}_\Omega$ *und es gilt:*
   $P(S|W) = P_W(S \cap W) = P_W(\biguplus\limits_{i=1}^{\infty} (S_i \cap W)) = \sum\limits_{i=1}^{\infty} P_W(S_i \cap W) = \sum\limits_{i=1}^{\infty} P(S_i|W)$.

3. $P(\Omega|W) = P_W(\Omega \cap W) = P_W(W) = 1.$ □

Korollar 2.4.36

Sei $(\Omega, \mathscr{S}_\Omega, P)$ *ein Wahrscheinlichkeitsraum,* $S, W \in \mathscr{S}_\Omega$ *mit* $S \subset W$.
Dann gilt: $P(S|W) = \frac{P(S)}{P(W)}$.

Beweis:

Wegen $S \subset W$ *gilt* $P(S \cap W) = P(S)$ *und die Behauptung folgt unmittelbar aus Satz 2.4.35.*

□

Korollar 2.4.37 (Unabhängige Ereignisse)

Sei $(\Omega, \mathscr{S}_\Omega, P)$ *ein Wahrscheinlichkeitsraum,* $S, W \in \mathscr{S}_\Omega$ *mit*

$$P(S \cap W) := P(S) \cdot P(W).$$

Dann gilt $P(S|W) = P(S)$ *und die Ereignisse* S *und* W *heißen unabhängig.*

Beweis:

$P(S|W) = \frac{P(S \cap W)}{P(W)} = \frac{P(S) \cdot P(W)}{P(W)} = P(S).$

□

Hilfssatz 2.4.38

Die Menge der k*-elementigen Teilmengen* $\{T \subseteq M|\ |T| = k\}$ *einer* n*-elementigen Menge* M, $|M| = n$ *beträgt*

$$n \cdot (n-1) \cdot (n-2) \cdot \ldots \cdot (n-k+1) = \frac{n!}{(n-k)!} =: \binom{n}{k}.$$

Beweis:

Wähle T_1 *aus* M *beliebig:*	$\Longrightarrow n$ *Möglichkeiten,*
Wähle T_2 *aus* $M \setminus \{T_1\}$ *beliebig:*	$\Longrightarrow n-1$ *Möglichkeiten,*
$\vdots$	$\vdots$
Wähle T_k *aus* $M \setminus \{T_1, T_2, \ldots, T_{k-1}\}$ *beliebig:*	$\Longrightarrow n-(k-1)$ *Möglichkeiten.*

□

Satz 2.4.39 (Wiederholung unabhängiger Ereignisse)
Die Wahrscheinlichkeit, dass ein Ereignis A, welches mit Wahrscheinlichkeit p eintritt, bei n-facher Wiederholung genau k-mal eintritt, beträgt

$$\binom{n}{k} p^k (1-p)^{n-k}.$$

Beweis:
Sei $(\Omega, \mathcal{S}_\Omega, P)$ ein Wahrscheinlichkeitsraum mit $A \in \mathcal{S}_\Omega$ und $P(A) = p$. Betrachte nun den Raum der k-fachen Wiederholung des Experimentes $\Omega^k := \times_{i=1}^k \Omega$. Jedes $X \in \Omega'$ besteht aus k unabhängigen Versuchen $X_1, ..., X_k$. Die Wahrscheinlichkeit, dass Versuch X_i im Ereignis A resultiert, beträgt für alle $i \in \{1, \ldots, k\}$ unabhängig von den Ergebnissen der vorhergehenden Versuche stets $P(X_i = A) = p$. Nach Korollar 2.4.37 gilt für unabhängige Ereignisse $X_i, X_j \in \mathcal{S}_{\Omega'}$: $P(X_i \cap X_j) := P(X_i) \cdot P(X_j)$ und es folgt

$$P(\{X_i = A\} \cap \{X_j = A\}) = P(X_i) \cdot P(X_j) = p^2 \quad \forall\, i \neq j,\ i, j \in \{1, \ldots k\}$$

und durch wiederholte Anwendung schließlich

$$P(\{X_1 = A\} \cap \ldots \cap \{X_k = A\}) = p^k.$$

Analog beträgt die Wahrscheinlichkeit, dass $(n-k)$ unabhängige Versuche $Y_1, ..., Y_k$ in keinem Fall in Ereignis A resultieren

$$P(\{Y_1 \neq A\} \cap \ldots \cap \{Y_{n-k} \neq A\}) = (1-p)^{(n-k)}.$$

Zusammengenommen folgt dann mit demselben Argument für den Raum $\Omega^k \times \Omega^{n-k}$ die Wahrscheinlichkeit

$$P(\{X_1 = A\} \cap \ldots \cap \{X_k = A\} \cap \{Y_1 \neq A\} \cap \ldots \cap \{Y_{n-k} \neq A\}) = p^k \cdot (1-p)^{(n-k)}. \quad (2.1)$$

Gleichung (2.1) beschreibt den Fall, dass bei n Versuchen zunächst k-mal Ereignis A auftritt und anschließend $(n-k)$-mal ein anderes Ereignis. Für die Ausgangsfragestellung ist es aber nicht von Bedeutung, in welcher Reihenfolge sich das k-malige Auftreten und das $(n-k)$-malige Nichtauftreten von A in der Versuchsreihe verteilen. M. a. W. es ist nicht wichtig, welche der insgesamt n Versuche den Ausgang A haben, sondern lediglich, dass dies für genau k von ihnen gilt. Da es nach Hilfssatz 2.4.38 genau $\binom{n}{k}$ Möglichkeiten gibt, eine k-elementige Menge aus einer n-elementigen Menge zu wählen, folgt somit die Behauptung wie gewünscht. □

2.4.5 Momente

Momente sind Kenngrößen von Zufallsvariablen. Der Erwartungswert ist jener Wert, den die Zufallsvariable bei häufig wiederholter Auslosung im Mittel annimmt. Die Varianz beschreibt wie stark die Einzelergebnisse um diesen Mittelwert schwanken.

Definition 2.28 (Erwartungswert)

- *Sei $\mathcal{X}$ eine diskrete Zufallsvariable mit Massefunktion f*[17].
  Konvergiert $\sum_{\omega\in\Omega} |\mathcal{X}(\omega)| \cdot P(\omega)$, dann heißt
  $$E(\mathcal{X}) := \sum_{\omega\in\Omega} \mathcal{X}(\omega) \cdot P(\omega)$$
  Erwartungswert von $\mathcal{X}$.
- *Sei $\mathcal{X}$ eine absolutstetige Zufallsvariable mit Dichte f.*
  Existiert $\int_{-\infty}^{\infty} |x| \cdot f(x)\,dx$, dann heißt
  $$E(\mathcal{X}) := \int_{-\infty}^{\infty} x \cdot f(x)\,dx$$
  Erwartungswert von $\mathcal{X}$.

Korollar 2.4.40
Mit den Bezeichnungen aus Definition 2.28 lautet der Erwartungswert einer von $\mathcal{X}$ abhängigen Funktion $g(\mathcal{X})$:

$$E(g(\mathcal{X})) := \begin{cases} \sum_{\omega\in\Omega} g(\mathcal{X})(\omega) \cdot P(\omega), & \text{falls } \mathcal{X} \text{ diskret} \\ \int_{-\infty}^{\infty} g(x) \cdot f(x)\,dx, & \text{falls } \mathcal{X} \text{ absolutstetig.} \end{cases}$$

Definition 2.29 (Zentrale Momente)

- *Sei $\mathcal{X}$ eine diskrete Zufallsvariable mit Massefunktion f und Erwartungswert $E(\mathcal{X})$.*
  Dann heißt
  $$Mom_k(\mathcal{X}) := E\left((\mathcal{X} - E(\mathcal{X}))^{\overset{\odot}{k}}\right) = \sum_{\omega\in\Omega} (\mathcal{X}(\omega) - E(\mathcal{X}))^{\overset{\odot}{k}} \cdot P(\omega)$$
  k-tes zentrales Moment von $\mathcal{X}$, falls diese Reihe konvergiert.

[17] D. h. $P = f$ nach Bezeichnung 2.15.

- *Sei $\mathcal{X}$ eine absolutstetige Zufallsvariable mit Dichte f und Erwartungswert $E(\mathcal{X})$. Dann heißt*
$$Mom_k(\mathcal{X}) := E\left((x - E(\mathcal{X}))^{\overset{\odot}{k}}\right) = \int_{-\infty}^{\infty} (x - E(\mathcal{X}))^{\overset{\odot}{k}} \cdot f(x)\,dx$$
k-tes zentrales Moment von $\mathcal{X}$, falls dieses Integral existiert.

Bezeichnung 2.16 (Varianz und Standardabweichung)

Das zweite zentrale Moment einer Zufallsvariablen $\mathcal{X}$ heißt Varianz und wir schreiben $Var(\mathcal{X}) := Mom_2(\mathcal{X})$. Die Wurzel $\sigma_{\mathcal{X}} := \sqrt{Var(\mathcal{X})}$ heißt Standardabweichung.

Bemerkung 2.4.41

Es gilt offensichtlich $E(\mathcal{X}_i) = \left(E(\mathcal{X})\right)_i$ und $Var(\mathcal{X}_i) = \left(Var(\mathcal{X})\right)_i$ (vgl. Bez. 2.12).

Satz 2.4.42 (Verschiebungssatz)

Sei $\mathcal{X}$ eine Zufallsvariable, und es existiere $E(\mathcal{X})$ und $Var(\mathcal{X})$. Dann gilt:
$$Var(\mathcal{X}) = E(\mathcal{X}^{\overset{\odot}{2}}) - (E(\mathcal{X}))^{\overset{\odot}{2}}$$

Beweis:

- *$\mathcal{X}$ diskret:*

$$\begin{aligned}
&Var(\mathcal{X})\\
&= \sum_{\omega\in\Omega}\left[(\mathcal{X}(\omega) - E(\mathcal{X}))^{\overset{\odot}{2}} \cdot P(\omega)\right]\\
&= \sum_{\omega\in\Omega}\left[\left((\mathcal{X}(\omega))^{\overset{\odot}{2}} - 2\cdot\mathcal{X}(\omega)\odot E(\mathcal{X}) + (E(\mathcal{X}))^{\overset{\odot}{2}}\right)\cdot P(\omega)\right]\\
&= \sum_{\omega\in\Omega}\left[(\mathcal{X}(\omega))^{\overset{\odot}{2}}\cdot P(\omega) - 2\cdot\mathcal{X}(\omega)\odot E(\mathcal{X})\cdot P(\omega) + (E(\mathcal{X}))^{\overset{\odot}{2}}\cdot P(\omega)\right]\\
&= \sum_{\omega\in\Omega}\left[(\mathcal{X}(\omega))^{\overset{\odot}{2}}\cdot P(\omega)\right] - 2\cdot E(\mathcal{X})\odot\sum_{\omega\in\Omega}[\mathcal{X}(\omega)\cdot P(\omega)] + (E(\mathcal{X}))^{\overset{\odot}{2}}\cdot\sum_{\omega\in\Omega}[P(\omega)]\\
&= E\left(\mathcal{X}^{\overset{\odot}{2}}\right) - 2\cdot E(\mathcal{X})\odot E(\mathcal{X}) + (E(\mathcal{X}))^{\overset{\odot}{2}}\\
&= E\left(\mathcal{X}^{\overset{\odot}{2}}\right) - (E(\mathcal{X}))^{\overset{\odot}{2}}
\end{aligned}$$

- *$\mathcal{X}$ absolutstetig: Analog.*

□

Die Kovarianz beschreibt den Zusammenhang zwischen zwei (eindimensionalen) Zufallsvariablen $\mathcal{X}$ und $\mathcal{Y}$. Eine positive Kovarianz sagt aus, dass hohe Werte von $\mathcal{X}$ in der Regel mit hohen Werten von $\mathcal{Y}$ einhergehen und niedrige mit niedrigen. Bei einer negativen Kovarianz sind hohe Werte von $\mathcal{X}$ dagegen in der Regel mit niedrigen Werten von $\mathcal{Y}$ gepaart und umgekehrt. Eine Kovarianz von null bedeutet, dass gar kein oder kein linearer Zusammenhang zwischen $\mathcal{X}$ und $\mathcal{Y}$ besteht.

Definition 2.30 (Kovarianz)

Sei $\mathcal{X} := (\mathcal{X}_1, \mathcal{X}_2, \cdots, \mathcal{X}_d)$ *eine d-dimensionale Zufallsvariable und* $Var(\mathcal{X})$ *existiere. Dann heißt zu* $1 \leq i, j \leq d$:

$$\begin{aligned} Kov(\mathcal{X}_i, \mathcal{X}_j) &:= E\Big(\big(\mathcal{X}_i - E(\mathcal{X}_i)\big) \cdot \big(\mathcal{X}_j - E(\mathcal{X}_j)\big)\Big) \\ &= \sum_{\omega \in \Omega} (\mathcal{X}_i(\omega) - E(\mathcal{X}_i)) \cdot (\mathcal{X}_j(\omega) - E(\mathcal{X}_j)) \cdot P(\omega) \\ &= \int_{-\infty}^{\infty} (x_i - E(\mathcal{X}_i)) \cdot (x_j - E(\mathcal{X}_j)) \cdot f(x)\, dx \end{aligned}$$

Kovarianz von $\mathcal{X}_i$ *und* $\mathcal{X}_j$.

$$\text{Die Matrix} \quad Kov(\mathcal{X}) := \begin{pmatrix} Kov(\mathcal{X}_1, \mathcal{X}_1) & Kov(\mathcal{X}_1, \mathcal{X}_2) & \cdots & Kov(\mathcal{X}_1, \mathcal{X}_d) \\ Kov(\mathcal{X}_2, \mathcal{X}_1) & Kov(\mathcal{X}_2, \mathcal{X}_2) & \cdots & Kov(\mathcal{X}_2, \mathcal{X}_d) \\ \vdots & \vdots & \ddots & \vdots \\ Kov(\mathcal{X}_d, \mathcal{X}_1) & Kov(\mathcal{X}_d, \mathcal{X}_2) & \cdots & Kov(\mathcal{X}_d, \mathcal{X}_d) \end{pmatrix}$$

heißt Kovarianzmatrix von $\mathcal{X}$.

Bemerkung 2.4.43

Für eine d-dimensionale Zufallsvariable $\mathcal{X}$ *gilt offensichtlich:*

- $Var(\mathcal{X}_i) = Kov(\mathcal{X}_i, \mathcal{X}_i), \quad 1 \leq i \leq d,$
- $Var(\mathcal{X}) = \big(Kov(\mathcal{X}_1, \mathcal{X}_1), Kov(\mathcal{X}_2, \mathcal{X}_2), \cdots, Kov(\mathcal{X}_d, \mathcal{X}_d)\big).$

Bemerkung 2.4.44

Der Verschiebungssatz (Satz 2.4.42) überträgt sich auf die Kovarianz wie folgt: Seien $\mathcal{X}$, $\mathcal{Y}$ *eindimensionale Zufallsvariablen und es existiere* $E(\mathcal{X})$, $E(\mathcal{Y})$ *und* $Kov(\mathcal{X}, \mathcal{Y})$.

Dann gilt: $Kov(\mathcal{X},\mathcal{Y}) = E(\mathcal{X}\cdot\mathcal{Y}) - E(\mathcal{X})\cdot E(\mathcal{Y}).$

Setzt man für zwei d-dimensionale Zufallsvariablen $\mathcal{X}$ *und* $\mathcal{Y}$

$$Kov(\mathcal{X},\mathcal{Y}) := E\left(\left(\mathcal{X} - E(\mathcal{X})\right)\odot\left(\mathcal{Y} - E(\mathcal{Y})\right)\right)$$

folgt entsprechend: $Kov(\mathcal{X},\mathcal{Y}) = E(\mathcal{X}\odot\mathcal{Y}) - E(\mathcal{X})\odot E(\mathcal{Y}).$

Satz 2.4.45

Eine normalverteilte Zufallsvariable $\mathcal{X}$ *besitzt den Erwartungswert*

$$E(\mathcal{X}) = \frac{1}{\sigma\sqrt{2\pi}}\int_{-\infty}^{+\infty} x\exp\left(-\frac{(x-\mu)^2}{2\sigma^2}\right)dx = \mu$$

und die Varianz

$$Var(\mathcal{X}) = \frac{1}{\sigma\sqrt{2\pi}}\int_{-\infty}^{+\infty}(x-\mu)^2\exp\left(-\frac{(x-\mu)^2}{2\sigma^2}\right)dx = \sigma^2.$$

Beweis:

Bleibt dem Leser überlassen. □

2.4.6 Grenzwertsätze

Satz 2.4.46 (Tschebyscheffsche Ungleichung)

Sei $\mathcal{X}:\Omega\mapsto\Omega'$ *eine eindimensionale Zufallsvariable mit Erwartungswert* $E(\mathcal{X})$ *und* $Var(\mathcal{X})$. *Dann gilt*[18]*:* $P(|\mathcal{X} - E(\mathcal{X})| \geq \epsilon) \leq \frac{Var(\mathcal{X})}{\epsilon^2} \qquad \forall\,\epsilon > 0.$

Beweis:

$$\text{Setze } \mathcal{Y}(\omega) := \begin{cases} \epsilon^2, & \text{falls } |\mathcal{X}(\omega) - E(\mathcal{X})| \geq \epsilon \\ 0, & \text{sonst} \end{cases}.$$

Wegen $\epsilon > 0$ *folgt:* $\mathcal{Y}(\omega) \leq (\mathcal{X}(\omega) - E(\mathcal{X}))^2 \qquad \forall\omega\in\Omega$

und somit: *(a)* $E(\mathcal{Y}) \leq E\left((\mathcal{X}(\omega) - E(\mathcal{X}))^2\right) = Var(\mathcal{X}).$

Andererseits gilt aber nach Definition des Erwartungswertes auch:

$$(b)\quad E(\mathcal{Y}) = \sum_{\omega\in\Omega}\mathcal{Y}(\omega)\cdot P(\omega)$$
$$= \sum_{\{\omega\in\Omega|\ |\mathcal{X}(\omega)-E(\mathcal{X})|\geq\epsilon\}}\mathcal{Y}(\omega)\cdot P(\omega) + \sum_{\{\omega\in\Omega|\ |\mathcal{X}(\omega)-E(\mathcal{X})|<\epsilon\}}\mathcal{Y}(\omega)\cdot P(\omega)$$

[18] Vgl. Bezeichnung 2.13, S. 35.

$$= \quad \epsilon^2 \cdot \sum_{\{\omega\in\Omega|\ |\mathcal{X}(\omega)-E(\mathcal{X})|\geq\epsilon\}} P(\omega) \quad + \quad 0 \cdot \sum_{\{\omega\in\Omega|\ |\mathcal{X}(\omega)-E(\mathcal{X})|<\epsilon\}} P(\omega)$$

$$\overset{\sigma-Additivit\ddot{a}t}{=} \epsilon^2 \cdot P(\{\omega \in \Omega|\ |\mathcal{X}(\omega) - E(\mathcal{X})| \geq \epsilon\})$$

$$\overset{\text{Bez.2.13}}{=} \epsilon^2 \cdot P(|\mathcal{X} - E(\mathcal{X})| \geq \epsilon).$$

$\overset{(a)+(b)}{\Longrightarrow}$ *Behauptung.* □

Satz 2.4.47 (Schwaches Gesetz der großen Zahlen)
Sei $(\mathcal{X}_n)$ eine (unendliche) Folge von unabhängigen (d-dimensionalen) Zufallsvariablen $\mathcal{X}_n : (\Omega, \mathscr{S}_\Omega, P) \mapsto [0,1]$ mit übereinstimmendem Erwartungswert

$$\mu = E(\mathcal{X}_1) = E(\mathcal{X}_2) = \dots$$

und übereinstimmender Varianz

$$\nu = Var(\mathcal{X}_1) = Var(\mathcal{X}_2) = \dots .$$

Weiterhin sei $(\mathcal{Y}_n)$ eine (unendliche) Folge mit den Gliedern $\mathcal{Y}_n := \frac{1}{n}\sum_{i=1}^{n} \mathcal{X}_n$.

Dann gilt: $$\lim_{n\to\infty} P(|\mathcal{Y}_n - \mu| < \epsilon) = 1 \qquad \forall \epsilon > 0.$$

<u>Beweis:</u>

Es ist $$E(\mathcal{Y}_n) = E(\tfrac{1}{n}\sum_{i=1}^{n} \mathcal{X}_n) = \tfrac{1}{n}\sum_{i=1}^{n} E(\mathcal{X}_n) = \mu$$

und $$Var(\mathcal{Y}_n) = Var(\tfrac{1}{n}\sum_{i=1}^{n} \mathcal{X}_n) = \tfrac{1}{n^2}\sum_{i=1}^{n} Var(\mathcal{X}_n) = \tfrac{\nu}{n}.$$

Mit Satz 2.4.46 folgt zunächst komponentenweise für alle $1 \leq i \leq d$:

$$\lim_{n\to\infty} P(|\mathcal{Y}_{ni} - \mu_i| \geq \epsilon) \leq \lim_{n\to\infty} \tfrac{Var(\mathcal{Y}_{ni})}{\epsilon^2} = \lim_{n\to\infty} \tfrac{\nu_i}{n\cdot\epsilon} = 0$$

und damit insgesamt: $$\lim_{n\to\infty} P(|\mathcal{Y}_n - \mu| \geq \epsilon) \leq \lim_{n\to\infty} \tfrac{Var(\mathcal{Y}_n)}{\epsilon^2} = \lim_{n\to\infty} \tfrac{\nu}{n\cdot\epsilon} = 0.$$

Und schließlich: $$\lim_{n\to\infty} P(|\mathcal{Y}_n - \mu| \geq \epsilon) = 0 \implies \lim_{n\to\infty} P(|\mathcal{Y}_n - \mu| < \epsilon) = 1.$$

□

Bemerkung 2.4.48

Wiederholt man ein Zufallsexperiment (mit zugehöriger Zufallsvariable $\mathcal{X}$) n mal, so konvergiert nach Satz 2.4.47 die Wahrscheinlichkeit, dass das arithmetische Mittel $\frac{1}{n}\sum_{i=1}^{n} X_i$ der Realisationen $X_1, X_2, \dots, X_n$ von $\mathcal{X}$ stärker als ein beliebig kleines $\epsilon > 0$ vom Erwartungswert von $\mathcal{X}$ abweicht, für $n \to \infty$ gegen null.

Korollar 2.4.49

Sei $X := \{X_1, \ldots, X_n\}$ eine n-elementige Menge von Realisationen einer d-dimensionalen reellen Zufallsvariablen $\mathcal{X}$[19]. Als direkte Folgerung aus Bemerkung 2.4.48 ergibt sich dann[20]*:*

$$Kov(\mathcal{X}_i, \mathcal{X}_j) \approx Kov_n(X_{\diamond i}, X_{\diamond j}) := \tfrac{1}{n} \sum_{m=1}^{n} \left(\left(X_{m_i} - \tfrac{1}{n} \sum_{k=1}^{n} X_{k_i} \right) \cdot \left(X_{m_j} - \tfrac{1}{n} \sum_{k=1}^{n} X_{k_j} \right) \right).$$

Wie wir nachfolgend zeigen, gilt jedoch

$$E(Kov_n(X_{\diamond i}, X_{\diamond j})) = \tfrac{n-1}{n} Kov(\mathcal{X}_i, \mathcal{X}_j),$$

so dass wir mit

$$\begin{aligned} Kov(X_{\diamond i}, X_{\diamond j}) : &= \frac{n}{n-1} Kov_n(X_{\diamond i}, X_{\diamond j}) \\ &= \frac{1}{n-1} \sum_{m=1}^{n} \left(\left(X_{m_i} - \frac{1}{n} \sum_{k=1}^{n} X_{k_i} \right) \cdot \left(X_{m_j} - \frac{1}{n} \sum_{k=1}^{n} X_{k_j} \right) \right) \end{aligned}$$

einen erwartungstreuen Schätzer für $Kov(\mathcal{X}_i, \mathcal{X}_j)$ angeben können.

Mit diesem folgt:

$$Kov(\mathcal{X}) \approx Kov(X) := \begin{pmatrix} Kov(X_{\diamond 1}, X_{\diamond 1}) & Kov(X_{\diamond 1}, X_{\diamond 2}) & \cdots & Kov(X_{\diamond 1}, X_{\diamond d}) \\ Kov(X_{\diamond 2}, X_{\diamond 1}) & Kov(X_{\diamond 2}, X_{\diamond 2}) & \cdots & Kov(X_{\diamond 2}, X_{\diamond d}) \\ \vdots & \vdots & \ddots & \vdots \\ Kov(X_{\diamond d}, X_{\diamond 1}) & Kov(X_{\diamond d}, X_{\diamond 2}) & \cdots & Kov(X_{\diamond d}, X_{\diamond d}) \end{pmatrix}.$$

Beweis:

Zu zeigen: $E(Kov_n(X_{\diamond i}, X_{\diamond j})) = \frac{n-1}{n} Kov(\mathcal{X}_i, \mathcal{X}_j)$.
Zur Abkürzung setze $\bar{X}_{\diamond i} := \frac{1}{n} \sum_{k=1}^{n} X_{k_i}$.

$E(Kov_n(X_{\diamond i}, X_{\diamond j}))$

$$\begin{aligned} &= E\left(\frac{1}{n} \sum_{m=1}^{n} \left(\left(X_{m_i} - \bar{X}_{\diamond i} \right) \cdot \left(X_{m_j} - \bar{X}_{\diamond j} \right) \right) \right) \\ &= E\left(\frac{1}{n} \sum_{m=1}^{n} X_{m_i} \cdot X_{m_j} - \bar{X}_{\diamond i} \cdot \bar{X}_{\diamond j} \right) \\ &= \frac{1}{n} \sum_{m=1}^{n} E\left(X_{m_i} \cdot X_{m_j} \right) - E\left(\bar{X}_{\diamond i} \cdot \bar{X}_{\diamond j} \right) \end{aligned}$$

[19] D. h. $X_i := (X_{i_1}, X_{i_2}, \ldots, X_{i_d})$.

[20] Das Zeichen $\diamond$ in $X_{\diamond i}$ soll andeuten, dass jeweils die i-ten Einträge aus allen in der Menge X enthaltenen Realisationen benötigt werden, also die Werte $X_{1_i}, X_{2_i}, \ldots X_{n_i}$. Fasst man die Menge X als $d \times n$ Matrix mit den Spalten $X_1, \ldots, X_n$ auf, so bezeichnet $X_{\diamond i}$ die i-te Spalte der Transponierten: $X_{\diamond i} := (X^t)_i$. Man beachte: $X_i \in \mathbb{R}^d$ ist eine Realisation des d-dimensionalen Zufallsvektors $\mathcal{X}$. Eine Realisation von $\mathcal{X}_i$, also dem i-ten Element von $\mathcal{X}$, ist somit lediglich das i-te Element aus einer Realisation X_k von $\mathcal{X}$, also der Wert $X_{i_k} \in \mathbb{R}$.

$$
\begin{aligned}
&= E\left(X_{1_i}\cdot X_{1_j}\right) - E\left(\bar{X}_{\diamond i}\cdot \bar{X}_{\diamond j}\right)\\
&= E\left(X_{1_i}X_{1_j}\right) - E\left(\bar{X}_{\diamond i}\bar{X}_{\diamond j}\right) + E\left(\mathcal{X}_i\right)E\left(\mathcal{X}_j\right) - E\left(\mathcal{X}_i\right)E\left(\mathcal{X}_j\right)\\
&= E\left(X_{1_i}X_{1_j}\right) - E\left(\mathcal{X}_i\right)E\left(\mathcal{X}_j\right) - \left(E\left(\bar{X}_{\diamond i}\bar{X}_{\diamond j}\right) - E\left(\mathcal{X}_i\right)E\left(\mathcal{X}_j\right)\right)\\
&\overset{\text{Bem. 2.4.44}}{=} Kov(\mathcal{X}_i,\mathcal{X}_j) - \left(E\left(\bar{X}_{\diamond i}\bar{X}_{\diamond j}\right) - E\left(\mathcal{X}_i\right)E\left(\mathcal{X}_j\right)\right)\\
&\overset{(a)}{=} Kov(\mathcal{X}_i,\mathcal{X}_j) - \frac{1}{n}Kov(\mathcal{X}_i,\mathcal{X}_j)\\
&= \frac{n-1}{n}Kov(\mathcal{X}_i,\mathcal{X}_j)
\end{aligned}
$$

Bleibt zu zeigen (a): $E\left(\bar{X}_{\diamond i}\bar{X}_{\diamond j}\right) = \frac{1}{n}Kov(\mathcal{X}_i,\mathcal{X}_j) + E\left(\mathcal{X}_i\right)E\left(\mathcal{X}_j\right)$.

$$
\begin{aligned}
&E\left(\bar{X}_{\diamond i}\bar{X}_{\diamond j}\right)\\
&= E\left(\frac{1}{n}\sum_{k=1}^{n}X_{k_i}\cdot\frac{1}{n}\sum_{k=1}^{n}X_{k_j}\right)\\
&= E\left(\frac{1}{n^2}\sum_{k=1}^{n}X_{k_i}X_{k_j} + \frac{1}{n^2}\sum_{1\le k<l\le m}X_{k_i}X_{l_j} + \frac{1}{n^2}\sum_{1\le k<l\le m}X_{l_i}X_{k_j}\right)\\
&= \frac{1}{n}\frac{1}{n}\sum_{k=1}^{n}E(X_{k_i}X_{k_j}) + \frac{1}{n^2}\sum_{1\le k<l\le m}E(X_{k_i})E(X_{l_j}) + \frac{1}{n^2}\sum_{1\le k<l\le m}E(X_{l_i})E(X_{k_j})\\
&= \frac{1}{n}E\left(\mathcal{X}_i\mathcal{X}_j\right) + \frac{1}{n^2}\frac{n(n-1)}{2}E\left(\mathcal{X}_i\right)E\left(\mathcal{X}_j\right) + \frac{1}{n^2}\frac{n(n-1)}{2}E\left(\mathcal{X}_i\right)E\left(\mathcal{X}_j\right)\\
&= \frac{1}{n}\left(Kov\left(\mathcal{X}_i\mathcal{X}_j\right) + E\left(\mathcal{X}_i\right)E\left(\mathcal{X}_j\right)\right) + \frac{2}{n^2}\frac{n(n-1)}{2}E\left(\mathcal{X}_i\right)E\left(\mathcal{X}_j\right)\\
&= \frac{1}{n}Kov\left(\mathcal{X}_i\mathcal{X}_j\right) + E\left(\mathcal{X}_i\right)E\left(\mathcal{X}_j\right)
\end{aligned}
$$

□

Korollar 2.4.50

Setzen wir $\bar{X}^t := \left(\bar{X}_{\diamond 1},\ldots,\bar{X}_{\diamond d}\right)$ *und* $\mathbb{1}^t := \overbrace{(1,1,\ldots,1)}^{n\ mal}$, *so gilt:*

i) $Kov(X) = \frac{1}{n-1}(X-\mathbb{1}\bar{X}^t)^t(X-\mathbb{1}\bar{X}^t)$.

ii) $Kov(X) = Kov(X-\mathbb{1}\bar{X}^t)$

Beweis:

i) Folgt mit den üblichen Regeln der Matrixmultiplikation unmittelbar aus Korollar 2.4.49.

ii) Wie leicht nachzurechnen ist, gilt: $(\overline{X - \mathbb{1}\bar{X}^t}) = (\overbrace{0, 0, \ldots, 0}^{d \text{ mal}})^t$*, womit folgt:*

$$\begin{aligned} Kov(X - \mathbb{1}\bar{X}^t) &\overset{i)}{=} \frac{1}{n-1}\left((X - \mathbb{1}\bar{X}^t) - \mathbb{1}(\overline{X - \mathbb{1}\bar{X}^t})^t\right)^t \left((X - \mathbb{1}\bar{X}^t) - \mathbb{1}(\overline{X - \mathbb{1}\bar{X}^t})^t\right) \\ &= \frac{1}{n-1}((X - \mathbb{1}\bar{X}^t) - \mathbb{1}(0,0,\ldots,0)^t)^t((X - \mathbb{1}\bar{X}^t) - \mathbb{1}(0,0,\ldots,0)^t)^t) \\ &= \frac{1}{n-1}(X - \mathbb{1}\bar{X}^t)^t(X - \mathbb{1}\bar{X}^t) \overset{i)}{=} Kov(X). \end{aligned}$$

□

***Satz* 2.4.51** (Zentraler Grenzwertsatz)

Sei $\mathcal{X}_1, \mathcal{X}_2, \ldots$ *eine Folge von unabhängig identisch verteilten Zufallsvariablen mit Erwartungswert* μ *und Varianz* σ^2*. Bezeichne* Z_n *die standardisierte*[21] *n-te Teilsumme dieser Folge:*

$$\mathcal{Z}_n := \frac{\sum_{i=1}^{n}(\mathcal{X}_i - \mu)}{\sqrt{\sum_{i=1}^{n}\sigma^2}} = \frac{\sum_{i=1}^{n}\mathcal{X}_i - n\mu}{\sigma\sqrt{n}}.$$

Dann konvergiert die Verteilungsfunktion von $\mathcal{Z}_n$ *für* $n \to \infty$ *gegen die Verteilungsfunktion der Standardnormalverteilung.*

Beweis:
Siehe z. B. [5].

□

Bemerkung 2.4.52

Der Zentrale Grenzwertsatz wird häufig als Rechtfertigung dafür verwendet, für eine gegebene Zufallsvariable eine Normalverteilung anzunehmen. Gerade bei experimentell bestimmten Größen liegt oft eine Vielzahl von unabhängigen Ursachen für Messungenauigkeiten vor, so dass der Messwert als die Summe von vielen zufälligen Schwankungen gemäß Satz 2.4.51 näherungsweise standardnormalverteilt ist [8].

[21] D. h. derart transformiert, dass die Varianz 1 und der Mittelwert 0 beträgt. Vergleiche auch Autoskalierung, S. 93.

2.5 Allgemeine Bezeichnungen II

Definition 2.31 (Abgeschlossene Hülle)
Sei X ein topologischer Raum, $U \subset X$ und H der Durchschnitt aller abgeschlossenen Teilmengen A von X mit $U \subset A$. Dann heißt H die abgeschlossene Hülle von U und wir schreiben $\overline{U} := H$.
Ist U abgeschlossen, gilt daher trivialerweise: $\overline{U} = U$.

Definition 2.32 (Träger)
Sei $f : \mathbb{R}^d \mapsto \mathbb{R}$ eine Funktion. Dann heißt die Menge

$$Supp(f) := \overline{\{x \in \mathbb{R}^d | f(x) \neq 0\}}$$

Träger (engl.: support) von f.

Definition 2.33 (Charakteristische Funktion χ)
Sei $A \subset \mathbb{R}^d$. Dann heißt

$$\chi_A : \mathbb{R}^d \mapsto \{0,1\}, \quad \chi_A(x) := \begin{cases} 1, & \text{falls } x \in A \\ 0, & \text{sonst} \end{cases}$$

die charakteristische Funktion von A.
Sei $f : \mathbb{R}^d \mapsto \mathbb{R}$ eine Funktion. Dann schreiben wir für $\chi_{Supp(f)}$ auch kurz: χ_f.

Definition 2.34 (Volumen)
Sei $A \subset \mathbb{R}^d$ eine kompakte Menge. Dann heißt

$$Vol_d(A) := \int\limits_{\mathbb{R}^d} \chi_A(x)dx$$

das Volumen von A. Für den Beweis der Integrierbarkeit von χ_A sei auf [34] verwiesen.

Bemerkung 2.5.1

- *Ist die Dimension klar, schreiben wir für $Vol_d(A)$ auch kurz $Vol(A)$.*
- *$Vol_d(A)$ stellt eine Untermannigfaltigkeit der Kodimension 1 im $\mathbb{R}^{d+1}$ dar, d. h. eine d-dimensionale Hyperfläche im $\mathbb{R}^{d+1}$.*

***Definition* 2.35** (Radialsymmetrie)

Eine Funktion $f : \mathbb{R}^d \mapsto \mathbb{R}^n$ heißt radialsymmetrisch um den Punkt $p \in \mathbb{R}^d$ (bezüglich $\|.\|$), falls gilt:

$$f(a) = f(b) \quad \forall\, a, b \in \mathbb{R}^d \text{ mit } \|a - p\| = \|b - p\|.$$

***Definition* 2.36** (Ab- und Aufrundungsfunktion)

Sei $x \in \mathbb{R}$. Dann gilt:

$$\lfloor x \rfloor := \max_{k \in \mathbb{Z}, k \leq x}(k) \qquad \text{und} \qquad \lceil x \rceil := \min_{k \in \mathbb{Z}, k \geq x}(k).$$

***Definition* 2.37** (Max/min-Zentrum)

Sei $X := \{X_1, \ldots, X_n\} \subset \mathbb{R}^d$ endlich.
Für $1 \leq j \leq d$ setze $m_j := \min\limits_{i=1,..,n}(X_{i_j})$ und $M_j := \max\limits_{i=1,..,n}(X_{i_j})$. Dann heißt

$$z := \left(m_1 + \frac{M_1 - m_1}{2}, m_2 + \frac{M_2 - m_2}{2}, \ldots, m_d + \frac{M_d - m_d}{2}\right) \in \mathbb{R}^d$$

Max/min-Zentrum[22] *von X.*

2.6 Graphentheorie

In diesem Abschnitt werden die wichtigsten Grundbegriffe der Graphentheorie vorgestellt. Ausführlichere Darstellungen finden sich beispielsweise bei Sedláček [138] oder Matoušek und Nešetřil [93].

***Definition* 2.38**

Seien V und E zwei nichtleere Mengen mit $E \subseteq (V \times V)$. Dann heißt das 2-Tupel $G := (V, E)$ Graph.
V (von engl. „vertex") wird als Knotenmenge bezeichnet. E (von engl. „edge") ist die Menge der (verbundenen) Knotenpaare und heißt Kantenmenge.

---

[22] Im Gegensatz zur üblichen Definition des Zentrums durch $\left(\frac{\sum_{i=1}^{n} X_{i_1}}{n}, \frac{\sum_{i=1}^{n} X_{i_2}}{n}, \ldots, \frac{\sum_{i=1}^{n} X_{i_d}}{n}\right)$.

Beispiel 2.6.1

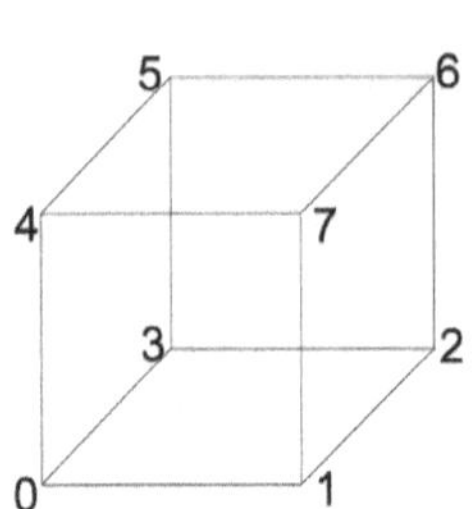

V={ 0, 1, 2, 3, 4, 5, 6, 7 }
E={ {0,1}, {0,3}, {0,4}, {1,2}, {1,7}, {2,3}, {2,6}, {3,5}, {4,5}, {4,7}, {5,6}, {6,7} }

Bildquelle: [103]

Abbildung 2.5: Würfel

Definition 2.39

Seien $G = (V, E)$ und $G' = (V', E')$ Graphen. G heißt Teilgraph von G', wenn gilt: $V \subseteq V'$ und $E \subseteq E'$.
Wir schreiben $G \subseteq G'$ oder auch: G' enthält G.

Bemerkung 2.6.1

Sei G=(V,E) ein Graph, dann gilt:

- *Hat eine Kante $e \in E$ den Knoten $v \in V$ als Endpunkt, so sagt man e inzidiert mit v.*
- *Eine Kante, die an beiden Enden mit demselben Knoten inzidiert, heißt Schlinge.*
- *Ist die Knotenmenge V endlich, so spricht man von einem endlichen Graphen.*

Definition 2.40

Ein Graph $C_n := (V, E)$ mit $V = \{1, .., n\}$, $E = \{\{i, i + 1\} | i = 1, .., n\} \cup \{\{1, n\}\}$ heißt Kreis.

Definition 2.41

Ein Graph $P_n := (V, E)$ mit $V = \{0, .., n\}$, $E = \{\{i - 1, i\} | i = 1, .., n\}$ heißt Weg (der Länge n).

Definition 2.42

Ein Graph $G = (V, E)$ heißt gerichteter Graph oder Digraph (von engl. „directed Graph"), wenn die Paare $(x, y) \in E$ geordnet sind.

Definition 2.43

Ein Graph $G = (V, E)$ heißt zusammenhängend, wenn $\forall x, y \in V$ gilt: Es existiert ein Weg von x nach y in G.

Definition 2.44

Sei $v \in V$ ein Knoten des Graphen $G = (V, E)$. Dann bezeichnet man die Anzahl der Kanten, die mit v indizieren, als Knotengrad von v. Wir schreiben $grad_G(v)$. Schlingen werden bei dieser Berechnung doppelt gezählt.
Bei gerichteten Graphen unterscheiden wir zwischen Eingangsgrad $egrad_G(v)$ und Ausgangsgrad $agrad_G(v)$ eines Knotens.

Es gilt:

- $egrad_G(v) := |\{(x, y) \in E | y = v\}|$.
- $agrad_G(v) := |\{(x, y) \in E | x = v\}|$.

Definition 2.45

Ein Graph $G = (V, E)$, der keine Kreise und Schlingen enthält, heißt azyklisch.

Definition 2.46 ((Wurzel-)Baum)

Ein gerichteter, azyklischer und zusammenhängender Graph $B = (V, E)$ heißt (Wurzel-)Baum, wenn folgende Eigenschaften erfüllt sind:

- *Es gibt genau einen Knoten $v \in V$ mit Eingangsgrad 0. Wir schreiben $Wurzel(B) := v$ und nennen v Wurzel.*
- *Außer der Wurzel hat jeder Knoten aus V den Eingangsgrad 1.*

Bemerkung 2.6.2

Soweit nicht anders angegeben bezeichnen wir einen endlichen Wurzelbaum im Folgenden stets kurz als Baum.

Definition 2.47 (Stufe)
Sei $B = (V, E)$ ein Baum und $v \in V$ ein Knoten. Ferner sei n die Länge des kürzesten Weges in B, dessen Knotenmenge sowohl v als auch die Wurzel enthält. Dann heißt v Knoten der Stufe n. Wir schreiben $St(v) = n$.

Definition 2.48 (Vater und Kinder)
Sei $B = (V, E)$ ein Baum, $v, w \in V$ mit $St(w) = St(v) + 1$ und $(v, w) \in E$. Dann heißt v Vater(-knoten) von w und w Kind(-knoten) von v.

Bezeichnung 2.17
Sei $B = (V, E)$ ein Baum, $v \in V$ mit Kindern $w_1, \ldots, w_n \in V$. Dann setzen wir für alle $i \in \{1, \ldots, n\}$: $Vater(w_i) := v$ *und* $Kind_i(v) := w_i$.

Definition 2.49 (Abkömmlinge und Vorfahren)
Alle Kindknoten eines Knotens v sind Abkömmlinge von v. Alle Abkömmlinge eines Abkömmlings von v sind ebenfalls Abkömmlinge von v.
Der Vater von v ist ein Vorfahr von v. Der Vorfahr eines Vorfahren von v ist ebenfalls ein Vorfahr von v.

Definition 2.50 (Binärbaum)
Ein Baum, dessen Knoten höchstens zwei Kinder haben, heißt binär.

Definition 2.51 (Blatt, innerer Knoten)
Sei $B = (V, E)$ ein Baum. Ein Knoten $v \in V$ heißt Blatt, falls v keine Kinder besitzt. Alle Knoten eines Baumes, die Kinder besitzen, heißen innere Knoten.
Die Menge der Blätter von B bezeichnen wir mit $Bl(B)$.

Definition 2.52 (Ast)
Der kürzeste Weg von der Wurzel zu einem Blatt eines Baumes heißt Ast.

Definition 2.53 (Baumhöhe)
Die Höhe eines Baumes entspricht der Länge des längsten Astes plus 1.

***Definition* 2.54** (Teilbaum)
Seien $B = (V, E)$, $B' = (V', E')$ Bäume und w die Wurzel von B'. Dann heißt B' Teilbaum von B, falls gilt: $V' = \{x \in V | \, x$ ist Abkömmling von w in $B\}$ und $E' = \{e = (x_1, x_2) \in E | x_1, x_2 \in V'\}$. Ein Teilbaum ist somit ein spezieller Teilgraph eines Baumes.

***Definition* 2.55** (Balancierter Baum)
Ein Baum $G = (V, E)$ heißt balanciert, wenn für alle Teilbäume T, T' von G gilt: Liegen die Wurzeln von T und T' auf derselben Stufe von G, so unterscheidet sich die Höhe von T und T' um maximal 1.

2.7 Ergänzungen

Die Feststellungen dieses Abschnitts dienen lediglich zum besseren Verständnis ergänzender Hinweise, die in den nachfolgenden Kapiteln gegeben werden. Auf eine Beweisführung wird daher verzichtet[23].

***Definition* 2.56** (Signiertes Maß)
Sei $\mathscr{S}_\Omega \subseteq \wp(\Omega)$ eine σ-Algebra über der nichtleeren Menge Ω und

$$\mu : \mathscr{S}_\Omega \mapsto \mathbb{R} \cup \{-\infty\} \cup \{+\infty\}$$

eine σ-additive Funktion mit $\mu(\emptyset) = 0$.
Dann heißt μ signiertes Maß oder Ladungsverteilung.

***Satz* 2.7.1** (Hahn-Jordan-Zerlegung)
Sei $\mathscr{S}_\Omega \subseteq \wp(\Omega)$ eine σ-Algebra über der nichtleeren Menge Ω. Ferner sei $\mu : \mathscr{S}_\Omega \mapsto \mathbb{R} \cup \{-\infty\} \cup \{+\infty\}$ ein signiertes Maß.
Dann existieren zwei disjunkte Mengen $\Omega' \in \mathscr{S}_\Omega$ und $\Omega'' \in \mathscr{S}_\Omega$ mit $\Omega = \Omega' \uplus \Omega''$, so dass gilt:

1. *$\mu(A) \leq 0 \quad \forall A \in \mathscr{S}_\Omega$ mit $A \subset \Omega'$ und*
2. *$\mu(A) \geq 0 \quad \forall A \in \mathscr{S}_\Omega$ mit $A \subset \Omega''$.*

[23] Beweise finden sich beispielsweise bei Elstrodt [26] und in anderen gängigen Lehrbüchern.

Ω' und Ω'' sind, abgesehen von Mengen $N \in \mathscr{S}_\Omega$, die, einschließlich ihrer Teilmengen, das signierte Maß 0 besitzen, eindeutig festgelegt.
Definiert man zwei (gewöhnliche, d.h. nicht signierte, also vorzeichenlose) Maße:

1. $\mu^-(A) = -\mu(A \cap \Omega')$ *und*
2. $\mu^+(A) = \mu(A \cap \Omega'')$, $A \in \mathscr{S}_\Omega$,

so gilt $\mu = \mu^+ - \mu^-$.
Mindestens eines der Maße ist endlich.

Bemerkung 2.7.2

Jedes signierte Maß lässt sich als Differenz zweier Maße charakterisieren, von denen mindestens eines endlich ist.

Kapitel 3

Einführung in die Thematik

3.1 QSAR-Modelle

Quantitative Struktur-Wirkungs-Beziehungen (QSAR[1]) basieren auf der Annahme, dass die makroskopischen Eigenschaften einer Substanz durch ihre molekulare Struktur bestimmt sind [12, 132, 144]. Wie bereits in der Einführung (vgl. S. 4) erwähnt, handelt es sich um empirisch abgeleitete Modelle: Anhand einer Serie experimentell untersuchter Verbindungen, den sogenannten Trainingsdaten, wird eine quantitative Korrelation zwischen deren chemischer Struktur und den beobachteten physikochemischen Eigenschaften oder der biologischen Aktivität hergestellt.

Bereits 1868 postulierten Crum-Brown und Fraser [18], dass die physiologische Aktivität einer Substanz eine Funktion ihrer chemischen Konstitution darstellt. Als Ausgangspunkt der modernen QSAR-Analyse gelten die Publikationen von Free und Wilson [35], sowie Fujita und Hansch [48, 49], mit denen sich ab den 60er Jahren des vergangenen Jahrhunderts zunehmend die multilineare Regressionsanalyse zur Ableitung und statistischen Beurteilung von Quantitativen Struktur-Wirkungs-Beziehungen durchsetzte [132, 134, 155].

Heute finden QSAR-Modelle breite Anwendung in der Chemie- und Pharmaindustrie, sowie den zuständigen Kontrollbehörden. Sie ermöglichen den Ersatz kostenintensiver Laboruntersuchungen ebenso wie ethisch problematischer Tierversu-

[1] QSAR: engl. **Q**uantitative **S**tructure-**A**ctivity **R**elationship.

che [104]. Sie können Resultate zeitintensiver Experimente im Vorfeld prognostizieren und helfen den Einsatz knapper Ressourcen optimal zu priorisieren. Schließlich können sie sogar genutzt werden, um Eigenschaften von Verbindungen vorherzusagen, die materiell noch gar nicht vorliegen, was vor allem in der Wirkstoffentwicklung von enormer Bedeutung ist [12].

3.1.1 Strukturraum

Die chemische Struktur beschreibt den Aufbau eines Stoffes auf molekularer Ebene. Sie beinhaltet die Art und Anzahl der verschiedenen im Molekül enthaltenen Atome, sowie deren wechselseitige Verknüpfungen[2] und Lage im Raum. Es gibt verschiedene Varianten, die chemische Struktur in Form von chemischen Formeln zu beschreiben. Sie reichen von der einfachen Wiedergabe des Verhältnisses, in welchem die unterschiedlichen chemischen Elemente im Molekül enthalten sind, bis zur detaillierten Beschreibung, die alle Bindungslängen und -winkel einschließt.

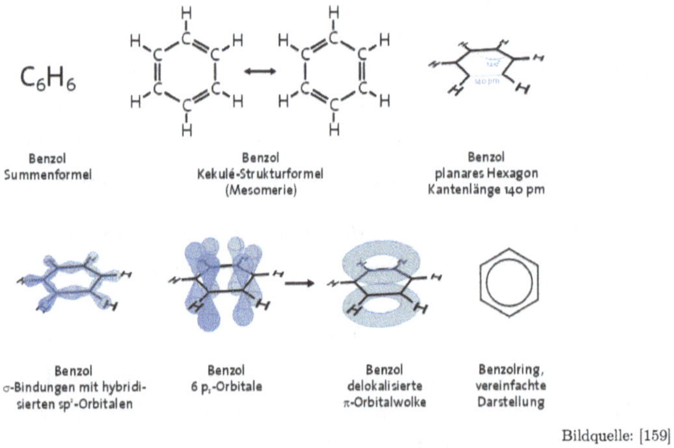

C_6H_6

Benzol
Summenformel

Benzol
Kekulé-Strukturformel
(Mesomerie)

Benzol
planares Hexagon
Kantenlänge 140 pm

Benzol
σ-Bindungen mit hybridisierten sp²-Orbitalen

Benzol
6 p_z-Orbitale

Benzol
delokalisierte
π-Orbitalwolke

Benzolring,
vereinfachte
Darstellung

Bildquelle: [159]

Verschiedene Darstellungsformen der chemischen Struktur am Beispiel Benzol.

Abbildung 3.1: Strukturformeln

[2] Verknüpfung = Bindung.

Die Gesamtheit aller theoretisch möglichen chemischen Strukturen, also aller denkbaren (chemisch möglichen) Atomkombinationen, heißt Strukturraum. Es gibt Schätzungen, die besagen, dass der Strukturraum aus bis zu 10^{160} unterschiedlichen Molekülen[3] besteht. Bezieht man auch Makromoleküle[4] wie Proteine ein, so wächst der Raum nochmals gewaltig - von diesen existieren über 10^{390} Varianten [25]. Um diese unvorstellbare Größe zu verdeutlichen, sei auf Hochrechnungen verwiesen, denen zufolge das gesamte beobachtbare Universum nur ca. 10^{80} Atome enthält [57].

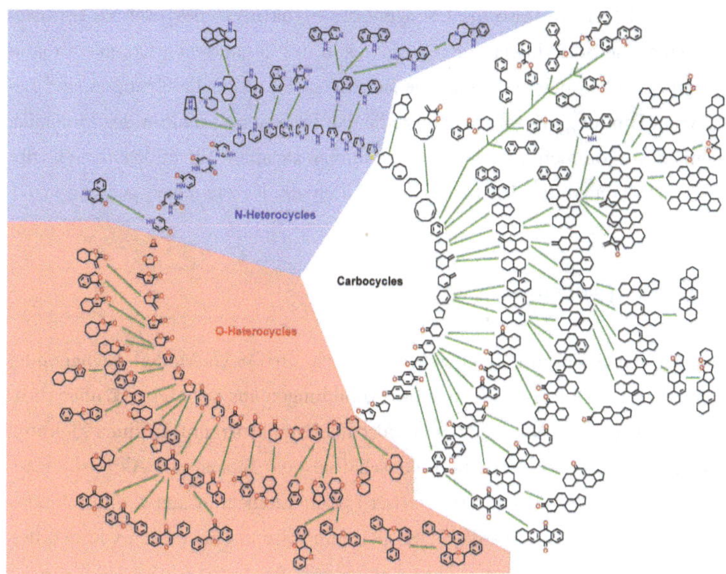

Bildquelle: [76]

Kartierung eines Ausschnittes des Strukturraumes nach Waldmann et al. [76]: Die chemischen Elemente sind in baumartiger Struktur geordnet.

Abbildung 3.2: Strukturraum

Allein die Anzahl der (theoretischen) Möglichkeiten für organische Verbindungen[5], die eine Molekülmasse in der Größenordnung[6], wie sie in lebenden Systemen vor-

[3] < 1000 Daltons.

[4] > 1000 Daltons.

[5] Organische Verbindung: Verbindung, welche Kohlenstoff enthält.

[6] < 500 Daltons.

kommt, besitzen, also die Anzahl der für die Wirkstoffentwicklung in der Pharmazie interessanten organischen Verbindungen, wird im Allgemeinen mit ca. 10^{60} angegeben [25].

Auch wenn der Strukturraum mathematisch gesehen endlich sein mag, im Hinblick auf die Erfassbarkeit seiner einzelnen Elemente durch den Menschen ist er somit quasi unendlich [86].

Die chemischen Elemente (also die Elemente des Strukturraumes) werden traditionell in verschiedene Stoffklassen aufgeteilt, was in der Organischen Chemie anhand der funktionellen Gruppen geschieht, die sie tragen. Funktionelle Gruppen sind bestimmte Atom-Bindungs-Kombinationen, die das Reaktionsverhalten des Moleküls, in welchem sie vorkommen, maßgeblich bestimmen. Beispiele für funktionelle Gruppen sind etwa Alkohole und Phenole, Ester, Aldehyde, Ketone oder Amine.

3.1.2 Deskriptorraum

Bei den natürlichen Zusammenhängen, die durch ein QSAR-Modell nachgebildet werden, handelt es sich formal gesehen um Abbildungen aus der Menge $\mathfrak{C}$ aller theoretisch möglichen chemischen Strukturen (also dem Strukturraum) in einen Zielraum $\mathfrak{Z}$, der bestimmte physikochemische Eigenschaften oder biologische Aktivitäten repräsentiert. Beispielsweise kann (theoretisch) allen Elementen aus $\mathfrak{C}$ ein Schmelz- oder Siedepunkt zugeordnet werden. Der Zielraum wäre in diesem Fall von den beiden Dimensionen Temperatur und Druck aufgespannt.

Eine quantitative Struktur-Wirkungs-Beziehung umschreibt solch einen natürlichen Zusammenhang $W : \mathfrak{C} \mapsto \mathfrak{Z}$ in zwei Schritten:

Zunächst wird den Elementen aus $\mathfrak{C}$ ein sogenanntes Deskriptortupel[7] (im Deskriptorraum $\mathfrak{D}$) zugewiesen, welches ausgesuchte molekulare Struktureigenschaften der jeweiligen Chemikalie beschreibt. Als Deskriptoren wird dabei heutzutage eine Vielzahl unterschiedlichster Moleküleigenschaften eingesetzt. Das Spektrum reicht hier von einfachen Zähl-De-skriptoren, wie der Anzahl bestimmter funktioneller Gruppen oder Bindungstypen, über physikochemische Parameter, wie dem Molekulargewicht

[7] Deskriptortupel: Aus mehreren Deskriptoren bestehender Vektor, Element im Deskriptorraum.

oder der van-der-Waals-Oberfläche, bis hin zu komplexen quantenmechanischen Deskriptoren. Die Funktion $D : \mathfrak{C} \mapsto \mathfrak{D}$ ist weder injektiv noch surjektiv[8].

Eine zweite Abbildung $Q : \mathfrak{D} \mapsto \mathfrak{Z}$ (das eigentliche QSAR-Modell) überführt die Elemente des Deskriptorraumes schließlich mit der Intention $Q \circ D \approx W$ in den Zielraum.

Die In-silico-Rechnung $Q(D(c)), c \in \mathfrak{C}$ liefert somit eine Näherung für den unbekannten Zielwert $W(c)$, wobei der Nutzen dieses Umwegs darin besteht, dass die Werte $D(c), c \in \mathfrak{C}$ entweder als bekannt vorausgesetzt werden, oder aber ein Verfahren zu ihrer experimentellen Bestimmung vorhanden ist, welches Vorteile[9] gegenüber der direkten Bestimmung von $W(c)$ aufweist.

Abbildung 3.3 auf Seite 80 verdeutlicht unter anderem auch diese Zusammenhänge skizzenhaft.

Bei der Aufstellung eines QSAR-Modells, wird der Zusammenhang $Q : \mathfrak{D} \mapsto \mathfrak{Z}$ aus einer Stoffmenge[10] T abgeleitet, für deren Elemente $t \in T$ jeweils sowohl $W(t)$ als auch $D(t)$ bekannt sind. Dabei können die unterschiedlichsten Techniken, von der linearen oder nichtlinearen Regression bis hin zu genetischen Algorithmen und neuronalen Netzen, zum Einsatz kommen [28], auf deren genaue Ausgestaltung im Rahmen dieser Dissertation allerdings nicht eingegangen wird.

Allen Techniken zur Modellbildung ist gemeinsam, dass sie eine Teilmenge von T zur Validierung zurückhalten. Häufig geschieht dies in Form der Kreuzvalidierung[11]. Aus dem Blickwinkel der Modellentwickler zerfällt T also in eine tatsächlich zum Training des Modells verwendete Menge T_{tr} und eine Testmenge T_{te}, wobei je nach verwendeter Technik Elemente zwischen den Teilmengen ausgetauscht werden können. Wenn wir im weiteren Verlauf dieser Arbeit von der Trainingsmenge des Modells

[8] Selbstverständlich wäre eine bijektive Abbildung wünschenswert. Es ist bisher allerdings noch nicht gelungen, eine geeignete Menge von Deskriptoren zu finden, die solch eine eineindeutige Zuordnung erlauben würde. Es scheint, in Anbetracht der Größe und Komplexität von $\mathfrak{C}$, nach heutigem Wissen auch unmöglich, jemals eine solche „vollständige Deskriptormenge" zu finden, die aus einer rechentechnisch beherrschbaren Anzahl von Elementen besteht.

[9] Vgl. die schon erwähnten ökonomischen, logistischen und ethischen Problematiken.

[10] Mathematisch korrekt handelt es sich um eine Multimenge, weil Elemente mehrfach auftreten können. Aus Vereinfachungsgründen sprechen wir aber im Folgenden stets nur von einer Menge.

[11] T wird in $2 \leq k \leq |T|$ Teilmengen aufgeteilt. In k Durchläufen $(i = 1, \ldots, k)$ zur Modellerstellung wird jeweils die i-te Teilmenge nicht zum Training verwendet, sondern für die Validierung zurückgehalten.

Q sprechen, so meinen wir im Gegensatz zur Unterscheidung in T_{tr} und T_{te} stets die gesamte in T enthaltene Information, welche Einfluss auf die Modellerstellung genommen hat. Sofern nicht eine Teilmenge von T ausschließlich zur Validierung[12] benutzt wird, umfasst der Begriff Trainingsmenge, wie wir ihn gebrauchen, also die gesamte Menge $T := T_{tr} \uplus T_{te}$. Die Elemente $t \in T$ bezeichnen wir in diesem Zusammenhang als Trainingsdaten des Modells Q.

3.1.3 Anwendungsdomäne

Definition 3.1

Sei $\mathfrak{C}$ die Menge aller theoretisch möglichen chemischen Strukturen und $Q : \mathfrak{D} \mapsto \mathfrak{Z}$ ein mit Hilfe des Datensatzes $T \subset \mathfrak{C}$ kalibriertes QSAR-Modell eines natürlichen Zusammenhanges $W : \mathfrak{C} \mapsto \mathfrak{Z}$ mit $Q(D(t)) \approx W(t) \quad \forall t \in T$.
Ferner sei $\|.\| : \mathfrak{Z} \mapsto \mathbb{R}$ eine Norm[13] auf $\mathfrak{Z}$ und $\zeta \in \mathbb{R}$.

Dann heißt die Menge $AD_{(Q,\zeta)} := AD := \{c \in \mathfrak{C} \mid \|W(c) - Q(D(c))\| < \zeta\}$ Anwendungsdomäne von Q (zum (Fehler)grenzwert ζ).

Die Anwendungsdomäne von Q zum Grenzwert ζ enthält also alle chemischen Verbindungen, für welche die Zieleigenschaft durch Q mit einem Fehler kleiner als ζ richtig vorhergesagt wird.

Im Gegensatz zur induktiven Ableitung, bei der nach den Gesetzen der Logik die Allgemeingültigkeit eines Einzelfalls bewiesen wird[14], beruhen empirisch abgeleitete Modelle, wie die QSARs, lediglich auf der unbewiesenen, jedoch beispielhaft überprüften Annahme, dass sich ein an der endlichen Menge der Trainingsdaten beobachteter Zusammenhang auf andere Fälle übertragen lässt.
Der Mensch nutzt dieses Prinzip quasi in allen Bereichen seines Lebens. Wann immer wir mit einer unbekannten Situation konfrontiert sind, greifen wir auf unsere

---

[12] Ausschließlich bedeutet, dass das Modell in keiner Phase seiner Aufstellung an die in dieser Teilmenge enthaltenen Stoffe angepasst wurde. (Was die Nutzung dieser Stoffe im Rahmen einer Kreuzvalidierung implizit ausschließt).

[13] Anmerkung: Jede Norm auf einem Vektorraum induziert vermittels $d(x,y) := \|x - y\|$ eine Metrik.

[14] Vgl. z. B. die vollständige Induktion.

in der Vergangenheit gesammelten Erfahrungen zurück und können den Ausgang des aktuellen Vorgangs umso besser vorhersagen, je mehr er einem bereits bekannten ähnelt. Dennoch können wir nie vollkommen sicher sein, dass unsere Erwartung tatsächlich erfüllt wird.

Feststellung 3.1.1

Es ist intuitiv klar, dass die obige Annahme, eine empirisch gewonnene Erkenntnis lasse sich auf ein unbekanntes Datum übertragen, umso gerechtfertigter erscheint, je stärker dieses Datum den Daten der Trainingsmenge ähnelt [50, 117, 139].

Leider ist Ähnlichkeit zwischen Chemikalien nicht präzise definiert und unterschiedliche Ähnlichkeitskonzepte sind relevant für unterschiedliche Endpunkte[15] [58, 108].

In Bezug auf die Anwendungsdomäne eines QSAR-Modells Q sind zwei Ähnlichkeitskonzepte von besonderer Bedeutung, die jedoch nicht miteinander konkurrieren, sondern vielmehr gleichberechtigt nebeneinanderstehen und sich ergänzen [23, 39]:

- Das erste Konzept basiert auf dem Strukturraum $\mathfrak{C}$.

  Die Ähnlichkeit zweier Stoffe wird dabei durch ihr Reaktionsverhalten - insbesondere auch im Hinblick auf den Zusammenhang $W : \mathfrak{C} \mapsto \mathfrak{Z}$ - bestimmt. Dies hat beispielsweise zur Folge, dass nur Chemikalien jener Stoffklassen, die im Trainingssatz von Q repräsentiert gewesen sind, gesichert zu der Anwendungsdomäne $AD_{(Q,\cdot)}$ gezählt werden dürfen.

  Dieses Ähnlichkeitskonzept gründet direkt auf der chemischen Struktur und kann aus verschiedenen Gründen mathematisch nicht exakt gefasst werden. Zum einen ist der Strukturraum selbst, wie in Abschnitt 3.1.1 bereits geschildert, nicht vollständig zu beschreiben, zum anderen ist das Reaktionsverhalten nicht allein von den Strukturinformationen über Atomtypen, Bindungen, Bindungswinkel oder funktionelle Gruppen abhängig, sondern auch von der mechanistischen Basis, die dem Zusammenhang W zugrunde liegt [136]. Da Art und Ablauf der elementaren Reaktionsschritte in zwei Zusammenhängen $W_1 : \mathfrak{C} \mapsto \mathfrak{Z}_1$ und $W_2 : \mathfrak{C} \mapsto \mathfrak{Z}_2$ völlig unterschiedlich gestaltet sein können, können zwei Stoffe, die im Sinne von

[15] Endpunkt: Abschluss einer chemischen Reaktion; Status, der eines der Planziele eines Experimentes markiert.

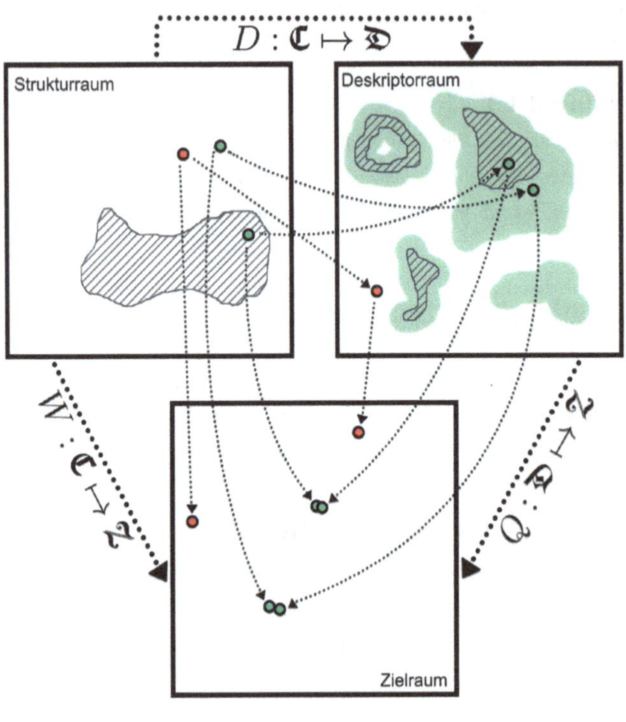

Bei dem deskriptorraumbasierten Ähnlichkeitskonzept entscheidet die Lage des zugehörigen Deskriptortupels im Deskriptorraum darüber, ob eine Chemikalie der Anwendungsdomäne zugerechnet wird [107]. In der Regel sind die Trainingsdaten in der AD enthalten.

Abbildung 3.3: Die AD im Deskriptorraum in Bezug zu Struktur- und Zielraum

W_1 als ähnlich zu betrachten sind, sich im Hinblick auf W_2 durchaus gewaltig voneinander unterscheiden.

Die Einschätzung der Ähnlichkeit zweier Stoffe basiert bei diesem Konzept daher in erster Linie auf dem Sachverstand der beurteilenden Chemiker, die festlegen, welche Strukturmerkmale in welcher Wichtung Berücksichtigung finden sollen. Diese Auswahl ist primär unabhängig von den für Q verwendeten Deskriptoren.

Merkmale, die keinen substanziellen Beitrag zur Zieleigenschaft erwarten lassen, werden nicht als Deskriptoren verwendet. Wird ein Merkmal beispielsweise von allen Stoffen des Trainingsdatensatzes getragen, so würde seine Berücksichtigung im Deskriptorraum das resultierende QSAR-Modell nicht verändern. Es hätte mithin keinerlei (feststellbaren) Einfluss auf die Zielgröße und seine Verwendung als Deskriptor wäre nicht sinnvoll. Nichtsdestotrotz kann nicht ausgeschlossen werden, dass Verbindungen, die dieses Merkmal nicht tragen, sich bezüglich der Zieleigenschaft anders verhalten. Dies gilt insbesondere, wenn für dieses Merkmal bereits in anderen Zusammenhängen ein großer Einfluss auf das stoffliche Reaktionsverhalten beobachtet wurde. Für die Charakterisierung der Anwendungsdomäne kann ein Merkmal, welches nicht zum Modelltraining verwendet wurde, also sehr wohl von Bedeutung sein.

- Das zweite Ähnlichkeitskonzept fußt auf dem Deskriptorraum $\mathfrak{D}$.

  Es hat gegenüber der Strukturraumbetrachtung den Vorteil, insofern objektivierbar zu sein, als dass der Deskriptorraum einer mathematisch exakten Beschreibung zugänglich ist. Das Expertenwissen um den Strukturraum wird durch dieses Konzept nicht ersetzt, sondern lediglich ergänzt, da der Deskriptorraum aufgrund der mangelnden Injektivität der Abbildung D (vgl. S. 77) eine Chemikalie hinsichtlich der Zieleigenschaft stets nur unvollständig beschreibt. Allerdings ist eben diese Ergänzung nicht zuletzt aufgrund der Komplexität des Struktur- und, in den meisten Fällen, auch des Deskriptorraumes unverzichtbar.

  Über den Beitrag zur Klärung der Ähnlichkeit im chemischen Sinne hinaus ermöglicht das deskriptorraumbezogene Konzept außerdem die Beantwortung der Frage, inwiefern zwei Stoffe durch das zu analysierende QSAR-Modell tatsächlich als ähnlich wahrgenommen werden. Dies ist von großer Bedeutung, da nur dieser Ähnlichkeitsbegriff das Lernverhalten im Trainingsprozess des Modells wirklich bestimmt hat.

Das deskriptorraumbezogene Ähnlichkeitskonzept berücksichtigt nur die Wertekombinationen, an die das QSAR-Modell bei seiner Kalibrierung tatsächlich angepasst wurde, nicht verwendete Merkmale hingegen werden übergangen. Dabei trifft man implizit die Annahme, dass alle hinsichtlich der Zieleigenschaft relevanten Unterscheidungsmerkmale zweier Chemikalien durch die im QSAR-Modell verwendeten Deskriptoren vollständig erfasst sind, mit anderen Worten, dass gilt:

$$D(c_1) = D(c_2) \Rightarrow W(c_1) = W(c_2) \quad \forall c_1, c_2 \in \mathfrak{C}. \tag{3.1}$$

Eine unmittelbare Folge aus Gleichung (3.1) ist, dass Feststellung 3.1.1 auch dann noch Gültigkeit behält, wenn der dort gebrauchte, umfassende Ähnlichkeitsbegriff auf die beim Training des QSAR-Modells tatsächlich verwendeten molekularen Eigenschaften eingeschränkt wird.

Fasst man Annahme (3.1) und Feststellung 3.1.1 zusammen, so basiert eine auf diesem deskriptorraumbezogenen Ähnlichkeitskonzept aufgebaute Schätzung der Anwendungsdomäne demnach auf folgender Hypothese:

Hypothese 1

Die Zieleigenschaft eines Stoffes, dessen Deskriptortupel in ein Gebiet des Deskriptorraumes fällt, das durch den Trainingsdatensatz des QSAR-Modells Q gut abgedeckt ist, wird von Q mit höherer Wahrscheinlichkeit richtig vorhergesagt, als die Zieleigenschaft eines Stoffes aus einem mit Trainingsdaten schwach besiedelten Gebiet.

Obwohl wir bereits festgestellt haben, dass (3.1) aufgrund der fehlenden Injektivität der Abbildung D in der Realität nie für alle $c_1, c_2 \in \mathfrak{C}$ erfüllt ist und daher in der Regel durch Angabe einzelner Gegenbeispiele sehr einfach widerlegt werden kann, stellt (3.1) dennoch eine brauchbare Basis für eine Domänenschätzung dar. Die Gleichung ist nämlich letztlich lediglich eine mathematische Umschreibung der für alle empirischen Modelle grundlegenden Annahme, dass eine Situation, die in allen für uns wahrnehmbaren Merkmalen einer in der Vergangenheit bereits erlebten gleicht, auch die gleichen Folgen wie eben diese zeitigt. Die mit (3.1) einhergehende Beschränkung der im Sinne der Domänenschätzung wahrnehmbaren Merkmale auf die für das zu analysierende QSAR-Modell wahrnehmbaren Merkmale, also den Deskriptorraum, ist somit nur konsequent.

Ohnehin sollte Gleichung (3.1) sinnvollerweise wenigstens für alle Elemente der Trainingsmenge erfüllt sein, da anderenfalls eine Diskriminierung der Daten hinsichtlich der Zieleigenschaft auf Grundlage der Modellparameter trivialerweise nur eingeschränkt möglich oder im Extremfall sogar gänzlich ausgeschlossen ist. Da weiterhin, wie bereits mehrfach betont, das Ziel jeder Modellbildung die größtmögliche Generalisierbarkeit des anhand der Trainingsdaten gefundenen Zusammenhanges ist, wird der QSAR-Entwickler außerdem stets bestrebt sein, die Deskriptoren derart zu wählen, dass Verletzungen von Gleichung (3.1) auch über die Daten der Trainingsmenge hinaus weitestgehend ausgeschlossen werden.

Ein auf dem Deskriptorraumkonzept basierendes AD-Schätzverfahren kann auch für empirisch abgeleitete Modelle genutzt werden, die nicht der Chemie entstammen, weil der Raum der Modelleingangsparameter (also der Deskriptorraum) bereits von den konkreten Gegenständen der Betrachtung (hier also von den chemischen Verbindungen/ dem Strukturraum) abstrahiert.

Eine Folge aus Feststellung 3.1.1 (bzw. Hypothese 1) ist, dass die Trainingsmenge in der Regel vollständig in der Anwendungsdomäne eines empirisch abgeleiteten Modells enthalten ist.

Da die Anwendungsdomäne ihrer Definition (Def. 3.1) nach jedoch nicht von der Trainingsmenge, sondern nur von der Zielraumdifferenz $\|W(c) - Q(D(c))\|$ zwischen Modell und dem zugrunde liegenden realen Zusammenhang abhängt, sind Ausnahmen hiervon durchaus möglich. Da eine Modellbildung stets die Abwägung zwischen Trainingsfehler und Generalisierbarkeit beinhaltet[16], enthält die Trainingsmenge häufig auch sogenannte Ausreißer[17], bei denen der Modellfehler den für die AD-Zugehörigkeit festgelegten Grenzwert überschreitet.

Konventionelle Ansätze zur Schätzung der Anwendungsdomäne, die im Bereich der QSAR-Entwicklung gebräuchlich sind, berücksichtigen diese Tatsache nicht, da sie sich ausschließlich auf Feststellung 3.1.1 bzw. Hypothese 1 stützen und den Zielraum in keiner Weise in die Kalkulation einbeziehen. Aus gleichem Grund sind sie des Weiteren nicht in der Lage, möglicherweise vorliegende Informationen über das Modellverhalten bezüglich im Trainingssatz nicht berücksichtigter Stoffe zur Charakterisierung der Anwendungsdomäne heranzuziehen. Die konventionelle AD-Schätzung

[16] Vgl. Abschn. 3.2.

[17] Engl. Outlier.

ist daher mit Abschluss der Modellentwicklung statisch und kann aus Erfahrungen, die erst während des Einsatzes des Modells gewonnen werden, zu einem späteren Zeitpunkt nichts dazulernen.

In Kapitel 9 stellen wir ein neu entwickeltes, deskriptorraumbezogenes Verfahren vor, welches geeignet ist, diese beiden Missstände zu beseitigen.

Zusammenfassend halten wir fest:

> Die Anwendungsdomäne hängt allein von der Zielraumdifferenz zwischen modelliertem Zusammenhang und Modell ab.
> Generell wird diese durch die Lage des Trainingsdatensatzes im Deskriptor- und Zielraum beeinflusst. Speziell bei QSAR-Modellen treten mit der chemischen Struktur und mechanistischen Betrachtungen des Reaktionsverlaufs zusätzliche und in hohem Maße bedeutsame Aspekte hinzu.
> Zur bestmöglichen Präzisierung einer AD-Schätzung sollten neben den Trainingsdaten alle verfügbaren Eingabetupel berücksichtigt werden, für welche die AD bestimmende Zielraumdifferenz bekannt ist.

In den weiteren Abschnitten dieser Arbeit steht das deskriptorraumbezogene Ähnlichkeitskonzept im Mittelpunkt der Betrachtung.

Dabei gilt:

Vereinbarung 3.1

Aus Gründen der Vereinfachung unterscheiden wir zwischen $x \in \mathfrak{C}$ und $D(x) \in \mathfrak{D}$ nur, falls aus dem Zusammenhang nicht eindeutig hervorgeht, was gemeint ist.

Ansonsten schreiben wir beispielsweise kurz $Q(x)$ anstatt $Q(D(x))$.
Ebenso sprechen wir verkürzt vom Trainingsdatensatz $T \subset \mathfrak{D}$, wenn wir eigentlich die Multimenge $\{D(x)|x \in T'\}$ zum Trainingsdatensatz $T' \subset \mathfrak{C}$ meinen.
In diesem Zusammenhang ist $W(x \in T)$ gleich $W(x' \in T')$ mit $D(x') = x$, wobei bei einem mehrfachen Auftreten von x in T stets aus dem Kontext hervorgeht, welches x' mit $D(x') = x$ gemeint ist.

3.2 Over-/ Underfitting

Die Ableitung eines empirischen Modells beinhaltet stets die Abwägung zwischen Trainingsfehler und Generalisierbarkeit.

Beinhaltet ein Modell im Verhältnis zur Anzahl der Trainingsdaten zu viele Freiheitsgrade, ist es unmöglich, verallgemeinerbare Muster in der Trainingsmenge zu erkennen. Vielmehr lernt das Modell die Trainingsdaten quasi auswendig, indem es in Wahrheit irrelevante Information mit der Zieleigenschaft in Verbindung bringt. Dies führt dazu, dass zwar die korrespondierenden Zieleigenschaften der Trainingsdaten nahezu fehlerfrei wiedergegeben werden, das Modell bei der Vorhersage leicht abweichender Eingaben hingegen höchstwahrscheinlich versagt. Man spricht in diesem Zusammenhang von Overfitting (dt. Überanpassung). Den umgekehrten Fall stellt das Underfitting dar: Hier wird relevante Information übergangen. Das Modell lässt sich gut verallgemeinern, weist aber selbst für den Trainingsdatensatz sehr schlechte Prognoseeigenschaften auf.

***Beispiel* 3.2.1** (Over-/ Underfitting)
Zu dem unbekannten Zusammenhang $0.15 \cdot \sin(5 \cdot x) + 0.08 \cdot (x-4)^2 + x$ *seien Trainingsdaten* $t \in T$ *gegeben,*
$T := \{2.32, 2.39, 2.54, 2.63, 2.65, 3.17, 3.57, 3.58, 3.76, 3.84, 6.56, 6.79, 6.9, 7.53, 7.85\}$.
Mit Hilfe einer Polynomfunktion beliebigen Grades habe die Unbekannte aus den Elementen von T *abgeleitet werden sollen, woraufhin folgende Modelle*[18] *erstellt worden seien:*

1. *Ein Polynom sechsten Grades:* $-0.007764 \cdot x^6 + 0.248844 \cdot x^5 - 3.197017 \cdot x^4 + 20.975722 \cdot x^3 - 73.791838 \cdot x^2 + 132.732269 \cdot x - 93.188269.$
2. *Ein Polynom zweiten Grades:* $0.084027 \cdot x^2 + 0.341799 \cdot x + 1.275685.$
3. *Ein Polynom ersten Grades (eine Gerade):* $1.183395 \cdot x - 0.46532.$

Das Polynom sechsten Grades gibt die Trainingsdaten zwar gut wieder (MSE ~ 0.001*), zeichnet den Verlauf der Unbekannten aber selbst im Interpolationsbereich, insbesondere auf dem Intervall* $]3.84, 6.56[$*, schlecht nach und versagt bei der Extrapolation (*$x < 2.32$ *bzw.* $x > 7.85$*) völlig. Dieses Modell ist überangepasst.*

[18] Vgl. Abbildung 3.4.

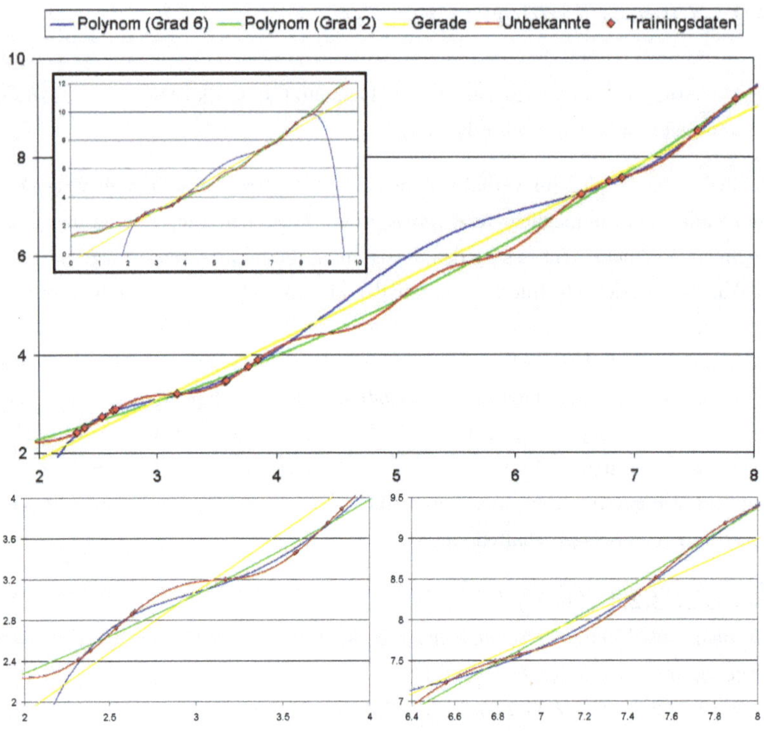

Abbildung 3.4: Over-/ Underfitting

Die Gerade hingegen weist sowohl im Interpolations- wie im Extrapolationsbereich eine deutlich bessere Übereinstimmung mit der Unbekannten auf, ist jedoch nicht in der Lage, deren konvexe Krümmung aus den Trainingsdaten heraus zu erkennen. Das Modell ist unterangepasst, weil es mangels eines quadratischen Terms jegliche Krümmung der Unbekannten negiert. Einen guten Kompromiss zwischen Trainingsfehler (MSE ~ 0.006*) und Generalisierbarkeit stellt das Polynom zweiten Grades dar.*

Kapitel 4

Konventionelle AD-Schätzer

In diesem und den folgenden Kapiteln sprechen wir, soweit nicht explizit anders angegeben, stets von AD-Schätzern auf Grundlage des deskriptorraumbezogenen Ähnlichkeitskonzeptes[1], d. h. insbesondere auf Grundlage von Hypothese 1.

Die Dimension des Deskriptorraumes sei d.

4.1 Überblick

Unter konventionellen AD-Schätzern verstehen wir Methoden, die in der QSAR-Entwicklung zur Bestimmung der Anwendungsdomäne allgemein gebräuchlich sind [28, 105, 143, 150].

4.1.1 Bereichsbezogene und geometrische Methode

Die bereichsbezogene Methode liefert eine sehr einfache, aber wenig präzise Schätzung der Anwendungsdomäne. Sie unterscheidet lediglich zwischen dem Inter- und dem Extrapolationsbereich des Modells, wobei ersterer als Anwendungsdomäne qualifiziert wird.

[1] Vgl. S. 81.

Der Interpolationsbereich ist für jede Dimension durch den minimalen bzw. maximalen Wert gegeben, der für den zugehörigen Deskriptor durch die Stoffe im Trainingssatz angenommen wird. Die Anwendungsdomäne entspricht dann dem durch diese Intervalle aufgespannten d-dimensionalen Hyperquader.

Eine Verfeinerung dieses Ansatzes stellt die geometrische Methode dar, die auf der konvexen Hülle der Trainingsmenge basiert. Die Berechnung der konvexen Hülle ist jedoch mit einer Komplexität von $\mathcal{O}(n^{\frac{d}{n}+1})$ bei n Trainingspunkten [58] verhältnismäßig aufwendig und berücksichtigt die Datenverteilung innerhalb des identifizierten Interpolationsgebietes ebenso wenig wie die bereichsbezogene Methode.

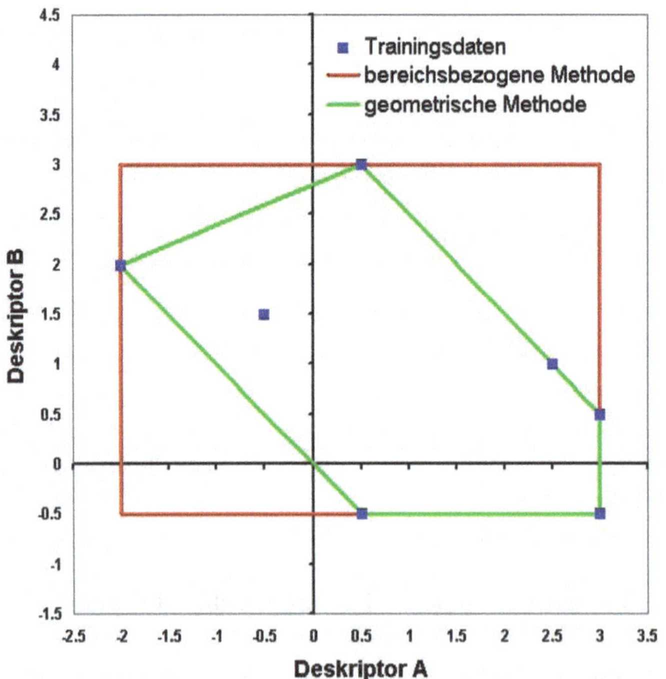

Beispiel für ein zweidimensionales Modell mit dem Trainingssatz
$X := \{(-2, 2), (-0.5, 1.5), (0.5, 3), (0.5, -0.5), (2.5, 1), (3, 0.5), (3, 0.5)\}$.

Abbildung 4.1: Bereichsbezogene und geometrische Methode

4.1.2 Distanzbasierte Methoden

Distanzbasierte Methoden definieren die Ähnlichkeit eines Anfragepunktes zum Trainingsdatensatz durch den Abstand des Anfragepunktes zu einem speziellen aus der Trainingsmenge errechneten Referenzpunkt R [61, 107]. Dieser Referenzpunkt kann beispielsweise das dem Anfragepunkt nächstgelegene Trainingsdatum oder aber das am weitesten entfernte sein; es ist möglich, die Distanz zum Zentrum oder zum Max/min-Zentrum des Trainingsdatensatzes zu betrachten oder den durchschnittlichen Abstand des Anfragepunktes zu allen Daten der Trainingsmenge zu ermitteln. Auch ist es möglich, durch die Verwendung unterschiedlicher Distanzbegriffe Besonderheiten des zu analysierenden QSAR-Modells individuell zu berücksichtigen [153]. Abbildung 4.2 zeigt die Abstände zum Zentrum eines fiktiven Trainingsdatensatzes unter verschiedenen Normen als Farbcodierung. In den meisten Anwendungsfällen bleibt jedoch der Euklidische Abstand, bzw. seine um die modellimmanenten Kovarianzen korrigierte Form, die weiter unten eingeführte Mahalanobis-Norm, die sinnvollste Wahl.

Der große Vorteil gegenüber der bereichsbezogenen und der geometrischen Methode besteht darin, dass nicht nur zwischen der Zugehörigkeit und der Nicht-Zugehörigkeit zur Anwendungsdomäne unterschieden werden kann, sondern durch das Abstandsmaß gleichzeitig ein Qualitätsbegriff dafür mitgeliefert wird, wie stark diese Zugehörigkeit ausgeprägt ist, oder anders ausgedrückt, wie verlässlich die Einschätzung der AD-Zugehörigkeit für einen bestimmten Anfragestoff ist.

Im einfachsten Fall verwendet man den Abstand zum Referenzpunkt direkt als Maß für die AD-Zugehörigkeit: Je weiter ein Stoff vom Referenzpunkt R entfernt ist, umso unwahrscheinlicher ist demnach seine Zugehörigkeit zur Anwendungsdomäne. Übersteigt der Abstand einen vordefinierten Grenzwert wird der Stoff nicht mehr zur AD gezählt. Da die Anwendungsdomäne, wie in Kapitel 3 bereits ausgeführt, insbesondere die Daten des Trainingssatzes im Wesentlichen enthalten sollte, ist unmittelbar einleuchtend, dass die Festlegung dieses Grenzwertes nicht absolut, sondern nur in Abhängigkeit von der Ausdehnung des Trainingsdatensatzes erfolgen kann. Ein Maß hierfür könnte beispielsweise der mittlere oder auch der maximale Abstand zwischen Trainingsdaten und Referenzpunkt sein. Wie unschwer nachzuvollziehen ist, wird bei der Verwendung des erstgenannten Maßes jedoch durchschnittlich nur die Hälfte der

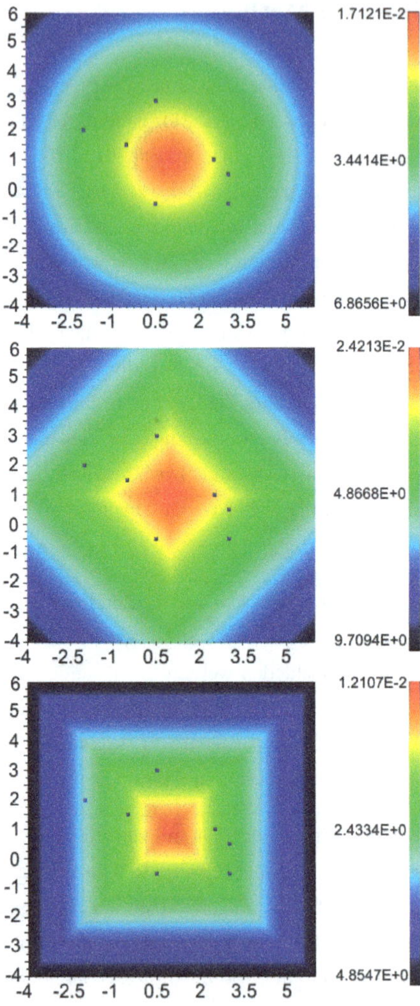

Abstand zum Zentrum unter Euklidischer-, Eins- und Tschebyscheff-Norm. Trainingssatz wie in Abbildung 4.1.

Abbildung 4.2: Distanzbasierte Methode

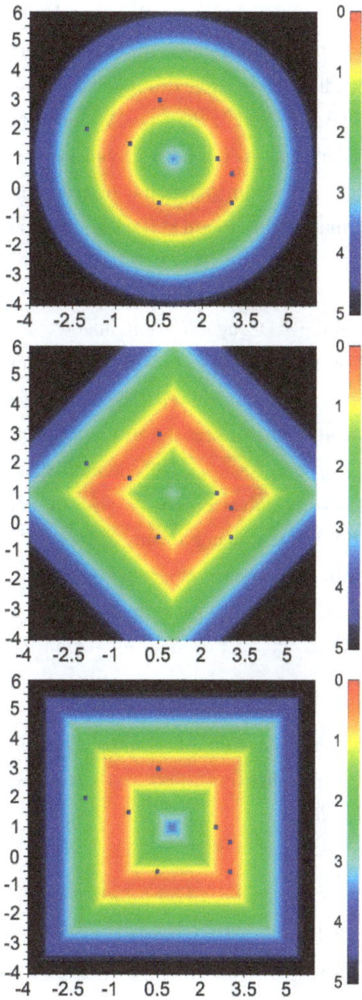

Entfernung zum mittleren Abstand zwischen Zentrum und Trainingsdaten in Einheiten der Standardabweichung unter Euklidischer-, Eins- und Tschebyscheff-Norm. Trainingssatz wie in Abbildung 4.1.

Abbildung 4.3: AD-Zugehörigkeit bei der distanzbasierten Methode

Trainingsdaten in die Anwendungsdomäne fallen, bei der Verwendung des zweiten kann die AD hingegen durch einen einzelnen Ausreißer unverhältnismäßig vergrößert werden, so dass sie letztendlich große Teile des Deskriptorraumes einschließt, die nur sehr dünn mit Trainingsdaten besiedelt sind. Des Weiteren besteht in jedem Fall der generelle Nachteil, dass der Referenzpunkt R trivialerweise stets die größte Wahrscheinlichkeit aufweist, zur Anwendungsdomäne zu gehören, obwohl er, wie auch in Abbildung 4.2 zu sehen, mitnichten im am stärksten mit Trainingsdaten besiedelten Gebiet liegen muss.

Daher wird in der Praxis die AD-Zugehörigkeit anstatt direkt am Abstand zu R, meist an der mittleren Abweichung $\overline{\|X-R\|}$ zwischen Trainingsdaten und Referenzpunkt, sowie der zugehörigen Standardabweichung $\sigma_{\|X-R\|}$ festgemacht. Die Anwendungsdomäne umfasst dann alle Punkte, die um nicht mehr als das dreifache der Standardabweichung $\sigma_{\|X-R\|}$ von $\overline{\|X-R\|}$ differieren [58][2]. Der Faktor 3 ergibt sich aus der Tatsache, dass bei normalverteilten Daten 99% der Beobachtungen weniger als die dreifache Standardabweichung vom Mittelwert entfernt liegen. Sofern Autoren den Abstand zum Referenzpunkt dennoch direkt verwenden, beziehen sie sich in der Regel auf die Chi-Quadrat-Verteilung, so dass sich die entsprechenden Cutoff-Werte zu $\alpha \in [0,1]$ als $\chi^2_{d;\frac{1-\alpha}{n}}$, also dem $\frac{1-\alpha}{n}$-Quantil, ergeben [6].

Definition 4.1 (AD-Cutoff)
Der Grenzwert, der zu einer gegebenen AD-Schätzung festlegt, welchen Schätzwert ein Element über- bzw. unterschreiten[3] *muss, um zur Anwendungsdomäne gezählt zu werden, heißt AD-Cutoff.*

Beispiel 4.1.1
Sei $X := \{(-2,2),(-0.5,1.5),(0.5,3),(0.5,-0.5),(2.5,1),(3,0.5),(3,0.5)\}$ *der bereits aus Abbildung 4.1 bekannte Trainingssatz. Der Referenzpunkt sei das Zentrum von X, also* $R := (1,1)$.
Unter Euklidischer Norm ergibt sich dann: $\overline{\|X-R\|} := \frac{1}{7}\cdot\sum_{i=1}^{7}\|X_i-R\| \approx 2.064$ *und* $\sigma_{\|X-R\|} := \sqrt{\frac{1}{6}\sum_{i=1}^{7}(\|X_i-R\|-\overline{\|X-R\|})^2} \approx 0.603.$

[2] Man spricht in diesem Zusammenhang von der sogenannten „AD-“ oder „Domänenbegrenzung“.
[3] Dies ist abhängig von der Schätzmethode.

Somit folgt wegen $\overline{\|X-R\|} - 3\cdot\sigma_{\|X-R\|} \approx 0.255$ *und* $\overline{\|X-R\|} + 3\cdot\sigma_{\|X-R\|} \approx 3.873$ *für die Anwendungsdomäne:*

$$AD_X := \left\{ x \in \mathbb{R}^2 \,\middle|\, 0.255 \leq \|x-R\| \leq 3.873 \right\}.$$

Abbildung 4.4 a) zeigt die Begrenzung der Anwendungsdomäne aus Beispiel 4.1.1. Abbildung 4.4 b) zeigt die nach gleicher Methode bestimmten AD-Grenzen[4], nachdem zuvor die Größen von Deskriptor A jeweils halbiert wurden[5]. In der Folge liegt beispielsweise die in pink eingezeichnete Chemikalie anders als in Abbildung a) nun innerhalb der grünen Begrenzungslinien. Obwohl der Trainingssatz in beiden Fällen identisch zusammengesetzt ist, wird die Anfragechemikalie in Abbildung b) somit zur Anwendungsdomäne gerechnet, in Abbildung a) hingegen nicht. Dies verdeutlicht, dass die in Beispiel 4.1.1 verwendete Methode zur Bestimmung der AD noch von der Maßeinheit abhängt, in der die Deskriptoren angegeben sind.

Um zu einer objektivierbaren Aussage gelangen zu können, müssen die Skalen der verwendeten Deskriptoren daher vor Anwendung der distanzbasierten Methode standardisiert werden. Die gebräuchliche Methode hierfür ist die Autoskalierung. Dabei werden die Trainingsdaten für jeden Deskriptor durch Abziehen des Mittelwertes zentriert und durch Division durch die Standardabweichung auf eine Standardabweichung von 1 normiert [11].

Definition 4.2 (Autoskalierung)
Bezeichne $X := \{X_1, \ldots, X_n\}$ *eine Trainingsmenge bestehend aus* n d*-dimensionalen Deskriptortupeln, d. h.* $X_i \in \mathbb{R}^d \quad \forall\, i \in \{1,..,n\}$. *Ferner sei* $q \in \mathbb{R}^d$ *ein beliebiges weiteres Deskriptortupel.*

Dann heißt $\widetilde{q} := (\widetilde{q}_1, \ldots, \widetilde{q}_d)$ *mit*

$$\widetilde{q}_j := \frac{q_j - \overline{X}_j}{\sigma_j} \text{ und } \overline{X}_j := \sum_{k=1}^{n} \frac{X_{k_j}}{n}, \text{ sowie } \sigma_j := \sqrt{\frac{1}{n-1}\sum_{k=1}^{n}(X_{k_j} - \overline{X}_j)^2}, \quad 1 \leq j \leq d$$

das gemäß X *autoskalierte Deskriptortupel zu* q.

Insbesondere ist $\widetilde{X} := \{\widetilde{X}_1, \ldots, \widetilde{X}_n\}$ *die Menge der autoskalierten Trainingspunkte.*

---

4 Der Mittelwert abzüglich der dreifachen Standardabweichung ist hier kleiner als 0, so dass der innere Begrenzungsring entfällt.

5 Man stelle sich Deskriptor A beispielsweise als Masse vor, die in 4.4 a) in Pfund, in 4.4 b) hingegen in Kilogramm angegeben ist.

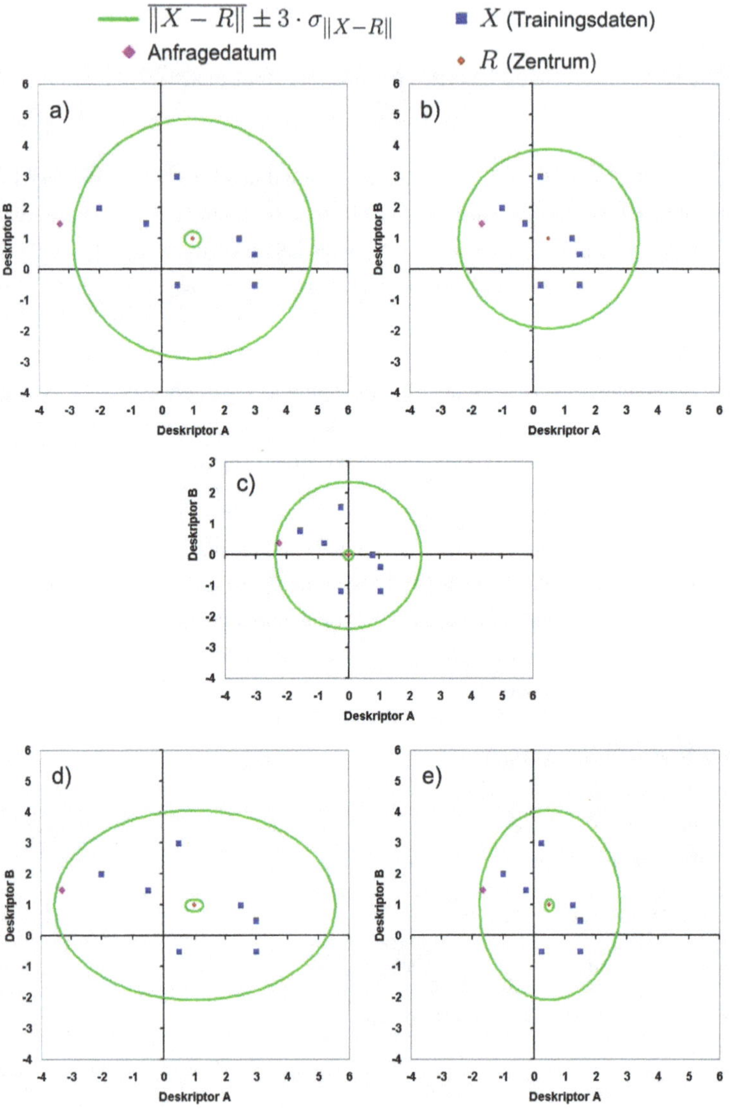

Abbildung 4.4: Veränderung der AD-Grenzen bei Autoskalierung

Für die Daten[6] aus unserem Beispiel liefert die Autoskalierung den in Abbildung 4.4 c) dargestellten Trainingssatz

$$\widetilde{X} \approx \{(-1.567, 0.775), (-0.783, 0.387), (-0.261, 1.549), (-0.261, -1.162), (0.783, 0), (1.044, -0.387), (1.044, -1.162)\}.$$

Eingezeichnet ist wiederum die Begrenzung der Anwendungsdomäne, die durch den mittleren Euklidischen Abstand der Trainingsdaten zu ihrem Zentrum $\pm$ der dreifachen Standardabweichung gegeben ist. Wird diese kreisförmige AD-Begrenzung mit Hilfe der entsprechenden Umkehrabbildung $q_j = \widetilde{q}_j \cdot \sigma_j + \overline{X}_j$ auf die ursprünglichen Koordinatensysteme übertragen, so verzerrt sie sich entsprechend der auf den einzelnen Achsen verwendeten Maßeinheiten zu einer Ellipse, was in den Abbildungen d) bzw. e) dargestellt ist.

Die relative Lage jedes Deskriptortupels in einem der ursprünglichen Koordinatensysteme zu der jeweiligen elliptischen AD-Begrenzung entspricht somit exakt der relativen Lage desselben Tupels zu der kreisförmigen AD-Begrenzung unter den autoskalierten Koordinaten. Diese Unabhängigkeit gegenüber Verschiebungen und Reskalierungen des Koordinatensystems wird auch als Lokations- bzw. Skaleninvarianz bezeichnet.

4.2 Mahalanobis-Norm

Die Autoskalierung löst zwar das Problem unterschiedlicher Maßeinheiten, indem sie die Varianzen innerhalb des Trainingsdatensatzes normiert, sie berücksichtigt jedoch nicht die Tatsache, dass auch zwischen den betrachteten Deskriptoren Abhängigkeiten bestehen können. Abbildung 4.5 zeigt neben dem bereits bekannten Beispieldatensatz eine zweite Trainingsmenge, die mit dieser bezüglich Zentrum und Varianzen übereinstimmt. Konsequenterweise ergeben sich für beide Datensätze nach der Autoskalierung identische Schätzungen der Anwendungsdomäne. Es ist jedoch bereits mit bloßem Auge zu erkennen, dass im bekannten Beispiel hohe Werte in Deskriptor A tendenziell mit niedrigen Werten in Deskriptor B einhergehen, während dieser

[6] Die Autoskalierung garantiert die Unabhängigkeit von der Maßeinheit der Deskriptoren. Es ist also egal, ob die Berechnung auf Grundlage der Daten aus Abbildung a) oder jener aus Abbildung b) erfolgt.

Zusammenhang für die zweite Trainingsmenge umgekehrt ist. Im Folgenden führen wir eine Metrik ein, die es ermöglicht, diese Korrelation auch in der Domänenschätzung zu erfassen [19, 91].

Satz 4.2.1 (Mahalanobis-Norm)

Die Mahalanobis-Norm zum Datensatz $X \subset \mathbb{R}^d$ ist gegeben durch

$$\|x\| := \|x\|_{MD} := \sqrt{\langle x, Kov(X)^{-1}x\rangle}$$

mit dem Standardskalarprodukt

$$\langle\rangle : \mathbb{R}^d \times \mathbb{R}^d \mapsto \mathbb{R}, \quad \langle x, y\rangle := \sum_{i=1}^{d} x_i \cdot y_i.$$

Die Mahalanobis-Norm induziert die Metrik (Mahalanobis-Distanz)

$$MD_X : \mathbb{R}^d \times \mathbb{R}^d \mapsto \mathbb{R},$$

$$\begin{aligned} MD_X(x, y) &:= \|x - y\| \\ &= \sqrt{\langle x - y, Kov(X)^{-1}(x - y)\rangle} = \sqrt{(x - y)^t \cdot Kov(X)^{-1} \cdot (x - y)}. \end{aligned}$$

Der Beweis, dass alle Forderungen an eine Norm bzw. Metrik[7] erfüllt sind, ist einfach zu führen und wird dem Leser überlassen.

Die Mahalanobis-Distanz geht auf den indischen Mathematiker Prasanta Chandra Mahalanobis zurück [92] und stellt eine Verallgemeinerung des Euklidischen Abstandes dar, der mit Hilfe der inversen Kovarianzmatrix um die Streuung der zugrunde liegenden Daten erweitert wird. In dem Fall, dass die inverse Kovarianzmatrix der Einheitsmatrix entspricht, d. h. im Datensatz keine Kovarianzen vorhanden sind, und die Varianzen jeweils 1 betragen, sind Euklidischer und Mahalanobis-Abstand identisch.

Geometrisch lässt sich der Übergang zwischen beiden Distanzmaßen so interpretieren, dass das zugrunde liegende Koordinatensystem in Richtung der stärksten Streuung gedreht und sein Ursprung ins Zentrum der Datenbasis verschoben wird [22].

[7] Vgl. Definition 2.1.

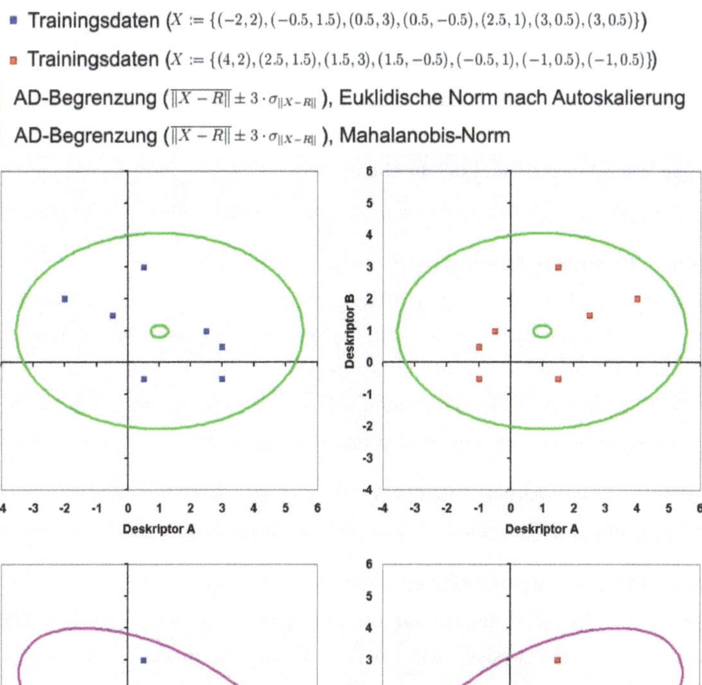

Unter Euklidischer Norm ergibt sich für beide Datensätze nach der Autoskalierung eine identische Schätzung der Anwendungsdomäne. Wird stattdessen die Mahalanobis-Distanz verwendet, korrigiert sich die Schätzung um die in den Datensätzen vorhandenen Kovarianzen.

Abbildung 4.5: Autoskalierung vs. Mahalanobis-Norm

Auf diese Weise werden die Kovarianzen eliminiert. Abschließend werden die Achsen des neuen Koordinatensystems neu skaliert, um analog zum Vorgehen bei der Autoskalierung eine Varianz von 1 zu erreichen.

Die Mahalanobis-Distanz entspricht dann dem Euklidischen Abstand in den neuen Koordinaten, die durch eine Hauptkomponentenanalyse [65] gewonnen werden[8]. Das Vorgehen wird nachfolgend beschrieben.

4.2.1 Formale Herleitung

Ziel ist es, das ursprüngliche Koordinatensystem so zu verändern, dass die Achse der ersten Dimension in Richtung der größten Streuung im Datensatz $X \subset \mathbb{R}^d$ verschoben wird. Alle anderen Achsen sollen anschließend derart gewählt werden, dass die Kovarianzen im Datensatz eliminiert werden.

Gesucht ist also zunächst derjenige Vektor $a \in \mathbb{R}^d$, entlang dessen die orthogonal auf ihn projizierten Trainingsdaten die größte Varianz annehmen.

Da eine Projektion auf einen Vektor zweckmäßigerweise als Vielfaches seiner selbst ausgedrückt wird, wird die Varianz von auf Vektoren beliebiger Länge projizierter Daten beliebig groß, weshalb wir a o. B. d. A. auf 1 normiert annehmen, d. h. voraussetzen:

$$\langle a, a \rangle := a^t a = 1. \tag{4.1}$$

Wenn wir die orthogonale Projektion eines Trainingsdatums $X_i \in X$ auf einen Vektor $\alpha \in \mathbb{R}^d$ mit $p_i(\alpha)$ bezeichnen, ergibt sich a demnach wie folgt:

$$a := \arg \max_{\substack{\alpha \in \mathbb{R}^d \\ \alpha^t \alpha = 1}} \left\{ Var \left(\left\{ |p(\alpha)_i| \middle| 1 \le i \le n \right\} \right) \right\} \tag{4.2}$$

[8] Die Hauptkomponentenanalyse ist empfindlich gegenüber einzelnen Ausreißern in der Trainingsmenge. Falls man deswegen eine unverhältnismäßig starke Verzerrung befürchtet, empfiehlt es sich, Trainingspunkte, die außerhalb eines vordefinierten Konfidenzintervalls liegen, bei der Berechnung der Hauptkomponenten einfach nicht zu berücksichtigen [142]. Alternativ empfiehlt sich auch die Anwendung robuster Methoden [130], auf deren detaillierte Betrachtung im Rahmen dieser Arbeit jedoch verzichtet wird.

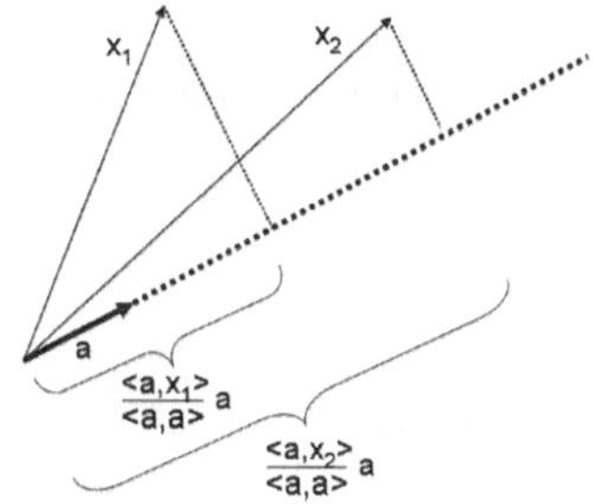

Abbildung 4.6: Orthogonale Projektion

Aus der linearen Algebra ist bekannt (siehe z. B. [54] S.191 ff.), dass für die orthogonale Projektion p eines Vektors $x \in \mathbb{R}^d$ auf die Richtung eines Vektors $a \in \mathbb{R}^d$ gilt: $p = \frac{\langle a,x \rangle}{\langle a,a \rangle} \cdot a$, womit für unsere Betrachtung folgt: $p_i(a) = \langle a, X_i \rangle a$.
Für den Betrag ergibt sich:

$$\begin{aligned} |p_i(a)|^2 &= \langle \langle a, X_i \rangle a, \langle a, X_i \rangle a \rangle = \langle (a^t X_i)a, (a^t X_i)a \rangle = \left((a^t X_i)a\right)^t (a^t X_i)a \\ &= (a^t X_i)^t a^t (a^t X_i) a = (a^t X_i)^2 a^t a = (a^t X_i)^2 = \langle a, X_i \rangle^2 \\ \Longrightarrow \quad & |p_i(a)| = \langle a, X_i \rangle = a^t X_i. \end{aligned} \tag{4.3}$$

Vereinbarung 4.1

Im Folgenden fassen wir die Trainingsmenge $X := \{X_1, \ldots, X_n\}$ mit $X_i \in \mathbb{R}^d$ als $d \times n$-Matrix auf, wobei wir den in der i-ten Spalte der j-ten Zeile entgegen der üblichen Notation X_{ji} mit X_{i_j} bezeichnen, um stärker zu verdeutlichen, dass es sich um das j-te Element des i-ten Trainingsdatums X_i handelt.

Korollar 4.2.2

Nach der üblichen Definition des Matrixproduktes sowie den bereits in Kor. 2.4.49, S. 63 verwendeten Bezeichnungen für den Mittelwert gilt somit:

i) $a^t X =: \alpha^t$ mit $\alpha \in \mathbb{R}^d$ und $\alpha_j = \sum_{i=1}^{d} a_i X_{i,j} = \sum_{i=1}^{d} a_i X_{j_i} = a^t X_j,\ 1 \leq j \leq n.$

ii) $\bar{\alpha} = \frac{1}{n} \sum_{j=1}^{n} \alpha_j = \frac{1}{n} \sum_{j=1}^{n} \sum_{i=1}^{d} a_i X_{j_i} = \sum_{i=1}^{d} a_i \frac{1}{n} \sum_{j=1}^{n} X_{j_i} = \sum_{i=1}^{d} a_i \bar{X}_{\diamond i}.$

Hilfssatz 4.2.3

Seien $a, b \in \mathbb{R}^d$ und $X \in \mathbb{R}^{d\times n}$ gemäß Vereinbarung 4.1. Dann gilt:

$$Kov(a^tX, b^tX) = a^tKov(X)b.$$

Beweis:

Setze analog zu Korollar 4.2.2 $a^tX =: \alpha^t$ und $b^tX =: \beta^t$.

$$\begin{aligned}
Kov(a^tX, b^tX) &= Kov(\alpha, \beta) \\
&\overset{\text{Kor.2.4.49}}{=} \frac{1}{n-1}\sum_{j=1}^{n}(\alpha_j - \bar{\alpha})(\beta_j - \bar{\beta}) \\
&\overset{\text{Kor.4.2.2}}{=} \frac{1}{n-1}\sum_{j=1}^{n}(\sum_{i=1}^{d} a_iX_{j_i} - \sum_{i=1}^{d} a_i\bar{X}_{\diamond i})(\sum_{k=1}^{d} b_kX_{j_k} - \sum_{k=1}^{d} b_k\bar{X}_{\diamond k}) \\
&= \frac{1}{n-1}\sum_{j=1}^{n}\left(\sum_{i=1}^{d} a_i(X_{j_i} - \bar{X}_{\diamond i})\right)\left(\sum_{k=1}^{d} b_k(X_{j_k} - \bar{X}_{\diamond k})\right) \\
&= \frac{1}{n-1}\sum_{j=1}^{n}\left(\sum_{k=1}^{d}\left(\sum_{i=1}^{d} a_i(X_{j_i} - \bar{X}_{\diamond i})\right) b_k(X_{j_k} - \bar{X}_{\diamond k})\right) \\
&= \frac{1}{n-1}\sum_{j=1}^{n}\sum_{k=1}^{d}\sum_{i=1}^{d} a_i(X_{j_i} - \bar{X}_{\diamond i})b_k(X_{j_k} - \bar{X}_{\diamond k}) \\
&= \sum_{k=1}^{d}\sum_{i=1}^{d}\frac{1}{n-1}\sum_{j=1}^{n} a_i(X_{j_i} - \bar{X}_{\diamond i})b_k(X_{j_k} - \bar{X}_{\diamond k}) \\
&= \sum_{k=1}^{d} b_k\sum_{i=1}^{d} a_i\frac{1}{n-1}\sum_{j=1}^{n}(X_{j_i} - \bar{X}_{\diamond i})(X_{j_k} - \bar{X}_{\diamond k}) \\
&\overset{\text{Kor.4.2.2}}{=} \sum_{k=1}^{d} b_k\sum_{i=1}^{d} a_iKov(X_{\diamond i}, X_{\diamond k}) \\
&= \sum_{k=1}^{d} b_k(a^tKov(X))_k \\
&= a^tKov(X)b
\end{aligned}$$

□

Wir nutzen Hilfssatz 4.2.3 und einen Lagrange-Multiplikator λ, um die Aufgabenstellung aus (4.2) umzuformen [85]:

$$\begin{aligned}
a &:= \arg\max_{\substack{\alpha\in\mathbb{R}^d \\ \alpha^t\alpha=1}}\left\{Var\left(\{|p(\alpha)_i| \,\big|\, 1 \le i \le n\}\right)\right\} \\
&\overset{(4.3)}{=} \arg\max_{\substack{\alpha\in\mathbb{R}^d \\ \alpha^t\alpha=1}}\left\{Var\left(\{\alpha^tX_i \,\big|\, 1 \le i \le n\}\right)\right\} = \arg\max_{\substack{\alpha\in\mathbb{R}^d \\ \alpha^t\alpha=1}}\left\{Var\left(\alpha^tX\right)\right\}
\end{aligned}$$

$$
\begin{aligned}
&= \arg \max_{\substack{\alpha \in \mathbb{R}^d \\ \alpha^t\alpha = 1}} \left\{ Kov(\alpha^t X, \alpha^t X) \right\} \overset{\text{H.Stz.4.2.3}}{=} \arg \max_{\substack{\alpha \in \mathbb{R}^d \\ \alpha^t\alpha = 1}} \left\{ \alpha^t Kov(X)\alpha \right\} \\
&= \arg \max_{\alpha \in \mathbb{R}^d} \left\{ \alpha^t Kov(X)\alpha - \lambda(\alpha^t\alpha - 1) \right\} \qquad (4.4)
\end{aligned}
$$

Die Extremwertbestimmung erfolgt bekanntermaßen durch Nullsetzen der Ableitung:

$$
\begin{aligned}
\frac{\partial}{\partial \alpha} \alpha^t Kov(X)\alpha - \lambda(\alpha^t\alpha - 1) &= 2Kov(X)\alpha - 2\lambda\alpha = 0 \\
&\Longleftrightarrow Kov(X)\alpha = \lambda\alpha. \qquad (4.5)
\end{aligned}
$$

Offensichtlich handelt es sich hierbei um ein Eigenwertproblem von $Kov(X)$, wobei λ der zum Eigenvektor α gehörige Eigenwert ist[9].

Somit folgt:

$$
\begin{aligned}
& \max \left\{ \alpha^t Kov(X)\alpha \,\middle|\, \alpha \in \mathbb{R}^d \wedge \alpha^t\alpha = 1 \right\} \\
= \; & \max \left\{ \alpha^t \lambda \alpha \,\middle|\, \alpha \in \mathbb{R}^d \wedge \alpha^t\alpha = 1 \wedge \lambda \text{ ist Eigenwert von } Kov(X) \text{ zum Eigenvektor } \alpha \right\} \\
= \; & \max \left\{ \lambda \alpha^t \alpha \,\middle|\, \alpha \in \mathbb{R}^d \wedge \alpha^t\alpha = 1 \wedge \lambda \text{ ist Eigenwert von } Kov(X) \text{ zum Eigenvektor } \alpha \right\} \\
= \; & \max \left\{ \lambda \,\middle|\, \lambda \text{ ist Eigenwert von } Kov(X) \right\} \qquad (4.6)
\end{aligned}
$$

und

$$
a = \arg \max_{\substack{\alpha \in \mathbb{R}^d \\ \alpha^t\alpha = 1}} \left\{ \alpha^t Kov(X)\alpha \right\}
$$

ist der Eigenvektor zum größten Eigenwert von $Kov(X)$.

Die erste Achse des neuen Koordinatensystems ist also gefunden. Die zweite Achse, nennen wir sie $b \in \mathbb{R}^d$, errechnet sich analog. Wiederum muss $b^t Kov(X) b$ maximiert werden. Allerdings tritt neben $b^t b = 1$ noch eine weitere Nebenbedingung hinzu: Weil unser zu Beginn erklärtes Ziel lautet, alle Kovarianzen des Datensatzes X unter den neuen Koordinaten zu eliminieren, müssen wir insbesondere sicherstellen, dass die Kovarianz zwischen den Daten in der ersten, auf a projizierten, und der zweiten, auf b zu projizierenden, Dimension nach eben dieser Projektion 0 beträgt.

M. a. W. wir fordern: $Kov(b^t X, a^t X) = 0$

$$
\begin{aligned}
&\overset{\text{H.Stz.4.2.3}}{\Longleftrightarrow} b^t Kov(X) a = 0 \overset{(4.5)}{\Longleftrightarrow} b^t \lambda a = 0 \Longleftrightarrow \lambda(b^t a) = 0 \\
&\overset{\lambda \neq 0}{\Longleftrightarrow} b^t a = 0. \qquad (4.7)
\end{aligned}
$$

[9] Man beachte, dass Kov(X) per Definition eine reelle symmetrische Matrix ist und daher, wie aus der linearen Algebra bekannt, nur reelle Eigenwerte besitzt.

Unter Zuhilfenahme eines weiteren Lagrange-Multiplikators ϕ lautet die Problemstellung damit insgesamt:

$$b := \arg\max_{\beta \in \mathbb{R}^d} \left\{ \beta^t Kov(X)\beta - \lambda(\beta^t\beta - 1) - \phi\beta^t a \right\}. \tag{4.8}$$

Wie bereits bei der Berechnung der ersten Achse setzen wir die Ableitung gleich 0:

$$\frac{\partial}{\partial\beta}\beta^t Kov(X)\beta - \lambda(\beta^t\beta - 1) - \phi\beta^t a = 2Kov(X)\beta - 2\lambda\beta - \phi a = 0 \tag{4.9}$$

$$\begin{array}{lrcll}
\Leftrightarrow & Kov(X)\beta - \lambda\beta - \frac{1}{2}\phi a & = & 0 & \mid I \text{ die } d\text{-dimensionale Einheitsmatrix} \\
\Leftrightarrow & (Kov(X) - I\lambda)\,\beta - \frac{1}{2}\phi a & = & 0 & \mid \cdot\, a^t \text{ von links} \\
\Leftrightarrow & a^t\,(Kov(X) - I\lambda)\,\beta - \frac{1}{2}\phi \underbrace{a^t a}_{\overset{(4.1)}{=}1} & = & 0 & \\
\Leftrightarrow & \left((Kov(X) - I\lambda)^t\, a\right)^t \beta - \frac{1}{2}\phi & = & 0 & \mid (Kov(X) - I\lambda) \text{ ist symmetrisch!} \\
\Leftrightarrow & ((Kov(X) - I\lambda)\, a)^t\, \beta - \frac{1}{2}\phi & = & 0 & \\
\Leftrightarrow & \underbrace{(Kov(X)a - \lambda a)}_{\overset{(4.5)}{=}0}{}^t \beta - \frac{1}{2}\phi & = & 0 & \\
\Rightarrow & \phi & = & 0 &
\end{array}$$

Damit ist (4.9) gleichbedeutend mit der zu (4.5) analogen Gleichung

$$2Kov(X)\beta - 2\lambda\beta = 0 \tag{4.10}$$

und wir erhalten b als den Eigenvektor zum zweitgrößten[10] Eigenwert von $Kov(X)$.

Mit den gleichen Argumenten folgert man nun, dass die restlichen Achsen durch die auf 1 normierten Eigenvektoren der jeweils nächstkleineren Eigenwerte gegeben sind. Sind Eigenwerte identisch und die Bestimmung der Eigenvektoren damit nicht eindeutig, muss lediglich sichergestellt werden, dass die zu mehrfachen Eigenwerten gehörigen Eigenvektoren orthogonal gewählt werden [7].

Vereinbarung 4.2

Bezeichne λ_i den $i-ten$ der absteigend sortierten Eigenwerte von $Kov(X)$ und $\mathfrak{E}_i$ den zugehörigen orthogonal gewählten und auf 1 normierten Eigenvektor[11]*. Analog zu Vereinbarung 4.1 fassen wir die Menge $\mathfrak{E} := \{\mathfrak{E}_1, \ldots, \mathfrak{E}_d\}$ als eine $d \times d$-Matrix mit $\mathfrak{E}_i$ als i-ter Spalte auf.*

[10] Wegen (4.7) ist $b \neq a$ und somit vom Eigenvektor zum größten Eigenwert von $Kov(X)$ verschieden!

[11] Gemäß der bisher verwendeten Notation gelten also die Entsprechungen $a := \mathfrak{E}_1$ und $b := \mathfrak{E}_2$.

Offenbar gilt nach unserer Konstruktion gemäß (4.6) bzw. (4.7) also $\forall\, 1 \leq i \neq j \leq d$:

$$Kov(\mathfrak{E}_i^t X, \mathfrak{E}_i^t X) = \lambda_i \quad \text{und} \quad Kov(\mathfrak{E}_i^t X, \mathfrak{E}_j^t X) = 0.$$

Da

$$\mathfrak{E}^t X = \begin{pmatrix} \mathfrak{E}_1^t \\ \mathfrak{E}_2^t \\ \vdots \\ \mathfrak{E}_d^t \end{pmatrix} \begin{pmatrix} X_1 & X_2 & \cdots & X_n \end{pmatrix} = \begin{pmatrix} \mathfrak{E}_1^t X_1 & \mathfrak{E}_1^t X_2 & \cdots & \mathfrak{E}_1^t X_n \\ \mathfrak{E}_2^t X_1 & \mathfrak{E}_2^t X_2 & \cdots & \mathfrak{E}_2^t X_n \\ \vdots & \vdots & \ddots & \vdots \\ \mathfrak{E}_d^t X_1 & \mathfrak{E}_d^t X_2 & \cdots & \mathfrak{E}_d^t X_n \end{pmatrix} = \begin{pmatrix} \mathfrak{E}_1^t X \\ \mathfrak{E}_2^t X \\ \vdots \\ \mathfrak{E}_d^t X \end{pmatrix} \tag{4.11}$$

und somit

$$Kov(\mathfrak{E}^t X) = \begin{pmatrix} Kov(\mathfrak{E}_1^t X, \mathfrak{E}_1^t X) & Kov(\mathfrak{E}_1^t X, \mathfrak{E}_2^t X) & \cdots & Kov(\mathfrak{E}_1^t X, \mathfrak{E}_d^t X) \\ Kov(\mathfrak{E}_2^t X, \mathfrak{E}_1^t X) & Kov(\mathfrak{E}_2^t X, \mathfrak{E}_2^t X) & \cdots & Kov(\mathfrak{E}_2^t X, \mathfrak{E}_d^t X) \\ \vdots & \vdots & \ddots & \vdots \\ Kov(\mathfrak{E}_d^t X, \mathfrak{E}_1^t X) & Kov(\mathfrak{E}_d^t X, \mathfrak{E}_2^t X) & \cdots & Kov(\mathfrak{E}_d^t X, \mathfrak{E}_d^t X) \end{pmatrix} \tag{4.12}$$

folgt somit

$$Kov(\mathfrak{E}^t X) = \begin{pmatrix} \lambda_1 & 0 & \cdots & 0 \\ 0 & \lambda_2 & \ddots & \vdots \\ \vdots & \ddots & \ddots & 0 \\ 0 & \cdots & 0 & \lambda_d \end{pmatrix} =: D. \tag{4.13}$$

Ähnlich wie bei der Autoskalierung wollen wir nun die verbliebenen Varianzen auf 1 normieren.

Wir definieren[12]

$$C := \mathfrak{E} D^{-\frac{1}{2}}, \qquad \text{wobei} \qquad D_{i,j}^{\frac{1}{2}} := \sqrt{D_{i,j}} \;\; \forall\, 1 \leq i, j \leq d, \tag{4.14}$$

und erhalten[13]

$$\begin{aligned} Kov(C^t X) &\overset{\text{HSatz4.2.3}}{=} C^t Kov(X)\, C = \left(\mathfrak{E} D^{-\frac{1}{2}}\right)^t Kov(X)\, \mathfrak{E} D^{-\frac{1}{2}} \\ &= D^{-\frac{1}{2}} \underbrace{\mathfrak{E}^t Kov(X)\, \mathfrak{E}}_{\overset{(4.13)}{=} D = D^{\frac{1}{2}} D^{\frac{1}{2}}} D^{-\frac{1}{2}} = \underbrace{D^{-\frac{1}{2}} D^{\frac{1}{2}}}_{=I} \underbrace{D^{\frac{1}{2}} D^{-\frac{1}{2}}}_{=I} = I. \end{aligned} \tag{4.15}$$

[12] Wie leicht zu überprüfen ist, gelten die folgenden Aussagen:
- $D = D^{\frac{1}{2}} D^{\frac{1}{2}}$.
- Die Inverse einer Diagonalmatrix (wie D und $D^{\frac{1}{2}}$) ist eine Diagonalmatrix.
- Die Transponierte einer Diagonalmatrix ist die Matrix selbst.

[13] I bezeichnet die d-dimensionale Einheitsmatrix.

Korollar 4.2.4

Sei C wie in Gleichung (4.14) *definiert. Dann gilt:* $CC^t = Kov(X)^{-1}$.

Beweis:

$$\begin{aligned} Kov(C^tX) &\overset{\text{HSatz4.2.3}}{=} C^tKov(X)C \overset{(4.15)}{=} I \\ \Leftrightarrow \quad C^tKov(X) &= C^{-1} \\ \Leftrightarrow \quad C^t &= C^{-1}Kov(X)^{-1} \\ \Leftrightarrow \quad CC^t &= Kov(X)^{-1} \end{aligned}$$

□

Übertragen wir nun zwei in den alten Koordinaten gegebene Punkte x und y vermittels der Abbildung $f : \mathbb{R}^d \mapsto \mathbb{R}^d$, $f(x) := C^tx$ in die neuen Koordinaten $\tilde{x} := f(x)$ und $\tilde{y} := f(y)$, so entspricht der Euklidische Abstand von $\tilde{x}$ und $\tilde{y}$ genau dem Mahalanobis-Abstand von x und y, wie er in Satz 4.2.1 definiert ist:

$$\tilde{x}^t\tilde{y} = (C^tx)^tC^ty = x^t\underbrace{CC^t}_{\overset{(\text{Kor. }4.2.4)}{=}Kov(X)^{-1}}y = x^tKov(X)^{-1}y.$$

Beispiel 4.2.1

Sei $X := \{(-2,2),(-0.5,1.5),(0.5,3),(0.5,-0.5),(2.5,1),(3,0.5),(3,0.5)\}$ *der bereits aus den vorherigen Beispielen dieses Kapitels bekannte Trainingsdatensatz. Dann ist:*

- $n := |X| = 7$, $\quad \bar{X}_{\diamond 1} = \frac{1}{n}\sum_{k=1}^{n} X_{k_1} = \frac{1}{7}7 = 1$, $\quad \bar{X}_{\diamond 2} = \frac{1}{n}\sum_{k=1}^{n} X_{k_2} = \frac{1}{7}7 = 1$,
- $Kov(X) := \begin{pmatrix} \frac{11}{3} & \frac{-4}{3} \\ \frac{-4}{3} & \frac{5}{3} \end{pmatrix}$, $Kov(X)^{-1} := \begin{pmatrix} \frac{5}{13} & \frac{4}{13} \\ \frac{4}{13} & \frac{11}{13} \end{pmatrix}$,
- *nach Größe sortierte Eigenwerte/-vektoren von* $Kov(X)$:

  $\lambda_1 = \frac{13}{3}$, $\mathfrak{E}_1^t = (\sqrt{\frac{4}{5}}, -\sqrt{\frac{1}{5}})$, $\quad \lambda_2 = 1$, $\mathfrak{E}_2^t = (\sqrt{\frac{1}{5}}, \sqrt{\frac{4}{5}})$, $\quad \mathfrak{E} = \begin{pmatrix} \sqrt{\frac{4}{5}} & \sqrt{\frac{1}{5}} \\ -\sqrt{\frac{1}{5}} & \sqrt{\frac{4}{5}} \end{pmatrix}$,
- $$\begin{aligned} \mathfrak{E}^tX &= \begin{pmatrix} \sqrt{\frac{4}{5}} & -\sqrt{\frac{1}{5}} \\ \sqrt{\frac{1}{5}} & \sqrt{\frac{4}{5}} \end{pmatrix} \begin{pmatrix} -2 & -0.5 & 0.5 & 0.5 & 2.5 & 3 & 3 \\ 2 & 1.5 & -0.5 & 3 & 1 & -0.5 & 0.5 \end{pmatrix} \\ &= \begin{pmatrix} -2.683 & -1.118 & -0.894 & 0.671 & 1.789 & 2.460 & 2.907 \\ 0.894 & 1.118 & 2.907 & -0.224 & 2.012 & 1.789 & 0.894 \end{pmatrix}, \end{aligned}$$
- $D = \begin{pmatrix} \frac{13}{3} & 0 \\ 0 & 1 \end{pmatrix}$, $D^{\frac{1}{2}} = \begin{pmatrix} \sqrt{\frac{13}{3}} & 0 \\ 0 & 1 \end{pmatrix}$, $D^{-\frac{1}{2}} = \begin{pmatrix} \frac{\sqrt{39}}{13} & 0 \\ 0 & 1 \end{pmatrix}$,

- $C = \mathfrak{C}D^{-\frac{1}{2}} = \begin{pmatrix} \frac{2}{65}\sqrt{5}\sqrt{39} & \frac{\sqrt{5}}{5} \\ \frac{-1}{65}\sqrt{5}\sqrt{39} & \frac{2\sqrt{5}}{5} \end{pmatrix},$

- $C^tX = \begin{pmatrix} \frac{2}{65}\sqrt{5}\sqrt{39} & \frac{-1}{65}\sqrt{5}\sqrt{39} \\ \frac{\sqrt{5}}{5} & \frac{2\sqrt{5}}{5} \end{pmatrix} \begin{pmatrix} -2 & -0.5 & 0.5 & 0.5 & 2.5 & 3 & 3 \\ 2 & 1.5 & -0.5 & 3 & 1 & -0.5 & 0.5 \end{pmatrix}$
  $= \begin{pmatrix} -1.289 & -0.537 & -0.430 & 0.322 & 0.859 & 1.182 & 1.396 \\ 0.894 & 1.118 & 2.907 & -0.224 & 2.012 & 1.789 & 0.894 \end{pmatrix}$

Es folgt eine graphische Darstellung der Drehung und Reskalierung des Trainingsdatensatzes in die neuen Koordinaten.

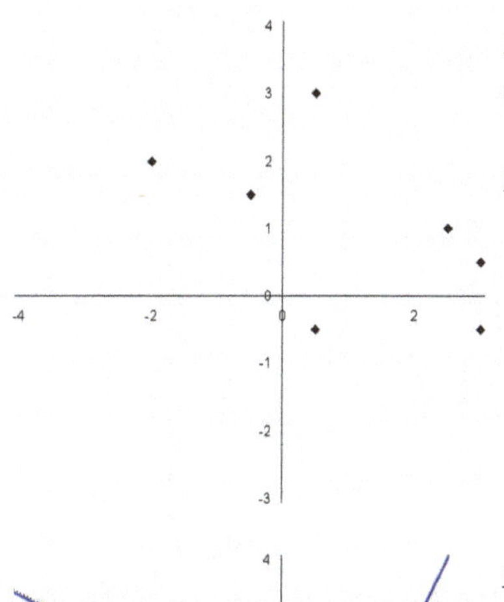

Die Trainingsmenge X in den ursprünglichen Koordinaten.

Im schwarzen Koordinatensystem:
◆ X.

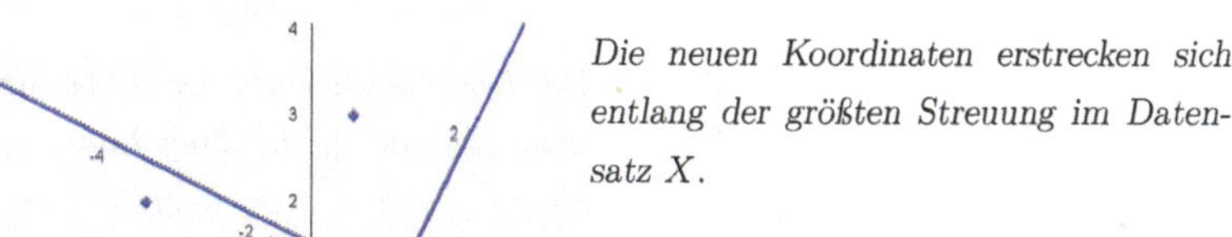

Die neuen Koordinaten erstrecken sich entlang der größten Streuung im Datensatz X.

Im schwarzen Koordinatensystem:
◆ X.
Im blauen Koordinatensystem:
◆ $\mathfrak{C}^t(X - \bar{X})$.

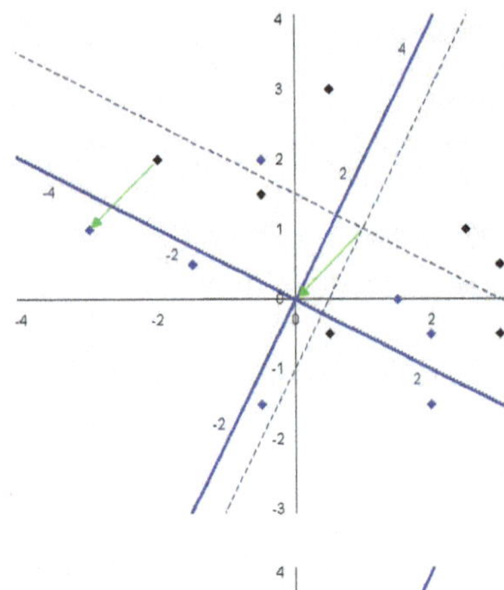

Verschiebung des Ursprungs der neuen Koordinaten auf den Ursprung der alten.

Im schwarzen Koordinatensystem:

- ◆ X,
- ◆ $X - (\bar{X}_{\diamond 1}\ \bar{X}_{\diamond 2})^t$.

Im blauen Koordinatensystem:

- ◆ $\mathfrak{E}^t(X)$,
- ◆ $\mathfrak{E}^t(X - \bar{X})$.

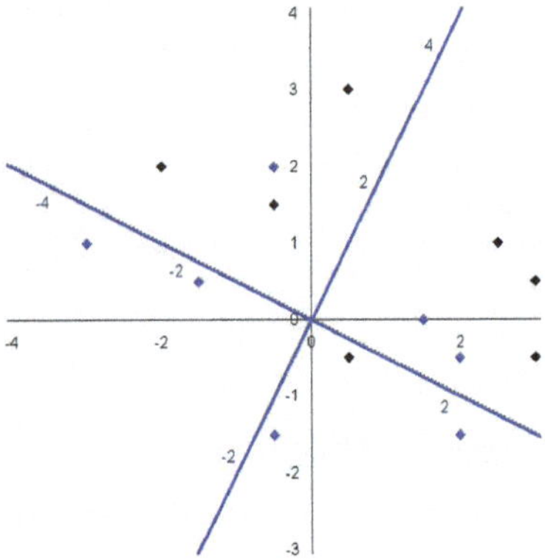

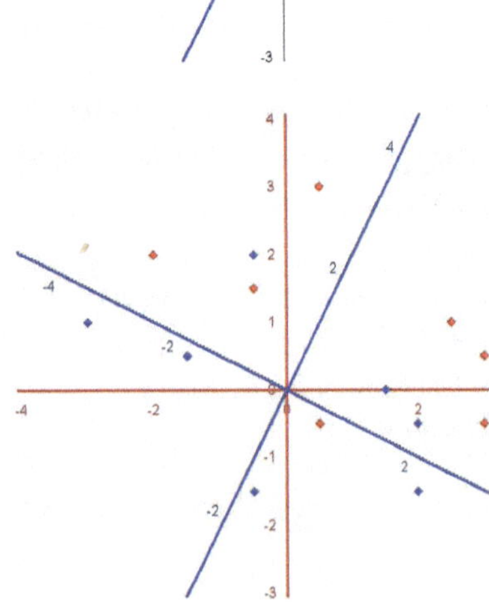

Die folgende Drehung der neuen Koordinaten kann für die alten Koordinaten als rot eingezeichnetes Koordinatenkreuz nachverfolgt werden.

Im roten Koordinatensystem:

- ◆ X,
- ◆ $X - (\bar{X}_{\diamond 1}\ \bar{X}_{\diamond 2})^t$.

Im blauen Koordinatensystem:

- ◆ $\mathfrak{E}^t X$,
- ◆ $\mathfrak{E}^t(X - (\bar{X}_{\diamond 1}\ \bar{X}_{\diamond 2})^t)$.

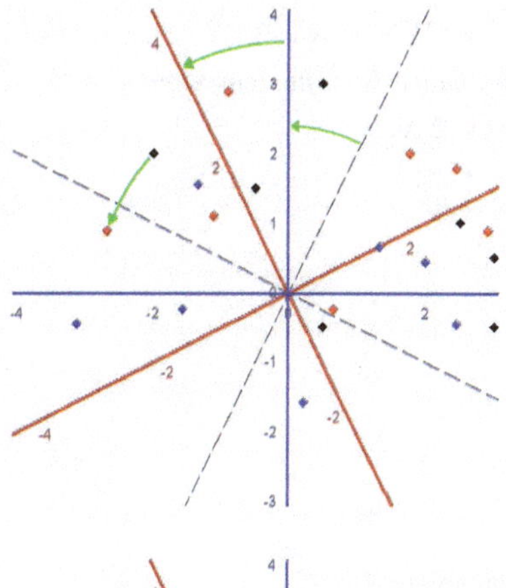

Drehung der blauen Koordinatenachsen in die Position des ursprünglichen Koordinatenkreuzes.

Im roten Koordinatensystem:

- ◆ X,
- ◆ $X - (\bar{X}_{\diamond 1}\ \bar{X}_{\diamond 2})^t$.

Im blauen Koordinatensystem:

- ◆ X,
- ◆ $\mathfrak{C}^t X$,
- ◆ $\mathfrak{C}^t(X - (\bar{X}_{\diamond 1}\ \bar{X}_{\diamond 2})^t)$.

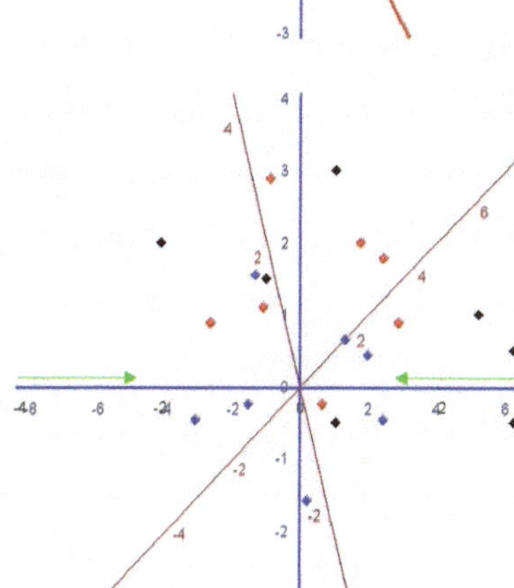

Reskalierung der neuen Koordinaten. Die unter den blauen Achsen liegenden, ursprünglichen Koordinaten sind in schwarz angegeben.

Im roten Koordinatensystem:

- ◆ X,
- ◆ $X - (\bar{X}_{\diamond 1}\ \bar{X}_{\diamond 2})^t$.

Im schwarzen Koordinatensystem:

- ◆ X,
- ◆ $C^t X$,

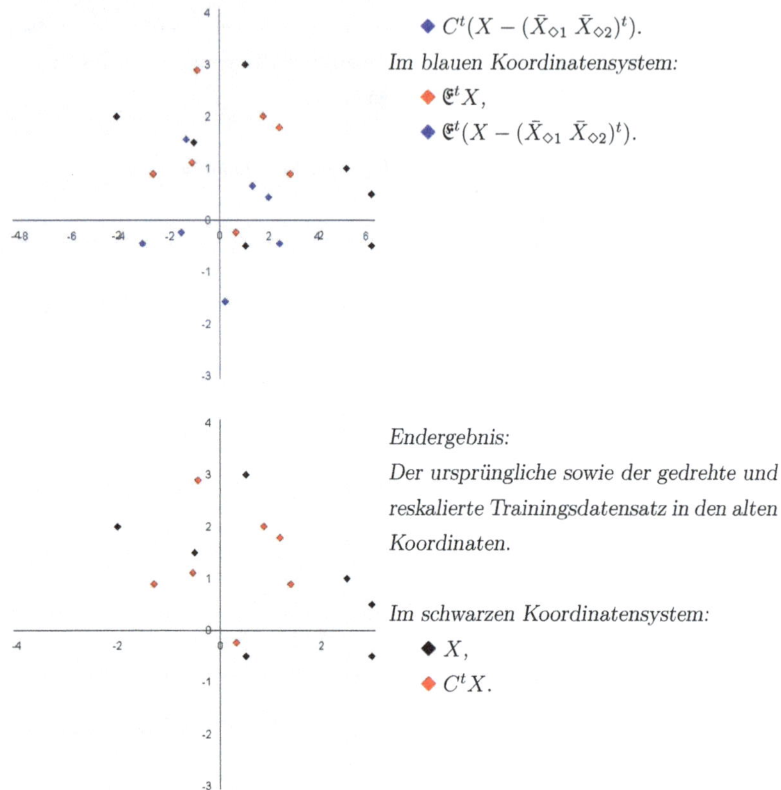

◆ $C^t(X - (\bar{X}_{\diamond 1}\ \bar{X}_{\diamond 2})^t)$.

Im blauen Koordinatensystem:

◆ $\mathfrak{C}^t X$,

◆ $\mathfrak{C}^t(X - (\bar{X}_{\diamond 1}\ \bar{X}_{\diamond 2})^t)$.

Endergebnis:

Der ursprüngliche sowie der gedrehte und reskalierte Trainingsdatensatz in den alten Koordinaten.

Im schwarzen Koordinatensystem:

◆ X,

◆ $C^t X$.

4.3 Leverage

Ein mit der distanzbasierten Methode zum Zentrum des Trainingsdatensatzes unter Mahalanobis-Norm eng verwandtes, jedoch zunächst anders motiviertes Maß ist der Leverage. Dieser ist vor allem in der Chemometrie weit verbreitet, wo man für eine Vielzahl von Problemstellungen mit linearen Modellen der Form

$$
\begin{aligned}
f(x_1,\ldots,x_d) &= b_0 + \sum_{j=1}^{d} b_j x_j, \quad b_j, x_j \in \mathbb{R} \\
\Longleftrightarrow \qquad f(x_1,\ldots,x_d) &= (1, x_1, x_2, \ldots, x_d) \begin{pmatrix} b_0 \\ b_1 \\ \vdots \\ b_d \end{pmatrix}
\end{aligned}
\tag{4.16}
$$

auskommt [115]. Hierbei stellen die x_j die Deskriptoren[14] des Modells dar.

Bei der Modellerstellung werden die Parameter b_j, wie schon mehrfach erwähnt, anhand eines Trainingsdatensatzes $X \subset \mathbb{R}^d$ bestimmt, für dessen Elemente $X_i \in X$, $1 \leq i \leq n$ jeweils die Zielwerte y_i, die durch $f(X_{i_1}, \ldots, X_{i_d}) =: f(X_i)$ geschätzt werden sollen, bekannt sind. In Matrixschreibweise handelt es sich also um folgendes Regressionsproblem:

$$
\underbrace{\begin{pmatrix} y_1 \\ y_2 \\ \vdots \\ y_n \end{pmatrix}}_{:=y} = \underbrace{\begin{pmatrix} 1 & X_{1_1} & X_{1_2} & \cdots & X_{1_d} \\ 1 & X_{2_1} & X_{2_2} & \cdots & X_{2_d} \\ \vdots & \vdots & \vdots & \ddots & \vdots \\ 1 & X_{n_1} & X_{n_2} & \cdots & X_{n_d} \end{pmatrix}}_{:=\widetilde{X}} \underbrace{\begin{pmatrix} b_0 \\ b_1 \\ \vdots \\ b_d \end{pmatrix}}_{:=b}
\tag{4.17}
$$

Mit Hilfe der generalisierten Inversen[15] ergibt sich daraus:

$$
(\widetilde{X}^t \widetilde{X})^{-1} \widetilde{X}^t y = b \tag{4.18}
$$

[14] Dabei kann es sich um unmittelbar messbare (molekulare) Deskriptoren handeln oder um aus diesen abgeleitete, errechnete Werte etwa in der Form $x_j = \tilde{x}_j^k$.

[15] Man beachte, dass $\widetilde{X}$ im Normalfall keine nichtsinguläre Matrix ist!

Für das Modell, also die Schätzung von y, gilt damit:

$$f(X) := \begin{pmatrix} f(X_1) \\ f(X_2) \\ \vdots \\ f(X_n) \end{pmatrix} \overset{(4.16)}{=} \widetilde{X}b \overset{(4.18)}{=} \widetilde{X}(\widetilde{X}^t\widetilde{X})^{-1}\widetilde{X}^t y. \tag{4.19}$$

Setzen wir $H := \widetilde{X}(\widetilde{X}^t\widetilde{X})^{-1}\widetilde{X}^t$, so gilt damit

$$f(X) = Hy$$

und für die Modellfehler[16], also die Differenz zwischen geschätzten ($f(X)$) und gemessenen (y) Werten, folgt:

$$\begin{aligned} y - f(X) = y - Hy &= (I - H)y, \\ \textit{bzw.} \qquad y_i - f(X_i) &= (1 - H_{ii})y_i, \end{aligned} \tag{4.20}$$

wobei I die d-dimensionale Einheitsmatrix bezeichnet. Je kleiner die auch als Leverage-Werte bezeichneten Diagonalelemente der Matrix H sind, umso kleiner sind somit auch die Residuen.

***Definition* 4.3** (Leverage)

Sei $X := \{X_1, \ldots, X_n\}$ eine Menge d-dimensionaler Trainingspunkte (vgl. Vereinbarung 4.1) und $\widetilde{X} \in \mathbb{R}^{n \times d+1}$, $\widetilde{X}_{ij} := \begin{cases} 1, & \text{falls } j = 0 \\ X_{ij-1}, & \text{falls sonst} \end{cases}$.
Dann heißt $H := \widetilde{X}\left(\widetilde{X}^t\widetilde{X}\right)^{-1}\widetilde{X}^t$ Hat-Matrix und H_{ii} Leverage-Wert zum Trainingsdatum X_i.

Analog heißt $L_X(q) := \widetilde{q}^t\left(\widetilde{X}^t\widetilde{X}\right)^{-1}\widetilde{q}$ mit $\widetilde{q}_j := \begin{cases} 1, & \text{falls } j = 0 \\ q_{j-1}, & \text{falls sonst} \end{cases}$ Leverage-(Schätz)wert zum Punkt $q \in \mathbb{R}^d$.

Die Domänenbegrenzung des Leverage-Verfahrens erfolgt wie bereits auf S. 92 für distanzbasierte Methoden im Allgemeinen eingeführt:

[16] Auch als Residuen bezeichnet.

Definition 4.4 (Leverage-AD-Cutoff)
Es gelten die Bezeichnungen aus Definition 4.3. Zu einer vermittels der Leverage-Methode geschätzten Anwendungsdomäne zählen alle Stoffe q, für die gilt:

$$\overline{L_X(X)} - \alpha \cdot \sigma_{L_X(X)} \geq L_X(q) \leq \overline{L_X(X)} + \alpha \cdot \sigma_{L_X(X)}$$

mit $\overline{L_X(X)} := \frac{1}{n} \sum_{i=1}^{n} L_X(X_i)$ *und* $\sigma_{L_X(X)} := \sqrt{\frac{1}{n-1} \sum_{i=1}^{n} (L_X(X_i) - \overline{L_X(X)})^2}$.

Die Werte $\overline{L_X(X)} \pm \alpha \cdot \sigma_{L_X(X)}$ *heißen Leverage-AD-Cutoffs und* α *AD-Cutoff-Faktor. Der Standard-AD-Cutoff-Faktor beträgt* $\alpha := 3$.

Wie zu Beginn dieses Abschnitts bereits erwähnt, besteht eine enge Beziehung zwischen Leverage und der distanzbasierten Methode auf Grundlage der Mahalanobis-Norm.

Der Leverage-Wert zum Wert q ist nämlich proportional zur quadrierten Mahalanobis-Distanz von q zum Zentrum der Trainingsmenge [102, 123, 128]. Mit diesem Wissen wird auch der Name Leverage (engl. Hebel) verständlich: Er leitet sich von dem Einfluss ab, den ein einzelnes Trainingsdatum auf die Regression ausübt [29, 127]. Je weiter ein Punkt vom Zentrum des Datensatzes entfernt liegt, umso stärker verzerrt er die Schätzung - umso größer ist seine „Hebelwirkung". Um die Proportionalität zu zeigen, benötigen wir zunächst noch zwei Hilfssätze:

Hilfssatz 4.3.1
Seien $X, \widetilde{X}$ *wie in Definition 4.3 und bezeichne*

$$\bar{X}^t := \left(\frac{1}{n} \sum_{k=1}^{n} X_{k_1}, \frac{1}{n} \sum_{k=1}^{n} X_{k_2}, \ldots, \frac{1}{n} \sum_{k=1}^{n} X_{k_d} \right)$$

wie schon in Korollar 2.4.50, S. 64 das Zentrum von X.
Weiterhin setze für den zentrierten Trainingsdatensatz (unter Verwendung der Notation aus Korollar 2.4.50): $W := X - \mathbb{1}\bar{X}^t$.
Dann gilt:

1. $\widetilde{X}^t \widetilde{X} = \left(\begin{array}{c|c} A & B^t \\ \hline B & D \end{array} \right)$, *mit der* 1×1*-Matrix* $A = n$, *der* $d \times 1$*-Matrix* $B = n\bar{X}$ *und der* $d \times d$*-Matrix* $D = X^t X$.

2. $(\widetilde{X}^t\widetilde{X})^{-1} = \left(\begin{array}{c|c} \alpha & \beta^t \\ \hline \beta & \delta \end{array}\right)$ mit der 1×1-Matrix $\alpha = \frac{1}{n} + \bar{X}^t(W^tW)^{-1}\bar{X}$, der $d \times 1$-Matrix $\beta = -(W^tW)^{-1}\bar{X}$ und der $d \times d$-Matrix $\delta = (W^tW)^{-1}$.

3. $(\widetilde{W}^t\widetilde{W})^{-1} = \left(\begin{array}{c|c} \alpha & \beta^t \\ \hline \beta & \delta \end{array}\right)$ mit $\alpha = \frac{1}{n}$, $\beta^t = (0\ 0\ \cdots\ 0)$ und $\delta = (W^tW)^{-1}$.

Beweis:

Die Behauptungen ergeben sich mit den bekannten Regeln der Matrixmultiplikation:

1)

$$\begin{pmatrix} 1 & 1 & \cdots & 1 \\ X_{1_1} & X_{2_1} & \cdots & X_{n_1} \\ \vdots & \vdots & & \vdots \\ X_{1_d} & X_{2_d} & \cdots & X_{n_d} \end{pmatrix} \begin{pmatrix} 1 & X_{1_1} & \cdots & X_{1_d} \\ 1 & X_{2_1} & \cdots & X_{2_d} \\ \vdots & \vdots & & \vdots \\ 1 & X_{n_1} & \cdots & X_{n_d} \end{pmatrix} = \begin{pmatrix} \sum_{k=1}^{n} 1 & \sum_{k=1}^{n} X_{i_1} & \cdots & \sum_{k=1}^{n} X_{i_d} \\ \sum_{k=1}^{n} X_{i_1} & \sum_{k=1}^{n} X_{i_1}X_{i_1} & \cdots & \sum_{k=1}^{n} X_{i_1}X_{i_d} \\ \vdots & \vdots & \ddots & \vdots \\ \sum_{k=1}^{n} X_{i_d} & \sum_{k=1}^{n} X_{i_d}X_{i_1} & \cdots & \sum_{k=1}^{n} X_{i_d}X_{i_d} \end{pmatrix}$$

2) Offenbar gilt:

$$\begin{aligned} W^tW &= (X - \mathbb{1}\bar{X}^t)^t(X - \mathbb{1}\bar{X}^t) = (X^t - (\mathbb{1}\bar{X}^t)^t)(X - \mathbb{1}\bar{X}^t) = (X^t - \bar{X}\mathbb{1}^t)(X - \mathbb{1}\bar{X}^t) \\ &= X^tX - \underbrace{X^t\mathbb{1}}_{=n\bar{X}}\bar{X}^t - \bar{X}\underbrace{\mathbb{1}^tX}_{=n\bar{X}^t} + \bar{X}\underbrace{\mathbb{1}^t\mathbb{1}}_{=n}\bar{X}^t = X^tX - n\bar{X}\bar{X}^t \end{aligned} \tag{4.21}$$

Damit folgt:

$$\left(\begin{array}{c|c} \frac{1}{n} + \bar{X}^t(W^tW)^{-1}\bar{X} & -\bar{X}^t(W^tW)^{-1} \\ \hline -(W^tW)^{-1}\bar{X} & (W^tW)^{-1} \end{array}\right) \left(\begin{array}{c|c} n & n\bar{X}^t \\ \hline n\bar{X} & X^tX \end{array}\right)$$

$$= \left(\begin{array}{c|c} (\frac{1}{n} + \bar{X}^t(W^tW)^{-1}\bar{X})n - \bar{X}^t(W^tW)^{-1}n\bar{X} & (\frac{1}{n} + \bar{X}^t(W^tW)^{-1}\bar{X})n\bar{X}^t - \bar{X}^t(W^tW)^{-1}X^tX \\ \hline -(W^tW)^{-1}\bar{X}n + (W^tW)^{-1}n\bar{X} & -(W^tW)^{-1}\bar{X}n\bar{X}^t + (W^tW)^{-1}X^tX \end{array}\right)$$

$$= \left(\begin{array}{c|c} \frac{n}{n} + \bar{X}^t(W^tW)^{-1}\bar{X}n - \bar{X}^t(W^tW)^{-1}\bar{X}n & \bar{X}^t + \bar{X}^t(W^tW)^{-1}n\bar{X}\bar{X}^t - \bar{X}^t(W^tW)^{-1}X^tX \\ \hline -(W^tW)^{-1}\bar{X}n + (W^tW)^{-1}\bar{X}n & (W^tW)^{-1}\underbrace{(-n\bar{X}\bar{X}^t + X^tX)}_{\overset{(4.21)}{=} W^tW} \end{array}\right)$$

$$= \left(\begin{array}{c|c} \frac{n}{n} & \bar{X}^t + \bar{X}^t(W^tW)^{-1}\overbrace{(n\bar{X}\bar{X}^t - X^tX)}^{\overset{(4.21)}{=} -(W^tW)} \\ \hline -(W^tW)^{-1}\bar{X}n + (W^tW)^{-1}\bar{X}n & (W^tW)^{-1}\underbrace{(-n\bar{X}\bar{X}^t + X^tX)}_{\overset{(4.21)}{=} W^tW} \end{array}\right)$$

$$= \left(\begin{array}{c|cccc} 1 & 0 & 0 & \cdots & 0 \\ \hline 0 & 1 & 0 & \cdots & 0 \\ 0 & 0 & \ddots & \ddots & 0 \\ \vdots & \vdots & \ddots & \ddots & \vdots \\ 0 & 0 & \cdots & 0 & 1 \end{array}\right)$$

3) Folgt wegen $\bar{W}^t = (0\ 0\ \cdots\ 0)$ unmittelbar aus 2). □

Hilfssatz 4.3.2

Mit den Bezeichnungen aus Definition 4.3 und Hilfssatz 4.3.1 gilt:

$$L_X(q) = L_W(q - \bar{X}).$$

Beweis:

$$
\begin{aligned}
& L_X(q) = L_W(q-\bar{X}) \\
\Leftrightarrow\quad & \widetilde{q}^t(\widetilde{X}^t\widetilde{X})^{-1}\widetilde{q} = \left(\widetilde{q-\bar{X}}\right)^t(\widetilde{W}^t\widetilde{W})^{-1}\left(\widetilde{q-\bar{X}}\right) \\
\Leftrightarrow\quad & \left(\begin{array}{c|c} 1 & q^t \end{array}\right)\left(\begin{array}{c|c} \frac{1}{n}+\bar{X}^t(W^tW)^{-1}\bar{X} & -\bar{X}^t(W^tW)^{-1} \\ \hline -(W^tW)^{-1}\bar{X} & (W^tW)^{-1} \end{array}\right)\left(\begin{array}{c} 1 \\ \hline q \end{array}\right) = \\
& \qquad \left(\begin{array}{c|c} 1 & (q-\bar{X})^t \end{array}\right)\left(\begin{array}{c|c} \frac{1}{n} & 0 \\ \hline 0 & (W^tW)^{-1} \end{array}\right)\left(\begin{array}{c} 1 \\ \hline q-\bar{X} \end{array}\right) \\
\Leftrightarrow\quad & \tfrac{1}{n}+\bar{X}^t(W^tW)^{-1}\bar{X}-q^t(W^tW)^{-1}\bar{X}+(-\bar{X}^t(W^tW)^{-1}+q^t(W^tW)^{-1})q = \tfrac{1}{n}+(q-\bar{X})^t(W^tW)^{-1}(q-\bar{X}) \\
\Leftrightarrow\quad & \tfrac{1}{n}+\bar{X}^t(W^tW)^{-1}\bar{X}-q^t(W^tW)^{-1}\bar{X}-\bar{X}^t(W^tW)^{-1}q+q^t(W^tW)^{-1}q = \tfrac{1}{n}+(q^t-\bar{X}^t)(W^tW)^{-1}(q-\bar{X}) \\
\Leftrightarrow\quad & \tfrac{1}{n}+\bar{X}^t(W^tW)^{-1}\bar{X}-q^t(W^tW)^{-1}\bar{X}-\bar{X}^t(W^tW)^{-1}q+q^t(W^tW)^{-1}q = \\
& \qquad \tfrac{1}{n}+(q^t(W^tW)^{-1}-\bar{X}^t(W^tW)^{-1})(q-\bar{X}) \\
\Leftrightarrow\quad & \tfrac{1}{n}+\bar{X}^t(W^tW)^{-1}\bar{X}-q^t(W^tW)^{-1}\bar{X}-\bar{X}^t(W^tW)^{-1}q+q^t(W^tW)^{-1}q = \\
& \qquad \tfrac{1}{n}+q^t(W^tW)^{-1}q-\bar{X}^t(W^tW)^{-1}q-q^t(W^tW)^{-1}\bar{X}+\bar{X}^t(W^tW)^{-1}\bar{X}
\end{aligned}
$$

□

Satz 4.3.3 (Proportionalität von L_X und MD_X)

Mit den Bezeichnungen aus Satz 4.2.1 und Definition 4.3 sowie den vorhergehenden Hilfssätzen gilt:

$$L_X(q) = \frac{MD_X(q,\bar{X})^2}{n-1} + \frac{1}{n}.$$

Beweis:

$$
\begin{aligned}
L_X(q) &\overset{\text{H.Satz4.3.2}}{=} L_W(q-\bar{X}) \\
&= \left(\begin{array}{c|c} 1 & (q-\bar{X})^t \end{array}\right)\left(\begin{array}{c|c} \frac{1}{n} & 0 \\ \hline 0 & (W^tW)^{-1} \end{array}\right)\left(\begin{array}{c} 1 \\ \hline q-\bar{X} \end{array}\right) \\
&= \frac{1}{n}+(q-\bar{X})^t(W^tW)^{-1}(q-\bar{X}) \\
&= \frac{(n-1)(q-\bar{X})^t(W^tW)^{-1}(q-\bar{X})}{n-1}+\frac{1}{n} \\
&= \frac{(q-\bar{X})^t(\frac{1}{n-1}W^tW)^{-1}(q-\bar{X})}{n-1}+\frac{1}{n}
\end{aligned}
$$

$$
\begin{aligned}
&= \frac{(q-\bar{X})^t(\frac{1}{n-1}(X-\mathbb{1}\bar{X}^t)^t(X-\mathbb{1}\bar{X}^t))^{-1}(q-\bar{X})}{n-1}+\frac{1}{n}\\
&\overset{\text{Kor.2.4.50}}{=} \frac{(q-\bar{X})^t Kov(X)^{-1}(q-\bar{X})}{n-1}+\frac{1}{n}\\
&= \frac{MD_X(q,\bar{X})^2}{n-1}+\frac{1}{n} \qquad \square
\end{aligned}
$$

Aus der Proportionalität von Leverage und Mahalanobis-Norm folgt, dass beide Verfahren letztlich die gleichen Vor- und Nachteile aufweisen. Ohne im Rahmen dieser Arbeit näher darauf einzugehen, weisen wir in diesem Zusammenhang beispielhaft auf das in der Literatur breit diskutierte „Masking Problem" hin [6, 37, 126–128], dass die Tatsache beschreibt, dass die Kovarianzmatrix eines Datensatzes durch die in ihm enthaltenen Ausreißer genau dahingehend beeinflusst wird, dass sich die Mahalanobis-Distanz zwischen Zentrum und Ausreißern verringert.

Kapitel 5

Nichtparametrische Kerndichteschätzung

Gegenüber den im vorangehenden Kapitel beschriebenen konventionellen Methoden stellt die nichtparametrische Kerndichteschätzung eine gänzlich andere Herangehensweise an das Problem der Anwendungsdomänenschätzung dar. Anstatt eine bestimmte Verteilung[1] der Anwendungsdomäne im Hinblick auf einen[2] oder wenige[3] aus den Trainingsdaten abgeleitete Referenzpunkte anzunehmen, wird dabei jeder Trainingsdatenpunkt individuell für die Schätzung berücksichtigt.

Bereits Anfang der Fünfziger Jahre für den Einsatz in der Diskriminanzanalyse entwickelt [31], wurden die Anwendungsmöglichkeiten der Kerndichteschätzung im Rahmen der QSAR-Entwicklung jedoch erst in jüngster Zeit erkannt [58, 96] und stellen daher einen, zumindest für dieses Feld, kaum erforschten, neuen und wegweisenden Ansatz dar.

---

[1] Gleichverteilung bei der geometrischen und z. B. Normalverteilung bei der distanzbasierten Methode (vgl. Motivation der Domänenbegrenzung durch die dreifache Standardabweichung, S. 92).

[2] Z. B. das Datenzentrum bei der Leverage-Methode.

[3] Z. B. die Eckpunkte der konvexen Hülle bei der geometrischen Methode.

5.1 Ursprung

Die Anfänge der Kerndichteschätzung liegen in den 50er und 60er Jahren des 20. Jahrhunderts. Besonders zu nennen sind hier die Arbeiten von Fix und Hodges, Rosenberg und Parzen [31, 116, 125]. Wie bereits erwähnt, wurde die Kerndichteschätzung ursprünglich als Teil einer nichtparametrischen Version der Diskriminanzanalyse entwickelt.

Das zentrale Problem der Diskriminanzanalyse besteht darin, einen d-dimensionalen Punkt Z einer von zwei Gruppen G_X und G_Y zuzuordnen, aus denen jeweils eine Stichprobe $S_X := \{X_i | 1 \leq i \leq n, X_i \in G_X\}$ bzw. $S_Y := \{Y_i | 1 \leq i \leq m, Y_i \in G_Y\}$ bekannt ist[4]. Nimmt man an, dass die Stichproben jeweils aus einer kontinuierlichen, multivariaten Grundgesamtheit gezogen wurden und die zugehörigen Wahrscheinlichkeitsverteilungen mit den Dichtefunktionen p_X bzw p_Y bekannt sind, so wird Z sinnvollerweise genau dann der Gruppe G_X zugeordnet, wenn die Wahrscheinlichkeit, aus der Grundgesamtheit der Gruppe G_X ein Element zu ziehen, welches in den d berücksichtigten Merkmalen mit Z übereinstimmt, höher ist, als die Wahrscheinlichkeit, ein solches Element in der Grundgesamtheit der Gruppe G_Y zu finden. M. a. W. Z wird genau dann der Gruppe G_X zugeordnet, falls $p_X(Z) > c \cdot p_Y(Z)$ gilt, wobei durch die Konstante c die Möglichkeit einer Fehleinschätzung zusätzliche Berücksichtigung finden kann. In den meisten praktischen Anwendungen sind die Dichtefunktionen p_X und p_Y jedoch unbekannt, so dass sie aus den Stichproben (= Trainingsdatensätzen) S_X und S_Y geschätzt werden müssen.

Bei der klassischen Herangehensweise nimmt man an, dass die unbekannten Dichten zu einer Schar von Funktionen gehören, die sich nur durch bestimmte Parameter unterscheiden, welche aus den Trainingsdaten näherungsweise ermittelt werden können. Legt man beispielsweise eine μ-σ-Normalverteilung zugrunde, so kann μ aus dem Zentrum und σ aus der Kovarianzmatrix der Trainingsdaten abgeleitet werden.

Fix und Hodges stellten nun die Frage, wie man das Diskriminationsproblem auch ohne Vorfestlegung einer bestimmten parametrischen Funktionsfamilie lösen könne. Mit anderen Worten, es sollte lediglich die Existenz der Dichten p_X und p_Y

[4] Man stelle sich G_X und G_Y beispielsweise als zwei, an unterschiedlichen Infektionen erkrankte Personengruppen vor und Z als einen Patienten, von dem unklar ist, an welcher der beiden Krankheiten er leidet.

vorausgesetzt werden, bezüglich ihres Verlaufs jedoch keinerlei Annahmen getroffen werden. Die Bestimmung von p_X und p_Y musste somit direkt aus dem Trainingsdatensatz erfolgen. Um dies zu erreichen, schlugen Fix und Hodges die Verwendung der Kerndichteschätzung vor. Anschaulich beschrieben handelt es sich dabei um eine multivariate Generalisierung eines Histogramms.

Ein (klassenzentriertes) Histogramm stellt die Häufigkeitsverteilung von Messwerten (interpretiert als Beobachtungen eines Zufallsexperiments) wie folgt dar:

- Die Grundgesamtheit wird in eine endliche Zahl von disjunkten Klassen (nicht notwendigerweise gleicher Grundfläche) aufgeteilt.
- Über jeder Klasse wird ein Quader platziert, dessen Volumen proportional zu der Anzahl der in die jeweilige Klasse fallenden Beobachtungen[5] ist[6].

Normiert man die Quader derart, dass ihr Volumen insgesamt zu 1 addiert, so stellt die Funktion, welche jedem Element der Grundgesamtheit genau die Höhe des Quaders der Klasse zuweist, zu welcher es gehört, eine Näherung für die Dichte des Zufallsexperiments dar, dem die Messwerte entstammen (vgl. Definition 2.17 und Bemerkung 2.4.48).

Wie Abbildung 5.1 beispielhaft verdeutlicht, verbessert sich diese Näherung, wenn statt über fest gewählten Klassen direkt über jeder einzelnen Beobachtung ein Quader eines vorbestimmten Volumens zentriert wird; in einem zweiten Schritt werden diese Quader zu einem sogenannten „beobachtungszentrierten“ Histogramm aufaddiert.

Ein Kerndichteschätzer schließlich verallgemeinert die Quader zu Körpern nahezu beliebiger Form, die als Kerne bezeichnet werden. Beschreibt man einen Kern vermittels einer Funktion (der „Kernfunktion“), so entspricht das Volumen des Kerns dem Integral dieser Kernfunktion über der Grundgesamtheit und, auf 1 normiert, den Forderungen an ein Wahrscheinlichkeitsmaß (vgl. Def. 2.14 und Satz 2.4.26).

Die auf diese „nichtparametrische“ Weise gewonnenen Dichten p_X und p_Y konnten Fix und Hodges nun wiederum ganz wie beim klassischen, parametrischen Vorgehen für die weitere Diskriminanzanalyse nutzen.

[5] Messwerte, Elemente der Stichprobe.

[6] Die Höhe eines Quaders ist also abhängig vom Verhältnis zwischen der Beobachtungsanzahl und der Grundfläche der jeweiligen Klasse.

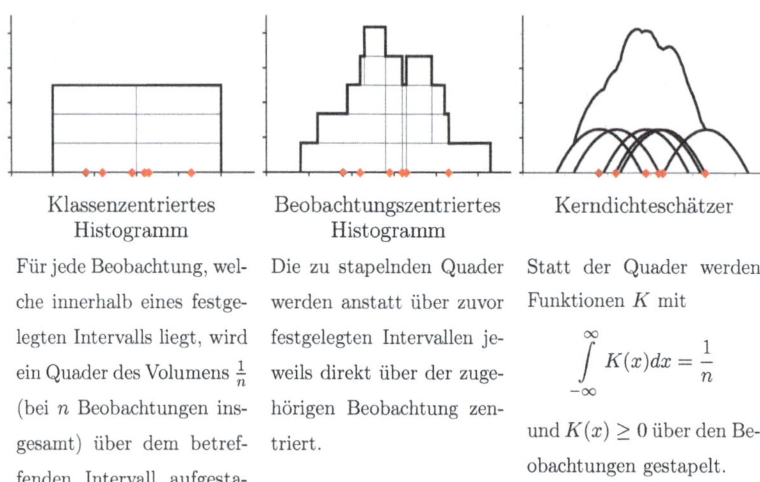

Abbildung 5.1: Vom Histogramm zum Kerndichteschätzer

5.2 Grundlegende Begriffe

5.2.1 Der univariate Fall

In der in Abbildung 5.1 dargestellten eindimensionalen Form lautet die Definition des Kerndichteschätzers wie folgt:

Definition 5.1

Sei $X := \{X_1, \ldots, X_n\}$ eine n-elementige Menge von Realisationen einer mit unbekannter Dichte verteilten, eindimensionalen, reellen Zufallsvariablen $\mathcal{X}$, $h \in \mathbb{R}^+$ und $K : \mathbb{R} \mapsto \mathbb{R}_0^+$ (stückweise) stetig mit $\int_{-\infty}^{\infty} K(x)dx = 1$. Dann heißt die Funktion $f : \mathbb{R} \mapsto \mathbb{R}_0^+$,

$$f(x) := \frac{1}{n \cdot h} \cdot \sum_{i=1}^{n} K\left(\frac{1}{h}(x - X_i)\right)$$

Kerndichteschätzer (zu X bzw. zu $\mathcal{X}$). K heißt (stochastischer) Kern oder Kernfunktion und h Bandbreite (zum Kerndichteschätzer f). Die Menge X bezeichnen wir als Basismenge der Schätzung.

Bemerkung 5.2.1

Über Definition 5.1 hinaus wird meist (in der Regel ohne nähere Erwähnung) verlangt, dass die Kernfunktion punktsymmetrisch zum Ursprung ist und dort ein globales Maximum sowie darüber hinaus keine weiteren (lokalen) Maxima besitzt. Dies entspricht den Forderungen:

$$K(x) \geq K(y) \quad \forall\, y \geq x \geq 0 \tag{5.1}$$

$$K(-x) = K(x) \quad \forall\, x \in \mathbb{R}^d \tag{5.2}$$

Erfüllt die eingesetzte Kernfunktion (5.1) und (5.2) nämlich nicht, so ist die Dichteschätzung gegenüber den tatsächlichen Beobachtungen verschoben oder in eine Richtung verzerrt. Dies ist in der Regel nicht gewünscht und nur in seltenen Ausnahmefällen durch einen speziellen Einsatzzweck der Schätzung gerechtfertigt.

Beispiele für (univariate) Kernfunktionen sind etwa

- der Rechteckskern $K(x) := \begin{cases} \frac{1}{2}, & \text{falls } |x| < 1 \\ 0, & \text{sonst} \end{cases}$,
- der Dreieckskern $K(x) := \begin{cases} 1 - |x|, & \text{falls } |x| < 1 \\ 0, & \text{sonst} \end{cases}$,
- der Gauß-Kern $K(x) := \left(\sqrt{2\pi}\right)^{-1} \exp(-0.5x^2)$,
- der Epanechnikov-Kern[7] $K(x) := \begin{cases} \frac{3}{4}(1 - x^2), & \text{falls } |x| < 1 \\ 0, & \text{sonst} \end{cases}$.

[7] In der Literatur oft in der äquivalenten Form $K(x) := \begin{cases} \frac{3}{4}\left(1 - \frac{1}{5}x^2\right)\left(\sqrt{5}\right)^{-1}, & \text{falls } |x| < \sqrt{5} \\ 0, & \text{sonst} \end{cases}$ beschrieben.

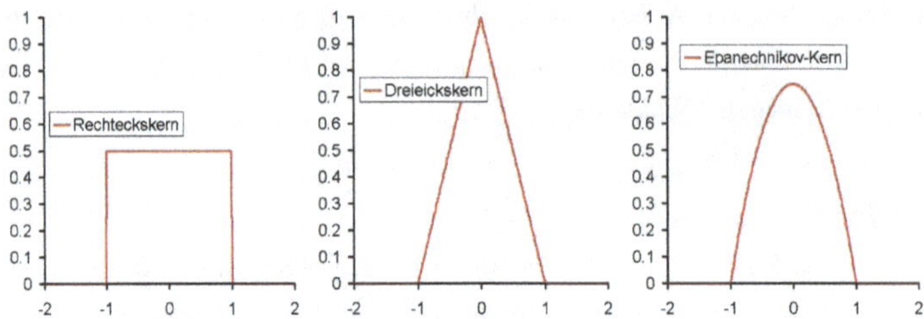

Abbildung 5.2: Endliche Kerne

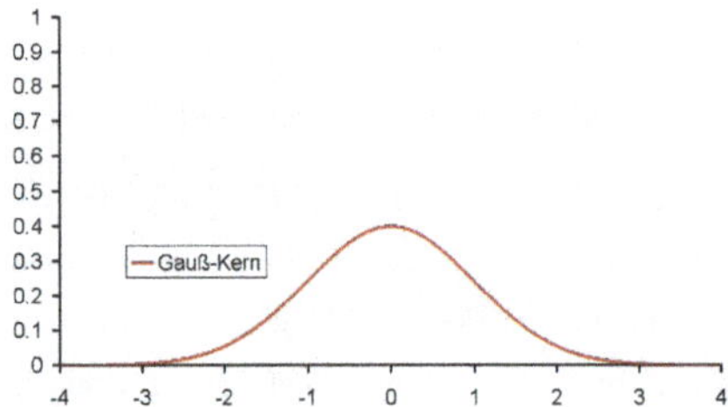

Abbildung 5.3: Unendlicher Kern

Definition 5.2

Sei K eine Kernfunktion nach Definition 5.1 und Bemerkung 5.2.1 und sei $a \in \mathbb{R}$. Dann heißt K endliche Kernfunktion, falls gilt: $K(x) = 0 \quad \forall x$ mit $|x| > a$. Anderenfalls heißt K unendlich.

Endliche Kernfunktionen sind in der Regel stets so definiert, dass $a = 1$ gilt.

Bemerkung 5.2.2

Offenbar entspricht der Kerndichteschätzer zusammen mit dem Rechteckskern genau dem beobachtungszentrierten Histogramm.

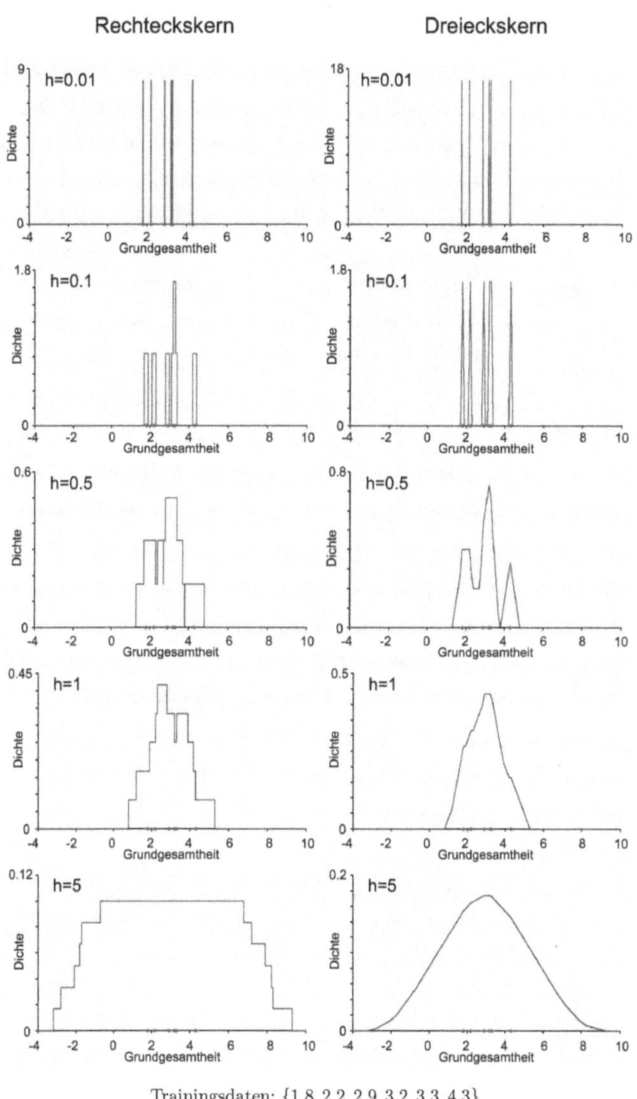

Abbildung 5.4: Einfluss der Bandbreite (Rechtecks- und Dreieckskern)

Die Bandbreite bestimmt die horizontale Ausdehnung der über den Beobachtungen gestapelten Kerne und ist vergleichbar mit der Klassenbreite bei Histogrammen. Genau wie bei einem Histogramm ist dieser Parameter entscheidend für die Sensitivität mit der die Verteilung der Beobachtungen durch den Schätzer nachgezeichnet wird. Je größer h gewählt wird, umso stärker werden lokale Häufungen in den Trainingsdaten nivelliert, d. h. umso flacher und gleichmäßiger ist der Verlauf der geschätzten Dichte. Wird die Bandbreite zu groß gewählt (Überglättung), gehen wichtige Strukturen verloren und die Schätzung verliert ihre Aussagekraft. Dies geschieht allerdings auch im umgekehrten Fall (Unterglättung). Wird h zu klein gewählt, so gewinnen lokale Häufungen der Trainingsdaten einen zu großen Einfluss auf den Schätzungsverlauf. Im Extremfall unterscheidet sich die geschätzte Dichte nur noch in unmittelbarer Nähe einer Beobachtung von 0 und reproduziert somit lediglich die bekannten Trainingsdaten.

Die Bestimmung der optimalen Bandbreite ist die größte Herausforderung bei der Parametrisierung eines Kerndichteschätzers und wird in Abschnitt 5.3 näher beleuchtet.

Die Wahl der Kernfunktion spielt hingegen nur eine untergeordnete Rolle. Der auf V.A. Epanechnikov [27] zurückgehende Epanechnikov-Kern stellt zwar unter bestimmten Bedingungen[8] einen optimalen[9] Kern dar [53, 116, 140], letztlich sind aber die anderen aufgeführten Kerne annähernd gleich effizient [47].

Es ist daher durchaus legitim, die Auswahl der Kernfunktion eher aus anderen Überlegungen heraus, wie etwa dem Rechenaufwand (vgl. Kapitel 7) oder dem Grad der Differenzierbarkeit, zu treffen [140].

Speziell hinsichtlich der Differenzierbarkeit ist der Rechteckskern - und damit das (beobachtungszentrierte) Histogramm - die am wenigsten empfehlenswerte Alternative, da die resultierende Dichteschätzung offenbar nur stückweise stetig ist.

Punktweise oder sogar gleichmäßige Stetigkeit ist für viele Anwendungen von großer Bedeutung. Dies gilt insbesondere auch für unseren Verwendungszweck, die Kerndichteschätzung als Maß für die Zugehörigkeit zur Anwendungsdomäne gemäß Hypothese 1 (S. 82) einzusetzen.

[8] Es wird die zusätzliche Forderung $\int_{-\infty}^{\infty} x^2 K(x)dx = 1$ gestellt.

[9] Optimalitätskriterium: Minimierung der mittleren quadratischen Abweichung $\mathrm{MSE}(f, \hat{f}) := E(\|f(x) - \hat{f}(x)\|^2)$, wobei f die Schätzung von $\hat{f}$ bezeichnet.

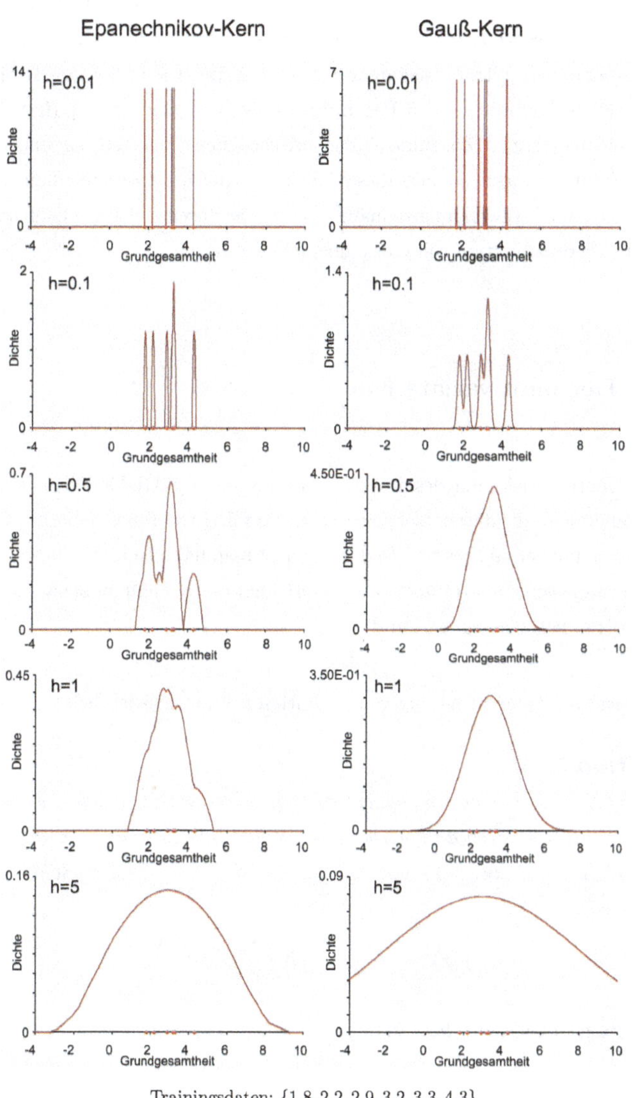

Abbildung 5.5: Einfluss der Bandbreite (Epanechnikov- und Gauß-Kern)

Die ermittelte Dichte stellt in diesem Sinne lediglich einen Distanzbegriff dar, der sich durch die Assoziation hoher Dichte mit geringem und niedriger Dichte mit großem Abstand zum Trainingsdatensatz ergibt. Wird, wie es bei QSAR-Modellen, die auf reellen, kontinuierlichen Parametern aufgebaut sind, in der Regel der Fall ist, von einem stetigen Zusammenhang zwischen den Deskriptoren und der Zieleigenschaft ausgegangen, so muss dies folglich auch für den Zusammenhang zwischen Deskriptoren und Anwendungsdomäne gelten; die durch die Kerndichteschätzung ermittelte Distanzfunktion sollte also ebenfalls stetig sein.

5.2.2 Der multivariate Fall

Für die Charakterisierung des Deskriptorraums von QSAR-Modellen ist der eindimensionale Kerndichteschätzer nach Definition 5.1, wie für viele andere Einsatzzwecke auch, nur selten geeignet. In der Regel ist man nämlich an Dichteschätzungen über mehrdimensionalen Räumen interessiert - in unserem Fall an Schätzungen über Deskriptorräumen der Dimension $d > 1$.

Die multivariate Generalisierung von Definition 5.1 ist offensichtlich:

Definition 5.3

Sei $X := \{X_1, \ldots, X_n\}$ eine n-elementige Menge von Realisationen einer mit unbekannter Dichte verteilten d-dimensionalen reellen Zufallsvariablen $\mathcal{X}$, $h \in \mathbb{R}_0^+$ und $K : \mathbb{R}^d \mapsto \mathbb{R}_0^+$ (stückweise) stetig mit $\int_{\mathbb{R}^d} K(x)dx = 1$. Dann heißt die Funktion $f : \mathbb{R}^d \mapsto \mathbb{R}_0^+$,

$$f(x) := \frac{1}{n \cdot h^d} \cdot \sum_{i=1}^{n} K\left(\frac{1}{h}(x - X_i)\right)$$

Kerndichteschätzer (zu X bzw. zu $\mathcal{X}$).

K heißt (multivariater) (stochastischer) Kern oder Kernfunktion und h Bandbreite (zum Kerndichteschätzer f). Die Menge X bezeichnen wir als Basismenge der Schätzung.

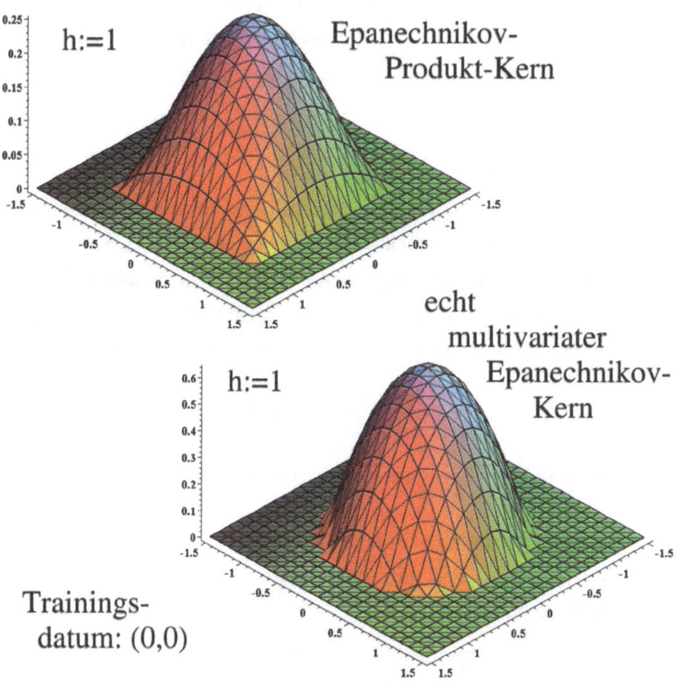

Abbildung 5.6: Produkt- vs. echt multivariater (Epanechnikov-) Kern

Die multivariaten Kernfunktionen teilen sich im Wesentlichen in zwei Arten [21]:

1. Produktkerne und
2. echt multivariate Kerne.

Ein Produktkern besteht, wie bereits der Name vermuten lässt, aus dem Produkt univariater Kernfunktionen, die mit der Projektion der multivariaten Daten auf jeweils eine bestimmte Dimension gerufen werden.

***Definition* 5.4** (Produktkern)
Die Funktion $K : \mathbb{R}^d \mapsto \mathbb{R}_0^+$ *mit* $K(x) := \prod_{j=1}^{d} K_U(x_j)$ *und* $K_U : \mathbb{R} \mapsto \mathbb{R}_0^+$ *(stückweise) stetig mit* $\int_{-\infty}^{\infty} K_U(x)dx = 1$ *heißt Produktkern.*

Produktkerne werden häufig verwendet, da sie einfach zu berechnen sind und sich hinsichtlich Differentiations- und Integrationseigenschaften kaum von der zugrunde liegenden univariaten Kernfunktion K_U unterscheiden, was große Vorteile mit sich bringen kann [20].

Sie haben allerdings einen gravierenden Nachteil:
Wie bereits in Bemerkung 5.2.1 angesprochen, ist es für die überwiegende Mehrzahl der Einsatzzwecke von Kerndichteschätzern von Bedeutung, allen Punkten mit gleichem Abstand zur Trainingsmenge auch die gleiche Dichte zuzuweisen. Dies ist im Eindimensionalen gleichbedeutend mit Forderung (5.2) und bedeutet im Mehrdimensionalen, dass für alle Punkte x, y im Radius r um eine Beobachtung X

$$K(x - X) = K(y - X) \tag{5.3}$$

gelten, d. h. die Kernfunktion radialsymmetrisch um den Ursprung sein sollte.

Auch wenn durch Beachtung der Forderungen aus Bemerkung 5.2.1 eine Verzerrung der Dichteschätzung durch den univariaten Kern K_U ausgeschlossen wurde, geht diese Eigenschaft wegen

$$\sqrt{\sum_{i=1}^{d} x_i^2} = \sqrt{\sum_{i=1}^{d} y_i^2} \quad \not\Rightarrow \quad \sqrt{x_i^2} = \sqrt{y_i^2} \quad \forall i \in \{1, \ldots, d\}$$

für den Produktkern verloren. Eine Beobachtung X trägt somit nicht gleichmäßig zum Wert der Dichteschätzung in allen Punkten x, y mit $|x - X| = |y - X|$ bei.

Echt multivariate Kerne hingegen erfüllen Gleichung 5.3:

***Definition* 5.5** (Echt multivariater Kern)

Sei $K : \mathbb{R}^d \mapsto \mathbb{R}_0^+$ (stückweise) stetig mit

i) $\int_{\mathbb{R}^d} K(x)dx = 1$,

ii) $K(x) = K(y) \quad \forall\, x, y$ *mit* $\|x\| = \|y\|$ *(Radialsymmetrie) und*

iii) $K(x) \geq K(y) \quad \forall\, x, y$ *mit* $\|x\| \leq \|y\|$.

Dann heißt K echt multivariater Kern.

Korollar 5.2.3

Für echt multivariate Kerne gilt:

- $K(0) > 0,$ (5.4)
- $\lim\limits_{\|a\| \to \infty} K(a) = 0,$ (5.5)
- $K(a) > K(b) \Rightarrow \|a\| < \|b\|,$ (5.6)
- $\forall\, 0 < \epsilon < K(0) \;\exists\, h_\epsilon :$ (5.7)
  $K(a) > \epsilon \geq K(b) \quad \forall\, a, b$ *mit* $\|a\| < h_\epsilon$ *und* $\|b\| > h_\epsilon$[10].

Beweis:

zu (5.4):

Annahme: $K(0) = 0$.

Wegen Definition 5.5 iii) gilt: $K(0) \geq K(x) \quad \forall\, x \in \mathbb{R}^d$, *woraus folgt* $K(x) = 0 \quad \forall\, x \in \mathbb{R}^d$ *und damit* $\int_{\mathbb{R}^d} K(x)dx = 0.$ ↯ *zu* $\int_{\mathbb{R}^d} K(x)dx = 1$.

zu (5.5):

Trivial wegen der Forderung $\int_{\mathbb{R}^d} K(x)dx = 1$.

zu (5.6):

Annahme: $\exists\, a, b \in \mathbb{R}^d$ *mit* $K(a) > K(b)$ *und* $\|a\| \geq \|b\|$. *Aus* $\|a\| \geq \|b\|$ *folgt wegen Definition 5.5 iii) aber* $K(b) \geq K(a)$. ↯

zu (5.7):

Da $\epsilon > 0$ *nach Voraussetzung, existiert nach (5.5) ein* $\beta_{max} > 0$, *so dass*

$$\epsilon \geq K(b) \quad \forall\, b \text{ mit } \|b\| > \beta_{max}. \tag{5.8}$$

Zu $\alpha_i, \beta_i \in \mathbb{R}_0^+,\; i \in \mathbb{N}_0$ *definiere:*

[10] Bemerkung:

$\forall\, a$ mit $\|a\| = h_\epsilon$ gilt:	$K(a)$	$\geq$	ϵ	falls K in a links- aber nicht rechtsseitig stetig,
	$K(a)$	$\leq$	ϵ	falls K in a rechts- aber nicht linksseitig stetig,
	$K(a)$	$=$	ϵ	falls K in a stetig.

$\gamma_i := \frac{\alpha_i+\beta_i}{2}$ *und eine Intervallschachtelung mit*[11]

$$[\alpha_{i+1}, \beta_{i+1}] := \begin{cases} [\gamma_i, \beta_i], & \text{falls } K(x) > \epsilon \ \forall\, x \text{ mit } \|x\| = \gamma_i \\ [\alpha_i, \gamma_i], & \text{falls } K(x) \leq \epsilon \ \forall\, x \text{ mit } \|x\| = \gamma_i \end{cases} \tag{5.9}$$

Setze $\alpha_0 := 0$ *und* $\beta_0 := \beta_{max}$. *Zeige nun*

$$\forall\, i \in \mathbb{N}_0 \text{ gilt:} \quad K(a) > \epsilon \geq K(b) \quad \forall\, a, b \text{ mit } \|a\| < \alpha_i \text{ und } \|b\| > \beta_i \tag{5.10}$$

durch vollständige Induktion:

$i = 0$

Wegen $\{a \mid \|a\| < \alpha_0 = 0\} = \emptyset$ *und (5.8) trivial.*

Induktionsvoraussetzung:

$K(a) > \epsilon \geq K(b) \quad \forall\, a, b$ *mit* $\|a\| < \alpha_i$ *und* $\|b\| > \beta_i$.

$i \leadsto i+1$

Fall $[\alpha_{i+1}, \beta_{i+1}] = [\gamma_i, \beta_i]$:

- $K(a) > \epsilon \quad \forall\, a$ *mit* $\|a\| = \alpha_{i+1} = \gamma_i$ *nach (5.9)*

$\overset{\text{Def.5.5 } iii)}{\Longrightarrow} K(a) > \epsilon \quad \forall\, a$ *mit* $\|a\| < \alpha_{i+1}$.

- $K(b) \leq \epsilon \quad \forall\, b$ *mit* $\|b\| > \beta_{i+1} = \beta_i$
  nach Induktionsvoraussetzung.

Fall $[\alpha_{i+1}, \beta_{i+1}] = [\alpha_i \gamma_i]$:

- $K(a) > \epsilon \quad \forall\, a$ *mit* $\|a\| < \alpha_{i+1} = \alpha_i$
  nach Induktionsvoraussetzung.
- $K(b) \leq \epsilon \quad \forall\, b$ *mit* $\|b\| = \beta_{i+1} = \gamma_i$ *nach (5.9)*

$\overset{\text{Def.5.5 } iii)}{\Longrightarrow} K(b) \leq \epsilon \quad \forall\, b$ *mit* $\|b\| > \beta_{i+1}$.

Wegen $\qquad \beta_{i+1} - \alpha_{i+1} = \begin{cases} \beta_i - \gamma_i \\ \gamma_i - \alpha_i \end{cases} = \frac{1}{2}(\beta_i - \alpha_i)$

folgt aber auch $\qquad \lim_{i\to\infty} \beta_i - \alpha_i = 0 \Longrightarrow \lim_{i\to\infty} \beta_i = \lim_{i\to\infty} \alpha_i =: \widetilde{h_\epsilon}$

und somit zusammen mit (5.10) für $i \to \infty$:

$$K(a) > \epsilon \geq K(b) \quad \forall\, a, b \text{ mit } \|a\| < \alpha_i = \widetilde{h_\epsilon} \text{ und } \|b\| > \beta_i = \widetilde{h_\epsilon}.$$

Mit $h_\epsilon := \widetilde{h_\epsilon}$ *folgt dann die Behauptung.*

□

[11] Wegen der Radialsymmetrie von K genügt es, für ein einziges, beliebig gewähltes x mit $\|x\| = \gamma_i$ zu untersuchen, ob $K(x) > \epsilon$ oder $K(x) \leq \epsilon$ gilt.

Im Folgenden verwenden wir

- den (echt multivariaten) Rechteckskern
$$K(x) := \begin{cases} c_d^{-1}, & \text{falls } \|x\| < 1 \\ 0, & \text{sonst} \end{cases},$$
- den (echt multivariaten) Dreieckskern
$$K(x) := \begin{cases} c_d^{-1}(d+1)(1-\|x\|), & \text{falls } \|x\| < 1 \\ 0, & \text{sonst} \end{cases},$$
- den (echt multivariaten) Gauß-Kern
$$K(x) := (2\pi)^{-0.5d} \exp(-0.5\|x\|^2),$$
- den (echt multivariaten) Epanechnikov-Kern
$$K(x) := \begin{cases} \frac{1}{2}c_d^{-1}(d+2)\,(1-\|x\|^2), & \text{falls } \|x\| < 1 \\ 0, & \text{sonst} \end{cases},$$

wobei $c_d := \frac{\pi^{n/2}}{\Gamma(\frac{n}{2}+1)}$ das Volumen der d-dimensionalen Einheitskugel bezeichnet[12], also $c_1 = \frac{1}{2}$, $c_2 = \pi$, $c_3 = \frac{4\pi}{3}$, usw..

5.3 Bandbreitenwahl

Wie bereits angesprochen, stellt die Bandbreitenwahl die zentrale Herausforderung in der Kerndichteschätzung dar. Das Problem besteht vor allem darin, dass die Güte einer Schätzung letztendlich von der Unbekannten abhängt, die es zu schätzen gilt. Ohne Kenntnis der tatsächlichen Dichte, ist nicht eindeutig entscheidbar, wie ein Kerndichteschätzer parametrisiert werden sollte, um diese möglichst genau nachzuzeichnen. Dennoch kann man aus den bekannten Daten (also der Trainings- bzw. Beobachtungsmenge) bereits viele Hinweise für eine geeignete Bandbreitenwahl gewinnen. Hierfür existieren verschiedene, zumeist auf Kreuzvalidierung beruhende Methoden, die alle mit spezifischen Vor- und Nachteilen behaftet sind. Nachfolgend werden die wichtigsten Grundüberlegungen zu dieser Thematik vorgestellt und ein mögliches Vorgehen exemplarisch besprochen. Für die Parametrisierung des zur Schätzung der Anwendungsdomäne verwendeten Kerndichteschätzers führen wir in Abschnitt 6.2 allerdings ein selbst entwickeltes, stark vereinfachtes und auf die besonderen Anforderungen angepasstes Verfahren ein.

[12] Die Gammafunktion ist definiert als $\Gamma(x) = \int_0^\infty t^{x-1}e^{-t}dt$.

5.3.1 Optimalitätskriterien

Als Optimalitätskriterium für eine Dichteschätzung bieten sich verschiedene Abweichungsmaße an [137]. Bezeichnen wir wie in dem vorangegangenen Abschnitt die Schätzung mit f und sei $\hat{f}$ der (unbekannte) tatsächliche Wert der Dichte[13]. Die Schätzung ist in einem Punkt x_0 offenbar genau dann besonders gut, wenn die Abweichung $|f(x_0)-\hat{f}(x_0)|$ möglichst klein ist. Ein naheliegendes Optimalitätskriterium ist daher der Erwartungswert der quadrierten Abweichung in x_0:

$$MSE\,(f(x_0)) := E\left(\left(f(x_0) - \hat{f}(x_0)\right)^2\right). \tag{5.11}$$

Der MSE (engl. mean squared error) misst die Güte der Schätzung jedoch nur an einer ausgesuchten Stelle. Um eine Einschätzung für den gesamten Definitionsbereich zu erhalten, ist es daher erforderlich, die Abweichung zuvor über die gesamte Funktion zu integrieren. Man erhält die mittlere integrierte quadratische Abweichung MISE (engl. mean integrated squared error) [125]:

$$MISE\,(f(x_0)) := E\left(\int \left(f(x) - \hat{f}(x)\right)^2 dx\right). \tag{5.12}$$

Da der Integrand per Definition positiv ist, kann man (5.12) auch schreiben als

$$MISE\,(f(x_0)) := \int E\left(\left(f(x) - \hat{f}(x)\right)^2\right) dx. \tag{5.13}$$

Andere mögliche Fehlermaße stellen der mittlere integrierte absolute Fehler oder der mittlere größte Fehler dar [77, 158].

Im Allgemeinen ist der MISE aber das am besten zu handhabende Maß [81, 140] und steht daher im Folgenden stellvertretend als geeignetstes Optimalitätskriterium.

5.3.2 Kreuzvalidierung der kleinsten Quadrate

Ein sehr elegantes Verfahren, die Bandbreite bezüglich des MISE zu optimieren, ist die Kreuzvalidierung der kleinsten Quadrate [9, 131, 140]. Zunächst bemerken

[13] In der Literatur erfolgt die Bezeichnung üblicherweise genau umgekehrt, wir belassen es aber bei f für die Schätzung, um die Notation des vergangenen Abschnitts beizubehalten.

wir, dass die integrierte quadratische Abweichung auch wie folgt geschrieben werden kann:

$$\int \left(f(x) - \hat{f}(x)\right)^2 dx = \int f(x)^2 dx - 2\int f(x)\hat{f}(x)dx + \int \hat{f}(x)^2 dx. \tag{5.14}$$

Der letzte Term von (5.14) hängt nur von der Unbekannten, nicht jedoch von der Schätzung ab. Daher ist die Aufgabe, den MISE zu minimieren, letztlich gleichbedeutend mit der Minimierung von

$$R(f) := \int f(x)^2 dx - 2\int f(x)\hat{f}(x)dx. \tag{5.15}$$

Die Idee ist nun, aus den vorhandenen Daten eine Schätzung von $R(f)$ zu konstruieren, über welche dann der Bandbreiteparameter minimiert werden kann. Sei nun

$$f_i(x) := (n-1)^{-1}h^{-d}\sum_{j\neq i} K\left(h^{-1}(x - X_j)\right). \tag{5.16}$$

der Kerndichteschätzer, der über alle Beobachtungen mit Ausnahme der Beobachtung i aufgebaut wurde und definiere weiterhin

$$M_0(h) := \int f(x)^2 dx - 2n^{-1}\sum_{i=1}^{n} f_i(X_i). \tag{5.17}$$

Mit Definition 2.28, S. 58 gilt offenbar

$$\begin{aligned} E\left(n^{-1}\sum_{i=1}^{n} f_i(X_i)\right) &= E\left(f_n(X_n)\right) \\ &= E\left(\int f_n(x)\hat{f}(x)dx\right) \\ &= E\left(\int f(x)\hat{f}(x)dx\right), \end{aligned} \tag{5.18}$$

da der Erwartungswert des Schätzers nur von seiner Parametrisierung, nicht aber von der Größe des Trainingsdatensatzes abhängt.

Setzt man (5.17) in (5.15) ein, so ergibt sich

$$E\left(M_0(h)\right) = E\left(R(f)\right). \tag{5.19}$$

Somit ist $M_0(h) + \int \hat{f}(x)^2 dx$ gemäß (5.14) ein erwartungstreuer Schätzer des MISE, dessen Minimierung folglich der Minimierung von $E\left(M_0(h)\right)$ entspricht. Unter der Annahme, dass das Minimum von $M_0(h)$ nahe bei dem Minimum von $E\left(M_0(h)\right)$

liegt, erhält man mit $h := \arg\min(M_0(x))$ eine geeignete Wahl des Bandbreiteparameters.

Für die eigentliche Minimierung kommen nun verschiedene Methoden, wie etwa das Quasi-Newton-Verfahren, in Frage.

Ein Weg, $M_0(h)$ hierfür in eine leichter berechenbare Form zu bringen, findet sich bei Silverman [140], der für radialsymmetrische Kernfunktionen aufzeigt, wie $M_0(h)$ unter Verwendung der Faltung $K^{(2)}$ des Kerns mit sich selbst folgendermaßen umgeschrieben werden kann:

$$M_1(h) := n^{-2}h^{-d}\sum_{i=1}^{n}\sum_{j=1}^{n}K^{(2)}\left(h^{-1}(X_i - X_j)\right) - 2K\left(h^{-1}(X_i - X_j)\right) + 2n^{-1}h^{-d}K(0). \quad (5.20)$$

5.3.3 Beurteilung der Kreuzvalidierungsverfahren

Zusammen mit der Herleitung von $M_1(h)$ zeigt Silverman [140] auch, dass die Kreuzvalidierung der kleinsten Quadrate für diskretisierte Daten entarten kann. Übersteigt die Anzahl der Trainingsdaten, die sich in allen Eingabeparametern gleichen, eine kritische Schwelle, konvergiert die Methode zu einem Wert von $h = 0$. Auch wenn diese Schwelle relativ hoch liegt (für den Gauß-Kern etwa bei der Hälfte des Trainingsdatensatzes), zeigt sich, wie hochsensitiv das Verfahren gegenüber verrauschten Daten ist. Für den Einsatz im Rahmen der Gütebeurteilung von QSAR-Modellen ist dies ein großer Nachteil.

Neben der vorgestellten Methode der kleinsten Quadrate existieren weitere, auf einer Kreuzvalidierung beruhende Verfahren zur Bandbreitenwahl, wie etwa die Likelihood-Kreuzvalidierung. Generell zeigen diese Methoden aber alle bereits für uni- und bivariate Dichteschätzer eine sehr geringe Konvergenzrate [148], so dass ihr Einsatz für unsere Zwecke nur bedingt empfehlenswert ist.

Auf Seite 139 schlagen wir daher einen sehr viel simpleren Ansatz zur Bestimmung von h vor, der außerdem neben dem Ziel, die Datenverteilung im Raum zu beschreiben, auch andere QSAR-spezifische Charakteristika des Trainingsdatensatzes stärker in den Vordergrund rückt.

Kapitel 6

Der kernbasierte AD-Schätzer KADE

In diesem und den zwei folgenden Kapiteln beschreiben wir die konkrete Anpassung eines nichtparametrischen Kerndichteschätzers zur Beschreibung der QSAR-Anwendungsdomäne. Dabei gehen wir neben der Parametrisierung vor allem auf die Frage der Domänenbegrenzung der Datenaufbereitung ein. In Kapitel 7 machen wir schließlich einige Vorschläge zur effizienten Berechnung des vorgestellten Verfahrens.

Einen derart zur Charakterisierung der Anwendungsdomäne parametrisierten Kerndichteschätzer bezeichnen wir als kernbasierten AD-Schätzer oder kurz KADE (engl. **k**ernel **b**ased **a**pplication **d**omain **e**stimator).

6.1 Datenaufbereitung und Skalierung

Genau wie bei der Leverage-Methode stellt sich auch bei der Verwendung eines auf der Kerndichteschätzung basierenden AD-Schätzers die Frage nach der Skalierung der Datengrundlage. Die Standardprozedur besteht darin, die Trainingsmenge vor der Schätzung gemäß Definition 4.2 zu autoskalieren. Man garantiert damit die Unabhängigkeit von der den einzelnen Deskriptoren zugrunde liegenden Maßeinheit. Die auf Seite 95 angesprochene Problematik bezüglich eventuell im Datensatz vorhandener Kovarianzen besteht bei einem Kerndichteschätzer nur in abgemilderter Form, da durch die individuelle Einbeziehung jedes einzelnen Trainingsdatums die Abhängigkeiten zwischen den unterschiedlichen Deskriptoren zu einem gewissen Grad bereits berücksichtigt werden. Die Zentrierung der Kernfunktionen über den einzelnen Beobachtungen sorgt nämlich dafür, dass sich die Korrelation zwischen den Modellparametern in der aufsummierten Schätzung implizit ausdrückt. Beispiel 6.1.1 bzw. Abbildung 6.1 verdeutlichen diese Tatsache visuell.

Beispiel 6.1.1

Seien

$$A := \left\{ \binom{-1.3}{-1.1}, \binom{-1.1}{-1.3}, \binom{-0.8}{-0.8}, \binom{-0.8}{0.8}, \binom{-0.4}{-0.8}, \binom{-0.3}{-0.4}, \binom{0.4}{-0.3}, \binom{0.5}{1.6}, \binom{0.8}{0.5}, \binom{1.4}{0.4}, \binom{1.6}{1.4} \right\}$$

und

$$B := \left\{ \binom{-1.3}{1.4}, \binom{-1.1}{0.4}, \binom{-0.8}{0.5}, \binom{-0.8}{1.6}, \binom{-0.4}{-0.3}, \binom{-0.3}{-0.4}, \binom{0.4}{-0.8}, \binom{0.5}{0.8}, \binom{0.8}{-0.8}, \binom{1.4}{-1.3}, \binom{1.6}{-1.1} \right\}$$

die autoskalierten Trainingsdatensätze zweier QSAR-Modelle über einem zweidimensionalen Deskriptorraum.

Die Kovarianzmatrizen lauten

$$Kov(A) := \begin{pmatrix} 1 & 0.718 \\ 0.718 & 1 \end{pmatrix} \quad \text{und} \quad Kov(B) := \begin{pmatrix} 1 & -0.784 \\ -0.784 & 1 \end{pmatrix}.$$

Abbildung 6.1 zeigt für beide Datensätze einen Vergleich von Schätzungen der Anwendungsdomäne mit der Leverage-Methode bzw. einem Kerndichteschätzer nach Definition 5.3: Obwohl der Kerndichteschätzer im Gegensatz zur Leverage-Methode nicht auf der Mahalanobis-Distanz, sondern auf dem üblichen, Euklidischen Abstandsbegriff beruht, zeichnet er die in den Datensätzen vorhandene positive bzw. negative Korrelation ebenfalls nach.

6.1.1 Whitening-Transformation

Dennoch kann die Schätzung weiter verbessert werden, wenn man auch die Form der verwendeten Kerne an die Kovarianzen des Trainingsdatensatzes anpasst. Keinosuke Fukunaga [36] beschreibt mit der „Whitening-Transformation“ eine solche Anpassung, die letztlich einer Betrachtung des Beobachtungsraumes unter Mahalanobis-Norm gleichkommt.

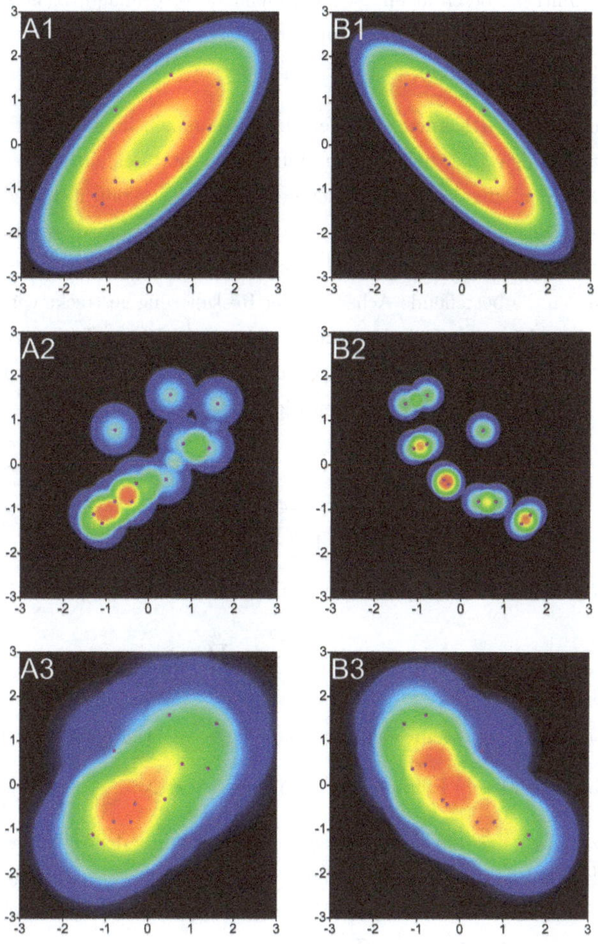

Trainingsdaten als violette Punkte eingezeichnet, Farbcode AD-Zugehörigkeit: Warm=Hoch, Kalt=Niedrig. Datensätze: Bsp. 6.1.1 A (Bild A1-A3), B (Bild B1-B3). Verfahren: Leverage (Bild A1, B1), Kerndichteschätzung/Epanechnikov-Kern (Bild A2, A3, B2, B3). Bandbreite: $\overline{NND_1}$ (Bild A2, B2), $\overline{NND_1} + 3 \cdot \sigma_{NND_1}$ (Bild A3, B3).

Abbildung 6.1: Leverage vs. KADE unter Euklidischer Norm

Wie in Abschnitt 4.2 beschrieben, ist die Mahalanobis-Norm äquivalent zu der Euklidischen Norm in einem auf die Hauptachsen gedrehten und entlang dieser neu skalierten Koordinatensystem.

Bei echt multivariaten Kernen verlaufen die Niveaulinien im Euklidischen Raum kreisförmig[1] um den Ursprung[2]. Diese Höhenlinien sind demnach unter der Mahalanobis-Norm entlang der Hauptachsen gestreckt bzw. gestaucht und so zu Ellipsen[3] verformt. Die Einheitssphäre geht dann in ein Ellipsoid über, dessen Halbachsen entlang der Hauptachsen verlaufen und deren Länge jeweils genau dem Faktor entspricht, um den die betreffende Achse bei der Reskalierung gestreckt wird. Wie ab Seite 98 ff. hergeleitet, sind die Hauptachsen durch die Eigenvektoren zur Kovarianzmatrix des Trainingsdatensatzes gegeben und der jeweilige Reskalierungsfaktor entspricht $\lambda^{-\frac{1}{2}}$, wobei λ den zugehörigen Eigenwert bezeichnet.

Das Volumen einer d-dimensionalen Sphäre mit Radius r beträgt bekanntlich

$$V_{\text{Sphäre}} := \frac{\pi^{d/2}}{\Gamma(\frac{d}{2}+1)} \cdot r^d, \tag{6.1}$$

das eines d-dimensionalen Ellipsoids mit Halbachsen $a_1, \ldots, a_d$

$$V_{\text{Ellipsoid}} := \frac{\pi^{d/2}}{\Gamma(\frac{d}{2}+1)} \cdot \prod_{i=1}^{d} a_i. \tag{6.2}$$

Die Einheitssphäre mit dem Volumen $c_d := \frac{\pi^{d/2}}{\Gamma(\frac{d}{2}+1)} \cdot \prod_{i=1}^{d} 1$ geht also unter der Mahalanobis-Norm in ein Ellipsoid mit dem Volumen $\tilde{c}_d := \frac{\pi^{d/2}}{\Gamma(\frac{d}{2}+1)} \cdot \prod_{i=1}^{d} \frac{1}{\sqrt{\lambda_i}}$ über.

Um sicherzustellen, dass die Kerndichteschätzung auch unter der Mahalanobis-Norm den Forderungen aus Definition 2.14 entspricht (vgl. auch S. 117), also das Integral unter der Schätzung weiterhin einen Wert von 1 ergibt, muss diese folglich durch Multiplikation mit dem Wert $\prod_{i=1}^{d} \sqrt{\lambda_i}$ neu normiert werden.

[1] Genauer: sphärenförmig.

[2] Bzw. um die Beobachtung, über der der Kern zentriert wurde.

[3] Genauer: Ellipsoiden.

Wir erweitern Definition 5.3 daher abermals und zwar zu:

Definition 6.1

Sei

- $X := \{X_1, \ldots, X_n\}$ *eine* n*-elementige Menge von Realisationen einer mit unbekannter Dichte verteilten* d*-dimensionalen reellen Zufallsvariablen* $\mathcal{X}$,
- $\|.\| : \mathbb{R}^d \mapsto \mathbb{R}_0^+$ *eine Norm mit*

$$\|x\| := \left(\sum_{i=1}^{d} |x_i|^2\right)^{\frac{1}{2}} \qquad \textit{(Euklidische Norm)}$$

$$\textit{oder} \quad \|x\| := \left(x^t\, Kov(X)^{-1}\, x\right)^{\frac{1}{2}} \qquad \textit{(Mahalanobis-Norm)},$$

- $\lambda_i = 1$, *falls* $\|.\|$ *Euklidische Norm,*
  λ_i *die positiven reellen Eigenwerte von* $Kov(X)^{-1}$, *falls* $\|.\|$ *Mahalanobis-Norm,*
- $h \in \mathbb{R}^+$,
- K *ein echt multivariater Kern nach Definition 5.5, d. h.* $K : \mathbb{R}^d \mapsto \mathbb{R}_0^+$ *(stückweise) stetig, so dass gilt:*
  - $\int_{\mathbb{R}^d} K(x)dx = 1$,
  - $K(x) = K(y) \quad \forall\, x, y$ *mit* $\|x\| = \|y\|$ *(Radialsymmetrie um 0) und*
  - $K(x) \geq K(y) \quad \forall\, x, y$ *mit* $\|x\| \leq \|y\|$.

Dann heißt die Funktion $f : \mathbb{R}^d \mapsto \mathbb{R}_0^+$,

$$f(x) := \frac{1}{n \cdot h^d} \cdot \prod_{i=1}^{d} \sqrt{\lambda_i} \cdot \sum_{i=1}^{n} K\left(\frac{1}{h}(x - X_i)\right)$$

Kerndichteschätzer (zu X *bzw. zu* $\mathcal{X}$*).*

K heißt (multivariater) (stochastischer) Kern oder Kernfunktion und
h Bandbreite (zum Kerndichteschätzer f). Die Menge X bezeichnen wir als Basismenge der Schätzung.

Abbildung 6.2 zeigt die kernbasierte AD-Schätzung auf Basis von Definition 6.1 unter Mahalanobis-Norm für das bereits bekannte Beispiel 6.1.1.

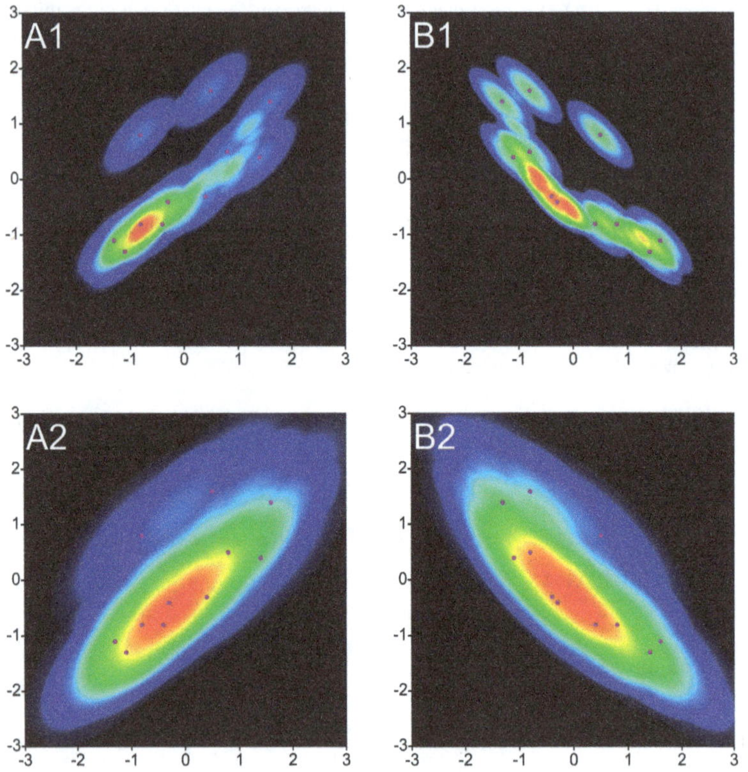

Trainingsdaten als violette Punkte eingezeichnet, Farbcode AD-Zugehörigkeit: Warm=Hoch, Kalt=Niedrig. Datensätze: Bsp. 6.1.1 A (Bild A1-A2), B (Bild B1-B2). Verfahren: Kerndichteschätzung/Epanechnikov-Kern (Bild A1, A2, B1, B2). Norm: Mahalanobis. Bandbreite: $\overline{NND_1}$ (Bild A2, B2), $\overline{NND_1} + 3 \cdot \sigma_{NND_1}$ (Bild A3, B3).

Abbildung 6.2: KADE unter Mahalanobis-Norm

6.2 KADE-Standardbandbreite

Wie bereits in Kapitel 5 dargelegt, besteht die Hauptaufgabe bei der Parametrisierung eines Kerndichteschätzers in der geeigneten Wahl des Bandbreiteparameters h. Die in der Literatur diskutierten Verfahren sind neben ihrer Komplexität und mäßigen Konvergenzeigenschaften auch mit dem Nachteil einer hohen Empfindlichkeit gegenüber verrauschten und diskretisierten Daten behaftet (vgl. Abschnitt 5.3.2).

Außerdem sind sie logischerweise durch den ursprünglichen Einsatzzweck der Kerndichteschätzung motiviert. Dieser besteht darin, aus einer repräsentativen Stichprobe auf die Verteilung der Grundgesamtheit zu schließen.

Zwar gehen wir auch bei der AD-Schätzung gemäß Hypothese 1 davon aus, dass die Verteilung der Trainingsdaten im Raum zumindest lokal derjenigen der Anwendungsdomäne entspricht, es besteht jedoch ein fundamentaler Unterschied zur gerade geschilderten Problemstellung:

Der Trainingsdatensatz eines QSAR-Modells ist nämlich *keine* repräsentative Stichprobe aus einer Grundgesamtheit mit bereits festliegender Verteilung. Vielmehr ist der Zusammenhang quasi umgekehrt. Die Trainingsdaten sind eine - in Abhängigkeit vom Modellentwickler mehr oder weniger zufällige - Auswahl von Chemikalien, welche die Verteilung der Anwendungsdomäne im Deskriptorraum entscheidend beinflusst (wohl aber nicht alleinig bestimmt).

Mit anderen Worten: Wir betrachten keine Stichprobe namens „Trainingsdaten“ aus einer Stoffmenge namens „Anwendungsdomäne“, deren Verteilung bereits vor Ziehung der Stichprobe festlag, sondern schließen aus den Trainingsdaten auf die Verteilung der Anwendungsdomäne, die sich durch die Trainingsdaten selbst überhaupt erst ergibt.

Dieser Unterschied rechtfertigt es, eine wichtige Zusatzinformation in unsere Überlegungen zur Bestimmung der optimalen Bandbreite einzubeziehen: Der Trainingsdatensatz, wie wir ihn auf Seite 77 f. definiert haben, umfasst alle Stoffe, mit denen das QSAR-Modell entwickelt wurde, also sowohl die tatsächlich zum Modelltraining im eigentlichen Sinn verwendeten, als auch die zur Validierung genutzten. Das bedeutet, dass das Modell so angepasst wurde, dass es im Interpolationsbereich dieses

Datensatzes die Zieleigenschaft möglichst genau vorhersagt. Daher macht es Sinn, die Bandbreite des kernbasierten AD-Schätzers so zu wählen, dass zumindest der Bereich zwischen zwei unmittelbar benachbarten Trainingsdaten mit hoher Wahrscheinlichkeit zur Anwendungsdomäne gezählt wird.

Aus diesem und den im ersten Absatz angeführten Gründen schlagen wir im Folgenden eine sehr einfache Methode zur Bandbreitenbestimmung für KADEs vor, die auf dem gemittelten Abstand der Trainingsdaten zu ihrem jeweils nächsten Nachbarn im Trainingsdatensatz beruht.

Definition 6.2 (Abstand zum nächsten Nachbarn)
Sei $S \subset \mathbb{R}^d$, $|S| > 1$ eine echte Teilmenge des $\mathbb{R}^d$ und $x \in \mathbb{R}^d$ ein Anfragepunkt. Ferner sei $s_k \in S$, $s_k \neq x$ mit $\|x - s_k\| \leq \|x - s\| \quad \forall\, s \in S$.

Dann heißt $NN_{(x,1)} := NN_{(x,S,1)} := s_k$ nächster Nachbar von x in S (engl. nearest neighbour) und $NND_{(x,1)} := NND_{(x,S,1)} := \|x - s_k\|$ Distanz von x zum nächsten Nachbarn in S (engl. nearest neighbour distance).

Weiterhin heißt $NN_{(x,i)} := NN_{(x,S,i)} := NN_{(x,S\setminus\{NN_{(x,S,j)}|j\in\{1,\ldots,i-1\}\},1)}$ der i-te Nachbar von x in S und $NND_{(x,i)} := NND_{(x,S,i)} := NND_{(x,S\setminus\{NN_{(x,S,j)}|j\in\{1,\ldots,i-1\}\},1)}$ die Distanz von x zum i-ten Nachbarn in S (i-te Nächster-Nachbar-Distanz).

Vereinbarung 6.1
Falls S eine Multimenge ist, kann durch die Schreibung $NN^0_{(x,S,i)}$ bzw. $NND^0_{(x,S,i)}$ angezeigt werden, dass die Bedingung $s_k \neq x$ nicht zu berücksichtigen ist, falls x mehrfach auftritt. Damit gilt:

$$NN^0_{(x,S,i)} := \begin{cases} x, & \text{falls x } \textit{in } S \textit{ mehrfach auftritt} \\ NN_{(x,S,i)}, & \text{sonst} \end{cases}$$

und

$$NND^0_{(x,S,i)} := \begin{cases} 0, & \text{falls x } \textit{in } S \textit{ mehrfach auftritt} \\ NND_{(x,S,i)}, & \text{sonst} \end{cases} .$$

Bemerkung 6.2.1
Hinweise, wie die nächsten Nachbarn im Trainingsdatensatz effizient berechnet werden können, finden sich in Kapitel 7.

***Bezeichnung* 6.2** (Mittelwert/Median der NND)
Sei $S \subset \mathbb{R}^d$ eine Menge und $M^{[i]} := \{NND_{(s_j,S,i)} | j \in \{1, \ldots, |S|\}\}$ die Menge der i-ten Nächster-Nachbar-Distanzen in S.

Wir schreiben[4] *für den Mittelwert der i-ten Nächster-Nachbar-Distanzen in S:*

$$\overline{NND_i} := \overline{NND_{(S,i)}} := \frac{1}{|M^{[i]}|} \sum_{j=1}^{|M^{[i]}|} M_j^{[i]} := \frac{1}{|S|} \sum_{j=1}^{|S|} NND_{(s_j,S,i)},$$

für den Median der i-ten Nächster-Nachbar-Distanzen in S:

$$\widetilde{NND_i} := \widetilde{NND_{(S,i)}} := \begin{cases} M^{[i]}_{\left(\frac{|M^{[i]}|+1}{2}\right)}, & \text{falls } |M^{[i]}| \text{ ungerade} \\ \frac{1}{2}\left(M^{[i]}_{\left(\frac{n}{2}\right)} + M^{[i]}_{\left(\frac{n}{2}+1\right)}\right), & \text{sonst} \end{cases}$$

und für die Standardabweichung der i-ten Nächster-Nachbar-Distanzen in S:

$$\sigma_{NND_i} := \sigma_{NND_{(S,i)}} := \sqrt{\frac{1}{|S|-1} \sum_{j=1}^{|S|} (NND_{(s_j,S,i)} - \overline{NND_{(S,i)}})^2}.$$

Auf Grundlage von Definition 6.2 und Bezeichnung 6.2 legen wir nun die Bandbreite h für KADEs über einer Trainingsmenge T wahlweise nach einer der beiden folgenden Formeln fest:

$$h := \overline{NND_{(T,i)}} + a \cdot \sigma_{NND_{(T,i)}} \tag{6.3}$$

oder alternativ

$$h := \widetilde{NND_{(T,i)}} + a \cdot \sigma_{NND_{(T,i)}}, \tag{6.4}$$

wobei $a \in \mathbb{R}$ ein konstanter Faktor ist und $1 \leq i < |T|$ gilt.

Der Median ist robuster gegen einzelne Ausreißer im Datensatz. Formel (6.4) verhindert also, dass einzelne, besonders weit von den restlichen Trainingsdaten entfernte Stoffe die Bandbreite übermäßig vergrößern. Andererseits ist die Anpassung bzw.

[4] Vgl. auch Bezeichnung 2.1, S. 14.

Validierung des QSAR-Modells insbesondere auch an diesen Ausreißern erfolgt, so dass eine Ungleichbehandlung dieser Stoffe gegenüber den übrigen Trainingsdaten den Überlegungen von Seite 140 eigentlich widerspricht.

Unsere Analysen in Kapitel 11 legen allerdings ohnehin nahe, dass in der Praxis kein wesentlicher Unterschied zwischen (6.3) und (6.4) zu beobachten ist. Wesentlich entscheidender ist dagegen die Wahl des Parameters a.

Da bei einer Normalverteilung 99% der Daten weniger als die dreifache Standardabweichung von ihrem Mittelwert entfernt liegen, schlagen wir daher, sofern nicht besondere Umstände entgegenstehen, eine standardmäßige Festlegung von $a := 3$ vor. Auf diese Weise wird garantiert, dass auch bei der Verwendung von endlichen Kernfunktionen der Interpolationsbereich im Bereich zwischen den jeweils nächstliegenden Nachbarn mit nahezu vollständiger Sicherheit durch den Schätzer beurteilt wird[5].

Definition 6.3 (KADE-Standardbandbreite)
Die Standardbandbreite für KADEs ist festgelegt auf

$$\overline{NND_{(1)}} + 3 \cdot \sigma_{NND_{(1)}}.$$

Bemerkung 6.2.2
Es ist wichtig zu betonen, dass wir mit der KADE-Standardbandbreite zwar hinsichtlich der Nächster-Nachbar-Distanz auf die Normalverteilung Bezug genommen haben, dies aber keinesfalls mit der Annahme einer bestimmten Verteilung hinsichtlich der Trainingsdaten im Deskriptorraum verwechselt werden darf. Es handelt sich bei der kernbasierten AD-Schätzung nach wie vor um ein nichtparametrisches Verfahren. Die Zentrierung der Kernfunktionen über den einzelnen Beobachtungen ermöglicht die Abbildung jeder beliebigen Verteilung der Trainingsdaten und ist unabhängig von der Frage, ob die Menge $M^{[i]}$ *normalverteilt ist. Ist Letzteres nicht der Fall, so hat dies lediglich die Auswirkung, dass eventuell nicht (nahezu) alle zwischen zwei jeweils benachbarten Trainingsdaten befindliche Gebiete vollständig durch eine Schätzung mit endlicher Kernfunktion erfasst werden.*

[5] D. h., dass der Schätzer in diesem Bereich einen Wert größer 0 aufweist. Ob das Gebiet damit auch zur Anwendungsdomäne gerechnet wird, hängt hingegen davon ab, wie der Grenzwert für die AD-Zugehörigkeit gewählt wurde und ob er durch den Schätzwert überschritten wird. Vgl. Kapitel 8.

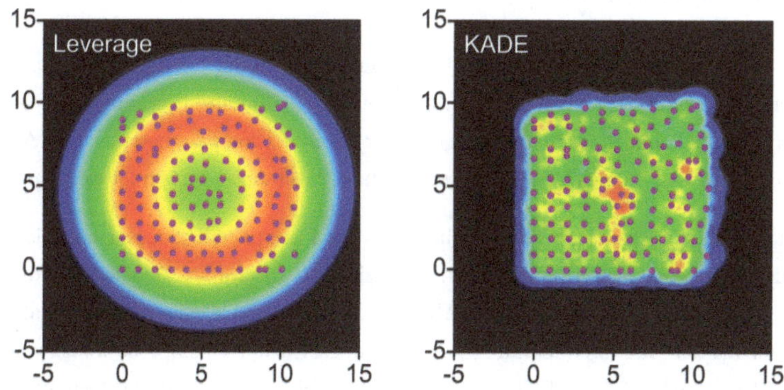

Trainingsdaten als violette Punkte eingezeichnet, Farbcode AD-Zugehörigkeit: Warm=Hoch, Kalt=Niedrig. Datensatz: Bsp. 6.2.1. Verfahren: Leverage, KADE/Epanechnikov-Kern. Norm: Mahalanobis. Bandbreite: KADE-Standardbandbreite $\overline{NND_1} + 3 \cdot \sigma_{NND_1}$.

Abbildung 6.3: Parametrische vs. nichtparametrische AD-Schätzung

Beispiel 6.2.1 (bzw. zugehörige Abbildung 6.3) verdeutlicht den Unterschied zwischen der parametrischen Leverage-Schätzung und der nichtparametrischen KADE mit Standardbandbreite nochmals visuell.

Beispiel 6.2.1

Abbildung 6.3 zeigt einen Vergleich zwischen (parametrischer) Leverage-Schätzung der Anwendungsdomäne und (nichtparametrischer) kernbasierter AD-Schätzung für einen im Intervall $[0, 10] \times [0, 10]$ nahezu gleichmäßig verteilten, zweidimensionalen Trainingsdatensatz. Die nichtparametrische, kernbasierte AD-Schätzung kann diese Verteilung abbilden. Die Leverage-Methode hingegen scheitert, weil sie lediglich die Parameter einer Normalverteilung bezüglich des mittleren Abstands zum Datenzentrum anpasst. Damit kann sie nur eine sehr unbefriedigende Näherung an die tatsächlich vorliegende Trainingsdatenabdeckung des Deskriptorraumes liefern.

Die exakten Werte des genutzten Trainingsdatensatzes finden sich in Anhang A.1.

6.2.1 Anfragegesteuerte Bandbreite

Neben der KADE-Standardbandbreite führen wir noch eine weitere Methode zur Festlegung von h ein, die wir als „anfragegesteuerte Bandbreite“ bezeichnen. Sie kann zum Einsatz kommen, wenn ein mit endlicher Kernfunktion parametrisierter KADE zum paarweisen Vergleich eines externen Anfragedatensatzes verwendet werden soll.

Vor allem aus rechentechnischen Gründen ist der Einsatz endlicher Kernfunktionen häufig dem von unendlichen Kernen vorzuziehen (vgl. Kapitel 7), hat allerdings den Nachteil, dass Gebiete, deren Abstand zum nächstgelegenen Trainingsdatum größer als der Bandbreiteparameter h ist, einheitlich mit einem Schätzwert von 0 belegt werden[6]. In vielen Fällen ist dies nicht problematisch, weil man lediglich an der Frage interessiert ist, ob ein Anfragestoff in die Anwendungsdomäne fällt oder nicht. Für Stoffe, die in Gebiete mit einem AD-Schätzwert von 0 fallen, ist dies ganz sicher[7] nicht der Fall.

Gleichwohl kann es Situationen geben, in denen man auch zwischen diesen, zwar insgesamt weit abseits, aber dennoch unterschiedlich stark entfernt vom Trainingsdatensatz liegenden Chemikalien differenzieren möchte. In diesem Fall muss sichergestellt sein, dass die Bandbreite so groß gewählt wird, dass sie größer als der Abstand zwischen dem jeweils betrachteten Anfragepunkt und dem nächstgelegenen Trainingsdatum ist.

Wir erweitern die Gleichungen (6.3) und (6.4) für den Anfragepunkt $q \in \mathbb{R}^d$ und einen Parameter $b \in \mathbb{R}$ wie folgt:

$$h := \overline{NND_{(T,i)}} + a \cdot \sigma_{NND_{(T,i)}} + b \cdot NND_{(q,T,1)} \tag{6.5}$$

bzw.

$$h := \widetilde{NND}_{(T,i)} + a \cdot \sigma_{NND_{(T,i)}} + b \cdot NND_{(q,T,1)} \tag{6.6}$$

und legen $b := 1$ sowie wiederum $i := 1$ und $a := 3$ als Standard fest.

[6] Dies ist auch dann der Fall, wenn endliche Kerne mit einer sogenannten adaptiven [140] oder variablen [10] Bandbreitenwahl kombiniert werden, da diese lediglich eine Anpassung an die lokale Verteilung der Trainingsdaten beinhaltet, dabei aber von der Lage des Anfragedatums nach wie vor unabhängig bleibt.

[7] Soweit dies durch den Schätzer zu beurteilen ist. Vgl. Abschnitt 3.1.3; insbesondere Abbildung 3.3.

***Definition* 6.4** (Anfragegesteuerte KADE-Standardbandbreite)
Die anfragegesteuerte Standardbandbreite für KADEs zum Anfragepunkt q ist festgelegt auf

$$\overline{NND_{(1)}} + 3 \cdot \sigma_{NND_{(1)}} + NND_{(q,1)}.$$

***Bemerkung* 6.2.3**
Um bei der paarweisen Beurteilung nicht mit unterschiedlichem Maß zu messen, ist es sinnvoll, den kernbasierten AD-Schätzer für alle Stoffe in einem Anfragedatensatz Q einheitlich mit der anfragegesteuerten Bandbreite desjenigen $q \in Q$ zu initialisieren, welches am weitesten entfernt liegt, d. h. für das gilt:

$$NND_{(q,1)} \geq NND_{(r,1)} \quad \forall r \in Q.$$

6.3 Domänenbegrenzung

Wie schon bei den in Kapitel 4 vorgestellten parametrischen Methoden stellt sich auch bei auf Kerndichteschätzern beruhenden Verfahren die Frage, ab welchem Schätzwert ein Anfragestoff zur Anwendungsdomäne gezählt werden sollte.

Bei der Leverage-Methode waren das standardmäßig alle Chemikalien, deren Schätzwert nicht mehr als um das dreifache von dem mittleren Schätzwert der Trainingsdaten abwich. Dies ist schon alleine aufgrund der damit implizit verbundenen Annahme einer Normalverteilung für nichtparametrische Schätzer wie den KADE nicht geboten.

Da der Wert, den ein kernbasierter AD-Schätzer maximal annimmt, je nach Verteilung der Trainingsdaten im Deskriptorraum und der damit einhergehenden Wahl der Bandbreite, numerisch theoretisch gegen unendlich gehen kann, verbietet sich auch die Festlegung eines konkreten und universell gültigen Grenzwertes. Vielmehr ist entscheidend, dass die Anwendungsdomäne jene Gebiete des Deskriptorraumes umfasst, für die die Schätzung relativ gesehen die höchsten Werte annimmt.

Die Bestimmung dieser Bereiche ist nicht trivial, weswegen wir diesem Thema mit Kapitel 8 einen eigenständigen Teilbereich widmen, auf den an dieser Stelle lediglich verwiesen sein soll.

Definition 6.5 (KADE-AD-Cutoff)
Mit den im nachfolgenden Kapitel 8 eingeführten Bezeichnungen ist der KADE-AD-Cutoff für den Schätzer f gegeben durch f_α^*, wobei der Wert α in Analogie zu Definition 4.4 als AD-Cutoff-Faktor bezeichnet wird.

Siehe insbesondere auch Abschnitt 8.3.2.

6.4 Zusammenfassung

Definition 6.6 (KADE)
Eine Kerndichteschätzung nach Definition 6.1 mit

- *X den Deskriptortupeln zu den Trainingsdaten eines QSAR-Modells Q,*
- *h gemäß einer der Gleichungen (6.3) bis (6.6) und*
- *einer Domänenbegrenzung gemäß Kapitel 8*

heißt kernbasierte Anwendungsdomänenschätzung von Q oder kurz KADE (engl. ***k****ernel* ***b****ased* ***a****pplication* ***d****omain* ***e****stimation).*
Den Wert, den die kernbasierte Anwendungsdomänenschätzung in einem Punkt x annimmt, bezeichnen wir als KADE-Schätzwert von x.

Kapitel 7

Rechnertechnische Umsetzung und Datenstrukturen

Dieser Abschnitt beschäftigt sich mit Überlegungen zur effizienten Berechnung der vorgestellten Verfahren und kann ohne Auswirkung auf das Verständnis der weiteren, wieder konzeptionell ausgerichteten Kapitel zunächst übersprungen werden.

Sowohl der Kerndichteschätzer nach Definition 6.1 als auch der erst später eingeführte fehlergewichtete AD-Schätzer nach Definition 9.5 sind von der allgemeinen Form

$$f : \mathbb{R}^d \mapsto \mathbb{R}, \qquad f(q) = c_0 \sum_{i=1}^{n} c_i \cdot K_i(q), \tag{7.1}$$

mit Konstanten $c_0, c_1, \ldots, c_n \in \mathbb{R}$ und über Beobachtungen $X_1, X_2, \ldots, X_n \in \mathbb{R}^d$ zentrierten Kernfunktionen[1] $K_i : \mathbb{R}^d \mapsto \mathbb{R}_0^+$, für die gilt[2]:

$$\lim_{|x - X_i| \to \infty} K_i(x) = 0. \tag{7.2}$$

Eine naive Auswertung von Gleichung (7.1) an beliebigen Stellen $q_1, q_2, \ldots, q_m \in \mathbb{R}^d$ durch Summation über $i = 1, \ldots, n$ entspricht demnach einer rechentechnischen Komplexität von $\mathcal{O}(m \cdot n)$ [43].

---

[1] Setze $K_i(x) := K\left(\frac{1}{h}(x - X_i)\right)$.

[2] Gleichung (7.2) ergibt sich unmittelbar aus Def. 6.1 wegen der Forderungen $\int_{\mathbb{R}^d} K(x)dx = 1$ und $K(0)$ einziges (lokales/globales) Maximum von K.

Aufgrund von (7.2) werden die einzelnen Ergebnisse $f(q_j)$, $j \in \{1, \ldots, m\}$ jedoch in der Regel nur von wenigen der Summanden $c_i \cdot K_i(q_j)$, $i \in \{1, \ldots, n\}$ bestimmt, da der Abstand zwischen q_j und der jeweiligen Beobachtung X_i in den meisten Fällen so groß ist, dass $K_i(q_j)$, falls K eine endliche Kernfunktion ist, den Wert 0 annimmt oder anderenfalls nur unwesentlich von 0 abweicht.

Insbesondere für Schätzer, die über großen Beobachtungsmengen aufgebaut sind und/oder die an vielen Stellen ausgewertet werden müssen, ist es daher sinnvoll, bei der Berechnung von f nur jene Summanden zu berücksichtigen, deren Beitrag zum Gesamtergebnis einen vordefinierten Grenzwert ϵ überschreitet.

Nach Korollar 5.2.3 existiert ein h_ϵ, so dass

$$K_i(q_j) = K\left(\frac{1}{h}(q_j - X_i)\right) \leq \epsilon \quad \forall\, q_j \text{ mit } \|\frac{1}{h}(q_j - X_i)\| > h_\epsilon$$

und

$$K_i(q_j) = K\left(\frac{1}{h}(q_j - X_i)\right) > \epsilon \quad \forall\, q_j \text{ mit } \|\frac{1}{h}(q_j - X_i)\| < h_\epsilon.$$

Es genügt folglich bei der Berechnung von f einen Summanden $c_i \cdot K_i(q_j)$ nur dann zu berücksichtigen, wenn gilt:

$$\|q_j - X_i\| \leq h \cdot h_\epsilon. \tag{7.3}$$

In den folgenden Abschnitten zeigen wir, wie mit Hilfe von metrischen Bäumen sehr effizient ermittelt werden kann, welche Beobachtungen X_i innerhalb eines vordefinierten Radius um einen Anfragepunkt q_j liegen.

7.1 Raumteilende Bäume

Raumteilende Bäume (vgl. Def 2.46) sind hierarchische Datenstrukturen, die es erlauben, eine in einem k-dimensionalen Vektorraum $\mathbb{V}$ verteilte Punktmenge X derart zu indizieren, dass die zu einem Anfragepunkt benachbarten Daten innerhalb der Menge sehr effizient aufgefunden werden können (auch Nächste-Nachbarn-Problem, kurz NNP).

7.1.1 k-d-Bäume

Ein weithin bekanntes Beispiel für raumteilende Bäume sind k-d(imensionale)-Bäume [100]. Dabei handelt es sich um Binärbäume, deren innere Knoten jeweils die Werte `dim` und `val` enthalten. Der Teilbaum, der im linken Kindknoten wurzelt, enthält dann alle Punkte aus X, deren Wert in Komponente `dim` kleiner als `val` ist, der Teilbaum mit Wurzel im rechten Kindknoten alle Punkte, deren Wert in Komponente `dim` größergleich `val` ist. Auf diese Weise wird der gesamte Raum durch achsenparallele Hyperebenen in disjunkte Teilmengen zerlegt. Ein k-d-Baum kann das Nächste-Nachbarn-Problem in jedem metrische Raum[3] $(\mathbb{V}^k, d)$ mit

$$|x_i - y_i| \leq d(x, y) \quad \forall\, x, y \in \mathbb{V}^k,\ 1 \leq i \leq k \tag{7.4}$$

sehr effizient lösen [84, 124]. Bei ungünstiger Verteilung der Punktmenge speziell in hochdimensionalen Räumen kann kann diese Eigenschaft jedoch auch verloren gehen. Ein Beispiel hierzu findet sich in [101]. Einen weitaus größeren Nachteil der k-d-Bäume stellt jedoch Bedingung (7.4) dar. Sie gilt zwar im Euklidischen Raum, nicht jedoch für metrische Räume im Allgemeinen. So erfüllt beispielsweise die Mahalanobis-Norm (7.4) nicht.

Beispiel 7.1.1

Sei die Mahalanobis-Distanz[4] $d(a, b)$ *gegeben durch*

$$d(a, b) := \sqrt{(a - b)^t S^{-1} (a - b)}$$

mit $S := \begin{pmatrix} 1 & 9 & 12.75 \\ 9 & 100 & 120 \\ 12.75 & 120 & 225 \end{pmatrix}$. *Ferner sei* $x := \begin{pmatrix} 5 \\ 6 \\ 10 \end{pmatrix}$ *und* $y := \begin{pmatrix} 2 \\ 5 \\ 1 \end{pmatrix}$.

Dann gilt: $$|x_3 - y_3| = 9 \not\leq d(x, y) \approx 7.25.$$

[3] Streng genommen muss d noch nicht einmal eine Metrik sein, da die Einhaltung der Dreiecksungleichung keine notwendige Bedingung darstellt [124].

[4] Vgl. S. 96.

7.1.2 Metrische Bäume

Metrische Bäume setzen Bedingung (7.4) nicht voraus, sondern erlauben das Nächste-Nachbarn-Problem allein unter Ausnutzung der Dreiecksungleichung zu lösen. Im Gegensatz zu k-d-Bäumen wird dabei nicht der gesamte Raum, sondern ausschließlich die darin verteilte Punktmenge in disjunkte Teilmengen zerlegt.

Jeder Knoten v eines metrischen Baumes besteht aus einer k-dimensionalen Hypersphäre, die durch den Mittelpunkt v_m und den Radius v_r repräsentiert wird, sowie einer Liste v_L mit den im Knoten enthaltenen Datenpunkten aus X. Dabei wird sichergestellt, dass gilt:

$$v_r = max_{x \in v_L} \|v_m - x\|. \tag{7.5}$$

M. a. W. für alle Punkte $x \in v_L$ gilt: $\|v_m - x\| \leq v_m$. Weiterhin ist der Baum so konstruiert, dass jeder innere Knoten genau die Datenpunkte seiner Nachfahren enthält, wohingegen die Datenlisten zweier Knoten derselben Stufe stets disjunkt sind[5].

***Definition* 7.1** (Metrischer Baum)
Sei $(\mathbb{V}, \|.\|)$ *ein metrischer Raum und* $X \subset \mathbb{V}$ *endlich*[6].
Ferner sei $B := (V, E)$ *ein Baum mit*

- $V \subset \mathbb{V} \times \mathbb{R}_0^+ \times \wp(X)$,
- $v_r = \max\limits_{X_i \in v_L} \|v_m - X_i\| \quad \forall\, v := (v_m, v_r, v_L) \in V$,
- $v_L \cap w_L = \emptyset \quad \forall\, v := (v_m, v_r, v_L), w := (w_m, w_r, w_L) \in V$ *mit* $St(v) = St(w)$,
- $\biguplus\limits_{\substack{v \in V \\ St(v) = s}} v_L \in \{X, \emptyset\} \quad \forall\, s \in \mathbb{N}$,
- $\forall\, v := (v_m, v_r, v_L) \in V$ *mit* $agrad_B(v) > 0$ *gilt:*
  $x \in v_L \Leftrightarrow \exists\, w := (w_m, w_r, w_L) \in V$ *mit* $Vater(w) = v$ *und* $x \in w_L$.

Dann heißt B *metrischer Baum (zur Punktmenge* X*).*
Wir schreiben für B *dann auch* $\mathfrak{B}(X)$ *bzw.* $\mathfrak{B}(X \subset \mathbb{V})$.

---

[5] Demgegenüber muss der Schnitt der zu zwei Knoten derselben Stufe gehörigen Hypersphären nicht notwendigerweise leer sein.

[6] Um bei der in Gleichung (7.3) verwendeten Notation zu bleiben, bezeichnen wir die Elemente aus X mit X_i.

Bezeichnung 7.1

Sei v ein Knoten in einem metrischen Baum $\mathfrak{B}(X \subset \mathbb{V})$.

Dann setzen wir stets $v := (v_m, v_r, v_L)$.

Dabei heißt

- *v_m Mittelpunkt von v,*
- *v_r Radius von v und*
- *v_L Menge der Datenpunkte in v.*

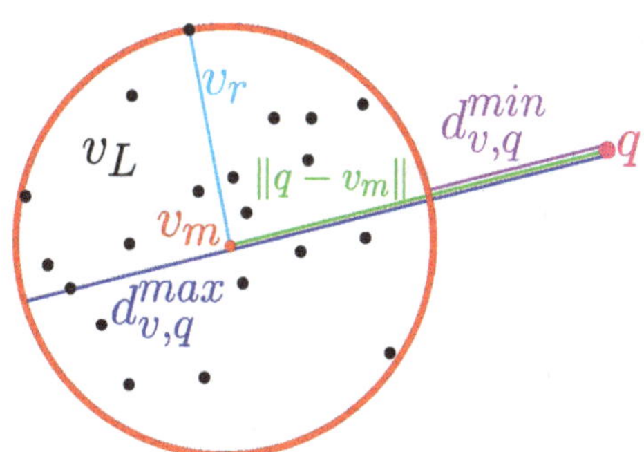

Abbildung 7.1: Knoten in $\mathfrak{B}(X \subset \mathbb{V})$ mit Anfragepunkt q

Korollar 7.1.1

Sei v ein Knoten in einem metrischen Baum $\mathfrak{B}(X \subset \mathbb{V})$ und $q \in \mathbb{V}$.

Setze $d_{v,q}^{min} := \begin{cases} \|q - v_m\| - v_r, & \text{falls } v_r < \|q - v_m\| \\ 0, & \text{sonst} \end{cases}$ *und* $d_{v,q}^{max} := \|q - v_m\| + v_r$.

Dann gilt:

$$d_{v,q}^{min} \le \|q - X_i\| \le d_{v,q}^{max} \quad \forall\, X_i \in v_L$$

Beweis:

Da $(\mathbb{V}, \|.\|)$ ein metrischer Raum ist, gilt mit der Dreiecksungleichung:

- $\|q - X_i\| \le \|q - v_m\| + \|X_i - v_m\| \le \|q - v_m\| + \max\limits_{X_i \in v_L} \|v_m - X_i\| = \|q - v_m\| + v_r = d_{v,q}^{max}$
- $\|q - v_m\| \le \|q - X_i\| + \|X_i - v_m\|$
  $\Longrightarrow d_{v,q}^{min} = \|q - v_m\| - v_r = \|q - v_m\| - \max\limits_{X_i \in v_L} \|v_m - X_i\|$
  $\le \|q - v_m\| - \|X_i - v_m\| \le \|q - X_i\|,$ *falls* $d_{v,q}^{min} > 0$.

Der Fall $d_{v,q}^{min} = 0$ ist trivial. □

Mit Hilfe von Korollar 7.1.1 lässt sich sehr schnell überprüfen, ob die Datenpunkte in einem metrischen Baum $\mathfrak{B}(X \subset \mathbb{V})$ die Gleichung (7.3), S. 148 erfüllen. Dazu wird $\mathfrak{B}$ in Depth-First-Reihenfolge von der Wurzel aus durchlaufen und zu jedem erreichten Knoten v $d_{v,q}^{min}$ und $d_{v,q}^{max}$ berechnet. Mit Korollar 7.1.1 folgt dann

$$\|q_j - X_i\| \leq h \cdot h_\epsilon \quad \forall\, X_i \in v_L \quad \Longleftrightarrow \quad h \cdot h_\epsilon \geq d_{v,q}^{max}$$

und

$$\|q_j - X_i\| > h \cdot h_\epsilon \quad \forall\, X_i \in v_L \quad \Longleftrightarrow \quad h \cdot h_\epsilon < d_{v,q}^{min}$$

und es ergibt sich die folgende Fallunterscheidung:

- $d_{v,q}^{max} = \|q - v_m\| + v_r \leq h \cdot h_\epsilon$:
  Die Hypersphäre liegt komplett innerhalb des Anfrageradius. Alle Datenpunkte in v_L gehören zur Lösungsmenge. Der in v wurzelnde Teilbaum muss nicht weiter untersucht werden.
- $d_{v,q}^{min} = \|q - v_m\| - v_r > h \cdot h_\epsilon$:
  Die Hypersphäre liegt komplett außerhalb des Anfrageradius. Kein Datenpunkt in v_L gehört zur Lösungsmenge. Der in v wurzelnde Teilbaum muss nicht weiter untersucht werden[7].
- Sonst:
  Die Hypersphäre liegt nur teilweise innerhalb des Anfrageradius. Die Kinder von v müssen untersucht werden.

Abbildung 7.2 verdeutlicht dieses Vorgehen beispielhaft; der zugehörige Pseudocode ist in Algorithmus 7.1 angegeben. Algorithmus 7.2 zeigt, wie die k nächsten Nachbarn eines Anfragepunktes in einem metrischen Baum bestimmt werden können.

[7] Der Fall $d_{v,q}^{min} = 0$ bzw. $\|q - v_m\| - v_r < 0$ wird nicht betrachtet, da $h \cdot h_\epsilon$ stets größer 0 ist.

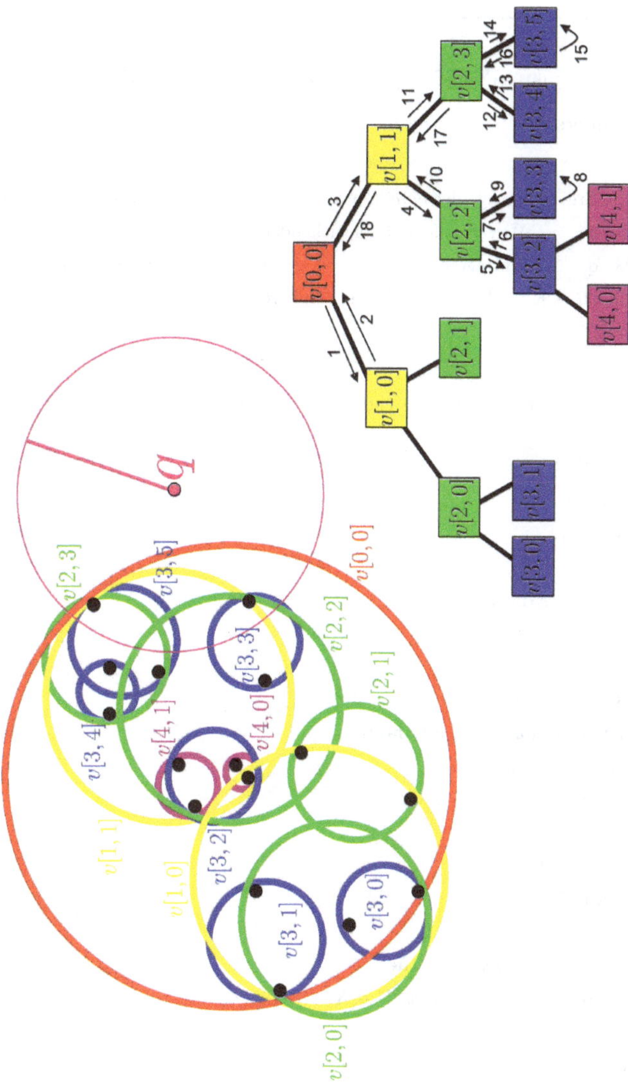

Nur die Datenpunkte in $v[3,3]$ und $v[3,5]$ müssen untersucht werden.

Abbildung 7.2: Suche in metrischem Baum

Algorithmus 7.1

PunkteImUmkreis(`MENGE` Erg, `KNOTEN` w, `VEKTOR` q, `GLEITKOMMAZAHL` c)

Voraussetzung: $c > 0$

Eingabe:

`MENGE` Erg, //Menge der bereits bekannten Datenpunkte im Umreis von q
`KNOTEN` w, //Wurzel des zu durchsuchenden (Teil)Baums
`VEKTOR` q, //Anfragepunkt, in dessen Umkreis Nachbarn gesucht werden sollen
`GLEITKOMMAZAHL` k //Radius der Sphäre um q, in der gesucht werden soll

Ausgabe:

`MENGE` Erg //Menge der Datenpunkte im Umkreis von q

Lokale Variablen:

`GANZZAHL` i
`KNOTEN` x

wenn $d_{w,q}^{min} \leq c$ **dann**
  wenn $d_{w,q}^{max} \leq c$ **dann**
    $Erg \leftarrow w_L$
    Rückgabe Erg
  sonst wenn $agrad(w) = 0$ **dann**
    für alle $x \in w_L$ **tue**
      wenn $\|x - q\| \leq c$ **dann**
        $Erg \leftarrow x$
      Ende wenn
    Ende für
  sonst
    für $i = 1$ **bis** $agrad(w)$ **tue**
      Erg=PunkteImUmkreis($Erg, Kind_i(w), q, c$)
    Ende für
  Ende wenn
Ende wenn
Rückgabe Erg

Algorithmus 7.2

BerechneKNN(`MENGE` Erg, `KNOTEN` w, `VEKTOR` q, `GLEITKOMMAZAHL` k)

Eingabe:

`MENGE` Erg, //Menge der bereits bekannten nächsten Nachbarn

`KNOTEN` w, //Wurzel des zu durchsuchenden Teilbaums

`VEKTOR` q, //Anfragepunkt, dessen k nächste Nachbarn berechnet werden sollen

`GLEITKOMMAZAHL` k //Anzahl der zu berechnenden Nachbarn

Ausgabe:

`MENGE` Erg //Menge der k nächsten Nachbarn

Lokale Variablen:

`GANZZAHL` i,

`KNOTEN` x,

`GLEITKOMMAZAHL` d,

`VEKTOR` $\tilde{k}$

wenn $|Erg| < k$ **dann**
    $d = 0$
sonst
    $d = \max_{x \in Erg} \|x - q\|$
Ende wenn
wenn $d_{w,q}^{min} > d$ **dann**
    Rückgabe Erg
sonst wenn $agrad(w) = 0$ **dann**
    für alle $x \in w_L$ **tue**
        wenn $\|x - q\| < d$ **dann**
            $Erg \leftarrow x$
            wenn $|Erg| = k + 1$ **dann**
                Entferne den von q am weitesten entfernten Nachbarn aus Erg.
            Ende wenn
        Ende wenn
    Ende für
sonst //$agrad(w) > 0$
    $|\tilde{k}| = agrad(w)$
    für $i = 1$ **bis** $agrad(w)$ **tue**
        $\tilde{k}[i-1] = Kind_i(w)$

    Ende für
    Sortiere $\tilde{k}$ aufsteigend nach $\|\tilde{k}[i]_m - q\|$
    für i=1 **bis** agrad(w) **tue**
        Erg=BerechneKNN(Erg,$\tilde{k}[i-1]$,q,k)
    Ende für
Ende wenn
Rückgabe Erg

7.1.3 Entartungen

Es ist leicht einzusehen, dass die Art und Weise, wie ein metrischer Baum hinsichtlich der verwalteten Daten aufgebaut ist, entscheidenden Einfluss darauf hat, ob und in welchem Umfang sich die angestrebten Einsparungen an Rechenoperationen erreichen lassen. Ohne Definition 7.1 zu verletzen, könnte ein metrischer Baum etwa zu einem Weg entarten, dessen (einziges) Blatt alle Datenpunkte $X_i \in X$ enthält. In dem Fall, dass X nicht gänzlich inner- oder außerhalb des Anfrageradius liegt, müsste in Algorithmus 7.1 dann jedes $X_i \in X$ einzeln überprüft werden, was der naiven Vorgehensweise ohne Verwendung eines metrischen Baumes entspräche. Den anderen Extremfall stellt ein Baum dar, dessen Wurzel genau $|X|$ Kinder mit Ausgangsgrad 0 hat. Diese beinhalten dann jeweils genau ein $X_i \in X$. In dem Fall, dass X nicht gänzlich inner- oder außerhalb des Anfrageradius liegt, müssten alle $|X|$ Blätter des Baumes untersucht werden, womit ebenfalls keinerlei Aufwandsreduktion erreicht wäre.

Beispiel 7.1.2 zeigt, dass die Frage, wie viele Kinder die inneren Knoten eines metrischen Baumes besitzen sollten, nicht einfach und nicht für alle Situationen einheitlich beantwortet werden kann. Gleichwohl legen die Ergebnisse des Beispiels nahe, dass zwei Kinder je innerem Knoten in der überwiegenden Zahl von Anwendungsfällen die geeignete Wahl sind. Da dieser Fragestellung für unsere Zwecke letztlich aber nur eine untergeordnete Bedeutung zukommt, sei bereits hier auf den Bedarf an weiterer Forschung in diesem Bereich verwiesen. In der Literatur wird bisher meist von metrischen Binärbäumen ausgegangen [83, 84, 87, 88, 101].

Die folgenden Sätze 7.1.2 und 7.1.3 sind Vorarbeiten für Beispiel 7.1.2.

Satz 7.1.2

Sei $\mathfrak{B}(X \subset \mathbb{V}) := (V, E)$ *ein metrischer Baum mit* $agrad_{\mathfrak{B}}(v) \in \{0, k\}$ *und* $agrad_{\mathfrak{B}}(v) = agrad_{\mathfrak{B}}(w) \Leftrightarrow St(v) = St(w) \quad \forall v, w \in V$[8].

Ferner bezeichne

- $b := \left| Bl(\mathfrak{B}) := \{v \in V | agrad_{\mathfrak{B}}(v) = 0\} \right|$ *die Anzahl der Blätter von* $\mathfrak{B}$,
- h *die Höhe von* $\mathfrak{B}$,
- $\Psi_{q,c} := \{v \in V \big|$ v *wird bei Aufruf von* $PunkteImUmkreis(\emptyset, Wurzel(\mathfrak{B}), q, c)$ *besucht,* $c \in \mathbb{R}_0^+,\ q \in \mathbb{V}\}$
  die Menge der Knoten aus $\mathfrak{B}$, *die bei einem Aufruf von Algorithmus 7.1 mit Parametern* q *und* c *besucht werden,*
- $\mathcal{N}(\Psi \subset V) := \{v \in \Psi | w \notin \Psi \quad \forall\ w \in V \text{ mit } Vater(w) = v\}$ *die Menge aller Knoten von* $\mathfrak{B}$, *die in* Ψ *liegen, deren Kinder jedoch nicht in* Ψ *enthalten sind,*
- $\mathcal{I}(\Psi \subseteq V) := \Psi \setminus \mathcal{N}(\Psi)$,
- $\mathcal{S}(\Psi \subset V, s) := \Psi \cap \left\{v \in V \big| St(v) = s\right\}$ *die in* Ψ *enthaltenen Knoten, die auf Stufe* s *von* $\mathfrak{B}$ *liegen,*
- $\Upsilon := \left\{ |\Psi_{q,c}| \,\big|\, c \in \mathbb{R}_0^+,\ q \in \mathbb{V}\right\}$,
- $\alpha_{(q,c)}$ *die Wahrscheinlichkeit, dass ein beliebig, aber fest gewähltes Blatt aus* $\mathfrak{B}$ *Datenpunkte im Radius* c *um* q *enthält.*

Dann gilt:

$$b = k^{h-1} \tag{7.6}$$

$$k = \sqrt[h-1]{b} \tag{7.7}$$

$$h = \log_k(b) + 1 \tag{7.8}$$

$$|V| = \sum_{j=0}^{h-1} k^j \tag{7.9}$$

$$\Upsilon = \left\{1 + k \cdot j \,\Big|\, j \in \mathbb{N},\ 0 \le j \le \frac{|V| - 1}{k}\right\} \tag{7.10}$$

$$|\mathcal{I}(\Psi_{\tilde{q},\tilde{c}})| = j \quad \forall (\tilde{q}, \tilde{c}) \in \{(q, c) | c \in \mathbb{R}_0^+, q \in \mathbb{V}, |\Psi_{q,c}| = 1 + k \cdot j\} \tag{7.11}$$

[8] M. a. W. alle inneren Knoten des Baumes haben genau k Kinder und alle Blätter befinden sich auf der gleichen Stufe.

$$|\mathcal{I}(\Psi_{q,c})| = 0 \Rightarrow |\mathcal{S}(\mathcal{I}(\Psi_{q,c}), 0)| = 0 \tag{7.12}$$

$$|\mathcal{I}(\Psi_{q,c})| > 0 \Rightarrow |\mathcal{S}(\mathcal{I}(\Psi_{q,c}), 0)| = 1 \tag{7.13}$$

$$\frac{|\mathcal{I}(\Psi_{q,c})| - \sum_{j=0}^{s-1} |\mathcal{S}(\mathcal{I}(\Psi_{q,c}), j)|}{\sum_{j=0}^{h-s-2} k^j} \leq |\mathcal{S}(\mathcal{I}(\Psi_{q,c}), s)| \leq \overbrace{k \cdot |\mathcal{S}(\mathcal{I}(\Psi_{q,c}), s-1)|}^{=|\mathcal{S}(\Psi_{q,c},s)|} \quad \forall\, 0 < s < h \tag{7.14}$$

$$P(v \in \mathcal{I}(\Psi_{q,c})) = 1 - \alpha_{(q,c)}^{k^{h-1-St(v)}} - (1-\alpha_{(q,c)})^{k^{h-1-St(v)}} \quad \forall\, v \in V, St(v) < h-1 \tag{7.15}$$

Beweis:

(7.6) *Vollständige Induktion:*

$h = 1$:

Nach Definition 2.53 besteht $\mathfrak{B}$ *nur aus der Wurzel und es gilt*

$$|Bl(\mathfrak{B})| = 1 = k^0 = k^{h-1}.$$

$h \to h+1$:

$\mathfrak{B}$ *habe die Höhe* $h+1$. *Nach Voraussetzung gilt*

$$agrad(v) = k \quad \forall\, v \in V \text{ mit } St(v) < h+1 \tag{7.16}$$

und

$$Bl(\mathfrak{B}) = \{v \in V | St(v) = h+1\}. \tag{7.17}$$

Sei nun $\mathfrak{B}' := (V \setminus Bl(\mathfrak{B}), \{\{e_1, e_2\} \in E | e_2 \notin Bl(\mathfrak{B})\}) \subset \mathfrak{B}$.
Dann folgt $\{v \in V|\ St(v) = h\} = Bl(\mathfrak{B}')$ *und* $\mathfrak{B}'$ *hat die Höhe* h. *Mithin gilt* $|Bl(\mathfrak{B}')| = k^{h-1}$ *nach Induktionsvoraussetzung. M. a. W.* $\mathfrak{B}$ *besitzt genau* k^{h-1} *Knoten der Stufe* $St(v) = h$. *Diese besitzen nach 7.16 jeweils* k *Kinder und es folgt* $|Bl(\mathfrak{B})| = |\{v \in V|\ St(v) = h+1\}| = k \cdot k^{h-1} = k^h$.

(7.7)
(7.8) } *Folgt direkt aus (7.6).*

(7.9) *Folgt unmittelbar aus der Voraussetzung, dass jeder innere Knoten genau* k *Kinder hat.*

(7.10) *Ergibt sich direkt aus der Tatsache, dass Algorithmus 7.1 entweder alle oder keines der Kinder eines besuchten Knotens besucht. Die Wurzel wird stets aufgerufen. Maximal können* $|V|$ *Knoten besucht werden.*

(7.11) Vollständige Induktion:

$j = 0$:

Trivial, da nur die Wurzel besucht wird.

$j \to j + 1$:

Sei $(\tilde{q}, \tilde{c}) \in \{(q, c) | c \in \mathbb{R}_0^+, q \in \mathbb{V}, |\Psi_{q,c}| = 1 + k \cdot (j + 1)\}$. *Nach Konstruktion von Algorithmus 7.1 existiert ein innerer Knoten* $v \in \Psi_{\tilde{q},\tilde{c}}$ *mit* $w \in \mathcal{N}(\Psi_{\tilde{q},\tilde{c}}) \quad \forall\, w \in \mathfrak{B}$ *mit* $Vater(w) = v$. *Da* v *nach Voraussetzung genau* k *Kinder hat, folgt* $|\Psi_{\tilde{q},\tilde{c}} \setminus \{w \in \mathfrak{B} |\ Vater(w) = v\}| = 1 + k \cdot j$ *und nach Induktionsvoraussetzung gilt*

$$|\mathcal{I}(\Psi_{q',c'})| = j$$

$$\forall\, (q', c') \in \left\{(q, c) | c \in \mathbb{R}_0^+, q \in \mathbb{V}, \Psi_{q,c} = \Psi_{\tilde{q},\tilde{c}} \setminus \{w \in \mathfrak{B} |\ Vater(w) = v\}\right\}.$$

Da die Kinder von v *also nicht in* $\Psi_{q',c'}$ *enthalten sind, gilt* $v \in \mathcal{N}(\Psi_{q',c'})$. *In* $\Psi_{\tilde{q},\tilde{c}}$ *sind die Kinder von* v *dagegen enthalten und somit folgt* $v \in \mathcal{I}(\tilde{q}, \tilde{c}) = \mathcal{I}(q', c') \cup \{v\}$ *und damit* $|\mathcal{I}(\tilde{q}, \tilde{c})| = |\mathcal{I}(q', c')| + 1 = j + 1$.

(7.12), (7.13) *Trivial.*

(7.14) *i) Da Algorithmus 7.1* $\mathfrak{B}$ *von der Wurzel beginnend durchsucht, kann offenbar kein Knoten besucht werden, dessen Vorgänger nicht bereits untersucht wurde. Weiterhin hat jeder innere Knoten genau* k *Kinder, so dass in jeder Stufe des Baumes höchstens* k*-mal so viele Knoten besucht werden können, wie Väter in der darüberliegenden Ebene untersucht wurden und es folgt*

$$|\mathcal{S}\left(\mathcal{I}(\Psi_{q,c}), s\right)| \leq |\mathcal{S}\left(\Psi_{q,c}, s\right)| = k \cdot |\mathcal{S}\left(\mathcal{I}(\Psi_{q,c}), s - 1\right)|.$$

ii) Die Anzahl der Knoten aus $\mathcal{I}(\Psi_{q,c})$, *die auf den Stufen* 0 *bis* $s-1$ *liegen, sei bereits bekannt*[9]. *Ein Teilbaum, dessen Wurzel auf Stufe* s *liegt, kann nach (7.9) maximal* $\sum_{j=0}^{h-s-1} k^j$ *Knoten besitzen. Davon liegen* k^{h-s-1} *auf der Stufe* $h - 1$ *und können trivialerweise nicht in* $\mathcal{I}(\Psi_{q,c})$ *enthalten sein, da sie kinderlos sind. Die Knoten auf allen anderen Stufen besitzen jeweils* k *Kinder. Folglich können sich in jedem Teilbaum mit Wurzel auf Stufe* s *höchstens* $\sum_{j=0}^{h-s-2} k^j$ *Knoten aus* $\mathcal{I}(\Psi_{q,c})$ *befinden. Somit gilt*

[9] Vgl. (7.12) und (7.13).

für die Gesamtheit der Knoten aus $\mathcal{I}(\Psi_{q,c})$, die sich auf den Stufen s bis $h-1$ befinden:

$$\sum_{j=s}^{h-1} |\mathcal{S}(\mathcal{I}(\Psi_{q,c}), j)| \leq |\mathcal{S}(\mathcal{I}(\Psi_{q,c}), s)| \cdot \sum_{j=0}^{h-s-2} k^j$$

und wir erhalten

$$|\mathcal{I}(\Psi_{q,c})| = \underbrace{\sum_{j=0}^{s-1} |\mathcal{S}(\mathcal{I}(\Psi_{q,c}), j)|}_{\text{bereits bekannt}} + \underbrace{\sum_{j=s}^{h-1} |\mathcal{S}(\mathcal{I}(\Psi_{q,c}), j)|}_{\leq |\mathcal{S}(\mathcal{I}(\Psi_{q,c}),s)| \cdot \sum_{j=0}^{h-s-2} k^j} .$$

Durch Auflösen nach $|\mathcal{S}(\mathcal{I}(\Psi_{q,c}), s)|$ folgt die Behauptung.

(7.15) Bezeichne

- *$A(v)$ das Ereignis „Knoten v und alle seine Nachfahren enthalten Datenpunkte im Anfrageradius",*
- *$B(v)$ das Ereignis „Knoten v und alle seine Nachfahren enthalten keine Datenpunkte im Anfrageradius" und*
- *$C(v)$ das Ereignis „Knoten v hat sowohl Nachfahren, die Datenpunkte im Anfrageradius enthalten, als auch Nachfahren, die keine Datenpunkte im Anfrageradius enthalten".*

Offensichtlich gilt $P(C(v)) = 1 - P(A(v)) - P(B(v))$.
Ist v ein Blatt, so gilt $P(A(v)) = \alpha_{(q,c)}$ nach Voraussetzung.
Da ein Blatt keine Kinder besitzt, gilt $P(A(v)) + P(B(v)) = 1$ und es folgt $P(B(v)) = 1 - \alpha_{(q,c)}$ und $P(C(v)) = 0$. Offensichtlich sind die Ereignisse $A(w_1)$ und $A(w_2)$, $w_1 \neq w_2$ unabhängig voneinander und nach Korollar 2.4.37 gilt für alle inneren Knoten v:

$$P(A(v)) = \prod_{i=1}^{k} P(A(Kind_i(v)))$$

bzw.

$$P(B(v)) = \prod_{i=1}^{k} P(B(Kind_i(v))).$$

Behauptung:

$$P(A(v)) = \alpha_{(q,c)}^{k^{h-1-St(v)}} \quad \forall\, v \in V, St(v) < h-1.$$

Vollständige Induktion über $S := St(v)$:

$S = h - 2$:

Alle Kinder von v *sind Blätter und es folgt*

$$P(A(v)) = \prod_{i=1}^{k} P(A(Kind_i(v))) = \prod_{i=1}^{k} \alpha_{(q,c)} = \alpha_{(q,c)}^{k^{h-1-(h-2)}} = \alpha_{(q,c)}^{k}.$$

$S \to S - 1$:

Für alle $i = 1, \ldots, k$ *gilt* $St(Kind_i(v)) = S$ *und nach Induktionsvoraussetzung* $A(Kind_i(v)) = \alpha_{(q,c)}^{k^{h-1-S}}$. *Es folgt:*

$$P(A(v)) = \prod_{i=1}^{k} P(A(Kind_i(v))) = \prod_{i=1}^{k} \alpha_{(q,c)}^{k^{h-1-S}} = \alpha_{(q,c)}^{k^{h-1-S+1}} = \alpha_{(q,c)}^{k^{h-1-(S-1)}}$$

wie gewünscht.

Analog beweist man

$$P(B(v)) = (1 - \alpha_{(q,c)})^{k^{h-1-St(v)}} \quad \forall\, v \in V, St(v) < h - 1.$$

Nach Konstruktion von Algorithmus 7.1 wird ein innerer Knoten v *genau dann untersucht, wenn Ereignis* $C(v)$ *eintritt.*

Damit folgt $\forall\, v \in V, St(v) < h - 1$:

$$\begin{aligned} P(v \in \mathcal{I}(\Psi_{q,c})) &= P(C(v)) \\ &= 1 - P(A(v)) - P(B(v)) \\ &= 1 - \alpha_{(q,c)}^{k^{h-1-St(v)}} - (1 - \alpha_{(q,c)})^{k^{h-1-St(v)}} \end{aligned}$$

□

Satz 7.1.3

Es gelten die Bezeichnungen aus Satz 7.1.2.

Sei $M(x \in \Upsilon) := \{\Psi_{q,c} \big| \, c \in \mathbb{R}_0^+, q \in \mathbb{V}, |\Psi_{q,c}| = x\}$ *die Menge aller* x*-elementigen Knotenkombinationen, die durch einen Aufruf von Algorithmus 7.1 besucht werden können*[10]. *Ferner sei* $\mathcal{X}$ *eine auf* $\mathbb{V} \times \mathbb{R}_0^+$ *verteilte Zufallsvariable und* $\alpha := E(\alpha_{(\mathcal{X}_1,\mathcal{X}_2)})$.

[10] Beispielsweise ist $M(1) = \{Wurzel(\mathfrak{B})\}$, da jeder Aufruf von Alg. 7.1 die Wurzel von $\mathfrak{B}$ besucht, insbesondere also auch alle Aufrufe, die nur einen einzigen Knoten besuchen.

Dann gilt:

$$E(P(|\Psi_{\mathcal{X}_1,\mathcal{X}_2}| = x)) = \sum_{\Psi \in M(x)} \prod_{s=0}^{h-2} \left\{ \binom{|\mathcal{S}(\Psi,s)|}{|\mathcal{S}(\mathcal{I}(\Psi),s)|} \cdot \left(1 - \alpha^{k^{h-1-s}} - (1-\alpha)^{k^{h-1-s}}\right)^{|\mathcal{S}(\mathcal{I}(\Psi),s)|} \cdot \left(\alpha^{k^{h-1-s}} + (1-\alpha)^{k^{h-1-s}}\right)^{|\mathcal{S}(\Psi,s)|-|\mathcal{S}(\mathcal{I}(\Psi),s)|} \right\}.$$

Beweis:

Sei $C(v)$ das Ereignis, dass ein Knoten v und dessen Kinder in Algorithmus 7.1 besucht werden. Für Knoten derselben Stufe ist dieses Ereignis unabhängig, da sie keine gemeinsamen Nachfahren besitzen. Die Wahrscheinlichkeit, dass dies auf Stufe s mit $|\mathcal{S}(\Psi,s)|$ Knoten für genau $|\mathcal{S}(\mathcal{I}(\Psi),s)|$ Knoten eintritt, beträgt dann nach Satz 2.4.39 genau

$$\binom{|\mathcal{S}(\Psi,s)|}{|\mathcal{S}(\mathcal{I}(\Psi),s)|} P(C(v))^{|\mathcal{S}(\mathcal{I}(\Psi),s)|}(1 - P(C(v)))^{|\mathcal{S}(\Psi,s)|-|\mathcal{S}(\mathcal{I}(\Psi),s)|}.$$

Die Wahrscheinlichkeit, dass auf jeder Stufe alle Knoten, wie in einem Element $\Psi \in M(x)$ festgelegt, besucht werden, entspricht dann dem Produkt über alle Stufen[11]. Die Wahrscheinlichkeit, dass die Besuchsabfolge den Festlegungen eines beliebigen Elements aus $M(x)$ genügt, ergibt sich schließlich durch die Summation über $M(x)$.

Weiterhin gilt nach Satz 7.1.2 (7.15) $\forall\, v \in V$ mit $St(v) < h-1$:

$$P(C(v)) = 1 - \alpha_{(q,c)}^{k^{h-1-St(v)}} - (1 - \alpha_{(q,c)})^{k^{h-1-St(v)}}$$

und mit $\alpha = E(\alpha_{(\mathcal{X}_1,\mathcal{X}_2)})$ folgt die Behauptung. □

Die Algorithmen 7.3 und 7.4 zeigen die programmtechnische Umsetzung von Satz 7.1.3 in Pseudocode.

[11] Wegen $(P(C(v)) = 0 \quad \forall v$ mit $St(v) = h-1$ genügt das Produkt über die Stufen 1 bis $h-2$.

Algorithmus 7.3

KnotenKombinationen(`GLEITKOMMAZAHLEN` k, h, x)

Voraussetzung: $k, h, x, \frac{x-1}{k} \in \mathbb{Z}^+$

Eingabe:

`GLEITKOMMAZAHL` k	//Anzahl der Kinder der inneren Knoten
`GLEITKOMMAZAHL` h	//Höhe des Baumes
`GLEITKOMMAZAHL` x	//Anzahl der besuchten Knoten

Ausgabe:

`MENGE` M //Menge $M(x)$ nach Satz 7.1.3, wobei jeder Eintrag $\Psi \in M(x)$ durch einen h-elementigen Vektor mit den Einträgen $|S(I(\Psi), s)|$, $s \in \{0, \ldots, h-1\}$ beschrieben wird.

Lokale Variablen:

`MENGEN`	M',M'', T
`ZEIGER`	P, P',P''
`GLEITKOMMAZAHLEN`	i, s, m, v, z, *untereSchranke*, *obereSchranke*

//Die Einträge in den Mengen M, M' und M'' enthalten in den Stellen $0, \ldots, h$ jeweils $|\mathcal{S}(\mathcal{I}(\Psi), s)|$ (bzw. -1, falls Stelle noch nicht berechnet).
//M' und M'' werden zusätzlich um die Stelle $|\Psi|$ und die Stelle $\sum_{i=0}^{h} |\mathcal{S}(\mathcal{I}(\Psi), s)|$ ergänzt (unter der Voraussetzung, dass alle mit -1 besetzten Stellen mit 0 belegt werden).

wenn $x == 1$ **dann**
  $M' \leftarrow \underbrace{(0, -1, -1, \ldots, -1, 1, 0)}_{h+2 \text{ Stellen}}$
sonst
  $M' \leftarrow \underbrace{(1, -1, -1, \ldots, -1, 1+k, 1)}_{h+2 \text{ Stellen}}$
Ende wenn
$T[h-2] = 1$ //$T[s]$ nimmt $\sum_{j=0}^{h-s-2} k^j$ auf (vgl. Satz 7.1.2 (7.14)).
für $i = h-3$ **bis** 0 **tue**
  $T[i] = 1 + T[i+1] \cdot k$
Ende für
$P' = \&M'$
$P'' = \&M''$
für $s = 1$ **bis** $h-2$ **tue**
  für $m = 0$ **bis** $|M'| - 1$ **tue**

wenn $^*P'[m][s] == -1$ **dann**
$untereSchranke = \left\lceil \frac{\frac{x-1}{k} - {}^*P'[m][h+1]}{T[s]} \right\rceil$ //vgl. Satz 7.1.2 (7.14)
$obereSchranke = \lfloor k \cdot {}^*P'[m][s-1] \rfloor$ //vgl. Satz 7.1.2 (7.14)
für $v = untereSchranke$ **bis** $obereSchranke$ **tue**
$^*P'[m][s] = v$
$z = {}^*P'[m][h] + k \cdot v$
wenn $z > x$ **dann**
break
Ende wenn
wenn $z == x$ **dann**
$M \leftarrow {}^*P'[m][0, \ldots, s]$
sonst wenn $v > 0$ **dann**
$^*P'' \leftarrow {}^*P'[m]$
$^*P''[|{}^*P''| - 1][h] = z$
$^*P''[|{}^*P''| - 1][h+1] + = v$
Ende wenn
Ende für
Ende wenn
Ende für
$^*P' = \emptyset$
$P = P$, $P' = P''$, $P'' = P$
Ende für
Rückgabe M

Algorithmus 7.4

WahrschKnotenBesuche(`GLEITKOMMAZAHL` α, k, h, x, `MENGE` M)

Voraussetzung: $k, h, x, \frac{x-1}{k} \in \mathbb{Z}^+$

Eingabe:

`GLEITKOMMAZAHL`	α	//α nach Satz 7.1.3
`GLEITKOMMAZAHL`	k	//Anzahl der Kinder der inneren Knoten
`GLEITKOMMAZAHL`	h	//Höhe des Baumes
`GLEITKOMMAZAHL`	x	//Anzahl der besuchten Knoten, zu der $E(P(\|\Psi_{\mathcal{X}_1,\mathcal{X}_2}\| = x))$ bestimmt werden soll.
`MENGE`	M	//Ergebnis aus KnotenKombinationen(k,h,x)

Ausgabe:

GLEITKOMMAZAHL erg $//E(P(|\Psi_{\mathcal{X}_1,\mathcal{X}_2}| = x))$ nach Satz 7.1.3.

Lokale Variablen:

GLEITKOMMAZAHLEN *erg*, *y*, *prod*, *s*

$erg = 0$
für $y = 0$ **bis** $|M| - 1$ **tue**
  $prod = \binom{1}{M[y][0]} \cdot \left(1 - \alpha^{k^{h-1}} - (1-\alpha)^{k^{h-1}}\right)^{M[y][0]} \cdot \left(\alpha^{k^{h-1}} + (1-\alpha)^{k^{h-1}}\right)^{1-M[y][0]}$
  für $s = 1$ **bis** $h - 2$ **tue**
    wenn M[y][s-1]==0 **dann**
      break
    Ende wenn
    $prod = prod \cdot \binom{k \cdot M[y][s-1]}{M[y][s]} \cdot \left(1 - \alpha^{k^{h-1-s}} - (1-\alpha)^{k^{h-1-s}}\right)^{M[y][s]} \cdot \left(\alpha^{k^{h-1-s}} + (1-\alpha)^{k^{h-1-s}}\right)^{k \cdot M[y][s-1] - M[y][s]}$
  Ende für
  erg+=prod
Ende für
Rückgabe *erg*

Beispiel 7.1.2

Sei $X \subset \mathbb{V}$ eine endliche Punktmenge.

Sei $Bl := \{Bl(1), \ldots, Bl(b)\} \subset \mathbb{V} \times \mathbb{R}_0^+ \times \wp(X)$ eine b-elementige Knotenmenge[12], *wobei $\biguplus_{i=1}^{b} Bl(i)_L = X$ gelte. Zu $k \in \mathbb{N}$ mit $\log_k(b) \in \mathbb{N}$ bezeichne $\mathfrak{B}_k(X) := (V, E)$ einen metrischen Baum, dessen innere Knoten jeweils den Ausgangsgrad k besitzen und dessen Blätter alle auf einer Stufe liegen. Die Menge der Blätter von $\mathfrak{B}_k(X)$ sei identisch mit Bl.*

Ferner sei $\mathcal{X}$ eine auf $\mathbb{V} \times \mathbb{R}_0^+$ verteilte Zufallsvariable und α der Erwartungswert der Wahrscheinlichkeit, dass ein beliebiges (aber fest gewähltes) Blatt $Bl(i) \in Bl$ Datenpunkte $x \in X$ innerhalb des Anfrageradius $\mathcal{X}_2$ um den Anfragepunkt $\mathcal{X}_1$ enthält[13], *d. h. dass der Schnitt zwischen den durch $(Bl(i)_m, Bl(i)_r)$ und $(\mathcal{X}_1, \mathcal{X}_2)$ gegebenen Sphären nicht leer ist.*

[12] Analog zu den Bezeichnungen aus Definition 7.1 bestehe jeder Knoten $Bl(i) \in Bl$ aus dem Mittelpunkt $Bl(i)_m \in \mathbb{V}$, dem Radius $Bl(i)_r \in \mathbb{R}_0^+$ und der Datenliste $Bl(i)_L \in \wp(X)$.

[13] Genauer „enthalten kann", da in einem nicht leeren Schnitt der Sphären $(Bl(i)_m, Bl(i)_r)$ und $(\mathcal{X}_1, \mathcal{X}_2)$ nicht zwangsläufig auch ein Element aus X liegen muss.

Offensichtlich gilt $E(|\Psi_{\mathcal{X}_1,\mathcal{X}_2}|) = x \cdot P(|\Psi_{\mathcal{X}_1,\mathcal{X}_2}| = x) \approx x \cdot E(P(|\Psi_{\mathcal{X}_1,\mathcal{X}_2}| = x))$, *so dass wir mit der in Satz 7.1.2 und Satz 7.1.3 geleisteten Vorarbeit nun die Anzahl der Knoten von* $\mathfrak{B}_k(X)$ *bestimmen*[14] *können, die bei einer Anfrage durch Algorithmus 7.1 im Mittel besucht wird.*

Abbildung 7.3 auf Seite 168 zeigt beispielhaft Ergebnisse für die Blattanzahlen 64 und 256. Die detaillierten Ergebnisse der Studie finden sich im Anhang A.2.

Die dargestellten Graphen geben die Anzahl der zu besuchenden Knoten in Abhängigkeit von α *wieder. Sie weisen für* $\alpha = x$ *und* $\alpha = 1 - x$ *jeweils den gleichen Wert auf, weil es für die Besuchsanzahl unerheblich ist, ob Algorithmus 7.1 einen Teilbaum überspringt, weil keines oder weil alle der Kinder der Teilbaumwurzel Datenpunkte im Anfrageradius enthalten. Je gleichmäßiger sich die Datenpunkte im Anfrageradius auf die Blätter des metrischen Baumes verteilen (*α *um 0.5), je nachteiliger wirkt sich eine große Anzahl innerer Knoten (respektive eine niedrige Kinderzahl/große Baumhöhe) aus, da in diesem Fall kaum Teilbäume abgeschnitten werden können und nahezu der gesamte Baum durchlaufen werden muss. Häufen sich dagegen die Datenpunkte im Anfrageradius in bestimmten Blättern, so bewirkt dies in Bäumen mit niedriger Kinderanzahl eine sofortige Aufwandsreduktion, während Bäume mit hoher Kinderanzahl erst bei starker Konzentration auf sehr wenige Blätter Teilbäume von dem Suchlauf abschneiden können.*

Wie bereits auf Seite 148 festgestellt, liegen bei Kerndichteschätzern in der Regel nur die wenigsten Trainingsdaten innerhalb eines Radius $h \cdot h_\epsilon$ *um einen Anfragepunkt und die Wahrscheinlichkeit* α, *dass ein beliebiges Blatt einen oder mehrere dieser relevanten Trainingspunkte enthält, ist dementsprechend klein. Abbildung 7.3 stützt also die Annahme, dass binäre metrische Bäume sowohl der naiven Auswertung als auch metrischen Bäumen, deren innere Knoten mehr als zwei Kinder besitzen, überlegen sind.*

Dies wird zusätzlich durch die Tatsache untermauert, dass die zur Bestimmung der Knotenbesuche in $\mathfrak{B}_k$ *verwendete Methode* $E(|\Psi_{\mathcal{X}_1,\mathcal{X}_2}|)$ *systematisch umso stärker überschätzt, je kleiner* k *ist. Aus Gründen der Vereinfachung wurde nämlich in Satz 7.1.3 angenommen, dass die Ereignisse* A:=„v_1 *enthält Trainingspunkte im Anfrageradius" und* B:=„v_2 *enthält Trainingspunkte im Anfrageradius" für zwei Blätter*

[14] Siehe Algorithmus 7.4.

v_1, v_2 unabhängig sind und stets $P(A) = P(B) = \alpha$ gilt. Dabei wurde nicht berücksichtigt, dass bei der Konstruktion metrischer Bäume stets versucht wird, im Raum benachbarte Trainingsdaten wenn nicht demselben Blatt, so doch zumindest eng verwandten Blättern[15] zuzuordnen (siehe Abschnitt 7.2). Die im Anfrageradius liegenden Trainingsdaten verteilen sich also mit erhöhter Wahrscheinlichkeit auf wenige Blätter, von denen viele einen gemeinsamen Vater besitzen. Hat dieser gemeinsame Vater keine weiteren Kinder, so verringert sich die Anzahl der durch Algorithmus 7.1 besuchten Knoten. Je kleiner die Kinderanzahl der inneren Knoten ist, um so wahrscheinlicher tritt genau dieser Fall ein.

7.2 Anker-Hierarchie

7.2.1 Motivation

Ohne Definition 7.1 zu verletzen, könnte ein metrischer Baum zur Punktmenge X derart aufgebaut werden, dass die Elemente aus X beliebig auf eine Anzahl von Knoten (die späteren Blätter) verteilt werden und anschließend jeweils k Knoten unter einem gemeinsamen Vater vereinigt werden. Diese Zusammenfassung wird mit den vaterlosen Knoten so lange wiederholt, bis nur noch eine Wurzel übrig bleibt.

Sinnvoll ist dieses Vorgehen jedoch nicht, da die Motivation zum Aufbau eines metrischen Baumes ja überhaupt nur darin liegt, bei einem späteren Suchlauf Teilbäume überspringen zu können, die nur Daten in einem bestimmten Gebiet des Raumes enthalten (vgl. Algorithmus 7.1 und Beispiel 7.1.2).

Ziel muss es also sein, den metrischen Baum so zu konstruieren, dass im Raum benachbarte Elemente der Menge X möglichst eng verwandten Blättern zugeordnet werden. Diese Aufgabe entspricht ein Stück weit dem „Henne-Ei-Problem“: Einerseits benötigt man eine gute räumliche Einteilung von X, um den metrischen Baum aufzubauen, andererseits wäre ein metrischer Baum sehr hilfreich, um eben diese Einteilung zu finden.

[15] Die Verwandtschaft zweier Knoten v_1 und v_2 ist umso enger, je kleiner die Summe der jeweils kürzesten Wege zwischen einem gemeinsamen Vorfahren w und v_1 bzw. v_2 ist.

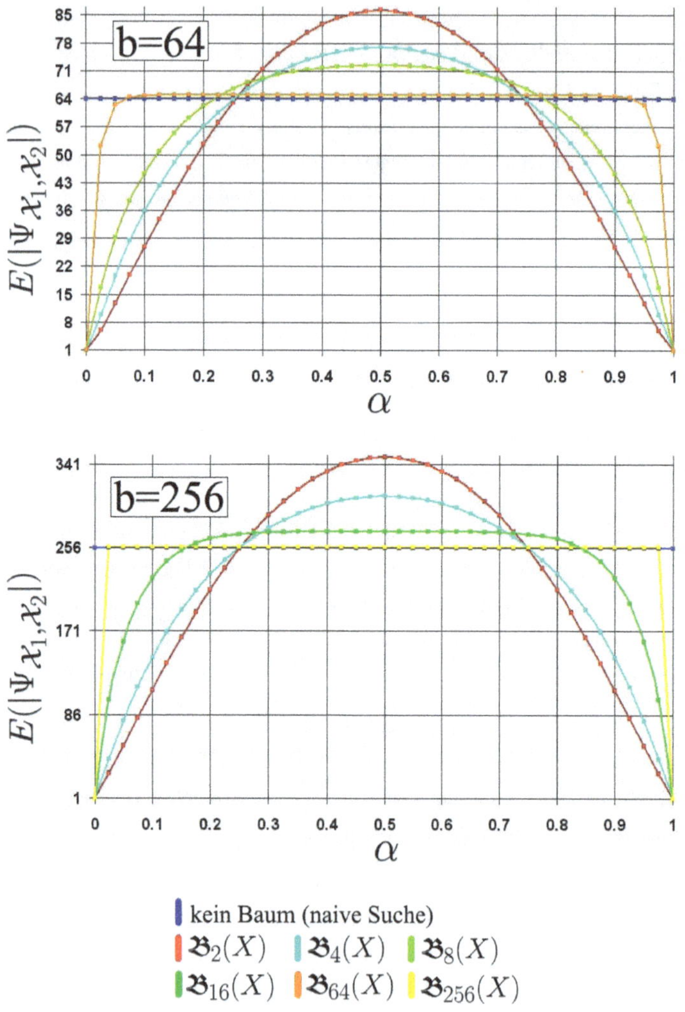

Abbildung 7.3: Komplexität Algorithmus 7.4

Eine Lösung dieses Problems stellt die von Andrew W. Moore entwickelte Anker-Hierarchie [101] zum Aufbau metrischer Binärbäume dar. Dabei handelt es sich um eine mehrstufige Methode, welche den Baum „aus der Mitte“ heraus, also weder von den Blättern noch von der Wurzel ausgehend, konstruiert. Jede Konstruktionsstufe besteht aus zwei Schritten. Zunächst wird eine gegebene Punktmenge gemäß ihrer räumlichen Verteilung in eine vordefinierte Anzahl disjunkter Teilmengen zerlegt, die dann in einem zweiten Schritt, wiederum unter Beachtung ihrer Lage im Raum, sukzessive bis zum Erhalt einer Wurzel zu übergeordneten Knoten zusammengefasst werden. Die Blätter des so entstandenen Baumes bzw. die in ihnen enthaltenen Punktmengen bilden dann die Eingabemenge der darauffolgenden Konstruktionsstufe. In dieser werden sie mit den Wurzeln ergänzender Bäume ersetzt, was die Unterteilung von der Ausgangsmenge weiter verfeinert. Dies wird so lange wiederholt, bis die Datenanzahl in den Blättern eine festgesetzte Schranke unterschreitet. Die Komplexität des Algorithmus beträgt $\mathcal{O}(\delta|X| \cdot \log_2|X|)$, wobei δ den Kosten einer Distanzberechnung zweier Punkte (in $\mathbb{V}$) entspricht[16].

7.2.2 Aufbau

Bei der Konstruktion eines metrischen Baumes $\mathfrak{B}(X \subset \mathbb{V}) := (V, E)$ nutzt Moore sogenannte Anker[17]. Diese bestehen wie die Knoten des späteren Baums aus einem Tupel $(v_m, v_r, v_L) \in \mathbb{V} \times \mathbb{R}_0^+ \times \wp(X)$, wobei zusätzlich sichergestellt werden muss, dass $v_L := \{v_{L_0}, \ldots, v_{L_n}\}$ zu jeder Zeit in der Reihenfolge des Abstandes zu v_m absteigend sortiert ist[18]. Im Verlauf des Algorithmus werden die Anker dann entweder als Blätter in $\mathfrak{B}$ aufgenommen oder in weitere Anker zerlegt.

Die folgenden Algorithmen beschreiben die Methode schematisch. Aus Gründen der Übersichtlichkeit sind die einzelnen Arbeitsschritte nur skizzenhaft wiedergegeben. Auf die explizite Angabe der lokal verwendeten Variablen wurde verzichtet.

Die Abbildungen 7.4 und 7.5 dienen der visuellen Verdeutlichung des Vorgehens.

[16] Höhe im balancierten Baum: $\log_2|X|$.

[17] Woraus sich der Name des Verfahrens ableitet.

[18] Als direkte Folge gilt somit wegen (7.5), S. 150, stets $v_r = \|v_m - v_{L_0}\|$, so dass das Mitführen von v_r eigentlich überflüssig wird.

Algorithmus 7.5 AnkerHierarchie(`Punktmenge` X)

Eingabe:

`Punktmenge` X

Ausgabe:

`Metrischer Baum` $\mathfrak{B}(X)$ //Tatsächlich muss nur die Wurzel des Baumes zurückgegeben werden.

Globale Variablen:

`GLEITKOMMAZAHL` ξ //Anzahl der Anker, die pro Einteilungsschritt gebildet werden sollen.

`GLEITKOMMAZAHL` ζ //Grenzwert. Blätter werden weiter verfeinert, falls sie mehr als ζ Punkte enthalten.

1: Initialisiere ξ und ζ //Standardwert ist jeweils $\sqrt{|X|}$. Sinnvollerweise sollte $\zeta \cdot \xi = |X|$ gelten.

2: Sei z das Max/min-Zentrum[19] von X.
Setze Anker $\mathfrak{a} := (\mathfrak{a}_m := z, \mathfrak{a}_r := max_{x \in X} \|z - x\|, \mathfrak{a}_L := X)$, wobei die absteigende Sortierung $\|z - \mathfrak{a}_{L_i}\| \geq \|z - \mathfrak{a}_{L_j}\| \quad \forall i < j$ sicherzustellen ist.

3: **Rückgabe** HierarchieAufbau($\{\mathfrak{a}\}$)

Algorithmus 7.6 HierarchieAufbau(`Ankermenge` A)

Eingabe:

`Ankermenge` A

Ausgabe:

`Metrischer Baum` $\mathfrak{B}(X)$ //Tatsächlich muss nur die Wurzel des Baumes zurückgegeben werden.

Globale Variablen:

`GLEITKOMMAZAHLEN` ξ, ζ

//Unterteile die in A vorhandenen Anker so lange, bis A die gewünschte Anzahl Anker enthält.

1: **solange** $\|A\| < \xi$ **tue** //Entferne aus jenem Anker aus A, der den größten Radius aufweist, den am weitesten vom Mittelpunkt entfernten Punkt und füge ihn in einen neuen Anker als Mittelpunkt ein.

[19] Vgl. Def. 2.37, S. 67.

Sei $\mathfrak{b} \in A$ mit $\mathfrak{b}_r = \max_{\mathfrak{a} \in A} \mathfrak{a}_r$.

$\mathfrak{b} \to \mathfrak{b}_{L_0}$

$\mathfrak{c} := (\mathfrak{c}_m := \mathfrak{b}_{L_0}, \mathfrak{c}_r := 0, \mathfrak{c}_L := \emptyset)$

//Entnehme allen Ankern aus A die Punkte, die näher am Mittelpunkt des neuen Ankers $\mathfrak{c}$ liegen als am Mittelpunkt des bisherigen Ankers, und füge sie in $\mathfrak{c}$ ein.

für alle $\mathfrak{a} \in A$ **tue**

  für $i = 0$ **bis** $|\mathfrak{a}_L| - 1$ **tue**

    wenn $\|\mathfrak{a}_{L_i} - \mathfrak{c}_m\| < \|\mathfrak{a}_{L_i} - \mathfrak{a}_m\|$ **dann**

      $\mathfrak{c}_L \leftarrow \mathfrak{a}_{L_i}$

      $\mathfrak{a}_L \to \mathfrak{a}_{L_i}$

    sonst

      Schleifenabbruch//Hier wird auf die absteigende Sortierung zurückgegriffen, denn mit dieser gilt für alle $j > i$ offenbar:

      $\|\mathfrak{a}_{L_j} - \mathfrak{a}_m\| \leq \|\mathfrak{a}_{L_i} - \mathfrak{a}_m\| \leq 0.5 \cdot \|\mathfrak{c}_m - \mathfrak{a}_m\| \leq 0.5 \cdot \|\mathfrak{a}_{L_j} - \mathfrak{c}_m\| + 0.5 \cdot \|\mathfrak{a}_{L_j} - \mathfrak{a}_m\|$

      $\implies \|\mathfrak{a}_{L_j} - \mathfrak{a}_m\| \leq \|\mathfrak{a}_{L_j} - \mathfrak{c}_m\|$

    Ende wenn

  Ende für

Ende für

Ende solange

//Vereinige jeweils die beiden passendsten Anker aus A unter einem gemeinsamen Vater. Am passendsten sind die Anker, deren gemeinsamer Vater (sofern er gebildet wird) den kleinsten Radius aufweist. Wiederhole, bis nur noch ein Anker (die Wurzel des Baumes) in A vorhanden ist.

solange $\|A\| > 1$ **tue**

Seien $\mathfrak{a}, \mathfrak{b} \in A$ mit $\mathfrak{a} \neq \mathfrak{b}$ und

$r := 0.5 \cdot (\mathfrak{a}_r + \mathfrak{b}_r + \|\mathfrak{a}_m - \mathfrak{b}_m\|) \leq 0.5 \cdot (\mathfrak{g}_r + \mathfrak{h}_r + \|\mathfrak{g}_m - \mathfrak{h}_m\|) \quad \forall\, \mathfrak{g}, \mathfrak{h} \in A, \mathfrak{g} \neq \mathfrak{h}$.

Bilde neuen (Vater-)Anker

$\mathfrak{w} := (\mathfrak{w}_m := \mathfrak{a}_m + 0.5 \cdot (\mathfrak{b}_m - \mathfrak{a}_m), \mathfrak{w}_r := r, \mathfrak{w}_L := \mathfrak{a}_L \cup \mathfrak{b}_L)$ //$\mathfrak{w}_L$ muss nicht explizit gespeichert werden. Verweise auf Kinder genügen.

Setze $Kind_1(\mathfrak{w}) = \mathfrak{a}$ und $Kind_2(\mathfrak{w}) = \mathfrak{b}$, sowie $Vater(\mathfrak{a}) = Vater(\mathfrak{b}) = \mathfrak{w}$.

$A \to \mathfrak{a}, \mathfrak{b}$

$A \leftarrow \mathfrak{w}$

Ende solange

//Verfeinere die Blätter des entstandenen Baumes ggf. weiter.

Sei B die Menge der Blätter des Baumes, dessen Wurzel sich (als einziges Element) in A befindet.

für alle $\mathfrak{b} \in B$ **tue**
  wenn $|\mathfrak{b}_L| > \zeta$ **dann** //Erstelle neuen Teilbaum aus der Datenliste $\mathfrak{b}_L$ von Blatt $\mathfrak{b}$
    $\mathfrak{c} = HierarchieAufbau(\{b\})$
    //Ersetze $\mathfrak{b}$ durch den neuen Teilbaum:
    $Vater(\mathfrak{c}) = Vater(\mathfrak{b})$
    wenn $Kind_1(Vater(\mathfrak{c})) == \mathfrak{b}$ **dann**
      $Kind_1(Vater(\mathfrak{c})) = \mathfrak{c}$
    sonst
      $Kind_2(Vater(\mathfrak{c})) = \mathfrak{c}$
    Ende wenn
    Lösche $\mathfrak{b}$.
  Ende wenn
Ende für
Rückgabe A_0 //In A befindet sich nur ein Element - die Wurzel des Baumes!

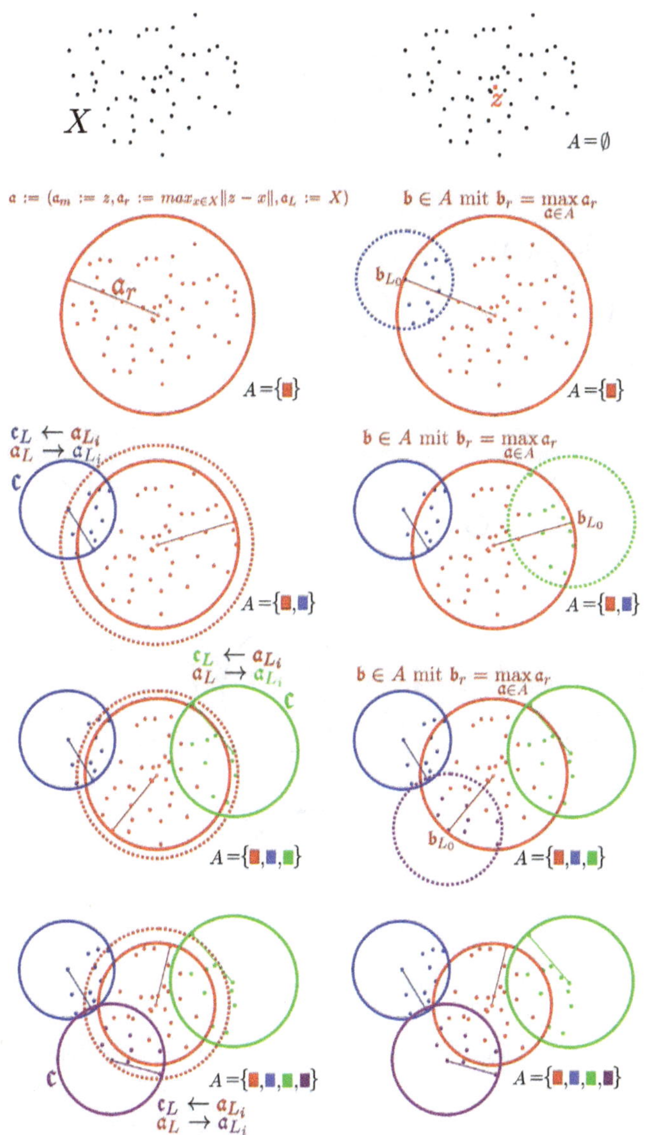

Abbildung 7.4: Visualisierung Algorithmus 7.5, Zeile 1-3 und Algorithmus 7.6, Zeile 1-15

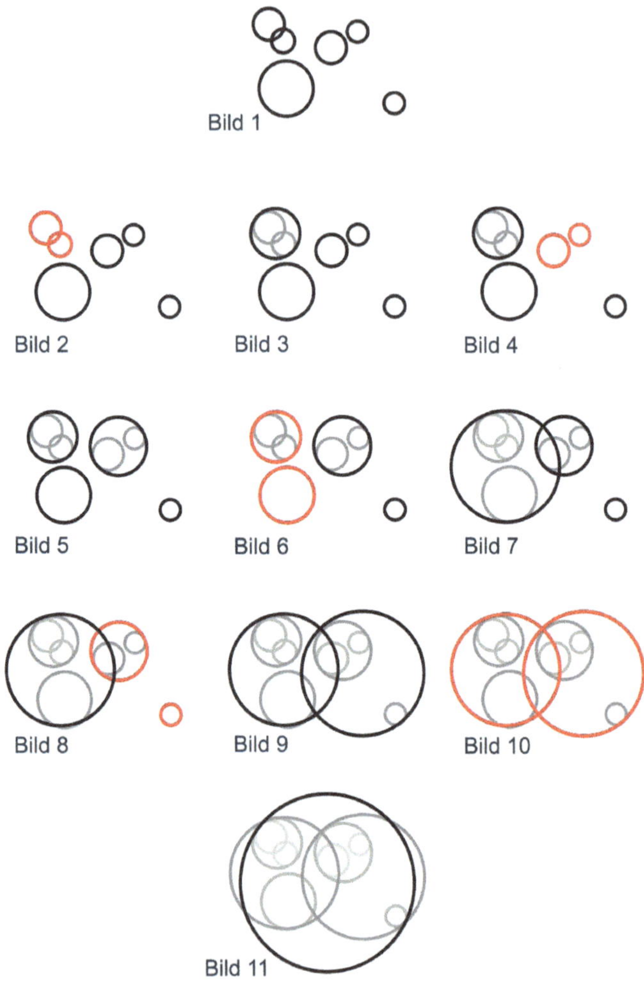

Bild 1 zeigt die Ankermenge A nach Quelltextzeile 15. Die in A befindlichen Anker sind in allen Bildern stets schwarz gezeichnet, ihre Kinder dagegen in Graustufen. Die Anker aus A, die den kleinsten gemeinsamen Vater aufweisen und als nächstes vereinigt werden, sind rot gefärbt.

Abbildung 7.5: Visualisierung Algorithmus 7.6, Zeile 16-22

Kapitel 8

HDR-Berechnung

8.1 Motivation

Die KADE-Methode schätzt eine Dichte, d. h. die Verteilung einer endlichen, in der Regel auf 1 normierten Wahrscheinlichkeitsmasse im Raum.

In unserem Falle ist dies die im Raum der Eingangsvariablen, d. h. dem Deskriptorraum, verteilte Wahrscheinlichkeit, mit der das untersuchte QSAR-Modell hinreichend genaue Ergebnisse erwarten lässt. Die Anwendungsdomäne des QSAR-Modells ist damit äquivalent zu dem Teilgebiet des Deskriptorraums, in dem diese Wahrscheinlichkeit am höchsten ist [95, 105]. Analog zu dem in der Statistik gebräuchlichen Term bezeichnen wir die Anwendungsdomäne in diesem Zusammenhang daher auch als „Gebiet höchster Dichte" oder englisch: „**H**ighest **D**ensity **R**egion" (HDR).

Dieses Gebiet muss folgenden, intuitiv verständlichen Bedingungen genügen [56]:

B1 Die HDR soll einen zuvor festgelegten prozentualen Anteil α an der verteilten Wahrscheinlichkeitsmasse enthalten.

B2 Die Wahrscheinlichkeit, durch das Modell hinreichend genau vorhergesagt zu werden, soll für jeden Punkt innerhalb der HDR höher sein als für jeden Punkt außerhalb.

Das Modell lässt für einen beliebigen, aber fest gewählten Anfragestoff X also genau dann ein hinreichend genaues Ergebnis erwarten, wenn das zu X gehörige Deskriptortupel in die HDR fällt. Ob dies der Fall ist, wird im Folgenden indirekt über den

Funktionswert der KADE-Dichtefunktion entschieden, da die Grenzen der HDR, soweit überhaupt möglich, nur unter großem Aufwand direkt zu berechnen sind.

Zunächst stellen wir fest, dass der Wertebereich der KADE-Methode grundsätzlich nach oben unbeschränkt ist, da sich die zu verteilende Wahrscheinlichkeitsmasse je nach untersuchtem Modell und gewählter Parametrisierung des Schätzers auf einen sehr kleinen Bereich des Deskriptorraumes konzentrieren oder über ein weites Gebiet verteilen kann. Die Auswertung der Dichtefunktion an einer einzelnen Stelle liefert also überhaupt keine Erkenntnis. Nur im Vergleich mit anderen Werten ist eine Aussage darüber möglich, welcher der betrachteten Stoffe relativ gesehen die höhere Wahrscheinlichkeit aufweist, zur Anwendungsdomäne zu gehören. Wissen wir aber von einem der Stoffe bestimmt, dass er in die HDR fällt, so können wir alle anderen Stoffe, für die die KADE-Dichtefunktion einen mindestens gleich hohen Wert aufweist, getrost auch dazurechnen.

Bedingung B2 ist also äquivalent zu der Forderung, das AD-Gebiet so zu wählen, dass der Wert der KADE-Dichtefunktion für jeden Punkt innerhalb des Gebietes höher ist, als für jeden außerhalb liegenden Punkt. Hieraus folgt unmittelbar die Existenz eines Grenzwertes f^*_α, für den gilt:

$$x \in AD \Leftrightarrow KADE(x) > f^*_\alpha \quad \text{und} \quad x \notin AD \Leftrightarrow KADE(x) \leq f^*_\alpha.$$

8.1.1 Grundlagen

***Definition* 8.1** (Highest Density Region)
Sei $f : \mathbb{R}^d \mapsto \mathbb{R}^+_0$ eine Dichtefunktion[1] *und $0 \leq \alpha \leq 1$.*

$A \subseteq Supp(f)$ heißt Highest Density Region zu f und α, wenn gilt:

- $\int_A f(x)dx = \alpha$ *und*
- $f(x_1) \geq f(x_2) \quad \forall\, x_1 \in A, \forall\, x_2 \notin A.$

$a \in \mathbb{R}$ heißt HDR-Cutoff zu f und Cutoff-Faktor α, wenn gilt:

$$f(x_1) \geq a \geq f(x_2) \quad \forall\, x_1 \in A, \forall\, x_2 \notin A.$$

Wir schreiben $HDR_{(f,\alpha)} := HDR_\alpha := A$ und $a := f^*_\alpha$.

[1] Z. B. ein Kerndichteschätzer.

Beispiel 8.1.1

Sei $f : \mathbb{R} \mapsto \mathbb{R}_0^+$ eine (stückweise) stetige Funktion und M die Menge der lokalen Maxima, $m := |M|$. Ferner sei U die Menge der Unstetigkeits- sowie, falls f abschnittsweise definiert ist, der Nahtstellen von f.
Außerdem sei $U_{a,b} := \{a,b\} \cup \{u \in U | a < u < b\}$.

Die HDR mit $\alpha = p$ ist dann von der Form $\biguplus_{i=1}^{m} [a_i, b_i]$, wobei folgende Nebenbedingungen einzuhalten sind[2]*:*

- $a_i \leq M_i \leq b_i, \quad 1 \leq i \leq m$
- $b_i \leq a_{i+1}, \quad 1 \leq i < m$
- $f(a_i) = f(b_i) \quad 1 \leq i \leq m$
- $f(a_i) = f(a_j) \quad \forall 1 \leq i,j \leq m$ *mit* $a_i \neq b_i$ *und* $a_j \neq b_j$
- $\sum_{i=1}^{m} \sum_{j=1}^{u} \int_{U_{a_i,b_i(j)}}^{U_{a_i,b_i(j+1)}} f(x)dx = p$ *mit* $u := |U_{a_i,b_i}| - 1.$

Beispiel 8.1.2

Sei $f : \mathbb{R} \mapsto \mathbb{R}_0^+$, $f(x) := \frac{1}{n \cdot h} \cdot \sum_{i=1}^{n} K(\frac{1}{h}(x - X_i))$ ein Kerndichteschätzer mit $h := 1.4$, $X := \{0, \quad 1.8, \quad 2.2, \quad 8.2, \quad 10\}$, $n = 5$ und dem Epanechnikov-Kern

$$K : \mathbb{R} \mapsto \mathbb{R}_0^+, \qquad K(x) := \begin{cases} \frac{3}{4}(1 - x^2), & \text{falls } x^2 < 1 \\ 0, & \text{sonst} \end{cases}.$$

$$\begin{aligned} \Longrightarrow \quad f(x) &= \frac{1}{n \cdot h} \cdot \sum_{i=1}^{n} \frac{3}{4}(1 - (\frac{1}{h}(x - X_i))^2) \cdot \chi_{[X_i - h, X_i + h]}(x) \\ &= \frac{1}{5 \cdot 1.4} \cdot \sum_{i=1}^{5} \frac{3}{4}(1 - (\frac{1}{1.4}(x - X_i))^2) \cdot \chi_{[X_i - 1.4, X_i + 1.4]}(x) \\ &= \frac{3}{28} \cdot \sum_{i=1}^{5} (1 - \frac{25}{49}(x - X_i)^2) \cdot \chi_{[X_i - 1.4, X_i + 1.4]}(x). \end{aligned}$$

Der Schätzer besitzt lokale Maxima an den Stellen $x \in M$,

$$M := \{0, \quad 2, \quad 8.2, \quad 9.1, \quad 10\}$$

und Nahtstellen bei $x \in U$,

$$U := \{-1.4, \quad 0.4, \quad 0.8, \quad 1.4, \quad 3.2, \quad 3.6, \quad 6.8, \quad 8.6, \quad 9.6, \quad 11.4\}.$$

[2] Vgl. Bez. 2.1, S. 14.

Die HDR für $0 \le \alpha \le 1$ berechnet sich nun wie folgt:

Für f um das globale Maximum 2, d. h. für $1.4 \le x \le 3.2$ gilt:

$$f(x) = \tfrac{3}{28} \cdot \left((1 - \tfrac{25}{49}(x-1.8)^2) + (1 - \tfrac{25}{49}(x-2.2)^2)\right) = -\tfrac{75}{686} \cdot x^2 + \tfrac{150}{343} \cdot x - \tfrac{78}{343}.$$

Damit folgt $\quad f(a) = f(b) \Rightarrow b = 4 - a \quad$ *und* $\quad \int f(x)dx = \frac{3}{14}x - \frac{1}{20}(\frac{5}{7}x - \frac{9}{7})^3 - \frac{1}{20}(\frac{5}{7}x - \frac{11}{7})^3.$

Einsetzen ergibt:

$$\int_a^b f(x)dx = \left(\tfrac{3}{14}(4-a) - \tfrac{1}{20}(\tfrac{5}{7}(4-a) - \tfrac{9}{7})^3 - \tfrac{1}{20}(\tfrac{5}{7}x - \tfrac{11}{7})^3\right) - \left(\tfrac{3}{14}a - \tfrac{1}{20}(\tfrac{5}{7}a - \tfrac{9}{7})^3 - \tfrac{1}{20}(\tfrac{5}{7}x - \tfrac{11}{7})^3\right)$$
$$= \tfrac{25}{343}a^3 - \tfrac{150}{343}a^2 + \tfrac{156}{343}a + \tfrac{88}{343}.$$

Mit Hilfe der Cardanischen Formeln erhält man für $\frac{25}{343}a^3 - \frac{150}{343}a^2 + \frac{156}{343}a + \frac{88}{343} = \alpha$ *die Lösungen:*

L1	$a = -\frac{8}{5}\sqrt{3}\cos\left(\frac{1}{3}\arccos\left(\frac{1715\sqrt{3}}{1152}\alpha\right) + \frac{1}{3}\pi\right) + 2,$
L2	$a = \frac{8}{5}\sqrt{3}\cos\left(\frac{1}{3}\arccos\left(\frac{1715\sqrt{3}}{1152}\alpha\right)\right) + 2,$
L3	$a = -\frac{8}{5}\sqrt{3}\sin\left(\frac{1}{3}\arccos\left(\frac{1715\sqrt{3}}{1152}\alpha\right) + \frac{1}{6}\pi\right) + 2.$

Für $\alpha = 0.1$ *liefert L1 den Wert* $a \approx 1.759387123$, *woraus* $b \approx 2.24061287751$ *und* $f(a) = f(b) \approx 0.2035829567 \le f(m) \quad \forall m \in M, m \notin [a,b]$ *folgt.*

Damit ergibt sich für $\alpha = 0.1$:

$$HDR_{0.1} = \quad [\,1.759387123\,,\ 2.24061287751\,] \text{ und } f^*_{0.1} = 0.2035829567.$$

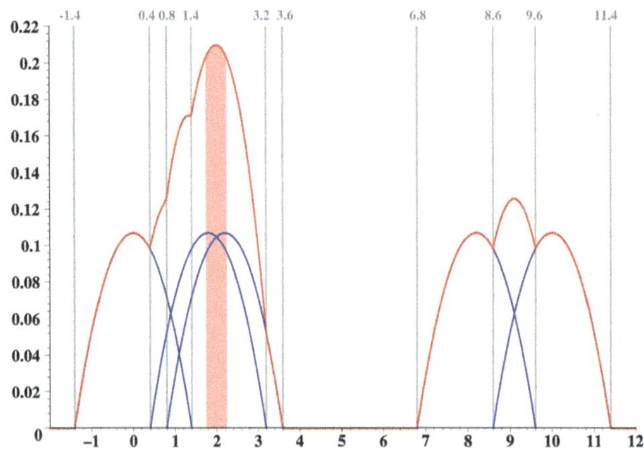

Abbildung 8.1: HDR-Berechnung $\alpha := 0.1$

Für $\alpha = 0.5$ liefert hingegen keine der Lösungen L1-L3 einen Wert im Intervall $[1.4, 3.2]$, also insbesondere auch kein a mit $f(a) = f(b) \leq f(m) \quad \forall m \in M, m \notin [a, b]$.

Um 50% der verteilten Wahrscheinlichkeitsmasse einzuschließen, muss also über ein größeres Gebiet integriert werden, in welches neben Unstetigkeitsstellen auch mehrere lokale Maxima fallen. Dies erfordert die Lösung zusätzlicher Gleichungssysteme und wird dem Leser überlassen.

Hinweis:

$$\int_a^{0.8} \tfrac{1}{7} \cdot \sum_{i=0}^{1} K(\tfrac{5}{7}(x - X_i))dx + \int_{0.8}^{1.4} \tfrac{1}{7} \cdot \sum_{i=0}^{2} K(\tfrac{5}{7}(x - X_i))dx + \int_{1.4}^{c} \tfrac{1}{7} \cdot \sum_{i=1}^{2} K(\tfrac{5}{7}(x - X_i))dx + \int_{a+8.2}^{10-a} \tfrac{1}{7} \cdot \sum_{i=3}^{4} K(\tfrac{5}{7}(x - X_i))dx$$

mit $\tfrac{1}{7} \cdot \sum_{i=0}^{1} K(\tfrac{5}{7}(a - X_i)) = \tfrac{1}{7} \cdot \sum_{i=1}^{2} K(\tfrac{5}{7}(c - X_i))$ *liefert die Lösung* $a = 0.5365163257$ *und damit das Endergebnis*

$$HDR_{0.5} = [\,0.5365163257\,,\ 2.949800180\,] \uplus [\,8.736516326\,,\ 9.463483674\,], \quad f^*_{0.5} = 0.1112842149.$$

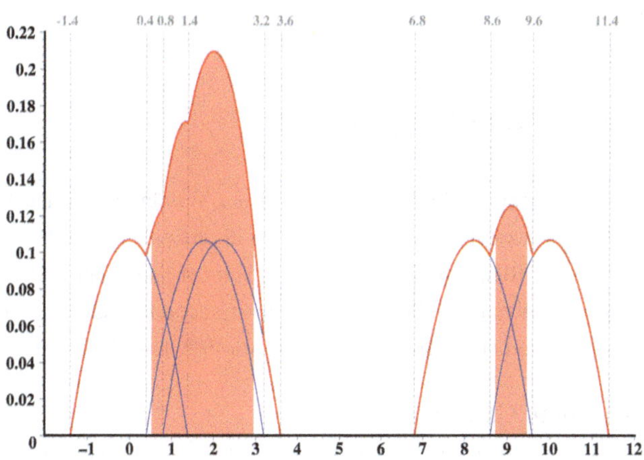

Abbildung 8.2: HDR-Berechnung $\alpha := 0.5$

Beispiel 8.1.2 hat verdeutlicht, dass die analytische Berechnung der Highest Density Region bereits für einen eindimensionalen Kerndichteschätzer über einer kleinen Trainingsmenge sehr aufwendig werden kann. Es ist leicht vorstellbar, dass dieses Vorgehen für große Trainingssätze in n-dimensionalen Räumen nicht praktikabel ist.

Wie bereits auf Seite 175 angekündigt, verzichten wir daher zukünftig auf die Berechnung der konkreten Grenzen der HDR und bestimmen die AD-Zugehörigkeit eines Anfragestoffes alleine über den HDR-Cutoff f_α^*. Im Gegensatz zu den genauen Gebietsgrenzen lässt sich f_α^* verhältnismäßig einfach numerisch approximieren.

Im folgenden Abschnitt geben wir zunächst eine Einführung in die Monte-Carlo-Integration und stellen eine speziell für Kerndichteschätzer geeignete Adaption vor. Auf dieser Basis wird dann in Abschnitt 8.3 das eigentliche Verfahren zur Bestimmung von f_α^* entwickelt.

8.2 Monte-Carlo-Integration

Die Monte-Carlo-Integration [40, 52, 129, 141] ist ein Verfahren, um den Wert eines beschränkten Riemann-Integrals numerisch zu approximieren, und beruht auf der Tatsache, dass die Riemannsche Summe nicht von der speziellen Zerlegung des Integrationsintervalls abhängt. Man kann die Funktionswerte daher an zufälligen Abszissen auswerten und erhält so einen Monte-Carlo-Schätzwert des Integrals.

Satz 8.2.1 (Monte-Carlo-Schätzer)
Sei $f : \mathbb{R}^d \mapsto \mathbb{R}$ eine Riemann-integrierbare Funktion und $\mathcal{X}$ eine absolutstetige Zufallsvariable[3] *mit Dichte p derart, dass $\int_Q p(x)dx = 1$ für ein $Q \subset \mathbb{R}^d$.*

Ferner sei $Y := \{Y_1, .., Y_{N \in \mathbb{N}}\}$ eine N-elementige Menge von Realisationen der Zufallsvariable $\mathcal{Y} := \frac{f(\mathcal{X})}{p(\mathcal{X})}$.

Dann gilt:

$$MCS := \lim_{N \to \infty} \frac{1}{N} \sum_{i=1}^{N} Y_i \approx \int_Q f(x)dx.$$

MCS heißt Monte-Carlo-Schätzer oder MC-Schätzer von $\int_Q f(x)dx$.

[3] Vgl. Bezeichnung 2.15, S. 53.

Beweis:

Gemäß Korollar 2.4.40 ist der Erwartungswert einer Funktion $g((\mathcal{X}))$ *gegeben durch:*

$$E(g(\mathcal{X})) = \int_Q g(x) \cdot p(x) dx.$$

Wählt man nun $g(\mathcal{X}) := \frac{f(\mathcal{X})}{p(\mathcal{X})}$*, so folgt:*

$$\int_Q f(x)dx = \int_Q \frac{f(x)}{p(x)} \cdot p(x)dx = \int_Q g(x)p(x)dx = E(g(\mathcal{X})) = E(\mathcal{Y}).$$

Da nach Satz 2.4.47 und Bemerkung 2.4.48 bei häufiger Durchführung eines zufälligen Vorgangs die relative Häufigkeit eines Ereignisses mit seiner Wahrscheinlichkeit näherungsweise übereinstimmt, ist der Erwartungswert gerade das langfristige arithmetische Mittel der beobachteten Werte und es folgt:

$$\int_Q f(x)dx = E(\mathcal{Y}) \approx \lim_{N \to \infty} \frac{1}{N} \sum_{i=1}^{N} Y_i.$$

□

Beispiel 8.2.1

Wie in Beispiel 8.1.2 sei $f : \mathbb{R} \mapsto \mathbb{R}_0^+$, $f(x) := \frac{1}{n \cdot h} \cdot \sum_{i=1}^{n} K(\frac{1}{h}(x - X_i))$ *ein Kerndichteschätzer mit* $h := 1.4$, $X := \{0, \quad 1.8, \quad 2.2, \quad 8.2, \quad 10\}$, $n = 5$ *und dem Epanechnikov-Kern*

$$K : \mathbb{R} \mapsto \mathbb{R}_0^+, \qquad K(x) := \begin{cases} \frac{3}{4}(1 - x^2), & \text{falls } x^2 < 1 \\ 0, & \text{sonst} \end{cases}.$$

Ferner seien $x_{max}, x_{min} \in X$ *mit* $x_{max} \geq x$ *und* $x_{min} \leq x \quad \forall x \in X$.

Dann gilt $\forall\, x \in \mathbb{R}, \quad x \notin [x_{min} - h, x_{max} + h] = [-1.4, 11.4]$:

$$(\tfrac{1}{h}(x - X_i))^2 > 1 \quad \forall\, X_i \in X \qquad \Longrightarrow \qquad f(x) = 0$$

und für eine auf $[-1.4, 11.4]$ *gleichverteilte Zufallsvariable* $\mathcal{Y}$ *mit Realisationen* $\{Y_1, Y_2, \ldots, Y_N\}$ *folgt:*

$$\int_{-\infty}^{+\infty} f(x)dx = \int_{x_{min}-h}^{x_{max}+h} f(x)dx$$
$$\approx \frac{1}{N} \sum_{i=1}^{N} \frac{f(Y_i)}{p_{\mathcal{Y}}(Y_i)} = \frac{1}{N} \sum_{i=1}^{N} \frac{f(Y_i)}{\frac{1}{12.8}\chi_{[-1.4,11.4]}(Y_i)} = \frac{12.8}{N} \sum_{i=1}^{N} f(Y_i) := MCS_{Bsp\ 8.2.1}.$$

Der exakte Wert von $\int_{-\infty}^{+\infty} f(x)dx$ *beträgt aufgrund der Konstruktion von* f *als Kerndichteschätzer genau 1.*

Die 1000 Mal wiederholte Auswertung des MC-Schätzers mit $N := 100$ *ergab im Mittel einen Integralwert von 0.999087323 (mit Varianz 0.006183875) bei einem mittleren Fehler von 0.062378022 (mit Varianz von 0.002289797). Die schlechteste MC-Schätzung lieferte einen Integralwert von 1.310447604, d. h. einen Fehler von 0.310447604.*

Die Einzelergebnisse der Studie sind im Anhang A.3 aufgeführt.

8.2.1 Methode der wesentlichen Stichprobe

Satz 8.2.2

Seien f, Q, $\mathcal{Y}$, p *wie in Satz 8.2.1 und* $I := \int_Q f(x)dx$, *dann gilt für die Varianz der MC-Schätzung:*

$$Var(\mathcal{Y}) = \int_Q \frac{f^2(x)}{p(x)}dx - I^2.$$

Beweis:

Wegen Satz 2.4.42 (Verschiebungssatz) gilt:

$$Var(\mathcal{Y}) = E(\mathcal{Y}^2) - E^2(\mathcal{Y}) = E(\tfrac{f^2(x)}{p^2(x)}) - I^2 = \int_Q \frac{f^2(x)}{p^2(x)}p(x)dx - I^2 = \int_Q \frac{f^2(x)}{p(x)}dx - I^2.$$

□

Korollar 8.2.3

Wenn $f(x) \geq 0 \ \forall x \in Q$ *und* $\alpha \cdot p(x) = f(x)$, $\alpha \in \mathbb{R}^+$, *dann gilt:* $Var(\mathcal{Y}) = 0$.

Beweis:

$\alpha \cdot p(x) = f(x) \Leftrightarrow \frac{f(x)}{p(x)} = \alpha \ \forall x \in Q$ mit $p(x) > 0 \Rightarrow E(\frac{f(x)}{p(x)}) = E(\mathcal{Y}) = I = \alpha$.

$\Rightarrow Var(\mathcal{Y}) = E(\mathcal{Y}^2) - E^2(\mathcal{Y}) = E(\alpha^2) - \alpha^2 = 0.$ □

Bemerkung 8.2.4

Für Funktionen, die in $\mathbb{R}_0^+$ *abbilden, wird die Varianz also genau dann minimal, wenn* $p(x)$ *proportional zu* $f(x)$ *verläuft. Bildet* f *in* $\mathbb{R}$ *ab, so kann mit Hilfe der Cauchy-Schwarzschen Ungleichung gezeigt werden, dass* $Var(\mathcal{Y})$ *genau dann minimal ist, wenn* $p(x) \propto |f(x)|$ *[129, 141].*

Laut Korollar 8.2.3 und Bemerkung 8.2.4 erhalten wir also durch die Wahl von $p(x) \propto |f(x)|$ den optimalen Monte-Carlo-Schätzer zur Berechnung von $\int f(x)dx$. Leider ist dieses auf den ersten Blick vielversprechende Vorgehen nicht praxistauglich, da für das effiziente Auslosen einer unabhängigen Zufallsvariablen $\mathcal{X}$ vermittels der Inversionsmethode [78] die Verteilungsfunktion von $\mathcal{X}$, d. h. $\int p(x)dx$, benötigt wird. Im Falle von $p(x) \propto |f(x)|$ müsste man also $\int f(x)dx$ berechnen, womit man wieder beim Ausgangsproblem angelangt wäre[4].

Gleichwohl kann die Monte-Carlo-Schätzung erheblich verbessert werden, wenn eine einfach zu integrierende Dichtefunktion bekannt ist, die den Verlauf von f zwar nicht exakt proportional, aber doch besser nachbildet, als die Gleichverteilung über dem gesamten Integrationsbereich. Ohne nähere Kenntnis von dem Verlauf von f sollte man daher nach Möglichkeit zumindest sicherstellen, dass die Träger von f und p übereinstimmen, d. h. dass p überall dort gleich null ist, wo auch f gleich null ist.

Proposition 8.2.5

Sei $f : \mathbb{R}^d \mapsto \mathbb{R}_0^+$ eine Riemann-integrierbare Funktion mit kompaktem Träger.
Dann gilt: $$MCS := \lim_{N\to\infty} \frac{Vol_d(Supp(f))}{N} \sum_{i=1}^{N} f(X_i) \approx \int_{\mathbb{R}^d} f(x)dx,$$
wobei $X := \{X_1, .., X_{N\in\mathbb{N}}\}$ eine N-elementige Menge von Realisationen einer auf $Supp(f)$ gleichverteilten Zufallsvariablen $\mathcal{X}$ ist.

<u>Beweis:</u>

Nach Korollar 2.4.31 (S. 54) gilt für die Dichte $p_{\mathcal{X}}$ von $\mathcal{X}$:

$$p_{\mathcal{X}}(x) = Vol_d(Supp(f))^{-1}\chi_{Supp(f)}(x).$$

Damit folgt:

$$\begin{aligned}\int_{\mathbb{R}^d} f(x)dx &= \int_{Supp(f)} f(x)dx + \overbrace{\int_{\mathbb{R}^d\setminus Supp(f)} f(x)dx}^{=0} \overset{\text{Satz8.2.1}}{\approx} \frac{1}{N}\sum_{i=1}^{N} \frac{f(X_i)}{p_{\mathcal{X}}(X_i)} \\ &= \frac{1}{N}\sum_{i=1}^{N} \frac{f(X_i)}{Vol_d(Supp(f))^{-1}\chi_{Supp(f)}(X_i)} = \frac{Vol_d(Supp(f))}{N}\sum_{i=1}^{N} \frac{f(X_i)}{\chi_{Supp(f)}(X_i)} \\ &= \frac{Vol_d(Supp(f))}{N}\sum_{i=1}^{N} f(X_i).\end{aligned}$$

□

[4] Will man $\mathcal{X}$ ohne Rückgriff auf die Verteilungsfunktion auslosen, bleiben Verfahren auf Grundlage der Verwerfungsmethode [78], die darauf beruht, dass die Realisierungen einer Zufallsvariablen mit Dichte q(x) mit einer Wahrscheinlichkeit von $1 - \frac{p(x)}{k \cdot q(x)}$, $k \in \mathbb{R}$, $p(x) \leq q(x) \forall x \in \mathbb{R}^d$ verworfen werden. Es ist leicht einzusehen, dass dies im Fall $p(x) \propto |f(x)|$ ebenfalls auf das Ausgangsproblem zurückführt.

Beispiel 8.2.2

Es gelten die Voraussetzungen aus den Beispielen 8.1.2 und 8.2.1.

Offensichtlich ist Supp(f) $= [-1.4, 3.6] \uplus [6.8, 11.4]$. *Eine auf Supp(f) gleichverteilte Zufallsvariable* $\mathcal{Y}$ *hat dann die Dichte* $p_{\mathcal{Y}}(x) = \frac{5}{48}\chi_{Supp(f)}(x)$.

Der auf $\mathcal{Y}$ *basierende MC-Schätzer lautet somit:*

$$MCS_{Bsp\ 8.2.2} := \frac{9.6}{N}\sum_{i=1}^{N} E(Y_i), \quad \{Y_1, Y_2, \ldots Y_N\} \text{ Realisationen von } \mathcal{Y}.$$

Die 1000 Mal wiederholte Auswertung des MC-Schätzers mit $N := 100$ *ergab im Mittel einen Integralwert von 0.99694587 (mit Varianz 0.002494953) bei einem mittleren Fehler von 0.039828078 (mit Varianz von 0.000916427). Die schlechteste MC-Schätzung lieferte einen Integralwert von 0.838589749, d. h. einen Fehler von 0.161410251. Es ist also eine deutliche Verbesserung gegenüber der Schätzung aus Beispiel 8.1.2 zu beobachten.*

Die Einzelergebnisse der Studie sind im Anhang A.3 aufgeführt.

8.2.2 Die wesentliche Stichprobe bei Kerndichteschätzern

Wie in Abschnitt 8.2.1 gezeigt, wird die Varianz einer Monte-Carlo-Schätzung verringert, wenn der Träger der zu integrierenden Funktion mit dem Träger der Verteilungsdichte der im MC-Schätzer verwendeten Zufallsvariable übereinstimmt. Im Folgenden wird gezeigt, wie dies für Kerndichteschätzer in allgemeiner Form sichergestellt werden kann.

Gemäß Definition 6.1 ist ein Kerndichteschätzer $f : \mathbb{R}^d \mapsto R$ von der Form $f(x) := \epsilon \cdot \sum_{i=1}^{n} K_i(x)$, wobei $\epsilon \in \mathbb{R}$ den normalisierenden Faktor darstellt und $K_i(x)$ die über der Beobachtung $X_{i \in I}$, $I := \{1, ..n\}$ zentrierte Kernfunktion.

Zusätzlich zu Definition 6.1 fordern wir nun, dass *Supp*(K) (und damit auch *Supp*(f)) kompakt[5] ist. Der Träger von f ist dann eine kompakte, d-dimensionale Hyperfläche, die in mehrere nicht zusammenhängende (abgeschlossene) Gebiete zerfallen kann. Den Rand dieser Fläche zu beschreiben, wird in der Regel umso komplizierter, je größer die Dimension d ist und je unregelmäßiger die Beobachtungen

[5] Nach Heine-Borel ist dies für Teilmengen $A \subset \mathbb{R}^d$ äquivalent zu der Forderung, dass A beschränkt und abgeschlossen ist.

(Trainingsdaten) X_i im Raum verteilt sind. Es ist daher meist nicht mit vertretbarem Aufwand möglich, die Dichte $p(x)$ mit $Supp(p) = Supp(f)$ durch Berechnung von $Vol(Supp(f))$ direkt zu definieren.

Die Form des Trägers der über X_i zentrierten Kernfunktion K_i ist dagegen in der Regel sehr einfach zu beschreiben. Im Falle von Produktkernen (vgl.5.4) handelt es sich um einen achsenparallelen Quader und im Falle von echt multivariaten Kernen (vgl. 5.5) um eine Hypersphäre.

Da f dann und nur dann ungleich null ist, wenn dies auch für mindestens ein K_i, $i \in \{1, .., n\}$ gilt, stellt $(Supp(K_i))_{i\in\{1,..,n\}}$ eine endliche Überdeckung von $Supp(f)$ dar. Es bietet sich daher an, die für die Monte-Carlo-Schätzung benötigte Zufallsvariable $\mathcal{X}$ durch zwei gekoppelte Wahrscheinlichkeitsexperimente zu bestimmen. Dabei wird zunächst ein $i \in I$ ausgelost und anschließend eine auf K_i gleichverteilte Zufallsvariable, die mit $\mathcal{X}$ identifiziert wird.

Satz 8.2.6

Sei

- $M \subset \mathbb{R}^d$ *beschränkt,*
- $I := \{1, ..., n\}$, $n \in \mathbb{N}$ *eine endliche Indexmenge,*
- $(A_i)_{i\in I}$ *eine Familie nicht notwendigerweise disjunkter Mengen mit* $A_i \subseteq M$, *für die gilt:*
  i) $V := Vol(A_i) = Vol(A_j)\ \forall i, j \in I$,
  ii) $(A_i)_{i\in I}$ *ist eine endliche Überdeckung von* M[6],
- $\mathcal{X}$ *eine eindimensionale diskrete Zufallsvariable, die auf* I *gleichverteilt ist. Gemäß Korollar 2.4.31 gilt für die zugehörige Massefunktion:*
$$p_{\mathcal{X}}(x) := \begin{cases} \frac{1}{n}, & \text{falls } x \in I \\ 0, & \text{sonst} \end{cases},$$
- $(\mathcal{Y}_i)_{i\in I}$ *eine Familie von d-dimensionalen, absolutstetigen Zufallsvariablen derart, dass* $\forall\, i \in I$ *gilt:* $\mathcal{Y}_i$ *ist gleichverteilt auf* A_i.
  Gemäß Korollar 2.4.31 gilt für die zugehörigen Dichten:
$$p_{\mathcal{Y}_i}(x) := \begin{cases} \frac{1}{Vol_d(A_i)}, & \text{falls } x \in A_i \\ 0, & \text{sonst} \end{cases} = \frac{1}{Vol_d(A_i)}\chi_{A_i}(x) = \frac{1}{V}\chi_{A_i}(x).$$

[6] D. h. es gilt: $\forall x \in M \quad \exists i \in I$ mit $x \in A_i$.

Dann gilt für die Dichtefunktion $p_{\mathcal{Z}} : \mathbb{R}^d \mapsto \mathbb{R}$ *der Zufallsvariablen* $\mathcal{Z} := \mathcal{Y}_{\mathcal{X}}$ *im Wahrscheinlichkeitsraum* $(\mathbb{R}^d, \mathscr{L}^d, P_{\mathcal{Z}})$*:*

$$p_{\mathcal{Z}}(x) = (V \cdot n)^{-1} \sum_{i=1}^{n} \chi_{A_i}(x).$$

Beweis:

1. *Anschaulich betrachtet ist* $\mathcal{Y}_{\mathcal{X}}$ *die Hintereinanderausführung zweier Zufallsexperimente. Zunächst wird mit* $\mathcal{X}$ *ein Wahrscheinlichkeitsraum* $(\mathbb{R}^d, \mathscr{L}^d, P_{\mathcal{Y}_{\mathcal{X}}})$ *ausgewählt, aus dessen Grundgesamtheit dann durch* $\mathcal{Y}_{\mathcal{X}}$ *ein Element ausgelost wird. Wir fassen* $\mathcal{Y}_{\mathcal{X}}$ *daher zunächst als eine Zufallsvariable der Dimension* $d+1$ *auf, die wir mit* $\mathcal{Z}^*$ *bezeichnen und die den Ausgang eines Experiments darstellt, dessen Grundgesamtheit aus Elementarereignissen der Form* (i, ω_i) *besteht. Hierbei ist* i *Elementarereignis des ersten (eindimensionalen) und* ω_i *Elementarereignis des zweiten (d-dimensionalen) Zufallsexperiments.*

   Wir schreiben daher:

$$\Omega_{\mathcal{Z}^*} := \{(i, \omega_i) | \, i \in I, \omega_i \in \mathbb{R}^d\} = I \times \mathbb{R}^d.$$

   Damit ist $F(\Omega_{\mathcal{Z}^*}) := \{\bigcup_{i \in I} \{i\} \times E_i | \, E_i \in \mathscr{L}^d\}$ *die durch* $\Omega_{\mathcal{Z}^*}$ *erzeugte* σ*-Algebra, denn es gilt:*

   (a) $\Omega_{\mathcal{Z}^*} \in F(\Omega_{\mathcal{Z}^*})$*:*

$$\Omega_{\mathcal{Z}^*} = I \times \mathbb{R}^d = \bigcup_{i \in I} \{i\} \times \mathbb{R}^d = \bigcup_{i \in I} \{i\} \times \,]-\infty, \infty] \in \{\bigcup_{i \in I} \{i\} \times E_i | \, E_i \in \mathscr{L}^d\} = F(\Omega_{\mathcal{Z}^*}).$$

   (b) $B \in F(\Omega_{\mathcal{Z}^*}) \Rightarrow \{\Omega_{\mathcal{Z}^*} \setminus B\} \in F(\Omega_{\mathcal{Z}^*})$*:*

   Nach Definition von $F(\Omega_{\mathcal{Z}^*})$ ist $B = \bigcup_{i \in I} \{i\} \times B_i$ mit $B_i \in \mathscr{L}^d$. Damit folgt:

$$\{\Omega_{\mathcal{Z}^*} \setminus B\} = \{\bigcup_{i \in I} \{i\} \times \mathbb{R}^d \setminus \bigcup_{i \in I} \{i\} \times B_i\} = \{\bigcup_{i \in I} \{i\} \times \underbrace{\{\mathbb{R}^d \setminus B_i\}}_{\in \mathscr{L}^d, \text{ da } \mathscr{L}^d \ \sigma-\text{Algebra}}\} \in F(\Omega_{\mathcal{Z}^*}).$$

   (c) $(B_l)_{l \in \mathbb{N}} \in F(\Omega_{\mathcal{Z}^*}) \Rightarrow \bigcup_{l=1}^{\infty} B_l \in F(\Omega_{\mathcal{Z}^*})$*:*

$$\bigcup_{l=1}^{\infty} B_l = \bigcup_{l=1}^{\infty} \left\{ \bigcup_{i \in I} \{i\} \times \underbrace{B_{l,i}}_{\in \mathscr{L}^d} \right\} = \bigcup_{i \in I} \{i\} \times \underbrace{\bigcup_{l=1}^{\infty} B_{l,i}}_{\in \mathscr{L}^d, \text{ da } \mathscr{L}^d \ \sigma-\text{Algebra}}.$$

   Offensichtlich entspricht die Wahrscheinlichkeit für den Eintritt eines Elementarereignisses $(i, \omega_i) \in \Omega_{\mathcal{Z}^*}$ *genau der Wahrscheinlichkeit, dass die Zufallsvariable* $\mathcal{Y}_i$ *den Wert* ω_i *annimmt, unter der Voraussetzung, dass* $\mathcal{X}$ *zuvor den Wert* i *angenommen hat. Wir setzen daher:*

$$P_{\mathcal{Z}^*}((i, \omega_i) \in \Omega_{\mathcal{Z}^*}) = P_{\mathcal{Z}^*}(\{i\} \times \{\omega_i\}) := P_{\mathcal{X}}(i) \cdot P_{\mathcal{Y}_i}(\omega_i) \tag{8.1}$$

und für ein beliebiges Ereignis $E \in F(\Omega_{\mathcal{Z}^*})$ *mit*

$$E := \bigcup_{i \in K \subseteq I} \{i\} \times E_i,\ E_i \in \mathcal{L}^d\ \forall i \in K$$

analog:

$$P_{\mathcal{Z}^*}(\bigcup_{i \in K \subseteq I} \{i\} \times E_i) := \sum_{i \in K \subseteq I} P_{\mathcal{X}}(i) \cdot P_{\mathcal{Y}_i}(E_i). \tag{8.2}$$

Zwischenbehauptung:

$P_{\mathcal{Z}^*}$ *ist ein Wahrscheinlichkeitsmaß.*

Beweis:

(a) *„$F(\Omega_{\mathcal{Z}^*})$ ist σ-Algebra" ist bereits gezeigt.*

(b) *Es gilt offensichtlich* $P_{\mathcal{Z}^*}(\bigcup_{i \in K \subseteq I} \{i\} \times E_i) = \sum_{i \in K \subseteq I} P_{\mathcal{X}}(i) \cdot P_{\mathcal{Y}_i}(E_i) \geq 0$ *sowie*
$P_{\mathcal{Z}^*}(\Omega_{\mathcal{Z}^*}) = P_{\mathcal{Z}^*}(\bigcup_{i \in I} \{i\} \times \mathbb{R}^d) = \sum_{i \in I} P_{\mathcal{X}}(i) \cdot P_{\mathcal{Y}_i}(\mathbb{R}^d) = \sum_{i \in I} P_{\mathcal{X}}(i) \cdot 1 = 1$
und die σ-Additivität folgt aus der σ-Additivität der $P_{\mathcal{X}}(i)$. □

$\Longrightarrow$ $(\Omega_{\mathcal{Z}^*}, F(\Omega_{\mathcal{Z}^*}), P_{\mathcal{Z}^*})$ *ist Wahrscheinlichkeitsraum für das zweistufige Experiment und es gilt:* $\mathcal{Z}^* = id_{\Omega_{\mathcal{Z}^*}}$ *ist Zufallsvariable im Wahrscheinlichkeitsraum* $(\Omega_{\mathcal{Z}^*}, F(\Omega_{\mathcal{Z}^*}), P_{\mathcal{Z}^*}) \mapsto \Omega_{\mathcal{Z}^*}$.

2. *Da uns von $\mathcal{Z}^*$ letztlich nur die zweite Komponente, d. h. der Ausgang des d-dimensionalen Experiments, interessiert, führen wir $\mathcal{Z}^*$ nun auf eine d-dimensionale Zufallsvariable $\mathcal{Z}$ im Wahrscheinlichkeitsraum $(\mathbb{R}^d, \mathcal{L}^d, P_{\mathcal{Z}})$ zurück. Für ein beliebiges Element $E \in \mathcal{L}^d$ soll dabei die Wahrscheinlichkeit, dass $\mathcal{Z}$ einen Wert $\omega \in E$ annimmt, genau der Wahrscheinlichkeit entsprechen, dass $\mathcal{Z}^*$ einen Wert (i, ω), $\omega \in E$ annimmt, wobei $i \in I$ beliebig ist.*

   Wir identifizieren daher alle $(i, \omega_i), (j, \omega_j) \in \Omega_{\mathcal{Z}^*}$ miteinander, für die gilt:

$$\omega_i = \omega_j.$$

   Das heißt wir bilden die Grundgesamtheit $\Omega_{\mathcal{Z}^*}$ vermittels der Abbildung $g : \Omega_{\mathcal{Z}^*} \mapsto \mathbb{R}^d$, $g((i, \omega)) := \omega$ in den $\mathbb{R}^d$ ab. Für die Umkehrrelation[7] gilt dann: $g^{-1}(\omega) = \{(i, \omega) | i \in I\}$.

[7] Da g nicht bijektiv ist, ist g^{-1} keine Funktion!

Setzen wir nun $P_{\mathcal{Z}} := P_{\mathcal{Z}^*} \circ g^{-1}$, *so folgt*

$$\begin{aligned} P_{\mathcal{Z}}(E) &= P_{\mathcal{Z}^*}(g^{-1}(E)) \\ &= P_{\mathcal{Z}^*}(\{g^{-1}(\omega)|\omega \in E\}) \\ &= P_{\mathcal{Z}^*}(\{\{(i,\omega)|i \in I\}\,|\omega \in E\}) \\ &= P_{\mathcal{Z}^*}(\{(i,\omega)|i \in I, \omega \in E\}) \\ &= P_{\mathcal{Z}^*}(\bigcup_{i\in I}\{i\} \times E) \end{aligned}$$

wie gewünscht[8].

Somit ist:

$$\begin{aligned} P_{\mathcal{Z}}(E) &= P_{\mathcal{Z}^*}(\bigcup_{i\in I}\{i\} \times E) \\ &\overset{(8.2)}{=} \sum_{i\in I} P_{\mathcal{X}}(i) \cdot P_{\mathcal{Y}_i}(E) \\ &\overset{\text{Kor.2.4.31}}{=} \sum_{i\in I} n^{-1} \cdot P_{\mathcal{Y}_i}(E) \\ &\overset{\text{Satz2.4.29}}{=} \sum_{i\in I} n^{-1} \cdot inf\left\{ \sum_{\mathfrak{m}\in\mathfrak{U}} \int_{\mathfrak{m}} p_{\mathcal{Y}_i}(y)dy \,\middle|\, \mathfrak{U} \in \mathfrak{A}_{\mathbb{H}\mathbb{I}^d}(E) \right\} \\ &= \sum_{i\in I} n^{-1} \cdot inf\left\{ \sum_{\mathfrak{m}\in\mathfrak{U}} \int_{\mathfrak{m}} V^{-1}\chi_{A_i}(y)dy \,\middle|\, \mathfrak{U} \in \mathfrak{A}_{\mathbb{H}\mathbb{I}^d}(E) \right\} \\ &= inf\left\{ \sum_{\mathfrak{m}\in\mathfrak{U}} \int_{\mathfrak{m}} n^{-1}V^{-1}\sum_{i\in I}\chi_{A_i}(y)dy \,\middle|\, \mathfrak{U} \in \mathfrak{A}_{\mathbb{H}\mathbb{I}^d}(E) \right\}. \end{aligned}$$

Und zusammen mit

$$P_{\mathcal{Z}}(E) \overset{\text{Satz2.4.29}}{=} inf\left\{ \sum_{\mathfrak{m}\in\mathfrak{U}} \int_{\mathfrak{m}} p_{\mathcal{Z}}(y)dy \,\middle|\, \mathfrak{U} \in \mathfrak{A}_{\mathbb{H}\mathbb{I}^d}(E) \right\}$$

folgt die Behauptung.

□

[8] Analog zu obiger Zwischenbehauptung zeigt man auch für $P_{\mathcal{Z}} : \mathscr{L}^d \mapsto \mathbb{R}$, dass es sich um ein Wahrscheinlichkeitsmaß handelt.

Beispiel 8.2.3

Es gelten wiederum die Voraussetzungen aus den Beispielen 8.1.2, 8.2.1 bzw. 8.2.2.

K_i *bezeichne die über* X_i *zentrierte Kernfunktion, d. h.* $K_i(x) := K(\frac{1}{h}(x - X_i))$. *Ferner sei* $A_i := Supp(K_i)$.

Offensichtlich ist $V := 2.8 = Vol(A_i) \quad \forall\, i \in \{1, ..., n\}$.

Mit Satz 8.2.6 folgt dann

$$p_{\mathcal{Z}}(x) = (14)^{-1} \sum_{i=1}^{n} \chi_{A_i}(x)$$

und der Schätzer

$$MCS_{Bsp\ 8.2.3} := \frac{14}{N} \sum_{j=1}^{N} \frac{f(Z_j)}{\sum_{i=1}^{n} \chi_{A_i}(Z_j)},$$

wobei $\{Z_1, Z_2, \ldots Z_N\}$ *Realisationen der Hintereinanderausführung* $\mathcal{Z}$ *einer auf* $\{1, \ldots, n\}$ *gleichverteilten, diskreten Zufallsvariable* $\mathcal{Y}$ *und einer auf* $A_{\mathcal{Y}}$ *gleichverteilten, stetigen Zufallsvariable sind.*

Die 1000 Mal wiederholte Auswertung des MC-Schätzers mit $N := 100$ *ergab im Mittel einen Integralwert von 1.001109489 (mit Varianz 0.001488228) bei einem mittleren Fehler von 0.030986976 (mit Varianz von 0.000528306). Die schlechteste MC-Schätzung lieferte einen Integralwert von 1.155075592, d. h. einen Fehler von 0.155075592.*

Die Einzelergebnisse der Studie sind im Anhang A.3 aufgeführt.

Der Schätzer in Beispiel 8.2.3 ist nicht nur (wie erwartet) besser als der des Beispiels 8.2.1, sondern stellt auch gegenüber dem Schätzer $MCS_{Bsp\ 8.2.2}$ eine Verbesserung dar.

Im Gegensatz zu Beispiel 8.2.2 erfüllt die in Beispiel 8.2.3 verwendete Dichte nämlich nicht nur die Forderung, dass ihr Träger mit *Supp*(f) übereinstimmt, sondern bildet den Verlauf von f auch noch aus einem weiteren Grund besonders gut nach: Durch den Term $\sum_{i=1}^{n} \chi_{A_i}(x)$ wird die zu verteilende Wahrscheinlichkeitsmasse gerade in jenen Bereichen des $\mathbb{R}^d$ konzentriert, in denen f besonders viele Summanden ungleich null besitzt und daher auch mit höherer Wahrscheinlichkeit die relativ größten Werte annimmt.

Abbildung 8.3 zeigt die in den Beispielen 8.2.1, 8.2.2 und 8.2.3 verwendeten Dichten im Vergleich mit dem Verlauf von f.

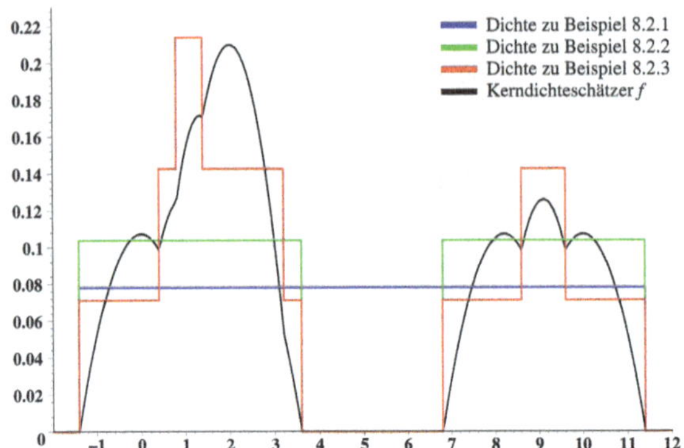

Abbildung 8.3: Dichten zu Beispielen der Monte-Carlo-Integration

8.2.3 Geschichtete Zufallszahlen

Die Varianz eines Monte-Carlo-Schätzers, der auf einer auf $A \subset \mathbb{R}^d$ gleichverteilten Zufallsvariable $\mathcal{Y}$ basiert, kann durch Verwendung geschichteter Zufallszahlen weiter reduziert werden [52]. Dabei wird A in n gleichgroße Teilmengen zerlegt:

$$A = \biguplus_{i=1}^{n} A_i \text{ mit } Vol_d(A_i) = Vol_d(A_j) \quad \forall i, j \in \{1, \ldots, n\}.$$

Nun wird für jede der Teilmengen $A_1, \ldots, A_n$ eine über ihr gleichverteilte Zufallsvariable $\frac{N}{n}$-mal ausgelost. Die Vereinigung dieser Realisationen ist offenbar eine N-elementige Menge und ersetzt die N Realisationen von $\mathcal{Y}$ in der Monte-Carlo-Schätzung.

Beispiel 8.2.4

Es gelten wiederum die Voraussetzungen aus Beispiel 8.2.3.

Wir setzen wiederum $MCS_{Bsp\,8.2.4} := \frac{14}{N} \sum_{j=1}^{N} \frac{f(Z_j)}{\sum_{i=1}^{n} \chi_{A_i}(Z_j)}$, *gehen aber bei der Auslosung der* $\{Z_1, Z_2, \ldots, Z_N\}$ *insofern anders vor, als dass wir auf die diskrete Zufallsvariable zur Auslosung des zu verwendenden Teilgebietes* A_i *verzichten und stattdessen für jedes der fünf* A_i, $i = 1..5$ *eine dort gleichverteilte Zufallsvariable genau* $\frac{N}{5}$*-mal realisieren.*

Die 1000 Mal wiederholte Auswertung mit $N := 100$ ergab im Mittel einen Integralwert von 1.000416066 (mit Varianz 0.001477866) bei einem mittleren Fehler von 0.030561109 (mit Varianz von 0.000543123). Die schlechteste MC-Schätzung lieferte einen Integralwert von 0.875597589, d. h. einen Fehler von 0.124402411.

Die Einzelergebnisse der Studie sind im Anhang A.3 aufgeführt.

8.3 Monte-Carlo-HDR-Schätzer

Satz 8.3.1

Sei $f : \mathbb{R}^d \mapsto \mathbb{R}$ eine Riemann-integrierbare Funktion, $Q \subseteq \mathbb{R}^d$ und $K \subset Q$. Ferner sei $Y := \{Y_1, .., Y_N\}$ eine N-elementige Menge von Realisationen einer mit Dichte $p : \mathbb{R}^d \mapsto \mathbb{R}_0^+$, $\int\limits_Q p(x)dx = 1$ verteilten Zufallsvariablen $\mathcal{Y}$. O. B. d. A. sei Y derart sortiert[9], dass gilt: $Y_i \in K \Leftrightarrow i \leq k$.

Dann gilt: $$\int\limits_K f(x)dx \approx \lim_{N\to\infty} \frac{1}{N} \sum_{i=1}^{k} \frac{f(Y_i)}{p(Y_i)}.$$

<u>Beweis:</u>

Es gilt $P(\mathcal{Y} \in K) = \int\limits_K p(y)dy$[10]. Nach Satz 2.4.47 und Bemerkung 2.4.48 stimmt bei häufiger Durchführung eines zufälligen Vorganges die relative Häufigkeit eines Ereignisses mit seiner Wahrscheinlichkeit näherungsweise überein, womit $k \approx N \cdot \int\limits_K p(y)dy$ unmittelbar folgt.

$$\begin{aligned} \Longrightarrow \quad \frac{1}{N} \sum_{i=1}^{k} \frac{f(Y_i)}{p(Y_i)} &= \frac{1}{k} \frac{k}{N} \sum_{i=1}^{k} \frac{f(Y_i)}{p(Y_i)} \\ &= \frac{1}{k} \sum_{i=1}^{k} \frac{f(Y_i)}{\frac{N}{k} p(Y_i)} \\ &= \frac{1}{k} \sum_{i=1}^{k} \frac{f(Y_i)}{\left(\frac{p(Y_i)}{\int\limits_K p(y)dy} \right)}. \end{aligned}$$

Die $Y_1, \ldots, Y_k$ sind gerade die Realisationen von $\mathcal{Y}$ unter der Bedingung $\mathcal{Y} \in K$. D. h. die $Y_1, \ldots, Y_k$ sind vergleichbar mit Realisationen einer Zufallsvariablen unter dem bedingten Wahrscheinlichkeitsmaß $P(\cdot|K)$.

---

[9] $\int\limits_Q p(x)dx = 1 \overset{p \text{ ist Dichte}}{\Longrightarrow} p(x) = 0 \, \forall x \notin Q \Longrightarrow Y_i \in Q \, \forall Y_i \in Y.$

[10] Nach Bez. 2.15, Satz 2.4.26, Bez. 2.13 und Bez. 2.8.

Gemäß Korollar 2.4.36 sind $Y_1, \ldots, Y_k$ also vergleichbar mit Realisationen einer Zufallsvariablen mit Dichte $p_K : \mathbb{R}^d \mapsto \mathbb{R}_0^+$, $p_K(x) := \frac{p(x)}{p(K)} = \frac{p(x)}{\int_K p(y)dy}$ und zusammen mit Satz 8.2.1 folgt: $\lim_{N\to\infty} \frac{1}{N} \sum_{i=1}^{k} \frac{f(Y_i)}{p(Y_i)} = \lim_{k\to\infty} \frac{1}{k} \sum_{i=1}^{k} \frac{f(Y_i)}{p_K(Y_i)} \approx \int_K f(x)dx.$

□

Wir werden Satz 8.3.1 nun verwenden, um die Highest-Density-Region HDR_α eines Kerndichteschätzers $f : \mathbb{R}^d \mapsto \mathbb{R}$ zu bestimmen. Wie bei der Durchführung einer gewöhnlichen Monte-Carlo-Integration von f werten wir f dazu an zufällig gewählten Stellen aus. Bezeichne dazu wie im vergangenen Abschnitt $Y := \{Y_1, \ldots, Y_N\}$ die N-elementige Menge der Realisationen einer geeigneten[11] Zufallsvariablen $\mathcal{Y}$ mit Dichte p.

Nach Definition 8.1 gilt:

1. $HDR_\alpha \subseteq Supp(f)$,
2. $f(x_1) \geq f(x_2) \quad \forall\, x_1 \in HDR_\alpha,\ \forall\, x_2 \notin HDR_\alpha$.

Wir müssen daher Y lediglich nach den Werten $f(Y_i)$ absteigend sortieren, um alle Voraussetzungen von Satz 8.3.1 zu erfüllen und für $N \to \infty$ gilt:

$$\alpha = \int_{HDR_\alpha} f(x)dx \approx \frac{1}{N} \sum_{i=1}^{k} \frac{f(Y_i)}{p(Y_i)} =: \xi_k. \tag{8.3}$$

Zu fest gewähltem $0 \leq \alpha \leq 1$ können wir aus (8.3) dann k derart bestimmen, dass gilt:

$$\xi_k = \frac{1}{N} \sum_{i=1}^{k} \frac{f(Y_i)}{p(Y_i)} \leq \alpha \leq \frac{1}{N} \sum_{i=1}^{k+1} \frac{f(Y_i)}{p(Y_i)} = \xi_{k+1}. \tag{8.4}$$

Aus (8.4) folgt direkt mit der Definition von f_α^*:

$$f(Y_k) \geq f_\alpha^* \geq f(Y_{k+1}) \tag{8.5}$$

und wir setzen:

$$f_\alpha^* :\approx f(Y_k) + \frac{\alpha - \xi_k}{\xi_{k+1} - \xi_k} \cdot \left(f(Y_{k+1}) - f(Y_k)\right). \tag{8.6}$$

Der Schätzer in Gleichung (8.6) heißt Monte-Carlo-HDR-Schätzer.

[11] Erinnerung: Von den in Abschnitt 8.2 vorgestellten Zufallsvariablen bzw. Methoden zur Generierung von Y war die in Bsp. 8.2.4 verwendete am geeignetsten.

Definition 8.2 (Monte-Carlo-HDR-Schätzer)
Sei $f : \mathbb{R}^d \mapsto \mathbb{R}$ ein Kerndichteschätzer und $0 \leq \alpha \leq 1$. Ferner sei $Q \subset \mathbb{R}^d$ mit Supp(f) $\subseteq Q$ und $\mathcal{Y}$ eine absolutstetige Zufallsvariable mit Dichte p derart, dass $\int_Q p(x)dx = 1$. Sei $Y := \{Y_1, \ldots, Y_N\}$ eine N-elementige Menge von Realisationen von $\mathcal{Y}$, welche nach $f(Y_i)$ absteigend sortiert ist. Dann heißt:

$$f^*_\alpha :\approx f(Y_k) + \frac{\alpha - \xi_k}{\xi_{k+1} - \xi_k} \cdot \Big(f(Y_{k+1}) - f(Y_k)\Big), \quad \xi_k \leq \alpha \leq \xi_{k+1}$$

mit $\xi_j := \frac{1}{N} \sum_{i=1}^{j} \frac{f(Y_i)}{p(Y_i)} \quad \forall\, j \in \{1, ..., N\}$ Monte-Carlo-HDR-Schätzer bezüglich f und α oder kurz $MC - HDR_\alpha$.

Beispiel 8.3.1

Es gelten die Voraussetzungen aus Beispiel 8.2.4. Die zufälligen Auswertungsstellen seien ebenfalls analog zu Beispiel 8.2.4 bestimmt.

Die 1000 Mal wiederholte Auswertung[12] des Monte-Carlo-HDR-Schätzers bezüglich f und α mit $N := 100$ ergab für

- $\alpha := 0.1$
  einen mittleren Schätzwert für f^*_α von 0.202964768 (mit Varianz 2.52295E-05) und einen mittleren Fehler[13] von 0.003591631 (mit Varianz 1.26993E-05). Die schlechteste MC-HDR-Schätzung lieferte ein f^*_α von 0.17109734, d. h. einen Fehler von 0.032485616.

- $\alpha := 0.5$
  einen mittleren Schätzwert für f^*_α von 0.112447412 (mit Varianz 2.84992E-05) und einen mittleren Fehler[14] von 0.004615162 (mit Varianz 8.53258E-06). Die schlechteste MC-HDR-Schätzung lieferte ein f^*_α von 0.125284137, d. h. einen Fehler von 0.013999922.

Die Einzelergebnisse der Studie sind im Anhang A.3 aufgeführt.

---

[12] Es wurden die für Bsp. 8.2.4 ausgelosten Realisationen wiederverwendet.

[13] Der korrekte Wert von f^*_α beträgt 0.203582957 (vgl. Bsp 8.1.2).

[14] Der korrekte Wert von f^*_α beträgt 0.111284215 (vgl. Bsp 8.1.2).

8.3.1 Integralwertkorrigierter Monte-Carlo-HDR-Schätzer

Da bei Kerndichteschätzern der Wert des Integrals $I := \int\limits_{Supp(f)} f(x)dx$ bekannt ist, kann man den Monte-Carlo-HDR-Schätzer noch um den Fehler des zugrunde liegenden Monte-Carlo-Schätzers korrigieren. Dazu muss zunächst ξ_N berechnet werden.

Nun gilt:

$$\xi_N = \frac{1}{N}\sum_{i=1}^{N}\frac{f(Y_i)}{p(Y_i)} \overset{\text{Satz8.2.1}}{\approx} \int\limits_{Supp(f)} f(x)dx = I$$

und es ergibt sich ein Faktor $\kappa := \frac{I}{\xi_N}$, um den ξ_N den tatsächlichen Integralwert über- bzw. unterschätzt. Unter der Annahme, dass sich dieser Schätzfehler gleichmäßig auf die Auswertungsstellen Y_i verteilt, setzen wir daher:

$$\xi_k^{'} := \xi_k \cdot \kappa \tag{8.7}$$

und erhalten den

integralwertkorrigierten Monte-Carlo-HDR-Schätzer ($iMC - HDR_\alpha$):

$$f_\alpha^* :\approx f(Y_k) + \frac{\alpha - \xi_k^{'}}{\xi_{k+1}^{'} - \xi_k^{'}} \cdot \Big(f(Y_{k+1}) - f(Y_k)\Big)\,. \tag{8.8}$$

Beispiel 8.3.2

Es gelten die Voraussetzungen aus Beispiel 8.2.4 und die zufälligen Auswertungsstellen seien analog zu Beispiel 8.2.4 bestimmt.

Die 1000 Mal wiederholte Auswertung[15] des integralwertkorrigierten Monte-Carlo-HDR-Schätzers bezüglich f und α mit $N := 100$ ergab für

- $\alpha := 0.1$
  einen mittleren Schätzwert für f_α^* von 0.202743295 (mit Varianz 2.04036E-05) und einen mittleren Fehler[16] von 0.003423135 (mit Varianz 9.37976E-06). Die schlechteste iMC-HDR-Schätzung lieferte ein f_α^* von 0.173977146, d. h. einen Fehler von 0.029605811.

[15] Es wurden die bereits für Bsp. 8.2.4 und 8.3.1 gebrauchten Realisationen wiederverwendet.

[16] Der korrekte Wert von f_α^* beträgt 0.203582957 (vgl. Bsp 8.1.2).

- $\alpha := 0.5$
  einen mittleren Schätzwert für f_α^* von 0.112341104 (mit Varianz 2.65643E-05) und einen mittleren Fehler[17] *von 0.004455371 (mit Varianz 7.81227E-06). Die schlechteste iMC-HDR-Schätzung lieferte ein f_α^* von 0.125228172, d. h. einen Fehler von 0.013943958.*

Die Einzelergebnisse der Studie sind im Anhang A.3 aufgeführt.

8.3.2 Bezug zum KADE-AD-Cutoff

Wie bereits in Definition 6.5 vorweggenommen, ist der AD-Cutoff für einen kernbasierten AD-Schätzer f gegeben durch f_α^*, wobei der Wert α in Analogie zu Definition 4.4 als AD-Cutoff-Faktor bezeichnet wird.

Der Standard-AD-Cutoff-Faktor für die Leverage-Methode war mit $\alpha = 3$ festgelegt worden, weil dies bei einer normalverteilten AD garantiert, dass 99% der Trainingsdaten in die Anwendungsdomäne fallen.

Bei der Parametrisierung des KADE war die Standardbandbreite auf

$$h_s := \overline{NND_{(1)}} + 3 \cdot \sigma_{NND_{(1)}} + NND_{(q,1)}$$

gesetzt worden, weil bei einer Normalverteilung der Nächster-Nachbar-Distanzen[18] so der Abstand zwischen einem Trainingsdatum und seinem nächsten Nachbarn im Trainingsdatensatz in 99% der Fälle kleiner als h_s ist.

Will man, wie bei der Leverage-Methode, erreichen, dass der Bereich, welcher eben diese 99% der Trainingsdaten umfasst, zu der geschätzen AD gehört, hängt der AD-Cutoff-Faktor für einen kernbasierten AD-Schätzer von dem Anteil der Wahrscheinlichkeitsmasse ab, den ein einzelner Kern im Radius h_s um sein Zentrum verteilt.

[17] Der korrekte Wert von f_α^* beträgt 0.111284215 (vgl. Bsp 8.1.2).

[18] Im Gegensatz zur Leverage-Methode wird damit nicht die Annahme getroffen, die Anwendungsdomäne selbst sei normalverteilt!

Somit folgt für einen KADE mit Kernfunktion $K : \mathbb{R}^d \mapsto \mathbb{R}_0^+$ und Bandbreite h ein AD-Cutoff-Faktor von

$$\alpha := \int\limits_{B_{h_s}^d} \frac{1}{h} K\left(\frac{x}{h}\right) dx,$$

wobei $B_{h_s}^d$ die d-dimensionale Hypersphäre mit Radius h_s um den Ursprung bezeichnet.

Ist K endlich, so liegt die gesamte Wahrscheinlichkeitsmasse innerhalb des bezeichneten Radius und es ergibt sich[19] $\alpha := 0.\overline{99}$.

Bei dem Gauß-Kern mit Standardbandbreite käme man dagegen auf den Wert $\int\limits_{-h_s}^{h_s} \frac{1}{h_s \cdot \sqrt{2\pi}} \exp\left(-0.5\left(\frac{x}{h_s}\right)^2\right) dx \approx 0.683$ und bei einem Epanechnikov-Kern mit Bandbreite $h := 2 \cdot h_s$ auf den Faktor $\alpha = \int\limits_{-h_s}^{h_s} \frac{1}{h}\frac{3}{4}\left(1 - (\frac{x}{h})^2\right) dx = \frac{11}{16}$.

[19] Wir setzen $\alpha := 0.\overline{99}$, um nur den Teil des Deskriptorraumes als AD zu kennzeichnen, in dem der KADE Funktionswerte **echt** größer null aufweist. Bei $\alpha := 1$ würde hingegen der gesamte Deskriptorraum zur Anwendungsdomäne, da die HDR nach Definition 8.1 alle Punkte des Definitionsbereichs einer Funktion umfasst, die einen Funktionswert größer **gleich** f_α^* aufweisen.

Kapitel 9

Der zielraumgestützte AD-Schätzer EKADE

Neben dem generellen Vorzug, an jedwede Verteilung anpassbar zu sein und somit die Trainingsdatenabdeckung des Deskriptorraumes exakter als parametrische Verfahren abschätzen zu können, bietet die Charakterisierung der Anwendungsdomäne auf Basis einer Kerndichteschätzung noch einen weiteren, sehr wertvollen Vorteil:

Aufgrund des individuellen Einbezugs jedes einzelnen Trainingsdatums ergibt sich die Möglichkeit, zusätzliche Informationen direkt in die Schätzung zu integrieren. In Abschnitt 9.2 stellen wir hierzu ein neu entwickeltes Verfahren vor.

Konventionelle, referenzpunktbezogene Methoden zur Domänenschätzung können über die Deskriptoren hinausgehende Zusätze hingegen nicht ohne weiteres verarbeiten. Es besteht jedoch immer die Möglichkeit, ergänzendes Wissen in nachträglicher Form zu berücksichtigen und das Ergebnis der Deskriptorraumuntersuchung aufgrund dessen entweder zu bestätigen oder zu verwerfen.

9.1 Vorschläge aus der Literatur

Eine der angesprochenen Zusatzinformationen betrifft den Zielraum. Dass dieser einen wichtigen Einflussfaktor für die Ausdehnung der Anwendungsdomäne darstellt, haben wir bereits in Kapitel 3, insbesondere S. 84, festgestellt.

Entsprechend finden sich in der Literatur [4, 45, 58, 105, 147] bereits verschiedene Überlegungen, wie eine Zielraumanalyse in eine - möglicherweise auch parametrische - Charakterisierung der Anwendungsdomäne eingebunden oder mit dieser kombiniert werden könnte.

Einige Autoren postulieren, dass ein Anfragestoff nur dann zur Anwendungsdomäne gerechnet werden dürfe, wenn er in einen Bereich des Zielraumes fällt, der durch die Trainingsstoffe hinreichend gut besiedelt ist. Dies ist eine direkte Übertragung des Prinzips der Trainingsdatenabdeckung vom Deskriptor- auf den Zielraum.

Motiviert ist dieser Ansatz durch den Gedanken, dass die Auswahl der Trainingsdaten in der QSAR-Entwicklungsphase meist sehr gezielt auf die Optimierung des Zielwertes[1] ausgerichtet ist [147]. Es hat also möglicherweise während der Modellentwicklung eine Selektion der Eingabetupel stattgefunden, die sichergestellt hat, das Modell nur mit solchen Stoffen bekannt zu machen, für die die zu prognostizierende Zieleigenschaft bestimmten Kriterien entspricht, m. a. W. in einem bewusst gewählten Bereich des Zielraumes liegt.

Insofern gelten die gleichen Überlegungen zur Ähnlichkeit, welche zwischen der Anwendungsdomäne und dem Modelltraining herrschen sollte (vgl. Abschnitt 3.1.3), für den Zielraum in der gleichen Weise wie für den Deskriptorraum.

Dennoch besitzt dieser Vorschlag eine gewichtige konzeptionelle Schwachstelle:

Im Gegensatz zu den Deskriptorwerten, die ja die Eingangsvariablen des QSAR-Modells darstellen, ist der Zielwert eines Anfragestoffes[2] nicht bekannt (ansonsten wäre die Anwendung des QSAR-Modells ja auch überflüssig).

Eine Beurteilung, ob die Zieleigenschaft eines Anfragestoffes ähnlich zu jenen der Trainingsdaten ist, kann also nicht auf Grundlage des tatsächlichen, sondern lediglich über den durch das QSAR-Modell geschätzten Wert erfolgen. Genau dessen Zuverlässigkeit soll aber durch die Abschätzung der Anwendungsdomäne ja erst festgestellt werden. Ein Zirkelschluss.

[1] Wir sprechen vereinfacht im Singular. Es kann sich aber durchaus um ein Wertetupel handeln, d. h. einen mehrdimensionalen Zielraum.

[2] D. h. eines nicht im Training enthaltenen Stoffes, für den entschieden werden soll, ob er in die Anwendungsdomäne fällt.

Entsprechendes gilt auch für den leicht modifizierten, aber letztlich gleichbedeutenden Vorschlag [105, 147], bei der Berechnung eines Abstandes im Deskriptorraum die einzelnen Deskriptoren entsprechend ihres Einflusses auf die Zieleigenschaft zu gewichten.

Bei linearen Regressionsmodellen beispielsweise drückt sich dieser Einfluss im Wert der verschiedenen Regressionskoeffizienten aus.

Ein großer Regressionskoeffizient sagt aus, dass hinsichtlich des betreffenden Deskriptors - nennen wir ihn Deskriptor A - eng benachbarte Trainingsdaten bezüglich der Zieleigenschaft stark voneinander abweichen.

Extrapoliert man das QSAR-Modell nun in Richtung von Deskriptor A, so wächst folglich auch der Unterschied zu den Zielwerten des Trainingsdatensatzes schneller, als wenn man dies in Richtung eines in der Modellgleichung weniger einflussreichen Deskriptors B tun würde.

Es ist jedoch nicht unmittelbar folgerichtig, deswegen anzunehmen, dass auch der Modellfehler potentiell größer sein müsste, denn es spricht modelltheoretisch nichts dafür, dass es wahrscheinlicher ist, den Koeffizienten des einflussreichen Deskriptors A weniger genau eingeschätzt zu haben, als den des weniger bedeutenden Deskriptors B.

Beispiel 9.1.1

Sei $W : \mathbb{R}^2 \mapsto \mathbb{R}$, $W(x,y) := 3.9998 \cdot x + y^{20} + y + 0.0002$ *ein natürlicher Zusammenhang*[3], *der durch ein QSAR-Modell vorhergesagt werden soll.*
Für das Modelltraining stünden die in Tabelle 9.1 aufgeführten Stoffe aus dem Intervall $[-1, 0.8] \times [-0.7, 0.8]$ *zur Verfügung. Nehmen wir weiterhin an, dass die labortechnische Bestimmung von* W *mit einem Fehler von* ± 0.01 *behaftet sei.*

Dann verschwinden der Term y^{20} *sowie die Konstante für die vorliegenden Trainingsdaten im Rauschen der Messungenauigkeit, so dass der Zusammenhang* $Q : \mathbb{R}^2 \mapsto \mathbb{R}$, $Q(x,y) := 4 \cdot x + y$ *ein brauchbares QSAR-Modell für* W *darzustellen scheint.*

[3] Wir treffen also zu Demonstrationszwecken die in der Praxis nie erfüllte Annahme, der zu modellierende Zusammenhang wäre tatsächlich vollständig durch eine stetige Abbildung aus dem Deskriptor- in den Zielraum beschreibbar. Vergleiche auch Vereinbarung 3.1.

Deskriptoren A	B	W	Q	$\|W-Q\|$	Deskriptoren A	B	W	Q	$\|W-Q\|$
0.8	0.5	3.70004	3.7	0.00004	-0.2	0.3	-0.49976	-0.5	0.00024
-0.8	0.3	-2.89964	-2.9	0.00036	-0.9	-0.4	-3.99962	-4.0	0.00038
-0.4	-0.3	-1.89972	-1.9	0.00028	0.2	-0.2	0.60016	0.6	0.00016
0.7	0.2	3.00006	3.0	0.00006	-1.0	0.7	-3.29880	-3.3	0.00120
-0.2	0.3	-0.49976	-0.5	0.00024	0.2	0.7	1.50096	1.5	0.00096
0.6	-0.7	1.70088	1.7	0.00088	-0.6	0.8	-1.58815	-1.6	0.01185
-0.5	0.0	-1.99970	-2.0	0.00030	-0.9	0.8	-2.78809	-2.8	0.01191
-0.2	0.0	-0.79976	-0.8	0.00024	0.2	0.2	1.00016	1.0	0.00016
0.7	0.4	3.20006	3.2	0.00006	-0.5	0.1	-1.89970	-1.9	0.00030
-0.6	-0.5	-2.89968	-2.9	0.00032	-0.8	-0.3	-3.49964	-3.5	0.00036
0.7	0.3	3.10006	3.1	0.00006	0.2	-0.7	0.10096	0.1	0.00096
0.6	0.7	3.10088	3.1	0.00088	0.8	0.8	4.01157	4.0	0.01157

Tabelle 9.1: Trainingsdaten zu Beispiel 9.1.1

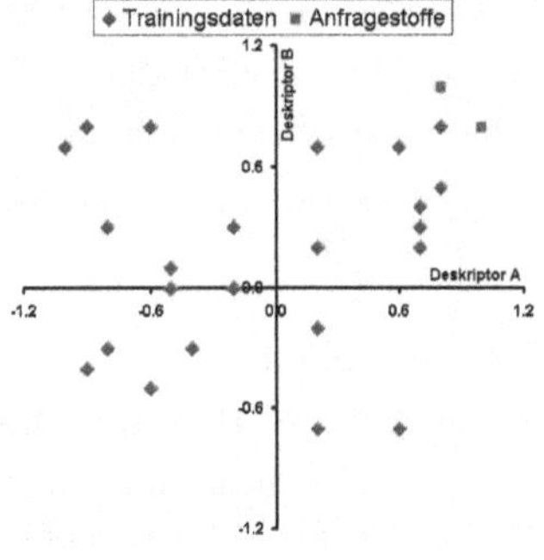

Nun solle festgestellt werden, ob die beiden Stoffe $c_1 := \binom{0.8}{1.0}$ und $c_2 := \binom{1.0}{0.8}$ aus dem Extrapolationsbereich des Modells in die Anwendungsdomäne fallen.

Hinsichtlich ihrer Lage zu den Trainingsdaten unterscheiden sich beide Stoffe im Deskriptorraum kaum voneinander. Bezüglich ihrer Lage im Zielraum weichen sie hingegen deutlicher voneinander ab:
Für c_1 errechnet Q einen Zielwert von $Q(c_1) := 4.2$, für c_2 einen Zielwert von $Q(c_2) := 4.8$.
Da sich die Zielwerte der Trainingsdaten relativ gleichmäßig auf dem Intervall $[-3.99962, 4.01157]$ verteilen, ist c_1 den Trainingsdaten im Zielraum also gemäß Q wesentlich ähnlicher als c_2.

Nimmt man diese Feststellung nun als Kriterium für die AD-Zugehörigkeit, so muss man c_1 mit einer weit höheren Wahrscheinlichkeit in die Anwendungsdomäne von Q zählen als c_2.

Tatsächlich zeigt sich aber, dass der Modellfehler von c_1, $\|W(c_1)-Q(c_1)\| = 1.00004$, *um ein Beträchtliches höher ist als der Modellfehler* $\|W(c_2) - Q(c_2)\| = 0.01153$.

Gleichwohl gibt es Untersuchungen, die eine Verbesserung der Domänenabschätzung bei Verwendung von regressionskoeffizientengewichteten Deskriptoren festgestellt haben [105]. Unsere Bedenken bestätigend, konnten wir diese Beobachtung in unseren Analysen verschiedener publizierter QSAR-Modelle (siehe Kapitel 11) allerdings nicht nachweisen.

Im Folgenden beschreiben wir daher einen neuen und gänzlich anderen Ansatz, um Informationen über den Zielraum für die Schätzung der Anwendungsdomäne nutzbar zu machen. Sollten dennoch, hier vielleicht nicht genannte, Gründe für eine Wichtung auf Basis der Regressionskoeffizienten sprechen, so kann diese Technik mühelos mit unseren Vorschlägen kombiniert werden.

9.2 Berücksichtigung des Modellfehlers

Anstatt die Anwendungsdomäne zu den absoluten Werten in Beziehung zu setzen, welche die Trainingsdaten im Zielraum annehmen, halten wir es für weit gewinnbringender, die Abweichung zwischen den durch das QSAR-Modell berechneten und den tatsächlichen (bzw. labortechnisch bestimmten) Zielwerten zu betrachten.

Dieser Modellfehler variiert nämlich zwischen den bei der Modellentwicklung verwendeten Stoffen[4] durchaus. An einige Trainingsstoffe ist das Modell besser angepasst, an andere schlechter.

Dies bedeutet aber auch, dass es für die Wahrscheinlichkeit dafür, ob ein Anfragestoff x zur Anwendungsdomäne eines QSAR-Modells gehört, nicht nur von Bedeutung ist, dass er den Trainingsstoffen des Modells in ihrer Gesamtheit ähnelt, sondern auch, welchen von diesen im Speziellen [162]. Gleicht er jenen Stoffen, an die die Modellanpassung besonders gut ist, oder eher jenen mit höherem Modellfehler?

Hypothese 1 (S. 82), auf der alle bisher vorgestellten AD-Schätzer basierten, erfährt mit diesen Überlegungen eine kleine, aber durchaus bedeutende Veränderung:

[4] Man beachte, dass der Begriff Trainingsdaten, wie wir ihn auf S. 3.1.2 eingeführt haben, u. U. auch die zur Modellvalidierung benutzen Stoffe einschließen kann.

Hypothese 2

Die Zieleigenschaft eines Stoffes, dessen Deskriptortupel in ein Gebiet des Deskriptorraumes fällt, das durch den Trainingsdatensatz des QSAR-Modells Q gut abgedeckt ist, wird von Q mit höherer Wahrscheinlichkeit **in ähnlicher Qualität** *wie die umgebenden Trainingsdaten vorhergesagt, als die Zieleigenschaft eines Stoffes aus einem mit Trainingsdaten schwach besiedelten Gebiet.*

Mit den konventionellen AD-Schätzverfahren aus Kapitel 4 ist diese Frage nicht zu beantworten, da diese die Ähnlichkeit zu dem Trainingsdatensatz als ganzes, nicht aber zu seinen einzelnen Elementen bestimmen[5].

Bei der kernbasierten AD-Schätzung KADE ist das bekanntlich anders: Jede einzelne Kernfunktion misst die Ähnlichkeit des Anfragepunktes zu dem Trainingsdatum, über welchem sie zentriert wurde. Der KADE-Wert, also die Ähnlichkeit zum gesamten Trainingsdatensatz, ist dann lediglich die Summe dieser individuellen Ähnlichkeiten.

Dies eröffnet die Möglichkeit, jeder dieser einzelnen Ähnlichkeiten ein individuelles Gewicht zu geben, mit welchem sie in die Gesamtsumme eingeht.

Auf dieser Grundlage haben wir den kernbasierten AD-Schätzer zu einem zielraumgestützten Verfahren weiterentwickelt, das wir **EKADE** (engl. **e**nhanced **k**ernel based **a**pplication **d**omain **e**stimator) nennen und im Folgenden beschreiben.

Bemerkung 9.2.1

Es gelten die Bezeichnungen aus Kapitel 3, insbesondere aus Definition 3.1 und Vereinbarung 3.1. Das heißt W bezeichnet einen natürlichen Zusammenhang, welcher durch ein QSAR-Modell Q auf Grundlage des Trainingsdatensatzes T approximiert wurde und die Anwendungsdomäne $AD_{(Q,\zeta)}$ *umfasst alle Stoffe* x *mit einem Modellfehler* $\|W(x) - Q(x)\|$ *kleiner als* ζ.

[5] Xu und Gao [162] nutzen diese Erkenntnis bereits in soweit, als dass sie in ihrer Untersuchung nur jene Trainingsstoffe zur Bestimmung der Anwendungsdomäne verwenden, die einen Modellfehler unterhalb eines vordefinierten Grenzwertes aufweisen. Guha und Jurs [44] teilen die Trainingsdaten anhand eines vordefinierten Fehlergrenzwertes in zwei Gruppen, auf deren Grundlage dann ein Klassifizierungsverfahren (z. B. Diskriminanzanalyse, PLS, neuronale Netze) die AD bestimmt.

Die Grundidee des EKADE besteht darin, vor einer Aufsummierung, wie sie vom KADE bekannt ist, jede Kernfunktion mit einem Fehlergewicht zu multiplizieren, welches mit dem Modellfehler des Stoffes $X \in T$ korreliert, über dem sie zentriert ist. Auf diese Weise werden die Kerne in ihrer Höhe variiert und damit ihr Beitrag zum Gesamtwert der Schätzung verändert.

Korrespondiert $X \in T$ mit einem Modellfehler von 0, bleibt der betreffende Kern in seiner vollen Höhe erhalten, was einem Fehlergewicht von 1 entspricht. Vergrößert sich die Abweichung zwischen dem durch das QSAR-Modell errechneten Zielwert $Q(X)$ und dem tatsächlichen Wert der modellierten Stoffgröße $W(X)$, so nimmt die Höhe des Kerns entsprechend ab - das Fehlergewicht wird also verkleinert. Erreicht $\|Q(X) - W(X)\|$ den Wert ζ, so kann X selbst nicht mehr zur Anwendungsdomäne $AD_{(Q,\zeta)}$ gezählt werden und der zugehörige Kern wird durch Multiplikation mit dem Gewicht 0 eliminiert.

Dieses Prinzip wird nun fortgeschrieben und Stoffe, für die der Modellfehler den Grenzwert ζ überschreitet, werden sogar mit einem negativen Gewicht belegt. Auf diese Weise relativieren Stoffe, an die das Modell besonders schlecht angepasst ist, die positiven Beiträge eng benachbarter Trainingsdaten an der Gesamtschätzung.

9.2.1 Die Fehlergewichtsfunktion

***Definition* 9.1** (Fehlergewichtsfunktion)
Eine Funktion $\mathcal{E}_\zeta : \mathbb{R}_+ \mapsto]-1, 1]$ heißt (EKADE-)Fehlergewichtsfunktion, wenn gilt:

- *$\mathcal{E}_\zeta$ ist monoton fallend,*
- $\mathcal{E}_\zeta(0) = 1$,
- $\mathcal{E}_\zeta(\zeta) = 0$,
- $\lim_{x \to \infty} \mathcal{E}_\zeta(x) = -1$.

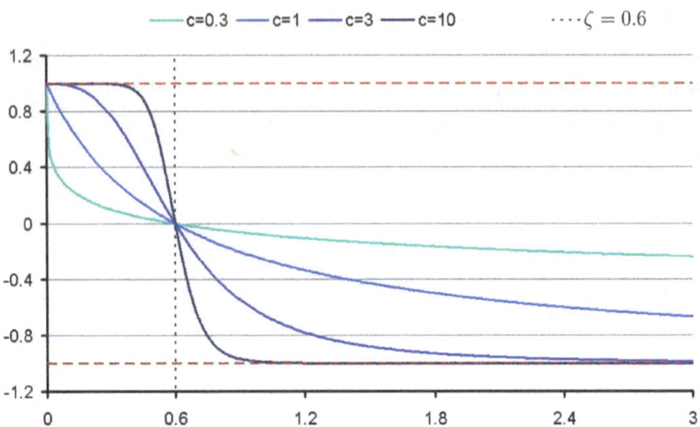

Dargestellt ist die Standard-Fehlergewichtsfunktion zum Grenzwert $\zeta = 0.6$ mit verschiedenen Steigungen c. Je größer der Steigungsparameter c gewählt wird, umso stärker führen schon geringfügige Überschreitungen von ζ zu einer stark negativen Gewichtung, wohingegen geringfügige Abweichungen von 0 eher toleriert werden. Vgl. Definition 9.3, S. 206.

Abbildung 9.1: Fehlergewichtsfunktion

***Definition* 9.2** (Kernbasierter AD-Schätzer mit Fehlergewichtung)

Sei

- $X := \{X_1, \ldots, X_n\} \subset \mathbb{R}^d$ *eine n-elementige Trainingsmenge eines QSAR-Modells Q, welches den natürlichen Zusammenhang W beschreibt,*
- L *die labortechnische Bestimmung von W,*
- $\mathcal{E}_\zeta$ *eine Fehlergewichtsfunktion nach Definition 9.1,*
- $h \in \mathbb{R}^+$ *und*
- K *ein echt multivariater Kern nach Definition 5.5, d. h. $K : \mathbb{R}^d \mapsto \mathbb{R}_0^+$ (stückweise) stetig, so dass gilt:*
  - $\int_{\mathbb{R}^d} K(x)dx = 1$,
  - $K(x) = K(y) \quad \forall\, x, y$ *mit* $\|x\| = \|y\|$ *(Radialsymmetrie um 0) und*
  - $K(x) \geq K(y) \quad \forall\, x, y$ *mit* $\|x\| \leq \|y\|$.

Dann heißt die Funktion $f : \mathbb{R}^d \mapsto \mathbb{R}$,

$$f(x) := \sum_{i=1}^{n} \mathcal{E}_\zeta(\|Q(X_i) - L(X_i)\|) \cdot K\left(\frac{1}{h}(x - X_i)\right)$$

kernbasierter AD-Schätzer mit Fehlergewichtung (zum Grenzwert ζ*).*

Im Gegensatz zum kernbasierten AD-Schätzer KADE aus den Definitionen 6.1 und 6.6 bildet der AD-Schätzer mit Fehlergewichtung nicht mehr nur auf die positiven reellen Zahlen $\mathbb{R}_0^+$, sondern in den gesamten $\mathbb{R}$ ab. Dies folgt unmittelbar aus der Tatsache, dass wir mit der Einführung der Fehlergewichtsfunktion negative Beiträge zur Summation zugelassen haben und hat eine, zunächst vor allem formal bedeutsame, Konsequenz:

Feststellung 9.2.1

Bei der AD-Schätzung nach Definition 9.5 handelt es sich (im Gegensatz zum KADE) mathematisch gesehen nicht mehr um eine Dichteschätzung, weil durch die Möglichkeit negativer Schätzwerte die Voraussetzungen, die Definition 2.17 an eine Dichte stellt, verletzt sind. Außerdem ist die durch den Schätzer verteilte Wahrscheinlichkeitsmasse nicht mehr auf 1 normiert[6].

Tatsächlich kann man den AD-Schätzer mit Fehlergewichtung vielmehr als Differenz zweier unabhängiger Dichteschätzungen betrachten.
Definiert man

$$\mathcal{E}_\zeta(x) := \begin{cases} 1, & \text{falls } x < \zeta, \\ 0, & \text{falls } x = \zeta, \\ -1, & \text{sonst} \end{cases},$$

so entspricht sein Wert exakt der (geschätzten) Verteilungsdichte der Beobachtungen mit Modellfehler kleiner ζ, von der die Dichte der Beobachtungen mit Modellfehler größer ζ abgezogen wurde.

[6] Da negativ gewichtete Kerne bei der Addition zur Gesamtfunktion f sowohl zu einer Reduktion $\int_{Supp(f^+)} f^+(x)dx$ (bei entsprechender Überlappung mit positiven Summanden) oder zu einer Vergrößerung von $\int_{Supp(f^-)} f^-(x)dx$ führen können, ist eine Normierung von $\int_{\mathbb{R}^d} f(x)dx$ auf 1 vermittels der in Def. 6.1 verwendeten Vorfaktoren nicht möglich (für f^+ und f^- siehe Def. 9.4).

Um die nicht nur zwischen Stoffen kleiner und größer dem Grenzwert ζ zu unterscheiden, sondern auch kleinste Veränderungen in der Vorhersagequalität des QSAR-Modells zu berücksichtigen, ist es jedoch zweckmäßig, $\mathcal{E}$ als stetige Funktion zu definieren.

Wir machen hierzu folgenden Vorschlag:

***Definition* 9.3** (Standard-Fehlergewichtsfunktion[7])
Seien $c, \zeta \in \mathbb{R}^+$ *und* $\mathcal{E}_\zeta : \mathbb{R}_+ \mapsto]-1, 1]$ *mit*

$$\mathcal{E}_\zeta(x) := \left(0.5 \cdot \frac{x^c}{\zeta^c} + 0.5\right)^{-1} - 1.$$

Dann heißt

$\mathcal{E}$ die (Standard-)Fehlergewichtsfunktion mit Steigung c zum Grenzwert ζ.

Die Standardsteigung legen wir auf $c := 1$ fest.

9.2.2 Domänenbegrenzung

Über den formalen Aspekt hinaus hat Feststellung 9.2.1 allerdings auch konkrete Auswirkungen auf die Bestimmung der Domänenbegrenzung. Während die Parametrisierung des Bandbreiteparameters analog zum Vorgehen bei der KADE-Methode erfolgen kann, stößt man bei der Bestimmung der HDR nämlich auf Schwierigkeiten.

Wie schon dem Namen „Highest Density Region" zu entnehmen ist, ist das HDR-Konzept nämlich eigentlich speziell für Wahrscheinlichkeitsdichten entwickelt. Die Idee dahinter war, eine Region HDR_α des Definitionsbereichs einer Funktion f zu identifizieren, auf der f einerseits die relativ höchsten Funktionswerte annimmt und die andererseits so gewählt ist, dass die Fläche, die f auf dem Intervall HDR_α einschließt, einen bestimmten Anteil α an der Gesamtfläche unterhalb von f ausmacht, was gleichbedeutend mit einem Anteil α an der gemäß f verteilten Wahrscheinlichkeitsmasse ist.

[7] Vgl. Abbildung 9.1, S. 204.

Bildet f nun nicht wie eine Dichte ausschließlich auf positive Werte ab, so gibt das Integral $\int_A f(x)dx$ nicht mehr den Absolutbetrag der Fläche wieder, die von f auf dem Gebiet A eingeschlossen wird, da sich die positiven und negativen Integralbeiträge gegenseitig aufheben[8].

Genau dies gilt auch für den AD-Schätzer mit Fehlergewichtung. Er verteilt gewissermaßen zwei Wahrscheinlichkeitsmassen: Eine positive, die die AD-Zugehörigkeit symbolisiert, und eine negative, die die AD-Nichtzugehörigkeit abbildet. Diese heben sich bei der Integration gegenseitig auf.

Intuitiv ist naheliegend, dass die Anwendungsdomäne des fehlergewichteten Schätzers wie bisher das Gebiet mit den höchsten Schätzwerten umfassen sollte und dadurch zu begrenzen ist, dass es einen Anteil α an der positiven, die AD-Zugehörigkeit symbolisierenden Wahrscheinlichkeitsmasse umfasst. Das Gebiet mit den niedrigsten Schätzwerten zählt hingegen mit großer Wahrscheinlichkeit nicht zu Anwendungsdomäne. Es umfasst sinnvollerweise einen Anteil α an der negativen Wahrscheinlichkeitsmasse.

Um die AD-Begrenzung für einen kernbasierten AD-Schätzer mit Fehlergewichtung zu bestimmen, müssen wir also zwischen positiven und negativen Funktionswerten unterscheiden[9].

Definition 9.4 $(HDR(+),\ HDR(-))$

Sei $f : \mathbb{R}^d \mapsto \mathbb{R}$ *eine Funktion und*

$$f^+ := \begin{cases} f(x), & \text{falls } f(x) \geq 0 \\ 0, & \text{sonst} \end{cases} \quad \textit{sowie} \quad f^- := \begin{cases} -1 \cdot f(x), & \text{falls } f(x) \leq 0 \\ 0, & \text{sonst} \end{cases}.$$

Setze

$$HDR(+)_\alpha := HDR(+)_{(f,\alpha)} := HDR_{(f^+,\alpha)} \quad \textit{und} \quad f(+)^*_\alpha := {f^+}^*_\alpha$$

sowie

$$HDR(-)_\alpha := HDR(-)_{(f,\alpha)} := HDR_{(f^-,\alpha)} \quad \textit{und} \quad f(-)^*_\alpha := {f^-}^*_\alpha.$$

[8] So schließt die Funktion $\sin(x)$ auf dem Intervall $[0,\pi]$ eine Fläche von 2 oberhalb und auf dem Intervall $[\pi, 2\pi]$ eine Fläche von 2 unterhalb der Abszisse ein. Der Absolutbetrag der auf dem Intervall $[0, 2\pi]$ insgesamt eingeschlossenen Fläche beträgt also 4. Da sich positive und negative Beiträge jedoch gegenseitig aufheben, beträgt das Integral $\int_0^{2\pi} \sin(x)dx = 0$.

[9] Dies entspricht der Zerlegung eines signierten Maßes in zwei vorzeichenlose Maße gemäß Hahn-Jordan. Vgl. Satz 2.7.1 auf Seite 71. Zur Vertiefung sei auf [26] verwiesen.

Statt $HDR(+)_\alpha$ und $f(+)^*_\alpha$ schreiben wir auch kurz HDR_α und f^*_α. $HDR(-)_\alpha$ und $f(-)^*_\alpha$ werden stets ausgeschrieben.

Die Berechnung von $HDR(+)_\alpha$ und $HDR(-)_\alpha$ kann mit den in Kapitel 8 vorgestellten Verfahren erfolgen, wobei eine Integralwertkorrektur nicht möglich ist, da $\int\limits_{Supp(f^+)} f^+(x)dx$ und $\int\limits_{Supp(f^-)} f^-(x)dx$ unbekannt sind.

Beispiel 9.2.1

Betrachten wir ein fiktives QSAR-Modell Q, welches nur einen einzigen Deskriptor besitzt. Die (unbekannte) Anwendungsdomäne des Modells sei

$$AD_{(Q,0.6)} := [37,72] \uplus [92,137] \uplus [181,221] \uplus [269,289] \uplus [302,321].$$

Eingaben aus dem Deskriptorraumbereich

$$A :=]24,37[\uplus]72,92[\uplus]137,152[\uplus]164,181[\uplus]221,232[\uplus]255,269[\uplus]289,302[\uplus]321,332[$$

seien mit einem Modellfehler zwischen 0.2 und 0.8 behaftet, d. h. die Abweichung zwischen prognostiziertem und tatsächlichem Zielwert können sowohl unter-, wie auch oberhalb des Grenzwertes $\zeta = 0.6$ liegen (Ambivalenzbereich). In allen übrigen Bereichen sei der Modellfehler größer als 0.6, d. h. das Modell hier nicht anwendbar. Der Trainingssatz T des Modells enthalte Stoffe aus dem Deskriptorraumintervall $D_T := [0,400]$, wobei 90% aus dem Bereich

$$D_T' := [44,191] \uplus [264,292]$$

stammen. Ein zufällig zusammengestellter Datensatz T, der diesen Anforderungen genügt, ist in Anhang A.4 angegeben. Er enthält 100 Stoffe, von denen 77 einen Modellfehler kleiner 0.6 und lediglich vier Stoffe einen Fehler größer als 1.0 aufweisen.

Abbildung 9.2 zeigt die Schätzungen von $AD_{(Q,0.6)}$ durch den kernbasiertern AD-Schätzer mit und ohne Fehlergewichtung im Vergleich[10].

Die Abszisse stellt den Deskriptorraum dar, während auf der Ordinate der Modellfehler für die (als blaue Punkte dargestellten) Trainingsdaten, sowie die Funktionswerte der zwei Schätzmethoden abgetragen sind.

[10] Trainingssatz Anhang A.4.

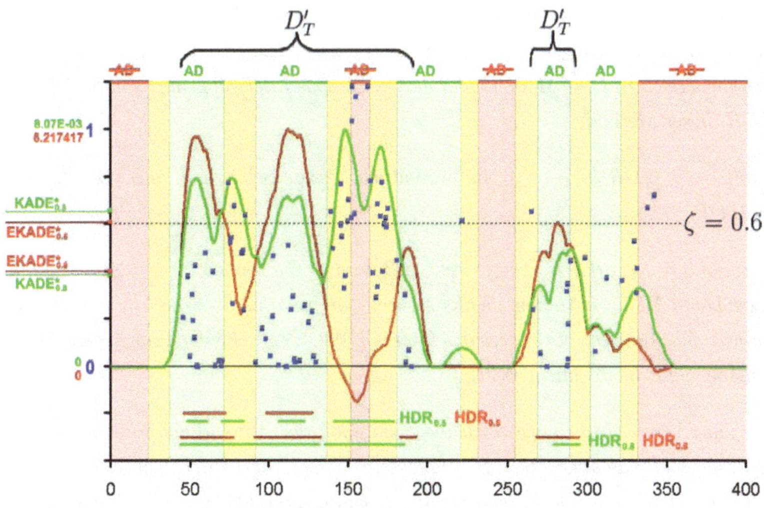

Abbildung 9.2: EKADE vs. KADE

Die grün eingezeichnete KADE wurde mit Standardbandbreite und Epanechnikov-Kern bestimmt. Gleiches gilt für die rot eingezeichnete Funktion, die darüber hinaus gemäß Definition 9.5 mit der Standard-Fehlergewichtsfunktion ($c = 1$) gewichtet wurde. Sie wird im Vorgriff auf Definition 9.5 als EKADE bezeichnet.

Mit Hilfe einer Monte-Carlo-HDR-Schätzung ergaben sich folgende Domänenbegrenzungen:

$HDR_{(KADE,0.8)} \approx [44.1, 131.8] \uplus [135.9, 185.8] \uplus [279.5, 295.6] \qquad (KADE^*_{0.8} \approx 3.12E\text{-}03)$

$HDR_{(EKADE,0.8)} \approx [44, 77.7] \uplus [91, 132.9] \uplus [183, 193.4] \uplus [268.1, 294.9] \qquad (EKADE^*_{0.8} \approx 2.49)$

$HDR_{(KADE,0.5)} \approx [48.2, 61] \uplus [70.3, 84.4] \uplus [106.7, 122.5] \uplus [142, 179.2] \qquad (KADE^*_{0.5} \approx 5.29E\text{-}03)$

$HDR_{(EKADE,0.5)} := [45.8, 72.8] \uplus [98.6, 127.9] \qquad (EKADE^*_{0.5} \approx 3.78)$

Wie zu erwarten liefert die KADE-Methode eine recht gute Schätzung der Verteilung des Datensatzes T und so stimmt $HDR_{(KADE,0.8)}$ ziemlich gut mit dem Bereich D'_T überein.

Die EKADE-Methode hingegen schätzt den Schnitt $D'_T \cap AD_{(Q,0.6)}$.

Der zwar gut durch Trainingsdaten abgedeckte Deskriptorbereich $]137, 141[$ *wird bei der EKADE-Schätzung mit negativen Gewichten belegt, da die Trainingsdaten in diesem Bereich zu hohe Modellfehler aufweisen. Das Intervall gehört somit nicht zur* HDR *dieser Methode.*

Somit stellt $HDR_{(EKADE,0.8)}$ *eine wesentlich bessere Schätzung von* $AD_{(Q,0.6)}$ *dar, als* $HDR_{(KADE,0.8)}$.

Außerhalb des gut durch T *abgedeckten Bereiches* D'_T *können beide Methoden hingegen kaum Aussagen treffen, da hier zu wenig Information über das Modellverhalten vorliegt. Die Tatsache etwa, dass das Intervall* $]193.4, 221]$ *ebenfalls zur Anwendungsdomäne zählt, bleibt unentdeckt.*

Nur zum Vergleich sei auch noch die Schätzung der Anwendungsdomäne mit der Leverage-Methode angegeben: Sie umfasst, wie leicht nachzurechnen ist, das Intervall $[-63.31, 374.73]$. *Darin ist zwar die gesamte tatsächliche Anwendungsdomäne enthalten, jedoch auch ein sehr großes Gebiet, welches in Wahrheit nicht Teil von* $AD_{(Q,0.6)}$ *ist. Letzteres macht 63.7% des Intervalls aus - ein Wert, der kaum als hinnehmbar angesehen werden kann.*

9.3 Erweiterung des Basisdatensatzes

Alle bisher vorgestellten Verfahren zur Charakterisierung der Anwendungsdomäne haben sich auf die Verteilung der Trainingsdaten im Deskriptorraum gestützt. Weil das QSAR-Modell Q an die Trainingsdaten angepasst wurde, schlossen wir, dass die Zieleigenschaften von Stoffen, die diesen ähnlich sind, durch das Modell ebenfalls korrekt vorhergesagt werden.

Der Umkehrschluss, dass die Zieleigenschaften von Stoffen, die dem Trainingsdatensatz T eher unähnlich[11] sind, von Q notwendigerweise schlecht prognostiziert werden, gilt dagegen nicht. Es ist durchaus denkbar, dass die Anwendungsdomäne von Q auch Gebiete des Deskriptorraumes umfasst, die durch T schlecht abgedeckt sind. In Beispiel 9.2.1 galt dies etwa für das Intervall $]193.4, 221]$.

[11] Bezogen auf ihre Lage im Deskriptorraum.

Diese Bereiche aufzuspüren, gelingt jedoch nur, wenn neben dem Trainingsdatensatz weitere Informationen zur Beschreibung der Anwendungsdomäne herangezogen werden. Mit der Einführung der Fehlergewichtung im vorangegangenen Abschnitt haben wir hierzu die Voraussetzungen gelegt.

Wir verändern die Ausgangshypothese abermals:

Hypothese 3

Die Zieleigenschaften von Stoffen, deren Deskriptortupel im Deskriptorraum eines QSAR-Modells Q eng benachbart sind, werden mit erhöhter Wahrscheinlichkeit durch Q in ähnlicher Qualität vorhergesagt.

Falls für eine chemische Verbindung x also bekannt ist, dass das betrachtete QSAR-Modell Q die Zieleigenschaft gut einschätzen kann, so ist es wahrscheinlich, dass es dies für einen x sehr ähnlichen Stoff ebenfalls tut. Analoges gilt für den Fall, dass Q die Zieleigenschaft von x nur schlecht vorhersagt.

Diese Aussage ist zunächst unabhängig von der Frage, ob es sich bei X um ein Element des Trainingsdatensatzes von Q handelt oder nicht:

Alle Stoffe, für die Modelleingabe und Zielausgabe[12] bekannt sind, können wichtige Informationen zur Beschreibung der Anwendungsdomäne beitragen.

Jene, für welche das QSAR-Modell gute Vorhersagen macht, ebenso, wie solche, die mit großen Modellfehlern behaftet sind. Jene, an die das Modell angepasst wurde, ebenso, wie solche, für die dies nicht der Fall war[13].

Damit stellt Hypothese 3 einen echten Bruch zu den bisherigen Betrachtungen dar und begründet eine völlig neue, in der Literatur bis dato nicht diskutierte Herangehensweise an das Problem der AD-Charakterisierung. Mit ihr ist die Beschreibung der Anwendungsdomäne nicht länger ein statischer Vorgang, der, nach Abschluss

[12] Die Werte, die Q ausgeben sollte, d. h. für die Eingabe x die Werte $W(x)$ bzw. $L(x)$.

[13] Es gibt eine Vielzahl von Gründen für die Existenz solcher Stoffe. Einer ist beispielsweise, dass der Wert $L(x)$ zu einem Stoff x zum Zeitpunkt der Entwicklung von Q noch nicht zur Verfügung stand, inzwischen aber experimentell bestimmt wurde. In diesem Zusammenhang sei nochmals darauf hingewiesen, dass wir Q stets als bereits gegeben annehmen, seine Entwicklung also durchaus schon länger zurückliegen kann.

der QSAR-Modellentwicklung einmalig durchgeführt, für alle Zeiten unveränderte Gültigkeit behält. Vielmehr kann die Schätzung laufend präzisiert und um neue, aus der Anwendung des QSAR-Modells heraus gewonnene Erkenntnisse erweitert werden. Darüber hinaus ist es möglich, aus der getrennten Betrachtung der Trainingsdatensatzabdeckung (z. B. mittels KADE) und der Modellfehlerverteilung in der nachfolgend eingeführten Erweiterungsmenge (mittels fehlergewichtetem KADE/-EKADE) weitergehende Schlüsse zu möglichen Verbesserungen des QSAR-Modells zu gewinnen. Hinweise hierzu werden in Kapitel 12 gegeben.

Trotz dieses bedeutenden Paradigmenwechsels ist die praktische Umsetzung von Hypothese 3 im (fehlergewichteten) kernbasierten AD-Schätzer hingegen nur ein sehr kleiner Schritt:

Wir müssen nur die Basismenge der Schätzung, die wir bislang stets mit dem Trainingsdatensatz des betrachteten QSAR-Modells Q gleichgesetzt haben, derart erweitern, dass sie alle Stoffe x umfasst, für die wir sowohl die Deskriptorwerte wie auch den Zielwert von Q kennen.

Vereinbarung 9.1

Die nicht im Trainingsdatensatz des analysierten QSAR-Modells enthaltenen Stoffe der Basismenge eines kernbasierten AD-Schätzers bezeichnen wir als Erweiterungsmenge oder -(daten)satz.

Um darüber hinaus jedoch auch den trainingssatz-spezifischen Überlegungen, die zu Hypothese 1 geführt haben, weiterhin Rechnung tragen zu können, führen wir gleichzeitig mit der erweiterten Basismenge eine ergänzende Gewichtsfunktion $\mathcal{G}$ ein, die eine unterschiedlich starke Berücksichtigung von Trainings- und Erweiterungsdaten ermöglicht.

Definition 9.5 (EKADE)

Sei

- $T := \{T_1, \ldots, T_n\} \subset \mathbb{R}^d$ *die n-elementige Menge von Deskriptortupeln der Trainingsdaten eines QSAR-Modells Q, welches den natürlichen Zusammenhang W beschreibt,*
- L *die labortechnische Bestimmung von W,*

- $T' := \{T'_1, \ldots, T'_m\} \subset \mathbb{R}^d$ *mit* $T \cap T' = \emptyset$ *und* $L(T'_i)$ *bekannt* $\forall i \in \{1, \ldots, m\}$ *eine* m*-elementige Erweiterungsmenge,*
- $X := T \uplus T'$,
- $\mathcal{E}_\zeta$ *mit* $\zeta \in \mathbb{R}^+$ *eine Fehlergewichtsfunktion nach Definition 9.1,*
- $\mathcal{G} : \mathbb{R}^d \mapsto \mathbb{R}^+$, $\mathcal{G}(x) := \begin{cases} 1, & \text{falls } x \in T \\ g, & \text{falls sonst} \end{cases}$ *mit* $g \in \mathbb{R}^+$,
- $h \in \mathbb{R}^+$ *gemäß einer der Gleichungen (6.3) bis (6.6) bestimmt,*
- K *ein echt multivariater Kern nach Definition 5.5, d. h.* $K : \mathbb{R}^d \mapsto \mathbb{R}_0^+$ *(stückweise) stetig, so dass gilt:*
  - $\int_{\mathbb{R}^d} K(x)dx = 1$,
  - $K(x) = K(y) \quad \forall\, x, y$ *mit* $\|x\| = \|y\|$ *(Radialsymmetrie um 0) und*
  - $K(x) \geq K(y) \quad \forall\, x, y$ *mit* $\|x\| \leq \|y\|$.

Dann heißt die Funktion $EKADE : \mathbb{R}^d \mapsto \mathbb{R}$,

$$EKADE(x) := \sum_{i=1}^{n+m} \mathcal{G}(X_i) \cdot \mathcal{E}_\zeta(\|Q(X_i) - L(X_i)\|) \cdot K\left(\frac{1}{h}(x - X_i)\right)$$

weiterentwickelte kernbasierte Anwendungsdomänen-Schätzung[14] *von* Q *oder kurz EKADE (engl.* **e**nhanced **k**ernel **b**ased **a**pplication **d**omain **e**stimation*) zum Grenzwert* ζ.

K *heißt (stochastischer) Kern oder Kernfunktion,* h *Bandbreite und* X *Basismenge der Schätzung.*

$HDR(+)_{(EKADE,\alpha)}$, $\alpha \in [0,1]$ *heißt Anwendungsdomäne nach* $EKADE$ *und AD-Cutoff-Faktor* α.

$HDR(-)_{(EKADE,\alpha)}$, $\alpha \in [0,1]$ *heißt Nichtanwendungsdomäne (NAD) nach* $EKADE$ *und NAD-Cutoff-Faktor* α.

Den Wert $EKADE(x)$ *nennen wir den EKADE-Schätzwert im Punkt* x.

---

[14] Kernbasierte AD-Schätzung mit Fehlergewichtung und Erweiterungsmenge.

Die Frage, ob die Trainings- oder die Erweiterungsdaten höher gewichtet werden sollten und mit welchem Faktor dies geschehen soll, hängt davon ab, wie stark man die Ähnlichkeit zum Trainingsdatensatz als ausschlaggebend für die Domänencharakterisierung betrachtet.

Im Allgemeinen scheint es jedoch sinnvoll, den Erweiterungsdaten eine moderat größere Bedeutung beizumessen. Stoffe, an die das Modell angepasst wurde, weisen fast immer einen sehr kleinen Modellfehler auf. Dies ist insbesondere auch dann der Fall, wenn das Modell an die Trainingsdaten überangepasst ist (vgl. Abschnitt 3.2). Es besteht somit eine Restunsicherheit, ob die Zieleigenschaft des betreffenden Stoffes nicht vielleicht nur deshalb korrekt berechnet wird, weil sie bereits bei der Modellentwicklung mit dem zugehörigen Deskriptortupel verknüpft wurde. Weist jedoch ein Element des Erweiterungssatzes einen kleinen Modellfehler auf, so ist dies ein eindeutiger Beweis für die Generalisierbarkeit des Modells, der lediglich dadurch relativiert werden kann, dass sich die Zielwerte anderer, dem Element sehr ähnlicher Stoffe nicht korrekt vorhersagen lassen. Die Aussagekraft des Modellfehlers ist bei Daten der Erweiterungsmenge also in gewissem Sinne höher.

Es ist jedoch darauf zu achten, den Einfluss der Erweiterungsdaten auch nicht überzubetonen, da es ansonsten zu einer unverhältnismäßigen Verzerrung der AD-Schätzung kommen kann. Als Extrembeispiel stelle man sich vor, der Trainingsdatensatz enthalte n Elemente, der Erweiterungssatz dagegen nur ein einziges. Dieses sei allerdings um den Faktor n stärker gewichtet als die Trainingsdaten. Dann wird die gesamte Schätzung durch ein einzelnes Element dominiert und verliert damit offensichtlich jegliche Aussagekraft.

Der Gewichtsfaktor g in Definition 9.5 sollte daher den Wert $\max(1, \frac{n}{10})$ nicht überschreiten.

Als Faustregel schlagen wir vor, im Zweifelsfall das kleinstmögliche g zu wählen, bei dem alle Erweiterungsdaten im Leave-One-Out-Verfahren durch den AD-Schätzer richtig klassifiziert werden.

Kapitel 10

Optimalitätskriterien für AD-Schätzer

***Bemerkung* 10.0.1**
Wenn wir in diesem Kapitel von AD-Schätzern sprechen, so meinen wir stets distanzbasierte Verfahren wie die Leverage-Methode oder Techniken auf Grundlage von Kerndichteschätzern. Bereichsbezogene und geometrische AD-Schätzer sind von den Betrachtungen ausgenommen.

In den vergangenen Kapiteln haben wir unterschiedliche Methoden zur Charakterisierung der QSAR-Anwendungsdomäne kennen gelernt und sind auf deren Vor- und Nachteile eingegangen.

Es bleibt jedoch die Frage, nach welchen Kriterien die Güte einer Schätzung objektiv beurteilt werden kann, so dass ein direkter Vergleich der durch unterschiedliche Verfahren erzielten Ergebnisse ermöglicht wird.

***Vereinbarung* 10.1**
Um zwischen der tatsächlichen Anwendungsdomäne eines QSAR-Modells Q und deren Schätzung zu unterscheiden, bezeichnen wir erstere wie zuvor mit

$$AD_{(Q,\varsigma)},$$

die Approximation durch einen AD-Schätzer S_Q *und AD-Cutoff-Faktor* α *hingegen mit*

$$S_Q\text{-}AD(\alpha).$$

Da die Funktion[1], welche durch das QSAR-Modell Q approximiert werden soll, nämlich der natürliche Zusammenhang W, unbekannt ist[2] und mit ihr trivialerweise auch die tatsächliche Anwendungsdomäne, ist eine Überprüfung einer Schätzung der AD immer nur punktuell, anhand eines externen Datensatzes V, möglich, für dessen Elemente man die gewünschte Modellausgabe experimentell bestimmt hat.

10.1 Verwendung konventioneller Maße

Es ist naheliegend, eine Schätzung S_Q der Anwendungsdomäne $AD_{(Q,\varsigma)}$ eines QSAR-Modells Q genau dann als besonders gut zu betrachten, wenn die Vorhersagequalität von Q für die Elemente aus $V \cap S_Q\text{-}AD(\alpha)$ für einen externen Validierungsdatensatz[3] V besonders hoch ist.

Üblicherweise wird die Vorhersagequalität von QSAR-Modellen mit statistischen Maßen wie dem Bestimmtheitsmaß[4] r^2 und/oder dem prädiktiven Bestimmtheitsmaß[4] q^2 gemessen [133]. Das geschilderte Vorgehen hat den Vorteil, auf diese altbekannten Maße zurückgreifen zu können.

Ein großer Nachteil dieses Qualitätsmaßes besteht jedoch in seiner Abhängigkeit von dem AD-Cutoff-Faktor α. Speziell, wenn zwei auf unterschiedlichen Verfahren beruhende AD-Schätzer miteinander verglichen werden sollen, ist nicht eindeutig klar, wie dieser jeweils zu wählen ist, um eine unverzerrte Gegenüberstellung zu garantieren[5]. Außerdem bleibt die Reihung der Elemente aus $S_Q\text{-}AD(\alpha)$ untereinander völlig unberücksichtigt, wie Beispiel 10.1.1 illustriert.

[1] Sofern es sich überhaupt um eine Funktion im mathematischen Sinne handelt.

[2] Ansonsten müsste man sie schließlich nicht modellieren.

[3] D.h. ein Satz von Daten, welcher zu keinem Zeitpunkt während der Modellentwicklung genutzt wurde. Der Validierungsdatensatz ist somit disjunkt zu der Trainingsmenge $T := T_{tr} \uplus T_{te}$ wie wir sie auf S. 77 f. definiert haben.

[4] Zur Definition siehe Anhang B.1.

[5] Wie müssen z. B. Leverage-AD-Cutoff-Faktor und KADE-AD-Cutoff-Faktor gewählt sein, um vergleichbar zu sein?

Nr.	Modellfehler	Schätzwerte		
i	$\|Q(v_i) - L(v_i)\|$	$S_Q(v_i)$	$S'_Q(v_i)$	$S''_Q(v_i)$
1	0.5	4	7	7
2	0.73	10	9	3
3	0.2	3	2	4
4	0.12	2	3	1
5	0.66	8	8	9
6	0.51	6	4	8
7	0.02	1	6	2
8	0.56	7	5	5
9	0.46	5	1	6
10	0.62	9	10	10

Tabelle 10.1: Daten zu Beispiel 10.1.1

Beispiel 10.1.1

Untersucht werde ein fiktives QSAR-Modell Q. Zu einem zehnelementigen Validierungsdatensatz V gebe Tabelle 10.1 den zugehörigen Modellfehler, sowie die Schätzwerte von drei verschiedenen AD-Schätzern S_Q, S'_Q und S''_Q an. Dabei sei ein niedriger Schätzwert mit einer besonders hohen Wahrscheinlichkeit der AD-Zugehörigkeit verbunden.

Sei der AD-Cutoff-Faktor α_1 derart, dass alle Schätzwerte kleiner 7.5 als AD-zugehörig gelten.

Dann ist:

$$V \cap S_Q\text{-}AD(\alpha_1) := \{v_7, v_4, v_3, v_1, v_9, v_6, v_8\},$$
$$V \cap S'_Q\text{-}AD(\alpha_1) := \{v_9, v_3, v_4, v_6, v_8, v_7, v_1\} \quad \text{und}$$
$$V \cap S''_Q\text{-}AD(\alpha_1) := \{v_7, v_4, v_2, v_3, v_8, v_9, v_1\}.$$

Die Mengen $V \cap S_Q\text{-}AD(\alpha_1)$ bzw. $V \cap S'_Q\text{-}AD(\alpha_1)$ sind offenbar identisch. Daraus folgt, dass auch die Qualität der AD-Schätzer S_Q und S'_Q gleich beurteilt wird. Der mittlere Fehler der als AD-zugehörig markierten Stoffe beträgt jeweils ca. 0.3386. Demgegenüber schneidet der Schätzer S''_Q deutlich schlechter ab: Hier liegt der mittlere Modellfehler der Stoffe in $V \cap S''_Q\text{-}AD(\alpha_1)$ bei 0.37.

Anders als S'_Q sortiert S_Q die Stoffe allerdings auch innerhalb der prognostizierten AD fast vollständig entsprechend der Reihenfolge ihres tatsächlichen Modellfehlers. Die AD-Charakterisierung von S_Q und S'_Q mag zwar für α_1 die gleiche Vorhersagequalität haben, betrachtet man die Schätzwerte allerdings im Detail, so ist die Methode S'_Q deutlich schlechter.

Greift man z. B. nur die zwei Stoffe mit den jeweils kleinsten Schätzwerten (also der größten Wahrscheinlichkeit, zur AD zu gehören) heraus, so sind dies für S_Q (und auch S''_Q) die Elemente v_7 und v_4, welche tatsächlich die niedrigsten Modellfehler aller zehn Teststoffe aufweisen - der mittlere Fehler von v_7 und v_4 liegt bei 0.07. Ganz anders hingegen bei S'_Q - hier liegt der entsprechende Mittelwert bei $\frac{0.46+0.2}{2} = 0.33$.

10.2 Das $\aleph$–Maß

Im Folgenden entwickeln wir daher ein völlig neues Maß, das, abgesehen von dem Validierungsdatensatz V, ausschließlich von der tatsächlichen, zu schätzenden Anwendungsdomäne $AD_{(Q,\zeta)}$ (d. h. dem Fehlergrenzwert ζ) abhängt und nicht durch die konkrete Festlegung auf einen bestimmten AD-Cutoff-Faktor α beeinflusst wird.

Es soll die Reihung der Schätzwerte für die in V enthaltenen Elemente in einer einzelnen Maßzahl zusammenfassen, wobei Abweichungen von der idealen Reihenfolge in Abhängigkeit ihres Einflusses auf eine korrekte Prognose von $AD_{(Q,\zeta)}$ unterschiedlich streng zu bewerten sind.

So ist es für die Qualität einer AD-Schätzung von weit größerer Bedeutung, dass Stoffe, deren Zugehörigkeit zur Anwendungsdomäne als besonders wahrscheinlich prognostiziert wurde, auch tatsächlich in $AD_{(Q,\zeta)}$ fallen, als dass umgekehrt Stoffe, für die diese Wahrscheinlichkeit als niedrig eingeschätzt wurde, in Wahrheit doch zu $AD_{(Q,\zeta)}$ zu rechnen wären.

Anders ausgedrückt:

> **Eine hohe Prädiktivität [23, 154] ist im Zweifelsfall wichtiger als eine hohe Sensitivität.**

Definition 10.1 (Prädiktivität, Sensitivität)
Seien V und AD zwei nicht notwendigerweise disjunkte Mengen, V endlich und $V_{AD} \uplus V_{NAD} = V$ eine disjunkte Zerlegung von V.

Dann heißt

$$\frac{|V_{AD} \cap AD|}{|V_{AD}|}$$

Prädiktivität von V_{AD} (in Bezug auf AD) und

$$\frac{|V_{AD} \cap AD|}{|V_{AD} \cap AD| + |V_{NAD} \cap AD|} = \frac{|V_{AD} \cap AD|}{|V \cap AD|}$$

Sensitivität von V_{AD} (in Bezug auf AD).

Die Prädiktivität von $V \cap S_Q\text{-}AD(\alpha)$ in Bezug auf $AD_{(Q,\zeta)}$ gibt an, welcher Anteil von $V \cap S_Q\text{-}AD(\alpha)$ tatsächlich in $AD_{(Q,\zeta)}$ liegt, wohingegen die Sensitivität von $V \cap S_Q\text{-}AD(\alpha)$ in Bezug auf $AD_{(Q,\zeta)}$ beschreibt, welcher Anteil der Stoffe aus V, die in $AD_{(Q,\zeta)}$ liegen, von S_Q auch als solche erkannt werden, d. h. Elemente aus $V \cap S_Q\text{-}AD(\alpha)$ sind.

Der bestmögliche AD-Schätzer weist unabhängig von der konkreten Wahl des Cutoff-Faktors stets die größtmögliche Prädiktivität auf.

Dies ist genau dann der Fall, wenn $V \cap S_Q\text{-}AD(\alpha)$ stets mindestens so viele Elemente v aus V mit $\|Q(v) - L(v)\| < \zeta$ enthält, wie jede andere Teilmenge von V gleicher Größe. Bei AD-Schätzern, die die Domänenbegrenzung mit Hilfe eines AD-Cutoff-Faktors α festlegen, kann man die prognostizierte Anwendungsdomäne durch eine entsprechende Wahl von α beliebig vergrößern, so dass sie im Extremfall den gesamten Deskriptorraum (bzw. die in ihm enthaltenen Stoffe) umfasst. Wird α nun, ausgehend von diesem Extremwert, sukzessive immer restriktiver gewählt, so wird $|V \cap S_Q\text{-}AD(\alpha_)|$ Schritt für Schritt verkleinert. Bei einem idealen Schätzer für die Anwendungsdomäne $AD_{(Q,\zeta)}$ werden dabei somit zuerst alle Elemente $v \in V$ aus $|V \cap S_Q\text{-}AD(\alpha_)|$ entfernt, die einen Modellfehler über dem Fehlergrenzwert aufweisen, bevor das erste Element v mit $\|Q(v) - L(v)\| < \zeta$ als nicht zur Anwendungsdomäne gehörig qualifiziert wird.

Bei dem denkbar schlechtesten AD-Schätzer ist diese Reihenfolge genau umgekehrt.

Definition 10.2 (Idealer und schlechtestmöglicher AD-Schätzer)
Sei S_Q ein AD-Schätzer für das QSAR-Modell $Q : \mathfrak{D} \mapsto \mathfrak{Z}$ mit der Anwendungsdomäne $AD_{(Q,\zeta)}$. Ferner sei $V \subset \mathfrak{D}$ ein endlicher Validierungsdatensatz. Zur Abkürzung setze $V_{AD}(\alpha) := V \cap S_Q\text{-}AD(\alpha)$.

S_Q heißt bestmöglicher oder idealer Schätzer für $AD_{(Q,\zeta)}$ und V, falls für alle AD-Cutoff-Faktoren α_1, α_2 gilt:

$$|V_{AD}(\alpha_1)| < |V_{AD}(\alpha_2)| \quad \Longrightarrow \quad \frac{|V_{AD}(\alpha_1) \cap AD_{(Q,\zeta)}|}{|V_{AD}(\alpha_1)|} \geq \frac{|V_{AD}(\alpha_2) \cap AD_{(Q,\zeta)}|}{|V_{AD}(\alpha_2)|}$$

und schlechtestmöglicher Schätzer, falls für alle α_1, α_2 gilt:

$$|V_{AD}(\alpha_1)| < |V_{AD}(\alpha_2)| \quad \Longrightarrow \quad \frac{|V_{AD}(\alpha_1) \cap AD_{(Q,\zeta)}|}{|V_{AD}(\alpha_1)|} \leq \frac{|V_{AD}(\alpha_2) \cap AD_{(Q,\zeta)}|}{|V_{AD}(\alpha_2)|}.$$

Wir schreiben $S^{ideal}_{(Q,V,\zeta)}$ oder kurz S^{ideal}_Q für einen idealen und $S^{worst}_{(Q,V,\zeta)}$ bzw. S^{worst}_Q für einen schlechtestmöglichen Schätzer.

Bemerkung 10.2.1

S^{ideal}_Q und S^{worst}_Q differenzieren nur zwischen Stoffen mit Modellfehler kleiner und Stoffen mit Modellfehler größergleich dem AD-Fehlergrenzwert ζ. Dies ist durchaus gewünscht, weil lediglich dieser Unterschied für die korrekte Einschätzung von $AD_{(Q,\zeta)}$ Relevanz hat. Es folgt aber auch, dass die Reihung der Schätzwerte für einen idealen AD-Schätzer im Sinne von Definition 10.2 nicht eindeutig festgelegt ist. So sind beispielsweise die Schätzer S_Q und S''_Q aus Beispiel 10.1.1 für alle $AD_{(Q,\zeta)}$ mit $0.12 < \zeta \leq 0.2$ gleichermaßen ideal. Selbiges gilt trivialerweise auch für alle $AD_{(Q,\zeta)}$ mit $\zeta \leq 0.02$ und $\zeta > 0.73$. Für $\zeta \in]0.02, 0.12] \cup]0.2, 0.46] \cup]0.5, 0.62] \cup]0.66, 0.73]$ ist S_Q ideal, nicht aber S''_Q. In allen übrigen Fällen ist keiner der beiden AD-Schätzer ideal.

In der Praxis ist es extrem unwahrscheinlich - oder aufgrund der fehlenden Injektivität von $D : \mathfrak{C} \mapsto \mathfrak{D}$ (siehe Seite 77) sogar unmöglich - einen idealen AD-Schätzer zu finden[6]. Vielmehr wird sich eine AD-Schätzung in der Regel irgendwo zwischen dem idealen und dem schlechtestmöglichen AD-Schätzer bewegen. Die nachfolgenden Darstellungen illustrieren dies graphisch.

[6] Wenn man von den trivialen Fällen absieht, dass V ausschließlich Stoffe mit einem Modellfehler kleinergleich ζ oder nur Stoffe mit Modellfehler größer als ζ enthält.

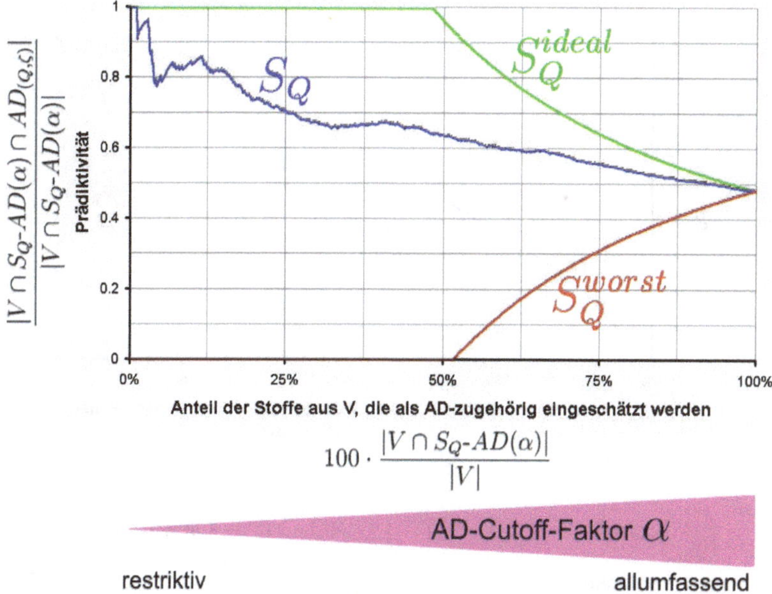

Dargestellt ist die Prädiktivität (von $V \cap S_Q$-$AD(\alpha)$ in Bezug auf $AD_{(Q,\zeta)}$) eines AD-Schätzer S_Q im Vergleich zu der Prädiktivität des idealen bzw. des schlechtestmöglichen AD-Schätzers.

Wird der AD-Cutoff-Faktor α so großzügig gewählt, dass die prognostizierte Anwendungsdomäne S_Q-$AD(\alpha)$ (bzw. S_Q^{ideal}-$AD(\alpha)$, S_Q^{worst}-$AD(\alpha)$) alle Stoffe aus V umfasst, so ist die Prädiktivität für alle drei Schätzer gleich und entspricht exakt dem Anteil der Stoffe v im Validierungsdatensatz V, die einen Modellfehler $\|Q(v) - L(v)\|$ kleiner als ζ aufweisen. Im dargestellten Beispiel gilt $\|Q(v) - L(v)\| < \zeta$ für 48.3% der $v \in V$. Je restriktiver α gewählt wird, umso mehr Elemente aus V fallen aus der prognostizierten AD. Der ideale Schätzer entfernt zunächst alle Stoffe mit einem Modellfehler größergleich ζ, der schlechtestmögliche schließt die Stoffe mit einem Modellfehler kleiner als ζ zuerst aus. Ist α derart gewählt, dass S_Q^{worst}-$AD(\alpha)$ exakt 51.7% von V umfasst, so sind dies genau die 51.7% von V, deren Modellfehler größergleich ζ ist. Die Prädiktivität von S_Q^{worst} ist 0. Ist α derart gewählt, dass S_Q^{ideal}-$AD(\alpha)$ exakt 48.3% von V umfasst, so sind dies genau die 48.3% von V, deren Modellfehler kleiner ζ ist. Die Prädiktivität von S_Q^{ideal} ist 1.

Die Prädiktivität von S_Q schwankt zwischen diesen beiden Extremen.

Abbildung 10.1: Prädiktivität von $V \cap S_Q$-$AD(\alpha)$ in Bezug auf $AD_{(Q,\zeta)}$.

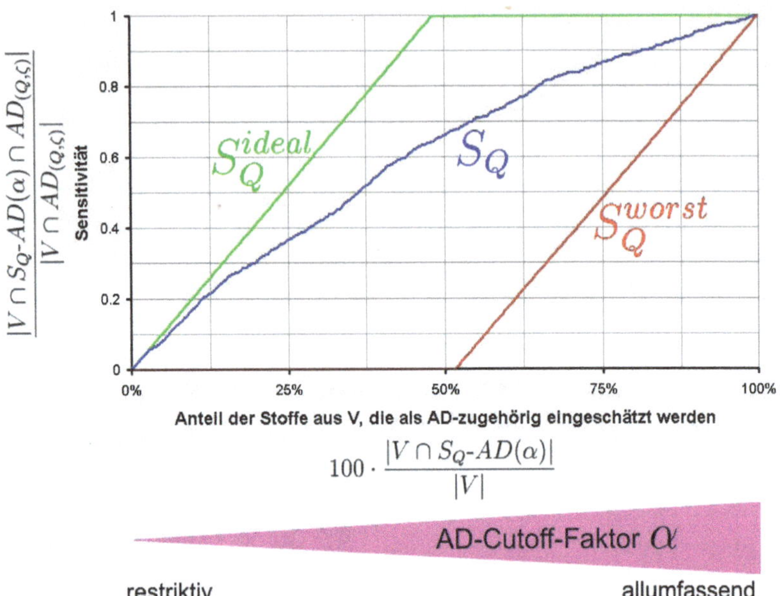

Dargestellt ist die Sensitivität (von $V \cap S_Q\text{-}AD(\alpha)$ in Bezug auf $AD_{(Q,\zeta)}$) eines AD-Schätzer S_Q im Vergleich zu der Sensitivität des idealen bzw. des schlechtestmöglichen AD-Schätzers.

Wird der AD-Cutoff-Faktor α so großzügig gewählt, dass die prognostizierte Anwendungsdomäne $S_Q\text{-}AD(\alpha)$ (bzw. $S_Q^{ideal}\text{-}AD(\alpha)$, $S_Q^{worst}\text{-}AD(\alpha)$) alle Stoffe aus V umfasst, so enthält die Prognose trivialerweise auch alle $v \in V$, die einen Modellfehler $\|Q(v) - L(v)\|$ kleiner als ζ aufweisen. Die Sensitivität ist daher für alle AD-Schätzer gleich 1.

Wird α restriktiver gewählt, entfernt der ideale Schätzer zunächst alle Stoffe mit einem Modellfehler größergleich ζ, die Sensitivität bleibt konstant. Erst wenn $S_Q^{ideal}\text{-}AD(\alpha)$ weniger als 48.3% der Elemente von V umfasst, fehlen auch Stoffe mit einem Modellfehler kleiner als ζ. Die Sensitivität von S_Q^{ideal} fällt. Dagegen schließt der schlechtestmögliche AD-Schätzer die $v \in V$ mit $\|Q(v) - L(v)\| < \zeta$ zuerst aus. Die Sensitivität von S_Q^{worst} fällt daher sofort, sobald die Prognose nicht mehr alle Elemente aus V umfasst. Die Sensitivität von S_Q schwankt zwischen diesen beiden Extremen. Enthält $S_Q\text{-}AD(\alpha)$ (bzw. $S_Q^{ideal}\text{-}AD(\alpha)$ keine Elemente aus V, so ist die Sensitivität trivialerweise gleich 0 für alle AD-Schätzer.

Abbildung 10.2: Sensitivität von $V \cap S_Q\text{-}AD(\alpha)$ in Bezug auf $AD_{(Q,\zeta)}$.

Bemerkung 10.2.2

Bezüglich Abbildung 10.1 sei noch angemerkt, dass die Prädiktivität für α mit $|V \cap S_Q\text{-}AD(\alpha)| = 0$ nicht definiert ist. Die Darstellung hat also einen Definitionsbereich von $]0, 100]$, wobei eine Auswertung nur an den Stellen $\frac{100}{|V|}, \frac{200}{|V|}, \ldots, \frac{100|V|}{|V|} = 100$ erfolgt. Gegebenenfalls kann man den Koordinatenursprung nach $\frac{100}{|V|}$ verschieben und die Achse mit $\left(100 - \frac{100}{|V|}\right)^{-1}$ reskalieren, um eine standardisierte Darstellung zu erreichen. Im Gegensatz dazu ist die Sensitivität für α mit $|V \cap S_Q\text{-}AD(\alpha)| = 0$ definiert.

Aus der Darstellung der AD-Schätzer in Abbildung 10.1 leiten wir nun direkt das gesuchte Qualitätsmaß für S_Q ab.

Dazu teilen wir einfach die zwischen S_Q^{ideal} und S_Q eingeschlossene Fläche durch die Fläche zwischen S_Q^{ideal} und S_Q^{worst}. Auf diese Weise erhalten wir eine Maßzahl, die sich zwischen 0 und 1 bewegt und die wir nach dem hebräischen Buchstaben ℵ (gesprochen Aleph), der auch für den Zahlenwert 1 steht, benennen[7].

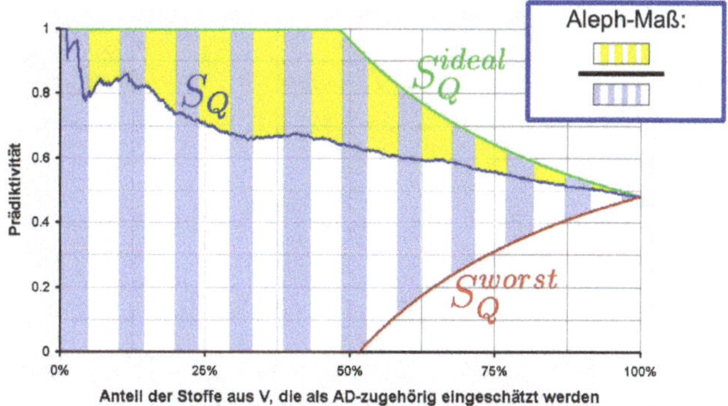

Abbildung 10.3: Graphische Motivation des ℵ-Maßes

[7] In der Mengenlehre wird das Aleph-Symbol auch für die Kardinalzahlen unendlicher Mengen gebraucht. Es besteht hier aber keine Verwechslungsgefahr.

Definition 10.3

Sei S_Q ein AD-Schätzer für das QSAR-Modell $Q : \mathfrak{D} \mapsto \mathfrak{Z}$ mit der Anwendungsdomäne $AD_{(Q,\zeta)}$. Q beschreibe den natürlichen Zusammenhang W und L sei dessen labortechnische Bestimmung. Ferner sei $V \subset \mathfrak{D}$ ein endlicher Validierungsdatensatz.

Zu $k \in \mathbb{N}$, $0 \leq k \leq |V|$ setze $A_k := \left\{\alpha \in \mathbb{R} \middle| \, |V \cap S_Q\text{-}AD(\alpha)| = k\right\}$ und

$$\alpha_k := \begin{cases} \perp, & \text{falls } A_k = \emptyset \\ \inf(A_k), & \text{sonst} \end{cases} .$$

Korollar 10.2.3

Es gilt: $\alpha_0 \neq \perp$ und $\alpha_{|V|} \neq \perp$.

Beweis: *Trivial.* □

Definition 10.4

Es gelten die Bezeichnungen aus Definition 10.3. Ferner sei $0 \leq k \in \mathbb{N} \leq |V|$.

Gilt $\alpha_k \neq \perp$, dann setzen[8] wir

$$P(k,\zeta) := \frac{|V \cap S_Q\text{-}AD(\alpha_k) \cap AD_{(Q,\zeta)}|}{|V \cap S_Q\text{-}AD(\alpha_k)|} = \frac{|V \cap S_Q\text{-}AD(\alpha_k) \cap AD_{(Q,\zeta)}|}{k}.$$

Gilt dagegen $\alpha_k = \perp$, so existieren nach Korollar 10.2.3 die Werte $m, n \in \mathbb{N}$ mit $\alpha_m \neq \perp$ und $\alpha_n \neq \perp$ sowie $0 \leq m < k < n \leq |V| \in \mathbb{N}$ und $\alpha_l = \perp \; \forall \, m < l \in \mathbb{N} < n$ und wir definieren

$$P(k,\zeta) := (k-m) \cdot \frac{|V \cap S_Q\text{-}AD(\alpha_n) \cap AD_{(Q,\zeta)}| - |V \cap S_Q\text{-}AD(\alpha_m) \cap AD_{(Q,\zeta)}|}{n-m} + P(n,\zeta).$$

Bemerkung 10.2.4

Bei $P(k,\zeta)$ handelt es sich um die Prädiktivität zum AD-Cutoff-Faktor α_k. Dabei ist α_k so gewählt, dass die Menge, welche die Prädiktivität bestimmt, genau k Elemente enthält. Falls S_Q für mehrere Elemente des Validierungssatzes den gleichen Schätzwert ausweist, kann es vorkommen, dass eine solche Menge nicht eindeutig festgelegt ist. In diesem Fall ist α_k nicht definiert. $P(k,\zeta)$ entspricht dann dem Erwartungswert der Prädiktivität, die durch eine Menge bestimmt wird, bei der die

[8] $|V \cap S_Q\text{-}AD(\alpha_k)| = k$ folgt unmittelbar aus Def. 10.3.

zur Kardinalität k fehlenden Elemente unter den in Frage kommenden (durch S_Q gleich bewerteten) Elementen zufällig ausgewählt werden.

Definition 10.5 (ℵ-Maß)
Sei S_Q ein AD-Schätzer für das QSAR-Modell $Q : \mathfrak{D} \mapsto \mathfrak{Z}$ mit der Anwendungsdomäne $AD_{(Q,\zeta)}$. Q beschreibe den natürlichen Zusammenhang W und L sei dessen labortechnische Bestimmung. Ferner sei $V \subset \mathfrak{D}$ ein endlicher Validierungsdatensatz.

Mit den Bezeichnungen aus Definition 10.3 und Definition 10.4 setzen wir

$$B_{(V,\zeta)}(S_Q) := \frac{1}{|V|-1} \cdot \sum_{k=1}^{|V|-1} \frac{1}{2} \cdot (P(k,\zeta) + P(k+1,\zeta)) .$$

Dann heißt

$$\aleph_{(V,\zeta)}(S_Q) := \frac{B_{(V,\zeta)}(S_Q^{ideal}) - B_{(V,\zeta)}(S_Q)}{B_{(V,\zeta)}(S_Q^{ideal}) - B_{(V,\zeta)}(S_Q^{worst})}$$

Aleph-Maß des Schätzers S_Q (zu V und ζ).

Sind die Zusammenhänge klar, schreiben wir kurz $\aleph(S_Q)$ oder auch nur $\aleph$.

Das ℵ-Maß (zu V und ζ) eines AD-Schätzers S_Q nimmt den Wert 0 an, wenn S_Q ein idealer Schätzer bezüglich V und ζ ist. Entspricht S_Q dagegen dem schlechtestmöglichen Schätzer, so folgt daraus ein ℵ-Wert von 1.

Je restriktiver der AD-Cutoff-Faktor α gewählt ist, umso kleiner wird die Menge $V \cap S_Q\text{-}AD(\alpha)$ und mit ihr der Nenner in der Prädiktivitätsgleichung. Daraus folgt, dass sich der Wert der Prädiktivität von S_Q bei einer falschen Einschätzung der AD-Zugehörigkeit eines der in $V \cap S_Q\text{-}AD(\alpha)$ enthaltenen Stoffe umso stärker ändert, je restriktiver α gewählt wurde.

Für Abbildung 10.1 bedeutet dies, dass der Graph von S_Q in den X-Achsen-Abschnitten, die nahe am Ursprung liegen, volatiler ist, als in weiter entfernten. Daraus wiederum folgt, dass die Richtigkeit oder Falschheit einer AD-Prognose für einen Stoff $v \in V$ umso stärker in den Wert des Aleph-Maßes eingeht, je höher die Wahrscheinlichkeit der AD-Zugehörigkeit von v eingeschätzt wurde. Dies ist ein gewünschter Effekt, da es für die Qualität eines AD-Schätzers ungleich bedeutender ist, die Stoffe richtig eingeschätzt zu haben, für die eine bedenkenlose Anwendung des QSAR-Modells empfohlen wird, als jene, bei denen eher vom Modelleinsatz abgeraten wird. Liefert das QSAR-Modell für einen Stoff, bei dem dies für unwahrscheinlich gehalten wurde, wider Erwarten doch ein gutes Ergebnis, so wurde im Zweifelsfall nur eine eigentlich unnötige Laboruntersuchung veranlasst. Hat man sich umgekehrt jedoch aufgrund einer hohen AD-Zugehörigkeitswahrscheinlichkeit auf ein QSAR-Modell-Ergebnis verlassen, welches in Wahrheit mit großen Mängeln behaftet war, so entsteht zumeist ein größerer Schaden.

Um das $\aleph$-Maß nicht nur für den direkten Vergleich zweier AD-Schätzer untereinander verwenden zu können, sondern jeden Schätzer auch einzeln beurteilen zu können, ist es notwendig zu bestimmen, welches $\aleph$-Maß ein AD-Schätzer aufweisen würde, dessen Schätzwerte allein vom Zufall bestimmt werden. Entgegen der ersten Erwartung, dass das $\aleph$-Maß eines solchen Zufallsschätzers genau zwischen dem maximalen $\aleph$ von 1 und dem minimalen $\aleph$ von 0 liegen müsste, hängt dieses von der Zusammensetzung des Validierungsdatensatzes V und der betrachteten Fehlerschranke ζ ab. Der Zufallsschätzer führt nur dann zu einem $\aleph$-Maß von 0.5, wenn $P(|V|,\zeta) = 0.5$ gilt. Wegen

$$P(|V|,\zeta) = \frac{|V \cap S_Q\text{-}AD(\alpha_{|V|}) \cap AD_{(Q,\zeta)}|}{|V \cap S_Q\text{-}AD(\alpha_{|V|})|} = \frac{|S_Q\text{-}AD(\alpha_{|V|}) \cap AD_{(Q,\zeta)}|}{|S_Q\text{-}AD(\alpha_{|V|})|} = \frac{|S_Q\text{-}AD(\alpha_{|V|})|}{|V|}$$

ist dies genau dann der Fall, wenn $|S_Q\text{-}AD(\alpha_{|V|})| = 0.5 \cdot |V|$ gilt, der betrachtete Validierungsdatensatz also genau so viele Elemente mit einem Modellfehler kleiner ζ enthält, wie solche mit einem Fehler größer als ζ.

Werden die Stoffe, welche als AD-zugehörig markiert werden, zufällig aus V ausgewählt, so entspricht der Erwartungswert von $P(k,\zeta)$ für alle $0 \leq k \in \mathbb{N} \leq |V|$ nämlich genau $P(|V|,\zeta)$, wie Satz 10.2.5 belegt.

Satz 10.2.5

Seien V, A zwei Mengen, V endlich. Sei V_k die Menge, die entsteht, wenn k zufällig gewählte Elemente aus V entfernt werden. Setze $n_k := |V_k \cap A|$ und $m_k := |V_k| - n_k$.

Dann gilt für den Erwartungswert von $\frac{n_k}{|V_k|}$:

$$E\left(\frac{n_k}{|V_k|}\right) = \frac{n_0}{|V_0|} \quad \forall\, 0 \leq k \leq |V|.$$

Beweis:

Beachte, dass in diesem Beweis P für das Wahrscheinlichkeitsmaß steht und nicht für die Prädiktivität aus den vorangegangenen Definitionen.

Vollständige Induktion:

$k = 0$: $\quad E(\frac{n_0}{|V_0|}) = \frac{n_0}{|V_0|}$ trivial.

$k \to k+1$:

$$\begin{aligned} E\left(\frac{n_{k+1}}{|V_{k+1}|}\right) &= P(n_{k+1} = n_k - 1, m_{k+1} = m_k - 1) \cdot \frac{n_k - 1}{|V_{k+1}|} \\ &\quad + P(n_{k+1} = n_k, m_{k+1} = m_k - 1) \cdot \frac{n_k}{|V_{k+1}|} \\ &= P(n_{k+1} = n_k - 1, m_{k+1} = m_k - 1) \cdot \frac{n_k - 1}{n_k + m_k - 1} \\ &\quad + P(n_{k+1} = n_k, m_{k+1} = m_k - 1) \cdot \frac{n_k}{n_k + m_k - 1} \\ &= \frac{n_k}{n_k + m_k} \cdot \frac{n_k - 1}{n_k + m_k - 1} + \frac{m_k}{n_k + m_k} \cdot \frac{n_k}{n_k + m_k - 1} \\ &= \frac{n_k(n_k - 1) + m_k n_k}{(n_k + m_k)(n_k + m_k - 1)} \\ &= \frac{n_k(n_k - 1 + m_k)}{(n_k + m_k)(n_k + m_k - 1)} \\ &= \frac{n_k}{(n_k + m_k)} = \frac{n_k}{|V_k|}. \end{aligned}$$

□

Bemerkung 10.2.6

Hinweis zum besseren Verständnis: Es gelten folgende Entsprechungen zwischen den Bezeichnungen in Satz 10.2.5 und der vorangegangenen Diskussion:

V_0 *entspricht* V, V_k *entspricht* $V \cap S_Q$-$AD(\alpha_{|V|-k})$ *und* A *entspricht* $AD_{(Q,\zeta)}$.

Korollar 10.2.7 (Random-ℵ)

Das ℵ-Maß des Zufallsschätzers zu einem AD-Schätzer S_Q *(und* V *und* ζ*) berechnet sich wie folgt:*

$$\aleph_{(V,\zeta)}^{random}(S_Q) := \frac{B_{(V,\zeta)}(S_Q^{ideal}) - P(|V|, \zeta)}{B_{(V,\zeta)}(S_Q^{ideal}) - B_{(V,\zeta)}(S_Q^{worst})}.$$

Beweis:

Ergibt sich unmittelbar aus Satz 10.2.5 (bzw. aus der mit seiner Hilfe gezeigten Tatsache $E(P(k,\zeta)) = P(|V|,\zeta) \quad \forall\, 0 \leq k \leq |V|$*) und Definition 10.5.*

□

Algorithmus 10.1 zeigt die Berechnung der Bewertungsfunktion B aus Definition 10.5 in Pseudocode[9].

Algorithmus 10.1 Bewertung(`MENGE` V, `GLEITKOMMAZAHL` ζ, `BOOL` auf)

Voraussetzung:

`FUNKTION` Q	//QSAR-Modellfunktion
`FUNKTION` L	//Rückgabe der laborbestimmten Zielwerte
`FUNKTION` S_Q	//AD-Schätzer

Eingabe:

`MENGE`	V,	//Validierungsdatensatz
`GLEITKOMMAZAHL`	ζ,	//(Fehler)grenzwert für die AD-Zugehörigkeit
`BOOL`	auf,	//**false**, wenn hohe S_Q-Schätzwerte mit hoher AD-Zugehörig- //keit korrelieren (KADE, EKADE); **true**, wenn niedrige S_Q- //Schätzwerte mit hoher AD-Zugehörigkeit korrelieren (Leve- //rage)

Ausgabe:

`GLEITKOMMAZAHL`	B	//Bewertung $B_{(V,\zeta)}(S_Q)$ gemäß Def. 10.5
`VEKTOR`	P	//Prädiktivität $\frac{\lvert V \cap S_Q\text{-}AD(\alpha) \cap AD_{(Q,\zeta)} \rvert}{\lvert V \cap S_Q\text{-}AD(\alpha) \rvert}$

Lokale Variablen:

`GANZZAHL`	i
`MATRIX`	A
`VEKTOR`	P
`GLEITKOMMAZAHL`	B

für i=0 **to** $|V|$ **tue**
  $A[0] \leftarrow S_Q(V[i])$
  wenn $\|Q(V[i]) - L(V[i])\| < \zeta$ **dann**

[9] Aus Gründen der Übersichtlichkeit ist der Ausnahmefall gleicher Schätzwerte ($a_k = \perp$) in diesem Code nicht berücksichtigt.

```
        A[1] ← 1
    sonst
        A[1] ← 0
    Ende wenn
Ende für
wenn auf==true dann
    Sortiere A aufsteigend nach Spalte 0
sonst
    Sortiere A absteigend nach Spalte 0
Ende wenn
P ← A[1][0]
B = 0
für i=1 to |V| tue
    P ← (i + 1)^-1 · (i · P[i − 1] + A[1][i])
    B ← 0.5 · (P[i − 1] + P[i])
Ende für
B = (|V| − 1)^-1 · B
Rückgabe B, P
```

Kapitel 11

Vergleichsstudie

In diesem Kapitel wird die Leistungsfähigkeit der vorgestellten AD-Schätzmethoden anhand von sieben der Literatur entnommenen QSAR-Modellen untersucht und miteinander verglichen.

***Vereinbarung* 11.1**
Wann immer im Folgenden auf den Logarithmus Bezug genommen wird, ist stets der Logarithmus zur Basis 10 gemeint.

11.1 Untersuchte QSAR-Modelle

Die Modellgleichungen sowie die Trainings- und Validierungsdatensätze der nachfolgend beschriebenen QSAR-Modelle sind in Anhang C aufgeführt. Trainings- und Validierungsmengen sind sämtlich disjunkt. Zur Beschreibung der Deskriptoren und der Zieleigenschaften sowie ihrer Notation finden sich in Anhang B ergänzende Informationen.

Für weitere Details sei außerdem auf [70–72] sowie [97] verwiesen.

Modell M1:

Das erste Modell bestimmt den logarithmierten Ostwald-Lösungskoeffizienten L^{W}, der eine Kennzahl für die Löslichkeit von Gasen in Flüssigkeiten darstellt. Der Ostwald-Lösungskoeffizient beschreibt das Verhältnis zwischen der Flüssigkeitsmenge C_W, die benötigt wird, um eine bestimmte Gasmenge C_A (bei festgelegtem Druck und Temperatur) darin zu lösen, und eben jener Gasmenge C_A: $L^W = \frac{C_W}{C_A}$. Das betrachtete Modell wurde von Michael H. Abraham et al. 1994 publiziert [2] und verwendet die in Tabelle 11.1 aufgeführten Deskriptoren. Der Trainingsdatensatz umfasst 408, der Validierungsdatensatz 325 Stoffe.

R_2	excess molar refraction
π_2^H	dipolarity/polarizability
$\sum \alpha_2^H$	effective hydrogen-bond acidity
$\sum \beta_2^H$	effective hydrogen-bond basicity
V_X	McGowan characteristic volume

Tabelle 11.1: Deskriptoren von M1 und M6

Modell M2:

QSAR-Modell M2 sagt die Wasserlöslichkeit S_W organischer Verbindungen vorher, die in Stoffmenge pro Wassermenge (üblicherweise Mol pro Liter) angegeben wird. Damit steht sie in engem Verhältnis zu dem bereits vorgestellten Ostwald-Koeffizienten, was in Anhang B näher erläutert ist. Das betrachtete Modell wurde von Nagamany Nirmalakhandan und Richard Speece erstmals 1988 publiziert [109], später erweitert [111, 163] und schließlich am Helmholtz-Zentrum für Umweltforschung in Leipzig mit dem in Anhang C angegebenen, 470 Stoffe umfassenden Trainingsdatensatz neu kalibriert. Für unsere Studie standen 917 Validierungsdaten zur Verfügung.

${}^0\chi$	0th order molecular connectivity index
${}^0\chi^v$	0th order valence molecular connectivity index
$\bar{\Phi}$	polarizability

Tabelle 11.2: Deskriptoren von M2

Modell M3:

Das Modell M3 berechnet den Boden-Wasser-Verteilungskoeffizienten K_{OC}. Dieser gibt das Verhältnis der Konzentrationen einer Chemikalie in einem Zweiphasensystem aus natürlichem organischen Kohlenstoff und Wasser an. Es basiert auf einer Arbeit [146] von Shu Tao und Xiaoxia Lu aus dem Jahr 1999 und wurde ursprünglich an 543 Stoffen trainiert. Am Helmholtz-Zentrum für Umweltforschung wurde dieser Datensatz auf 585 Chemikalien erweitert und die Regressionsgleichung entsprechend neu angepasst. Für die nachfolgend vorgestellte Analyse fanden 139 Validierungsdaten Verwendung.

$\sum F_i n_i$	sum of polarity correction factors
${}^1\chi^v$	1st order valence molecular connectivity index
${}^2\chi$	2nd order molecular connectivity index
${}^4\chi_c$	4th order chain-type molecular connectivity index

Tabelle 11.3: Deskriptoren von M3

Modell M4:

Dieses QSAR-Modell prognostiziert den Kehrwert des Ostwald-Koeffizienten, den sogenannten Luft-Wasser-Verteilungskoeffizienten K_{AW}, der auch unter dem Namen dimensionslose Henry-Konstante $k_{H,cc}$ bekannt ist. Modell M4 wurde genau wie Modell M2 1988 von Nagamany Nirmalakhandan und Richard Speece publiziert [110]. Seine Besonderheit im Hinblick auf die AD-Schätzung besteht darin, dass der Deskriptor I ausschließlich die Werte wahr oder falsch annehmen kann[1]. Eine solche Indikatorvariable ist mit den in dieser Arbeit vorgestellten AD-Schätzmethoden eigentlich unvereinbar, da mangels eines geeigneten Abstandsbegriffes zwischen den Werten „wahr" und „falsch" dem deskriptorraumbasierten Ähnlichkeitskonzept die Grundlage entzogen wird. Dieses Problem lässt sich jedoch dadurch umgehen, dass zwei voneinander unabhängige AD-Schätzungen $S_{I=0}$ und $S_{I=1}$ jeweils über dem um die Dimension I verkleinerten Deskriptorraum aufgebaut werden. Dieses Vorgehen wird durch die Annahme begründet, dass für die Ähnlichkeit eines

[1] Per Definition auf die Zahlenwerte 1 bzw. 0 festgelegt.

Anfragestoffes q zum Modelltraining ausschließlich jene Trainingsdaten relevant sind, die mit q bezüglich der durch die Indikatorvariable repräsentierten Eigenschaft übereinstimmen. Zur Berechnung des $\aleph$-Maßes werden die beiden Schätzungen dann wieder zusammengeführt: In der Terminologie von Kapitel 10, S. 215 und folgende, gilt dann $S_Q\text{-}AD(\alpha) := S_{I=0}\text{-}AD(\alpha) \uplus S_{I=1}\text{-}AD(\alpha)$. Der Trainingsdatensatz von Modell M4 umfasst 180 Stoffe, von denen 135 die Indikatorvariable $I = 1$ aufweisen. Im Validierungsdatensatz befinden sich 860 Chemikalien, von denen 746 einen Wasserstoffbrückenindikatorwert von $I = 1$ tragen.

$\bar{\Phi}$	polarizability
${}^1\chi^v$	1st order valence molecular connectivity index
I	hydrogen bonding indicator varaible

Tabelle 11.4: Deskriptoren von M4

Modell M5:

Das fünfte QSAR-Modell, 1999 von Salwa und Colin Poole veröffentlicht [120], bestimmt, wie das Modell M3, den K_{OC}, nutzt jedoch andere Deskriptoren. Diese entsprechen genau jenen, die in M1 zur Berechnung des Ostwald-Lösungskoeffizienten L^W verwendet wurden, wobei π_2^H unberücksichtigt bleibt. Die Trainingsdaten umfassen 136 und die Validierungsdaten 127 Chemikalien.

V_X	McGowan characteristic volume
R_2	excess molar refraction
$\sum \alpha_2^H$	effective hydrogen-bond acidity
$\sum \beta_2^H$	effective hydrogen-bond basicity

Tabelle 11.5: Deskriptoren von M5

Modell M6:

Das K_{OC}-Modell M6 stellten Thanh Nguyen et al. [106] im Jahr 2005 auf. Es nutzt die gleichen Deskriptoren wie Modell M1. Damit entspricht es fast völlig Modell M5, wobei es gegenüber diesem den Deskriptorraum um die Dimension π_2^H erweitert. Entsprechend große Ähnlichkeit stellt man daher auch fest, wenn man die Regressionsgleichungen beider Modelle miteinander vergleicht. Nguyen et al. passten ihr Modell an 75 Chemikalien an. Zur Validierung standen uns 182 nicht im Training enthaltene Stoffe zur Verfügung.

Modell M7:

Auch dieses Modell besitzt den Boden-Wasser-Verteilungskoeffizienten als Zielgröße. Im Gegensatz zu den vorherigen Modellen leitet es diesen jedoch, abgesehen von dem Konnektivitätsindex $^1\chi^b$, im Wesentlichen aus einer Reihe von elektrotopologischen Zustandsindizes ab. M7 wurde im Jahr 2003 von Jarmo Huuskonen publiziert [55], wobei er sich hinsichtlich der Stoffauswahl an eine Arbeit von Paola Gramatica et al. [42] anlehnt. Mit lediglich 140 Trainingsstoffen bei einem zwölfdimensionalen Deskriptorraum weist M7 im Vergleich zu M1-M6 das ungünstigste Verhältnis auf. Dennoch wird sich im Folgenden zeigen, dass die untersuchten AD-Schätzer die Vorhersagestärke von M7 bezüglich 594 zur Verfügung stehender Validierungsdaten überraschend gut einschätzen können.

$^1\chi^b$	1st order bond connectivity index
SssNH, SdsN, SsssN, SddsN, SdO, SssO, SsF, SdS, SssS, SsCl, SsBr	electrotopological state indices

Tabelle 11.6: Deskriptoren von M7

11.2 Methodik

Es gibt keine allgemein festgeschriebene, für alle QSARs gültige Grenze, ab welchem Modellfehler ein Stoff nicht mehr zur Anwendungsdomäne zu rechnen ist. Jedoch werden Abweichungen bis zu 0.6 logarithmischen Einheiten in der Regel als akzeptabel angesehen.

In dem Report ENV/JM/MONO(2004)24 der OECD-Expertengruppe für quantitative Struktur-Wirkungs-Beziehungen [112] wird im Rahmen der Validierung anhand nicht bei der Modellerstellung verwendeter Daten (ICCA: Setubal Principle 6)[2] für die Anwendungsdomäne der dort betrachteten Modelle von einer Vorhersagegüte von ±0.64 log. Einheiten (95% Konfidenzintervall) bzw. ±1.09 log. Einheiten (95% Konfidenzintervall) ausgegangen.

In unseren Analysen betrachten wir daher stellvertretend die Fehlerschranken 0.3, 0.6 und 0.9 logarithmische Einheiten, was einer Abweichung des Modellergebnisses vom Zielwert um das zwei- ($10^{0.3}$), vier- ($10^{0.6}$) bzw. achtfache ($10^{0.9}$) entspricht. Da die Modelle M1-M7 ihre Zielparameter, wie im Bereich der QSAR-Modellierung üblich, bereits in logarithmierter Form bestimmen, setzen wir also $\zeta = 0.3$, $\zeta = 0.6$ bzw. $\zeta = 0.9$.

Die in Teil A (Abschnitt 11.3.1) aufgeführten Untersuchungen verwenden jeweils die kompletten Validierungsdatensätze für einen Vergleich zwischen der Leverage-Methode und unterschiedlich parametrisierten KADE-Schätzern.

Um die Leistungsfähigkeit der EKADE-Methode zu analysieren, wird für jedes Modell neben den Trainings-[3] und Validierungsdaten noch eine dritte Stoffmenge benötigt, die zur Erweiterung des Basissatzes genutzt werden kann.

In Teil B (Abschnitt 11.3.2) generieren wir diese, indem wir zufällig 30% der Stoffe aus den Validierungsdaten entfernen und zu der Erweiterungsmenge zusammenfassen. Um die Aussagekraft zu erhöhen, wiederholen wir diese Zufallsauswahl einhun-

[2] Die „Setubal Principles" zur Validierung von QSARs wurden 2004 in Setubal, Portugal, auf der Konferenz „Regulatory Acceptance of QSARs for Human Health and Environment Endpoints" [59] des „International Council of Chemical Associations" (ICCA) festgelegt.

[3] Erinnerung: Mit dem Begriff Trainingsdaten bezeichnen wir stets alle bei der Modellerstellung verwendeten Daten (vgl. S. 77).

dertmal, so dass wir für jedes Modell hundert verschiedene Anordnungen (Settings) erhalten[4]. Abbildung 11.1 verdeutlicht dieses Vorgehen schematisch.

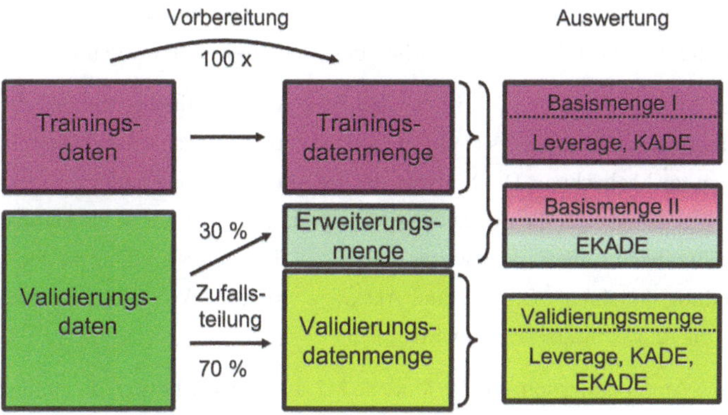

Abbildung 11.1: Generierung der Erweiterungsdaten

11.3 Ergebnisse und Diskussion

Bemerkung 11.3.1

Soweit nicht explizit anders angegeben, wurde für alle nachfolgenden Rechnungen die Mahalanobis-Norm verwendet.

11.3.1 Studienteil A: KADE

Die Abbildungen 11.2 bis 11.4 zeigen die ℵ-Werte aller sieben Modelle für die Leverage-Methode im Vergleich zur KADE-Schätzung unter Standardbandbreite bezogen auf die in Anhang C angegebenen Validierungsdaten. Bei nicht eindeutiger Reihung der Schätzwerte (siehe Bem. 10.2.4, S. 224) sind die ℵ-Werte der schlechtestmöglichen und der bestmöglichen Reihung zusätzlich zum Erwartungswert (dem

[4] Jedes Setting besteht also aus einem Trainings-, einem Erweiterungs- und einem Validierungsdatensatz, wobei der Trainingsdatensatz für alle Settings eines Modells gleich ist.

eigentlichen ℵ-Wert) in Form von Fehlerindikatoren dargestellt. Mit Random wird das ℵ-Maß eines Zufallsschätzers bezeichnet (siehe Kor. 10.2.7, S. 227). Die gerundeten Ergebnisse finden sich als Zahlenwerte auch in Tabelle 11.8, wo zusätzlich noch der prozentuale Anteil derjenigen Stoffe an dem Validierungsdatensatz angegeben ist, die durch die kernbasierte AD-Schätzung mit 0 bewertet wurden.

Bei den Modellen M1 und M4 ist der stärkste Zusammenhang zwischen der Trainingsdatensatzabdeckung des Deskriptorraumes und den betrachteten Anwendungsdomänen zu beobachten: Die ℵ-Werte der Leverage-Methode sind zwischen 42.9% und 62.8% kleiner, als die des Zufallsschätzers und werden durch die kernbasierten AD-Schätzungen zumeist noch weiter unterboten. Besonders auffällig ist dies bei den Anwendungsdomänen $AD_{(M1,0.3)}$ und $AD_{(M1,0.9)}$, wo der ℵ-Wert des Zufallsschätzers um bis zu 72.5% unterschritten wird.

Auch die Anwendungsdomäne der Modelle M2 und M3 wird durch die untersuchten Verfahren insgesamt gut charakterisiert, wobei das Leverage-Verfahren den KADE-Schätzern hier deutlicher als bei M1 und M4 unterlegen ist.

	$\zeta = 0.3$	$\zeta = 0.6$	$\zeta = 0.9$
M1	94.1%	99.8%	99.8%
M2	55.3%	80.0%	91.7%
M3	35.7%	61.0%	77.3%
M4	68.9%	74.4%	78.9%
M5	71.3%	93.4%	97.1%
M6	76.0%	98.7%	100.0%
M7	63.6%	90.0%	99.3%

Tabelle 11.7:
Anteil der Trainingsstoffe mit Modellfehler kleiner als ζ

Außerdem kann man speziell bei M2 einen allgemein gültigen Zusammenhang beobachten: Je restriktiver die Fehlerschranke ζ gewählt wird, desto weniger aussagekräftig ist die Nähe zwischen Anfragestoff und Trainingsdaten für dessen AD-Zugehörigkeit. Je kleiner ζ nämlich gewählt wird, desto kleiner ist auch die Zahl der Trainingsdaten selbst, die einen Modellfehler kleiner ζ aufweisen. So gehören nur etwa 55% der Trainingsdaten von Modell M2 zu der Anwendungsdomäne $AD_{(M2,0.3)}$. Bei $AD_{(M2,0.9)}$ hingegen gilt dies für fast 92%. Dass die Ähnlichkeit eines Anfragedatums q zu einem Trainingsdatum, welches selbst nicht Teil der Anwendungsdomäne ist, die Wahrscheinlichkeit der AD-Zugehörigkeit von q nicht erhöht, liegt auf der Hand.

Im Vergleich zu den Modellen M1 bis M4, ist der Zusammenhang zwischen der Datenverteilung im Deskriptorraum und der Zugehörigkeit zur Anwendungsdomäne

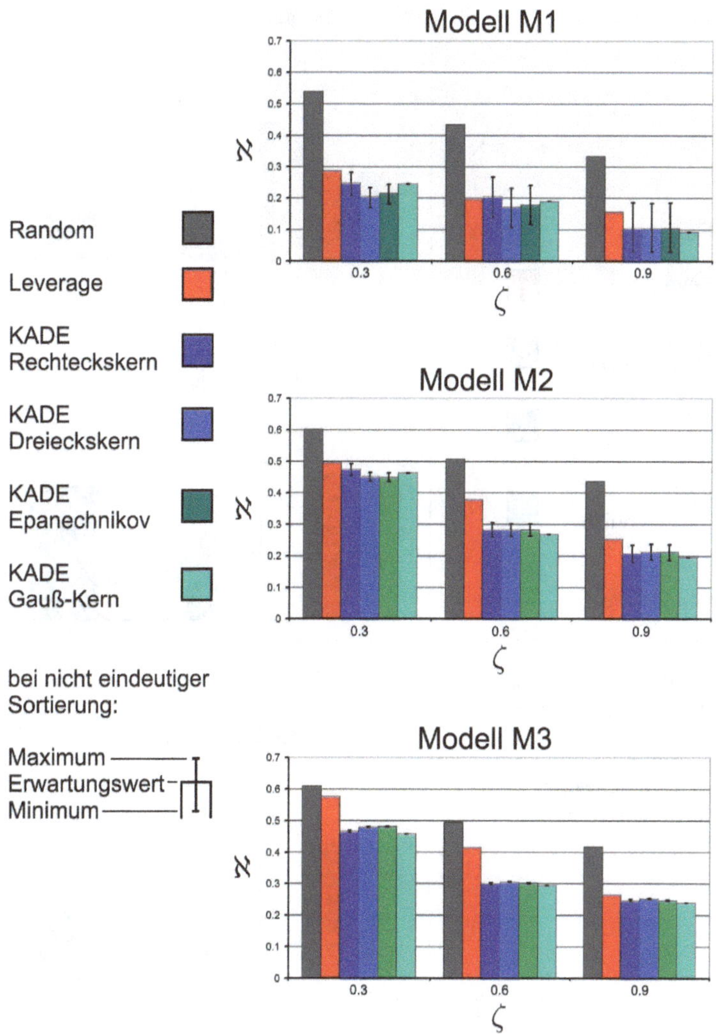

Abbildung 11.2: KADE (Standardbandbreite) vs. Leverage, Modelle M1-M3

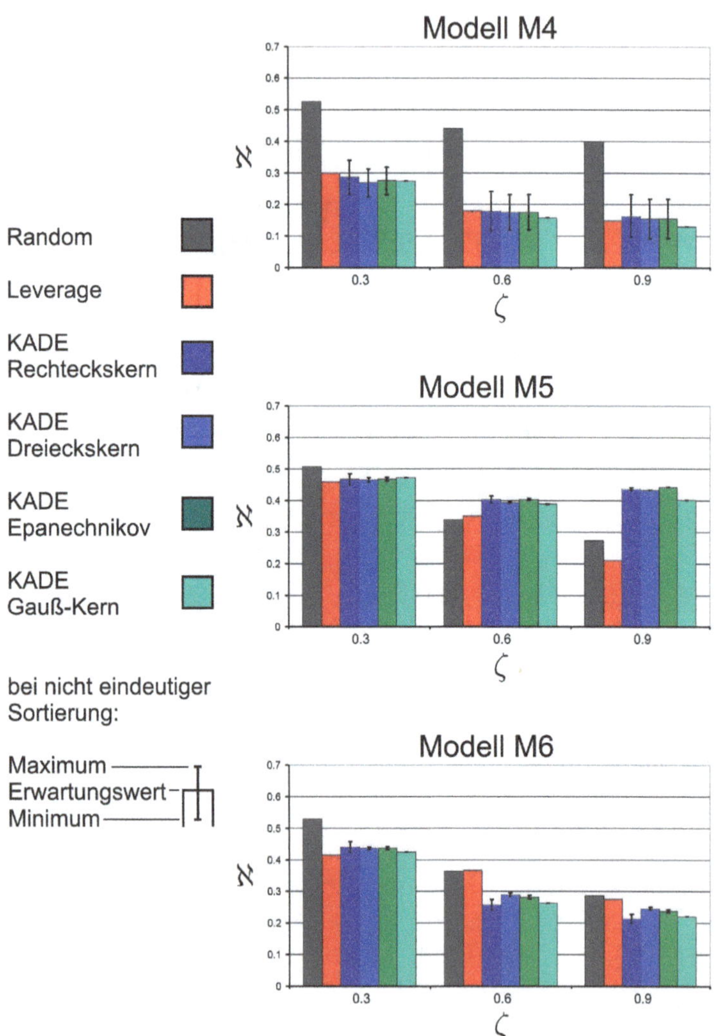

Abbildung 11.3: KADE (Standardbandbreite) vs. Leverage, Modelle M4-M6

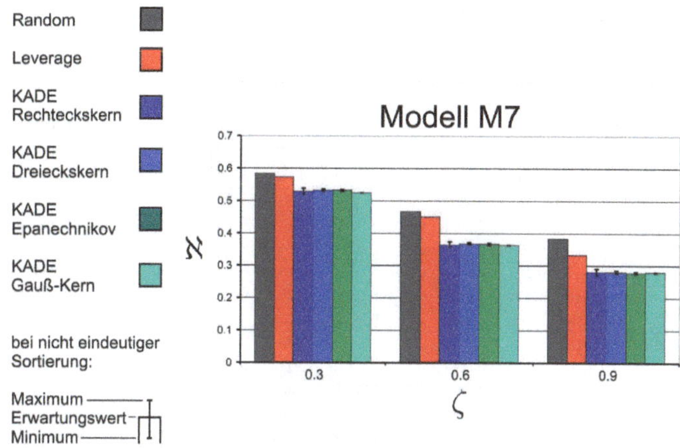

Abbildung 11.4: KADE (Standardbandbreite) vs. Leverage, Modell M7

bei den Modellen M6 und M7 schwächer. Insbesondere für die Fehlerschranke $\zeta = 0.3$ sind die Schätzmethoden nur geringfügig besser als reines Raten. Erhöht man die Fehlertoleranz allerdings auf $\zeta = 0.6$, so verbessern sich die $\aleph$-Ergebnisse der KADE-Schätzer bereits deutlich. Die Leverage-Methode profitiert hiervon dagegen kaum und erweist sich für die Modelle M6 und M7 als unbrauchbar.

Ein Ausnahme bildet Modell M5: Hier versagen sowohl die Leverage- als auch die KADE-Methoden. Letztere legen sogar nahe, dass eine Nähe zum Trainingsdatensatz mit einer vergrößerten Wahrscheinlichkeit hoher Modellfehler einhergeht. Unsere Grundsatzannahme Hypothese 1 (S. 82) wird also im Falle von Modell M5 nicht bestätigt. Warum dies so ist und ob demgegenüber die veränderte Behauptung aus Hypothese 3 (S. 211) dennoch zutrifft, werden wir in Abschnitt 11.3.2 näher beleuchten. Zuvor wollen wir aber noch näher auf weitere Details des KADE-Schätzers eingehen.

11.3.1.1 Bandbreite

Tabelle 11.8 kann man entnehmen, dass bei Modell M1 und Modell M4 fast 50% der Validierungsdaten weiter als die durch die Standardbandbreite definierte Distanz $\overline{NND_{(1)}} + 3 \cdot \sigma_{NND_{(1)}}$ vom nächstgelegenen Trainingsdatum entfernt liegen und daher

			$\zeta = 0.3$			$\zeta = 0.6$			$\zeta = 0.9$			NW
			$\aleph^{min}$	$\aleph$	$\aleph^{max}$	$\aleph^{min}$	$\aleph$	$\aleph^{max}$	$\aleph^{min}$	$\aleph$	$\aleph^{max}$	%
M1		Ra	–	0.539	–	–	0.433	–	–	0.334	–	–
		Le	0.287	0.287	0.287	0.197	0.197	0.197	0.156	0.157	0.157	0.000
	K	Dr	0.168	0.203	0.233	0.107	0.170	0.232	0.030	0.103	0.184	0.492
	A	Re	0.207	0.247	0.282	0.137	0.203	0.268	0.030	0.104	0.186	0.492
	D	Ep	0.180	0.214	0.244	0.115	0.179	0.241	0.030	0.103	0.184	0.492
	E	Ga	0.245	0.245	0.245	0.189	0.189	0.190	0.091	0.092	0.093	0.000
M2		Ra	–	0.601	–	–	0.507	–	–	0.436	–	–
		Le	0.497	0.498	0.498	0.377	0.378	0.378	0.253	0.253	0.253	0.000
	K	Dr	0.436	0.451	0.464	0.263	0.283	0.301	0.187	0.213	0.237	0.333
	A	Re	0.453	0.473	0.492	0.259	0.283	0.305	0.180	0.207	0.234	0.333
	D	Ep	0.434	0.449	0.462	0.263	0.282	0.301	0.187	0.212	0.237	0.333
	E	Ga	0.461	0.462	0.463	0.268	0.268	0.268	0.196	0.196	0.196	0.000
M3		Ra	–	0.610	–	–	0.495	–	–	0.418	–	–
		Le	0.576	0.576	0.576	0.415	0.415	0.415	0.265	0.265	0.265	0.000
	K	Dr	0.479	0.480	0.481	0.302	0.304	0.306	0.250	0.252	0.253	0.101
	A	Re	0.462	0.465	0.468	0.296	0.300	0.304	0.242	0.246	0.250	0.101
	D	Ep	0.480	0.481	0.482	0.299	0.301	0.302	0.245	0.247	0.249	0.101
	E	Ga	0.458	0.458	0.458	0.293	0.293	0.293	0.240	0.240	0.240	0.000
M4		Ra	–	0.525	–	–	0.441	–	–	0.400	–	–
		Le	0.299	0.300	0.300	0.179	0.179	0.179	0.148	0.149	0.149	0.000
	K	Dr	0.223	0.270	0.313	0.118	0.175	0.231	0.092	0.154	0.217	0.474
	A	Re	0.230	0.288	0.341	0.115	0.179	0.241	0.095	0.162	0.231	0.474
	D	Ep	0.229	0.276	0.319	0.118	0.175	0.231	0.093	0.155	0.218	0.474
	E	Ga	0.275	0.275	0.276	0.158	0.158	0.158	0.130	0.130	0.130	0.003
M5		Ra	–	0.509	–	–	0.339	–	–	0.273	–	–
		Le	0.458	0.459	0.459	0.351	0.351	0.351	0.211	0.211	0.211	0.000
	K	Dr	0.459	0.465	0.471	0.390	0.394	0.397	0.432	0.432	0.432	0.181
	A	Re	0.449	0.467	0.485	0.392	0.403	0.414	0.430	0.435	0.440	0.181
	D	Ep	0.461	0.467	0.474	0.400	0.404	0.407	0.441	0.441	0.441	0.181
	E	Ga	0.472	0.472	0.472	0.388	0.388	0.389	0.401	0.401	0.401	0.000
M6		Ra	–	0.529	–	–	0.363	–	–	0.286	–	–
		Le	0.415	0.415	0.415	0.367	0.367	0.367	0.275	0.275	0.275	0.000
	K	Dr	0.432	0.437	0.441	0.283	0.289	0.295	0.241	0.246	0.251	0.165
	A	Re	0.423	0.441	0.458	0.240	0.257	0.274	0.198	0.213	0.229	0.165
	D	Ep	0.433	0.437	0.442	0.275	0.281	0.288	0.232	0.237	0.242	0.165
	E	Ga	0.425	0.425	0.425	0.262	0.262	0.262	0.221	0.221	0.221	0.000
M7		Ra	–	0.584	–	–	0.466	–	–	0.384	–	–
		Le	0.574	0.574	0.574	0.452	0.452	0.452	0.334	0.334	0.334	0.000
	K	Dr	0.530	0.533	0.535	0.365	0.368	0.371	0.277	0.280	0.284	0.120
	A	Re	0.521	0.530	0.539	0.357	0.366	0.375	0.271	0.281	0.290	0.120
	D	Ep	0.530	0.533	0.535	0.364	0.367	0.370	0.276	0.279	0.282	0.120
	E	Ga	0.525	0.525	0.525	0.364	0.364	0.364	0.279	0.279	0.279	0.000

Ra=Random, Le=Leverage, Dr=Dreieck, Re=Rechteck, Ep=Epanechnikov, Ga=Gauß

Tabelle 11.8: KADE (Standardbandbreite) vs. Leverage-Methode

von den Schätzern mit endlichen Kernen nicht beurteilt werden können. Dies schlägt sich in einer entsprechend großen Differenz zwischen dem maximalen und minimalen $\aleph$-Wert, die in Abbildung 11.2 bzw. 11.3 durch die Fehlerindikatoren dargestellt werden, nieder.

Um diese zu verringern, kann man die Bandbreite erhöhen, was jedoch unter Umständen zu einer schlechteren Vorhersagequalität bei den näher am Trainingssatz gelegenen Validierungsdaten führt, weil dann in diesem Bereich eine Überglättung[5] vorliegt.

Abbildung 11.5 zeigt die $\aleph$-Werte, die sich für die Modelle M1 und M4 unter verschieden groß gewählten Bandbreiten ergeben. Dargestellt sind der Epanechnikov-Kern als endliche und vergleichend der Gauß-Kern als unendliche Kernfunktion.

Es ist gut zu erkennen, wie die Differenz zwischen maximalem und minimalem Aleph kontinuierlich abnimmt, wenn die Bandbreite vergrößert wird. Der AD-Schätzer erfasst nun also auch diejenigen Chemikalien, die so weit vom Modelltraining entfernt liegen, dass sie sich bei einer kleineren Bandbreite noch des Bewertungsradius befanden. Dieser Effekt sollte dazu führen, dass auch der Erwartungswert des $\aleph$ sinkt, da wir davon ausgehen, dass eine Bewertung durch den AD-Schätzer bessere Ergebnisse liefert als eine reine Zufallsauswahl[6].

Bei Modell M4 (Epanechnikov-Kern) tritt dies auch wie gewünscht ein. Anders ist die Situation bei Modell M1. Dies ist damit zu erklären, dass die Erhöhung der Bandbreite gleichzeitig die bereits angesprochene Gefahr der Überglättung in sich birgt, was der $\aleph$-senkenden Wirkung des vergrößerten Schätzradius entgegenwirkt und diese sogar umkehren kann. Je restriktivere Anforderungen an die Anwendungsdomäne in Form der Fehlertoleranz ζ gestellt werden, umso sensitiver reagiert das $\aleph$-Maß auf Veränderungen der durch den AD-Schätzer festgelegten Reihung[7]. Daher kommt die Problematik der Unterglättung umso stärker zum Tragen, je kleiner ζ gewählt wurde. Auch dieses Phänomen lässt sich an M1 gut nachvollziehen.

[5] Vergleiche S. 122 ff..

[6] Man überlege sich nur, dass, wird die Bandbreite beliebig klein gewählt, alle Validierungsdaten außerhalb des Schätzradius liegen und ihre Schätzwerte mithin 0 betragen. Damit ist ihre Reihung mangels Unterscheidbarkeit rein zufällig und der $\aleph$ des AD-Schätzers entspricht exakt dem des Zufallsschätzers ($\aleph^{random}$). Wird die Bandbreite erhöht, werden sukzessive immer mehr Stoffe für den AD-Schätzer unterscheidbar und der $\aleph$ sollte fallen.

[7] Vgl. Bsp. 10.1.1.

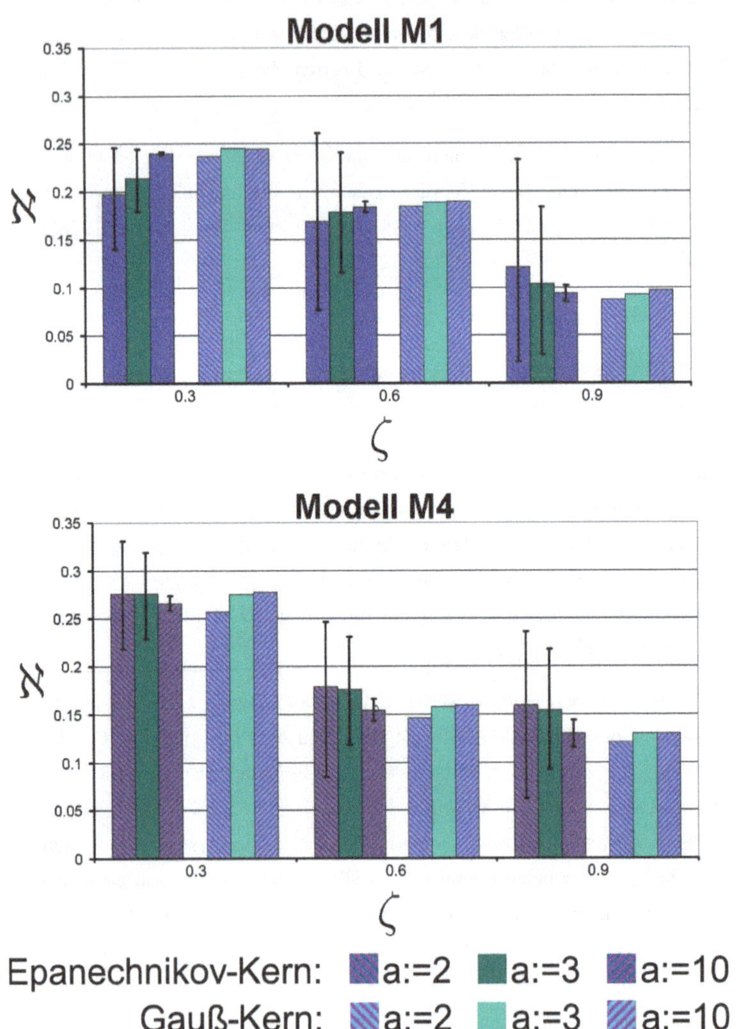

Bandbreitenbestimmung nach Abschnitt 6.2 Gleichung (6.3).

Abbildung 11.5: Einfluss der Bandbreite, Modelle M1 und M4

			$\zeta = 0.3$			$\zeta = 0.6$			$\zeta = 0.9$		
			$\aleph^{min}$	$\aleph$	$\aleph^{max}$	$\aleph^{min}$	$\aleph$	$\aleph^{max}$	$\aleph^{min}$	$\aleph$	$\aleph^{max}$
M1	**K**	**Dr**	0.202	0.202	0.202	0.164	0.165	0.165	0.086	0.087	0.088
	A	**Re**	0.222	0.222	0.222	0.185	0.185	0.186	0.095	0.095	0.096
	D	**Ep**	0.206	0.206	0.206	0.168	0.168	0.169	0.088	0.089	0.090
	E	**Ga**	0.191	0.191	0.191	0.150	0.151	0.151	0.082	0.082	0.083
M2	**K**	**Dr**	0.454	0.454	0.454	0.279	0.279	0.280	0.208	0.208	0.208
	A	**Re**	0.453	0.453	0.453	0.265	0.265	0.266	0.198	0.199	0.199
	D	**Ep**	0.454	0.454	0.455	0.278	0.279	0.279	0.207	0.207	0.207
	E	**Ga**	0.439	0.440	0.440	0.269	0.270	0.270	0.198	0.198	0.198
M3	**K**	**Dr**	0.473	0.473	0.473	0.308	0.308	0.308	0.257	0.257	0.257
	A	**Re**	0.488	0.488	0.488	0.323	0.323	0.323	0.266	0.266	0.266
	D	**Ep**	0.471	0.471	0.471	0.307	0.307	0.307	0.255	0.255	0.255
	E	**Ga**	0.497	0.497	0.497	0.333	0.333	0.333	0.274	0.274	0.274
M4	**K**	**Dr**	0.248	0.249	0.249	0.143	0.144	0.144	0.119	0.119	0.119
	A	**Re**	0.256	0.257	0.257	0.146	0.146	0.146	0.119	0.119	0.119
	D	**Ep**	0.252	0.252	0.253	0.145	0.145	0.146	0.121	0.121	0.121
	E	**Ga**	0.255	0.256	0.256	0.148	0.148	0.148	0.120	0.120	0.120
M5	**K**	**Dr**	0.508	0.508	0.508	0.432	0.432	0.433	0.487	0.487	0.487
	A	**Re**	0.544	0.544	0.544	0.455	0.455	0.455	0.491	0.491	0.491
	D	**Ep**	0.512	0.512	0.512	0.435	0.435	0.436	0.489	0.489	0.489
	E	**Ga**	0.549	0.549	0.549	0.443	0.444	0.444	0.489	0.489	0.489
M6	**K**	**Dr**	0.436	0.436	0.436	0.303	0.303	0.303	0.279	0.279	0.279
	A	**Re**	0.419	0.419	0.419	0.307	0.307	0.307	0.278	0.278	0.278
	D	**Ep**	0.432	0.432	0.432	0.300	0.300	0.300	0.272	0.272	0.272
	E	**Ga**	0.434	0.434	0.434	0.337	0.337	0.337	0.319	0.319	0.319
M7	**K**	**Dr**	0.587	0.587	0.587	0.440	0.440	0.440	0.374	0.375	0.375
	A	**Re**	0.601	0.602	0.602	0.454	0.454	0.454	0.395	0.396	0.396
	D	**Ep**	0.590	0.590	0.590	0.441	0.442	0.442	0.376	0.377	0.377
	E	**Ga**	0.603	0.603	0.603	0.457	0.458	0.458	0.393	0.393	0.394

Dr=Dreieck, Re=Rechteck, Ep=Epanechnikov, Ga=Gauß

Tabelle 11.9: KADE anfragegesteuerte Bandbreite (a:=3, b:=1)

KADEs mit unendliche Kernen, wie dem Gauß-Kern, beziehen ohnehin alle Daten unabhängig von ihrer Entfernung von der Trainingsmenge in ihre Bewertung ein. Bei ihnen hätte eine Vergrößerung der Bandbreite deswegen nur dann einen positiven Effekt, wenn anderenfalls eine Unterglättung vorläge. Bei den Modellen in Abbildung 11.5 ist dies nicht der Fall und die Vorhersagegüte nimmt bei den Gauß-AD-Schätzern mit zunehmender Bandbreite ab.

Insgesamt legen unsere Untersuchungen nahe, dass die KADE-Standardbandbreite (a:=3) einen guten Kompromiss zwischen Vorhersagefähigkeit und Vorhersagegüte darstellt.

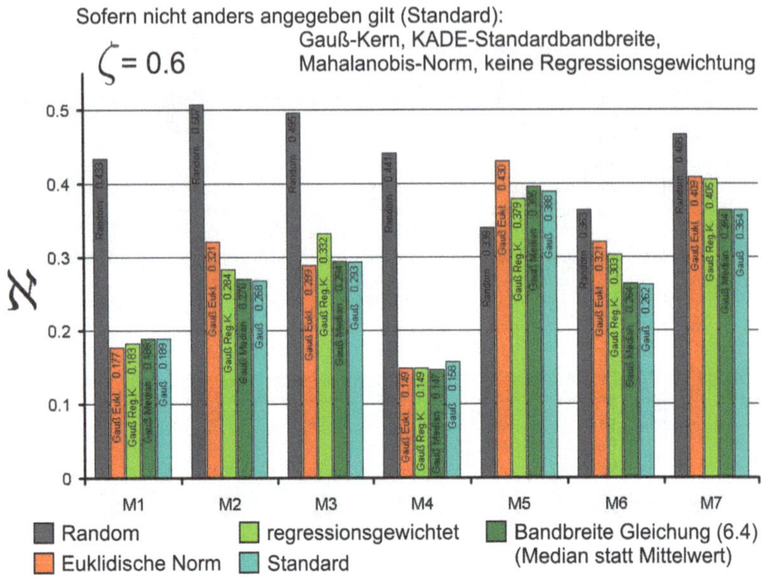

Abbildung 11.6: Unterschiedliche KADE-Parametrisierungen

Eine weitere Möglichkeit, den Einbezug sämtlicher Validierungsdaten in eine KADE-Schätzung mit endlichem Kern zu gewährleisten, besteht darin, eine anfragegesteuerte Bandbreite nach Abschnitt 6.2.1 zu verwenden.

Die entsprechenden Ergebnisse sind in Tabelle 11.9 dargestellt.

Bei den Modellen M1 und M4 sinken die ℵ-Werte für die KADEs mit endlichen Kernen gegenüber der Berechnung mit Standardbandbreite aus den gleichen Gründen wie bei der Studie aus Abbildung 11.5. Bei allen anderen Modellen erweist sich die anfragegesteuerte Bandbreite der Standardbandbreite hingegen als unterlegen.

Ob für die Bandbreitenbestimmung nach Abschnitt 6.2 wie bei der Standardbandbreite die Gleichung (6.3) zu Grunde gelegt wird oder ob statt auf den Mittelwert lieber, wie in Gleichung (6.4), auf den Median der Nächster-Nachbar-Distanzen Bezug genommen wird, hat hingegen keinen nennenswerten Einfluss auf die Ergebnisse.

Datensätze, in denen sich Mittelwert und Median der Nächster-Nachbar-Distanzen stark voneinander unterscheiden, dürften in realen Anwendungen eher die große Ausnahme sein.

In Abbildung 11.6 sind die entsprechenden Resultate (dunkelgrüne bzw. türkise Säulen) für einen KADE mit Gauß-Kern und $\zeta = 0.6$ exemplarisch dargestellt.

11.3.1.2 Norm

Ebenfalls in Abbildung 11.6 ist auch beispielhaft angegeben, welchen Einfluss die Wahl der den Berechnungen zugrundeliegenden Norm auf die Qualität der AD-Charakterisierung ausübt.

Der klassische Ansatz, eine Kerndichteschätzung unter Euklidischer Norm über zuvor autoskalierten Daten durchzuführen, ergibt für die QSARs M1 bis M7 die in Orange dargestellten $\aleph$-Werte.

Im Unterschied dazu zeigen die türkisen Säulen die Auswirkungen unseres Vorschlags aus Kapitel 6, mit Hilfe der Mahalanobis-Distanz auch die Kovarianzen zwischen den verschiedenen Deskriptoren zu berücksichtigen. In den Modellen M2, M6 und M7 kann damit die Prognosefähigkeit des KADEs deutlich erhöht werden, während bei den Modellen M1, M3 und M4 kaum Unterschiede zur Berechnung unter Euklidischer Norm zu verzeichnen sind. Insgesamt stützt die Untersuchung unsere These, dass die Verwendung der Mahalanobis-Distanz zu einer signifikanten Verbesserung der AD-Schätzung führt, wenn starke Abhängigkeiten zwischen den einzelnen Deskriptoren bestehen. Je schwächer die Kovarianzen ausgeprägt sind, umso stärker gleichen sich die unter Mahalanobis- bzw. Euklidischer Norm erzielten Ergebnisse an.

11.3.1.3 Regressionsgewichtung

Auf S. 199 ff. haben wir diskutiert, ob es sinnvoll sein kann, bei der Berechnung eines Abstandes im Deskriptorraum die einzelnen Deskriptoren entsprechend ihres Einflusses auf die Zieleigenschaft zu gewichten. Bereits bei den theoretischen Überlegungen kamen wir zu dem Schluss, dass diese Maßnahme wenig Erfolg verspricht.

Diese Einschätzung wurde durch die Studie der QSAR-Modelle M1 bis M7 bestätigt, wie Abbildung 11.6 beispielhaft für den Gauß-Kern und $\zeta = 0.6$ zeigt. Insbesondere für die Modelle M3, M6 und M7 weisen die hellgrünen Säulen der regressionsgewichteten Rechnung deutlich höhere $\aleph$-Werte auf, als der nicht regressionsgewichtete, aber ansonsten in der Parametrisierung identische, türkis dargestellte Standard-KADE.

Hinweise zur rechentechnischen Umsetzung der Regressionsgewichtung finden sich im Anhang B.

11.3.1.4 Inter- und Extrapolationseigenschaften

In diesem Unterabschnitt vergleichen wir die Interpolations- und Extrapolationseigenschaften der Leverage-Methode mit denjenigen des kernbasierten AD-Schätzers. Dazu haben wir die Validierungsdaten der sieben Untersuchungsmodelle jeweils in einen Interpolations- und einen Extrapolationsdatensatz geteilt und getrennt analysiert. Dabei enthält der Interpolationsdatensatz alle Chemikalien aus dem Interpolationsbereich[8] des Modells und der Extrapolationsdatensatz alle übrigen Stoffe.

Die Studie wurde beispielhaft am Gauß-Kern durchgeführt. Ihre Ergebnisse sind in Grafik 11.7 dargestellt. Zur besseren Vergleichbarkeit sind die $\aleph$-Werte dort nicht absolut angegeben, sondern jeweils in Prozent des $\aleph$-Wertes des entsprechenden Zufallsschätzers ausgedrückt. Ein Wert von 100% entspricht somit $\aleph^{random}$, Werte darunter kennzeichnen bessere AD-Schätzer, Werte darüber schlechtere. Der Ideale AD-Schätzer würde mit 0% verzeichnet.

Dass sowohl die Leverage-Methode als auch die kernbasierte AD-Schätzung im Falle von Modell M3 bei der Extrapolation ideal sind, ist dadurch begünstigt, dass bei diesem Modell nur sieben Validierungsdaten in den Extrapolationsbereich fallen, die außerdem bis auf Fluvalinat (mit einem Modellfehler von nicht ganz 0.6 log. Einheiten) alle einen Modellfehler größer als 0.9 log. Einheiten aufweisen. Mithin ist

[8] Für jede Dimension des Deskriptorraumes ist ein Interpolationsintervall durch den minimalen bzw. maximalen Wert gegeben, der für den zugehörigen Deskriptor durch die Stoffe im Trainingsdatensatz angenommen wird. Der Interpolationsbereich des QSAR-Modells entspricht dem durch diese Intervalle aufgespannten d-dimensionalen Hyperquader.

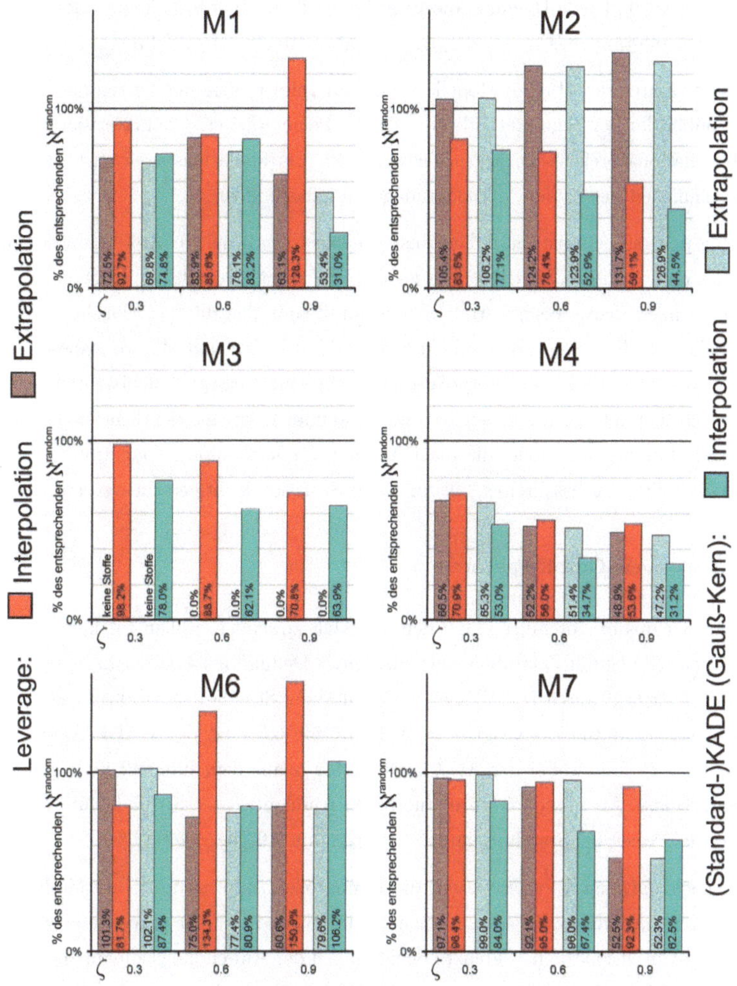

Die Prozentangaben beziehen sich kontextabhängig auf den $\aleph^{random}$ (=100%) der Stoffe im Interpolationsbereich, bzw. auf den $\aleph^{random}$ (=100%) der Stoffe im Extrapolationsbereich. Modell M5 wurde nicht aufgeführt, da hier weder Leverage noch KADE befriedigende Ergebnisse liefern konnten (vgl. S. 241).

Abbildung 11.7: Prognosefähigkeit Inter- vs. Extrapolationsbereich

für $\zeta \in \{0.6, 0.9\}$ jede Reihung, die Fluvalinat richtig einordnet, ideal. Für $\zeta = 0.3$ ist der $\aleph$ aufgrund $AD_{(M3(Extrapolation),0.3)} = \emptyset$ überhaupt nicht definiert.

Aus den Daten der übrigen Modelle kann man ablesen, dass der Vorteil des KADE gegenüber der Leverage-Methode vor allem auf eine präzisere Charakterisierung des Interpolationsbereiches zurückzuführen ist. Im Extrapolationsbereich ist die Prognosefähigkeit der beiden Methoden dagegen nahezu identisch.

Wenig überraschend ist, dass die Frage, ob eine Chemikalie zur Anwendungsdomäne des untersuchten QSAR-Modells gehört oder nicht, generell mit größerer Wahrscheinlichkeit richtig beantwortet wird, wenn diese in den Interpolationsbereich des Modells fällt. Eine Ausnahme bilden hier die Modelle M1 und M6, wo insbesondere die Leverage-Methode im Interpolationsbereich völlig versagt. Offenbar unterscheiden sich hier Interpolationsbereich und Anwendungsdomäne deutlich voneinander und die Leverage-Methode, die nicht in der Lage ist, komplexer geformte Anwendungsdomänen zu beschreiben[9], kann dieser Situation nicht gerecht werden.

11.3.1.5 AD-Cutoff-Faktoren

Bevor wir uns in Abschnitt 11.3.2 dem EKADE zuwenden, wollen wir kurz auf die Wahl der AD-Cutoff-Faktoren eingehen. Gemäß Definition 4.4 ist der Leverage-AD-Cutoff festgelegt durch $\overline{L_X(X)} \pm \alpha \cdot \sigma_{L_X(X)}$ und der Standard-AD-Cutoff-Faktor für die Leverage-Methode beträgt $\alpha := 3$. Definition 6.5 setzt den KADE AD-Cutoff mit $a := f^*_\alpha$ fest, wobei der AD-Cutoff-Faktor α aus dem Intervall $[0, 1]$ gewählt werden muss. Als Standard wurde hierfür in Abschnitt 8.3.2, S. 195 f., für endliche Kernfunktionen bei Standardbandbreite ein α von $0.\overline{99}$ hergeleitet.

Die nachfolgenden Tabellen zeigen die Kenngrößen „durchschnittlicher Modellfehler“ (MF), „Prädiktivität“ (P), „Sensitivität“ (S) und „q^2“ für durch unterschiedliche AD-Cutoff-Faktoren begrenzte Schätzungen der Anwendungsdomäne durch die Leverage-Methode bzw. den Standard-KADE mit Epanechnikov-Kern.

Die Leverage-AD-Cutoff-Faktoren sind in jeder Zeile so gewählt, dass die Anzahl der Validierungsdaten, die in die resultierende Anwendungsdomäne fallen, der Stoffanzahl in der entsprechenden KADE-Anwendungsdomäne gleicht. Einzig für den Leverage Standard-Cutoff-Faktor $\alpha = 3$ ist das Vorgehen umgekehrt und der KADE

[9] Vgl. Kapitel 4.

AD-Cutoff-Faktor in entsprechender Abhängigkeit von der Größe der Leverage AD-Schätzung gewählt. Letzteres ist allerdings nur im Fall von Modell M7 möglich, da die Leverage-AD mit $\alpha = 3$ bei allen anderen Modellen mehr Validierungsdaten enthält, als durch den kernbasierten AD-Schätzer mit Schätzwerten größer 0 bewertet werden.

Dabei handelt es sich mit Ausnahme von Modell M2 jedoch stets nur um einen Unterschied von sehr wenigen Stoffen und die Vergleichbarkeit von KADE-AD mit $\alpha = 0.\overline{99}$ und Leverage-AD mit $\alpha = 3$ ist im Hinblick des Anteils der Validierungsdaten, den sie jeweils umfassen, gerechtfertigt.

Im Übrigen schlägt sich die in Modell M2 gegenüber der Leverage-AD um ein knappes Siebtel geringere Stoffanzahl in der KADE-AD auch in einer deutlich besseren Prognosefähigkeit nieder. So sinkt hier der mittlere Fehler von 0.69 auf 0.6 log. Einheiten und der q^2 steigt von 0.8 auf 0.86.

Insgesamt legen die hier dargestellten Ergebnisse der Modelle M1-M3 und M5-M7[10] jedoch nahe, dass die Standards für die AD-Cutoffs sehr großzügig bemessen sind und eine restriktivere Wahl durchaus zu rechtfertigen wäre.

Die Wahl eines konkreten AD-Cutoff-Faktors stellt stets einen Kompromiss zwischen hoher Prädiktivität bei tendenziell niedriger Sensitivität und hoher Sensitivität bei tendenziell niedriger Prädiktivität dar. Als solches hängt sie also letztendlich immer von den Ansprüchen ab, die man mit der AD-Charakterisierung verbindet. Aus den hier vorgestellten Untersuchungen scheint eine Domänenbegrenzung auf 60% der durch einen KADE verteilten Wahrscheinlichkeitsmasse ein guter Mittelweg. Für endliche Kerne mit Standardbandbreite entspricht dies einem AD-Cutoff-Faktor von $\alpha = 0.6$.

[10] M4 wurde nicht aufgeführt, weil die entsprechenden Analysefunktionen für Modelle, die aus getrennten Rechnungen zusammengesetzt sind (siehe S. 233), nicht extra implementiert wurden.

KADE: Epanechnikov-Kern, Standardbandbreite
\# Anzahl der Validierungsdaten in AD-Schätzung,
% Anteil des Validierungsdatensatzes, der in AD-Schätzung fällt,
MF mittlerer Fehler (in log. Einheiten),
P Prädiktivität für $\zeta = 0.6$ log. Einheiten,
S Sensitivität für $\zeta = 0.6$ log. Einheiten

M1: KADE						
α	#	%	MF	P	S	q^2
0.10	31	10	0.23	0.87	0.13	0.87
0.20	46	14	0.22	0.89	0.19	0.91
0.30	59	18	0.22	0.90	0.25	0.93
0.40	77	24	0.22	0.92	0.34	0.95
0.50	95	29	0.23	0.92	0.41	0.94
0.60	108	33	0.23	0.92	0.47	0.94
0.70	118	36	0.23	0.92	0.52	0.95
0.80	130	40	0.26	0.89	0.55	0.93
0.90	150	46	0.28	0.87	0.62	0.93
0.$\overline{99}$	164	50	0.30	0.85	0.66	0.93
-	-	-	-	-	-	-
1.00	325	100	0.51	0.65	1.00	0.82

M1: Leverage						
α	#	%	MF	P	S	q^2
0.21	31	10	0.31	0.87	0.13	0.92
0.36	46	14	0.28	0.91	0.20	0.94
0.49	59	18	0.28	0.90	0.25	0.93
0.61	77	24	0.27	0.90	0.33	0.93
0.72	95	29	0.26	0.91	0.41	0.93
0.87	108	33	0.26	0.89	0.45	0.93
0.97	118	36	0.26	0.88	0.49	0.93
1.29	130	40	0.26	0.88	0.55	0.93
2.26	150	46	0.29	0.87	0.62	0.94
2.64	164	50	0.31	0.85	0.66	0.94
3.00	172	53	0.31	0.85	0.70	0.94
32.38	325	100	0.51	0.65	1.00	0.82

M2: KADE						
α	#	%	MF	P	S	q^2
0.10	95	10	0.47	0.73	0.16	0.52
0.20	154	17	0.45	0.73	0.25	0.81
0.30	206	22	0.47	0.69	0.32	0.85
0.40	249	27	0.49	0.67	0.38	0.86
0.50	288	31	0.50	0.67	0.43	0.89
0.60	339	37	0.52	0.66	0.50	0.90
0.70	397	43	0.52	0.65	0.59	0.91
0.80	448	49	0.53	0.65	0.65	0.90
0.90	487	53	0.54	0.64	0.70	0.90
0.$\overline{99}$	612	67	0.60	0.59	0.81	0.86
-	-	-	-	-	-	-
1.00	917	100	0.89	0.48	1.00	0.62

M2: Leverage						
α	#	%	MF	P	S	q^2
0.15	95	10	0.57	0.53	0.11	0.91
0.23	154	17	0.53	0.58	0.20	0.92
0.29	206	22	0.55	0.59	0.27	0.90
0.33	249	27	0.55	0.59	0.33	0.89
0.38	288	31	0.55	0.60	0.39	0.90
0.44	339	37	0.55	0.60	0.46	0.90
0.51	397	43	0.55	0.61	0.55	0.89
0.56	448	49	0.56	0.61	0.62	0.88
0.64	487	53	0.55	0.62	0.68	0.88
1.39	612	67	0.61	0.58	0.81	0.86
3.00	712	78	0.69	0.55	0.88	0.80
127.98	917	100	0.89	0.48	1.00	0.62

M3: KADE						
α	#	%	MF	P	S	q^2
0.10	32	23	0.54	0.66	0.30	-0.06
0.20	42	30	0.61	0.60	0.35	-0.18
0.30	47	34	0.60	0.60	0.39	0.00
0.40	60	43	0.61	0.60	0.51	0.35
0.50	72	52	0.60	0.58	0.59	0.42
0.60	80	58	0.61	0.59	0.66	0.55
0.70	89	64	0.60	0.61	0.76	0.55
0.80	104	75	0.63	0.57	0.83	0.51
0.90	121	87	0.66	0.55	0.94	0.51
0.$\overline{99}$	125	90	0.69	0.54	0.94	0.50
-	-	-	-	-	-	-
1.00	139	100	0.77	0.51	1.00	0.40

M3: Leverage						
α	#	%	MF	P	S	q^2
0.21	32	23	0.66	0.59	0.27	0.57
0.29	42	30	0.67	0.55	0.32	0.53
0.32	47	34	0.62	0.60	0.39	0.57
0.46	60	43	0.60	0.58	0.49	0.63
0.56	72	52	0.63	0.56	0.56	0.57
0.62	80	58	0.65	0.54	0.61	0.58
0.67	89	64	0.65	0.54	0.68	0.55
0.76	104	75	0.61	0.58	0.85	0.54
1.70	121	87	0.64	0.55	0.94	0.56
2.10	125	90	0.66	0.55	0.97	0.53
3.00	127	91	0.67	0.54	0.97	0.51
21.11	139	100	0.77	0.51	1.00	0.40

M5: KADE						
α	#	%	MF	P	S	q^2
0.10	12	9	0.47	0.67	0.08	0.50
0.20	26	20	0.33	0.81	0.20	0.78
0.30	32	25	0.35	0.81	0.25	0.77
0.40	35	28	0.34	0.83	0.27	0.78
0.50	47	37	0.37	0.85	0.38	0.78
0.60	53	42	0.37	0.83	0.42	0.82
0.70	59	46	0.39	0.83	0.46	0.81
0.80	73	57	0.40	0.82	0.57	0.83
0.90	81	64	0.42	0.80	0.61	0.79
$0.\overline{99}$	102	80	0.42	0.81	0.78	0.82
-	-	-	-	-	-	-
1.00	127	100	0.39	0.83	1.00	0.89

M5: Leverage						
α	#	%	MF	P	S	q^2
0.19	12	9	0.30	0.92	0.10	0.81
0.32	26	20	0.36	0.81	0.20	0.83
0.40	32	25	0.35	0.84	0.25	0.83
0.49	35	28	0.35	0.86	0.28	0.83
0.67	47	37	0.35	0.83	0.37	0.83
0.72	53	42	0.39	0.79	0.40	0.78
0.75	59	46	0.39	0.81	0.45	0.78
0.91	73	57	0.40	0.81	0.56	0.85
1.19	81	64	0.39	0.81	0.62	0.86
2.30	102	80	0.39	0.82	0.79	0.88
3.00	112	88	0.40	0.82	0.87	0.89
7.57	127	100	0.39	0.83	1.00	0.89

M6: KADE						
α	#	%	MF	P	S	q^2
0.10	31	17	0.33	0.87	0.19	0.80
0.20	45	25	0.35	0.80	0.25	0.90
0.30	55	30	0.33	0.84	0.32	0.91
0.40	58	32	0.32	0.84	0.34	0.91
0.50	65	36	0.34	0.82	0.37	0.90
0.60	74	41	0.34	0.82	0.42	0.89
0.70	87	48	0.35	0.82	0.49	0.90
0.80	111	61	0.34	0.84	0.65	0.91
0.90	130	71	0.36	0.82	0.74	0.89
$0.\overline{99}$	151	83	0.39	0.81	0.85	0.87
-	-	-	-	-	-	-
1.00	182	100	0.43	0.79	1.00	0.82

M6: Leverage						
α	#	%	MF	P	S	q^2
0.24	31	17	0.35	0.74	0.16	0.93
0.36	45	25	0.35	0.80	0.25	0.93
0.40	55	30	0.37	0.76	0.29	0.92
0.41	58	32	0.36	0.78	0.31	0.92
0.52	65	36	0.37	0.77	0.35	0.91
0.58	74	41	0.35	0.80	0.41	0.91
0.70	87	48	0.35	0.80	0.49	0.91
0.95	111	61	0.36	0.83	0.64	0.87
1.64	130	71	0.40	0.82	0.74	0.83
2.85	151	83	0.41	0.79	0.83	0.83
3.00	151	83	0.41	0.79	0.83	0.83
9.76	182	100	0.43	0.79	1.00	0.82

M7: KADE						
α	#	%	MF	P	S	q^2
0.10	169	28	0.53	0.67	0.33	0.58
0.20	244	41	0.57	0.63	0.45	0.66
0.30	342	58	0.62	0.56	0.56	0.60
0.40	400	67	0.61	0.58	0.68	0.61
0.50	431	73	0.61	0.58	0.73	0.62
0.60	460	77	0.61	0.59	0.80	0.63
0.70	469	79	0.60	0.60	0.82	0.63
0.80	487	82	0.61	0.59	0.85	0.63
0.90	500	84	0.61	0.60	0.87	0.63
0.99	518	87	0.61	0.59	0.90	0.64
$0.\overline{99}$	523	88	0.61	0.59	0.90	0.63
1.00	594	100	0.63	0.58	1.00	0.64

M7: Leverage						
α	#	%	MF	P	S	q^2
0.38	169	28	0.62	0.60	0.30	0.66
0.68	244	41	0.60	0.60	0.43	0.64
0.91	342	58	0.60	0.58	0.58	0.58
1.19	400	67	0.59	0.60	0.70	0.60
1.52	431	73	0.58	0.61	0.76	0.60
1.90	460	77	0.60	0.60	0.80	0.62
2.19	469	79	0.60	0.59	0.82	0.62
2.48	487	82	0.61	0.59	0.84	0.62
2.69	500	84	0.61	0.59	0.87	0.63
3.00	518	87	0.61	0.59	0.89	0.63
3.18	523	88	0.61	0.59	0.90	0.63
93.09	594	100	0.63	0.58	1.00	0.64

Tabelle 11.10: KADE und Leverage unter verschiedenen AD-Cutoff-Faktoren

11.3.2 Studienteil B: EKADE

Wie im Abschnitt 11.2 (Methodik) bereits angekündigt und beschrieben, besteht die nachfolgende Studie aus der Untersuchung von einhundert verschiedenen Settings pro QSAR-Modell, die jeweils zusammengesetzt sind aus

- einer Basismenge I, die die Trainingsdaten des QSARs umfasst,
- einer Basismenge II, bei der die Basismenge I um 30 zufällig ausgewählte Hundertstel der in Anhang C verzeichneten Validierungsdaten erweitert wurde
- sowie einer (Rest-)Validierungsdatenmenge, die alle Teststoffe enthält, die nicht in die Basismenge II aufgenommen wurden.

Soweit nicht anders angegeben, basieren alle Rechnungen und Ergebnisse[11] auf folgenden Parametern:

- Norm: Mahalanobis,
- Kern (KADE, EKADE): Epanechnikov,
- Bandbreite (KADE, EKADE): KADE-Standardbandbreite, wobei die Nächster-Nachbar-Distanzen auch dann auf Grundlage der Basismenge I bestimmt wurden, wenn im Übrigen Basismenge II Verwendung fand,
- Fehlergewichtsfunktion (EKADE): Standard-Fehlergewichtsfunktion, $c := 1$,
- Gewichtsfaktor (EKADE): $g = 1$.

Das EKADE-Konzept erweitert die klassischen, deskriptorraumbezogenen AD-Schätzer (einschließlich des KADEs) um zwei grundlegende Neuerungen: Zum einen wird die Frage, **wo** (d. h. an welche Daten) das zugrundeliegende QSAR-Modell angepasst wurde, um das **Wie** erweitert. Anders ausgedrückt: Die Qualität der Anpassung wird in die Beurteilung einbezogen. Zum anderen wird durch die Erweiterung des Basisdatensatzes zusätzliche, zuvor ungenutzte Information über das Modellverhalten nutzbar gemacht.

Dabei ist die zweite Neuerung nur auf Grundlage der ersten möglich. Wie negativ sich eine Erweiterung des Basisdatensatzes ohne gleichzeitige Fehlerkorrektur auswirken

[11] Dargestellte $\aleph$-Maße beziehen sich stets auf einen AD-Fehlergrenzwert von $\zeta = 0.6$ log. Einh..

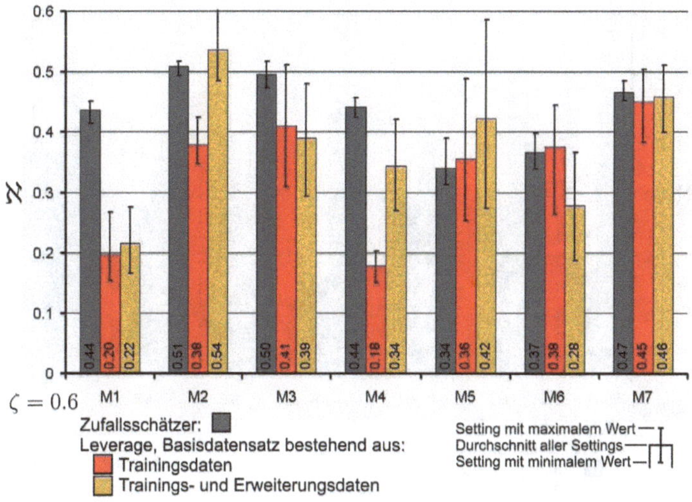

Abbildung 11.8: Einfluss der Erweiterungsdaten bei der Leverage-Methode

kann, zeigen die Abbildungen 11.8 und 11.9 am Beispiel der rein abdeckungsbezogenen[12] Schätzverfahren Leverage und KADE. Ob sich eine AD-Schätzung durch Nutzung von Zusatzinformationen verbessert oder verschlechtert, hängt entscheidend von deren Qualität ab. Da genau diese durch Leverage und KADE aber nicht überprüft werden kann, ist das Resultat rein zufällig.

Anders ist dies beim per Definition fehlergewichtetem EKADE: Abbildung 11.10 zeigt unter anderem die ℵ-Ergebnisse[13] des EKADEs sowohl mit als auch ohne Nutzung der Erweiterungsdaten. Erstere fallen ausnahmslos besser, d. h. kleiner, als letztere aus. Gleichzeitig kann man der Grafik auch entnehmen, dass eine Anwendung der Fehlerkorrektur ohne die Kombination mit einer Nutzung von Erweiterungsdaten zwar möglich und gegenüber dem klassischen kernbasierten AD-Schätzer KADE durchaus konkurrenzfähig ist, diesem gegenüber wider Erwarten allerdings

[12] Die Trainingsdatenabdeckung des Deskriptorraums beurteilend.

[13] Wie bei allen Grafiken in diesem Abschnitt sind stets die Erwartungswerte des ℵ dargestellt. Eine Angabe des maximalen bzw. minimalen ℵ bei nicht eindeutiger Reihung findet anders als etwa in Abbildung 11.2 hier nicht mehr statt. Die Fehlerindikatoren geben stattdessen den Maximal- bzw. Minimalwert des (erwarteten) ℵ unter allen 100 untersuchten Settings wieder.

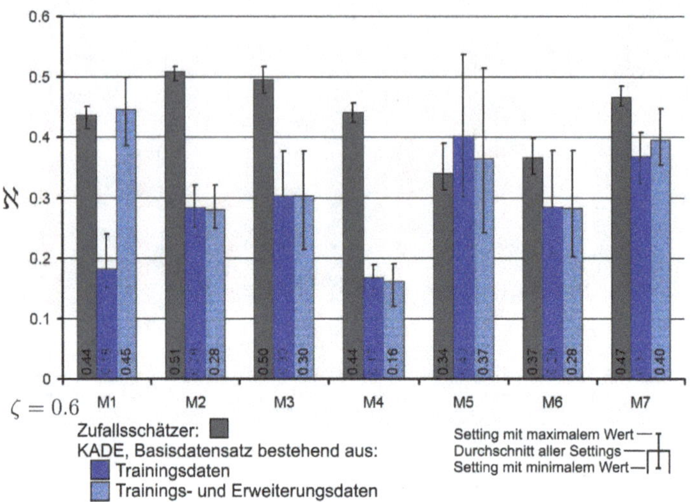

Abbildung 11.9: Einfluss der Erweiterungsdaten beim KADE

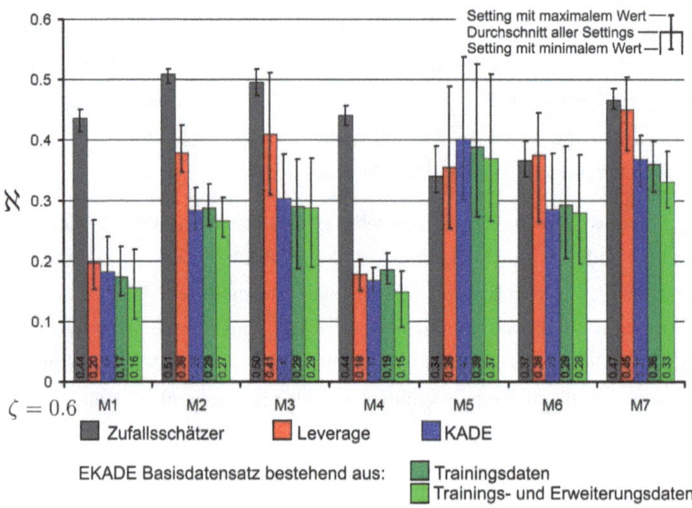

Abbildung 11.10: Leverage vs. KADE vs. EKADE

auch kaum einen nennenswerten Vorteil bietet[14]. Dies liegt vermutlich vor allem darin begründet, dass die Modelle M1 bis M7 insgesamt alle sehr gut an ihre jeweiligen Trainingsdaten angepasst sind, so dass die Fehlerkorrektur keinen großen Einfluss gewinnt.

Werden hingegen beide Teile des EKADE-Konzeptes umgesetzt, führt dies nicht nur gegenüber der Leverage-Methode, sondern auch im Vergleich mit dem KADE zu einer präziser charakterisierten Anwendungsdomäne. Die $\aleph$-Werte der EKADE-Methode über Basismenge II unterbieten jene der anderen AD-Schätzer im Mittel bei allen sieben Modellen. Im Falle der Modelle M2, M3, M6 und M7 ist selbst der höchste $\aleph$, der unter allen 100 Settings durch den EKADE erzielt wurde, noch kleiner als der durchschnittliche $\aleph$ der Leverage-Methode. Bei den Modellen M2 und M7 unterschreitet er darüber hinaus sogar den absolut niedrigsten $\aleph$-Wert, den die Leverage-Methode im Rahmen dieser Studie erreichen konnte.

Die Abbildungen[15] 11.11 und 11.12 sowie Tabelle 11.11 vergleichen EKADE und Leverage-Schätzung nochmals im Detail.

Dazu wurde für jedes QSAR-Modell dasjenige Setting ausgewählt, für welches die Leverage-Methode den niedrigsten $\aleph$-Wert ergab, oder anders ausgedrückt, dasjenige der 100 Settings, dessen Anwendungsdomäne durch die Leverage-Methode am präzisesten beschrieben werden konnte.

Dargestellt ist die Zusammensetzung der durch die Festlegung auf die AD-Cutoff-Faktoren $\alpha = 0.\overline{99}$ (S:=EKADE) bzw. $\alpha = 3$ (S:=Leverage) konkret begrenzte AD-Schätzung $S_Q\text{-}AD(\alpha)$. Mit Zusammensetzung ist gemeint, wie viele Stoffe der geschätzten Anwendungsdomäne $S_Q\text{-}AD(\alpha)$ der tatsächlichen Anwendungsdomäne $AD_{(Q,\zeta)}$ angehören. Als Fehlerschranke für $AD_{(Q,\zeta)}$ wurde $\zeta := 0.6$ log. Einheiten gesetzt.

Die tatsächliche Anwendungsdomäne $AD_{(Q,\zeta)}$ ist in den Abbildungen 11.11 und 11.12 grün gefärbt, wohingegen ihr Komplement rot markiert ist.

[14] Auch Guha und Jurs stellen für ihr Klassifikationsverfahren [44] fest, dass die Berücksichtigung des Modellfehlers der Trainingsdaten (Erweiterungsdaten sind in ihrem Konzept nicht vorgesehen) die erzielten Ergebnisse nicht signifikant verbessert. Vergleiche auch die Fußnote auf Seite 202.

[15] Zur Darstellungsform vergleiche auch [154].

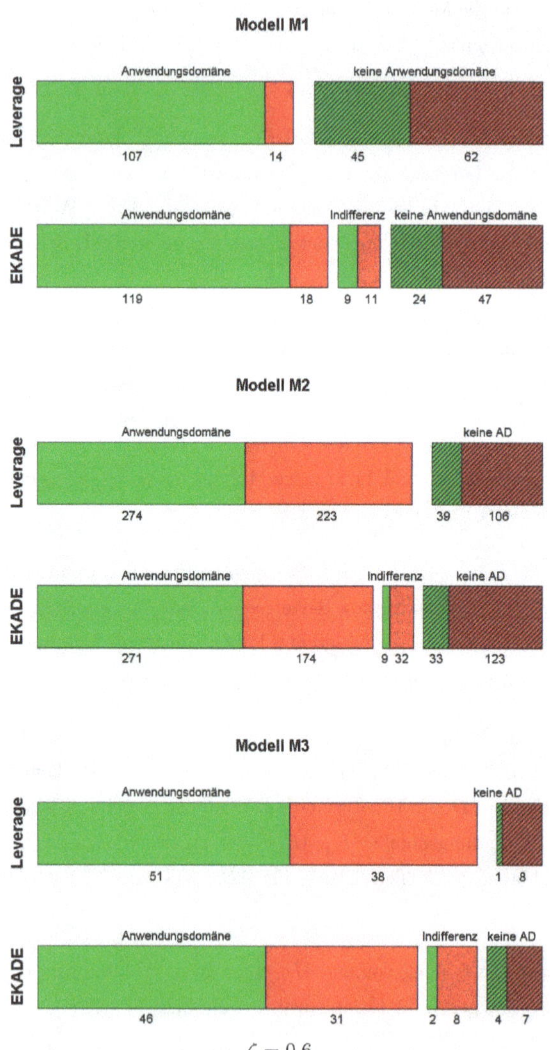

$\zeta = 0.6$

Abbildung 11.11: EKADE vs. bestes Leverage-Setting (M1-M3)

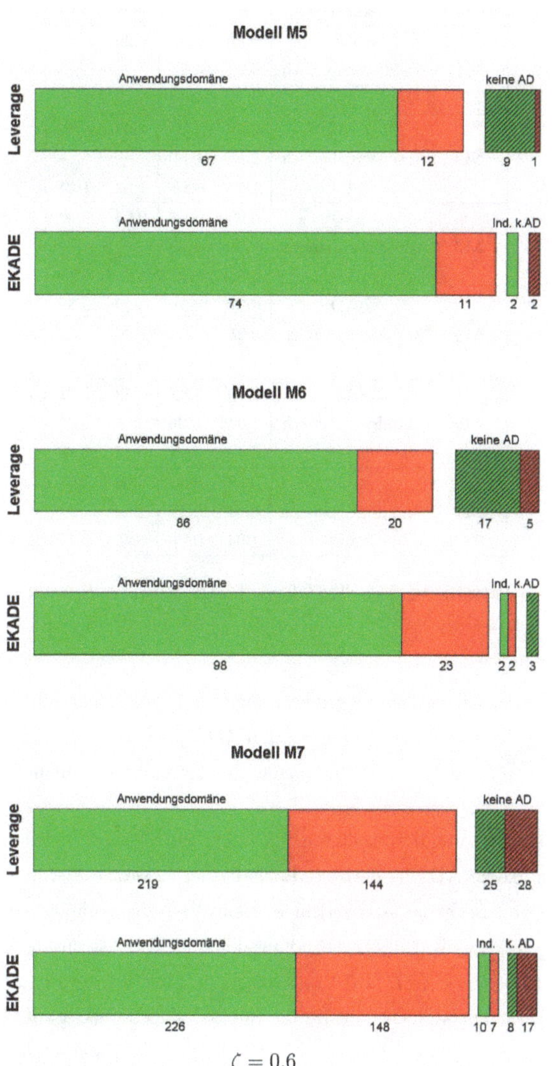

$\zeta = 0.6$

Abbildung 11.12: EKADE vs. bestes Leverage-Setting (M5-M7)

Modell	Klasse	EKADE MF	EKADE q^2	Leverage MF	Leverage q^2
	$\in$AD	0.31	0.94	0.29	0.96
M1	Indifferenzbereich	0.92	0.72	-	-
	$\notin$AD	0.80	-0.09	0.77	0.64
	$\in$AD	0.59	0.85	0.69	0.80
M2	Indifferenzbereich	2.15	-0.89	-	-
	$\notin$AD	1.47	0.15	1.62	-0.33
	$\in$AD	0.60	0.64	0.63	0.60
M3	Indifferenzbereich	1.61	-1.69	-	-
	$\notin$AD	0.87	0.39	1.75	-1.68
	$\in$AD	0.37	0.91	0.40	0.89
M5	Indifferenzbereich	0.35	-	-	-
	$\notin$AD	1.75	-	0.42	0.77
	$\in$AD	0.40	0.85	0.42	0.81
M6	Indifferenzbereich	1.04	-9.26	-	-
	$\notin$AD	0.42	0.95	0.44	0.89
	$\in$AD	0.58	0.66	0.60	0.66
M7	Indifferenzbereich	0.74	0.47	-	-
	$\notin$AD	1.04	0.21	0.75	0.57

Tabelle 11.11: EKADE vs. bestes Leverage-Setting

Der Schnitt zwischen den Validierungsdaten V und den Schätzungen der Anwendungsdomäne $Leverage_Q\text{-}AD(\alpha)$ bzw. $EKADE_Q\text{-}AD(\alpha) = HDR(+)_{(EKADE_Q,\alpha)}$, $Q \in \{M1, \ldots, M7\}$ ist in den Abbildungen als „Anwendungsdomäne" bezeichnet.

Die Teilmenge der Validierungsdaten, die nicht zur Anwendungsdomäne gezählt wird, ist mit „keine AD" beschriftet. Im Falle der Leverage-Methode ist dies das Komplement von $Leverage_Q\text{-}AD(\alpha)$ in V. Beim EKADE-Schätzer zählt die Menge $HDR(-)_{(EKADE_Q,\alpha)}$ nicht zur Anwendungsdomäne. Hier ist zusätzlich auch noch die Indifferenzmenge $V \setminus \left\{HDR(+)_{(EKADE_Q,\alpha)} \uplus HDR(-)_{(EKADE_Q,\alpha)}\right\}$ angegeben, die jene Validierungsdaten enthält, für die eine AD-Zugehörigkeit auf Grundlage der EKADE-Rechnung nicht eindeutig bestätigt oder verworfen werden kann. Aufgrund der Wahl $\alpha = 0.\overline{99}$ enthält der Indifferenzbereich ausschließlich die Stoffe mit einem Schätzwert von genau 0. Unterhalb von jeder (Teil-)Menge ist die in ihr enthaltene Stoffanzahl angeschrieben.

Modell	Klasse	EKADE MF	EKADE q^2	KADE MF	KADE q^2
	$\in$AD	0.32	0.92	0.29	0.92
M1	Indifferenzbereich	0.91	0.50	-	-
	$\notin$AD	0.83	-0.65	0.75	0.63
	$\in$AD	0.58	0.86	0.59	0.86
M2	Indifferenzbereich	1.41	0.59	-	-
	$\notin$AD	1.56	0.09	1.42	0.24
	$\in$AD	0.67	0.50	0.70	0.46
M3	Indifferenzbereich	1.21	-0.22	-	-
	$\notin$AD	0.93	0.18	1.20	-0.26
	$\in$AD	0.36	0.92	0.43	0.81
M5	Indifferenzbereich	0.38	-	-	-
	$\notin$AD	1.44	-0.76	0.26	0.97
	$\in$AD	0.40	0.83	0.37	0.88
M6	Indifferenzbereich	0.58	-0.89	-	-
	$\notin$AD	0.83	-7985	0.61	0.39
	$\in$AD	0.56	0.61	0.60	0.63
M7	Indifferenzbereich	0.78	0.41	-	-
	$\notin$AD	1.12	0.18	0.74	0.65

Tabelle 11.12: EKADE vs. bestes KADE-Setting

Obwohl für jedes Modell das im Sinne der Leverage-Methode günstigste Setting betrachtet wird, weisen die Schätzungen der EKADE-Methode in der Mehrzahl der Fälle das bessere Verhältnis zwischen richtig und falsch eingeordneten Chemikalien sowohl innerhalb wie außerhalb der Anwendungsdomäne auf. Auch mittlerer Fehler und q^2 (Tabelle 11.11) sprechen, abgesehen von Modell M1, eindeutig für die erweiterte kernbasierte AD-Schätzung.

Nichtsdestotrotz bleibt festzustellen, dass der Zusammenhang zwischen $AD_{(Q,\varsigma)}$ und der Verteilung der Basisdaten im Deskriptor- und Zielraum nicht ausreichend stark ausgeprägt ist, um das Modellverhalten vollständig zu erklären. Der Anteil falsch eingeordneter Stoffe ist mit im Mittel 27% (EKADE) bzw. 29% (Leverage) innerhalb und 37% (EKADE) bzw. 49% (Leverage) außerhalb der AD noch immer sehr hoch.

Bei diesen Betrachtungen muss man jedoch immer im Hinterkopf behalten, dass es sich bei Abbildungen 11.11 und 11.12 sowie der Tabelle 11.11 um die Analyse der Klassifizierungsfähigkeit hinsichtlich konkret gewählter Grenzwerte α und ζ handelt.

Außerdem ist der AD-Cutoff mit den Standardwerten $\alpha = 3$ bzw. $\alpha = 0.\overline{99}$ bei Standardbandbreite relativ großzügig bemessen, so dass eher zu viele als zu wenige Stoffe in die geschätzte AD fallen. Damit ist die Chance, einen Stoff aus der Anwendungsdomäne auch richtig als solchen zu klassifizieren, zwar sehr hoch, gleichzeitig werden aber auch verhältnismäßig viele Stoffe mit einem zu hohen Modellfehler fälschlicherweise als AD-zugehörig markiert. Wie bereits auf S. 251 diskutiert, kann eine restriktivere Wahl von α, als sie hier zugrunde gelegt wurde, durchaus sinnvoll sein.

Anders als beim $\aleph$-Maß bleibt die Reihung innerhalb der Klassen $V \cap S_Q\text{-}AD(\alpha)$ und $V \setminus S_Q\text{-}AD(\alpha)$ unberücksichtigt.

Insofern stellt der $\aleph$ das allgemeinere und aussagekräftigere Maß zur vergleichenden Beurteilung zweier AD-Schätzverfahren sowohl untereinander als auch gegenüber einem Zufallsschätzer dar. Die Ergebnisse aus Abbildung 11.10 haben daher gegenüber den Kennzahlen aus den Grafiken 11.11 und 11.12 die höhere Relevanz.

Um auch den Vergleich zwischen EKADE und KADE in gleicher Weise wie zwischen EKADE und Leverage ziehen zu können, ist in den Abbildungen 11.13 und 11.14 sowie in der Tabelle 11.12 eine entsprechende Detailstudie zum jeweils im Sinne des KADEs günstigsten Setting zusammengefasst. Die Ergebnisse zeigen auch hier eine leichte Überlegenheit des EKADEs und lassen im Übrigen ähnliche Schlussfolgerungen wie oben zu.

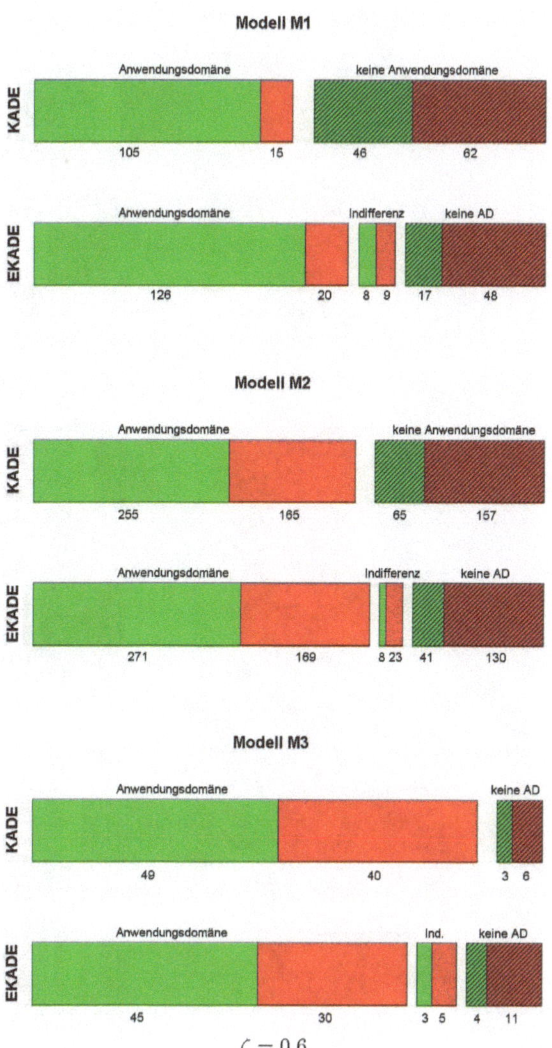

$\zeta = 0.6$

Abbildung 11.13: EKADE vs. bestes KADE-Setting (M1-M3)

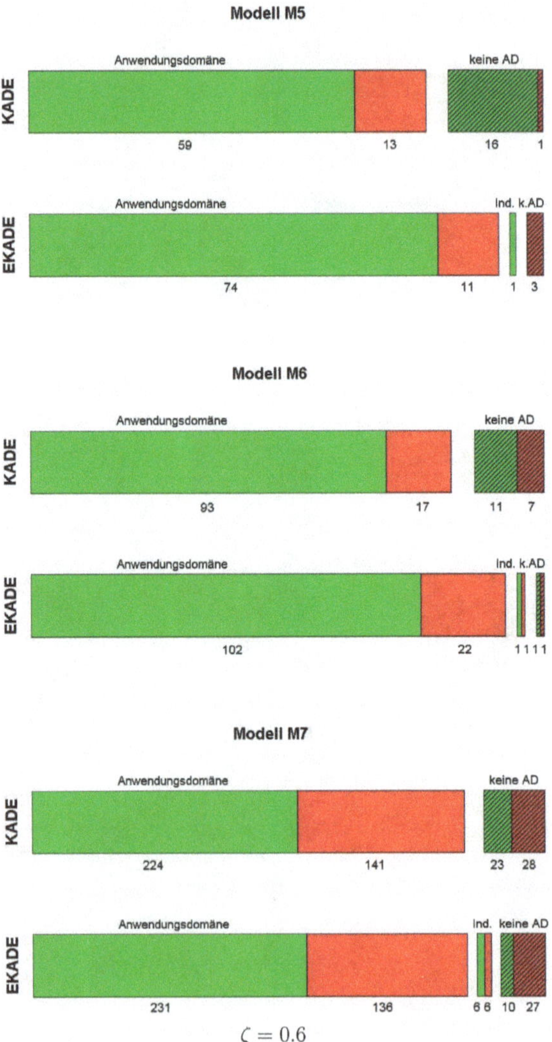

$\zeta = 0.6$

Abbildung 11.14: EKADE vs. bestes KADE-Setting (M5-M7)

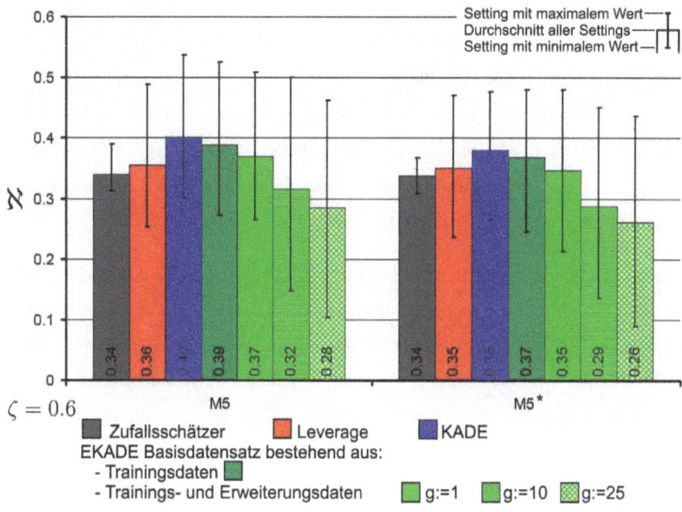

Abbildung 11.15: Alternativstudie Modell M5

11.3.2.1 Betrachtungen zu Modell M5

Das Modell M5 nimmt unter den untersuchten QSARs eine Sonderstellung ein, da weder Leverage noch KADE in der Lage sind, seine Anwendungsdomäne auch nur ansatzweise richtig zu beschreiben.

Blickt man auf die ℵ-Werte der Abbildungen 11.3 und 11.10, so scheint die Aussage von Hypothese 1 sogar ins Gegenteil verkehrt: Ein maßgeblicher Anteil der Stoffe im Validierungsdatensatz, die eine große Nähe zum Modelltraining besitzen, weist einen hohen Modellfehler auf - die ℵ-Werte von KADE und Leverage liegen dadurch sogar höher als bei einer rein zufällig abgeschätzten AD.

Betrachtet man demgegenüber die beiden Detailstudien auf S. 258 ff., so stellt man fest, dass der Anteil der Chemikalien, die fälschlicherweise als AD-zugehörig markiert wurden, gemessen an der Größe der (geschätzten) Anwendungsdomäne, bei Modell M5 dennoch nicht höher ist als bei den anderen untersuchten QSAR-Modellen.

Die Besonderheit bei M5 ist also nicht, dass (bei $\zeta = 0.6$) besonders viele Stoffe falsch klassifiziert wurden, sondern sie besteht vielmehr darin, dass die falsch eingeordneten Stoffe zu jenen gehören, für die die AD-Zugehörigkeit als extrem wahrscheinlich angesehen wird[16]. Sie sind nicht „gerade noch so" in die geschätzte AD „hereingerutscht", sondern verbleiben auch dann noch in der Menge[17] S_{M5}-$AD(\alpha)$, wenn der AD-Cutoff α so restriktiv gewählt wird, dass fast alle anderen Validierungsdaten bereits nicht mehr zur Anwendungsdomäne gerechnet werden.

So befinden sich allein drei Chemikalien mit einem Modellfehler von mehr als 0.9 log. Einheiten in der $HDR_{(KADE_{M5},0.1)}$, also in jenem Bereich, der nur die zehn obersten Prozent der durch durch den kernbasierten AD-Schätzer $KADE_{M5}$[18] verteilten Wahrscheinlichkeitsmasse umfasst. Sie sind in Tabelle 11.13 aufgeführt.

	M5		
Stoffname	α	Percentil	MF
indane	0.0004	99.96	1.04
1,2,4-trimethylbenzene	0.0632	93.68	0.94
1-ethyl-4-methylbenzene	0.0838	91.62	0.97

Tabelle 11.13: Fehlerhaft eingeschätzte Stoffe Modell M5

Indane, 1,2,4-Trimethylbenzene und 1-Ethyl-4-Methylbenzene liegen also in einem sehr dicht mit Trainingsdaten besiedelten Teil des Deskriptorraumes. Dennoch wird ihr K_{OC} durch das Modell M5 nur schlecht vorhergesagt[19].

Weil aber M5 an den Trainingsdatensatz insgesamt sehr gut angepasst ist und dies insbesondere auch in der Umgebung von Indane, 1,2,4-Trimethylbenzene und 1-Ethyl-4-Methylbenzene der Fall ist, kann das Gebiet um diese drei Chemikalien auch nicht allein durch Anwendung der EKADE-spezifischen Fehlerkorrektur aus der geschätzten AD ausgeschlossen werden.

[16] Eine solche Problematik sichtbar machen zu können, ist genau der schon mehrfach angesprochene Vorteil des $\aleph$-Maßes gegenüber anderen Vergleichsmaßen.

[17] $S \in \{Leverage, KADE\}$.

[18] Standardparametrisierung, Epanechnikov-Kern.

[19] Von der Möglichkeit, dass es auch zu Messungenauigkeiten bei der Bestimmung der experimentellen Vergleichswerte gekommen sein könnte, wird hier abgesehen. Die Problematik wird aber im Ausblick auf Seite 279 diskutiert.

Greift man jedoch zusätzlich auf Erweiterungsdaten zurück, so sinkt der $\aleph$-Wert in unserer Studie gegenüber dem KADE um 0.03 Punkte auf 0.37. Damit liegt er allerdings noch immer deutlich über dem entsprechenden Wert des Zufallsschätzers. Offensichtlich stehen nicht genügend Erweiterungsdaten zur Verfügung, um die Verzerrungen auszugleichen, welche durch die zahlreichen, mit einem kleinen Modellfehler behafteten Trainingsdaten hervorgerufen werden, in deren unmittelbarer Umgebung die Anwendbarkeit des Modells aber schon nicht mehr gewährleistet ist.

Um diesen Mangel zu kompensieren, kann das Gewicht der Erweiterungsdaten mit Hilfe des Gewichtsfaktors g (siehe Definition 9.5) erhöht werden. Abbildung 11.15 zeigt die Fortschritte, die hiermit erzielt werden können.

	$\|\cdot\|$	Stoffname	MF
1	0.06	1,3,5-trimethylbenzene	0.18
2	0.10	1,2,3-trimethylbenzene	0.10
3	0.26	n-propylbenzene	0.16
4	0.53	1,4-dimethylbenzene	0.13
5	0.53	ethylbenzene	0.00
6	0.54	1,3-dimethylbenzene	0.05
7	0.54	1,2,4,5-tetramethylbenzene	0.11
8	0.58	1,2-dimethylbenzene	0.01
9	0.80	n-butylbenzene	0.40
10	0.91	diphenylether	0.26
⋮	⋮	⋮	⋮
136	5.31	1,2,5,6-dibenzanthracene	0.05

$\|\cdot\|$ = Abstand, MF = Modellfehler

Tabelle 11.14:
Die nächsten Nachbarn von 1,2,4-Trimethylbenzene im Training von M5

Wird sichergestellt, dass mindestens einer der drei, aus Sicht der AD-Charakterisierung besonders problematischen Validierungsstoffe Indane, 1,2,4-Trimethylbenzene und 1-Ethyl-4-Methylbenzene zu den (ansonsten weiterhin zufällig gewählten) Erweiterungsdaten zählt und der EKADE somit stets aus einer der drei gröbsten Fehleinschätzungen lernen kann, so zeigt sich die Verbesserung noch deutlicher. Die entsprechenden Ergebnisse sind als M5* ebenfalls in Grafik 11.15 dargestellt.

Dass eine Überbetonung der Erweiterungsdaten allerdings auch negative Auswirkungen zeitigen kann, haben wir bereits auf Seite 214 diskutiert. Die Effekte der in Abbildung 11.15 verwendeten Gewichte auf die anderen Modelle der Vergleichsstudie kann man Grafik 11.16 entnehmen.

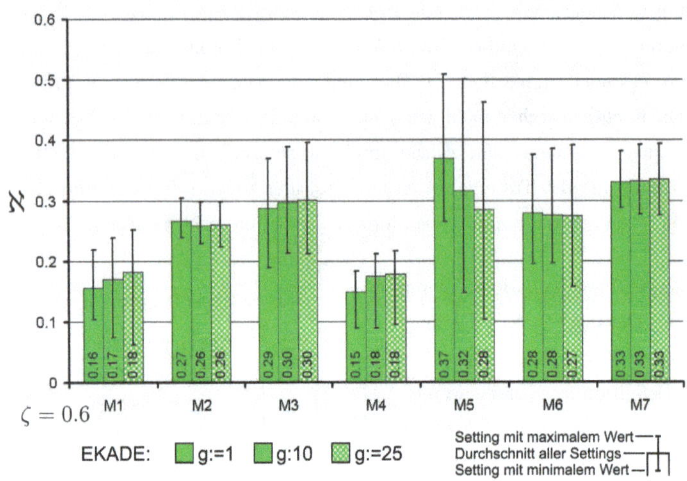

Abbildung 11.16: Einfluss des Gewichtsfaktors

Neben den durch das EKADE-Konzept erreichten Erfolgen bei der Senkung der ℵ-Werte spricht auch die große Nähe der drei Problemstoffen Indane, 1,2,4-Trimethylbenzene und 1-Ethyl-4-Methylbenzene untereinander[20] dafür, dass die Erweiterung von Hypothese 1 zu Hypothese 3 richtig war. Nicht die Nähe zum Modelltraining ist die wahrhaft maßgebliche Bezugsgröße zur Charakterisierung der Anwendungsdomäne, sondern die Frage, ob und wie das betrachtete QSAR-Modell für (im Deskriptorraum) ähnliche Chemikalien funktioniert. Bei M5 gibt es in Teilen des Deskriptorraumes ein widersprüchliches Modellverhalten. Dort liegen Stoffe mit kleinem und großem Modellfehler räumlich sehr eng zusammen. Der EKADE kann solche Gebiete sichtbar machen.

	$\|\cdot\|$	Stoffname	MF
1	0.11	1-ethyl-4-methylbenzene	0.97
2	0.59	indane	1.04
3	0.63	2-chlorotoluene	0.11
4	0.64	hexachloroethane	0.28
5	0.71	1,1,1,2-tetrachloroethane	0.51

$\|\cdot\|$ = Abstand, MF = Modellfehler

Tabelle 11.15:
Die nächsten Nachbarn von 1,2,4-Trimethylbenzene im Validierungsdatensatz von M5

[20] Siehe Tabelle 11.15.

Im Vergleich mit dem sehr ähnlich aufgebauten QSAR M6 (siehe S. 234) stellt man fest, dass dieses Modell den K_{OC} zwar für die einzelnen Stoffe tendenziell ähnlich gut oder schlecht vorhersagt wie M5, aber durch die Einführung des zusätzlichen Deskriptors[21] und aufgrund der generell anders zusammengesetzten Trainingsmenge korreliert die Datenverteilung im Deskriptorraum wesentlich besser mit der Lage der Anwendungsdomäne.

So weisen bei Modell M5 sechs Chemikalien im Bereich $HDR_{(KADE_{M5},0.2)}$ (also innerhalb der obersten 20% der verteilten Wahrscheinlichkeitsmasse) einen Modellfehler von mehr als 0.6 log. Einheiten auf. Im Mittel beträgt der AD-Cutoff, mit dem sie jeweils gerade noch zur Anwendungsdomäne gezählt würden, $\bar{\alpha} = 0.12$. Der Mittelwert des Modellfehlers der sechs Stoffe beträgt 0.82 logarithmische Einheiten.

Alle sechs Chemikalien sind auch im Validierungsdatensatz von M6 vorhanden. Hier beträgt ihr Mittelwert beim (Grenz-)AD-Cutoff allerdings $\bar{\alpha} = 0.22$ und ihr durchschnittlicher Modellfehler 0.74 log. Einheiten. Die Stoffe werden also bei M6 mit weit weniger großer Wahrscheinlichkeit zur Anwendungsdomäne gerechnet (immerhin ein Unterschied von 10% der insgesamt verteilten Wahrscheinlichkeitsmasse) und weisen außerdem noch einen kleineren Modellfehler auf - ihre Klassifizierung als AD-zugehörig wäre im Vergleich mit M5 also bereits bei einer geringeren Fehlertolereanz ζ sogar zulässig.

[21] Vergleiche auch: Implizit berücksichtigte Deskriptoren, S. 278.

Kapitel 12

Erweiterte Anwendungen

In der Einleitung auf Seite 3 und Seite 8 f. haben wir bereits auf die Möglichkeit hingewiesen, KADE und EKADE-Methode auch über die schlichte Abschätzung der Anwendungsdomäne hinaus zu nutzen.

Diese erweiterte Form der Anwendung wollen wir in diesem Kapitel in knapper Form konkret beschreiben.

Vereinbarung 12.1

Wir verwenden die Bezeichnungen aus den Abschnitten 3.1.2 und 11.2:

- $\mathfrak{C}$ = *Eingangsmenge z. B. Menge aller theoretisch möglichen chemischen Strukturen,*
- $\mathfrak{Z}$ = *Zielraum,*
- $W : \mathfrak{C} \mapsto \mathfrak{Z}$ = *zu modellierender (natürlicher) Zusammenhang,*
- $\mathfrak{D}$ = *Raum der Eingangsvariablen (Deskriptorraum),*
- $D : \mathfrak{C} \mapsto \mathfrak{D}$ = *Abbildung der Eingangsmenge in den Deskriptorraum,*
- $Q : \mathfrak{D} \mapsto \mathfrak{Z}$ = *das empirisch abgeleitete Modell,*
- $T \subset \mathfrak{C}$ = *Trainingsmenge oder auch Basismenge I - alle Eingabetupel, die während der Modellerstellung genutzt wurden,*
- $T \uplus E,\ E \subset \mathfrak{C}$ = *Basismenge II (Trainings- + Erweiterungsdaten)*

Hinsichtlich des Trainingsstandes eines empirisch abgeleiteten Modells Q zur Beschreibung des (natürlichen) Zusammenhanges W unterscheiden wir drei Fälle, in denen aus einer fehlergewichteten Dichteschätzung Hinweise auf mögliche Verbesserungen von Q abgeleitet werden können:

F1: Q ist bezüglich der genutzten Trainingsdaten T optimal angepasst, d. h. die Zieleigenschaften von Elementen aus T werden ebenso gut vorhergesagt wie die Zieleigenschaften von externen Anfragedaten $q \in \mathfrak{C} \setminus T$, die eine hohe Ähnlichkeit mit dem Modelltraining aufweisen. Allerdings deckt T den Raum der Eingangsvariablen nur unzureichend ab. In zahlreichen Situationen, in denen ein Einsatz von Q denkbar und wünschenswert wäre, weichen die Deskriptortupel der zugehörigen Anfragedaten so stark vom Modelltraining ab, dass die Verlässlichkeit des Modells nicht garantiert werden kann.

F2: Q ist bezüglich der genutzten Trainingsdaten T nicht optimal angepasst, z. B. aufgrund von Overfitting.

F3: Die Deskriptoren, auf denen Q aufgebaut ist, sind für die Beschreibung des Zusammenhanges W nicht hinreichend. Allein auf Grundlage der Eingabewerte kann die Zieleigenschaft nicht in allen Teilen des Deskriptorraumes (näherungsweise) korrekt bestimmt werden[1].

Der kernbasierte AD-Schätzer KADE beschreibt die Abdeckung des Deskriptorraumes durch die Trainingsdaten. So liefert er unmittelbar die Information, an welchen Eingabekombinationen das Modell Q bisher unzureichend trainiert wurde.

Soll das Modell Q für Vorhersagen von Eingaben genutzt werden, die in Regionen des Deskriptorraums fallen, in denen die KADE-Schätzwerte vergleichsweise niedrig ausfallen, so kann deren Verlässlichkeit nicht garantiert werden (Fall F1). Um dies zu ändern, muss das Modell gezielt mit Eingabetupeln aus den fraglichen Gebieten nachtrainiert werden. Sind die KADE-Schätzwerte in einem Teilbereich $B \subset \mathfrak{D}$ des Deskriptorraumes dagegen hoch, so lässt sich daraus noch nicht automatisch die Anwendbarkeit des Modells ableiten. Um diese wahrhaft beurteilen zu können, muss gemäß der (inzwischen verifizierten) Hypothese 3 (S. 211) eine fehlergewichtete AD-Schätzung (EKADE) durchgeführt werden.

[1] Vergleiche auch: Implizit berücksichtigte Deskriptoren, S. 278.

Schätzwerte			
KADE	EKADE		
Basissatz I	Basissatz I	Basissatz II	Fall/Handlungsoption
hoch	>0	>0	kein Handlungsbedarf, Modell einsetzbar
hoch	>0	≤ 0	Fall F2: Overfitting wahrscheinlich, falls nicht behebbar $\Rightarrow$ F3
hoch	≤ 0	≤ 0	Fall F3: Deskriptorraum muss erweitert/ verändert werden.
niedrig	≥ 0		Fall F1: Das Modell sollte im betreffenden Bereich stärker trainiert werden.
niedrig	≤ 0		Fall F1/F3: Deskriptoren evtl. nicht ausreichend. Weiteres Training notwendig, um die Situation sicher beurteilen zu können.

Tabelle 12.1: Optionen zur Modellverbesserung

Aus dem Vergleich von KADE- und EKADE-Ergebnissen lassen sich dann weitere Schlüsse ziehen:

Sind die EKADE-Schätzwerte in B ebenfalls hoch, so sind die Modellfehler $|W(q) - Q(D(q))|$, $q \in \mathfrak{C}, D(q) \in B$ gering. Das Modell ist gut trainiert und weist eine hohe Vorhersagequalität auf. Es kann bedenkenlos verwendet werden.

Sind dagegen die EKADE-Werte bei Verwendung von Basissatz II nahe 0 oder sogar negativ, die EKADE-Werte über dem Basissatz I dagegen hoch, so gibt das Modell zwar das Gelernte gut wieder, kann unbekannte Eingaben jedoch nicht korrekt verarbeiten. Das Modell ist überangepasst (Fall F2).

Gelingt es in diesem Fall nicht, das Modell derart neu anzupassen, dass sich der postulierte Zusammenhang über die Trainingsdaten hinaus verallgemeinern lässt, so spricht dies dafür, dass die Information, welche in den bislang verwendeten Deskriptoren enthalten ist, den Zusammenhang W nicht hinreichend charakterisiert (Fall F3).

Ein Beispiel hierfür haben wir im vorangegangenen Kapitel bei der Diskussion über die Rolle der Stoffe Indane, 1,2,4-Trimethylbenzene und 1-Ethyl-4-Methylbenzene im Modell M5 kennen gelernt[2]. Die Basissatz-II-EKADE-Werte in ihrer Umgebung waren zwar nicht negativ, lagen aber deutlich unterhalb von jenen, die sich bei alleinigem Rückgriff auf den Basissatz I ergaben. Je stärker die Validierungsdaten im Verhältnis zum Modelltraining gewichtet wurden, umso mehr verstärkte sich auch dieser Trend.

Falls die EKADE-Werte sowohl über Basissatz II als auch über Basissatz I kleiner oder gar negativ ausfallen, so liegt der Fall F3 sogar mit Sicherheit vor. Obwohl das Modell im Deskriptorraumabschnitt B mit sehr vielen Daten trainiert wurde, kann es die Zieleigenschaft nicht hinreichend genau prognostizieren. Weiteres Training wird an dieser Situation kaum etwas ändern können. Als Ausweg sollte erwogen werden, andere oder zumindest zusätzliche Deskriptoren für die Modellbildung heranzuziehen.

Tabelle 12.1 zeigt die Überlegungen dieses Abschnittes nochmals im Überblick und listet die Indikatoren der Fälle F1 bis F3 zusammen mit möglichen Handlungsoptionen auf.

Als ein Beispiel aus der Literatur, an welchem sich die Überlegungen dieses Kapitels praktisch illustrieren lassen, greifen wir eine Studie von Kelly et. al. über die Biomagnifikation von schwer abbaubaren organischen Schadstoffen im Nahrungsnetz [64] aus dem Jahr 2007 heraus:
Dort wurde die chemische Bioakkumulation anhand von 30.000 K_{OW}-K_{OA}-Kombinationen[3] in einem Bereich von $\log K_{\mathrm{OW}}$ 1-10 und $\log K_{\mathrm{OA}}$ 3-12 untersucht.

Abbildung 12.1 ist [64] entnommen und zeigt die von Kelly et. al. gefundenen Zusammenhänge im Überblick. Sie dient als Ausgangspunkt der folgenden Gedanken: Würde man die Biomagnifikation anhand des Deskriptors K_{OW} modellieren und ausschließlich Daten aus der Nahrungskette von Fischen verwenden, so würde das

[2] Voraussetzung dieser Schlussfolgerung ist selbstverständlich, dass die Eingabewerte der AD-Schätzung, d. h. Deskriptorwerte und experimentell bestimmte Zielwerte, korrekt sind. Die Problematik von Messungenauigkeiten bei der Bestimmung der experimentellen Vergleichswerte wird im Ausblick auf Seite 279 angesprochen.

[3] K_{OA}: Oktanol-Luft-Verteilungskoeffizient, K_{OW}: Oktanol-Wasser-Verteilungskoeffizient, siehe auch: Anhang B.2.3, S. 357.

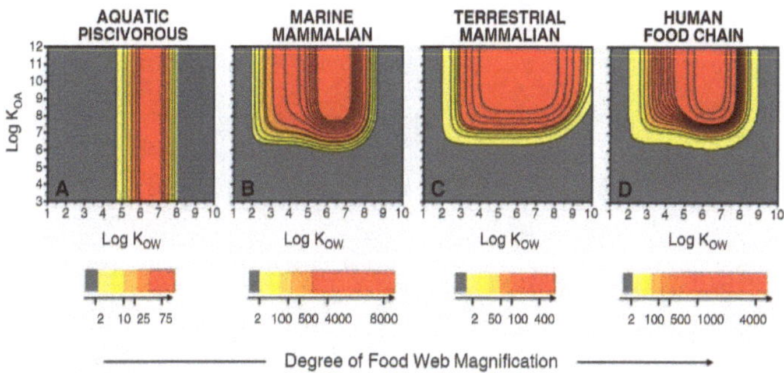

Bildquelle: [64]

Abbildung 12.1: Zusammenhang K_{OW}-K_{OA}-Biomagnifikation

resultierende Modell den Fall F1 repräsentieren. Es bestünde kein oder nur geringer Handlungsbedarf im Hinblick auf eine Modellverbesserung. Das Modell würde sicher erkennen, dass sich Verbindungen mit einem K_{OW} zwischen 10^5 und 10^8 in der Nahrungskette anreichern. Durch Hinzunahme weiterer Informationen könnte die Anwendungsbreite des Modells allerdings erhöht werden.

Ein Zuzug von Säugetier-Daten (in den Erweiterungsdatensatz) würde schließlich zu Fall F2 führen. Da das Modell zuvor nur mit Beobachtungen aus der Fisch-Nahrungskette konfrontiert wurde, in welcher sich Stoffe mit einem K_{OW} zwischen 10^5 und 10^8 stets anreichern, übertrüge es diese Erfahrung fälschlicherweise eins zu eins auf die Säugetiere. Dort aber setzt die Biomagnifikation bereits ab einem K_{OW} von 10^2 ein. Gleichzeitig jedoch werden Schadstoffe mit einem K_{OA} von kleiner als 10^6 im Gegensatz zu der Situation bei den Fischen in der Säugetier-Nahrungskette unabhängig vom K_{OW} praktisch nicht angereichert.

Trainierte man das Modell nun mit Säugetierdaten, so würde man den Fall F3 erhalten, weil der K_{OW} als alleiniger Deskriptor für ein Modell, das sowohl auf Fisch-, wie auch auf Säugetierdaten anwendbar seien soll, eben nicht ausreicht. Erst die Einführung des K_{OA} als zusätzlichem Deskriptor, sowie einer weiteren Dimension im Zielraum, die zur Unterscheidung zwischen der Biomagnifikation in Fisch und Säugetier dient, würde zum Erfolg führen.

Kapitel 13

Schlussbemerkungen und Ausblick

Mit dem kernbasierten AD-Schätzer KADE wurde erstmals ein systematisches Vorgehen zur Wahl der Steuergrößen[1] eines nichtparametrischen Kerndichteschätzers vorgestellt, das es ermöglicht, diesen speziell zur Charakterisierung der Anwendungsdomäne empirisch abgeleiteter Modelle zu nutzen. Wie bei anderen, bereits in der Praxis gebräuchlichen, sogenannten distanzbasierten AD-Schätzverfahren auch wird dabei die Datenverteilung des Modelltrainings im Raum der Eingangsvariablen als maßgebliche Bezugsgröße verwendet.

Die Vor- und Nachteile zwischen den herkömmlichen Verfahren und dem KADE wurden zunächst theoretisch diskutiert und schließlich am Beispiel der parametrischen Leverage-Methode im Rahmen einer Vergleichsstudie untermauert. Für den in der Theoretischen Chemie bedeutenden Modelltyp der quantitativen Struktur-Wirkungs-Beziehungen, der auch die Motivation zu dieser Forschung gab, zeigte sich dabei, dass der KADE im Hinblick auf die absolute Beurteilung[2] in Abhängigkeit vom gewählten Fehlergrenzwert ζ und dem AD-Cutoff-Faktor α stets mindestens konkurrenzfähig und im Hinblick auf die relative Beurteilung[2] in der überwiegenden Zahl der Fälle der Leverage-Methode deutlich überlegen war.

Eine weitere, merkliche Verbesserung in der AD-Einschätzung konnte mit Hilfe des EKADE erreicht werden. Diesem von uns neu entwickelten Güteschätzer liegt ein

[1] Bandbreite, Kernfunktion, AD-Cutoff.

[2] Siehe S. 7.

fundamental geändertes Konzept zugrunde, das auch den Modellfehler und zusätzliche, in der Anwendungsphase des Modells gesammelte Erfahrungen bei der AD-Schätzung berücksichtigt. Neben der Präzisierung in der Beurteilung von relativer und absoluter AD-Zugehörigkeit hinaus erlaubt dieser Ansatz auch Aussagen über die Qualität der getroffenen Güteeinschätzung.

Die im Abschnitt 1.2 formulierten Ziele können somit als erreicht betrachtet werden.

Gleichsam als Nebenprodukte wurden außerdem der $\aleph$ als ein neues Maß zur Beurteilung der Leistungsfähigkeit von AD-Schätzern sowie der Monte-Carlo-HDR-Schätzer als eine effiziente Methode zur Approximation der Highest Density Region geschaffen. Um die Berechnung von KADE und EKADE rechentechnisch bewältigen zu können, wurde zudem auf das Konzept der Anker-Hierarchie [101] zurückgegriffen, welches umfangreich erläutert wurde.

Indessen bleibt trotz aller durch KADE und EKADE erreichten Fortschritte noch viel Raum für Verbesserungen. Bei den exemplarisch untersuchten QSAR-Modellen ist die Einschätzung der Anwendungsdomäne noch immer entschieden zu ungenau, um den vollständigen Ersatz von In-vivo- und In-vitro-Experimenten rechtfertigen zu können. Zwar konnte ein genereller Zusammenhang zwischen der Datenverteilung im Deskriptorraum und dem zu erwartenden Modellfehler belegt werden, es zeigte sich aber auch, dass dieser zur Erklärung der Anwendungsdomäne für sich genommen nicht hinreichend ist.

Es bedarf also weiterer Forschung, deren Ziel es sein muss, weitere, bisher nicht abgebildete, für die Modell-Anwendbarkeit maßgebliche Einflussfaktoren zu identifizieren.

Zum Abschluss dieser Arbeit listen wir daher stichpunktartig einige Felder auf, in denen wir mögliche Ansätze für zukünftige Weiterentwicklungen erkennen.

- Implizit berücksichtigte Deskriptoren:

  Das größte Hindernis für das Vorhaben, die Vorhersagegüte empirisch abgeleiteter Modelle, wie hier geschehen, allein auf Grundlage des bislang bekannten Modellverhaltens zu beurteilen, besteht darin, dass ein Modell schon per definitionem den tatsächlichen Zusammenhang nur vereinfacht widerspiegelt. Weil nicht sichergestellt ist, dass die (zahllosen) im Modell nicht berücksichtigten Parameter in einer neuen Anwendungssituation stets in gleicher Weise vorliegen wie in den zuvor trainierten oder getesteten Umständen, bleibt jede Prognose zur Anwendbarkeit des Modells immer mit einer mehr oder minder großen Unsicherheit behaftet.

Offenbar kann an diesem Manko auch nichts Grundsätzliches geändert werden, da nur bei einer Gesetzmäßigkeit alle die Zieleigenschaft determinierenden Einflussgrößen bekannt sind, was allerdings gleichzeitig im Normalfall eine Modellbildung von vorneherein erübrigt[3]. Gleichwohl ist es zuweilen möglich, aus der großen Menge der scheinbar irrelevanten Informationen einige zusätzliche Deskriptoren herauszufiltern, die die Zieleigenschaft entscheidend beeinflussen. Nicht selten sind diese Größen nämlich bereits implizit in dem untersuchten Modell berücksichtigt.

So wurde ein QSAR-Modell beispielsweise nur mit Stoffen bestimmter chemischer Klassen trainiert, die Zugehörigkeit zu eben jenen Stoffklassen aber nicht als Deskriptor aufgenommen[4]. Mit Hilfe eines Vergleichs von KADE- und EKADE-Werten können solche Unzulänglichkeiten möglicherweise aufgedeckt werden (vgl. Fall F3, S. 272). Entstammen allerdings auch alle Erweiterungsdaten aus den bereits in der Trainingsmenge repräsentierten Stoffklassen, so ist auch dieses Instrument machtlos. Das geübte Auge eines Chemikers vermag die versteckte Einflussgröße namens Stoffklasse hingegen zu erkennen. Strategien, solches Expertenwissen systematisch zu heben und in die AD-Schätzung einzubeziehen, sind der vielleicht erfolgversprechendste Ansatzpunkt für weitere Forschung.

- Messunsicherheiten:

  Ein anderes Feld, welches bislang noch überhaupt keine Berücksichtigung fand, sind Fehler bei der Beobachtung der realen Werte, auf deren Grundlage das Modell vordem empirisch abgeleitet wurde. Im Falle von QSAR-Modellen betrifft

[3] Liegt ein Zusammenhang vor, dessen Gesetzmäßigkeit zwar bekannt, jedoch nur sehr kompliziert berechenbar ist, oder in dessen Gleichung extrem schwer bestimmbare Parameter eingehen, so kann die Approximation des Zielwertes durch ein Modell dennoch der exakten Berechnung vorzuziehen sein, wenn die damit einhergehende Aufwandsreduktion den erwarteten Modellfehler aufwiegt.

[4] Im Rahmen eines einzelnen (linearen) Regressionsmodells ist dies u. U. auch gar nicht sinnvoll möglich. Es bedarf dann einer Art Metamodells etwa in der Form „Ist die Zugehörigkeit zu Stoffklasse A gegeben, verwende Regressionsmodell 1, anderenfalls Regressionsmodell 2“.

dies sowohl die molekularen Deskriptoren, die als Eingabewerte dienen, als auch die Werte der zu prognostizierenden physikochemischen Eigenschaften.

Beispielsweise ist der Boden-Wasser-Verteilungskoeffizient K_{OC} zwar theoretisch auf den Gehalt des Bodens an organischem Kohlenstoff normiert, dennoch ergeben sich oft große Schwankungen zwischen experimentellen Werten, die mit unterschiedlichen Methoden oder an verschiedenen Böden gemessen wurden [73]. Es ist also durchaus nicht unwahrscheinlich, dass das teilweise widersprüchliche Verhalten, welches das K_{OC}-Modell M5 in unserer Vergleichsstudie (Kapitel 11) gezeigt hat, im Wesentlichen auf Fehler bei der experimentellen Bestimmung der Zielwerte zurückgeht. Dies würde die Schlussfolgerungen aus Abschnitt 11.3.2.1 zwar nicht notwendigerweise völlig entkräften, aber doch zumindest stark relativieren. In Abschnitt 11.3.2.1 hatte der KADE-/EKADE-Vergleich nahegelegt, dass die beobachteten Anomalien durch unbekannte (u. U. aber implizit berücksichtigte) Deskriptoren verursacht werden, welche entscheidenden Einfluss auf das Modellverhalten ausüben.

Da die Entwickler von QSAR-Modellen häufig auf Messwerte verschiedener Quellen zurückgreifen müssen, um genügend große und repräsentative Datensätze zur Modellbildung zusammenstellen zu können, besitzen Strategien zur angemessenen Berücksichtigung von experimentellen Messunsicherheiten ein großes Potential im Hinblick auf eine verbesserte Charakterisierung der Anwendungsdomäne von QSARs.

- Umgang mit diskreten Daten:

  Distanzbasierte AD-Schätzmethoden bestimmen die Anwendungsdomäne eines Modells Q anhand eines Ähnlichkeitsbegriffes, der auf einem zuvor festzulegenden Abstandsmaß[5] im Deskriptor- bzw. Zielraum von Q beruht. Baut Q auf kontinuierlichen Deskriptoren auf, so ergibt sich das Abstandsmaß quasi unmittelbar. Bei diskreten Werten entstehen dagegen mitunter Schwierigkeiten.

  Eine solche Problematik haben wir in Kapitel 11 bereits am Beispiel von Modell M4 kennen gelernt. Bei Boolschen Werten existiert kein Anhaltspunkt dafür, um wie viel ähnlicher sich zwei Eingaben von Q sind, wenn sie in dem Boolschen Merkmal übereinstimmen, anstatt sich darin zu unterscheiden.

[5] In der Regel eine Metrik gemäß Definition 2.1.

Doch auch bei diskreten Werten, die auf natürliche Weise einen Distanzbegriff tragen (man denke z. B. an die Menge $\mathbb{Z}$ der ganzen Zahlen), eignet sich dieser nicht immer auch tatsächlich dafür, die Ähnlichkeit zwischen den Untersuchungsgegenständen sinnvoll zu beschreiben. Zählt ein Deskriptor beispielsweise nur die Häufigkeit des Vorhandenseins eines bestimmten Merkmals M, so ist es nicht unmittelbar folgerichtig, dass die Ähnlichkeit zwischen einem Objekt A, welches das Merkmal genau einmal trägt, und einem Objekt B, bei dem M zweimal vorkommt, genau gleich stark einzuschätzen ist, wie die Ähnlichkeit zwischen A und einem Objekt C, welches das Merkmal M überhaupt nicht aufweist. Man könnte nämlich argumentieren, dass das Vorhanden- oder Nichtvorhandensein von M ein bedeutenderes Unterscheidungskriterium darstellt, als die Frage, ob M ein- oder zweifach auftritt.

Die Antwort hierauf kann selbstverständlich nur in Abhängigkeit von dem jeweiligen Einsatzzweck des Modells (dessen Anwendungsdomäne untersucht werden soll) gegeben werden und ist insofern nicht mit den Mitteln der Mathematik zu klären. Die Bereitstellung geeigneter Distanzfunktionen, um denkbare Ähnlichkeitsbegriffe korrekt beschreiben können, ist dagegen sehr wohl Aufgabe eines Mathematikers.

Ein Beispiel bei dem diese Problematik zum Tragen kommt, stellen etwa die atomzentrierten Fragmente (ACFs) dar. Jedes Fragment besteht aus einem Zentrum, das durch ein Atom eines bestimmten Typs gebildet wird, sowie den Bindungs- und Atomtypen einer vordefinierten Anzahl seiner nächsten Nachbarn [46]. Ob und in welcher Anzahl ein bestimmtes ACF in einer chemischen Verbindung vorhanden ist, ist dann Gegenstand eines Zähldeskriptors. Ein Vorschlag, wie auf Grundlage von ACFs ein Ähnlichkeitsmaß definiert werden kann, findet sich beispielsweise bei Kühne et al. [69].

In eine ähnliche Richtung weisen auch Überlegungen von Wegner et al. [156], die molekulare Ähnlichkeit über die Größe der maximalen gemeinsamen Substruktur (maximum common subgraph) definieren.

Die Frage, ob und wie solche zunächst „koordinatenfreien“ Ansätze mit den in dieser Arbeit vorgestellten Methoden kombiniert werden können, stellt einen vielversprechenden Ansatz für weitere Forschung dar.

- Ränder des Definitionsbereiches:

  Eng verknüpft mit dem vorangegangenen Punkt ist die Frage, wie mit Deskriptoren umgegangen werden soll, deren Wertebereich begrenzt ist. So verteilt der KADE eine auf 1 normierte Wahrscheinlichkeitsmasse gleichmäßig um die einzelnen Beobachtungen im Deskriptorraum. Sind einige der Deskriptoren diskret oder nur in Teilen des Raumes definiert (beispielsweise nur im Positiven), so kann es vorkommen, dass ein Teil der Wahrscheinlichkeitsmasse in Gebiete fällt, die außerhalb des Definitionsbereiches eines oder mehrerer Deskriptoren liegen. Damit erhalten Eingabetupel eine erhöhte AD-Zugehörigkeitswahrscheinlichkeit, die in Wahrheit schon allein deshalb nicht zur Anwendungsdomäne gehören können, weil sie keiner real definierten Modelleingabe entsprechen. Allerdings spielt diese Problematik für den praktischen Einsatz von AD-Schätzern keine Rolle, da sie weder die Fähigkeit zur relativen noch die zur absoluten Beurteilung[6] der AD-Zugehörigkeit berührt. Zumindest für das theoretische Konzept sind entsprechende Überlegungen aber durchaus von Interesse und könnten, nicht zuletzt aufgrund des breiten Modellspektrums, für welches die entwickelten AD-Schätzmethoden einsetzbar sind, in Zukunft möglicherweise in anderen, hier nicht betrachteten Zusammenhängen stärkere Bedeutung erlangen.

[6] Vgl. S. 7.

Anhang A

Ergebnisse Beispielrechnungen

A.1 Studien zu Kapitel 6

A.1.1 Beispiel 6.2.1

Trainingsdatensatz:

$$
\begin{aligned}
\Big\{ & \begin{pmatrix}0\\0\end{pmatrix}, \begin{pmatrix}1.072940791\\0\end{pmatrix}, \begin{pmatrix}2.145280494\\0\end{pmatrix}, \begin{pmatrix}3.062993342\\0\end{pmatrix}, \begin{pmatrix}4.161341893\\0\end{pmatrix}, \begin{pmatrix}5.279075885\\0\end{pmatrix}, \begin{pmatrix}6.491918272\\0\end{pmatrix}, \\
& \begin{pmatrix}7.065500375\\0\end{pmatrix}, \begin{pmatrix}8.145268343\\0\end{pmatrix}, \begin{pmatrix}9.505640434\\0\end{pmatrix}, \begin{pmatrix}10.87210797\\0\end{pmatrix}, \begin{pmatrix}0\\0.917228485\end{pmatrix}, \begin{pmatrix}1.025837205\\0.979818179\end{pmatrix}, \\
& \begin{pmatrix}2.136651818\\0.973202152\end{pmatrix}, \begin{pmatrix}3.149661349\\0.997206251\end{pmatrix}, \begin{pmatrix}4.250013471\\0.941459253\end{pmatrix}, \begin{pmatrix}5.333537257\\0.950190881\end{pmatrix}, \begin{pmatrix}6.330072144\\0.903506855\end{pmatrix}, \begin{pmatrix}7.659540047\\0.919694447\end{pmatrix}, \\
& \begin{pmatrix}8.446548934\\0.998032837\end{pmatrix}, \begin{pmatrix}9.141907075\\0.959359766\end{pmatrix}, \begin{pmatrix}10.73286968\\0.951129665\end{pmatrix}, \begin{pmatrix}0\\1.846619647\end{pmatrix}, \begin{pmatrix}1.087132266\\1.809284049\end{pmatrix}, \begin{pmatrix}2.094239663\\1.936375468\end{pmatrix}, \\
& \begin{pmatrix}3.25498881\\1.901206802\end{pmatrix}, \begin{pmatrix}4.278007318\\1.90973882\end{pmatrix}, \begin{pmatrix}5.493000224\\1.902690003\end{pmatrix}, \begin{pmatrix}6.43303965\\1.876257034\end{pmatrix}, \begin{pmatrix}7.2440612\\1.878064057\end{pmatrix}, \begin{pmatrix}8.311967493\\1.824836024\end{pmatrix}, \\
& \begin{pmatrix}9.002039736\\1.872331151\end{pmatrix}, \begin{pmatrix}10.46938194\\1.921964823\end{pmatrix}, \begin{pmatrix}0\\2.961386908\end{pmatrix}, \begin{pmatrix}1.049473959\\2.917425293\end{pmatrix}, \begin{pmatrix}2.00977666\\2.870406376\end{pmatrix}, \begin{pmatrix}3.088264694\\2.797623834\end{pmatrix}, \\
& \begin{pmatrix}4.28127641\\2.900272851\end{pmatrix}, \begin{pmatrix}5.12519004\\2.716273095\end{pmatrix}, \begin{pmatrix}6.116451442\\2.854666777\end{pmatrix}, \begin{pmatrix}7.229140211\\2.719016958\end{pmatrix}, \begin{pmatrix}8.0387929\\2.80215055\end{pmatrix}, \begin{pmatrix}9.398397294\\2.957153743\end{pmatrix}, \\
& \begin{pmatrix}10.61113566\\2.743508131\end{pmatrix}, \begin{pmatrix}0\\3.639936894\end{pmatrix}, \begin{pmatrix}1.081273633\\3.735702517\end{pmatrix}, \begin{pmatrix}2.018958713\\3.849892963\end{pmatrix}, \begin{pmatrix}3.053685162\\3.714261495\end{pmatrix}, \begin{pmatrix}4.273831197\\3.677608225\end{pmatrix}, \\
& \begin{pmatrix}5.225899621\\3.70585035\end{pmatrix}, \begin{pmatrix}6.199013518\\3.871751946\end{pmatrix}, \begin{pmatrix}7.511654795\\3.991333043\end{pmatrix}, \begin{pmatrix}8.58248353\\3.997281898\end{pmatrix}, \begin{pmatrix}9.832286497\\3.620992812\end{pmatrix}, \begin{pmatrix}10.30653207\\3.685880052\end{pmatrix}, \\
& \begin{pmatrix}0\\4.679322785\end{pmatrix}, \begin{pmatrix}1.063819306\\4.52341029\end{pmatrix}, \begin{pmatrix}2.181080069\\4.806791986\end{pmatrix}, \begin{pmatrix}3.044428217\\4.898431792\end{pmatrix}, \begin{pmatrix}4.25722469\\4.892965236\end{pmatrix}, \begin{pmatrix}5.360269377\\4.705923848\end{pmatrix}, \\
& \begin{pmatrix}6.373453325\\4.77245041\end{pmatrix}, \begin{pmatrix}7.013887429\\4.629816841\end{pmatrix}, \begin{pmatrix}8.041569234\\4.825529448\end{pmatrix}, \begin{pmatrix}9.47306902\\4.919049534\end{pmatrix}, \begin{pmatrix}10.44559856\\4.879805266\end{pmatrix}, \begin{pmatrix}0\\5.95422094\end{pmatrix}, \\
& \begin{pmatrix}1.030517398\\5.6770563\end{pmatrix}, \begin{pmatrix}2.064995957\\5.843127236\end{pmatrix}, \begin{pmatrix}3.251338697\\5.425788651\end{pmatrix}, \begin{pmatrix}4.080984784\\5.943541839\end{pmatrix}, \begin{pmatrix}5.295124082\\5.797608143\end{pmatrix}, \begin{pmatrix}6.023129564\\5.982779404\end{pmatrix}, \\
& \begin{pmatrix}7.562613251\\5.949728553\end{pmatrix}, \begin{pmatrix}8.540191709\\5.957319136\end{pmatrix}, \begin{pmatrix}9.665818044\\5.504438344\end{pmatrix}, \begin{pmatrix}10.76578669\\5.562178099\end{pmatrix}, \begin{pmatrix}0\\6.561698011\end{pmatrix}, \begin{pmatrix}1.056877357\\6.588234549\end{pmatrix}, \\
& \begin{pmatrix}2.027313671\\6.803577949\end{pmatrix}, \begin{pmatrix}3.134740651\\6.991104959\end{pmatrix}, \begin{pmatrix}4.068442714\\6.993868861\end{pmatrix}, \begin{pmatrix}5.325528032\\6.838150484\end{pmatrix}, \begin{pmatrix}6.139760053\\6.327975066\end{pmatrix}, \begin{pmatrix}7.59532836\\6.495191822\end{pmatrix}, \\
& \begin{pmatrix}8.534570206\\6.530953412\end{pmatrix}, \begin{pmatrix}9.655934028\\6.345534831\end{pmatrix}, \begin{pmatrix}10.90919948\\6.749646603\end{pmatrix}, \begin{pmatrix}0\\7.464414669\end{pmatrix}, \begin{pmatrix}1.039322536\\7.847401879\end{pmatrix}, \begin{pmatrix}2.015525525\\7.564796286\end{pmatrix},
\end{aligned}
$$

$$\begin{pmatrix}3.177667058\\7.295265071\end{pmatrix}, \begin{pmatrix}4.175429255\\7.429205445\end{pmatrix}, \begin{pmatrix}5.219053963\\7.657611652\end{pmatrix}, \begin{pmatrix}6.521563757\\7.634975613\end{pmatrix}, \begin{pmatrix}7.238532662\\7.726438402\end{pmatrix}, \begin{pmatrix}8.659656348\\7.582482482\end{pmatrix},$$
$$\begin{pmatrix}9.285809252\\7.391390168\end{pmatrix}, \begin{pmatrix}10.02539538\\7.473775157\end{pmatrix}, \begin{pmatrix}0\\8.748854248\end{pmatrix}, \begin{pmatrix}1.062861612\\8.30737097\end{pmatrix}, \begin{pmatrix}2.17004076\\8.700097308\end{pmatrix}, \begin{pmatrix}3.018854969\\8.265465923\end{pmatrix},$$
$$\begin{pmatrix}4.184068438\\8.450639782\end{pmatrix}, \begin{pmatrix}5.27582231\\8.143107409\end{pmatrix}, \begin{pmatrix}6.547879756\\8.267664694\end{pmatrix}, \begin{pmatrix}7.062857355\\8.444770074\end{pmatrix}, \begin{pmatrix}8.080010659\\8.996706502\end{pmatrix}, \begin{pmatrix}9.397957207\\8.864363201\end{pmatrix},$$
$$\begin{pmatrix}10.80880973\\8.720800517\end{pmatrix}, \begin{pmatrix}0\\9.101873877\end{pmatrix}, \begin{pmatrix}1.026045427\\9.292020891\end{pmatrix}, \begin{pmatrix}2.026534179\\9.725847006\end{pmatrix}, \begin{pmatrix}3.051655021\\9.332119942\end{pmatrix}, \begin{pmatrix}4.089816239\\9.538622791\end{pmatrix},$$
$$\begin{pmatrix}5.212266191\\9.603101658\end{pmatrix}, \begin{pmatrix}6.326315672\\9.850055142\end{pmatrix}, \begin{pmatrix}7.318515026\\9.180219995\end{pmatrix}, \begin{pmatrix}8.781713132\\9.729245035\end{pmatrix}, \begin{pmatrix}9.645442397\\9.704159967\end{pmatrix}, \begin{pmatrix}10.42219598\\9.343708361\end{pmatrix}\Bigg\}$$

A.2 Studien zu Kapitel 7

A.2.1 Beispiel 7.1.2, b=64

$b = 64$, $\mathfrak{B}_{64}$	$E(\lvert\Psi_{\mathcal{X}_1,\mathcal{X}_2}\rvert)$									
$\alpha \rightarrow$	**0.025**	**0.05**	**0.075**	**0.1**	**0.125**	**0.15**	**0.175**	**0.2**	**0.225**	**0.25**
	52.339	62.598	64.564	64.925	64.988	64.998	65.000	65.000	65.000	65.000

$b = 64$, $\mathfrak{B}_{64}$	$E(\lvert\Psi_{\mathcal{X}_1,\mathcal{X}_2}\rvert)$									
$\alpha \rightarrow$	**0.275**	**0.3**	**0.325**	**0.35**	**0.375**	**0.4**	**0.425**	**0.45**	**0.475**	**0.5**
	65.000	65.000	65.000	65.000	65.000	65.000	65.000	65.000	65.000	65.000

$b = 64$, $\mathfrak{B}_{8}$	$E(\lvert\Psi_{\mathcal{X}_1,\mathcal{X}_2}\rvert)$									
$\alpha \rightarrow$	**0.025**	**0.05**	**0.075**	**0.1**	**0.125**	**0.15**	**0.175**	**0.2**	**0.225**	**0.25**
	16.830	29.433	38.442	45.398	50.999	55.559	59.265	62.262	64.671	66.592

$b = 64$, $\mathfrak{B}_{8}$	$E(\lvert\Psi_{\mathcal{X}_1,\mathcal{X}_2}\rvert)$									
$\alpha \rightarrow$	**0.275**	**0.3**	**0.325**	**0.35**	**0.375**	**0.4**	**0.425**	**0.45**	**0.475**	**0.5**
	68.113	69.306	70.234	70.946	71.485	71.883	72.167	72.356	72.465	72.500

$b = 64$, $\mathfrak{B}_{4}$	$E(\lvert\Psi_{\mathcal{X}_1,\mathcal{X}_2}\rvert)$									
$\alpha \rightarrow$	**0.025**	**0.05**	**0.075**	**0.1**	**0.125**	**0.15**	**0.175**	**0.2**	**0.225**	**0.25**
	10.131	19.869	28.435	35.920	42.447	48.101	52.976	57.172	60.787	63.904

$b = 64$, $\mathfrak{B}_{4}$	$E(\lvert\Psi_{\mathcal{X}_1,\mathcal{X}_2}\rvert)$									
$\alpha \rightarrow$	**0.275**	**0.3**	**0.325**	**0.35**	**0.375**	**0.4**	**0.425**	**0.45**	**0.475**	**0.5**
	66.591	68.902	70.877	72.547	73.931	75.047	75.906	76.514	76.877	76.998

$b = 64$, $\mathfrak{B}_{2}$	$E(\lvert\Psi_{\mathcal{X}_1,\mathcal{X}_2}\rvert)$									
$\alpha \rightarrow$	**0.025**	**0.05**	**0.075**	**0.1**	**0.125**	**0.15**	**0.175**	**0.2**	**0.225**	**0.25**
	6.100	12.878	19.950	26.999	33.888	40.512	46.791	52.668	58.105	63.076

$b = 64$, $\mathfrak{B}_{2}$	$E(\lvert\Psi_{\mathcal{X}_1,\mathcal{X}_2}\rvert)$									
$\alpha \rightarrow$	**0.275**	**0.3**	**0.325**	**0.35**	**0.375**	**0.4**	**0.425**	**0.45**	**0.475**	**0.5**
	67.567	71.572	75.090	78.125	80.680	82.761	84.372	85.520	86.206	86.435

$b = 64$, $\mathfrak{B}_{64}$	$P(\lvert\Psi_{\mathcal{X}_1,\mathcal{X}_2}\rvert = x)$									
$x\downarrow$ $\alpha\rightarrow$	**0.025**	**0.05**	**0.075**	**0.1**	**0.125**	**0.15**	**0.175**	**0.2**	**0.225**	**0.25**
1	0.198	0.038	0.007	0.001	2E-04	3E-05	4E-06	6E-07	8E-08	1E-08
65	0.802	0.962	0.993	0.999	1	1	1	1	1	1

$b = 64$, $\mathfrak{B}_{64}$	$P(\lvert\Psi_{\mathcal{X}_1,\mathcal{X}_2}\rvert = x)$									
$x\downarrow$ $\alpha\rightarrow$	**0.275**	**0.3**	**0.325**	**0.35**	**0.375**	**0.4**	**0.425**	**0.45**	**0.475**	**0.5**
1	1E-09	1E-10	1E-11	1E-12	9E-14	6E-15	4E-16	2E-17	1E-18	1E-19
65	1	1	1	1	1	1	1	1	1	1

$b = 64$, $\mathfrak{B}_{8}$	$P(\lvert\Psi_{\mathcal{X}_1,\mathcal{X}_2}\rvert = x)$									
$x\downarrow$ $\alpha\rightarrow$	**0.025**	**0.05**	**0.075**	**0.1**	**0.125**	**0.15**	**0.175**	**0.2**	**0.225**	**0.25**
1	0.198	0.038	0.007	0.001	2E-04	3E-05	4E-06	6E-07	8E-08	1E-08
9	0.159	0.036	0.007	0.001	2E-04	3E-05	4E-06	6E-07	8E-08	1E-08
17	0.285	0.147	0.047	0.012	0.003	6E-04	1E-04	2E-05	4E-06	7E-07
25	0.224	0.26	0.142	0.058	0.02	0.006	0.002	4E-04	1E-04	2E-05
33	0.101	0.264	0.246	0.153	0.076	0.032	0.012	0.004	0.001	4E-04
41	0.028	0.167	0.266	0.253	0.181	0.108	0.056	0.027	0.011	0.005
49	0.005	0.068	0.184	0.267	0.277	0.231	0.165	0.106	0.061	0.033
57	6E-04	0.017	0.08	0.177	0.264	0.308	0.303	0.262	0.205	0.149
65	4E-05	0.002	0.02	0.067	0.144	0.235	0.316	0.371	0.392	0.383
73	1E-06	2E-04	0.002	0.011	0.034	0.078	0.145	0.23	0.328	0.43

$b = 64$, $\mathfrak{B}_{8}$	$P(\lvert\Psi_{\mathcal{X}_1,\mathcal{X}_2}\rvert = x)$									
$x\downarrow$ $\alpha\rightarrow$	**0.275**	**0.3**	**0.325**	**0.35**	**0.375**	**0.4**	**0.425**	**0.45**	**0.475**	**0.5**
1	1E-09	1E-10	1E-11	1E-12	9E-14	6E-15	4E-16	2E-17	1E-18	1E-19
9	1E-09	1E-10	1E-11	1E-12	1E-13	9E-15	8E-16	1E-16	2E-17	1E-17
17	1E-07	2E-08	2E-09	3E-10	3E-11	4E-12	5E-13	8E-14	2E-14	1E-14
25	5E-06	9E-07	2E-07	3E-08	5E-09	8E-10	1E-10	3E-11	9E-12	6E-12
33	1E-04	3E-05	7E-06	2E-06	4E-07	9E-08	2E-08	6E-09	2E-09	2E-09
41	0.002	6E-04	2E-04	7E-05	2E-05	6E-06	2E-06	7E-07	3E-07	3E-07
49	0.017	0.008	0.004	0.002	7E-04	3E-04	1E-04	5E-05	3E-05	3E-05
57	0.101	0.065	0.04	0.024	0.014	0.008	0.004	0.003	0.002	0.002
65	0.35	0.305	0.254	0.204	0.16	0.123	0.095	0.075	0.063	0.059
73	0.53	0.622	0.702	0.77	0.826	0.869	0.901	0.922	0.935	0.939

$b = 64$, $\mathfrak{B}_{4}$	$P(\lvert\Psi_{\mathcal{X}_1,\mathcal{X}_2}\rvert = x)$									
$x\downarrow$ $\alpha\rightarrow$	**0.025**	**0.05**	**0.075**	**0.1**	**0.125**	**0.15**	**0.175**	**0.2**	**0.225**	**0.25**
1	0.198	0.038	0.007	0.001	2E-04	3E-05	4E-06	6E-07	8E-08	1E-08
5	0.159	0.036	0.007	0.001	2E-04	3E-05	4E-06	6E-07	8E-08	1E-08
9	0.211	0.081	0.019	0.004	7E-04	1E-04	2E-05	2E-06	3E-07	4E-08
13	0.196	0.142	0.049	0.013	0.003	6E-04	1E-04	2E-05	3E-06	4E-07
17	0.128	0.174	0.086	0.029	0.008	0.002	4E-04	7E-05	1E-05	2E-06
21	0.067	0.175	0.126	0.055	0.018	0.005	0.001	3E-04	6E-05	1E-05
25	0.028	0.145	0.154	0.089	0.037	0.013	0.004	1E-03	2E-04	5E-05
29	0.01	0.101	0.16	0.123	0.064	0.026	0.009	0.003	8E-04	2E-04
33	0.003	0.06	0.142	0.147	0.098	0.049	0.02	0.007	0.002	7E-04
37	7E-04	0.03	0.109	0.154	0.13	0.081	0.04	0.017	0.006	0.002
41	1E-04	0.013	0.072	0.139	0.152	0.116	0.07	0.035	0.016	0.006
45	3E-05	0.005	0.04	0.108	0.153	0.147	0.108	0.065	0.034	0.016
49	4E-06	0.001	0.019	0.072	0.134	0.162	0.145	0.105	0.065	0.035

Fortsetzung auf nächster Seite

$b = 64$, $\mathfrak{B}_4$	$P(\lvert\Psi_{\mathcal{X}_1,\mathcal{X}_2}\rvert = x)$									
$x \downarrow$ $\alpha \rightarrow$	**0.025**	**0.05**	**0.075**	**0.1**	**0.125**	**0.15**	**0.175**	**0.2**	**0.225**	**0.25**
53	4E-07	3E-04	0.007	0.04	0.098	0.151	0.169	0.149	0.11	0.071
57	4E-08	7E-05	0.002	0.018	0.059	0.118	0.165	0.178	0.16	0.123
61	3E-09	1E-05	6E-04	0.007	0.029	0.074	0.13	0.174	0.19	0.177
65	2E-10	1E-06	1E-04	0.002	0.011	0.037	0.082	0.135	0.18	0.203
69	8E-12	1E-07	2E-05	4E-04	0.003	0.014	0.039	0.081	0.131	0.179
73	3E-13	9E-09	2E-06	7E-05	7E-04	0.004	0.014	0.036	0.071	0.117
77	6E-15	4E-10	2E-07	7E-06	1E-04	8E-04	0.003	0.011	0.027	0.053
81	8E-17	1E-11	8E-09	5E-07	1E-05	9E-05	5E-04	0.002	0.006	0.015
85	5E-19	2E-13	2E-10	2E-08	4E-07	5E-06	4E-05	2E-04	7E-04	0.002

$b = 64$, $\mathfrak{B}_4$	$P(\lvert\Psi_{\mathcal{X}_1,\mathcal{X}_2}\rvert = x)$									
$x \downarrow$ $\alpha \rightarrow$	**0.275**	**0.3**	**0.325**	**0.35**	**0.375**	**0.4**	**0.425**	**0.45**	**0.475**	**0.5**
1	1E-09	1E-10	1E-11	1E-12	9E-14	6E-15	4E-16	2E-17	1E-18	1E-19
5	1E-09	1E-10	1E-11	1E-12	9E-14	6E-15	4E-16	3E-17	3E-18	9E-19
9	5E-09	6E-10	6E-11	6E-12	6E-13	5E-14	5E-15	5E-16	7E-17	3E-17
13	6E-08	8E-09	9E-10	1E-10	1E-11	1E-12	1E-13	2E-14	2E-15	1E-15
17	4E-07	5E-08	8E-09	1E-09	1E-10	2E-11	2E-12	3E-13	6E-14	3E-14
21	2E-06	3E-07	5E-08	8E-09	1E-09	2E-10	3E-11	5E-12	1E-12	6E-13
25	1E-05	2E-06	4E-07	6E-08	1E-08	2E-09	4E-10	7E-11	2E-11	1E-11
29	5E-05	1E-05	2E-06	4E-07	9E-08	2E-08	4E-09	1E-09	3E-10	2E-10
33	2E-04	5E-05	1E-05	3E-06	6E-07	1E-07	4E-08	1E-08	4E-09	3E-09
37	7E-04	2E-04	6E-05	2E-05	4E-06	1E-06	3E-07	1E-07	5E-08	4E-08
41	0.002	8E-04	2E-04	8E-05	2E-05	8E-06	3E-06	1E-06	6E-07	5E-07
45	0.007	0.003	1E-03	4E-04	1E-04	5E-05	2E-05	9E-06	5E-06	5E-06
49	0.017	0.008	0.003	0.001	6E-04	3E-04	1E-04	7E-05	4E-05	4E-05
53	0.041	0.022	0.011	0.005	0.003	0.001	7E-04	4E-04	3E-04	3E-04
57	0.085	0.053	0.031	0.018	0.01	0.006	0.004	0.002	0.002	0.002
61	0.145	0.108	0.075	0.05	0.032	0.021	0.014	0.011	0.009	0.008
65	0.199	0.176	0.144	0.111	0.083	0.062	0.047	0.037	0.032	0.031
69	0.211	0.222	0.214	0.192	0.166	0.139	0.118	0.102	0.093	0.089
73	0.165	0.207	0.235	0.247	0.245	0.233	0.219	0.205	0.196	0.193
77	0.09	0.134	0.18	0.22	0.252	0.272	0.283	0.288	0.289	0.289
81	0.031	0.054	0.086	0.122	0.161	0.198	0.228	0.251	0.265	0.27
85	0.005	0.01	0.019	0.032	0.048	0.067	0.086	0.103	0.114	0.118

$b = 64$, $\mathfrak{B}_2$	$P(\lvert\Psi_{\mathcal{X}_1,\mathcal{X}_2}\rvert = x)$									
$x\downarrow$ $\alpha\rightarrow$	**0.025**	**0.05**	**0.075**	**0.1**	**0.125**	**0.15**	**0.175**	**0.2**	**0.225**	**0.25**
1	0.198	0.038	0.007	0.001	2E-04	3E-05	4E-06	6E-07	8E-08	1E-08
3	0.159	0.036	0.007	0.001	2E-04	3E-05	4E-06	6E-07	8E-08	1E-08
5	0.176	0.058	0.012	0.002	4E-04	6E-05	9E-06	1E-06	2E-07	2E-08
7	0.166	0.089	0.023	0.005	9E-04	1E-04	2E-05	3E-06	4E-07	5E-08
9	0.128	0.115	0.039	0.009	0.002	3E-04	5E-05	8E-06	1E-06	1E-07
11	0.083	0.128	0.057	0.016	0.004	7E-04	1E-04	2E-05	3E-06	4E-07
13	0.047	0.127	0.075	0.025	0.006	0.001	3E-04	4E-05	7E-06	9E-07
15	0.024	0.115	0.09	0.037	0.011	0.002	5E-04	9E-05	1E-05	2E-06
17	0.011	0.095	0.101	0.049	0.016	0.004	9E-04	2E-04	3E-05	5E-06
19	0.005	0.072	0.105	0.063	0.024	0.007	0.002	3E-04	6E-05	1E-05
21	0.002	0.051	0.102	0.076	0.033	0.011	0.003	6E-04	1E-04	2E-05
23	6E-04	0.033	0.093	0.086	0.044	0.016	0.005	0.001	2E-04	5E-05
25	2E-04	0.02	0.08	0.092	0.056	0.023	0.007	0.002	5E-04	9E-05
27	6E-05	0.012	0.064	0.093	0.067	0.031	0.011	0.003	8E-04	2E-04
29	2E-05	0.006	0.049	0.089	0.076	0.041	0.016	0.005	0.001	3E-04
31	5E-06	0.003	0.035	0.081	0.083	0.051	0.023	0.008	0.002	6E-04
33	1E-06	0.002	0.024	0.07	0.086	0.061	0.031	0.012	0.004	0.001
35	3E-07	7E-04	0.015	0.058	0.085	0.07	0.04	0.017	0.006	0.002
37	6E-08	3E-04	0.009	0.046	0.081	0.077	0.049	0.023	0.009	0.003
39	1E-08	1E-04	0.005	0.034	0.073	0.081	0.059	0.031	0.013	0.005
41	3E-09	4E-05	0.003	0.024	0.063	0.082	0.067	0.04	0.018	0.007
43	5E-10	2E-05	0.002	0.017	0.052	0.079	0.074	0.049	0.025	0.011
45	9E-11	5E-06	8E-04	0.011	0.041	0.074	0.079	0.058	0.033	0.015
47	1E-11	2E-06	4E-04	0.007	0.031	0.066	0.08	0.067	0.042	0.021
49	2E-12	5E-07	2E-04	0.004	0.023	0.056	0.078	0.073	0.051	0.028
51	3E-13	2E-07	7E-05	0.002	0.016	0.046	0.074	0.078	0.06	0.037
53	5E-14	5E-08	3E-05	0.001	0.01	0.036	0.067	0.079	0.068	0.046
55	7E-15	1E-08	1E-05	6E-04	0.007	0.027	0.058	0.078	0.075	0.056
57	8E-16	3E-09	5E-06	3E-04	0.004	0.02	0.048	0.073	0.079	0.065
59	1E-16	7E-10	2E-06	1E-04	0.002	0.013	0.038	0.066	0.08	0.072
61	1E-17	2E-10	5E-07	6E-05	0.001	0.009	0.029	0.058	0.078	0.078
63	1E-18	4E-11	2E-07	3E-05	7E-04	0.006	0.021	0.048	0.072	0.081
65	1E-19	7E-12	5E-08	1E-05	3E-04	0.003	0.015	0.038	0.065	0.08
67	1E-20	1E-12	2E-08	4E-06	2E-04	0.002	0.01	0.029	0.056	0.076
69	1E-21	3E-13	4E-09	2E-06	8E-05	0.001	0.006	0.021	0.046	0.07
71	1E-22	5E-14	1E-09	6E-07	3E-05	6E-04	0.004	0.015	0.036	0.061
73	9E-24	8E-15	3E-10	2E-07	1E-05	3E-04	0.002	0.01	0.027	0.051
75	7E-25	1E-15	7E-11	6E-08	6E-06	1E-04	0.001	0.006	0.019	0.041
77	5E-26	2E-16	2E-11	2E-08	2E-06	6E-05	7E-04	0.004	0.013	0.031
79	4E-27	3E-17	3E-12	5E-09	7E-07	3E-05	3E-04	0.002	0.008	0.022
81	2E-28	3E-18	6E-13	1E-09	2E-07	1E-05	2E-04	0.001	0.005	0.015
83	2E-29	4E-19	1E-13	3E-10	8E-08	4E-06	7E-05	6E-04	0.003	0.01
85	9E-31	5E-20	2E-14	8E-11	2E-08	1E-06	3E-05	3E-04	0.002	0.006
87	5E-32	6E-21	4E-15	2E-11	7E-09	5E-07	1E-05	1E-04	9E-04	0.004
89	2E-33	6E-22	5E-16	4E-12	2E-09	2E-07	4E-06	6E-05	4E-04	0.002

Fortsetzung auf nächster Seite

$b = 64$, $\mathfrak{B}_2$	$P(\|\Psi_{\mathcal{X}_1,\mathcal{X}_2}\| = x)$									
$x\downarrow$ $\alpha\rightarrow$	**0.025**	**0.05**	**0.075**	**0.1**	**0.125**	**0.15**	**0.175**	**0.2**	**0.225**	**0.25**
91	1E-34	5E-23	8E-17	7E-13	4E-10	5E-08	2E-06	2E-05	2E-04	1E-03
93	5E-36	5E-24	1E-17	1E-13	1E-10	1E-08	5E-07	9E-06	8E-05	5E-04
95	2E-37	4E-25	1E-18	2E-14	2E-11	3E-09	2E-07	3E-06	3E-05	2E-04
97	8E-39	3E-26	2E-19	3E-15	4E-12	8E-10	4E-08	1E-06	1E-05	9E-05
99	3E-40	2E-27	2E-20	5E-16	7E-13	2E-10	1E-08	3E-07	4E-06	3E-05
101	8E-42	1E-28	2E-21	7E-17	1E-13	4E-11	3E-09	9E-08	1E-06	1E-05
103	2E-43	8E-30	1E-22	8E-18	2E-14	7E-12	6E-10	2E-08	4E-07	4E-06
105	6E-45	4E-31	1E-23	9E-19	3E-15	1E-12	1E-10	5E-09	1E-07	1E-06
107	1E-46	2E-32	8E-25	8E-20	3E-16	2E-13	2E-11	1E-09	2E-08	3E-07
109	3E-48	8E-34	5E-26	7E-21	4E-17	2E-14	3E-12	2E-10	5E-09	7E-08
111	5E-50	3E-35	3E-27	6E-22	4E-18	3E-15	5E-13	3E-11	9E-10	1E-08
113	9E-52	1E-36	1E-28	4E-23	3E-19	3E-16	6E-14	4E-12	1E-10	3E-09
115	1E-53	3E-38	6E-30	2E-24	2E-20	3E-17	6E-15	5E-13	2E-11	4E-10
117	1E-55	6E-40	2E-31	1E-25	1E-21	2E-18	6E-16	6E-14	2E-12	5E-11
119	1E-57	1E-41	6E-33	4E-27	7E-23	1E-19	4E-17	5E-15	2E-13	6E-12
121	8E-60	2E-43	1E-34	1E-28	3E-24	5E-21	2E-18	3E-16	2E-14	5E-13
123	4E-62	2E-45	2E-36	3E-30	7E-26	2E-22	9E-20	1E-17	9E-16	3E-14
125	1E-64	1E-47	2E-38	4E-32	1E-27	4E-24	2E-21	4E-19	3E-17	1E-15
127	2E-67	4E-50	1E-40	3E-34	1E-29	4E-26	3E-23	6E-21	5E-19	2E-17

$b = 64$, $\mathfrak{B}_2$	$P(\|\Psi_{\mathcal{X}_1,\mathcal{X}_2}\| = x)$									
$x\downarrow$ $\alpha\rightarrow$	**0.275**	**0.3**	**0.325**	**0.35**	**0.375**	**0.4**	**0.425**	**0.45**	**0.475**	**0.5**
1	1E-09	1E-10	1E-11	1E-12	9E-14	6E-15	4E-16	2E-17	1E-18	1E-19
3	1E-09	1E-10	1E-11	1E-12	9E-14	6E-15	4E-16	2E-17	1E-18	2E-19
5	2E-09	2E-10	2E-11	2E-12	2E-13	1E-14	8E-16	5E-17	4E-18	9E-19
7	6E-09	6E-10	6E-11	5E-12	4E-13	3E-14	2E-15	2E-16	2E-17	4E-18
9	2E-08	2E-09	2E-10	2E-11	1E-12	1E-13	9E-15	8E-16	8E-17	2E-17
11	4E-08	5E-09	6E-10	6E-11	5E-12	5E-13	4E-14	4E-15	4E-16	1E-16
13	1E-07	2E-08	2E-09	2E-10	2E-11	2E-12	2E-13	2E-14	2E-15	7E-16
15	3E-07	4E-08	5E-09	6E-10	6E-11	6E-12	6E-13	7E-14	9E-15	4E-15
17	7E-07	1E-07	1E-08	2E-09	2E-10	2E-11	2E-12	2E-13	4E-14	2E-14
19	2E-06	2E-07	3E-08	4E-09	5E-10	6E-11	7E-12	9E-13	2E-13	7E-14
21	4E-06	6E-07	8E-08	1E-08	1E-09	2E-10	2E-11	3E-12	6E-13	3E-13
23	8E-06	1E-06	2E-07	3E-08	4E-09	5E-10	7E-11	1E-11	2E-12	1E-12
25	2E-05	3E-06	5E-07	7E-08	1E-08	2E-09	2E-10	4E-11	9E-12	5E-12
27	4E-05	6E-06	1E-06	2E-07	3E-08	4E-09	7E-10	1E-10	3E-11	2E-11
29	7E-05	1E-05	2E-06	4E-07	7E-08	1E-08	2E-09	4E-10	1E-10	7E-11
31	1E-04	3E-05	5E-06	1E-06	2E-07	3E-08	6E-09	1E-09	4E-10	3E-10
33	3E-04	6E-05	1E-05	2E-06	4E-07	9E-08	2E-08	4E-09	1E-09	9E-10
35	5E-04	1E-04	2E-05	5E-06	1E-06	2E-07	5E-08	1E-08	5E-09	3E-09
37	8E-04	2E-04	5E-05	1E-05	3E-06	6E-07	1E-07	4E-08	1E-08	1E-08
39	0.001	4E-04	1E-04	2E-05	6E-06	1E-06	4E-07	1E-07	5E-08	3E-08
41	0.002	7E-04	2E-04	5E-05	1E-05	3E-06	9E-07	3E-07	1E-07	1E-07
43	0.004	0.001	4E-04	1E-04	3E-05	8E-06	2E-06	8E-07	4E-07	3E-07
45	0.006	0.002	7E-04	2E-04	6E-05	2E-05	6E-06	2E-06	1E-06	8E-07
47	0.009	0.003	0.001	4E-04	1E-04	4E-05	1E-05	5E-06	3E-06	2E-06
49	0.013	0.005	0.002	7E-04	2E-04	8E-05	3E-05	1E-05	7E-06	6E-06
51	0.019	0.008	0.003	0.001	5E-04	2E-04	7E-05	3E-05	2E-05	2E-05

Fortsetzung auf nächster Seite

$b = 64$, $\mathfrak{B}_2$	$P(\lvert\Psi_{\mathcal{X}_1,\mathcal{X}_2}\rvert = x)$									
$x \downarrow \quad \alpha \rightarrow$	**0.275**	**0.3**	**0.325**	**0.35**	**0.375**	**0.4**	**0.425**	**0.45**	**0.475**	**0.5**
53	0.026	0.012	0.005	0.002	9E-04	3E-04	1E-04	7E-05	4E-05	4E-05
55	0.034	0.018	0.008	0.004	0.002	7E-04	3E-04	2E-04	1E-04	9E-05
57	0.043	0.025	0.013	0.006	0.003	0.001	6E-04	3E-04	2E-04	2E-04
59	0.053	0.033	0.018	0.009	0.005	0.002	0.001	7E-04	5E-04	4E-04
61	0.063	0.043	0.026	0.014	0.007	0.004	0.002	0.001	9E-04	8E-04
63	0.072	0.053	0.035	0.021	0.012	0.007	0.004	0.002	0.002	0.002
65	0.078	0.064	0.045	0.029	0.018	0.011	0.007	0.004	0.003	0.003
67	0.082	0.073	0.056	0.039	0.025	0.016	0.011	0.007	0.006	0.005
69	0.083	0.08	0.067	0.05	0.035	0.024	0.017	0.012	0.01	0.009
71	0.079	0.084	0.076	0.062	0.047	0.034	0.025	0.019	0.016	0.015
73	0.073	0.085	0.084	0.073	0.059	0.046	0.035	0.028	0.024	0.023
75	0.064	0.082	0.087	0.082	0.071	0.059	0.048	0.04	0.035	0.034
77	0.054	0.075	0.087	0.089	0.082	0.072	0.062	0.054	0.049	0.047
79	0.043	0.065	0.083	0.091	0.09	0.084	0.075	0.068	0.063	0.062
81	0.033	0.054	0.074	0.088	0.093	0.092	0.087	0.082	0.078	0.077
83	0.023	0.043	0.064	0.081	0.092	0.096	0.096	0.093	0.091	0.09
85	0.016	0.032	0.051	0.071	0.086	0.095	0.099	0.1	0.099	0.099
87	0.01	0.022	0.039	0.058	0.075	0.088	0.096	0.1	0.102	0.102
89	0.006	0.015	0.028	0.045	0.062	0.077	0.087	0.094	0.098	0.099
91	0.003	0.009	0.019	0.032	0.048	0.062	0.075	0.083	0.088	0.09
93	0.002	0.005	0.012	0.022	0.034	0.047	0.059	0.068	0.074	0.076
95	9E-04	0.003	0.007	0.014	0.023	0.034	0.044	0.052	0.057	0.059
97	4E-04	0.001	0.004	0.008	0.014	0.022	0.03	0.037	0.041	0.043
99	2E-04	7E-04	0.002	0.004	0.008	0.013	0.019	0.024	0.027	0.028
101	7E-05	3E-04	9E-04	0.002	0.004	0.007	0.011	0.014	0.016	0.017
103	2E-05	1E-04	4E-04	1E-03	0.002	0.004	0.006	0.008	0.009	0.01
105	8E-06	4E-05	1E-04	4E-04	9E-04	0.002	0.003	0.004	0.005	0.005
107	2E-06	1E-05	5E-05	1E-04	4E-04	7E-04	0.001	0.002	0.002	0.002
109	6E-07	4E-06	2E-05	5E-05	1E-04	3E-04	4E-04	6E-04	8E-04	9E-04
111	1E-07	9E-07	4E-06	1E-05	4E-05	8E-05	1E-04	2E-04	3E-04	3E-04
113	3E-08	2E-07	1E-06	4E-06	1E-05	2E-05	4E-05	7E-05	9E-05	9E-05
115	5E-09	4E-08	2E-07	8E-07	2E-06	6E-06	1E-05	2E-05	2E-05	2E-05
117	7E-10	6E-09	3E-08	1E-07	5E-07	1E-06	2E-06	4E-06	5E-06	5E-06
119	8E-11	7E-10	5E-09	2E-08	7E-08	2E-07	4E-07	6E-07	8E-07	9E-07
121	7E-12	7E-11	5E-10	2E-09	9E-09	2E-08	5E-08	8E-08	1E-07	1E-07
123	5E-13	5E-12	4E-11	2E-10	8E-10	2E-09	5E-09	8E-09	1E-08	1E-08
125	2E-14	2E-13	2E-12	1E-11	4E-11	1E-10	3E-10	5E-10	7E-10	8E-10
127	4E-16	6E-15	5E-14	3E-13	1E-12	4E-12	9E-12	2E-11	2E-11	3E-11

A.2.2 Beispiel 7.1.2, b=256

$b = 256$,	$E(\|\Psi_{\mathcal{X}_1,\mathcal{X}_2}\|)$									
$\mathfrak{B}_{256}$ $\alpha \rightarrow$	**0.025**	**0.05**	**0.075**	**0.1**	**0.125**	**0.15**	**0.175**	**0.2**	**0.225**	**0.25**
	256.60	257.00	257.00	257.00	257.00	257.00	257.00	257.00	257.00	257.00

$b = 256$,	$E(\|\Psi_{\mathcal{X}_1,\mathcal{X}_2}\|)$									
$\mathfrak{B}_{256}$ $\alpha \rightarrow$	**0.275**	**0.3**	**0.325**	**0.35**	**0.375**	**0.4**	**0.425**	**0.45**	**0.475**	**0.5**
	257.00	257.00	257.00	257.00	257.00	257.00	257.00	257.00	257.00	257.00

$b = 256$, $\mathfrak{B}_{16}$	$E(\|\Psi_{\mathcal{X}_1,\mathcal{X}_2}\|)$									
$\alpha \rightarrow$	**0.025**	**0.05**	**0.075**	**0.1**	**0.125**	**0.15**	**0.175**	**0.2**	**0.225**	**0.25**
	102.11	160.33	199.46	225.56	242.78	253.99	261.21	265.79	268.66	270.43

$b = 256$, $\mathfrak{B}_{16}$	$E(\|\Psi_{\mathcal{X}_1,\mathcal{X}_2}\|)$									
$\alpha \rightarrow$	**0.275**	**0.3**	**0.325**	**0.35**	**0.375**	**0.4**	**0.425**	**0.45**	**0.475**	**0.5**
	271.51	272.15	272.53	272.74	272.86	272.93	272.96	272.98	272.99	272.99

$b = 256$, $\mathfrak{B}_{4}$	$E(\|\Psi_{\mathcal{X}_1,\mathcal{X}_2}\|)$									
$\alpha \rightarrow$	**0.025**	**0.05**	**0.075**	**0.1**	**0.125**	**0.15**	**0.175**	**0.2**	**0.225**	**0.25**
	41.46	80.48	114.74	144.68	170.79	193.40	212.90	229.69	244.15	256.62

$b = 256$, $\mathfrak{B}_{4}$	$E(\|\Psi_{\mathcal{X}_1,\mathcal{X}_2}\|)$									
$\alpha \rightarrow$	**0.275**	**0.3**	**0.325**	**0.35**	**0.375**	**0.4**	**0.425**	**0.45**	**0.475**	**0.5**
	267.36	276.61	284.51	291.19	296.73	301.19	304.62	307.06	308.51	308.99

$b = 256$, $\mathfrak{B}_{2}$	$E(\|\Psi_{\mathcal{X}_1,\mathcal{X}_2}\|)$									
$\alpha \rightarrow$	**0.025**	**0.05**	**0.075**	**0.1**	**0.125**	**0.15**	**0.175**	**0.2**	**0.225**	**0.25**
	26.41	54.44	82.80	111.00	138.55	165.05	190.16	213.67	235.42	255.30

$b = 256$, $\mathfrak{B}_{2}$	$E(\|\Psi_{\mathcal{X}_1,\mathcal{X}_2}\|)$									
$\alpha \rightarrow$	**0.275**	**0.3**	**0.325**	**0.35**	**0.375**	**0.4**	**0.425**	**0.45**	**0.475**	**0.5**
	273.27	289.29	303.36	315.50	325.72	334.04	340.49	345.08	347.83	348.74

$b = 256$, $\mathfrak{B}_{256}$	$P(\|\Psi_{\mathcal{X}_1,\mathcal{X}_2}\| = x)$									
$x \downarrow$ $\alpha \rightarrow$	**0.025**	**0.05**	**0.075**	**0.1**	**0.125**	**0.15**	**0.175**	**0.2**	**0.225**	**0.25**
1	0.002	2E-06	2E-09	2E-12	1E-15	9E-19	4E-22	2E-25	5E-29	1E-32
257	0.998	1	1	1	1	1	1	1	1	1

$b = 256$, $\mathfrak{B}_{256}$	$P(\|\Psi_{\mathcal{X}_1,\mathcal{X}_2}\| = x)$									
$x \downarrow$ $\alpha \rightarrow$	**0.275**	**0.3**	**0.325**	**0.35**	**0.375**	**0.4**	**0.425**	**0.45**	**0.475**	**0.5**
1	2E-36	2E-40	2E-44	1E-48	6E-53	2E-57	3E-62	3E-67	2E-72	2E-77
257	1	1	1	1	1	1	1	1	1	1

$b = 256$, $\mathfrak{B}_{16}$	$P(\lvert\Psi_{\mathcal{X}_1,\mathcal{X}_2}\rvert = x)$									
$x\downarrow$ $\alpha\rightarrow$	**0.025**	**0.05**	**0.075**	**0.1**	**0.125**	**0.15**	**0.175**	**0.2**	**0.225**	**0.25**
1	0.002	2E-06	2E-09	2E-12	1E-15	9E-19	4E-22	2E-25	5E-29	1E-32
17	0.002	2E-06	2E-09	2E-12	1E-15	9E-19	4E-22	2E-25	5E-29	1E-32
33	0.012	4E-05	9E-08	1E-10	2E-13	2E-16	1E-19	9E-23	4E-26	2E-29
49	0.046	4E-04	2E-06	4E-09	1E-11	2E-14	2E-17	2E-20	2E-23	1E-26
65	0.107	0.002	2E-05	9E-08	3E-10	9E-13	2E-15	4E-18	5E-21	6E-24
81	0.173	0.009	1E-04	1E-06	8E-09	4E-11	1E-13	4E-16	9E-19	2E-21
97	0.208	0.029	9E-04	1E-05	1E-07	1E-09	7E-12	3E-14	1E-16	4E-19
113	0.19	0.067	0.004	1E-04	2E-06	3E-08	3E-10	2E-12	1E-14	8E-17
129	0.136	0.122	0.014	7E-04	2E-05	5E-07	8E-09	1E-10	1E-12	1E-14
145	0.076	0.175	0.04	0.003	2E-04	6E-06	2E-07	4E-09	8E-11	1E-12
161	0.034	0.198	0.088	0.014	0.001	7E-05	3E-06	1E-07	4E-09	1E-10
177	0.012	0.176	0.152	0.042	0.006	6E-04	5E-05	3E-06	2E-07	7E-09
193	0.003	0.122	0.206	0.1	0.025	0.004	5E-04	6E-05	5E-06	4E-07
209	7E-04	0.065	0.213	0.183	0.078	0.022	0.005	8E-04	1E-04	2E-05
225	1E-04	0.025	0.163	0.248	0.18	0.084	0.03	0.009	0.002	5E-04
241	1E-05	0.007	0.086	0.234	0.288	0.225	0.132	0.064	0.027	0.01
257	7E-07	0.001	0.029	0.137	0.287	0.373	0.363	0.293	0.21	0.138
273	2E-08	9E-05	0.004	0.038	0.134	0.291	0.47	0.633	0.761	0.851

$b = 256$, $\mathfrak{B}_{16}$	$P(\lvert\Psi_{\mathcal{X}_1,\mathcal{X}_2}\rvert = x)$									
$x\downarrow$ $\alpha\rightarrow$	**0.275**	**0.3**	**0.325**	**0.35**	**0.375**	**0.4**	**0.425**	**0.45**	**0.475**	**0.5**
1	2E-36	2E-40	2E-44	1E-48	6E-53	2E-57	3E-62	3E-67	2E-72	2E-77
17	2E-36	2E-40	2E-44	1E-48	6E-53	2E-57	3E-62	6E-67	4E-71	6E-73
33	5E-33	1E-36	2E-40	2E-44	2E-48	9E-53	4E-57	1E-61	2E-65	3E-67
49	6E-30	2E-33	7E-37	1E-40	2E-44	2E-48	2E-52	1E-56	3E-60	7E-62
65	5E-27	3E-30	2E-33	7E-37	2E-40	4E-44	6E-48	9E-52	4E-55	1E-56
81	3E-24	3E-27	3E-30	2E-33	1E-36	5E-40	1E-43	4E-47	3E-50	1E-51
97	1E-21	2E-24	4E-27	5E-30	5E-33	4E-36	2E-39	1E-42	2E-45	9E-47
113	3E-19	1E-21	4E-24	9E-27	2E-29	3E-32	3E-35	3E-38	8E-41	6E-42
129	8E-17	6E-19	3E-21	1E-23	5E-26	1E-28	3E-31	7E-34	3E-36	3E-37
145	2E-14	2E-16	2E-18	1E-20	1E-22	5E-25	2E-27	1E-29	8E-32	1E-32
161	2E-12	5E-14	9E-16	1E-17	2E-19	2E-21	1E-23	1E-25	2E-27	3E-28
177	3E-10	1E-11	3E-13	9E-15	2E-16	4E-18	7E-20	1E-21	3E-23	6E-24
193	3E-08	2E-09	9E-11	5E-12	2E-13	8E-15	3E-16	9E-18	4E-19	1E-19
209	2E-06	2E-07	2E-08	2E-09	2E-10	1E-11	8E-13	5E-14	5E-15	2E-15
225	1E-04	2E-05	4E-06	6E-07	9E-08	1E-08	2E-09	2E-10	4E-11	2E-11
241	0.004	0.001	4E-04	1E-04	4E-05	1E-05	2E-06	6E-07	2E-07	1E-07
257	0.085	0.051	0.029	0.016	0.009	0.005	0.002	0.001	6E-04	5E-04
273	0.911	0.948	0.971	0.984	0.991	0.995	0.998	0.999	0.999	1

$b = 256$, $\mathfrak{B}_4$	$P(\lvert\Psi_{\mathcal{X}_1,\mathcal{X}_2}\rvert = x)$									
$x\downarrow$ $\alpha\rightarrow$	**0.025**	**0.05**	**0.075**	**0.1**	**0.125**	**0.15**	**0.175**	**0.2**	**0.225**	**0.25**
1	0.002	2E-06	2E-09	2E-12	1E-15	9E-19	4E-22	2E-25	5E-29	1E-32
5	0.002	2E-06	2E-09	2E-12	1E-15	9E-19	4E-22	2E-25	5E-29	1E-32
9	0.005	8E-06	9E-09	8E-12	6E-15	3E-18	2E-21	6E-25	2E-28	4E-32
13	0.012	3E-05	4E-08	4E-11	3E-14	2E-17	9E-21	3E-24	1E-27	2E-31
17	0.025	9E-05	1E-07	2E-10	1E-13	1E-16	6E-20	3E-23	9E-27	2E-30
21	0.042	2E-04	5E-07	6E-10	6E-13	5E-16	3E-19	1E-22	6E-26	2E-29
25	0.063	5E-04	1E-06	2E-09	3E-12	2E-15	2E-18	8E-22	3E-25	1E-28
29	0.084	0.001	4E-06	8E-09	1E-11	1E-14	7E-18	4E-21	2E-24	6E-28
33	0.101	0.002	1E-05	2E-08	4E-11	4E-14	3E-17	2E-20	1E-23	4E-27
37	0.111	0.004	3E-05	7E-08	1E-10	2E-13	1E-16	1E-19	5E-23	2E-26
41	0.113	0.008	6E-05	2E-07	4E-10	6E-13	6E-16	5E-19	3E-22	1E-25
45	0.106	0.013	1E-04	5E-07	1E-09	2E-12	2E-15	2E-18	1E-21	7E-25
49	0.093	0.019	3E-04	1E-06	4E-09	7E-12	9E-15	9E-18	7E-21	4E-24
53	0.076	0.028	5E-04	3E-06	1E-08	2E-11	3E-14	4E-17	3E-20	2E-23
57	0.058	0.039	0.001	8E-06	3E-08	7E-11	1E-13	2E-16	1E-19	1E-22
61	0.041	0.051	0.002	2E-05	8E-08	2E-10	4E-13	6E-16	6E-19	5E-22
65	0.028	0.063	0.003	4E-05	2E-07	7E-10	2E-12	2E-15	3E-18	2E-21
69	0.018	0.074	0.005	8E-05	5E-07	2E-09	5E-12	9E-15	1E-17	1E-20
73	0.01	0.082	0.008	2E-04	1E-06	6E-09	2E-11	3E-14	5E-17	6E-20
77	0.006	0.087	0.013	3E-04	3E-06	2E-08	5E-11	1E-13	2E-16	3E-19
81	0.003	0.088	0.019	6E-04	7E-06	4E-08	2E-10	4E-13	8E-16	1E-18
85	0.002	0.085	0.026	0.001	2E-05	1E-07	5E-10	1E-12	3E-15	5E-18
89	7E-04	0.078	0.035	0.002	3E-05	3E-07	1E-09	5E-12	1E-14	2E-17
93	3E-04	0.068	0.044	0.003	7E-05	7E-07	4E-09	2E-11	4E-14	9E-17
97	1E-04	0.057	0.054	0.005	1E-04	2E-06	1E-08	5E-11	2E-13	4E-16
101	6E-05	0.045	0.064	0.008	3E-04	4E-06	3E-08	2E-10	6E-13	2E-15
105	2E-05	0.034	0.072	0.012	5E-04	9E-06	8E-08	5E-10	2E-12	6E-15
109	8E-06	0.025	0.078	0.017	9E-04	2E-05	2E-07	1E-09	7E-12	2E-14
113	3E-06	0.017	0.081	0.023	0.002	4E-05	5E-07	4E-09	2E-11	9E-14
117	1E-06	0.012	0.08	0.031	0.003	8E-05	1E-06	1E-08	7E-11	3E-13
121	3E-07	0.007	0.077	0.04	0.004	2E-04	3E-06	3E-08	2E-10	1E-12
125	9E-08	0.004	0.07	0.049	0.006	3E-04	7E-06	8E-08	7E-10	4E-12
129	3E-08	0.003	0.062	0.058	0.01	5E-04	1E-05	2E-07	2E-09	1E-11
133	7E-09	0.001	0.052	0.066	0.014	1E-03	3E-05	5E-07	6E-09	5E-11
137	2E-09	8E-04	0.043	0.073	0.02	0.002	6E-05	1E-06	2E-08	2E-10
141	5E-10	4E-04	0.033	0.077	0.026	0.003	1E-04	3E-06	5E-08	5E-10
145	1E-10	2E-04	0.025	0.078	0.034	0.004	2E-04	7E-06	1E-07	2E-09
149	3E-11	9E-05	0.018	0.077	0.043	0.007	5E-04	2E-05	3E-07	5E-09
153	6E-12	4E-05	0.012	0.072	0.052	0.01	8E-04	3E-05	8E-07	1E-08
157	1E-12	2E-05	0.008	0.066	0.061	0.015	0.001	7E-05	2E-06	4E-08
161	3E-13	7E-06	0.005	0.057	0.069	0.021	0.002	1E-04	5E-06	1E-07
165	5E-14	3E-06	0.003	0.048	0.075	0.028	0.004	3E-04	1E-05	3E-07
169	9E-15	1E-06	0.002	0.039	0.078	0.036	0.006	5E-04	2E-05	7E-07
173	2E-15	4E-07	0.001	0.03	0.079	0.046	0.01	9E-04	5E-05	2E-06
177	3E-16	1E-07	6E-04	0.022	0.076	0.055	0.014	0.002	1E-04	5E-06

Fortsetzung auf nächster Seite

$b = 256$, $\mathfrak{B}_4$	$P(\lvert\Psi_{\mathcal{X}_1,\mathcal{X}_2}\rvert = x)$									
$x\downarrow$ $\alpha\rightarrow$	**0.025**	**0.05**	**0.075**	**0.1**	**0.125**	**0.15**	**0.175**	**0.2**	**0.225**	**0.25**
181	4E-17	4E-08	3E-04	0.016	0.071	0.065	0.02	0.003	2E-04	1E-05
185	6E-18	1E-08	1E-04	0.011	0.063	0.072	0.028	0.005	4E-04	3E-05
189	9E-19	4E-09	7E-05	0.007	0.054	0.078	0.036	0.007	8E-04	6E-05
193	1E-19	1E-09	3E-05	0.004	0.044	0.081	0.046	0.011	0.002	1E-04
197	2E-20	3E-10	1E-05	0.003	0.035	0.08	0.057	0.017	0.003	2E-04
201	2E-21	8E-11	5E-06	0.002	0.026	0.077	0.067	0.024	0.005	5E-04
205	2E-22	2E-11	2E-06	8E-04	0.019	0.07	0.075	0.033	0.007	1E-03
209	2E-23	5E-12	7E-07	4E-04	0.013	0.061	0.082	0.043	0.012	0.002
213	3E-24	1E-12	3E-07	2E-04	0.009	0.051	0.085	0.055	0.018	0.003
217	3E-25	2E-13	9E-08	1E-04	0.005	0.041	0.084	0.066	0.025	0.006
221	2E-26	4E-14	3E-08	5E-05	0.003	0.031	0.079	0.077	0.035	0.009
225	2E-27	8E-15	8E-09	2E-05	0.002	0.023	0.072	0.084	0.047	0.015
229	2E-28	1E-15	2E-09	8E-06	1E-03	0.016	0.062	0.089	0.06	0.022
233	1E-29	3E-16	6E-10	3E-06	5E-04	0.01	0.05	0.089	0.072	0.032
237	1E-30	4E-17	2E-10	1E-06	2E-04	0.006	0.039	0.085	0.083	0.045
241	7E-32	6E-18	4E-11	4E-07	1E-04	0.004	0.029	0.076	0.091	0.058
245	5E-33	8E-19	9E-12	1E-07	5E-05	0.002	0.02	0.065	0.095	0.073
249	3E-34	1E-19	2E-12	4E-08	2E-05	0.001	0.013	0.053	0.093	0.086
253	2E-35	1E-20	4E-13	1E-08	7E-06	5E-04	0.008	0.04	0.086	0.095
257	9E-37	2E-21	7E-14	3E-09	3E-06	2E-04	0.005	0.028	0.075	0.1
261	5E-38	2E-22	1E-14	7E-10	8E-07	1E-04	0.002	0.019	0.061	0.098
265	2E-39	2E-23	2E-15	2E-10	3E-07	4E-05	0.001	0.012	0.046	0.091
269	1E-40	2E-24	3E-16	3E-11	8E-08	2E-05	6E-04	0.007	0.033	0.078
273	4E-42	1E-25	4E-17	7E-12	2E-08	5E-06	3E-04	0.004	0.022	0.063
277	2E-43	1E-26	5E-18	1E-12	5E-09	2E-06	1E-04	0.002	0.014	0.047
281	5E-45	8E-28	6E-19	2E-13	1E-09	5E-07	4E-05	9E-04	0.008	0.032
285	2E-46	6E-29	7E-20	3E-14	2E-10	1E-07	1E-05	4E-04	0.004	0.02
289	5E-48	4E-30	7E-21	5E-15	5E-11	4E-08	4E-06	1E-04	0.002	0.012
293	1E-49	2E-31	6E-22	6E-16	8E-12	8E-09	1E-06	5E-05	8E-04	0.006
297	3E-51	1E-32	5E-23	7E-17	1E-12	2E-09	3E-07	2E-05	3E-04	0.003
301	7E-53	5E-34	4E-24	8E-18	2E-13	3E-10	8E-08	5E-06	1E-04	0.001
305	1E-54	2E-35	2E-25	7E-19	2E-14	5E-11	2E-08	1E-06	4E-05	5E-04
309	2E-56	7E-37	1E-26	6E-20	3E-15	8E-12	3E-09	3E-07	1E-05	2E-04
313	3E-58	2E-38	7E-28	5E-21	3E-16	1E-12	5E-10	6E-08	3E-06	5E-05
317	4E-60	6E-40	3E-29	3E-22	2E-17	1E-13	7E-11	1E-08	6E-07	1E-05
321	5E-62	1E-41	1E-30	2E-23	2E-18	1E-14	8E-12	2E-09	1E-07	3E-06
325	4E-64	3E-43	4E-32	7E-25	1E-19	8E-16	8E-13	2E-10	1E-08	5E-07
329	3E-66	4E-45	9E-34	2E-26	5E-21	5E-17	6E-14	2E-11	2E-09	7E-08
333	2E-68	5E-47	2E-35	6E-28	2E-22	2E-18	3E-15	1E-12	1E-10	7E-09
337	5E-71	3E-49	2E-37	1E-29	3E-24	6E-20	1E-16	5E-14	8E-12	5E-10
341	9E-74	1E-51	1E-39	8E-32	4E-26	8E-22	2E-18	1E-15	2E-13	2E-11

$b = 256$, $\mathfrak{B}_4$	$P(\lvert\Psi_{\mathcal{X}_1,\mathcal{X}_2}\rvert = x)$									
$x \downarrow$ $\alpha \rightarrow$	**0.275**	**0.3**	**0.325**	**0.35**	**0.375**	**0.4**	**0.425**	**0.45**	**0.475**	**0.5**
1	2E-36	2E-40	2E-44	1E-48	6E-53	2E-57	3E-62	3E-67	2E-72	2E-77
5	2E-36	2E-40	2E-44	1E-48	6E-53	2E-57	3E-62	3E-67	2E-72	1E-76
9	7E-36	9E-40	8E-44	5E-48	2E-52	6E-57	1E-61	2E-66	2E-71	4E-75
13	4E-35	5E-39	5E-43	4E-47	2E-51	6E-56	2E-60	3E-65	6E-70	2E-73
17	5E-34	7E-38	8E-42	6E-46	4E-50	1E-54	4E-59	1E-63	2E-68	9E-72
21	4E-33	6E-37	7E-41	7E-45	5E-49	2E-53	8E-58	2E-62	6E-67	4E-70
25	2E-32	5E-36	6E-40	6E-44	5E-48	3E-52	1E-56	4E-61	1E-65	1E-68
29	2E-31	4E-35	5E-39	6E-43	5E-47	3E-51	2E-55	7E-60	4E-64	5E-67
33	1E-30	3E-34	4E-38	6E-42	6E-46	4E-50	2E-54	1E-58	8E-63	1E-65
37	7E-30	2E-33	3E-37	5E-41	6E-45	5E-49	3E-53	2E-57	2E-61	5E-64
41	5E-29	1E-32	3E-36	4E-40	6E-44	6E-48	5E-52	3E-56	4E-60	1E-62
45	3E-28	9E-32	2E-35	4E-39	5E-43	6E-47	6E-51	6E-55	9E-59	4E-61
49	2E-27	6E-31	2E-34	3E-38	5E-42	7E-46	8E-50	9E-54	2E-57	1E-59
53	1E-26	4E-30	1E-33	3E-37	5E-41	8E-45	1E-48	1E-52	4E-56	3E-58
57	6E-26	2E-29	8E-33	2E-36	5E-40	8E-44	1E-47	2E-51	8E-55	8E-57
61	3E-25	1E-28	6E-32	2E-35	4E-39	9E-43	2E-46	4E-50	2E-53	2E-55
65	2E-24	9E-28	4E-31	1E-34	4E-38	9E-42	2E-45	5E-49	3E-52	5E-54
69	9E-24	5E-27	3E-30	1E-33	3E-37	9E-41	2E-44	8E-48	6E-51	1E-52
73	5E-23	3E-26	2E-29	8E-33	3E-36	9E-40	3E-43	1E-46	1E-49	3E-51
77	2E-22	2E-25	1E-28	6E-32	2E-35	9E-39	3E-42	2E-45	2E-48	6E-50
81	1E-21	1E-24	7E-28	4E-31	2E-34	9E-38	4E-41	2E-44	3E-47	1E-48
85	6E-21	6E-24	5E-27	3E-30	2E-33	8E-37	4E-40	3E-43	6E-46	3E-47
89	3E-20	3E-23	3E-26	2E-29	1E-32	8E-36	5E-39	4E-42	1E-44	5E-46
93	1E-19	2E-22	2E-25	1E-28	1E-31	7E-35	5E-38	5E-41	2E-43	1E-44
97	7E-19	9E-22	1E-24	1E-27	8E-31	7E-34	6E-37	7E-40	3E-42	2E-43
101	3E-18	5E-21	6E-24	6E-27	6E-30	6E-33	6E-36	9E-39	4E-41	4E-42
105	1E-17	2E-20	3E-23	4E-26	5E-29	5E-32	6E-35	1E-37	6E-40	7E-41
109	6E-17	1E-19	2E-22	3E-25	4E-28	4E-31	6E-34	1E-36	1E-38	1E-39
113	3E-16	6E-19	1E-21	2E-24	3E-27	4E-30	7E-33	2E-35	1E-37	2E-38
117	1E-15	3E-18	6E-21	1E-23	2E-26	3E-29	6E-32	2E-34	2E-36	3E-37
121	4E-15	1E-17	3E-20	7E-23	1E-25	3E-28	6E-31	2E-33	3E-35	5E-36
125	2E-14	6E-17	2E-19	4E-22	9E-25	2E-27	6E-30	3E-32	4E-34	7E-35
129	7E-14	3E-16	9E-19	2E-21	6E-24	2E-26	6E-29	3E-31	5E-33	1E-33
133	3E-13	1E-15	4E-18	1E-20	4E-23	1E-25	5E-28	3E-30	7E-32	1E-32
137	1E-12	5E-15	2E-17	8E-20	3E-22	1E-24	5E-27	4E-29	9E-31	2E-31
141	4E-12	2E-14	1E-16	4E-19	2E-21	8E-24	4E-26	4E-28	1E-29	3E-30
145	1E-11	9E-14	5E-16	2E-18	1E-20	6E-23	4E-25	4E-27	1E-28	3E-29
149	5E-11	4E-13	2E-15	1E-17	7E-20	4E-22	3E-24	4E-26	1E-27	4E-28
153	2E-10	1E-12	1E-14	7E-17	4E-19	3E-21	2E-23	4E-25	2E-26	5E-27
157	5E-10	5E-12	5E-14	3E-16	2E-18	2E-20	2E-22	3E-24	2E-25	5E-26
161	2E-09	2E-11	2E-13	2E-15	1E-17	1E-19	2E-21	3E-23	2E-24	6E-25
165	5E-09	7E-11	8E-13	8E-15	8E-17	8E-19	1E-20	3E-22	2E-23	6E-24
169	2E-08	3E-10	3E-12	4E-14	4E-16	5E-18	8E-20	2E-21	2E-22	6E-23
173	5E-08	9E-10	1E-11	2E-13	2E-15	3E-17	6E-19	2E-20	2E-21	6E-22
177	1E-07	3E-09	5E-11	8E-13	1E-14	2E-16	4E-18	2E-19	1E-20	6E-21

Fortsetzung auf nächster Seite

$b = 256$, $\mathfrak{B}_4$	$P(\lvert\Psi_{\mathcal{X}_1,\mathcal{X}_2}\rvert = x)$									
$x\downarrow$ $\alpha\rightarrow$	**0.275**	**0.3**	**0.325**	**0.35**	**0.375**	**0.4**	**0.425**	**0.45**	**0.475**	**0.5**
181	4E-07	9E-09	2E-10	3E-12	6E-14	1E-15	3E-17	1E-18	1E-19	5E-20
185	1E-06	3E-08	7E-10	1E-11	3E-13	6E-15	2E-16	9E-18	1E-18	5E-19
189	3E-06	9E-08	2E-09	6E-11	1E-12	3E-14	1E-15	6E-17	8E-18	4E-18
193	6E-06	3E-07	8E-09	2E-10	6E-12	2E-13	7E-15	4E-16	7E-17	3E-17
197	2E-05	7E-07	3E-08	9E-10	3E-11	9E-13	4E-14	3E-15	5E-16	2E-16
201	4E-05	2E-06	9E-08	3E-09	1E-10	4E-12	2E-13	2E-14	3E-15	2E-15
205	8E-05	5E-06	3E-07	1E-08	5E-10	2E-11	1E-12	1E-13	2E-14	1E-14
209	2E-04	1E-05	8E-07	4E-08	2E-09	1E-10	7E-12	7E-13	2E-13	9E-14
213	4E-04	3E-05	2E-06	1E-07	7E-09	4E-10	3E-11	4E-12	1E-12	6E-13
217	8E-04	8E-05	6E-06	4E-07	3E-08	2E-09	2E-10	2E-11	6E-12	4E-12
221	0.002	2E-04	2E-05	1E-06	1E-07	8E-09	8E-10	1E-10	3E-11	2E-11
225	0.003	4E-04	4E-05	4E-06	3E-07	3E-08	3E-09	6E-10	2E-10	1E-10
229	0.005	9E-04	1E-04	1E-05	1E-06	1E-07	1E-08	3E-09	9E-10	6E-10
233	0.009	0.002	3E-04	3E-05	4E-06	4E-07	6E-08	1E-08	4E-09	3E-09
237	0.015	0.003	6E-04	8E-05	1E-05	1E-06	2E-07	6E-08	2E-08	1E-08
241	0.023	0.006	0.001	2E-04	3E-05	5E-06	9E-07	2E-07	9E-08	7E-08
245	0.034	0.011	0.003	5E-04	9E-05	2E-05	3E-06	9E-07	4E-07	3E-07
249	0.048	0.018	0.005	0.001	2E-04	5E-05	1E-05	3E-06	1E-06	1E-06
253	0.063	0.028	0.009	0.002	6E-04	1E-04	3E-05	1E-05	5E-06	4E-06
257	0.079	0.041	0.016	0.005	0.001	3E-04	1E-04	4E-05	2E-05	2E-05
261	0.093	0.058	0.026	0.009	0.003	9E-04	3E-04	1E-04	6E-05	5E-05
265	0.103	0.076	0.04	0.017	0.006	0.002	7E-04	3E-04	2E-04	2E-04
269	0.106	0.093	0.057	0.028	0.011	0.004	0.002	9E-04	5E-04	4E-04
273	0.102	0.106	0.077	0.043	0.021	0.009	0.004	0.002	0.001	0.001
277	0.091	0.112	0.096	0.063	0.035	0.017	0.009	0.005	0.003	0.003
281	0.075	0.109	0.111	0.085	0.054	0.03	0.017	0.01	0.007	0.007
285	0.057	0.099	0.118	0.105	0.077	0.049	0.031	0.02	0.015	0.014
289	0.04	0.082	0.115	0.12	0.101	0.073	0.051	0.036	0.029	0.026
293	0.025	0.062	0.102	0.125	0.12	0.1	0.077	0.059	0.049	0.046
297	0.014	0.042	0.083	0.117	0.13	0.123	0.105	0.088	0.077	0.073
301	0.007	0.026	0.06	0.099	0.127	0.136	0.129	0.117	0.108	0.104
305	0.003	0.014	0.039	0.075	0.111	0.134	0.142	0.139	0.135	0.133
309	0.001	0.007	0.022	0.05	0.086	0.117	0.138	0.147	0.149	0.149
313	5E-04	0.003	0.011	0.029	0.058	0.09	0.117	0.135	0.144	0.147
317	2E-04	0.001	0.005	0.015	0.033	0.059	0.085	0.106	0.119	0.124
321	4E-05	3E-04	0.002	0.006	0.016	0.033	0.052	0.071	0.084	0.088
325	9E-06	8E-05	5E-04	0.002	0.007	0.015	0.026	0.039	0.048	0.051
329	1E-06	2E-05	1E-04	6E-04	0.002	0.005	0.01	0.017	0.022	0.024
333	2E-07	2E-06	2E-05	1E-04	5E-04	0.001	0.003	0.005	0.007	0.008
337	1E-08	2E-07	2E-06	2E-05	7E-05	2E-04	6E-04	0.001	0.002	0.002
341	6E-10	1E-08	1E-07	1E-06	5E-06	2E-05	6E-05	1E-04	2E-04	2E-04

$b = 256$, $\mathfrak{B}_2$	$P(\lvert\Psi_{\mathcal{X}_1,\mathcal{X}_2}\rvert = x)$									
$x\downarrow$ $\alpha\rightarrow$	**0.025**	**0.05**	**0.075**	**0.1**	**0.125**	**0.15**	**0.175**	**0.2**	**0.225**	**0.25**
1	0.002	2E-06	2E-09	2E-12	1E-15	9E-19	4E-22	2E-25	5E-29	1E-32
3	0.002	2E-06	2E-09	2E-12	1E-15	9E-19	4E-22	2E-25	5E-29	1E-32
5	0.003	4E-06	4E-09	4E-12	3E-15	2E-18	8E-22	3E-25	9E-29	2E-32
7	0.006	1E-05	1E-08	1E-11	7E-15	4E-18	2E-21	8E-25	2E-28	5E-32
9	0.012	2E-05	3E-08	3E-11	2E-14	1E-17	6E-21	2E-24	6E-28	1E-31
11	0.02	5E-05	7E-08	7E-11	6E-14	3E-17	2E-20	6E-24	2E-27	4E-31
13	0.03	1E-04	2E-07	2E-10	2E-13	1E-16	5E-20	2E-23	6E-27	1E-30
15	0.042	2E-04	4E-07	5E-10	4E-13	3E-16	1E-19	6E-23	2E-26	4E-30
17	0.055	4E-04	9E-07	1E-09	1E-12	7E-16	4E-19	2E-22	5E-26	1E-29
19	0.068	7E-04	2E-06	3E-09	3E-12	2E-15	1E-18	4E-22	1E-25	4E-29
21	0.079	0.001	4E-06	6E-09	6E-12	5E-15	3E-18	1E-21	4E-25	1E-28
23	0.087	0.002	7E-06	1E-08	1E-11	1E-14	7E-18	3E-21	1E-24	3E-28
25	0.091	0.003	1E-05	3E-08	3E-11	3E-14	2E-17	8E-21	3E-24	8E-28
27	0.089	0.005	3E-05	5E-08	7E-11	6E-14	4E-17	2E-20	8E-24	2E-27
29	0.084	0.007	5E-05	1E-07	2E-10	1E-13	1E-16	5E-20	2E-23	6E-27
31	0.075	0.011	8E-05	2E-07	3E-10	3E-13	2E-16	1E-19	5E-23	2E-26
33	0.064	0.015	1E-04	4E-07	7E-10	7E-13	6E-16	3E-19	1E-22	4E-26
35	0.053	0.019	2E-04	8E-07	1E-09	2E-12	1E-15	8E-19	3E-22	1E-25
37	0.041	0.025	4E-04	1E-06	3E-09	4E-12	3E-15	2E-18	8E-22	3E-25
39	0.031	0.031	6E-04	3E-06	6E-09	8E-12	7E-15	4E-18	2E-21	7E-25
41	0.023	0.038	9E-04	5E-06	1E-08	2E-11	2E-14	1E-17	5E-21	2E-24
43	0.016	0.044	0.001	8E-06	2E-08	3E-11	3E-14	2E-17	1E-20	5E-24
45	0.011	0.05	0.002	1E-05	4E-08	7E-11	7E-14	5E-17	3E-20	1E-23
47	0.007	0.056	0.003	2E-05	8E-08	1E-10	2E-13	1E-16	7E-20	3E-23
49	0.004	0.06	0.004	4E-05	1E-07	3E-10	3E-13	3E-16	2E-19	7E-23
51	0.003	0.063	0.005	6E-05	3E-07	5E-10	7E-13	6E-16	4E-19	2E-22
53	0.002	0.064	0.007	1E-04	5E-07	1E-09	1E-12	1E-15	9E-19	4E-22
55	9E-04	0.064	0.01	2E-04	8E-07	2E-09	3E-12	3E-15	2E-18	1E-21
57	5E-04	0.062	0.012	2E-04	1E-06	4E-09	6E-12	6E-15	5E-18	2E-21
59	3E-04	0.058	0.016	4E-04	2E-06	7E-09	1E-11	1E-14	1E-17	6E-21
61	1E-04	0.054	0.019	5E-04	4E-06	1E-08	2E-11	3E-14	2E-17	1E-20
63	7E-05	0.049	0.023	8E-04	6E-06	2E-08	5E-11	6E-14	5E-17	3E-20
65	4E-05	0.043	0.027	0.001	1E-05	4E-08	9E-11	1E-13	1E-16	7E-20
67	2E-05	0.037	0.032	0.002	2E-05	7E-08	2E-10	2E-13	2E-16	2E-19
69	8E-06	0.031	0.036	0.002	3E-05	1E-07	3E-10	5E-13	5E-16	4E-19
71	4E-06	0.026	0.04	0.003	4E-05	2E-07	6E-10	1E-12	1E-15	8E-19
73	2E-06	0.021	0.044	0.004	6E-05	4E-07	1E-09	2E-12	2E-15	2E-18
75	7E-07	0.016	0.047	0.005	9E-05	6E-07	2E-09	4E-12	5E-15	4E-18
77	3E-07	0.013	0.05	0.006	1E-04	1E-06	4E-09	7E-12	1E-14	8E-18
79	1E-07	0.01	0.052	0.008	2E-04	2E-06	6E-09	1E-11	2E-14	2E-17
81	5E-08	0.007	0.053	0.01	3E-04	3E-06	1E-08	3E-11	4E-14	4E-17
83	2E-08	0.005	0.053	0.012	4E-04	4E-06	2E-08	5E-11	8E-14	8E-17
85	8E-09	0.004	0.052	0.015	6E-04	7E-06	3E-08	9E-11	2E-13	2E-16
87	3E-09	0.003	0.05	0.018	8E-04	1E-05	6E-08	2E-10	3E-13	4E-16
89	1E-09	0.002	0.048	0.021	0.001	2E-05	1E-07	3E-10	6E-13	8E-16

Fortsetzung auf nächster Seite

$b = 256$, $\mathfrak{B}_2$	$P(\lvert\Psi_{\mathcal{X}_1,\mathcal{X}_2}\rvert = x)$									
$x\downarrow$ $\alpha\rightarrow$	**0.025**	**0.05**	**0.075**	**0.1**	**0.125**	**0.15**	**0.175**	**0.2**	**0.225**	**0.25**
91	4E-10	0.001	0.044	0.024	0.001	2E-05	2E-07	6E-10	1E-12	2E-15
93	2E-10	8E-04	0.041	0.027	0.002	4E-05	3E-07	1E-09	2E-12	3E-15
95	5E-11	5E-04	0.037	0.031	0.003	5E-05	4E-07	2E-09	4E-12	7E-15
97	2E-11	3E-04	0.033	0.034	0.003	8E-05	7E-07	3E-09	8E-12	1E-14
99	6E-12	2E-04	0.029	0.037	0.004	1E-04	1E-06	5E-09	1E-11	3E-14
101	2E-12	1E-04	0.025	0.04	0.005	2E-04	2E-06	9E-09	3E-11	5E-14
103	7E-13	8E-05	0.021	0.042	0.007	2E-04	3E-06	2E-08	5E-11	1E-13
105	2E-13	5E-05	0.018	0.044	0.008	3E-04	4E-06	3E-08	9E-11	2E-13
107	7E-14	3E-05	0.015	0.046	0.01	4E-04	7E-06	4E-08	2E-10	4E-13
109	2E-14	2E-05	0.012	0.046	0.012	6E-04	1E-05	7E-08	3E-10	7E-13
111	6E-15	9E-06	0.009	0.047	0.014	8E-04	1E-05	1E-07	5E-10	1E-12
113	2E-15	5E-06	0.007	0.046	0.017	0.001	2E-05	2E-07	9E-10	3E-12
115	6E-16	3E-06	0.006	0.045	0.019	0.001	3E-05	3E-07	2E-09	5E-12
117	2E-16	1E-06	0.004	0.043	0.022	0.002	5E-05	5E-07	3E-09	9E-12
119	5E-17	8E-07	0.003	0.041	0.025	0.002	7E-05	8E-07	5E-09	2E-11
121	1E-17	4E-07	0.002	0.039	0.028	0.003	1E-04	1E-06	8E-09	3E-11
123	3E-18	2E-07	0.002	0.036	0.031	0.004	1E-04	2E-06	1E-08	6E-11
125	9E-19	1E-07	0.001	0.033	0.033	0.005	2E-04	3E-06	2E-08	1E-10
127	2E-19	5E-08	9E-04	0.03	0.036	0.006	3E-04	5E-06	4E-08	2E-10
129	6E-20	3E-08	6E-04	0.026	0.038	0.007	4E-04	7E-06	6E-08	3E-10
131	2E-20	1E-08	4E-04	0.023	0.04	0.009	5E-04	1E-05	1E-07	6E-10
133	4E-21	6E-09	3E-04	0.02	0.041	0.01	7E-04	1E-05	2E-07	1E-09
135	1E-21	3E-09	2E-04	0.017	0.043	0.012	9E-04	2E-05	3E-07	2E-09
137	2E-22	1E-09	1E-04	0.015	0.043	0.014	0.001	3E-05	4E-07	3E-09
139	6E-23	6E-10	9E-05	0.012	0.043	0.017	0.001	5E-05	6E-07	5E-09
141	1E-23	3E-10	6E-05	0.01	0.043	0.019	0.002	6E-05	1E-06	8E-09
143	3E-24	1E-10	4E-05	0.008	0.042	0.022	0.002	9E-05	2E-06	1E-08
145	7E-25	5E-11	2E-05	0.007	0.04	0.024	0.003	1E-04	2E-06	2E-08
147	2E-25	2E-11	1E-05	0.005	0.039	0.027	0.004	2E-04	4E-06	4E-08
149	4E-26	1E-11	9E-06	0.004	0.037	0.029	0.005	2E-04	5E-06	6E-08
151	8E-27	4E-12	5E-06	0.003	0.034	0.032	0.006	3E-04	8E-06	1E-07
153	2E-27	2E-12	3E-06	0.002	0.032	0.034	0.007	4E-04	1E-05	2E-07
155	4E-28	7E-13	2E-06	0.002	0.029	0.036	0.008	6E-04	2E-05	2E-07
157	8E-29	3E-13	1E-06	0.001	0.026	0.038	0.01	8E-04	2E-05	4E-07
159	2E-29	1E-13	6E-07	0.001	0.023	0.039	0.012	0.001	4E-05	6E-07
161	3E-30	4E-14	4E-07	7E-04	0.02	0.04	0.014	0.001	5E-05	9E-07
163	6E-31	2E-14	2E-07	5E-04	0.018	0.041	0.016	0.002	7E-05	1E-06
165	1E-31	6E-15	1E-07	4E-04	0.015	0.041	0.018	0.002	1E-04	2E-06
167	2E-32	2E-15	6E-08	3E-04	0.013	0.041	0.02	0.003	1E-04	3E-06
169	5E-33	9E-16	3E-08	2E-04	0.011	0.04	0.023	0.003	2E-04	5E-06
171	9E-34	3E-16	2E-08	1E-04	0.009	0.039	0.025	0.004	3E-04	7E-06
173	2E-34	1E-16	9E-09	9E-05	0.008	0.038	0.028	0.005	3E-04	1E-05
175	3E-35	4E-17	5E-09	6E-05	0.006	0.036	0.03	0.006	5E-04	2E-05
177	6E-36	1E-17	2E-09	4E-05	0.005	0.034	0.032	0.007	6E-04	2E-05
179	1E-36	5E-18	1E-09	3E-05	0.004	0.032	0.034	0.009	8E-04	3E-05

Fortsetzung auf nächster Seite

$b=256$, $\mathfrak{B}_2$	$P(\lvert\Psi_{\mathcal{X}_1,\mathcal{X}_2}\rvert = x)$									
$x\downarrow$ $\alpha\rightarrow$	**0.025**	**0.05**	**0.075**	**0.1**	**0.125**	**0.15**	**0.175**	**0.2**	**0.225**	**0.25**
181	2E-37	2E-18	6E-10	2E-05	0.003	0.029	0.036	0.011	0.001	5E-05
183	3E-38	6E-19	3E-10	1E-05	0.002	0.027	0.038	0.012	0.001	7E-05
185	5E-39	2E-19	1E-10	7E-06	0.002	0.024	0.039	0.014	0.002	9E-05
187	9E-40	6E-20	7E-11	4E-06	0.001	0.022	0.04	0.016	0.002	1E-04
189	1E-40	2E-20	3E-11	3E-06	0.001	0.019	0.04	0.018	0.003	2E-04
191	2E-41	7E-21	2E-11	2E-06	8E-04	0.017	0.04	0.021	0.003	2E-04
193	4E-42	2E-21	7E-12	9E-07	6E-04	0.015	0.04	0.023	0.004	3E-04
195	6E-43	7E-22	3E-12	6E-07	4E-04	0.012	0.039	0.026	0.005	4E-04
197	1E-43	2E-22	1E-12	3E-07	3E-04	0.011	0.038	0.028	0.006	6E-04
199	2E-44	6E-23	7E-13	2E-07	2E-04	0.009	0.036	0.03	0.008	8E-04
201	2E-45	2E-23	3E-13	1E-07	2E-04	0.007	0.035	0.032	0.009	0.001
203	4E-46	6E-24	1E-13	6E-08	1E-04	0.006	0.033	0.034	0.011	0.001
205	5E-47	2E-24	5E-14	4E-08	8E-05	0.005	0.031	0.036	0.012	0.002
207	8E-48	5E-25	2E-14	2E-08	5E-05	0.004	0.028	0.037	0.014	0.002
209	1E-48	1E-25	1E-14	1E-08	3E-05	0.003	0.026	0.039	0.016	0.003
211	2E-49	4E-26	4E-15	6E-09	2E-05	0.002	0.023	0.039	0.019	0.003
213	2E-50	1E-26	2E-15	3E-09	2E-05	0.002	0.021	0.04	0.021	0.004
215	3E-51	3E-27	7E-16	2E-09	1E-05	0.001	0.018	0.04	0.023	0.005
217	5E-52	8E-28	3E-16	9E-10	6E-06	0.001	0.016	0.039	0.026	0.006
219	6E-53	2E-28	1E-16	5E-10	4E-06	9E-04	0.014	0.039	0.028	0.007
221	8E-54	5E-29	4E-17	2E-10	3E-06	6E-04	0.012	0.037	0.03	0.009
223	1E-54	1E-29	2E-17	1E-10	2E-06	5E-04	0.01	0.036	0.033	0.011
225	1E-55	4E-30	6E-18	6E-11	1E-06	3E-04	0.009	0.034	0.034	0.012
227	2E-56	9E-31	2E-18	3E-11	6E-07	2E-04	0.007	0.032	0.036	0.014
229	2E-57	2E-31	8E-19	1E-11	4E-07	2E-04	0.006	0.03	0.038	0.016
231	3E-58	6E-32	3E-19	7E-12	2E-07	1E-04	0.005	0.028	0.039	0.019
233	4E-59	1E-32	1E-19	3E-12	1E-07	9E-05	0.004	0.025	0.04	0.021
235	5E-60	3E-33	4E-20	2E-12	7E-08	6E-05	0.003	0.023	0.04	0.023
237	6E-61	8E-34	1E-20	7E-13	4E-08	4E-05	0.002	0.02	0.04	0.026
239	7E-62	2E-34	5E-21	3E-13	2E-08	3E-05	0.002	0.018	0.039	0.028
241	8E-63	5E-35	2E-21	1E-13	1E-08	2E-05	0.001	0.016	0.039	0.031
243	9E-64	1E-35	6E-22	7E-14	8E-09	1E-05	0.001	0.014	0.038	0.033
245	1E-64	2E-36	2E-22	3E-14	4E-09	8E-06	9E-04	0.012	0.036	0.035
247	1E-65	5E-37	6E-23	1E-14	2E-09	5E-06	6E-04	0.01	0.034	0.037
249	1E-66	1E-37	2E-23	6E-15	1E-09	3E-06	5E-04	0.008	0.032	0.038
251	1E-67	3E-38	7E-24	2E-15	6E-10	2E-06	3E-04	0.007	0.03	0.039
253	2E-68	5E-39	2E-24	1E-15	3E-10	1E-06	2E-04	0.006	0.028	0.04
255	2E-69	1E-39	7E-25	4E-16	2E-10	8E-07	2E-04	0.005	0.025	0.04
257	2E-70	2E-40	2E-25	2E-16	9E-11	5E-07	1E-04	0.004	0.023	0.04
259	2E-71	5E-41	6E-26	7E-17	4E-11	3E-07	9E-05	0.003	0.02	0.04
261	2E-72	1E-41	2E-26	3E-17	2E-11	2E-07	6E-05	0.002	0.018	0.039
263	2E-73	2E-42	6E-27	1E-17	1E-11	1E-07	4E-05	0.002	0.016	0.038
265	2E-74	4E-43	2E-27	4E-18	5E-12	6E-08	3E-05	0.001	0.013	0.036
267	2E-75	8E-44	5E-28	2E-18	3E-12	3E-08	2E-05	0.001	0.012	0.035
269	2E-76	2E-44	1E-28	7E-19	1E-12	2E-08	1E-05	8E-04	0.01	0.032

Fortsetzung auf nächster Seite

$b = 256$, $\mathfrak{B}_2$	$P(\lvert\Psi_{\mathcal{X}_1,\mathcal{X}_2}\rvert = x)$									
$x\downarrow$ $\alpha\rightarrow$	**0.025**	**0.05**	**0.075**	**0.1**	**0.125**	**0.15**	**0.175**	**0.2**	**0.225**	**0.25**
271	2E-77	3E-45	4E-29	2E-19	6E-13	1E-08	8E-06	6E-04	0.008	0.03
273	2E-78	6E-46	1E-29	9E-20	3E-13	6E-09	5E-06	4E-04	0.007	0.028
275	2E-79	1E-46	3E-30	3E-20	1E-13	3E-09	3E-06	3E-04	0.006	0.025
277	1E-80	2E-47	9E-31	1E-20	6E-14	2E-09	2E-06	2E-04	0.004	0.023
279	1E-81	3E-48	2E-31	4E-21	3E-14	1E-09	1E-06	2E-04	0.004	0.02
281	1E-82	6E-49	6E-32	2E-21	1E-14	5E-10	8E-07	1E-04	0.003	0.018
283	1E-83	1E-49	2E-32	6E-22	5E-15	3E-10	5E-07	8E-05	0.002	0.015
285	9E-85	2E-50	4E-33	2E-22	2E-15	1E-10	3E-07	6E-05	0.002	0.013
287	8E-86	3E-51	1E-33	6E-23	9E-16	7E-11	2E-07	4E-05	0.001	0.011
289	7E-87	5E-52	3E-34	2E-23	4E-16	4E-11	1E-07	3E-05	1E-03	0.009
291	5E-88	9E-53	7E-35	7E-24	2E-16	2E-11	6E-08	2E-05	7E-04	0.008
293	5E-89	1E-53	2E-35	2E-24	6E-17	9E-12	3E-08	1E-05	5E-04	0.006
295	4E-90	2E-54	4E-36	8E-25	3E-17	4E-12	2E-08	7E-06	4E-04	0.005
297	3E-91	4E-55	1E-36	2E-25	1E-17	2E-12	1E-08	5E-06	3E-04	0.004
299	2E-92	6E-56	2E-37	8E-26	4E-18	1E-12	6E-09	3E-06	2E-04	0.003
301	2E-93	9E-57	6E-38	2E-26	2E-18	4E-13	3E-09	2E-06	1E-04	0.003
303	1E-94	1E-57	1E-38	7E-27	6E-19	2E-13	2E-09	1E-06	1E-04	0.002
305	1E-95	2E-58	3E-39	2E-27	2E-19	9E-14	9E-10	7E-07	7E-05	0.002
307	8E-97	3E-59	7E-40	7E-28	8E-20	4E-14	5E-10	4E-07	5E-05	0.001
309	6E-98	5E-60	1E-40	2E-28	3E-20	2E-14	3E-10	2E-07	3E-05	9E-04
311	4E-99	7E-61	3E-41	6E-29	1E-20	8E-15	1E-10	1E-07	2E-05	6E-04
313	3E-100	1E-61	7E-42	2E-29	4E-21	3E-15	7E-11	8E-08	1E-05	5E-04
315	2E-101	1E-62	1E-42	5E-30	1E-21	1E-15	3E-11	5E-08	8E-06	3E-04
317	1E-102	2E-63	3E-43	1E-30	5E-22	6E-16	2E-11	3E-08	5E-06	2E-04
319	9E-104	3E-64	6E-44	3E-31	2E-22	3E-16	8E-12	1E-08	3E-06	2E-04
321	6E-105	3E-65	1E-44	9E-32	6E-23	1E-16	4E-12	8E-09	2E-06	1E-04
323	4E-106	5E-66	2E-45	2E-32	2E-23	4E-17	2E-12	4E-09	1E-06	8E-05
325	3E-107	6E-67	5E-46	7E-33	6E-24	2E-17	8E-13	2E-09	8E-07	5E-05
327	2E-108	8E-68	9E-47	2E-33	2E-24	7E-18	4E-13	1E-09	5E-07	3E-05
329	1E-109	1E-68	2E-47	4E-34	7E-25	3E-18	2E-13	6E-10	3E-07	2E-05
331	7E-111	1E-69	3E-48	1E-34	2E-25	1E-18	7E-14	3E-10	2E-07	1E-05
333	4E-112	1E-70	6E-49	3E-35	6E-26	4E-19	3E-14	2E-10	9E-08	9E-06
335	2E-113	2E-71	1E-49	6E-36	2E-26	1E-19	1E-14	8E-11	5E-08	6E-06
337	1E-114	2E-72	2E-50	2E-36	6E-27	5E-20	6E-15	4E-11	3E-08	4E-06
339	8E-116	2E-73	3E-51	4E-37	2E-27	2E-20	3E-15	2E-11	1E-08	2E-06
341	5E-117	3E-74	6E-52	9E-38	5E-28	6E-21	1E-15	9E-12	8E-09	1E-06
343	3E-118	3E-75	1E-52	2E-38	1E-28	2E-21	4E-16	4E-12	4E-09	8E-07
345	1E-119	3E-76	2E-53	4E-39	4E-29	7E-22	2E-16	2E-12	2E-09	4E-07
347	8E-121	4E-77	3E-54	1E-39	1E-29	2E-22	7E-17	9E-13	1E-09	3E-07
349	4E-122	4E-78	5E-55	2E-40	3E-30	8E-23	3E-17	4E-13	6E-10	1E-07
351	2E-123	4E-79	7E-56	5E-41	9E-31	3E-23	1E-17	2E-13	3E-10	8E-08
353	1E-124	4E-80	1E-56	1E-41	2E-31	8E-24	4E-18	8E-14	1E-10	4E-08
355	6E-126	4E-81	2E-57	2E-42	6E-32	3E-24	1E-18	3E-14	7E-11	2E-08
357	3E-127	5E-82	3E-58	4E-43	2E-32	8E-25	5E-19	1E-14	3E-11	1E-08
359	1E-128	4E-83	4E-59	8E-44	4E-33	3E-25	2E-19	6E-15	2E-11	7E-09

Fortsetzung auf nächster Seite

$b = 256$, $\mathfrak{B}_2$	$P(\lvert\Psi_{\mathcal{X}_1,\mathcal{X}_2}\rvert = x)$									
$x\downarrow \quad \alpha\rightarrow$	**0.025**	**0.05**	**0.075**	**0.1**	**0.125**	**0.15**	**0.175**	**0.2**	**0.225**	**0.25**
361	7E-130	4E-84	6E-60	2E-44	1E-33	8E-26	7E-20	2E-15	7E-12	3E-09
363	3E-131	4E-85	8E-61	3E-45	2E-34	2E-26	2E-20	9E-16	3E-12	2E-09
365	1E-132	4E-86	1E-61	6E-46	6E-35	7E-27	8E-21	4E-16	1E-12	9E-10
367	6E-134	3E-87	2E-62	1E-46	1E-35	2E-27	3E-21	1E-16	6E-13	4E-10
369	3E-135	3E-88	2E-63	2E-47	3E-36	5E-28	9E-22	5E-17	3E-13	2E-10
371	1E-136	3E-89	3E-64	4E-48	7E-37	1E-28	3E-22	2E-17	1E-13	1E-10
373	5E-138	2E-90	4E-65	6E-49	2E-37	4E-29	9E-23	7E-18	5E-14	5E-11
375	2E-139	2E-91	5E-66	1E-49	3E-38	1E-29	3E-23	3E-18	2E-14	2E-11
377	9E-141	2E-92	6E-67	2E-50	7E-39	3E-30	9E-24	9E-19	8E-15	9E-12
379	4E-142	1E-93	8E-68	3E-51	2E-39	7E-31	3E-24	3E-19	3E-15	4E-12
381	1E-143	1E-94	1E-68	5E-52	3E-40	2E-31	8E-25	1E-19	1E-15	2E-12
383	6E-145	9E-96	1E-69	8E-53	7E-41	4E-32	2E-25	4E-20	5E-16	8E-13
385	2E-146	7E-97	1E-70	1E-53	1E-41	1E-32	6E-26	1E-20	2E-16	3E-13
387	8E-148	5E-98	2E-71	2E-54	3E-42	2E-33	2E-26	4E-21	6E-17	1E-13
389	3E-149	4E-99	2E-72	3E-55	5E-43	6E-34	5E-27	1E-21	2E-17	5E-14
391	1E-150	3E-100	2E-73	5E-56	9E-44	1E-34	1E-27	4E-22	8E-18	2E-14
393	4E-152	2E-101	2E-74	7E-57	2E-44	3E-35	4E-28	1E-22	3E-18	8E-15
395	1E-153	1E-102	2E-75	1E-57	3E-45	6E-36	9E-29	4E-23	9E-19	3E-15
397	4E-155	9E-104	2E-76	1E-58	5E-46	1E-36	2E-29	1E-23	3E-19	1E-15
399	1E-156	6E-105	2E-77	2E-59	9E-47	3E-37	6E-30	3E-24	1E-19	4E-16
401	4E-158	4E-106	2E-78	2E-60	2E-47	6E-38	1E-30	8E-25	3E-20	1E-16
403	1E-159	2E-107	2E-79	3E-61	3E-48	1E-38	3E-31	2E-25	1E-20	5E-17
405	4E-161	2E-108	2E-80	4E-62	4E-49	2E-39	8E-32	6E-26	3E-21	2E-17
407	1E-162	9E-110	2E-81	5E-63	7E-50	4E-40	2E-32	2E-26	9E-22	6E-18
409	4E-164	5E-111	2E-82	6E-64	1E-50	8E-41	4E-33	4E-27	3E-22	2E-18
411	1E-165	3E-112	1E-83	7E-65	2E-51	2E-41	8E-34	1E-27	7E-23	6E-19
413	3E-167	2E-113	1E-84	8E-66	2E-52	3E-42	2E-34	2E-28	2E-23	2E-19
415	8E-169	1E-114	1E-85	1E-66	3E-53	5E-43	4E-35	6E-29	5E-24	6E-20
417	2E-170	5E-116	8E-87	1E-67	5E-54	8E-44	7E-36	1E-29	1E-24	2E-20
419	5E-172	3E-117	7E-88	1E-68	6E-55	1E-44	1E-36	3E-30	4E-25	5E-21
421	1E-173	1E-118	5E-89	1E-69	8E-56	2E-45	3E-37	7E-31	9E-26	1E-21
423	3E-175	7E-120	4E-90	1E-70	1E-56	3E-46	5E-38	1E-31	2E-26	4E-22
425	7E-177	3E-121	3E-91	1E-71	1E-57	5E-47	9E-39	3E-32	5E-27	1E-22
427	2E-178	1E-122	2E-92	1E-72	2E-58	8E-48	2E-39	6E-33	1E-27	2E-23
429	4E-180	7E-124	1E-93	1E-73	2E-59	1E-48	3E-40	1E-33	3E-28	6E-24
431	8E-182	3E-125	9E-95	1E-74	2E-60	2E-49	5E-41	2E-34	6E-29	2E-24
433	2E-183	1E-126	6E-96	9E-76	3E-61	2E-50	7E-42	4E-35	1E-29	4E-25
435	3E-185	5E-128	4E-97	7E-77	3E-62	3E-51	1E-42	8E-36	3E-30	8E-26
437	6E-187	2E-129	2E-98	6E-78	3E-63	4E-52	2E-43	1E-36	5E-31	2E-26
439	1E-188	8E-131	1E-99	5E-79	3E-64	5E-53	3E-44	2E-37	1E-31	4E-27
441	2E-190	3E-132	8E-101	4E-80	3E-65	6E-54	4E-45	4E-38	2E-32	9E-28
443	4E-192	1E-133	4E-102	3E-81	3E-66	7E-55	5E-46	6E-39	4E-33	2E-28
445	7E-194	4E-135	2E-103	2E-82	3E-67	7E-56	7E-47	1E-39	6E-34	3E-29
447	1E-195	1E-136	1E-104	1E-83	2E-68	8E-57	9E-48	1E-40	1E-34	7E-30
449	2E-197	4E-138	6E-106	1E-84	2E-69	8E-58	1E-48	2E-41	2E-35	1E-30

Fortsetzung auf nächster Seite

$b = 256$, $\mathfrak{B}_2$	$P(\lvert\Psi_{\mathcal{X}_1,\mathcal{X}_2}\rvert = x)$									
$x \downarrow$ $\alpha \rightarrow$	**0.025**	**0.05**	**0.075**	**0.1**	**0.125**	**0.15**	**0.175**	**0.2**	**0.225**	**0.25**
451	3E-199	1E-139	3E-107	7E-86	2E-70	9E-59	1E-49	3E-42	3E-36	2E-31
453	4E-201	4E-141	1E-108	4E-87	1E-71	8E-60	1E-50	4E-43	4E-37	4E-32
455	6E-203	1E-142	6E-110	2E-88	1E-72	8E-61	2E-51	5E-44	6E-38	6E-33
457	8E-205	3E-144	3E-111	1E-89	8E-74	7E-62	2E-52	6E-45	9E-39	9E-34
459	1E-206	9E-146	1E-112	8E-91	5E-75	6E-63	2E-53	7E-46	1E-39	1E-34
461	1E-208	2E-147	4E-114	4E-92	4E-76	5E-64	2E-54	8E-47	1E-40	2E-35
463	2E-210	5E-149	2E-115	2E-93	2E-77	4E-65	2E-55	9E-48	2E-41	3E-36
465	2E-212	1E-150	5E-117	1E-94	1E-78	3E-66	1E-56	9E-49	2E-42	4E-37
467	2E-214	3E-152	2E-118	5E-96	9E-80	2E-67	1E-57	9E-50	2E-43	5E-38
469	2E-216	6E-154	6E-120	2E-97	5E-81	1E-68	1E-58	9E-51	3E-44	6E-39
471	2E-218	1E-155	2E-121	9E-99	3E-82	9E-70	8E-60	8E-52	3E-45	6E-40
473	2E-220	2E-157	5E-123	3E-100	1E-83	6E-71	6E-61	6E-53	2E-46	7E-41
475	2E-222	4E-159	1E-124	1E-101	6E-85	3E-72	4E-62	5E-54	2E-47	7E-42
477	1E-224	6E-161	4E-126	4E-103	3E-86	2E-73	3E-63	4E-55	2E-48	6E-43
479	1E-226	1E-162	9E-128	1E-104	1E-87	9E-75	2E-64	3E-56	2E-49	6E-44
481	7E-229	1E-164	2E-129	4E-106	4E-89	4E-76	9E-66	2E-57	1E-50	5E-45
483	5E-231	2E-166	4E-131	1E-107	2E-90	2E-77	5E-67	1E-58	8E-52	4E-46
485	3E-233	3E-168	8E-133	3E-109	5E-92	8E-79	2E-68	6E-60	5E-53	3E-47
487	2E-235	3E-170	1E-134	8E-111	2E-93	3E-80	1E-69	3E-61	3E-54	2E-48
489	8E-238	3E-172	2E-136	2E-112	5E-95	1E-81	4E-71	2E-62	2E-55	1E-49
491	4E-240	3E-174	4E-138	4E-114	1E-96	3E-83	2E-72	7E-64	8E-57	6E-51
493	2E-242	3E-176	5E-140	7E-116	3E-98	1E-84	5E-74	3E-65	4E-58	3E-52
495	7E-245	2E-178	6E-142	1E-117	6E-100	2E-86	2E-75	9E-67	1E-59	1E-53
497	2E-247	1E-180	6E-144	2E-119	1E-101	6E-88	4E-77	3E-68	5E-61	5E-55
499	7E-250	9E-183	6E-146	2E-121	2E-103	1E-89	1E-78	8E-70	2E-62	2E-56
501	2E-252	5E-185	4E-148	2E-123	2E-105	2E-91	2E-80	2E-71	4E-64	5E-58
503	3E-255	2E-187	3E-150	2E-125	3E-107	3E-93	3E-82	3E-73	9E-66	1E-59
505	6E-258	6E-190	1E-152	1E-127	2E-109	3E-95	4E-84	5E-75	2E-67	3E-61
507	7E-261	2E-192	6E-155	7E-130	2E-111	2E-97	4E-86	6E-77	2E-69	4E-63
509	5E-264	3E-195	1E-157	2E-132	7E-114	1E-99	3E-88	4E-79	2E-71	3E-65
511	2E-267	2E-198	2E-160	4E-135	2E-116	3E-102	8E-91	2E-81	7E-74	2E-67

$b = 256$, $\mathfrak{B}_2$	$P(\lvert\Psi_{\mathcal{X}_1,\mathcal{X}_2}\rvert = x)$									
$x \downarrow$ $\alpha \rightarrow$	**0.275**	**0.3**	**0.325**	**0.35**	**0.375**	**0.4**	**0.425**	**0.45**	**0.475**	**0.5**
1	2E-36	2E-40	2E-44	1E-48	6E-53	2E-57	3E-62	3E-67	2E-72	2E-77
3	2E-36	2E-40	2E-44	1E-48	6E-53	2E-57	3E-62	3E-67	2E-72	3E-77
5	4E-36	4E-40	4E-44	3E-48	1E-52	3E-57	6E-62	7E-67	5E-72	1E-76
7	9E-36	1E-39	1E-43	6E-48	3E-52	8E-57	1E-61	2E-66	1E-71	7E-76
9	2E-35	3E-39	3E-43	2E-47	8E-52	2E-56	4E-61	5E-66	4E-71	4E-75
11	7E-35	9E-39	8E-43	5E-47	2E-51	7E-56	1E-60	2E-65	2E-70	2E-74
13	2E-34	3E-38	3E-42	2E-46	8E-51	2E-55	5E-60	8E-65	1E-69	1E-73
15	7E-34	1E-37	9E-42	6E-46	3E-50	1E-54	2E-59	4E-64	5E-69	9E-73
17	2E-33	3E-37	3E-41	2E-45	1E-49	4E-54	1E-58	2E-63	3E-68	6E-72
19	7E-33	1E-36	1E-40	7E-45	4E-49	1E-53	4E-58	8E-63	1E-67	3E-71
21	2E-32	3E-36	3E-40	2E-44	1E-48	5E-53	2E-57	3E-62	7E-67	2E-70
23	6E-32	9E-36	1E-39	8E-44	5E-48	2E-52	6E-57	1E-61	3E-66	1E-69
25	2E-31	3E-35	3E-39	2E-43	2E-47	7E-52	2E-56	5E-61	1E-65	6E-69
27	5E-31	8E-35	9E-39	8E-43	5E-47	2E-51	8E-56	2E-60	7E-65	4E-68

Fortsetzung auf nächster Seite

$b = 256$, $\mathfrak{B}_2$	$P(\lvert\Psi_{\mathcal{X}_1,\mathcal{X}_2}\rvert = x)$									
$x\downarrow$ $\alpha\rightarrow$	**0.275**	**0.3**	**0.325**	**0.35**	**0.375**	**0.4**	**0.425**	**0.45**	**0.475**	**0.5**
29	1E-30	2E-34	3E-38	2E-42	2E-46	8E-51	3E-55	9E-60	3E-64	2E-67
31	4E-30	6E-34	8E-38	7E-42	5E-46	3E-50	1E-54	3E-59	1E-63	1E-66
33	1E-29	2E-33	2E-37	2E-41	2E-45	9E-50	4E-54	1E-58	6E-63	6E-66
35	3E-29	5E-33	7E-37	7E-41	5E-45	3E-49	1E-53	5E-58	3E-62	3E-65
37	7E-29	1E-32	2E-36	2E-40	2E-44	1E-48	5E-53	2E-57	1E-61	2E-64
39	2E-28	4E-32	6E-36	6E-40	5E-44	3E-48	2E-52	8E-57	5E-61	8E-64
41	5E-28	1E-31	2E-35	2E-39	2E-43	1E-47	6E-52	3E-56	2E-60	4E-63
43	1E-27	3E-31	5E-35	6E-39	5E-43	4E-47	2E-51	1E-55	1E-59	2E-62
45	3E-27	8E-31	1E-34	2E-38	2E-42	1E-46	7E-51	5E-55	4E-59	1E-61
47	9E-27	2E-30	4E-34	5E-38	5E-42	4E-46	3E-50	2E-54	2E-58	6E-61
49	2E-26	6E-30	1E-33	1E-37	1E-41	1E-45	9E-50	6E-54	8E-58	3E-60
51	6E-26	1E-29	3E-33	4E-37	5E-41	4E-45	3E-49	2E-53	3E-57	1E-59
53	1E-25	4E-29	8E-33	1E-36	1E-40	1E-44	1E-48	9E-53	1E-56	7E-59
55	4E-25	1E-28	2E-32	3E-36	4E-40	4E-44	4E-48	3E-52	6E-56	3E-58
57	9E-25	3E-28	6E-32	9E-36	1E-39	1E-43	1E-47	1E-51	2E-55	2E-57
59	2E-24	7E-28	2E-31	3E-35	4E-39	4E-43	4E-47	5E-51	1E-54	8E-57
61	6E-24	2E-27	4E-31	8E-35	1E-38	1E-42	1E-46	2E-50	4E-54	4E-56
63	1E-23	4E-27	1E-30	2E-34	3E-38	4E-42	5E-46	6E-50	2E-53	2E-55
65	3E-23	1E-26	3E-30	6E-34	1E-37	1E-41	2E-45	2E-49	7E-53	8E-55
67	8E-23	3E-26	8E-30	2E-33	3E-37	4E-41	5E-45	9E-49	3E-52	4E-54
69	2E-22	7E-26	2E-29	5E-33	8E-37	1E-40	2E-44	3E-48	1E-51	2E-53
71	4E-22	2E-25	5E-29	1E-32	2E-36	4E-40	6E-44	1E-47	5E-51	8E-53
73	1E-21	4E-25	1E-28	3E-32	7E-36	1E-39	2E-43	4E-47	2E-50	4E-52
75	2E-21	1E-24	3E-28	9E-32	2E-35	4E-39	6E-43	1E-46	8E-50	2E-51
77	5E-21	2E-24	9E-28	2E-31	6E-35	1E-38	2E-42	5E-46	3E-49	7E-51
79	1E-20	6E-24	2E-27	7E-31	2E-34	3E-38	7E-42	2E-45	1E-48	3E-50
81	3E-20	1E-23	6E-27	2E-30	4E-34	1E-37	2E-41	6E-45	5E-48	1E-49
83	6E-20	3E-23	1E-26	5E-30	1E-33	3E-37	7E-41	2E-44	2E-47	6E-49
85	1E-19	8E-23	4E-26	1E-29	3E-33	9E-37	2E-40	8E-44	8E-47	2E-48
87	3E-19	2E-22	9E-26	3E-29	1E-32	3E-36	7E-40	3E-43	3E-46	1E-47
89	7E-19	4E-22	2E-25	8E-29	3E-32	8E-36	2E-39	1E-42	1E-45	4E-47
91	1E-18	1E-21	5E-25	2E-28	7E-32	2E-35	7E-39	3E-42	5E-45	2E-46
93	3E-18	2E-21	1E-24	6E-28	2E-31	7E-35	2E-38	1E-41	2E-44	8E-46
95	7E-18	5E-21	3E-24	1E-27	5E-31	2E-34	7E-38	4E-41	7E-44	3E-45
97	1E-17	1E-20	7E-24	4E-27	1E-30	6E-34	2E-37	1E-40	2E-43	1E-44
99	3E-17	3E-20	2E-23	9E-27	4E-30	2E-33	7E-37	5E-40	9E-43	5E-44
101	7E-17	6E-20	4E-23	2E-26	1E-29	5E-33	2E-36	2E-39	3E-42	2E-43
103	1E-16	1E-19	1E-22	6E-26	3E-29	1E-32	7E-36	5E-39	1E-41	8E-43
105	3E-16	3E-19	2E-22	1E-25	7E-29	4E-32	2E-35	2E-38	5E-41	3E-42
107	6E-16	6E-19	5E-22	3E-25	2E-28	1E-31	6E-35	6E-38	2E-40	1E-41
109	1E-15	1E-18	1E-21	9E-25	5E-28	3E-31	2E-34	2E-37	6E-40	5E-41
111	2E-15	3E-18	3E-21	2E-24	1E-27	8E-31	6E-34	6E-37	2E-39	2E-40
113	5E-15	6E-18	6E-21	5E-24	3E-27	2E-30	2E-33	2E-36	8E-39	7E-40
115	1E-14	1E-17	1E-20	1E-23	9E-27	6E-30	5E-33	6E-36	3E-38	3E-39
117	2E-14	3E-17	3E-20	3E-23	2E-26	2E-29	1E-32	2E-35	1E-37	1E-38

Fortsetzung auf nächster Seite

$b = 256$, $\mathfrak{B}_2$	$P(\lvert\Psi_{\mathcal{X}_1,\mathcal{X}_2}\rvert = x)$									
$x\downarrow$ $\alpha\rightarrow$	**0.275**	**0.3**	**0.325**	**0.35**	**0.375**	**0.4**	**0.425**	**0.45**	**0.475**	**0.5**
119	4E-14	6E-17	7E-20	7E-23	6E-26	5E-29	4E-32	7E-35	4E-37	4E-38
121	7E-14	1E-16	2E-19	2E-22	1E-25	1E-28	1E-31	2E-34	1E-36	1E-37
123	1E-13	3E-16	4E-19	4E-22	4E-25	3E-28	4E-31	7E-34	4E-36	5E-37
125	3E-13	5E-16	8E-19	9E-22	9E-25	9E-28	1E-30	2E-33	1E-35	2E-36
127	5E-13	1E-15	2E-18	2E-21	2E-24	2E-27	3E-30	6E-33	5E-35	6E-36
129	1E-12	2E-15	4E-18	5E-21	6E-24	6E-27	9E-30	2E-32	2E-34	2E-35
131	2E-12	5E-15	8E-18	1E-20	1E-23	2E-26	2E-29	6E-32	6E-34	8E-35
133	4E-12	9E-15	2E-17	3E-20	3E-23	4E-26	7E-29	2E-31	2E-33	3E-34
135	7E-12	2E-14	4E-17	6E-20	8E-23	1E-25	2E-28	6E-31	6E-33	1E-33
137	1E-11	4E-14	8E-17	1E-19	2E-22	3E-25	5E-28	2E-30	2E-32	3E-33
139	2E-11	7E-14	2E-16	3E-19	5E-22	7E-25	1E-27	5E-30	7E-32	1E-32
141	4E-11	1E-13	3E-16	6E-19	1E-21	2E-24	4E-27	2E-29	2E-31	4E-32
143	7E-11	3E-13	7E-16	1E-18	3E-21	5E-24	1E-26	5E-29	7E-31	1E-31
145	1E-10	5E-13	1E-15	3E-18	6E-21	1E-23	3E-26	1E-28	2E-30	4E-31
147	2E-10	9E-13	3E-15	7E-18	1E-20	3E-23	8E-26	4E-28	7E-30	1E-30
149	4E-10	2E-12	6E-15	1E-17	3E-20	8E-23	2E-25	1E-27	2E-29	4E-30
151	7E-10	3E-12	1E-14	3E-17	8E-20	2E-22	6E-25	3E-27	7E-29	1E-29
153	1E-09	6E-12	2E-14	7E-17	2E-19	5E-22	2E-24	9E-27	2E-28	5E-29
155	2E-09	1E-11	5E-14	1E-16	4E-19	1E-21	4E-24	3E-26	6E-28	1E-28
157	4E-09	2E-11	9E-14	3E-16	9E-19	3E-21	1E-23	8E-26	2E-27	4E-28
159	6E-09	4E-11	2E-13	6E-16	2E-18	7E-21	3E-23	2E-25	6E-27	1E-27
161	1E-08	7E-11	3E-13	1E-15	4E-18	2E-20	7E-23	6E-25	2E-26	4E-27
163	2E-08	1E-10	6E-13	3E-15	1E-17	4E-20	2E-22	2E-24	5E-26	1E-26
165	3E-08	2E-10	1E-12	6E-15	2E-17	9E-20	5E-22	4E-24	1E-25	4E-26
167	4E-08	4E-10	2E-12	1E-14	5E-17	2E-19	1E-21	1E-23	4E-25	1E-25
169	7E-08	7E-10	4E-12	2E-14	1E-16	5E-19	3E-21	3E-23	1E-24	3E-25
171	1E-07	1E-09	8E-12	5E-14	2E-16	1E-18	7E-21	9E-23	3E-24	1E-24
173	2E-07	2E-09	2E-11	9E-14	5E-16	3E-18	2E-20	2E-22	1E-23	3E-24
175	3E-07	3E-09	3E-11	2E-13	1E-15	6E-18	4E-20	6E-22	3E-23	8E-24
177	5E-07	6E-09	5E-11	4E-13	2E-15	1E-17	1E-19	2E-21	8E-23	2E-23
179	7E-07	1E-08	9E-11	7E-13	4E-15	3E-17	3E-19	4E-21	2E-22	7E-23
181	1E-06	2E-08	2E-10	1E-12	9E-15	7E-17	6E-19	1E-20	6E-22	2E-22
183	2E-06	3E-08	3E-10	3E-12	2E-14	1E-16	1E-18	3E-20	2E-21	5E-22
185	3E-06	5E-08	5E-10	5E-12	4E-14	3E-16	4E-18	7E-20	4E-21	1E-21
187	4E-06	7E-08	9E-10	9E-12	8E-14	7E-16	8E-18	2E-19	1E-20	4E-21
189	6E-06	1E-07	2E-09	2E-11	2E-13	2E-15	2E-17	4E-19	3E-20	1E-20
191	9E-06	2E-07	3E-09	3E-11	3E-13	3E-15	4E-17	1E-18	8E-20	3E-20
193	1E-05	3E-07	5E-09	6E-11	6E-13	7E-15	1E-16	3E-18	2E-19	8E-20
195	2E-05	5E-07	8E-09	1E-10	1E-12	2E-14	2E-16	6E-18	5E-19	2E-19
197	3E-05	8E-07	1E-08	2E-10	2E-12	3E-14	5E-16	2E-17	1E-18	5E-19
199	4E-05	1E-06	2E-08	4E-10	5E-12	7E-14	1E-15	4E-17	3E-18	1E-18
201	6E-05	2E-06	4E-08	6E-10	9E-12	1E-13	3E-15	9E-17	8E-18	3E-18
203	8E-05	3E-06	7E-08	1E-09	2E-11	3E-13	6E-15	2E-16	2E-17	8E-18
205	1E-04	4E-06	1E-07	2E-09	3E-11	6E-13	1E-14	5E-16	5E-17	2E-17
207	2E-04	6E-06	2E-07	4E-09	6E-11	1E-12	3E-14	1E-15	1E-16	5E-17

Fortsetzung auf nächster Seite

$b = 256$, $\mathfrak{B}_2$	$P(\lvert\Psi_{\mathcal{X}_1,\mathcal{X}_2}\rvert = x)$									
$x\downarrow$ $\alpha\rightarrow$	**0.275**	**0.3**	**0.325**	**0.35**	**0.375**	**0.4**	**0.425**	**0.45**	**0.475**	**0.5**
209	2E-04	1E-05	3E-07	6E-09	1E-10	2E-12	6E-14	2E-15	3E-16	1E-16
211	3E-04	1E-05	4E-07	1E-08	2E-10	5E-12	1E-13	6E-15	7E-16	3E-16
213	4E-04	2E-05	7E-07	2E-08	4E-10	9E-12	3E-13	1E-14	2E-15	7E-16
215	5E-04	3E-05	1E-06	3E-08	7E-10	2E-11	5E-13	3E-14	4E-15	2E-15
217	7E-04	4E-05	2E-06	5E-08	1E-09	3E-11	1E-12	6E-14	8E-15	4E-15
219	9E-04	6E-05	3E-06	9E-08	2E-09	7E-11	2E-12	1E-13	2E-14	9E-15
221	0.001	9E-05	4E-06	1E-07	4E-09	1E-10	5E-12	3E-13	4E-14	2E-14
223	0.002	1E-04	6E-06	2E-07	7E-09	2E-10	9E-12	6E-13	1E-13	5E-14
225	0.002	2E-04	9E-06	4E-07	1E-08	4E-10	2E-11	1E-12	2E-13	1E-13
227	0.002	2E-04	1E-05	6E-07	2E-08	8E-10	4E-11	3E-12	5E-13	2E-13
229	0.003	3E-04	2E-05	1E-06	4E-08	2E-09	7E-11	6E-12	1E-12	5E-13
231	0.004	4E-04	3E-05	2E-06	7E-08	3E-09	1E-10	1E-11	2E-12	1E-12
233	0.005	6E-04	4E-05	2E-06	1E-07	5E-09	3E-10	2E-11	5E-12	3E-12
235	0.006	8E-04	6E-05	4E-06	2E-07	9E-09	5E-10	5E-11	1E-11	5E-12
237	0.007	0.001	9E-05	6E-06	3E-07	2E-08	1E-09	1E-10	2E-11	1E-11
239	0.009	0.001	1E-04	9E-06	5E-07	3E-08	2E-09	2E-10	4E-11	2E-11
241	0.01	0.002	2E-04	1E-05	8E-07	5E-08	3E-09	4E-10	8E-11	5E-11
243	0.012	0.002	3E-04	2E-05	1E-06	8E-08	6E-09	7E-10	2E-10	1E-10
245	0.014	0.003	3E-04	3E-05	2E-06	1E-07	1E-08	1E-09	3E-10	2E-10
247	0.016	0.004	5E-04	4E-05	3E-06	2E-07	2E-08	3E-09	7E-10	4E-10
249	0.018	0.004	6E-04	6E-05	5E-06	4E-07	4E-08	5E-09	1E-09	8E-10
251	0.021	0.005	9E-04	9E-05	8E-06	7E-07	7E-08	9E-09	2E-09	2E-09
253	0.023	0.007	0.001	1E-04	1E-05	1E-06	1E-07	2E-08	5E-09	3E-09
255	0.026	0.008	0.001	2E-04	2E-05	2E-06	2E-07	3E-08	9E-09	6E-09
257	0.028	0.01	0.002	3E-04	3E-05	3E-06	3E-07	6E-08	2E-08	1E-08
259	0.031	0.011	0.002	4E-04	4E-05	5E-06	6E-07	1E-07	3E-08	2E-08
261	0.033	0.013	0.003	5E-04	6E-05	7E-06	1E-06	2E-07	6E-08	4E-08
263	0.035	0.016	0.004	7E-04	9E-05	1E-05	2E-06	3E-07	1E-07	7E-08
265	0.037	0.018	0.005	9E-04	1E-04	2E-05	3E-06	5E-07	2E-07	1E-07
267	0.039	0.02	0.006	0.001	2E-04	3E-05	4E-06	9E-07	3E-07	2E-07
269	0.04	0.023	0.007	0.002	3E-04	4E-05	7E-06	1E-06	5E-07	4E-07
271	0.041	0.026	0.009	0.002	4E-04	6E-05	1E-05	2E-06	9E-07	7E-07
273	0.041	0.028	0.011	0.003	5E-04	9E-05	2E-05	4E-06	2E-06	1E-06
275	0.041	0.031	0.013	0.003	7E-04	1E-04	3E-05	7E-06	3E-06	2E-06
277	0.041	0.034	0.015	0.004	1E-03	2E-04	4E-05	1E-05	4E-06	3E-06
279	0.04	0.036	0.018	0.006	0.001	3E-04	6E-05	2E-05	7E-06	5E-06
281	0.039	0.038	0.02	0.007	0.002	4E-04	9E-05	3E-05	1E-05	9E-06
283	0.037	0.04	0.023	0.008	0.002	5E-04	1E-04	4E-05	2E-05	1E-05
285	0.035	0.041	0.026	0.01	0.003	8E-04	2E-04	6E-05	3E-05	2E-05
287	0.033	0.042	0.028	0.012	0.004	0.001	3E-04	1E-04	5E-05	4E-05
289	0.03	0.042	0.031	0.014	0.005	0.001	4E-04	1E-04	7E-05	5E-05
291	0.028	0.042	0.034	0.017	0.006	0.002	6E-04	2E-04	1E-04	8E-05
293	0.025	0.042	0.036	0.02	0.008	0.002	8E-04	3E-04	2E-04	1E-04
295	0.022	0.041	0.039	0.022	0.009	0.003	0.001	4E-04	2E-04	2E-04
297	0.02	0.04	0.041	0.025	0.011	0.004	0.002	6E-04	3E-04	3E-04

Fortsetzung auf nächster Seite

$b = 256$, $\mathfrak{B}_2$	$P(\lvert\Psi_{\mathcal{X}_1,\mathcal{X}_2}\rvert = x)$									
$x\downarrow$ $\alpha\rightarrow$	**0.275**	**0.3**	**0.325**	**0.35**	**0.375**	**0.4**	**0.425**	**0.45**	**0.475**	**0.5**
299	0.017	0.038	0.042	0.028	0.014	0.005	0.002	9E-04	5E-04	4E-04
301	0.015	0.036	0.043	0.031	0.016	0.007	0.003	0.001	7E-04	6E-04
303	0.013	0.033	0.044	0.034	0.019	0.008	0.004	0.002	0.001	8E-04
305	0.011	0.031	0.044	0.037	0.022	0.01	0.005	0.002	0.001	0.001
307	0.009	0.028	0.043	0.039	0.025	0.013	0.006	0.003	0.002	0.002
309	0.007	0.025	0.042	0.042	0.028	0.015	0.008	0.004	0.003	0.002
311	0.006	0.022	0.041	0.043	0.031	0.018	0.009	0.005	0.003	0.003
313	0.005	0.02	0.039	0.044	0.034	0.021	0.012	0.007	0.005	0.004
315	0.004	0.017	0.037	0.045	0.037	0.024	0.014	0.008	0.006	0.005
317	0.003	0.015	0.034	0.045	0.04	0.028	0.017	0.011	0.007	0.007
319	0.002	0.012	0.031	0.045	0.042	0.031	0.02	0.013	0.009	0.008
321	0.002	0.01	0.028	0.044	0.044	0.034	0.023	0.016	0.012	0.011
323	0.001	0.008	0.025	0.042	0.046	0.038	0.027	0.019	0.014	0.013
325	1E-03	0.007	0.022	0.04	0.047	0.041	0.03	0.022	0.017	0.016
327	7E-04	0.005	0.019	0.037	0.047	0.043	0.034	0.026	0.021	0.019
329	5E-04	0.004	0.017	0.035	0.046	0.045	0.037	0.029	0.024	0.022
331	4E-04	0.003	0.014	0.032	0.045	0.047	0.041	0.033	0.028	0.026
333	3E-04	0.003	0.012	0.028	0.043	0.048	0.044	0.037	0.032	0.03
335	2E-04	0.002	0.01	0.025	0.041	0.048	0.046	0.04	0.036	0.034
337	1E-04	0.001	0.008	0.022	0.039	0.048	0.048	0.043	0.039	0.038
339	8E-05	0.001	0.006	0.019	0.035	0.047	0.049	0.046	0.043	0.041
341	5E-05	8E-04	0.005	0.016	0.032	0.045	0.049	0.048	0.046	0.044
343	4E-05	6E-04	0.004	0.014	0.029	0.042	0.049	0.05	0.048	0.047
345	2E-05	4E-04	0.003	0.011	0.025	0.04	0.048	0.05	0.05	0.049
347	1E-05	3E-04	0.002	0.009	0.022	0.036	0.046	0.05	0.051	0.051
349	9E-06	2E-04	0.002	0.007	0.019	0.033	0.044	0.049	0.051	0.051
351	6E-06	1E-04	0.001	0.006	0.016	0.029	0.041	0.048	0.05	0.051
353	3E-06	9E-05	9E-04	0.004	0.013	0.026	0.038	0.045	0.049	0.05
355	2E-06	6E-05	6E-04	0.003	0.011	0.022	0.034	0.042	0.047	0.048
357	1E-06	4E-05	4E-04	0.003	0.009	0.019	0.03	0.039	0.044	0.045
359	7E-07	2E-05	3E-04	0.002	0.007	0.016	0.026	0.035	0.04	0.042
361	4E-07	1E-05	2E-04	0.001	0.005	0.013	0.023	0.031	0.037	0.039
363	2E-07	9E-06	1E-04	1E-03	0.004	0.01	0.019	0.027	0.033	0.035
365	1E-07	5E-06	9E-05	7E-04	0.003	0.008	0.016	0.023	0.029	0.031
367	7E-08	3E-06	6E-05	5E-04	0.002	0.006	0.013	0.02	0.025	0.026
369	4E-08	2E-06	4E-05	3E-04	0.002	0.005	0.01	0.016	0.021	0.023
371	2E-08	1E-06	2E-05	2E-04	0.001	0.004	0.008	0.013	0.017	0.019
373	1E-08	6E-07	1E-05	1E-04	8E-04	0.003	0.006	0.011	0.014	0.015
375	5E-09	3E-07	8E-06	9E-05	6E-04	0.002	0.005	0.008	0.011	0.012
377	2E-09	2E-07	5E-06	6E-05	4E-04	0.001	0.004	0.006	0.009	0.01
379	1E-09	1E-07	3E-06	4E-05	3E-04	0.001	0.003	0.005	0.007	0.008
381	6E-10	5E-08	2E-06	2E-05	2E-04	7E-04	0.002	0.004	0.005	0.006
383	3E-10	3E-08	9E-07	1E-05	1E-04	5E-04	0.001	0.003	0.004	0.004
385	1E-10	1E-08	5E-07	8E-06	7E-05	3E-04	9E-04	0.002	0.003	0.003
387	6E-11	6E-09	3E-07	5E-06	4E-05	2E-04	6E-04	0.001	0.002	0.002

Fortsetzung auf nächster Seite

$b = 256$, $\mathfrak{B}_2$	$P(\lvert\Psi_{\mathcal{X}_1,\mathcal{X}_2}\rvert = x)$									
$x\downarrow \quad \alpha \rightarrow$	**0.275**	**0.3**	**0.325**	**0.35**	**0.375**	**0.4**	**0.425**	**0.45**	**0.475**	**0.5**
389	2E-11	3E-09	1E-07	3E-06	2E-05	1E-04	4E-04	9E-04	0.001	0.002
391	1E-11	2E-09	7E-08	1E-06	1E-05	8E-05	3E-04	6E-04	9E-04	0.001
393	5E-12	7E-10	4E-08	8E-07	8E-06	5E-05	2E-04	4E-04	6E-04	7E-04
395	2E-12	3E-10	2E-08	4E-07	5E-06	3E-05	1E-04	2E-04	4E-04	5E-04
397	8E-13	1E-10	9E-09	2E-07	3E-06	2E-05	6E-05	2E-04	3E-04	3E-04
399	3E-13	6E-11	4E-09	1E-07	1E-06	1E-05	4E-05	1E-04	2E-04	2E-04
401	1E-13	3E-11	2E-09	6E-08	8E-07	5E-06	2E-05	6E-05	1E-04	1E-04
403	5E-14	1E-11	9E-10	3E-08	4E-07	3E-06	1E-05	3E-05	6E-05	7E-05
405	2E-14	5E-12	4E-10	1E-08	2E-07	2E-06	7E-06	2E-05	3E-05	4E-05
407	7E-15	2E-12	2E-10	6E-09	1E-07	8E-07	4E-06	1E-05	2E-05	2E-05
409	2E-15	7E-13	7E-11	3E-09	5E-08	4E-07	2E-06	6E-06	1E-05	1E-05
411	8E-16	3E-13	3E-11	1E-09	2E-08	2E-07	1E-06	3E-06	6E-06	7E-06
413	3E-16	1E-13	1E-11	5E-10	1E-08	1E-07	5E-07	2E-06	3E-06	4E-06
415	1E-16	4E-14	5E-12	2E-10	5E-09	5E-08	3E-07	8E-07	2E-06	2E-06
417	3E-17	1E-14	2E-12	1E-10	2E-09	2E-08	1E-07	4E-07	8E-07	1E-06
419	1E-17	5E-15	7E-13	4E-11	9E-10	1E-08	6E-08	2E-07	4E-07	5E-07
421	3E-18	2E-15	3E-13	2E-11	4E-10	4E-09	3E-08	9E-08	2E-07	2E-07
423	9E-19	6E-16	1E-13	6E-12	2E-10	2E-09	1E-08	4E-08	9E-08	1E-07
425	3E-19	2E-16	3E-14	2E-12	6E-11	8E-10	5E-09	2E-08	4E-08	5E-08
427	8E-20	6E-17	1E-14	8E-13	2E-11	3E-10	2E-09	8E-09	2E-08	2E-08
429	2E-20	2E-17	4E-15	3E-13	9E-12	1E-10	9E-10	3E-09	8E-09	1E-08
431	6E-21	5E-18	1E-15	1E-13	3E-12	5E-11	4E-10	1E-09	3E-09	4E-09
433	2E-21	1E-18	4E-16	3E-14	1E-12	2E-11	1E-10	6E-10	1E-09	2E-09
435	4E-22	4E-19	1E-16	1E-14	4E-13	6E-12	5E-11	2E-10	5E-10	7E-10
437	1E-22	1E-19	3E-17	3E-15	1E-13	2E-12	2E-11	8E-11	2E-10	3E-10
439	2E-23	3E-20	9E-18	1E-15	4E-14	8E-13	7E-12	3E-11	7E-11	9E-11
441	6E-24	7E-21	3E-18	3E-16	1E-14	2E-13	2E-12	1E-11	2E-11	3E-11
443	1E-24	2E-21	7E-19	8E-17	4E-15	8E-14	7E-13	3E-12	9E-12	1E-11
445	3E-25	4E-22	2E-19	2E-17	1E-15	2E-14	2E-13	1E-12	3E-12	4E-12
447	6E-26	1E-22	4E-20	6E-18	3E-16	7E-15	7E-14	4E-13	9E-13	1E-12
449	1E-26	2E-23	1E-20	2E-18	9E-17	2E-15	2E-14	1E-13	3E-13	4E-13
451	2E-27	5E-24	2E-21	4E-19	2E-17	5E-16	6E-15	3E-14	8E-14	1E-13
453	4E-28	1E-24	5E-22	9E-20	6E-18	1E-16	2E-15	9E-15	2E-14	3E-14
455	8E-29	2E-25	1E-22	2E-20	1E-18	4E-17	4E-16	2E-15	7E-15	9E-15
457	1E-29	4E-26	2E-23	5E-21	3E-19	9E-18	1E-16	6E-16	2E-15	2E-15
459	2E-30	6E-27	5E-24	1E-21	7E-20	2E-18	3E-17	2E-16	4E-16	6E-16
461	4E-31	1E-27	9E-25	2E-22	2E-20	5E-19	6E-18	4E-17	1E-16	1E-16
463	5E-32	2E-28	2E-25	4E-23	3E-21	1E-19	1E-18	8E-18	2E-17	3E-17
465	8E-33	3E-29	3E-26	7E-24	6E-22	2E-20	3E-19	2E-18	5E-18	8E-18
467	1E-33	5E-30	4E-27	1E-24	1E-22	4E-21	6E-20	4E-19	1E-18	2E-18
469	1E-34	7E-31	7E-28	2E-25	2E-23	7E-22	1E-20	7E-20	2E-19	3E-19
471	2E-35	9E-32	1E-28	3E-26	3E-24	1E-22	2E-21	1E-20	4E-20	6E-20
473	2E-36	1E-32	1E-29	5E-27	5E-25	2E-23	3E-22	2E-21	7E-21	1E-20
475	2E-37	1E-33	2E-30	7E-28	8E-26	3E-24	6E-23	4E-22	1E-21	2E-21
477	3E-38	2E-34	2E-31	9E-29	1E-26	5E-25	8E-24	6E-23	2E-22	3E-22

Fortsetzung auf nächster Seite

$b = 256$, $\mathfrak{B}_2$	$P(\lvert\Psi_{\mathcal{X}_1,\mathcal{X}_2}\rvert = x)$									
$x \downarrow \quad \alpha \rightarrow$	**0.275**	**0.3**	**0.325**	**0.35**	**0.375**	**0.4**	**0.425**	**0.45**	**0.475**	**0.5**
479	2E-39	2E-35	3E-32	1E-29	1E-27	7E-26	1E-24	9E-24	3E-23	4E-23
481	2E-40	2E-36	3E-33	1E-30	2E-28	9E-27	2E-25	1E-24	4E-24	6E-24
483	2E-41	2E-37	3E-34	1E-31	2E-29	1E-27	2E-26	2E-25	5E-25	8E-25
485	2E-42	1E-38	3E-35	1E-32	2E-30	1E-28	2E-27	2E-26	6E-26	1E-25
487	1E-43	1E-39	2E-36	1E-33	2E-31	1E-29	2E-28	2E-27	7E-27	1E-26
489	8E-45	9E-41	2E-37	1E-34	2E-32	1E-30	2E-29	2E-28	7E-28	1E-27
491	5E-46	6E-42	1E-38	9E-36	2E-33	9E-32	2E-30	2E-29	7E-29	1E-28
493	3E-47	3E-43	9E-40	6E-37	1E-34	7E-33	2E-31	2E-30	6E-30	9E-30
495	1E-48	2E-44	5E-41	4E-38	8E-36	5E-34	1E-32	1E-31	4E-31	6E-31
497	6E-50	9E-46	3E-42	2E-39	4E-37	3E-35	8E-34	7E-33	3E-32	4E-32
499	2E-51	4E-47	1E-43	1E-40	2E-38	2E-36	4E-35	4E-34	2E-33	2E-33
501	7E-53	1E-48	5E-45	4E-42	1E-39	7E-38	2E-36	2E-35	7E-35	1E-34
503	2E-54	4E-50	1E-46	1E-43	3E-41	3E-39	7E-38	8E-37	3E-36	5E-36
505	4E-56	9E-52	4E-48	4E-45	1E-42	8E-41	2E-39	2E-38	1E-37	2E-37
507	6E-58	2E-53	7E-50	7E-47	2E-44	2E-42	5E-41	6E-40	2E-39	4E-39
509	7E-60	2E-55	9E-52	9E-49	3E-46	3E-44	8E-43	9E-42	4E-41	6E-41
511	3E-62	1E-57	5E-54	6E-51	2E-48	2E-46	6E-45	7E-44	3E-43	4E-43

A.3 Studien zu Kapitel 8

A.3.1 Beispiele 8.2.1 bis 8.2.4

		N=100			
	$\int_{-\infty}^{+\infty} f(x)dx$	$MCS_{Bsp\ 8.2.1}$	$MCS_{Bsp\ 8.2.2}$	$MCS_{Bsp\ 8.2.3}$	$MCS_{Bsp\ 8.2.4}$
Mittelwert	1	0.9990873	0.9969459	1.0011095	1.0004161
Varianz	0	0.0061839	0.0024950	0.0014882	0.0014779
mittlerer Fehler	0	0.0623780	0.0398281	0.0309870	0.0305611
Varianz des Fehlers	0	0.0022898	0.0009164	0.0005283	0.0005431
lfd. Nr.	$\int_{-\infty}^{+\infty} f(x)dx$	$MCS_{Bsp\ 8.2.1}$	$MCS_{Bsp\ 8.2.2}$	$MCS_{Bsp\ 8.2.3}$	$MCS_{Bsp\ 8.2.4}$
1	1	1.0522108	1.0346389	1.0151026	0.9665807
2	1	0.9318593	1.0269713	1.0635030	1.0449447
3	1	1.0565864	1.0281990	0.9572589	0.9832298
4	1	1.0767294	0.9845873	1.0500624	0.9596388
5	1	1.0628154	1.0220477	1.0198542	0.9873589
6	1	0.9824868	1.0525284	0.9567493	0.9773987
7	1	0.8634634	1.0379223	0.9811105	0.9937330
8	1	0.9512132	1.1081730	1.0470434	0.9956386
9	1	0.9294478	1.0771179	0.9715542	0.9814441
10	1	0.9537783	1.0610801	0.9828399	1.0026591
11	1	0.9908841	0.9678400	0.9822637	0.9747643
12	1	0.9634970	1.0440984	1.0116515	0.9580834
13	1	0.9450718	0.9219971	1.0256869	0.9693379
14	1	0.9411918	0.9143750	0.9693337	0.9913142
15	1	0.9819824	0.9255253	0.9917297	1.0240612
16	1	1.0737347	1.0207799	0.9658540	1.0350182
17	1	1.0633310	1.0899097	1.0008655	0.9850332
18	1	1.0273060	0.9881116	1.0384994	1.0011942
19	1	0.9900755	1.1342315	1.0130197	0.9329585
20	1	1.0450464	1.0850693	0.9609145	0.9793572
21	1	1.1046699	0.9585799	0.9615807	0.9507753
22	1	1.0657661	1.0526789	1.0349909	0.9969899
23	1	0.9277893	0.9955086	1.0310888	0.9366137
24	1	0.8461881	1.0295473	1.0349205	1.0266579
25	1	1.0016179	0.9322761	1.0648703	1.0302302
26	1	0.9121278	1.0221149	0.9793407	1.0598234
27	1	1.0299584	0.9993357	1.0643271	1.0443557
28	1	0.9184485	1.0097880	0.9918096	1.0155741
29	1	0.8864239	0.9150663	1.0464924	1.0730212
30	1	0.9537337	0.9586409	1.0028769	0.9799988
31	1	0.9758808	0.8865367	1.0293454	0.9907146

Fortsetzung auf nächster Seite

lfd. Nr.	$\int_{-\infty}^{+\infty} f(x)dx$	$MCS_{Bsp\ 8.2.1}$	$MCS_{Bsp\ 8.2.2}$	$MCS_{Bsp\ 8.2.3}$	$MCS_{Bsp\ 8.2.4}$
32	1	0.9844887	1.1096862	0.9587561	1.0176112
33	1	1.0496589	0.9703557	1.0511004	1.0071224
34	1	1.1432922	1.0010978	1.0404787	1.0204756
35	1	1.0096008	1.0455939	0.9687768	0.9903552
36	1	0.9210060	0.9665377	1.0357203	1.0367750
37	1	0.9921157	1.0305135	0.9471964	1.0018038
38	1	0.8574847	1.0068693	1.0281509	0.9474673
39	1	1.0530604	0.9633871	0.9724068	0.9919707
40	1	1.0400801	1.0118850	1.0239039	1.0090580
41	1	1.0308097	0.9459684	0.9887705	0.9396058
42	1	0.8506654	0.9407756	1.0217143	0.9488013
43	1	0.9848644	0.9933235	1.0187985	0.9547864
44	1	0.9622880	1.0141489	1.0267649	1.0884967
45	1	1.0875032	0.9716068	0.9915959	0.9922512
46	1	0.8646128	0.9196325	1.0421590	1.0580094
47	1	0.9748211	1.0264113	0.9913413	0.9887584
48	1	0.9854634	0.9832317	1.0042330	1.0294926
49	1	0.9636368	0.9337245	0.9876844	0.9868181
50	1	1.1080813	0.9898639	1.0810986	0.9134874
51	1	0.9131193	0.9449441	1.0094855	0.9590140
52	1	0.9694737	1.0061712	0.9503232	0.9355036
53	1	0.9799419	1.0187944	1.0317489	1.0070803
54	1	0.9644511	1.0078696	1.0029821	1.0170581
55	1	1.0600071	0.9934087	0.9774107	0.9807003
56	1	1.1157079	0.9499167	1.0055409	0.9692895
57	1	1.0688997	1.1180704	0.9544421	0.9677848
58	1	1.0204040	0.9896185	1.0264025	0.9618728
59	1	1.0441362	0.9643211	0.9703747	0.9536902
60	1	0.9938688	0.9635488	1.0014278	1.0589242
61	1	1.0460348	1.0232637	0.9894543	1.0151569
62	1	0.8430307	0.9851141	0.9874337	0.9748013
63	1	1.0255488	0.9968226	1.0021988	1.0322394
64	1	0.9090341	0.9714783	0.9625212	0.9635730
65	1	0.9625076	0.9645612	1.0237615	0.9418064
66	1	1.0017552	0.9789377	1.0295328	0.9704088
67	1	0.9575481	0.9913967	1.1091317	1.0214181
68	1	0.9900052	1.0730182	0.9661579	1.0077438
69	1	1.0194899	0.9537163	1.0449168	1.0295166
70	1	0.9929353	1.0670486	1.0544133	0.9974565
71	1	1.0386952	1.0305838	1.0507055	1.0517082
72	1	1.0067145	1.0078979	0.9977270	0.9793417
73	1	0.9089607	1.1390784	1.0017197	1.0469060
74	1	0.9983411	0.9765578	1.0718799	1.0977199
75	1	0.9856709	0.9291182	0.9896834	0.9353389
76	1	1.0245326	1.0092268	1.0182223	0.9962276

Fortsetzung auf nächster Seite

lfd. Nr.	$\int_{-\infty}^{+\infty} f(x)dx$	$MCS_{Bsp\ 8.2.1}$	$MCS_{Bsp\ 8.2.2}$	$MCS_{Bsp\ 8.2.3}$	$MCS_{Bsp\ 8.2.4}$
77	1	1.1204458	1.0651793	0.9909060	1.0005897
78	1	0.8898716	1.0440732	1.0009462	0.9737931
79	1	0.9209419	0.9031515	1.0336794	1.0094344
80	1	0.9433104	1.0045975	1.0084003	1.0250799
81	1	1.0154691	0.9893659	0.9302412	0.9415200
82	1	1.1357027	0.9270920	0.9699294	0.9673046
83	1	0.8496375	0.9975737	0.9852831	0.9829211
84	1	0.9111970	0.9781768	1.0175815	0.9832193
85	1	0.9815202	0.9581898	0.9541882	0.9597963
86	1	1.0225201	0.9864280	1.0340716	0.9975328
87	1	0.9850743	1.0027276	0.9760097	1.0297168
88	1	0.8340483	1.0014418	0.9320905	1.0536685
89	1	1.0448043	0.9522345	1.0040639	1.0430865
90	1	0.9884758	0.9900495	1.0530925	0.9873560
91	1	1.0076179	0.9140842	1.0289768	1.0033436
92	1	0.9315005	1.0112672	1.0251140	1.0165162
93	1	0.9906099	1.0005806	0.9656122	1.0010248
94	1	1.0543752	0.9486918	0.9800366	1.0114777
95	1	0.9563402	1.0604397	1.0224554	1.0518968
96	1	1.0300439	0.9908614	1.0168492	0.9603677
97	1	1.0569751	0.9672228	0.9669667	0.9918201
98	1	0.9833545	0.9178568	1.0000681	0.9895502
99	1	1.0097045	0.9758556	0.9888628	0.9909307
100	1	1.0013983	1.0277405	0.9482587	0.9746542
101	1	1.1231480	0.9763757	0.9718129	0.9603764
102	1	1.0706961	1.0417949	1.0572280	0.9804201
103	1	0.9261555	0.9623027	0.9605446	0.9829091
104	1	1.1535499	1.0236483	1.0125921	0.9801511
105	1	0.9493762	0.9496713	0.9969586	0.9981376
106	1	0.9996176	0.9530697	0.9541531	1.0984900
107	1	1.0485919	1.0619678	0.9716135	0.9989078
108	1	1.0056211	0.9528397	1.0162949	1.0442339
109	1	1.0387095	1.0052757	1.0834503	1.0243768
110	1	0.9087776	0.9614250	1.0269576	0.9973093
111	1	1.0174058	1.0035273	0.9959608	0.9786609
112	1	0.9038943	0.9586107	0.9646516	0.9853917
113	1	1.1254706	1.0047376	1.0631297	0.9380345
114	1	1.0065914	0.9248289	0.9813090	0.9863561
115	1	1.0249913	1.0271669	1.0540728	0.9988130
116	1	0.9671504	1.0001019	1.0152282	1.0527253
117	1	0.9425438	0.9989429	0.9350821	1.0169910
118	1	1.0277120	1.0308694	1.0426629	1.0013135
119	1	0.9272467	0.9588945	0.9866949	1.0010093
120	1	1.0653828	0.9691384	1.0247666	0.9753388
121	1	1.0562704	1.0098532	1.0009398	0.9723466

Fortsetzung auf nächster Seite

lfd. Nr.	$\int_{-\infty}^{+\infty} f(x)dx$	$MCS_{Bsp\ 8.2.1}$	$MCS_{Bsp\ 8.2.2}$	$MCS_{Bsp\ 8.2.3}$	$MCS_{Bsp\ 8.2.4}$
122	1	0.8658171	0.9909481	1.0371406	1.0303649
123	1	0.9748355	0.9894960	0.9839679	1.0161668
124	1	1.0269250	1.0032638	1.0111073	0.9905537
125	1	0.9485617	1.0306363	1.0283748	0.9589585
126	1	0.9052548	0.9745967	0.9910516	0.9593593
127	1	1.0432934	1.0047983	0.9297090	0.9614301
128	1	1.0708263	1.0588851	0.9913520	1.0502185
129	1	1.0108463	1.0558434	1.0201528	0.9638528
130	1	0.9108791	0.9819449	1.0075702	0.9857259
131	1	0.9191815	0.8956993	1.0675139	1.0198505
132	1	0.8402881	0.9897938	0.9724743	1.0845545
133	1	1.0106518	1.0337155	1.0019030	0.9249964
134	1	1.1144380	0.9812044	1.0560008	1.0225582
135	1	1.2521027	0.9985812	1.0361624	1.0655790
136	1	0.9546714	1.0844843	0.9520938	0.9787571
137	1	1.0241542	0.9887242	1.0087140	0.9549319
138	1	0.9282173	1.0326000	0.9292221	0.9621477
139	1	1.0677635	0.9855285	1.0052359	0.9683342
140	1	0.9094849	0.9369371	1.0473949	0.9070760
141	1	0.9879086	0.9881806	0.9905417	1.0070674
142	1	0.9708640	1.0444417	1.0047444	1.0124199
143	1	1.0271617	0.9313599	0.9419838	0.9273410
144	1	1.0496331	1.0013141	1.0649086	1.0133718
145	1	0.8758912	1.0901828	0.9545787	1.0182069
146	1	1.0091551	0.9922543	0.9821144	0.9818497
147	1	0.9193124	1.0008899	1.0108095	0.9976610
148	1	1.0295894	1.0370613	0.9904530	0.9663673
149	1	0.8923832	1.0151861	1.0003835	0.9829808
150	1	0.9081467	1.0249769	1.0566597	1.0256085
151	1	1.0225264	0.9950957	0.9664633	0.9785569
152	1	0.9258644	0.9191052	1.0407811	0.9604572
153	1	1.0423628	1.0334306	0.9910944	1.0078122
154	1	1.1372768	1.0275445	0.9713158	0.9899850
155	1	0.9895108	0.9148463	1.0351051	1.0062661
156	1	1.0433159	1.0017061	1.0489925	1.0174673
157	1	0.8835711	1.0296270	0.9698078	0.9637475
158	1	0.9630271	1.0285637	0.9887921	1.0400778
159	1	0.8750718	1.0318969	1.0324408	0.9895567
160	1	0.8165821	1.1085817	0.9856078	0.9622556
161	1	1.0331543	1.0253978	0.9597453	1.0320040
162	1	1.1114406	1.0804921	1.0352506	1.0023652
163	1	0.9395014	0.9785616	0.9904271	1.0406776
164	1	0.9155745	1.0404510	1.0312495	0.9793844
165	1	1.0278770	1.0221186	0.9822020	0.9704225
166	1	1.0365523	1.0469441	0.9634586	1.0398796

Fortsetzung auf nächster Seite

lfd. Nr.	$\int_{-\infty}^{+\infty} f(x)dx$	$MCS_{Bsp\ 8.2.1}$	$MCS_{Bsp\ 8.2.2}$	$MCS_{Bsp\ 8.2.3}$	$MCS_{Bsp\ 8.2.4}$
167	1	1.0609770	1.0623856	1.0270751	0.9906753
168	1	1.0290164	0.9612747	1.0299033	1.0025853
169	1	0.8720669	0.9645980	0.9932403	0.9579896
170	1	0.8995184	1.0441666	0.9623766	1.0076736
171	1	0.9885623	1.0087792	0.9572963	0.9930685
172	1	1.0742269	0.9004203	0.9542690	0.9137449
173	1	0.9990867	0.9888082	1.0303988	1.0650212
174	1	1.0432846	0.9939509	0.9972929	1.0062983
175	1	0.9093907	0.9507940	0.9885494	0.9432421
176	1	0.8794273	1.0302014	0.9474299	1.0089858
177	1	0.9455612	0.9142162	0.9355461	1.0914217
178	1	1.0878150	1.0317775	0.9943467	0.9971912
179	1	1.0109531	0.9912982	0.9754793	0.9395726
180	1	0.7495108	1.0282217	0.9377654	0.9784721
181	1	1.0125842	1.0125949	1.0051143	0.9922871
182	1	0.9691693	0.9529775	0.9606597	0.9309046
183	1	0.9169968	0.8463553	1.0371879	0.9425063
184	1	1.0126710	0.9426546	1.0085284	0.9864704
185	1	0.9810581	0.9620591	1.0098223	1.0172763
186	1	1.1929769	1.0165698	0.9580622	0.9615249
187	1	1.0558783	1.0297005	0.9770534	1.0035149
188	1	0.9625780	0.9505656	0.9342977	1.0471145
189	1	1.0258228	0.9914602	1.0375798	0.9543271
190	1	1.1029103	0.9134843	0.9754148	0.9522907
191	1	0.9157551	0.9520705	1.0875988	1.0979762
192	1	1.0685037	0.9640604	1.0045167	1.0278755
193	1	1.0534007	0.9684943	0.9341948	1.0053686
194	1	1.0425220	0.9398503	1.0188975	0.9526469
195	1	0.8832466	1.0649621	1.0063398	1.0515684
196	1	0.8837206	0.9279722	1.0448058	1.0050655
197	1	0.9856428	1.0065974	0.9638354	1.0194448
198	1	1.0121019	0.9759728	1.0273201	1.0348084
199	1	1.0342341	0.9514338	1.0298809	0.9947617
200	1	1.0580615	1.0805021	0.9984077	1.0290863
201	1	0.9687427	0.9671647	1.0396378	1.0137834
202	1	1.1189883	0.9936510	1.0193379	1.0140245
203	1	0.8672765	0.9719864	0.9766801	1.0181589
204	1	0.8665843	1.0113212	0.9817434	1.0860405
205	1	1.0873439	0.9849408	0.9648134	1.0118826
206	1	1.0109102	0.9848053	1.0343311	1.0725152
207	1	1.0109033	1.0109317	0.9467056	1.0274947
208	1	1.0652675	1.0302864	1.0283814	0.9846056
209	1	1.0833014	0.9726116	0.9871803	0.9967066
210	1	1.1068042	1.0003474	0.8893024	0.9616356
211	1	0.8893681	0.9874957	1.0128368	0.9902428

Fortsetzung auf nächster Seite

lfd. Nr.	$\int_{-\infty}^{+\infty} f(x)dx$	$MCS_{Bsp\ 8.2.1}$	$MCS_{Bsp\ 8.2.2}$	$MCS_{Bsp\ 8.2.3}$	$MCS_{Bsp\ 8.2.4}$
212	1	1.0990920	1.0028945	0.9850659	1.0299923
213	1	1.0141873	0.9686853	0.9746879	0.9918584
214	1	0.9644052	0.9589224	1.0077579	0.9983768
215	1	1.1984675	0.8903129	0.9602682	1.0070441
216	1	1.0964936	0.9272424	1.0139528	0.9841171
217	1	1.0539407	1.0260199	1.0254304	0.9430679
218	1	1.1330253	1.0566156	1.0702942	1.0570031
219	1	0.9601558	1.0069573	0.9676075	1.0583758
220	1	1.0325532	0.9151765	1.0220744	1.0031551
221	1	0.9954184	0.9529183	1.0367125	1.0334342
222	1	0.9644192	0.9502041	0.9351743	0.9630527
223	1	0.9813786	1.0870499	1.0254286	0.9947387
224	1	1.0294008	1.0000386	0.9980435	1.0040241
225	1	1.0381040	0.9804319	1.0039850	0.9746854
226	1	1.1209710	1.0069279	0.9732562	0.9784837
227	1	0.8451403	0.9671801	1.0670085	1.0142850
228	1	1.0161936	0.9942597	0.9891122	1.0057496
229	1	1.0107815	0.9660619	1.0132590	1.0386695
230	1	0.9897595	0.9641222	0.9646752	1.0176043
231	1	0.9316645	1.0437726	1.0479361	1.0091408
232	1	0.9804420	1.0434345	0.9867657	1.0324854
233	1	0.9298247	1.0193185	0.9409715	1.0021709
234	1	0.9748268	1.0044827	0.9333008	1.0401150
235	1	1.0719467	0.9250832	0.9884333	0.9788297
236	1	1.1017495	0.9757908	1.1080146	0.9874013
237	1	0.9251360	0.9257767	0.9608462	1.0235176
238	1	1.0090300	1.0401672	0.9087907	0.9589923
239	1	1.1290112	0.9471558	0.9676422	1.0431299
240	1	1.1132787	0.9304113	0.9624340	1.0544019
241	1	0.9772627	0.9903089	1.0186961	0.9493984
242	1	1.1042391	0.9897567	0.9758121	0.9923017
243	1	1.0476392	1.0155633	0.9511498	0.9194259
244	1	1.1036583	0.9824257	0.9096530	0.9193428
245	1	0.9779508	0.9661020	0.9524755	1.0235360
246	1	1.0068545	1.0176286	0.9969088	1.0148741
247	1	0.8964726	0.9514116	0.9755338	0.9826662
248	1	0.8847150	0.9337845	0.9195107	0.9828979
249	1	0.9070969	0.8898970	1.0225557	1.0520453
250	1	0.9556355	1.0091681	1.0661014	1.0178942
251	1	0.8712763	0.8870974	0.9616715	1.0405968
252	1	1.0210523	1.0722780	1.0317325	1.0233314
253	1	1.1170624	1.0169658	0.9686226	0.9924976
254	1	0.9904551	0.9796446	1.0202358	1.0145148
255	1	0.9802081	0.9610972	1.0494682	1.0016759
256	1	1.1450380	0.9460834	1.0042410	0.9962005

Fortsetzung auf nächster Seite

lfd. Nr.	$\int_{-\infty}^{+\infty} f(x)dx$	$MCS_{Bsp\ 8.2.1}$	$MCS_{Bsp\ 8.2.2}$	$MCS_{Bsp\ 8.2.3}$	$MCS_{Bsp\ 8.2.4}$
257	1	0.9782359	1.0445378	0.9695056	1.0499353
258	1	0.9861359	1.0022058	1.0099498	1.0646354
259	1	0.9045112	1.0745968	0.9927304	1.0103802
260	1	0.7703419	0.9178479	0.9836654	0.9657908
261	1	1.1738648	0.9924893	0.9797074	0.8755976
262	1	1.0253107	1.1091946	0.9689979	1.0316152
263	1	0.9690874	0.9786130	1.0221141	1.0246094
264	1	0.9027569	0.9971736	0.9564072	0.9625841
265	1	1.0054166	0.9902813	1.0254188	1.0140227
266	1	0.8643538	1.0959000	1.0626564	1.0601421
267	1	1.0158190	1.0427377	0.9945912	1.0134565
268	1	1.0401579	0.8844744	1.0251836	0.9942014
269	1	0.9647463	0.9570349	0.9578759	1.0749568
270	1	0.9959734	0.9369815	0.9761067	1.0235513
271	1	1.0648544	1.0067737	1.0357987	1.0589392
272	1	1.0183924	0.9195128	0.9757590	1.0489928
273	1	1.0690192	1.0405415	0.9987530	0.9753268
274	1	1.0095667	1.0692081	1.0365109	1.0189351
275	1	0.9535808	1.0665936	0.9914025	1.0055280
276	1	0.9593001	0.8773127	0.9956706	0.9736705
277	1	1.0969731	0.9198071	1.0129282	1.0357995
278	1	1.0101635	0.9982883	0.9432528	1.0117557
279	1	0.9793726	0.9395552	1.0414552	0.9817190
280	1	0.8895243	0.9984152	1.0093099	1.0554155
281	1	0.9766842	1.0123188	1.0019917	0.9600470
282	1	0.9632805	1.0296985	1.0317617	1.0192729
283	1	0.9361199	0.9768288	1.0726334	0.9764041
284	1	0.9014822	1.0004004	0.9848991	0.9984376
285	1	1.0340821	1.0056000	0.9555664	0.9767622
286	1	0.9982654	0.9587949	0.9834686	0.9860593
287	1	0.9998901	0.9667221	1.0391181	0.9176106
288	1	1.0030297	0.9680427	1.0057142	0.9850015
289	1	0.9156365	0.9696696	1.0270854	1.0167357
290	1	1.0866228	0.9921092	0.9521188	1.0175689
291	1	1.0842265	1.0238246	1.0405078	1.0196867
292	1	1.0351594	0.9964770	1.0437456	1.0128807
293	1	0.9534866	0.8594560	1.0001073	1.0375666
294	1	0.9901603	1.0048773	0.9461283	0.9637672
295	1	1.0245535	0.9046389	1.0355572	1.0368349
296	1	0.9369783	1.0654567	1.0231408	0.9322505
297	1	0.8571959	1.0153630	1.0254282	1.0052773
298	1	1.0023080	0.9177282	0.9190386	0.9767274
299	1	0.9209756	0.9493892	0.9251151	0.9680814
300	1	0.8859564	0.9540014	1.0487549	1.0315614
301	1	0.9993989	0.9184184	1.0225745	0.9976917

Fortsetzung auf nächster Seite

lfd. Nr.	$\int_{-\infty}^{+\infty} f(x)dx$	$MCS_{Bsp\ 8.2.1}$	$MCS_{Bsp\ 8.2.2}$	$MCS_{Bsp\ 8.2.3}$	$MCS_{Bsp\ 8.2.4}$
302	1	1.0494808	1.0643221	0.9689644	1.0243934
303	1	0.9026849	0.9435571	0.9520807	1.0352651
304	1	1.0275999	0.9501599	0.9992869	0.9724040
305	1	1.0684981	0.9862828	0.9692304	1.0636093
306	1	0.8927582	0.9673135	1.0256182	0.9645329
307	1	1.0585169	0.9801905	0.9854110	1.0031232
308	1	0.9829944	1.0523878	1.0517192	0.9938450
309	1	1.0427242	1.0019005	1.0085931	0.9705343
310	1	1.0254853	0.9874872	0.9631307	1.0480493
311	1	1.0118841	1.1186955	0.9811550	0.9844767
312	1	0.9835588	1.0377506	0.9664020	0.9627991
313	1	1.0591713	0.9427662	1.0131211	1.0263350
314	1	1.0040533	0.9316953	0.9915243	0.9862869
315	1	0.9419245	1.0203358	1.0088123	1.0048428
316	1	0.9579463	1.0324389	1.0175734	0.9344105
317	1	1.0327807	0.9458272	0.9687438	1.0307798
318	1	0.9853056	1.0452228	1.0101903	0.9830737
319	1	0.9787773	0.9661823	1.0716626	1.0771078
320	1	1.1105305	0.9986493	0.9737881	0.9580443
321	1	0.9208608	1.0192576	0.9518880	1.0123486
322	1	0.9782143	0.8958052	1.0422524	0.9771790
323	1	1.0069236	0.9005485	1.0095134	1.0331431
324	1	1.0335488	0.9986349	1.0412941	1.0252309
325	1	0.9754897	1.0521389	0.9920423	1.0305931
326	1	1.0097000	0.9513348	0.9232861	0.9752403
327	1	1.0281815	1.0887169	0.9871769	0.9833092
328	1	1.0814850	0.9073643	1.0824369	1.0165964
329	1	1.0248229	0.9847344	0.9977279	0.9617602
330	1	0.9498748	0.9109238	0.9990284	0.9665584
331	1	0.9490936	1.0424128	1.0323913	0.9819287
332	1	0.9043384	0.9204128	1.0017270	1.0236371
333	1	1.0370533	0.9188144	1.0095468	1.0146322
334	1	1.0278771	0.9544234	1.0183526	1.0687462
335	1	0.8317262	1.0265952	1.0412956	0.9871440
336	1	0.9669846	0.9800703	1.0298954	0.9622427
337	1	1.1738873	1.0098605	1.0289038	1.0167263
338	1	1.0991553	1.0148999	0.9982734	0.9675376
339	1	1.0275792	0.9598453	1.0053637	0.9696796
340	1	1.0946995	1.0283398	1.0300938	1.0080372
341	1	1.0783608	1.0395610	1.0196659	1.0429258
342	1	1.0123275	0.9739274	0.9438354	1.0068992
343	1	0.9820483	0.9446074	0.9820817	0.9507877
344	1	0.9216342	1.0537432	0.9804752	0.9881380
345	1	1.0457164	1.0510969	0.9713966	1.0117268
346	1	1.0618776	0.9788904	0.9931627	1.0200226

Fortsetzung auf nächster Seite

lfd. Nr.	$\int_{-\infty}^{+\infty} f(x)dx$	$MCS_{Bsp\ 8.2.1}$	$MCS_{Bsp\ 8.2.2}$	$MCS_{Bsp\ 8.2.3}$	$MCS_{Bsp\ 8.2.4}$
347	1	1.1337987	0.9646342	1.0742628	0.9826630
348	1	1.0012342	0.9576204	1.0229717	1.0330111
349	1	1.0575488	1.0003341	0.9334676	1.0315859
350	1	1.0762661	1.0669873	1.0346997	1.0299152
351	1	1.1085033	1.0821082	0.9781542	1.0137607
352	1	0.9489556	1.0716436	0.9891680	1.0031763
353	1	1.0506877	0.9347367	1.0359820	1.0287934
354	1	1.0702918	0.9294066	0.9759798	0.9670072
355	1	1.0921599	0.9518727	1.0336354	1.0822414
356	1	1.0739619	1.0370820	1.0324248	0.9439093
357	1	1.0338885	1.0403870	0.9653963	0.9718919
358	1	1.0620282	0.9506165	1.0054772	0.9984967
359	1	1.1635572	0.9717756	0.9381652	0.9987824
360	1	0.9457225	0.9868789	0.9560113	1.0376645
361	1	1.0055882	1.0475868	1.0072938	0.9145216
362	1	1.2100776	1.0225257	1.0346600	0.9451906
363	1	1.0382587	1.0328712	1.0478934	1.0203370
364	1	0.9249194	0.9444299	1.0591510	1.0204074
365	1	0.9369979	0.9366995	1.0045359	1.0400876
366	1	0.9935143	1.0210073	0.9847966	0.9979564
367	1	1.0326715	1.0375739	0.9942958	1.0888335
368	1	1.1294251	1.0437558	1.0372494	1.0095239
369	1	1.0964034	0.9894835	0.9862448	0.9303780
370	1	0.9900652	0.9742041	1.0152299	1.0044280
371	1	1.0617772	1.0713762	0.9521412	1.0146229
372	1	0.9360347	0.8914461	0.9752427	1.0554040
373	1	0.9881526	0.9872742	1.0544287	1.0085772
374	1	1.0310352	1.0398003	1.0373506	1.0263836
375	1	1.0278192	0.9447734	0.9891046	1.0110968
376	1	1.0113297	0.9190367	0.8940916	0.9945617
377	1	0.9798955	1.0053707	0.9917901	1.0121212
378	1	1.0490837	1.0878315	1.0060829	0.9608133
379	1	0.9470154	1.0144887	1.0220586	0.9526877
380	1	1.1821508	1.0134838	0.9887858	1.0157292
381	1	0.8901042	1.0618180	1.0284886	1.0506658
382	1	0.8579601	1.0277547	1.0185776	1.0047232
383	1	1.0191389	0.9448554	0.9921236	0.9496578
384	1	0.9482677	0.9670002	1.0456792	0.9410198
385	1	0.8927110	1.0292366	0.9732042	0.9686051
386	1	0.9227058	0.9454644	0.9962887	0.9814427
387	1	1.0510224	0.9905764	0.8977089	1.0280392
388	1	0.9663671	0.9809423	0.9825141	0.9634698
389	1	0.8719392	1.0775253	0.9302668	1.0276058
390	1	0.9559577	0.9950996	0.9232577	1.0133453
391	1	1.1220605	0.9607560	0.9427236	0.9451088

Fortsetzung auf nächster Seite

lfd. Nr.	$\int_{-\infty}^{+\infty} f(x)dx$	$MCS_{Bsp\ 8.2.1}$	$MCS_{Bsp\ 8.2.2}$	$MCS_{Bsp\ 8.2.3}$	$MCS_{Bsp\ 8.2.4}$
392	1	1.0307132	0.9974348	0.9679518	1.0052821
393	1	0.9220782	0.9871666	0.9914359	0.9273241
394	1	0.9497403	1.1009614	1.0380957	1.0344340
395	1	1.1392198	0.9459861	0.9963066	1.0574356
396	1	1.0141586	0.9192477	0.9579126	1.0266006
397	1	1.0433643	0.9912378	0.9783827	0.9947675
398	1	0.9349761	0.9590820	0.9742151	0.9463769
399	1	1.0590413	1.0521771	1.0253479	0.9418608
400	1	0.8237427	1.0098971	0.9684565	1.0581736
401	1	1.1650501	1.0091664	0.9733718	0.9554661
402	1	0.9032052	1.0579694	1.0857730	1.0209648
403	1	1.0381815	1.0260308	0.9859228	1.0261328
404	1	0.9803737	0.9559839	0.9716332	0.9569597
405	1	0.9639648	1.1029358	0.9782730	1.0140645
406	1	1.0677375	0.9730468	1.0104116	1.0358934
407	1	1.0295613	1.0092690	1.0315230	1.0122372
408	1	0.9842275	1.0065867	0.9468756	0.9291050
409	1	0.9012443	1.0135037	1.0555065	1.0297049
410	1	1.0896030	0.9542748	1.0088779	0.9299762
411	1	0.9899882	1.0611536	1.0432028	0.9890024
412	1	0.8850699	0.9793292	0.9622978	0.9821161
413	1	1.0918321	0.9467159	1.0353379	0.9174891
414	1	0.9835107	0.9923482	1.0322158	0.9719462
415	1	0.9574601	1.0225345	0.9193774	0.9498027
416	1	0.9515070	0.9486773	0.9272744	1.0519131
417	1	1.1375474	1.0463636	1.0902629	1.0876018
418	1	1.0410378	0.9793148	1.0274836	1.0650897
419	1	1.0629865	0.9319919	1.0953706	0.9546489
420	1	0.9834628	0.8945098	1.0180381	1.0074569
421	1	0.9541480	1.0937411	0.9826331	1.0517735
422	1	1.0266491	1.0124821	1.0413261	0.9959024
423	1	0.9229293	1.0192809	1.0213235	0.9820065
424	1	1.0026065	1.0204038	1.0001887	1.0188588
425	1	1.0367762	1.0676175	1.0246780	1.0839050
426	1	0.9607730	1.0273689	0.9893406	0.9932508
427	1	0.9202915	0.9655125	1.0666908	0.9962433
428	1	1.0699117	0.9827963	1.0492459	0.9659689
429	1	0.9451039	1.0873456	1.0326317	0.9813490
430	1	1.0296612	0.9712573	1.0557712	1.0421829
431	1	1.0046076	1.0468277	0.9858099	1.0192448
432	1	1.0614690	0.9628369	1.0759263	1.0082011
433	1	1.0230819	0.9929697	1.0085290	0.9780131
434	1	1.0371793	1.0071796	0.9584316	0.9893377
435	1	1.0441036	0.9688931	0.9890033	0.9655898
436	1	1.1426515	0.9634044	0.8936612	0.9801638

Fortsetzung auf nächster Seite

lfd. Nr.	$\int_{-\infty}^{+\infty} f(x)dx$	$MCS_{Bsp\ 8.2.1}$	$MCS_{Bsp\ 8.2.2}$	$MCS_{Bsp\ 8.2.3}$	$MCS_{Bsp\ 8.2.4}$
437	1	0.8966740	1.0190543	0.9936262	1.0408322
438	1	0.8334980	0.9347123	1.0220141	1.0123073
439	1	1.0715222	1.0038117	0.9685665	0.9563970
440	1	0.9765863	1.0033828	1.0762093	0.9909065
441	1	0.8637683	0.8970497	0.9978019	1.0539222
442	1	0.9851756	1.0095115	1.0453976	1.0314043
443	1	1.0910653	1.0570275	0.9163821	1.0019811
444	1	0.9741618	1.0259743	0.9950062	0.9491198
445	1	1.1015621	1.0177204	1.0639722	0.9951570
446	1	0.9821257	1.0260406	1.0408146	1.0029773
447	1	1.1289666	1.0504293	1.0555288	0.9327809
448	1	1.0293984	1.0011295	1.0235156	1.0042237
449	1	0.8996279	1.0193794	1.0152639	1.0729059
450	1	0.8764267	0.9540996	1.0299993	1.0116212
451	1	1.0480460	0.9974040	1.0996702	1.0071998
452	1	0.8977317	1.0676191	0.9669840	1.0288920
453	1	0.9140567	1.0112537	0.9775154	0.9903994
454	1	0.9229289	1.0066576	0.9659602	1.0153924
455	1	1.1069790	1.0396416	0.9343234	1.0058387
456	1	1.1417475	1.0752110	0.9477995	1.0360537
457	1	1.0428213	0.9370070	1.0802779	0.9828363
458	1	0.9869444	1.0449585	1.0715393	0.9979549
459	1	0.9342229	1.0012105	1.0561527	1.0592466
460	1	0.9333236	0.9721721	0.9863430	1.0012747
461	1	0.9048407	1.0251116	0.9857068	1.0072161
462	1	1.1453946	1.0382579	1.0635512	0.9014661
463	1	0.8546230	1.0347477	0.9841401	1.0748632
464	1	1.1128984	1.0222245	1.0649510	1.0019536
465	1	0.9404051	1.0536046	0.9880347	0.9965248
466	1	0.8983993	0.9951568	1.0163366	0.9842837
467	1	0.9294820	0.9844078	1.0450886	0.9932366
468	1	0.9718837	0.9951367	0.9949490	1.0526484
469	1	1.1028969	1.0119703	1.0434162	1.0211880
470	1	0.8893603	0.9073034	1.0577105	1.0329034
471	1	0.9629682	0.9421626	0.9622435	1.0351805
472	1	1.0510839	1.0839961	1.0078682	1.0280791
473	1	0.9759990	0.9367942	0.9834810	1.0535537
474	1	1.0422292	0.9237670	0.9667948	0.9772618
475	1	1.0881325	1.0730634	0.9449570	0.9512717
476	1	1.0155059	1.0177011	0.9922479	1.0182578
477	1	0.9921821	0.9883687	0.9768219	1.0226776
478	1	0.9887535	1.0376003	0.9958425	1.0448798
479	1	1.0575636	0.9720939	0.9753766	0.9623005
480	1	0.9138704	1.0181265	1.0028944	1.0092896
481	1	1.0711074	1.0308153	1.0310314	1.0067633

Fortsetzung auf nächster Seite

lfd. Nr.	$\int_{-\infty}^{+\infty} f(x)dx$	$MCS_{Bsp\ \mathbf{8.2.1}}$	$MCS_{Bsp\ \mathbf{8.2.2}}$	$MCS_{Bsp\ \mathbf{8.2.3}}$	$MCS_{Bsp\ \mathbf{8.2.4}}$
482	1	0.9519753	1.0284095	1.0598168	1.0055805
483	1	1.0647624	0.9951664	1.0139456	1.0420755
484	1	0.9477453	0.9925171	1.0504000	1.0331078
485	1	0.9497790	1.0527068	1.0061668	1.0054201
486	1	1.0640414	0.9251244	1.0245097	0.9758047
487	1	0.9574938	0.9649452	0.9950432	0.9916489
488	1	1.0180691	1.0060108	1.0657716	0.9549429
489	1	0.9632606	1.0906340	0.9741281	1.0345270
490	1	1.0808314	1.0624297	0.9691956	0.9246017
491	1	1.0227736	1.0631736	1.0033033	0.9955428
492	1	1.0387502	0.8941498	1.0132773	1.0593767
493	1	1.1136238	1.0217575	0.9230450	0.9965487
494	1	1.0877594	1.0568888	0.9316186	0.9633622
495	1	1.0491885	0.9825457	1.0167571	0.9817204
496	1	0.9525392	0.9795785	0.9572182	0.9026388
497	1	0.9796463	0.9930636	1.0074567	0.9969026
498	1	1.0131648	0.9685564	0.9617509	0.8957095
499	1	0.8770588	1.0058750	0.9608337	0.9745489
500	1	1.0570138	1.0119076	0.9481307	1.0059238
501	1	0.8760981	1.0116160	0.9971950	1.0772321
502	1	0.9633946	1.0390630	1.0131750	0.9646426
503	1	1.0787112	1.0859943	0.9635113	0.9951412
504	1	1.1024336	1.0148198	1.0009213	0.8968461
505	1	1.0181756	0.9955731	1.0379434	0.9902802
506	1	1.0585865	0.9637966	1.0804695	1.1019539
507	1	0.9407288	0.9931891	1.0470269	1.0714076
508	1	1.1064306	1.0165197	0.9964378	0.9715703
509	1	1.0617264	0.9940151	0.9832670	1.0456482
510	1	0.8713357	1.0200884	1.0433444	1.0016507
511	1	1.0704654	1.0547825	0.9654059	0.9597942
512	1	0.9927766	0.9401069	1.0479048	1.0038781
513	1	0.9784202	1.0156039	1.0117988	1.0530689
514	1	1.0952683	0.9704087	1.0394665	1.0110705
515	1	0.9077983	1.0334170	0.9855271	0.9463014
516	1	0.9770474	0.9461519	1.0314723	1.0059297
517	1	1.0441667	1.1167296	0.9641715	0.9919637
518	1	0.9386423	0.9436607	0.9602569	0.9735332
519	1	0.9141643	0.9263731	1.0197558	1.0146738
520	1	0.9571663	1.0555173	1.0239386	1.0344573
521	1	0.8268773	1.0624847	1.0297296	0.9745302
522	1	0.9501037	0.9694265	0.9858444	1.0114900
523	1	1.0799933	0.9573713	1.0348221	0.9486372
524	1	0.9803515	0.9979714	0.9842982	0.9591562
525	1	1.2002138	1.0033802	0.9803999	1.0074951
526	1	0.9309988	0.9911628	1.0071806	0.9854655

Fortsetzung auf nächster Seite

lfd. Nr.	$\int_{-\infty}^{+\infty} f(x)dx$	$MCS_{Bsp\ 8.2.1}$	$MCS_{Bsp\ 8.2.2}$	$MCS_{Bsp\ 8.2.3}$	$MCS_{Bsp\ 8.2.4}$
527	1	0.9297837	1.0683591	1.0109419	1.0479727
528	1	1.1099476	0.9749940	0.9566553	1.0052547
529	1	0.8949233	0.9517557	0.9734566	1.0008599
530	1	0.9021199	0.9136953	1.0223140	0.9051283
531	1	0.9427853	0.9388888	1.0077567	1.0031317
532	1	0.9381742	1.0384769	1.0023371	0.9929962
533	1	0.9579469	1.0229117	0.9191658	0.9403446
534	1	0.9471030	1.0298909	0.9823107	1.0178042
535	1	0.9449500	1.0526212	0.9852510	0.9790011
536	1	0.9900402	0.9853909	0.9987315	0.8817875
537	1	1.1224693	0.9711866	0.9829503	1.0521049
538	1	0.9404250	0.9852755	1.0242903	0.9975914
539	1	1.0847904	1.0867991	1.0383320	0.9537500
540	1	0.9695978	0.9633687	0.9583784	1.0213392
541	1	1.0005183	0.9564569	1.0482324	1.0541410
542	1	1.0854481	0.9574647	1.0063162	1.0008883
543	1	1.1437711	1.0131890	1.0202112	1.0007937
544	1	0.9784305	1.0106306	1.0330291	0.9868433
545	1	0.8880693	1.0312571	1.0275442	1.0290738
546	1	1.0264163	1.0507349	0.9802647	1.0392752
547	1	0.9939783	0.9796025	1.0966294	1.0439409
548	1	1.0303913	1.0773967	1.0789059	1.0154316
549	1	0.9279465	1.1271105	1.0778371	1.0137313
550	1	1.0112024	1.0636655	1.0082491	1.0068511
551	1	0.9752927	1.0014483	0.9273650	0.9960050
552	1	0.9721242	0.9037935	0.9622361	1.0369029
553	1	0.9556233	0.9308934	1.0613837	1.0083283
554	1	0.9289001	0.9541288	1.0309279	1.0805105
555	1	0.9045137	1.0608796	0.9997400	1.0521345
556	1	0.9146665	0.9665986	0.9809266	0.9953421
557	1	1.0741807	1.0771910	1.0561542	1.0023806
558	1	1.0653856	0.9082999	0.9843124	1.0196368
559	1	1.0693483	0.9733426	1.0597332	0.9547979
560	1	1.1382651	0.9471422	1.0475322	0.8978861
561	1	0.9072069	1.0051071	1.0237455	0.9818667
562	1	1.0413436	0.9346854	1.0020301	1.0324301
563	1	1.0458160	1.1245992	1.0156758	1.0284790
564	1	0.9581592	0.9955585	0.9624433	0.9845423
565	1	1.1261931	1.0291890	0.9796712	1.0290667
566	1	0.9426133	1.0063210	0.9992704	1.0029417
567	1	0.8981630	0.9757153	1.0157770	0.9884325
568	1	0.9840291	0.9141451	1.0018958	0.9517812
569	1	1.1458304	1.0122686	0.8963641	1.0323399
570	1	1.0251245	1.0148529	0.9921233	1.0356181
571	1	0.8442649	1.0054178	1.0237660	1.0251945

Fortsetzung auf nächster Seite

lfd. Nr.	$\int_{-\infty}^{+\infty} f(x)dx$	$MCS_{Bsp\ 8.2.1}$	$MCS_{Bsp\ 8.2.2}$	$MCS_{Bsp\ 8.2.3}$	$MCS_{Bsp\ 8.2.4}$
572	1	0.9014162	0.9582524	1.0561872	0.9605001
573	1	1.0282051	1.0080297	1.0318625	1.0894378
574	1	1.0780154	0.9855542	0.9511961	1.0707009
575	1	1.0354088	0.9607437	1.0301553	1.0295898
576	1	0.9407636	0.9357929	0.9830679	0.9897248
577	1	1.0459117	1.0150639	1.0167407	0.9985525
578	1	1.0490762	0.9875174	0.9818023	1.0408586
579	1	1.0004162	0.9387869	0.9835325	0.9920128
580	1	1.1070297	1.0322204	1.0328654	1.0353970
581	1	1.0403607	1.0517370	1.0519129	0.9702370
582	1	0.9710084	1.0763229	0.9774090	0.9508474
583	1	1.0427620	1.0690935	1.0221398	0.9720537
584	1	0.8893289	0.9794363	0.9784819	1.0148053
585	1	1.1054353	0.9963835	1.0263742	1.0602166
586	1	1.2215117	0.9224764	1.0148800	1.0214127
587	1	1.0020971	0.9607897	1.0541009	0.9937694
588	1	1.0080770	0.9849570	0.9646635	1.0007740
589	1	0.9234314	1.0108233	1.0266745	0.9778626
590	1	0.8496801	0.9339301	0.9544669	0.9941287
591	1	0.9394081	0.9585440	1.0325787	1.0071600
592	1	1.1184456	1.0406865	0.9869918	1.0474366
593	1	1.0483942	0.9399960	1.0566162	1.0131874
594	1	0.9714707	0.9348318	0.9429210	0.9907638
595	1	0.9519829	1.1092554	0.9545498	1.0200806
596	1	1.0106805	1.0157484	0.9783186	0.9847112
597	1	1.0111354	0.9191183	1.0636343	1.0490068
598	1	0.8422202	1.0241741	0.9696794	0.9480381
599	1	0.9326174	0.9970056	1.0388167	1.0175174
600	1	0.8584541	1.1247162	0.9963061	0.9843703
601	1	1.0513591	0.9599031	1.0822743	1.0750641
602	1	1.0603096	0.9576782	1.0465058	1.0120345
603	1	1.1269493	0.9921784	1.0337503	1.0822300
604	1	0.9957308	1.0052068	1.0224534	0.9878106
605	1	1.0833047	1.0159094	0.9878383	1.0333846
606	1	0.8257139	0.9698728	0.9390338	1.0202741
607	1	0.8242797	0.9826544	0.9733441	0.9556974
608	1	1.0325721	1.1059152	1.0388951	1.0221253
609	1	1.0003875	1.0044537	0.9391725	0.9301097
610	1	0.9675631	0.9707379	1.0503006	0.9084311
611	1	0.9685029	1.0181639	1.0470218	1.0568712
612	1	0.9885511	1.0606699	1.0141433	0.9623442
613	1	0.8521788	0.9982447	1.0103551	0.9572835
614	1	0.9387441	0.9797407	1.0338872	0.9591402
615	1	1.0193620	1.0329802	0.9936892	1.0099922
616	1	0.9734862	0.9592698	1.0222760	0.9847675

Fortsetzung auf nächster Seite

lfd. Nr.	$\int_{-\infty}^{+\infty} f(x)dx$	$MCS_{Bsp\ 8.2.1}$	$MCS_{Bsp\ 8.2.2}$	$MCS_{Bsp\ 8.2.3}$	$MCS_{Bsp\ 8.2.4}$
617	1	0.9920103	0.9749315	0.9662963	0.9883850
618	1	0.9175119	0.9745605	0.9828916	0.9575987
619	1	1.0555737	1.0290449	1.0191083	1.0381624
620	1	1.0483476	1.0189020	0.9981770	0.9754970
621	1	1.1271421	0.9835850	0.9423371	0.9615816
622	1	1.0327931	0.9858195	0.9276434	0.9393408
623	1	0.9603938	1.0146154	1.0060790	0.9924441
624	1	1.0368508	1.0684119	0.9814415	1.0365045
625	1	0.8834242	1.1074454	1.0638830	1.0010066
626	1	1.0359165	1.0166302	0.9842066	1.0858644
627	1	1.1124550	0.9931649	1.1120250	1.0190127
628	1	1.1234064	0.8995145	1.0750918	0.9375870
629	1	1.0482627	1.0343751	1.0103752	0.9952543
630	1	1.0078388	1.0529742	1.0157884	0.9928878
631	1	1.0109537	1.0042666	0.9886528	1.0150611
632	1	1.0045350	1.0221170	0.9878503	0.9993294
633	1	0.9177344	1.0272066	1.0675976	1.0812738
634	1	1.0454549	1.0109373	0.9956273	1.0131906
635	1	0.9862742	1.0110857	1.0016464	0.9885679
636	1	0.9566621	1.0095713	1.1550756	1.0286585
637	1	1.0032844	1.0103247	0.9976888	0.9773069
638	1	0.9244194	0.9967238	1.0443018	1.0452659
639	1	0.9522554	1.0148350	0.9735444	0.9914331
640	1	0.9324455	1.0386250	0.9956061	0.9752358
641	1	1.0858750	0.9798091	1.0110461	1.0502267
642	1	0.8321708	1.0401553	0.9698307	0.9956018
643	1	0.9788904	1.0159293	0.9251521	1.0072189
644	1	1.0993715	0.9371175	0.9815077	1.0038790
645	1	0.9272545	0.9703533	1.0443356	0.9991056
646	1	1.1203543	1.0023367	1.0223258	1.0211437
647	1	1.0615988	0.9520288	0.9956096	1.0916568
648	1	0.9224952	1.0553075	0.9571369	0.9869889
649	1	1.0022922	0.9600047	0.9465721	1.0846892
650	1	0.9752473	0.9743675	1.0122513	0.9299228
651	1	1.0420496	0.8933074	1.0319281	1.0162367
652	1	1.0509444	0.9429336	1.0512669	1.0683204
653	1	1.0449619	1.0090904	1.0143212	1.0169630
654	1	1.1038809	0.9266972	0.9660431	1.0341889
655	1	1.1440614	0.9743170	1.0222315	0.9436071
656	1	1.0266001	0.9696761	1.0636059	0.9912773
657	1	0.9613854	0.9028954	0.9990084	0.9374111
658	1	1.0868927	1.0542361	1.0027836	1.0181412
659	1	0.9920084	0.9202129	1.0297080	0.9934671
660	1	0.9907079	0.9227545	0.9867554	1.0679452
661	1	1.0116649	0.9639286	0.9840706	1.0194978

Fortsetzung auf nächster Seite

lfd. Nr.	$\int_{-\infty}^{+\infty} f(x)dx$	$MCS_{Bsp\ 8.2.1}$	$MCS_{Bsp\ 8.2.2}$	$MCS_{Bsp\ 8.2.3}$	$MCS_{Bsp\ 8.2.4}$
662	1	1.0248099	0.9788287	1.0426861	1.0703381
663	1	0.9703805	1.0065697	1.0117596	1.0264609
664	1	0.8799807	0.8876876	0.9787527	1.0038741
665	1	0.9625215	1.0628454	0.9653574	0.9693594
666	1	0.9026526	0.9828571	1.0382458	1.0613568
667	1	1.1555770	1.0482185	1.0426026	1.0204156
668	1	0.9468947	0.9757808	1.0276273	0.9849779
669	1	0.8930321	0.9707649	1.0636074	1.0013166
670	1	0.9577800	0.9474949	1.0163123	0.9917501
671	1	0.9955315	0.9054631	1.0690101	1.0260974
672	1	0.9510791	1.0854790	1.0309064	1.0313644
673	1	1.0362555	1.0686544	0.9856356	0.9767137
674	1	1.0106420	0.9481750	1.0242715	0.9778444
675	1	0.9705290	0.9353077	1.0088125	1.0005536
676	1	0.9967254	0.9697239	1.0308942	0.9440373
677	1	1.1014033	0.9787160	0.9951446	0.9957161
678	1	0.9488718	0.9503495	1.0261649	0.9384739
679	1	1.0188428	1.0209111	1.0319553	0.9846665
680	1	1.0410693	1.0219760	1.0177551	1.0418952
681	1	1.0234581	0.8385897	0.9980618	0.9672615
682	1	0.9718928	1.0366258	0.9195361	0.9908144
683	1	0.9183145	0.9521439	0.9815290	1.0399691
684	1	1.0215336	0.9781279	0.9390829	1.0152764
685	1	1.0653294	1.0530062	1.0058372	1.0281848
686	1	0.9784802	0.9329429	1.0145201	0.9985363
687	1	0.8453553	0.9395537	1.0126401	0.9941838
688	1	1.0698223	1.0252765	1.0105964	0.9513116
689	1	1.0471121	1.0244075	1.0041312	0.9770915
690	1	0.9553101	0.9762539	1.0039082	1.0470676
691	1	1.0959111	0.9940938	1.0218677	0.9545295
692	1	0.9836582	1.0979608	0.9980763	1.0440060
693	1	0.9268532	0.9532534	0.9832639	0.9807689
694	1	1.0045531	0.9662578	1.0451756	1.0141371
695	1	0.9753357	0.9404559	0.9496017	1.0344193
696	1	1.0982395	1.0602271	0.9998353	1.0752033
697	1	0.8259837	1.0082057	1.0101018	0.9884404
698	1	1.0415321	1.0417830	1.0261292	0.9667874
699	1	1.0375805	1.0314588	0.9746797	1.0273529
700	1	1.0306173	0.9018605	1.0113716	1.0313767
701	1	0.9636149	1.0462700	0.9905391	1.0057102
702	1	1.1098873	0.9763990	0.9590406	0.9886078
703	1	0.9191150	0.9597524	0.9859117	0.9511288
704	1	1.0774333	1.0244607	0.9202053	0.9869286
705	1	1.0323258	0.9335858	0.9538622	1.0118628
706	1	1.0239985	0.9472895	0.9575180	0.9580833

Fortsetzung auf nächster Seite

lfd. Nr.	$\int_{-\infty}^{+\infty} f(x)dx$	$MCS_{Bsp\ 8.2.1}$	$MCS_{Bsp\ 8.2.2}$	$MCS_{Bsp\ 8.2.3}$	$MCS_{Bsp\ 8.2.4}$
707	1	1.0995641	0.9193206	1.0114522	1.0076142
708	1	1.0768171	0.9452734	1.0545853	0.9823612
709	1	1.0920028	0.9525388	0.9838774	1.0760706
710	1	1.1454552	0.9064256	0.9989510	1.0161145
711	1	0.9943596	1.0093012	1.0342104	1.0652584
712	1	0.9501389	1.0296319	1.0037694	1.0142452
713	1	1.0600439	1.0006308	0.9930875	0.9626531
714	1	1.0503567	1.0730935	1.0045511	1.0275624
715	1	0.9793626	0.9869478	1.0192532	1.0341164
716	1	0.9663628	0.9925752	0.9724670	1.0484665
717	1	0.9901938	1.0202453	0.9849938	0.9573331
718	1	1.0213914	0.9253827	0.9563881	1.0311257
719	1	0.9461928	1.0353558	1.0281169	1.0347521
720	1	1.0911667	0.8695721	1.0198694	0.9320207
721	1	1.0995020	1.0089472	1.0157490	0.9776299
722	1	1.0262059	1.0703384	1.0428895	0.9806081
723	1	1.1600296	1.0012481	0.9931464	0.9956883
724	1	1.0078691	1.0163880	0.9353858	1.0216302
725	1	0.9973590	1.0025185	1.0545834	0.9487830
726	1	0.9498480	1.1182335	1.0202327	1.0665061
727	1	1.0843382	1.0187819	0.9981681	1.0126879
728	1	1.0634322	1.0220039	1.0416181	1.0164647
729	1	0.9264592	0.9949018	1.0367556	1.0223183
730	1	0.9941013	1.0006160	0.9308130	1.0481437
731	1	0.9563986	1.0674962	1.0353143	0.9976741
732	1	1.0192517	1.0679323	0.9895610	1.0240618
733	1	0.9530034	1.0751469	1.0491732	0.9901301
734	1	0.9040497	1.0474080	0.9538983	1.0402987
735	1	0.9587435	1.0735484	0.9470760	0.9847547
736	1	1.1882700	1.0165696	0.9442968	0.9529828
737	1	0.9221679	1.0239773	1.0686557	0.9427522
738	1	0.9135222	0.9438417	1.0022393	0.9213040
739	1	1.0065095	0.9885542	1.0755286	0.9491246
740	1	1.0121273	1.0253966	0.9521759	0.9831583
741	1	0.8998778	0.9826029	0.9261631	1.0053470
742	1	1.0077731	0.9789062	0.9790988	1.0445660
743	1	0.8749427	1.0200636	1.0712068	1.0386297
744	1	1.0593569	1.0280036	1.0644920	0.9862083
745	1	0.9374749	0.9519478	1.0020249	0.9217063
746	1	0.9780542	1.0316331	1.0011787	1.0024336
747	1	0.8816124	1.0591353	1.0362553	0.9797448
748	1	0.9285297	1.0382069	1.0984366	1.0226671
749	1	1.0498637	0.9370903	0.9603452	0.9592417
750	1	0.9631756	1.0945691	1.0133087	0.9829159
751	1	1.0286173	1.0118984	1.0104394	1.0958928

Fortsetzung auf nächster Seite

lfd. Nr.	$\int_{-\infty}^{+\infty} f(x)dx$	$MCS_{Bsp\ 8.2.1}$	$MCS_{Bsp\ 8.2.2}$	$MCS_{Bsp\ 8.2.3}$	$MCS_{Bsp\ 8.2.4}$
752	1	1.0099032	0.9815695	0.9703591	0.9277764
753	1	1.0355705	1.0831030	0.9816378	0.9641877
754	1	0.9633823	1.0364659	0.9673579	0.9691190
755	1	1.1047632	0.9747777	1.0213090	1.0445205
756	1	1.2636498	1.0325137	1.0434587	0.9605359
757	1	0.8795007	1.0615361	1.0286384	0.9649117
758	1	0.8971744	0.9672872	1.0021874	1.0833689
759	1	1.3104476	1.0177527	0.9392527	1.0339808
760	1	0.8858272	1.0213668	1.0209380	0.9534816
761	1	0.9118169	0.9965705	0.9344055	1.0055269
762	1	1.1171587	1.0753707	0.9399075	1.0146923
763	1	0.9710826	1.0232165	1.0045928	1.0629199
764	1	1.1536634	1.0240372	0.9506300	1.0084516
765	1	1.0309072	0.8981501	1.0149967	0.9969174
766	1	0.8982692	0.9875239	1.0165320	0.9763432
767	1	0.9102570	0.9873417	0.9670809	0.9423456
768	1	0.9358244	0.9983308	1.0422704	1.0733945
769	1	1.0034214	1.0354328	0.9578047	0.9719211
770	1	0.9441210	0.9924146	0.9653664	1.0081763
771	1	0.9966229	0.9806559	1.0001436	0.9175396
772	1	1.0130597	1.0176901	0.9850387	0.9776429
773	1	0.7555858	1.1178985	1.1045740	1.0621272
774	1	0.9288963	0.9674046	1.0229151	0.9837921
775	1	1.0525479	0.9762775	1.0042939	1.0199002
776	1	1.0957581	1.0419272	1.0015526	0.9961064
777	1	0.8450160	1.0607807	1.0350477	0.9821232
778	1	1.0694061	1.0155409	1.0037874	1.0093490
779	1	0.9265641	0.9935209	1.0147334	1.0622252
780	1	0.9580722	1.0612055	0.9854298	0.9730360
781	1	0.9771488	0.9811873	0.9930198	1.0185190
782	1	0.9716966	1.0219463	1.0023130	0.9518839
783	1	0.9313917	0.9928720	0.9835353	1.0266812
784	1	1.1211762	0.9513152	0.9447220	0.9917347
785	1	0.9688710	1.0731456	1.0288062	0.9605211
786	1	0.8470622	0.9364241	1.0704235	0.9370843
787	1	0.9835451	1.0165880	0.9502869	0.9503255
788	1	1.0335570	0.9848857	1.0232354	0.9922654
789	1	0.9121184	0.9552132	0.9790878	1.0317062
790	1	0.9648944	0.9755418	0.9677123	0.9755163
791	1	0.9912946	1.0240711	0.9653907	1.0868015
792	1	1.0303745	1.0088486	0.9945401	0.9930716
793	1	1.0759234	1.0684471	0.9895162	0.9831400
794	1	1.0401847	0.9042649	0.9628271	1.0191360
795	1	1.0404961	1.0497853	0.9806438	0.9866156
796	1	1.0246293	0.9837459	1.0196712	0.9662981

Fortsetzung auf nächster Seite

lfd. Nr.	$\int_{-\infty}^{+\infty} f(x)dx$	$MCS_{Bsp\ 8.2.1}$	$MCS_{Bsp\ 8.2.2}$	$MCS_{Bsp\ 8.2.3}$	$MCS_{Bsp\ 8.2.4}$
797	1	1.0407912	0.9408274	1.0092606	1.0503101
798	1	1.0493905	1.0317678	0.9439895	0.9531250
799	1	1.0207366	0.9846209	0.9969643	0.9655707
800	1	1.0651803	0.9378101	0.9471846	0.9823538
801	1	0.8673566	0.8888030	0.9559444	0.9917603
802	1	1.0856719	0.9692479	0.9577599	0.9306518
803	1	0.9452467	0.9296564	1.0160858	1.0050441
804	1	0.9811830	1.0298114	1.0271176	1.0350371
805	1	0.8832398	0.8988854	0.9893665	0.9941513
806	1	1.1052870	1.0056281	1.0327158	1.0371301
807	1	0.9932497	1.0795603	0.9710526	1.0135291
808	1	1.1251314	1.0396891	1.0630227	0.9674631
809	1	1.0237646	1.0860063	1.0174940	1.0154659
810	1	1.0218474	0.9550725	1.0179219	1.0725002
811	1	0.9789084	1.0427879	0.9516092	1.0246954
812	1	0.9761805	1.0530132	1.0318100	1.0351637
813	1	1.0520445	1.0165041	1.0833534	0.9524218
814	1	0.9387157	1.0332022	0.9977443	1.0383670
815	1	1.0720123	1.0369971	0.9881595	0.9285392
816	1	1.0011145	0.9680886	1.0392016	1.0037123
817	1	1.0275014	1.0129386	1.0222349	1.0283037
818	1	0.9095588	0.9527561	0.9564499	1.0912279
819	1	0.9784356	0.9570637	1.0090491	0.9801441
820	1	1.0686133	1.0485163	0.9858014	1.0418690
821	1	0.9713914	0.9872737	0.9735313	1.0396325
822	1	0.8771296	1.0153376	0.9744741	0.9975383
823	1	1.1145479	0.9878354	0.9964194	1.0039575
824	1	0.8730165	1.0697343	1.0270789	0.9918214
825	1	1.0688971	0.9271403	0.9894842	1.0045340
826	1	1.0102071	1.0662514	0.9842161	0.9574764
827	1	1.0225471	0.9371022	1.0437528	1.0119201
828	1	1.1239810	1.0067085	1.0283049	1.0234265
829	1	1.0117931	1.1509171	0.9426241	1.0299784
830	1	1.0663023	0.9980169	1.0083377	1.0385915
831	1	0.9195607	0.9842256	0.9830284	0.9782783
832	1	0.9909325	0.8857517	0.9414555	1.0601559
833	1	0.9050903	0.9468031	0.9386867	0.9639888
834	1	1.1483345	0.9772886	1.0154814	0.9299383
835	1	1.0265882	0.9235978	0.8991917	0.9825431
836	1	1.0516375	1.0460633	0.9748395	1.0237548
837	1	1.0644470	0.9656897	1.0439186	1.0043787
838	1	1.0180166	1.0429296	0.9755815	1.0148943
839	1	1.0758461	0.9355663	1.0281289	0.9947822
840	1	0.9575038	0.9701291	1.0000540	0.9705127
841	1	0.9617243	0.9986151	1.0006725	1.0610769

Fortsetzung auf nächster Seite

lfd. Nr.	$\int_{-\infty}^{+\infty} f(x)dx$	$MCS_{Bsp\ 8.2.1}$	$MCS_{Bsp\ 8.2.2}$	$MCS_{Bsp\ 8.2.3}$	$MCS_{Bsp\ 8.2.4}$
842	1	1.0023954	1.1299513	0.9484763	1.0537255
843	1	0.9780589	0.9677841	0.9881884	1.0341656
844	1	1.0358475	1.0330208	0.9892553	1.0653659
845	1	0.9462892	1.0006138	1.0093140	1.0533690
846	1	0.9489156	0.9490822	0.9828047	0.9734961
847	1	1.0823682	0.9517533	0.9797708	1.0029174
848	1	1.0358737	0.9578270	1.0129074	0.9730015
849	1	1.0072820	1.0223165	0.9083978	0.9877333
850	1	1.0013413	1.0054649	1.0281857	0.9612173
851	1	1.0512489	0.9401817	0.9961616	1.0100038
852	1	0.9861581	0.9146056	1.0110012	0.9558404
853	1	0.8104904	0.9947876	0.9770034	1.0570263
854	1	0.9642220	0.9909733	1.0272988	1.0317505
855	1	0.9590622	1.0742729	1.0365920	1.0170100
856	1	0.8797783	1.0317627	1.0038949	1.0480275
857	1	0.8026576	1.0933069	1.0060563	0.9457517
858	1	0.8715257	1.0114642	1.0272661	1.0102200
859	1	1.0893153	1.0008248	1.0036108	1.0221911
860	1	1.0800230	0.9602528	0.9851794	0.9621322
861	1	1.0014411	0.9421894	0.9993490	1.0048642
862	1	0.9838110	0.9779680	0.9416848	1.0205936
863	1	1.0366327	0.9251317	1.0598390	0.9496122
864	1	0.9272938	1.0184071	0.9699642	1.0458193
865	1	0.9645110	0.9943902	1.0143559	0.9825869
866	1	1.0481546	1.0442744	1.0001327	1.0452111
867	1	0.8474013	1.0450547	0.9587760	1.0278654
868	1	0.9905591	1.0279815	1.0129818	0.9863034
869	1	0.9949330	0.9935596	1.0771545	0.9684382
870	1	0.8757347	0.9993426	0.9570624	0.9896259
871	1	0.9303014	0.9624769	0.9975074	0.9572496
872	1	0.9377329	0.9893360	1.0264011	1.0264477
873	1	0.9980090	0.9420490	1.0390798	0.9840028
874	1	0.9382851	0.9644665	0.9909318	1.0044982
875	1	1.0116581	1.0278390	0.9907723	1.0237364
876	1	0.9839764	0.9739119	1.0401236	1.0006140
877	1	1.1125101	1.0182721	0.9850545	0.9509843
878	1	1.0322240	1.0054607	0.9898801	0.9502565
879	1	0.9540071	1.0206091	0.9141024	0.9813146
880	1	1.0038673	0.9791472	0.9760777	0.9735320
881	1	1.0538288	1.0491348	1.0211028	0.9885119
882	1	0.9356052	0.9134426	0.9824200	0.9428748
883	1	1.0962591	1.0239488	0.9162208	1.0365227
884	1	0.9445024	1.0210548	1.0046004	0.9887047
885	1	0.9317145	1.1043502	0.9901992	0.9777394
886	1	0.9200536	0.9119915	1.0163747	0.9914622

Fortsetzung auf nächster Seite

lfd. Nr.	$\int_{-\infty}^{+\infty} f(x)dx$	$MCS_{Bsp\ 8.2.1}$	$MCS_{Bsp\ 8.2.2}$	$MCS_{Bsp\ 8.2.3}$	$MCS_{Bsp\ 8.2.4}$
887	1	1.0327514	1.0559878	1.0399036	0.9526201
888	1	0.9599106	0.9933466	0.9858982	0.9619936
889	1	1.1498697	0.9975619	0.9717629	0.9826442
890	1	0.9233181	0.9951854	0.9287278	1.0755954
891	1	1.0374838	1.0099031	0.9810972	0.9878019
892	1	0.7817766	1.0199688	0.9540822	0.9637402
893	1	0.8416791	0.9951082	1.0246209	1.0757825
894	1	1.1954165	0.9873466	1.0238449	1.0016812
895	1	0.8680358	1.1339002	0.9916576	1.0326341
896	1	0.9291352	0.9646496	0.9880807	0.9839794
897	1	0.9727983	1.0169533	1.0275574	0.9680481
898	1	0.9507760	0.9345786	1.0001156	0.9838386
899	1	0.9177169	0.9736669	1.0047390	0.9823561
900	1	0.9999894	1.0294051	0.9928460	0.9937777
901	1	1.0084431	1.1023119	1.0077235	0.9936487
902	1	0.8982792	0.9751945	0.9868207	0.9716915
903	1	1.0396546	1.0651779	0.9844823	0.9329818
904	1	1.0339102	0.9819492	1.0374738	1.0621724
905	1	1.0732733	0.9339516	0.9915586	1.0041892
906	1	0.9367729	0.9233998	1.0348430	1.0541155
907	1	0.9607789	1.0763623	1.0311609	0.9547115
908	1	1.0923596	1.0304346	0.9899768	0.9907996
909	1	1.0878434	0.9914260	0.9643865	1.0415476
910	1	0.9940164	0.9614059	0.9892502	1.0677957
911	1	0.9470502	1.0012595	0.9451852	0.9245766
912	1	0.8617799	1.0721456	0.9768358	0.9989506
913	1	1.1465736	1.0770344	1.0016588	0.9529756
914	1	1.0176719	1.0590296	1.0072125	1.0000173
915	1	1.0226361	0.9415910	0.9878231	1.0483766
916	1	1.0064158	0.9554507	0.9560466	1.0043022
917	1	1.0477517	1.0349866	0.9680044	0.9926733
918	1	1.1304817	0.9849725	0.9689255	1.0121418
919	1	0.9617904	0.9597025	1.0299284	1.0599016
920	1	1.1143142	1.0409886	0.9923233	1.0331699
921	1	1.0846531	1.0422848	1.0540600	1.0081581
922	1	1.0498534	0.9076068	0.9886451	0.9722645
923	1	1.0430373	1.0108694	1.0063111	1.0003677
924	1	1.2158411	0.9624703	1.0212107	0.9862338
925	1	0.9730776	0.9826645	0.9553818	1.0303799
926	1	1.0106327	1.1059641	1.0337353	0.9966167
927	1	1.0157065	1.0560677	0.9602525	1.0100300
928	1	0.8821905	1.0260641	0.9785126	1.0200218
929	1	1.0854574	0.9625967	0.9881255	0.9721043
930	1	0.9438161	0.9998435	1.0587308	1.0367543
931	1	0.9573416	1.0389671	1.0111853	1.0812187

Fortsetzung auf nächster Seite

lfd. Nr.	$\int_{-\infty}^{+\infty} f(x)dx$	$MCS_{Bsp\ 8.2.1}$	$MCS_{Bsp\ 8.2.2}$	$MCS_{Bsp\ 8.2.3}$	$MCS_{Bsp\ 8.2.4}$
932	1	0.9843211	1.0041592	0.9934579	1.0504153
933	1	0.8253583	1.0233596	0.9864339	0.9925300
934	1	1.0327016	0.9599588	0.9967066	1.0345818
935	1	1.0640278	0.9386691	0.9934224	0.9072310
936	1	0.9063061	0.9928195	1.0013828	0.9742577
937	1	1.0779428	0.9784616	1.0180962	0.9485858
938	1	0.9899709	0.9402177	1.0232765	1.0319992
939	1	1.0537382	0.9997737	0.9196731	1.0392335
940	1	1.0278379	0.9800089	0.9915390	1.0022897
941	1	1.2229000	0.9741482	1.0783262	1.0087140
942	1	1.0337046	0.9176269	0.9469058	1.0318117
943	1	0.8812466	1.0004585	0.9960915	0.9876142
944	1	1.0080897	0.9526323	0.9933366	1.0104655
945	1	1.0199818	0.9866337	1.0253480	0.9955125
946	1	0.8617094	0.9908800	1.0260955	1.0486197
947	1	0.9927955	1.0144095	0.9683309	1.0226549
948	1	1.0266095	1.0119873	1.0517936	1.0512666
949	1	1.0476947	1.0316705	1.0444335	0.9763936
950	1	0.9814025	1.0145525	1.0497031	0.9481576
951	1	1.0463939	1.0186159	1.0325492	0.9949306
952	1	0.8181286	0.9781317	0.9721436	0.9745023
953	1	1.0536887	0.9576175	0.9769257	0.9481106
954	1	1.0823641	1.0131535	0.9984763	0.9229620
955	1	1.0795336	0.9808285	1.0761280	0.9398515
956	1	1.0568406	0.9622948	0.9659334	1.0261076
957	1	1.0799528	1.0117925	1.0714901	1.0223540
958	1	0.9619292	0.9945309	0.9452691	1.0608115
959	1	0.8737586	1.0239322	1.0217921	0.9468957
960	1	1.0458412	1.0548670	0.9850807	1.0738374
961	1	1.0926317	1.0483560	1.0772086	0.9972189
962	1	1.0710885	0.8541769	0.9732967	0.9356679
963	1	1.0069843	0.9563040	0.9968020	0.9299069
964	1	1.1435485	1.0109167	1.0279492	0.9645377
965	1	1.0063169	0.9955690	0.9143107	1.0032395
966	1	0.9416493	1.0008172	1.0469960	1.0387280
967	1	0.8893371	1.0894925	1.0359253	1.0315579
968	1	0.9966658	0.9874566	0.9575864	1.0105757
969	1	1.0863654	1.0174382	1.0485659	1.0194476
970	1	0.9967232	1.0088608	0.9550634	1.0207922
971	1	1.0162513	0.9614987	0.9566777	0.9372521
972	1	0.8445024	0.9766634	0.9317771	0.9404847
973	1	0.9885348	0.9764872	0.9584498	0.9854653
974	1	1.0119875	1.0226075	0.9344320	0.9999950
975	1	0.9407289	1.0531306	1.0421018	1.0062964
976	1	1.1710197	1.0548759	0.9796897	1.0510781

Fortsetzung auf nächster Seite

lfd. Nr.	$\int_{-\infty}^{+\infty} f(x)dx$	$MCS_{Bsp\ 8.2.1}$	$MCS_{Bsp\ 8.2.2}$	$MCS_{Bsp\ 8.2.3}$	$MCS_{Bsp\ 8.2.4}$
977	1	0.9604268	0.9547748	0.9990475	0.9696681
978	1	0.9998484	0.9496872	1.0049336	0.9759825
979	1	0.9670769	0.9685346	1.0215171	0.9791431
980	1	1.0357409	0.9450720	0.9292021	1.0019556
981	1	1.0665455	0.9747042	0.9488959	0.9490768
982	1	1.0433772	0.9944333	0.9930557	1.0293663
983	1	0.9777958	0.9603965	1.0255422	1.0060482
984	1	1.0194793	0.9262757	0.9515957	1.0487277
985	1	0.9928790	0.9907030	1.0177655	1.0019119
986	1	0.8899226	1.0788934	0.9466421	0.9593915
987	1	0.9878761	1.0397428	1.0306729	0.9632121
988	1	1.0881489	1.0161860	1.0376580	0.9543365
989	1	1.0362322	1.0202721	1.0188260	1.0254024
990	1	1.0968829	0.9402928	1.0220599	1.0084282
991	1	0.9878041	1.0713726	1.0546605	1.0009514
992	1	1.0571700	0.9699858	0.9596760	1.0182387
993	1	0.9972094	1.0484605	0.9567186	0.9625707
994	1	1.0123437	0.9781459	1.0369191	0.9809378
995	1	0.9951444	1.0299296	1.0083076	1.0075068
996	1	0.9843571	0.9658304	0.9637774	0.9853848
997	1	1.0604196	0.9511832	1.0477097	0.9886382
998	1	0.9968497	1.0797043	0.9800154	1.0402837
999	1	0.9893638	1.0372344	0.9656180	0.9884136
1000	1	0.9294905	0.9275363	1.0033773	1.0003685

A.3.2 Beispiele 8.3.1 bis 8.3.2

			N=100			
			$MCS_{Bsp\ 8.3.1}$		$MCS_{Bsp\ 8.3.2}$	
	$f^*_{0.1}$	$f^*_{0.5}$	$\alpha := 0.1$	$\alpha := 0.5$	$\alpha := 0.1$	$\alpha := 0.5$
Mittelwert	0.2035830	0.1112842	0.2029648	0.1124474	0.2027433	0.1123411
Varianz	0	0	2.523E-05	2.850E-05	2.040E-05	2.656E-05
mittlerer Fehler	0	0	0.0035916	0.0046152	0.0034231	0.0044554
Varianz des Fehlers	0	0	1.270E-05	8.533E-06	9.380E-06	7.812E-06
			$MCS_{Bsp\ 8.3.1}$		$MCS_{Bsp\ 8.3.2}$	
lfd. Nr.	$f^*_{0.1}$	$f^*_{0.5}$	$\alpha := 0.1$	$\alpha := 0.5$	$\alpha := 0.1$	$\alpha := 0.5$
1	0.2035830	0.1112842	0.2061372	0.1118651	0.2061850	0.1155383
2	0.2035830	0.1112842	0.2053573	0.1177371	0.2011970	0.1114383
3	0.2035830	0.1112842	0.2030432	0.1068986	0.2030464	0.1068987
4	0.2035830	0.1112842	0.1883526	0.1119565	0.1934863	0.1135860
5	0.2035830	0.1112842	0.2031825	0.1117877	0.2032087	0.1138448
6	0.2035830	0.1112842	0.2065611	0.1064044	0.2066050	0.1070200
7	0.2035830	0.1112842	0.2008701	0.1167689	0.2008781	0.1172439

Fortsetzung auf nächster Seite

lfd. Nr.	$f^*_{0.1}$	$f^*_{0.5}$	$MCS_{Bsp\ 8.3.1}$ $\alpha := 0.1$	$MCS_{Bsp\ 8.3.1}$ $\alpha := 0.5$	$MCS_{Bsp\ 8.3.2}$ $\alpha := 0.1$	$MCS_{Bsp\ 8.3.2}$ $\alpha := 0.5$
8	0.2035830	0.1112842	0.2044662	0.1176708	0.2044723	0.1176716
9	0.2035830	0.1112842	0.2048161	0.1181397	0.2048247	0.1193436
10	0.2035830	0.1112842	0.2057152	0.1176106	0.2057140	0.1173682
11	0.2035830	0.1112842	0.2048517	0.1109264	0.2048552	0.1122275
12	0.2035830	0.1112842	0.2016631	0.1075725	0.2017433	0.1200626
13	0.2035830	0.1112842	0.2050273	0.1153945	0.2050620	0.1171589
14	0.2035830	0.1112842	0.2073840	0.1071311	0.2073848	0.1071342
15	0.2035830	0.1112842	0.2039243	0.1183355	0.2009355	0.1166952
16	0.2035830	0.1112842	0.2082566	0.1245725	0.2063191	0.1242948
17	0.2035830	0.1112842	0.2053978	0.1125493	0.2054025	0.1155100
18	0.2035830	0.1112842	0.2024173	0.1068647	0.2024169	0.1068645
19	0.2035830	0.1112842	0.1979919	0.1070282	0.1981802	0.1123311
20	0.2035830	0.1112842	0.2071417	0.1153576	0.2071453	0.1163375
21	0.2035830	0.1112842	0.2020286	0.1060227	0.2020339	0.1061160
22	0.2035830	0.1112842	0.2009677	0.1124980	0.2009704	0.1125028
23	0.2035830	0.1112842	0.2043559	0.1071293	0.2044293	0.1074207
24	0.2035830	0.1112842	0.2006560	0.1208305	0.2000063	0.1207587
25	0.2035830	0.1112842	0.2010304	0.1135295	0.2004579	0.1095400
26	0.2035830	0.1112842	0.2063664	0.1142124	0.2062128	0.1120070
27	0.2035830	0.1112842	0.2067811	0.1112268	0.2061622	0.1092707
28	0.2035830	0.1112842	0.1961673	0.1070685	0.1950409	0.1070252
29	0.2035830	0.1112842	0.2065229	0.1070216	0.2062816	0.1065689
30	0.2035830	0.1112842	0.1894715	0.1083562	0.1952788	0.1083593
31	0.2035830	0.1112842	0.2019698	0.1069608	0.2019759	0.1069620
32	0.2035830	0.1112842	0.2007013	0.1071396	0.1992054	0.1071382
33	0.2035830	0.1112842	0.2074238	0.1120117	0.2074238	0.1120049
34	0.2035830	0.1112842	0.2060567	0.1069353	0.2050160	0.1068824
35	0.2035830	0.1112842	0.2079004	0.1204621	0.2079016	0.1213147
36	0.2035830	0.1112842	0.2071398	0.1119628	0.2061826	0.1109371
37	0.2035830	0.1112842	0.2026386	0.1068975	0.2026334	0.1068975
38	0.2035830	0.1112842	0.1929438	0.1074795	0.1950869	0.1136842
39	0.2035830	0.1112842	0.1976957	0.1068058	0.1977544	0.1068085
40	0.2035830	0.1112842	0.2068085	0.1073610	0.2067986	0.1073508
41	0.2035830	0.1112842	0.2070567	0.1155893	0.2070712	0.1200131
42	0.2035830	0.1112842	0.1951970	0.1097970	0.2002554	0.1126116
43	0.2035830	0.1112842	0.2001642	0.1111858	0.2016223	0.1125563
44	0.2035830	0.1112842	0.2075766	0.1103988	0.2047426	0.1068070
45	0.2035830	0.1112842	0.1983610	0.1128198	0.1983772	0.1129873
46	0.2035830	0.1112842	0.2056203	0.1189788	0.2036314	0.1125831
47	0.2035830	0.1112842	0.2031872	0.1075103	0.2032153	0.1081376
48	0.2035830	0.1112842	0.2064309	0.1161066	0.2053378	0.1146577
49	0.2035830	0.1112842	0.2077518	0.1071357	0.2077621	0.1094485
50	0.2035830	0.1112842	0.2088083	0.1182141	0.2088519	0.1227144
51	0.2035830	0.1112842	0.1989392	0.1070770	0.1991309	0.1071317
52	0.2035830	0.1112842	0.2042149	0.1113698	0.2042418	0.1159431

Fortsetzung auf nächster Seite

lfd. Nr.	$f^*_{0.1}$	$f^*_{0.5}$	$MCS_{Bsp\ 8.3.1}$ $\alpha := 0.1$	$MCS_{Bsp\ 8.3.1}$ $\alpha := 0.5$	$MCS_{Bsp\ 8.3.2}$ $\alpha := 0.1$	$MCS_{Bsp\ 8.3.2}$ $\alpha := 0.5$
53	0.2035830	0.1112842	0.2062026	0.1072216	0.2061884	0.1072180
54	0.2035830	0.1112842	0.1988807	0.1180669	0.1983117	0.1155290
55	0.2035830	0.1112842	0.2048582	0.1115820	0.2048832	0.1121897
56	0.2035830	0.1112842	0.1939684	0.1078984	0.1969716	0.1095979
57	0.2035830	0.1112842	0.2031846	0.1069476	0.2032006	0.1074882
58	0.2035830	0.1112842	0.1991086	0.1065971	0.2000579	0.1068962
59	0.2035830	0.1112842	0.2071435	0.1071171	0.2071536	0.1074765
60	0.2035830	0.1112842	0.2029881	0.1217478	0.2018137	0.1116680
61	0.2035830	0.1112842	0.2080570	0.1070462	0.2080547	0.1070460
62	0.2035830	0.1112842	0.2006400	0.1061782	0.2007686	0.1067176
63	0.2035830	0.1112842	0.2067475	0.1207894	0.2058700	0.1187949
64	0.2035830	0.1112842	0.1995483	0.1067239	0.1995880	0.1073921
65	0.2035830	0.1112842	0.2047661	0.1136211	0.2047859	0.1186943
66	0.2035830	0.1112842	0.2024708	0.1067733	0.2024782	0.1068411
67	0.2035830	0.1112842	0.2082093	0.1104046	0.2082059	0.1097670
68	0.2035830	0.1112842	0.2067821	0.1139419	0.2067698	0.1139384
69	0.2035830	0.1112842	0.2059236	0.1075408	0.2046620	0.1069863
70	0.2035830	0.1112842	0.1962261	0.1090626	0.1962271	0.1093915
71	0.2035830	0.1112842	0.2041444	0.1173059	0.2019467	0.1122930
72	0.2035830	0.1112842	0.1941780	0.1070667	0.1941788	0.1070668
73	0.2035830	0.1112842	0.2080150	0.1132365	0.2042484	0.1075955
74	0.2035830	0.1112842	0.2036861	0.1070183	0.2021831	0.1065595
75	0.2035830	0.1112842	0.2074882	0.1073119	0.2075030	0.1117993
76	0.2035830	0.1112842	0.2036503	0.1105330	0.2036504	0.1109295
77	0.2035830	0.1112842	0.2051559	0.1069481	0.2051558	0.1069480
78	0.2035830	0.1112842	0.2069262	0.1190410	0.2069712	0.1194719
79	0.2035830	0.1112842	0.2058344	0.1193427	0.2058159	0.1193422
80	0.2035830	0.1112842	0.1964001	0.1071283	0.1949796	0.1070880
81	0.2035830	0.1112842	0.2010591	0.1072498	0.2013982	0.1099754
82	0.2035830	0.1112842	0.2042894	0.1066584	0.2043331	0.1067978
83	0.2035830	0.1112842	0.2076333	0.1117257	0.2076360	0.1128875
84	0.2035830	0.1112842	0.2010122	0.1172939	0.2010250	0.1189657
85	0.2035830	0.1112842	0.1945748	0.1071131	0.1971212	0.1071345
86	0.2035830	0.1112842	0.2058242	0.1193086	0.2058247	0.1193086
87	0.2035830	0.1112842	0.2072739	0.1140078	0.2066587	0.1135466
88	0.2035830	0.1112842	0.2069049	0.1118365	0.2060388	0.1074812
89	0.2035830	0.1112842	0.2003426	0.1059793	0.1934713	0.1058150
90	0.2035830	0.1112842	0.2038867	0.1070077	0.2038905	0.1070090
91	0.2035830	0.1112842	0.2044455	0.1139490	0.2044445	0.1139396
92	0.2035830	0.1112842	0.1967807	0.1069401	0.1948930	0.1069230
93	0.2035830	0.1112842	0.2042257	0.1075619	0.2042256	0.1075580
94	0.2035830	0.1112842	0.2037021	0.1071278	0.2036970	0.1071277
95	0.2035830	0.1112842	0.2055191	0.1114673	0.2049559	0.1070444
96	0.2035830	0.1112842	0.2087065	0.1224147	0.2087196	0.1230915
97	0.2035830	0.1112842	0.1971339	0.1158288	0.1971551	0.1177898

Fortsetzung auf nächster Seite

lfd. Nr.	$f^*_{0.1}$	$f^*_{0.5}$	$MCS_{Bsp\ 8.3.1}$ $\alpha := 0.1$	$MCS_{Bsp\ 8.3.1}$ $\alpha := 0.5$	$MCS_{Bsp\ 8.3.2}$ $\alpha := 0.1$	$MCS_{Bsp\ 8.3.2}$ $\alpha := 0.5$
98	0.2035830	0.1112842	0.2024250	0.1071328	0.2024309	0.1071328
99	0.2035830	0.1112842	0.2056674	0.1213852	0.2056797	0.1214131
100	0.2035830	0.1112842	0.1920286	0.1070893	0.1955593	0.1071126
101	0.2035830	0.1112842	0.2043894	0.1068665	0.2044600	0.1078279
102	0.2035830	0.1112842	0.2090033	0.1212050	0.2090045	0.1220766
103	0.2035830	0.1112842	0.2067874	0.1080773	0.2067912	0.1112629
104	0.2035830	0.1112842	0.2025068	0.1194720	0.2025137	0.1198166
105	0.2035830	0.1112842	0.2089531	0.1071303	0.2089535	0.1071304
106	0.2035830	0.1112842	0.2041167	0.1073732	0.2027463	0.1067875
107	0.2035830	0.1112842	0.2032798	0.1219412	0.2032808	0.1219415
108	0.2035830	0.1112842	0.2082971	0.1203109	0.2073146	0.1167009
109	0.2035830	0.1112842	0.2065365	0.1105716	0.2053075	0.1088455
110	0.2035830	0.1112842	0.2071458	0.1074422	0.2071473	0.1074465
111	0.2035830	0.1112842	0.2037054	0.1070568	0.2037917	0.1089425
112	0.2035830	0.1112842	0.2030894	0.1144067	0.2030934	0.1144903
113	0.2035830	0.1112842	0.2048601	0.1074257	0.2048866	0.1110351
114	0.2035830	0.1112842	0.2062068	0.1107817	0.2062302	0.1133021
115	0.2035830	0.1112842	0.2069886	0.1116691	0.2069900	0.1116721
116	0.2035830	0.1112842	0.2050282	0.1180461	0.2045582	0.1119304
117	0.2035830	0.1112842	0.2019510	0.1091582	0.2015449	0.1071094
118	0.2035830	0.1112842	0.2028512	0.1085413	0.2028505	0.1085401
119	0.2035830	0.1112842	0.2065687	0.1148729	0.2065685	0.1148692
120	0.2035830	0.1112842	0.1981586	0.1081522	0.1983233	0.1140636
121	0.2035830	0.1112842	0.2030376	0.1073287	0.2030936	0.1105119
122	0.2035830	0.1112842	0.2024019	0.1081149	0.2018093	0.1071710
123	0.2035830	0.1112842	0.2097359	0.1234250	0.2097356	0.1229635
124	0.2035830	0.1112842	0.2035223	0.1213913	0.2035241	0.1218112
125	0.2035830	0.1112842	0.1978945	0.1079614	0.1992842	0.1142068
126	0.2035830	0.1112842	0.2004893	0.1070662	0.2005297	0.1072273
127	0.2035830	0.1112842	0.1960147	0.1066336	0.1979716	0.1066764
128	0.2035830	0.1112842	0.2045526	0.1079607	0.2042701	0.1071005
129	0.2035830	0.1112842	0.2054378	0.1143325	0.2054654	0.1175910
130	0.2035830	0.1112842	0.1923179	0.1070676	0.1957748	0.1070676
131	0.2035830	0.1112842	0.2058008	0.1206919	0.2039549	0.1186077
132	0.2035830	0.1112842	0.2086564	0.1175170	0.2081836	0.1124009
133	0.2035830	0.1112842	0.2014858	0.1136689	0.2015541	0.1188542
134	0.2035830	0.1112842	0.2095039	0.1154563	0.2095027	0.1133816
135	0.2035830	0.1112842	0.2073483	0.1163863	0.2062577	0.1071386
136	0.2035830	0.1112842	0.1992175	0.1070555	0.1993023	0.1070564
137	0.2035830	0.1112842	0.1948063	0.1097394	0.1994896	0.1131625
138	0.2035830	0.1112842	0.1999440	0.1184279	0.2000218	0.1194441
139	0.2035830	0.1112842	0.2018576	0.1070742	0.2019178	0.1071911
140	0.2035830	0.1112842	0.2036097	0.1102916	0.2036486	0.1207318
141	0.2035830	0.1112842	0.2039397	0.1194338	0.2039144	0.1192630
142	0.2035830	0.1112842	0.2045601	0.1071500	0.2045331	0.1071494

Fortsetzung auf nächster Seite

lfd. Nr.	$f^*_{0.1}$	$f^*_{0.5}$	$MCS_{Bsp\ 8.3.1}$ $\alpha := 0.1$	$MCS_{Bsp\ 8.3.1}$ $\alpha := 0.5$	$MCS_{Bsp\ 8.3.2}$ $\alpha := 0.1$	$MCS_{Bsp\ 8.3.2}$ $\alpha := 0.5$
143	0.2035830	0.1112842	0.2032468	0.1117691	0.2033507	0.1186600
144	0.2035830	0.1112842	0.2013913	0.1182746	0.2005564	0.1172418
145	0.2035830	0.1112842	0.2030373	0.1135644	0.2029425	0.1126254
146	0.2035830	0.1112842	0.2040450	0.1100613	0.2040479	0.1127559
147	0.2035830	0.1112842	0.1927003	0.1066507	0.1927006	0.1066507
148	0.2035830	0.1112842	0.2042980	0.1103346	0.2042987	0.1124208
149	0.2035830	0.1112842	0.2040214	0.1072170	0.2040310	0.1081992
150	0.2035830	0.1112842	0.2051334	0.1077282	0.1971008	0.1069558
151	0.2035830	0.1112842	0.2077011	0.1177661	0.2077194	0.1209948
152	0.2035830	0.1112842	0.2050347	0.1202274	0.2050755	0.1241191
153	0.2035830	0.1112842	0.2072619	0.1184434	0.2072545	0.1184409
154	0.2035830	0.1112842	0.2042831	0.1070613	0.2043074	0.1070615
155	0.2035830	0.1112842	0.1982699	0.1069708	0.1982697	0.1069707
156	0.2035830	0.1112842	0.2000890	0.1121365	0.1996199	0.1121205
157	0.2035830	0.1112842	0.2033994	0.1115573	0.2034241	0.1141225
158	0.2035830	0.1112842	0.2060361	0.1096117	0.2054543	0.1069518
159	0.2035830	0.1112842	0.2010347	0.1136796	0.2010362	0.1136817
160	0.2035830	0.1112842	0.2073379	0.1069509	0.2073553	0.1070228
161	0.2035830	0.1112842	0.1985258	0.1238060	0.1985255	0.1232348
162	0.2035830	0.1112842	0.2064778	0.1148864	0.2064758	0.1148780
163	0.2035830	0.1112842	0.2018900	0.1234066	0.2012512	0.1173124
164	0.2035830	0.1112842	0.2072906	0.1179302	0.2073007	0.1195580
165	0.2035830	0.1112842	0.2081232	0.1148055	0.2081399	0.1169563
166	0.2035830	0.1112842	0.2022006	0.1076706	0.1964644	0.1070547
167	0.2035830	0.1112842	0.1822960	0.1068469	0.1823003	0.1069296
168	0.2035830	0.1112842	0.2068490	0.1133938	0.2068478	0.1133920
169	0.2035830	0.1112842	0.1970140	0.1071603	0.1970267	0.1103281
170	0.2035830	0.1112842	0.2063789	0.1148911	0.2063732	0.1148882
171	0.2035830	0.1112842	0.2070805	0.1071492	0.2070836	0.1071508
172	0.2035830	0.1112842	0.1712562	0.1054231	0.1739771	0.1059662
173	0.2035830	0.1112842	0.2072696	0.1197078	0.2067178	0.1079488
174	0.2035830	0.1112842	0.2060156	0.1186322	0.2060116	0.1180172
175	0.2035830	0.1112842	0.2002530	0.1067185	0.2005185	0.1067402
176	0.2035830	0.1112842	0.2034576	0.1105188	0.2034321	0.1091783
177	0.2035830	0.1112842	0.2044892	0.1239329	0.2020427	0.1225138
178	0.2035830	0.1112842	0.2016270	0.1132044	0.2016289	0.1132168
179	0.2035830	0.1112842	0.1942922	0.1070004	0.1965297	0.1071220
180	0.2035830	0.1112842	0.2043541	0.1121264	0.2043855	0.1162470
181	0.2035830	0.1112842	0.2094200	0.1219055	0.2094205	0.1219087
182	0.2035830	0.1112842	0.2037641	0.1070195	0.2038410	0.1124006
183	0.2035830	0.1112842	0.1953146	0.1081055	0.1965334	0.1122374
184	0.2035830	0.1112842	0.2049161	0.1091984	0.2049230	0.1123686
185	0.2035830	0.1112842	0.2058528	0.1211007	0.2058514	0.1190362
186	0.2035830	0.1112842	0.2074419	0.1121132	0.2074464	0.1141132
187	0.2035830	0.1112842	0.1997638	0.1073585	0.1997539	0.1073436

Fortsetzung auf nächster Seite

lfd. Nr.	$f^*_{0.1}$	$f^*_{0.5}$	$MCS_{Bsp\ 8.3.1}$ $\alpha := 0.1$	$MCS_{Bsp\ 8.3.1}$ $\alpha := 0.5$	$MCS_{Bsp\ 8.3.2}$ $\alpha := 0.1$	$MCS_{Bsp\ 8.3.2}$ $\alpha := 0.5$
188	0.2035830	0.1112842	0.2040117	0.1069535	0.2029867	0.1065359
189	0.2035830	0.1112842	0.2004204	0.1078964	0.2005432	0.1168129
190	0.2035830	0.1112842	0.2059193	0.1087952	0.2059535	0.1107505
191	0.2035830	0.1112842	0.2077586	0.1239543	0.2072316	0.1129156
192	0.2035830	0.1112842	0.2016655	0.1079037	0.1995996	0.1071166
193	0.2035830	0.1112842	0.2052622	0.1172491	0.2052548	0.1148628
194	0.2035830	0.1112842	0.2048476	0.1069814	0.2049658	0.1070124
195	0.2035830	0.1112842	0.2060823	0.1227695	0.2055043	0.1215793
196	0.2035830	0.1112842	0.2055938	0.1071778	0.2055877	0.1071119
197	0.2035830	0.1112842	0.2065173	0.1215518	0.2064935	0.1209650
198	0.2035830	0.1112842	0.2039652	0.1070059	0.2003474	0.1069919
199	0.2035830	0.1112842	0.2027539	0.1125945	0.2027556	0.1125962
200	0.2035830	0.1112842	0.2036162	0.1171796	0.2015204	0.1168695
201	0.2035830	0.1112842	0.2066488	0.1175449	0.2066436	0.1151589
202	0.2035830	0.1112842	0.2026555	0.1223144	0.2026001	0.1216270
203	0.2035830	0.1112842	0.2069313	0.1139766	0.2069064	0.1103206
204	0.2035830	0.1112842	0.2031150	0.1231378	0.2000510	0.1212403
205	0.2035830	0.1112842	0.2060091	0.1104168	0.2060059	0.1075030
206	0.2035830	0.1112842	0.2050672	0.1122668	0.2034889	0.1071869
207	0.2035830	0.1112842	0.2038137	0.1068403	0.2004599	0.1065585
208	0.2035830	0.1112842	0.2006530	0.1073821	0.2006611	0.1074281
209	0.2035830	0.1112842	0.2082499	0.1134213	0.2082513	0.1134243
210	0.2035830	0.1112842	0.1829270	0.1071061	0.1867962	0.1071184
211	0.2035830	0.1112842	0.1855302	0.1068009	0.1855362	0.1068010
212	0.2035830	0.1112842	0.1993090	0.1065324	0.1930464	0.1065110
213	0.2035830	0.1112842	0.2032779	0.1223956	0.2032824	0.1224241
214	0.2035830	0.1112842	0.2067713	0.1226535	0.2067722	0.1226536
215	0.2035830	0.1112842	0.2021329	0.1070501	0.2021268	0.1070498
216	0.2035830	0.1112842	0.2068393	0.1141091	0.2068487	0.1151104
217	0.2035830	0.1112842	0.2054758	0.1074578	0.2056290	0.1161668
218	0.2035830	0.1112842	0.2092437	0.1144335	0.2091298	0.1071216
219	0.2035830	0.1112842	0.2011710	0.1071769	0.1999148	0.1070836
220	0.2035830	0.1112842	0.2056093	0.1090034	0.2056041	0.1090009
221	0.2035830	0.1112842	0.2035043	0.1070206	0.1990090	0.1069970
222	0.2035830	0.1112842	0.2067903	0.1105240	0.2067956	0.1119760
223	0.2035830	0.1112842	0.1932318	0.1073648	0.1932341	0.1073650
224	0.2035830	0.1112842	0.2031796	0.1080718	0.2031613	0.1080707
225	0.2035830	0.1112842	0.1936415	0.1098762	0.2008988	0.1098816
226	0.2035830	0.1112842	0.1971229	0.1191767	0.1972783	0.1204791
227	0.2035830	0.1112842	0.2086962	0.1070941	0.2086926	0.1070941
228	0.2035830	0.1112842	0.2051268	0.1116282	0.2051172	0.1111924
229	0.2035830	0.1112842	0.2050263	0.1124248	0.2040549	0.1101229
230	0.2035830	0.1112842	0.2008416	0.1129785	0.1967726	0.1085638
231	0.2035830	0.1112842	0.1975044	0.1041576	0.1974274	0.1040738
232	0.2035830	0.1112842	0.2075368	0.1179978	0.2047120	0.1157075

Fortsetzung auf nächster Seite

lfd. Nr.			MCS_{Bsp} **8.3.1**		MCS_{Bsp} **8.3.2**	
	$f^*_{0.1}$	$f^*_{0.5}$	$\alpha := 0.1$	$\alpha := 0.5$	$\alpha := 0.1$	$\alpha := 0.5$
233	0.2035830	0.1112842	0.2002914	0.1084937	0.2002892	0.1084898
234	0.2035830	0.1112842	0.2067304	0.1135610	0.2065536	0.1095890
235	0.2035830	0.1112842	0.2083926	0.1080826	0.2084048	0.1097316
236	0.2035830	0.1112842	0.1991251	0.1072338	0.1991334	0.1072804
237	0.2035830	0.1112842	0.2048631	0.1190273	0.2042932	0.1183379
238	0.2035830	0.1112842	0.1975178	0.1142332	0.1977421	0.1155415
239	0.2035830	0.1112842	0.2072100	0.1064936	0.2069296	0.1059007
240	0.2035830	0.1112842	0.2058691	0.1158518	0.2039265	0.1115707
241	0.2035830	0.1112842	0.1976582	0.1071277	0.1985996	0.1109769
242	0.2035830	0.1112842	0.2012665	0.1156698	0.2012709	0.1168222
243	0.2035830	0.1112842	0.1926041	0.1088849	0.1937813	0.1144033
244	0.2035830	0.1112842	0.1864212	0.1076361	0.1896705	0.1129812
245	0.2035830	0.1112842	0.2046917	0.1155651	0.2028744	0.1138411
246	0.2035830	0.1112842	0.2061287	0.1144760	0.2061258	0.1141421
247	0.2035830	0.1112842	0.2013794	0.1069611	0.2013880	0.1071935
248	0.2035830	0.1112842	0.2035749	0.1151711	0.2035785	0.1170695
249	0.2035830	0.1112842	0.2088611	0.1088383	0.2073476	0.1071288
250	0.2035830	0.1112842	0.2068828	0.1171139	0.2068772	0.1161269
251	0.2035830	0.1112842	0.2066328	0.1180940	0.2060773	0.1165115
252	0.2035830	0.1112842	0.2054226	0.1108730	0.2042972	0.1073727
253	0.2035830	0.1112842	0.2048686	0.1070061	0.2048726	0.1070068
254	0.2035830	0.1112842	0.2084584	0.1112166	0.2084539	0.1084981
255	0.2035830	0.1112842	0.1995989	0.1071459	0.1995933	0.1071453
256	0.2035830	0.1112842	0.2046153	0.1198239	0.2046176	0.1198315
257	0.2035830	0.1112842	0.2041418	0.1203826	0.2020555	0.1160044
258	0.2035830	0.1112842	0.2023999	0.1153870	0.2017073	0.1077504
259	0.2035830	0.1112842	0.2068079	0.1160996	0.2068020	0.1160923
260	0.2035830	0.1112842	0.1984591	0.1070957	0.1984981	0.1071052
261	0.2035830	0.1112842	0.1962960	0.1064168	0.1970998	0.1081683
262	0.2035830	0.1112842	0.1993353	0.1090472	0.1985237	0.1071301
263	0.2035830	0.1112842	0.2051156	0.1102935	0.2041979	0.1089830
264	0.2035830	0.1112842	0.2038578	0.1067281	0.2039982	0.1068788
265	0.2035830	0.1112842	0.2033124	0.1070747	0.2021538	0.1070743
266	0.2035830	0.1112842	0.2022362	0.1071169	0.2003275	0.1070579
267	0.2035830	0.1112842	0.2057224	0.1067865	0.2056739	0.1067764
268	0.2035830	0.1112842	0.2058304	0.1222492	0.2058306	0.1225509
269	0.2035830	0.1112842	0.2083584	0.1176035	0.2079263	0.1135867
270	0.2035830	0.1112842	0.2088048	0.1195916	0.2087953	0.1181234
271	0.2035830	0.1112842	0.2084090	0.1191066	0.2078660	0.1092180
272	0.2035830	0.1112842	0.2063836	0.1097549	0.2061504	0.1071285
273	0.2035830	0.1112842	0.2074059	0.1203901	0.2074302	0.1205472
274	0.2035830	0.1112842	0.2062112	0.1068610	0.2062088	0.1068073
275	0.2035830	0.1112842	0.1966430	0.1096317	0.1966429	0.1096313
276	0.2035830	0.1112842	0.2052656	0.1224786	0.2052809	0.1235327
277	0.2035830	0.1112842	0.2046322	0.1154108	0.2041199	0.1116950

Fortsetzung auf nächster Seite

lfd. Nr.	$f^*_{0.1}$	$f^*_{0.5}$	$MCS_{Bsp\ 8.3.1}$ $\alpha := 0.1$	$MCS_{Bsp\ 8.3.1}$ $\alpha := 0.5$	$MCS_{Bsp\ 8.3.2}$ $\alpha := 0.1$	$MCS_{Bsp\ 8.3.2}$ $\alpha := 0.5$
278	0.2035830	0.1112842	0.2000581	0.1071457	0.1991319	0.1071445
279	0.2035830	0.1112842	0.1855617	0.1070427	0.1855731	0.1084642
280	0.2035830	0.1112842	0.2068988	0.1244313	0.2061800	0.1229092
281	0.2035830	0.1112842	0.1971838	0.1172181	0.1982588	0.1175756
282	0.2035830	0.1112842	0.1876142	0.1069732	0.1876096	0.1068117
283	0.2035830	0.1112842	0.1993695	0.1071913	0.2004123	0.1094031
284	0.2035830	0.1112842	0.2054926	0.1076769	0.2054954	0.1076819
285	0.2035830	0.1112842	0.1996237	0.1067188	0.1996716	0.1069571
286	0.2035830	0.1112842	0.2084446	0.1200315	0.2084563	0.1208003
287	0.2035830	0.1112842	0.1911762	0.1106505	0.1922378	0.1192231
288	0.2035830	0.1112842	0.2077196	0.1121805	0.2077210	0.1124464
289	0.2035830	0.1112842	0.2075319	0.1130849	0.2075036	0.1116850
290	0.2035830	0.1112842	0.2071450	0.1083790	0.2071340	0.1067024
291	0.2035830	0.1112842	0.2042812	0.1154111	0.2042313	0.1140831
292	0.2035830	0.1112842	0.2060244	0.1210439	0.2060103	0.1193330
293	0.2035830	0.1112842	0.2078187	0.1174228	0.2066564	0.1152472
294	0.2035830	0.1112842	0.2011440	0.1071129	0.2012172	0.1082780
295	0.2035830	0.1112842	0.2036573	0.1233628	0.2025818	0.1226426
296	0.2035830	0.1112842	0.1938672	0.1068026	0.2013518	0.1070733
297	0.2035830	0.1112842	0.2046686	0.1159390	0.2046683	0.1159384
298	0.2035830	0.1112842	0.1934779	0.1136504	0.2017068	0.1166848
299	0.2035830	0.1112842	0.1980032	0.1071461	0.1980109	0.1099766
300	0.2035830	0.1112842	0.2076172	0.1150031	0.2073651	0.1123516
301	0.2035830	0.1112842	0.2030298	0.1070970	0.2030303	0.1070971
302	0.2035830	0.1112842	0.2043929	0.1106120	0.1975416	0.1073063
303	0.2035830	0.1112842	0.2027542	0.1071315	0.2023832	0.1071191
304	0.2035830	0.1112842	0.2017989	0.1100420	0.2018062	0.1117794
305	0.2035830	0.1112842	0.2053920	0.1074198	0.2037875	0.1070147
306	0.2035830	0.1112842	0.2054498	0.1071033	0.2054883	0.1071994
307	0.2035830	0.1112842	0.2011259	0.1072116	0.2011233	0.1068544
308	0.2035830	0.1112842	0.1903080	0.1197605	0.1903088	0.1197613
309	0.2035830	0.1112842	0.2041364	0.1117123	0.2041810	0.1144634
310	0.2035830	0.1112842	0.2005389	0.1164690	0.1984081	0.1126335
311	0.2035830	0.1112842	0.2053501	0.1076563	0.2053507	0.1104811
312	0.2035830	0.1112842	0.2036311	0.1073839	0.2036595	0.1103999
313	0.2035830	0.1112842	0.2084706	0.1230554	0.2083773	0.1214547
314	0.2035830	0.1112842	0.2031223	0.1185865	0.2031506	0.1192010
315	0.2035830	0.1112842	0.2087255	0.1238560	0.2087230	0.1238527
316	0.2035830	0.1112842	0.2002577	0.1063654	0.2002881	0.1119758
317	0.2035830	0.1112842	0.1963161	0.1164291	0.1963161	0.1156827
318	0.2035830	0.1112842	0.2022095	0.1161790	0.2022192	0.1177121
319	0.2035830	0.1112842	0.2079127	0.1139860	0.2066186	0.1075184
320	0.2035830	0.1112842	0.2010017	0.1175703	0.2010369	0.1227452
321	0.2035830	0.1112842	0.2007472	0.1072862	0.1956461	0.1072014
322	0.2035830	0.1112842	0.2086037	0.1101711	0.2086133	0.1119677

Fortsetzung auf nächster Seite

			$MCS_{Bsp\ 8.3.1}$		$MCS_{Bsp\ 8.3.2}$	
lfd. Nr.	$f^*_{0.1}$	$f^*_{0.5}$	$\alpha := 0.1$	$\alpha := 0.5$	$\alpha := 0.1$	$\alpha := 0.5$
323	0.2035830	0.1112842	0.2050244	0.1099122	0.2025031	0.1071355
324	0.2035830	0.1112842	0.1998378	0.1238037	0.1977471	0.1173549
325	0.2035830	0.1112842	0.2056858	0.1113029	0.2029040	0.1073791
326	0.2035830	0.1112842	0.2025336	0.1071111	0.2026918	0.1072371
327	0.2035830	0.1112842	0.2058889	0.1146493	0.2059144	0.1150376
328	0.2035830	0.1112842	0.2040656	0.1185405	0.2027148	0.1176356
329	0.2035830	0.1112842	0.2034561	0.1133087	0.2034748	0.1193187
330	0.2035830	0.1112842	0.2008809	0.1068617	0.2009039	0.1070404
331	0.2035830	0.1112842	0.2080518	0.1068482	0.2080664	0.1068484
332	0.2035830	0.1112842	0.2073261	0.1136607	0.2069844	0.1128552
333	0.2035830	0.1112842	0.2004449	0.1207842	0.1982303	0.1185254
334	0.2035830	0.1112842	0.2058359	0.1150676	0.2046253	0.1072325
335	0.2035830	0.1112842	0.2071401	0.1070364	0.2071460	0.1070369
336	0.2035830	0.1112842	0.1902160	0.1097151	0.1943053	0.1132636
337	0.2035830	0.1112842	0.2069010	0.1183743	0.2068998	0.1175007
338	0.2035830	0.1112842	0.1968518	0.1091417	0.2007617	0.1113342
339	0.2035830	0.1112842	0.2045473	0.1104265	0.2045967	0.1156757
340	0.2035830	0.1112842	0.2022091	0.1129882	0.2005789	0.1124058
341	0.2035830	0.1112842	0.2069400	0.1154589	0.2069033	0.1143622
342	0.2035830	0.1112842	0.2070668	0.1209379	0.2070654	0.1196119
343	0.2035830	0.1112842	0.2007729	0.1067381	0.2009158	0.1067575
344	0.2035830	0.1112842	0.2086061	0.1218966	0.2086073	0.1219032
345	0.2035830	0.1112842	0.2032838	0.1103804	0.2032124	0.1103438
346	0.2035830	0.1112842	0.2059883	0.1098027	0.2059434	0.1094743
347	0.2035830	0.1112842	0.2071241	0.1070083	0.2071333	0.1070105
348	0.2035830	0.1112842	0.2039877	0.1073225	0.2013736	0.1071419
349	0.2035830	0.1112842	0.2069993	0.1149829	0.2063572	0.1129522
350	0.2035830	0.1112842	0.2028205	0.1124647	0.2011018	0.1105548
351	0.2035830	0.1112842	0.2062793	0.1072860	0.2062759	0.1072695
352	0.2035830	0.1112842	0.2047060	0.1233724	0.2047008	0.1233711
353	0.2035830	0.1112842	0.2051646	0.1197334	0.2037675	0.1195425
354	0.2035830	0.1112842	0.1982324	0.1070195	0.1984119	0.1072381
355	0.2035830	0.1112842	0.2061281	0.1144185	0.2052208	0.1071828
356	0.2035830	0.1112842	0.2008871	0.1091074	0.2009714	0.1139089
357	0.2035830	0.1112842	0.2026510	0.1071244	0.2027013	0.1071249
358	0.2035830	0.1112842	0.1983812	0.1079600	0.1983850	0.1079640
359	0.2035830	0.1112842	0.2066023	0.1071995	0.2066032	0.1071998
360	0.2035830	0.1112842	0.2062639	0.1195669	0.2060428	0.1149314
361	0.2035830	0.1112842	0.2086518	0.1068655	0.2086993	0.1086797
362	0.2035830	0.1112842	0.2005436	0.1126052	0.2006358	0.1192535
363	0.2035830	0.1112842	0.2019847	0.1154778	0.2018581	0.1120025
364	0.2035830	0.1112842	0.1902057	0.1069420	0.1901975	0.1069245
365	0.2035830	0.1112842	0.2070433	0.1204893	0.2066118	0.1186232
366	0.2035830	0.1112842	0.2057570	0.1213437	0.2057591	0.1213439
367	0.2035830	0.1112842	0.2077980	0.1174393	0.2074128	0.1073667

Fortsetzung auf nächster Seite

lfd. Nr.	$f^*_{0.1}$	$f^*_{0.5}$	$MCS_{Bsp\ 8.3.1}$ $\alpha := 0.1$	$MCS_{Bsp\ 8.3.1}$ $\alpha := 0.5$	$MCS_{Bsp\ 8.3.2}$ $\alpha := 0.1$	$MCS_{Bsp\ 8.3.2}$ $\alpha := 0.5$
368	0.2035830	0.1112842	0.2094465	0.1125244	0.2094456	0.1109362
369	0.2035830	0.1112842	0.2022484	0.1068844	0.2026773	0.1079337
370	0.2035830	0.1112842	0.2057922	0.1143683	0.2057865	0.1142101
371	0.2035830	0.1112842	0.1976513	0.1050684	0.1976513	0.1050684
372	0.2035830	0.1112842	0.2081043	0.1158929	0.2075969	0.1071591
373	0.2035830	0.1112842	0.2004032	0.1070888	0.1974643	0.1068351
374	0.2035830	0.1112842	0.2031326	0.1188842	0.2003392	0.1179940
375	0.2035830	0.1112842	0.2069683	0.1158453	0.2069634	0.1158288
376	0.2035830	0.1112842	0.2029355	0.1173357	0.2029449	0.1173447
377	0.2035830	0.1112842	0.2053408	0.1070491	0.2053257	0.1069075
378	0.2035830	0.1112842	0.2021030	0.1098650	0.2022672	0.1144504
379	0.2035830	0.1112842	0.1998037	0.1034727	0.1998139	0.1044368
380	0.2035830	0.1112842	0.2021181	0.1097493	0.2017872	0.1072341
381	0.2035830	0.1112842	0.1967329	0.1159700	0.1946735	0.1121508
382	0.2035830	0.1112842	0.2048181	0.1165677	0.2048059	0.1165627
383	0.2035830	0.1112842	0.2081451	0.1151306	0.2081473	0.1197551
384	0.2035830	0.1112842	0.2024207	0.1059097	0.2025259	0.1063344
385	0.2035830	0.1112842	0.1971402	0.1122178	0.1971845	0.1145709
386	0.2035830	0.1112842	0.2007853	0.1087084	0.2008014	0.1124168
387	0.2035830	0.1112842	0.2066850	0.1206743	0.2055796	0.1139152
388	0.2035830	0.1112842	0.2029582	0.1070388	0.2030372	0.1072534
389	0.2035830	0.1112842	0.2029858	0.1120164	0.2022544	0.1100942
390	0.2035830	0.1112842	0.1995948	0.1199304	0.1983345	0.1197755
391	0.2035830	0.1112842	0.2063950	0.1074502	0.2064779	0.1117143
392	0.2035830	0.1112842	0.2065554	0.1183231	0.2065530	0.1166702
393	0.2035830	0.1112842	0.2067933	0.1188571	0.2068531	0.1220438
394	0.2035830	0.1112842	0.2042352	0.1197834	0.2040600	0.1188957
395	0.2035830	0.1112842	0.2086790	0.1187627	0.2081533	0.1151902
396	0.2035830	0.1112842	0.2081346	0.1193616	0.2076598	0.1187531
397	0.2035830	0.1112842	0.2082968	0.1147723	0.2083005	0.1148013
398	0.2035830	0.1112842	0.2079208	0.1172816	0.2079259	0.1193796
399	0.2035830	0.1112842	0.2016767	0.1069620	0.2018168	0.1090805
400	0.2035830	0.1112842	0.1995655	0.1206712	0.1944417	0.1194110
401	0.2035830	0.1112842	0.2086551	0.1202401	0.2086581	0.1227375
402	0.2035830	0.1112842	0.2061618	0.1069036	0.2046004	0.1067411
403	0.2035830	0.1112842	0.2062899	0.1105925	0.2057944	0.1098298
404	0.2035830	0.1112842	0.2028093	0.1151313	0.2029604	0.1167634
405	0.2035830	0.1112842	0.2003639	0.1157094	0.2000254	0.1156809
406	0.2035830	0.1112842	0.1957312	0.1157505	0.1925398	0.1137066
407	0.2035830	0.1112842	0.2059921	0.1096412	0.2059799	0.1093687
408	0.2035830	0.1112842	0.1991199	0.1143607	0.1991771	0.1188245
409	0.2035830	0.1112842	0.2040525	0.1206933	0.2036737	0.1124154
410	0.2035830	0.1112842	0.1975656	0.1154273	0.1977533	0.1207413
411	0.2035830	0.1112842	0.1922173	0.1129847	0.1922182	0.1138259
412	0.2035830	0.1112842	0.2052596	0.1163358	0.2052672	0.1169905

Fortsetzung auf nächster Seite

			$MCS_{Bsp\ 8.3.1}$		$MCS_{Bsp\ 8.3.2}$	
lfd. Nr.	$f^*_{0.1}$	$f^*_{0.5}$	$\alpha := 0.1$	$\alpha := 0.5$	$\alpha := 0.1$	$\alpha := 0.5$
413	0.2035830	0.1112842	0.2043197	0.1156810	0.2043413	0.1213394
414	0.2035830	0.1112842	0.2014363	0.1163653	0.2014540	0.1167718
415	0.2035830	0.1112842	0.2035322	0.1103301	0.2035352	0.1130091
416	0.2035830	0.1112842	0.2074476	0.1113449	0.2070868	0.1099251
417	0.2035830	0.1112842	0.2052214	0.1210257	0.2046220	0.1071948
418	0.2035830	0.1112842	0.2075525	0.1090919	0.2074094	0.1071356
419	0.2035830	0.1112842	0.1938738	0.1086744	0.1944938	0.1138599
420	0.2035830	0.1112842	0.2064451	0.1070400	0.2064411	0.1070397
421	0.2035830	0.1112842	0.2010061	0.1151022	0.1956430	0.1070729
422	0.2035830	0.1112842	0.2078103	0.1248525	0.2078117	0.1248527
423	0.2035830	0.1112842	0.2059146	0.1123425	0.2059269	0.1134350
424	0.2035830	0.1112842	0.1977704	0.1072419	0.1966798	0.1071458
425	0.2035830	0.1112842	0.2037939	0.1146104	0.2029329	0.1074804
426	0.2035830	0.1112842	0.2021157	0.1071847	0.2021176	0.1082600
427	0.2035830	0.1112842	0.1958170	0.1077670	0.1958380	0.1077695
428	0.2035830	0.1112842	0.1868214	0.1076273	0.1917609	0.1130493
429	0.2035830	0.1112842	0.2012978	0.1227379	0.2013018	0.1231178
430	0.2035830	0.1112842	0.2040703	0.1197770	0.2025966	0.1157781
431	0.2035830	0.1112842	0.2026343	0.1070720	0.2020557	0.1070714
432	0.2035830	0.1112842	0.2044916	0.1234553	0.2044868	0.1234531
433	0.2035830	0.1112842	0.2066201	0.1112704	0.2066311	0.1140335
434	0.2035830	0.1112842	0.2006784	0.1141201	0.2006982	0.1141490
435	0.2035830	0.1112842	0.2000557	0.1118953	0.2001893	0.1187238
436	0.2035830	0.1112842	0.2005146	0.1130014	0.2013816	0.1145789
437	0.2035830	0.1112842	0.2039358	0.1132384	0.2036767	0.1100574
438	0.2035830	0.1112842	0.1923147	0.1071358	0.1923125	0.1071358
439	0.2035830	0.1112842	0.1998710	0.1149684	0.1998742	0.1177331
440	0.2035830	0.1112842	0.1969071	0.1081150	0.1976772	0.1081161
441	0.2035830	0.1112842	0.2042477	0.1144407	0.2032974	0.1106302
442	0.2035830	0.1112842	0.1987913	0.1223428	0.1979533	0.1173689
443	0.2035830	0.1112842	0.2027339	0.1113302	0.2027245	0.1113291
444	0.2035830	0.1112842	0.1999262	0.1134609	0.1999700	0.1177024
445	0.2035830	0.1112842	0.2067879	0.1104899	0.2067888	0.1104922
446	0.2035830	0.1112842	0.2033011	0.1132355	0.2032938	0.1132264
447	0.2035830	0.1112842	0.2045310	0.1199911	0.2046653	0.1241382
448	0.2035830	0.1112842	0.2083615	0.1191815	0.2083601	0.1191766
449	0.2035830	0.1112842	0.2085853	0.1237258	0.2071780	0.1190008
450	0.2035830	0.1112842	0.2079335	0.1218389	0.2079286	0.1174941
451	0.2035830	0.1112842	0.2080153	0.1080515	0.2080109	0.1080514
452	0.2035830	0.1112842	0.2027192	0.1071304	0.2008191	0.1070023
453	0.2035830	0.1112842	0.2060081	0.1200190	0.2060190	0.1205334
454	0.2035830	0.1112842	0.2003703	0.1149204	0.1981016	0.1134555
455	0.2035830	0.1112842	0.2070919	0.1187687	0.2070916	0.1180879
456	0.2035830	0.1112842	0.2044266	0.1184245	0.2040137	0.1150242
457	0.2035830	0.1112842	0.1956321	0.1160015	0.1958541	0.1177038

Fortsetzung auf nächster Seite

lfd. Nr.	$f^*_{0.1}$	$f^*_{0.5}$	$MCS_{Bsp\ 8.3.1}$ $\alpha := 0.1$	$MCS_{Bsp\ 8.3.1}$ $\alpha := 0.5$	$MCS_{Bsp\ 8.3.2}$ $\alpha := 0.1$	$MCS_{Bsp\ 8.3.2}$ $\alpha := 0.5$
458	0.2035830	0.1112842	0.1968370	0.1071402	0.1968440	0.1071402
459	0.2035830	0.1112842	0.2057811	0.1174264	0.2052873	0.1126816
460	0.2035830	0.1112842	0.2019775	0.1067113	0.2019775	0.1067111
461	0.2035830	0.1112842	0.2053189	0.1189842	0.2052968	0.1189798
462	0.2035830	0.1112842	0.2063128	0.1070658	0.2064552	0.1118887
463	0.2035830	0.1112842	0.2002326	0.1072200	0.1994050	0.1070082
464	0.2035830	0.1112842	0.1996879	0.1071780	0.1996874	0.1071771
465	0.2035830	0.1112842	0.2004610	0.1215124	0.2004667	0.1215188
466	0.2035830	0.1112842	0.2055183	0.1096308	0.2055196	0.1139498
467	0.2035830	0.1112842	0.1976013	0.1110496	0.1976146	0.1110565
468	0.2035830	0.1112842	0.2028059	0.1200450	0.1954213	0.1193939
469	0.2035830	0.1112842	0.2068332	0.1073132	0.2068076	0.1071187
470	0.2035830	0.1112842	0.2032493	0.1115320	0.2013423	0.1095087
471	0.2035830	0.1112842	0.2021859	0.1155468	0.2003229	0.1129729
472	0.2035830	0.1112842	0.1901257	0.1146416	0.1901232	0.1129036
473	0.2035830	0.1112842	0.2074368	0.1225299	0.2047950	0.1190599
474	0.2035830	0.1112842	0.1936521	0.1070039	0.1965689	0.1070108
475	0.2035830	0.1112842	0.2024329	0.1071504	0.2025836	0.1082604
476	0.2035830	0.1112842	0.2024203	0.1070734	0.2011280	0.1070719
477	0.2035830	0.1112842	0.2064769	0.1071353	0.2053327	0.1071353
478	0.2035830	0.1112842	0.2072573	0.1111404	0.2069624	0.1096471
479	0.2035830	0.1112842	0.1960628	0.1089731	0.1979713	0.1169337
480	0.2035830	0.1112842	0.2091245	0.1231940	0.2091227	0.1231937
481	0.2035830	0.1112842	0.2065405	0.1116012	0.2065332	0.1076719
482	0.2035830	0.1112842	0.1963953	0.1070895	0.1963567	0.1070129
483	0.2035830	0.1112842	0.2046250	0.1134972	0.2036334	0.1074939
484	0.2035830	0.1112842	0.2077595	0.1178935	0.2070139	0.1154625
485	0.2035830	0.1112842	0.2084293	0.1071408	0.2084273	0.1071408
486	0.2035830	0.1112842	0.2043435	0.1069288	0.2043741	0.1070099
487	0.2035830	0.1112842	0.1990680	0.1220060	0.2006371	0.1220061
488	0.2035830	0.1112842	0.2005414	0.1071129	0.2005516	0.1071749
489	0.2035830	0.1112842	0.2072968	0.1070497	0.2052952	0.1069283
490	0.2035830	0.1112842	0.2009069	0.1072447	0.2010859	0.1165116
491	0.2035830	0.1112842	0.2035778	0.1072160	0.2035778	0.1072220
492	0.2035830	0.1112842	0.2016968	0.1155159	0.2002995	0.1089836
493	0.2035830	0.1112842	0.1981135	0.1071216	0.1981328	0.1071217
494	0.2035830	0.1112842	0.1930075	0.1064553	0.1939000	0.1070481
495	0.2035830	0.1112842	0.2062717	0.1071293	0.2062796	0.1071293
496	0.2035830	0.1112842	0.1971084	0.1069950	0.1976947	0.1074678
497	0.2035830	0.1112842	0.2016682	0.1148691	0.2016724	0.1148705
498	0.2035830	0.1112842	0.1966498	0.1071362	0.1967358	0.1151787
499	0.2035830	0.1112842	0.2006524	0.1072803	0.2006647	0.1106032
500	0.2035830	0.1112842	0.2074178	0.1115088	0.2074174	0.1102418
501	0.2035830	0.1112842	0.2045917	0.1168295	0.2043286	0.1071421
502	0.2035830	0.1112842	0.1903518	0.1071383	0.1951886	0.1082873

Fortsetzung auf nächster Seite

lfd. Nr.	$f^*_{0.1}$	$f^*_{0.5}$	$MCS_{Bsp\ 8.3.1}$ $\alpha := 0.1$	$MCS_{Bsp\ 8.3.1}$ $\alpha := 0.5$	$MCS_{Bsp\ 8.3.2}$ $\alpha := 0.1$	$MCS_{Bsp\ 8.3.2}$ $\alpha := 0.5$
503	0.2035830	0.1112842	0.2038299	0.1083513	0.2038307	0.1096627
504	0.2035830	0.1112842	0.2023541	0.1070241	0.2024406	0.1161868
505	0.2035830	0.1112842	0.2045251	0.1073419	0.2045367	0.1073547
506	0.2035830	0.1112842	0.2078053	0.1127397	0.2069458	0.1072324
507	0.2035830	0.1112842	0.2036574	0.1083493	0.2034444	0.1070448
508	0.2035830	0.1112842	0.2004163	0.1067747	0.2005875	0.1073125
509	0.2035830	0.1112842	0.2074605	0.1222310	0.2069160	0.1124263
510	0.2035830	0.1112842	0.2009107	0.1129504	0.2009100	0.1129483
511	0.2035830	0.1112842	0.2058218	0.1071428	0.2058529	0.1082886
512	0.2035830	0.1112842	0.2088969	0.1196522	0.2088956	0.1196504
513	0.2035830	0.1112842	0.2076277	0.1183258	0.2065628	0.1087355
514	0.2035830	0.1112842	0.2066441	0.1220774	0.2066438	0.1215388
515	0.2035830	0.1112842	0.2010718	0.1106954	0.2012394	0.1132091
516	0.2035830	0.1112842	0.2039961	0.1136989	0.2039744	0.1136914
517	0.2035830	0.1112842	0.2041161	0.1192926	0.2041203	0.1193243
518	0.2035830	0.1112842	0.2001634	0.1168301	0.2003037	0.1172908
519	0.2035830	0.1112842	0.2063001	0.1174463	0.2062997	0.1169402
520	0.2035830	0.1112842	0.2063287	0.1143421	0.2053524	0.1100680
521	0.2035830	0.1112842	0.2091715	0.1168143	0.2091754	0.1183200
522	0.2035830	0.1112842	0.2027241	0.1229280	0.2027140	0.1229249
523	0.2035830	0.1112842	0.2029331	0.1071983	0.2029456	0.1099690
524	0.2035830	0.1112842	0.2075640	0.1058700	0.2075882	0.1065450
525	0.2035830	0.1112842	0.2074580	0.1132709	0.2074489	0.1132653
526	0.2035830	0.1112842	0.2032717	0.1164396	0.2033295	0.1174523
527	0.2035830	0.1112842	0.2061369	0.1153660	0.2051125	0.1139008
528	0.2035830	0.1112842	0.2080535	0.1072460	0.2080516	0.1072431
529	0.2035830	0.1112842	0.1998448	0.1070550	0.1998417	0.1070062
530	0.2035830	0.1112842	0.2017545	0.1060191	0.2019419	0.1145308
531	0.2035830	0.1112842	0.1986816	0.1128016	0.1986706	0.1127953
532	0.2035830	0.1112842	0.2047948	0.1076321	0.2048109	0.1076323
533	0.2035830	0.1112842	0.2013965	0.1069321	0.2014938	0.1073490
534	0.2035830	0.1112842	0.2016311	0.1176429	0.1984864	0.1174923
535	0.2035830	0.1112842	0.2079858	0.1136274	0.2079982	0.1143787
536	0.2035830	0.1112842	0.1710973	0.1070839	0.1768849	0.1095202
537	0.2035830	0.1112842	0.2073744	0.1233392	0.2069930	0.1124542
538	0.2035830	0.1112842	0.2075363	0.1181464	0.2075381	0.1181469
539	0.2035830	0.1112842	0.1954756	0.1070515	0.1964752	0.1073003
540	0.2035830	0.1112842	0.2034164	0.1075439	0.2012955	0.1071399
541	0.2035830	0.1112842	0.2070737	0.1071100	0.2069577	0.1070768
542	0.2035830	0.1112842	0.2030636	0.1071480	0.2030603	0.1071480
543	0.2035830	0.1112842	0.2059005	0.1211465	0.2058999	0.1211464
544	0.2035830	0.1112842	0.1909123	0.1085781	0.1909146	0.1093069
545	0.2035830	0.1112842	0.2019235	0.1072630	0.1949866	0.1071410
546	0.2035830	0.1112842	0.2076298	0.1176612	0.2072684	0.1124977
547	0.2035830	0.1112842	0.2082190	0.1081377	0.2071450	0.1072301

Fortsetzung auf nächster Seite

lfd. Nr.	$f^*_{0.1}$	$f^*_{0.5}$	$MCS_{Bsp\ 8.3.1}$ $\alpha := 0.1$	$MCS_{Bsp\ 8.3.1}$ $\alpha := 0.5$	$MCS_{Bsp\ 8.3.2}$ $\alpha := 0.1$	$MCS_{Bsp\ 8.3.2}$ $\alpha := 0.5$
548	0.2035830	0.1112842	0.2071599	0.1197382	0.2071495	0.1192135
549	0.2035830	0.1112842	0.2073141	0.1070710	0.2073092	0.1070703
550	0.2035830	0.1112842	0.2053739	0.1125523	0.2053658	0.1125319
551	0.2035830	0.1112842	0.2051767	0.1123157	0.2051840	0.1123276
552	0.2035830	0.1112842	0.2059186	0.1119390	0.2049932	0.1074866
553	0.2035830	0.1112842	0.2016833	0.1064784	0.2016759	0.1064774
554	0.2035830	0.1112842	0.1980049	0.1070797	0.1967248	0.1063132
555	0.2035830	0.1112842	0.2082204	0.1149149	0.2067046	0.1113742
556	0.2035830	0.1112842	0.2040175	0.1084081	0.2040215	0.1105586
557	0.2035830	0.1112842	0.2070894	0.1179471	0.2070887	0.1179453
558	0.2035830	0.1112842	0.2043369	0.1205224	0.1998466	0.1182509
559	0.2035830	0.1112842	0.2026106	0.1077204	0.2026604	0.1126592
560	0.2035830	0.1112842	0.1878805	0.1089061	0.1969567	0.1161098
561	0.2035830	0.1112842	0.2050097	0.1078753	0.2050138	0.1090851
562	0.2035830	0.1112842	0.2031261	0.1071340	0.2025107	0.1070844
563	0.2035830	0.1112842	0.2068790	0.1185585	0.2054221	0.1175754
564	0.2035830	0.1112842	0.2032334	0.1124627	0.2032717	0.1139123
565	0.2035830	0.1112842	0.2038884	0.1101409	0.2030793	0.1073906
566	0.2035830	0.1112842	0.2065186	0.1168543	0.2065157	0.1168524
567	0.2035830	0.1112842	0.2058342	0.1062621	0.2058378	0.1067447
568	0.2035830	0.1112842	0.2031442	0.1185447	0.2032131	0.1221487
569	0.2035830	0.1112842	0.2063951	0.1071082	0.2063681	0.1070216
570	0.2035830	0.1112842	0.2047725	0.1142976	0.2040978	0.1118771
571	0.2035830	0.1112842	0.2034124	0.1159341	0.2018755	0.1119909
572	0.2035830	0.1112842	0.2082726	0.1215595	0.2082785	0.1245212
573	0.2035830	0.1112842	0.2092225	0.1126502	0.2086452	0.1071313
574	0.2035830	0.1112842	0.2041813	0.1071129	0.2031502	0.1070389
575	0.2035830	0.1112842	0.1979327	0.1109843	0.1979302	0.1097905
576	0.2035830	0.1112842	0.2044163	0.1131594	0.2044392	0.1174741
577	0.2035830	0.1112842	0.2019136	0.1088822	0.2019143	0.1088828
578	0.2035830	0.1112842	0.1964987	0.1070790	0.1964985	0.1069711
579	0.2035830	0.1112842	0.2063325	0.1133468	0.2063342	0.1133488
580	0.2035830	0.1112842	0.2087301	0.1248174	0.2080399	0.1227096
581	0.2035830	0.1112842	0.2021050	0.1061811	0.2021576	0.1063689
582	0.2035830	0.1112842	0.1993416	0.1069714	0.1996891	0.1135283
583	0.2035830	0.1112842	0.2045370	0.1094081	0.2045563	0.1102041
584	0.2035830	0.1112842	0.2001478	0.1089300	0.1998772	0.1076191
585	0.2035830	0.1112842	0.2026228	0.1085113	0.2023912	0.1071377
586	0.2035830	0.1112842	0.1985342	0.1185724	0.1972119	0.1179196
587	0.2035830	0.1112842	0.2056417	0.1114885	0.2056483	0.1115102
588	0.2035830	0.1112842	0.1990791	0.1165092	0.1990773	0.1165084
589	0.2035830	0.1112842	0.2013928	0.1070796	0.2014755	0.1070799
590	0.2035830	0.1112842	0.1952829	0.1063439	0.1953151	0.1063475
591	0.2035830	0.1112842	0.2080221	0.1110357	0.2080176	0.1110151
592	0.2035830	0.1112842	0.2071402	0.1208400	0.2066202	0.1189520

Fortsetzung auf nächster Seite

lfd. Nr.	$f^*_{0.1}$	$f^*_{0.5}$	$MCS_{Bsp\ 8.3.1}$ $\alpha := 0.1$	$MCS_{Bsp\ 8.3.1}$ $\alpha := 0.5$	$MCS_{Bsp\ 8.3.2}$ $\alpha := 0.1$	$MCS_{Bsp\ 8.3.2}$ $\alpha := 0.5$
593	0.2035830	0.1112842	0.2075166	0.1186700	0.2075057	0.1181281
594	0.2035830	0.1112842	0.2017720	0.1203078	0.2017891	0.1203215
595	0.2035830	0.1112842	0.2078531	0.1188094	0.2078518	0.1170409
596	0.2035830	0.1112842	0.1967134	0.1066239	0.1967581	0.1067598
597	0.2035830	0.1112842	0.2051222	0.1070199	0.2041260	0.1066983
598	0.2035830	0.1112842	0.2022287	0.1071939	0.2022727	0.1109406
599	0.2035830	0.1112842	0.2041920	0.1066551	0.2026384	0.1066248
600	0.2035830	0.1112842	0.2060931	0.1184641	0.2061169	0.1199020
601	0.2035830	0.1112842	0.2084187	0.1129853	0.2071417	0.1071103
602	0.2035830	0.1112842	0.1997310	0.1127958	0.1994272	0.1111250
603	0.2035830	0.1112842	0.2029274	0.1183540	0.2027225	0.1143458
604	0.2035830	0.1112842	0.1971010	0.1069953	0.1971776	0.1069957
605	0.2035830	0.1112842	0.2034548	0.1197555	0.2027254	0.1163379
606	0.2035830	0.1112842	0.2074445	0.1125632	0.2074407	0.1092420
607	0.2035830	0.1112842	0.2047355	0.1071880	0.2047399	0.1095114
608	0.2035830	0.1112842	0.2068583	0.1186768	0.2057734	0.1178966
609	0.2035830	0.1112842	0.2083412	0.1087212	0.2083415	0.1183631
610	0.2035830	0.1112842	0.1883487	0.1160699	0.1909875	0.1205940
611	0.2035830	0.1112842	0.2050435	0.1156305	0.2044927	0.1133088
612	0.2035830	0.1112842	0.2035669	0.1096753	0.2036274	0.1158580
613	0.2035830	0.1112842	0.1998365	0.1117813	0.2000033	0.1141785
614	0.2035830	0.1112842	0.2007416	0.1071326	0.2007617	0.1097999
615	0.2035830	0.1112842	0.2058637	0.1156290	0.2058439	0.1152651
616	0.2035830	0.1112842	0.2077370	0.1124047	0.2077379	0.1126859
617	0.2035830	0.1112842	0.1896277	0.1071101	0.1896282	0.1071101
618	0.2035830	0.1112842	0.1942866	0.1130782	0.1969591	0.1139701
619	0.2035830	0.1112842	0.2073935	0.1068024	0.2059551	0.1067522
620	0.2035830	0.1112842	0.2091141	0.1170831	0.2091179	0.1184724
621	0.2035830	0.1112842	0.1997346	0.1066765	0.2000085	0.1069149
622	0.2035830	0.1112842	0.2045594	0.1073809	0.2047188	0.1171153
623	0.2035830	0.1112842	0.2001329	0.1067030	0.2001346	0.1067041
624	0.2035830	0.1112842	0.2021648	0.1126861	0.2017538	0.1119669
625	0.2035830	0.1112842	0.2045531	0.1070863	0.2045518	0.1070863
626	0.2035830	0.1112842	0.2089614	0.1209085	0.2086537	0.1127004
627	0.2035830	0.1112842	0.2016556	0.1225102	0.2012954	0.1223931
628	0.2035830	0.1112842	0.1999200	0.1071143	0.2000669	0.1100761
629	0.2035830	0.1112842	0.1997156	0.1065057	0.1997518	0.1065069
630	0.2035830	0.1112842	0.2073314	0.1180878	0.2073403	0.1181032
631	0.2035830	0.1112842	0.2039812	0.1187177	0.2020600	0.1187040
632	0.2035830	0.1112842	0.1988789	0.1102090	0.1988808	0.1102100
633	0.2035830	0.1112842	0.2059528	0.1086036	0.2058232	0.1070895
634	0.2035830	0.1112842	0.2086814	0.1174658	0.2086777	0.1174574
635	0.2035830	0.1112842	0.2009754	0.1108933	0.2010020	0.1109162
636	0.2035830	0.1112842	0.2040553	0.1095782	0.1999929	0.1073055
637	0.2035830	0.1112842	0.2021745	0.1083749	0.2023126	0.1098556

Fortsetzung auf nächster Seite

lfd. Nr.	$f^*_{0.1}$	$f^*_{0.5}$	$MCS_{Bsp\ 8.3.1}$ $\alpha := 0.1$	$MCS_{Bsp\ 8.3.1}$ $\alpha := 0.5$	$MCS_{Bsp\ 8.3.2}$ $\alpha := 0.1$	$MCS_{Bsp\ 8.3.2}$ $\alpha := 0.5$
638	0.2035830	0.1112842	0.2068826	0.1093913	0.2050140	0.1072081
639	0.2035830	0.1112842	0.1961586	0.1070563	0.1977717	0.1070563
640	0.2035830	0.1112842	0.2051940	0.1197074	0.2052072	0.1209009
641	0.2035830	0.1112842	0.2039957	0.1233481	0.2024283	0.1216587
642	0.2035830	0.1112842	0.2058062	0.1103125	0.2058091	0.1103125
643	0.2035830	0.1112842	0.2044571	0.1067132	0.2044549	0.1066694
644	0.2035830	0.1112842	0.2088220	0.1149478	0.2088212	0.1127017
645	0.2035830	0.1112842	0.2050053	0.1123288	0.2050065	0.1123290
646	0.2035830	0.1112842	0.1939620	0.1073688	0.1939603	0.1073687
647	0.2035830	0.1112842	0.2069559	0.1136397	0.2066220	0.1073272
648	0.2035830	0.1112842	0.2061017	0.1070898	0.2061181	0.1072466
649	0.2035830	0.1112842	0.2082559	0.1202803	0.2080990	0.1128368
650	0.2035830	0.1112842	0.2004143	0.1071876	0.2009082	0.1120963
651	0.2035830	0.1112842	0.2009034	0.1069440	0.2007886	0.1069419
652	0.2035830	0.1112842	0.2053474	0.1179404	0.2041728	0.1120457
653	0.2035830	0.1112842	0.1997857	0.1077639	0.1980814	0.1069174
654	0.2035830	0.1112842	0.2059278	0.1179362	0.2046955	0.1142257
655	0.2035830	0.1112842	0.1984211	0.1070160	0.1985283	0.1072461
656	0.2035830	0.1112842	0.1972343	0.1104122	0.1972679	0.1109871
657	0.2035830	0.1112842	0.1932734	0.1069182	0.1946522	0.1071056
658	0.2035830	0.1112842	0.2019028	0.1071295	0.1987384	0.1070000
659	0.2035830	0.1112842	0.2035561	0.1071004	0.2035676	0.1071028
660	0.2035830	0.1112842	0.2080809	0.1123046	0.2077317	0.1068377
661	0.2035830	0.1112842	0.2056671	0.1177081	0.2056295	0.1167695
662	0.2035830	0.1112842	0.2088947	0.1094373	0.2087019	0.1071237
663	0.2035830	0.1112842	0.2063009	0.1098929	0.2033663	0.1080220
664	0.2035830	0.1112842	0.2084309	0.1081260	0.2084282	0.1081216
665	0.2035830	0.1112842	0.1893231	0.1068822	0.1896492	0.1070189
666	0.2035830	0.1112842	0.2083026	0.1208849	0.2080700	0.1141792
667	0.2035830	0.1112842	0.1977697	0.1107555	0.1977651	0.1071427
668	0.2035830	0.1112842	0.2035479	0.1181662	0.2035704	0.1202618
669	0.2035830	0.1112842	0.2040061	0.1071851	0.2040049	0.1071846
670	0.2035830	0.1112842	0.2058488	0.1071399	0.2058552	0.1071399
671	0.2035830	0.1112842	0.2025177	0.1062239	0.2018050	0.1061499
672	0.2035830	0.1112842	0.2062635	0.1113657	0.2055729	0.1074370
673	0.2035830	0.1112842	0.2075386	0.1083529	0.2075546	0.1086802
674	0.2035830	0.1112842	0.2007155	0.1110190	0.2007361	0.1123121
675	0.2035830	0.1112842	0.1920984	0.1103235	0.1920982	0.1103234
676	0.2035830	0.1112842	0.2014367	0.1096818	0.2014579	0.1127835
677	0.2035830	0.1112842	0.2053941	0.1152062	0.2053947	0.1152063
678	0.2035830	0.1112842	0.2069835	0.1181611	0.2069908	0.1197642
679	0.2035830	0.1112842	0.1940955	0.1066597	0.1981537	0.1069768
680	0.2035830	0.1112842	0.2048027	0.1131782	0.2037030	0.1072980
681	0.2035830	0.1112842	0.1982989	0.1065719	0.1983710	0.1068324
682	0.2035830	0.1112842	0.2089617	0.1180986	0.2089634	0.1180994

Fortsetzung auf nächster Seite

lfd. Nr.	$f^*_{0.1}$	$f^*_{0.5}$	$MCS_{Bsp\ 8.3.1}$ $\alpha := 0.1$	$MCS_{Bsp\ 8.3.1}$ $\alpha := 0.5$	$MCS_{Bsp\ 8.3.2}$ $\alpha := 0.1$	$MCS_{Bsp\ 8.3.2}$ $\alpha := 0.5$
683	0.2035830	0.1112842	0.2047776	0.1092027	0.2045669	0.1071183
684	0.2035830	0.1112842	0.2033545	0.1191509	0.2033300	0.1112859
685	0.2035830	0.1112842	0.2079084	0.1150843	0.2063940	0.1130425
686	0.2035830	0.1112842	0.2068569	0.1160132	0.2068569	0.1173449
687	0.2035830	0.1112842	0.2016817	0.1160022	0.2016901	0.1160277
688	0.2035830	0.1112842	0.2001817	0.1063937	0.2002227	0.1066726
689	0.2035830	0.1112842	0.2040105	0.1070731	0.2040113	0.1071232
690	0.2035830	0.1112842	0.2069900	0.1151701	0.2051533	0.1086889
691	0.2035830	0.1112842	0.2073173	0.1163805	0.2073329	0.1179617
692	0.2035830	0.1112842	0.2058772	0.1080826	0.2055612	0.1070815
693	0.2035830	0.1112842	0.2021890	0.1137815	0.2022084	0.1157085
694	0.2035830	0.1112842	0.1971457	0.1163740	0.1967125	0.1156970
695	0.2035830	0.1112842	0.2061837	0.1224900	0.2034062	0.1220826
696	0.2035830	0.1112842	0.2065611	0.1071406	0.2056896	0.1069419
697	0.2035830	0.1112842	0.2039767	0.1198957	0.2039931	0.1201646
698	0.2035830	0.1112842	0.2053383	0.1120562	0.2054242	0.1145864
699	0.2035830	0.1112842	0.2039759	0.1169258	0.2023392	0.1137864
700	0.2035830	0.1112842	0.2064588	0.1198235	0.2034995	0.1185697
701	0.2035830	0.1112842	0.2000783	0.1108530	0.2000567	0.1108452
702	0.2035830	0.1112842	0.2080525	0.1077164	0.2080533	0.1085329
703	0.2035830	0.1112842	0.2036038	0.1129586	0.2036513	0.1190974
704	0.2035830	0.1112842	0.2049339	0.1070489	0.2049415	0.1071078
705	0.2035830	0.1112842	0.1941076	0.1073752	0.1941035	0.1073749
706	0.2035830	0.1112842	0.2080411	0.1066140	0.2080431	0.1070826
707	0.2035830	0.1112842	0.2064960	0.1084800	0.2064880	0.1072688
708	0.2035830	0.1112842	0.2066801	0.1160846	0.2066881	0.1168862
709	0.2035830	0.1112842	0.2082982	0.1250108	0.2063908	0.1186165
710	0.2035830	0.1112842	0.2064296	0.1185047	0.2064037	0.1183895
711	0.2035830	0.1112842	0.2066833	0.1071050	0.2013809	0.1069460
712	0.2035830	0.1112842	0.2068763	0.1088299	0.2068531	0.1076303
713	0.2035830	0.1112842	0.1827257	0.1070534	0.1827342	0.1119459
714	0.2035830	0.1112842	0.2042271	0.1168233	0.2018421	0.1136550
715	0.2035830	0.1112842	0.2050931	0.1237121	0.2043289	0.1233375
716	0.2035830	0.1112842	0.2081888	0.1093154	0.2079726	0.1071095
717	0.2035830	0.1112842	0.2033027	0.1116740	0.2033028	0.1126371
718	0.2035830	0.1112842	0.2082266	0.1080752	0.2077533	0.1069869
719	0.2035830	0.1112842	0.2074214	0.1147896	0.2051927	0.1138155
720	0.2035830	0.1112842	0.2014595	0.1073438	0.2014718	0.1147281
721	0.2035830	0.1112842	0.2038436	0.1140473	0.2038913	0.1143190
722	0.2035830	0.1112842	0.2051814	0.1160786	0.2052254	0.1176539
723	0.2035830	0.1112842	0.2045307	0.1071208	0.2045308	0.1071208
724	0.2035830	0.1112842	0.2053168	0.1237302	0.2036561	0.1226804
725	0.2035830	0.1112842	0.2026853	0.1071292	0.2027433	0.1072741
726	0.2035830	0.1112842	0.2079823	0.1209033	0.2046103	0.1119620
727	0.2035830	0.1112842	0.1997558	0.1092524	0.1982543	0.1082084

Fortsetzung auf nächster Seite

lfd. Nr.	$f^*_{0.1}$	$f^*_{0.5}$	$MCS_{Bsp\ 8.3.1}$ $\alpha := 0.1$	$MCS_{Bsp\ 8.3.1}$ $\alpha := 0.5$	$MCS_{Bsp\ 8.3.2}$ $\alpha := 0.1$	$MCS_{Bsp\ 8.3.2}$ $\alpha := 0.5$
728	0.2035830	0.1112842	0.2012874	0.1071010	0.2011895	0.1071003
729	0.2035830	0.1112842	0.2088437	0.1147326	0.2088377	0.1145178
730	0.2035830	0.1112842	0.2008371	0.1071467	0.1999039	0.1070720
731	0.2035830	0.1112842	0.1988981	0.1101239	0.1988983	0.1101240
732	0.2035830	0.1112842	0.2074460	0.1199974	0.2070270	0.1198549
733	0.2035830	0.1112842	0.1947040	0.1162129	0.1964130	0.1162146
734	0.2035830	0.1112842	0.2065651	0.1071275	0.2055042	0.1071217
735	0.2035830	0.1112842	0.1954938	0.1080748	0.1968820	0.1081499
736	0.2035830	0.1112842	0.1972507	0.1071402	0.2001820	0.1073367
737	0.2035830	0.1112842	0.2055560	0.1066411	0.2056455	0.1069878
738	0.2035830	0.1112842	0.2046259	0.1054136	0.2046760	0.1072829
739	0.2035830	0.1112842	0.1999805	0.1132568	0.2001000	0.1155246
740	0.2035830	0.1112842	0.1979565	0.1136662	0.1979742	0.1164539
741	0.2035830	0.1112842	0.2061664	0.1070601	0.2061630	0.1070599
742	0.2035830	0.1112842	0.2082990	0.1067046	0.2081656	0.1066340
743	0.2035830	0.1112842	0.2082684	0.1125707	0.2072107	0.1072995
744	0.2035830	0.1112842	0.2012492	0.1068948	0.2012899	0.1068981
745	0.2035830	0.1112842	0.2041168	0.1184619	0.2041308	0.1232012
746	0.2035830	0.1112842	0.2073358	0.1092139	0.2073341	0.1092129
747	0.2035830	0.1112842	0.2062591	0.1134854	0.2062606	0.1136414
748	0.2035830	0.1112842	0.2068889	0.1252841	0.2041331	0.1248260
749	0.2035830	0.1112842	0.2041124	0.1184518	0.2041321	0.1190819
750	0.2035830	0.1112842	0.1991694	0.1071523	0.1992620	0.1071603
751	0.2035830	0.1112842	0.2034775	0.1213700	0.2030789	0.1097785
752	0.2035830	0.1112842	0.1795745	0.1061723	0.1848156	0.1071086
753	0.2035830	0.1112842	0.1985978	0.1061429	0.1986238	0.1062326
754	0.2035830	0.1112842	0.2051424	0.1074425	0.2051942	0.1097621
755	0.2035830	0.1112842	0.2085097	0.1207793	0.2077398	0.1128203
756	0.2035830	0.1112842	0.1884229	0.1071664	0.1894008	0.1079935
757	0.2035830	0.1112842	0.1946987	0.1128913	0.1973438	0.1149642
758	0.2035830	0.1112842	0.2082714	0.1214970	0.2051642	0.1169877
759	0.2035830	0.1112842	0.2048062	0.1073757	0.2020351	0.1070638
760	0.2035830	0.1112842	0.2052532	0.1151851	0.2052537	0.1186504
761	0.2035830	0.1112842	0.2068832	0.1164491	0.2068798	0.1164463
762	0.2035830	0.1112842	0.2054741	0.1061701	0.2054722	0.1059451
763	0.2035830	0.1112842	0.2058327	0.1180158	0.2045045	0.1134221
764	0.2035830	0.1112842	0.2087968	0.1186606	0.2087951	0.1159669
765	0.2035830	0.1112842	0.2013276	0.1099336	0.2013320	0.1099337
766	0.2035830	0.1112842	0.2037764	0.1068231	0.2037899	0.1073538
767	0.2035830	0.1112842	0.1733751	0.1068696	0.1948508	0.1070578
768	0.2035830	0.1112842	0.2052311	0.1073882	0.2043107	0.1070685
769	0.2035830	0.1112842	0.1929546	0.1106941	0.1961397	0.1107082
770	0.2035830	0.1112842	0.2056113	0.1138046	0.2056112	0.1137730
771	0.2035830	0.1112842	0.1934822	0.1070544	0.1965994	0.1123172
772	0.2035830	0.1112842	0.1892326	0.1124744	0.1896180	0.1131803

Fortsetzung auf nächster Seite

			$MCS_{Bsp\ 8.3.1}$		$MCS_{Bsp\ 8.3.2}$	
lfd. Nr.	$f^*_{0.1}$	$f^*_{0.5}$	$\alpha := 0.1$	$\alpha := 0.5$	$\alpha := 0.1$	$\alpha := 0.5$
773	0.2035830	0.1112842	0.2035551	0.1231905	0.2004562	0.1198430
774	0.2035830	0.1112842	0.2070108	0.1234517	0.2070134	0.1237878
775	0.2035830	0.1112842	0.2053118	0.1221628	0.2046234	0.1190952
776	0.2035830	0.1112842	0.2083112	0.1195124	0.2083156	0.1195134
777	0.2035830	0.1112842	0.2053980	0.1192650	0.2054045	0.1199691
778	0.2035830	0.1112842	0.2048617	0.1169276	0.2048607	0.1169215
779	0.2035830	0.1112842	0.2016141	0.1075792	0.2005264	0.1070377
780	0.2035830	0.1112842	0.2082077	0.1076257	0.2082339	0.1148667
781	0.2035830	0.1112842	0.2010617	0.1154557	0.1999065	0.1149576
782	0.2035830	0.1112842	0.2031307	0.1071503	0.2032080	0.1109837
783	0.2035830	0.1112842	0.2078569	0.1202935	0.2062017	0.1175754
784	0.2035830	0.1112842	0.1999862	0.1071107	0.2000049	0.1071109
785	0.2035830	0.1112842	0.2063556	0.1069630	0.2063582	0.1076321
786	0.2035830	0.1112842	0.2046396	0.1128861	0.2046474	0.1173925
787	0.2035830	0.1112842	0.1997071	0.1222862	0.1998982	0.1232623
788	0.2035830	0.1112842	0.2016280	0.1199068	0.2016388	0.1208864
789	0.2035830	0.1112842	0.2068777	0.1177860	0.2063727	0.1130862
790	0.2035830	0.1112842	0.2081635	0.1084644	0.2081668	0.1100724
791	0.2035830	0.1112842	0.2059173	0.1206259	0.2039217	0.1138266
792	0.2035830	0.1112842	0.2034899	0.1084754	0.2034958	0.1091380
793	0.2035830	0.1112842	0.2013039	0.1093231	0.2013190	0.1104406
794	0.2035830	0.1112842	0.2073922	0.1148644	0.2073671	0.1136787
795	0.2035830	0.1112842	0.2040214	0.1095943	0.2040224	0.1144489
796	0.2035830	0.1112842	0.2002624	0.1072267	0.2003717	0.1082066
797	0.2035830	0.1112842	0.2045873	0.1069072	0.2034553	0.1066670
798	0.2035830	0.1112842	0.1977668	0.1068811	0.1978448	0.1069873
799	0.2035830	0.1112842	0.2055057	0.1173303	0.2055190	0.1198242
800	0.2035830	0.1112842	0.2061085	0.1117344	0.2061098	0.1127713
801	0.2035830	0.1112842	0.2075803	0.1131362	0.2075829	0.1131510
802	0.2035830	0.1112842	0.2023739	0.1060975	0.2024954	0.1075379
803	0.2035830	0.1112842	0.2005542	0.1072290	0.2005459	0.1072225
804	0.2035830	0.1112842	0.2070524	0.1073148	0.2065949	0.1071050
805	0.2035830	0.1112842	0.2002886	0.1067094	0.2002938	0.1067110
806	0.2035830	0.1112842	0.1983225	0.1069872	0.1970217	0.1068757
807	0.2035830	0.1112842	0.2029127	0.1223041	0.2028647	0.1222932
808	0.2035830	0.1112842	0.2062233	0.1241859	0.2062825	0.1252282
809	0.2035830	0.1112842	0.2042237	0.1096765	0.2042051	0.1071663
810	0.2035830	0.1112842	0.2070783	0.1154782	0.2068300	0.1073833
811	0.2035830	0.1112842	0.2047176	0.1146975	0.2044510	0.1126266
812	0.2035830	0.1112842	0.2064381	0.1234606	0.2034520	0.1219621
813	0.2035830	0.1112842	0.2072857	0.1228692	0.2073141	0.1238190
814	0.2035830	0.1112842	0.2066452	0.1157556	0.2062814	0.1072565
815	0.2035830	0.1112842	0.2028066	0.1071505	0.2029555	0.1111435
816	0.2035830	0.1112842	0.2080143	0.1144011	0.2080115	0.1143979
817	0.2035830	0.1112842	0.2042734	0.1208440	0.1985756	0.1176534

Fortsetzung auf nächster Seite

			$MCS_{Bsp\ 8.3.1}$		$MCS_{Bsp\ 8.3.2}$	
lfd. Nr.	$f^*_{0.1}$	$f^*_{0.5}$	$\alpha := 0.1$	$\alpha := 0.5$	$\alpha := 0.1$	$\alpha := 0.5$
818	0.2035830	0.1112842	0.1992071	0.1071288	0.1992006	0.1071192
819	0.2035830	0.1112842	0.1992942	0.1137817	0.1994795	0.1158271
820	0.2035830	0.1112842	0.2034653	0.1163692	0.1966559	0.1153190
821	0.2035830	0.1112842	0.2017350	0.1071923	0.2001217	0.1069981
822	0.2035830	0.1112842	0.2067970	0.1070938	0.2067985	0.1070938
823	0.2035830	0.1112842	0.1977042	0.1138053	0.1977041	0.1138053
824	0.2035830	0.1112842	0.2029562	0.1082205	0.2030002	0.1082221
825	0.2035830	0.1112842	0.2085846	0.1086567	0.2085845	0.1086516
826	0.2035830	0.1112842	0.2067634	0.1171404	0.2067830	0.1187562
827	0.2035830	0.1112842	0.1949077	0.1229498	0.1949074	0.1226289
828	0.2035830	0.1112842	0.1975485	0.1067597	0.1956218	0.1067592
829	0.2035830	0.1112842	0.2065763	0.1229606	0.2063287	0.1224161
830	0.2035830	0.1112842	0.2015215	0.1149860	0.1995027	0.1072854
831	0.2035830	0.1112842	0.1940705	0.1152569	0.1982869	0.1160023
832	0.2035830	0.1112842	0.2056442	0.1086979	0.2030764	0.1071317
833	0.2035830	0.1112842	0.2054773	0.1086816	0.2055220	0.1152368
834	0.2035830	0.1112842	0.1952201	0.1094362	0.1998886	0.1124355
835	0.2035830	0.1112842	0.1895805	0.1079254	0.1942279	0.1132031
836	0.2035830	0.1112842	0.2057804	0.1125422	0.2050316	0.1087484
837	0.2035830	0.1112842	0.2085364	0.1158257	0.2085361	0.1158204
838	0.2035830	0.1112842	0.2056285	0.1136035	0.2056082	0.1132068
839	0.2035830	0.1112842	0.1947703	0.1068432	0.1955051	0.1068434
840	0.2035830	0.1112842	0.1977486	0.1070480	0.1978115	0.1072086
841	0.2035830	0.1112842	0.2062985	0.1164304	0.2060416	0.1136627
842	0.2035830	0.1112842	0.2039323	0.1107788	0.2034256	0.1072173
843	0.2035830	0.1112842	0.2039683	0.1198980	0.2016285	0.1147554
844	0.2035830	0.1112842	0.2079873	0.1170901	0.2075271	0.1155098
845	0.2035830	0.1112842	0.2019375	0.1128815	0.1998881	0.1087121
846	0.2035830	0.1112842	0.2047725	0.1101580	0.2047901	0.1132424
847	0.2035830	0.1112842	0.2080079	0.1134126	0.2080078	0.1134084
848	0.2035830	0.1112842	0.2043589	0.1190538	0.2044532	0.1205120
849	0.2035830	0.1112842	0.2066062	0.1118766	0.2066064	0.1128248
850	0.2035830	0.1112842	0.2042654	0.1189843	0.2043591	0.1206538
851	0.2035830	0.1112842	0.2080579	0.1145737	0.2080507	0.1138426
852	0.2035830	0.1112842	0.2036991	0.1064173	0.2037874	0.1076523
853	0.2035830	0.1112842	0.2080581	0.1101805	0.2077839	0.1073057
854	0.2035830	0.1112842	0.2061366	0.1140215	0.2054094	0.1125504
855	0.2035830	0.1112842	0.2037318	0.1071130	0.2031240	0.1071129
856	0.2035830	0.1112842	0.1997776	0.1070120	0.1978072	0.1067765
857	0.2035830	0.1112842	0.1820122	0.1061543	0.1955645	0.1070991
858	0.2035830	0.1112842	0.2067385	0.1073151	0.2067347	0.1073050
859	0.2035830	0.1112842	0.2064425	0.1191941	0.2062229	0.1173576
860	0.2035830	0.1112842	0.2047547	0.1078870	0.2048143	0.1137627
861	0.2035830	0.1112842	0.2072717	0.1149398	0.2072674	0.1139649
862	0.2035830	0.1112842	0.2044190	0.1177885	0.1959739	0.1156086

Fortsetzung auf nächster Seite

lfd. Nr.	$f^*_{0.1}$	$f^*_{0.5}$	$MCS_{Bsp\ 8.3.1}$ $\alpha := 0.1$	$MCS_{Bsp\ 8.3.1}$ $\alpha := 0.5$	$MCS_{Bsp\ 8.3.2}$ $\alpha := 0.1$	$MCS_{Bsp\ 8.3.2}$ $\alpha := 0.5$
863	0.2035830	0.1112842	0.1970541	0.1069478	0.2011587	0.1117185
864	0.2035830	0.1112842	0.2083084	0.1104792	0.2058064	0.1071816
865	0.2035830	0.1112842	0.2018145	0.1195122	0.2018258	0.1208236
866	0.2035830	0.1112842	0.2039514	0.1083164	0.2016392	0.1071856
867	0.2035830	0.1112842	0.2077246	0.1198960	0.2072281	0.1175359
868	0.2035830	0.1112842	0.1994640	0.1067474	0.1994808	0.1069641
869	0.2035830	0.1112842	0.2039870	0.1100392	0.2040335	0.1130669
870	0.2035830	0.1112842	0.2039395	0.1082595	0.2039412	0.1147171
871	0.2035830	0.1112842	0.2075567	0.1144923	0.2075578	0.1183037
872	0.2035830	0.1112842	0.2028834	0.1138911	0.2025104	0.1130428
873	0.2035830	0.1112842	0.2039839	0.1092704	0.2039963	0.1100171
874	0.2035830	0.1112842	0.2070188	0.1201197	0.2070168	0.1201118
875	0.2035830	0.1112842	0.2055512	0.1223493	0.2030524	0.1194570
876	0.2035830	0.1112842	0.2022647	0.1070639	0.2022635	0.1070638
877	0.2035830	0.1112842	0.2061002	0.1119263	0.2061245	0.1175038
878	0.2035830	0.1112842	0.2060818	0.1124008	0.2060942	0.1166099
879	0.2035830	0.1112842	0.2043293	0.1069445	0.2043421	0.1070723
880	0.2035830	0.1112842	0.1967006	0.1140006	0.1994107	0.1187749
881	0.2035830	0.1112842	0.1981566	0.1187864	0.1981605	0.1187935
882	0.2035830	0.1112842	0.2044213	0.1111056	0.2044428	0.1145549
883	0.2035830	0.1112842	0.2045499	0.1080658	0.2009145	0.1071573
884	0.2035830	0.1112842	0.1997831	0.1159107	0.1998039	0.1159263
885	0.2035830	0.1112842	0.2018453	0.1141220	0.2018534	0.1166452
886	0.2035830	0.1112842	0.1984475	0.1069969	0.1984624	0.1071225
887	0.2035830	0.1112842	0.1990591	0.1127686	0.1991816	0.1168869
888	0.2035830	0.1112842	0.2075855	0.1114638	0.2075976	0.1169001
889	0.2035830	0.1112842	0.2018353	0.1070699	0.2018363	0.1071394
890	0.2035830	0.1112842	0.2039102	0.1167635	0.2035116	0.1114840
891	0.2035830	0.1112842	0.2034703	0.1187850	0.2034710	0.1201726
892	0.2035830	0.1112842	0.2011448	0.1083159	0.2012290	0.1087714
893	0.2035830	0.1112842	0.2006590	0.1074366	0.2003299	0.1070888
894	0.2035830	0.1112842	0.2096045	0.1197739	0.2096045	0.1197694
895	0.2035830	0.1112842	0.2065095	0.1080290	0.2063224	0.1070735
896	0.2035830	0.1112842	0.2064337	0.1179689	0.2064339	0.1193882
897	0.2035830	0.1112842	0.2058264	0.1120401	0.2058274	0.1176913
898	0.2035830	0.1112842	0.1933468	0.1176868	0.1966179	0.1209873
899	0.2035830	0.1112842	0.1995555	0.1110164	0.1996100	0.1156322
900	0.2035830	0.1112842	0.2025407	0.1085723	0.2025467	0.1085843
901	0.2035830	0.1112842	0.2089061	0.1094371	0.2089079	0.1094428
902	0.2035830	0.1112842	0.2045356	0.1095065	0.2045576	0.1115417
903	0.2035830	0.1112842	0.1997549	0.1077546	0.2002051	0.1136648
904	0.2035830	0.1112842	0.2090070	0.1197090	0.2074164	0.1120213
905	0.2035830	0.1112842	0.1983250	0.1192855	0.1983115	0.1192837
906	0.2035830	0.1112842	0.2056692	0.1141641	0.2049258	0.1072193
907	0.2035830	0.1112842	0.1977308	0.1066606	0.1977951	0.1068192

Fortsetzung auf nächster Seite

lfd. Nr.	$f^*_{0.1}$	$f^*_{0.5}$	$MCS_{Bsp\ 8.3.1}$ $\alpha := 0.1$	$MCS_{Bsp\ 8.3.1}$ $\alpha := 0.5$	$MCS_{Bsp\ 8.3.2}$ $\alpha := 0.1$	$MCS_{Bsp\ 8.3.2}$ $\alpha := 0.5$
908	0.2035830	0.1112842	0.2001331	0.1202092	0.2001526	0.1211489
909	0.2035830	0.1112842	0.2065642	0.1171502	0.2060340	0.1092258
910	0.2035830	0.1112842	0.2045351	0.1232753	0.2024116	0.1184754
911	0.2035830	0.1112842	0.2030799	0.1124234	0.2032947	0.1162190
912	0.2035830	0.1112842	0.2050778	0.1223580	0.2050786	0.1223585
913	0.2035830	0.1112842	0.2026893	0.1076453	0.2027479	0.1146334
914	0.2035830	0.1112842	0.2029072	0.1078707	0.2029072	0.1078706
915	0.2035830	0.1112842	0.1961542	0.1071079	0.1961440	0.1071008
916	0.2035830	0.1112842	0.2060186	0.1071352	0.2060140	0.1071340
917	0.2035830	0.1112842	0.2024136	0.1084142	0.2024146	0.1091044
918	0.2035830	0.1112842	0.1979511	0.1066813	0.1928624	0.1066708
919	0.2035830	0.1112842	0.2035176	0.1170681	0.2027085	0.1114624
920	0.2035830	0.1112842	0.2089011	0.1096586	0.2083259	0.1073819
921	0.2035830	0.1112842	0.2063253	0.1101773	0.2063224	0.1093921
922	0.2035830	0.1112842	0.1966812	0.1132170	0.1985752	0.1151022
923	0.2035830	0.1112842	0.2004342	0.1072087	0.2004333	0.1072078
924	0.2035830	0.1112842	0.2012548	0.1154634	0.2013013	0.1154735
925	0.2035830	0.1112842	0.2027717	0.1157041	0.1997444	0.1133454
926	0.2035830	0.1112842	0.2029779	0.1203917	0.2029792	0.1203951
927	0.2035830	0.1112842	0.2049481	0.1189886	0.2049453	0.1189860
928	0.2035830	0.1112842	0.1982117	0.1130979	0.1958843	0.1112578
929	0.2035830	0.1112842	0.1983419	0.1068939	0.1983767	0.1069542
930	0.2035830	0.1112842	0.2062015	0.1222456	0.2056784	0.1212721
931	0.2035830	0.1112842	0.2056794	0.1191114	0.2039706	0.1116145
932	0.2035830	0.1112842	0.2086922	0.1226889	0.2075413	0.1184585
933	0.2035830	0.1112842	0.2028383	0.1123424	0.2028660	0.1128616
934	0.2035830	0.1112842	0.2044077	0.1118513	0.2034137	0.1072497
935	0.2035830	0.1112842	0.1844471	0.1065778	0.1894524	0.1071231
936	0.2035830	0.1112842	0.1843295	0.1096920	0.1882267	0.1116855
937	0.2035830	0.1112842	0.1916786	0.1113255	0.1945678	0.1131586
938	0.2035830	0.1112842	0.2079102	0.1202936	0.2057647	0.1175897
939	0.2035830	0.1112842	0.2051524	0.1071149	0.1990704	0.1070419
940	0.2035830	0.1112842	0.2069093	0.1117825	0.2069089	0.1117815
941	0.2035830	0.1112842	0.2088440	0.1125955	0.2088431	0.1123434
942	0.2035830	0.1112842	0.2082625	0.1080647	0.2070852	0.1070346
943	0.2035830	0.1112842	0.2078352	0.1204880	0.2078373	0.1205890
944	0.2035830	0.1112842	0.1981278	0.1071328	0.1969323	0.1071326
945	0.2035830	0.1112842	0.2023303	0.1170537	0.2023307	0.1170572
946	0.2035830	0.1112842	0.2006522	0.1179516	0.1936376	0.1070841
947	0.2035830	0.1112842	0.2075006	0.1148982	0.2074947	0.1137405
948	0.2035830	0.1112842	0.2002973	0.1070917	0.2001723	0.1069658
949	0.2035830	0.1112842	0.2086992	0.1071421	0.2087235	0.1074597
950	0.2035830	0.1112842	0.2032648	0.1070776	0.2033346	0.1119132
951	0.2035830	0.1112842	0.2033131	0.1148649	0.2033243	0.1166809
952	0.2035830	0.1112842	0.2048143	0.1069462	0.2048386	0.1070692

Fortsetzung auf nächster Seite

			$MCS_{Bsp\ 8.3.1}$		$MCS_{Bsp\ 8.3.2}$	
lfd. Nr.	$f^*_{0.1}$	$f^*_{0.5}$	$\alpha := 0.1$	$\alpha := 0.5$	$\alpha := 0.1$	$\alpha := 0.5$
953	0.2035830	0.1112842	0.2028946	0.1077958	0.2029203	0.1112574
954	0.2035830	0.1112842	0.1957976	0.1074684	0.1972327	0.1127562
955	0.2035830	0.1112842	0.2052989	0.1069001	0.2053072	0.1071501
956	0.2035830	0.1112842	0.2008355	0.1088334	0.1915734	0.1083165
957	0.2035830	0.1112842	0.2078669	0.1181572	0.2078638	0.1178730
958	0.2035830	0.1112842	0.2052681	0.1081578	0.2041580	0.1070761
959	0.2035830	0.1112842	0.1983105	0.1107437	0.1986126	0.1160570
960	0.2035830	0.1112842	0.2051746	0.1228679	0.2039738	0.1163993
961	0.2035830	0.1112842	0.2020574	0.1087886	0.2020581	0.1087995
962	0.2035830	0.1112842	0.2020463	0.1078144	0.2022493	0.1137803
963	0.2035830	0.1112842	0.1831006	0.1187192	0.1939530	0.1228966
964	0.2035830	0.1112842	0.2057256	0.1153746	0.2057276	0.1173198
965	0.2035830	0.1112842	0.2068677	0.1114888	0.2068659	0.1114843
966	0.2035830	0.1112842	0.2065448	0.1186634	0.2062500	0.1164861
967	0.2035830	0.1112842	0.1990619	0.1094294	0.1977787	0.1069974
968	0.2035830	0.1112842	0.2078402	0.1133736	0.2078348	0.1112198
969	0.2035830	0.1112842	0.2074729	0.1088452	0.2074531	0.1072813
970	0.2035830	0.1112842	0.1952392	0.1065941	0.1948429	0.1065176
971	0.2035830	0.1112842	0.1966109	0.1145859	0.1975869	0.1238919
972	0.2035830	0.1112842	0.2014156	0.1151499	0.2014158	0.1194669
973	0.2035830	0.1112842	0.1971673	0.1217516	0.1972299	0.1226159
974	0.2035830	0.1112842	0.2059610	0.1071917	0.2059610	0.1071917
975	0.2035830	0.1112842	0.2027992	0.1072066	0.2027912	0.1071995
976	0.2035830	0.1112842	0.2036568	0.1123611	0.2026400	0.1083405
977	0.2035830	0.1112842	0.2005445	0.1116708	0.2006259	0.1123392
978	0.2035830	0.1112842	0.2028828	0.1158920	0.2029354	0.1162521
979	0.2035830	0.1112842	0.1959906	0.1161611	0.1962556	0.1179958
980	0.2035830	0.1112842	0.2044706	0.1169443	0.2044700	0.1169439
981	0.2035830	0.1112842	0.2013424	0.1146994	0.2015113	0.1189204
982	0.2035830	0.1112842	0.1941269	0.1070642	0.1913945	0.1070317
983	0.2035830	0.1112842	0.2074420	0.1114653	0.2074374	0.1114642
984	0.2035830	0.1112842	0.2023773	0.1217051	0.2021675	0.1147617
985	0.2035830	0.1112842	0.2058517	0.1094600	0.2058507	0.1094581
986	0.2035830	0.1112842	0.1979074	0.1070794	0.1979943	0.1072146
987	0.2035830	0.1112842	0.2025642	0.1053718	0.2026133	0.1064632
988	0.2035830	0.1112842	0.1952607	0.1055674	0.1956402	0.1058571
989	0.2035830	0.1112842	0.2029827	0.1218515	0.2020981	0.1213526
990	0.2035830	0.1112842	0.2064132	0.1192757	0.2064093	0.1183651
991	0.2035830	0.1112842	0.1994667	0.1117100	0.1994644	0.1117078
992	0.2035830	0.1112842	0.2047126	0.1071322	0.2046754	0.1070803
993	0.2035830	0.1112842	0.2049635	0.1068739	0.2049672	0.1071124
994	0.2035830	0.1112842	0.1972175	0.1170046	0.1983007	0.1182165
995	0.2035830	0.1112842	0.2063291	0.1207922	0.2063170	0.1203361
996	0.2035830	0.1112842	0.1976485	0.1133965	0.1976496	0.1153927
997	0.2035830	0.1112842	0.2077747	0.1199289	0.2077825	0.1201207

Fortsetzung auf nächster Seite

			$MCS_{Bsp\ \mathbf{8.3.1}}$		$MCS_{Bsp\ \mathbf{8.3.2}}$	
lfd. Nr.	$f^*_{0.1}$	$f^*_{0.5}$	$\alpha := 0.1$	$\alpha := 0.5$	$\alpha := 0.1$	$\alpha := 0.5$
998	0.2035830	0.1112842	0.2068465	0.1207175	0.2026237	0.1203470
999	0.2035830	0.1112842	0.1996507	0.1070987	0.1996909	0.1071075
1000	0.2035830	0.1112842	0.2064366	0.1067786	0.2064366	0.1067785

A.4 Studien zu Kapitel 9

A.4.1 Beispiel 9.2.1

Trainingsdatensatz:

(D.=Deskriptor, M.=Modellfehler)

Nr.	D.	M.
1	50.23	0.042
2	130.1	0.017
3	140.96	0.496
4	96.08	0.157
5	222.25	0.614
6	166.14	0.394
7	171.92	0.776
8	164.58	0.783
9	186.67	0.015
10	102.86	0.209
11	114.72	0.237
12	190.82	0
13	288.21	0.031
14	173.46	0.597
15	111.91	0
16	169.09	0.685
17	52.28	0.194
18	92.23	0.014
19	275.15	0

Nr.	D.	M.
35	78.2	0.674
36	162.76	1.182
37	83.96	0.487
38	77.45	0.264
39	265.22	0.654
40	119.79	0.02
41	169.08	0.336
42	48.97	0.378
43	322.22	0.36
44	76.25	0.523
45	65.98	0.003
46	188.64	0.067
47	174.46	0.587
48	338.04	0.668
49	68.32	0.02
50	51.49	0.303
51	103.4	0.464
52	175.59	0.665
53	155.39	1.137

Nr.	D.	M.
69	53.25	0.117
70	106.67	0.006
71	64.7	0.396
72	329.74	0.527
73	54.67	0.002
74	139.29	0.653
75	186.3	0.299
76	117.1	0.019
77	288.41	0.175
78	275.03	0
79	148.71	0.38
80	287.15	0.316
81	148.01	0.329
82	116.35	0.026
83	70.88	0.025
84	55.15	0
85	312.4	0.371
86	53.35	0.424
87	122.81	0.253

Nr.	D.	M.
20	146.15	0.768
21	152.66	0.627
22	173.95	0.622
23	331.19	0.308
24	146.42	0.547
25	266.27	0.237
26	115.53	0.293
27	125.46	0.182
28	298.41	0.454
29	128.58	0.041
30	55.19	0
31	331.26	0.414
32	287.99	0.002
33	111.13	0
34	83.31	0.473

Nr.	D.	M.
54	84.45	0.235
55	101.61	0.045
56	150.18	0.611
57	287.8	0.345
58	127.89	0.229
59	59.87	0.478
60	150.84	0.702
61	98.65	0.115
62	167.96	0.287
63	112.71	0.51
64	76.4	0.544
65	153.02	1.035
66	145.89	0.593
67	83.44	0.476
68	70.59	0.001

Nr.	D.	M.
88	270.75	0.052
89	172.35	0.401
90	152.85	1.18
91	170.68	0.632
92	154.41	0.644
93	342.44	0.721
94	180.99	0.444
95	289.6	0.442
96	74.74	0.771
97	305.02	0.064
98	85.38	0.637
99	145.97	0.597
100	46.17	0.206

Anhang B

Ergänzende Informationen

B.1 Anmerkungen zu Kapitel 10

Definition B.1

Sei $Q : \mathbb{R}^d \mapsto \mathbb{R}$ ein Regressionsmodell, welches an den Trainingsdatensatz $T := \{t_1, \ldots, t_n\} \subset \mathbb{R}^d$ mit den zugehörigen Zielwerten $L(T_i)$, $i \in \{1, \ldots, n\}$ angepasst wurde. Dann heißt

$$r^2 := 1 - \frac{\sum_{i=1}^{n} (Q(t_i) - L(t_i))^2}{\sum_{i=1}^{n} \left(L(t_i) - \frac{1}{n} \sum_{j=1}^{n} L(t_j) \right)^2}$$

Bestimmtheitsmaß [133, 152] oder quadrierter Korrelationskoeffizient von Q.

Ferner sei $V := \{v_1, \ldots, v_m\} \subset \mathbb{R}^d$ ein externer Datensatz zur Validierung von Q, für den die Werte $L(v_i)$, $i \in \{1, \ldots, m\}$ bekannt seien. Dann heißt

$$q^2 := 1 - \frac{\sum_{i=1}^{m} (Q(v_i) - L(v_i))^2}{\sum_{i=1}^{m} \left(L(v_i) - \frac{1}{m} \sum_{j=1}^{m} L(v_j) \right)^2}$$

prädiktives Bestimmtheitsmaß [133] oder prädiktiver quadrierter Korrelationskoeffizient von Q und V.

B.2 Anmerkungen zu Kapitel 11

B.2.1 Regressionsgewichtung

Tetko et al. [147] geben folgende Gleichung an, um bei der Berechnung eines Abstandes im Deskriptorraum die einzelnen Deskriptoren entsprechend ihres Einflusses auf die Zieleigenschaft zu gewichten:

$$D_{ij} = \left(\sum_k w_k \left(x_{i_k} - x_{j_k} \right)^2 \right)^{\frac{1}{2}}.$$

Dabei bezeichnet D_{ij} den gewichteten (Euklidischen) Abstand zwischen den Punkten[1] x_i und x_j sowie w_k den Einfluss des k-ten Deskriptors im betrachteten Modell.

Je größer der Einfluss des k-ten Deskriptors im Modell ist, umso stärker sprechen bereits kleine Abweichungen, die zwei Beobachtungen in der k-ten Dimension aufweisen, für eine vergleichsweise große Unähnlichkeit zwischen ihnen. Ist in einem Regressionsmodell der k-te Deskriptor mit einem großen Regressionskoeffizienten r_k versehen, so muss also eine kleine Abweichung in der k-ten Dimension den Abstand zwischen zwei Beobachtungen stärker vergrößern, als ein gleich großer Unterschied in einem Deskriptorwert mit kleinerem Regressionskoeffizienten.

Für Regressionsmodelle definieren wir daher $w_k := r_k$. Setzen wir $y := x_i - x_j$ und verwenden die Matrixschreibweise, so folgt

$$D_{ij} = \|y\| = \sqrt{\begin{pmatrix} y_1 & y_2 & \cdots & y_d \end{pmatrix} \cdot \underbrace{\begin{pmatrix} w_1 & 0 & \cdots & 0 \\ 0 & w_2 & \ddots & 0 \\ \vdots & \ddots & \ddots & \vdots \\ 0 & \cdots & 0 & w_d \end{pmatrix}}_{=:W} \cdot \begin{pmatrix} y_1 \\ y_2 \\ \vdots \\ y_d \end{pmatrix}}$$

und mit $$\sqrt{W} := \begin{pmatrix} \sqrt{w_1} & 0 & \cdots & 0 \\ 0 & \sqrt{w_2} & \ddots & 0 \\ \vdots & \ddots & \ddots & \vdots \\ 0 & \cdots & 0 & \sqrt{w_d} \end{pmatrix}$$ und der Einheitsmatrix I

[1] Tetko et al. verwenden die Bezeichnung x^i und x^j, die wir hier gemäß Vereinbarung 4.1, S. 99 zu x_i und x_j angepasst haben.

schließlich:

$$\|y\| = \sqrt{y^t W y} = \sqrt{y^t \sqrt{W}^t I \sqrt{W} y}.$$

Wie in Abschnitt 4.2, S. 95 ff. beschrieben, stellt die Euklidische Norm einen Spezialfall der Mahalanobis-Norm dar, bei dem die inverse Kovarianzmatrix der Einheitsmatrix entspricht. Wollen wir also die Gewichtung nach Tetko et al. auf den Fall der Mahalanobis-Norm mit einer Kovarianzmatrix $S \neq I$ übertragen, so müssen wir in obiger Gleichung lediglich I durch S ersetzen.

B.2.2 Notation der Deskriptoren

Die Notation variiert zum Teil zwischen den einzelnen zitierten Autoren. Es gelten folgende Äquivalenzen:

Deskriptor	Symbole		
excess molar refraction	E	R_2	
dipolarity/polarizability	S	π_2^H	
effective hydrogen-bond acidity	A	$\sum \alpha_2^H$	
effective hydrogen-bond basicity	B	$\sum \beta_2^H$	$\sum \beta_2^O$
McGowan characteristic volume	V	V_X	

B.2.3 Zusammenhang zwischen den Zielwerten

Eigenschaftsname	Symbol	Einheit (Bsp.)
Löslichkeit in Luft	S_{A}	Mol pro Liter
Löslichkeit in Wasser	S_{W}	Mol pro Liter
Löslichkeit in Oktanol	S_{O}	Mol pro Liter
Verteilungskoeffizient Boden-Wasser oder auch Sorptionskoeffizient	K_{OC}	dimensionslos
Verteilungskoeffizient Oktanol-Luft	K_{OA}	dimensionslos
Verteilungskoeffizient Oktanol-Wasser	K_{OW}	dimensionslos
Verteilungskoeffizient Luft-Wasser $\equiv$ Henry-Konstante	K_{AW} $k_{\mathrm{H,cc}}$	dimensionslos
Ostwald-Lösungskoeffizient	L^{W}	dimensionslos

Achtung: Die Henry-Konstante wird zuweilen auch in anderer, dann nicht dimensionsloser Form definiert. Für weitere Informationen sei z. B. auf [68, 90] verwiesen.

Es gelten folgende Abhängigkeiten:

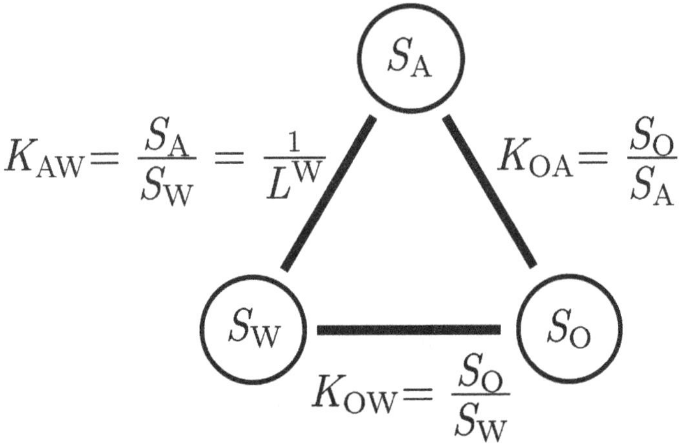

S_A

$$K_{AW} = \frac{S_A}{S_W} = \frac{1}{L^W} \qquad K_{OA} = \frac{S_O}{S_A}$$

S_W S_O

$$K_{OW} = \frac{S_O}{S_W}$$

Für den K_{OC} gibt es verschiedene Näherungen, die einen Bezug zu K_{OA}, K_{OW} bzw. K_{AW} herstellen. So gibt Karickhoff [63] den Boden-Wasser-Verteilungskoeffizient mit

$$K_{OC} = 0.411 \cdot K_{OW}$$

an. Bei DiToro et. al. [24] findet sich die Formel

$$\log K_{OC} = 0.00028 + 0.983 \log K_{OW}.$$

Anhang C

Literaturmodelle

C.1 Modell M1

Modellgleichung:

$$\log(L^{\mathrm{W}}) = 0.577 \cdot R_2 + 2.549 \cdot \pi_2^H + 3.813 \cdot \sum \alpha_2^H + 4.841 \cdot \sum \beta_2^H - 0.869 \cdot V_X - 0.994$$

C.1.1 Trainingsdaten

		Deskriptoren					Ergebnis $[\log(L^{\mathrm{W}})]$	
Nr	**Name**	R_2	π_2^H	$\sum \alpha_2^H$	$\sum \beta_2^H$	V_X	Labor	QSAR
1	methane	0	0	0	0	0.2495	-1.46	-1.2108155
2	ethane	0	0	0	0	0.3904	-1.34	-1.3332576
3	propane	0	0	0	0	0.5313	-1.44	-1.4556997
4	n-butane	0	0	0	0	0.6722	-1.52	-1.5781418
5	2-methylpropane	0	0	0	0	0.6722	-1.7	-1.5781418
6	n-pentane	0	0	0	0	0.8131	-1.7	-1.7005839
7	2-methylbutane	0	0	0	0	0.8131	-1.75	-1.7005839
8	2,2-dimethylpropane	0	0	0	0	0.8131	-1.84	-1.7005839
9	n-hexane	0	0	0	0	0.954	-1.82	-1.823026
10	2-methylpentane	0	0	0	0	0.954	-1.84	-1.823026
11	3-methylpentane	0	0	0	0	0.954	-1.84	-1.823026
12	2,2-dimethylbutane	0	0	0	0	0.954	-1.84	-1.823026
13	2,3-dimethylbutane	0	0	0	0	0.954	-1.72	-1.823026
14	n-heptane	0	0	0	0	1.0949	-1.96	-1.9454681

Fortsetzung auf nächster Seite

Nr	Name	Deskriptoren					Ergebnis $[\log(L^W)]$	
		R_2	π_2^H	$\sum\alpha_2^H$	$\sum\beta_2^H$	V_X	Labor	QSAR
15	2-methylhexane	0	0	0	0	1.0949	-2.15	-1.9454681
16	3-methylhexane	0	0	0	0	1.0949	-1.99	-1.9454681
17	2,2-dimethylpentane	0	0	0	0	1.0949	-2.11	-1.9454681
18	2,3-dimethylpentane	0	0	0	0	1.0949	-1.85	-1.9454681
19	2,4-dimethylpentane	0	0	0	0	1.0949	-2.08	-1.9454681
20	3,3-dimethylpentane	0	0	0	0	1.0949	-1.88	-1.9454681
21	n-octane	0	0	0	0	1.2358	-2.11	-2.0679102
22	3-methylheptane	0	0	0	0	1.2358	-2.18	-2.0679102
23	2,2,4-trimethylpentane	0	0	0	0	1.2358	-2.12	-2.0679102
24	2,3,4-trimethylpentane	0	0	0	0	1.2358	-1.88	-2.0679102
25	n-nonane	0	0	0	0	1.3767	-2.3	-2.1903523
26	2,2,5-trimethylhexane	0	0	0	0	1.3767	-2.15	-2.1903523
27	n-decane	0	0	0	0	1.5176	-2.32	-2.3127944
28	cyclopropane	0.18	0.15	0	0	0.4227	-0.55	-0.8751163
29	cyclopentane	0.263	0.1	0	0	0.7045	-0.88	-1.1995595
30	methylcyclopentane	0.225	0.1	0	0	0.8454	-1.17	-1.3439276
31	n-propylcyclopentane	0.225	0.1	0	0	1.1272	-1.56	-1.5888118
32	n-pentylcyclopentane	0.22	0.1	0	0	1.409	-1.87	-1.836581
33	cyclohexane	0.305	0.1	0	0	0.8454	-0.9	-1.2977676
34	methylcyclohexane	0.244	0.1	0	0	0.9863	-1.25	-1.4554067
35	cis-1,2-dimethylcyclohexane	0.281	0.1	0	0	1.1272	-1.16	-1.5564998
36	trans-1,4-dimethylcyclohexane	0.191	0.1	0	0	1.1272	-1.55	-1.6084298
37	ethene	0.107	0.1	0	0.07	0.3474	-0.94	-0.6403816
38	propene	0.103	0.08	0	0.07	0.4883	-0.97	-0.8161117
39	but-1-ene	0.1	0.08	0	0.07	0.6292	-1.01	-0.9402848
40	pent-1-ene	0.093	0.08	0	0.07	0.7701	-1.23	-1.0667659
41	(z)-pent-2-ene	0.141	0.08	0	0.07	0.7701	-0.96	-1.0390699
42	3-methylbut-1-ene	0.063	0.08	0	0.07	0.7701	-1.34	-1.0840759
43	2-methylbut-1-ene	0.159	0.08	0	0.07	0.7701	-0.96	-1.0286839
44	hex-1-ene	0.078	0.08	0	0.07	0.911	-1.16	-1.197863
45	2-methylpent-1-ene	0.09	0.08	0	0.07	0.911	-1.08	-1.190939
46	hept-1-ene	0.092	0.08	0	0.07	1.0519	-1.22	-1.3122271
47	(e)-hept-2-ene	0.119	0.08	0	0.07	1.0519	-1.23	-1.2966481
48	oct-1-ene	0.094	0.08	0	0.07	1.1928	-1.41	-1.4335152
49	non-1-ene	0.09	0.08	0	0.07	1.3337	-1.51	-1.5582653
50	buta-1,3-diene	0.32	0.23	0	0.1	0.5862	-0.45	-0.2483978
51	2-methylbuta-1,3-diene	0.313	0.23	0	0.1	0.7271	-0.5	-0.3748789
52	2,3-dimethylbuta-1,3-diene	0.352	0.23	0	0.14	0.868	-0.29	-0.281178
53	penta-1,4-diene	0.185	0.2	0	0.1	0.7271	-0.68	-0.5252049
54	hexa-1,5-diene	0.191	0.2	0	0.1	0.868	-0.74	-0.644185
55	cyclopentene	0.335	0.2	0	0.1	0.6615	-0.41	-0.3816485
56	cyclohexene	0.395	0.2	0	0.1	0.8024	-0.27	-0.4694706
57	1-methylcyclohexene	0.391	0.2	0	0.1	0.9433	-0.49	-0.5942207
58	cyclohepta-1,3,5-triene	0.764	0.46	0	0.18	0.8573	0.73	0.7457543
59	propyne	0.183	0.25	0.13	0.15	0.4453	0.35	0.5837153

Fortsetzung auf nächster Seite

Nr	Name	Deskriptoren					Ergebnis $\left[\log(L^W)\right]$	
		R_2	π_2^H	$\sum\alpha_2^H$	$\sum\beta_2^H$	V_X	Labor	QSAR
60	but-1-yne	0.178	0.23	0.13	0.15	0.5862	0.12	0.4074082
61	pent-1-yne	0.172	0.23	0.13	0.1	0.7271	-0.01	0.0394541
62	hex-1-yne	0.166	0.23	0.13	0.1	0.868	-0.21	-0.08645
63	hept-1-yne	0.16	0.23	0.13	0.1	1.0089	-0.44	-0.2123541
64	oct-1-yne	0.155	0.23	0.13	0.1	1.1498	-0.52	-0.3376812
65	tetrafluoromethane	-0.28	-0.2	0	0	0.3203	-2.29	-1.9437007
66	chloromethane	0.249	0.43	0	0.08	0.3719	0.4	0.3098419
67	dichloromethane	0.387	0.57	0.1	0.05	0.4943	0.96	0.8760323
68	trichloromethane	0.425	0.49	0.15	0.02	0.6167	0.79	0.6330927
69	tetrachloromethane	0.458	0.38	0	0	0.7391	-0.06	-0.4033919
70	chloroethane	0.227	0.4	0	0.1	0.5128	0.46	0.1950558
71	1,1-dichloroethane	0.322	0.49	0.1	0.1	0.6352	0.62	0.7542152
72	1,2-dichloroethane	0.416	0.64	0.1	0.11	0.6352	1.31	1.2392132
73	1,1,1-trichloroethane	0.369	0.41	0	0.09	0.7576	0.14	0.0413386
74	1,1,2-trichloroethane	0.499	0.68	0.13	0.08	0.7576	1.46	1.2518586
75	1,1,2,2-tetrachloroethane	0.595	0.76	0.16	0.12	0.88	1.81	1.712835
76	1,1,1,2-tetrachloroethane	0.542	0.63	0.1	0.08	0.88	0.94	0.928464
77	pentachloroethane	0.648	0.66	0.17	0.06	1.0024	1.02	1.1298204
78	1-chloropropane	0.216	0.4	0	0.1	0.6537	0.24	0.0662667
79	2-chloropropane	0.177	0.35	0	0.12	0.6537	0.18	0.0131337
80	1,2-dichloropropane	0.371	0.6	0.1	0.11	0.7761	0.93	0.9888461
81	1,3-dichloropropane	0.408	0.74	0	0.17	0.7761	1.39	1.2762151
82	1-chlorobutane	0.21	0.4	0	0.1	0.7946	0.12	-0.0596374
83	2-chlorobutane	0.189	0.35	0	0.12	0.7946	0	-0.1023844
84	2-chloro-2-methylpropane	0.142	0.25	0	0.12	0.7946	-0.8	-0.3844034
85	1,4-dichlorobutane	0.413	0.95	0	0.17	0.917	1.7	1.691948
86	1-chloropentane	0.208	0.4	0	0.1	0.9355	0.05	-0.1832335
87	1-chlorohexane	0.201	0.4	0	0.1	1.0764	0	-0.3097146
88	1-chloroheptane	0.194	0.4	0	0.1	1.2173	-0.21	-0.4361957
89	1,1-dichloroethene	0.362	0.34	0	0.05	0.5922	-0.18	-0.1910378
90	(z)-1,2-dichloroethene	0.436	0.61	0.11	0.05	0.5922	0.86	0.9593202
91	(e)-1,2-dichloroethene	0.425	0.41	0.09	0.05	0.5922	0.57	0.3669132
92	trichloroethene	0.524	0.4	0.08	0.03	0.7146	0.32	0.1572306
93	tetrachloroethene	0.639	0.42	0	0	0.837	-0.07	-0.28207
94	1-chloroprop-2-ene	0.327	0.56	0	0.05	0.6106	0.42	0.3335576
95	bromomethane	0.399	0.43	0	0.1	0.4245	0.6	0.4475025
96	dibromomethane	0.714	0.67	0.1	0.1	0.5995	1.44	1.4702425
97	tribromomethane	0.974	0.68	0.15	0.09	0.7745	1.56	1.6359175
98	bromoethane	0.366	0.4	0	0.12	0.5654	0.54	0.3263694
99	1,2-dibromoethane	0.747	0.76	0.1	0.17	0.7404	1.71	1.9351214
100	1-bromopropane	0.366	0.4	0	0.12	0.7063	0.41	0.2039273
101	2-bromopropane	0.332	0.35	0	0.14	0.7063	0.35	0.1536793
102	1-bromobutane	0.36	0.4	0	0.12	0.8472	0.29	0.0780232
103	1-bromo-2-methylpropane	0.337	0.37	0	0.12	0.8472	0.02	-0.0117178
104	2-bromo-2-methylpropane	0.305	0.25	0	0.14	0.8472	-0.62	-0.2392418

Fortsetzung auf nächster Seite

Nr	Name	Deskriptoren					Ergebnis $\left[\log(L^W)\right]$	
		R_2	π_2^H	$\sum\alpha_2^H$	$\sum\beta_2^H$	V_X	Labor	QSAR
105	1-bromopentane	0.356	0.4	0	0.12	0.9881	0.07	-0.0467269
106	1-bromohexane	0.349	0.4	0	0.12	1.129	-0.13	-0.173208
107	1-bromoheptane	0.343	0.4	0	0.12	1.2699	-0.25	-0.2991121
108	1-bromooctane	0.339	0.4	0	0.12	1.4108	-0.38	-0.4238622
109	idomethane	0.676	0.43	0	0.13	0.5077	0.65	0.6802607
110	idoethane	0.64	0.4	0	0.15	0.6486	0.54	0.5573966
111	1-idopropane	0.634	0.4	0	0.15	0.7895	0.39	0.4314925
112	1-idobutane	0.628	0.4	0	0.15	0.9304	0.18	0.3055884
113	1-idopentane	0.621	0.4	0	0.15	1.0713	0.1	0.1791073
114	1-idohexane	0.615	0.4	0	0.15	1.2122	-0.06	0.0532032
115	1-idoheptane	0.608	0.4	0	0.15	1.3531	-0.2	-0.0732779
116	halothane	0.102	0.38	0.15	0.03	0.741	0.08	0.106725
117	teflurane	-0.07	0.21	0.2	0	0.636	-0.37	-0.289184
118	diethyl ether	0.041	0.25	0	0.45	0.7309	1.17	1.2102049
119	di-n-propyl ether	0.008	0.25	0	0.45	1.0127	0.85	0.9462797
120	diisopropyl ether	0	0.19	0	0.45	1.0127	0.39	0.7887237
121	di-n-buthyl ether	0	0.25	0	0.45	1.2945	0.61	0.6967795
122	methoxyflurane	0.109	0.67	0.17	0.05	0.87	0.82	0.910953
123	isoflurane	-0.24	0.5	0.1	0.1	0.801	-0.07	0.311351
124	tetrahydrofuran	0.289	0.52	0	0.48	0.6223	2.55	2.2811343
125	2-methyltetrahydrofuran	0.241	0.48	0	0.53	0.7632	2.42	2.2710862
126	1,5-dimethyltetrahydrofuran	0.204	0.38	0	0.58	0.9041	2.14	2.1144451
127	tetrahydropyran	0.275	0.47	0	0.55	0.8228	2.29	2.3102418
128	1,4-dioxane	0.329	0.75	0	0.64	0.681	3.71	3.614034
129	formaldehyde	0.22	0.7	0	0.33	0.2652	2.02	2.2843112
130	acetaldehyde	0.208	0.67	0	0.45	0.4061	2.57	2.6593951
131	propionaldehyde	0.196	0.65	0	0.45	0.547	2.52	2.479049
132	butyraldehyde	0.187	0.65	0	0.45	0.6879	2.33	2.3514139
133	isobutyraldehyde	0.144	0.62	0	0.45	0.6879	2.1	2.2501329
134	pentanal	0.163	0.65	0	0.45	0.8288	2.22	2.2151238
135	hexanal	0.146	0.65	0	0.45	0.9697	2.06	2.0828727
136	heptanal	0.14	0.65	0	0.45	1.1106	1.96	1.9569686
137	octanal	0.16	0.65	0	0.45	1.2515	1.68	1.8460665
138	nonanal	0.15	0.65	0	0.45	1.3924	1.52	1.7178544
139	(e)-but-2-enal	0.387	0.8	0	0.49	0.6449	3.1	3.0801709
140	(e)-hex-2-enal	0.404	0.8	0	0.45	0.786	2.7	2.773724
141	(e)-oct-2-enal	0.4	0.8	0	0.45	1.068	2.52	2.526358
142	propanone	0.179	0.7	0.04	0.51	0.547	2.79	3.03967
143	butanone	0.166	0.7	0	0.51	0.6879	2.72	2.7572069
144	pentan-2-one	0.143	0.68	0	0.51	0.8288	2.58	2.5705138
145	pentan-3-one	0.154	0.66	0	0.51	0.8288	2.5	2.5258808
146	3-methylbutan-2-one	0.134	0.65	0	0.51	0.8288	2.38	2.4888508
147	hexan-2-one	0.136	0.68	0	0.51	0.9676	2.41	2.4458576
148	4-methylpentan-2-one	0.111	0.65	0	0.51	0.9676	2.24	2.3549626
149	heptan-2-one	0.123	0.68	0	0.51	1.1106	2.23	2.3140896

Fortsetzung auf nächster Seite

Nr	Name	Deskriptoren					Ergebnis $\left[\log(L^W)\right]$	
		R_2	π_2^H	$\sum\alpha_2^H$	$\sum\beta_2^H$	V_X	Labor	QSAR
150	heptan-4-one	0.113	0.66	0	0.51	1.1106	2.14	2.2573396
151	octan-2-one	0.108	0.68	0	0.51	1.2515	2.11	2.1829925
152	nonan-2-one	0.119	0.68	0	0.51	1.3924	1.83	2.0668974
153	nonan-5-one	0.103	0.66	0	0.51	1.3924	1.94	2.0066854
154	decan-2-one	0.108	0.68	0	0.51	1.5333	1.72	1.9381083
155	undecan-2-one	0.101	0.68	0	0.51	1.6742	1.58	1.8116272
156	cyclopentanone	0.373	0.86	0	0.52	0.7202	3.45	3.3048272
157	cyclohexanone	0.403	0.86	0	0.56	0.8611	3.6	3.3933351
158	methyl formate	0.192	0.68	0	0.38	0.4648	2.04	2.2857728
159	ethyl formate	0.146	0.66	0	0.38	0.6057	1.88	2.0858087
160	n-propyl formate	0.132	0.63	0	0.38	0.7466	1.82	1.8788186
161	isopropyl formate	0.091	0.6	0	0.4	0.7466	1.48	1.8755116
162	isobutyl formate	0.095	0.6	0	0.4	0.8875	1.63	1.7553775
163	isoamyl formate	0.092	0.6	0	0.4	1.0284	1.56	1.6312044
164	methyl acetate	0.142	0.64	0	0.45	0.6057	2.3	2.3713907
165	ethyl acetate	0.106	0.62	0	0.45	0.7466	2.16	2.1771966
166	n-propyl acetate	0.092	0.6	0	0.45	0.8875	2.05	1.9956965
167	isopropyl acetate	0.055	0.57	0	0.47	0.8875	1.94	1.9946975
168	n-butyl acetate	0.071	0.6	0	0.45	1.0284	1.94	1.8611374
169	isobutyl acetate	0.052	0.57	0	0.47	1.0284	1.73	1.8705244
170	n-pentyl acetate	0.067	0.6	0	0.45	1.1693	1.84	1.7363873
171	isoamyl acetate	0.051	0.57	0	0.47	1.1693	1.62	1.7475053
172	n-hexyl acetate	0.056	0.6	0	0.45	1.3102	1.66	1.6075982
173	methyl propanoate	0.128	0.6	0	0.45	0.7466	2.15	2.1389106
174	ethyl propanoate	0.087	0.58	0	0.45	0.8875	1.97	1.9418315
175	n-propyl propanoate	0.07	0.56	0	0.45	1.0284	1.79	1.7586004
176	n-pentyl propanoate	0.05	0.56	0	0.45	1.3102	1.55	1.5021762
177	methyl butanoate	0.106	0.6	0	0.45	0.8875	2.08	2.0037745
178	ethyl butanoate	0.068	0.58	0	0.45	1.0284	1.83	1.8084264
179	n-propyl butanoate	0.05	0.56	0	0.45	1.1693	1.67	1.6246183
180	methyl pentanoate	0.108	0.6	0	0.45	1.0284	1.88	1.8824864
181	ethyl pentanoate	0.049	0.58	0	0.45	1.1693	1.83	1.6750213
182	methyl hexanoate	0.08	0.6	0	0.45	1.1693	1.83	1.7438883
183	ethyl hexanoate	0.043	0.58	0	0.45	1.3102	1.64	1.5491172
184	isobutyl isobutanoate	0	0.5	0	0.47	1.3102	1.24	1.4172062
185	acetonitrile	0.237	0.9	0.04	0.33	0.4042	2.85	2.8356492
186	propanonitrile	0.162	0.9	0.02	0.36	0.5451	2.82	2.7389021
187	1-cyanopropane	0.188	0.9	0	0.36	0.686	2.67	2.555202
188	1-cyanobutane	0.177	0.9	0	0.36	0.8269	2.58	2.4264129
189	ammonia	0.139	0.35	0.14	0.62	0.2084	3.15	3.3324934
190	mathylamine	0.25	0.35	0.16	0.58	0.3493	3.34	3.1567183
191	ethylamine	0.236	0.35	0.16	0.61	0.4902	3.3	3.1714282
192	n-propylamine	0.225	0.35	0.16	0.61	0.6311	3.22	3.0426391
193	n-butylamine	0.224	0.35	0.16	0.61	0.772	3.11	2.91962
194	n-pentylamine	0.211	0.35	0.16	0.61	0.9129	3	2.7896769

Fortsetzung auf nächster Seite

Nr	Name	Deskriptoren					Ergebnis $[\log(L^W)]$	
		R_2	π_2^H	$\sum\alpha_2^H$	$\sum\beta_2^H$	V_X	Labor	QSAR
195	n-hexylamine	0.197	0.35	0.16	0.61	1.0538	2.9	2.6591568
196	n-heptylamine	0.197	0.35	0.16	0.61	1.1947	2.78	2.5367147
197	n-octylamine	0.187	0.35	0.16	0.61	1.3356	2.68	2.4085026
198	cyclohexylamine	0.326	0.56	0.16	0.58	0.9452	3.37	3.2180232
199	dimethylamine	0.189	0.3	0.08	0.66	0.4902	3.15	2.9538692
200	diethylamine	0.154	0.3	0.08	0.68	0.772	2.99	2.78561
201	di-n-propylamine	0.124	0.3	0.08	0.68	1.0538	2.68	2.5234158
202	diisopropylamine	0.053	0.24	0.08	0.71	1.0538	2.36	2.4747388
203	di-n-butylamine	0.107	0.3	0.08	0.68	1.3356	2.38	2.2687226
204	trimethylamine	0.14	0.2	0	0.67	0.6311	2.35	2.2916241
205	triethylamine	0.101	0.15	0	0.79	1.0538	2.36	2.3552648
206	nitromethane	0.313	0.95	0.06	0.32	0.4237	2.95	3.0178557
207	nirtoethane	0.27	0.95	0.02	0.33	0.5646	2.72	2.7664926
208	1-nitropropane	0.242	0.95	0	0.31	0.7055	2.45	2.4548145
209	2-nitropropane	0.216	0.92	0	0.32	0.7055	2.3	2.4117525
210	1-nitrobutane	0.227	0.95	0	0.29	0.8464	2.27	2.2268974
211	1-nitropentane	0.212	0.95	0	0.29	0.9873	2.07	2.0958003
212	n-butylacetamide	0.36	1.3	0.4	0.74	1.0695	6.83	6.7055645
213	n,n-dimethylformamide	0.367	1.31	0	0.73	0.6468	5.73	5.5288098
214	acetic acid	0.265	0.65	0.61	0.45	0.4648	4.91	4.9162238
215	propanoic acid	0.233	0.65	0.6	0.45	0.6057	4.74	4.7371877
216	butanoic acid	0.21	0.62	0.6	0.45	0.7466	4.66	4.5250046
217	pentanoic acid	0.205	0.6	0.6	0.45	0.8875	4.52	4.3486975
218	3-methylbutanoic acid	0.178	0.57	0.6	0.5	0.8875	4.47	4.4986985
219	hexanoic acid	0.174	0.6	0.6	0.45	1.0284	4.56	4.2083684
220	water	0	0.45	0.82	0.35	0.1673	4.64	4.8286763
221	methanol	0.278	0.44	0.43	0.47	0.3082	3.74	3.9350002
222	ethanol	0.246	0.42	0.37	0.48	0.4491	3.67	3.5627441
223	propan-1-ol	0.236	0.42	0.37	0.48	0.59	3.56	3.434532
224	prpan-2-ol	0.212	0.36	0.33	0.56	0.59	3.48	3.502504
225	butan-1-ol	0.224	0.42	0.37	0.48	0.7309	3.46	3.3051659
226	2-methylpropan-1-ol	0.217	0.39	0.37	0.48	0.7309	3.3	3.2246569
227	butan-2-ol	0.217	0.36	0.33	0.56	0.7309	3.39	3.3829469
228	2-methylpropan-2-ol	0.18	0.3	0.31	0.6	0.7309	3.28	3.3260379
229	pentan-1-ol	0.219	0.42	0.37	0.48	0.8718	3.35	3.1798388
230	pentan-2-ol	0.195	0.36	0.33	0.56	0.8718	3.22	3.2478108
231	pentan-3-ol	0.218	0.36	0.33	0.56	0.8718	3.19	3.2610818
232	2-methylbutan-1-ol	0.219	0.39	0.37	0.48	0.8718	3.24	3.1033688
233	3-methylbutan-1-ol	0.192	0.39	0.37	0.48	0.8718	3.24	3.0877898
234	2-methylbutan-2-ol	0.194	0.3	0.31	0.6	0.8718	3.25	3.2116738
235	hexan-1-ol	0.21	0.42	0.37	0.48	1.0127	3.23	3.0522037
236	hexan-3-ol	0.2	0.36	0.33	0.56	1.0127	2.98	3.1282537
237	2-methylpentan-2-ol	0.169	0.3	0.31	0.6	1.0127	2.88	3.0748067
238	4-methylpentan-2-ol	0.167	0.33	0.33	0.56	1.0127	2.74	3.0327427
239	2-methylpentan-3-ol	0.207	0.33	0.33	0.56	1.0127	2.85	3.0558227

Fortsetzung auf nächster Seite

Nr	Name	Deskriptoren					Ergebnis $[\log(L^W)]$	
		R_2	π_2^H	$\sum\alpha_2^H$	$\sum\beta_2^H$	V_X	Labor	QSAR
240	heptan-1-ol	0.211	0.42	0.37	0.48	1.1536	3.09	2.9303386
241	octan-1-ol	0.199	0.42	0.37	0.48	1.295	3	2.800538
242	nonan-1-ol	0.193	0.42	0.37	0.48	1.4354	2.85	2.6750684
243	decan-1-ol	0.191	0.42	0.37	0.48	1.5763	2.67	2.5514723
244	cyclopentanol	0.427	0.54	0.32	0.56	0.763	4.03	3.896912
245	cyclohexanol	0.46	0.54	0.32	0.57	0.904	4.01	3.841834
246	cycloheptanol	0.513	0.54	0.32	0.58	1.045	4.02	3.798296
247	prop-2-en-1-ol	0.342	0.44	0.44	0.47	0.547	3.69	3.802541
248	2-methoxyethanol	0.269	0.5	0.3	0.84	0.6487	4.96	5.0823327
249	2-ethoxyethanol	0.237	0.5	0.3	0.83	0.79	4.91	4.892669
250	2-propoxyethanol	0.212	0.5	0.3	0.83	0.931	4.7	4.755715
251	2-butoxyethanol	0.201	0.5	0.3	0.83	1.072	4.59	4.626839
252	2,2,2-trifluoroethanol	0.015	0.6	0.57	0.25	0.5022	3.16	3.4913032
253	hfp	-0.24	0.55	0.77	0.1	0.6962	2.76	3.0845822
254	ethanethiol	0.392	0.35	0	0.24	0.5539	0.84	0.8048349
255	n-propanethiol	0.385	0.35	0	0.24	0.6948	0.78	0.6783538
256	n-butanethiol	0.382	0.35	0	0.24	0.8357	0.73	0.5541807
257	diethyl sulfide	0.373	0.38	0	0.32	0.8357	1.07	1.0127377
258	di-n-propyl sulfide	0.358	0.38	0	0.32	1.1175	0.94	0.7591985
259	diisopropyl sulfide	0.328	0.32	0	0.37	1.1175	0.89	0.8309985
260	diethyl sulfide	0.67	0.48	0	0.29	0.999	1.2	1.151869
261	sulfur hexafluoride	-0.6	-0.2	0	0	0.4643	-2.23	-2.2534767
262	triethyl phosphate	0	1	0	1.06	1.3934	5.53	5.4755954
263	n-methylpiperidine	0.318	0.34	0	0.7	0.9452	2.85	2.6234672
264	n-acetylpyrrolidine	0.55	1.63	0	0.92	0.9609	7.19	7.0969179
265	morpholine	0.434	0.79	0.06	0.91	0.7221	5.26	5.2767131
266	n-methylmorpholine	0.333	0.74	0	0.9	0.863	4.64	4.691354
267	benzene	0.61	0.52	0	0.14	0.7164	0.63	0.7386384
268	toluene	0.601	0.52	0	0.14	0.8573	0.65	0.6110033
269	ethylbenzene	0.613	0.51	0	0.15	0.9982	0.58	0.5184052
270	o-xylene	0.663	0.56	0	0.16	0.9982	0.66	0.7231152
271	m-xylene	0.623	0.52	0	0.16	0.9982	0.61	0.5980752
272	p-xylene	0.613	0.52	0	0.16	0.9982	0.59	0.5923052
273	n-propylbenzene	0.604	0.5	0	0.15	1.1391	0.39	0.3652801
274	isopropylbenzene	0.602	0.49	0	0.16	1.1391	0.22	0.3870461
275	1,2,3-trimethylbenzene	0.728	0.61	0	0.19	1.1391	0.89	0.9108581
276	1,2,4-trimethylbenzene	0.677	0.56	0	0.19	1.1391	0.63	0.7539811
277	1,3,5-trimethylbenzene	0.649	0.52	0	0.19	1.1391	0.66	0.6358651
278	2-ethyltoluene	0.68	0.55	0	0.18	1.1391	0.76	0.6818121
279	4-ethyltoluene	0.63	0.51	0	0.18	1.1391	0.7	0.5510021
280	n-butylbenzene	0.6	0.51	0	0.15	1.28	0.29	0.26602
281	isobutylbenzene	0.58	0.47	0	0.15	1.28	-0.12	0.15252
282	sec-butylbenzene	0.603	0.48	0	0.16	1.28	0.33	0.239691
283	tert-butylbenzene	0.619	0.49	0	0.16	1.28	0.32	0.274413
284	4-isoprpyltoluene	0.607	0.49	0	0.19	1.28	0.5	0.412719

Fortsetzung auf nächster Seite

Nr	Name	Deskriptoren					Ergebnis $\left[\log(L^{W})\right]$	
		R_2	π_2^H	$\sum\alpha_2^H$	$\sum\beta_2^H$	V_X	Labor	QSAR
285	n-pentylbenzene	0.594	0.51	0	0.15	1.4209	0.17	0.1401159
286	n-hexylbenzene	0.591	0.5	0	0.15	1.5618	0.03	-0.0095472
287	styrene	0.849	0.65	0	0.16	0.9552	0.91	1.0972142
288	alpha-methylstyrene	0.851	0.64	0	0.19	1.0961	0.91	1.0956661
289	biphenyl	1.36	0.99	0	0.22	1.3242	1.95	2.2285202
290	naphtalene	1.34	0.92	0	0.2	1.0854	1.76	2.1492474
291	1-methylnaphtalene	1.344	0.9	0	0.2	1.2263	1.79	1.9781333
292	1,3-dimethylnaphtalene	1.387	0.92	0	0.2	1.3672	1.81	1.9314822
293	1,4-dimethylnaphtalene	1.4	0.91	0	0.2	1.3672	2.07	1.9134932
294	2,3-dimethylnaphtalene	1.431	0.95	0	0.2	1.3672	2.04	2.0333402
295	2,6-dimethylnaphtalene	1.329	0.91	0	0.2	1.3672	1.93	1.8725262
296	1-ethylnaphtalene	1.371	0.87	0	0.2	1.3672	1.76	1.7948002
297	indane	0.829	0.62	0	0.17	1.0305	1.07	0.9921785
298	acenaphtene	1.604	1.04	0	0.2	1.2586	2.31	2.4569446
299	fluorene	1.588	1.03	0	0.2	1.3565	2.46	2.3371475
300	fluorobenzene	0.477	0.57	0	0.1	0.7341	0.59	0.5803261
301	benzotrifluoride	0.225	0.48	0	0.1	0.91	0.18	0.052655
302	chlorobenzene	0.718	0.65	0	0.07	0.8388	0.82	0.6870888
303	1,2-dichlorobenzene	0.872	0.78	0	0.04	0.9612	1	0.8557212
304	1,3-dichlorobenzene	0.847	0.73	0	0.02	0.9612	0.72	0.6170262
305	1,4-dichlorobenzene	0.825	0.75	0	0.02	0.9612	0.74	0.6553122
306	1,2,3-trichlorobenzene	1.03	0.86	0	0	1.0836	0.91	0.8508016
307	1,2,4-trichlorobenzene	0.98	0.81	0	0	1.0836	0.82	0.6945016
308	1,3,5-trichlorobenzene	0.98	0.73	0	0	1.0836	0.57	0.4905816
309	1,2,3,4-tetrachlorobenzene	1.18	0.92	0	0	1.206	0.98	0.983926
310	1,2,3,5-tetrachlorobenzene	1.16	0.85	0	0	1.206	1.19	0.793956
311	1,2,4,5-tetrachlorobenzene	1.16	0.86	0	0	1.206	0.98	0.819446
312	2-chlorotoluene	0.762	0.65	0	0.07	0.9797	0.84	0.5900347
313	bromobenzene	0.882	0.73	0	0.09	0.8914	1.07	1.0367474
314	4-bromotoluene	0.879	0.74	0	0.09	1.0323	1.02	0.9380643
315	iodobenzene	1.188	0.82	0	0.12	0.9746	1.28	1.5156486
316	methyl phenyl ether	0.708	0.74	0	0.29	0.916	1.8	1.908662
317	ethyl phenyl ether	0.681	0.7	0	0.32	1.0569	1.63	1.8139109
318	benzaldehyde	0.82	1	0	0.39	0.873	2.95	3.157493
319	4-methylbenzaldehyde	0.862	1	0	0.42	1.0139	3.13	3.2045149
320	acetophenone	0.818	1.01	0	0.49	1.0139	3.36	3.5434869
321	4-methylacetophenone	0.842	1	0	0.52	1.1548	3.45	3.5546328
322	methyl benzoate	0.733	0.85	0	0.48	1.0726	2.88	2.9871816
323	ethyl benzoate	0.689	0.85	0	0.46	1.2135	2.67	2.7425315
324	benzonitrile	0.742	1.11	0	0.33	0.8711	3.09	3.1040681
325	o-toluidine	0.966	0.92	0.23	0.45	0.9571	4.06	4.1321821
326	p-toluidine	0.923	0.95	0.23	0.45	0.9571	4.09	4.1838411
327	2,6-dimethylaniline	0.972	0.89	0.2	0.46	1.098	3.82	3.870752
328	2-chloroaniline	1.033	0.92	0.25	0.31	0.9386	3.6	3.5854376
329	3-chloroaniline	1.053	1.1	0.3	0.3	0.9386	4.27	4.1980376

Fortsetzung auf nächster Seite

Nr	Name	Deskriptoren R_2	π_2^H	$\sum\alpha_2^H$	$\sum\beta_2^H$	V_X	Ergebnis $[\log(L^W)]$ Labor	QSAR
330	4-chloroaniline	1.06	1.13	0.3	0.32	0.9386	4.33	4.3753666
331	2-methoxyaniline	0.988	1.03	0.23	0.5	1.0158	4.49	4.6163058
332	3-methoxyaniline	1.027	1.22	0.25	0.55	1.0158	5.35	5.4414288
333	4-methoxyaniline	1.05	1.19	0.23	0.61	1.0158	5.49	5.5924298
334	2-nitroaniline	1.18	1.37	0.3	0.36	0.9904	5.41	5.2049924
335	3-nitroaniline	1.2	1.71	0.4	0.35	0.9904	6.49	6.4160824
336	4-nitroaniline	1.22	1.91	0.42	0.38	0.9904	7.54	7.1589124
337	1-naphthylamine	1.67	1.26	0.2	0.57	1.185	5.34	5.673535
338	2-naphthylamine	1.67	1.28	0.22	0.55	1.185	5.48	5.703955
339	n-methylaniline	0.948	0.9	0.17	0.43	0.9571	3.44	3.7452161
340	n,n-dimethylaniline	0.957	0.84	0	0.42	1.098	2.53	2.778407
341	nitrobenzene	0.871	1.11	0	0.28	0.8906	3.02	2.9195056
342	2-nitrotoluene	0.866	1.11	0	0.28	1.0315	2.63	2.7941785
343	3-nitrotoluene	0.874	1.1	0	0.28	1.0315	2.53	2.7733045
344	benzamide	0.99	1.5	0.49	0.67	0.9728	8.07	7.6672068
345	phenol	0.805	0.89	0.6	0.31	0.7751	4.85	4.8540431
346	o-cresol	0.84	0.86	0.52	0.31	0.916	4.31	4.370286
347	p-cresol	0.82	0.87	0.57	0.32	0.916	4.5	4.623296
348	2,3-dimethylphenol	0.85	0.81	0.53	0.36	1.0569	4.52	4.4063439
349	2,4-dimethylphenol	0.843	0.8	0.53	0.39	1.0569	4.41	4.5220449
350	2,5-dimethylphenol	0.84	0.79	0.54	0.37	1.0569	4.34	4.4361339
351	2,6-dimethylphenol	0.86	0.79	0.39	0.39	1.0569	3.86	3.9725439
352	3,4-dimethylphenol	0.83	0.86	0.56	0.39	1.0569	4.77	4.7818739
353	3,5-dimethylphenol	0.82	0.84	0.57	0.36	1.0569	4.6	4.6180239
354	3-ethylphenol	0.81	0.91	0.55	0.37	1.0569	4.59	4.7628339
355	4-ethylphenol	0.8	0.9	0.55	0.36	1.0569	4.5	4.6831639
356	4-n-propylphenol	0.793	0.88	0.55	0.37	1.1978	4.33	4.5541128
357	4-tert-butylphenol	0.81	0.89	0.56	0.39	1.3387	4.34	4.6019197
358	2-fluorophenol	0.66	0.69	0.61	0.26	0.7928	3.88	4.0412768
359	4-fluorophenol	0.67	0.97	0.63	0.23	0.7928	4.54	4.6917968
360	2-chlorophenol	0.853	0.88	0.32	0.31	0.8975	3.34	3.6822435
361	3-chlorophenol	0.909	1.06	0.69	0.15	0.8975	4.85	4.8096255
362	4-chlorophenol	0.915	1.08	0.67	0.21	0.8975	5.16	5.0782675
363	4-chloro-3-methylphenol	0.92	1.02	0.65	0.23	1.0384	4.98	4.8263304
364	4-bromophenol	1.08	1.17	0.67	0.2	0.9501	5.23	5.3087631
365	2-iodophenol	1.36	1	0.4	0.35	1.0335	4.55	4.6611585
366	2-methoxyphenol	0.837	0.91	0.22	0.52	0.9747	4.09	4.3177047
367	3-methoxyphenol	0.879	1.17	0.59	0.38	0.9747	5.62	5.7377487
368	3-hydroxybenzaldehyde	0.99	1.38	0.74	0.4	0.9317	6.97	7.0432227
369	4-hydroxybenzaldehyde	1.01	1.4	0.77	0.44	0.9317	6.48	7.4137727
370	3-cyanophenol	0.93	1.55	0.77	0.28	0.9298	7.08	6.9770538
371	4-cyanophenol	0.94	1.63	0.79	0.3	0.9298	7.46	7.3598238
372	2-nitrophenol	1.015	1.05	0.05	0.37	0.9493	3.36	3.4249833
373	3-nitrophenol	1.05	1.57	0.79	0.23	0.9493	7.06	6.9145383
374	4-nitrophenol	1.07	1.72	0.82	0.26	0.9493	7.81	7.5680483

Fortsetzung auf nächster Seite

Nr	Name	Deskriptoren R_2	π_2^H	$\sum\alpha_2^H$	$\sum\beta_2^H$	V_X	Ergebnis $[\log(L^W)]$ Labor	QSAR
375	1-naphthol	1.52	1.05	0.61	0.37	1.144	5.63	5.682454
376	2-naphthol	1.52	1.08	0.61	0.4	1.144	5.95	5.904154
377	benzyl alcohol	0.803	0.87	0.33	0.56	0.916	4.86	4.860207
378	2-phenylethanol	0.811	0.91	0.3	0.65	1.0569	4.98	5.1656409
379	3-phenylpropanol	0.821	0.9	0.3	0.67	1.1978	5.08	5.1202988
380	thiophenol	1	0.8	0.09	0.16	0.8799	1.87	1.9752969
381	phenyl methyl sulfide	1.068	0.92	0	0.26	1.028	2	2.332644
382	pyridine	0.631	0.84	0	0.52	0.6753	3.44	3.4417313
383	2-methylpyridine	0.598	0.75	0	0.57	0.8162	3.4	3.3128882
384	3-methylpyridine	0.631	0.81	0	0.54	0.8162	3.5	3.3396392
385	4-methylpyridine	0.63	0.82	0	0.55	0.8162	3.62	3.4129622
386	2,3-dimethylpyridine	0.657	0.77	0	0.62	0.9571	3.54	3.5175191
387	2,4-dimethylpyridine	0.634	0.76	0	0.63	0.9571	3.57	3.5271681
388	2,5-dimethylpyridine	0.633	0.74	0	0.62	0.9571	3.46	3.4272011
389	2,6-dimethylpyridine	0.607	0.7	0	0.62	0.9571	3.37	3.3102391
390	3,4-dimethylpyridine	0.676	0.85	0	0.61	0.9571	3.83	3.6839921
391	3,5-dimethylpyridine	0.659	0.79	0	0.6	0.9571	3.55	3.4728331
392	2-ethylpyridine	0.613	0.7	0	0.59	0.9571	3.18	3.1684711
393	3-ethylpyridine	0.64	0.79	0	0.57	0.9571	3.37	3.3166401
394	4-ethylpyridine	0.634	0.8	0	0.57	0.9571	3.47	3.3386681
395	2-chloropyridine	0.738	1.03	0	0.37	0.7977	3.22	3.1552647
396	3-chloropyridine	0.732	0.83	0	0.41	0.7977	2.94	2.8356427
397	3-cyanopyridine	0.75	1.26	0	0.62	0.83	4.95	4.93064
398	4-cyanopyridine	0.75	1.21	0	0.59	0.83	4.42	4.65796
399	3-formylpyridine	0.817	1.16	0	0.76	0.8319	5.21	5.3904879
400	4-formylpyridine	0.796	1.12	0	0.7	0.8319	5.14	4.9859509
401	3-acetylpyridine	0.795	1.17	0	0.9	0.9728	6.06	5.9585818
402	4-acetylpyridine	0.771	1.13	0	0.84	0.9728	5.59	5.5523138
403	quinoline	1.268	0.97	0	0.54	1.0443	4.2	3.9168093
404	2-methylpyrazine	0.629	0.86	0	0.67	0.7751	4.04	4.1309811
405	2-ethylpyrazine	0.629	0.9	0	0.65	0.916	4	4.013679
406	2-isobutylpyrazine	0.62	0.87	0	0.65	1.1978	3.7	3.6871318
407	thiophene	0.687	0.56	0	0.15	0.6411	1.04	0.9988731
408	2-methylthiophene	0.688	0.56	0	0.16	0.782	1.01	0.925418

C.1.2 Validierungsdaten

Nr	Name	Deskriptoren R_2	π_2^H	$\sum\alpha_2^H$	$\sum\beta_2^H$	V_X	Ergebnis $[\log(L^W)]$ Labor	QSAR
1	undecane	0	0	0	0	1.6585	-2.583	-2.4352365
2	dodecane	0	0	0	0	1.7994	-2.52	-2.5576786
3	tridecane	0	0	0	0	1.9403	-2.994	-2.6801207
4	tetradecane	0	0	0	0	2.0812	-2.755	-2.8025628
5	pentadecane	0	0	0	0	2.2221	-2.87	-2.9250049

Fortsetzung auf nächster Seite

Nr	Name	Deskriptoren					Ergebnis $[\log(L^W)]$	
		R_2	π_2^H	$\sum\alpha_2^H$	$\sum\beta_2^H$	V_X	Labor	QSAR
6	cycloheptane	0.35	0.1	0	0	0.9863	-0.63	-1.3942447
7	cyclooctane	0.413	0.1	0	0	1.1272	-0.769	-1.4803358
8	ethylcyclohexane	0.26	0.1	0	0	1.1272	-1.297	-1.5686168
9	1-decene	0.09	0.08	0	0.07	1.4746	-1.464	-1.6807074
10	alpha-pinene	0.45	0.14	0	0.12	1.2574	-0.756	-0.8892506
11	beta-pinene	0.53	0.24	0	0.19	1.2574	-0.513	-0.2493206
12	cyclohexa-1,4-diene	0.501	0.35	0	0.17	0.7594	0.392	0.3502784
13	limonene	0.49	0.28	0	0.21	1.323	-0.3	-0.130627
14	acetylene	0.19	0.25	0.21	0.15	0.3044	0.006	1.0152364
15	1-nonyne	0.15	0.23	0.12	0.1	1.2907	-0.77	-0.5011383
16	1,2,4,5-tetramethylbenzene	0.739	0.6	0	0.19	1.28	0.704	0.769273
17	pentamethylbenzene	0.85	0.66	0	0.2	1.4209	1.454	0.9122279
18	hexamethylbenzene	0.95	0.72	0	0.21	1.5618	1.325	1.0488358
19	n-octylbenzene	0.579	0.48	0	0.15	1.8436	-0.244	-0.3123354
20	n-decylbenzene	0.579	0.47	0	0.15	2.1254	-0.555	-0.5827096
21	ethynyl benzene	0.679	0.58	0.12	0.24	0.9122	1.6	1.7029012
22	1.1'-methylenebisbenzene	1.22	1.04	0	0.28	1.4651	2.18	2.4432081
23	bibenzyl	1.2	1.03	0	0.28	1.606	2.11	2.283736
24	trans-stilbene	1.45	1.04	0	0.34	1.563	2.717	2.781303
25	2-methylnaphthalene	1.304	0.88	0	0.2	1.2263	1.684	1.9040733
26	2-ethylnaphthalene	1.331	0.9	0	0.2	1.3672	1.658	1.8481902
27	1,5-dimethylnaphthalene	1.369	0.87	0	0.2	1.3672	1.844	1.7936462
28	benzo(a)fluorene	2.622	1.59	0	0.2	1.7255	2.963	4.0405445
29	fluoranthene	2.377	1.55	0	0.2	1.5846	3.441	3.9196616
30	anthracene	2.29	1.34	0	0.28	1.4544	2.9	3.8345964
31	phenanthrene	2.055	1.29	0	0.29	1.4544	2.762	3.6199614
32	1-methylphenanthrene	2.055	1.25	0	0.26	1.5953	2.695	3.2503293
33	benz(a)anthracene	2.992	1.7	0	0.35	1.8234	3.48	5.1754994
34	chrysene	3.027	1.73	0	0.36	1.8234	3.67	5.3205744
35	dibenz(a,h)anthracene	4	1.93	0	0.44	2.1924	4.76	6.4584144
36	dibenz(a,c)anthracene	4	1.93	0	0.44	2.1924	4.61	6.4584144
37	pyrene	2.808	1.71	0	0.29	1.5846	3.7	5.0118786
38	benzo(a)pyrene	3.625	1.98	0	0.44	1.9536	4.52	6.5770066
39	perylene	3.256	1.76	0	0.4	1.9536	4.06	5.6096736
40	benzo[ghi]perylene	4.073	1.9	0	0.46	2.0838	5.23	6.6152588
41	fluoromethane	0.066	0.35	0	0.1	0.2672	0.158	0.1881352
42	fluoroethane	0.05	0.35	0	0.1	0.4081	0.04	0.0564611
43	1-chlorooctane	0.191	0.4	0	0.1	1.3582	-0.19	-0.5603688
44	hexachloroethane	0.68	0.22	0	0.06	1.1248	0.799	-0.7278512
45	1-bromodecane	0.331	0.4	0	0.12	1.6926	-0.383	-0.6733624
46	methylene iodide	1.453	0.69	0.05	0.23	0.7659	1.75	2.2417039
47	bromodichloromethane	0.541	0.66	0.13	0.07	0.6693	1.062	1.2534353
48	1-chloro-2-methylpropane	0.191	0.37	0	0.12	0.7946	0.094	-0.0502504
49	chlorocyclohexane	0.45	0.48	0	0.1	0.9678	0.856	0.1322518
50	vinylchloride	0.258	0.38	0	0.05	0.4698	-0.07	-0.0427202

Fortsetzung auf nächster Seite

Nr	Name	Deskriptoren					Ergebnis $[\log(L^W)]$	
		R_2	π_2^H	$\sum\alpha_2^H$	$\sum\beta_2^H$	V_X	Labor	QSAR
51	alpha-chlorotoluene	0.821	0.82	0	0.33	0.9797	1.46	2.3160677
52	m-chlorotoluene	0.736	0.67	0	0.07	0.9797	0.67	0.6260127
53	p-chlorotoluene	0.705	0.74	0	0.05	0.9797	0.747	0.6897357
54	pentachlorobenzene	1.33	0.96	0	0	1.3284	1.62	1.0660704
55	hexachlorobenzene	1.49	0.99	0	0	1.4508	2.02	1.1284948
56	benzyl bromide	1.014	0.98	0	0.2	1.0323	1.74	2.1602293
57	o-bromotoluene	0.923	0.72	0	0.09	1.0323	1.02	0.9124723
58	m-bromotoluene	0.896	0.75	0	0.09	1.0323	0.56	0.9733633
59	1,3-dibromobenzene	1.17	0.88	0	0.04	1.0664	1.09	1.1911484
60	1,4-dibromobenzene	1.15	0.86	0	0.04	1.0664	0.98	1.1286284
61	2-chlorobiphenyl	1.48	1.07	0	0.2	1.4466	1.522	2.2984946
62	3-chlorobiphenyl	1.51	1.05	0	0.18	1.4466	1.93	2.1680046
63	4-chlorobiphenyl	1.5	1.05	0	0.18	1.4466	2.01	2.1622346
64	2,2'-dichlorobiphenyl	1.6	1.22	0	0.2	1.569	1.85	2.643719
65	2,3-dichlorobiphenyl	1.63	1.2	0	0.18	1.569	2.027	2.513229
66	2,3'-dichlorobiphenyl	1.63	1.2	0	0.18	1.569	1.87	2.513229
67	2,4-dichlorobiphenyl	1.62	1.2	0	0.18	1.569	1.85	2.507459
68	2,4'-dichlorobiphenyl	1.62	1.2	0	0.18	1.569	1.89	2.507459
69	2,5-dichlorobiphenyl	1.63	1.2	0	0.18	1.569	1.941	2.513229
70	2,6-dichlorobiphenyl	1.66	1.22	0	0.2	1.569	1.9	2.678339
71	3,3'-dichlorobiphenyl	1.66	1.18	0	0.16	1.569	2.021	2.382739
72	3,4-dichlorobiphenyl	1.65	1.18	0	0.16	1.569	2.242	2.376969
73	3,5-dichlorobiphenyl	1.65	1.18	0	0.16	1.569	1.87	2.376969
74	4,4'-dichlorobiphenyl	1.64	1.18	0	0.16	1.569	2.09	2.371199
75	2',3,4-trichlorobiphenyl	1.77	1.33	0	0.15	1.6914	2.184	2.6737834
76	2',3,5-trichlorobiphenyl	1.78	1.33	0	0.15	1.6914	2.087	2.6795534
77	2,2',3-trichlorobiphenyl	1.75	1.35	0	0.17	1.6914	2.09	2.8100434
78	2,2',5-trichlorobiphenyl	1.75	1.35	0	0.17	1.6914	1.991	2.8100434
79	2,2',6-trichlorobiphenyl	1.72	1.35	0	0.17	1.6914	2.03	2.7927334
80	2,3,3'-trichlorobiphenyl	1.78	1.33	0	0.15	1.6914	2.18	2.6795534
81	2,3',4-trichlorobiphenyl	1.77	1.33	0	0.15	1.6914	1.84	2.6737834
82	2,3',5-trichlorobiphenyl	1.78	1.33	0	0.15	1.6914	2.087	2.6795534
83	2,3',6-trichlorobiphenyl	1.76	1.35	0	0.17	1.6914	1.83	2.8158134
84	2,3,4'-trichlorobiphenyl	1.77	1.33	0	0.15	1.6914	2	2.6737834
85	2,3,6-trichlorobiphenyl	1.75	1.35	0	0.17	1.6914	2.05	2.8100434
86	2,4,5-trichlorobiphenyl	1.77	1.33	0	0.15	1.6914	2.09	2.6737834
87	2,4',5-trichlorobiphenyl	1.77	1.33	0	0.15	1.6914	2.11	2.6737834
88	2,4,6-trichlorobiphenyl	1.74	1.35	0	0.17	1.6914	1.58	2.8042734
89	2,4',6-trichlorobiphenyl	1.74	1.35	0	0.17	1.6914	2.087	2.8042734
90	2,4,4'-trichlorobiphenyl	1.76	1.33	0	0.15	1.6914	2.087	2.6680134
91	3,3',5-trichlorobiphenyl	1.79	1.31	0	0.13	1.6914	2.16	2.5375234
92	3,4,4'-trichlorobiphenyl	1.79	1.31	0	0.13	1.6914	2.39	2.5375234
93	2,2',3,4-tetrachlorobiphenyl	1.89	1.48	0	0.15	1.8138	2.242	3.0190078
94	2,2',3,4'-tetrachlorobiphenyl	1.89	1.48	0	0.15	1.8138	2.242	3.0190078
95	2,2',3,5'-tetrachlorobiphenyl	1.9	1.48	0	0.15	1.8138	2.242	3.0247778

Fortsetzung auf nächster Seite

Nr	Name	Deskriptoren					Ergebnis $\left[\log(L^W)\right]$	
		R_2	π_2^H	$\sum\alpha_2^H$	$\sum\beta_2^H$	V_X	Labor	QSAR
96	2,2',3,6-tetrachlorobiphenyl	1.87	1.48	0	0.15	1.8138	1.86	3.0074678
97	2,2',4,4'-tetrachlorobiphenyl	1.88	1.48	0	0.15	1.8138	2.11	3.0132378
98	2,2',4,5'-tetrachlorobiphenyl	1.89	1.48	0	0.15	1.8138	2.07	3.0190078
99	2,2',4,6-tetrachlorobiphenyl	1.86	1.48	0	0.15	1.8138	1.586	3.0016978
100	2,2',4,6'-tetrachlorobiphenyl	1.86	1.48	0	0.15	1.8138	2.242	3.0016978
101	2,2',5,5'-tetrachlorobiphenyl	1.9	1.48	0	0.15	1.8138	2.087	3.0247778
102	2,2',5,6'-tetrachlorobiphenyl	1.87	1.48	0	0.15	1.8138	1.91	3.0074678
103	2,2',6,6'-tetrachlorobiphenyl	1.84	1.48	0	0.15	1.8138	2.09	2.9901578
104	2,3,4,4'-tetrachlorobiphenyl	1.91	1.46	0	0.13	1.8138	2.18	2.8827478
105	2,3',4,4'-tetrachlorobiphenyl	1.91	1.46	0	0.13	1.8138	2.309	2.8827478
106	2,3',4,5-tetrachlorobiphenyl	1.92	1.46	0	0.13	1.8138	2.39	2.8885178
107	2,3',4',5-tetrachlorobiphenyl	1.89	1.46	0	0.13	1.8138	2.389	2.8712078
108	2,3',4,6-tetrachlorobiphenyl	1.89	1.48	0	0.15	1.8138	2.066	3.0190078
109	2,3,4,6-tetrachlorobiphenyl	1.89	1.48	0	0.15	1.8138	2.07	3.0190078
110	2,3,4',6-tetrachlorobiphenyl	1.89	1.48	0	0.15	1.8138	2.242	3.0190078
111	2,3,5,6-tetrachlorobiphenyl	1.89	1.48	0	0.15	1.8138	1.97	3.0190078
112	2,4,4',5-tetrachlorobiphenyl	1.91	1.46	0	0.13	1.8138	2.39	2.8827478
113	2,4,4',6-tetrachlorobiphenyl	1.88	1.48	0	0.15	1.8138	1.77	3.0132378
114	3,3',4,4'-tetrachlorobiphenyl	1.94	1.44	0	0.11	1.8138	2.47	2.7522578
115	3,3',4,5'-tetrachlorobiphenyl	1.95	1.44	0	0.11	1.8138	2.434	2.7580278
116	3,3',5,5'-tetrachlorobiphenyl	1.96	1.44	0	0.11	1.8138	1.99	2.7637978
117	2,2',3,3'-tetrachlorobiphenyl	1.9	1.48	0	0.15	1.8138	2.389	3.0247778
118	2,3',4',5-tetrachlorobiphenyl	1.91	1.46	0	0.13	1.8138	2.39	2.8827478
119	2,3,4,5-pcb	1.92	1.46	0	0.13	1.8138	2.47	2.8885178
120	2,2',3,3',4-pentachlorobiphenyl	2.04	1.61	0	0.13	1.9362	2.09	3.2337422
121	2,2',3,4,4'-pentachlorobiphenyl	2.03	1.61	0	0.13	1.9362	2.54	3.2279722
122	2,2',3',4,5-pentachlorobiphenyl	2.04	1.61	0	0.13	1.9362	2.52	3.2337422
123	2,2',4,4',5-pentachlorobiphenyl	2.03	1.61	0	0.13	1.9362	2.496	3.2279722
124	2,2',4,5,5'-pentachlorobiphenyl	2.04	1.61	0	0.13	1.9362	2.434	3.2337422
125	2,2',4,5,6'-pentachlorobiphenyl	2.01	1.61	0	0.13	1.9362	2.43	3.2164322
126	2,2',4,6,6'-pentachlorobiphenyl	1.98	1.61	0	0.13	1.9362	1.575	3.1991222
127	2,3',4,4',5-pentachlorobiphenyl	2.06	1.59	0	0.11	1.9362	2.5	3.0974822
128	2,3',4,4',6-pentachlorobiphenyl	2.03	1.61	0	0.13	1.9362	2.519	3.2279722
129	2,3',4,5,5'-pentachlorobiphenyl	2.07	1.59	0	0.11	1.9362	2.64	3.1032522
130	2,3,3',4,4'-pcb	2.04	1.59	0	0.11	1.9362	2.64	3.0859422
131	2,3,3',4',6-pentachlorobiphenyl	2.04	1.61	0	0.13	1.9362	2.16	3.2337422
132	2,3,4,4',5-pcb	2.06	1.59	0	0.11	1.9362	2.24	3.0974822
133	2,3,4,5,6-pentachlorobiphenyl	2.04	1.61	0	0.13	1.9362	2.13	3.2337422
134	2,2',3,4,5'-pentachlorobiphenyl	2.04	1.61	0	0.13	1.9362	2.52	3.2337422
135	2,2',3,5',6-pentachlorobiphenyl	2.02	1.61	0	0.13	1.9362	2.31	3.2222022
136	3,3',4,4',5-pcb	2.11	1.57	0	0.09	1.9362	2.95	2.9785322
137	2,2',3,3',4,4'-hexachlorobiphenyl	2.18	1.74	0	0.11	2.0586	2.91	3.4427066
138	2,2',3,3',4,5'-hexachlorobiphenyl	2.19	1.74	0	0.11	2.0586	2.82	3.4484766
139	2,2',3,3',4,6-pcb	2.16	1.74	0	0.11	2.0586	2.797	3.4311666
140	2,2',3,3',4,6'-hexachlorobiphenyl	2.16	1.74	0	0.11	2.0586	2.745	3.4311666

Fortsetzung auf nächster Seite

Nr	Name	Deskriptoren					Ergebnis $[\log(L^W)]$	
		R_2	π_2^H	$\sum\alpha_2^H$	$\sum\beta_2^H$	V_X	Labor	QSAR
141	2,2',3,3',5,6-hexachlorobiphenyl	2.17	1.74	0	0.11	2.0586	2.7	3.4369366
142	2,2',3,3',5,6'-hexachlorobiphenyl	2.17	1.74	0	0.11	2.0586	2.64	3.4369366
143	2,2',3,3',6,6'-hexachlorobiphenyl	2.14	1.74	0	0.11	2.0586	2.44	3.4196266
144	2,2',3,4',5',6'-hexachlorobiphenyl	2.16	1.74	0	0.11	2.0586	1.91	3.4311666
145	2,2',3,4,4',5'-hexachlorobiphenyl	2.18	1.74	0	0.11	2.0586	3.066	3.4427066
146	2,2',3,4,4',5-hexachlorobiphenyl	2.18	1.74	0	0.11	2.0586	2.01	3.4427066
147	2,2',3,4,5',6-hexachlorobiphenyl	2.16	1.74	0	0.11	2.0586	1.92	3.4311666
148	2,2',3,4,5,5'-hexachlorobiphenyl	2.19	1.74	0	0.11	2.0586	3.03	3.4484766
149	2,2',3,4,5,6'-pcb	2.16	1.74	0	0.11	2.0586	2.797	3.4311666
150	2,2',3,4',5,5'-hexachlorobiphenyl	2.19	1.74	0	0.11	2.0586	2.99	3.4484766
151	2,2',3,4',5,6-hexachlorobiphenyl	2.16	1.74	0	0.11	2.0586	2.68	3.4311666
152	2,2',4,4',5,5'-hexachlorobiphenyl	2.18	1.74	0	0.11	2.0586	2.3	3.4427066
153	2,2',4,4',5,6-hexachlorobiphenyl	2.15	1.74	0	0.11	2.0586	1.627	3.4253966
154	2,2',4,4',6,6'-hexachlorobiphenyl	2.12	1.74	0	0.11	2.0586	2.33	3.4080866
155	2,3,3',4,4',6-hexachlorobiphenyl	2.18	1.74	0	0.11	2.0586	2.25	3.4427066
156	2,2',3,3',4,5-hexachlorobiphenyl	2.19	1.74	0	0.11	2.0586	2.93	3.4484766
157	2,2',3,5,5',6-hexachlorobiphenyl	2.17	1.74	0	0.11	2.0586	2.62	3.4369366
158	2,3,3',4,5,5'-pcb	2.2	1.72	0	0.09	2.0586	2.722	3.3064466
159	2,3,3',4,5,6-pcb	2.19	1.74	0	0.11	2.0586	3.087	3.4484766
160	2,3,3',4',5,6-pcb	2.19	1.74	0	0.11	2.0586	3.212	3.4484766
161	2,3,3',5,5',6-pcb	2.2	1.74	0	0.11	2.0586	2.926	3.4542466
162	2,3,4,4',5,6-pcb	2.18	1.74	0	0.11	2.0586	2.12	3.4427066
163	2,2',3,3',4,4',5-heptachlorobiphenyl	2.33	1.87	0	0.09	2.181	3.43	3.657441
164	2,2',3,3',4,4',6-pcb	2.3	1.87	0	0.09	2.181	2.94	3.640131
165	2,2',3,3',4,5,5'-heptachlorobiphenyl	2.34	1.87	0	0.09	2.181	3.27	3.663211
166	2,2',3,3',4,5,6-heptachlorobiphenyl	2.31	1.87	0	0.09	2.181	3.24	3.645901
167	2,2',3,3',4,5,6'-heptachlorobiphenyl	2.31	1.87	0	0.09	2.181	3.24	3.645901
168	2,2',3,3',5,5',6-heptachlorobiphenyl	2.31	1.87	0	0.09	2.181	3.03	3.645901
169	2,2',3,3',5,6,6'-heptachlorobiphenyl	2.32	1.87	0	0.09	2.181	3.01	3.651671
170	2,2',3,4,4',5,5'-heptachlorobiphenyl	2.29	1.87	0	0.09	2.181	3.39	3.634361
171	2,2',3,4,4',5',6-heptachlorobiphenyl	2.3	1.87	0	0.09	2.181	2.52	3.640131
172	2,2',3,4,5,5',6-heptachlorobiphenyl	2.31	1.87	0	0.09	2.181	3.18	3.645901
173	2,2',3,4',5,5',6-pcb	2.31	1.87	0	0.09	2.181	2.082	3.645901
174	pcb188	2.28	1.87	0	0.09	2.181	1.742	3.628591
175	2,2',3,3',4,4',5,5'-octachlorobiphenyl	2.48	2	0	0.06	2.3034	3.39	3.8237654
176	2,2',3,3',4,4',5,6-octachlorobiphenyl	2.45	2	0	0.06	2.3034	3.35	3.8064554
177	2,2',3,3',4,5,5',6'-octachlorobiphenyl	2.43	2	0	0.06	2.3034	3.39	3.7949154
178	2,2',3,3',4,5',6,6'-octachlorobiphenyl	2.43	2	0	0.06	2.3034	3.16	3.7949154
179	2,2',3,3',5,5',6,6'-octachlorobiphenyl	2.44	2	0	0.06	2.3034	3.13	3.8006854
180	2,2',3,3',4,4',5,6'-octachlorobiphenyl	2.45	2	0	0.06	2.3034	3.39	3.8064554
181	2,2',3,3',4,5,5',6-octachlorobiphenyl	2.46	2	0	0.06	2.3034	3.24	3.8122254
182	decachlorobiphenyl	2.72	2.26	0	0.02	2.5482	3.13	4.2186142
183	1-chloronaphthalene	1.417	1	0	0.14	1.2078	1.84	2.0007708
184	2-chloronaphthalene	1.45	1	0	0.14	1.2078	1.88	2.0198118
185	1,2-dichloronaphthalene	1.57	1.12	0	0.09	1.3302	2.29	2.0465162

Fortsetzung auf nächster Seite

Nr	Name	Deskriptoren					Ergebnis $\left[\log(L^W)\right]$	
		R_2	π_2^H	$\sum\alpha_2^H$	$\sum\beta_2^H$	V_X	Labor	QSAR
186	1,4-dichloronaphthalene	1.57	1.06	0	0.09	1.3302	2.12	1.8935762
187	1,2,3,4-tetrachloronaphthalene	1.81	1.24	0	0	1.575	2.55	1.842455
188	1,2,3,5-tetrachloronaphthalene	1.81	1.24	0	0	1.575	2.52	1.842455
189	1,4,6,7-tetrachloronaphthalene	1.81	1.18	0	0	1.575	2.32	1.689515
190	1,2,3,4,6-pentachloronaphthalene	1.93	1.36	0	0	1.6974	1.92	2.1112094
191	1,2,3,5,8-pentachloronaphthalene	1.93	1.36	0	0	1.6974	2.3	2.1112094
192	1,2,3,4,6,7-hexachloronaphthalene	2.05	1.42	0	0	1.8198	2	2.2270238
193	1,2,3,5,7,8-hexachloronaphthalene	2.05	1.42	0	0	1.8198	2.33	2.2270238
194	1,2,3,4,5,6,7-heptachloronaphthalene	2.17	1.48	0	0	1.9422	2.18	2.3428382
195	octachloronaphthalene	2.29	1.54	0	0	2.0646	2.65	2.4586526
196	1-undecanol	0.181	0.42	0.37	0.48	1.7172	2.466	2.4232602
197	dodecanol	0.175	0.42	0.37	0.48	1.8581	2.576	2.2973561
198	1-tridecanol	0.169	0.42	0.37	0.48	1.999	2.12	2.171452
199	1-tetradecanol	0.163	0.42	0.37	0.48	2.1399	2.184	2.0455479
200	2,2-dimethyl-1-propanol	0.22	0.36	0.33	0.53	0.8718	2.916	3.1170058
201	3-methyl-2-butanol	0.194	0.33	0.33	0.56	0.8718	3.13	3.1707638
202	2-hexanol	0.187	0.36	0.33	0.56	1.0127	3	3.1207527
203	2-heptanol	0.188	0.36	0.33	0.56	1.1536	2.863	2.9988876
204	3-heptanol	0.178	0.36	0.33	0.56	1.1536	2.91	2.9931176
205	4-heptanol	0.18	0.36	0.33	0.56	1.1536	2.928	2.9942716
206	2-octanol	0.158	0.36	0.33	0.56	1.2945	2.82	2.8591355
207	4-octanol	0.16	0.36	0.33	0.56	1.2945	2.743	2.8602895
208	borneol	0.51	0.52	0.28	0.68	1.3591	3.14	3.8042121
209	3-methyl-3-pentanol	0.21	0.45	0.31	0.6	1.0127	3.076	3.4808137
210	2,3-dimethyl-2-butanol	0.208	0.27	0.31	0.6	1.0127	2.97	3.0208397
211	ethylene glycol	0.4	0.9	0.58	0.78	0.5078	6.84	7.0771418
212	m-cresol	0.822	0.88	0.57	0.34	0.916	4.46	4.74676
213	o-ethylphenol	0.831	0.84	0.52	0.37	1.0569	4.14	4.4821309
214	thymol	0.822	0.79	0.52	0.44	1.3387	3.82	4.4434737
215	1,2-benzenediol	0.97	1.07	0.85	0.52	0.8338	7.01	7.3269178
216	1,3-benzenediol	0.98	1	1.1	0.58	0.8338	8.79	8.3979678
217	1,4-benzenediol	1	1	1.16	0.6	0.8338	8.8	8.7351078
218	dimethyl ether	0	0.27	0	0.41	0.4491	1.4	1.2887721
219	methyl ethyl ether	0.02	0.25	0	0.45	0.59	1.309	1.32053
220	methyl propyl ether	0.06	0.25	0	0.45	0.7309	1.22	1.2211679
221	ethyl butyl ether	0.013	0.25	0	0.45	1.0127	1.14	0.9491647
222	methyl t-butyl ether	0.02	0.19	0	0.45	0.8718	1.256	0.9227058
223	ethyl t-butyl ether	0.02	0.19	0	0.47	1.0127	0.95	0.8970837
224	diphenyl ether	1.216	1.08	0	0.2	1.3829	2.01	2.2270119
225	1,2-dimethoxybenzene	0.81	1	0	0.47	1.1156	3.287	3.3281836
226	propylene oxide	0.243	0.57	0	0.45	0.4814	2.38	2.3592544
227	1,8-cineole	0.38	0.33	0	0.53	1.3591	2.274	1.4511021
228	1,4-dioxane	0.33	0.75	0	0.64	0.8219	3.073	3.4921689
229	paraldehyde	0.136	0.68	0	0.68	1.0215	2.72	3.2219885
230	furane	0.369	0.53	0	0.13	0.5363	0.64	0.7331683

Fortsetzung auf nächster Seite

Nr	Name	Deskriptoren					Ergebnis $[\log(L^W)]$	
		R_2	π_2^H	$\sum\alpha_2^H$	$\sum\beta_2^H$	V_X	Labor	QSAR
231	2-methylfuran	0.372	0.5	0	0.14	0.6772	0.61	0.5843972
232	dibenzofuran	1.407	1.02	0	0.17	1.2743	2.65	2.1334223
233	acrolein	0.32	0.72	0	0.45	0.504	2.8	2.766394
234	alpha-methylacrolein	0.4	0.7	0	0.5	0.6449	2.202	2.8811819
235	3-hexanone	0.136	0.66	0	0.51	0.9697	2.29	2.3930527
236	3-methylpentan-2-one	0.11	0.65	0	0.5	0.9697	2.52	2.3041507
237	5-methyl-2-hexanone	0.114	0.65	0	0.51	1.1106	2.15	2.2324266
238	diisopropyl ketone	0.07	0.6	0	0.51	1.1106	2.01	2.0795886
239	2,6-dimethyl-4-heptanone	0.07	0.6	0	0.47	1.3924	1.873	1.6410644
240	3,3-dimethyl-2-butanone	0.106	0.62	0	0.51	0.9697	2.28	2.2737827
241	camphor	0.5	0.69	0	0.71	1.3161	2.9	3.3467291
242	propiophenone	0.804	0.95	0	0.51	1.1548	3.212	3.3568468
243	formic acid	0.3	0.6	0.75	0.38	0.3239	4.91	5.1263609
244	n-heptanoic acid	0.149	0.6	0.6	0.45	1.1693	4.52	4.0715013
245	caprylic acid	0.15	0.6	0.6	0.45	1.3102	4.44	3.9496362
246	pelargonic acid	0.13	0.6	0.6	0.45	1.4511	4.33	3.8156541
247	decanoic acid	0.124	0.6	0.6	0.45	1.592	4.26	3.68975
248	isobutyric acid	0.2	0.58	0.6	0.49	0.7466	4.442	4.6109146
249	2-methylbutanoic acid	0.188	0.55	0.6	0.49	0.8875	4.22	4.4050785
250	2-ethylbutyric acid	0.18	0.57	0.6	0.5	1.0284	4.18	4.3774104
251	2-ethylhexanoic acid	0.18	0.57	0.6	0.5	1.3102	3.736	4.1325262
252	benzoic acid	0.73	0.9	0.59	0.4	0.9317	5.54	5.0977327
253	butyl formate	0.12	0.63	0	0.38	0.8875	1.68	1.7494525
254	ethyl heptanoate	0.03	0.58	0	0.45	1.4511	1.69	1.4191741
255	methyl decanoate	0.053	0.6	0	0.45	1.7329	1.46	1.2385409
256	isopropyl propionate	0.035	0.53	0	0.47	1.0284	1.63	1.7587554
257	methyl trimethylacetate	0.05	0.54	0	0.45	1.0284	1.76	1.6960804
258	methyl acrylate	0.254	0.66	0	0.42	0.7036	2.09	2.2566896
259	vinyl acetate	0.223	0.64	0	0.43	0.7036	1.58	2.2362326
260	ethyl acrylate	0.212	0.64	0	0.42	0.8445	1.86	2.0590335
261	allyl acetate	0.199	0.72	0	0.49	0.8445	2.174	2.5943225
262	butyl acrylate	0.177	0.62	0	0.42	1.1263	1.72	1.7429743
263	methyl methacrylate	0.245	0.62	0	0.45	0.8445	1.88	2.1723245
264	ethylmethacrylate	0.2	0.6	0	0.45	0.9854	1.78	1.9729374
265	isobutyl acrylate	0.156	0.59	0	0.42	1.1263	1.51	1.6543873
266	butylmethacrylate	0.171	0.6	0	0.45	1.2672	1.53	1.7113202
267	isobutyl methacrylate	0.143	0.57	0	0.45	1.2672	1.65	1.6186942
268	benzyl acetate	0.798	1.06	0	0.65	1.2135	3.34	4.2605045
269	dimethyl phthalate	0.78	1.4	0	0.84	1.4288	5.3	5.8494728
270	diethyl phthalate	0.729	1.4	0	0.88	1.7106	4.96	5.7688016
271	dimethyl carbonate	0.14	0.61	0	0.55	0.6644	2.73	2.7268564
272	salicylaldehyde	0.96	1.15	0.11	0.31	0.9317	3.55	3.6017627
273	salicylic acid	0.89	0.7	0.72	0.41	0.9904	6.53	5.1733424
274	methyl salicylate	0.85	0.84	0.04	0.46	1.1313	3.39	3.0338903
275	4-hydroxy methyl benzoate	0.9	1.37	0.69	0.45	1.1313	6.61	6.8437503

Fortsetzung auf nächster Seite

Nr	Name	Deskriptoren					Ergebnis $[\log(L^W)]$	
		R_2	π_2^H	$\sum\alpha_2^H$	$\sum\beta_2^H$	V_X	Labor	QSAR
276	2-chloroethanol	0.419	0.59	0.47	0.57	0.5715	4.36	4.8065195
277	2-methyl-4-chlorophenol	0.89	0.91	0.63	0.22	1.0384	4.35	4.4039604
278	2,4-dichlorophenol	0.96	0.84	0.53	0.19	1.0199	3.74	3.7554669
279	3,5-dichlorophenol	1.02	1	0.91	0	1.0199	4.86	4.7270769
280	2,3-dichlorophenol	0.96	0.94	0.48	0.2	1.0199	3.39	3.8681269
281	2,4,6-trichlorophenol	1.01	1.01	0.82	0.15	1.1423	3.3	5.0234113
282	pentachlorophenol	1.27	0.88	0.97	0	1.3871	3.809	4.4751301
283	ethrane	-0.23	0.4	0.12	0.13	0.8009	0.47	0.2837979
284	fluoroxene	0.183	0.3	0	0.27	0.741	0.1	0.539432
285	chloroacetic acid	0.373	1.08	0.74	0.36	0.5872	6.42	6.0282442
286	dichloroacetic acid	0.481	1.2	0.9	0.27	0.7096	6.47	6.4644646
287	trichloroacetic acid	0.589	1.33	0.95	0.28	0.832	6.26	6.990845
288	sec-butylamine	0.17	0.32	0.16	0.63	0.772	2.204	2.908812
289	dipentylamine	0.1	0.3	0.08	0.69	1.6174	2.27	2.0682094
290	diisobutylamine	0.046	0.24	0.08	0.69	1.3356	2	2.1289956
291	piperidine	0.422	0.46	0.1	0.69	0.8043	3.74	3.4446873
292	aniline	0.955	0.96	0.26	0.41	0.8162	4.03	4.2709872
293	m-methylaniline	0.946	0.95	0.23	0.45	0.9571	4.17	4.1971121
294	o-phenylenediamine	1.26	1.4	0.24	0.73	0.916	5.84	6.954666
295	n,n-dimethylbenzylamine	0.668	0.8	0	0.69	1.2389	3.107	3.6943219
296	n,n-diethylaniline	0.95	0.8	0	0.41	1.3798	2.26	2.3791138
297	hexanenitrile	0.166	0.9	0	0.36	0.9678	2.42	2.2976238
298	isobutyronitrile	0.142	0.87	0	0.36	0.686	2.429	2.45219
299	benzyl cyanide	0.751	1.15	0	0.45	1.012	3.514	3.669699
300	o-tolunitrile	0.78	1.06	0	0.31	1.012	3.27	2.779282
301	pyrrole	0.613	0.73	0.41	0.29	0.5774	3.133	3.6859304
302	indole	1.2	1.12	0.44	0.22	0.9464	4.38	4.4735984
303	isoxazole	0.395	0.7	0	0.38	0.4952	2.994	2.4274662
304	4-fluoroaniline	0.76	1.09	0.28	0.41	0.8339	3.76	4.5507209
305	3-bromopyridine	0.905	0.9	0	0.38	0.8503	3.315	2.9229543
306	acetamide	0.46	1.3	0.54	0.68	0.5059	7.04	7.4963929
307	n-methylacetamide	0.4	1.3	0.4	0.72	0.6468	5.74	6.9991508
308	n,n'-dimethylacetamide	0.363	1.33	0	0.78	0.7877	6.27	5.6970897
309	4-nitrotoluene	0.87	1.11	0	0.28	1.0315	2.57	2.7964865
310	1,3-dinitrobenzene	1.15	1.6	0	0.47	1.0648	4.96	5.0979088
311	1,4-dinitrobenzene	1.13	1.63	0	0.41	1.0648	5	4.8723788
312	nitroglycerol	0.59	2.11	0	0.35	1.23	4.7	5.3503
313	p-chloronitrobenzene	0.98	1.18	0	0.24	1.013	2.92	2.860823
314	methanethiol	0.4	0.35	0	0.24	0.413	0.91	0.931893
315	pentyl mercaptan	0.37	0.35	0	0.24	0.9766	0.3	0.4248146
316	n-heptyl mercaptan	0.36	0.35	0	0.24	1.2584	0	0.1741604
317	dimethylsulfide	0.4	0.38	0	0.29	0.5539	1.182	1.1279709
318	methyl ethyl sulfide	0.39	0.38	0	0.28	0.6948	1.1	0.9513488
319	dimethyldisulfide	0.695	0.44	0	0.28	0.7174	1.21	1.2606344
320	dibenzothiophene	1.959	1.31	0	0.18	1.3791	2.86	3.1484751

Fortsetzung auf nächster Seite

Nr	Name	Deskriptoren					Ergebnis $[\log(L^W)]$	
		R_2	π_2^H	$\sum\alpha_2^H$	$\sum\beta_2^H$	V_X	Labor	QSAR
321	carbon disulfide	0.877	0.21	0	0.07	0.4905	0.21	-0.0400555
322	dimethyl sulfoxide	0.522	1.74	0	0.88	0.6126	4.53	7.4701846
323	trimethyl phosphate	0.113	1.1	0	1	0.9707	4.85	5.8725627
324	tripropyl phosphate	-0.05	1	0	1.15	1.8161	4.35	5.5151091
325	tributylphosphate	-0.1	0.9	0	1.21	2.2388	4.236	5.1544928

C.2 Modell M2

Modellgleichung:

$$\log(S_W) = 1.642 \cdot {}^0\chi - 1.638 \cdot {}^0\chi^v + 0.773 \cdot \bar{\Phi} + 1.783$$

C.2.1 Trainingsdaten

Nr	Name	Deskriptoren			Ergebnis $[log(S_W)]$	
		${}^0\chi$	${}^0\chi^v$	$\bar{\Phi}$	Labor	QSAR
1	pentane	4.12	4.1213	-5.572	-3.278	-2.5098054
2	hexane	4.83	4.8284	-6.294	-3.96	-3.0603212
3	heptane	5.54	5.5355	-7.016	-4.53	-3.610837
4	octane	6.24	6.2426	-7.738	-5.238	-4.1777728
5	dodecane	9.07	9.0711	-10.626	-7.663	-6.3964198
6	3-methylpentane	4.99	4.9916	-6.294	-3.68	-3.0649228
7	2-methylpentane	4.99	4.9916	-6.294	-3.74	-3.0649228
8	2,3-dimethylbutane	5.15	5.1547	-6.294	-3.654	-3.0693606
9	2-methylhexane	5.7	5.6987	-7.016	-4.596	-3.6154386
10	3-methylhexane	5.7	5.6987	-7.016	-4.306	-3.6154386
11	2,4-dimethylpentane	5.86	5.8618	-7.016	-4.26	-3.6198764
12	2,3-dimethylpentane	5.86	5.8618	-7.016	-4.281	-3.6198764
13	2,3,4-trimethylpentane	6.73	6.7321	-7.738	-4.696	-4.1749938
14	2,2-dimethylbutane	5.21	5.2071	-6.294	-3.671	-3.0566718
15	3,3-dimethylpentane	5.91	5.9142	-7.016	-4.229	-3.6236076
16	2,2-dimethylpentane	5.91	5.9142	-7.016	-4.357	-3.6236076
17	2,2,4-trimethylpentane	6.78	6.7845	-7.738	-4.67	-4.178725
18	2,2,3-trimethylpentane	6.78	6.7845	-7.738	-4.678	-4.178725
19	cyclopentane	3.54	3.5355	-4.85	-2.64	-1.944519
20	cyclohexane	4.24	4.2426	-5.572	-3.1	-2.5114548
21	methylcyclopentane	4.41	4.4058	-5.572	-3.302	-2.4996364
22	methylcyclohexane	5.11	5.1129	-6.294	-3.77	-3.0665722
23	ethylcyclohexane	5.82	5.82	-7.016	-4.459	-3.617088
24	trans-1,2-dimethylcyclohexane	5.98	5.9831	-7.016	-4.375	-3.6215258

Fortsetzung auf nächster Seite

Nr	Name	Deskriptoren $^0\chi$	$^0\chi^v$	$\bar{\Phi}$	Ergebnis $[log(S_W)]$ Labor	QSAR
25	trans-1,4-dimethylcyclohexane	5.98	5.9831	-7.016	-4.466	-3.6215258
26	decalin	6.81	6.8116	-7.738	-5.215	-4.1738548
27	1-pentene	3.7	3.6987	-5.617	-2.676	-2.5420116
28	trans-2-pentene	3.86	3.8618	-5.617	-2.54	-2.5464494
29	1-hexene	4.41	4.4058	-6.339	-3.226	-3.0925274
30	1-heptene	5.11	5.1129	-7.061	-3.732	-3.6594632
31	trans-2-heptene	5.28	5.276	-7.061	-3.816	-3.647481
32	1-octene	5.82	5.82	-7.783	-4.437	-4.209979
33	2-methyl-1-pentene	4.62	4.6213	-6.339	-3.033	-3.1006964
34	4-methyl-1-pentene	4.57	4.5689	-6.339	-3.244	-3.0969652
35	2,3-dimethyl-1-butene	4.78	4.7845	-6.339	-2.26	-3.105298
36	2,4,4-trimethyl-1-pentene	6.41	6.4142	-7.783	-4.62	-4.2144986
37	cyclopentene	3.28	3.276	-4.895	-2.105	-1.981163
38	cyclohexene	3.98	3.9831	-5.617	-2.586	-2.5480988
39	methylcyclohexene	4.91	4.9058	-6.339	-3.267	-3.0905274
40	1,4-pentadiene	3.28	3.276	-5.662	-2.087	-2.574054
41	2-methyl-1,3-butadiene	3.49	3.4916	-5.662	-2.026	-2.5823868
42	cyclohexa-1,4-diene	3.72	3.7236	-5.662	-2.06	-2.5847428
43	4-vinylcyclohexene	5.14	5.1378	-7.106	-3.335	-3.6857744
44	1-pentyne	3.49	3.4916	-4.128	-1.637	-1.3966048
45	1-hexyne	4.2	4.1987	-4.85	-2.088	-1.9471206
46	benzene	3.46	3.4641	-4.467	-1.64	-1.6628668
47	toluene	4.39	4.3868	-5.189	-2.243	-2.2052954
48	ethylbenzene	5.09	5.0939	-5.911	-2.8	-2.7722312
49	p-xylene	5.31	5.3094	-5.911	-2.77	-2.7639802
50	m-xylene	5.31	5.3094	-5.911	-2.819	-2.7639802
51	o-xylene	5.31	5.3094	-5.911	-2.79	-2.7639802
52	1,2,3-trimethylbenzene	6.23	6.2321	-6.633	-3.204	-3.3228288
53	1,2,4-trimethylbenzene	6.23	6.2321	-6.633	-3.31	-3.3228288
54	1,3,5-trimethylbenzene	6.23	6.2321	-6.633	-3.36	-3.3228288
55	propylbenzene	5.8	5.801	-6.633	-3.34	-3.322747
56	1-ethyl-2-methylbenzene	6.02	6.0165	-6.633	-3.207	-3.314496
57	1-ethyl-4-methylbenzene	6.02	6.0165	-6.633	-3.11	-3.314496
58	butylbenzene	6.51	6.5081	-7.355	-3.96	-3.8732628
59	1,2,4,5-tetramethylbenzene	7.15	7.1547	-7.355	-3.84	-3.8815136
60	1,4-diethylbenzene	6.72	6.7236	-7.355	-3.733	-3.8814318
61	pentylbenzene	7.22	7.2152	-8.077	-4.596	-4.4237786
62	pentamethylbenzene	8.08	8.0774	-8.077	-4	-4.4239422
63	hexylbenzene	7.92	7.9223	-8.799	-5.21	-4.9907144
64	isopropylbenzene	5.96	5.9641	-6.633	-3.292	-3.3271848
65	isobutylbenzene	6.67	6.6712	-7.355	-4.123	-3.8777006
66	2-butylbenzene	6.67	6.6712	-7.355	-3.882	-3.8777006
67	t-butylbenzene	6.89	6.8868	-7.355	-3.658	-3.8696134
68	indane	5.43	5.4307	-5.911	-3.03	-2.7656296
69	styrene	4.67	4.6712	-5.956	-2.51	-2.8042736

Fortsetzung auf nächster Seite

Nr	Name	Deskriptoren			Ergebnis $[log(S_W)]$	
		$^0\chi$	$^0\chi^v$	$\bar{\Phi}$	Labor	QSAR
70	biphenyl	6.77	6.7735	-8.212	-4.34	-4.543529
71	fluorene	7.33	7.3259	-8.212	-4.92	-4.5288402
72	1-methylfluorene	8.25	8.2486	-8.934	-5.22	-5.0876888
73	naphthalene	5.62	5.6188	-6.723	-3.6	-3.3894334
74	2-methylnaphthalene	6.54	6.5415	-7.445	-3.75	-3.948282
75	1-methylnaphthalene	6.54	6.5415	-7.445	-3.7	-3.948282
76	1,3-dimethylnaphthalene	7.4641	7.4641	-8.167	-4.291	-4.5002346
77	1,4-dimethylnaphthalene	7.4641	7.4641	-8.167	-4.21	-4.5002346
78	2,3-dimethylnaphthalene	7.4641	7.4641	-8.167	-4.77	-4.5002346
79	2,6-dimethylnaphthalene	7.4641	7.4641	-8.167	-4.893	-4.5002346
80	1-ethylnaphthalene	7.2486	7.2486	-8.167	-4.164	-4.5010966
81	1,5-dimethylnaphthalene	7.4641	7.4641	-8.167	-4.756	-4.5002346
82	2-ethylnaphthalene	7.2486	7.2486	-8.167	-4.29	-4.5010966
83	1,4,5-trimethylnaphthalene	8.3868	8.3868	-8.889	-4.909	-5.0546498
84	acenaphthene	6.8783	6.8783	-7.445	-4.31	-3.9444718
85	benzo(b)fluorene	9.4806	9.4806	-10.468	-7.09	-6.2708416
86	benzo(a)fluorene	9.4806	9.4806	-10.468	-6.83	-6.2708416
87	fluoranthene	8.7735	8.7735	-9.746	-5.94	-5.715564
88	2-methylanthracene	8.6962	8.6962	-9.701	-6.69	-5.6810882
89	9-methylanthracene	8.6962	8.6962	-9.701	-5.87	-5.6810882
90	9,10-dimethylanthracene	9.6188	9.6188	-10.423	-6.56	-6.2355038
91	benzo(j)fluoranthene	10.928	10.928	-12.002	-8	-7.450834
92	benzo(k)fluoranthene	10.928	10.928	-12.002	-8.49	-7.450834
93	phenanthrene	7.7735	7.7735	-8.979	-5.26	-5.126673
94	benzo(b)fluoranthene	10.928	10.928	-12.002	-8.226	-7.450834
95	benz(a)anthracene	9.9282	9.9282	-11.235	-7.13	-6.8619422
96	3-methylcholanthrene	12.11	12.11	-12.679	-7.96	-7.969427
97	1,2,5,6-dibenzanthracene	12.083	12.083	-13.491	-8.74	-8.597211
98	triphenylene	9.9282	9.9282	-11.235	-6.73	-6.8619422
99	pyrene	8.7735	8.7735	-9.746	-6.13	-5.715564
100	benzo(a)pyrene	10.928	10.928	-12.002	-7.68	-7.450834
101	benzo(e)pyrene	10.928	10.928	-12.002	-7.54	-7.450834
102	benzo[ghi]perylene	11.928	11.928	-12.769	-9.02	-8.039725
103	coronene	12.928	12.928	-13.536	-9.32	-8.628616
104	fluormethane	2	1.378	-3.703	-1.23	-0.052583
105	fluoroethane	2.7071	2.0851	-4.425	-1.348	-0.6078606
106	difluoromethane	2.7071	1.463	-5.962	-1.07	-0.7769618
107	1,1-difluoroethane	3.5774	2.3333	-6.684	-1.315	-1.3315866
108	trifluoromethane	3.5774	1.7112	-8.221	-1.871	-1.5006878
109	tetrafluoromethane	4.5	2.0119	-10.48	-3.67	-2.2245322
110	hexafluoroethane	7	3.2678	-15.72	-4.249	-4.2272164
111	octafluoropropane	9.5	4.5237	-20.96	-4.518	-6.2299006
112	chloroethane	2.7071	2.841	-2.768	-0.983	-0.5651638
113	1-chloropropane	3.4142	3.5481	-3.49	-1.461	-1.1204414
114	2-chloropropane	3.5774	3.7112	-3.49	-1.404	-1.1196248

Fortsetzung auf nächster Seite

Nr	Name	Deskriptoren $^0\chi$	$^0\chi^v$	$\bar{\Phi}$	Ergebnis [$log(S_W)$] Labor	QSAR
115	1-chlorobutane	4.1213	4.2552	-4.212	-1.925	-1.675719
116	2-chlorobutane	4.2845	4.4184	-4.212	-1.966	-1.6750662
117	1-chloropentane	4.8284	4.9623	-4.934	-2.727	-2.2309966
118	2-chloropentane	4.9916	5.1255	-4.934	-2.63	-2.2303438
119	3-chloropentane	4.9916	5.1255	-4.934	-2.631	-2.2303438
120	2-chloro-2-methylbutane	5.2071	5.341	-4.934	-2.51	-2.2294818
121	1-chlorohexane	5.5355	5.6694	-5.656	-3.122	-2.7862742
122	dichloromethane	2.7071	2.9749	-2.648	-0.81	-0.691732
123	1,2-dichloroethane	3.4142	3.682	-3.37	-1.06	-1.2470096
124	1,1-dichloroethane	3.5774	3.8451	-3.37	-1.293	-1.246193
125	1,3-dichloropropane	4.1213	4.3891	-4.092	-1.614	-1.8022872
126	1,2-dichloropropane	4.2845	4.5522	-4.092	-1.606	-1.8014706
127	1,1-dichlorobutane	4.9916	5.2594	-4.814	-2.404	-2.356912
128	2,3-dichlorobutane	5.1547	5.4225	-4.814	-2.354	-2.3562596
129	2,3-dichloro-2-methylbutane	6.0774	6.3451	-5.536	-2.69	-2.910511
130	trichloromethane	3.5774	3.979	-3.25	-1.16	-1.3727612
131	1,1,2-trichloroethane	4.2845	4.6861	-3.972	-1.483	-1.9280388
132	1,1,1-trichloroethane	4.5	4.9017	-3.972	-1.95	-1.9273406
133	1,2,3-trichloropropane	4.9916	5.3932	-4.694	-1.926	-2.4833164
134	tetrachloromethane	4.5	5.0356	-3.852	-2.28	-2.0539088
135	1,1,1,2-tetrachloroethane	5.2071	5.7427	-4.574	-2.196	-2.6091864
136	1,1,2,2-tetrachloroethane	5.1547	5.6903	-4.574	-1.76	-2.609396
137	pentachloroethane	6.0774	6.7468	-5.176	-2.625	-3.2902156
138	hexachloroethane	7	7.8034	-5.778	-3.675	-3.9713632
139	bromomethane	2	2.964	-1.083	-0.796	-0.625191
140	bromoethane	2.7071	3.6711	-1.805	-1.083	-1.1804686
141	1-bromopropane	3.4142	4.3782	-2.527	-1.701	-1.7357462
142	2-bromopropane	3.5774	4.5413	-2.527	-1.6	-1.7349296
143	1-bromobutane	4.1213	5.0853	-3.249	-2.37	-2.2910238
144	dibromomethane	2.7071	4.635	-0.722	-1.182	-1.9221778
145	1,2-dibromoethane	3.4142	5.3421	-1.444	-1.82	-2.4774554
146	1,3-dibromopropane	4.1213	6.0492	-2.166	-2.075	-3.032733
147	1,2-dibromopropane	4.2845	6.2124	-2.166	-2.15	-3.0320802
148	tribromomethane	3.5774	6.4692	-0.361	-1.911	-3.2185118
149	tetrabromomethane	4.5	8.3558	0	-3.19	-4.5148004
150	1,1,2,2-tetrabromoethane	5.1547	9.0105	-0.722	-2.707	-5.0702876
151	iodomethane	2	3.5355	0.391	-1.012	-0.421906
152	iodoethane	2.7071	4.2426	-0.331	-1.591	-0.9771836
153	1-iodopropane	3.4142	4.9497	-1.053	-2.201	-1.5324612
154	2-iodopropane	3.5774	5.1128	-1.053	-2.084	-1.5316446
155	1-iodobutane	4.1213	5.6568	-1.775	-2.959	-2.0877388
156	2-iodobutane	4.2845	5.8199	-1.775	-2.943	-2.0869222
157	1-iodoheptane	6.2426	7.7781	-3.941	-4.81	-3.7535716
158	methyleneiodide	2.7071	5.778	2.226	-2.507	-1.5156078
159	triiodomethane	3.5774	8.1837	4.061	-3.55	-2.6086568

Fortsetzung auf nächster Seite

Nr	Name	Deskriptoren			Ergebnis $[log(S_W)]$	
		$^0\chi$	$^0\chi^v$	$\bar{\Phi}$	Labor	QSAR
160	bromochloromethane	2.7071	3.805	-1.685	-0.942	-1.3070368
161	1-chloro-2-bromoethane	3.4142	4.5121	-2.407	-1.318	-1.8623144
162	1-bromo-3-chloropropane	4.1213	5.2192	-3.129	-1.847	-2.417592
163	1,2-dibromo-3-chloropropane	4.9916	7.0534	-2.768	-2.374	-3.713926
164	1-chloro-2-methylpropane	4.2845	4.4184	-4.212	-2	-1.6750662
165	1-bromo-2-methylpropane	4.2845	5.2484	-3.249	-2.44	-2.2902072
166	1-bromo-3-methylbutane	4.9916	5.9555	-3.971	-2.886	-2.8454848
167	1,1-difluoroethene	3.2071	1.963	-6.729	-0.706	-1.3678528
168	tetrafluoroethylene	5	2.5119	-11.247	-2.8	-2.8154232
169	chloroethylene	2.2845	2.4184	-2.813	-0.851	-0.6016392
170	3-chloropropylene	2.9916	3.1255	-3.535	-1.356	-1.1569168
171	cis-1,2-dichloroethylene	3.1547	3.4225	-3.415	-1.443	-1.2828326
172	1,1-dichloroethylene	3.2071	3.4749	-3.415	-1.463	-1.282623
173	cis-1,3-dichloropropene	3.8618	4.1296	-4.137	-1.707	-1.8381102
174	trichloroethylene	4.0774	4.479	-4.017	-1.95	-1.9636522
175	tetrachloroethylene	5	5.5356	-4.619	-2.81	-2.6447998
176	perchloropropylene	7.5	8.3034	-6.545	-4.165	-4.5622542
177	1,2-dibromo-ethene	3.1547	5.0826	-1.489	-1.32	-2.5132784
178	1,1,3,4,4-pentachloro-1,2-butadiene	7.0774	7.7468	-6.71	-4.23	-4.4719976
179	hexachloro-1,3-butadiene	8	8.8034	-7.312	-4.803	-5.1531452
180	fluorobenzene	4.3868	3.7647	-6.726	-1.795	-2.379651
181	1,2-difluorobenzene	5.3094	4.0653	-8.985	-2	-3.1033316
182	1,3-difluorobenzene	5.3094	4.0653	-8.985	-2	-3.1033316
183	1,4-difluorobenzene	5.3094	4.0653	-8.985	-1.971	-3.1033316
184	trifluoromethylbenzene	6.8868	5.0206	-11.966	-2.51	-4.3823352
185	1,2,3,5-tetrafluorobenzene	7.1547	4.6666	-13.503	-2.306	-4.5506924
186	1,2,4,5-tetrafluorobenzene	7.1547	4.6666	-13.503	-2.376	-4.5506924
187	chlorobenzene	4.3868	4.5206	-5.069	-2.354	-2.3369542
188	1,2-dichlorobenzene	5.3094	5.5772	-5.671	-2.97	-3.0181018
189	1,3-dichlorobenzene	5.3094	5.5772	-5.671	-3.07	-3.0181018
190	1,4-dichlorobenzene	5.3094	5.5772	-5.671	-3.21	-3.0181018
191	1,2,3-trichlorobenzene	6.2321	6.6337	-6.273	-3.76	-3.6989214
192	1,2,4-trichlorobenzene	6.2321	6.6337	-6.273	-3.78	-3.6989214
193	1,3,5-trichlorobenzene	6.2321	6.6337	-6.273	-4.44	-3.6989214
194	1,2,3,4-tetrachlorobenzene	7.1547	7.6903	-6.875	-4.562	-4.380069
195	1,2,3,5-tetrachlorobenzene	7.1547	7.6903	-6.875	-4.627	-4.380069
196	1,2,4,5-tetrachlorobenzene	7.1547	7.6903	-6.875	-4.584	-4.380069
197	pentachlorobenzene	8.0774	8.7468	-7.477	-5.484	-5.0608886
198	bromobenzene	4.3868	5.3507	-4.106	-2.58	-2.952259
199	1,2-dibromobenzene	5.3094	7.2373	-3.745	-3.5	-4.2485476
200	1,3-dibromobenzene	5.3094	7.2373	-3.745	-3.543	-4.2485476
201	1,4-dibromobenzene	5.3094	7.2373	-3.745	-4.072	-4.2485476
202	1,2,4-tribromobenzene	6.2321	9.1239	-3.384	-4.5	-5.544672
203	1,3,5-tribromobenzene	6.2321	9.1239	-3.384	-5.8	-5.544672
204	1,2,4,5-tetrabromobenzene	7.1547	11.011	-3.023	-6.98	-6.8417796

Fortsetzung auf nächster Seite

Nr	Name	Deskriptoren			Ergebnis $[log(S_W)]$	
		$^0\chi$	$^0\chi^v$	$\bar{\Phi}$	Labor	QSAR
205	iodobenzene	4.3868	5.9222	-2.632	-2.95	-2.748974
206	1,2-diiodobenzene	5.3094	8.3803	-0.797	-4.24	-3.8419776
207	1,3-diiodobenzene	5.3094	8.3803	-0.797	-4.57	-3.8419776
208	1,4-diiodobenzene	5.3094	8.3803	-0.797	-5.37	-3.8419776
209	1-bromo-2-chlorobenzene	5.3094	6.4073	-4.708	-3.19	-3.6334066
210	1-bromo-3-chlorobenzene	5.3094	6.4073	-4.708	-3.21	-3.6334066
211	1-bromo-4-chlorobenzene	5.3094	6.4073	-4.708	-3.63	-3.6334066
212	2-chlorobiphenyl/pcb 1	7.6962	7.83	-8.814	-4.63	-5.2186016
213	3-chlorobiphenyl/pcb 2	7.6962	7.83	-8.814	-5.16	-5.2186016
214	4-chlorobiphenyl/pcb 3	7.6962	7.83	-8.814	-5.2	-5.2186016
215	2,5-dichlorobiphenyl/pcb 9	8.6188	8.8866	-9.416	-5.6	-5.8997492
216	2,6-dichlorobiphenyl/pcb 10	8.6188	8.8866	-9.416	-5.63	-5.8997492
217	2,2'-dichlorobiphenyl/pcb 4	8.6188	8.8866	-9.416	-5.45	-5.8997492
218	2,4'-dichlorobiphenyl/pcb 8	8.6188	8.8866	-9.416	-5.56	-5.8997492
219	2,4-dichlorobiphenyl/pcb 7	8.6188	8.8866	-9.416	-5.288	-5.8997492
220	4,4'-dichlorobiphenyl/pcb 15	8.6188	8.8866	-9.416	-6.37	-5.8997492
221	2,4,5-trichlorobiphenyl/pcb 29	9.5415	9.9431	-10.018	-6.45	-6.5805688
222	2,4,6-trichlorobiphenyl/pcb 30	9.5415	9.9431	-10.018	-6.06	-6.5805688
223	2,2',5-trichlorobiphenyl/pcb 18	9.5415	9.9431	-10.018	-6.62	-6.5805688
224	2,4,4'-trichlorobiphenyl/pcb 28	9.5415	9.9431	-10.018	-6.59	-6.5805688
225	2,4',5-trichlorobiphenyl/pcb 31	9.5415	9.9431	-10.018	-6.44	-6.5805688
226	2',3,4-trichlorobiphenyl/pcb 33	9.5415	9.9431	-10.018	-6.52	-6.5805688
227	3,4,4'-trichlorobiphenyl/pcb 37	9.5415	9.9431	-10.018	-6.554	-6.5805688
228	2,3,4,5-tetrachlorobiphenyl/pcb 61	10.464	11	-10.62	-7.18	-7.262372
229	2,2',5,5'-tetrachlorobiphenyl/pcb 52	10.464	11	-10.62	-7.28	-7.262372
230	3,3',4,4'-tetrachlorobiphenyl/pcb 77	10.464	11	-10.62	-7.41	-7.262372
231	2,2',3,5'-tetrachlorobiphenyl/pcb 44	10.464	11	-10.62	-6.465	-7.262372
232	2,2',4,5'-tetrachlorobiphenyl/pcb 49	10.464	11	-10.62	-7.25	-7.262372
233	2,3',4',5-tetrachlorobiphenyl/pcb 70	10.464	11	-10.62	-7.25	-7.262372
234	2,2',3,3'-tetrachlorobiphenyl/pcb 40	10.464	11	-10.62	-7.272	-7.262372
235	2,2',6,6'-tetrachlorobiphenyl/pcb 54	10.464	11	-10.62	-7.39	-7.262372
236	2,3',4,4'-tetrachlorobiphenyl/pcb 66	10.464	11	-10.62	-6.91	-7.262372
237	2,2',4,4'-tetrachlorobiphenyl/pcb 47	10.464	11	-10.62	-6.732	-7.262372
238	2,3,4,5,6-pentachlorobiphenyl/pcb 116	11.387	12.056	-11.222	-7.911	-7.94188
239	2,2',4,5,5'-pentachlorobiphenyl/pcb 101	11.387	12.056	-11.222	-7.89	-7.94188
240	2,2',3,4,5-pentachlorobiphenyl/pcb 86	11.387	12.056	-11.222	-7.52	-7.94188
241	2,2',3,4,6-pentachlorobiphenyl/pcb 88	11.387	12.056	-11.222	-7.43	-7.94188
242	2,2',3,4,5'-pentachlorobiphenyl/pcb 87	11.387	12.056	-11.222	-7.86	-7.94188
243	2,2',3,3',6,6'-hexachlorobiphenyl/pcb 136	12.309	13.113	-11.824	-7.903	-8.624668
244	2,2',3,3',5,6-hexachlorobiphenyl/pcb 134	12.309	13.113	-11.824	-8.604	-8.624668
245	2,2',3,3',4,4'-hexachlorobiphenyl/pcb 128	12.309	13.113	-11.824	-8.91	-8.624668
246	2,2',4,4',6,6'-hexachlorobiphenyl/pcb 155	12.309	13.113	-11.824	-8.52	-8.624668
247	2,2',4,4',5,5'-hexachlorobiphenyl/pcb 153	12.309	13.113	-11.824	-8.48	-8.624668
248	2,2',3,3',4,5-hexachlorobiphenyl/pcb 129	12.309	13.113	-11.824	-8.63	-8.624668
249	2,2',3,3',4,4',6-heptachlorobiphenyl/pcb 171	13.232	14.169	-12.426	-8.3	-9.304176

Fortsetzung auf nächster Seite

Nr	Name	Deskriptoren			Ergebnis $[log(S_W)]$	
		$^0\chi$	$^0\chi^v$	$\bar{\Phi}$	Labor	QSAR
250	2,2',3,4,5,5',6-heptachlorobiphenyl/pcb 185	13.232	14.169	-12.426	-8.94	-9.304176
251	2,2',3,3',5,5',6,6'-octachlorobiphenyl/pcb 202	14.155	15.226	-13.028	-9.466	-9.985322
252	2,2',3,3',4,4',5,5'-octachlorobiphenyl/pcb 194	14.155	15.226	-13.028	-9.199	-9.985322
253	2,2',3,3',4,5,5',6,6'-nonachlorobiphenyl/pcb 208	15.077	16.282	-13.63	-10.41	-10.666472
254	2,2',3,3',4,4',5,5',6-nonachlorobiphenyl/pcb 206	15.077	16.282	-13.63	-10.26	-10.666472
255	2,2',3,3',4,4',5,5',6,6'-decachlorobiphenyl/pcb 209	16	17.339	-14.232	-10.55	-11.347618
256	1-chloronaphthalene	6.5415	6.6753	-7.325	-3.971	-4.0722234
257	2-chloronaphthalene	6.5415	6.6753	-7.325	-4.12	-4.0722234
258	1-bromonaphthalene	6.5415	7.5054	-6.362	-4.32	-4.6875282
259	2-bromonaphthalene	6.5415	7.5054	-6.362	-4.4	-4.6875282
260	1-iodonaphthalene	6.5415	8.0769	-4.888	-4.55	-4.4842432
261	methanol	2	1.4472	-1.083	1.572	1.8593274
262	ethanol	2.7071	2.1543	-1.805	1.14	1.3040498
263	1-propanol	3.4142	2.8614	-2.527	0.71	0.7487722
264	1-butanol	4.1213	3.5685	-3.249	0	0.1934946
265	1-pentanol	4.8284	4.2756	-3.971	-0.6	-0.361783
266	1-hexanol	5.5355	4.9827	-4.693	-1.21	-0.9170606
267	1-heptanol	6.2426	5.6899	-5.415	-1.81	-1.472502
268	1-octanol	6.9497	6.397	-6.137	-2.37	-2.0277796
269	1-decanol	8.364	7.8112	-7.581	-3.6	-3.1381706
270	dodecanol	9.7782	9.2254	-9.025	-4.668	-4.2487258
271	2-methylpropanol	4.2845	3.7317	-3.249	0.11	0.1941474
272	2-methyl-1-butanol	4.9916	4.4388	-3.971	-0.472	-0.3611302
273	isopentanol	4.9916	4.4388	-3.971	-0.519	-0.3611302
274	2-methyl-1-pentanol	5.6987	5.1459	-4.693	-1.11	-0.9164078
275	4-methyl-1-pentanol	5.6987	5.1459	-4.693	-1.14	-0.9164078
276	2-ethyl-1-butanol	5.6987	5.1459	-4.693	-1.01	-0.9164078
277	3-methyl-1-pentanol	5.6987	5.1459	-4.693	-1.376	-0.9164078
278	2,4-dimethyl-1-pentanol	6.5689	6.0161	-5.415	-1.6	-1.471033
279	2-ethyl-1-hexanol	7.1129	6.5601	-6.137	-2.11	-2.026963
280	2,2-dimethyl-1-propanol	5.2071	4.6543	-3.971	-0.401	-0.3602682
281	2,2-dimethyl-1-butanol	5.9142	5.3614	-4.693	-0.91	-0.9155458
282	3,3-dimethyl-1-butanol	5.9142	5.3614	-4.693	-0.5	-0.9155458
283	2,2-dimethyl-1-pentanol	6.6213	6.0685	-5.415	-1.52	-1.4708234
284	4,4-dimethyl-1-pentanol	6.6213	6.0685	-5.415	-1.55	-1.4708234
285	4-penten-1-ol	4.4058	3.853	-4.016	-0.18	-0.3982584
286	2-butanol	4.2845	3.7317	-3.249	0.388	0.1941474
287	2-pentanol	4.9916	4.4388	-3.971	-0.296	-0.3611302
288	3-pentanol	4.9916	4.4388	-3.971	-0.233	-0.3611302
289	3-methyl-2-butanol	5.1547	4.6019	-3.971	-0.211	-0.3604778
290	2-hexanol	5.6987	5.1459	-4.693	-0.873	-0.9164078
291	3-hexanol	5.6987	5.1459	-4.693	-0.803	-0.9164078
292	3-methyl-2-pentanol	5.8618	5.309	-4.693	-0.74	-0.9157554
293	4-methyl-2-pentanol	5.8618	5.309	-4.693	-0.795	-0.9157554
294	2-methyl-3-pentanol	5.8618	5.309	-4.693	-0.706	-0.9157554

Fortsetzung auf nächster Seite

Nr	Name	Deskriptoren			Ergebnis $[log(S_W)]$	
		$^0\chi$	$^0\chi^v$	$\bar{\Phi}$	Labor	QSAR
295	2-heptanol	6.4058	5.853	-5.415	-1.551	-1.4716854
296	3-heptanol	6.4058	5.853	-5.415	-1.463	-1.4716854
297	4-heptanol	6.4058	5.853	-5.415	-1.4	-1.4716854
298	5-methyl-2-hexanol	6.5689	6.0161	-5.415	-1.38	-1.471033
299	2-methyl-3-hexanol	6.5689	6.0161	-5.415	-1.32	-1.471033
300	2,4-dimethyl-3-pentanol	6.7321	6.1793	-5.415	-1.22	-1.4703802
301	2-octanol	7.1129	6.5601	-6.137	-2.065	-2.026963
302	3-methyl-2-heptanol	7.276	6.7232	-6.137	-1.72	-2.0263106
303	2,6-dimethyl-4-heptanol	8.1463	7.5935	-6.859	-2.511	-2.5809354
304	3,3-dimethyl-2-butanol	6.0774	5.5246	-4.693	-0.64	-0.914893
305	2,2-dimethyl-3-pentanol	6.7845	6.2317	-5.415	-1.15	-1.4701706
306	cyclohexanol	5.1129	4.5601	-3.971	-0.45	-0.360645
307	cycloheptanol	5.82	5.2672	-4.693	-0.88	-0.9159226
308	4-methylcyclohexanol	5.9831	5.4303	-4.693	-0.882	-0.9152702
309	cyclooctanol	6.5271	5.9743	-5.415	-1.29	-1.4712002
310	t-butanol	4.5	3.9472	-3.249	0.593	0.1950094
311	2-ethyl-2-propanol	5.2071	4.6543	-3.971	0.096	-0.3602682
312	2-methyl-2-pentanol	5.9142	5.3614	-4.693	-0.499	-0.9155458
313	3-methyl-3-pentanol	5.9142	5.3614	-4.693	-0.38	-0.9155458
314	2-methyl-2-hexanol	6.6213	6.0685	-5.415	-1.321	-1.4708234
315	2-methyl-2-hexanol	6.6213	6.0685	-5.415	-1.321	-1.4708234
316	3-methyl-3-hexanol	6.6213	6.0685	-5.415	-1	-1.4708234
317	3-ethyl-3-pentanol	6.6213	6.0685	-5.415	-0.87	-1.4708234
318	2,3,3-trimethyl-2-butanol	7	6.4472	-5.415	-0.72	-1.4693086
319	3-methyl-3-heptanol	7.3284	6.7756	-6.137	-1.6	-2.026101
320	2-methyl-2-heptanol	7.3284	6.7756	-6.137	-1.72	-2.026101
321	2,2,3-trimethyl-3-pentanol	7.7071	7.1543	-6.137	-1.27	-2.0245862
322	2,3-dimethyl-2-butanol	6.0774	5.5246	-4.693	-0.41	-0.914893
323	2,4-dimethyl-2-pentanol	6.7845	6.2317	-5.415	-0.96	-1.4701706
324	2,3-dimethyl-2-pentanol	6.7845	6.2317	-5.415	-0.91	-1.4701706
325	2,3-dimethyl-3-pentanol	6.7845	6.2317	-5.415	-0.86	-1.4701706
326	alpha-terpineol	8.276	7.7232	-6.904	-1.91	-2.6152016
327	phenylmethanol	5.0939	4.5411	-4.828	-0.402	-1.023182
328	2-phenylethanol	5.801	5.2482	-5.55	-0.71	-1.5784596
329	diphenylmethanol	8.3509	7.7981	-8.573	-2.549	-3.905039
330	phenol	4.3868	3.834	-4.106	-0.056	-0.4679044
331	3-methylphenol	5.3094	4.7566	-4.828	-0.678	-1.02232
332	2-methylphenol	5.3094	4.7566	-4.828	-0.642	-1.02232
333	4-methylphenol	5.3094	4.7566	-4.828	-0.81	-1.02232
334	2,4-dimethylphenol	6.2321	5.6793	-5.55	-1.25	-1.5767352
335	3,5-dimethylphenol	6.2321	5.6793	-5.55	-1.46	-1.5767352
336	diethyl ether	4.1213	3.8225	-3.61	-0.194	-0.5016104
337	methyl-propyl ether	4.1213	3.8225	-3.61	-0.386	-0.5016104
338	ethyl propyl ether	4.8284	4.5296	-4.332	-0.681	-1.056888
339	methyl-butyl ether	4.8284	4.5296	-4.332	-0.991	-1.056888

Fortsetzung auf nächster Seite

Nr	Name	Deskriptoren			Ergebnis $[log(S_W)]$	
		$^0\chi$	$^0\chi^v$	$\bar{\Phi}$	Labor	QSAR
340	dipropyl ether	5.5355	5.2367	-5.054	-1.44	-1.6121656
341	dibutyl ether	6.9497	6.6509	-6.498	-2.75	-2.7227208
342	methyl-isopropyl ether	4.2845	3.9856	-3.61	-0.057	-0.5007938
343	ethyl isopropyl ether	4.9916	4.6927	-4.332	-0.55	-1.0560714
344	methyl isobutyl ether	4.9916	4.6927	-4.332	-0.901	-1.0560714
345	propylisopropylether	5.6987	5.3998	-5.054	-1.34	-1.611349
346	diisopropyl ether	5.8618	5.5629	-5.054	-1.18	-1.6106966
347	methyl-t-butyl ether	5.2071	4.9082	-4.332	-0.53	-1.0552094
348	ethyl vinyl ether	3.6987	3.3998	-3.655	-0.858	-0.537922
349	cyclopropyl vinyl ether	3.9831	3.6843	-3.655	-1.1	-0.5369482
350	dibenzo-p-dioxine	8.033	7.4353	-5.32	-5.311	-1.3181954
351	acetaldehyde	2.2845	1.9856	-1.197	1.356	1.3564552
352	propionaldehyde	2.9916	2.6927	-1.919	0.7	0.8011776
353	butyraldehyde	3.6987	3.3998	-2.641	-0.05	0.2459
354	valeraldehyde	4.4058	4.1069	-3.363	-0.79	-0.3093776
355	capronaldehyde	5.1129	4.814	-4.085	-1.249	-0.8646552
356	enanthaldehyde	5.82	5.5211	-4.807	-1.88	-1.4199328
357	caprylaldehyde	6.5271	6.2282	-5.529	-2.36	-1.9752104
358	isobutyraldehyde	3.8618	3.5629	-2.641	-0.15	0.2465524
359	2-ethylbutyraldehyde	5.276	4.9772	-4.085	-1.37	-0.8641666
360	benzaldehyde	4.6712	4.3723	-5.234	-2.426	-1.754599
361	methyl-ethyl-ketone	3.9142	3.6154	-2.641	0.28	0.2465982
362	diethyl ketone	4.6213	4.3225	-3.363	-0.26	-0.3086794
363	methyl-butyl ketone	5.3284	5.0296	-4.085	-0.84	-0.863957
364	3-hexanone	5.3284	5.0296	-4.085	-0.833	-0.863957
365	dipropyl ketone	6.0355	5.7367	-4.807	-1.39	-1.4192346
366	methyl-hexyl ketone	6.7426	6.4438	-5.529	-2.05	-1.9745122
367	dibutyl ketone	7.4497	7.1509	-6.251	-2.58	-2.5297898
368	methyl-heptyl ketone	7.4497	7.1509	-6.251	-2.57	-2.5297898
369	3-methyl-2-butanone	4.7845	4.4856	-3.363	-0.151	-0.3078628
370	methyl-isobutyl ketone	5.4916	5.1927	-4.085	-0.74	-0.8631404
371	diisopropyl ketone	6.3618	6.0629	-4.807	-1.302	-1.4177656
372	3,3-dimethyl-2-butanone	5.7071	5.4082	-4.085	-0.74	-0.8622784
373	cyclopentanone	4.0355	3.7367	-2.641	0.69	0.2470834
374	cyclohexanone	4.7426	4.4438	-3.363	-0.04	-0.3081942
375	acetophenone	5.5939	5.295	-5.956	-1.25	-2.3090142
376	propiophenone	6.301	6.0021	-6.678	-1.827	-2.8642918
377	methyl-formate	2.9916	2.3938	-2.211	0.583	1.0650598
378	ethyl formate	3.6987	3.101	-2.933	0.076	0.5096184
379	methyl-acetate	3.9142	3.3165	-2.933	0.459	0.5104804
380	propyl formate	4.4058	3.8081	-3.655	-0.49	-0.0456592
381	ethyl acetate	4.6213	4.0236	-3.655	-0.051	-0.0447972
382	methyl-propionate	4.6213	4.0236	-3.655	-0.15	-0.0447972
383	butyl formate	5.1129	4.5152	-4.377	-1.131	-0.6009368
384	propyl acetate	5.3284	4.7307	-4.377	-0.733	-0.6000748

Fortsetzung auf nächster Seite

Nr	Name	Deskriptoren			Ergebnis [$log(S_W)$]	
		$^0\chi$	$^0\chi^v$	$\bar{\Phi}$	Labor	QSAR
385	ethyl propionate	5.3284	4.7307	-4.377	-0.68	-0.6000748
386	methyl-butyrate	5.3284	4.7307	-4.377	-0.68	-0.6000748
387	butyl acetate	6.0355	5.4378	-5.099	-1.27	-1.1553524
388	ethyl butyrate	6.0355	5.4378	-5.099	-1.25	-1.1553524
389	methyl-valerate	6.0355	5.4378	-5.099	-1.361	-1.1553524
390	propylpropionate	6.0355	5.4378	-5.099	-1.37	-1.1553524
391	ethyl valerate	6.7426	6.1449	-5.821	-1.75	-1.71063
392	amyl acetate	6.7426	6.1449	-5.821	-1.8	-1.71063
393	methyl-capronate	6.7426	6.1449	-5.821	-1.87	-1.71063
394	propyl butyrate	6.7426	6.1449	-5.821	-1.905	-1.71063
395	n-butyl propionate	6.7426	6.1449	-5.821	-1.938	-1.71063
396	ethyl capronate	7.4497	6.852	-6.543	-2.313	-2.2659076
397	hexyl acetate	7.4497	6.852	-6.543	-2.46	-2.2659076
398	amylpropionate	7.4497	6.852	-6.543	-2.251	-2.2659076
399	butyl butyrate	7.4497	6.852	-6.543	-2.46	-2.2659076
400	ethyl heptylate	8.1569	7.5591	-7.265	-2.737	-2.821021
401	n-butyl pentanoate	8.1569	7.5591	-7.265	-2.54	-2.821021
402	methyl-caprylate	8.1569	7.5591	-7.265	-3.39	-2.821021
403	ethyl caprylate	8.864	8.2662	-7.987	-3.39	-3.3762986
404	methyl nonanoate	8.864	8.2662	-7.987	-3.876	-3.3762986
405	ethyl pelargonate	9.5711	8.9734	-8.709	-3.8	-3.93174
406	methyl decanoate	9.5711	8.9734	-8.709	-4.24	-3.93174
407	ethyl caprinate	10.278	9.6805	-9.431	-4.1	-4.487346
408	formicacid,i-propylester	4.5689	3.9712	-3.655	-0.63	-0.0450068
409	isobutyl formate	5.276	4.6783	-4.377	-1.001	-0.6002844
410	isopropyl acetate	5.4916	4.8938	-4.377	-0.55	-0.5992582
411	isobutyl acetate	6.1987	5.601	-5.099	-1.21	-1.1546996
412	sec-butyl acetate	6.1987	5.601	-5.099	-1.273	-1.1546996
413	methyl isopentanoate	6.1987	5.601	-5.099	-0.74	-1.1546996
414	i-propyl butanoate	6.9058	6.3081	-5.821	-1.74	-1.7099772
415	isoamyl acetate	6.9058	6.3081	-5.821	-1.814	-1.7099772
416	4-methyl-2-pentanol, acetate	7.776	7.1783	-6.543	-2.045	-2.2646024
417	c-hexyl acetate	7.0271	6.4294	-5.821	-1.67	-1.709492
418	methyl-acrylate	4.1987	3.601	-3.7	-0.241	-0.0812726
419	ethyl acrylate	4.9058	4.3081	-4.422	-0.824	-0.6365502
420	methyl-methacrylate	5.1213	4.5236	-4.422	-0.8	-0.6356882
421	methyl-benzoate	6.301	5.7032	-5.956	-1.812	-1.8165876
422	ethyl benzoate	7.0081	6.4104	-6.678	-2.27	-2.372029
423	propyl benzoate	7.7152	7.1175	-7.4	-2.67	-2.9273066
424	2-chlorophenol	5.3094	4.8905	-4.708	-0.66	-1.1488882
425	2,4-dichlorophenol	6.2321	5.9471	-5.31	-1.56	-1.8298716
426	2,4,6-trichlorophenol	7.1547	7.0036	-5.912	-2.59	-2.5108554
427	pentachlorophenol	9	9.1167	-7.116	-4.279	-3.8728226
428	1-chlorodibenzo-p-dioxin	8.9557	8.4918	-11.424	-5.72	-6.252061
429	2-chloro-dibenzodioxine	8.9557	8.4918	-11.424	-5.97	-6.252061

Fortsetzung auf nächster Seite

Nr	Name	Deskriptoren			Ergebnis $[log(S_W)]$	
		$^0\chi$	$^0\chi^v$	$\bar{\Phi}$	Labor	QSAR
430	2,3-dichlorodibenzo-p-dioxin	9.8783	9.5484	-12.026	-7.23	-6.9332086
431	2,8-dichlorodibenzo-p-dioxin	9.8783	9.5484	-12.026	-7.181	-6.9332086
432	2,7-dichloro-dibenzodioxine	9.8783	9.5484	-12.026	-7.829	-6.9332086
433	1,2,4-tri-cdd	10.801	10.605	-12.628	-7.534	-7.614192
434	2,3,7,8-tetrachloro-dibenzodioxine	11.724	11.661	-13.23	-9.207	-8.2937
435	1,2,3,7-tetrachlorodibenzodioxin	11.724	11.661	-13.23	-8.874	-8.2937
436	1,2,3,4-tetra-cdd	11.724	11.661	-13.23	-8.77	-8.2937
437	1,3,6,8-tetrachlorodibenzo-p-dioxin	11.724	11.661	-13.23	-9	-8.2937
438	1,2,3,4,7-pentachlorodibenzodioxin	12.646	12.718	-13.832	-9.48	-8.976488
439	1,2,3,4,7,8-hexachlorodibenzo-p-dioxin	13.569	13.775	-14.434	-9.95	-9.657634
440	1,2,3,4,6,7,8-heptachlorodibenzo-p-dioxin	14.492	14.831	-15.036	-11.7	-10.337142
441	octachlorodibenzo-p-dioxin	15.414	15.888	-15.638	-11.79	-11.01993
442	1-pentylamin	4.8284	4.4058	-4.057	0.47	-0.6415286
443	hexylamine	5.5355	5.1129	-4.779	-0.926	-1.1968062
444	2-ethylhexylamine	7.1129	6.6902	-6.223	-1.62	-2.3065448
445	dibutylamine	6.9497	6.7426	-6.026	-1.41	-2.5080694
446	diisopropylamine	5.8618	5.6547	-4.582	0.09	-1.396209
447	aniline	4.3868	3.9641	-4.192	-0.41	-0.7474862
448	benzylamine	5.0939	4.6712	-4.914	-1.54	-1.3027638
449	o-methylaniline	5.3094	4.8868	-4.914	-0.85	-1.3020656
450	m-methylaniline	5.3094	4.8868	-4.914	-0.85	-1.3020656
451	p-methylaniline	5.3094	4.8868	-4.914	-1.16	-1.3020656
452	m-chloroaniline	5.3094	5.0206	-4.794	-1.37	-1.42847
453	o-chloroaniline	5.3094	5.0206	-4.794	-1.53	-1.42847
454	nitromethane	3.2071	2.2637	-3.545	0.26	0.6008326
455	nitroethane	3.9142	2.9708	-4.267	-0.23	0.045555
456	1-nitropropane	4.6213	3.6779	-4.989	-0.73	-0.5097226
457	1-nitrobutane	5.3284	4.385	-5.711	-1.351	-1.0650002
458	1-nitropentane	6.0355	5.0921	-6.433	-1.95	-1.6202778
459	2-nitropropane	4.7845	3.8411	-4.989	-0.71	-0.5090698
460	nitrobenzene	5.5939	4.6505	-6.568	-1.84	-1.7263992
461	o-nitrotoluene	6.5165	5.5731	-7.29	-2.4	-2.2808148
462	m-nitrotoluene	6.5165	5.5731	-7.29	-2.44	-2.2808148
463	p-nitrotoluene	6.5165	5.5731	-7.29	-2.49	-2.2808148
464	1-nitronaphthalene	7.7486	6.8052	-8.824	-3.54	-3.4616684
465	2,4-dinitrotoluene	8.6463	6.7595	-9.391	-2.83	-2.3510794
466	2,6-dinitrotoluene	8.6463	6.7595	-9.391	-3	-2.3510794
467	2,4,6-trinitrotoluene	10.776	7.9458	-11.492	-3.21	-2.4213444
468	dl-sec-butylamine	4.2845	3.8618	-3.335	0.185	-0.0854344
469	dipropylamine	5.5355	5.3284	-4.582	-0.37	-1.3975142
470	diisobutylamine	7.276	7.0689	-6.026	-1.77	-2.5067642

C.2.2 Validierungsdaten

Nr	Name	Deskriptoren			Ergebnis [$log(S_W)$]	
		$^0\chi$	$^0\chi^v$	$\bar{\Phi}$	Labor	QSAR
1	ethane	2	2	-3.406	-2.7	-0.841838
2	propan	2.7071	2.7071	-4.128	-2.85	-1.3971156
3	butan	3.4142	3.4142	-4.85	-2.98	-1.9523932
4	n-undecane	8.364	8.364	-9.904	-7.59	-5.839336
5	tetradecane	10.485	10.485	-12.07	-8.96	-7.50517
6	hexadecane	11.899	11.899	-13.514	-8.4	-8.615726
7	isobutan	3.5774	3.5774	-4.85	-3.076	-1.9517404
8	3-methylheptane	6.4058	6.4058	-7.738	-5.159	-4.1728508
9	2-methylheptane	6.4058	6.4058	-7.738	-5.08	-4.1728508
10	4-methyloctane	7.1129	7.1129	-8.46	-6.047	-4.7281284
11	cyclopropane	2.1213	2.1213	-3.406	-2.043	-0.8413528
12	cycloheptane	4.9497	4.9497	-6.294	-3.56	-3.0624632
13	cyclooctane	5.6569	5.6569	-7.016	-4.286	-3.6177404
14	propylcyclopentane	5.82	5.82	-7.016	-4.74	-3.617088
15	1,1,3-trimethylcyclopentane	6.1987	6.1987	-7.016	-4.478	-3.6155732
16	cis-1,2-dimethylcyclohexane	5.9831	5.9831	-7.016	-4.32	-3.6164356
17	trans-1,3-dimethylcyclohexane	5.9831	5.9831	-7.016	-4.54	-3.6164356
18	pentylcyclopentane	7.2342	7.2342	-8.46	-6.086	-4.7276432
19	1,1,3-trimethylcyclohexane	6.9058	6.9058	-7.738	-4.853	-4.1708508
20	1,1,4-trimethylcyclohexane	6.9058	6.9058	-7.738	-5.22	-4.1708508
21	1-methyl-cis-decalin	7.7342	7.7342	-8.46	-6.57	-4.7256432
22	ethene	1.4142	1.4142	-3.451	-2.331	-0.8789662
23	propen	2.2845	2.2845	-4.173	-2.323	-1.433591
24	1-buten	2.9916	2.9916	-4.895	-2.405	-1.9888686
25	cis-2-butene	3.1547	3.1547	-4.895	-1.93	-1.9882162
26	trans-2-butene	3.1547	3.1547	-4.895	-2.041	-1.9882162
27	cis-2-octene	5.9831	5.9831	-7.783	-4.62	-4.2093266
28	cis-2-pentene	3.8618	3.8618	-5.617	-2.538	-2.5434938
29	cyclooctene	5.3973	5.3973	-7.061	-3.68	-3.6535638
30	1-nonene	6.5271	6.5271	-8.505	-5.052	-4.7652566
31	isobuten	3.2071	3.2071	-4.895	-2.329	-1.9880066
32	cycloheptene	4.6902	4.6902	-6.339	-3.164	-3.0982862
33	1,3-butadiene	2.5689	2.5689	-4.94	-1.867	-2.0253444
34	1,5-hexadiene	3.9831	3.9831	-6.384	-2.687	-3.1358996
35	1,6-heptadiene	4.6902	4.6902	-7.106	-3.34	-3.6911772
36	2,3-dimethyl-1,3-butadiene	4.4142	4.4142	-6.384	-2.401	-3.1341752
37	cyclopentadiene	3.0165	3.0165	-4.94	-1.99	-2.023554
38	bicyclo(2.2.1)hepta-2,5-diene	4.1712	4.1712	-5.662	-1.03	-2.5770412
39	limonene	6.9831	6.9831	-8.55	-4.39	-4.7982176
40	p-mentha-1,4-dien	7.1463	7.1463	-8.55	-4.196	-4.7975648
41	cycloheptatriene	4.1712	4.1712	-6.429	-2.172	-3.1699322
42	ethin	1.1547	1.1547	-1.962	-1.336	0.2709928

Fortsetzung auf nächster Seite

Nr	Name	Deskriptoren $^0\chi$	$^0\chi^v$	$\bar{\Phi}$	Ergebnis [$log(S_W)$] Labor	QSAR
43	propyne	2.0774	2.0774	-2.684	-1.042	-0.2834224
44	1-butyne	2.7845	2.7845	-3.406	-1.275	-0.8387
45	3-hexyne	4.4142	4.4142	-4.85	-2.17	-1.9483932
46	1-heptyne	4.9058	4.9058	-5.572	-3.01	-2.5045328
47	2-heptyne	5.1213	5.1213	-5.572	-2.771	-2.5036708
48	1-octyne	5.6129	5.6129	-6.294	-3.662	-3.0598104
49	1-nonyne	6.32	6.32	-7.016	-4.241	-3.615088
50	2-methyl-3-hexyne	5.2845	5.2845	-5.572	-2.745	-2.503018
51	2,2-dimethyl-3-hexyne	6.2071	6.2071	-6.294	-3.03	-3.0574336
52	2,2,5,5-tetramethyl-3-hexyne	8	8	-7.738	-3.69	-4.166474
53	2,2,5-trimethyl-3-hexyne	7.0774	7.0774	-7.016	-3.51	-3.6120584
54	1-buten-3-yne	2.3618	2.3618	-3.451	-1.464	-0.8751758
55	diacetylene	2.1547	2.1547	-1.962	-0.724	0.2749928
56	1,6-heptadiyne	4.276	4.276	-4.128	-1.747	-1.39084
57	1,8-nonadiyne	5.6902	5.6902	-5.572	-2.983	-2.5013952
58	m-diethylbenzene	6.7236	6.7236	-7.355	-3.748	-3.8755206
59	o-diethylbenzene	6.7236	6.7236	-7.355	-3.276	-3.8755206
60	hexamethylbenzene	9	9	-8.799	-5.839	-4.982627
61	1-methyl-2-isopropylbenzene	6.8868	6.8868	-7.355	-3.761	-3.8748678
62	p-isopropyltoluen	6.8868	6.8868	-7.355	-3.759	-3.8748678
63	1-phenyl-3-methylbutane	7.3783	7.3783	-8.077	-4.64	-4.4310078
64	t-amylbenzene	7.5939	7.5939	-8.077	-4.15	-4.4301454
65	tetralin	6.1378	6.1378	-6.633	-3.449	-3.3197578
66	m-methylstyrene	5.5939	5.5939	-6.678	-3.123	-3.3567184
67	p-methylstyrene	5.5939	5.5939	-6.678	-3.123	-3.3567184
68	diphenylmethane	7.4806	7.4806	-8.934	-4.17	-5.0930596
69	bibenzyl	8.1877	8.1877	-9.656	-4.98	-5.6483372
70	stilbene	7.9282	7.9282	-9.701	-5.8	-5.6841602
71	4-methyl-1,1'-biphenyl	7.6962	7.6962	-8.934	-4.62	-5.0921972
72	p-terphenyl	10.083	10.083	-11.957	-7.11	-7.419429
73	1,2,3,6,7,8-hexahydropyrene	9.552	9.552	-9.611	-5.96	-5.608095
74	anthracene	7.7735	7.7735	-8.979	-6.22	-5.126673
75	2-ethylanthracene	9.4033	9.4033	-10.423	-6.9	-6.2363658
76	naphthacene	9.9282	9.9282	-11.235	-8.6	-6.8619422
77	1-methylphenanthrene	8.6962	8.6962	-9.701	-5.85	-5.6810882
78	2-methylphenanthrene	8.6962	8.6962	-9.701	-5.837	-5.6810882
79	7,12-dimethylbenz(a)anthracene	11.774	11.774	-12.679	-7.02	-7.970771
80	cholanthrene	11.188	11.188	-11.957	-7.861	-7.415009
81	chrysene	9.9282	9.9282	-11.235	-8.057	-6.8619422
82	5-methylchrysene	10.851	10.851	-11.957	-6.592	-7.416357
83	6-methylchrysene	10.851	10.851	-11.957	-6.571	-7.416357
84	5,6-dimethylchrysene	11.774	11.774	-12.679	-7.011	-7.970771
85	picen	12.083	12.083	-13.491	-7.87	-8.597211
86	acenaphthylene	6.6188	6.6188	-7.49	-3.976	-3.9802948
87	perylene	10.928	10.928	-12.002	-8.8	-7.450834

Fortsetzung auf nächster Seite

Nr	Name	Deskriptoren			Ergebnis $[log(S_W)]$	
		$^0\chi$	$^0\chi^v$	$\bar{\Phi}$	Labor	QSAR
88	chloromethane	2	2.1339	-2.046	-0.977	-0.0098862
89	1-chloroheptane	6.2426	6.3765	-6.378	-3.996	-3.3415518
90	1-chlorooctane	6.9497	7.0836	-7.1	-4.483	-3.8968294
91	1,4-dichlorobutane	4.8284	5.0962	-4.814	-0.92	-2.3575648
92	1,5-dichloropentane	5.5355	5.8033	-5.536	-3.05	-2.9128424
93	1,1,1-trichloropropane	5.2071	5.6088	-4.694	-1.89	-2.4826182
94	1,1,2-trichloropropane	5.1547	5.5564	-4.694	-1.89	-2.4828278
95	2-bromobutane	4.2845	5.2484	-3.249	-2.18	-2.2902072
96	1-bromopentane	4.8284	5.7924	-3.971	-3.075	-2.8463014
97	1-bromohexane	5.5355	6.4995	-4.693	-3.808	-3.401579
98	1-bromoheptane	6.2426	7.2066	-5.415	-4.431	-3.9568566
99	1-bromooctane	6.9497	7.9137	-6.137	-5.063	-4.5121342
100	chlorofluoromethane	2.7071	2.219	-4.305	-0.82	-0.7344288
101	1,2-fluorochloroethane	3.4142	2.9261	-5.027	-0.51	-1.2897064
102	chlorodifluoromethane	3.5774	2.4672	-6.564	-1.494	-1.4581548
103	1-chloro-1,1-difluoroethane	4.5	3.3898	-7.286	-1.856	-2.0125704
104	chlorotrifluoromethane	4.5	2.7678	-8.823	-3.065	-2.1818354
105	2-chloro-1,1,1-trifluoroethane	5.2071	3.4749	-9.545	-1.11	-2.737113
106	chloropentafluoroethane	7	4.0237	-14.063	-3.425	-4.1845196
107	dichlorofluoromethane	3.5774	3.2231	-4.907	-0.74	-1.415458
108	dichlorodifluoromethan	4.5	3.5237	-7.166	-2.635	-2.1391386
109	1,1-dichlorotetrafluoroethane	7	4.7796	-12.406	-3.096	-4.1418228
110	1,2-dichloro-1,1,2,2-tetrafluoroethane	7	4.7796	-12.406	-3.119	-4.1418228
111	trichlorofluoromethan	4.5	4.2796	-5.509	-2.096	-2.0964418
112	1,1,2-trichlorotrifluoroethane	7	5.5356	-10.749	-3.042	-4.0992898
113	1,1,2,2-tetrachlorodifluoroethane	7	6.2915	-9.092	-3.23	-4.056593
114	1,1,1,2-tetrachloro-2,2-difluoroethane	7	6.2915	-9.092	-3.309	-4.056593
115	bromtrifluormethan	4.5	3.5979	-7.86	-2.668	-2.7971402
116	1,1,1-trifluoro-2-bromo-2-chloroethane	6.0774	5.3091	-9.184	-1.76	-4.033447
117	bromodichloromethane	3.5774	4.8091	-2.287	-1.733	-1.988066
118	chlorodibromomethane	3.5774	5.6392	-1.324	-1.68	-2.6033708
119	2-bromo-2-methylpropane	4.5	5.464	-3.249	-2.359	-2.289509
120	perfluorocyclobutane	10	5.0237	-20.96	-3.638	-6.2279006
121	gamma-hexachlorocyclohexane	9.4641	10.267	-7.944	-4.6	-5.6350058
122	delta-hexachlorocyclohexane	9.4641	10.267	-7.944	-4.51	-5.6350058
123	bromocyclohexane	5.1129	6.0768	-3.971	-3.29	-2.8449996
124	mirex	17	18.607	-11.556	-8.74	-9.714054
125	trans-1,2-dichloroethylene	3.1547	3.4225	-3.415	-1.331	-1.2828326
126	2,3-dichloropropene	3.9142	4.182	-4.137	-1.713	-1.8379006
127	3-bromopropene	2.9916	3.9555	-2.572	-1.5	-1.7720578
128	4-bromo-1-butene	3.6987	4.6626	-3.294	-2.25	-2.3273354
129	trans-1,2-diiodoethylene	3.1547	6.2256	1.459	-3.22	-2.1067084
130	chlordane	13.517	14.588	-10.637	-6.61	-8.139631
131	hexachlorocyclopentadiene	8.5	9.3034	-7.312	-4.9	-5.1511452
132	chlordene	11.517	12.32	-9.478	-5.64	-6.81274

Fortsetzung auf nächster Seite

Nr	Name	Deskriptoren $^{0}\chi$	$^{0}\chi^{v}$	$\bar{\bar{\Phi}}$	Ergebnis $[log(S_W)]$ Labor	QSAR
133	aldrin	12.671	13.475	-10.2	-6.58	-7.367868
134	heptachlor	12.387	13.324	-10.08	-6.09	-7.494098
135	benzylchloride	5.0939	5.2278	-5.791	-2.382	-2.8923956
136	2-chlorotoluene	5.3094	5.4433	-5.791	-3.15	-2.8915336
137	m-chlorotoluene	5.3094	5.4433	-5.791	-3.034	-2.8915336
138	p-chlorotoluene	5.3094	5.4433	-5.791	-3.077	-2.8915336
139	3,4-dichlorotoluene	6.2321	6.4998	-6.393	-3.792	-3.5723532
140	hexachlorobenzene	9	9.8034	-8.079	-6.78	-5.7420362
141	m-bromotoluene	5.3094	6.2734	-4.828	-3.523	-3.5068384
142	p-bromotoluene	5.3094	6.2734	-4.828	-3.192	-3.5068384
143	o-bromotoluene	5.3094	6.2734	-4.828	-3.23	-3.5068384
144	1-bromo-2-ethylbenzene	6.0165	6.9805	-5.55	-3.67	-4.062116
145	1-bromo-2-phenylethane	5.801	6.7649	-5.55	-3.68	-4.0628142
146	2-bromopropylbenzene	6.6712	7.6352	-6.272	-4.19	-4.6176032
147	1,2,3-tribromobenzene	6.2321	9.1239	-3.384	-5.04	-5.544672
148	1,2-chlorofluorobenzene	5.3094	4.8213	-7.328	-2.42	-3.0607986
149	1,3-chlorofluorobenzene	5.3094	4.8213	-7.328	-2.35	-3.0607986
150	o-fluorobenzylchloride	6.0165	5.5284	-8.05	-2.54	-3.6160762
151	1-bromo-2-fluorobenzene	5.3094	5.6513	-6.365	-2.7	-3.6759396
152	1-bromo-3-fluorobenzene	5.3094	5.6513	-6.365	-2.67	-3.6759396
153	1-fluoro-4-iodobenzene	5.3094	6.2228	-4.891	-3.13	-3.4726546
154	1-chloro-2-iodobenzene	5.3094	6.9788	-3.234	-3.54	-3.4301216
155	1-chloro-3-iodobenzene	5.3094	6.9788	-3.234	-3.55	-3.4301216
156	1-chloro-4-iodobenzene	5.3094	6.9788	-3.234	-4.03	-3.4301216
157	1-bromo-4-iodobenzene	5.3094	7.8088	-2.271	-4.56	-4.0452626
158	o-bromocumene	6.8868	7.8507	-6.272	-4.19	-4.616577
159	p,p'-ddd	11.774	12.309	-12.064	-6.551	-8.371706
160	mitotane	11.774	12.309	-12.064	-6.505	-8.371706
161	p,p'-ddt	12.696	13.366	-12.666	-7.809	-9.054494
162	o,p'-ddt	12.696	13.366	-12.666	-6.62	-9.054494
163	p,p'-dde	11.619	12.154	-12.109	-6.9	-8.407111
164	o,p'-dde	11.619	12.154	-12.109	-6.5	-8.407111
165	3,4-dichlorobiphenyl/pcb 12	8.6188	8.8866	-9.416	-6.39	-5.8997492
166	3,3'-dichlorobiphenyl/pcb 11	8.6188	8.8866	-9.416	-5.798	-5.8997492
167	2,3',5-trichlorobiphenyl/pcb 26	9.5415	9.9431	-10.018	-6.008	-6.5805688
168	2,3,4'-trichlorobiphenyl/pcb 22	9.5415	9.9431	-10.018	-6.26	-6.5805688
169	2,3,6-trichlorobiphenyl/pcb 24	9.5415	9.9431	-10.018	-6.49	-6.5805688
170	2,2',4,5-tetrachlorobiphenyl/pcb 48	10.464	11	-10.62	-6.86	-7.262372
171	2,2',5,6'-tetrachlorobiphenyl/pcb 53	10.464	11	-10.62	-6.788	-7.262372
172	2,2',4,6,6'-pentachlorobiphenyl/pcb 104	11.387	12.056	-11.222	-7.316	-7.94188
173	2,3',4,4',5-pentachlorobiphenyl/pcb 118	11.387	12.056	-11.222	-7.39	-7.94188
174	2,2',3,3',4-pentachlorobiphenyl/pcb 82	11.387	12.056	-11.222	-7.05	-7.94188
175	2,3,3',4',5,6-hexachlorobiphenyl/pcb 163	12.309	13.113	-11.824	-8.48	-8.624668
176	2,2',3,5,5',6-hexachlorobiphenyl/pcb 151	12.309	13.113	-11.824	-7.425	-8.624668
177	2,3,3',4,4',6-hexachlorobiphenyl/pcb 158	12.309	13.113	-11.824	-7.66	-8.624668

Fortsetzung auf nächster Seite

Nr	Name	Deskriptoren			Ergebnis $[log(S_W)]$	
		$^0\chi$	$^0\chi^v$	$\bar{\Phi}$	Labor	QSAR
178	2,2',3,4,5,5'-hexachlorobiphenyl/pcb 141	12.309	13.113	-11.824	-7.679	-8.624668
179	2,3,3',4,4',5-hexachlorobiphenyl/pcb 156	12.309	13.113	-11.824	-7.82	-8.624668
180	2,2',3,4,4',5-hexachlorobiphenyl/pcb 137	12.309	13.113	-11.824	-8.52	-8.624668
181	2,2',3,4,4',5'-hexachlorobiphenyl/pcb 138	12.309	13.113	-11.824	-7.69	-8.624668
182	2,2',3,4,4',5',6-heptachlorobiphenyl/pcb 183	13.232	14.169	-12.426	-7.92	-9.304176
183	1-undecanol	9.0711	8.5183	-8.303	-4.33	-3.6934482
184	nonanol	7.6569	7.1041	-6.859	-3.013	-2.582893
185	tetradecanol	11.192	10.64	-10.469	-6.05	-5.360593
186	1-pentadecanol	11.899	11.347	-11.191	-6.35	-5.915871
187	hexadecanol	12.607	12.054	-11.913	-7.258	-6.469507
188	1-heptadecanol	13.314	12.761	-12.635	-7.506	-7.024785
189	1-octadecanol	14.021	13.468	-13.357	-8.391	-7.580063
190	2,3-dimethylbutanol	5.8618	5.309	-4.693	-0.37	-0.9157554
191	7-methyl-1-octanol	7.82	7.2672	-6.859	-2.487	-2.5822406
192	2,2-diethyl-1-pentanol	8.0355	7.4827	-6.859	-2.419	-2.5813786
193	allyl alcohol	2.9916	2.4388	-2.572	0.74	0.7122968
194	trans-4-hexen-1-ol	5.276	4.7232	-4.738	-0.41	-0.9528836
195	2-propanol	3.5774	3.0246	-2.527	0.75	0.749425
196	3-octanol	7.1129	6.5601	-6.137	-1.98	-2.026963
197	2-nonanol	7.82	7.2672	-6.859	-2.746	-2.5822406
198	3-nonanol	7.82	7.2672	-6.859	-2.654	-2.5822406
199	4-nonanol	7.82	7.2672	-6.859	-2.591	-2.5822406
200	5-nonanol	7.82	7.2672	-6.859	-2.49	-2.5822406
201	2-undecanol	9.2342	8.6814	-8.303	-2.94	-3.6927958
202	3,5-dimethyl-4-heptanol	8.1463	7.5935	-6.859	-2.51	-2.5809354
203	menthol	8.4307	7.8779	-6.859	-2.53	-2.5797978
204	borneol	8.276	7.7232	-6.137	-2.32	-2.0223106
205	3-penten-2-ol	4.7321	4.1793	-4.016	0.02	-0.3969532
206	1-penten-3-ol	4.5689	4.0161	-4.016	-0.02	-0.397606
207	1-hexen-3-ol	5.276	4.7232	-4.738	-0.599	-0.9528836
208	4-hexen-3-ol	5.4392	4.8864	-4.738	-0.4	-0.9522308
209	4-methyl-1-penten-3-ol	5.4392	4.8864	-4.738	-0.5	-0.9522308
210	3,7-dimethyl-1,6-octadien-3-ol	8.276	7.7232	-7.671	-2.26	-3.2080926
211	3-methyl-1-pentyn-3-ol	5.2845	4.7317	-3.249	0.12	0.1981474
212	1,2-ethanediol	3.4142	2.3086	-1.444	1.21	2.4914176
213	2,4-dimethyloctane-2,4-diol	9.8284	8.7229	-7.22	-1.31	-1.9479374
214	2,4-dimethylnonane-2,4-diol	10.536	9.43	-7.942	-1.91	-2.502394
215	1,3-nonanediol	8.5271	7.4215	-6.498	-1.13	-1.3948728
216	2-ethyl-1,3-hexanediol	7.9831	6.8776	-5.776	-1.39	-0.8391066
217	2-propyl-1,3-heptanediol	9.3973	8.2918	-7.22	-1.32	-1.9496618
218	2-butyloctane-1,3-diol	10.812	9.706	-8.664	-2.81	-3.059396
219	glycerol	4.9916	3.3332	-1.805	1.12	3.1241606
220	erythritol	6.5689	4.3578	-2.166	0.7	3.7567394
221	d-quercitol	8.5939	5.8299	-2.527	-0.174	4.3914366
222	d-inositol	9.4641	6.1474	-2.166	0.35	5.579293

Fortsetzung auf nächster Seite

Nr	Name	Deskriptoren			Ergebnis $[log(S_W)]$	
		$^0\chi$	$^0\chi^v$	$\bar{\bar{\Phi}}$	Labor	QSAR
223	d-mannitol	9.7236	6.4069	-2.888	0.4	5.022225
224	p-methylbenzylalcohol	6.0165	5.4637	-5.55	-1.2	-1.5775976
225	3-phenyl-1-propanol	6.5081	5.9553	-6.272	-1.38	-2.1337372
226	1-phenylethanol	5.9641	5.4113	-5.55	-0.92	-1.5778072
227	1,2-diphenylethanol	9.058	8.5052	-9.295	-2.52	-4.4603166
228	2,6-dimethylphenol	6.2321	5.6793	-5.55	-1.305	-1.5767352
229	2-ethylphenol	6.0165	5.4637	-5.55	-0.94	-1.5775976
230	2,3-dimethylphenol	6.2321	5.6793	-5.55	-1.427	-1.5767352
231	2,5-dimethylphenol	6.2321	5.6793	-5.55	-1.538	-1.5767352
232	3,4-dimethylphenol	6.2321	5.6793	-5.55	-1.409	-1.5767352
233	2,4,6-trimethylphenol	7.1547	6.6019	-6.272	-1.98	-2.1311508
234	p-t-butylphenol	7.8094	7.2566	-6.994	-2.413	-2.686638
235	2-methyl-5-isopropylphenol	7.8094	7.2566	-6.994	-2.08	-2.686638
236	thymol	7.8094	7.2566	-6.994	-2.222	-2.686638
237	5,6,7,8-tetrahydro-2-naphthol	7.0605	6.5077	-6.272	-1.99	-2.1315276
238	o-phenylphenol	7.6962	7.1434	-7.851	-2.39	-3.3495518
239	p-phenylphenol	7.6962	7.1434	-7.851	-3.48	-3.3495518
240	1-naphthol	6.5415	5.9887	-6.362	-2.221	-2.2031736
241	2-naphthol	6.5415	5.9887	-6.362	-2.4	-2.2031736
242	anthranol	8.6962	8.1434	-8.618	-4.733	-3.9384428
243	meso-hydrobenzoin	9.9282	8.8226	-8.934	-1.933	-3.2722964
244	1,4-benzenediol	5.3094	4.2038	-3.745	-0.184	0.7203254
245	1,3-benzenediol	5.3094	4.2038	-3.745	0.814	0.7203254
246	1,2-benzenediol	5.3094	4.2038	-3.745	0.622	0.7203254
247	4-hexylresorcinol	9.7676	8.662	-8.077	-2.59	-2.6104778
248	hexestrol	13.188	12.082	-11.822	-4.353	-5.491026
249	4,4'-isopropylidene-diphenol	11.119	10.013	-9.656	-2.82	-3.824984
250	diethylstilbestrol	13.033	11.927	-11.867	-4.35	-5.526431
251	dienestrol	12.774	11.668	-11.912	-4.948	-5.562252
252	naphthalene-1,5-diol	7.4641	6.3585	-6.001	-2.92	-1.0149438
253	salicyl alcohol	6.0165	4.9109	-4.467	-0.29	0.1650478
254	estradiol	13.284	12.179	-10.243	-4.94	-4.271713
255	dihydroequilin	13.077	11.971	-10.288	-4.4	-4.305688
256	estra-1,3,5(10),6,8-pentaene-3,17-diol	12.87	11.764	-10.333	-4.64	-4.341301
257	ethinyl estradiol	14.284	13.179	-10.243	-4.42	-4.267713
258	estriol	14.154	12.496	-9.882	-4.96	-3.083366
259	dimethyl ether	2.7071	2.4082	-2.166	-0.001	0.6091086
260	methyl ethyl ether	3.4142	3.1154	-2.888	-0.08	0.0536672
261	methyl sec-butyl ether	4.9916	4.6927	-4.332	-0.731	-1.0560714
262	methyl t-amyl ether	5.9142	5.6154	-5.054	-1.02	-1.6106508
263	ethyl t-butyl ether	5.9142	5.6154	-5.054	-0.93	-1.6106508
264	isopropyl tert-butyl ether	6.7845	6.4856	-5.776	-2.37	-2.1651118
265	cyclopropyl ethyl ether	4.4058	4.1069	-3.61	-0.64	-0.5003086
266	divinyl ether	3.276	2.9772	-3.7	-0.96	-0.5745616
267	diallyl ether	4.6902	4.3914	-5.144	-0.02	-1.6851168

Fortsetzung auf nächster Seite

Nr	Name	Deskriptoren $^0\chi$	$^0\chi^v$	$\bar{\Phi}$	Ergebnis $[log(S_W)]$ Labor	QSAR
268	dimethoxymethane	4.1213	3.5236	-2.888	0.48	0.5460938
269	1,1-diethoxyethane	6.4058	5.8081	-5.054	-0.429	-1.1190862
270	1,2-diethoxyethane	6.2426	5.6449	-5.054	-0.77	-1.119739
271	1,5-dimethoxydiethylether	6.9497	6.0532	-5.054	0.872	-0.6274762
272	methoxybenzene	5.0939	4.795	-5.189	-1.85	-1.7181232
273	ethoxybenzene	5.801	5.5021	-5.911	-2.332	-2.2734008
274	1-methoxy-4-(2-propenyl)-benzene	7.0081	6.7092	-7.4	-2.92	-3.4195694
275	anethole	7.1712	6.8723	-7.4	-3.13	-3.418917
276	diphenyl ether	7.4806	7.1818	-8.212	-3.91	-4.0455192
277	ditolylether	9.3259	9.0271	-9.656	-4.85	-5.15435
278	etofenprox	17.748	16.852	-17.011	-8.6	-9.827863
279	oxirane	2.1213	1.8225	-1.444	1.356	1.1647076
280	propylene oxide	2.9916	2.6927	-2.166	0.84	0.6102466
281	tetrahydrofurane	3.5355	3.2367	-2.888	1.15	0.0541524
282	tetrahydropyran	4.2426	3.9438	-3.61	-0.031	-0.5011252
283	2-methyltetrahydrofurane	4.4058	4.1069	-3.61	0.207	-0.5003086
284	3-methyltetrahydrofuran	4.4058	4.1069	-3.61	0.09	-0.5003086
285	cineole	8.1129	7.814	-6.498	-1.7	-2.7179042
286	1,4-dioxane	4.2426	3.6449	-2.888	1.01	0.546579
287	furane	3.0165	2.7176	-2.978	-0.833	-0.0173298
288	styrene oxide	5.3783	5.0795	-5.189	-1.603	-1.7171494
289	dibenzofurane	7.3259	7.0271	-7.49	-4.22	-3.488032
290	formaldehyde	1.4142	1.1154	-1.489	1.125	1.1270942
291	2-ethylhexanealdehyde	6.6902	6.3914	-5.529	-2.52	-1.9747218
292	pelargonaldehyde	7.2342	6.9353	-6.251	-3.171	-2.530488
293	decylaldehyde	7.9413	7.6425	-6.973	-2.8	-3.0859294
294	acrylaldehyde	2.5689	2.2701	-1.964	0.67	0.764538
295	2-butenal	3.4392	3.1403	-2.686	0.32	0.210077
296	2-ethyl-2-hexenal	6.4831	6.1843	-5.574	-2.26	-2.0103352
297	3,7-dimethyl-2,6-octadienal	7.8534	7.5545	-7.063	-2.055	-3.1556872
298	p-methylbenzaldehyde	5.5939	5.295	-5.956	-1.81	-2.3090142
299	2-propanone	3.2071	2.9082	-1.919	0.97	0.8020396
300	methyl-l propyl ketone	4.6213	4.3225	-3.363	-0.16	-0.3086794
301	3-methylpentan-2-one	5.4916	5.1927	-4.085	-0.681	-0.8631404
302	methyl-pentyl ketone	6.0355	5.7367	-4.807	-1.45	-1.4192346
303	3-heptanone	6.0355	5.7367	-4.807	-1.4	-1.4192346
304	2-decanone	8.1569	7.858	-6.973	-3.31	-3.0849032
305	2-undecanone	8.864	8.5651	-7.695	-3.94	-3.6401808
306	2-methyl-3-pentanone	5.4916	5.1927	-4.085	-0.811	-0.8631404
307	5-methyl-2-hexanone	6.1987	5.8998	-4.807	-1.4	-1.418418
308	2,6-dimethyl-4-heptanone	7.776	7.4772	-6.251	-1.731	-2.5284846
309	3-methylcyclohexanone	5.6129	5.314	-4.085	-0.87	-0.8626552
310	2-methylcyclohexanone	5.6129	5.314	-4.085	-0.79	-0.8626552
311	5-isopropyl-2-methylcyclohexanone	8.0605	7.7616	-6.251	-2.18	-2.5271828
312	5-methyl-2-(1-methylethyl)-cyclohexanone	8.0605	7.7616	-6.251	-2.492	-2.5271828

Fortsetzung auf nächster Seite

Nr	Name	Deskriptoren			Ergebnis $[log(S_W)]$	
		$^0\chi$	$^0\chi^v$	$\bar{\Phi}$	Labor	QSAR
313	camphor	7.9058	7.6069	-5.529	-1.978	-1.9696956
314	d-fenchone	7.9058	7.6069	-5.529	-1.85	-1.9696956
315	androstan-17-one	13.588	13.289	-10.583	-5.7	-5.853545
316	propyl vinyl ketone	4.9058	4.6069	-4.13	-0.83	-0.9002686
317	isophorone	7.1987	6.8998	-5.574	-1.061	-2.007309
318	carvone	7.4831	7.1843	-6.341	-2.063	-2.5992262
319	acetylacetone	5.1213	4.5236	-3.408	0.04	0.1481338
320	2,4-octanedione	7.2426	6.6449	-5.574	-1.56	-1.517699
321	3-n-propyl-2,4-pentanedione	7.4058	6.8081	-5.574	-0.88	-1.5170462
322	6-methyl-2,4-heptanedione	7.4058	6.8081	-5.574	-1.6	-1.5170462
323	5,5-dimethyl-2.4-hexanedione	7.6213	7.0236	-5.574	-1.63	-1.5161842
324	4-androstene-3,17-dione	13.88	13.283	-10.673	-3.7	-5.433823
325	progesterone	15.458	14.86	-12.117	-4.42	-6.542085
326	medrogestone	17.044	16.446	-13.606	-5.27	-7.686738
327	andrenosterone	14.38	13.484	-10.718	-3.484	-4.976846
328	benzophenone	7.9806	7.6818	-8.979	-3.12	-4.6364102
329	menadione	7.801	7.2032	-7.49	-3.03	-2.9963696
330	anthraquinone	9.033	8.4353	-9.024	-6.39	-4.1773874
331	pindone	11.008	10.111	-8.642	-4.11	-3.383948
332	1,4-benzoquinone	4.7236	4.1259	-3.498	-0.9	0.076973
333	methyl glyoxal	3.4916	2.8938	-1.964	1.14	1.2579908
334	formic acid	2.2845	1.4328	-1.128	1.61	2.3152786
335	acetic acid	3.2071	2.3555	-1.85	1	1.7606992
336	propionic acid	3.9142	3.0626	-2.572	1.13	1.2054216
337	butyric acid	4.6213	3.7697	-3.294	-0.167	0.650144
338	valeric acid	5.3284	4.4768	-4.016	-0.42	0.0948664
339	capronic acid	6.0355	5.1839	-4.738	-1.07	-0.4604112
340	n-heptanoic acid	6.7426	5.891	-5.46	-1.665	-1.0156888
341	caprylic acid	7.4497	6.5981	-6.182	-2.3	-1.5709664
342	pelargonic acid	8.1569	7.3052	-6.904	-2.72	-2.1260798
343	caprinic acid	8.864	8.0123	-7.626	-3.445	-2.6813574
344	undecanoic acid	9.5711	8.7194	-8.348	-3.55	-3.236635
345	vulvic acid	10.278	9.4265	-9.07	-3.56	-3.792241
346	myristic acid	11.692	10.841	-10.514	-4.06	-4.903616
347	pentadecanoic acid	12.399	11.548	-11.236	-4.31	-5.458894
348	palmitic acid	13.107	12.255	-11.958	-4.55	-6.01253
349	stearic acid	14.521	13.669	-13.402	-4.99	-7.123086
350	isobutyric acid	4.7845	3.9328	-3.294	0.38	0.6509606
351	2-ethylbutyric acid	6.1987	5.347	-4.738	-0.81	-0.4595946
352	valproicacid	7.6129	6.7612	-6.182	-1.858	-1.5701498
353	trimethylacetic acid	5.7071	4.8555	-4.016	-0.673	0.0963812
354	cyclohexanecarboxylic acid	6.32	5.4683	-4.738	-1.81	-0.4591094
355	undecylenic acid	9.1484	8.2968	-8.393	-3.24	-3.2732746
356	methacrylic acid	4.4142	3.5626	-3.339	0.014	0.6145306
357	sorbic acid	5.5165	4.6649	-4.828	-1.77	-0.5320572

Fortsetzung auf nächster Seite

Nr	Name	Deskriptoren			Ergebnis $[log(S_W)]$	
		$^0\chi$	$^0\chi^v$	$\bar{\Phi}$	Labor	QSAR
358	oxalic acid	4.4142	2.7109	-1.534	0.388	3.4048802
359	malonic acid	5.1213	3.418	-2.256	1.125	2.8496026
360	succinic acid	5.8284	4.1251	-2.978	-0.2	2.294325
361	glutaric acid	6.5355	4.8322	-3.7	0.72	1.7390474
362	adipic acid	7.2426	5.5394	-4.422	-0.82	1.183606
363	suberic acid	8.6569	6.9536	-5.866	-1.17	0.073215
364	azelaic acid	9.364	7.6607	-6.588	-1.89	-0.4820626
365	d-camphoric acid	10.406	8.7025	-6.588	-1.42	-0.477567
366	2,3-dimethyl-1,2,3-butanetricarboxylic acid	11.328	8.7735	-6.272	-0.29	1.164327
367	benzoic acid	5.5939	4.7422	-4.873	-1.59	-0.5663688
368	phenylacetic acid	6.301	5.4493	-5.595	-0.91	-1.1216464
369	m-toluic acid	6.5165	5.6649	-5.595	-2.14	-1.1209482
370	o-toluic acid	6.5165	5.6649	-5.595	-2.06	-1.1209482
371	p-toluic acid	6.5165	5.6649	-5.595	-2.6	-1.1209482
372	hydrocinnamic acid	7.0081	6.1564	-6.317	-1.41	-1.676924
373	ibuprofen	10.378	9.5267	-9.205	-3.99	-3.8965236
374	cinnamic acid	6.7486	5.8969	-6.362	-2.48	-1.712747
375	atropic acid	6.801	5.9493	-6.362	-2.057	-1.7125374
376	diphenylacetic acid	9.558	8.7063	-9.34	-3.22	-4.0035034
377	1-naphthaleneacetic acid	8.4557	7.604	-7.851	-2.65	-2.8569156
378	o-phthalic acid	7.7236	6.0203	-5.279	-2.11	0.5232328
379	m-phthalic acid	7.7236	6.0203	-5.279	-3.22	0.5232328
380	p-phthalic acid	7.7236	6.0203	-5.279	-3.94	0.5232328
381	diphenic acid	11.033	9.3297	-9.024	-2.28	-2.3584146
382	dodecanoic acid methyl ester	10.985	10.388	-10.153	-5.44	-5.043443
383	3-methylbutylformate	5.9831	5.3854	-5.099	-1.521	-1.155562
384	dihydro-2(3h)-furanone	4.0355	3.4378	-2.933	1.07	0.5109656
385	methallyl acetate	5.776	5.1783	-5.144	-0.93	-1.1911754
386	malonic acid diethylester	7.9497	6.7543	-5.866	-0.86	-0.761554
387	ethyl succinate	8.6569	7.4614	-6.588	-0.96	-1.3166674
388	dimethyl carbate	9.9996	8.8042	-7.355	-1.2	-1.9043514
389	glyceryl triacetate	10.734	8.9411	-7.355	-0.575	-0.9227088
390	aceticacid,benzylester	7.0081	6.4104	-6.678	-1.685	-2.372029
391	butyl benzoate	8.4223	7.8246	-8.122	-3.48	-3.4825842
392	ethyl cinnamate	8.1628	7.5651	-8.167	-3	-3.5184072
393	coumarin	6.3783	5.7806	-6.001	-1.8	-1.8512272
394	benzoeseaurephenylester	8.6877	8.09	-8.979	-2.85	-4.1439836
395	dimethyl-phthalate	9.1378	7.9424	-7.445	-1.646	-1.9773686
396	dimethyl-terephthalate	9.1378	7.9424	-7.445	-3.73	-1.9773686
397	diethyl phthalate	10.552	9.3566	-8.889	-2.35	-3.0879238
398	o-dibutyl phthalate	13.38	12.185	-11.777	-4.4	-5.309691
399	diisobutyl phthalate	13.707	12.511	-11.777	-4.238	-5.306745
400	di(2-ethylhexyl)phthalate	19.364	18.168	-17.553	-6.11	-9.748965
401	diallyl phthalate	11.121	9.9255	-10.423	-3.13	-4.271266
402	benzyl butyl phthalate	14.353	13.158	-13.356	-3.49	-6.526366

Fortsetzung auf nächster Seite

Nr	Name	Deskriptoren			Ergebnis $[log(S_W)]$	
		$^0\chi$	$^0\chi^v$	$\bar{\bar{\Phi}}$	Labor	QSAR
403	phthalic anhydride	6.4307	5.5341	-5.279	-1.378	-0.8033134
404	2-acetylsalicylic acid	8.4307	6.9814	-6.362	-1.593	-0.7271498
405	phenyl(propionyloxy)acetic acid	9.7925	8.3432	-7.806	-1.6	-1.8379146
406	(benzoyloxy)(phenyl)acetic acid	11.472	10.023	-10.107	-1.51	-3.610361
407	2-butoxyethanol	6.2426	5.391	-4.693	-0.37	-0.4247978
408	diethyleneglycolemonoethylether	6.9497	5.7992	-4.693	0.85	0.0676288
409	diethyleneglycolemonobutylether	8.364	7.2135	-6.137	0.79	-1.042926
410	1-methoxy-2-propanol	4.9916	4.1399	-3.249	1.05	0.686574
411	2-phenoxyethanol	6.5081	5.6564	-5.55	-0.714	-1.086033
412	o-methoxyphenol	6.0165	5.1649	-4.828	-0.7	-0.5300572
413	4-methyl-2-methoxyphenol	6.9392	6.0875	-5.55	-1.13	-1.0843086
414	eugenol	7.9307	7.0791	-7.039	-1.824	-2.2315034
415	3-hydroxytetrahydrofuran	4.4058	3.5541	-2.527	1.05	1.2423368
416	diosgenin	20.681	19.531	-15.568	-7.317	-8.28464
417	d-fructose	9.3534	6.2906	-2.527	0.64	4.883909
418	d-glucose	9.301	6.2382	-2.527	0.74	4.8836994
419	2-furanmethanol	4.6463	3.7946	-3.339	1.01	0.6156228
420	maltose	17.361	12.043	-5.054	0.29	6.656586
421	raffinose	25.37	17.795	-7.581	-0.41	8.432217
422	salicin	14.025	10.663	-6.994	-0.85	1.939694
423	arabinose, l	7.7236	5.2136	-1.919	0.39	4.4418874
424	m-hydroxybenzaldehyde	5.5939	4.7422	-4.873	-1.23	-0.5663688
425	2-hydroxybenzaldehyd	5.5939	4.7422	-4.873	-0.94	-0.5663688
426	p-hydroxybenzaldehyde	5.5939	4.7422	-4.873	-1.16	-0.5663688
427	deoxycorticosterone	16.165	15.014	-11.756	-3.45	-5.35439
428	stanolone	14.458	13.606	-10.222	-4.74	-4.665198
429	androsterone	14.458	13.606	-10.222	-4.4	-4.665198
430	testosterone	14.251	13.399	-10.267	-4.08	-4.700811
431	prasterone	14.251	13.399	-10.267	-4.12	-4.700811
432	pregnenolone	15.828	14.976	-11.711	-4.652	-5.810715
433	11-alpha-hydroxyprogesterone	16.328	15.178	-11.756	-3.82	-5.355376
434	17-methyltestosterone	15.173	14.322	-10.989	-3.95	-5.256867
435	norethindrone	14.328	13.476	-9.545	-4.63	-4.142397
436	ethisterone	15.251	14.399	-10.267	-5.7	-4.696811
437	17-alpha-hydroxyprogesterone	16.38	15.23	-11.756	-4.74	-5.355168
438	3,11-dihydroxy-androstan-17-one	15.328	13.924	-9.861	-3.593	-3.478489
439	corticosterone	17.035	15.332	-11.395	-3.24	-4.167681
440	cortisone	17.588	15.585	-11.44	-3.11	-3.708854
441	prednisone	17.328	15.326	-11.485	-3.48	-3.746317
442	hydrocortisone	17.958	15.702	-11.034	-2.97	-2.979122
443	prednisolone	17.698	15.442	-11.079	-3.18	-3.014947
444	methylprednisolone	18.569	16.312	-11.801	-3.49	-3.567931
445	estrone	12.914	12.062	-9.635	-5.53	-4.217623
446	equilin	12.707	11.855	-9.68	-5.28	-4.253236
447	equilenin	12.5	11.648	-9.725	-5.24	-4.288849

Fortsetzung auf nächster Seite

Nr	Name	Deskriptoren			Ergebnis $[log(S_W)]$	
		${}^0\chi$	${}^0\chi^v$	$\bar{\Phi}$	Labor	QSAR
448	aldosterone	17.32	15.317	-10.673	-3.85	-3.117035
449	eriodictyol	13.585	10.777	-8.257	-3.615	0.054183
450	hematein	14.138	11.329	-7.243	-2.7	0.841855
451	1,2-dihydroxy-9,10-anthracenedione	10.878	9.175	-8.302	-2.779	-1.80142
452	3,5,7,2',4'-pentahydroxyflavon	14.301	10.939	-7.941	-3.08	1.208767
453	gentisin	12.008	10.006	-8.257	-2.93	-1.272353
454	citric acid	9.5355	6.4278	-3.745	1.1	4.0166696
455	chenodeoxycholic acid	19.897	17.94	-14.124	-3.64	-5.849698
456	hyodeoxycholic acid	19.897	17.94	-14.124	-3.817	-5.849698
457	deoxycholic acid	19.897	17.94	-14.124	-3.95	-5.849698
458	ursodeoxycholic acid	19.897	17.94	-14.124	-4.29	-5.849698
459	l-tartaric acid	7.5689	4.7601	-2.256	0.84	4.670202
460	dl-tartaric acid	7.5689	4.7601	-2.256	0.77	4.670202
461	cholic acid	20.767	18.257	-13.763	-3.37	-4.661351
462	hyocholic acid	20.767	18.257	-13.763	-4.346	-4.661351
463	dl-tropic acid	7.8783	6.4739	-5.956	-0.93	-0.4890676
464	d,l-mandelic acid	7.1712	5.7668	-5.234	0.05	0.06621
465	d,l-mandelic	7.1712	5.7668	-5.234	0.05	0.06621
466	benzilic acid	10.481	9.0762	-8.979	-2.21	-2.8147806
467	salicylic acid	6.5165	5.1121	-4.512	-1.82	0.6216972
468	p-hydroxybenzoic acid	6.5165	5.1121	-4.512	-1.41	0.6216972
469	3,4,5-trihydroxybenzoic acid	8.3618	5.8518	-3.79	-1.16	2.9981572
470	vanillic acid	8.1463	6.443	-5.234	-2.05	0.5597086
471	prostaglandin e2	17.397	15.141	-12.523	-2.47	-4.132363
472	methylparaben	7.2236	6.0731	-5.595	-1.84	-0.6285216
473	methyl salicylate	7.2236	6.0731	-5.595	-2.337	-0.6285216
474	ethyl-p-hydroxybenzoate	7.9307	6.7802	-6.317	-2.22	-1.1837992
475	propylparaben	8.6378	7.4873	-7.039	-2.59	-1.7390768
476	butylparaben	9.3449	8.1944	-7.761	-2.89	-2.2943544
477	benzoic acid,2-hydroxy,3-methylbutyl ester	10.215	9.0647	-8.483	-3.157	-2.8493076
478	phenyl salicylate	9.6104	8.4599	-8.618	-2.73	-2.9557534
479	ethyl biscoumacetate	18.646	15.747	-13.491	-3.42	-3.822397
480	phenolphthalein	14.342	12.639	-12.002	-2.89	-4.647664
481	methyl gallate	9.0689	6.8128	-4.873	-1.24	1.7479384
482	propyl gallate	10.483	8.2271	-6.317	-1.78	0.6370552
483	cortisone acetate	19.502	17.455	-13.29	-4.3	-5.059176
484	hydrocortisone acetate	19.872	17.571	-12.884	-4.34	-4.327806
485	hydrocortisone tebutate	23.079	20.778	-15.772	-5.511	-6.547402
486	prednisolone acetate	19.613	17.312	-12.929	-4.37	-4.363627
487	prednisolone-21-trimethylacetate	22.113	19.812	-15.095	-4.583	-6.027945
488	warfarin	14.102	12.653	-11.304	-4.74	-4.525122
489	gibberellic acid	16.621	14.066	-9.927	0.489	-1.638997
490	p-methoxybenzaldehyde	6.301	5.7032	-5.956	-1.49	-1.8165876
491	furfural	4.2236	3.6259	-3.745	-0.096	-0.115958
492	5-methyl-2-furfural	5.1463	4.5485	-4.467	-0.36	-0.6702094

Fortsetzung auf nächster Seite

Nr	Name	Deskriptoren $^0\chi$	$^0\chi^v$	$\bar{\Phi}$	Ergebnis $[log(S_W)]$ Labor	QSAR
493	piperonal	6.6378	5.7413	-5.234	-1.63	-0.7678638
494	rotenone	18.405	16.612	-14.078	-6.29	-6.08874
495	khellin	12.268	10.773	-8.934	-2.4	-2.6251
496	phenoxyacetic acid	7.0081	5.8576	-5.595	-1.1	-0.6293836
497	naproxen	10.956	9.8052	-9.295	-4.16	-3.4732006
498	endothal	8.8449	6.8428	-4.422	-0.27	1.6796134
499	2-furoic acid	5.1463	3.9958	-3.384	-0.48	1.0722722
500	opianic acid	10.06	8.3123	-7.084	-1.92	-0.7899594
501	methoprene	16.336	15.44	-14.575	-5.346	-7.950483
502	methyl-4-methoxybenzoate	7.9307	7.0341	-6.678	-2.41	-1.8787404
503	osthole	11.715	10.819	-10.378	-4.309	-4.724686
504	meconin	9.1902	7.9948	-6.678	-1.89	-1.384268
505	ammoidin	9.7152	8.5197	-7.49	-3.66	-2.0096802
506	ketoprofen	11.688	10.537	-10.829	-3.7	-4.655727
507	fenbufen	11.525	10.374	-10.829	-5.1	-4.656379
508	stanolone	16.372	15.475	-12.072	-4.74	-6.013882
509	prasterone acetate	16.165	15.268	-12.117	-4.46	-6.049495
510	testosterone acetate	16.165	15.268	-12.117	-5.15	-6.049495
511	17-amethyltestosterone acetate	17.088	16.191	-12.839	-5.28	-6.603909
512	testosterone propionate	16.872	15.975	-12.839	-5.37	-6.604773
513	santonin	11.922	11.026	-8.552	-3.09	-3.31236
514	norethindrone acetate	16.242	15.346	-11.395	-4.784	-5.492719
515	deoxycorticosterone acetate	18.079	16.884	-13.606	-4.63	-6.704712
516	megestrol acetate	18.958	17.762	-14.373	-5.284	-7.292449
517	2,2,2-trifluoroethanol	5.2071	2.7882	-8.582	0.52	-0.8678994
518	2-chloroethanol	3.4142	2.9953	-2.407	1.09	0.622204
519	1,1,1-trifluoro-2-propanol	6.0774	3.6585	-9.304	0.309	-1.4225242
520	1,3-dichloro-2-propanol	4.9916	4.7066	-3.731	-0.07	-0.6142666
521	1-hydroxychlordene	12.387	12.637	-9.117	-5.46	-5.624393
522	2,2,2-trichloro-1,1-ethanediol	6.0774	5.3735	-3.25	1.46	0.4480478
523	2,6-dichlorobenzyl alcohol	6.9392	6.6542	-6.032	-2.102	-2.3851492
524	3-chlorophenol	5.3094	4.8905	-4.708	-0.7	-1.1488882
525	4-chlorophenol	5.3094	4.8905	-4.708	-0.729	-1.1488882
526	4-chloro-3-methylphenol	6.2321	5.8132	-5.43	-1.57	-1.7033034
527	chloroxylenol	7.1547	6.7358	-6.152	-2.7	-2.257719
528	2,6-dichlorophenol	6.2321	5.9471	-5.31	-1.93	-1.8298716
529	2,3-dichlorophenol	6.2321	5.9471	-5.31	-1.656	-1.8298716
530	3,4-dichlorophenol	6.2321	5.9471	-5.31	-1.25	-1.8298716
531	3,5-dichlorophenol	6.2321	5.9471	-5.31	-1.481	-1.8298716
532	2,4,5-trichlorophenol	7.1547	7.0036	-5.912	-2.216	-2.5108554
533	2,3,5-trichlorophenol	7.1547	7.0036	-5.912	-2.67	-2.5108554
534	2,3,6-trichlorophenol	7.1547	7.0036	-5.912	-2.642	-2.5108554
535	2,3,4,5-tetrachlorophenol	8.0774	8.0601	-6.514	-3.1	-3.191675
536	2,3,4,6-tetrachlorophenol	8.0774	8.0601	-6.514	-3.1	-3.191675
537	2,3,5,6-tetrachlorophenol	8.0774	8.0601	-6.514	-3.37	-3.191675

Fortsetzung auf nächster Seite

Nr	Name	Deskriptoren $^0\chi$	$^0\chi^v$	$\bar{\Phi}$	Ergebnis $[log(S_W)]$ Labor	QSAR
538	4-bromophenol	5.3094	5.7206	-3.745	-1.09	-1.764193
539	dichlorophen	11.171	10.333	-9.416	-3.953	-4.07824
540	hexachlorophene	14.862	14.56	-11.824	-4.33	-6.802828
541	2,2'-dichloroethylether	5.5355	5.5045	-4.814	-1.14	-1.865302
542	2-chloroanisole	6.0165	5.8515	-5.791	-2.46	-2.399107
543	3-chloroanisole	6.0165	5.8515	-5.791	-2.78	-2.399107
544	4-chloroanisole	6.0165	5.8515	-5.791	-2.78	-2.399107
545	methoxychlor	14.11	13.914	-12.906	-6.54	-7.81585
546	dieldrin	13.378	13.883	-9.433	-5.91	-6.282387
547	endrin	13.378	13.883	-9.433	-5.91	-6.282387
548	heptachlor epoxide	13.094	13.732	-9.313	-6.289	-6.408617
549	trifluoroacetic acid	5.7071	2.9894	-8.627	0.94	-0.41125
550	chloroacetic acid	3.9142	3.1965	-2.452	1.81	1.0788534
551	dichloroacetic acid	4.7845	4.2006	-3.054	0.89	0.3978242
552	trichloroacetic acid	5.7071	5.2571	-3.656	0.87	-0.2831596
553	beta-iodopropionic acid	4.6213	5.3051	-0.737	-0.43	0.1117198
554	3-fluorobenzoic acid	6.5165	5.0428	-7.132	-1.97	-1.2900494
555	2-fluorobenzoic acid	6.5165	5.0428	-7.132	-1.29	-1.2900494
556	2-(trifluoromethyl)benzoic acid	9.0165	6.2988	-12.372	-1.598	-3.2928974
557	m-chlorobenzoic acid	6.5165	5.7988	-5.475	-2.59	-1.2475164
558	p-chlorobenzoic acid	6.5165	5.7988	-5.475	-3.31	-1.2475164
559	o-chlorobenzoic acid	6.5165	5.7988	-5.475	-1.89	-1.2475164
560	2,3,6-trichlorophenylacetic acid	9.0689	8.6189	-7.401	-3.08	-3.1645974
561	o-bromobenzoicacid	6.5165	6.6288	-4.512	-2.28	-1.8626574
562	p-bromobenzoicacid	6.5165	6.6288	-4.512	-3.525	-1.8626574
563	2-iodobenzoic acid	6.5165	7.2003	-3.038	-2.73	-1.6593724
564	3-iodobenzoic acid	6.5165	7.2003	-3.038	-3.27	-1.6593724
565	flurbiprofen	11.403	9.9296	-12.321	-4.48	-5.2820918
566	2-bromoethylacetate	5.3284	5.6947	-3.294	-0.674	-1.3419478
567	chlorfenprop-methyl	9.5081	9.1781	-8.604	-3.77	-4.2893196
568	tert-butyl hypochlorite	5.2071	5.0421	-4.212	-1.53	-1.1817776
569	4,5-dichloroguaiacol	7.8618	7.2779	-6.032	-2.53	-1.8918606
570	tetrachloroguaiacol	9.7071	9.391	-7.236	-4.02	-3.2538278
571	triclosan	11.171	10.721	-9.657	-4.46	-4.900077
572	chloralose	12.793	10.639	-5.777	-1.84	0.896803
573	fluoromethalone	18.784	16.459	-14.421	-4.099	-5.480947
574	fludrocortisone	18.88	16.002	-13.293	-3.434	-3.702805
575	betamethasone	19.491	16.613	-14.06	-3.77	-4.293252
576	dexamethasone	19.491	16.613	-14.06	-3.6	-4.293252
577	triamcinolone	19.491	16.06	-12.977	-3.69	-2.550279
578	triamcinolone acetonide	21.405	18.482	-15.143	-4.31	-5.049045
579	3,5-diiodosalicylic acid	8.3618	10.028	-0.842	-3.31	-1.5636544
580	chloropropylate	14.61	13.728	-12.71	-4.53	-6.538674
581	bromopropylate	14.61	15.388	-10.784	-4.93	-7.768956
582	betamethasone valerate	23.527	20.604	-18.076	-4.71	-7.307766

Fortsetzung auf nächster Seite

Nr	Name	Deskriptoren			Ergebnis $[log(S_W)]$	
		$^0\chi$	$^0\chi^v$	$\bar{\Phi}$	Labor	QSAR
583	dexamethasone acetate	21.405	18.482	-15.91	-4.9	-5.641936
584	triamcinolone diacetate	23.32	19.799	-16.677	-4.13	-5.247643
585	griseofulvin	16.182	14.523	-10.688	-3.4	-3.696654
586	phenoxyaceticacid,p-chloro	7.9307	6.9141	-6.197	-2.29	-1.3103674
587	2-chlorophenoxyacetic acid	7.9307	6.9141	-6.197	-2.16	-1.3103674
588	2-(3-chlorophenoxy)propanoic acid	8.801	7.7844	-6.919	-2.223	-1.8649922
589	(4chloro2methylphenoxy)acetic acid	8.8534	7.8368	-6.919	-2.13	-1.8647826
590	mecoprop	9.7236	8.707	-7.641	-2.38	-2.4194078
591	2,4-dichlorophenoxyaceticacid	8.8534	7.9707	-6.799	-2.85	-1.9913508
592	dicamba	9.0689	8.1862	-6.799	-1.7	-1.9904888
593	a-(2,4-dichlorophenoxy)propionic ac	9.7236	8.8409	-7.521	-2.45	-2.545976
594	4-(2,4-dichlorophenoxy)propionic ac	10.268	9.3849	-8.243	-3.73	-3.1012492
595	2,4,5-trichlorophenoxyaceticacid	9.776	9.0272	-7.401	-2.96	-2.6723346
596	2(245trichlorophenoxy)propionic ac.	10.646	9.8974	-8.123	-3.28	-3.2272882
597	alclofenac	9.8449	8.8283	-8.408	-3.13	-3.0118136
598	fenclofenac	12.163	11.28	-10.544	-3.85	-4.872506
599	chlorflurecol-methyl	11.956	10.939	-9.942	-4.1	-4.188496
600	permethrin	16.757	16.128	-15.282	-7.75	-8.932656
601	diclofopmethyl	14.447	13.52	-12.349	-5.63	-6.186563
602	delmadinone acetate	18.698	17.637	-14.298	-4.95	-7.456644
603	methylamine	2	1.5774	-1.169	1.541	1.5795818
604	ethylamine	2.7071	2.2845	-1.891	1.346	1.0243042
605	propylamine	3.4142	2.9916	-2.613	1.45	0.4690266
606	2-propanamine	3.5774	3.1547	-2.613	1.23	0.4698432
607	butylamine	4.1213	3.6987	-3.335	1.01	-0.086251
608	2-methyl-1-propylamin	4.2845	3.8618	-3.335	1.14	-0.0854344
609	dl-sec-butylamine	4.2845	3.8618	-3.335	0.185	-0.0854344
610	heptylamine	6.2426	5.82	-5.501	-1.58	-1.7520838
611	octylamine	6.9497	6.5271	-6.223	-1.94	-2.3073614
612	t-butylamin	4.5	4.0774	-3.335	1.14	-0.0847362
613	dimethylamine	2.7071	2.5	-1.694	1.558	0.8235962
614	diethylamine	4.1213	3.9142	-3.138	1.05	-0.286959
615	dipropylamine	5.5355	5.3284	-4.582	-0.37	-1.3975142
616	n-ethyl-1-butanamine	5.5355	5.3284	-4.582	-0.37	-1.3975142
617	diisobutylamine	7.276	7.0689	-6.026	-1.41	-2.5067642
618	2-methylaziridine	2.9916	2.7845	-1.694	1.24	0.8247342
619	pyrrolidine	3.5355	3.3284	-2.416	1.15	0.2688038
620	3-ethylpiperidine	5.82	5.6129	-4.582	-0.346	-1.3963762
621	piperazine	4.2426	3.8284	-1.944	1.065	0.975718
622	2-methylpiperazine	5.1129	4.6987	-2.666	0.64	0.4210932
623	trans-2,5-dimethylpiperazine	5.9831	5.5689	-3.388	0.486	-0.133532
624	2,6-dimethylaniline	6.2321	5.8094	-5.636	-1.42	-1.856317
625	3,4-dimethylaniline	6.2321	5.8094	-5.636	-1.504	-1.856317
626	2,6-diethylaniline	7.6463	7.2236	-7.08	-2.35	-2.9668722
627	1-naphtylamine	6.5415	6.1188	-6.448	-1.93	-2.4827554

Fortsetzung auf nächster Seite

Nr	Name	Deskriptoren			Ergebnis $[log(S_W)]$	
		$^0\chi$	$^0\chi^v$	$\bar{\Phi}$	Labor	QSAR
628	2-aminoanthracene	8.6962	8.2735	-8.704	-5.17	-4.2180246
629	6-aminochrysene	10.851	10.428	-10.96	-6.2	-5.952802
630	p-phenylenediamine	5.3094	4.4641	-3.917	-0.47	0.160998
631	o-phenylenediamine	5.3094	4.4641	-3.917	-0.3	0.160998
632	di-(p-aminophenyl)methane	9.3259	8.4806	-8.384	-2.3	-3.275927
633	p,p'-biphenyldiamine	8.6188	7.7735	-7.662	-2.76	-2.7206494
634	o-tolidine	10.464	9.6188	-9.106	-2.21	-3.8296444
635	n-methylaniline	5.0939	4.8868	-4.717	-1.28	-1.5036356
636	n-ethylaniline	5.801	5.5939	-5.439	-1.65	-2.0589132
637	indoline	5.4307	5.2236	-4.717	-1.04	-1.5022884
638	diphenylamine	7.4806	7.2735	-7.74	-3.5	-3.8308678
639	13h-dibenzo(a,i)carbazole	12.464	12.257	-11.35	-7.41	-6.601628
640	methylhydrazine	2.7071	2.0774	-0.697	1.34	2.286496
641	phenylhydrazine	5.0939	4.4641	-3.72	0.13	-0.040572
642	hydrazobenzene	8.1877	7.7735	-7.268	-2.92	-3.1239536
643	pyrrole	3.0165	2.8094	-2.506	-0.15	0.1971578
644	indole	5.1712	4.9641	-4.762	-1.8	-1.5381114
645	3-methylindole	6.0939	5.8868	-5.484	-2.46	-2.0925266
646	carbazole	7.3259	7.1188	-7.018	-4.97	-3.2733806
647	1,2,7,8-dibenzocarbazole	11.635	11.428	-11.53	-7.41	-6.744084
648	etryptamine	9.0854	8.4557	-7.375	-2.57	-2.8500848
649	trans-4-hydroxy-2-methylquinoline	8.552	7.7921	-5.665	-1.2	-1.3171208
650	ethambutol	10.812	9.2918	-6.276	0.55	-0.5350124
651	diisopropanolamine	7.276	5.9633	-3.86	0.81	0.9785266
652	phenyl ethanolamine	6.6712	5.6958	-5.275	-0.48	-0.670185
653	o-aminophenol	5.3094	4.334	-3.831	-0.72	0.4405798
654	p-aminophenol	5.3094	4.334	-3.831	-0.8	0.4405798
655	tyramine	6.7236	5.7482	-5.275	-1.12	-0.6699754
656	ephedrine	8.2486	7.4887	-6.522	-0.41	-1.9807954
657	albuterol	12.431	10.565	-7.966	-1.224	-1.268486
658	morpholine	4.2426	3.7367	-2.416	1.67	0.7610666
659	pelletierine	7.0271	6.5211	-4.335	-0.45	-0.7110186
660	maminoacetophenone	6.5165	5.795	-5.681	-1.28	-1.40053
661	p-aminoacetophenone	6.5165	5.795	-5.681	-1.606	-1.40053
662	p-aminopropiophenone	7.2236	6.5021	-6.403	-2.627	-1.9558076
663	4(1h)pyridone	4.2236	3.7176	-3.273	1.02	0.0986934
664	glycine	3.9142	2.6399	-1.575	0.52	2.6684852
665	(l)-alanine	4.7845	3.5102	-2.297	0.25	2.1138604
666	(d)-alanine	4.7845	3.5102	-2.297	0.27	2.1138604
667	alpha-aminoisobutyric acid	5.4916	4.2173	-3.019	0.2	1.5585828
668	2-aminobutanoic acid	5.7071	4.4328	-3.019	0.31	1.5594448
669	beta-aminobutyric acid	5.4916	4.2173	-3.019	1.08	1.5585828
670	norleucine	6.9058	5.6315	-4.463	-1.06	0.4480276
671	(d)-valine	6.3618	5.0875	-3.741	-0.3	1.0039576
672	(l)-isoleucine	7.0689	5.7946	-4.463	-0.59	0.44868

Fortsetzung auf nächster Seite

Nr	Name	Deskriptoren			Ergebnis $[log(S_W)]$	
		$^0\chi$	$^0\chi^v$	$\bar{\Phi}$	Labor	QSAR
673	11-aminoundecanoic acid	10.278	9.0039	-8.073	-2.7	-2.3293412
674	(l)-leucine	7.0689	5.7946	-4.463	-0.8	0.44868
675	(dl)-isoleucine	7.0689	5.7946	-4.463	-0.59	0.44868
676	l-aspartic acid	6.6987	4.5727	-2.703	-1.39	3.2027638
677	o-aminobenzoic acid	6.5165	5.2422	-4.598	-1.45	0.3421154
678	p-aminobenzoic acid	6.5165	5.2422	-4.598	-1.4	0.3421154
679	(l)-phenyl alanine	7.8783	6.604	-6.042	-1.07	-0.7686494
680	n-methylanthranilic acid	7.2236	6.1649	-5.123	-2.88	-0.414034
681	mefenamic acid	11.456	10.397	-9.59	-4.08	-3.849604
682	methyl p-aminobenzoate	7.2236	6.2032	-5.681	-1.6	-0.9081034
683	ethyl-p-aminobenzoate	7.9307	6.9104	-6.403	-2.1	-1.4635448
684	risocaine	8.6378	7.6175	-7.125	-2.33	-2.0188224
685	4-aminobenzoic acid butyl ester	9.3449	8.3246	-7.847	-2.76	-2.5741
686	pentyl p-aminobenzoate	10.052	9.0317	-8.569	-3.35	-3.1293776
687	hexyl p-aminobenzoate	10.759	9.7388	-9.291	-3.95	-3.6848194
688	heptyl p-aminobenzoate	11.466	10.446	-10.013	-4.6	-4.240425
689	octyl p-aminobenzoate	12.173	11.153	-10.735	-5.4	-4.795703
690	amylsin	12.173	10.946	-9.541	-3.27	-3.533675
691	guanidinoacetic acid	5.8284	4.1399	-1.398	-1.51	3.4914226
692	indole-3-aceticacid	8.0081	6.9493	-5.89	-2.067	-1.0036232
693	(l)-arginine	8.82	6.7088	-3.289	0	2.7340286
694	(l)-tryptophan	9.5854	8.104	-6.337	-1.5	-0.6506262
695	propranolol	12.525	11.466	-10.222	-0.71	-4.333864
696	(l)-serine	5.4916	3.6645	-1.936	0.61	3.3012282
697	threonine	6.3618	4.5347	-2.658	-0.09	2.746603
698	(l)-tyrosine	8.801	6.9739	-5.681	-2.59	0.4195808
699	dl-3-(3,4-dihydroxyphenyl)alanine	9.7236	7.3437	-5.32	-1.6	1.6078106
700	anisomycin	12.784	11.128	-8.733	-1.61	-2.203945
701	natamycin	32.264	26.433	-19.534	-3.21	-3.636548
702	3-trifluoromethylaniline	7.8094	5.5206	-11.691	-1.47	-3.473851
703	p-chloroaniline	5.3094	5.0206	-4.794	-1.66	-1.42847
704	3,4-dichloroaniline	6.2321	6.0772	-5.396	-2.35	-2.1094534
705	3,3'-dichlorobenzidine	10.464	9.8866	-8.866	-4.91	-4.0827808
706	iodol	6.7071	12.642	4.834	-3.46	-4.1748558
707	2,3,5-trichloro-4-hydroxypyridine	6.9916	6.8873	-5.079	-2.54	-1.9442572
708	3-amino-2,5-dichlorobenzoic acid	8.3618	7.3553	-5.802	-2.47	-1.0198518
709	flufenamicacid	13.033	10.108	-15.645	-3.3	-5.467303
710	diclofenac	12.163	11.372	-10.072	-5.1	-4.658346
711	chloramben methyl ester	9.0689	8.3163	-6.885	-3.26	-2.2700706
712	3,5-diiodotyrosine	10.646	11.89	-2.011	-2.86	-1.766591
713	rathyronine	15.585	18.066	-3.921	-5.22	-5.249471
714	acetamide	3.2071	2.4856	-1.936	1.08	1.4811174
715	2-pyrrolidone	4.0355	3.5296	-2.461	1.07	0.7254532
716	acrylamide	3.4916	2.7701	-2.703	0.954	0.8893644
717	succinimide	4.5355	3.7307	-2.506	0.4	1.1822664

Fortsetzung auf nächster Seite

Nr	Name	Deskriptoren			Ergebnis $[log(S_W)]$	
		$^0\chi$	$^0\chi^v$	$\bar{\bar{\Phi}}$	Labor	QSAR
718	2,5-piperazinedione	5.2426	4.2307	-2.034	-0.83	1.8891806
719	formanilid	5.3783	4.8723	-4.762	-0.68	-1.0476848
720	benzamide	5.5939	4.8723	-4.959	-0.95	-0.8459506
721	acetanilide	6.301	5.795	-5.484	-1.41	-1.6021
722	propionanilide	7.0081	6.5021	-6.206	-1.9	-2.1573776
723	3-methylacetanilide	7.2236	6.7176	-6.206	-2.091	-2.1565156
724	phthalimide	6.4307	5.6259	-4.807	-2.39	-0.5888258
725	glutethimide	10.129	9.3246	-8.417	-2.34	-3.3652178
726	n-benzoylbenzamide	9.8948	9.09	-9.274	-2.273	-4.0279604
727	phthalamide	7.7236	6.2806	-5.451	-2.92	-0.0360946
728	primidone	10.129	9.1175	-7.223	-2.64	-2.103026
729	urea	3.2071	2.0629	-0.939	0.96	2.944181
730	methylurea	3.9142	2.9856	-1.464	1.13	2.1880316
731	benzylurea	7.0081	6.0795	-5.209	-0.946	-0.6944778
732	siduron	10.991	10.278	-8.622	-4.111	-3.669948
733	diphenylurea	9.3948	8.6818	-8.035	-3.15	-3.2225818
734	o-methyl-carbamate	3.9142	2.8938	-1.936	0.97	1.973544
735	o-ethyl carbamate	4.6213	3.601	-2.658	0.73	1.4181026
736	o-butyl carbamate	6.0355	5.0152	-4.102	-0.66	0.3075474
737	o-pentylcarbamate	6.7426	5.7223	-4.824	-1.47	-0.2477302
738	o-hexyl carbamate	7.4497	6.4294	-5.546	-1.92	-0.8030078
739	o-heptyl carbamate	8.1569	7.1365	-6.268	-2.62	-1.3581212
740	o-octyl carbamate	8.864	7.8436	-6.99	-3.3	-1.9133988
741	o-t-butyl carbamate	6.4142	5.3938	-4.102	0.1	0.309226
742	o-isobutyl carbamate	6.1987	5.1783	-4.102	-0.3	0.308364
743	2,2-dimethyl-1-propanol carbamate	7.1213	6.101	-4.824	-0.8	-0.2462154
744	meprobamate	11.157	9.1161	-6.76	-1.82	-0.0548578
745	o-benzyl carbamate	7.0081	5.9877	-5.681	-0.35	-0.9089654
746	m-tolyl methylcarbamate	7.9307	7.1259	-6.206	-1.85	-1.6642528
747	n-methylcarbamate,3,5-dimethylphenyl	8.8534	8.0485	-6.928	-2.53	-2.2185042
748	n-methyl-2-isopropylphenylcarbam	9.5081	8.7032	-7.65	-2.86	-2.7739914
749	butacarb	13.853	13.049	-11.26	-4.24	-5.548616
750	carbaryl	9.1628	8.3579	-7.74	-3.39	-2.8449426
751	desmedipham	13.646	12.036	-10.246	-4.57	-3.445394
752	uracil	4.9831	3.9712	-2.079	-1.49	1.8533576
753	4-methyluracil	5.9058	4.8938	-2.801	-1.26	1.2991062
754	thymine	5.9058	4.8938	-2.801	-1.52	1.2991062
755	2,4,5-trioxoimidazolidine	5.0355	3.7247	-1.357	-0.4	2.9012714
756	7,9-diazaspiro[4.5]decane-6,8,10-trione	8.364	7.0532	-4.245	-2.35	0.6821614
757	barbital	8.9497	7.639	-4.967	-1.39	0.1262344
758	2,4-diazaspiro[5.5]undecane-1,3,5-trione	9.0711	7.7603	-4.967	-3.06	0.1268838
759	2,4-diazaspiro[5.7]tridecane-1,3,5-trione	9.7782	8.4674	-5.689	-3.17	-0.4283938
760	5-ethyl-5-butylbarbituric acid	10.364	9.0532	-6.411	-1.71	-0.9841566
761	2,4-diazaspiro[5.6]dodecane-1,3,5-trione	10.485	9.1745	-6.411	-2.98	-0.984164
762	5-ethyl-5-octyl-barbituric acid	13.192	11.882	-9.299	-3.94	-3.206579

Fortsetzung auf nächster Seite

Nr	Name	Deskriptoren			Ergebnis $[log(S_W)]$	
		$^0\chi$	$^0\chi^v$	$\bar{\Phi}$	Labor	QSAR
763	5-ethyl-5-isopropylbarbituric acid	9.82	8.5092	-5.689	-2.21	-0.4282266
764	amobarbital	11.234	9.9234	-7.133	-2.57	-1.5391102
765	5,7-diazaspiro[2.5]octane-4,6,8-trione	6.9497	5.639	-2.801	-1.89	1.7925524
766	5,5-dimethyl-2,4,6(1h,3h,5h)-pyrimidinetrione	7.5355	6.2247	-3.523	-1.74	1.2369534
767	6,8-diazaspiro[3.5]nonane-5,7,9-trione	7.6569	6.3461	-3.523	-1.66	1.237439
768	5-ethyl-5-methylbarbituric acid	8.2426	6.9319	-4.245	-1.1	0.681512
769	5-ethyl-5-propylbarbituric acid	9.6569	8.3461	-5.689	-1.54	-0.428879
770	butabarbital	10.527	9.2163	-6.411	-2.13	-0.9836684
771	5,5-dipropylbarbituric acid	10.364	9.0532	-6.411	-2.55	-0.9841566
772	5-ethyl-5-pentylbarbituric acid	11.071	9.7603	-7.133	-2.18	-1.5395984
773	pentobarbital	11.234	9.9234	-7.133	-2.39	-1.5391102
774	5-ethyl-5-n-hexylbarbituric acid	11.778	10.467	-7.855	-3.05	-2.094385
775	5-heptyl-5-ethylbarbituric acid	12.485	11.174	-8.577	-3.22	-2.649663
776	2,4-diazaspiro[5.10]hexadecane-1,3,5-trione	12.607	11.296	-8.577	-4.59	-2.649175
777	5-ethyl-5-n-nonylbarbituric acid	13.899	12.589	-10.021	-4.46	-3.761857
778	2,4-diazaspiro[5.11]heptadecane-1,3,5-trione	13.314	12.003	-9.299	-5.8	-3.204453
779	5,5-diisopropylpyrimidine-2,4,6(1h,3h,5h)-trione	10.69	9.3794	-6.411	-2.77	-0.9831802
780	5-allyl-5-methylpyrimidine-2,4,6(1h,3h,5h)-trione	8.5271	7.2163	-5.012	-1.16	0.0899228
781	ethallobarbital	9.2342	7.9234	-5.734	-1.69	-0.4653548
782	itobarbital	10.812	9.5008	-7.178	-2.12	-1.5746004
783	heptabarbital	11.856	10.545	-7.9	-3	-2.128858
784	aprobarbital	10.104	8.7937	-6.456	-1.71	-1.0208006
785	5-allyl-5-butylbarbituric acid	10.648	9.3376	-7.178	-2.17	-1.5765668
786	5-et-5(3me-2butene) barbituric acid	11.027	9.7163	-7.178	-2.25	-1.5745594
787	vinbarbital	11.027	9.7163	-7.178	-2.5	-1.5745594
788	secobarbital	11.519	10.208	-7.9	-2.36	-2.130206
789	5-methyl-5-(3-methyl)-2-butenyl)-2,4,6(1h,3h,5h)-pyrimidinetrione	10.32	9.0092	-6.456	-2.6	-1.0191176
790	talbutal	10.812	9.5008	-7.178	-2.02	-1.5746004
791	cyclobarbital	11.148	9.8376	-7.178	-2.27	-1.5745668
792	5-isopropyl-5-(3-methylbut-2-en-1-yl)pyrimidine-2,4,6(1h,3h,5h)-trione	11.897	10.587	-7.9	-2.59	-2.130332
793	5-tert-butyl-5-(3-methylbut-2-en-1-yl)pyrimidine-2,4,6(1h,3h,5h)-trione	12.82	11.509	-8.622	-3.07	-2.683108
794	reposal	12.303	10.992	-7.9	-2.77	-2.12707
795	5-(2-cyclohexylideneethyl)-5-ethylpyrimidine-2,4,6(1h,3h,5h)-trione	12.563	11.252	-8.622	-3.53	-2.684136
796	allobarbital	9.5187	8.2079	-6.501	-2.07	-1.0571078
797	5-methyl-5-phenylbarbituric acid	9.9223	8.6115	-6.546	-2.46	-1.0902784
798	phenobarbital	10.629	9.3186	-7.268	-2.34	-1.6462128
799	phenallymal	10.914	9.6031	-8.035	-2.152	-2.2371448
800	5,5-diphenyl-barbituric acid	12.309	10.998	-9.569	-4.2	-3.417183
801	ibuproxam	11.085	10.027	-8.733	-3.044	-3.190265
802	n-(4-aminophenyl)-acetamid	7.2236	6.295	-5.209	-0.98	-0.6936158
803	carbetamide	11.207	9.896	-7.945	-1.829	-2.166239
804	1-acetylurea	5.1213	3.8938	-2.231	-0.9	2.0895672
805	hydantoin	4.5355	3.5236	-1.312	-0.402	2.4444582

Fortsetzung auf nächster Seite

Nr	Name	Deskriptoren			Ergebnis $[log(S_W)]$	
		$^0\chi$	$^0\chi^v$	$\bar{\Phi}$	Labor	QSAR
806	5-ethylhydantoin	6.1129	5.101	-2.756	-0.06	1.3345558
807	phenytoin	11.102	10.09	-8.802	-3.99	-3.318882
808	o-hydroxybenzamide	6.5165	5.2422	-4.598	-1.82	0.3421154
809	p-hydroxyacetanilide	7.2236	6.1649	-5.123	-1.03	-0.414034
810	o-hydroxyacetanilide	7.2236	6.1649	-5.123	-2.235	-0.414034
811	salicylanilide	9.6104	8.5516	-8.146	-3.59	-2.741102
812	p-anisidine-n-acetate	7.9307	7.1259	-6.206	-1.99	-1.6642528
813	phenacetin	8.6378	7.833	-6.928	-2.35	-2.2195304
814	pyracarbolid	10.129	9.3246	-8.417	-2.559	-3.3652178
815	fenfuram	9.1628	8.3579	-7.74	-3.3	-2.8449426
816	4-ethoxyphenylurea	8.6378	7.4104	-5.931	-2.17	-0.7566306
817	propoxur	10.215	9.1115	-7.65	-2.05	-2.282057
818	fenoxycarb	13.853	12.45	-11.395	-4.7	-4.671809
819	carbofuran	10.768	9.6639	-7.65	-2.84	-2.2788622
820	dioxacarb	10.336	8.934	-6.928	-1.57	-1.234524
821	4-acetaminobenzaldehyde	7.5081	6.7032	-6.251	-1.58	-1.7005644
822	hippuric acid	8.2152	6.8576	-5.89	-1.68	-0.5133604
823	p-acetoxyacetanilide	9.1378	8.0341	-6.973	-1.91	-1.7627172
824	6-carboxyuracil	7.1129	5.2493	-2.485	-1.93	2.9431234
825	asparagine	6.6987	4.7029	-2.789	-0.65	2.9230182
826	(l)-glutamine	7.4058	5.41	-3.511	-0.55	2.3677406
827	cycloheximide	13.751	12.094	-8.396	-1.127	-1.937938
828	glycocholic acid	23.389	20.373	-14.78	-5.15	-4.608176
829	chloroacetamide	3.9142	3.3266	-2.538	-0.02	0.7992716
830	p-fluoroacetanilide	7.2236	6.0956	-7.743	-1.78	-2.3257806
831	o-chloroacetanilide	7.2236	6.8515	-6.086	-1.4	-2.2830838
832	p-chloroacetanilide	7.2236	6.8515	-6.086	-2.84	-2.2830838
833	propanil	8.8534	8.6152	-7.41	-3.16	-3.5193448
834	4-bromoacetanilide	7.2236	7.6816	-5.123	-3.08	-2.8983886
835	p-iodoacetanilide	7.2236	8.2531	-3.649	-3.25	-2.6951036
836	benodanil	9.6104	10.64	-6.672	-4.208	-5.0224992
837	chloropham	9.5081	8.8371	-7.53	-3.38	-2.9005596
838	barban	10.345	9.8079	-7.41	-4.24	-3.0237802
839	chlorbufam	9.5854	8.9145	-6.808	-2.62	-2.3423082
840	5-fluorouracil	5.9058	4.2718	-4.338	-1.069	1.1298412
841	butallylonal	11.734	11.387	-6.817	-2.65	-2.871219
842	carbromal	9.0355	8.772	-4.758	-2.66	-1.427179
843	diflubenzuron	13.37	11.248	-13.922	-6.02	-5.44939
844	quinonamide	12.215	11.513	-9.591	-5.026	-4.432107
845	phenylhydroxylamine	5.0939	4.334	-3.634	-0.74	0.2390098
846	3-nitropentane	6.1987	5.2553	-6.433	-1.95	-1.619625
847	2-ethylnitrobenzene	7.2236	6.2802	-8.012	-2.8	-2.8360924
848	2-nitrofluorene	9.4557	8.5123	-10.313	-5.99	-4.605837
849	2-nitronaphthalene	7.7486	6.8052	-8.824	-4.273	-3.4616684
850	1,4-dinitrobenzene	7.7236	5.8368	-8.669	-3.39	-1.7966642

Fortsetzung auf nächster Seite

Nr	Name	Deskriptoren			Ergebnis [$log(S_W)$]	
		$^0\chi$	$^0\chi^v$	$\bar{\Phi}$	Labor	QSAR
851	1,3-dinitrobenzene	7.7236	5.8368	-8.669	-2.5	-1.7966642
852	1,2-dinitrobenzene	7.7236	5.8368	-8.669	-3.1	-1.7966642
853	2,5-dinitrotoluene	8.6463	6.7595	-9.391	-2.85	-2.3510794
854	naphthalene,1,5-dinitro	9.8783	7.9915	-10.925	-3.57	-3.5319334
855	1,8-dinitronaphthalene	9.8783	7.9915	-10.925	-3.81	-3.5319334
856	3,4-dinitrotoluene	8.6463	6.7595	-9.391	-3.26	-2.3510794
857	1,3,5-trinitrobenzene	9.8534	7.0232	-10.77	-2.88	-1.8669288
858	nitroglycerol	10.734	7.0074	-9.191	-2.2	0.8254638
859	o-nitroaniline	6.5165	5.1505	-6.293	-2.057	-0.817915
860	m-nitroaniline	6.5165	5.1505	-6.293	-2.06	-0.817915
861	p-nitroaniline	6.5165	5.1505	-6.293	-2.55	-0.817915
862	2-methyl-4-nitroanilinsulfat	7.4392	6.0731	-7.015	-3.04	-1.3721664
863	2,4,6-trinitroaniline	10.776	7.5232	-10.495	-4.06	-0.9584446
864	4-nitroaniline-n-acetate	8.4307	6.9814	-7.585	-1.91	-1.6725288
865	2-nitroaniline-n-acetate	8.4307	6.9814	-7.585	-1.91	-1.6725288
866	hydroxyurea	3.9142	2.4328	-0.381	1.12	3.930677
867	p-nitrophenol	6.5165	5.0203	-6.207	-0.94	-0.5381694
868	m-nitrophenol	6.5165	5.0203	-6.207	-0.67	-0.5381694
869	o-nitrophenol	6.5165	5.0203	-6.207	-1.62	-0.5381694
870	4-methyl-2-nitrophenol	7.4392	5.943	-6.929	-2.38	-1.0925846
871	2-nitro-m-kresol	7.4392	5.943	-6.929	-1.64	-1.0925846
872	3-methyl-4-nitrophenol	7.4392	5.943	-6.929	-2.11	-1.0925846
873	4,6-dinitro-o-cresol	9.5689	7.1293	-9.03	-3	-1.1628496
874	dinoseb	11.853	9.4138	-11.196	-3.38	-2.8286864
875	2,4,6-trinitrophenol	10.776	7.393	-10.409	-1.21	-0.678699
876	styphnic acid	11.699	7.7629	-10.048	-1.6	0.5100238
877	o-nitroanisole	7.2236	5.9814	-7.29	-1.96	-1.788552
878	m-nitroanisole	7.2236	5.9814	-7.29	-2.486	-1.788552
879	p-nitroanisole	7.2236	5.9814	-7.29	-2.41	-1.788552
880	3-methyl-4'-nitrodiphenyl ether	10.533	9.2908	-11.035	-4.661	-4.6701994
881	isosorbide dinitrate	10.966	7.884	-7.812	-2.63	0.836504
882	o-nitrobenzoic acid	7.7236	5.9286	-6.974	-1.35	-0.6367976
883	m-nitrobenzoic acid	7.7236	5.9286	-6.974	-1.68	-0.6367976
884	p-nitrobenzoic acid	7.7236	5.9286	-6.974	-2.8	-0.6367976
885	3,4-dinitrobenzoic acid	9.8534	7.1149	-9.075	-1.5	-0.7068984
886	medinoterb acetate	14.906	12.421	-13.768	-4.472	-4.72961
887	nifedipine	16.629	14.283	-13.496	-4.76	-4.740144
888	nitroguanidine	5.1213	3.3411	-2.371	-1.37	2.8866698
889	chloropicrin	5.7071	5.1654	-5.351	-1.86	-1.44319
890	1,1-dichloro-1-nitroethane	5.7071	5.0315	-5.471	-1.76	-1.3166218
891	o-chloronitrobenzene	6.5165	5.707	-7.17	-2.55	-2.407383
892	p-chloronitrobenzene	6.5165	5.707	-7.17	-2.92	-2.407383
893	2,4-dichloronitrobenzene	7.4392	6.7635	-7.772	-3.01	-3.0882026
894	m-chloronitrobenzene	6.5165	5.707	-7.17	-2.77	-2.407383
895	2,3,4-trichloronitrobenzene	8.3618	7.8201	-8.374	-3.94	-3.7693502

Fortsetzung auf nächster Seite

Nr	Name	Deskriptoren $^0\chi$	$^0\chi^v$	$\bar{\Phi}$	Ergebnis $[log(S_W)]$ Labor	QSAR
896	2,4,5-trichloronitrobenzene	8.3618	7.8201	-8.374	-3.89	-3.7693502
897	2,3-dichloronitrobenzene	7.4392	6.7635	-7.772	-3.48	-3.0882026
898	3,4-dichloronitrobenzene	7.4392	6.7635	-7.772	-3.2	-3.0882026
899	2,4,6-trichloronitrobenzene	8.3618	7.8201	-8.374	-4.559	-3.7693502
900	2,3,4,5-tetrachloronitrobenzene	9.2845	8.8766	-8.976	-4.55	-4.4501698
901	2,5-dichloronitrobenzene	7.4392	6.7635	-7.772	-3.32	-3.0882026
902	pentachloronitrobenzene	10.207	9.9332	-9.578	-5.83	-5.1314816
903	phenol,2-nitro-4-chloro	7.4392	6.0769	-6.809	-3.09	-1.2191528
904	niclosamide	13.585	11.851	-11.451	-3.5	-4.173991
905	chloramphenicol	13.87	11.583	-10.233	-1.94	-2.325523
906	nitrofen	11.456	10.481	-11.517	-5.453	-5.476767
907	2,2-dimethylpropane	4.5	4.5	-5.572	-3.337	-2.506156
908	isopentane	4.2845	4.2845	-5.572	-3.16	-2.507018
909	n-nonane	6.9497	6.9497	-8.46	-5.766	-4.7287812
910	n-decane	7.6569	7.6569	-9.182	-6.437	-5.2840584
911	2,2,5-trimethylhexane	7.4916	7.4916	-8.46	-5.376	-4.7266136
912	trans-2-octene	5.9831	5.9831	-7.783	-4.62	-4.2093266
913	trimethylethylene	4.0774	4.0774	-5.617	-2.56	-2.5426314
914	trans-2-hexene	4.5689	4.5689	-6.339	-3.1	-3.0987714
915	1-decene	7.2342	7.2342	-9.227	-5.51	-5.3205342
916	3-methyl-1-butene	3.8618	3.8618	-5.617	-2.732	-2.5434938
917	2-methyl-1-butene	3.9142	3.9142	-5.617	-2.731	-2.5432842

C.3 Modell M3

Modellgleichung:

$$\log(K_{OC}) = 1 \cdot \sum F_i n_i + 0.09 \cdot {}^1\chi^v + 0.309 \cdot {}^2\chi + 1.577 \cdot {}^4\chi_c + 0.174 \cdot {}^6\chi + 1.184$$

C.3.1 Trainingsdaten

Nr	Name	Deskriptoren $\sum F_i n_i$	$^1\chi^v$	$^2\chi$	$^4\chi_c$	$^6\chi$	Ergebnis $[\log(K_{OC})]$ Labor	QSAR
1	benzene	0	2	2.12132	0	0	1.92	2.01948788
2	toluene	0	2.41068	2.74318	0	0.204124	2	2.284121396
3	o-xylene	0	2.82735	3.23902	0	0.333333	2.35	2.497318622
4	ethylbenzene	0	2.97134	2.91228	0	0.348462	2.41	2.411947508
5	p-xylene	0	2.82137	3.36504	0	0.333333	2.42	2.535720602
6	m-xylene	0	2.82137	3.37695	0	0.451184	3.2	2.559906866
7	1,2,3-trimethylbenzene	0	3.24402	3.74459	0	0.526099	2.8	2.724581336

Fortsetzung auf nächster Seite

Nr	Name	Deskriptoren					Ergebnis [log(K_{OC})]	
		$\sum F_i n_i$	${}^1\chi^v$	${}^2\chi$	${}^4\chi_c$	${}^6\chi$	Labor	QSAR
8	1,3,5-trimethylbenzene	0	3.23205	4.02262	0	0.696923	2.82	2.839138682
9	propylbenzene	0	3.47134	3.29271	0	0.492799	2.87	2.599615016
10	1,2,4-trimethylbenzene	0	3.23803	3.87279	0	0.504473	3.6	2.759893112
11	1-ethyl-4-methylbenzene	0	3.38203	3.53415	0	0.686887	3.62	2.699953388
12	1,2,4,5-tetramethyl benzene	0	3.6547	4.38054	0	0.601579	3.12	2.971184606
13	butylbenzene	0	3.97134	3.64626	0	0.637137	3.4	2.778976778
14	1,3,5-triethylbenzene	0	4.91403	4.52993	0	1.19481	4.12	3.23390801
15	indane	0	3.53446	3.73552	0	0.936856	3.63	2.819390024
16	phenylcyclohexane	0	5.01586	4.79618	0	1.17851	4.18	3.32250776
17	styrene	0	2.60761	2.91228	0	0.348462	2.96	2.379211808
18	biphenyl	0	4.07137	4.79618	0	1.17851	3.23	3.23750366
19	fluorene	0	4.61181	5.65248	0	2.41376	3.7	3.76567346
20	naphthalene	0	3.4047	4.08907	0	1.14012	3.11	2.95232651
21	1-methylnaphthalene	0	3.82137	4.61658	0	1.37143	3.36	3.19307534
22	2-methylnaphthalene	0	3.81538	4.72284	0	1.43704	3.4	3.23678672
23	2-ethylnaphthalene	0	4.37604	4.89194	0	1.6793	3.76	3.38165126
24	1-ethylnaphthalene	0	4.38203	4.80762	0	1.56558	3.77	3.3363482
25	2,3-dimethylnaphthalene	0	4.23205	5.23059	0	1.6501	4.08	3.46825421
26	acenaphthene	0	4.44514	5.29675	0	2.3533	4.11	3.63023255
27	benzo(a)fluorene	0	6.02249	7.55754	0	3.93143	5.46	4.74537278
28	fluoranthene	0	5.56538	7.13911	0	4.08754	4.79	4.60210115
29	anthracene	0	4.8094	6.08064	0	2.57288	4.41	3.94344488
30	9-methylanthracene	0	5.23205	6.5116	0	2.79491	4.81	4.15328324
31	benzo(k)fluoranthene	0	6.97009	9.13068	0	5.56444	5.63	5.60090078
32	naphthacene	0	6.2141	8.0722	0	3.95754	5.81	4.92619076
33	phenanthrene	0	4.81538	5.99413	0	2.57774	4.36	3.91809713
34	benzo(b)fluoranthene	0	6.97607	9.05608	0	5.70419	5.36	5.60270408
35	benz(a)anthracene	0	6.22009	7.9857	0	4.03751	5.49	4.91391614
36	7,12-dimethylbenz (a)anthracene	0	7.06538	8.85734	0	4.50951	5.35	5.341457
37	3-methylcholanthrene	0	7.68318	9.64628	0	5.74009	6.1	5.85496238
38	chrysene	0	6.22607	7.89919	0	4.02714	5.5	4.88591837
39	1,2,5,6-dibenzanthracene	0	7.63077	9.89076	0	5.48903	6.22	5.88210536
40	pyrene	0	5.5594	7.21153	0	4.14747	4.92	4.63436855
41	indeno(1,2,3-cd)pyrene	0	7.72009	10.2735	0	7.3733	6.45	6.3362738
42	benzo(a)pyrene	0	6.97009	9.12849	0	5.71068	5.83	5.62566983
43	perylene	0	6.97607	9.05389	0	5.81232	5.49	5.62084199
44	benzo(e)pyrene	0	6.97607	9.05389	0	5.90428	6.07	5.63684303
45	benzo[ghi]perylene	0	7.72009	10.2713	0	7.62013	6.15	6.37854242
46	dichloromethane	0.182	1.69031	0.707107	0	0	1.44	1.736623963
47	1,2-dichloroethane	0.182	2.19031	1	0	0	1.56	1.8721279
48	1,1-dichloroethane	0.182	1.95748	1.73205	0	0	1.48	2.07737665
49	1,2-dichloropropane	0.182	2.52082	1.8021	0	0	1.71	2.1497227
50	trichloromethane	0.273	2.0702	1.73205	0	0	1.65	2.17852145
51	1,1,2-trichloroethane	0.273	2.63353	1.8021	0	0	1.75	2.2508666
52	1,1,1-trichloroethane	0.273	2.29284	3	0.5	0	2.26	3.3788556

Fortsetzung auf nächster Seite

Nr	Name	Deskriptoren					Ergebnis [log(K_{OC})]	
		$\sum F_i n_i$	${}^1\chi^v$	${}^2\chi$	${}^4\chi_c$	${}^6\chi$	Labor	QSAR
53	tetrachloromethane	0.364	2.39046	3	0.5	0	1.85	3.4786414
54	1,1,1,2-tetrachloroethane	0.364	2.99155	2.91421	0.353553	0	1.73	3.275283471
55	1,1,2,2-tetrachloroethane	0.364	3.0936	2.48803	0	0	1.9	2.59522527
56	hexachloroethane	0.546	3.83569	4.5	0.5	0	3.34	4.2542121
57	1,2-dibromoethane	0	3.32843	1	0	0	1.64	1.7925587
58	tribromomethane	0	3.4641	1.73205	0	0	2.34	2.03097245
59	trichlorofluoromethan	0.122	1.98183	3	0.5	0	2.2	3.1998647
60	bromodichloromethane	0.182	2.53483	1.73205	0	0	1.79	2.12933815
61	chlorodibromomethane	0.091	2.99947	1.73205	0	0	1.92	2.08015575
62	1,2-dibromo-3-chloropropane	0.091	4.23056	1.92167	0	0	2.11	2.24954643
63	gamma-hexachlorocyclohexane	0.546	6.14039	5.1547	0	0.829345	2.96	4.01974343
64	trans-1,2-dichloroethylene	0.182	1.71346	1	0	0	1.77	1.8292114
65	1,1-dichloroethylene	0.182	1.54878	1.73205	0	0	1.81	2.04059365
66	trans-1,3-dichloropropene	0.182	2.2768	1.35355	0	0	1.41	1.98915895
67	trichloroethylene	0.273	2.17397	1.8021	0	0	2.03	2.2095062
68	tetrachloroethylene	0.364	2.64046	2.48803	0	0	2.56	2.55444267
69	1,2-dibromoethylene	0	2.64273	1	0	0	1.64	1.7308457
70	chlordane	0.728	8.60966	8.97212	0.291667	4.1072	4.33	6.633866139
71	hexachloro cyclopentadiene	0.546	4.83569	5.11695	0.166667	0.388889	3.17	4.076850195
72	aldrin	0.546	8.22953	9.15251	0.291667	4.79024	4.1	6.592243909
73	heptachlor	0.637	7.76977	8.45465	0.291667	3.60377	4.48	6.219780989
74	chlorobenzene	0.091	2.5083	2.74318	0	0.204124	2.41	2.383907196
75	2-chlorotoluene	0.091	2.92496	3.23902	0	0.333333	2.55	2.597103522
76	1,4-dichlorobenzene	0.182	3.0166	3.36504	0	0.333333	2.44	2.735291302
77	1,3-dichlorobenzene	0.182	3.0166	3.37695	0	0.451184	2.47	2.759477566
78	1,2-dichlorobenzene	0.182	3.02258	3.23902	0	0.333333	2.51	2.696889322
79	1,3,5-trichlorobenzene	0.273	3.52489	4.02262	0	0.696923	2.85	3.138494282
80	1,2,4-trichlorobenzene	0.273	3.53088	3.87279	0	0.504473	2.94	3.059249612
81	1,2,3,5-tetrachlorobenzene	0.364	4.04516	4.39026	0	0.697804	3.49	3.390072636
82	1,2,3,4-tetrachlorobenzene	0.364	4.05114	4.25015	0	0.636895	3.76	3.33671868
83	pentachlorobenzene	0.455	4.56542	4.76762	0	0.753461	5.32	3.654184594
84	hexachlorobenzene	0.546	5.08569	5.1547	0	0.829345	3.59	3.92482043
85	bromobenzene	0	2.91068	2.74318	0	0.204124	2.18	2.329121396
86	p,p'-dde	0.364	6.78319	7.86127	0	2.23566	4.7	4.97662437
87	p,p'-ddd	0.364	7.12878	7.86127	0	2.23566	5.38	5.00772747
88	p,p'-ddt	0.455	7.49683	8.93171	0.288675	2.31774	5.38	5.932140325
89	2-chlorobiphenyl/pcb 1	0.091	4.58565	5.32369	0	1.37313	3.57	3.57165333
90	3-chlorobiphenyl/pcb 2	0.091	4.57967	5.42995	0	1.44117	4.42	3.61578843
91	2,2'-dichlorobiphenyl/ pcb 4	0.182	5.09993	5.85119	0	1.55071	3.92	3.90283495
92	2,4'-dichlorobiphenyl/ pcb 8	0.182	5.09395	5.94555	0	1.66183	4.13	3.95078887

Fortsetzung auf nächster Seite

Nr	Name	Deskriptoren					Ergebnis [log(K_{OC})]	
		$\sum F_i n_i$	${}^1\chi^v$	${}^2\chi$	${}^4\chi_c$	${}^6\chi$	Labor	QSAR
93	4,4'-dichlorobiphenyl/ pcb 15	0.182	5.08796	6.0399	0	1.83991	4.3	4.01038984
94	2,2',5-trichlorobiphenyl/ pcb 18	0.273	5.60823	6.48496	0	1.80883	4.23	4.28032976
95	2,4,4'-trichlorobiphenyl/ pcb 28	0.273	5.60224	6.57932	0	2.01452	4.62	4.34473796
96	2,2',4-trichlorobiphenyl/ pcb 17	0.273	5.60823	6.48496	0	1.86525	4.84	4.29014684
97	2,2',5,5'-tetrachloro biphenyl/pcb 52	0.364	6.11653	7.11873	0	2.04594	4.86	4.65416883
98	2,2',5,5'-tetrachloro biphenyl/pcb 52	0.364	6.11653	7.11873	0	2.04594	4.91	4.65416883
99	2,2',6,6'-tetrachloro biphenyl/pcb 54	0.364	6.12849	6.92564	0	2.01015	4.91	4.58935296
100	2,2',4,5,5'-pentachloro biphenyl/pcb 101	0.455	6.63081	7.62647	0	2.28454	4.63	4.98986209
101	2,2',3,4,5'-pentachloro biphenyl/pcb 87	0.455	6.63679	7.49609	0	2.29179	4.74	4.95137437
102	2,2',3,4,6-pentachloro biphenyl/pcb 88	0.455	6.64277	7.41145	0	2.20247	6.11	4.91021713
103	2,2',3,4,5,5'-hexachloro biphenyl/pcb 141	0.546	7.15107	8.01355	0	2.48578	5.95	5.28230897
104	2,2',3,3',5,5'-hexachloro biphenyl/pcb 133	0.546	7.14509	8.15366	0	2.52632	6.08	5.33211872
105	2,2',4,4',6,6'-hexachloro biphenyl/pcb 155	0.546	7.14509	8.21699	0	2.54066	6.08	5.35418285
106	2,2',3,3',4,4'-hexachloro biphenyl/pcb 128	0.546	7.15705	7.87345	0	2.53573	6.42	5.24824757
107	2,2',3,4,5,5',6-hepta chlorobiphenyl/pcb 185	0.637	7.67133	8.4323	0	2.63971	5.95	5.57630994
108	2,2',3,3',5,5',6,6'-octa chlorobiphenyl/pcb 202	0.728	8.18562	8.97171	0	2.88882	7.34	5.92361887
109	methanol	-0.656	0.447214	0	0	0	0.44	0.56824926
110	ethanol	-0.656	1.02333	0.707107	0	0	0.2	0.838595763
111	1-propanol	-0.656	1.52333	1	0	0	0.48	0.9740997
112	1-butanol	-0.656	2.02333	1.35355	0	0	0.5	1.12834665
113	1-pentanol	-0.656	2.52333	1.70711	0	0	0.7	1.28259669
114	1-hexanol	-0.656	3.02333	2.06066	0	0.176777	1.01	1.467602838
115	1-heptanol	-0.656	3.52333	2.41421	0	0.25	1.14	1.63459059
116	1-octanol	-0.656	4.02333	2.76777	0	0.338388	1.56	1.804220142
117	nonanol	-0.656	4.52333	3.12132	0	0.426777	1.89	1.973846778
118	1-decanol	-0.656	5.02333	3.47487	0	0.515165	2.59	2.14347324
119	dodecanol	-0.656	6.02333	4.18198	0	0.691942	3.52	2.482729428
120	1,2-propanediol	-1.312	1.56003	1.8021	0	0	0.36	0.5692516
121	phenylmethanol	-0.656	2.58046	2.91228	0	0.348462	0.7	1.720768308
122	2-phenylethanol	-0.656	3.08046	3.29271	0	0.492799	1.5	1.908435816
123	1-phenylethanol	-0.656	3.03491	3.64211	0	0.451184	1.5	2.005059906
124	4-biphenylmethanol	-0.656	4.65183	5.58714	0	1.68343	2.64	2.96600778
125	1-hydroxymethyl naphthalene	-0.656	3.99115	4.80762	0	1.56558	2.33	2.645169
126	9-anthracenemethanol	-0.656	5.40183	6.72459	0	3.06098	3.61	3.62467353
127	phenol	-0.656	2.13429	2.74318	0	0.204124	1.43	1.603246296
128	2-methylphenol	-0.656	2.55096	3.23902	0	0.333333	1.34	1.816443522

Fortsetzung auf nächster Seite

Nr	Name	Deskriptoren					Ergebnis [log(K_{OC})]	
		$\sum F_i n_i$	$^1\chi^v$	$^2\chi$	$^4\chi_c$	$^6\chi$	Labor	QSAR
129	3-methylphenol	-0.656	2.54497	3.37695	0	0.451184	1.54	1.879030866
130	4-methylphenol	-0.656	2.54497	3.36504	0	0.333333	1.69	1.854844602
131	3,5-dimethylphenol	-0.656	2.95566	4.02262	0	0.696923	2.83	2.158263582
132	2,3,5-trimethylphenol	-0.656	3.37831	4.39026	0	0.697804	3.61	2.310056136
133	indan-5-ol	-0.656	3.66875	4.36929	0	1.23621	3.86	2.42339865
134	1-naphthol	-0.656	3.54497	4.61658	0	1.37143	3.33	2.51219934
135	1,3-benzenediol	-1.312	2.26858	3.37695	0	0.451184	1.03	1.198155766
136	1,2-benzenediol	-1.312	2.27456	3.23902	0	0.333333	2.07	1.135567522
137	methoxybenzene	-0.578	2.52306	2.91228	0	0.348462	1.54	1.793602308
138	diphenyl ether	-0.578	4.22962	5.24377	0	1.23148	3.29	2.82126825
139	o-dimethoxybenzene	-1.156	3.05209	3.62111	0	0.606493	2.03	1.527140872
140	oxirane	-0.578	1.07735	1.06066	0	0	0.34	1.03070544
141	formaldehyde	-0.622	0.288675	0	0	0	0.56	0.58798075
142	acrylaldehyde	-0.622	0.977284	1	0	0	-0.31	0.95895556
143	acetophenone	-0.622	2.86481	3.64211	0	0.451184	1.63	2.023750906
144	benzophenone	-0.622	4.52549	5.6553	0	1.33884	2.71	2.94973996
145	4'-phenylacetophenon	-0.622	4.93617	6.31697	0	1.81813	3.22	3.27455365
146	1-(naphthalenyl) ethanone	-0.622	4.26951	5.62177	0	1.85707	2.93	3.00651301
147	9-anthrylmethylketon	-0.622	5.68618	7.47385	0	3.25748	3.58	3.94997737
148	acetic acid	-1.334	0.927731	1.73205	0	0	0	0.46869924
149	capronic acid	-1.334	2.98839	2.88963	0	0.288675	1.46	1.06208022
150	benzoic acid	-1.334	2.58841	3.64211	0	0.451184	1.5	1.286874906
151	phenylacetic acid	-1.334	3.04552	4.13358	0	0.595522	1.45	1.504993848
152	p-toluic acid	-1.334	2.9991	4.26397	0	0.919957	1.77	1.597558248
153	1-naphthalene acetic acid	-1.334	4.4562	6.02892	0	1.96259	2.3	2.45548494
154	anthracene-9-carboxylic acid	-1.334	5.40978	7.47385	0	3.25748	2.63	3.21310137
155	o-phthalic acid	-2.668	3.18281	5.1002	0	0.797949	1.07	0.517257826
156	ethyl valerate	-0.589	3.46469	3.03608	0	0.204124	1.97	1.880488396
157	ethyl capronate	-0.589	3.96469	3.38963	0	0.420631	2.06	2.072407564
158	ethyl heptylate	-0.589	4.46469	3.74318	0	0.450524	2.61	2.231855896
159	ethyl caprylate	-0.589	4.96469	4.09674	0	0.545631	3.02	2.402654554
160	methyl-benzoate	-0.589	2.97718	3.78362	0	0.569036	2.1	2.131097044
161	ethyl benzoate	-0.589	3.56471	4.16405	0	0.686887	2.3	2.322033688
162	aceticacid, b-phenylethylester	-0.589	3.96116	4.82879	0	0.884197	1.89	2.597450788
163	ethyl p-methylbenzoate	-0.589	3.9754	4.78591	0	1.08662	2.59	2.62070407
164	butyl benzoate	-0.589	4.56471	4.87116	0	0.983593	2.1	2.682157522
165	benzoesaeure phenylester	-0.589	4.68374	6.11511	0	1.40857	3.16	3.15119677
166	dimethylphthalate	-1.178	3.96034	5.38323	0	1.28027	2.39	2.24861565
167	diethylphthalate	-1.178	5.13541	6.14408	0	1.52689	1.84	2.63238648
168	o-dibutyl phthalate	-1.178	7.13541	7.5583	0	2.07509	3.14	3.34476726
169	1,2-benzenedicarboxylic acidbis-1-ethylhexylester	-1.178	11.0767	10.5783	0	2.93193	4.94	4.78175352
170	di(2-ethylhexyl) phthalate	-1.178	10.9991	10.5544	0	2.94689	5	4.76998746

Fortsetzung auf nächster Seite

Nr	Name	Deskriptoren					Ergebnis [log(K_{OC})]	
		$\sum F_i n_i$	${}^1\chi^v$	${}^2\chi$	${}^4\chi_c$	${}^6\chi$	Labor	QSAR
171	benzyl butylphthalate	-1.178	7.69254	9.1439	0	2.55774	4.23	3.96884046
172	m-methoxyphenol	-1.234	2.65735	3.54605	0	0.534518	1.55	1.377897082
173	o-methoxyphenol	-1.234	2.66333	3.43007	0	0.469913	1.6	1.331356192
174	p-methoxyphenol	-1.234	2.65735	3.53415	0	0.686887	1.75	1.400732188
175	p-hydroxybenzoic acid	-1.99	2.7227	4.26397	0	0.919957	1.43	0.916682248
176	ethyl-p-hydroxybenzoate	-1.245	3.699	4.78591	0	1.08662	2.21	1.93982807
177	dicofol	-0.201	7.60441	9.44629	0.333333	2.62092	6.9	5.568006731
178	2-chlorophenol	-0.565	2.64857	3.23902	0	0.333333	1.71	1.916228422
179	3-chlorophenol	-0.565	2.64259	3.37695	0	0.451184	1.82	1.978816666
180	4-chlorophenol	-0.565	2.64259	3.36504	0	0.333333	1.85	1.954630402
181	2,3-dichlorophenol	-0.474	3.16285	3.74459	0	0.526099	2.65	2.243276036
182	2,4-dichlorophenol	-0.474	3.15687	3.87279	0	0.504473	2.75	2.278588712
183	3,4-dichlorophenol	-0.474	3.15687	3.87279	0	0.504473	3.09	2.278588712
184	2,4,5-trichlorophenol	-0.383	3.67115	4.38054	0	0.601579	2.56	2.589665106
185	2,4,6-trichlorophenol	-0.383	3.67115	4.39026	0	0.697804	3.03	2.609411736
186	1,2,4,5-tetrachlorobenzene	0.364	4.04516	4.38054	0	0.601579	3.2	3.370326006
187	3,4,5-trichlorophenol	-0.383	3.67115	4.39026	0	0.697804	3.56	2.609411736
188	2,3,4,6-tetrachlorophenol	-0.292	4.19141	4.76762	0	0.753462	3.35	2.873523868
189	pentachlorophenol	-0.201	4.71168	5.1547	0	0.829345	2.95	3.14415953
190	4-bromophenol	-0.656	3.04497	3.36504	0	0.333333	2.41	1.899844602
191	3,4,5-trichlorocatechol	-1.039	3.81741	4.76762	0	0.753461	1.35	2.092863694
192	tetrachlorocatechol	-0.948	4.33767	5.1547	0	0.829345	1.56	2.36349863
193	2,2'-dichloroethylether	-0.396	3.26766	2.06066	0	0.176777	1.15	1.749592538
194	dichloroisopropylether	-0.396	4.13291	3.26254	0	0.117851	1.79	2.188592834
195	chloroneb	-0.974	4.07467	4.76263	0	1.00983	3.08	2.22408339
196	3,4,5-trichloroveratrole	-0.883	4.59494	5.17165	0	1.19712	0.2	2.52088333
197	tetrachloroveratrole	-0.792	5.1152	5.58067	0	1.20651	0.45	2.78672777
198	methoxychlor	-0.883	7.52635	9.26992	0.288675	2.70416	4.9	4.768541095
199	dieldrin	-0.032	8.70094	9.94612	0.291667	5.76198	4.32	6.470979059
200	α,α-dichloro propionic acid	-1.152	2.37296	3.52073	0.288675	0	0.48	1.788712445
201	2,3,6-trichloro phenylacetic acid	-1.061	4.58836	5.68444	0	1.05906	1.3	2.4767208
202	2,3,5,6-tetrachloro terephthalic acid	-2.304	5.24592	7.0792	0	1.25087	3.51	1.75725698
203	dimethyl tetrachloro terephthalate	-0.814	6.02345	7.36223	0	1.6598	3.64	3.47584477
204	4,5,6-trichloroguaiacol	-0.961	4.20617	4.95866	0	0.960798	2.99	2.300960092
205	tetrachloroguaiacol	-0.87	4.72644	5.36769	0	1.01793	2.85	2.57511563
206	3,6-dichlorosalicylic acid	-1.808	3.75725	5.2124	0	0.771486	2.3	1.459022664
207	chlorobenzilate	-1.063	7.2156	8.96934	0.096225	2.89583	3.46	4.197551305
208	(4chloro2methyl phenoxy)acetic acid	-1.821	4.10973	5.62678	0	1.30562	1.73	1.6987286
209	2,4-dichlorophenoxy acetic acid	-1.73	4.20735	5.62678	0	1.30562	1.3	1.7985144
210	dicamba	-1.73	4.14602	5.42539	0	0.846842	1.5	1.650937818
211	4-(2,4-dichlorophenoxy) propionic ac.	-1.73	5.20735	6.33389	0	1.3182	1.3	2.10920031

Fortsetzung auf nächster Seite

Nr	Name	Deskriptoren					Ergebnis [log(K_{OC})]	
		$\sum F_i n_i$	${}^1\chi^v$	${}^2\chi$	${}^4\chi_c$	${}^6\chi$	Labor	QSAR
212	2,4,5-trichloro phenoxyaceticacid	-1.639	4.72163	6.13453	0	1.38073	1.72	2.10576349
213	a-(2,4-dichlorophenoxy) propionic ac.	-1.73	4.66684	6.11259	0	1.27489	3	1.98463677
214	2(245trichlorophenoxy) propionic ac.	-1.639	5.18113	6.62034	0	1.43489	3.28	2.30665762
215	permethrin	-0.985	9.20737	11.7762	0.166667	3.16625	3.19	5.480270459
216	diclofopmethyl	-1.563	7.28523	9.37656	0	2.579	4.89	3.62277374
217	butylamine	-0.182	2.11536	1.35355	0	0	1.88	1.61062935
218	trimethylamine	-0.182	1.34164	1.73205	0	0	2.83	1.65795105
219	dimethylamine	-0.182	1	0.707107	0	0	2.63	1.310496063
220	aniline	-0.182	2.19936	2.74318	0	0.204124	1.41	2.083102596
221	m-methylaniline	-0.182	2.61004	3.37695	0	0.451184	1.65	2.358887166
222	p-methylaniline	-0.182	2.61004	3.36504	0	0.333333	1.9	2.334700902
223	1-naphthylamine	-0.182	3.61004	4.61658	0	1.37143	3.51	2.99205564
224	2-aminoanthracene	-0.182	5.00876	6.7144	0	2.85787	4.45	4.02480738
225	6-aminochrysene	-0.182	6.43141	8.4386	0	4.37647	5.16	4.94986008
226	p,p'-biphenyldiamine	-0.364	4.47008	6.0399	0	1.83991	3.46	3.40878064
227	n-methylaniline	-0.182	2.66068	2.91228	0	0.348462	2.28	2.201988108
228	diphenylamine	-0.182	4.32137	5.24377	0	1.23148	2.78	3.22552575
229	n,n-dimethylaniline	-0.182	3.02872	3.64211	0	0.451184	2.26	2.478502806
230	n,n-diethylaniline	-0.182	4.18096	3.97467	0	0.686887	2.37	2.725977768
231	azobenzene	-0.664	4.46858	5.58542	0	1.28446	3.13	2.87156302
232	carbazole	0	4.4047	5.65248	0	2.41376	3.95	3.74703356
233	1,2,7,8-dibenzocarbazole	0	7.22607	9.4626	0	5.43425	6.02	5.7038492
234	7h-dibenzo(c,g)carbazole	0	7.22607	9.48205	0	5.55841	6.01	5.73146309
235	1h-benzotriazole	0	2.72456	3.73552	0	0.936856	1.69	2.746499024
236	4-methyl-1h-benzotriazol	0	3.14123	4.26303	0	1.16612	1.77	2.98689185
237	4-n-butylbenzotriazole	0	4.70189	5.18805	0	1.75683	2.16	3.51596597
238	quinoline	0	3.2645	4.08907	0	1.14012	2.89	2.93970851
239	acridine	0	4.67926	6.08064	0	2.57288	4.11	3.93173228
240	4-azaphenanthrene	0	4.67518	5.99413	0	2.57774	4.97	3.90547913
241	phenazine	0	4.54913	6.08064	0	2.57288	3.37	3.92002058
242	2,2'-biquinoline	0	6.6205	8.7555	0	3.85175	4.02	5.155499
243	amitraz	-0.846	7.40329	9.57105	0	2.7284	3	4.43649215
244	3-amino-1,2,4-triazole	-0.182	1.50637	2.38963	0	0	2.02	1.87596897
245	hydroxy atrazine	-1.02	4.56928	5.96255	0	1.70418	2.95	2.71419047
246	4-methoxybenzotriazole	-0.578	3.2536	4.45407	0	1.36475	1.8	2.51259813
247	secbumeton	-0.942	5.49605	6.25123	0	1.87741	2.78	2.99494391
248	prometone	-0.942	5.34076	6.97253	0	1.99026	2.54	3.22348541
249	p-aminobenzoic acid	-1.516	2.78777	4.26397	0	0.919957	2.05	1.396538548
250	ancymidol	-1.234	6.37266	8.10113	0.096225	2.51213	2.08	3.615646015
251	3-trifluoromethylaniline	-0.635	2.92699	5.33473	0.288675	0.662479	2.36	3.031372491
252	p-chloroaniline	-0.091	2.70766	3.36504	0	0.333333	1.98	2.434486702
253	3,4-dichloroaniline	0	3.22194	3.87279	0	0.504473	2.29	2.758445012
254	3,5-dichloroaniline	0	3.21595	4.02262	0	0.696923	2.38	2.837689682
255	2,4-dichloroaniline	0	3.22194	3.87279	0	0.504473	2.72	2.758445012
256	2,6-dichloroaniline	0	3.22792	3.74459	0	0.526099	3.25	2.723132336

Fortsetzung auf nächster Seite

Nr	Name	Deskriptoren					Ergebnis [log(K_{OC})]	
		$\sum F_i n_i$	$^1\chi^v$	$^2\chi$	$^4\chi_c$	$^6\chi$	Labor	QSAR
257	2,3,4-trichloroaniline	0.091	3.7422	4.25015	0	0.636895	2.65	3.03591408
258	2,3,4,5-tetrachloroaniline	0.182	4.25648	4.76762	0	0.753462	3.04	3.353380168
259	2,3,5,6-tetrachloroaniline	0.182	4.25648	4.76762	0	0.753462	3.94	3.353380168
260	pentachloroaniline	0.273	4.77675	5.1547	0	0.829345	4.62	3.62401583
261	p-bromoaniline	-0.182	3.11004	3.36504	0	0.333333	1.96	2.379700902
262	3-methyl-4-bromoaniline	-0.182	3.52671	3.87279	0	0.504473	2.26	2.603874312
263	3,3'-dichlorobenzidine	-0.182	5.49865	7.0554	0	2.18594	4.35	4.05735066
264	2,6-dichlorobenzonitrile	0.182	3.41285	3.95757	0	0.652908	2.37	3.009651622
265	chlorothalonil	0.364	4.83767	5.58067	0	1.30824	3.14	3.93545109
266	chlordimeform	-0.423	4.47008	5.62678	0	1.30562	5	3.1291601
267	4-fluorobenzotriazole	-0.151	2.83021	4.26303	0	1.16612	1.87	2.80790005
268	4-trifluoromethyl benzyltriazole	-0.453	3.45818	6.25826	0.288675	1.6306	1.77	3.715003415
269	4-chlorobenzotriazole	0.091	3.23884	4.26303	0	1.16612	1.98	3.08667675
270	5,6-dichloro-1h-1,2,3-benzotriazole	0.182	3.74714	4.87704	0	1.45169	2.33	3.46284202
271	nitrapyrin	0.364	4.33169	5.33473	0.288675	0.662479	2.62	4.156795491
272	1,1'-dimethyl-4,4'-bipyridiniumion	0	4.66526	6.03991	0	1.83991	4.19	3.79034993
273	anilazine	0.091	5.46183	7.041	0	1.99279	3.48	4.28897916
274	simazine	-0.273	4.56058	5.12168	0	1.49981	2.13	3.16501826
275	2-chloro-4-isopropyl amino-6-methylamino-s-triazine	-0.273	4.38263	5.58213	0	1.39612	1.91	3.27323975
276	atrazine	-0.273	4.94329	5.96255	0	1.70418	2.17	3.49485137
277	propazine	-0.273	5.32601	6.80343	0	1.91054	2.2	3.82503473
278	terbuthylazine	-0.273	5.24992	7.09779	0.353553	1.86684	2.32	4.459093151
279	cyanazine	-0.273	5.22352	7.05489	0.25	1.90851	2.3	4.28740855
280	trietazine	-0.273	5.52019	5.80364	0	1.7766	2.78	3.51027026
281	ipazine	-0.273	5.90291	6.64451	0	1.96445	3.22	3.83722979
282	4-cyano-2,6-dibromophenol	-0.656	4.35191	4.55936	0	0.922798	2.28	2.489080992
283	flutriafol	-0.958	6.65287	9.68546	0.117851	3.26112	1.88	4.570851347
284	fenarimol	-0.474	7.4277	9.52599	0.096225	3.35092	3.11	5.056830815
285	clopidol	-0.474	3.86605	4.76762	0	0.753462	2.76	2.662241468
286	3,5,6-trichlor-2-pyridinol	-0.383	3.54101	4.38054	0	0.601579	2.11	2.577952506
287	3-chloro-4-methoxyaniline	-0.669	3.2367	4.06384	0	0.830067	1.93	2.206461218
288	imazalil	-0.396	6.65342	7.84786	0	2.46581	3.73	4.24084748
289	propiconazole	-0.974	8.04207	9.61648	0.102062	3.71879	3.39	4.713299854
290	2,3,5-trichlor-6-methoxypyridin	-0.305	3.92978	4.57158	0	0.862071	2.96	2.795298774
291	pyroxychlor	-0.214	4.85474	6.1495	0.288675	1.12528	3.48	3.958161295
292	fluridone	-1.257	7.29408	11.1511	0.288675	3.62171	2.65	5.114575115
293	3-amino-2,5-dichloro benzoic acid	-1.334	3.81634	5.32085	0	0.7788	1.32	1.97312445
294	piperalin	-0.589	8.25644	8.81126	0	2.2743	3.7	4.45648714
295	6-chloropicolinic acid	-1.243	2.96658	4.27587	0	0.603099	0.95	1.634175256
296	3,6-dichloro picolinic acid	-1.152	3.48086	4.80338	0	0.653482	0.3	1.943227688

Fortsetzung auf nächster Seite

Nr	Name	Deskriptoren					Ergebnis [log(K_{OC})]	
		$\sum F_i n_i$	${}^1\chi^v$	${}^2\chi$	${}^4\chi_c$	${}^6\chi$	Labor	QSAR
297	picloram	-1.243	4.20646	5.69821	0	1.10503	1.23	2.27260351
298	fenvalerate	-1.076	10.0696	12.7551	0	3.89177	5	5.63275788
299	flucythrinate	-2.047	10.3482	14.1455	0	4.22483	5	5.17441792
300	triadimefon	-1.109	6.5926	9.22469	0.288675	2.35476	2.51	4.383731925
301	triclopyr	-1.639	4.59149	6.13453	0	1.38073	1.43	2.09405089
302	fluazifop-butyl	-2.198	8.43761	11.8922	0.288675	3.27499	1.76	4.445163435
303	quizalofop-ethyl	-1.654	8.49284	11.2189	0	3.66905	2.76	4.3994104
304	methazole	-1.623	5.06985	7.12277	0	2.07031	3.42	2.57845637
305	diethylacetamid	-1.223	2.9744	2.82059	0	0	1.84	1.10025831
306	benzamide	-1.223	2.65348	3.64211	0	0.451184	1.46	1.403731206
307	benzoeicacid monomethylamid	-1.223	3.11481	3.78362	0	0.569036	1.42	1.509483744
308	acetanilide	-1.223	3.11481	4.13358	0	0.595522	1.43	1.622229948
309	4-methylbenzamid	-1.223	3.06417	4.26397	0	0.919957	1.78	1.714414548
310	3-methylacetanilide	-1.223	3.52549	4.76735	0	0.959276	1.45	1.918319274
311	benzoeicacid dimethylamid	-1.223	3.48284	4.50122	0	0.652908	1.54	1.778938572
312	butyranilide	-1.223	4.17547	4.63358	0	0.831224	1.71	1.913201496
313	n-(1,1-dimethyl-2-propynyl)benzamide	-1.223	4.40348	6.09727	0.25	0.922589	1.54	2.796150116
314	4-methyl-n-1,1-dimethyl-2-propynylbenzamide	-1.223	4.81417	6.73103	0.25	1.09466	1.76	3.05888441
315	4-iso-propyl-n-(1,1-dimethyl-2-pro pynyl)benzamide	-1.223	5.75754	7.62996	0.25	1.51553	2.17	3.49478846
316	diphenamid	-1.223	6.00955	7.47666	0	2.0717	1.8	3.17262324
317	urea	-1.216	0.781474	1.73205	0	0	1.15	0.57353611
318	methylurea	-1.216	1.2428	1.8021	0	0	1.78	0.6367009
319	phenylurea	-1.216	2.90348	4.13358	0	0.595522	1.35	1.610210248
320	3-phenyl-1-methylurea	-1.216	3.36481	4.25316	0	0.713373	1.29	1.709186242
321	3-methylphenylurea	-1.216	3.31417	4.76735	0	0.959276	1.56	1.906300474
322	fenuron	-1.216	3.73284	4.96104	0	0.797246	1.43	1.975637764
323	1,1-dimethyl-3-p-tolylurea	-1.216	4.14353	5.5829	0	1.00364	1.51	2.24066716
324	3-(3,5-dimethylphenyl)-1,1-dimethylurea	-1.216	4.55421	6.24048	0	1.4197	1.73	2.55321502
325	isoproturon	-1.216	5.0869	6.48183	0	1.42002	2.11	2.67578995
326	3-phenyl-1-cyclopropylurea	-1.216	4.46998	5.52399	0	0.931607	1.72	2.239310728
327	3-phenyl-1-cyclopentylurea	-1.216	5.46998	6.23109	0	1.33398	1.93	2.61781753
328	3-phenyl-1-cyclohexylurea	-1.216	5.96998	6.58465	0	1.47831	2.07	2.79718099
329	3-phenyl-1-cycloheptylurea	-1.216	6.46998	6.9382	0	1.9835	2.37	3.039331
330	siduron	-1.216	6.38066	7.10243	0	1.61064	2.62	3.01716163
331	methyl phenylcarbamate	-1.142	3.22718	4.25316	0	0.713373	1.73	1.770799542
332	ethylcarbamate, n-phenyl	-1.142	3.81471	4.63358	0	0.831224	1.82	1.961733096
333	3,4-xylyl methylcarbamate	-1.142	4.10041	5.38277	0	1.16523	1.71	2.27706285

Fortsetzung auf nächster Seite

Nr	Name	Deskriptoren					Ergebnis [log(K_{OC})]	
		$\sum F_i n_i$	${}^1\chi^v$	${}^2\chi$	${}^4\chi_c$	${}^6\chi$	Labor	QSAR
334	propyl-n-phenylcarbamate	-1.142	4.31471	4.98714	0	0.865742	2.06	2.121989268
335	butyl-n-phenylcarbamate	-1.142	4.81471	5.34069	0	1.08773	2.26	2.31486213
336	pentyl-n-phenylcarbamate	-1.142	5.31471	5.69424	0	1.11763	2.61	2.47431168
337	isopropyl phenyl carbamate	-1.142	4.20933	5.47446	0	0.915097	1.71	2.271674718
338	2-sec-butylphenyl methylcarbamate	-1.142	5.1711	5.84305	0	1.48076	1.71	2.57055369
339	carbaryl	-1.142	4.68374	6.1485	0	2.09265	2.31	2.7275442
340	carbaryl	-1.142	4.68374	6.1485	0	2.09265	2.36	2.7275442
341	desmedipham	-2.284	6.74845	9.10882	0	2.47198	3.3	2.7521104
342	phenmedipham	-2.284	6.5716	9.36216	0	2.68087	3.44	2.85082282
343	maleic hydrazine	-2.446	2.06893	3.36504	0	0.333333	0.45	0.022001002
344	dimethirimol	-0.838	5.29673	6.23615	0	1.62894	2.3	3.03311161
345	metamitron	-2.069	4.46743	6.33481	0	1.8547	2.17	1.79724279
346	pirimicarb	-1.324	5.24287	7.52898	0	1.95408	2.35	2.99832304
347	carbendazim	-1.142	4.09106	5.89117	0	1.8337	2.35	2.54963073
348	benomyl	-2.365	6.77666	8.50371	0	3.27418	2.71	2.62625311
349	p-anisidine-n-acetate	-1.801	3.63786	4.92455	0	1.03365	1.4	1.41194845
350	4-methoxy-n-(1,1-dimethyl-2-propynyl) benzamide	-1.801	4.92654	6.90014	0.25	1.34275	1.83	2.58642036
351	napropamide	-1.801	7.10162	8.04805	0	2.37199	2.83	2.92171951
352	3-(4-methoxyphenyl)-1,1-dimethylurea	-1.794	4.2559	5.752	0	1.2483	1.4	1.7676032
353	3-(3-methoxyphe nyl)-1,1-dimethylurea	-1.794	4.2559	5.76391	0	1.21885	1.72	1.76615909
354	4-phenoxyphenylurea	-1.794	5.1331	7.25604	0	1.81881	2.56	2.4105683
355	propoxur	-1.72	4.78425	6.18329	0	1.43631	1.23	2.05513705
356	carbofuran	-1.72	5.22174	7.4365	0.25	2.29167	1.46	3.02483568
357	bendiocarb	-2.298	4.92289	7.4365	0.25	2.29167	2.76	2.41993918
358	isouron	-1.216	4.75981	7.19903	0.288675	1.34265	2.47	3.309744745
359	isoxaben	-2.379	7.98186	9.79504	0.144338	2.92516	2.4	3.286633626
360	n-1-naphthyl phthalamic acid	-2.557	6.78057	9.46854	0	3.21743	1.51	2.72286298
361	metalaxyl	-2.39	6.38655	8.05078	0	2.13681	1.69	2.22828546
362	3-methylphenyl carbamate	-1.142	3.22241	4.76735	0	0.959276	1.48	1.972042074
363	4-isopropylphenyl carbamate	-1.142	4.16579	5.66628	0	1.15555	1.94	2.36886732
364	4-t-butylphenyl carbamate	-1.142	4.47241	6.72513	0.288675	1.23594	2.07	3.192876105
365	4-methoxyphenyl carbamate	-1.72	3.33479	4.92455	0	1.03365	1.4	1.46567215
366	3-methoxyphenyl carbamate	-1.72	3.33479	4.93645	0	1.06439	1.44	1.47469801
367	trichloroacetamide	-0.95	2.53564	3.52073	0.288675	0	0.99	2.005353645
368	p-fluoroacetanilide	-1.374	3.21447	4.75545	0	0.788991	1.48	1.706020784
369	3-fluoroacetanilide	-1.374	3.21447	4.76735	0	0.959276	1.57	1.739327474
370	3-trifluoromethyl acetanilide	-1.676	3.84244	6.72513	0.288675	1.23594	1.75	2.602178805

Fortsetzung auf nächster Seite

Nr	Name	Deskriptoren					Ergebnis [log(K_{OC})]	
		$\sum F_i n_i$	${}^1\chi^v$	${}^2\chi$	${}^4\chi_c$	${}^6\chi$	Labor	QSAR
371	2-chlorobenzamide	-1.132	3.16776	4.16961	0	0.565641	1.51	1.723929424
372	o-chloroacetanilide	-1.132	3.62909	4.65137	0	0.694305	1.58	1.9367005
373	3-chloroacetanilide	-1.132	3.62311	4.76735	0	0.959276	1.86	2.018105074
374	chlorthiamide	-1.041	3.68204	4.70684	0	0.74075	0.53	2.05768766
375	3,4-dichloroacetanilide	-1.041	4.13739	5.26319	0	1.07824	2.34	2.32930457
376	propanil	-1.041	4.69805	5.38277	0	1.16523	2.19	2.43185045
377	4-bromoacetanilide	-1.223	4.02549	4.75545	0	0.788991	1.95	1.930012584
378	3-bromoacetanilide	-1.223	4.02549	4.76735	0	0.959276	2.01	1.963319274
379	propachlor	-1.132	5.17363	5.60499	0	0.950857	2.42	2.415017728
380	flurochloridone	-1.494	6.5796	8.77575	0.288675	2.56597	2.55	3.895590005
381	4-fluoro-n-(1,1-dimethyl-2-propynyl)benzamide	-1.374	4.50315	6.73103	0.25	1.09466	1.68	2.87989261
382	4-chloro-n-(1,1-dimethyl -2-propynyl)benzamide	-1.132	4.91178	6.73103	0.25	1.09466	1.9	3.15866931
383	propyzamide	-1.041	5.42008	7.3767	0.25	1.29036	2.3	3.52898014
384	4-bromo-n-(1,1-dimethyl -2-propynyl)benzamide	-1.223	5.31417	6.73103	0.25	1.09466	2.01	3.10388441
385	2-fluorophenylurea	-1.367	3.00913	4.65137	0	0.694305	1.32	1.6459041
386	4-fluorophenylurea	-1.367	3.00315	4.75545	0	0.788991	1.52	1.694001984
387	3-fluorophenylurea	-1.367	3.00315	4.76735	0	0.959276	1.77	1.727308674
388	3-methyl-4-fluorophenylurea	-1.367	3.41982	5.2632	0	1.07824	1.78	1.93872636
389	3-(4-fluorophenyl)-1,1-dimethylurea	-1.367	3.83251	5.5829	0	1.00364	1.43	2.06167536
390	3-(3-fluorophenyl)-1,1-dimethylurea	-1.367	3.83251	5.59481	0	1.10182	1.73	2.08243887
391	3-trifluoro methylphenylurea	-1.669	3.63111	6.72513	0.288675	1.23594	1.96	2.590159105
392	fluometuron	-1.669	4.46047	7.55258	0.288675	1.39882	1.82	2.948824675
393	2-chlorophenylurea	-1.125	3.41776	4.65137	0	0.694305	1.61	1.9246808
394	3-chlorophenylurea	-1.125	3.41178	4.76735	0	0.959276	2.01	2.006085374
395	3-(3-chlorophenyl)-1-methylurea	-1.125	3.87311	4.88693	0	1.03813	1.93	2.09827589
396	3-chloro-4-methoxyphenylurea	-1.703	3.94082	5.45424	0	1.30493	2	1.74809178
397	3-(3,4-dichlorophe nyl)-1-methylurea	-1.034	4.38739	5.38277	0	1.16523	2.46	2.41089105
398	3-(3-chloro-4-methyl phenyl)-1-methylurea	-1.125	4.28977	5.38277	0	1.16523	2.1	2.31110525
399	monuron	-1.125	4.24114	5.5829	0	1.00364	1.7	2.34045206
400	1,1-dimethyl-3-m-chlorophenylurea	-1.125	4.24114	5.59481	0	1.10182	1.79	2.36121557
401	chlortoluron	-1.125	4.65781	6.09065	0	1.23253	2.02	2.57467397
402	3,4-dichlorophenylurea	-1.034	3.92606	5.2632	0	1.07824	2.49	2.31728796
403	diuron	-1.034	4.75542	6.09065	0	1.23253	2.6	2.67445887
404	neburon	-1.034	6.33154	6.96614	0	1.54185	3.36	3.14065776
405	3-bromophenylurea	-1.216	3.81417	4.76735	0	0.959276	2.06	1.951300474
406	4-bromophenylurea	-1.216	3.81417	4.75545	0	0.788991	2.12	1.917993784
407	3-methyl-4-bromophenylurea	-1.216	4.23083	5.2632	0	1.07824	2.37	2.16271726
408	3-(3,5-dimethyl-4-bromo phenyl)-1,1-dimethylurea	-1.216	5.47686	6.60812	0	1.49554	2.53	2.76305044

Fortsetzung auf nächster Seite

Nr	Name	Deskriptoren					Ergebnis [log(K_{OC})]	
		$\sum F_i n_i$	${}^1\chi^v$	${}^2\chi$	${}^4\chi_c$	${}^6\chi$	Labor	QSAR
409	methyl-n-(3-chloro phenyl)carbamate	-1.051	3.73548	4.88693	0	1.03813	2.15	2.15988919
410	2,5-dichloro-n-methyl phenylcarbamate	-0.96	4.29563	5.40471	0	1.15271	2.71	2.48123363
411	methyl-n-(3,4-dichlo rophenyl)carbamate	-0.96	4.24976	5.38277	0	1.16523	2.74	2.47250435
412	chloropham	-1.051	4.71763	6.10823	0	1.24632	2.77	2.66188945
413	chlorbufam	-1.051	4.71763	6.2278	0	1.2745	2.21	2.7037399
414	isocil	-1.838	4.76836	5.72987	0	1.14879	2.11	1.74557169
415	bromacil	-1.838	5.30637	5.87139	0	1.2599	1.86	1.85705541
416	terbacil	-1.747	4.67668	6.80031	0.288675	1.27531	1.71	2.636341405
417	triforine	-2.264	8.57045	10.1972	0.57735	1.89236	3.3	4.08202689
418	pyrazon	-1.646	4.69518	6.33481	0	1.8547	2.08	2.24074029
419	norflurazon	-2.099	5.88414	9.1174	0.288675	2.6773	3.28	3.352939875
420	metazachlor	-1.132	6.60958	7.89839	0	2.39505	2.14	3.50420341
421	diflubenzuron	-2.049	6.19921	9.14258	0	2.36154	3.83	2.92889408
422	3(35diclphenyl)1ip carbamoylhydant.	-2.879	7.02084	9.59767	0	3.07229	1.48	2.43713409
423	3-chloro-4-meth oxyacetanilide	-1.71	4.15214	5.45424	0	1.30493	1.92	1.76011058
424	acetochlor	-1.71	6.75541	6.84548	0	2.08666	2.11	2.56031906
425	alachlor	-1.71	6.72853	6.68297	0	2.20618	2.28	2.52848075
426	butachlor	-1.71	8.31607	7.74363	0	2.55035	3.29	3.05898887
427	metolachlor	-1.71	7.09544	7.38271	0	2.11238	2	2.76140111
428	metoxuron	-1.703	4.77018	6.28169	0	1.45922	1.74	2.10526269
429	3-(3-chloro-4-methoxy phenyl)-1-methylurea	-1.703	4.40214	5.57381	0	1.39192	1.84	1.84169397
430	chloroxuron	-1.703	6.47076	8.70536	0	2.24485	3.51	3.14392854
431	oxadiazon	-1.87	7.67765	10.6549	0.288675	3.20739	3.51	4.310678935
432	antor	-1.721	7.78919	8.02385	0	2.64796	3.11	3.10414179
433	3-bromophenyl carbamate	-1.142	3.72241	4.76735	0	0.959276	1.89	2.017042074
434	nitrobenzene	-0.445	2.49944	3.64211	0	0.451184	1.94	2.167867606
435	1,3-dinitrobenzene	-0.89	2.99888	5.1748	0	1.09033	1.56	2.35262982
436	1,3,5-trinitrobenzene	-1.335	3.49832	6.7194	0	1.9414	1.3	2.577947
437	2,4,6-trinitrotoluene	-1.335	3.92097	7.15036	0	2.17253	2.72	2.78936876
438	m-nitroaniline	-0.627	2.6988	4.27587	0	0.603099	1.73	2.226075056
439	p-nitroaniline	-0.627	2.6988	4.26397	0	0.919957	1.88	2.277531248
440	aniline,3,5-dinitro	-1.072	3.19824	5.82047	0	1.19512	2.55	2.40631771
441	pendimethalin	-1.072	6.52425	8.38342	0	2.73552	2.21	3.76563976
442	butralin	-1.072	6.81359	9.76307	0.288675	3.44849	3.91	4.797289465
443	benzamide,2-nitro	-1.668	3.1589	5.1002	0	0.797949	1.45	1.515105926
444	4-nitrobenzamide	-1.668	3.15292	5.16289	0	1.18123	1.93	1.60062983
445	3-nitrobenzamide	-1.668	3.15292	5.1748	0	1.09033	1.95	1.58849342
446	3-nitroacetanilide	-1.668	3.61425	5.66628	0	1.15555	1.94	1.79322872
447	3,5-dinitrobenzamide	-2.113	3.65236	6.7194	0	1.9414	2.31	1.8138106
448	m-nitrophenol	-1.101	2.63373	4.27587	0	0.603099	1.72	1.746218756
449	p-nitrophenol	-1.101	2.63373	4.26397	0	0.919957	1.74	1.797674948
450	o-nitrophenol	-1.101	2.63971	4.16961	0	0.565641	2.06	1.707404924

Fortsetzung auf nächster Seite

Nr	Name	Deskriptoren					Ergebnis [log(K_{OC})]	
		$\sum F_i n_i$	$^1\chi^v$	$^2\chi$	$^4\chi_c$	$^6\chi$	Labor	QSAR
451	dinoseb	-1.546	5.0372	7.29188	0	2.28389	2.09	2.74193578
452	p-nitrobenzoic acid	-1.779	3.08785	5.16289	0	1.18123	1.54	1.48377353
453	3,4-dinitrobenzoic acid	-2.224	3.59328	6.63289	0	1.70232	1.53	1.62916189
454	3,5-dinitrobenzoic acid	-2.224	3.58729	6.7194	0	1.9414	1.9	1.6969543
455	ethyl 4-nitrobenzoate	-1.034	4.06415	5.68484	0	1.37172	2.48	2.51106834
456	ethyl 3,5-dinitrobenzoate	-1.479	4.56359	7.24134	0	2.12769	2.74	2.72351522
457	3,4-dichloronitrobenzene	-0.263	3.52202	4.77172	0	0.978096	2.53	2.882631984
458	2,3,5,6-tetrachloro nitrobenzene	-0.081	4.55656	5.72987	0	0.830149	4.05	3.428066156
459	2,3,4,5-tetrachloro nitrobenzene	-0.081	4.55656	5.69821	0	1.10503	4.23	3.46611251
460	pentachloronitrobenzene	0.01	5.07683	6.11695	0	1.14856	5	3.74090169
461	benzene, 4-bromo-1-nitro	-0.445	3.41012	4.26397	0	0.919957	2.42	2.523550048
462	3-chloro-4-bromonitrobenzene	-0.354	3.9244	4.77172	0	0.978096	2.6	2.827846184
463	2,6-dichloro-4-nitroaniline	-0.445	3.72736	5.28919	0	1.08014	3.7	2.89676647
464	2,6-dinitro-4(tri fluoromethyl)-aniline	-1.525	3.93783	8.20921	0.288675	2.49311	2.56	3.439092205
465	2,6-dinitro-n-n-propyl-trifluoro-p-toluidine	-1.525	5.45982	9.15618	0.288675	3.1764	3.61	3.987577495
466	benefin	-1.525	6.91943	10.238	0.288675	3.72324	4.03	4.548374935
467	trifluralin	-1.525	6.91943	10.2649	0.288675	3.78216	4.14	4.566939115
468	fluchloralin	-1.434	7.05748	10.2649	0.288675	3.78216	3.56	4.670363615
469	profluralin	-1.525	7.43707	11.1553	0.288675	4.06252	3.93	4.937442955
470	profluralin	-1.525	7.43707	11.1553	0.288675	4.06252	4.27	4.937442955
471	ethalfluralin	-1.525	6.41943	10.7253	0.288675	3.61649	4	4.635376135
472	dinitramine	-1.707	6.13076	9.9505	0.288675	3.6807	3.6	4.199155175
473	monolinuron	-1.703	4.38475	5.72442	0	1.09987	2.3	1.83585066
474	linuron	-1.612	4.89903	6.23216	0	1.33241	2.91	2.17048948
475	metobromuron	-1.794	4.78713	5.72442	0	1.09987	2.02	1.78106486
476	chlorbromuron	-1.703	5.30141	6.23216	0	1.33241	2.66	2.11570368
477	nitrofen	-0.841	5.75163	7.91611	0	2.30855	3.65	3.70841239
478	chlornitrofen	-0.75	6.26591	8.45552	0	2.56702	3.9	4.05734906
479	oxyfluorfen	-1.963	7.08754	10.9848	0.288675	3.40747	4.72	4.301322055
480	bifenox	-1.43	6.7348	9.52763	0	3.0026	3.32	3.82662207
481	2,4-d amine	-1.167	5.26486	6.96766	0	1.45658	2.04	2.89728926
482	benzo[b]thiophene	0	3.84021	3.73552	0	0.936856	3.49	2.846907524
483	dibenzothiophene	0	5.1957	5.65248	0	2.41376	4.05	3.81822356
484	tricyclazole	0	4.92223	5.83616	0	2.51581	3.09	3.86812508
485	ametryn	-0.364	6.28217	6.13166	0	1.82104	2.59	3.5969392
486	prometryne	-0.364	6.66488	6.97253	0	1.99026	2.91	3.92065621
487	dipropretryn	-0.364	6.99387	7.35296	0	2.24388	3.07	4.11194806
488	terbutryne	-0.364	6.58879	7.26689	0.353553	1.95773	2.85	4.556658211
489	thiabendazole	0	5.28576	6.08064	0	2.26744	3.24	3.93317072
490	captan	-1.572	6.74816	7.75904	0.353553	2.06962	2.3	3.534544721
491	captafol	-1.481	7.81935	8.34166	0.204124	2.42504	3.32	3.728174948
492	folpet	-1.572	6.1985	7.75904	0.353553	2.06962	3.27	3.485075321

Fortsetzung auf nächster Seite

Nr	Name	Deskriptoren					Ergebnis [log(K_{OC})]	
		$\sum F_i n_i$	$^1\chi^v$	$^2\chi$	$^4\chi_c$	$^6\chi$	Labor	QSAR
493	methiocarb	-1.142	5.95356	6.11322	0	1.65587	2.32	2.75492676
494	methabenzthiazuron	-1.216	5.41411	6.28075	0	2.00382	2.8	2.74468633
495	tebuthiuron	-1.216	5.53676	6.88073	0.288675	1.49074	2.79	3.307083205
496	thidiazuron	-1.216	5.08453	6.23109	0	1.33398	2	2.58312703
497	metribuzin	-2.069	5.49324	6.43643	0.288675	1.25112	1.98	2.271183825
498	s-ethyl dipropyl thiocarbamate	-1.223	5.73987	4.10339	0	0.477671	2.38	1.828650564
499	vernolate	-1.223	6.23987	4.45694	0	0.595522	2.42	2.003403588
500	pebulate	-1.223	6.23987	4.43007	0	0.713373	2.8	2.015606832
501	butylate	-1.223	6.45156	5.78514	0	0.793148	3.28	2.467256412
502	butylate	-1.223	6.45156	5.78514	0	0.793148	4.09	2.467256412
503	molinate	-1.223	5.82566	4.5176	0	1.19207	1.95	2.08866798
504	cycloate	-1.223	6.79124	5.23615	0	1.08106	2.54	2.37828639
505	carboxine	-1.801	6.16598	6.64262	0	1.59448	2.41	2.2679473
506	triallate	-0.95	7.20829	6.84132	0	0.701045	3.35	3.11869581
507	thiobencarb	-1.132	6.8053	6.25711	0	1.25669	3.27	2.81658805
508	aldicarb	-1.474	4.82419	4.92342	0.25	0.615999	1.63	2.166947706
509	methomyl	-1.474	4.00092	3.60419	0	0.402369	2.2	1.253789716
510	oxamyl	-2.697	5.07308	5.36223	0	0.722776	1.7	0.726269294
511	thiodicarb	-2.948	8.99818	8.32638	0	1.45481	2.44	1.87182456
512	ethofumesate	-2.861	8.02428	9.3531	0.52022	2.70338	1.57	3.22606816
513	pentafluorophenyl methyl sulfone	-1.882	5.43549	7.18739	0.288675	1.25394	1.46	2.685523645
514	alpha-endosulfan	-1.428	8.72136	9.24059	0.291667	4.1943	4.13	4.586031769
515	asulam	-2.451	5.52163	6.66292	0.204124	1.4073	2.48	1.855562728
516	sulfometuron methyl	-2.932	8.66484	11.2574	0.204124	3.19465	1.97	3.388144848
517	metsulfuron-methyl	-3.51	8.64707	11.4265	0.204124	3.26269	1.93	2.872636408
518	harmony	-3.51	9.08258	11.0729	0.204124	3.0552	1.65	2.766466648
519	chlorsulfuron	-2.83	8.17819	10.3544	0.204124	2.72118	1.02	3.084935568
520	oxycarboxin	-2.928	7.22007	8.1009	0.204124	2.03763	1.41	2.085435568
521	4-methylsulfonyl-2,6-dinitro-n,n-dimethylaniline	-2.199	6.94083	9.17146	0.288675	2.65297	2.16	3.360513095
522	4-propylsulfonyl-2,6-dinitro-n,n-dimethylaniline	-2.199	7.76981	9.54402	0.204124	2.78116	2.35	3.439210468
523	4-methylsulfonyl-2,6-di nitro-n,n-diethylaniline	-2.199	8.09307	9.50402	0.288675	3.39262	2.36	3.695674835
524	4-ethylsulfonyl-2,6-di nitro-n,n-diethylaniline	-2.199	8.42205	9.48013	0.204124	3.45933	2.51	3.596171638
525	nitralin	-2.199	9.09307	10.2649	0.288675	3.78216	2.98	4.088566715
526	4-ethylsulfonyl-2,6-dini tro-n,n-dipropylaniline	-2.199	9.42205	10.241	0.204124	3.84887	2.88	3.989060428
527	4-propylsulfonyl-2,6-di nitro-n,n-dipropylaniline	-2.199	9.92205	10.6374	0.204124	3.91035	3.07	4.167245548
528	oryzalin	-2.381	8.54743	10.2649	0.288675	3.78216	2.76	3.857459115
529	aldicarb sulfone	-2.601	5.87828	6.53953	0.426777	0.660839	1	1.920773285
530	aldicarb sulfoxide	-2.292	5.35123	5.54893	0.204124	0.639074	0.56	1.521332494
531	mevinphos	-3.626	5.22387	5.57618	0.176777	0.52022	2.3	0.120483529
532	crotoxyphos	-3.626	7.82803	8.77901	0.176777	1.56389	2.23	1.526130979

Fortsetzung auf nächster Seite

Nr	Name	Deskriptoren					Ergebnis [log(K_{OC})]	
		$\sum Fin_i$	${}^1\chi^v$	${}^2\chi$	${}^4\chi_c$	${}^6\chi$	Labor	QSAR
533	dimethyl 1,2-dibromo-2,2-dichloroethyl phosphate	-2.855	7.0002	5.98896	0.465452	0.433013	2.19	1.618968706
534	dichlorvos	-2.855	4.8455	4.45029	0.176777	0.408248	1.67	0.490047091
535	chlorfenvinphos	-2.764	8.66709	8.24247	0.176777	2.15992	2.47	2.401564739
536	trichlorfon	-2.842	5.70476	5.44885	0.433013	0	1.29	1.221984551
537	diamidaphos	-2.245	5.68372	5.22593	0.176777	0.883537	1.51	1.497859937
538	dicrotophos	-4.26	5.72953	6.28407	0.176777	0.531415	1.66	-0.247321131
539	phosphamidon	-4.169	7.40204	6.99398	0.176777	0.845799	0.81	0.268269775
540	o-et s,s-diprop phosphorodithioate	-1.881	10.0419	4.76777	0.176777	0.59283	1.8	2.061941679
541	ethion	-3.154	15.4212	7.47487	0.353553	1.2955	4.19	2.510612911
542	s-benzyl o,o-di-ip phosphorothioate	-2.459	9.51571	8.04931	0.176777	1.4749	2.4	2.604060619
543	fonofos	-0.999	9.4879	5.62237	0.176777	0.985599	3.44	3.226494885
544	phorate	-1.577	10.2435	4.76777	0.176777	0.728553	3.51	2.407701481
545	disulfoton	-1.577	10.7435	5.12132	0.176777	0.728553	2.83	2.561948431
546	terbufos	-1.577	10.769	6.72487	0.53033	1.03033	2.76	3.66980266
547	fenthion	-2.155	8.75294	6.54658	0.176777	1.56484	1.24	2.390717309
548	fensulfothion sulfide	-2.155	9.51134	6.80978	0.176777	1.63802	3.18	2.553035429
549	sulprofos	-1.577	11.8839	7.16334	0.176777	1.71969	4.42	3.468026449
550	temephos	-4.31	14.0906	11.453	0.353553	2.95663	5	2.753137701
551	malathion	-2.755	10.2266	7.37748	0.176777	1.44039	2.61	2.158440509
552	sulfotepp	-3.732	11.0987	6.7981	0.353553	1.28033	2.66	1.331826401
553	tetrapropyl dithiopyrophosphate	-3.732	13.0987	8.21231	0.353553	1.50888	3.84	1.988584991
554	ronnel	-1.882	8.02596	6.88523	0.176777	1.53991	3.2	2.698594139
555	profenofos	-2.368	10.2133	7.52392	0.176777	1.68174	3.01	2.631488369
556	2-chloro-n-(3-methyl-1,1-dioxido-2h-1,2,4-benzothiadiazin-6-yl)acetamide	-2.368	10.0305	7.52393	0.176777	1.68174	3.03	2.615039459
557	leptophos	-1.395	10.0605	8.70998	0.144338	2.3773	3.97	4.027100046
558	carbophenothion	-1.486	11.688	7.32879	0.176777	1.54125	4.66	3.561470939
559	methamidophos	-2.063	5.49618	2.87132	0.25	0	0.7	0.89714408
560	fenamiphos	-2.641	9.25696	8.18744	0.176777	2.0552	2.52	2.542427489
561	diazinon	-2.155	9.16863	8.19718	0.176777	2.04244	2.36	3.021267209
562	pirimiphos-methyl	-2.337	8.82047	7.73685	0.176777	2.20523	3	2.694016299
563	isofenphos	-2.348	10.2068	9.67798	0.176777	2.41505	2.73	3.444103849
564	acephate	-3.104	6.34092	4.11574	0.176777	0	0.48	0.201223789
565	methidathion	-3.71	9.60648	6.53948	0.176777	1.46131	2.53	0.892327789
566	isazophos	-2.064	8.85842	7.73737	0.176777	1.75903	2.01	2.892953679
567	methylchlorpyrifos	-1.882	7.89582	6.88523	0.176777	1.53991	3.52	2.686881539
568	chlorpyrifos	-1.882	9.07089	7.67812	0.176777	1.80925	4.13	3.084506009
569	dimethoate	-2.8	7.84323	4.56986	0.176777	0.594861	0.96	0.884260583
570	piperophos	-2.8	12.5519	8.45932	0.176777	1.75634	3.44	2.711981369
571	prometryn	-3.422	10.0346	8.0507	0.176777	2.6092	2.79	1.885558429
572	azinphos-methyl	-3.464	9.98047	7.96138	0.176777	2.57483	3	1.805106469
573	phosalone	-2.628	11.4221	9.06833	0.176777	3.02872	3.32	3.191877579
574	methylparathion	-2.6	6.98854	6.74671	0.176777	1.48297	3.99	1.834516099

Fortsetzung auf nächster Seite

Nr	Name	Deskriptoren $\sum F_i n_i$	$^1\chi^v$	$^2\chi$	$^4\chi_c$	$^6\chi$	Ergebnis [log(K_{OC})] Labor	QSAR
575	fenitrothion	-2.6	7.4052	7.28612	0.176777	1.72493	2.63	2.080794229
576	parathion	-2.6	8.1636	7.53961	0.176777	1.8121	3.68	2.242546219
577	ethyl o-(p-nitrophenyl)p henylphosphonothionate	-2.022	9.20826	8.96791	0.144338	2.539	3.12	3.431234616
578	terbufos sulfone	-2.704	11.8231	7.94454	0.603553	1.01516	2.18	3.127382781
579	fensulfothion sulfone	-3.282	10.5654	8.59846	0.465452	1.95287	2.17	2.583627324
580	oxydemeton-methyl	-3.277	8.84705	4.92342	0.176777	0.637137	1.1	0.614210447
581	terbufos sulfoxide	-2.395	11.296	7.11641	0.465452	1.00854	2.18	2.914114454
582	fensulfothion	-2.973	10.0384	7.53961	0.176777	1.8121	2.52	2.038278219
583	fenamiphos sulfone	-3.768	10.3111	9.99164	0.465452	2.34433	1.64	2.573346984
584	fenamiphos sulfoxide	-3.459	9.78401	8.92699	0.176777	2.21529	1.57	2.028238599
585	bensulide	-2.886	13.6092	10.5372	0.380901	1.83503	4	3.698798897

C.3.2 Validierungsdaten

Nr	Name	Deskriptoren $\sum F_i n_i$	$^1\chi^v$	$^2\chi$	$^4\chi_c$	$^6\chi$	Ergebnis [log(K_{OC})] Labor	QSAR
1	decalin	0	4.96633	4.08907	0	1.14012	3.67	3.09287321
2	acenaphthylene	0	4.14872	5.29675	0	2.3533	3.75	3.60355475
3	dibenzo(a,i)pyrene	0	8.38077	11.0455	0	7.25912	5.71	6.61441568
4	bromomethane	0	2	0	0	0	1.34	1.364
5	mirex	1.092	10.6714	12.25	0.75	9.125	6	9.792176
6	pentabromo ethylbenzene	0	7.56066	5.36769	0	1.01793	4.92	3.70019543
7	2,3',4',5-tetrachlo robiphenyl/pcb 70	0.364	6.11653	7.08706	0	2.0863	4.86	4.65140544
8	hexabromobiphenyl	0	9.5594	8.21699	0	2.54066	4.87	5.02547075
9	octachloro naphthalene/pcn 75	0.728	7.53091	8.02763	0	2.91263	5.89	5.57711719
10	diphenylmethanol	-0.656	4.65692	5.6553	0	1.33884	2.34	2.92756866
11	4-nonylphenol	-0.656	6.60563	6.03589	0	1.34951	3.84	3.22241145
12	diethylstilbestrol	-1.312	6.96127	8.18411	0	2.51379	4.14	3.46480375
13	1,4-dioxane	-1.156	2.1547	2.12132	0	0	1.23	0.87741088
14	2,2-bioxirane	-1.156	2.19858	2.67486	0	0	0.4	1.05240394
15	dibenzofurane	0	4.31295	5.65248	0	2.41376	3.91	3.73877606
16	safrole	-1.156	3.89368	4.91882	0	1.60458	2.83	2.1775435
17	cinmethylin	-1.156	7.81449	9.3481	0.2464	3.20819	2.6	4.56666486
18	isophorone	-0.622	3.69569	5.01851	0.25	0.888071	1.4	2.994106044
19	anthraquinone	-1.244	5.06295	6.94257	0	2.95992	3.57	3.05594571
20	dibenzo(b,d)chry sene-7,12-dione	-1.244	8.63432	11.9074	0	7.91218	4.28	5.77319472
21	di-2-ethylhexyladipate	-1.178	10.8789	9.48251	0	2.07995	4.19	4.27710789
22	ethyl 1-naphthylacetate	-0.589	5.4325	6.52892	0	2.18341	2.48	3.48127462
23	di-n-hexyl phthalate	-1.178	9.13541	8.97251	0	2.33606	4.72	4.00716693
24	dioctyl phthalate	-1.178	11.1354	10.3867	0	2.68962	4.38	4.68567018
25	diisobutyl phthalate	-1.178	6.8471	8.50913	0	1.84636	3.14	3.57282681
26	bis(2-ethyl hexyl)terephthalate	-1.178	10.9931	10.6171	0	3.05155	4.16	4.8070326

Fortsetzung auf nächster Seite

Nr	Name	Deskriptoren					Ergebnis [log(K_{OC})]	
		$\sum F_i n_i$	${}^1\chi^v$	${}^2\chi$	${}^4\chi_c$	${}^6\chi$	Labor	QSAR
27	diisooctyl phthalate	-1.178	10.8471	11.3376	0	2.63865	3.21	4.9446825
28	ethyl carbethoxy methyl phthalate	-1.767	6.18589	7.82661	0	1.8652	2.54	2.71669739
29	2-butoxy-2-oxoethyl butyl phthalate	-1.767	8.18589	9.24082	0	2.43347	3.7	3.43256726
30	phthalic anhydride	-1.211	3.14385	4.80244	0	1.24911	1.56	1.9572456
31	2-butoxyethanol	-1.234	3.10068	2.41421	0	0.25	1.83	1.01855209
32	warfarin	-1.867	7.36729	10.0493	0	4.01548	2.96	3.78398332
33	endothal	-3.246	4.22071	5.97595	0	1.64103	2.09	0.44997167
34	3,5-dichlorophenol	-0.474	3.15089	4.02262	0	0.696923	2.83	2.357834282
35	2,3,5-trichlorophenol	-0.383	3.67115	4.39026	0	0.697804	3.61	2.609411736
36	bis(2-chloro ethoxy)methane	-0.974	3.84501	2.76777	0	0.338388	1.79	1.470171342
37	4-bromophenyl phenyl ether	-0.578	5.1403	5.86564	0	1.44287	4.23	3.13216914
38	epichlorohydrin	-0.487	2.18603	1.85162	0	0	1	1.46589328
39	endrin	-0.032	8.70094	9.94613	0.291667	5.76198	4.08	6.470982149
40	heptachlor epoxide	0.059	8.24117	9.24183	0.291667	4.55419	4.02	6.092818689
41	tridiphane	-0.123	6.52358	8.21418	0.455615	1.53141	3.75	5.171274015
42	2,3,7,8-tetrachloro-dibenzodioxine	-0.792	6.51636	8.36367	0	3.56175	6.5	4.18259093
43	kepone	0.288	9.68027	11.5014	0.644338	8.67334	4.2	8.422439086
44	chloranil	-0.88	4.29871	5.1547	0	0.829345	2.32	2.42799223
45	chlorendic acid	-2.122	7.17918	9.30734	0.291667	3.0983	2.79	3.583157319
46	tetrachlorophthalate	-2.304	5.24592	7.0792	0	1.46777	3.3	1.79499758
47	bifenthrin	-0.951	9.6911	13.6231	0.455342	3.86052	5.35	6.704541714
48	3,4,5-trichloroguaiacol	-0.961	4.20617	4.98061	0	0.989781	2.8	2.312785684
49	mecoprop	-1.821	4.56923	6.11259	0	1.27489	1.3	1.88485187
50	2,4-dp butoxyethyl ester	-2.308	7.73998	8.4023	0	1.93999	3	2.50646716
51	2,4-db butoxyethyl ester	-1.563	8.261	8.60166	0	1.97009	2.7	3.3651986
52	aziridine	-0.182	1.20711	1.06066	0	0	0.78	1.43838384
53	di-(p-amino phenyl)methane	-0.364	4.92719	6.4875	0	1.65425	1.99	3.5559241
54	4,4-methylenebis(n,n-dimethylaniline)	-0.364	6.58591	8.28535	0	2.487	3.96	4.40564305
55	n,n-diethylhydrazine	-0.364	2.37132	1.70711	0	0	1.18	1.56091579
56	hydrazobenzene	-0.364	4.57137	5.58542	0	1.28446	2.98	3.18081412
57	7-n-butyl benzotriazole	0	4.70189	5.18805	0	1.75683	2.16	3.51596597
58	4-vinylpyridine	0	2.45734	2.91228	0	0.348462	1.18	2.365687508
59	benzo(c)acridine	0	6.08995	7.9857	0	4.03751	4.39	4.90220354
60	2,2'-dipyridyl	0	3.79096	4.79618	0	1.17851	1.6	3.21226676
61	p-aminoazobenzene	-0.846	4.66794	6.20728	0	1.54319	2.79	2.94467918
62	2,6-diamino-3-phenylazopyridine	-1.028	4.74314	6.73697	0	1.78119	2.32	2.97453339
63	nicotine	-0.182	4.47898	4.97013	0	1.15665	2.01	3.14213547
64	4-dimethylami noazobenzene	-0.846	5.4973	7.10621	0	1.94664	3.87	3.36729125
65	auramine	-0.696	6.6288	8.69687	0	2.66022	3.31	4.23480311
66	cyromazine	-0.546	3.77416	5.46255	0	1.33633	2.3	2.89812377
67	3-cyanopyridine	0	2.23402	2.91228	0	0.348462	1.56	2.345588708

Fortsetzung auf nächster Seite

Nr	Name	Deskriptoren					Ergebnis [log(K_{OC})]	
		$\sum F_i n_i$	${}^1\chi^v$	${}^2\chi$	${}^4\chi_c$	${}^6\chi$	Labor	QSAR
68	diethanolamin	-1.494	2.33956	2.06066	0	0.176777	0.6	0.568063538
69	1-(phenylazo)-2-naphthalenol	-1.32	6.01954	8.00827	0	2.8843	3.58	3.38218223
70	2-pyridineethanol	-0.656	2.94026	3.29271	0	0.492799	1.45	1.895817816
71	7-methoxybenzotriazole	-0.578	3.2536	4.45407	0	1.36475	1.8	2.51259813
72	simetone	-0.942	4.57533	5.29078	0	1.6538	2.34	2.57639192
73	atratone	-0.942	4.95805	6.13166	0	1.82104	2.64	2.8997684
74	c.i. disperse orange 11	-1.426	5.68496	7.98535	0	3.48587	3.9	3.34366093
75	4,4-bis(dimethyl amino)benzophenone	-0.986	6.58293	8.69687	0	2.66022	2.21	3.94067481
76	7-chlorobenzotriazole	0.091	3.23884	4.26303	0	1.16612	1.98	3.08667675
77	6,7-dichloro-1h-1,2, 3-benzotriazole	0.182	3.75313	4.76859	0	1.39364	2.33	3.41976937
78	hydramethylnon	-1.934	10.6594	16.873	0.82735	4.83476	5.86	7.56908219
79	chloramben methyl ester	-0.589	4.2051	5.46236	0	1.04763	2.74	2.84361586
80	bromoxyniloctanoate	-0.589	8.30134	7.90786	0	1.93956	4	4.12313278
81	tralomethrin	-1.167	12.5613	13.9414	0.455342	3.70052	5	6.817374414
82	cypermethrin	-0.985	9.6018	12.497	0.166667	3.57	5	5.808748859
83	cyhalothrin	-1.529	9.82114	14.3702	0.455342	4.09078	5.26	6.409164454
84	cyfluthrin	-1.136	9.70745	13.0147	0.166667	3.88841	5	5.882629999
85	esfenvalerate	-1.076	10.0696	12.7551	0	3.89177	3.72	5.63275788
86	fenoxaprop-ethyl	-1.654	8.13061	10.8772	0	3.54464	3.98	4.23957706
87	fluvalinate	-1.711	11.0532	15.6707	0.288675	4.78557	6	6.597963955
88	acetamide	-1.223	0.992799	1.73205	0	0	0.7	0.58555536
89	acrylamide	-1.223	1.18972	1.8021	0	0	1.7	0.6249237
90	acetamide, n-9h-fluoren-2-yl-	-1.223	5.72662	7.67665	0	3.18393	3.14	3.40248447
91	1-naphthaleneacetamide	-1.223	4.52127	6.02892	0	1.96259	2	2.57234124
92	3-ethylphenylcarbamate	-1.142	3.78307	4.93645	0	1.06439	1.66	2.09304321
93	trimethacarb	-1.142	4.51707	5.90024	0	1.44879	2.6	2.52379992
94	3cychex6dimeamino 1me135triazine24..	-2.352	6.38983	7.81453	0	2.16876	1.73	2.19913871
95	fenoxycarb	-2.298	7.14068	8.80479	0	2.28643	3	2.64718013
96	imazapyr acid	-2.889	5.95959	8.61766	0.117851	2.53647	2	2.121416847
97	pentanochlor	-1.132	6.02115	6.61259	0	1.36059	2.76	2.87393647
98	n-methyl-3-chloro phenylcarbamate	-1.051	3.78135	4.88692	0	1.03813	2.15	2.1640144
99	n-methyl-3,4-dichlo rophenylcarbamate	-0.96	4.29564	5.38277	0	1.16523	2.74	2.47663355
100	uracil mustard	-1.838	5.53197	5.89679	0	1.68327	1.46	1.95887439
101	prochloraz	-1.528	8.29737	9.57831	0	2.54931	2.7	3.80604103
102	diphenylnitrosamine	-0.514	4.65115	5.86828	0	1.57454	3.08	3.17587198
103	isopropalin	-1.072	7.54586	9.20602	0	3.51849	4	4.24800484
104	benzaloxime-n-methylcarbamate	-1.474	3.79838	4.94836	0	0.918715	1.8	1.74075385
105	3,6-dinitrobenzoic acid	-2.224	3.59328	6.63289	0	1.70232	2.3	1.62916189
106	chloropicrin	-0.172	2.3816	3.52073	0.288675	0	1.79	2.769490045
107	chlornidine	-0.89	6.87858	8.3071	0	2.70629	3.94	3.95086056
108	flumetralin	-1.585	8.09649	12.8808	0.288675	4.84142	4	5.605498855

Fortsetzung auf nächster Seite

Nr	Name	Deskriptoren					Ergebnis [log(K_{OC})]	
		$\sum F_i n_i$	${}^1\chi^v$	${}^2\chi$	${}^4\chi_c$	${}^6\chi$	Labor	QSAR
109	4-chlorobenzaloxime-n-methylcarbamate	-1.383	4.30668	5.57022	0	1.17259	1.8	2.11382984
110	methylisothiocyanat	-0.332	1.31632	1	0	0	0.97	1.2794688
111	ethane-1,2-diyldicar bamodithioic acid	-0.364	4.41231	4.07215	0	0.333333	2.74	2.533402192
112	thiram	-0.364	6.48472	5.01995	0	0.607122	2.83	3.060428578
113	4,4-thiodianiline	-0.364	5.51108	6.4875	0	1.65425	2.04	3.6084742
114	2-mercapto benzothiazol	0	4.27267	4.38119	0	1.11094	2.25	3.11563157
115	thioacetamide	-0.182	1.43417	1.73205	0	0	0.78	1.66627875
116	thiourea	-0.364	1.22285	1.73205	0	0	0.85	1.46525995
117	methapyrilene	-0.364	7.03695	7.51555	0	2.00301	2.87	4.12415419
118	metacil	-0.656	2.90249	4.02262	0	0.696923	2.14	2.153478282
119	quinomethionate	-0.622	6.16857	7.00652	0	2.84533	3.36	3.7772734
120	2,6-dichloro thiobenzamide	0	4.12342	4.70684	0	0.74075	2.26	3.13841186
121	etridiazole	-0.305	5.13642	5.5307	0.288675	1.09222	3	3.695550855
122	benazolin	-2.466	5.38147	6.75201	0	2.2572	1.52	1.68145619
123	thiophanate-methyl	-2.648	6.75134	8.98461	0	1.96771	3.25	2.26224663
124	diallate	-1.041	6.74181	6.13344	0	0.597793	3.28	2.749011842
125	hexythiazox	-1.747	9.47803	10.0503	0	3.22559	3.79	3.95681806
126	sethoxydim	-2.188	9.42314	8.68988	0	2.85413	2	3.02587414
127	dimethipin	-2.254	6.97492	6.05451	0.408248	0.788675	0.48	2.209622936
128	propargite	-2.552	9.40877	10.6071	0.288675	2.99885	3.6	3.733423575
129	bentazon	-2.532	6.44492	7.53001	0.204124	2.36493	1.52	2.292217258
130	chlorimuron-ethyl	-3.419	9.46236	11.8069	0.204124	3.3639	2.04	3.172166648
131	fomesafen	-3.735	9.58234	13.8419	0.642229	3.66033	1.78	4.238250253
132	4-nonylphenyl diphenyl phosphate	-3.037	13.1252	13.2279	0.176777	3.89278	4.06	4.371810149
133	cumylphenyl diphenyl phosphate	-3.037	12.0216	14.1009	0.321114	4.39094	3.68	4.856542438
134	tetrachlorvinphos	-2.673	8.00631	7.95733	0.176777	2.01213	3.07	2.319270819
135	monocrotophos	-4.26	5.3615	5.57618	0.176777	0.52022	0	-0.501129771
136	tributylphos phorotrithioate	-1.303	13.9145	6.18198	0.176777	1.46783	3.7	3.577716569
137	ibp kitazin	-2.459	8.72647	6.35337	0.176777	1.21266	2.4	1.963353799
138	demeton-s-methyl	-2.459	8.32001	4.32843	0.176777	0.478553	1.49	1.173331321
139	carbophenothion-methyl	-1.486	10.5129	6.53589	0.176777	1.28175	4.67	3.165552839

C.4 Modell M4

Modellgleichung:

$$\log(K_{\text{AW}}) = 1.005 \cdot \bar{\Phi} - 0.468 \cdot {}^1\chi^v - 1.258 \cdot I + 1.29$$

C.4.1 Trainingsdaten

Nr	Name	Deskriptoren			Ergebnis $[log(K_{AW})]$	
		$\bar{\Phi}$	$^1\chi^v$	I	Labor	QSAR
1	ethane	0.434	1	0	1.344	1.25817
2	propane	0.771	1.414	0	1.46	1.403103
3	n-butane	1.108	1.914	0	1.58	1.507788
4	2-methylpropane	1.108	1.73	0	1.68	1.5939
5	n-pentane	1.445	2.414	0	1.71	1.612473
6	2,2-dimethylpropane	1.445	2	0	1.95	1.806225
7	n-hexane	1.782	2.914	0	1.845	1.717158
8	2-methylpentane	1.782	2.77	0	1.85	1.78455
9	3-methylpentane	1.782	2.808	0	1.84	1.766766
10	2,2-dimethylbutane	1.782	2.561	0	1.9	1.882362
11	n-heptane	2.119	3.414	0	1.962	1.821843
12	2,4-dimethylpentane	2.119	3.126	0	2.08	1.956627
13	n-octane	2.456	3.914	0	2.1	1.926528
14	2,2,4-trimethylpentane	2.456	3.417	0	2.12	2.159124
15	ethylene	-0.185	0.5	0	0.92	0.870075
16	propylene	0.152	0.99	0	0.93	0.97944
17	1-butene	0.489	1.524	0	0.979	1.068213
18	2-methylpropene	0.489	1.35	0	0.94	1.149645
19	1-pentene	0.826	2.024	0	1.21	1.172898
20	trans-2-pentene	0.826	2.026	0	0.98	1.171962
21	2-methyl-2-butene	0.826	1.86	0	0.98	1.24965
22	3-methyl-1-butene	0.826	1.896	0	1.34	1.232802
23	1-hexene	1.163	2.524	0	1.16	1.277583
24	4-methyl-1-pentene	1.163	2.379	0	1.4	1.345443
25	1-octene	1.837	3.524	0	1.41	1.486953
26	1,3-butadiene	-0.13	1.15	0	0.41	0.62115
27	1,4-pentadiene	0.207	1.633	0	0.68	0.733791
28	2-methyl-1,3-butadiene	0.207	1.551	0	0.16	0.772167
29	1,5-hexadiene	0.544	2.133	0	0.74	0.838476
30	2,3-dimethyl-1,3-butadiene	0.544	1.957	0	0.29	0.920844
31	acetylene	-0.054	0.333	1	-0.006	-0.178114
32	propyne	0.283	0.789	1	-0.223	-0.052837
33	1-butyne	0.62	1.349	1	-0.12	0.023768
34	1-pentyne	0.957	1.849	1	0.01	0.128453
35	1-hexyne	1.294	2.349	1	0.21	0.233138
36	1-heptyne	1.631	2.849	1	0.44	0.337823
37	1-octyne	1.968	3.349	1	0.52	0.442508
38	1-nonyne	2.305	3.849	1	0.77	0.547193
39	cyclopentane	0.733	2.5	0	0.88	0.856665
40	cyclohexane	1.07	3	0	0.865	0.96135
41	methylcyclopentane	1.07	2.894	0	1.134	1.010958

Fortsetzung auf nächster Seite

Nr	Name	Deskriptoren $\bar{\Phi}$	$^1\chi^v$	I	Ergebnis $[log(K_{AW})]$ Labor	QSAR
42	methylcyclohexane	1.407	3.394	0	1.185	1.115643
43	1,2-dimethylcyclohexane	1.744	3.8	0	1.16	1.26432
44	cyclopentene	0.114	2.15	0	0.246	0.39837
45	cyclohexene	0.451	2.65	0	0.2	0.503055
46	methylcyclohexene	0.788	3.05	0	0.49	0.65454
47	benzene	0.165	2	1	-0.65	-0.738175
48	toluene	0.502	2.411	1	-0.585	-0.591838
49	ethylbenzene	0.839	2.971	1	-0.495	-0.515233
50	o-xylene	0.839	2.827	1	-0.674	-0.447841
51	m-xylene	0.839	2.821	1	-0.572	-0.445033
52	p-xylene	0.839	2.821	1	-0.567	-0.445033
53	propylbenzene	1.176	3.47	1	-0.39	-0.41008
54	1,2,4-trimethylbenzene	1.176	3.238	1	-0.63	-0.301504
55	2-propylbenzene	1.176	3.35	1	-0.22	-0.35392
56	butylbenzene	1.513	3.971	1	-0.29	-0.305863
57	2-butylbenzene	1.513	3.892	1	-0.13	-0.268891
58	t-butylbenzene	1.513	3.661	1	-0.28	-0.160783
59	t-amylbenzene	1.85	4.221	1	-0.13	-0.084178
60	chloromethane	0.434	1	1	-0.39	0.00017
61	dichloromethane	-0.037	0	1	-0.978	-0.005185
62	trichloromethane	-1.04	1.96	1	-0.75	-1.93048
63	tetrachloromethane	-0.171	2.26	0	0.07	0.060465
64	bromomethane	-0.005	0	1	-0.594	0.026975
65	dibromomethane	-0.107	0	1	-1.44	-0.075535
66	tribromomethane	-0.209	3.4	1	-1.56	-1.769245
67	iodomethane	0.624	3.42	1	-0.65	-0.94144
68	fluoromethane	0.16	0	1	-0.158	0.1928
69	trifluoromethane	0.286	0	1	0.59	0.31943
70	tetrafluoromethane	0.349	0	0	2.29	1.640745
71	chlorofluoromethane	0.093	0	1	-0.57	0.125465
72	chlorodifluoromethane	0.156	0	1	0.073	0.18878
73	chlorotrifluoromethane	0.219	0	0	1.634	1.510095
74	dichlorodifluoromethane	0.089	0	0	1.13	1.379445
75	bromotrifluoromethane	0.184	0	0	1.31	1.47492
76	chloroethane	0.367	0	1	-0.325	0.400835
77	bromoethane	0.332	0	1	-0.51	0.36566
78	iodoethane	0.961	0	1	-0.54	0.997805
79	1,1-dichloroethane	0.3	0	1	-0.622	0.3335
80	1,2-dichloroethane	0.3	0	1	-1.239	0.3335
81	1,2-dibromoethane	0.23	3.27	1	-1.54	-1.26721
82	1-chloro-2-bromoethane	0.265	0	1	-1.43	0.298325
83	1,1,1-trichloroethane	0.233	0	1	-0.243	0.266165
84	1,1,2-trichloroethane	0.233	0	1	-1.473	0.266165
85	1,1,2,2-tetrachloroethane	0.166	0	1	-1.824	0.19883
86	pentachloroethane	0.099	0	1	-1.02	0.131495

Fortsetzung auf nächster Seite

Nr	Name	Deskriptoren			Ergebnis $[log(K_{AW})]$	
		$\bar{\Phi}$	$^1\chi^v$	I	Labor	QSAR
87	hexachloroethane	0.032	0	0	-0.799	1.32216
88	1,1-difluoroethane	0.56	0	1	-0.08	0.5948
89	2-chloro-1,1,1-trifluoroethane	0.436	1	1	0.04	0.00218
90	1-chloropropane	0.704	0	1	-0.24	0.73952
91	2-chloropropane	0.704	0	1	-0.18	0.73952
92	1-bromopropane	0.669	0	1	-0.41	0.704345
93	2-bromopropane	0.669	0	1	-0.35	0.704345
94	1-iodopropane	1.2298	3.63	1	-0.43	-0.430891
95	2-iodopropane	1.298	0	1	-0.34	1.33649
96	1,2-dichloropropane	0.637	0	1	-0.951	0.672185
97	1,3-dichloropropane	0.637	0	1	-1.4	0.672185
98	1,2-dibromopropane	0.567	0	1	-1.225	0.601835
99	1,3-dibromopropane	0.567	0	1	-1.44	0.601835
100	1-chlorobutane	1.041	0	1	-0.12	1.078205
101	1-bromobutane	1.006	0	1	-0.29	1.04303
102	1-bromo-2-methylpropane	1.006	0	1	-0.02	1.04303
103	1-iodobutane	1.635	4.13	1	-0.19	-0.257665
104	1,1-dichlorobutane	0.974	0	1	-0.51	1.01087
105	1-chloroheptane	2.052	0	1	0.21	2.09426
106	2-chloropentane	1.378	0	1	0.05	1.41689
107	3-chloropentane	1.378	0	1	0.05	1.41689
108	1-bromo-3-methylpentane	1.68	0	1	0.15	1.7204
109	chloroethylene	-0.252	1.06	1	0.36	-0.71734
110	trans 1,2-dichloroethylene	-0.319	1.64	1	-0.56	-1.056115
111	trichloroethylene	-0.386	2.07	1	-0.32	-1.32469
112	tetrachloroethylene	-0.453	2.51	0	-0.3	-0.339945
113	3-chloropropene	0.085	1.61	1	-0.42	-0.636055
114	chlorobenzene	0.098	0	1	-0.81	0.13049
115	bromobenzene	0.063	0	1	-1	0.095315
116	1,2-dichlorobenzene	0.031	0	1	-1.071	0.063155
117	1,3-dichlorobenzene	0.031	0	1	-0.969	0.063155
118	1,4-dichlorobenzene	0.031	0	1	-1.007	0.063155
119	1,4-dibromobenzene	-0.039	0	1	-0.98	-0.007195
120	p-bromotoluene	0.4	0	1	-1.02	0.434
121	1-bromo-2-ethylbenzene	0.737	0	1	-0.87	0.772685
122	o-bromocumene	1.074	4.25	1	-0.62	-0.87763
123	acetic acid	-4.591	0.928	1	-5	-5.016259
124	propionic acid	-4.254	1.488	1	-4.74	-4.939654
125	butyric acid	-3.917	1.988	1	-4.66	-4.834969
126	methylformate	-1.835	0.88	1	-2.04	-2.224015
127	ethyl formate	-1.498	1.467	1	-1.94	-2.160046
128	methyl acetate	-1.498	1.317	1	-2.28	-2.089846
129	propyl formate	-1.161	1.967	1	-1.82	-2.055361
130	isopropyl formate	-1.161	1.862	1	-1.48	-2.006221
131	ethyl acetate	-1.161	1.904	1	-2.161	-2.025877

Fortsetzung auf nächster Seite

Nr	Name	Deskriptoren			Ergebnis $[log(K_{AW})]$	
		$\bar{\Phi}$	${}^1\chi^v$	I	Labor	QSAR
132	methyl propionate	-1.161	1.877	1	-2.18	-2.013241
133	isobutyl formate	-0.824	2.32	1	-1.63	-1.88188
134	propyl acetate	-0.824	2.4	1	-2.09	-1.91932
135	isopropyl acetate	-0.824	2.299	1	-1.944	-1.872052
136	ethyl propionate	-0.824	2.404	1	-2.05	-1.921192
137	methylbutyrate	-0.824	2.377	1	-2.076	-1.908556
138	butyl acrylate	-0.769	3.101	1	-1.72	-2.192113
139	isobutyl acetate	-0.487	2.76	1	-1.73	-1.749115
140	propyl propionate	-0.487	2.965	1	-1.8	-1.845055
141	isopropyl propionate	-0.487	2.859	1	-1.63	-1.795447
142	ethyl butyrate	-0.487	2.965	1	-1.84	-1.845055
143	methyl pentanoate	-0.487	2.87	1	-1.86	-1.800595
144	amyl acetate	-0.15	3.4	1	-1.8	-1.70995
145	propyl butyrate	-0.15	3.46	1	-1.67	-1.73803
146	ethyl pentanoate	-0.15	3.46	1	-1.85	-1.73803
147	methyl hexanoate	-0.15	3.377	1	-1.824	-1.699186
148	hexyl acetate	-0.15	3.46	1	-1.66	-1.73803
149	amyl propionate	0.187	3.965	1	-1.55	-1.635685
150	isoamyl formate	-0.487	2.823	1	-1.56	-1.778599
151	isoamyl acetate	-0.15	3.26	1	-1.62	-1.64443
152	methyl octanoate	0.524	4.377	1	-1.495	-1.489816
153	ethyl heptanoate	0.524	4.465	1	-1.69	-1.531
154	methyl benzoate	-1.43	2.977	1	-2.88	-2.798386
155	methanol	-3.484	0.447	1	-3.69	-3.678616
156	ethanol	-3.147	1.023	1	-3.59	-3.609499
157	1-propanol	-2.81	1.523	1	-3.49	-3.504814
158	2-propanol	-2.81	1.41	1	-3.46	-3.45193
159	allyl alcohol	-3.429	1.133	1	-3.69	-3.944389
160	1-butanol	-2.473	2.023	1	-3.43	-3.400129
161	2-butanol	-2.473	1.951	1	-3.39	-3.366433
162	tert-butyl alcohol	-2.473	1.72	1	-3.31	-3.258325
163	2-methyl-1-propanol	-2.473	1.87	1	-3.31	-3.328525
164	1-pentanol	-2.136	2.523	1	-3.27	-3.295444
165	2-pentanol	-2.136	2.451	1	-3.218	-3.261748
166	2-methyl-1-butanol	-2.136	2.417	1	-3.239	-3.245836
167	2-methyl-2-butanol	-2.136	2.284	1	-3.249	-3.183592
168	1-hexanol	-1.799	3.023	1	-3.155	-3.190759
169	3-hexanol	-1.799	2.989	1	-2.98	-3.174847
170	2,3-dimethylbutanol	-1.799	2.79	1	-2.87	-3.081715
171	2-methyl-3-pentanol	-1.799	2.862	1	-2.85	-3.115411
172	4-methyl-2-pentanol	-1.799	2.807	1	-2.74	-3.089671
173	2-methyl-2-pentanol	-1.799	2.784	1	-2.88	-3.078907
174	1-heptanol	-1.462	3.523	1	-3.09	-3.086074
175	1-octanol	-1.125	4.023	1	-3	-2.981389
176	phenol	-3.416	2.134	1	-4.6	-4.399792

Fortsetzung auf nächster Seite

Nr	Name	Deskriptoren $\bar{\Phi}$	$^1\chi^v$	I	Ergebnis $[log(K_{AW})]$ Labor	QSAR
177	4-bromophenol	-3.518	3.02	1	-5.21	-4.91695
178	4-tert-butylphenol	-2.068	3.78	1	-4.34	-3.81538
179	2-cresol	-3.079	2.55	1	-4.3	-4.255795
180	4-cresol	-3.079	2.54	1	-4.49	-4.251115

C.4.2 Validierungsdaten

Nr	Name	Deskriptoren $\bar{\Phi}$	$^1\chi^v$	I	Ergebnis $[log(K_{AW})]$ Labor	QSAR
1	1,1,1,3,3,3-hexafluoropropan-2-ol	-2.432	1.969	1	-2.76	-3.333652
2	1,1,1-trifluoro-2-propanol	-2.621	1.691	1	-3.05	-3.393493
3	1,1,1-trifluoroacetone	-1.836	1.521	1	-3.496	-2.525008
4	1,1,1-tris(hydroxymethyl)propane	-8.961	3.07	1	-9.489	-10.410565
5	1,1,3-trimethylcyclohexane	2.081	4.101	0	1.635	1.462137
6	1,1,3-trimethylcyclopentane	1.744	3.601	0	1.81	1.357452
7	1,1-dichloro-1-nitroethane	-2.662	2.223	1	-1.28	-3.683674
8	1,2,3,4,5,6,7-heptachloronaphthalene	-1.858	6.796	1	-2.18	-5.015818
9	1,2,3,4,6,7-hexachloronaphthalene	-1.791	6.306	1	-2	-4.719163
10	1,2,3,4,6-pentachloronaphthalene	-1.724	5.823	1	-1.92	-4.425784
11	1,2,3,4-tetrachloronaphthalene	-1.657	5.345	1	-2.55	-4.134745
12	1,2,3,4-tetrahydronaphthalene	0.801	4.035	1	-1.12	-1.051375
13	1,2,3,5,7,8-hexachloronaphthalene	-1.791	6.306	1	-2.33	-4.719163
14	1,2,3,5,8-pentachloronaphthalene	-1.724	5.823	1	-2.3	-4.425784
15	1,2,3,5-tetrachloronaphthalene	-1.657	5.339	1	-2.52	-4.131937
16	1,2,3-trimethylbenzene	1.176	3.244	1	-0.89	-0.304312
17	1,2,4,5-tetramethylbenzene	1.513	3.655	1	-0.704	-0.157975
18	1,2-benzenediol	-6.997	2.275	1	-7.01	-8.064685
19	1,2-bis(2-chloroethylthio)ethane	-0.152	6.568	1	-5.34	-3.194584
20	1,2-diaminoethane	-5.538	1.317	1	-7.15	-6.150046
21	1,2-dichloronaphthalene	-1.523	4.372	1	-2.29	-3.544711
22	1,2-propanediol	-6.391	1.56	1	-6.3	-7.121035
23	1,3,5-triethylbenzene	2.187	4.914	1	-0.396	-0.069817
24	1,3,5-trimethylbenzene	1.176	3.232	1	-0.508	-0.298696
25	1,3,5-trinitrobenzene	-8.721	3.498	1	-6.58	-10.369669
26	1,3-benzenediol	-6.997	2.269	1	-8.79	-8.061877
27	1,3-dichloro-2-propanol	-2.944	2.678	1	-4.12	-4.180024
28	1,3-dimethylnaphthalene	-0.715	4.232	1	-1.81	-2.667151
29	1,3-dinitrobenzene	-5.759	2.999	1	-4.96	-7.159327
30	1,3-propanediol	-6.391	1.633	1	-7.19	-7.155199
31	1,4,5-trimethylnaphthalene	-0.378	4.655	1	-2.02	-2.52643
32	1,4,6,7-tetrachloronaphthalene	-1.657	5.333	1	-2.32	-4.129129
33	1,4-benzenediol	-6.997	2.269	1	-8.8	-8.061877
34	1,4-benzoquinone	-5.76	2.23	1	-4.26	-6.80044

Fortsetzung auf nächster Seite

Nr	Name	Deskriptoren $\bar{\Phi}$	$^1\chi^v$	I	Ergebnis $[log(K_{AW})]$ Labor	QSAR
35	1,4-bis(methylamino)anthraquinone	-9.646	6.396	1	-8.11	-12.655558
36	1,4-diaminoanthraquinone	-10.08	5.474	1	-8.1	-12.660232
37	1,4-dichloronaphthalene	-1.523	4.372	1	-2.12	-3.544711
38	1,4-diethylbenzene	1.513	3.943	1	-0.41	-0.292759
39	1,4-dihydroxyanthraquinone	-11.27	5.344	1	-5.486	-13.795342
40	1,4-dimethylcyclohexane	1.744	3.788	0	1.55	1.269936
41	1,4-dimethylnaphthalene	-0.715	4.238	1	-2.07	-2.669959
42	1,4-dinitrobenzene	-5.759	2.999	1	-5	-7.159327
43	1,5-dimethylnaphthalene	-0.715	4.238	1	-1.844	-2.669959
44	1,6-heptadiene	0.881	2.633	0	0.858	0.943161
45	1,6-heptadiyne	1.143	2.285	1	-1.062	0.111335
46	1,8-nonadiyne	1.817	3.285	1	-0.869	0.320705
47	1.1'-methylenebisbenzene	0.907	4.529	1	-2.18	-1.176037
48	1-amino-2-propanol	-5.796	1.652	1	-5.72	-6.566116
49	1-amino-4-hydroxyanthraquinone	-10.675	5.409	1	-6.87	-13.227787
50	1-aminoanthraquinone	-7.094	5.268	1	-6.7	-9.562894
51	1-bromonaphthalene	-1.491	4.303	1	-2.09	-3.480259
52	1-buten-3-yne	0.001	0.986	1	0.025	-0.428443
53	1-chloro-1-nitropropane	-2.258	2.393	1	-1.86	-3.357214
54	1-chloro-2,4-dinitrobenzene	-5.826	3.483	1	-5.01	-7.453174
55	1-chloronaphthalene	-1.456	3.888	1	-1.84	-3.250864
56	1-decanol	-0.451	5.023	1	-2.67	-2.772019
57	1-decene	2.511	4.524	0	1.464	1.696323
58	1-ethyl-4-methylbenzene	1.176	3.382	1	-0.7	-0.368896
59	1-ethylnaphthalene	-0.715	4.382	1	-1.72	-2.737351
60	1-heptene	1.5	3.024	0	1.22	1.382268
61	1-hydroxyanthraquinone	-7.689	5.203	1	-6.52	-10.130449
62	1-methyl-2-ethylbenzene	1.176	3.388	1	-0.67	-0.371704
63	1-methyl-2-isopropylbenzene	1.513	3.771	1	-0.33	-0.212263
64	1-methylcylohexene	0.788	3.051	0	0.49	0.654072
65	1-methylnaphthalene	-1.052	3.821	1	-1.79	-2.813488
66	1-methylphenanthrene	-2.606	5.232	1	-2.695	-5.035606
67	1-methyl-pyrrolidine	-1.541	2.58	1	-2.91	-2.724145
68	1-naphthol	-4.97	3.545	1	-5.63	-6.62191
69	1-naphthylamine	-4.375	3.61	1	-5.34	-6.054355
70	1-nitrobutane	-1.854	2.389	0	-2.27	-1.691322
71	1-nitronaphthalene	-4.351	3.91	1	-4.14	-6.170635
72	1-nitropentane	-1.517	2.889	0	-2.07	-1.586637
73	1-nitropropane	-2.191	1.889	0	-2.45	-1.796007
74	1-nonene	2.174	4.024	0	1.51	1.591638
75	1-pentanal	-1.043	2.351	1	-2.222	-2.116483
76	1-tetradecanol	0.897	7.023	1	-2.184	-2.353279
77	1-tridecanol	0.56	6.523	1	-2.12	-2.457964
78	1-undecanol	-0.114	5.523	1	-2.466	-2.667334
79	2-(bis(1-methylethyl)amino)ethanol	-4.351	3.958	1	-5.07	-6.193099

Fortsetzung auf nächster Seite

Nr	Name	Deskriptoren			Ergebnis $[log(K_{AW})]$	
		$\bar{\Phi}$	${}^1\chi^v$	I	Labor	QSAR
80	2,2,2-trichloroethanol	-3.348	2.371	1	-3.86	-4.442368
81	2,2,2-trifluoroethanol	-2.958	1.237	1	-3.07	-3.519706
82	2,2,2-trifluoroethyl acetate	-0.972	2.221	1	-1.159	-1.984288
83	2,2',3,3',4,4',5,5'-octachlorobiphenyl	0.034	7.94	1	-3.39	-3.64975
84	2,2',3,3',4,4',5,6'-octachlorobiphenyl	0.034	7.94	1	-3.39	-3.64975
85	2,2',3,3',4,4',5,6-octachlorobiphenyl	0.034	7.946	1	-3.35	-3.652558
86	2,2',3,3',4,4',5-heptachlorobiphenyl	0.101	7.457	1	-3.43	-3.356371
87	2,2',3,3',4,4',6-pcb	0.101	7.457	1	-2.94	-3.356371
88	2,2',3,3',4,4'-hexachlorobiphenyl	0.168	6.973	1	-2.91	-3.062524
89	2,2',3,3',4,5,5',6'-octachlorobiphenyl	0.034	7.94	1	-3.39	-3.64975
90	2,2',3,3',4,5,5',6-octachlorobiphenyl	0.034	7.94	1	-3.24	-3.64975
91	2,2',3,3',4,5,5'-heptachlorobiphenyl	0.101	7.451	1	-3.27	-3.353563
92	2,2',3,3',4,5',6,6'-octachlorobiphenyl	0.034	7.94	1	-3.16	-3.64975
93	2,2',3,3',4,5,6'-heptachlorobiphenyl	0.101	7.457	1	-3.24	-3.356371
94	2,2',3,3',4,5,6-heptachlorobiphenyl	0.101	7.463	1	-3.24	-3.359179
95	2,2',3,3',4,5'-hexachlorobiphenyl	0.168	6.967	1	-2.82	-3.059716
96	2,2',3,3',4,5-hexachlorobiphenyl	0.168	6.973	1	-2.93	-3.062524
97	2,2',3,3',4,6'-hexachlorobiphenyl	0.168	6.973	1	-2.745	-3.062524
98	2,2',3,3',4,6-pcb	0.168	6.973	1	-2.797	-3.062524
99	2,2',3,3',4-pentachlorobiphenyl	0.235	6.489	1	-2.09	-2.768677
100	2,2',3,3',5,5',6,6'-octachlorobiphenyl	0.034	7.94	1	-3.13	-3.64975
101	2,2',3,3',5,5',6-heptachlorobiphenyl	0.101	7.451	1	-3.03	-3.353563
102	2,2',3,3',5,6,6'-heptachlorobiphenyl	0.101	7.457	1	-3.01	-3.356371
103	2,2',3,3',5,6'-hexachlorobiphenyl	0.168	6.967	1	-2.64	-3.059716
104	2,2',3,3',5,6-hexachlorobiphenyl	0.168	6.973	1	-2.7	-3.062524
105	2,2',3,3',6,6'-hexachlorobiphenyl	0.168	6.973	1	-2.44	-3.062524
106	2,2',3,3'-tetrachlorobiphenyl	0.302	6.006	1	-2.389	-2.475298
107	2,2,3,3-tetrafluoropropanol	-2.558	1.773	1	-3.535	-3.368554
108	2,2',3,4,4',5,5'-heptachlorobiphenyl	0.101	7.451	1	-3.39	-3.353563
109	2,2',3,4,4',5',6-heptachlorobiphenyl	0.101	7.451	1	-2.52	-3.353563
110	2,2',3,4,4',5'-hexachlorobiphenyl	0.168	6.967	1	-3.066	-3.059716
111	2,2',3,4,4',5-hexachlorobiphenyl	0.168	6.967	1	-2.01	-3.059716
112	2,2',3,4,4'-pentachlorobiphenyl	0.235	6.484	1	-2.54	-2.766337
113	2,2',3,4,5,5',6-heptachlorobiphenyl	0.101	7.457	1	-3.18	-3.356371
114	2,2',3,4',5,5',6-pcb	0.101	7.451	1	-2.082	-3.353563
115	2,2',3,4,5,5'-hexachlorobiphenyl	0.168	6.967	1	-3.03	-3.059716
116	2,2',3,4',5,5'-hexachlorobiphenyl	0.168	6.961	1	-2.99	-3.056908
117	2,2',3,4',5',6'-hexachlorobiphenyl	0.168	6.967	1	-1.91	-3.059716
118	2,2',3,4',5,6-hexachlorobiphenyl	0.168	6.967	1	-2.68	-3.059716
119	2,2',3,4,5',6-hexachlorobiphenyl	0.168	6.967	1	-1.92	-3.059716
120	2,2',3,4,5,6'-pcb	0.168	6.973	1	-2.797	-3.062524
121	2,2',3',4,5-pentachlorobiphenyl	0.235	6.484	1	-2.52	-2.766337
122	2,2',3,4,5'-pentachlorobiphenyl	0.235	6.484	1	-2.52	-2.766337
123	2,2',3,4'-tetrachlorobiphenyl	0.302	6	1	-2.242	-2.47249
124	2,2',3,4-tetrachlorobiphenyl	0.302	6.006	1	-2.242	-2.475298

Fortsetzung auf nächster Seite

Nr	Name	Deskriptoren			Ergebnis $[log(K_{AW})]$	
		$\bar{\Phi}$	${}^1\chi^v$	I	Labor	QSAR
125	2,2',3,5,5',6-hexachlorobiphenyl	0.168	6.967	1	-2.62	-3.059716
126	2,2',3,5',6-pentachlorobiphenyl	0.235	6.484	1	-2.31	-2.766337
127	2,2',3,5'-tetrachlorobiphenyl	0.302	6	1	-2.242	-2.47249
128	2,2',3,6-tetrachlorobiphenyl	0.302	6.006	1	-1.86	-2.475298
129	2,2',3-trichlorobiphenyl	0.369	5.522	1	-2.09	-2.181451
130	2,2,3-trimethylbutane	2.119	2.943	0	2.1	2.042271
131	2,2,3-trimethylpentane	2.456	3.481	0	1.915	2.129172
132	2,2',4,4',5,5'-hexachlorobiphenyl	0.168	6.961	1	-2.3	-3.056908
133	2,2',4,4',5,6-hexachlorobiphenyl	0.168	6.961	1	-1.627	-3.056908
134	2,2',4,4',5-pentachlorobiphenyl	0.235	6.478	1	-2.496	-2.763529
135	2,2',4,4',6,6'-hexachlorobiphenyl	0.168	6.961	1	-2.33	-3.056908
136	2,2',4,4'-tetrachlorobiphenyl	0.302	5.994	1	-2.11	-2.469682
137	2,2',4,5,5'-pentachlorobiphenyl	0.235	6.478	1	-2.434	-2.763529
138	2,2',4,5,6'-pentachlorobiphenyl	0.235	6.484	1	-2.43	-2.766337
139	2,2',4,5'-tetrachlorobiphenyl	0.302	5.994	1	-2.07	-2.469682
140	2,2',4,6,6'-pentachlorobiphenyl	0.235	6.484	1	-1.575	-2.766337
141	2,2',4,6'-tetrachlorobiphenyl	0.302	6	1	-2.242	-2.47249
142	2,2',4,6-tetrachlorobiphenyl	0.302	6	1	-1.586	-2.47249
143	2,2',5,5'-tetrachlorobiphenyl	0.302	5.994	1	-2.087	-2.469682
144	2,2,5,5-tetramethyl-3-hexyne	2.642	3.75	1	1.076	0.93221
145	2,2',5,6'-tetrachlorobiphenyl	0.302	6	1	-1.91	-2.47249
146	2,2',5-trichlorobiphenyl	0.369	5.516	1	-1.991	-2.178643
147	2,2,5-trimethyl-3-hexyne	2.305	3.443	1	0.865	0.737201
148	2,2,5-trimethylhexane	2.793	3.917	0	2.33	2.263809
149	2,2',6,6'-tetrachlorobiphenyl	0.302	6.006	1	-2.09	-2.475298
150	2,2',6-trichlorobiphenyl	0.369	5.522	1	-2.03	-2.181451
151	2,2'-dichlorobiphenyl	0.436	5.033	1	-1.85	-1.885264
152	2,2'-dichlorodiethylsulfide	0.074	4.336	1	-3	-1.922878
153	2,2-dichloropropionic acid	-4.388	2.312	1	-5.74	-5.459956
154	2,2-dimethyl-1-propanol	-2.136	2.17	1	-2.916	-3.13024
155	2,2-dimethylhexane	2.456	3.561	0	2.217	2.091732
156	2,2-dimethylpentane	2.119	3.061	0	2.11	1.987047
157	2,2-dimethylpropionic acid	-3.58	2.178	0	-3.944	-3.327204
158	2,2'-thiobis-4,6-dichlorophenol	-7.76	7.249	1	-8.45	-11.159332
159	2,3,3',4,4',6-hexachlorobiphenyl	0.168	6.967	1	-2.25	-3.059716
160	2,3,3',4,4'-pcb	0.235	6.484	1	-2.64	-2.766337
161	2,3,3',4,5,5'-pcb	0.168	6.961	1	-2.722	-3.056908
162	2,3,3',4,5,6-pcb	0.168	6.973	1	-3.087	-3.062524
163	2,3,3',4',5,6-pcb	0.168	6.967	1	-3.212	-3.059716
164	2,3,3',4',6-pentachlorobiphenyl	0.235	6.484	1	-2.16	-2.766337
165	2,3,3',5,5',6-pcb	0.168	6.961	1	-2.926	-3.056908
166	2,3,3'-trichlorobiphenyl	0.369	5.516	1	-2.18	-2.178643
167	2,3,4,4',5,6-pcb	0.168	6.973	1	-2.12	-3.062524
168	2,3,4,4',5-pcb	0.235	6.484	1	-2.24	-2.766337
169	2,3',4,4',5-pentachlorobiphenyl	0.235	6.478	1	-2.5	-2.763529

Fortsetzung auf nächster Seite

Nr	Name	Deskriptoren			Ergebnis $[log(K_{AW})]$	
		$\bar{\Phi}$	${}^1\chi^v$	I	Labor	QSAR
170	2,3',4,4',6-pentachlorobiphenyl	0.235	6.478	1	-2.519	-2.763529
171	2,3,4,4'-tetrachlorobiphenyl	0.302	6	1	-2.18	-2.47249
172	2,3',4,4'-tetrachlorobiphenyl	0.302	5.994	1	-2.309	-2.469682
173	2,3',4,5,5'-pentachlorobiphenyl	0.235	6.472	1	-2.64	-2.760721
174	2,3,4,5,6-pentachlorobiphenyl	0.235	6.495	1	-2.13	-2.771485
175	2,3,4,5-pcb	0.302	6.006	1	-2.47	-2.475298
176	2,3',4,5-tetrachlorobiphenyl	0.302	5.994	1	-2.39	-2.469682
177	2,3',4',5-tetrachlorobiphenyl	0.302	5.994	1	-2.389	-2.469682
178	2,3',4',5-tetrachlorobiphenyl	0.302	6	1	-2.39	-2.47249
179	2,3,4,6-tetrachlorobiphenyl	0.302	6.006	1	-2.07	-2.475298
180	2,3',4,6-tetrachlorobiphenyl	0.302	5.994	1	-2.066	-2.469682
181	2,3,4',6-tetrachlorobiphenyl	0.302	6	1	-2.242	-2.47249
182	2,3,4,6-tetrachlorophenol	-3.684	4.069	1	-3.54	-5.574712
183	2',3,4-trichlorobiphenyl	0.369	5.516	1	-2.184	-2.178643
184	2,3',4-trichlorobiphenyl	0.369	5.51	1	-1.84	-2.175835
185	2,3,4'-trichlorobiphenyl	0.369	5.516	1	-2	-2.178643
186	2,3,4-trimethylpentane	2.456	3.553	0	1.88	2.095476
187	2,3,5,6-tetrachlorobiphenyl	0.302	6.006	1	-1.97	-2.475298
188	2,3,5,6-tetrachloronitrobenzene	-3.065	4.434	1	-1.5	-5.123437
189	2,3,5,6-tetrachloropyridine	-3.071	3.792	1	-2.1	-4.829011
190	2',3,5-trichlorobiphenyl	0.369	5.51	1	-2.087	-2.175835
191	2,3',5-trichlorobiphenyl	0.369	5.51	1	-2.087	-2.175835
192	2,3,5-trichlorophenol	-3.617	3.579	1	-3.257	-5.278057
193	2,3,6-trichlorobenzoic acid	-4.724	4.039	1	-6.06	-6.605872
194	2,3,6-trichlorobiphenyl	0.369	5.522	1	-2.05	-2.181451
195	2,3',6-trichlorobiphenyl	0.369	5.516	1	-1.83	-2.178643
196	2,3-butanedione	-4.484	1.658	1	-3.265	-5.250364
197	2,3-dichloro-1.4-naphthoquinone	-5.544	4.62	1	-4.86	-7.70188
198	2,3'-dichlorobiphenyl	0.436	5.033	1	-1.87	-1.885264
199	2,3-dichlorobiphenyl	0.436	5.039	1	-2.027	-1.888072
200	2,3-dichloronitrobenzene	-2.931	3.467	1	-3.57	-4.536211
201	2,3-dichlorophenol	-3.55	3.102	1	-3.39	-4.987486
202	2,3-dimethyl-2-butanol	-1.799	2.667	1	-2.97	-3.024151
203	2,3-dimethylaniline	-2.147	3.033	1	-4.06	-3.545179
204	2,3-dimethylbutane	1.782	2.643	0	1.76	1.843986
205	2,3-dimethylnaphthalene	-0.715	4.232	1	-2.04	-2.667151
206	2,3-dimethylpentane	2.119	3.181	0	1.85	1.930887
207	2,3-dimethylphenol	-2.742	2.968	1	-4.52	-4.112734
208	2,3-dimethylpyridine	-2.129	2.687	1	-3.535	-3.365161
209	2,4,4',5-tetrachlorobiphenyl	0.302	5.994	1	-2.39	-2.469682
210	2,4,4',6-tetrachlorobiphenyl	0.302	5.994	1	-1.77	-2.469682
211	2,4,4'-trichlorobiphenyl	0.369	5.51	1	-2.087	-2.175835
212	2,4,4-trimethyl-1-pentene	1.837	3.061	0	2	1.703637
213	2,4,5-trichlorobiphenyl	0.369	5.516	1	-2.09	-2.178643
214	2,4',5-trichlorobiphenyl	0.369	5.51	1	-2.11	-2.175835

Fortsetzung auf nächster Seite

Nr	Name	Deskriptoren			Ergebnis $[log(K_{AW})]$	
		$\bar{\Phi}$	${}^1\chi^v$	I	Labor	QSAR
215	2,4,5-trichlorophenol	-3.617	3.579	1	-3.23	-5.278057
216	2,4,5-trimethylaniline	-1.81	3.443	1	-3.994	-3.398374
217	2,4,6-trichlorobiphenyl	0.369	5.516	1	-1.58	-2.178643
218	2,4',6-trichlorobiphenyl	0.369	5.516	1	-2.087	-2.178643
219	2,4,6-trichlorophenol	-3.617	3.579	1	-3.3	-5.278057
220	2,4,6-trimethylpyridine	-1.792	3.102	1	-3.37	-3.220696
221	2,4,6-trinitrophenol	-12.302	3.645	1	-9.18	-14.03737
222	2,4,6-trinitrotoluene	-8.384	3.921	1	-6.15	-10.228948
223	2,4'-dichlorobiphenyl	0.436	5.033	1	-1.89	-1.885264
224	2,4-dichlorobiphenyl	0.436	5.039	1	-1.85	-1.888072
225	2,4-dichloronitrobenzene	-2.931	3.461	1	-3.18	-4.533403
226	2,4-dichlorophenol	-3.55	3.096	1	-3.74	-4.984678
227	2,4-dimethylaniline	-2.147	3.027	1	-3.81	-3.542371
228	2,4-dimethylphenol	-2.742	2.962	1	-4.41	-4.109926
229	2,4-dimethylpyridine	-2.129	2.681	1	-3.56	-3.362353
230	2,4-dinitrophenol	-9.34	3.139	1	-5.37	-10.823752
231	2,4-dinitrotoluene	-5.422	3.416	1	-4.45	-7.015798
232	2,4-hexadienal	-1.944	2.146	1	-3.4	-2.926048
233	2,5-dichlorobiphenyl	0.436	5.033	1	-1.941	-1.885264
234	2,5-dichloronitrobenzene	-2.931	3.461	1	-3.31	-4.533403
235	2,5-dimethylaniline	-2.147	3.027	1	-3.79	-3.542371
236	2,5-dimethylhexane	2.456	3.626	0	2.217	2.061312
237	2,5-dimethylphenol	-2.742	2.962	1	-4.34	-4.109926
238	2,5-dimethylpyridine	-2.129	2.681	1	-3.456	-3.362353
239	2,5-dinitrophenol	-9.34	3.139	1	-5.5	-10.823752
240	2,5-dinitrotoluene	-5.422	3.416	1	-5.07	-7.015798
241	2,6-dichloro-4-nitroaniline	-5.917	3.666	1	-5.51	-7.630273
242	2,6-dichlorobiphenyl	0.436	5.039	1	-1.9	-1.888072
243	2,6-dichlorophenol	-3.55	3.102	1	-3.36	-4.987486
244	2,6-diethylaniline	-1.473	4.154	1	-3.5	-3.392437
245	2,6-dimethyl-4-heptanol	-0.788	4.201	1	-2.278	-2.726008
246	2,6-dimethyl-4-heptanone	-0.003	4.037	1	-1.873	-1.860331
247	2,6-dimethylaniline	-2.147	3.033	1	-3.82	-3.545179
248	2,6-dimethylnaphthalene	-0.715	4.226	1	-1.93	-2.664343
249	2,6-dimethylphenol	-2.742	2.968	1	-3.86	-4.112734
250	2,6-dinitro-p-cresol	-9.003	3.556	1	-5.57	-10.680223
251	2,6-dinitrotoluene	-5.422	3.422	1	-5.05	-7.018606
252	2,6-lutidine	-2.129	2.691	1	-3.37	-3.367033
253	2-amino-2-methyl-1-propanol	-5.459	1.959	1	-5.14	-6.371107
254	2-amino-4,6-dinitrotoluene	-8.408	3.621	1	-6.79	-10.112668
255	2-aminoanthraquinone	-7.094	5.262	1	-8.425	-9.560086
256	2-butanone	-1.688	1.765	1	-2.633	-2.49046
257	2-chloro-1-nitrobenzene	-2.864	2.983	1	-2.74	-4.242364
258	2-chloro-4-nitroaniline	-5.85	3.182	1	-6.41	-7.336426
259	2-chlorobiphenyl	0.503	4.555	1	-1.522	-1.594225

Fortsetzung auf nächster Seite

Nr	Name	Deskriptoren $\bar{\Phi}$	$^1\chi^v$	I	Ergebnis $[log(K_{AW})]$ Labor	QSAR
260	2-chloroethanol	-3.214	1.618	1	-4.36	-3.955294
261	2-chloronaphthalene	-1.456	3.882	1	-1.88	-3.248056
262	2-chlorophenol	-3.483	2.618	1	-3.34	-4.693639
263	2-chloropyridine	-2.87	2.337	1	-3.22	-3.946066
264	2-decanone	0.334	4.765	1	-1.72	-1.86235
265	2-ethyl-1,3-hexanediol	-4.706	4.047	1	-4.75	-6.591526
266	2-ethyl-1-butanol	-1.799	2.955	1	-3.07	-3.158935
267	2-ethyl-1-hexanol	-1.125	3.955	1	-2.73	-2.949565
268	2-ethyl-2-hexenal	-0.651	3.489	1	-1.93	-2.255107
269	2-ethylbutyraldehyde	-0.706	2.8	1	-1.67	-1.98793
270	2-ethylbutyric acid	-3.243	2.947	1	-4.18	-4.606411
271	2-ethylhexanealdehyde	-0.032	3.8	1	-1.34	-1.77856
272	2-ethylhexanoic acid	-2.569	3.947	1	-3.736	-4.397041
273	2-ethylhexyl acrylate	0.579	5.033	1	-1.3	-1.741549
274	2-ethylhexylamine	-0.53	4.047	1	-2.47	-2.394646
275	2-ethylnaphthalene	-0.715	4.376	1	-1.658	-2.734543
276	2-ethylpyridine	-2.129	2.831	1	-3.173	-3.432553
277	2-fluoroaniline	-2.758	2.305	1	-3.53	-3.81853
278	2-fluorophenol	-3.353	2.24	1	-3.88	-4.386085
279	2-heptanol	-1.462	3.451	1	-2.863	-3.052378
280	2-heptanone	-0.677	3.265	1	-2.229	-2.176405
281	2-heptyne	1.631	2.811	1	0.363	0.355607
282	2-hexanol	-1.799	2.951	1	-3	-3.157063
283	2-hydroxyanthraquinone	-7.689	5.197	1	-9.12	-10.127641
284	2-hydroxyethyl methacrylate	-4.687	2.617	1	-5.055	-5.903191
285	2-iodophenol	-2.889	3.319	1	-4.55	-4.424737
286	2-isopropylnaphthalene	-0.378	4.759	1	-1.26	-2.575102
287	2-methyl-1-butene	0.826	1.914	0	1.246	1.224378
288	2-methyl-1-pentanol	-1.799	2.917	1	-3.07	-3.141151
289	2-methyl-1-pentene	1.163	2.414	0	1.08	1.329063
290	2-methyl-3-butene-2-ol	-2.755	1.921	1	-3.37	-3.635803
291	2-methyl-3-butyn-2-ol	-2.624	1.762	1	-3.8	-3.429736
292	2-methyl-3-hexyne	1.631	2.754	1	0.27	0.382283
293	2-methyl-3-pentanone	-1.014	2.708	1	-2.2	-2.254414
294	2-methyl-4-chlorophenol	-3.146	3.029	1	-4.35	-4.547302
295	2-methyl-5-vinyl pyridine	-2.411	2.878	1	-3.75	-3.737959
296	2-methyl-6-nitrophenol	-6.041	3.056	1	-2.72	-7.469413
297	2-methylbutanoic acid	-3.58	2.409	1	-4.22	-4.693312
298	2-methylcyclohexanol	-2.174	3.485	1	-3.51	-3.78385
299	2-methylcyclohexanone	-1.389	3.332	1	-3	-2.923321
300	2-methylheptane	2.456	3.77	0	2.148	1.99392
301	2-methylhexane	2.119	3.27	0	2.15	1.889235
302	2-methylnaphthalene	-1.052	3.815	1	-1.684	-2.81068
303	2-methylpropyl propanoate	-0.15	3.321	1	-1.574	-1.672978
304	2-methylpyridine	-2.466	2.271	1	-3.39	-3.509158

Fortsetzung auf nächster Seite

Nr	Name	Deskriptoren $\bar{\Phi}$	${}^1\chi^v$	I	Ergebnis $[log(K_{AW})]$ Labor	QSAR
305	2-methylvaleraldehyde	-0.706	2.762	1	-1.67	-1.970146
306	2-naphthol	-4.97	3.539	1	-5.95	-6.619102
307	2-naphthylamine	-4.375	3.604	1	-5.48	-6.051547
308	2-nitrophenol	-6.378	2.64	1	-3.36	-7.61341
309	2-nitropropane	-2.191	1.778	0	-2.314	-1.744059
310	2-nitrotoluene	-2.46	2.916	1	-2.63	-3.804988
311	2-nonanol	-0.788	4.451	1	-2.7	-2.843008
312	2-nonanone	-0.003	4.265	1	-2.012	-1.967035
313	2-octanol	-1.125	3.951	1	-2.82	-2.947693
314	2-octanone	-0.34	3.765	1	-2.114	-2.07172
315	2-octenal	-0.651	3.518	1	-1.99	-2.268679
316	2-pentanol acetate	-0.15	3.337	1	-1.48	-1.680466
317	2-pentanone	-1.351	2.265	1	-2.466	-2.385775
318	2-phenylethanol	-2.742	3.081	1	-4.98	-4.165618
319	2-sec-butylphenyl methylcarbamate	-3.188	5.171	1	-5.4	-5.591968
320	2-undecanone	0.671	5.265	1	-1.585	-1.757665
321	3,3',4,4',5-pcb	0.235	6.478	1	-2.95	-2.763529
322	3,3',4,4'-tetrachlorobiphenyl	0.302	5.994	1	-2.47	-2.469682
323	3,3',4,5'-tetrachlorobiphenyl	0.302	5.988	1	-2.434	-2.466874
324	3,3',5,5'-tetrachlorobiphenyl	0.302	5.982	1	-1.99	-2.464066
325	3,3',5-trichlorobiphenyl	0.369	5.504	1	-2.16	-2.173027
326	3,3'-dichlorobiphenyl	0.436	5.027	1	-2.021	-1.882456
327	3,3-dimethyl-2-butanone	-1.014	2.454	1	-2.28	-2.135542
328	3,3-dimethylpentane	2.119	3.121	0	1.88	1.958967
329	3,4,4'-trichlorobiphenyl	0.369	5.51	1	-2.39	-2.175835
330	3,4,5-trichlorocatechol	-7.198	3.725	1	-5.78	-8.94529
331	3,4-dichloroaniline	-2.955	3.161	1	-4.47	-4.417123
332	3,4-dichlorobiphenyl	0.436	5.033	1	-2.242	-1.885264
333	3,4-dichloronitrobenzene	-2.931	3.461	1	-3.48	-4.533403
334	3,4-dimethylaniline	-2.147	3.027	1	-4.12	-3.542371
335	3,4-dimethylphenol	-2.742	2.962	1	-4.77	-4.109926
336	3,4-dimethylpyridine	-2.129	2.677	1	-3.826	-3.360481
337	3,4-xylyl methylcarbamate	-3.862	4.1	1	-5.37	-5.76811
338	3,5-dichlorobiphenyl	0.436	5.027	1	-1.87	-1.882456
339	3,5-dichlorophenol	-3.55	3.09	1	-4.86	-4.98187
340	3,5-dimethylphenol	-2.742	2.956	1	-4.6	-4.107118
341	3,5-dimethylpyridine	-2.129	2.671	1	-3.547	-3.357673
342	3,5-xylyl methyl carbamate	-3.862	4.094	1	-6.02	-5.765302
343	3,6-dichloropicolinic acid	-7.625	3.42	1	-6.98	-9.231685
344	3-acetylpyridine	-4.925	2.715	1	-6.06	-6.188245
345	3-bromo-1-nitrobenzene	-2.899	3.392	1	-4.12	-4.468951
346	3-bromopropanol	-2.912	2.705	1	-5.1	-4.1605
347	3-bromopyridine	-2.905	2.742	1	-3.315	-4.170781
348	3-chloro-2-butanone	-1.755	2.225	1	-2.37	-2.773075
349	3-chlorobiphenyl	0.503	4.549	1	-1.93	-1.591417

Fortsetzung auf nächster Seite

Nr	Name	Deskriptoren $\bar{\bar{\Phi}}$	$^1\chi^v$	I	Ergebnis $[log(K_{AW})]$ Labor	QSAR
350	3-chlorophenol	-3.483	2.612	1	-4.85	-4.690831
351	3-chloropyridine	-2.87	2.327	1	-2.94	-3.941386
352	3-ethyl-3-pentanol	-1.462	3.406	1	-2.873	-3.031318
353	3-ethylpyridine	-2.129	2.821	1	-3.373	-3.427873
354	3-formylpyridine	-4.954	2.285	1	-5.21	-6.01615
355	3-heptanol	-1.462	3.489	1	-2.91	-3.070162
356	3-heptanone	-0.677	3.325	1	-2.314	-2.204485
357	3-hexanone	-1.014	2.825	1	-2.29	-2.30917
358	3-hexyne	1.294	2.371	1	-0.133	0.222842
359	3-hydroxybenzaldehyde	-5.567	2.569	1	-6.99	-6.765127
360	3-methyl-1-butanal	-1.043	2.207	1	-1.94	-2.049091
361	3-methyl-2-butanol	-2.136	2.324	1	-3.13	-3.202312
362	3-methyl-2-nitrophenol	-6.041	3.056	1	-3.8	-7.469413
363	3-methyl-3-pentanol	-1.799	2.845	1	-3.076	-3.107455
364	3-methyl-4-chlorophenol	-3.146	3.029	1	-4.98	-4.547302
365	3-methyl-4-nitrophenol	-6.041	3.05	1	-6	-7.466605
366	3-methylbutanoic acid ethyl ester	-0.15	3.321	1	-1.69	-1.672978
367	3-methylcyclohexanol	-2.174	3.469	1	-3.82	-3.776362
368	3-methylcyclohexanone	-1.389	3.305	1	-3.22	-2.910685
369	3-methylheptane	2.456	3.808	0	2.18	1.976136
370	3-methylhexane	2.119	3.308	0	2.1	1.871451
371	3-methylpentan-2-one	-1.014	2.686	1	-2.52	-2.244118
372	3-methylpyridine	-2.466	2.26	1	-3.498	-3.50401
373	3-nitrophenol	-6.378	2.634	1	-7.06	-7.610602
374	3-nitrotoluene	-2.46	2.91	1	-2.84	-3.80218
375	3-nonanol	-0.788	4.489	1	-2.56	-2.860792
376	3-octanol	-1.125	3.989	1	-2.78	-2.965477
377	3-octanone	-0.34	3.825	1	-2.06	-2.0998
378	3-pentanol	-2.136	2.489	1	-3.19	-3.279532
379	3-phenylpropanol	-2.405	3.581	1	-5.08	-4.060933
380	3-trifluoromethylaniline	-2.295	2.927	1	-2.77	-3.644311
381	4,4'-dichlorobiphenyl	0.436	5.027	1	-2.09	-1.882456
382	4,4'-dipyridyl	-5.366	3.771	1	-6.75	-7.125658
383	4,5-dichlorocatechol	-7.131	3.236	1	-6.5	-8.649103
384	4,6-dinitro-o-cresol	-9.003	3.556	1	-4.9	-10.680223
385	4-acetylpyridine	-4.925	2.715	1	-5.59	-6.188245
386	4-amino-2,6-dinitrotoluene	-8.408	3.621	1	-7.26	-10.112668
387	4-chloro-2-nitrophenol	-6.445	3.117	1	-3.29	-7.903981
388	4-chloro-5-methyl-2-nitrophenol	-6.108	3.534	1	-2.7	-7.760452
389	4-chlorobiphenyl	0.503	4.549	1	-2.01	-1.591417
390	4-chlorophenol	-3.483	2.612	1	-4.59	-4.690831
391	4-ethylaniline	-2.147	3.171	1	-3.8	-3.609763
392	4-ethylpyridine	-2.129	2.821	1	-3.46	-3.427873
393	4-fluoroaniline	-2.758	2.299	1	-3.76	-3.815722
394	4-fluorophenol	-3.353	2.234	1	-4.54	-4.383277

Fortsetzung auf nächster Seite

Nr	Name	Deskriptoren $\bar{\bar{\Phi}}$	$^1\chi^v$	I	Ergebnis $[log(K_{AW})]$ Labor	QSAR
395	4-formyl-2-nitrophenol	-8.529	3.075	1	-4.25	-9.978745
396	4-formylpyridine	-4.954	2.285	1	-5.14	-6.01615
397	4-heptanol	-1.462	3.489	1	-2.928	-3.070162
398	4-heptanone	-0.677	3.325	1	-2.14	-2.204485
399	4-hydroxy methyl benzoate	-5.011	3.112	1	-6.61	-6.460471
400	4-hydroxybenzaldehyde	-5.567	2.569	1	-7.68	-6.765127
401	4-methyl-2-nitrophenol	-6.041	3.05	1	-3.05	-7.466605
402	4-methyl-2-pentyl acetate	0.187	3.693	1	-1.5	-1.508389
403	4-methylacetophenone	-1.62	3.276	1	-3.45	-3.129268
404	4-methylaniline	-2.484	2.61	1	-4.04	-3.6859
405	4-methylcyclohexanol	-2.174	3.469	1	-3.8	-3.776362
406	4-methylcyclohexanone	-1.389	3.305	1	-3.25	-2.910685
407	4-methylheptane	2.456	3.808	0	2.177	1.976136
408	4-methyloctane	2.793	4.308	0	2.61	2.080821
409	4-methylpyridine	-2.466	2.26	1	-3.615	-3.50401
410	4-nitrophenol	-6.378	2.634	1	-6.35	-7.610602
411	4-nitrotoluene	-2.46	2.91	1	-2.57	-3.80218
412	4-octanol	-1.125	3.989	1	-2.743	-2.965477
413	4-s-butyl-2-nitrophenol	-5.03	4.532	1	-2.3	-7.144126
414	4-t-butylpyridine	-1.455	3.51	1	-3.27	-3.072955
415	4-vinylcyclohexene	0.506	3.208	0	0.262	0.297186
416	4-vinylpyridine	-2.748	2.457	1	-3.4	-3.879616
417	5-ethyl-2-methylpyridine	-1.792	3.242	1	-3.08	-3.286216
418	5-fluoro-2-nitrophenol	-6.315	2.739	1	-2.94	-7.596427
419	5-methyl-2-hexanone	-0.677	3.121	1	-2.15	-2.109013
420	5-methyl-2-nitrophenol	-6.041	3.05	1	-3.12	-7.466605
421	5-methyl-3-heptanone	-0.34	3.719	1	-2.09	-2.050192
422	6-undecanone	0.671	5.325	1	-1.86	-1.785745
423	8-quinolinol	-6.034	3.405	1	-5.6	-7.62571
424	9,10-dihydrophenanthrene	1.484	5.112	1	-2.44	-0.868996
425	9h-fluorene	1.147	4.612	1	-2.403	-0.973681
426	acenaphthene	-0.475	4.445	1	-2.37	-2.525635
427	acenaphthylene	-1.094	4.149	1	-2.34	-3.009202
428	acetaldehyde	-2.054	0.813	1	-2.56	-2.412754
429	acetone	-2.025	1.204	1	-2.77	-2.566597
430	acetophenone	-1.957	2.865	1	-3.371	-3.275605
431	acetylacetone	-4.147	2.115	1	-3.7	-5.125555
432	acetylsalicylic acid	-6.118	3.618	1	-7.275	-7.809814
433	acrolein	-2.336	0.977	1	-2.8	-2.772916
434	acrylic acid	-4.873	1.125	1	-4.88	-5.391865
435	allyl acetate	-1.443	2.013	1	-2.174	-2.360299
436	allyl acetoacetate	-3.565	2.925	1	-4.49	-4.919725
437	allyl methacrylate	-1.388	2.617	1	-2.008	-2.587696
438	alpha-methylacrolein	-1.999	1.378	1	-2.202	-2.621899
439	alpha-methylstyrene	0.557	3.014	1	-0.91	-0.818767

Fortsetzung auf nächster Seite

Nr	Name	Deskriptoren			Ergebnis $[log(K_{AW})]$	
		$\bar{\Phi}$	$^1\chi^v$	I	Labor	QSAR
440	alpha-phellandrene	1.18	4.049	0	0.34	0.580968
441	alpha-pinene	0.135	4.288	0	0.756	-0.581109
442	alpha-terpinene	1.18	4.061	0	-0.102	0.575352
443	alpha-terpineol	-1.782	4.379	1	-3.72	-3.808282
444	aminocarb	-6.751	4.718	1	-6.85	-8.960779
445	aniline	-2.821	2.199	1	-4.03	-3.832237
446	aniline2ipropyl	-1.81	3.559	1	-3.574	-3.452662
447	anthracene	-2.943	4.809	0	-2.9	-3.918327
448	anthraquinone	-4.108	5.063	1	-5	-6.466024
449	barban	-4.147	5.344	1	-6.45	-6.636727
450	benefin	-6.437	6.919	1	-1.92	-9.675277
451	benz(a)anthracene	-4.497	6.22	0	-3.48	-6.140445
452	benzaldehyde	-1.986	2.435	1	-3.036	-3.10351
453	benzhydrol	-2.674	4.657	1	-6	-4.834846
454	benzo(a)fluorene	-0.407	6.023	1	-2.963	-3.195799
455	benzo(a)pyrene	-9.914	6.97	0	-4.52	-11.93553
456	benzo(e)pyrene	-9.914	6.976	0	-4	-11.938338
457	benzo(f)quinoline	-4.007	4.675	1	-5.15	-6.182935
458	benzo[b]fluoranthene	-2.298	6.976	0	-4.55	-4.284258
459	benzo[ghi]perylene	-15.331	7.72	0	-5.23	-17.730615
460	benzo[k]fluoranthene	-2.298	6.97	0	-4.622	-4.28145
461	benzoic acid	-4.523	2.588	1	-5.54	-5.724799
462	benzoyl peroxide	-3.294	5.305	1	-4.17	-5.76121
463	benzyl acetate	-1.093	3.461	1	-3.34	-2.686213
464	benzyl benzoate	-1.025	5.122	1	-3.79	-3.395221
465	benzyl butyl phthalate	-1.609	7.693	1	-5.86	-5.185369
466	beta-ionone	-0.605	5.322	1	-2.47	-3.066721
467	beta-pinene	0.135	4.298	0	0.513	-0.585789
468	beta-propiolactone	-1.258	1.551	1	-4.44	-1.958158
469	bibenzyl	1.244	5.029	1	-2.11	-1.071352
470	bifenthrin	0.799	9.66	1	-4.389	-3.685885
471	binapacryl	-5.614	7.003	1	-5.73	-8.887474
472	bioallethrin	-2.183	7.89	1	-5.12	-5.854435
473	biphenyl	0.57	4.071	0	-1.923	-0.042378
474	bis(2-chloroethyl)ethylamine	-1.578	4.259	1	-1.844	-3.547102
475	borneol	-2.827	4.664	1	-3.14	-4.991887
476	bromoacetic acid	-4.693	2.17	1	-6.57	-5.700025
477	bromopropylate	-3.799	8.379	1	-6.31	-7.707367
478	bronopol	-9.455	2.91	1	-9.23	-10.832155
479	butralin	-6.169	6.814	1	-3.17	-9.356797
480	butyl butyrate	0.187	3.965	1	-1.55	-1.635685
481	butyl formate	-0.824	2.467	1	-1.68	-1.950676
482	butyl lactate	-3.731	3.528	1	-3.97	-5.368759
483	butylmethacrylate	-0.432	3.508	1	-1.53	-2.043904
484	butyraldehyde	-1.38	1.851	1	-2.328	-2.221168

Fortsetzung auf nächster Seite

Nr	Name	Deskriptoren			Ergebnis $[log(K_{AW})]$	
		$\bar{\Phi}$	$^1\chi^v$	I	Labor	QSAR
485	c,t,t-cyclododeca-1,5,9-triene	1.235	4.95	0	0.356	0.214575
486	camphene	0.135	4.314	0	0.23	-0.593277
487	camphor	-2.042	4.516	1	-2.9	-4.133698
488	caprylic acid	-2.569	3.988	1	-4.44	-4.416229
489	carbaryl	-6.09	4.684	1	-6.74	-8.280562
490	chloral hydrate	-6.929	2.506	1	-6.93	-8.104453
491	chlorbufam	-4.08	4.687	1	-6.27	-6.261916
492	chlorfenprop-methyl	-0.89	4.91	1	-4.04	-3.16033
493	chlorfurenol-methyl	-4.096	6.172	1	-6.5	-6.972976
494	chloroacetaldehyde	-2.121	1.446	1	-3.214	-2.776333
495	chloroacetic acid	-4.658	1.583	1	-6.42	-5.390134
496	chloroacetic acid methyl ester	-1.565	1.972	1	-3.1	-2.463721
497	chloroacetone	-2.092	1.86	1	-3.17	-2.94094
498	chlorobenzilate	-4.066	7.154	1	-5.74	-7.402402
499	chlorodifluoroacetic acid	-4.532	1.623	0	-5.78	-4.024224
500	chloropham	-3.929	4.687	1	-5.7	-6.110161
501	chloropropylate	-3.729	7.549	1	-6.21	-7.248577
502	chlorphacinon	-6.507	8.971	1	-9.8	-10.705963
503	chrysene	-4.497	6.226	0	-3.67	-6.143253
504	cis-1,2-dimethylcyclohexane	1.744	3.805	0	1.16	1.26198
505	cis-2-butene	0.489	1.488	0	0.975	1.085061
506	cis-2-hexene	1.163	2.526	0	1.006	1.276647
507	cis-2-pentene	0.826	2.026	0	0.964	1.171962
508	cocaine	-4.364	7.673	1	-8.76	-7.944784
509	coronene	-20.748	8.464	0	-6.62	-23.522892
510	cumene	1.176	3.354	1	-0.328	-0.355792
511	cyclododecanol	-0.489	6.075	1	-3.92	-3.302545
512	cycloheptane	1.407	3.5	0	0.63	1.066035
513	cycloheptanol	-2.174	3.575	1	-4.02	-3.82597
514	cycloheptatriene	-0.45	2.483	0	-0.73	-0.324294
515	cycloheptene	0.788	3.15	0	0.28	0.60774
516	cyclohexa-1,4-diene	-0.168	2.3	0	-0.392	0.04476
517	cyclohexanol	-2.511	3.075	1	-4.01	-3.930655
518	cyclohexanone	-1.726	2.911	1	-3.315	-3.064978
519	cyclohexyl acetate	-0.525	3.922	1	-2.42	-2.331121
520	cyclohexyl butyrate	0.149	5.021	1	-2.94	-2.168083
521	cyclohexylamine	-1.916	3.15	1	-3.77	-3.36778
522	cyclooctane	1.744	4	0	0.769	1.17072
523	cyclooctene	1.125	3.65	0	0.292	0.712425
524	cyclopentadiene	-0.505	1.817	0	0.36	-0.067881
525	cyclopentanol	-2.848	2.575	1	-4.03	-4.03534
526	cyclopentanone	-2.063	2.411	1	-3.315	-3.169663
527	cyclopropane	0.059	1.5	0	0.551	0.647295
528	ddd	0.976	6.997	1	-3.57	-2.261716
529	decachlorobiphenyl	-0.1	8.92	0	-3.13	-2.98506

Fortsetzung auf nächster Seite

Nr	Name	Deskriptoren			Ergebnis $[log(K_{AW})]$	
		$\bar{\Phi}$	${}^1\chi^v$	I	Labor	QSAR
530	decalin	0.754	4.966	0	0.68	-0.276318
531	decanal	0.642	4.851	1	-1.3	-1.593058
532	decanoic acid	-1.895	4.988	1	-4.26	-4.206859
533	delta-3-carene	0.135	4.278	0	0.15	-0.576429
534	desmedipham	-8.832	6.749	1	-9.22	-12.002692
535	di(2-ethylhexyl)phthalate	1.693	10.999	1	-3.16	-3.414067
536	diacetylene	0.132	0.827	1	-0.664	-0.222376
537	diallyl phthalate	-2.915	5.354	1	-4.93	-5.403247
538	diallylamine	-2.562	2.34	1	-3	-3.63793
539	dibenz(a,c)anthracene	-6.051	7.637	0	-4.61	-8.365371
540	dibenz(a,h)anthracene	-6.051	7.631	0	-4.76	-8.362563
541	dibromoacetic acid	-4.795	2.984	1	-6.74	-6.183487
542	dibutyl ketone	-0.003	4.325	1	-1.94	-1.995115
543	dibutyl maleate	-1.353	5.719	1	-4.355	-4.004257
544	dibutyl phthalate	-1.003	7.135	1	-4.105	-4.315195
545	dibutylamine	-0.65	4.121	1	-2.38	-2.549878
546	dichloroacetic acid	-4.725	2.026	1	-6.47	-5.664793
547	dichlorophen	-6.389	5.764	1	-10.33	-9.086497
548	dicofol	-2.672	7.451	1	-5.22	-6.140428
549	dicyclohexyl phthalate	-1.079	9.248	1	-5.41	-5.380459
550	diethanolamine	-9.16	2.34	1	-8.85	-10.26892
551	diethyl ketone	-1.351	2.325	1	-2.5	-2.413855
552	diethyl phthalate	-2.351	5.135	1	-4.96	-4.733935
553	diethyl pimelate	-1.071	5.515	1	-4.73	-3.625375
554	diethyl sulfide	0.208	3.146	1	-1.07	-1.231288
555	diethylamine	-1.998	2.121	1	-2.98	-2.968618
556	difluoroacetic acid	-4.465	1.153	1	-5.87	-4.994929
557	dihexyl phthalate	0.345	9.135	1	-3.87	-3.896455
558	diisobutyl phthalate	-1.003	6.847	1	-5.13	-4.180411
559	diisobutylamine	-0.65	3.833	1	-2	-2.415094
560	diisodecyl phthalate	3.041	12.847	1	-2.1	-2.924191
561	diisononyl phthalate	2.367	11.847	1	-1.7	-3.133561
562	diisooctyl phthalate	1.693	10.847	1	-2.892	-3.342931
563	diisopropyl ketone	-0.677	3.091	1	-2.01	-2.094973
564	diisopropyl sulfide	0.882	3.724	1	-0.869	-0.824422
565	diisopropylamine	-1.324	2.887	1	-2.36	-2.649736
566	diisopropylnaphthalene	0.633	6.119	1	-1.285	-2.195527
567	dimethyl malonate	-3.093	2.34	1	-4.991	-4.171585
568	dimethyl phthalate	-3.025	3.96	1	-5.3	-4.861405
569	dimethyl succinate	-2.756	2.84	1	-4.866	-4.0669
570	dimethyl terephthalate	-3.025	3.954	1	-4.56	-4.858597
571	dimethyl tetrachloroterephthalate	-3.293	5.901	1	-4.25	-6.039133
572	dimethylamine	-2.672	1	1	-3.14	-3.12136
573	dimethylsulfide	-0.466	2.45	1	-1.182	-1.58293
574	dinitramine	-10.097	6.131	1	-4.246	-12.984793

Fortsetzung auf nächster Seite

Nr	Name	Deskriptoren			Ergebnis $[log(K_{AW})]$	
		$\bar{\bar{\Phi}}$	${}^1\chi^v$	I	Labor	QSAR
575	dinocap	-4.603	8.56	1	-5.49	-8.600095
576	dinoseb	-7.992	5.037	1	-4.86	-10.357276
577	dinoseb acetate	-6.006	5.926	1	-6.44	-8.777398
578	dinoterb	-7.992	4.806	1	-5.48	-10.249168
579	dioctyl phthalate	1.693	11.135	1	-3.634	-3.477715
580	dipentylamine	0.024	5.121	1	-2.27	-2.340508
581	diphacinone	-6.44	8.493	1	-8.2	-10.414924
582	diphenylamine	-2.536	4.321	1	-3.89	-4.538908
583	dipropyl phthalate	-1.677	6.135	1	-4.74	-4.524565
584	dipropyl sulfide	0.882	4.146	1	-0.88	-1.021918
585	dipropylamine	-1.324	3.121	1	-2.68	-2.759248
586	diquat	-4.692	4.923	1	-8.844	-6.987424
587	dodecane	3.804	5.914	0	2.52	2.345268
588	dodecanol	0.223	6.023	1	-2.576	-2.562649
589	empenthrin	1.494	6.699	1	-1.85	-1.601662
590	endrin aldehyde	-22.638	8.525	1	-3.767	-26.70889
591	ethalfluralin	-7.056	6.419	1	-2.28	-10.063372
592	ethanethiol	-0.346	1.656	1	-0.8	-1.090738
593	ethanolamine	-6.133	1.225	1	-8.17	-6.704965
594	ethiofencarb	-4.425	5.982	1	-7.33	-7.214701
595	ethyl acetoacetate	-3.283	2.815	1	-4.27	-4.584835
596	ethyl acrylate	-1.443	2.101	1	-1.86	-2.401483
597	ethyl benzoate	-1.093	3.565	1	-2.67	-2.734885
598	ethyl chloroacetate	-1.228	2.559	1	-2.79	-2.399752
599	ethyl hexanoate	0.187	3.965	1	-1.64	-1.635685
600	ethyl oxalate	-2.756	3.058	1	-4.044	-4.168924
601	ethyl succinate	-2.082	4.015	1	-4.66	-3.93943
602	ethyl valerate	-0.15	3.465	1	-1.85	-1.74037
603	ethylamine	-2.552	1.115	1	-3.38	-3.05458
604	ethylcyclohexane	1.744	3.932	0	1.297	1.202544
605	ethylene glycol	-6.728	1.133	1	-6.84	-7.259884
606	ethylene glycol diacetate	-2.756	2.894	1	-4.78	-4.092172
607	ethylmethacrylate	-1.106	2.508	1	-1.78	-2.253274
608	ethynyl benzene	0.351	2.449	1	-1.6	-0.761377
609	fenchyl alcohol	-2.827	4.648	1	-2.94	-4.984399
610	fenpropidin	1.56	8.268	1	-3.52	-2.269624
611	fluazinam	-10.51	7.621	1	-3.77	-14.097178
612	fluchloralin	-6.841	7.014	1	-2.94	-10.125757
613	flumetralin	-7.047	8.066	1	-4.11	-10.825123
614	fluoranthene	-0.744	5.565	0	-3.441	-2.06214
615	fluoroacetic acid	-4.528	1.049	1	-6.3	-5.009572
616	formaldehyde	-2.391	0.289	1	-2.38	-2.506207
617	formic acid	-4.928	0.494	1	-4.91	-5.151832
618	gamma-terpinene	1.18	4.044	0	-0.037	0.583308
619	glyceryl triacetate	-4.014	4.354	1	-6.393	-6.039742

Fortsetzung auf nächster Seite

Nr	Name	Deskriptoren $\bar{\Phi}$	$^1\chi^v$	I	Ergebnis $[log(K_{AW})]$ Labor	QSAR
620	glycolaldehyde	-5.635	0.96	1	-6.006	-6.080455
621	glyoxal	-4.542	0.805	1	-6.866	-4.90945
622	gossyplure	2.319	8.204	1	-2.2	-1.476877
623	halacrinat	-4.499	5.873	1	-5.43	-7.238059
624	heptanal	-0.369	3.351	1	-1.959	-1.907113
625	heptylamine	-0.867	3.615	1	-2.78	-2.531155
626	hexadecanol	1.571	8.023	1	-2.39	-2.143909
627	hexamethylbenzene	2.187	4.5	0	-1.325	1.381935
628	hexamethyleneimine	-1.084	3.207	1	-3.6	-2.558296
629	hexamethylenetetramine	-10.402	3.795	1	-7.174	-12.19807
630	hexanal	-0.706	2.851	1	-2.06	-2.011798
631	hydroprene	1.982	7.468	1	-2.1	-1.471114
632	hydroxyacetone	-5.606	1.374	1	-5.287	-6.245062
633	indane	0.464	3.535	1	-1.07	-1.15606
634	indeno-[1,2,3-cd]-pyrene	-7.715	7.72	0	-4.847	-10.076535
635	isobutane	1.108	1.732	0	1.703	1.592964
636	isobutene	0.489	1.354	0	0.95	1.147773
637	isobutyl acrylate	-0.769	2.957	1	-1.51	-2.124721
638	isobutyl alcohol	-2.473	1.879	1	-3.3	-3.332737
639	isobutyl formate	-0.824	2.323	1	-1.63	-1.883284
640	isobutyl isobutyrate	0.187	3.703	1	-1.47	-1.513069
641	isobutyl mercaptan	0.328	2.467	1	-0.53	-0.792916
642	isobutyl methacrylate	-0.432	3.363	1	-1.65	-1.976044
643	isobutylbenzene	1.513	3.827	1	0.12	-0.238471
644	isobutyraldehyde	-1.38	1.724	1	-2.1	-2.161732
645	isobutyric acid	-3.917	1.871	1	-4.442	-4.780213
646	isopentane	1.445	2.27	0	1.75	1.679865
647	isopentanol	-2.136	2.379	1	-3.24	-3.228052
648	isophorone	-1.334	3.696	1	-3.567	-3.038398
649	isoprocarb	-3.525	4.633	1	-5.78	-5.678869
650	isopropalin	-5.952	7.546	1	-2.83	-9.481288
651	isopropanol	-2.81	1.413	1	-3.36	-3.453334
652	isopropyl phenyl carbamate	-3.862	4.209	1	-5.39	-5.819122
653	isopropylbiphenyl	1.581	5.431	1	-2.056	-0.920803
654	isoprothiolane	-2.913	7.804	1	-4.39	-6.547837
655	isovaleric acid	-3.58	2.344	1	-4.468	-4.662892
656	kepone	-22.936	9.374	0	-5.53	-26.147712
657	kinoprene	1.831	7.404	1	-2.97	-1.592917
658	limonene	1.18	4.009	0	0.3	0.599688
659	linalool	-1.689	3.971	1	-3.06	-3.523873
660	malonic acid	-9.279	1.563	1	-8.22	-10.024879
661	malonic acid diethylester	-2.419	3.515	1	-3.84	-4.044115
662	m-chloroaniline	-2.888	2.677	1	-4.27	-4.123276
663	m-chloronitrobenzene	-2.864	2.977	1	-3.26	-4.239556
664	m-cresol	-3.079	2.545	1	-4.46	-4.253455

Fortsetzung auf nächster Seite

Nr	Name	Deskriptoren			Ergebnis $[log(K_{AW})]$	
		$\bar{\Phi}$	${}^1\chi^v$	I	Labor	QSAR
665	m-cymene	1.513	3.765	1	-0.534	-0.209455
666	m-diethylbenzene	1.513	3.943	1	-0.47	-0.292759
667	mesityl oxide	-1.633	2.282	1	-2.61	-2.677141
668	methacrylic acid	-4.536	1.531	0	-4.29	-3.985188
669	methanethiol	-0.683	1.342	1	-0.91	-1.282471
670	methiocarb	-4.425	5.854	1	-7	-7.154797
671	methyl acetoacetate	-3.62	2.228	1	-4.3	-4.648804
672	methyl acrylate	-1.78	1.513	1	-2.09	-2.464984
673	methyl butyl ketone	-1.014	2.765	1	-2.41	-2.28109
674	methyl cyclohexyl ketone	-1.052	3.809	1	-2.86	-2.807872
675	methyl cyclohexylcarboxylate	-0.525	3.96	1	-2.42	-2.348905
676	methyl cyclopropyl ketone	-2.063	2.309	1	-3.38	-3.121927
677	methyl cyclopropylcarboxylate	-1.536	2.422	1	-3.01	-2.645176
678	methyl decanoate	1.198	5.377	1	-1.46	-1.280446
679	methyl ethyl sulfide	-0.129	2.798	1	-1.1	-1.407109
680	methyl glyoxal	-4.513	1.229	1	-4.957	-5.078737
681	methyl isobutyl ketone	-1.014	2.621	1	-2.24	-2.213698
682	methyl isopropyl ketone	-1.351	2.148	1	-2.38	-2.331019
683	methyl laurate	1.872	6.377	1	-1.215	-1.071076
684	methyl maleate	-3.375	2.544	1	-4.54	-4.550467
685	methyl methacrylate	-1.443	1.92	1	-1.88	-2.316775
686	methyl oxalate	-3.43	1.883	1	-3.92	-4.296394
687	methyl pentynol	-2.287	2.323	1	-3.51	-3.353599
688	methyl salicylate	-5.011	3.118	1	-3.39	-6.463279
689	methyl trifluoroacetate	-1.309	1.633	1	-0.388	-2.047789
690	methyl trimethylacetate	-0.487	2.567	1	-1.76	-1.658791
691	methyl valerate	-0.487	2.877	1	-1.886	-1.803871
692	methyl vinyl ketone	-2.307	1.401	1	-3.002	-2.942203
693	methylamine	-2.889	0.577	1	-3.34	-3.141481
694	m-ethylphenol	-2.742	3.106	1	-4.59	-4.177318
695	m-methylaniline	-2.484	2.61	1	-4.17	-3.6859
696	m-methylstyrene	0.557	3.018	1	-0.911	-0.820639
697	m-nitroaniline	-5.783	2.699	1	-6.49	-7.043047
698	m-phenylene diamine	-5.807	2.399	1	-7.35	-6.926767
699	m-t-butylphenol	-2.068	3.795	1	-4.105	-3.8224
700	m-tolyl methylcarbamate	-4.199	3.684	1	-5.14	-5.912107
701	myrcene	1.273	3.601	0	0.421	0.884097
702	n,n,4-trimethylaniline	-2.05	3.439	1	-2.701	-3.637702
703	n,n,n-tris(2-chloroethyl)amine	-1.645	4.854	1	-3.12	-3.892897
704	n,n-diethylaniline	-1.713	4.181	1	-2.26	-3.646273
705	n,n-dimethylaniline	-2.387	3.029	1	-2.53	-3.784507
706	n,n-dimethylbenzylamine	-2.05	3.475	1	-3.107	-3.65455
707	n,n-dimethylcyclohexylamine	-1.482	3.969	1	-3.02	-3.314902
708	n,n'-dimethylformamide	-4.943	1.388	1	-5.73	-5.585299
709	n-amyl acetate	-0.15	3.404	1	-1.838	-1.711822

Fortsetzung auf nächster Seite

Nr	Name	Deskriptoren $\bar{\Phi}$	$^1\chi^v$	I	Ergebnis $[log(K_{AW})]$ Labor	QSAR
710	naphthalene	-1.389	3.405	0	-1.745	-1.699485
711	n-butanethiol	0.328	2.656	1	-0.731	-0.881368
712	n-butyl acetate	-0.487	2.904	1	-1.94	-1.816507
713	n-butyl propionate	-0.15	3.465	1	-1.7	-1.74037
714	n-butylamine	-1.878	2.115	1	-3.15	-2.84521
715	n-decane	3.13	4.914	0	2.32	2.135898
716	n-decylbenzene	3.535	6.971	1	0.555	0.322247
717	n-ethylaniline	-2.267	3.221	1	-3.398	-3.753763
718	new structure	1.968	3.061	1	0.445	0.577292
719	n-heptanoic acid	-2.906	3.488	1	-4.52	-4.520914
720	n-heptyl mercaptan	1.339	4.156	1	0	-0.567313
721	n-heptylbenzene	2.524	5.471	1	-0.21	0.008192
722	n-hexanoic acid	-3.243	2.988	1	-4.531	-4.625599
723	n-hexyl acetate	0.187	3.904	1	-1.664	-1.607137
724	n-hexylamine	-1.204	3.115	1	-2.9	-2.63584
725	n-hexylbenzene	2.187	4.971	1	-0.1	-0.096493
726	nitrapyrin	-2.734	4.209	1	-3.23	-4.685482
727	nitrobenzene	-2.797	2.499	1	-3.01	-3.948517
728	nitroethane	-2.528	1.389	0	-2.71	-1.900692
729	nitromethane	-2.865	0.812	0	-2.93	-1.969341
730	nitrothal-isopropyl	-4.302	6.879	1	-6.15	-7.510882
731	n-methylaniline	-2.604	2.661	1	-3.44	-3.830368
732	n-methylpiperidine	-1.204	3.08	1	-2.85	-2.61946
733	n-nonane	2.793	4.414	0	2.265	2.031213
734	n-octylbenzene	2.861	5.971	1	0.244	0.112877
735	nonanal	0.305	4.351	1	-1.523	-1.697743
736	nonanol	-0.788	4.523	1	-2.85	-2.876704
737	n-pentylamine	-1.541	2.615	1	-3	-2.740525
738	n-propanethiol	-0.009	2.156	1	-0.777	-0.986053
739	n-propyl acetate	-0.824	2.465	1	-2.05	-1.94974
740	n-propyl butyrate	-0.15	3.465	1	-1.67	-1.74037
741	n-propyl dihydrojasmonate	-0.962	7.369	1	-4.54	-4.383502
742	n-propylbenzene	1.176	3.471	1	-0.39	-0.410548
743	n-valeric acid	-3.58	2.488	1	-4.715	-4.730284
744	o,p'-ddd	0.976	7.003	1	-3.53	-2.264524
745	o,p'-dde	0.357	6.667	1	-2.97	-2.729371
746	o,p'-ddt	0.909	7.35	1	-3.47	-2.494255
747	o-chloroaniline	-2.888	2.683	1	-3.6	-4.126084
748	o-cresol	-3.079	2.551	1	-4.3	-4.256263
749	octachloronaphthalene	-1.925	7.286	0	-2.65	-4.054473
750	octadecanol	2.245	9.023	1	-1.44	-1.934539
751	octanal	-0.032	3.851	1	-1.715	-1.802428
752	octylamine	-0.53	4.115	1	-2.68	-2.42647
753	o-diethylbenzene	1.513	3.949	1	-0.93	-0.295567
754	o-ethylaniline	-2.147	3.177	1	-3.81	-3.612571

Fortsetzung auf nächster Seite

Nr	Name	Deskriptoren $\bar{\Phi}$	${}^1\chi^v$	I	Ergebnis $[log(K_{AW})]$ Labor	QSAR
755	o-ethylphenol	-2.742	3.112	1	-4.14	-4.180126
756	o-methylaniline	-2.484	2.616	1	-4.06	-3.688708
757	o-nitroaniline	-5.783	2.705	1	-4.34	-7.045855
758	o-phenylenediamine	-5.807	2.405	1	-5.84	-6.929575
759	oxalic acid	-9.616	1.106	0	-8.23	-8.891688
760	p,p'-dde	0.357	6.661	1	-2.77	-2.726563
761	p,p'-ddt	0.909	7.344	1	-3.468	-2.491447
762	p-bromophenol	-3.518	3.027	1	-5.21	-4.920226
763	pcb188	0.101	7.451	1	-1.742	-3.353563
764	p-chloroaniline	-2.888	2.677	1	-4.33	-4.123276
765	p-chloronitrobenzene	-2.864	2.977	1	-2.92	-4.239556
766	p-cresol	-3.079	2.545	1	-4.5	-4.253455
767	pelargonic acid	-2.232	4.488	1	-4.33	-4.311544
768	pendimethalin	-6.506	6.524	1	-3.18	-9.559762
769	pentachlorophenol	-3.751	4.558	0	-3.809	-4.612899
770	pentadecane	4.815	7.414	0	2.87	2.659323
771	pentafluoro-1-propanol	-2.495	1.865	1	-2.555	-3.348295
772	pentamethylbenzene	1.85	4.077	1	-1.454	-0.016786
773	pentyl mercaptan	0.665	3.156	1	-0.3	-0.776683
774	pentylbenzene	1.85	4.471	1	-0.17	-0.201178
775	pentylcyclopentane	2.418	4.932	0	1.87	1.411914
776	peroxyacetic acid	-5.416	1.091	1	-4.31	-5.921668
777	perylene	-9.914	6.976	0	-4.06	-11.938338
778	p-ethylphenol	-2.742	3.106	1	-4.5	-4.177318
779	phenanthrene	-2.943	4.815	0	-2.762	-3.921135
780	phenanthridine	-2.103	4.675	1	-6.17	-4.269415
781	phenmedipham	-8.832	6.572	1	-10.6	-11.919856
782	phenothiazin	-3.196	5.379	1	-3.8	-5.697352
783	phenyl methyl sulfide	-0.398	3.748	1	-2	-2.122054
784	phenylmethanol	-3.079	2.581	1	-4.86	-4.270303
785	picloram	-10.678	4.115	0	-8.6	-11.36721
786	piperazine	-4.864	2.414	1	-6	-5.986072
787	piperidine	-1.421	2.707	1	-3.74	-2.662981
788	p-isopropyltoluen	1.513	3.765	1	-0.49	-0.209455
789	plifenate	-1.091	6.294	1	-5.03	-4.010047
790	plinol	-1.782	4.327	1	-3.076	-3.783946
791	p-menthane	2.418	4.698	0	1.86	1.521426
792	p-methylbenzaldehyde	-1.649	2.846	1	-3.13	-2.957173
793	p-methylstyrene	0.557	3.018	1	-0.89	-0.820639
794	p-nitroaniline	-5.783	2.699	1	-7.288	-7.043047
795	p-nonylphenol	-0.383	6.606	1	-3.8	-3.444523
796	p-propylphenol	-2.405	3.606	1	-4.33	-4.072633
797	prodiamine	-9.423	7.131	1	-4.44	-12.775423
798	profluralin	-6.812	7.437	1	-1.92	-10.294576
799	promecarb	-3.188	5.038	1	-5.44	-5.529724

Fortsetzung auf nächster Seite

Nr	Name	Deskriptoren			Ergebnis $[log(K_{AW})]$	
		$\bar{\Phi}$	$^1\chi^v$	I	Labor	QSAR
800	propamocarb	-5.808	4.718	1	-7.22	-8.013064
801	propene	0.152	0.986	0	0.87	0.981312
802	propionaldehyde	-1.717	1.351	1	-2.47	-2.325853
803	propiophenone	-1.62	3.426	1	-3.212	-3.199468
804	propylamine	-2.215	1.615	1	-3.22	-2.949895
805	propylcyclopentane	1.744	3.932	0	1.56	1.202544
806	p-t-butylphenol	-2.068	3.795	1	-4.31	-3.8224
807	pyrene	-8.36	5.559	0	-3.7	-9.713412
808	pyrethrin ii	-2.822	9.847	1	-6.048	-7.412506
809	pyridine	-2.803	1.85	1	-3.44	-3.650815
810	pyrrolidine	-1.758	2.207	1	-4.01	-2.767666
811	pyruvic acid	-7.05	1.382	1	-6.881	-7.700026
812	quinoline	-2.453	3.265	1	-4.2	-3.961285
813	quintozene	-3.132	4.924	0	-3.82	-4.162092
814	sabinene	0.135	4.343	0	0.424	-0.606849
815	salicylaldehyde	-5.567	2.575	1	-3.55	-6.767935
816	salicylic acid	-8.104	2.729	1	-6.53	-9.389692
817	sec-butyl acetate	-0.487	2.837	1	-1.64	-1.785151
818	sec-butyl mercaptan	0.328	2.512	1	-0.53	-0.813976
819	sec-butylamine	-1.878	2.026	1	-2.204	-2.803558
820	spiromesifen	0.265	9.794	1	-7.9	-4.285267
821	styrene	0.22	2.608	1	-0.91	-0.967444
822	t-butanol	-2.473	1.724	1	-3.23	-3.260197
823	t-butyl propionate	-0.15	3.173	1	-1.27	-1.603714
824	tefluthrin	0.646	8.012	1	-1	-3.068386
825	terpinolene	1.18	4.008	0	0.516	0.600156
826	tert-butyl acetate	-0.487	2.612	1	-1.54	-1.679851
827	tetrachlorocatechol	-7.265	4.215	0	-4.85	-7.983945
828	tetrachlorophthalide	-1.458	5.068	1	-4.66	-3.805114
829	tetradecane	4.478	6.914	0	2.755	2.554638
830	tetrasul	-0.598	6.969	1	-3.16	-3.830482
831	thiophenol	-0.615	2.582	1	-1.87	-1.794451
832	thymol	-2.068	3.905	1	-3.82	-3.87388
833	trans-1,3-dimethylcyclohexane	1.744	3.788	0	1.52	1.269936
834	trans-2-butene	0.489	1.488	0	0.962	1.085061
835	trans-2-heptene	1.5	3.026	0	1.23	1.381332
836	trans-2-hexenal	-1.325	2.518	1	-2.69	-2.478049
837	trans-2-hexene	1.163	2.526	0	1.022	1.276647
838	trans-2-octene	1.837	3.526	0	1.567	1.486017
839	trans-crotonaldehyde	-1.999	1.48	1	-2.8	-2.669635
840	trans-crotonic acid	-4.536	1.627	1	-4.757	-5.288116
841	transfluthrin	-0.284	7.339	1	-2.68	-3.688072
842	trans-stilbene	0.625	4.732	1	-2.717	-1.554451
843	triallylamine	-2.29	3.398	1	-1.97	-3.859714
844	tribromoacetic acid	-4.897	3.624	0	-6.86	-5.327517

Fortsetzung auf nächster Seite

Nr	Name	Deskriptoren $\bar{\Phi}$	$^1\chi^v$	I	Ergebnis $[log(K_{AW})]$ Labor	QSAR
845	tributylamine	0.578	6.07	1	-1.17	-2.22787
846	trichloroacetaldehyde	-2.255	2.225	1	-1.88	-3.275575
847	trichloroacetic acid	-4.792	2.379	0	-6.26	-4.639332
848	trichloronitromethane	-3.066	2.29	0	-1.077	-2.86305
849	tridecane	4.141	6.414	0	2.994	2.449953
850	tridecylamine	1.155	6.615	1	-2.35	-1.903045
851	triethylamine	-1.444	3.07	1	-2.215	-2.85598
852	trifluoroacetic acid	-4.402	1.245	0	-5.34	-3.71667
853	trifluralin	-6.437	6.919	1	-2.1	-9.675277
854	trimethylamine	-2.455	1.342	1	-2.35	-3.063331
855	trimethylethylene	0.826	1.866	0	0.98	1.246842
856	trinexapac	-12.774	5.227	1	-10.8	-15.252106
857	trinexapac-ethyl	-9.344	6.203	1	-7.11	-12.261724
858	tripropylamine	-0.433	4.57	1	-1.56	-2.541925
859	undecane	3.467	5.414	0	2.583	2.240583
860	vinyl acetate	-1.78	1.552	1	-1.58	-2.483236

C.5 Modell M5

Modellgleichung:

$$\log(K_{OC}) = 2.09 \cdot V_X + 0.74 \cdot R_2 - 0.31 \cdot \sum \alpha_2^H - 2.27 \cdot \sum \beta_2^H + 0.21$$

C.5.1 Trainingsdaten

Nr	Name	Deskriptoren V_X	R_2	$\sum \alpha_2^H$	$\sum \beta_2^H$	Ergebnis $[\log(K_{OC})]$ Labor	QSAR
1	benzene	0.716	0.61	0	0.14	1.91	1.84004
2	toluene	0.857	0.601	0	0.14	2.18	2.12807
3	ethylbenzene	0.998	0.613	0	0.15	2.41	2.40894
4	1,2-dimethylbenzene	0.998	0.663	0	0.16	2.41	2.42324
5	1,3-dimethylbenzene	0.998	0.623	0	0.16	2.34	2.39364
6	1,4-dimethylbenzene	0.998	0.613	0	0.16	2.52	2.38624
7	n-propylbenzene	1.139	0.604	0	0.15	2.86	2.69697
8	1,3,5-trimethylbenzene	1.139	0.649	0	0.19	2.82	2.63947
9	1,2,3-trimethylbenzene	1.139	0.728	0	0.19	2.8	2.69793
10	styrene	0.955	0.849	0	0.16	2.96	2.47101
11	1,2,4,5-tetramethylbenzene	1.28	0.748	0	0.19	3.12	3.00742
12	n-butylbenzene	1.28	0.6	0	0.15	3.39	2.9887
13	naphthalene	1.085	1.34	0	0.2	3.11	3.01525

Fortsetzung auf nächster Seite

Nr	Name	Deskriptoren				Ergebnis [log(K_{OC})]	
		V_X	R_2	$\sum\alpha_2^H$	$\sum\beta_2^H$	Labor	QSAR
14	1-methylnaphthalene	1.226	1.344	0	0.2	3.36	3.3129
15	2-methylnaphthalene	1.226	1.304	0	0.2	3.64	3.2833
16	1-ethylnaphthalene	1.367	1.371	0	0.2	3.78	3.62757
17	2-ethylnaphthalene	1.367	1.331	0	0.2	3.76	3.59797
18	biphenyl	1.324	1.36	0	0.26	3.27	3.39336
19	anthracene	1.454	2.29	0	0.26	4.27	4.35326
20	9-methylanthracene	1.595	2.29	0	0.26	5.07	4.64795
21	phenanthrene	1.454	2.055	0	0.26	4.56	4.17936
22	fluorene	1.357	1.588	0	0.2	3.7	3.76725
23	fluoranthene	1.585	2.377	0	0.2	4.62	4.82763
24	tetracene	1.823	2.847	0	0.32	5.81	5.40045
25	pyrene	1.585	2.808	0	0.29	4.92	4.94227
26	benz[a]anthracene	1.823	2.992	0	0.33	5.3	5.48505
27	1,2,5,6-dibenzanthracene	1.954	4	0	0.44	6.31	6.25506
28	benzo[a]pyrene	1.954	3.625	0	0.44	6.06	5.97756
29	chlorobenzene	0.839	0.718	0	0.07	2.34	2.33593
30	1,2-dichlorobenzene	0.961	0.872	0	0.04	2.5	2.77297
31	1,3-dichlorobenzene	0.961	0.847	0	0.02	2.48	2.79987
32	1,4-dichlorobenzene	0.961	0.825	0	0.02	2.63	2.78359
33	1,2,3-trichlorobenzene	1.084	1.03	0	0	3.39	3.23776
34	1,2,4-trichlorobenzene	1.084	0.98	0	0	3.15	3.20076
35	1,3,5-trichlorobenzene	1.084	0.98	0	0	2.85	3.20076
36	1,2,3,4-tetrachlorobenzene	1.206	1.18	0	0	3.84	3.60374
37	1,2,3,5-tetrachlorobenzene	1.206	1.16	0	0	3.2	3.58894
38	pentachlorobenzene	1.328	1.33	0	0	3.5	3.96972
39	hexachlorobenzene	1.451	1.49	0	0	3.99	4.34519
40	bromobenzene	0.891	0.882	0	0.09	2.49	2.52057
41	iodobenzene	0.975	1.188	0	0.12	3.1	2.85447
42	dichloromethane	0.494	0.387	0.1	0.05	1.44	1.38434
43	trichloromethane	0.617	0.425	0.15	0.02	1.65	1.72213
44	tetrachloromethane	0.739	0.458	0	0	1.85	2.09343
45	tribromomethane	0.775	0.974	0.15	0.06	2.06	2.36781
46	1,1-dichloroethane	0.635	0.322	0.1	0.1	1.48	1.51743
47	1,2-dichloroethane	0.635	0.416	0.1	0.11	1.52	1.56429
48	1,2-dibromoniethane	0.74	0.747	0.1	0.17	1.8	1.89248
49	1,1,1-trichloroethane	0.758	0.369	0	0.09	1.82	1.86298
50	1,1,2-trichloroethane	0.758	0.499	0.13	0.08	1.87	1.94158
51	1,1,2,2-tetrachloroethane	0.88	0.595	0.16	0.12	1.9	2.1675
52	1,1-dichloroethene	0.592	0.362	0	0.05	1.81	1.60166
53	trichloroethene	0.715	0.524	0.08	0.03	2	1.99921
54	tetrachloroethene	0.837	0.639	0	0	2.38	2.43219
55	1,2-dichloropropane	0.776	0.371	0.1	0.11	1.67	1.82568
56	acetanilide	1.113	0.87	0.5	0.67	1.43	1.50407
57	3-methylacetanilide	1.254	0.87	0.5	0.66	1.45	1.82146
58	4-methoxyacetanilide	1.313	0.97	0.48	0.86	1.4	1.57097

Fortsetzung auf nächster Seite

Nr	Name	Deskriptoren				Ergebnis [log(K_{OC})]	
		V_X	R_2	$\sum\alpha_2^H$	$\sum\beta_2^H$	Labor	QSAR
59	methanol	0.308	0.278	0.43	0.47	0.04	-0.14076
60	ethanol	0.449	0.246	0.37	0.48	0.2	0.12615
61	1-propanol	0.59	0.236	0.37	0.48	0.48	0.41344
62	1-butanol	0.731	0.224	0.37	0.48	0.5	0.69925
63	1-pentanol	0.872	0.219	0.37	0.48	0.7	0.99024
64	1-hexanol	1.013	0.21	0.37	0.48	1.01	1.27827
65	1-heptanol	1.154	0.211	0.37	0.48	1.14	1.5737
66	1-octanol	1.295	0.199	0.37	0.48	1.56	1.85951
67	1-nonanol	1.435	0.193	0.37	0.48	1.89	2.14767
68	1-decanol	1.576	0.191	0.37	0.48	2.59	2.44088
69	1-phenylethanol	1.057	0.784	0.3	0.66	1.5	1.40809
70	benzamide	0.973	0.99	0.49	0.67	1.46	1.30337
71	4-nitrobenzamide	1.147	1.25	0.75	0.6	1.93	1.93773
72	4-methylbenzamide	1.114	0.99	0.49	0.65	1.78	1.64346
73	2-chlorobenzamide	1.095	1.14	0.45	0.75	1.51	1.50015
74	n-methylbenzamide	1.114	0.95	0.35	0.73	1.42	1.47566
75	trichloroacetamide	0.873	0.71	0.47	0.56	0.99	1.14307
76	diethylacetamid	1.07	0.296	0.78	0	1.84	2.42354
77	aniline	0.816	0.955	0.26	0.5	1.41	1.40654
78	3-methylaniline	0.957	0.946	0.23	0.55	1.65	1.59037
79	4-methylaniline	0.957	0.923	0.23	0.52	1.9	1.64145
80	4-chloroaniline	0.939	1.06	0.3	0.35	1.96	2.06941
81	4-bromoaniline	0.991	1.19	0.31	0.35	1.96	2.27119
82	n-methylaniline	0.957	0.948	0.17	0.48	2.28	1.76935
83	n,n-dimethylaniline	1.098	0.957	0	0.47	2.26	2.1461
84	diphenylaniline	1.424	0.7	0.6	0.38	2.78	2.65556
85	dimethylphthalate	1.18	0.78	0	0.88	1.6	1.2558
86	diethylphthalate	1.711	0.729	0	0.88	1.84	2.32785
87	methyl benzoate	1.073	0.733	0	0.48	2.1	1.90539
88	ethyl benzoate	1.214	0.689	0	0.46	2.3	2.21292
89	phenylbenzoate	1.54	1.33	0	0.47	3.16	3.3459
90	ethyl 4-nitrobenzoate	1.388	0.95	0	0.61	2.48	2.42922
91	ethyl 4-hydroxybenzoate	1.272	0.86	0.69	0.45	2.21	2.26948
92	ethyl phenylacetate	1.354	0.66	0	0.57	1.89	2.23436
93	ethyl pentanoate	1.169	0.049	0	0.45	1.97	1.66797
94	ethyl hexanoate	1.31	0.043	0	0.45	2.06	1.95822
95	ethyl heptanoate	1.451	0.027	0	0.45	2.61	2.24107
96	ethyl octanoate	1.592	0.024	0	0.45	3.02	2.53354
97	nitrobenzene	0.891	0.871	0	0.28	2.2	2.08113
98	anisole	0.916	0.708	0	0.29	1.63	1.99006
99	1,2-dimethoxybenzene	1.116	0.81	0	0.47	2.03	2.07494
100	diphenylether	1.383	1.216	0	0.2	3.29	3.54631
101	benzophenone	1.481	1.447	0	0.5	2.63	3.24107
102	acetophenone	1.014	0.818	0	0.48	1.54	1.84498
103	benzoic acid	0.932	0.73	0.59	0.4	1.5	1.60718

Fortsetzung auf nächster Seite

Nr	Name	Deskriptoren V_X	R_2	$\sum\alpha_2^H$	$\sum\beta_2^H$	Ergebnis [log(K_{OC})] Labor	QSAR
104	4-hydroxybenzoic acid	0.99	0.93	0.87	0.53	1.43	1.4945
105	4-nitrobenzoic acid	1.106	0.99	0.62	0.54	1.43	1.83614
106	4-methylbenzoic acid	1.073	0.73	0.6	0.4	1.77	1.89877
107	acetic acid	0.465	0.265	0.61	0.45	0	0.16735
108	phenylacetic acid	1.073	0.73	0.6	0.63	1.45	1.37667
109	hexanoic acid	1.028	0.174	0.6	0.45	1.46	1.27978
110	phenol	0.775	0.805	0.6	0.3	1.43	1.55845
111	4-methylphenol	0.916	0.82	0.57	0.31	2.7	1.85084
112	3,5-dimethylphenol	1.057	0.82	0.57	0.36	2.83	2.03203
113	2,3,5-trimethylphenol	1.198	0.86	0.52	0.42	3.61	2.23562
114	2-chlorophenol	0.898	0.853	0.32	0.31	2.6	1.91514
115	3-chlorophenol	0.898	0.909	0.69	0.15	2.54	2.20508
116	2,4-dichlorophenol	1.02	0.96	0.53	0.19	2.75	2.4566
117	2,3-dichlorophenol	1.02	0.96	0.48	0.2	2.65	2.4494
118	3,4-dichlorophenol	1.02	1.02	0.85	0.03	3.09	2.765
119	2,4,6-trichlorophenol	1.142	1.01	0.82	0.08	3.02	2.90838
120	pentachlorophenol	1.389	1.27	0.97	0	3.73	3.75211
121	4-bromophenol	0.95	1.08	0.67	0.2	2.41	2.333
122	4-nitrophenol	0.949	1.07	0.82	0.26	2.37	2.14081
123	2-methoxyphenol	0.975	0.837	0.22	0.52	1.56	1.61853
124	3-methoxyphenol	0.975	0.879	0.59	0.39	1.5	1.83001
125	2-hydroxyphenol	0.834	0.97	0.85	0.52	1.03	1.22696
126	3-hydroxyphenol	0.834	0.98	1.1	0.58	0.98	1.02066
127	1-naphthol	1.144	1.52	0.61	0.37	2.64	2.69676
128	urea	0.4648	0.5	0.5	0.9	0.15	-0.646568
129	phenylurea	1.073	1.11	0.77	0.77	1.35	1.28737
130	dimethylamine	0.4902	0.189	0.08	0.66	2.63	-0.148622
131	1-butylamine	0.772	0.224	0.16	0.61	1.88	0.55494
132	1-aminonaphtalene	1.185	1.67	0.2	0.57	3.51	2.56655
133	azobenzene	1.481	0.68	0	0.44	3.03	2.80969
134	carbazole	1.315	1.787	0.47	0.26	3.4	3.54483
135	acridine	1.413	2.356	0	0.58	4.11	3.59001
136	dibenzothiophene	1.379	1.959	0	0.18	4	4.13317

C.5.2 Validierungsdaten

Nr	Name	Deskriptoren V_X	R_2	$\sum\alpha_2^H$	$\sum\beta_2^0$	Ergebnis [log(K_{OC})] Labor	QSAR
1	1,2,4-trimethylbenzene	1.1391	0.677	0	0.19	3.6	2.660399
2	1-ethyl-4-methylbenzene	1.1391	0.63	0	0.18	3.62	2.648319
3	1,3,5-triethylbenzene	1.5618	0.672	0	0.19	4.12	3.540142
4	indane	1.0305	0.829	0	0.17	3.63	2.591305
5	2,3-dimethylnaphthalene	1.3672	1.431	0	0.2	4.08	3.672388
6	acenaphthene	1.2586	1.604	0	0.2	3.59	3.573434

Fortsetzung auf nächster Seite

Nr	Name	Deskriptoren				Ergebnis [log(K_{OC})]	
		V_X	R_2	$\sum\alpha_2^H$	$\sum\beta_2^0$	Labor	QSAR
7	acenaphthylene	1.2156	1.75	0	0.26	3.75	3.455404
8	benzo(a)fluorene	1.7255	2.622	0	0.2	5.46	5.302575
9	benzo(k)fluoranthene	1.9536	3.19	0	0.33	4.34	5.904524
10	benzo(b)fluoranthene	1.9536	3.194	0	0.4	5.36	5.748584
11	3-methylcholanthrene	2.1375	3.264	0	0.58	6.1	5.776135
12	chrysene	1.8234	3.027	0	0.36	5.5	5.443686
13	indeno(1,2,3-cd)pyrene	2.0838	3.61	0	0.42	6.2	6.283142
14	benzo(e)pyrene	1.9536	3.625	0	0.35	6.07	6.181024
15	perylene	1.9536	3.256	0	0.4	5.49	5.794464
16	benzo[ghi]perylene	2.0838	4.073	0	0.46	4.61	6.534962
17	1,1,1,2-tetrachloroethane	0.88	0.542	0.1	0.08	1.73	2.23768
18	hexachloroethane	1.1248	0.68	0	0	3.34	3.064032
19	bromomethane	0.4245	0.399	0	0.1	1.34	1.165465
20	trichlorofluoromethan	0.6344	0.207	0	0.07	2.2	1.530176
21	bromodichloromethane	0.6693	0.593	0.1	0.04	1.78	1.925857
22	chlorodibromomethane	0.7219	0.775	0.12	0.1	1.92	2.028071
23	trans-1,2-dichloroethylene	0.5922	0.425	0.09	0.05	1.77	1.620798
24	2-chlorotoluene	0.9797	0.762	0	0.07	2.55	2.662553
25	1,2,4,5-tetrachlorobenzene	1.206	1.16	0	0	3.93	3.58894
26	2-chlorobiphenyl/pcb 1	1.4466	1.48	0	0.2	3.47	3.874594
27	3-chlorobiphenyl/pcb 2	1.4466	1.51	0	0.18	4.42	3.942194
28	4,4'-dichlorobiphenyl/pcb 15	1.569	1.64	0	0.16	4.3	4.33961
29	2,2'-dichlorobiphenyl/pcb 4	1.569	1.6	0	0.2	3.92	4.21921
30	2,4'-dichlorobiphenyl/pcb 8	1.569	1.62	0	0.18	4.56	4.27941
31	2,2',5-trichlorobiphenyl/pcb 18	1.6914	1.75	0	0.17	4.23	4.654126
32	2,4,4'-trichlorobiphenyl/pcb 28	1.6914	1.76	0	0.15	4.63	4.706926
33	2,2',4-trichlorobiphenyl/pcb 17	1.6914	1.74	0	0.17	4.84	4.646726
34	2,2',5,5'-tetrachlorobiphenyl/pcb 52	1.8138	1.9	0	0.15	5.33	5.066342
35	2,2',6,6'-tetrachlorobiphenyl/pcb 54	1.8138	1.84	0	0.15	4.9	5.021942
36	2,3',4',5-tetrachlorobiphenyl/pcb 70	1.8138	1.89	0	0.13	4.86	5.104342
37	2,2',4,5,5'-pentachlorobiphenyl/pcb 101	1.9362	2.04	0	0.13	5.81	5.471158
38	2,2',3,4,5'-pentachlorobiphenyl/pcb 87	1.9362	2.04	0	0.13	4.62	5.471158
39	2,2',3,4,6-pentachlorobiphenyl/pcb 88	1.9362	2.01	0	0.13	6.11	5.448958
40	2,2',3,5',6-pentachlorobiphenyl/pcb 95	1.9362	2.02	0	0.13	5.68	5.456358
41	2,2',3',4,5-pentachlorobiphenyl/pcb 97	1.9362	2.04	0	0.13	5.83	5.471158
42	2,2',4,4',5,5'-hexachlorobiphenyl/pcb 153	2.0586	2.18	0	0.11	5.86	5.875974
43	2,2',3,3',6,6'-hexachlorobiphenyl/pcb 136	2.0586	2.14	0	0.11	6.01	5.846374
44	2,2',3,4,4',5'-hexachlorobiphenyl/pcb 138	2.0586	2.18	0	0.11	5.93	5.875974
45	2,2',3,4,5,5'-hexachlorobiphenyl/pcb 141	2.0586	2.19	0	0.11	5.95	5.883374
46	2,2',4,4',6,6'-hexachlorobiphenyl/pcb 155	2.0586	2.12	0	0.11	6.08	5.831574
47	2,2',3,3',4,4'-hexachlorobiphenyl/pcb 128	2.0586	2.18	0	0.11	6.28	5.875974
48	2,2',3,4',5',6-hexachlorobiphenyl/pcb 149	2.0586	2.16	0	0.11	5.79	5.861174
49	2,2',3,3',5,5'-hexachlorobiphenyl/pcb 133	2.0586	2.2	0	0.11	6.48	5.890774
50	2,2',3,4,5,5',6-heptachlorobiphenyl/pcb 185	2.181	2.31	0	0.09	5.95	6.27339
51	2,2',3,3',5,5',6,6'-octachlorobiphenyl/pcb 202	2.3034	2.44	0	0.06	6.36	6.693506

Fortsetzung auf nächster Seite

Nr	Name	Deskriptoren				Ergebnis [log(K_{OC})]	
		V_X	R_2	$\sum\alpha_2^H$	$\sum\beta_2^0$	Labor	QSAR
52	2,2',3,3',4,4',5,5'-octachlorobiphenyl/pcb 194	2.3034	2.48	0	0.06	6.41	6.723106
53	octachloronaphthalene/pcn 75	2.0646	2.29	0	0	5.89	6.219614
54	dodecanol	1.8581	0.175	0.37	0.48	3.52	3.018629
55	1,2-propanediol	0.6487	0.373	0.58	0.8	0.36	-0.153997
56	phenylmethanol	0.916	0.803	0.39	0.56	1.43	1.32656
57	2-phenylethanol	1.0569	0.811	0.3	0.65	1.5	1.450561
58	2-methylphenol	0.916	0.84	0.52	0.3	1.34	1.90384
59	3-methylphenol	0.916	0.822	0.57	0.34	1.54	1.78422
60	oxirane	0.3405	0.25	0.07	0.32	0.34	0.358545
61	1,4-dioxane	0.681	0.329	0	0.64	1.23	0.42395
62	dibenzofuran	1.2743	1.407	0	0.17	3.91	3.528567
63	formaldehyde	0.2652	0.22	0	0.33	0.56	0.177968
64	acrylaldehyde	0.504	0.32	0	0.45	-0.31	0.47866
65	isophorone	1.2408	0.511	0	0.53	1.4	1.978312
66	4'-phenylacetophenon	1.6217	1.57	0	0.6	3.22	3.399153
67	anthraquinone	1.5288	1.405	0	0.46	3.57	3.400692
68	aceticacid,b-phenylethylester	1.3544	0.788	0	0.5	1.89	2.488816
69	butyl benzoate	1.4953	0.668	0	0.46	2.1	2.785297
70	o-dibutyl phthalate	2.2742	0.7	0	0.86	3.14	3.528878
71	diisobutyl phthalate	2.2742	0.66	0	0.88	3.14	3.453878
72	2-butoxyethanol	1.0714	0.201	0.3	0.83	1.83	0.620866
73	p-methoxyphenol	0.9747	0.9	0.57	0.48	1.75	1.646823
74	4-chlorophenol	0.8975	0.915	0.67	0.2	1.85	2.101175
75	3,5-dichlorophenol	1.0199	1.02	0.91	0	2.83	2.814291
76	2,4,5-trichlorophenol	1.1423	1.07	0.73	0.1	3.36	2.935907
77	3,4,5-trichlorophenol	1.1423	1.13	0.99	0	3.56	3.126707
78	2,3,5-trichlorophenol	1.1423	1.07	0.68	0.16	3.61	2.815207
79	2,3,4,6-tetrachlorophenol	1.2647	1.1	0.5	0.15	3.35	3.171723
80	2,3,4,5-tetrachlorophenol	1.2647	1.17	0.7	0.13	4.12	3.206923
81	trimethylamine	0.6311	0.14	0	0.67	2.83	0.111699
82	n,n-diethylaniline	1.3798	0.95	0	0.5	2.08	2.661782
83	quinoline	1.0443	1.268	0	0.51	3.1	2.173207
84	phenazine	1.3722	1.97	0	0.59	3.37	3.196398
85	nicotine	1.371	0.865	0	1.08	2.01	1.26389
86	3-cyanopyridine	0.83	0.75	0	0.62	1.56	1.0923
87	4-methoxyaniline	1.0158	1.05	0.23	0.72	1.93	1.404322
88	simetone	1.5559	1.14	0.21	1.03	2.34	1.902231
89	atratone	1.6968	1.12	0.2	0.96	2.64	2.343912
90	secbumeton	1.8377	1.09	0.22	1.06	2.78	2.382993
91	prometone	1.8377	1.07	0.22	1.04	2.6	2.413593
92	p-aminobenzoic acid	1.0315	1.075	0.94	0.6	2.05	1.507935
93	3,4-dichloroaniline	1.061	1.16	0.35	0.25	2.29	2.60989
94	2,4-dichloroaniline	1.061	1.14	0.3	0.23	2.72	2.65599
95	3,5-dichloroaniline	1.061	1.15	0.35	0.23	2.49	2.64789
96	2,3,4-trichloroaniline	1.1834	1.24	0.35	0.15	2.6	3.151906

Fortsetzung auf nächster Seite

Nr	Name	Deskriptoren				Ergebnis [log(K_{OC})]	
		V_X	R_2	$\sum \alpha_2^H$	$\sum \beta_2^0$	Labor	QSAR
97	2,3,4,5-tetrachloroaniline	1.3058	1.33	0.46	0.03	3.03	3.712622
98	2,3,5,6-tetrachloroaniline	1.3058	1.31	0.46	0.03	3.94	3.697822
99	pentachloroaniline	1.4282	1.41	0.46	0.01	4.62	4.073038
100	2,6-dichlorobenzonitrile	1.1159	1.095	0	0.27	2.6	2.739631
101	simazine	1.4787	1.25	0.18	0.84	2.1	2.262883
102	atrazine	1.6196	1.22	0.17	0.88	2.24	2.447464
103	propazine	1.7605	1.19	0.13	0.92	2.4	2.641345
104	terbuthylazine	1.7605	1.19	0.14	0.85	2.32	2.797145
105	cyanazine	1.7743	1.41	0.22	0.99	2.28	2.646187
106	acetamide	0.5059	0.46	0.54	0.68	0.7	-0.103269
107	benzoeicaciddimethylamid	1.2546	0.95	0	0.98	1.37	1.310514
108	fenuron	1.3544	1.05	0.37	0.96	1.4	1.523796
109	fluometuron	1.5484	0.65	0.41	0.79	1.82	2.006756
110	monuron	1.4768	1.14	0.47	0.78	1.95	2.223812
111	chlortoluron	1.6177	1.11	0.47	0.81	2.02	2.427993
112	diphenylnitrosamine	1.5395	1.78	0	0.54	3.08	3.518955
113	1,3-dinitrobenzene	1.0648	1.15	0	0.47	1.56	2.219532
114	2,4,6-trinitrotoluene	1.3799	1.43	0	0.61	2.72	2.767491
115	m-nitroaniline	0.9904	1.2	0.4	0.35	1.73	2.249436
116	p-nitroaniline	0.9904	1.22	0.46	0.38	1.88	2.177536
117	3-nitroacetanilide	1.2879	1.11	0.64	0.57	1.94	2.230811
118	o-nitrophenol	0.9493	1.015	0.05	0.37	2.06	2.089737
119	m-nitrophenol	0.9493	1.05	0.79	0.23	1.72	2.204037
120	3,5-dinitrobenzoic acid	1.2801	1.25	0.7	0.59	1.9	2.254109
121	chloropicrin	0.7909	0.161	0	0.1	1.79	1.755121
122	benzene,4-bromo-1-nitro	1.0656	1.14	0	0.27	2.42	2.667804
123	benzo[b]thiophene	1.0101	1.323	0	0.2	3.48	2.846129
124	ametryn	1.8016	1.47	0.17	1.02	2.59	2.695044
125	prometryne	1.9425	1.43	0.17	1.01	2.85	2.982625
126	dipropretryn	2.0834	1.4	0.17	1.01	3.07	3.254906
127	terbutryne	1.9425	1.43	0.12	0.99	2.85	3.043525

C.6 Modell M6

Modellgleichung:

$$\log(K_{OC}) = 1.08 \cdot R_2 - 0.83 \cdot \pi_2^H + 0.28 \cdot \sum \alpha_2^H - 1.85 \cdot \sum \beta_2^H + 2.55 \cdot V_X - 0.12$$

C.6.1 Trainingsdaten

Nr	Name	Deskriptoren					Ergebnis [log(K_{OC})]	
		R_2	π_2^H	$\sum\alpha_2^H$	$\sum\beta_2^H$	V_X	Labor	QSAR
1	benzene	0.61	0.52	0	0.14	0.7164	1.6	1.67502
2	toluene	0.601	0.52	0	0.14	0.8573	1.92	2.024595
3	p-xylene	0.613	0.52	0	0.16	0.9982	2.51	2.35985
4	o-xylene	0.663	0.56	0	0.16	0.9982	2.35	2.38065
5	ethylbenzene	0.613	0.51	0	0.15	0.9982	2.19	2.38665
6	1,3,5-trimethylbenzene	0.649	0.52	0	0.19	1.139	2.82	2.70227
7	1,2,3-trimethylbenzene	0.728	0.61	0	0.19	1.139	2.8	2.71289
8	1,2,4,5-tetramethylbenzene	0.748	0.61	0	0.19	1.28	3.12	3.09404
9	n-propylbenzene	0.604	0.5	0	0.15	1.1391	2.87	2.744525
10	n-butylbenzene	0.6	0.51	0	0.15	1.28	3.39	3.0912
11	chlorobenzene	0.718	0.65	0	0.07	0.8388	2.25	2.12538
12	1,2-dichlorobenzene	0.872	0.78	0	0.04	0.9612	2.59	2.55142
13	1,4-dichlorobezene	0.825	0.75	0	0.02	0.9612	2.65	2.56256
14	1,3-dichlorobenzene	0.847	0.73	0	0.02	0.9612	2.47	2.60292
15	1,2,3-trichlorobenzene	1.03	0.86	0	0	1.0836	3.22	3.04178
16	1,2,4-trichlorobenzene	0.98	0.81	0	0	1.0836	3.25	3.02928
17	1,2,3,4-tetrachlorobenzene	1.18	0.92	0	0	1.206	3.84	3.4661
18	1,2,4,5-tetrachlorobenzene	1.16	0.86	0	0	1.206	3.93	3.4943
19	pcb, 2- (1)	1.53	1.12	0	0.2	1.4466	3.47	3.92163
20	pcb, 2,2'- (4)	1.66	1.25	0	0.18	1.569	3.92	4.30325
21	pcb, 2,4'- (8)	1.66	1.25	0	0.18	1.569	4.49	4.30325
22	pcb, 2,4,4'- (28)	1.8	1.39	0	0.12	1.6914	4.63	4.76137
23	pcb, 2,2',5,5'- (52)	1.93	1.52	0	0.06	1.8138	5.34	5.21699
24	pcb, 2,2',4,4',5,5'- (153)	2.2	1.71	0	0	2.0586	6.4	6.08613
25	pcb, 2,3',4',5- (70)	1.93	1.52	0	0.06	1.8138	4.86	5.21699
26	pcb, 2,2',6,6'- (54)	1.93	1.52	0	0.06	1.8138	4.86	5.21699
27	pcb, 2,4,6,2',4',6'- (155)	2.2	1.71	0	0	2.0586	6.08	6.08613
28	pcb, 2,2',3,5',6- (95)	2.07	1.61	0	0.01	1.9362	5.68	5.69811
29	pcb, 2,2',3,4',5'- (97)	2.07	1.61	0	0.01	1.9362	5.83	5.69811
30	pcb, 2,2',4,5,5'- (101)	2.07	1.61	0	0.01	1.9362	5.81	5.69811
31	pcb, 2,2',3,3',4,4'- (128)	2.2	1.71	0	0	2.0586	6.28	6.08613
32	pcb, 2,2',3,3',6,6'- (136)	2.2	1.71	0	0	2.0586	6.01	6.08613
33	pcb, 2,2',3,3',4,4',5,5'- (194)	2.47	1.9	0	0	2.3034	6.41	6.84427
34	pcb, 2,2',3,3',5,5',6,6'- (202)	2.47	1.9	0	0	2.3034	6.36	6.84427
35	trichloromethane	0.425	0.49	0.15	0.02	0.6167	1.52	1.509885
36	tetrachloromethane	0.458	0.38	0	0	0.7391	1.9	1.943945
37	1,2-dichloroethane	0.416	0.64	0.1	0.11	0.6352	1.52	1.24234
38	1,2-dibromoroethane	0.747	0.76	0.1	0.17	0.7404	1.74	1.65748
39	1,1,1-trichloroethane	0.369	0.41	0	0.09	0.7576	2.25	1.7036
40	1,1,2-trichloroethylene (tce)	0.524	0.4	0.08	0.03	0.7146	1.53	1.90305
41	1,1,2,2-tetrachloroethane	0.595	0.76	0.16	0.12	0.88	1.9	1.9586
42	tetrachloroethene (pce)	0.639	0.42	0	0	0.837	2.29	2.35587
43	1,2-dicholopropane	0.371	0.6	0	0.11	0.7761	1.67	1.558235

Fortsetzung auf nächster Seite

Nr	Name	Deskriptoren					Ergebnis [log(K_{OC})]	
		R_2	π_2^H	$\sum\alpha_2^H$	$\sum\beta_2^H$	V_X	Labor	QSAR
44	naphthalene	1.34	0.92	0	0.2	1.0854	2.87	2.96137
45	phenanthrene	2.055	1.29	0	0.26	1.454	4.34	4.2554
46	anthracene	2.29	1.34	0	0.26	1.454	4.31	4.4677
47	fluoranthene	2.377	1.53	0	0.2	1.585	4.75	4.84901
48	1-methylnaphthalene	1.344	0.9	0	0.2	1.2263	3.36	3.341585
49	2-methylnaphthalene	1.304	0.92	0	0.2	1.226	3.66	3.28102
50	1-ethylnaphthalene	1.371	0.87	0	0.2	1.3672	3.77	3.75494
51	2-ethylnaphthalene	1.331	0.87	0	0.2	1.367	3.76	3.71123
52	9-methylanthracene	2.29	1.3	0	0.26	1.595	4.81	4.86045
53	pyrene	2.808	1.71	0	0.29	1.5846	4.81	4.99757
54	tetracene	2.847	1.7	0	0.32	1.823	4.93	5.60041
55	2,3-dichlorophenol	0.96	0.94	0.48	0.2	1.02	2.6	2.502
56	2,4-dichlorophenol	0.96	0.84	0.53	0.19	1.02	2.7	2.6175
57	2,4,6-trichlorophenol	1.01	1.01	0.82	0.08	1.142	3.02	3.1262
58	pentachlorophenol	1.27	0.88	0.97	0	1.389	4.51	4.33475
59	3-methylaniline	0.946	0.95	0.23	0.55	0.957	1.41	1.60043
60	4-bromoaniline	1.19	1.19	0.31	0.35	0.991	1.96	2.14385
61	4-methoxyaniline	1.05	1.19	0.23	0.61	1.0158	1.93	1.55249
62	acetophenone	0.818	1.01	0	0.48	1.014	1.55	1.62284
63	l,l-dimethyl-3-m-cf3-phenylurea (fluometuron)	0.81	1.23	0.44	0.78	1.5484	1.82	2.36252
64	l,l-dimethyl-3,3,4-dichlorophenylurea (diuron)	1.37	1.62	0.52	0.8	1.5992	2.21	2.75856
65	monolinuron	1.25	1.6	0.29	1.05	1.5355	1.84	1.956225
66	benzamide	0.99	1.5	0.49	0.67	0.973	1.12	1.08305
67	n-methylbenzamide	0.95	1.44	0.35	0.73	1.14	1.68	1.3653
68	nn-dimethylbenzamide	0.95	1.4	0	0.98	1.255	1.37	1.13125
69	acridine	2.356	1.32	0	0.58	1.413	4.14	3.85903
70	anisole	0.708	0.75	0	0.29	0.916	1.54	1.82144
71	phenylurea	1.11	1.4	0.77	0.77	1.073	1.35	1.44405
72	nitrobenzene	0.871	1.11	0	0.28	0.891	1.94	1.65343
73	m-nitroaniline	1.2	1.71	0.4	0.35	0.9904	1.73	1.74672
74	p-nitroaniline	1.22	1.91	0.42	0.38	0.9904	1.88	1.55242
75	benzyl alcohol	0.803	0.87	0.33	0.56	0.916	1.43	1.41734

C.6.2 Validierungsdaten

Nr	Name	Deskriptoren					Ergebnis [log(K_{OC})]	
		R_2	π_2^H	$\sum\alpha_2^H$	$\sum\beta_2^H$	V_X	Labor	QSAR
1	1,2,4-trimethylbenzene	0.677	0.56	0	0.19	1.1391	3.6	2.699565
2	1-ethyl-4-methylbenzene	0.63	0.51	0	0.18	1.1391	3.62	2.708805
3	1,3,5-triethylbenzene	0.672	0.5	0	0.19	1.5618	4.12	3.82185
4	indane	0.829	0.62	0	0.17	1.0305	3.63	2.573995
5	2,3-dimethylnaphthalene	1.431	0.95	0	0.2	1.3672	4.08	3.75334
6	acenaphthene	1.604	1.04	0	0.2	1.2586	3.59	3.58855

Fortsetzung auf nächster Seite

Nr	Name	Deskriptoren					Ergebnis [log(K_{OC})]	
		R_2	π_2^H	$\sum\alpha_2^H$	$\sum\beta_2^H$	V_X	Labor	QSAR
7	acenaphthylene	1.75	1.14	0	0.26	1.2156	3.75	3.44258
8	benzo(a)fluorene	2.622	1.59	0	0.2	1.7255	5.46	5.422085
9	benzo(k)fluoranthene	3.19	1.91	0	0.33	1.9536	4.34	6.11108
10	benzo(b)fluoranthene	3.194	1.82	0	0.4	1.9536	5.36	6.0606
11	3-methylcholanthrene	3.264	1.57	0	0.58	2.1375	6.1	6.479645
12	chrysene	3.027	1.73	0	0.36	1.8234	5.5	5.69693
13	indeno(1,2,3-cd)pyrene	3.61	1.93	0	0.42	2.0838	6.2	6.71359
14	benzo(e)pyrene	3.625	1.96	0	0.35	1.9536	6.07	6.50238
15	perylene	3.256	1.76	0	0.4	1.9536	5.49	6.17736
16	benzo[ghi]perylene	4.073	1.9	0	0.45	2.0838	4.61	7.18303
17	1,1,1,2-tetrachloroethane	0.542	0.63	0.1	0.08	0.88	1.73	2.06646
18	hexachloroethane	0.68	0.22	0	0.06	1.1248	3.34	3.18904
19	bromomethane	0.399	0.43	0	0.1	0.4245	1.34	0.851495
20	trichlorofluoromethan	0.207	0.24	0	0.07	0.6344	2.2	1.39258
21	bromodichloromethane	0.593	0.69	0.1	0.04	0.6693	1.78	1.608455
22	chlorodibromomethane	0.775	0.68	0.12	0.1	0.7219	1.92	1.842045
23	trans-1,2-dichloroethylene	0.425	0.41	0.09	0.05	0.5922	1.77	1.44151
24	2-chlorotoluene	0.762	0.65	0	0.07	0.9797	2.55	2.532195
25	3-chlorobiphenyl/pcb 2	1.51	1.05	0	0.18	1.4466	4.42	3.99513
26	4,4'-dichlorobiphenyl/pcb 15	1.64	1.18	0	0.16	1.569	4.3	4.37675
27	2,2',5-trichlorobiphenyl/pcb 18	1.75	1.35	0	0.17	1.6914	4.23	4.64807
28	2,2',4-trichlorobiphenyl/pcb 17	1.74	1.35	0	0.17	1.6914	4.84	4.63727
29	2,2',3,4,5'-pentachlorobiphenyl/ pcb 87	2.04	1.61	0	0.13	1.9362	4.62	5.44371
30	2,2',3,4,6-pentachlorobiphenyl/ pcb 88	2.01	1.61	0	0.13	1.9362	6.11	5.41131
31	2,2',3,4,4',5'-hexachlorobiphenyl/ pcb 138	2.18	1.74	0	0.11	2.0586	5.93	5.83613
32	2,2',3,4,5,5'-hexachlorobiphenyl/ pcb 141	2.19	1.74	0	0.11	2.0586	5.95	5.84693
33	2,2',3,4',5',6-hexachlorobiphenyl/ pcb 149	2.16	1.74	0	0.11	2.0586	5.79	5.81453
34	2,2',3,3',5,5'-hexachlorobiphenyl/ pcb 133	2.2	1.74	0	0.11	2.0586	6.48	5.85773
35	2,2',3,4,5,5',6-heptachlorobiphenyl/ pcb 185	2.31	1.87	0	0.09	2.181	5.95	6.21775
36	octachloronaphthalene/pcn 75	2.29	1.54	0	0	2.0646	5.89	6.33973
37	dodecanol	0.175	0.42	0.37	0.48	1.8581	3.52	3.674155
38	1,2-propanediol	0.373	0.9	0.58	0.8	0.6487	0.36	-0.127575
39	2-phenylethanol	0.811	0.91	0.3	0.64	1.0569	1.5	1.595675
40	2-methylphenol	0.84	0.86	0.52	0.3	0.916	1.34	1.9998
41	3-methylphenol	0.822	0.88	0.57	0.34	0.916	1.54	1.90376
42	2,3,5-trimethylphenol	0.86	0.84	0.52	0.42	1.198	3.61	2.5351
43	oxirane	0.25	0.74	0.07	0.32	0.3405	0.34	-0.168325
44	1,4-dioxane	0.329	0.75	0	0.64	0.681	1.23	0.16537
45	dibenzofuran	1.407	1.02	0	0.17	1.2743	3.91	3.487925
46	formaldehyde	0.22	0.7	0	0.33	0.2652	0.56	-0.39764
47	acrylaldehyde	0.32	0.72	0	0.45	0.504	-0.31	0.0807

Fortsetzung auf nächster Seite

Nr	Name	Deskriptoren					Ergebnis [log(K_{OC})]	
		R_2	π_2^H	$\sum \alpha_2^H$	$\sum \beta_2^H$	V_X	Labor	QSAR
48	isophorone	0.511	1.12	0	0.53	1.2408	1.4	1.68582
49	4'-phenylacetophenon	1.57	1.53	0	0.6	1.6217	3.22	3.331035
50	anthraquinone	1.405	1.7	0	0.46	1.5288	3.57	3.03384
51	aceticacid,b-phenylethylester	0.788	1.1	0	0.5	1.3544	1.89	2.34676
52	butyl benzoate	0.668	0.8	0	0.46	1.4953	2.1	2.899455
53	o-dibutyl phthalate	0.7	1.4	0	0.86	2.2742	3.14	3.68221
54	diisobutyl phthalate	0.66	1.4	0	0.88	2.2742	3.14	3.60201
55	2-butoxyethanol	0.201	0.5	0.3	0.83	1.0714	1.83	0.96265
56	p-methoxyphenol	0.9	1.17	0.57	0.48	0.9747	1.75	1.637985
57	4-chlorophenol	0.915	1.08	0.67	0.2	0.8975	1.85	2.078025
58	3,5-dichlorophenol	1.02	1	0.91	0	1.0199	2.83	3.007145
59	2,4,5-trichlorophenol	1.07	0.92	0.73	0.1	1.1423	3.36	3.204265
60	3,4,5-trichlorophenol	1.13	0.92	0.99	0	1.1423	3.56	3.526865
61	2,3,5-trichlorophenol	1.07	0.94	0.68	0.16	1.1423	3.61	3.062665
62	2,3,4,6-tetrachlorophenol	1.1	0.87	0.5	0.15	1.2647	3.35	3.433385
63	2,3,4,5-tetrachlorophenol	1.17	0.88	0.7	0.13	1.2647	4.12	3.593685
64	dimethylamine	0.189	0.3	0.08	0.66	0.4902	2.63	-0.11347
65	trimethylamine	0.14	0.2	0	0.67	0.6311	2.83	0.235005
66	1-naphthylamine	1.67	1.26	0.2	0.57	1.1852	3.51	2.66156
67	n,n-diethylaniline	0.95	0.8	0	0.41	1.3798	2.08	3.00199
68	quinoline	1.268	0.97	0	0.54	1.0443	3.1	2.108305
69	phenazine	1.97	1.53	0	0.59	1.3722	3.37	3.14531
70	nicotine	0.865	0.92	0	1.08	1.371	2.01	1.54865
71	3-cyanopyridine	0.75	1.26	0	0.62	0.83	1.56	0.6137
72	simetone	1.14	1.16	0.21	1.18	1.5559	2.34	1.991745
73	atratone	1.12	1.13	0.2	1.16	1.6968	2.64	2.38854
74	secbumeton	1.09	1.13	0.22	1.13	1.8377	2.78	2.776535
75	prometone	1.07	1.1	0.22	1.12	1.8377	2.6	2.798335
76	p-aminobenzoic acid	1.075	1.65	0.94	0.6	1.0315	2.05	1.455025
77	3,4-dichloroaniline	1.16	1.24	0.35	0.24	1.061	2.29	2.46315
78	2,4-dichloroaniline	1.14	1.15	0.3	0.22	1.061	2.72	2.53925
79	3,5-dichloroaniline	1.15	1.2	0.35	0.22	1.061	2.49	2.52255
80	2,3,4-trichloroaniline	1.24	1.2	0.35	0.15	1.1834	2.6	3.06137
81	2,3,4,5-tetrachloroaniline	1.33	1.34	0.46	0.03	1.3058	3.03	3.60729
82	2,3,5,6-tetrachloroaniline	1.31	1.34	0.46	0.03	1.3058	3.94	3.58569
83	pentachloroaniline	1.41	1.38	0.46	0.01	1.4282	4.62	4.00961
84	2,6-dichlorobenzonitrile	1.095	1.22	0	0.27	1.1159	2.6	2.396045
85	simazine	1.25	1.32	0.18	0.98	1.4787	2.1	2.142485
86	atrazine	1.22	1.29	0.17	1.01	1.6196	2.24	2.43598
87	propazine	1.19	1.26	0.13	1.05	1.7605	2.4	2.702575
88	terbuthylazine	1.19	1.26	0.14	0.91	1.7605	2.32	2.964375
89	cyanazine	1.41	2	0.22	1.14	1.7743	2.28	2.219865
90	acetamide	0.46	1.3	0.54	0.68	0.5059	0.7	-0.518955
91	diethylacetamid	0.296	1.3	0	0.8	1.0695	1.84	0.367905
92	fenuron	1.05	1.31	0.37	0.96	1.3544	1.4	1.70802

Fortsetzung auf nächster Seite

Nr	Name	Deskriptoren					Ergebnis [log(K_{OC})]	
		R_2	π_2^H	$\sum\alpha_2^H$	$\sum\beta_2^H$	V_X	Labor	QSAR
93	monuron	1.14	1.5	0.47	0.78	1.4768	1.95	2.32064
94	chlortoluron	1.11	1.5	0.47	0.81	1.6177	2.02	2.592035
95	diphenylnitrosamine	1.78	1.71	0	0.54	1.5395	3.08	3.309825
96	1,3-dinitrobenzene	1.15	1.6	0	0.47	1.0648	1.56	1.63974
97	2,4,6-trinitrotoluene	1.43	2.23	0	0.61	1.3799	2.72	1.963745
98	3-nitroacetanilide	1.11	2.05	0.64	0.57	1.2879	1.94	1.786145
99	o-nitrophenol	1.015	1.05	0.05	0.37	0.9493	2.06	1.854915
100	m-nitrophenol	1.05	1.57	0.79	0.23	0.9493	1.72	1.927315
101	3,5-dinitrobenzoic acid	1.25	1.63	0.7	0.59	1.2801	1.9	2.245855
102	chloropicrin	0.161	0.82	0	0.1	0.7909	1.79	1.205075
103	benzene,4-bromo-1-nitro	1.14	1.27	0	0.27	1.0656	2.42	2.27488
104	benzo[b]thiophene	1.323	0.88	0	0.2	1.0101	3.48	2.784195
105	ametryn	1.47	1.26	0.17	1.02	1.8016	2.59	3.17648
106	prometryne	1.43	1.23	0.17	1.01	1.9425	2.85	3.535975
107	dipropretryn	1.4	1.2	0.17	1.01	2.0834	3.07	3.88777
108	terbutryne	1.43	1.23	0.12	0.99	1.9425	2.85	3.558975
109	m-xylene	0.623	0.52	0	0.16	0.9982	2.34	2.37065
110	styrene	0.849	0.65	0	0.16	0.9552	2.96	2.39718
111	biphenyl	1.36	0.99	0	0.26	1.3242	3.27	3.42281
112	fluorene	1.588	1.03	0	0.2	1.3565	3.7	3.829215
113	benz(a)anthracene	2.992	1.7	0	0.35	1.8234	5.3	5.70253
114	1,2,5,6-dibenzanthracene	4	1.93	0	0.44	2.1924	6.22	7.37472
115	benzo(a)pyrene	3.625	1.96	0	0.37	1.9536	6.06	6.46538
116	1,3,5-trichlorobenzene	0.98	0.73	0	0	1.0836	2.85	3.09568
117	pentachlorobenzene	1.33	0.92	0.06	0	1.3284	3.5	3.95702
118	hexachlorobenzene	1.49	0.99	0	0	1.4508	3.99	4.36704
119	bromobenzene	0.882	0.73	0	0.09	0.8914	2.49	2.33323
120	iodobenzene	1.188	0.82	0	0.12	0.9746	3.1	2.74567
121	dichloromethane	0.387	0.57	0.1	0.05	0.4943	1.44	1.020825
122	tribromomethane	0.974	0.68	0.15	0.06	0.7745	2.06	2.273495
123	1,1-dichloroethane	0.322	0.49	0.1	0.1	0.6352	1.48	1.28382
124	1,1,2-trichloroethane	0.499	0.68	0.13	0.13	0.7576	1.87	1.5823
125	1,1-dichloroethylene	0.362	0.34	0	0.05	0.5922	1.81	1.40637
126	acetanilide	0.9	1.37	0.48	0.67	1.1137	1.43	1.449735
127	3-methylacetanilide	0.87	1.4	0.5	0.66	1.2546	1.45	1.77583
128	4-methoxyacetanilide	0.97	1.63	0.48	0.86	1.313	1.4	1.46625
129	methanol	0.278	0.44	0.43	0.47	0.3082	0.44	-0.14815
130	ethanol	0.246	0.42	0.37	0.48	0.4491	0.2	0.157885
131	1-propanol	0.236	0.42	0.37	0.48	0.59	0.48	0.50638
132	1-butanol	0.224	0.42	0.37	0.48	0.7309	0.5	0.852715
133	1-pentanol	0.219	0.42	0.37	0.48	0.8718	0.7	1.20661
134	1-hexanol	0.21	0.42	0.37	0.48	1.0127	1.01	1.556185
135	1-heptanol	0.211	0.42	0.37	0.48	1.1536	1.14	1.91656
136	1-octanol	0.199	0.42	0.37	0.48	1.2945	1.56	2.262895
137	nonanol	0.193	0.42	0.37	0.48	1.4354	1.89	2.61571

Fortsetzung auf nächster Seite

Nr	Name	Deskriptoren					Ergebnis [log(K_{OC})]	
		R_2	π_2^H	$\sum\alpha_2^H$	$\sum\beta_2^H$	V_X	Labor	QSAR
138	1-decanol	0.191	0.42	0.37	0.48	1.5763	2.59	2.972845
139	aniline	0.955	0.96	0.26	0.41	0.8162	1.41	1.51021
140	p-methylaniline	0.923	0.95	0.23	0.45	0.9571	1.9	1.760845
141	p-chloroaniline	1.06	1.13	0.3	0.35	0.9386	1.96	1.91683
142	n-methylaniline	0.948	0.9	0.17	0.43	0.9571	2.28	1.849545
143	n,n-dimethylaniline	0.957	0.84	0	0.42	1.098	2.26	2.23926
144	diphenylamine	0.7	0.88	0.6	0.38	1.424	2.78	3.0018
145	dimethyl-phthalate	0.78	1.4	0	0.84	1.4288	1.6	1.64984
146	diethyl phthalate	0.729	1.4	0	0.88	1.7106	1.84	2.23935
147	methyl-benzoate	0.733	0.85	0	0.46	1.0726	2.1	1.85027
148	ethyl benzoate	0.689	0.85	0	0.46	1.2135	2.3	2.162045
149	benzoeseaurephenylester	1.33	1.42	0	0.47	1.5395	3.16	3.194025
150	ethyl 4-nitrobenzoate	0.95	1.38	0	0.61	1.3877	2.48	2.170735
151	ethyl-p-hydroxybenzoate	0.86	1.35	0.69	0.45	1.2722	2.21	2.29311
152	phenylacetic acid,ethyl ester	0.66	1.01	0	0.57	1.3544	1.89	2.15372
153	ethyl valerate	0.049	0.58	0	0.45	1.1693	1.97	1.600735
154	ethyl capronate	0.043	0.58	0	0.45	1.3102	2.06	1.95355
155	ethyl heptylate	0.03	0.58	0	0.45	1.4511	2.61	2.298805
156	ethyl caprylate	0.02	0.58	0	0.45	1.592	3.02	2.6473
157	o-dimethoxybenzene	0.81	1	0	0.47	1.1156	2.03	1.90008
158	diphenyl ether	1.216	1.08	0	0.2	1.3829	3.29	3.453275
159	benzophenone	1.447	1.5	0	0.5	1.4808	2.63	3.0488
160	benzoic acid	0.73	0.9	0.59	0.4	0.9317	1.5	1.722435
161	p-hydroxybenzoic acid	0.93	0.92	0.87	0.56	0.9904	1.43	1.85392
162	p-nitrobenzoic acid	0.99	1.43	0.68	0.51	1.1059	1.54	1.829245
163	p-toluic acid	0.73	0.9	0.6	0.4	1.0726	1.77	2.08453
164	acetic acid	0.265	0.64	0.62	0.44	0.4648	0	0.17984
165	phenylacetic acid	0.73	0.95	0.6	0.63	1.0726	1.45	1.61753
166	capronic acid	0.174	0.63	0.62	0.44	1.0284	1.46	1.52704
167	phenol	0.805	0.89	0.6	0.3	0.7751	1.43	1.600205
168	3,5-dimethylphenol	0.83	0.86	0.55	0.37	1.0569	2.83	2.227195
169	2-chlorophenol	0.853	0.88	0.32	0.31	0.8975	2.6	1.875565
170	3-chlorophenol	0.909	1.06	0.69	0.15	0.8975	2.54	2.186245
171	3,4-dichlorophenol	1.02	1.14	0.85	0.03	1.0199	3.09	2.818645
172	4-bromophenol	1.08	1.17	0.67	0.2	0.9501	2.41	2.315655
173	p-nitrophenol	1.07	1.72	0.82	0.26	0.9493	2.37	1.777315
174	o-methoxyphenol	0.837	0.91	0.22	0.52	0.9747	1.56	1.613745
175	m-methoxyphenol	0.879	1.17	0.59	0.39	0.9747	1.5	1.787405
176	1,2-benzenediol	0.97	1.07	0.85	0.52	0.8338	2.03	1.44169
177	1,3-benzenediol	0.98	1	1.1	0.58	0.8338	0.98	1.46959
178	1-naphthol	1.52	1.05	0.61	0.37	1.1441	2.72	3.053855
179	azobenzene	1.68	1.2	0	0.44	1.4808	3.3	3.66044
180	carbazole	1.787	2.12	0.09	0.1	1.3154	3.4	3.24483
181	acridine	2.356	1.33	0	0.58	1.4133	4.18	3.851495
182	dibenzothiophene	1.959	1.31	0	0.18	1.3791	4.05	4.092125

C.7 Modell M7

Modellgleichung:

$$\log(K_{OC}) = 0.35 \cdot {}^1\chi^b - 0.114 \cdot SssNH - 0.101 \cdot SdsN - 0.226 \cdot SsssN - 0.907 \cdot SddsN - 0.032 \cdot SdO - 0.052 \cdot SssO$$
$$-0.016 \cdot SsF + 0.056 \cdot SdS + 0.149 \cdot SssS + 0.033 \cdot SsCl + 0.102 \cdot SsBr + 0.622$$

C.7.1 Trainingsdaten

Nr	Name	Deskriptoren												Ergebnis $[\log(K^{OC})]$	
		$^1\chi^b$	$SssNH$	$SdsN$	$SsssN$	$SddsN$	SdO	$SssO$	SsF	SdS	$SssS$	$SsCl$	$SsBr$	Labor	QSAR
1	gamma-hexachlorocyclohexane	5.4641	0	0	0	0	0	0	0	0	0	35.287	0	3	3.698906
2	chlordane	8.1139	0	0	0	0	0	0	0	0	0	51.006	0	5.15	5.145063
3	aldrin	8.2757	0	0	0	0	0	0	0	0	0	39.211	0	4.69	4.812458
4	p,p'-ddt	8.876	0	0	0	0	0	0	0	0	0	30.1	0	5.31	4.7219
5	p,p'-dde	8.5754	0	0	0	0	0	0	0	0	0	23.669	0	4.82	4.404467
6	methoxychlor	9.952	0	0	0	0	0	10.31	0	0	0	18.552	0	4.9	4.181296
7	dieldrin	8.7757	0	0	0	0	0	5.7212	0	0	0	39.524	0	4.55	4.7002846
8	secbumeton	7.6894	6.2145	0	0	0	0	5.0148	0	0	0	0	0	2.78	2.3440674
9	prometone	7.5072	6.2217	0	0	0	0	5.0164	0	0	0	0	0	2.6	2.2793934
10	simazine	6.2576	5.921	0	0	0	0	0	0	0	0	5.6792	0	2.1	2.3245796
11	atrazine	6.6134	6.033	0	0	0	0	0	0	0	0	5.727	0	2.24	2.437919
12	propazine	6.9692	6.1451	0	0	0	0	0	0	0	0	5.7747	0	2.4	2.5512437
13	cyanazine	7.4647	5.7827	0	0	0	0	0	0	0	0	5.7326	0	2.28	2.764593
14	trietazine	7.2062	3.0185	0	2.0222	0	0	0	0	0	0	5.8149	0	2.76	2.5349355
15	ipazine	7.5621	3.1157	0	2.0269	0	0	0	0	0	0	5.8626	0	2.91	2.6489316

Fortsetzung auf nächster Seite

Nr	Name	Deskriptoren											Ergebnis $[\log(K^{OC})]$	
		$^1\chi^b$	*SssNH*	*SdsN*	*SsssN*	*SddsN*	*SdO*	*SssO*	*SsF*	*SdS*	*SssS*	*SsCl*	*SsBr*	Labor	QSAR
16	imazalil	9.2027	0	0	0	0	0	5.7772	0	0	0	12.14	0	3.73	3.9431506
17	propiconazole	10.627	0	0	0	0	0	12.279	0	0	0	12.371	0	3.39	4.111185
18	triadimefon	9.376	0	0	0	0	12.495	5.7544	0	0	0	5.8329	0	2.71	3.3970169
19	phenylurea	4.7877	2.4436	0	0	0	10.28	0	0	0	0	0	0	1.35	1.6901646
20	3-methylphenylurea	5.1815	2.4844	0	0	0	10.391	0	0	0	0	0	0	1.56	1.8197914
21	3-phenyl-1-methylurea	5.3257	5.1049	0	0	0	10.759	0	0	0	0	0	0	1.29	1.5597484
22	fenuron	5.6984	2.7283	0	1.4931	0	11.127	0	0	0	0	0	0	1.4	1.6119092
23	1,1-dimethyl-3-p-tolylurea	6.0922	2.7556	0	1.4999	0	11.212	0	0	0	0	0	0	1.51	1.7423702
24	3-(3,5-dimethylphenyl)-1,1-dimethylurea	6.4861	2.81	0	1.5116	0	11.35	0	0	0	0	0	0	1.73	1.8669734
25	3-phenyl-1-cyclopropylurea	6.3433	5.6155	0	0	0	11.241	0	0	0	0	0	0	1.74	1.842276
26	3-phenyl-1-cyclopentylurea	7.3433	5.796	0	0	0	11.546	0	0	0	0	0	0	1.93	2.161939
27	3-phenyl-1-cyclohexylurea	7.8433	5.8564	0	0	0	11.659	0	0	0	0	0	0	2.07	2.3264374
28	3-phenyl-1-cycloheptylurea	8.3433	5.9169	0	0	0	11.771	0	0	0	0	0	0	2.37	2.4909564
29	siduron	8.254	5.9268	0	0	0	11.804	0	0	0	0	0	0	2.31	2.4575168
30	methyl phenylcarbamate	5.3257	2.5304	0	0	0	10.648	4.4041	0	0	0	0	0	1.73	1.6277802
31	ethylcarbamate,n-phenyl	5.8257	2.5817	0	0	0	10.879	4.6958	0	0	0	0	0	1.82	1.7743716
32	propyl-n-phenylcarbamate	6.3257	2.6156	0	0	0	11.038	4.8451	0	0	0	0	0	2.06	1.9326554
33	butyl-n-phenylcarbamate	6.8257	2.6397	0	0	0	11.154	4.9363	0	0	0	0	0	2.26	2.0964536
34	pentyl-n-phenylcarbamate	7.3257	2.6577	0	0	0	11.242	4.998	0	0	0	0	0	2.61	2.2633772
35	isopropyl phenyl carbamate	6.1815	2.6121	0	0	0	11.089	4.9041	0	0	0	0	0	1.83	1.8778844
36	carbaryl	7.3089	2.417	0	0	0	11.092	5.1268	0	0	0	0	0	2.4	2.2830394
37	carbendazim	6.792	2.4532	0	0	0	10.865	4.4401	0	0	0	0	0	2.35	2.14097
38	benomyl	10.168	5.2525	0	0	0	23.68	4.5483	0	0	0	0	0	2.71	2.5877434
39	3-(3-methoxyphenyl)-1,1-dimethylurea	6.6302	2.7231	0	1.4717	0	11.286	5.032	0	0	0	0	0	1.72	1.6767164
40	3-(4-methoxyphenyl)-1,1-dimethylurea	6.6302	2.7241	0	1.4764	0	11.25	4.9985	0	0	0	0	0	1.4	1.6784342
41	4-phenoxyphenylurea	8.2372	2.4791	0	0	0	10.624	5.5944	0	0	0	0	0	2.56	2.5915258
42	propoxur	7.1302	2.3773	0	0	0	11.03	10.506	0	0	0	0	0	1.67	1.9472858
43	carbofuran	7.516	2.4087	0	0	0	11.153	10.89	0	0	0	0	0	1.75	2.0548322
44	metalaxyl	9.434	0	0	1.4444	0	24.104	9.6549	0	0	0	0	0	1.57	2.3240828

Fortsetzung auf nächster Seite

Nr	Name	Deskriptoren												Ergebnis $[\log(K^{OC})]$	
		${}^{1}\chi^{b}$	$SssNH$	$SdsN$	$SsssN$	$SddsN$	SdO	$SssO$	SsF	SdS	$SssS$	$SsCl$	$SsBr$	Labor	QSAR
45	propachlor	6.6639	0	0	1.7014	0	11.548	0	0	0	0	5.5495	0	2.42	2.3834461
46	4-fluorophenylurea	5.1815	2.3042	0	0	0	10.271	0	12.28	0	0	0	0	1.52	1.6476942
47	3-fluorophenylurea	5.1815	2.2444	0	0	0	10.269	0	12.425	0	0	0	0	1.77	1.6522554
48	2-fluorophenylurea	5.1984	2.1369	0	0	0	10.265	0	12.68	0	0	0	0	1.32	1.6664734
49	3-methyl-4-fluorophenylurea	5.5922	2.345	0	0	0	10.382	0	12.692	0	0	0	0	1.75	1.776644
50	3-(3-fluorophenyl)-1,1-dimethylurea	6.0922	2.5292	0	1.3799	0	11.116	0	12.654	0	0	0	0	1.73	1.5959078
51	3-(4-fluorophenyl)-1,1-dimethylurea	6.0922	2.5889	0	1.4061	0	11.118	0	12.46	0	0	0	0	1.43	1.5862208
52	3-trifluoromethylphenylurea	6.3929	2.0561	0	0	0	10.36	0	36.484	0	0	0	0	1.98	1.7098556
53	fluometuron	7.3035	2.3408	0	1.2364	0	11.207	0	37.022	0	0	0	0	2	1.6809714
54	2-chlorophenylurea	5.1984	2.38	0	0	0	10.373	0	0	0	0	5.698	0	1.61	2.026218
55	3-chlorophenylurea	5.1815	2.4	0	0	0	10.348	0	0	0	0	5.6362	0	2.01	2.0167836
56	3-(3-chlorophenyl)-1-methylurea	5.7195	5.0377	0	0	0	10.827	0	0	0	0	5.6998	0	1.93	1.8911566
57	3-(3-chloro-4-methylphenyl) -1-methylurea	6.1302	5.0795	0	0	0	10.912	0	0	0	0	5.8688	0	2.1	2.0329934
58	monuron	6.0922	2.6969	0	1.4669	0	11.179	0	0	0	0	5.6876	0	1.95	1.9452668
59	1,1-dimethyl-3-m-chlorophenylurea	6.0922	2.6847	0	1.4592	0	11.195	0	0	0	0	5.743	0	1.79	1.949714
60	chlortoluron	6.5029	2.7119	0	1.466	0	11.28	0	0	0	0	5.912	0	2.02	2.0916784
61	3,4-dichlorophenylurea	5.5922	2.3686	0	0	0	10.4	0	0	0	0	11.315	0	2.53	2.3498446
62	3-(3,4-dichlorophenyl)-1-methylurea	6.1302	4.9879	0	0	0	10.879	0	0	0	0	11.428	0	2.46	2.2279454
63	diuron	6.5029	2.6533	0	1.433	0	11.247	0	0	0	0	11.505	0	2.4	2.2914418
64	4-bromophenylurea	5.1815	2.45	0	0	0	10.353	0	0	0	0	0	3.2677	2.06	2.1582344
65	3-bromophenylurea	5.1815	2.4544	0	0	0	10.376	0	0	0	0	0	3.2599	2.12	2.1562012
66	3-methyl-4-bromophenylurea	5.5922	2.4908	0	0	0	10.464	0	0	0	0	0	3.3516	2.37	2.302334
67	3-(3,5-dimethyl-4-bromophenyl)-1,1-dimethylurea	6.9136	2.8164	0	1.5067	0	11.423	0	0	0	0	0	3.4853	2.53	2.3701408
68	methyl-n-(3-chlorophenyl)carbamate	5.7195	2.4868	0	0	0	10.716	4.4009	0	0	0	5.6794	0	2.61	1.9559912
69	methyl-n-(3,4-dichlorophenyl)carbamate	6.1302	2.4554	0	0	0	10.768	4.3981	0	0	0	11.392	0	2.74	2.2903132
70	chloropham	6.5754	2.5685	0	0	0	11.158	4.9009	0	0	0	5.7419	0	2.53	2.2081609
71	alachlor	8.6886	0	0	1.6296	0	11.953	5.1268	0	0	0	5.6767	0	2.28	2.8329619
72	acetochlor	8.6506	0	0	1.6296	0	11.953	5.374	0	0	0	5.6767	0	2.32	2.8068075
73	butachlor	10.189	0	0	1.6948	0	12.226	5.659	0	0	0	5.781	0	2.86	3.3103982

Fortsetzung auf nächster Seite

Nr	Name	Deskriptoren												Ergebnis $[\log(K^{OC})]$	
		$^1\chi^b$	*SssNH*	*SdsN*	*SsssN*	*SddsN*	*SdO*	*SssO*	*SsF*	*SdS*	*SssS*	*SsCl*	*SsBr*	Labor	QSAR
74	metolachlor	9.0613	0	0	1.7685	0	12.188	5.1772	0	0	0	5.7567	0	2.46	2.9245147
75	3-chloro-4-methoxyphenylurea	6.1302	2.3958	0	0	0	10.471	4.929	0	0	0	5.7959	0	2	2.0943335
76	3-(3-chloro-4-methoxyphenyl) -1-methylurea	6.6682	5.0308	0	0	0	10.95	4.971	0	0	0	5.8595	0	1.84	1.9668303
77	metoxuron	7.0409	2.6805	0	1.4426	0	11.319	4.9973	0	0	0	5.9027	0	1.72	2.0274319
78	chloroxuron	9.5417	2.7539	0	1.4704	0	11.491	5.659	0	0	0	5.8097	0	3.55	2.8450801
79	oxadiazon	10.091	0	4.2165	1.1175	0	12.059	10.815	0	0	0	12.297	0	3.51	2.9329615
80	butralin	9.5736	2.8868	0	0	-1.1529	45.154	0	0	0	0	0	0	3.98	3.2444171
81	trifluralin	10.628	0	0	1.3853	-2.0359	44.711	0	38.535	0	0	0	0	4.37	3.8279715
82	benefin	10.628	0	0	1.361	-2.0433	44.636	0	38.5	0	0	0	0	4.03	3.8431351
83	fluchloralin	10.628	0	0	1.2534	-2.1221	44.579	0	38.471	0	0	5.5882	0	3.55	4.1256229
84	profluralin	11.146	0	0	1.4664	-1.9859	45.099	0	38.751	0	0	0	0	4.01	3.9297209
85	dinitramine	10.056	0	0	1.2151	-2.2217	44.427	0	38.68	0	0	0	0	3.63	3.8415253
86	monolinuron	6.6302	2.6232	0	1.0919	0	11.285	4.7031	0	0	0	5.6902	0	2.1	1.9788512
87	linuron	7.0409	2.5795	0	1.058	0	11.354	4.7004	0	0	0	11.51	0	2.7	2.3252252
88	metobromuron	6.6302	2.661	0	1.1131	0	11.306	4.7199	0	0	0	0	3.3064	2.1	2.1176814
89	chlorbromuron	7.0409	2.6174	0	1.0793	0	11.375	4.7172	0	0	0	5.8677	3.2584	2.7	2.4607061
90	tricyclazole	6.3602	0	0	0	0	0	0	0	0	1.6719	0	0	3.09	3.0971831
91	ametryn	7.1514	6.243	0	0	0	0	0	0	0	1.5078	0	0	2.59	2.6379502
92	prometryne	7.5072	6.3551	0	0	0	0	0	0	0	1.5091	0	0	2.85	2.7498945
93	dipropretryn	8.0072	6.4033	0	0	0	0	0	0	0	1.6156	0	0	3.07	2.9352682
94	terbutryne	7.442	6.3319	0	0	0	0	0	0	0	1.5068	0	0	2.85	2.7293766
95	thiabendazole	6.9327	0	0	0	0	0	0	0	0	0	0	0	3.24	3.048445
96	methiocarb	7.0789	2.4146	0	0	0	11.02	5.0654	0	0	1.6993	0	0	2.32	2.4615055
97	tebuthiuron	6.8584	2.5371	0	1.4513	0	11.325	0	0	0	0	0	0	1.83	2.0428168
98	metribuzin	6.3752	0	7.7719	1.0399	0	11.717	0	0	0	1.2933	0	0	1.71	1.6510984
99	s-ethyl dipropylthiocarbamate	5.7567	0	0	1.9387	0	11.412	0	0	0	1.4063	0	0	2.38	2.0430535
100	pebulate	6.2567	0	0	1.9344	0	11.528	0	0	0	1.4466	0	0	2.8	2.221318
101	vernolate	6.2567	0	0	1.9587	0	11.571	0	0	0	1.4514	0	0	2.33	2.2151654
102	butylate	6.4684	0	0	1.9757	0	11.703	0	0	0	1.4104	0	0	2.11	2.2750854

Fortsetzung auf nächster Seite

Nr	Name	Deskriptoren												Ergebnis $[\log(K^{OC})]$	
		$^1\chi^b$	*SssNH*	*SdsN*	*SsssN*	*SddsN*	*SdO*	*SssO*	*SsF*	*SdS*	*SssS*	*SsCl*	*SsBr*	Labor	QSAR
103	molinate	5.8425	0	0	2.0012	0	11.44	0	0	0	1.4341	0	0	1.92	2.0622047
104	cycloate	6.7912	0	0	2.0628	0	11.762	0	0	0	1.4446	0	0	2.54	2.3715886
105	aldicarb	5.5152	2.2875	3.5268	0	0	10.532	4.4349	0	0	1.6253	0	0	1.5	1.6098691
106	methomyl	4.7019	2.2669	3.481	0	0	10.383	4.3609	0	0	1.4223	0	0	1.3	1.3105573
107	diallate	6.896	0	0	1.8225	0	11.806	0	0	0	1.1762	11.119	0	3.28	2.7881038
108	triallate	7.2686	0	0	1.7887	0	11.875	0	0	0	1.1059	16.73	0	3.35	3.0986329
109	thiobencarb	7.6682	0	0	1.82	0	11.708	0	0	0	1.3366	5.7877	0	3.27	2.9100415
110	oxamyl	6.5233	2.2102	3.4105	1.3498	0	21.988	4.3851	0	0	1.1126	0	0	1	1.2378131
111	alpha-endosulfan	8.6864	0	0	0	0	11.316	10.044	0	0	0	38.212	0	4.13	4.038836
112	aldicarb sulfone	6.2045	2.1656	3.2641	0	0	32.853	4.2771	0	0	0	0	0	0.42	0.9433173
113	nitralin	10.628	0	0	1.5579	-1.5648	68.713	0	0	0	0	0	0	2.92	3.2101722
114	oryzalin	10.628	0	0	1.5171	-1.6759	68.106	0	0	0	0	0	0	3.4	3.3395847
115	mevinphos	6.4697	0	0	0	0	22.106	18.098	0	0	0	0	0	1.64	1.237907
116	crotoxyphos	9.898	0	0	0	0	23.476	19.403	0	0	0	0	0	2	2.326112
117	chlorfenvinphos	9.4528	0	0	0	0	12.299	15.347	0	0	0	17.576	0	2.47	3.318876
118	trichlorfon	5.276	0	0	0	0	11.35	8.8105	0	0	0	15.823	0	1.9	2.169413
119	dicrotophos	6.8424	0	0	1.3585	0	22.694	13.972	0	0	0	0	0	1.66	1.257067
120	o-et s,s-diprop phosphorodithioate	6.182	0	0	0	0	12.035	5.3151	0	0	2.9694	0	0	1.85	2.5666354
121	ethion	8.9497	0	0	0	0	0	22.218	0	10.861	2.9943	0	0	4.06	3.6534257
122	fonofos	6.6996	0	0	0	0	0	5.6715	0	5.5361	1.7193	0	0	2.94	3.2381393
123	phorate	6.182	0	0	0	0	0	10.94	0	5.3298	3.4928	0	0	2.7	3.035716
124	disulfoton	6.682	0	0	0	0	0	11.015	0	5.3701	3.5981	0	0	3.22	3.2247625
125	terbufos	6.8284	0	0	0	0	0	11.076	0	5.4048	3.5206	0	0	2.82	3.2632262
126	malathion	8.9184	0	0	0	0	23.28	19.918	0	5.1712	1.0005	0	0	2.36	2.4014057
127	profenofos	8.5041	0	0	0	0	12.427	10.72	0	0	1.1969	6.0289	3.3031	3.03	3.357539
128	carbophenothion	8.5935	0	0	0	0	0	11.118	0	5.4315	3.2967	5.8351	0	4.66	4.0395196
129	fenamiphos	8.898	2.8596	0	0	0	12.498	10.804	0	0	1.6715	0	0	2.51	2.6976151
130	diazinon	8.898	0	0	0	0	0	16.555	0	5.3184	0	0	0	2.75	3.1732704
131	isazophos	8.4148	0	0	0	0	0	16.114	0	5.2125	0	5.929	0	2.01	3.216809

Fortsetzung auf nächster Seite

Nr	Name	Deskriptoren												Ergebnis $[\log(K^{OC})]$	
		$^1\chi^b$	$SssNH$	$SdsN$	$SsssN$	$SddsN$	SdO	$SssO$	SsF	SdS	$SssS$	$SsCl$	$SsBr$	Labor	QSAR
132	methylchlorpyrifos	7.4148	0	0	0	0	0	15.108	0	4.9918	0	17.278	0	3.52	3.2812788
133	chlorpyrifos	8.4148	0	0	0	0	0	16.056	0	5.1876	0	17.487	0	3.7	3.5998446
134	dimethoate	5.5758	2.4863	0	0	0	10.819	9.9371	0	5.0203	1.226	0	0	1.2	1.8909654
135	azinphos-methyl	9.0935	0	7.8624	1.256	0	12.166	10.278	0	5.2087	1.2416	0	0	2.28	2.2796842
136	phosalone	9.9873	0	0	1.4955	0	11.919	16.249	0	5.4226	1.3154	5.8847	0	2.63	3.2470713
137	methylparathion	7.5041	0	0	0	-0.49354	20.823	15.126	0	4.9813	0	0	0	3	2.52214058
138	fenitrothion	7.9148	0	0	0	-0.4565	21.265	15.287	0	5.0246	0	0	0	2.63	2.6121991
139	parathion	8.5041	0	0	0	-0.48119	21.008	16.075	0	5.1772	0	0	0	3.2	2.81664153
140	fensulfothion	8.5041	0	0	0	0	11.254	16.346	0	5.251	0	0	0	2.52	2.682371

C.7.2 Validierungsdaten

Nr	Name	Deskriptoren												Ergebnis $[\log(K^{OC})]$	
		$^1\chi^b$	$SssNH$	$SdsN$	$SsssN$	$SddsN$	SdO	$SssO$	SsF	SdS	$SssS$	$SsCl$	$SsBr$	Labor	QSAR
1	decalin	4.9663	0	0	0	0	0	0	0	0	0	0	0	3.67	2.360205
2	benzene	3	0	0	0	0	0	0	0	0	0	0	0	1.6	1.672
3	toluene	3.3938	0	0	0	0	0	0	0	0	0	0	0	1.92	1.80983
4	o-xylene	3.8045	0	0	0	0	0	0	0	0	0	0	0	2.35	1.953575
5	ethylbenzene	3.9319	0	0	0	0	0	0	0	0	0	0	0	2.19	1.998165
6	p-xylene	3.7877	0	0	0	0	0	0	0	0	0	0	0	2.51	1.947695
7	m-xylene	3.7877	0	0	0	0	0	0	0	0	0	0	0	2.34	1.947695
8	propylbenzene	4.4319	0	0	0	0	0	0	0	0	0	0	0	2.87	2.173165
9	1,2,4-trimethylbenzene	4.1984	0	0	0	0	0	0	0	0	0	0	0	3.6	2.09144
10	1,3,5-trimethylbenzene	4.1815	0	0	0	0	0	0	0	0	0	0	0	2.82	2.085525
11	1,2,3-trimethylbenzene	4.2152	0	0	0	0	0	0	0	0	0	0	0	2.8	2.09732
12	1-ethyl-4-methylbenzene	4.3257	0	0	0	0	0	0	0	0	0	0	0	3.62	2.135995
13	1,2,4,5-tetramethylbenzene	4.6091	0	0	0	0	0	0	0	0	0	0	0	3.12	2.235185
14	butylbenzene	4.9319	0	0	0	0	0	0	0	0	0	0	0	3.39	2.348165
15	1,3,5-triethylbenzene	5.7956	0	0	0	0	0	0	0	0	0	0	0	4.12	2.65046
16	indane	4.4663	0	0	0	0	0	0	0	0	0	0	0	3.63	2.185205
17	phenylcyclohexane	5.9663	0	0	0	0	0	0	0	0	0	0	0	4.18	2.710205
18	styrene	3.9319	0	0	0	0	0	0	0	0	0	0	0	2.96	1.998165
19	biphenyl	5.9663	0	0	0	0	0	0	0	0	0	0	0	3.27	2.710205
20	fluorene	6.4495	0	0	0	0	0	0	0	0	0	0	0	3.7	2.879325
21	naphthalene	4.9663	0	0	0	0	0	0	0	0	0	0	0	2.88	2.360205
22	2-methylnaphthalene	5.3602	0	0	0	0	0	0	0	0	0	0	0	3.66	2.49807
23	1-methylnaphthalene	5.377	0	0	0	0	0	0	0	0	0	0	0	3.36	2.50395
24	1-ethylnaphthalene	5.915	0	0	0	0	0	0	0	0	0	0	0	3.77	2.69225
25	2-ethylnaphthalene	5.8982	0	0	0	0	0	0	0	0	0	0	0	3.76	2.68637
26	2,3-dimethylnaphthalene	5.7709	0	0	0	0	0	0	0	0	0	0	0	4.08	2.641815

Fortsetzung auf nächster Seite

Nr	Name	Deskriptoren												Ergebnis $[\log(K^{OC})]$	
		$^1\chi^b$	*SssNH*	*SdsN*	*SsssN*	*SddsN*	*SdO*	*SssO*	*SsF*	*SdS*	*SssS*	*SsCl*	*SsBr*	Labor	QSAR
27	acenaphthene	5.9495	0	0	0	0	0	0	0	0	0	0	0	3.59	2.704325
28	acenaphthylene	5.9495	0	0	0	0	0	0	0	0	0	0	0	3.75	2.704325
29	benzo(a)fluorene	8.4327	0	0	0	0	0	0	0	0	0	0	0	5.46	3.573445
30	fluoranthene	7.9495	0	0	0	0	0	0	0	0	0	0	0	4.8	3.404325
31	anthracene	6.9327	0	0	0	0	0	0	0	0	0	0	0	4.31	3.048445
32	9-methylanthracene	7.3602	0	0	0	0	0	0	0	0	0	0	0	4.81	3.19807
33	benzo(k)fluoranthene	9.9158	0	0	0	0	0	0	0	0	0	0	0	4.34	4.09253
34	naphthacene	8.899	0	0	0	0	0	0	0	0	0	0	0	5.81	3.73665
35	phenanthrene	6.9495	0	0	0	0	0	0	0	0	0	0	0	4.35	3.054325
36	benzo(b)fluoranthene	9.9327	0	0	0	0	0	0	0	0	0	0	0	5.36	4.098445
37	benz(a)anthracene	8.9158	0	0	0	0	0	0	0	0	0	0	0	5.3	3.74253
38	7,12-dimethylbenz(a)anthracene	9.7709	0	0	0	0	0	0	0	0	0	0	0	5.37	4.041815
39	3-methylcholanthrene	10.326	0	0	0	0	0	0	0	0	0	0	0	6.1	4.2361
40	chrysene	8.9327	0	0	0	0	0	0	0	0	0	0	0	5.5	3.748445
41	1,2,5,6-dibenzanthracene	10.899	0	0	0	0	0	0	0	0	0	0	0	6.22	4.43665
42	pyrene	7.9327	0	0	0	0	0	0	0	0	0	0	0	4.9	3.398445
43	indeno(1,2,3-cd)pyrene	10.916	0	0	0	0	0	0	0	0	0	0	0	6.2	4.4426
44	benzo(a)pyrene	9.9158	0	0	0	0	0	0	0	0	0	0	0	6.06	4.09253
45	benzo(e)pyrene	9.9327	0	0	0	0	0	0	0	0	0	0	0	6.07	4.098445
46	perylene	9.9327	0	0	0	0	0	0	0	0	0	0	0	5.49	4.098445
47	dibenzo(a,i)pyrene	11.899	0	0	0	0	0	0	0	0	0	0	0	5.71	4.78665
48	benzo[ghi]perylene	10.916	0	0	0	0	0	0	0	0	0	0	0	4.61	4.4426
49	dichloromethane	1.4142	0	0	0	0	0	0	0	0	0	9.5278	0	1.44	1.4313874
50	1,2-dichloroethane	1.9142	0	0	0	0	0	0	0	0	0	10.108	0	1.52	1.625534
51	1,1-dichloroethane	1.7321	0	0	0	0	0	0	0	0	0	10.08	0	1.48	1.560875
52	1,2-dichloropropane	2.2701	0	0	0	0	0	0	0	0	0	10.535	0	1.67	1.76419
53	trichloromethane	1.7321	0	0	0	0	0	0	0	0	0	14.417	0	1.52	1.703996
54	1,1,2-trichloroethane	2.2701	0	0	0	0	0	0	0	0	0	15.264	0	1.87	1.920247
55	1,1,1-trichloroethane	2	0	0	0	0	0	0	0	0	0	15.183	0	2.25	1.823039

Fortsetzung auf nächster Seite

Nr	Name	Deskriptoren												Ergebnis $[\log(K^{OC})]$	
		$^1\chi^b$	$SssNH$	$SdsN$	$SsssN$	$SddsN$	SdO	$SssO$	SsF	SdS	$SssS$	$SsCl$	$SsBr$	Labor	QSAR
56	tetrachloromethane	2	0	0	0	0	0	0	0	0	0	19.306	0	1.9	1.959098
57	1,1,2,2-tetrachloroethane	2.6427	0	0	0	0	0	0	0	0	0	20.457	0	1.9	2.222026
58	1,1,1,2-tetrachloroethane	2.5607	0	0	0	0	0	0	0	0	0	20.431	0	1.73	2.192468
59	hexachloroethane	3.25	0	0	0	0	0	0	0	0	0	30.866	0	3.34	2.778078
60	bromomethane	1	0	0	0	0	0	0	0	0	0	0	2.9375	1.34	1.271625
61	1,2-dibromoethane	1.9142	0	0	0	0	0	0	0	0	0	0	6.4028	1.76	1.9450556
62	tribromomethane	1.7321	0	0	0	0	0	0	0	0	0	0	9.3125	2.06	2.17811
63	trichlorofluoromethan	2	0	0	0	0	0	0	10.984	0	0	13.183	0	2.2	1.581295
64	bromodichloromethane	1.7321	0	0	0	0	0	0	0	0	0	9.9136	2.8017	1.78	1.8411572
65	chlorodibromomethane	1.7321	0	0	0	0	0	0	0	0	0	5.108	5.9059	1.92	1.9992008
66	1,2-dibromo-3-chloropropane	2.8081	0	0	0	0	0	0	0	0	0	5.3752	6.5405	1.85	2.4493476
67	alpha-hexachlorocyclohexane	5.4641	0	0	0	0	0	0	0	0	0	35.287	0	3.25	3.698906
68	beta-hexachlorocyclohexane	5.4641	0	0	0	0	0	0	0	0	0	35.287	0	3.36	3.698906
69	mirex	9.5	0	0	0	0	0	0	0	0	0	79.995	0	6	6.586835
70	trans-1,2-dichloroethylene	1.9142	0	0	0	0	0	0	0	0	0	9.7469	0	1.77	1.6136177
71	1,1-dichloroethylene	1.7321	0	0	0	0	0	0	0	0	0	9.6914	0	1.81	1.5480512
72	trans-1,3-dichloropropene	2.4142	0	0	0	0	0	0	0	0	0	10.167	0	1.51	1.802481
73	trichloroethylene	2.2701	0	0	0	0	0	0	0	0	0	14.824	0	1.53	1.905727
74	tetrachloroethylene	2.6427	0	0	0	0	0	0	0	0	0	19.975	0	2.29	2.20612
75	1,2-dibromoethylene	1.9142	0	0	0	0	0	0	0	0	0	0	6.0417	1.81	1.9082234
76	hexachlorocyclopentadiene	4.8868	0	0	0	0	0	0	0	0	0	33.779	0	3.17	3.447087
77	heptachlor	7.7032	0	0	0	0	0	0	0	0	0	44.452	0	3.54	4.785036
78	chlorobenzene	3.3938	0	0	0	0	0	0	0	0	0	5.5397	0	2.25	1.9926401
79	2-chlorotoluene	3.8045	0	0	0	0	0	0	0	0	0	5.7087	0	2.55	2.1419621
80	1,4-dichlorobenzene	3.7877	0	0	0	0	0	0	0	0	0	11.106	0	2.65	2.314193
81	1,2-dichlorobenzene	3.8045	0	0	0	0	0	0	0	0	0	11.153	0	2.59	2.321624
82	1,3-dichlorobenzene	3.7877	0	0	0	0	0	0	0	0	0	11.121	0	2.47	2.314688
83	1,2,4-trichlorobenzene	4.1984	0	0	0	0	0	0	0	0	0	16.762	0	3.25	2.644586
84	1,2,3-trichlorobenzene	4.2152	0	0	0	0	0	0	0	0	0	16.809	0	3.22	2.652017

Fortsetzung auf nächster Seite

Nr	Name	Deskriptoren											Ergebnis $[\log(K^{OC})]$	
		$^1\chi^b$	$SssNH$	$SdsN$	$SsssN$	$SddsN$	SdO	$SssO$	SsF	SdS	$SssS$	$SsCl$	$SsBr$	Labor	QSAR
85	1,3,5-trichlorobenzene	4.1815	0	0	0	0	0	0	0	0	0	16.744	0	2.85	2.638077
86	1,2,4,5-tetrachlorobenzene	4.6091	0	0	0	0	0	0	0	0	0	22.444	0	3.93	2.975837
87	1,2,3,5-tetrachlorobenzene	4.6091	0	0	0	0	0	0	0	0	0	22.459	0	3.2	2.976332
88	1,2,3,4-tetrachlorobenzene	4.6259	0	0	0	0	0	0	0	0	0	22.491	0	3.84	2.983268
89	pentachlorobenzene	5.0366	0	0	0	0	0	0	0	0	0	28.215	0	3.5	3.315905
90	hexachlorobenzene	5.4641	0	0	0	0	0	0	0	0	0	34.013	0	3.99	3.656864
91	bromobenzene	3.3938	0	0	0	0	0	0	0	0	0	0	3.3112	2.49	2.1475724
92	pentabromoethylbenzene	6.0021	0	0	0	0	0	0	0	0	0	0	17.61	4.92	4.518955
93	iodobenzene	3.3938	0	0	0	0	0	0	0	0	0	0	0	3.1	1.80983
94	p,p'-ddd	8.5754	0	0	0	0	0	0	0	0	0	23.942	0	4.21	4.413476
95	2-chlorobiphenyl/pcb 1	6.377	0	0	0	0	0	0	0	0	0	6.0588	0	3.47	3.0538904
96	3-chlorobiphenyl/pcb 2	6.3602	0	0	0	0	0	0	0	0	0	5.8947	0	4.42	3.0425951
97	4,4'-dichlorobiphenyl/pcb 15	6.754	0	0	0	0	0	0	0	0	0	11.607	0	4.3	3.368931
98	2,2'-dichlorobiphenyl/pcb 4	6.7877	0	0	0	0	0	0	0	0	0	12.144	0	3.92	3.398447
99	2,4'-dichlorobiphenyl/pcb 8	6.7709	0	0	0	0	0	0	0	0	0	11.871	0	4.49	3.383558
100	2,2',5-trichlorobiphenyl/pcb 18	7.1815	0	0	0	0	0	0	0	0	0	18.084	0	4.23	3.732297
101	2,4,4'-trichlorobiphenyl/pcb 28	7.1647	0	0	0	0	0	0	0	0	0	17.721	0	4.63	3.714438
102	2,2',4-trichlorobiphenyl/pcb 17	7.1815	0	0	0	0	0	0	0	0	0	17.999	0	4.84	3.729492
103	2,2',5,5'-tetrachlorobiphenyl/pcb 52	7.5754	0	0	0	0	0	0	0	0	0	24.038	0	5.34	4.066644
104	2,2',6,6'-tetrachlorobiphenyl/pcb 54	7.6091	0	0	0	0	0	0	0	0	0	24.425	0	4.86	4.09121
105	2,3',4',5-tetrachlorobiphenyl/pcb 70	7.5754	0	0	0	0	0	0	0	0	0	23.804	0	4.86	4.058922
106	2,2',4,5,5'-pentachlorobiphenyl/pcb 101	7.9861	0	0	0	0	0	0	0	0	0	29.977	0	5.81	4.406376
107	2,2',3,4,5'-pentachlorobiphenyl/pcb 87	8.0029	0	0	0	0	0	0	0	0	0	30.024	0	4.62	4.413807
108	2,2',3,4,6-pentachlorobiphenyl/pcb 88	8.0197	0	0	0	0	0	0	0	0	0	30.255	0	6.11	4.42731
109	2,2',3,5',6-pentachlorobiphenyl/pcb 95	8.0029	0	0	0	0	0	0	0	0	0	30.257	0	5.68	4.421496
110	2,2',3',4,5-pentachlorobiphenyl/pcb 97	8.0029	0	0	0	0	0	0	0	0	0	30.024	0	5.83	4.413807
111	2,2',4,4',5,5'-hexachlorobiphenyl/ pcb 153	8.3968	0	0	0	0	0	0	0	0	0	35.924	0	6.4	4.746372
112	2,2',3,3',6,6'-hexachlorobiphenyl/ pcb 136	8.4304	0	0	0	0	0	0	0	0	0	36.504	0	6.01	4.777272

Fortsetzung auf nächster Seite

Nr	Name	Deskriptoren												Ergebnis $[\log(K^{OC})]$	
		$^1\chi^b$	$SssNH$	$SdsN$	$SsssN$	$SddsN$	SdO	$SssO$	SsF	SdS	$SssS$	$SsCl$	$SsBr$	Labor	QSAR
113	2,2',3,4,4',5'-hexachlorobiphenyl/ pcb 138	8.4136	0	0	0	0	0	0	0	0	0	35.971	0	5.93	4.753803
114	2,2',3,4,5,5'-hexachlorobiphenyl/ pcb 141	8.4136	0	0	0	0	0	0	0	0	0	36.093	0	5.95	4.757829
115	2,2',4,4',6,6'-hexachlorobiphenyl/ pcb 155	8.3968	0	0	0	0	0	0	0	0	0	36.253	0	6.08	4.757229
116	2,2',3,3',4,4'-hexachlorobiphenyl/ pcb 128	8.4304	0	0	0	0	0	0	0	0	0	36.019	0	6.28	4.761267
117	2,2',3,4',5',6-hexachlorobiphenyl/ pcb 149	8.4136	0	0	0	0	0	0	0	0	0	36.21	0	5.79	4.76169
118	2,2',3,3',5,5'-hexachlorobiphenyl/ pcb 133	8.3968	0	0	0	0	0	0	0	0	0	36.136	0	6.48	4.753368
119	2,2',3,4,5,5',6-heptachlorobiphenyl/ pcb 185	8.8411	0	0	0	0	0	0	0	0	0	42.381	0	5.95	5.114958
120	2,2',3,3',5,5',6,6'-octachlorobiphenyl/ pcb 202	9.2518	0	0	0	0	0	0	0	0	0	48.693	0	6.36	5.466999
121	2,2',3,3',4,4',5,5'-octachlorobiphenyl/ pcb 194	9.2518	0	0	0	0	0	0	0	0	0	48.191	0	6.41	5.450433
122	hexabromobiphenyl	8.3968	0	0	0	0	0	0	0	0	0	0	21.387	4.87	5.742354
123	octachloronaphthalene/pcn 75	8.2855	0	0	0	0	0	0	0	0	0	48.149	0	5.89	5.110842
124	methanol	1	0	0	0	0	0	0	0	0	0	0	0	0.44	0.972
125	ethanol	1.4142	0	0	0	0	0	0	0	0	0	0	0	0.2	1.11697
126	1-propanol	1.9142	0	0	0	0	0	0	0	0	0	0	0	0.48	1.29197
127	1-butanol	2.4142	0	0	0	0	0	0	0	0	0	0	0	0.5	1.46697
128	1-pentanol	2.9142	0	0	0	0	0	0	0	0	0	0	0	0.7	1.64197
129	1-hexanol	3.4142	0	0	0	0	0	0	0	0	0	0	0	1.01	1.81697
130	1-heptanol	3.9142	0	0	0	0	0	0	0	0	0	0	0	1.14	1.99197
131	1-octanol	4.4142	0	0	0	0	0	0	0	0	0	0	0	1.56	2.16697
132	nonanol	4.9142	0	0	0	0	0	0	0	0	0	0	0	1.89	2.34197
133	1-decanol	5.4142	0	0	0	0	0	0	0	0	0	0	0	2.59	2.51697
134	dodecanol	6.4142	0	0	0	0	0	0	0	0	0	0	0	3.52	2.86697
135	1,2-propanediol	2.2701	0	0	0	0	0	0	0	0	0	0	0	0.36	1.416535
136	phenylmethanol	3.9319	0	0	0	0	0	0	0	0	0	0	0	1.43	1.998165

Fortsetzung auf nächster Seite

Nr	Name	Deskriptoren												Ergebnis $[\log(K^{OC})]$	
		$^1\chi^b$	$SssNH$	$SdsN$	$SsssN$	$SddsN$	SdO	$SssO$	SsF	SdS	$SssS$	$SsCl$	$SsBr$	Labor	QSAR
137	2-phenylethanol	4.4319	0	0	0	0	0	0	0	0	0	0	0	1.5	2.173165
138	4-biphenylmethanol	6.8982	0	0	0	0	0	0	0	0	0	0	0	2.54	3.03637
139	1-hydroxymethylnaphthalene	5.915	0	0	0	0	0	0	0	0	0	0	0	2.17	2.69225
140	9-anthracenemethanol	7.8982	0	0	0	0	0	0	0	0	0	0	0	3.61	3.38637
141	1-phenylethanol	4.3045	0	0	0	0	0	0	0	0	0	0	0	1.5	2.128575
142	diphenylmethanol	6.877	0	0	0	0	0	0	0	0	0	0	0	2.34	3.02895
143	phenol	3.3938	0	0	0	0	0	0	0	0	0	0	0	1.43	1.80983
144	2-methylphenol	3.8045	0	0	0	0	0	0	0	0	0	0	0	1.34	1.953575
145	4-methylphenol	3.7877	0	0	0	0	0	0	0	0	0	0	0	2.7	1.947695
146	3-methylphenol	3.7877	0	0	0	0	0	0	0	0	0	0	0	1.54	1.947695
147	3,5-dimethylphenol	4.1815	0	0	0	0	0	0	0	0	0	0	0	2.83	2.085525
148	2,3,5-trimethylphenol	4.6091	0	0	0	0	0	0	0	0	0	0	0	3.61	2.235185
149	4-nonylphenol	7.8257	0	0	0	0	0	0	0	0	0	0	0	3.84	3.360995
150	indan-5-ol	4.8602	0	0	0	0	0	0	0	0	0	0	0	3.86	2.32307
151	1-naphthol	5.377	0	0	0	0	0	0	0	0	0	0	0	2.72	2.50395
152	1,3-benzenediol	3.7877	0	0	0	0	0	0	0	0	0	0	0	0.98	1.947695
153	1,2-benzenediol	3.8045	0	0	0	0	0	0	0	0	0	0	0	2.03	1.953575
154	diethylstilbestrol	9.6514	0	0	0	0	0	0	0	0	0	0	0	4.14	3.99999
155	methoxybenzene	3.9319	0	0	0	0	0	4.9142	0	0	0	0	0	1.54	1.7426266
156	diphenyl ether	6.4495	0	0	0	0	0	5.5783	0	0	0	0	0	3.29	2.5892534
157	o-dimethoxybenzene	4.8805	0	0	0	0	0	10.022	0	0	0	0	0	2.03	1.809031
158	oxirane	1.5	0	0	0	0	0	4.5	0	0	0	0	0	0.34	0.913
159	1,4-dioxane	3	0	0	0	0	0	9.8889	0	0	0	0	0	1.23	1.1577772
160	2,2-bioxirane	2.9663	0	0	0	0	0	9.8148	0	0	0	0	0	0.4	1.1498354
161	dibenzofuran	6.4495	0	0	0	0	0	0	0	0	0	0	0	3.91	2.879325
162	safrole	5.8982	0	0	0	0	0	10.412	0	0	0	0	0	2.83	2.144946
163	cinmethylin	9.4517	0	0	0	0	0	12.672	0	0	0	0	0	2.6	3.271151
164	formaldehyde	1	0	0	0	0	8	0	0	0	0	0	0	0.56	0.716
165	acrylaldehyde	1.9142	0	0	0	0	9.0556	0	0	0	0	0	0	-0.31	1.0021908

Fortsetzung auf nächster Seite

Nr	Name	Deskriptoren												Ergebnis $[\log(K^{OC})]$	
		$^1\chi^b$	*SssNH*	*SdsN*	*SsssN*	*SddsN*	*SdO*	*SssO*	*SsF*	*SdS*	*SssS*	*SsCl*	*SsBr*	Labor	QSAR
166	isophorone	4.4948	0	0	0	0	11.013	0	0	0	0	0	0	1.4	1.842764
167	acetophenone	4.3045	0	0	0	0	10.645	0	0	0	0	0	0	1.55	1.787935
168	benzophenone	6.877	0	0	0	0	11.846	0	0	0	0	0	0	2.63	2.649878
169	4'-phenylacetophenon	7.2709	0	0	0	0	11.093	0	0	0	0	0	0	3.22	2.811839
170	1-(naphthalenyl)ethanone	6.2709	0	0	0	0	11.089	0	0	0	0	0	0	2.93	2.461967
171	9-anthrylmethylketon	8.2709	0	0	0	0	11.873	0	0	0	0	0	0	3.58	3.136879
172	anthraquinone	7.7877	0	0	0	0	24.203	0	0	0	0	0	0	3.57	2.573199
173	dibenzo(b,d)chrysene-7,12-dione	12.754	0	0	0	0	26.131	0	0	0	0	0	0	4.28	4.249708
174	acetic acid	1.7321	0	0	0	0	9	0	0	0	0	0	0	0	0.940235
175	capronic acid	3.7701	0	0	0	0	9.8741	0	0	0	0	0	0	1.46	1.6255638
176	benzoic acid	4.3045	0	0	0	0	10.201	0	0	0	0	0	0	1.5	1.802143
177	p-toluic acid	4.6984	0	0	0	0	10.312	0	0	0	0	0	0	1.77	1.936456
178	phenylacetic acid	4.7877	0	0	0	0	10.169	0	0	0	0	0	0	1.45	1.972287
179	1-naphthaleneacetic acid	6.7709	0	0	0	0	10.612	0	0	0	0	0	0	2.2	2.652231
180	anthracene-9-carboxylic acid	8.2709	0	0	0	0	11.429	0	0	0	0	0	0	2.74	3.151087
181	o-phthalic acid	5.6259	0	0	0	0	20.926	0	0	0	0	0	0	1.07	1.921433
182	ethyl valerate	4.3081	0	0	0	0	10.58	4.705	0	0	0	0	0	1.97	1.546615
183	ethyl capronate	4.8081	0	0	0	0	10.696	4.7495	0	0	0	0	0	2.06	1.715589
184	ethyl heptylate	5.3081	0	0	0	0	10.784	4.7831	0	0	0	0	0	2.61	1.8860258
185	ethyl caprylate	5.8081	0	0	0	0	10.854	4.8095	0	0	0	0	0	3.02	2.057413
186	di-2-ethylhexyl adipate	12.566	0	0	0	0	23.596	10.75	0	0	0	0	0	4.19	3.706028
187	methyl-benzoate	4.8425	0	0	0	0	10.791	4.4973	0	0	0	0	0	2.1	1.7377034
188	ethyl benzoate	5.3425	0	0	0	0	11.022	4.789	0	0	0	0	0	2.3	1.890143
189	phenylacetic acid,ethyl ester	5.8257	0	0	0	0	10.99	4.8069	0	0	0	0	0	2.11	2.0593562
190	aceticacid,b-phenylethylester	5.7877	0	0	0	0	10.412	4.8069	0	0	0	0	0	1.89	2.0645522
191	ethyl p-methylbenzoate	5.7364	0	0	0	0	11.134	4.8289	0	0	0	0	0	2.59	2.0223492
192	butyl benzoate	6.3425	0	0	0	0	11.297	5.0295	0	0	0	0	0	2.1	2.218837
193	benzoesaeurephenylester	7.3602	0	0	0	0	11.592	5.1615	0	0	0	0	0	3.16	2.558728
194	ethyl 1-naphthylacetate	7.8089	0	0	0	0	11.434	4.9558	0	0	0	0	0	2.48	2.7315254

Fortsetzung auf nächster Seite

Nr	Name	Deskriptoren											Ergebnis $[\log(K^{OC})]$	
		$^1\chi^b$	$SssNH$	$SdsN$	$SsssN$	$SddsN$	SdO	$SssO$	SsF	SdS	$SssS$	$SsCl$	$SsBr$	Labor	QSAR
195	dimethyl-phthalate	6.7019	0	0	0	0	22.449	9.0497	0	0	0	0	0	1.6	1.7787126
196	diethyl phthalate	7.7019	0	0	0	0	23.088	9.7004	0	0	0	0	0	1.84	2.0744282
197	o-dibutyl phthalate	9.7019	0	0	0	0	23.89	10.277	0	0	0	0	0	3.14	2.718781
198	di-n-hexyl phthalate	11.702	0	0	0	0	24.376	10.553	0	0	0	0	0	4.72	3.388912
199	dioctyl phthalate	13.702	0	0	0	0	24.704	10.719	0	0	0	0	0	4.38	4.069784
200	diisobutyl phthalate	9.4136	0	0	0	0	23.965	10.318	0	0	0	0	0	3.14	2.613344
201	di(2-ethylhexyl)phthalate	13.566	0	0	0	0	25.14	11.044	0	0	0	0	0	4.94	3.991332
202	diisooctyl phthalate	13.414	0	0	0	0	24.72	10.718	0	0	0	0	0	3.21	3.968524
203	bis(2-ethylhexyl)terephthalate	13.549	0	0	0	0	24.472	10.909	0	0	0	0	0	4.16	4.013778
204	1,2-benzenedicarboxylic acid bis-(1-ethylhexyl) ester	13.566	0	0	0	0	25.416	11.374	0	0	0	0	0	4.94	3.96534
205	benzyl butyl phthalate	11.22	0	0	0	0	24.332	10.459	0	0	0	0	0	3.21	3.226508
206	ethyl carbethoxymethyl phthalate	9.5958	0	0	0	0	34.643	14.271	0	0	0	0	0	2.54	2.129862
207	2-butoxy-2-oxoethyl butyl phthalate	11.596	0	0	0	0	35.588	14.932	0	0	0	0	0	3.7	2.76532
208	phthalic anhydride	5.2877	0	0	0	0	21.666	4.3538	0	0	0	0	0	1.56	1.5529854
209	2-butoxyethanol	3.9142	0	0	0	0	0	4.9732	0	0	0	0	0	1.83	1.7333636
210	o-methoxyphenol	4.3425	0	0	0	0	0	4.795	0	0	0	0	0	1.56	1.892535
211	m-methoxyphenol	4.3257	0	0	0	0	0	4.835	0	0	0	0	0	1.5	1.884575
212	p-methoxyphenol	4.3257	0	0	0	0	0	4.8581	0	0	0	0	0	1.75	1.8833738
213	p-hydroxybenzoic acid	4.6984	0	0	0	0	10.231	0	0	0	0	0	0	1.43	1.939048
214	ethyl-p-hydroxybenzoate	5.7364	0	0	0	0	11.052	4.7472	0	0	0	0	0	2.21	2.0292216
215	warfarin	11.075	0	0	0	0	24.085	5.3308	0	0	0	0	0	2.96	3.4503284
216	endothal	6.1091	0	0	0	0	21.526	5.2584	0	0	0	0	0	2.09	1.7979162
217	dicofol	9.248	0	0	0	0	0	0	0	0	0	29.701	0	3.7	4.838933
218	2-chlorophenol	3.8045	0	0	0	0	0	0	0	0	0	5.4587	0	2.6	2.1337121
219	4-chlorophenol	3.7877	0	0	0	0	0	0	0	0	0	5.5006	0	1.85	2.1292148
220	3-chlorophenol	3.7877	0	0	0	0	0	0	0	0	0	5.485	0	2.54	2.1287
221	2,4-dichlorophenol	4.1984	0	0	0	0	0	0	0	0	0	11.001	0	2.81	2.454473
222	2,3-dichlorophenol	4.2152	0	0	0	0	0	0	0	0	0	11.018	0	2.66	2.460914

Fortsetzung auf nächster Seite

Nr	Name	Deskriptoren												Ergebnis $[\log(K^{OC})]$	
		$^1\chi^b$	*SssNH*	*SdsN*	*SsssN*	*SddsN*	*SdO*	*SssO*	*SsF*	*SdS*	*SssS*	*SsCl*	*SsBr*	Labor	QSAR
223	3,5-dichlorophenol	4.1815	0	0	0	0	0	0	0	0	0	11.012	0	2.83	2.448921
224	3,4-dichlorophenol	4.1984	0	0	0	0	0	0	0	0	0	11.06	0	3.09	2.45642
225	2,4,6-trichlorophenol	4.6091	0	0	0	0	0	0	0	0	0	16.543	0	3.03	2.781104
226	2,4,5-trichlorophenol	4.6091	0	0	0	0	0	0	0	0	0	16.587	0	3.36	2.782556
227	3,4,5-trichlorophenol	4.6091	0	0	0	0	0	0	0	0	0	16.66	0	3.56	2.784965
228	2,3,5-trichlorophenol	4.6091	0	0	0	0	0	0	0	0	0	16.571	0	3.61	2.782028
229	2,3,4,6-tetrachlorophenol	5.0366	0	0	0	0	0	0	0	0	0	22.203	0	3.35	3.117509
230	2,3,4,5-tetrachlorophenol	5.0366	0	0	0	0	0	0	0	0	0	22.261	0	4.12	3.119423
231	pentachlorophenol	5.4641	0	0	0	0	0	0	0	0	0	27.904	0	4.55	3.455267
232	4-bromophenol	3.7877	0	0	0	0	0	0	0	0	0	0	3.2343	2.41	2.2775936
233	3,4,5-trichlorocatechol	5.0366	0	0	0	0	0	0	0	0	0	16.485	0	1.35	2.928815
234	tetrachlorocatechol	5.4641	0	0	0	0	0	0	0	0	0	22.032	0	1.56	3.261491
235	2,2'-dichloroethylether	3.4142	0	0	0	0	0	4.8681	0	0	0	10.538	0	1.88	1.9115828
236	dichloroisopropylether	4.2019	0	0	0	0	0	5.2847	0	0	0	10.97	0	1.67	2.1798706
237	bis(2-chloroethoxy)methane	4.4142	0	0	0	0	0	9.7441	0	0	0	10.615	0	1.79	2.0105718
238	4-bromophenyl phenyl ether/pbde 3	6.8433	0	0	0	0	0	5.6125	0	0	0	0	3.3753	4.23	3.0695856
239	chloroneb	5.6851	0	0	0	0	0	9.9067	0	0	0	11.633	0	3.1	2.4805256
240	3,4,5-trichloroveratrole	6.1126	0	0	0	0	0	10.003	0	0	0	17.427	0	0.2	2.816345
241	tetrachloroveratrole	6.5401	0	0	0	0	0	9.9984	0	0	0	23.373	0	0.45	3.1624272
242	epichlorohydrin	2.4319	0	0	0	0	0	4.7257	0	0	0	5.2739	0	1	1.4014673
243	endrin	8.7757	0	0	0	0	0	5.7212	0	0	0	39.524	0	4.08	4.7002846
244	heptachlor epoxide	8.2032	0	0	0	0	0	5.5021	0	0	0	45.005	0	4.02	4.6921758
245	tridiphane	7.3071	0	0	0	0	0	5.3976	0	0	0	29.149	0	3.75	3.8607268
246	2,3,7,8-tetrachloro-dibenzodioxine	8.5417	0	0	0	0	0	11.276	0	0	0	23.658	0	6.5	3.805957
247	kepone	9.1547	0	0	0	0	12.77	0	0	0	0	65.668	0	4.2	5.584549
248	chloranil	5.4641	0	0	0	0	21.982	0	0	0	0	21.491	0	2.32	2.540214
249	alpha,alpha-dichloropropionic acid	2.9434	0	0	0	0	9.7569	0	0	0	0	10.068	0	0.4	1.6722132
250	chlorendic acid	8.4521	0	0	0	0	22.691	0	0	0	0	36.182	0	2.79	4.048129
251	2,3,6-trichlorophenylacetic acid	6.0197	0	0	0	0	10.424	0	0	0	0	17.188	0	1.8	2.962531

Fortsetzung auf nächster Seite

Nr	Name	Deskriptoren												Ergebnis $[\log(K^{OC})]$	
		$^1\chi^b$	$SssNH$	$SdsN$	$SsssN$	$SddsN$	SdO	$SssO$	SsF	SdS	$SssS$	$SsCl$	$SsBr$	Labor	QSAR
252	tetrachlorophthalate	7.2855	0	0	0	0	21.709	0	0	0	0	22.399	0	3.3	3.216404
253	2,3,5,6-tetrachloroterephthalic acid	7.2855	0	0	0	0	21.589	0	0	0	0	22.382	0	3.51	3.219683
254	bifenthrin	13.531	0	0	0	0	12.526	5.4642	38.078	0	0	5.3426	0	5.35	4.2399374
255	dimethyl tetrachloroterephthalate	8.3615	0	0	0	0	22.971	8.9866	0	0	0	23.467	0	3.7	3.1205608
256	3,4,5-trichloroguaiacol	5.5746	0	0	0	0	0	4.7865	0	0	0	16.997	0	2.8	2.885113
257	4,5,6-trichloroguaiacol	5.5746	0	0	0	0	0	4.7841	0	0	0	16.915	0	2.99	2.8825318
258	tetrachloroguaiacol	6.0021	0	0	0	0	0	4.7829	0	0	0	22.702	0	2.85	3.2231902
259	3,6-dichlorosalicylic acid	5.5366	0	0	0	0	10.492	0	0	0	0	10.955	0	2.3	2.585581
260	chlorobenzilate	9.9794	0	0	0	0	12.297	5.0214	0	0	0	11.708	0	3.3	3.8465372
261	(4chloro2methylphenoxy)acetic acid	6.0922	0	0	0	0	10.2	4.995	0	0	0	5.7078	0	1.73	2.3564874
262	2,4-dichlorophenoxyaceticacid	6.0922	0	0	0	0	10.157	4.8631	0	0	0	11.334	0	1.66	2.5503868
263	dicamba	6.0746	0	0	0	0	10.731	4.821	0	0	0	11.354	0	1.5	2.528708
264	4-(2,4-dichlorophenoxy)propionic ac	7.0922	0	0	0	0	10.223	5.2883	0	0	0	11.547	0	1.3	2.8831934
265	2,4,5-trichlorophenoxyaceticacid	6.5029	0	0	0	0	10.209	4.8595	0	0	0	17.067	0	1.99	2.881844
266	mecoprop	6.5029	0	0	0	0	10.531	5.2034	0	0	0	5.7442	0	1.3	2.4800048
267	a-(2,4-dichlorophenoxy)propionic ac	6.5029	0	0	0	0	10.488	5.0714	0	0	0	11.436	0	3	2.6760742
268	2(245trichlorophenoxy)propionic ac.	6.9136	0	0	0	0	10.54	5.0678	0	0	0	17.217	0	1.75	3.0091154
269	2,4-dp butoxyethyl ester	10.041	0	0	0	0	0	16.016	0	0	0	11.796	0	3	3.692786
270	permethrin	12.375	0	0	0	0	12.393	11.297	0	0	0	11.455	0	4.8	4.347245
271	2,4-db butoxyethyl ester	10.63	0	0	0	0	11.478	15.843	0	0	0	11.774	0	2.7	3.53991
272	diclofopmethyl	10.49	0	0	0	0	11.292	15.689	0	0	0	11.877	0	4.2	3.508269
273	butylamine	2.4142	0	0	0	0	0	0	0	0	0	0	0	1.88	1.46697
274	dimethylamine	1.4142	2.75	0	0	0	0	0	0	0	0	0	0	2.63	0.80347
275	aziridine	1.5	3	0	0	0	0	0	0	0	0	0	0	0.78	0.805
276	trimethylamine	1.7321	0	0	2	0	0	0	0	0	0	0	0	2.83	0.776235
277	aniline	3.3938	0	0	0	0	0	0	0	0	0	0	0	1.41	1.80983
278	p-methylaniline	3.7877	0	0	0	0	0	0	0	0	0	0	0	1.9	1.947695
279	m-methylaniline	3.7877	0	0	0	0	0	0	0	0	0	0	0	1.41	1.947695
280	1-naphthylamine	5.377	0	0	0	0	0	0	0	0	0	0	0	3.51	2.50395

Fortsetzung auf nächster Seite

Nr	Name	Deskriptoren												Ergebnis $[\log(K^{OC})]$	
		$^1\chi^b$	$SssNH$	$SdsN$	$SsssN$	$SddsN$	SdO	$SssO$	SsF	SdS	$SssS$	$SsCl$	$SsBr$	Labor	QSAR
281	2-aminoanthracene	7.3265	0	0	0	0	0	0	0	0	0	0	0	4.45	3.186275
282	6-aminochrysene	9.3433	0	0	0	0	0	0	0	0	0	0	0	5.21	3.892155
283	di-(p-aminophenyl)methane	7.2372	0	0	0	0	0	0	0	0	0	0	0	1.99	3.15502
284	p,p'-biphenyldiamine	6.754	0	0	0	0	0	0	0	0	0	0	0	3.46	2.9859
285	n-methylaniline	3.9319	3.0269	0	0	0	0	0	0	0	0	0	0	2.28	1.6530984
286	diphenylamine	6.4495	3.3039	0	0	0	0	0	0	0	0	0	0	2.78	2.5026804
287	n,n-dimethylaniline	4.3045	0	0	2.0833	0	0	0	0	0	0	0	0	2.26	1.6577492
288	n,n-diethylaniline	5.3805	0	0	2.3333	0	0	0	0	0	0	0	0	2.08	1.9778492
289	4,4-methylenebis(n,n-dimethylaniline)	9.0586	0	0	4.2414	0	0	0	0	0	0	0	0	3.96	2.8339536
290	n,n-diethylhydrazine	2.9142	5.8958	0	0	0	0	0	0	0	0	0	0	1.18	0.9698488
291	hydrazobenzene	6.9495	6.2219	0	0	0	0	0	0	0	0	0	0	2.98	2.3450284
292	azobenzene	6.9495	0	8.203	0	0	0	0	0	0	0	0	0	3.3	2.225822
293	carbazole	6.4495	0	0	0	0	0	0	0	0	0	0	0	3.4	2.879325
294	1,2,7,8-dibenzocarbazole	10.416	0	0	0	0	0	0	0	0	0	0	0	6.02	4.2676
295	7h-dibenzo(c,g)carbazole	10.416	0	0	0	0	0	0	0	0	0	0	0	6.03	4.2676
296	1h-benzotriazole	4.4663	0	0	0	0	0	0	0	0	0	0	0	1.69	2.185205
297	4-methyl-1h-benzotriazol	4.877	0	0	0	0	0	0	0	0	0	0	0	1.77	2.32895
298	7-n-butylbenzotriazole	6.415	0	0	0	0	0	0	0	0	0	0	0	2.16	2.86725
299	4-n-butylbenzotriazole	6.415	0	0	0	0	0	0	0	0	0	0	0	2.16	2.86725
300	4-vinylpyridine	3.9319	0	0	0	0	0	0	0	0	0	0	0	1.18	1.998165
301	quinoline	4.9663	0	0	0	0	0	0	0	0	0	0	0	3.1	2.360205
302	acridine	6.9327	0	0	0	0	0	0	0	0	0	0	0	4.18	3.048445
303	4-azaphenanthrene	6.9495	0	0	0	0	0	0	0	0	0	0	0	4.64	3.054325
304	benzo(c)acridine	8.9158	0	0	0	0	0	0	0	0	0	0	0	4.39	3.74253
305	2,2'-dipyridyl	5.9663	0	0	0	0	0	0	0	0	0	0	0	1.6	2.710205
306	1,1'-dimethyl-4,4'-bipyridiniumion	6.754	0	0	0	0	0	0	0	0	0	0	0	4.19	2.9859
307	phenazine	6.9327	0	0	0	0	0	0	0	0	0	0	0	3.37	3.048445
308	2,2'-biquinoline	9.899	0	0	0	0	0	0	0	0	0	0	0	4.02	4.08665
309	amitraz	10.452	0	9.0106	1.8597	0	0	0	0	0	0	0	0	3	2.9498372

Fortsetzung auf nächster Seite

Nr	Name	Deskriptoren												Ergebnis $[\log(K^{OC})]$	
		$^1\chi^b$	*SssNH*	*SdsN*	*SsssN*	*SddsN*	*SdO*	*SssO*	*SsF*	*SdS*	*SssS*	*SsCl*	*SsBr*	Labor	QSAR
310	p-aminoazobenzene	7.3433	0	8.1774	0	0	0	0	0	0	0	0	0	2.79	2.3662376
311	3-amino-1,2,4-triazole	2.8938	0	0	0	0	0	0	0	0	0	0	0	1.25	1.63483
312	2,6-diamino-3-phenylazopyridine	7.754	0	8.0302	0	0	0	0	0	0	0	0	0	2.32	2.5248498
313	nicotine	5.877	0	0	2.3998	0	0	0	0	0	0	0	0	2.01	2.1365952
314	4-dimethylaminoazobenzene	8.254	0	8.3458	2.0537	0	0	0	0	0	0	0	0	3.87	2.203838
315	auramine	9.4861	0	0	4.1097	0	0	0	0	0	0	0	0	3.31	3.0133428
316	cyromazine	5.7372	3.0753	0	0	0	0	0	0	0	0	0	0	2.3	2.2794358
317	3-cyanopyridine	3.9319	0	0	0	0	0	0	0	0	0	0	0	1.56	1.998165
318	diethanolamin	3.4142	2.7847	0	0	0	0	0	0	0	0	0	0	0.6	1.4995142
319	1-(phenylazo)-2-naphthalenol	9.3433	0	8.3316	0	0	0	0	0	0	0	0	0	3.58	3.0506634
320	2-pyridineethanol	4.4319	0	0	0	0	0	0	0	0	0	0	0	1.45	2.173165
321	hydroxy atrazine	6.6134	5.8819	0	0	0	0	0	0	0	0	0	0	2.95	2.2661534
322	dimethirimol	7.0577	0	0	1.788	0	0	0	0	0	0	0	0	2.3	2.688107
323	4-methoxyaniline	4.3257	0	0	0	0	0	4.9136	0	0	0	0	0	1.93	1.8804878
324	7-methoxybenzotriazole	5.415	0	0	0	0	0	5.0745	0	0	0	0	0	1.8	2.253376
325	4-methoxybenzotriazole	5.415	0	0	0	0	0	5.0633	0	0	0	0	0	1.8	2.2539584
326	simetone	6.7956	5.9976	0	0	0	0	4.9459	0	0	0	0	0	2.34	2.0595468
327	atratone	7.1514	6.1097	0	0	0	0	4.9812	0	0	0	0	0	2.64	2.1694618
328	4,4-bis(dimethylamino)benzophenone	9.4861	0	0	4.028	0	12.381	0	0	0	0	0	0	2.21	2.635615
329	c.i. disperse orange 11	8.6091	0	0	0	0	24.704	0	0	0	0	0	0	3.9	2.844657
330	p-aminobenzoic acid	4.6984	0	0	0	0	10.271	0	0	0	0	0	0	2.05	1.937768
331	ancymidol	9.2474	0	0	0	0	0	5.1573	0	0	0	0	0	2.08	3.5904104
332	3-trifluoromethylaniline	4.999	0	0	0	0	0	0	35.737	0	0	0	0	2.36	1.799858
333	p-chloroaniline	3.7877	0	0	0	0	0	0	0	0	0	5.5561	0	1.96	2.1310463
334	3,4-dichloroaniline	4.1984	0	0	0	0	0	0	0	0	0	11.195	0	2.29	2.460875
335	2,4-dichloroaniline	4.1984	0	0	0	0	0	0	0	0	0	11.181	0	2.72	2.460413
336	3,5-dichloroaniline	4.1815	0	0	0	0	0	0	0	0	0	11.172	0	2.49	2.454201
337	2,6-dichloroaniline	4.2152	0	0	0	0	0	0	0	0	0	11.209	0	3.25	2.467217
338	2,3,4-trichloroaniline	4.6259	0	0	0	0	0	0	0	0	0	16.895	0	2.6	2.7986

Fortsetzung auf nächster Seite

Nr	Name	Deskriptoren												Ergebnis $[\log(K^{OC})]$	
		$^1\chi^b$	$SssNH$	$SdsN$	$SsssN$	$SddsN$	SdO	$SssO$	SsF	SdS	$SssS$	$SsCl$	$SsBr$	Labor	QSAR
339	2,3,4,5-tetrachloroaniline	5.0366	0	0	0	0	0	0	0	0	0	22.602	0	3.03	3.130676
340	2,3,5,6-tetrachloroaniline	5.0366	0	0	0	0	0	0	0	0	0	22.582	0	3.94	3.130016
341	pentachloroaniline	5.4641	0	0	0	0	0	0	0	0	0	28.37	0	4.62	3.470645
342	p-bromoaniline	3.7877	0	0	0	0	0	0	0	0	0	0	3.2899	1.96	2.2832648
343	3-methyl-4-bromoaniline	4.1984	0	0	0	0	0	0	0	0	0	0	3.3738	2.26	2.4355676
344	3,3'-dichlorobenzidine	7.5754	0	0	0	0	0	0	0	0	0	11.904	0	4.35	3.666222
345	2,6-dichlorobenzonitrile	4.7532	0	0	0	0	0	0	0	0	0	11.245	0	2.6	2.656705
346	chlorothalonil	6.5401	0	0	0	0	0	0	0	0	0	22.812	0	3.26	3.663831
347	chlordimeform	6.0922	0	4.2887	1.8969	0	0	0	0	0	0	5.8174	0	5	2.0843861
348	4-fluorobenzotriazole	4.877	0	0	0	0	0	0	12.708	0	0	0	0	1.87	2.125622
349	4-trifluoromethylbenzyltriazole	6.0883	0	0	0	0	0	0	36.941	0	0	0	0	1.77	2.161849
350	7-chlorobenzotriazole	4.877	0	0	0	0	0	0	0	0	0	5.7871	0	1.98	2.5199243
351	4-chlorobenzotriazole	4.877	0	0	0	0	0	0	0	0	0	5.7759	0	1.98	2.5195547
352	6,7-dichloro-1h-1,2,3-benzotriazole	5.2877	0	0	0	0	0	0	0	0	0	11.561	0	2.33	2.854208
353	5,6-dichloro-1h-1,2,3-benzotriazole	5.2709	0	0	0	0	0	0	0	0	0	11.468	0	2.33	2.845259
354	nitrapyrin	4.999	0	0	0	0	0	0	0	0	0	22.185	0	2.62	3.103755
355	hydramethylnon	16.316	6.2471	8.3338	0	0	0	0	76.653	0	0	0	0	5.86	3.5522688
356	anilazine	7.6479	2.8908	0	0	0	0	0	0	0	0	17.227	0	3	3.5377048
357	2-chloro-4-isopropylamino-6-methylamino-s-triazine	6.1134	5.8284	0	0	0	0	0	0	0	0	5.67	0	1.91	2.2843624
358	terbuthylazine	6.904	6.1219	0	0	0	0	0	0	0	0	5.7724	0	2.32	2.5309926
359	4-cyano-2,6-dibromophenol	5.1471	0	0	0	0	0	0	0	0	0	0	6.2131	2.28	3.0572212
360	flutriafol	10.593	0	0	0	0	0	0	27.35	0	0	0	0	1.88	3.89195
361	fenarimol	10.62	0	0	0	0	0	0	0	0	0	12.265	0	2.78	4.743745
362	clopidol	5.0366	0	0	0	0	0	0	0	0	0	11.316	0	2.76	2.758238
363	3,5,6-trichlor-2-pyridinol	4.6091	0	0	0	0	0	0	0	0	0	16.351	0	2.11	2.774768
364	3-chloro-4-methoxyaniline	4.7364	0	0	0	0	0	4.9124	0	0	0	5.7246	0	1.93	2.213207
365	2,3,5-trichlor-6-methoxypyridin	5.1471	0	0	0	0	0	4.7946	0	0	0	16.862	0	2.96	2.7306118
366	pyroxychlor	5.9309	0	0	0	0	0	4.8594	0	0	0	22.613	0	3.48	3.1913552
367	fluridone	11.359	0	0	1.6799	0	12.788	0	38.773	0	0	0	0	2.85	3.1884086

Fortsetzung auf nächster Seite

Nr	Name	Deskriptoren												Ergebnis $[\log(K^{OC})]$	
		$^1\chi^b$	$SssNH$	$SdsN$	$SsssN$	$SddsN$	SdO	$SssO$	SsF	SdS	$SssS$	$SsCl$	$SsBr$	Labor	QSAR
368	3-amino-2,5-dichlorobenzoic acid	5.5197	0	0	0	0	10.528	0	0	0	0	11.16	0	1.48	2.585279
369	chloramben methyl ester	6.0577	0	0	0	0	11.118	4.4895	0	0	0	11.431	0	2.74	2.530188
370	piperalin	10.075	0	0	2.4687	0	11.886	5.2819	0	0	0	11.713	0	3.7	3.321842
371	bromoxynil octanoate	9.5789	0	0	0	0	11.775	5.3399	0	0	0	0	6.6226	4	3.9956454
372	6-chloropicolinic acid	4.6984	0	0	0	0	10.232	0	0	0	0	5.4145	0	1.37	2.1176945
373	3,6-dichloropicolinic acid	5.1091	0	0	0	0	10.368	0	0	0	0	10.917	0	0.3	2.43867
374	picloram	5.9473	0	0	0	0	10.533	0	0	0	0	16.607	0	1.3	2.91453
375	tralomethrin	14.052	0	0	0	0	12.91	11.447	0	0	0	0	14.201	5	5.980338
376	cypermethrin	13.324	0	0	0	0	12.611	11.277	0	0	0	11.462	0	5	4.67369
377	cyhalothrin	14.535	0	0	0	0	12.623	11.064	38.178	0	0	5.3198	0	5.26	4.2946914
378	cyfluthrin	13.734	0	0	0	0	12.604	10.95	14.151	0	0	11.421	0	5	4.606649
379	fenvalerate	14.474	0	0	0	0	12.951	11.433	0	0	0	5.9641	0	3.74	4.8757673
380	esfenvalerate	14.474	0	0	0	0	12.951	11.433	0	0	0	5.9641	0	3.72	4.8757673
381	flucythrinate	15.867	0	0	0	0	13.011	15.713	24.789	0	0	0	0	5	4.545398
382	triclopyr	6.5029	0	0	0	0	10.181	4.7484	0	0	0	16.831	0	1.67	2.8807292
383	fluazifop-butyl	12.791	0	0	0	0	11.768	15.963	37.533	0	0	0	0	3.76	3.29167
384	quizalofop-ethyl	12.546	0	0	0	0	11.588	16.15	0	0	0	5.9362	0	2.71	3.9983786
385	fenoxaprop-ethyl	12.046	0	0	0	0	11.563	15.989	0	0	0	5.9136	0	3.98	3.8318048
386	fluvalinate	16.579	2.8422	0	0	0	12.955	11.236	38.76	0	0	6.0209	0	6	4.6803369
387	methazole	7.5029	0	0	1.7014	0	22.645	4.7358	0	0	0	11.516	0	3.48	2.272625
388	acetamide	1.7321	0	0	0	0	9.2222	0	0	0	0	0	0	0.7	0.9331246
389	diethylacetamid	3.7187	0	0	1.7778	0	10.532	0	0	0	0	0	0	1.84	1.1847382
390	acrylamide	2.2701	0	0	0	0	9.4722	0	0	0	0	0	0	1.7	1.1134246
391	benzamide	4.3045	0	0	0	0	10.423	0	0	0	0	0	0	1.12	1.795039
392	acetanilide	4.7877	2.6658	0	0	0	10.502	0	0	0	0	0	0	1.43	1.6577298
393	benzoeicacidmonomethylamid	4.8425	2.5423	0	0	0	10.902	0	0	0	0	0	0	1.68	1.6781888
394	4-methylbenzamid	4.6984	0	0	0	0	10.534	0	0	0	0	0	0	1.78	1.929352
395	3-methylacetanilide	5.1815	2.7067	0	0	0	10.613	0	0	0	0	0	0	1.45	1.7873452
396	benzoeicaciddimethylamid	5.2152	0	0	1.5648	0	11.27	0	0	0	0	0	0	1.37	1.7330352

Fortsetzung auf nächster Seite

Nr	Name	Deskriptoren												Ergebnis $[\log(K^{OC})]$	
		$^1\chi^b$	$SssNH$	$SdsN$	$SsssN$	$SddsN$	SdO	$SssO$	SsF	SdS	$SssS$	$SsCl$	$SsBr$	Labor	QSAR
397	butyranilide	5.8257	2.8039	0	0	0	11.101	0	0	0	0	0	0	1.71	1.9861184
398	n-(1,1-dimethyl-2-propynyl)benzamide	6.5496	2.7472	0	0	0	11.613	0	0	0	0	0	0	1.54	2.2295632
399	4-methyl-n-(1,1-dimethyl-2-propynyl)benzamide	6.9435	2.7744	0	0	0	11.765	0	0	0	0	0	0	1.76	2.3594634
400	4-iso-propyl-n-(1,1-dimethyl-2-propynyl)benzamide	7.8542	2.8133	0	0	0	11.987	0	0	0	0	0	0	2.17	2.6666698
401	diphenamid	8.6984	0	0	1.6435	0	12.37	0	0	0	0	0	0	2.32	2.899169
402	acetamide, n-9h-fluoren-2-yl-	8.2372	2.8223	0	0	0	11.021	0	0	0	0	0	0	3.14	2.8306058
403	1-naphthaleneacetamide	6.7709	0	0	0	0	10.835	0	0	0	0	0	0	2	2.645095
404	urea	1.7321	0	0	0	0	9	0	0	0	0	0	0	0.15	0.940235
405	methylurea	2.2701	2.1667	0	0	0	9.4792	0	0	0	0	0	0	1.78	0.8661968
406	isoproturon	7.0029	2.7945	0	1.5103	0	11.346	0	0	0	0	0	0	2.11	2.0500422
407	3-methylphenylcarbamate	5.1815	0	0	0	0	10.28	4.6339	0	0	0	0	0	1.48	1.8656022
408	3-ethylphenylcarbamate	5.7195	0	0	0	0	10.368	4.6956	0	0	0	0	0	1.66	2.0478778
409	3,4-xylyl methylcarbamate	6.1302	2.3864	0	0	0	10.844	4.9493	0	0	0	0	0	1.71	1.8911488
410	trimethacarb	6.5409	2.4058	0	0	0	10.955	5.0301	0	0	0	0	0	2.6	2.0249286
411	4-isopropylphenylcarbamate	6.0922	0	0	0	0	10.45	4.7439	0	0	0	0	0	1.94	2.1731872
412	2-sec-butylphenyl methylcarbamate	7.1851	2.4364	0	0	0	11.111	5.1676	0	0	0	0	0	1.71	2.2347682
413	4-t-butylphenylcarbamate	6.3929	0	0	0	0	10.53	4.7889	0	0	0	0	0	2.07	2.2735322
414	desmedipham	10.669	5.1311	0	0	0	23.106	9.934	0	0	0	0	0	3.18	2.5152446
415	phenmedipham	10.563	5.119	0	0	0	22.972	9.667	0	0	0	0	0	3.38	2.497696
416	maleic hydrazine	3.7877	4.213	0	0	0	20.392	0	0	0	0	0	0	0.45	0.814869
417	3cychex6dimeamino1me135triazine24..	8.5197	0	4.0045	4.4406	0	24.302	0	0	0	0	0	0	1.73	1.4182009
418	metamitron	7.1984	0	7.6494	0.99537	0	11.726	0	0	0	0	0	0	2.17	1.76866498
419	pirimicarb	7.8243	0	0	3.1167	0	11.487	5.1875	0	0	0	0	0	1.9	2.0187968
420	p-anisidine-n-acetate	5.7195	2.6616	0	0	0	10.625	4.9614	0	0	0	0	0	1.4	1.7224098
421	4-methoxy-n-(1,1-dimethyl-2-propynyl)benzamide	7.4815	2.7429	0	0	0	11.825	5.0411	0	0	0	0	0	1.83	2.2872972
422	napropamide	9.6682	0	0	1.7875	0	12.247	5.8828	0	0	0	0	0	2.76	2.9040854
423	3-methoxyphenylcarbamate	5.7195	0	0	0	0	10.328	9.5198	0	0	0	0	0	1.44	1.7982994

Fortsetzung auf nächster Seite

Nr	Name	Deskriptoren												Ergebnis $[\log(K^{OC})]$	
		$^1\chi^b$	$SssNH$	$SdsN$	$SsssN$	$SddsN$	SdO	$SssO$	SsF	SdS	$SssS$	$SsCl$	$SsBr$	Labor	QSAR
424	4-methoxyphenylcarbamate	5.7195	0	0	0	0	10.292	9.4994	0	0	0	0	0	1.4	1.8005122
425	fenoxycarb	10.775	2.587	0	0	0	11.067	15.947	0	0	0	0	0	3	2.914944
426	bendiocarb	7.516	2.3678	0	0	0	11.113	16.105	0	0	0	0	0	2.75	1.7895948
427	isouron	6.8035	2.616	0	1.436	0	11.304	0	0	0	0	0	0	2.47	2.018737
428	isoxaben	11.484	2.7202	0	0	0	12.613	10.508	0	0	0	0	0	2.4	3.3812652
429	n-1-naphthylphthalamic acid	10.665	2.7942	0	0	0	23.62	0	0	0	0	0	0	1.51	3.2803712
430	imazapyr acid	8.8589	2.6226	4.344	0	0	23.149	0	0	0	0	0	0	2	2.2441266
431	benzaloxime-n-methylcarbamate	6.3257	2.2763	3.4753	0	0	10.555	4.4145	0	0	0	0	0	1.8	1.6581775
432	trichloroacetamide	2.9434	0	0	0	0	9.8472	0	0	0	0	14.773	0	0.99	1.8245886
433	p-fluoroacetanilide	5.1815	2.5264	0	0	0	10.493	0	12.311	0	0	0	0	1.48	1.6147634
434	3-fluoroacetanilide	5.1815	2.4667	0	0	0	10.491	0	12.466	0	0	0	0	1.57	1.6191532
435	3-trifluoromethylacetanilide	6.3929	2.2783	0	0	0	10.582	0	36.578	0	0	0	0	1.75	1.6759168
436	2-chlorobenzamide	4.7152	0	0	0	0	10.559	0	0	0	0	5.6184	0	1.51	2.1198392
437	o-chloroacetanilide	5.1984	2.6022	0	0	0	10.596	0	0	0	0	5.7536	0	1.58	1.995586
438	3-chloroacetanilide	5.1815	2.6222	0	0	0	10.57	0	0	0	0	5.677	0	1.86	1.9856952
439	chlorthiamide	5.1259	0	0	0	0	10.696	0	0	0	0	11.278	0	0.53	2.445967
440	3,4-dichloroacetanilide	5.5922	2.5908	0	0	0	10.622	0	0	0	0	11.387	0	2.34	2.3197858
441	propanil	6.1302	2.6776	0	0	0	10.99	0	0	0	0	11.464	0	2.17	2.4889556
442	3-bromoacetanilide	5.1815	2.6767	0	0	0	10.598	0	0	0	0	0	3.3007	2.01	2.1279166
443	4-bromoacetanilide	5.1815	2.6722	0	0	0	10.575	0	0	0	0	0	3.299	1.95	2.1289922
444	pentanochlor	7.5409	2.8712	0	0	0	11.744	0	0	0	0	5.9867	0	2.76	2.7557513
445	flurochloridone	8.8416	0	0	1.2499	0	11.89	0	37.863	0	0	11.586	0	2.55	2.8301326
446	4-fluoro-n-(1,1-dimethyl -2-propynyl)benzamide	6.9435	2.6077	0	0	0	11.598	0	12.822	0	0	0	0	1.68	2.1786592
447	4-chloro-n-(1,1-dimethyl -2-propynyl)benzamide	6.9435	2.7158	0	0	0	11.706	0	0	0	0	5.7737	0	1.9	2.5585639
448	propyzamide	7.3373	2.6843	0	0	0	11.8	0	0	0	0	11.589	0	2.31	2.8888818
449	4-bromo-n-(1,1-dimethyl -2-propynyl)benzamide	6.9435	2.7536	0	0	0	11.744	0	0	0	0	0	3.3068	2.01	2.6998002
450	neburon	8.0409	2.7625	0	1.6448	0	11.753	0	0	0	0	11.657	0	3.4	2.7582502

Fortsetzung auf nächster Seite

Nr	Name	Deskriptoren												Ergebnis $[\log(K^{OC})]$	
		$^1\chi^b$	$SssNH$	$SdsN$	$SsssN$	$SddsN$	SdO	$SssO$	SsF	SdS	$SssS$	$SsCl$	$SsBr$	Labor	QSAR
451	n-methyl-3-chlorophenylcarbamate	5.7195	2.3287	0	0	0	10.716	4.8099	0	0	0	5.6598	0	2.15	1.9520998
452	2,5-dichloro-n-methylphenylcarbamate	6.1302	2.2973	0	0	0	10.81	4.8087	0	0	0	11.407	0	2.71	2.2861364
453	n-methyl-3,4-dichlorophenylcarbamate	6.1302	2.3103	0	0	0	10.768	4.8062	0	0	0	11.36	0	2.74	2.2845774
454	3-bromophenylcarbamate	5.1815	0	0	0	0	10.265	4.6039	0	0	0	0	3.2199	1.89	2.196072
455	chlorbufam	7.1134	2.5068	0	0	0	11.221	4.8141	0	0	0	5.7368	0	2.21	2.405824
456	isocil	5.9473	2.5897	0	1.1777	0	22.889	0	0	0	0	0	3.1289	2.11	1.7288688
457	bromacil	6.4853	2.6236	0	1.2332	0	23.207	0	0	0	0	0	3.1581	1.6	1.8935636
458	terbacil	6.2479	2.5299	0	1.1134	0	23.177	0	0	0	0	5.7574	0	1.66	1.7170582
459	uracil mustard	7.1851	4.5406	0	1.717	0	22.227	0	0	0	0	11.193	0	1.46	1.8892196
460	triforine	10.108	4.9455	0	3.5719	0	21.337	0	0	0	0	35.188	0	2.3	3.2671836
461	pyrazon	7.1984	0	3.9036	1.207	0	11.678	0	0	0	0	5.7344	0	2.08	2.2899336
462	norflurazon	9.3416	2.6626	3.7932	0.81787	0	11.957	0	37.915	0	0	5.82	0	3.28	2.22286778
463	metazachlor	9.1302	0	0	1.6713	0	12.096	0	0	0	0	5.7206	0	2.14	3.241564
464	diflubenzuron	9.9692	4.1733	0	0	0	23.251	0	26.751	0	0	5.6816	0	3.83	2.6509086
465	3-chloro-4-methoxyacetanilide	6.1302	2.618	0	0	0	10.694	4.9603	0	0	0	5.8367	0	1.95	2.0615855
466	prochloraz	11.024	0	0	1.68	0	12.341	5.6256	0	0	0	17.997	0	2.7	4.0071778
467	antor	10.082	0	0	1.4471	0	23.962	4.9596	0	0	0	5.7049	0	3.11	2.9872339
468	4-chlorobenzaloxime-n-methylcarbamate	6.7195	2.2643	3.4619	0	0	10.588	4.4118	0	0	0	5.6787	0	1.8	1.9852104
469	3(35diclphenyl)1ipcarbamoylhydant.	9.7906	2.5656	0	1.731	0	36.137	0	0	0	0	11.73	0	2.85	2.5957316
470	diphenylnitrosamine	7.415	0	3.0118	1.3611	0	10.782	0	0	0	0	0	0	3.08	2.2604256
471	nitrobenzene	4.3045	0	0	0	-0.41667	20.013	0	0	0	0	0	0	1.94	1.86607869
472	1,3-dinitrobenzene	5.6091	0	0	0	-1.3472	40.635	0	0	0	0	0	0	1.56	2.5067754
473	1,3,5-trinitrobenzene	6.9136	0	0	0	-2.7917	61.866	0	0	0	0	0	0	1.3	3.5941199
474	2,4,6-trinitrotoluene	7.3411	0	0	0	-2.7043	62.971	0	0	0	0	0	0	2.72	3.6291131
475	m-nitroaniline	4.6984	0	0	0	-0.47583	20.206	0	0	0	0	0	0	1.73	2.05142581
476	p-nitroaniline	4.6984	0	0	0	-0.45889	20.154	0	0	0	0	0	0	1.88	2.03772523
477	aniline,3,5-dinitro	6.0029	0	0	0	-1.4656	41.022	0	0	0	0	0	0	2.55	2.7396102
478	pendimethalin	9.3278	2.963	0	0	-1.1347	44.864	0	0	0	0	0	0	3.7	3.1424729
479	isopropalin	10.328	0	0	1.7504	-1.0426	45.763	0	0	0	0	0	0	4	3.3224318

Fortsetzung auf nächster Seite

Nr	Name	Deskriptoren												Ergebnis $[\log(K^{OC})]$	
		$^1\chi^b$	*SssNH*	*SdsN*	*SsssN*	*SddsN*	*SdO*	*SssO*	*SsF*	*SdS*	*SssS*	*SsCl*	*SsBr*	Labor	QSAR
480	3-nitrobenzamide	5.6091	0	0	0	-0.57694	31.034	0	0	0	0	0	0	1.95	2.11538158
481	4-nitrobenzamide	5.6091	0	0	0	-0.53693	30.877	0	0	0	0	0	0	1.93	2.08411651
482	benzamide,2-nitro	5.6259	0	0	0	-0.6388	31.292	0	0	0	0	0	0	1.45	2.1691126
483	3-nitroacetanilide	6.0922	2.4567	0	0	-0.50861	31.277	0	0	0	0	0	0	1.94	1.93465147
484	3,5-dinitrobenzamide	6.9136	0	0	0	-1.6678	52.253	0	0	0	0	0	0	2.31	2.8823586
485	p-nitrophenol	4.6984	0	0	0	-0.51444	20.072	0	0	0	0	0	0	2.37	2.09073308
486	o-nitrophenol	4.7152	0	0	0	-0.62963	20.135	0	0	0	0	0	0	2.06	2.19907441
487	m-nitrophenol	4.6984	0	0	0	-0.55583	20.095	0	0	0	0	0	0	1.72	2.12753781
488	dinoseb	7.8791	0	0	0	-1.5352	42.668	0	0	0	0	0	0	2.7	3.4067354
489	p-nitrobenzoic acid	5.6091	0	0	0	-0.57775	30.593	0	0	0	0	0	0	1.54	2.13022825
490	3,5-dinitrobenzoic acid	6.9136	0	0	0	-1.7789	51.868	0	0	0	0	0	0	1.9	2.9954463
491	3,4-dinitrobenzoic acid	6.9304	0	0	0	-1.9362	52.005	0	0	0	0	0	0	1.53	3.1396134
492	3,6-dinitrobenzoic acid	6.9304	0	0	0	-1.7328	51.933	0	0	0	0	0	0	2.3	2.9574336
493	ethyl 4-nitrobenzoate	6.6471	0	0	0	-0.51891	31.728	4.7195	0	0	0	0	0	2.48	2.15842637
494	ethyl 3,5-dinitrobenzoate	7.9516	0	0	0	-1.6196	53.484	4.6133	0	0	0	0	0	2.74	2.9226576
495	chloropicrin	2.9434	0	0	0	-1.0162	18.861	0	0	0	0	14.1	0	1.79	2.4356314
496	3,4-dichloronitrobenzene	5.1091	0	0	0	-0.52559	20.337	0	0	0	0	11.052	0	2.53	2.60082713
497	2,3,5,6-tetrachloronitrobenzene	5.9473	0	0	0	-0.7337	20.933	0	0	0	0	22.209	0	4.05	3.4320619
498	2,3,4,5-tetrachloronitrobenzene	5.9473	0	0	0	-0.6841	20.797	0	0	0	0	22.273	0	4.23	3.3935387
499	pentachloronitrobenzene	6.3748	0	0	0	-0.77901	21.069	0	0	0	0	27.934	0	4.3	3.80735607
500	benzene,4-bromo-1-nitro	4.6984	0	0	0	-0.42417	20.205	0	0	0	0	0	3.1719	2.42	2.32813599
501	3-chloro-4-bromonitrobenzene	5.1091	0	0	0	-0.47114	20.412	0	0	0	0	5.6159	3.0779	2.6	2.68359548
502	2,6-dichloro-4-nitroaniline	5.5197	0	0	0	-0.58611	20.528	0	0	0	0	11.099	0	3	2.79486777
503	2,6-dinitro-4(trifluoromethyl)-aniline	7.6418	0	0	0	-2.4215	41.645	0	36.961	0	0	0	0	2.56	3.5689145
504	2,6-dinitro-n-n-propyl-trifluoro-p-toluidine	9.1798	2.4222	0	0	-2.1662	43.258	0	37.779	0	0	0	0	3.61	3.5348226
505	chlornidine	9.4171	0	0	1.468	-1.2683	44.608	0	0	0	0	11.305	0	3.94	3.6821741
506	ethalfluralin	10.484	0	0	1.2488	-2.1138	44.594	0	38.48	0	0	0	0	3.6	3.8836998
507	flumetralin	12.967	0	0	1.0285	-2.2992	45.485	0	53.123	0	0	5.9246	0	4	4.9034072
508	nitrofen	8.5586	0	0	0	-0.47317	20.982	5.4857	0	0	0	11.704	0	3.65	3.47622679

Fortsetzung auf nächster Seite

Nr	Name	Deskriptoren												Ergebnis $[\log(K^{OC})]$	
		$^1\chi^b$	$SssNH$	$SdsN$	$SsssN$	$SddsN$	SdO	$SssO$	SsF	SdS	$SssS$	$SsCl$	$SsBr$	Labor	QSAR
509	chlornitrofen	8.9692	0	0	0	-0.49402	21.048	5.4845	0	0	0	17.71	0	3.9	3.83499614
510	oxyfluorfen	11.219	0	0	0	-0.61123	21.818	10.564	37.813	0	0	5.8035	0	5	3.44203911
511	bifenox	10.418	0	0	0	-0.6753	33.478	10.043	0	0	0	11.766	0	4	3.6755431
512	2,4-d amine	7.4861	0	0	1.2869	0	11.147	9.8984	0	0	0	11.557	0	2.04	2.4612558
513	benzo[b]thiophene	4.4663	0	0	0	0	0	0	0	0	0	0	0	3.48	2.185205
514	dibenzothiophene	6.4495	0	0	0	0	0	0	0	0	0	0	0	4.05	2.879325
515	thiourea	1.7321	0	0	0	0	0	0	0	4.0926	0	0	0	0.85	1.4574206
516	methylisothiocyanat	1.9142	0	3.3009	0	0	0	0	0	4.1366	0	0	0	0.97	1.1902287
517	ethane-1,2-diyldicarbamodithioic acid	4.6259	5.6809	0	0	0	0	0	0	9.2959	0	0	0	2.74	2.1140128
518	thiram	5.4473	0	0	3.7882	0	0	0	0	10.146	3.0243	0	0	2.83	2.6912185
519	4,4-thiodianiline	7.2372	0	0	0	0	0	0	0	0	1.6939	0	0	2.04	3.4074111
520	2-mercaptobenzothiazol	4.8602	0	0	0	0	0	0	0	0	0	0	0	2.25	2.32307
521	thioacetamide	1.7321	0	0	0	0	0	0	0	4.3148	0	0	0	0.78	1.4698638
522	methapyrilene	8.754	0	0	4.524	0	0	0	0	0	0	0	0	2.87	2.663476
523	metacil	4.1815	0	0	0	0	0	0	0	0	0	0	0	2.14	2.085525
524	quinomethionate	7.2203	0	0	0	0	11.192	0	0	0	2.3227	0	0	3.36	3.1370433
525	thiodicarb	9.811	0	7.2043	2.2014	0	23.181	9.3526	0	0	3.5095	0	0	2.54	2.1254876
526	2,6-dichlorothiobenzamide	5.1259	0	0	0	0	0	0	0	4.7459	0	11.545	0	2.26	3.0628204
527	etridiazole	5.537	0	0	0	0	0	5.0507	0	0	0	16.587	0	3	2.8446846
528	captan	7.3997	0	0	0.99537	0	23.805	0	0	0	0.64935	16.72	0	2.3	2.87369453
529	captafol	8.343	0	0	1.0001	0	24.195	0	0	0	0.67327	22.994	0	3.32	3.40090663
530	folpet	7.3997	0	0	0.8588	0	23.586	0	0	0	0.56769	16.603	0	3.27	2.89553901
531	benazolin	7.0922	0	0	1.1713	0	22.061	0	0	0	0.99454	5.913	0	1.52	2.47691966
532	methabenzthiazuron	7.2195	2.5612	0	1.5046	0	11.37	0	0	0	0	0	0	2.8	2.1529686
533	thidiazuron	7.3433	5.2951	0	0	0	11.409	0	0	0	0	0	0	2.04	2.2234256
534	thiophanate-methyl	10.456	10.221	0	0	0	22.142	8.8683	0	9.9342	0	0	0	3.25	2.5030256
535	carboxine	7.7709	2.8444	0	0	0	11.908	5.3472	0	0	1.5412	0	0	2.41	2.5880818
536	hexythiazox	11.059	3.0345	0	1.3736	0	24.845	0	0	0	1.2142	5.9227	0	3.79	3.4176083
537	sethoxydim	10.528	0	4.0457	0	0	12.473	5.1086	0	0	1.901	0	0	2	3.5166501

Fortsetzung auf nächster Seite

Nr	Name	Deskriptoren												Ergebnis $[\log(K^{OC})]$	
		$^1\chi^b$	*SssNH*	*SdsN*	*SsssN*	*SddsN*	*SdO*	*SssO*	*SsF*	*SdS*	*SssS*	*SsCl*	*SsBr*	Labor	QSAR
538	dimethipin	5.2725	0	0	0	0	44.63	0	0	0	0	0	0	0.48	1.039215
539	ethofumesate	8.7373	0	0	0	0	22.302	16.172	0	0	0	0	0	2.53	2.125447
540	propargite	11.397	0	0	0	0	11.739	16.475	0	0	0	0	0	3.6	3.378602
541	pentafluorophenyl methyl sulfone	6.6754	0	0	0	0	21.509	0	63.075	0	0	0	0	1.46	1.260902
542	bentazon	7.4324	2.3754	0	0.85648	0	35.561	0	0	0	0	0	0	1.52	1.62102792
543	asulam	6.9535	1.7119	0	0	0	33.651	4.1774	0	0	0	0	0	1.6	1.5665116
544	sulfometuron methyl	11.724	4.0582	0	0	0	48.45	4.5473	0	0	0	0	0	1.62	2.4759056
545	metsulfuron-methyl	12.262	3.9289	0	0	0	48.527	9.3772	0	0	0	0	0	1.54	2.425327
546	harmony	11.762	3.9173	0	0	0	48.059	9.3369	0	0	0	0	0	1.65	2.268721
547	chlorsulfuron	10.814	4.0036	0	0	0	36.057	4.8336	0	0	0	5.8124	0	2.19	2.7371276
548	chlorimuron-ethyl	12.762	3.891	0	0	0	48.933	9.6985	0	0	0	5.7541	0	2.04	2.7648333
549	oxycarboxin	8.5048	2.5417	0	0	0	35.616	5.1245	0	0	0	0	0	1.98	1.9027402
550	aldicarb sulfoxide	5.8979	2.2297	3.4049	0	0	21.619	4.3621	0	0	0	0	0	0.56	1.1695471
551	4-methylsulfonyl-2,6-dinitro-n,n-dimethylaniline	8.5524	0	0	1.1967	-1.7004	66.576	0	0	0	0	0	0	2.16	2.7567166
552	4-propylsulfonyl-2,6-dinitro-n,n-dimethylaniline	9.6131	0	0	1.2148	-1.6522	68.406	0	0	0	0	0	0	2.35	3.0215936
553	4-methylsulfonyl-2,6-dinitro-n,n-diethylaniline	9.6284	0	0	1.4467	-1.6204	67.782	0	0	0	0	0	0	2.36	2.9656646
554	4-ethylsulfonyl-2,6-dinitro-n,n-diethylaniline	10.189	0	0	1.457	-1.5926	68.871	0	0	0	0	0	0	2.51	3.0994842
555	4-ethylsulfonyl-2,6-dinitro-n,n-dipropylaniline	11.189	0	0	1.5681	-1.537	69.803	0	0	0	0	0	0	2.88	3.3441224
556	4-propylsulfonyl-2,6-dinitro-n,n-dipropylaniline	11.689	0	0	1.5759	-1.5166	70.543	0	0	0	0	0	0	3.07	3.4751768
557	fomesafen	12.776	1.5795	0	0	-0.91064	56.495	5.2812	38.001	0	0	5.7647	0	1.78	3.23924418
558	4-nonylphenyl diphenyl phosphate	15.667	0	0	0	0	13.459	17.098	0	0	0	0	0	4.06	4.785666
559	cumylphenyl diphenyl phosphate	15.547	0	0	0	0	14.065	18.078	0	0	0	0	0	3.68	4.673314
560	dimethyl 1,2-dibromo-2,2-dichloroethyl phosphate	5.7491	0	0	0	0	11.373	13.809	0	0	0	11.163	5.8323	2.26	2.5154546
561	dichlorvos	5.0378	0	0	0	0	11.027	13.248	0	0	0	10.334	0	1.67	1.684492
562	rabon	8.8635	0	0	0	0	11.888	14.39	0	0	0	23.314	0	3.07	3.364891

Fortsetzung auf nächster Seite

Nr	Name	Deskriptoren												Ergebnis $[\log(K^{OC})]$	
		$^{1}\chi^{b}$	*SssNH*	*SdsN*	*SsssN*	*SddsN*	*SdO*	*SssO*	*SsF*	*SdS*	*SssS*	*SsCl*	*SsBr*	Labor	QSAR
563	diamidaphos	6.1996	5.1976	0	0	0	11.676	5.2336	0	0	0	0	0	1.51	1.5535544
564	monocrotophos	6.4697	2.351	0	0	0	22.238	13.843	0	0	0	0	0	0	1.186929
565	phosphamidon	8.3459	0	0	1.5136	0	23.607	14.158	0	0	0	5.8852	0	0.85	1.903563
566	tributylphosphorotrithioate	8.182	0	0	0	0	12.726	0	0	0	5.1924	0	0	3.7	3.8521356
567	ibp kitazin	7.6996	0	0	0	0	12.105	10.376	0	0	1.2372	0	0	2.4	2.5742908
568	s-benzyl o,o-di-ip phosphorothioate	8.4113	0	0	0	0	12.526	10.933	0	0	1.2447	0	0	2.4	2.7820673
569	demeton-s-methyl	5.682	0	0	0	0	11.423	9.5084	0	0	3.0708	0	0	1.49	2.2082764
570	fenthion	7.5422	0	0	0	0	0	15.68	0	5.1301	1.6986	0	0	3.18	2.986787
571	fensulfothion sulfide	8.1315	0	0	0	0	0	16.468	0	5.2826	1.681	0	0	3.18	3.1579836
572	sulprofos	8.6315	0	0	0	0	0	11.555	0	5.5341	3.3401	0	0	4.08	3.8497495
573	temephos	12.849	0	0	0	0	0	31.709	0	10.392	1.5939	0	0	5	4.2897251
574	sulfotepp	7.9497	0	0	0	0	0	26.913	0	10.444	0	0	0	2.66	2.589783
575	tetrapropyl dithiopyrophosphate	9.9497	0	0	0	0	0	28.273	0	10.855	0	0	0	3.84	3.242079
576	ronnel	7.4148	0	0	0	0	0	15.299	0	5.0318	0	17.514	0	3.2	3.2813748
577	2-chloro-n-(3-methyl-1,1-dioxido-2h-1, 2,4-benzothiadiazin-6-yl)acetamide	8.5041	0	0	0	0	12.427	10.581	0	0	1.0492	6.0867	3.3233	3.03	3.3467275
578	leptophos	9.4593	0	0	0	0	0	11.313	0	5.5406	0	12.21	3.3016	4.5	4.3944458
579	carbophenothion-methyl	7.5935	0	0	0	0	0	10.352	0	5.2357	3.2265	5.7975	0	4.67	3.7066862
580	methamidophos	3.1213	0	0	0	0	10.47	4.3831	0	0	1.0382	0	0	0.7	1.3061856
581	pirimiphos-methyl	8.974	0	0	2.0307	0	0	15.747	0	5.1658	0	0	0	3	2.7744026
582	isofenphos	10.271	3.1419	0	0	0	12.157	16.71	0	5.4967	0	0	0	2.78	2.9085446
583	acephate	4.5378	2.213	0	0	0	21.57	4.5843	0	0	1.0019	0	0	0.3	1.1786075
584	methidathion	7.5422	0	3.9399	1.2711	0	11.415	15.013	0	5.1406	2.1856	0	0	1.53	2.0441435
585	piperophos	10.021	0	0	1.982	0	12.368	11.483	0	5.5409	1.3978	0	0	3.44	3.2070886
586	prometryn	9.021	0	0	1.1611	0	24.178	10.223	0	5.183	1.165	0	0	2.91	2.6754824
587	ethyl o-(p-nitrophenyl) phenylphosphonothionate	10.049	0	0	0	-0.45872	21.296	11.511	0	5.5667	0	0	0	3.12	3.58690024
588	terbufos sulfone	7.5784	0	0	0	0	23.894	10.76	0	5.2562	1.1003	0	0	2.18	2.4086039
589	fensulfothion sulfone	8.8048	0	0	0	0	22.661	16.206	0	5.2146	0	0	0	2.17	2.4278336
590	oxydemeton-methyl	6.0758	0	0	0	0	22.441	9.3995	0	0	1.0856	0	0	1	1.7033984

Fortsetzung auf nächster Seite

Nr	Name	Deskriptoren												Ergebnis $[\log(K^{OC})]$	
		$^1\chi^b$	*SssNH*	*SdsN*	*SsssN*	*SddsN*	*SdO*	*SssO*	*SsF*	*SdS*	*SssS*	*SsCl*	*SsBr*	Labor	QSAR
591	terbufos sulfoxide	7.2491	0	0	0	0	11.87	10.93	0	5.3366	1.3893	0	0	2.18	2.7168403
592	fenamiphos sulfone	9.5713	2.7628	0	0	0	35.644	10.615	0	0	0	0	0	1.64	1.9644078
593	fenamiphos sulfoxide	9.2707	2.8136	0	0	0	23.997	10.716	0	0	0	0	0	1.57	2.2208586
594	bensulide	10.645	2.5663	0	0	0	24.225	11.51	0	5.507	1.3709	0	0	3	3.1941279

Literaturverzeichnis

[1] ABBOTT, A.: Animal testing: More than a cosmetic change. In: *Nature* 438 (2005), S. 144–146

[2] ABRAHAM, M.H.; ANDONIAN-HAFTVAN, J.; WHITING, G.S.; LEO, A.; TAFT, R.S.: Hydrogen bonding. Part 34. The factors that influence the solubility of gases and vapours in water at 298 K, and a new method for its determination. In: *Journal of the Chemical Society: Perkin Transactions 2* (1994), Nr. 8, S. 1777–1791

[3] AXOLOT DATA: *XLSReadWriteII 3.0.* 2006. – URL `http://www.axolot.com/`. – [Online; Stand 1. Oktober 2009]

[4] BASAK, S.C.; GRUNWALD, G.D.: Predicting mutagenicity of chemicals using topological and quantum chemical parameters: A similarity based study. In: *Chemosphere* 31 (1995), Nr. 1, S. 2529–2546

[5] BAUER, H.: *Wahrscheinlichkeitstheorie.* Berlin/New York, D/USA: de Gruyter, 2001

[6] BECKER, C.; GATHER, U.: The masking breakdown point of multivariate outlier identification rules. In: *Journal of the Amreican Statistical Association* 94 (1999), Nr. 447, S. 947–955

[7] BÖKER, F.: *Multivariate Verfahren.* Vorlesungsskript. 2005. – URL `http://www.statoek.wiso.uni-goettingen.de/veranstaltungen/Multivariate/Daten/index.htm`. – [Online; Stand 1. Oktober 2009]

[8] BOL, G.: *Wahrscheinlichkeitstheorie: Einführung.* 4. München/Wien, D/A: Oldenbourg, 2001

[9] BOWMAN, A.W.: An alternative method of cross-validation for the smoothing of density estimates. In: *Biometrika* 71 (1984), S. 353–360

[10] BREIMAN, L.; MEISEL, W.; PURCELL, E.: Variable kernel estimates of multivariate densities. In: *Technometrics* 19 (1977), Nr. 2, S. 135–144

[11] BRUNBERG, I.: *Computeranwendungen in der Chemie: Visualisierung chemischer Reaktionen und Generierung von QSAR-Modellen.* Paderborn, D, Universität Paderborn, Dissertation, 2001

[12] BUSEMANN, M.: *Entwicklung chemometrischer Methoden für das in-silico-Wirkstoffdesign.* Würzburg, D, Julius-Maximilians-Universität Würzburg, Dissertation, 2006

[13] ÇINLAR, E.: *Probability and Stochastics.* New York/Heidelberg/London, USA/D/GB: Springer, 2010 (Graduate Texts in Mathematics)

[14] COLLINS, F.S.; GRAY, G.M.; J.R., Bucher: Transforming environmental health protection. In: *Science* 319 (2008), S. 906–907

[15] CRONIN, M.T.D.: The current status and future applicability of quantitative structure-activity relationships (QSARs) in predicting toxicity. In: *Alternatives to Laboratory Animals* 30 (2002), Nr. Supplement 2, S. 81–84

[16] CRONIN, M.T.D.; JAWORSKA, J.S.; WALKER, J.D.; COMBER, M.H.I.; WATTS, C.D.; WORTH, A.P.: Use of QSARs in international decision-making frameworks to predict health effects of chemical substances. In: *Environmental Health Perspectives* 111 (2003), Nr. 10, S. 1391–1401

[17] CRONIN, M.T.D.; WALKER, J.D.; JAWORSKA, J.S.; COMBER, M.H.I.; WATTS, C.D.; WORTH, A.P.: Use of QSARs in international decision-making frameworks to predict ecologic effects and environmental fate of chemical substances. In: *Environmental Health Perspectives* 111 (2003), Nr. 10, S. 1376–1390

[18] CRUM-BROWN, A.; FRASER, T.R.: On the connection between chemical constitution and physiological action, part I: On the physiological action of the salts of the ammonium bases, derived from strychnia, brucia, thebia, codeia, morphia, and nicotia. In: *Transactions of the Royal Society of Edinburgh* 25 (1868), S. 151–203

[19] DANZER, K.; HOBERT, H.; FISCHBACHER, C.; JAGEMANN, K.-U.: *Chemometrik - Grundlagen und Anwendungen.* Berlin/Heidelberg/NewYork, D/USA: Springer, 2001

[20] DEVROYE, L.; KRZYZAK, A.: New multivariate product density estimators. In: *Journal of Multivariate Analysis* 82 (2002), Nr. 1, S. 88–110

[21] DEVROYE, L.; LUGOSI, G.: *Combinatorial methods in density estimation.* NewYork/Berlin/Heidelberg, USA/D: Springer, 2001

[22] DICKHAUS, T.: Statistische Verfahren für das Data Mining in einem Industrieprojekt / Forschungszentrum Jülich GmbH, Zentralinstitut für Angewandte Mathematik. Jülich, D, 2003 (FZJ-ZAM-IB-2003-08). – Interner Bericht

[23] DIMITROV, S.; DIMITROVA, G.; PAVLOV, T.; DIMITROVA, N.; PATLEWICZ, G.; NIEMELA, J.; MEKENYAN, O.: A stepwise approach for defining the applicability domain of SAR and QSAR models. In: *Journal of Chemical Information and Modeling* 45 (2005), Nr. 4, S. 839–849

[24] DITORO, D.M.; ZARBA, C.S.; HANSEN, D.J.; BERRY, W.J.; SWARTZ, R.C.; COWAN, C.E.; PAVLOU, S.P.; ALLEN, H.E.; THOMAS, N.A.; PAQUIN, P.R.: Technical basis for establishing sediment quality criteria for nonionic organic chemicals using equilibrium partitioning. In: *Environmental Toxicology and Chemistry* 10 (1991), Nr. 12, S. 1541–1583

[25] DOBSON, C.M.: Chemical space and biology. In: *Nature* 432 (2004), Nr. 7019, S. 824–828

[26] ELSTRODT, J.: *Maß- und Integrationstheorie.* 6. Berlin/Heidelberg, D: Springer, 2009

[27] EPANECHNIKOV, V.A.: Non-parametric estimation of a multivariate probability density. In: *Theory of Probability and its Applications* 14 (1969), Nr. 1, S. 153–158

[28] ERIKSSON, L.; JAWORSKA, J.; WORTH, A.P.; CRONIN, M.T.D.; MCDOWELL, R.M.; GRAMATICA, P.: Methods for Reliability and Uncertainty Assessment and for Applicability Evaluations of Classification- and Regression-Based

QSARs. In: *Environmental Health Perspectives* 111 (2003), Nr. 10, S. 1361–1375

[29] FILZMOSER, P.; HRON, K.: Outlier detection for compositional data using robust methods / Institut f. Statistik u. Wahrscheinlichkeitstheorie, Technische Universität Wien. 2007 (CS-2007-1). – Forschungsbericht

[30] FISCHER, G.: *Lineare Algebra*. 11. Braunschweig/Wiesbaden, D: Vieweg, 1997

[31] FIX, E.; HODGES, J.L.: Discriminatory analysis, nonparametric estimation: Consistency properties / UASF School of Aviation Medicine. Randolph Field, TX, USA, 1951 (4). – Report. Project No. 21-49-004

[32] FORSTER, O.: *Analysis 1*. 4. Braunschweig/Wiesbaden, D: Vieweg, 1983

[33] FORSTER, O.: *Analysis 2*. 5. Braunschweig/Wiesbaden, D: Vieweg, 1984

[34] FORSTER, O.: *Analysis 3*. 3. Braunschweig/Wiesbaden, D: Vieweg, 1999

[35] FREE, S.M.; WILSON, J.W.: A mathematical contribution to structure-activity studies. In: *Journal of Medicinal Chemistry* 7 (1964), Nr. 4, S. 395–399

[36] FUKUNAGA, K.: *Introduction to statistical pattern recognition*. 2. San Diego, CA, USA: Academic Press, 2005

[37] FUNG, W.-K.: Unmasking multivariate outliers and leverage points: A confirmation. In: *Journal of the Amreican Statistical Association* 88 (1993), Nr. 422, S. 515–519

[38] GALLEGOS SALINER, A.; PATLEWICZ, G.; WORTH, A.: The characterisation of (quantitative) structure-activity relationships: Preliminary guidance / European Commission, Joint Research Centre. Ispra, It., 2005 (EUR 21866 EN). – EUR - Scientific and Technical Research series. – 1–95 S

[39] GALLEGOS SALINER, A.; PATLEWICZ, G.; WORTH, A.: A similarity based approach for chemical category classification / European Commission, Joint Research Centre. Ispra, It., 2005 (EUR 21867 EN). – EUR - Scientific and Technical Research series. – 1–40 S

[40] GILKS, W.R.; RICHARDSSON, S.; SPIEGELHALTER, D.J.: *Markov chain - Monte Carlo in practice.* London/Weinheim/New York, GB/D/USA: Chapman & Hall, 1996

[41] GOODMAN, S.: Race is on to find alternative to animal tests. In: *Nature* 418 (2002), S. 116–116

[42] GRAMATICA, P.; CORRADI, M.; CONSONNI, V.: Modelling and prediction of soil sorption coefficients of non-ionic organic pesticides by molecular descriptors. In: *Chemosphere* 41 (2000), S. 763–777

[43] GRAY, A.G.; MOORE, A.W.: Rapid evaluation of multiple density models. In: *Proceedings of the 9th International Workshop on Artificial Intelligence and Statistics.* Key West, FL, USA: Bishop, C.M. and Frey, B., 2003

[44] GUHA, R.; JURS, P.C.: Determining the validity of a QSAR model - A classification approach. In: *Journal of Chemical Information and Modeling* 45 (2005), S. 65–73

[45] GUTE, B.D.; BASAK, S.C.: Optimal neighbor selection in molecular similarity: comparison of arbitrary versus tailored prediction spaces. In: *SAR and QSAR in Environmental Research* 17 (2006), Nr. 1, S. 37–51

[46] HABIBI-YANGJEH, A.; POURBASHEER, E.; DANANDEH-JENAGHARAD, M.: Application of principal component-genetic algorithm-artificial neural network for prediction acidity constant of various nitrogen-containing compounds in water. In: *Monatshefte für Chemie/ Chemical Monthly* 140 (2009), Nr. 1, S. 15–27

[47] HAFNER, R.: *Nichtparametrische Verfahren der Statistik.* Wien/New York, A/USA: Springer, 2001

[48] HANSCH, C.; FUJITA, T.: $\rho - \sigma - \pi$ analysis. A method for the correlation of biological activity and chemical structure. In: *Journal of the American Chemical Society* 86 (1964), Nr. 8, S. 1616–1626

[49] HANSCH, C.; MALONEY, P.P.; FUJITA, T.; MUIR, R.M.: Correlation of biological activity of phenoxyacetic acids with Hammett substituent constants and partition coefficient. In: *Nature* 194 (1962), Nr. 4824, S. 178–180

[50] HE, L.; JURS, P.C.: Assessing the reliability of a QSAR model's predictions. In: *Journal of Molecular Graphics and Modelling* 23 (2005), Nr. 6, S. 503–523

[51] HENGSTLER, J.G.; FOTH, H.; KAHL, R.; KRAMER, P.-J.; LILIENBLUM, W.; SCHULZ, T.; SCHWEINFURTH, H.: The REACH concept and its impact on toxicological science. In: *Toxicology* 220 (2006), S. 232–239

[52] HERRMANN, D.: Monte-Carlo-Integration. In: *Stochastik in der Schule* 12 (1992), Nr. 1, S. 18–27

[53] HODGES, J.L.; LEHMANN, E.L.: The efficiency of some nonparametric competitors of the t-test. In: *The Annals of Mathematical Statistics* 27 (1956), Nr. 2, S. 324–335

[54] HOLZ, M.; WILLE, D.: *Repetitorium der Linearen Algebra Teil 2*. Springe, D: Binomi Verlag, 1997

[55] HUUSKONEN, J.: Prediction of soil sorption coefficient of organic pesticides from the atom-type electrotopological state indices. In: *Environmental Toxicology and Chemistry* 22 (2003), Nr. 4, S. 816–820

[56] HYNDMAN, R.J.: Comment on „Computing and graphing highest density regions.“. In: *The American Statistican* 50 (1996), Nr. 2, S. 120–126

[57] IMMERMAN, N.: *The universe*. 2001. – URL `http://www.cs.umass.edu/~immerman/stanford/universe.html`. – [Online; Stand 1. Oktober 2009]

[58] JAWORSKA, J.; NIKOLOWA-JELIAZKOVA, N.; ALDENBERG, T.: QSAR applicability domain estimation by projection of the training set in descriptor space: A review. In: *Alternatives to Laboratory Animals* 33 (2005), Nr. 5, S. 445–459

[59] JAWORSKA, J.S.; COMBER, M.; AUER, C.; C.J., Van L.: Summary of a workshop on regulatory acceptance of (Q)SARs for human health and environmental endpoints. In: *Environmental Health Perspectives* 111 (2003), Nr. 10, S. 1358–1360

[60] JORGENSEN, W.L.: The many roles of computation in drug discovery. In: *Science* 303 (2004), S. 1813–1818

[61] JURS, P.C.: Pattern recognition used to investigate multivariate data in analytical chemistry. In: *Science* 232 (1986), S. 1219–1224

[62] KAISER, R.: *C++ mit dem Borland C++Builder.* Berlin/Heidelberg, D: Springer, 2002

[63] KARICKHOFF, S.W:: Semi-empirical estimation of sorption of hydrophobic pollutants on natural sediments and soils. In: *Chemosphere* 10 (1981), Nr. 8, S. 833–849

[64] KELLY, B.C.; IKONOMOU, M.G.; BLAIR, J.D.; MORIN, A.E.; GOBAS, F.A.P.C.: Food web-specific biomagnification of persistent organic pollutants. In: *Science* 317 (2007), S. 236–239

[65] KEMPE, U.; SCHIKOR, K.: *Principal Component Analysis - Hauptkomponentenanalyse.* München, D: Grin Verlag, 2006

[66] KERBER, A.; LAUE, R.; RÜCKER, C.: Molgen-QSPR, A software package for the study of quantitative structure property relationships. In: *MATCH: Communications in Mathematical and in Computer Chemistry* 51 (2004), S. 187–204

[67] KERNER, O.; MAURER, J.; STEFFENS, J.; THODE, T.; VOLLER, R.: *Vieweg Mathematik Lexikon.* Braunschweig/Wiesbaden, D: Vieweg, 1995

[68] KÜHNE, R.; EBERT, R.-U.; SCHÜÜRMANN, G.: Prediction of the temperature dependency of henry's law constant from chemical structure. In: *Environmental Science & Technology* 39 (2005), S. 6705–6711

[69] KÜHNE, R.; EBERT, R.-U.; SCHÜÜRMANN, G.: Model selection based on structural similarity - Method description and application to water solubility prediction. In: *Journal of Chemical Information and Modeling* 46 (2006), Nr. 2, S. 636–641

[70] KIER, L.B.; HALL, L.H.: The nature of structure-activity relationships and their relation to molecular connectivity. In: *European Journal of Medical Chemistry - Chimica Therapeutica* 12 (1977), S. 307–312

[71] KIER, L.B.; HALL, L.H.: *Molecular connectivity in structure-activity analysis.* Chichester, GB: Research Studies Press, 1986

[72] KIER, L.B.; MURRAY, W.J.; RANDIC, M.; HALL, L.H.: Molecular connectivity V: Connectivity series applied to density. In: *Journal of Pharmaceutical Sciences* 65 (1976), Nr. 8, S. 1226–1230

[73] KLEIN, W.: Bewertung und Beurteilung von Chemikalien im Boden - Informationsbedarf und Datenlage. In: *Umweltwissenschaften und Schadstoffforschung* 3 (1991), Nr. 1, S. 25–27

[74] KLENKE, A.: *Wahrscheinlichkeitstheorie.* 2. Berlin/Heidelberg, D: Springer, 2008

[75] KOCH, J.: *Effiziente Behandlung von Integraloperatoren bei populationsdynamischen Modellen.* Magdeburg, D, Otto-von-Guericke-Universität, Dissertation, 2005

[76] KOCH, M.A.; SCHUFFENHAUER, A.; SCHECK, M.; WETZEL, S.; CASAULTA, M.; ODERMATT, A.; ERTL, P.; WALDMANN, H.: Charting biologically relevant chemical space: A structural classification of natural products (SCONP). In: *Proceedings of the National Academy of Sciences of the United States of America* 102 (2005), Nr. 48, S. 17272–17277

[77] KOHLER, S.: *Nichtparametrische Dichteschätzung.* München, D: Grin Verlag, 2001

[78] KOLONKO, M.: *Stochastische Simulation - Grundlagen, Algorithmen und Anwendungen.* Wiesbaden, D/USA: Vieweg + Teubner, 2008

[79] KOPKA, H.: *Latex: Eine Einführung.* 2. Bonn/München, D: Addison-Wesley, 1989

[80] KOPKA, H.: *LATEX - Erweiterungsmöglichkeiten.* Bonn/München, D: Addison-Wesley, 1992

[81] KORUS, D.: *Selektivitätsschätzung von Bereichsanfragen auf metrischen Attributen mit nichtparametrischen Verfahren.* Marburg, D, Philipps-Universität Marburg, Dissertation, 1999

[82] LAHL, U.; HAWXWELL, K.A.: REACH - The new European chemicals law. In: *Environmental Science & Technology* 40 (2006), Nr. 23, S. 7115–7121

[83] LANG, D.: On the connection between dual-tree methods and shortest path problems / Department of Computer Science, University of Toronto. Toronto, CA, 2005. – Course Project Report

[84] LANG, D.; KLAAS, M.; FREITAS, N. de: Empirical testing of fast kernel density estimation algorithms / University of British Columbia. Vancouver, CA, 2005 (UBC TR-2005-03). – Technical Report

[85] LÖFFLER, S.: *Die Hauptachsentransformation.* 2009. – URL `http://web.student.tuwien.ac.at/~e0325258/studium/linalg.pdf`. – [Online; Stand 23. Februar 2009]

[86] LIPINSKI, C.; HOPKINS, A.: Navigating chemical space for biology and medicine. In: *Nature* 432 (2004), Nr. 7019, S. 855–861

[87] LIU, T.; MOORE, A.W.; GRAY, A.: Efficient exact k-NN and nonparametric classification in high dimensions. In: THRUN, S. (Hrsg.); SAUL, L.K. (Hrsg.); SCHÖLKOPF, B. (Hrsg.): *Advances in Neural Information Processing Systems 16.* Cambridge, MA, USA: MIT Press, 2004, S. 265–272

[88] LIU, T.; MOORE, A.W.; GRAY, A.; YANG, K.: An investigation of practical approximate nearest neighbor algorithms. In: SAUL, L.K. (Hrsg.); WEISS, Y. (Hrsg.); BOTTOU, L. (Hrsg.): *Advances in Neural Information Processing Systems 17.* Cambridge, MA, USA: MIT Press, 2005, S. 825–832

[89] LOCKE, J.: *Versuch über den menschlichen Verstand. In vier Büchern.* Berlin, D: L. Heimann, 1872. – Übersetzt und erläutert von J. H. von Kirchmann. (Philosophische Bibliothek, Bd. 51).

[90] MACKAY, D.: *Multimedia environmental models: the fugacity approach.* 2. Boca Raton, FL, USA: CRC Press, 2001

[91] MAESSCHALCK, R. de; JOUAN-RIMBAUD, D.; MASSART, D.L.: The Mahalanobis distance. In: *Chemometrics and Intelligent Laboratory Systems* 50 (2000), Nr. 1, S. 1–18

[92] MAHALANOBIS, P.C.: On the generalized distance in statistics. In: *Proceedings of the National Institute of Science of India* 2 (1936), Nr. 1, S. 49–55

[93] MATOUŠEK, J.; NEŠETŘIL, J.: *Diskrete Mathematik.* Berlin/Heidelberg, D: Springer, 2002

[94] MCLAFFERTY, F.W.: Trends in analytical instrumentation. In: *Science* 226 (1984), Nr. 4672, S. 251–253

[95] MEKENYAN, O.; DIMITROV, S.; SCHMIEDER, P.; VEITH, G.: In silico modelling of hazard endpoints: Current problems and perspectives. In: *SAR and QSAR in Environmental Research* 14 (2003), Nr. 5-6, S. 361–371

[96] MEKENYAN, O.; NIKOLOWA, N.; SCHMIEDER, P.: Dynamic 3D QSAR techniques: Applications in toxicology. In: *Journal of Molecular Structure: THEOCHEM* 622 (2003), Nr. 1-2, S. 147–165

[97] MERINGER, M.: *Mathematische Modelle für die kombinatorische Chemie und die molekulare Strukturaufklärung.* Bayreuth, D, Universität Bayreuth, Dissertation, 2004

[98] MILLER, R.G.: *Grundlagen der angewandten Statistik.* München/Wien, D: Oldenbourg, 1996

[99] MÜLLER, W.: *Lineare Algebra.* 2. Bayreuth, D: Mathematisches Institut der Universität Bayreuth, 1992 (Bayreuther mathematische Schriften (Heft 42))

[100] MOORE, A.W.: Extract from efficient memory-based learning for robot control / Computer Laboratory, University of Cambridge. Cambridge, GB, 1991 (209). – Technical Report

[101] MOORE, A.W.: The Anchors Hierarchy: Using the triangle inequality to survive high dimensional data / Robotics Institute, Carnegie Mellon University. Pittsburgh, PA, USA, 2000 (CMU-RI-TR-00-05). – Technical Report

[102] NÆS, T.: Leverage and influence measures for principal component regression. In: *Chemometrics and Intelligent Laboratory Systems* 5 (1989), Nr. 2, S. 155–168

[103] NEDDEN, M.: *Symmetriebrechung bei Graphen - ein algorithmisches Verfahren zur Fehlerkorrektur und Ähnlichkeitssuche in einer Graphendatenbank.* Bayreuth, D, Universität Bayreuth, Diplomarbeit, 2004

[104] NETZEVA, T.I.; PAVAN, M.; WORTH, A.P.: Review of (quantitative) structure-activity relationships for acute aquatic toxicity. In: *QSAR & Combinatorial Sciance* 27 (2008), Nr. 1, S. 77–90

[105] NETZEVA, T.I.; WORTH, A.P.; ALDENBERG, T.; BENIGNI, R.; CRONIN, M.T.D.; GRAMATICA, P.; JAWORSKA, J.S.; KAHN, S.; KLOPMAN, G.; MARCHANT, C.A.; MYATT, G.; NIKOLOVA-JELIAZKOVA, N.; PATLEWICZ, G.Y.; PERKINS, R.; ROBERTS, D.W.; SCHULTZ, T.W.; STANTON, D.T.; SANDT, J.J.M. van de; TONG, W.; VEITH, G.; YANG, C.: Current status of methods for defining the applicability domain of (quantitative) structure-activity relationships. In: *Alternatives to Laboratory Animals* 33 (2005), Nr. 2, S. 155–173. – The Report and Recommendations of ECVAM Workshop 52

[106] NGUYEN, T.H.; GOSS, K.-U.; BALL, W.P.: Polyparameter linear free energy relationships for estimating the equilibrium partition of organic compounds between water and the natural organic matter in soils and sediments. In: *Environmental Science & Technology* 39 (2005), Nr. 4, S. 913–924

[107] NIKOLOWA, N.; JAWORSKA, J.: Approaches to measure chemical similarity - A review. In: *QSAR & Combinatorial Science* 22 (2003), Nr. 9-10, S. 1006–1026

[108] NIKOLOWA-JELIAZKOVA, N.; JAWORSKA, J.: An approach to determining applicability domains for QSAR group contribution models: An analysis of SRC KOWWIN. In: *Alternatives to Laboratory Animals* 33 (2005), Nr. 5, S. 461–470

[109] NIRMALAKHANDAN, N.N.; SPEECE, R.E.: Prediction of aqueous solubility of organic chemicals based on molecular structure. In: *Environmental Science & Technology* 22 (1988), Nr. 3, S. 328–338

[110] NIRMALAKHANDAN, N.N.; SPEECE, R.E.: QSAR model for predicting Henry's constant. In: *Environmental Science & Technology* 22 (1988), Nr. 11, S. 1349–1357

[111] NIRMALAKHANDAN, N.N.; SPEECE, R.E.: Prediction of aqueous solubility of organic chemicals based on molecular structure. 2. Application to PNAs, PCBs, PCDDs, etc. In: *Environmental Science & Technology* 23 (1989), Nr. 6, S. 708–713

[112] OECD: The report from the expert group on (quantitative) structure-activity relationships [(Q)SARs] on the principles for the validation of (Q)SARs. In: *OECD Series on Testing and Assessment* (2004), Nr. 49. – ENV/JM/MONO(2004)24

[113] OHE, P.C. von der; KÜHNE, R.; EBERT, R.-U.; ALTENBURGER, R.; LIESS, M.; SCHÜÜRMANN, G.: Structural alerts - A new classification model to discriminate excess toxicity from narcotic effect levels of organic compounds in the acute daphnid assay. In: *Chemical Research in Toxicology* 18 (2005), Nr. 3, S. 536–555

[114] OPREA, T. I.; GOTTFRIES, J.: Chemography: The art of navigating in chemical space. In: *Journal of Combinatorial Chemistry* 3 (2001), Nr. 2, S. 157–166

[115] OTTO, M.: *Chemometrie: Statistik und Computereinsatz in der Analytik.* Weinheim, D: VCH, 1997

[116] PARZEN, E.: On estimation of a probability density function and mode. In: *The Annals of Mathematical Statistics* 33 (1962), Nr. 3, S. 1065–1076

[117] PATTERSON, D.E.; CRAMER, R.D.; FERGUSON, A.M.; CLARK, R.D.; WEINBERGER, L.E.: Neighborhood behavior: A useful concept for validation of „molecular diversity“ descriptors. In: *Journal of Medicinal Chemistry* 39 (1996), Nr. 16, S. 3049–3059

[118] PAVAN, M.; NETZEVA, T.I.; WORTH, A.P.: Validation of a QSAR model for acute toxicity. In: *SAR and QSAR in Environmental Research* 17 (2006), Nr. 2, S. 147–171

[119] PLACHKY, D.: *Einführung in die Grundbegriffe der Wahrscheinlichkeitstheorie und mathematischen Statistik.* München/Wien, D: Oldenbourg, 2000

[120] POOLE, S.K.; POOLE, C.F.: Chromatographic models for the sorption of neutral organic compounds by soil from water and air. In: *Journal of Chromatography A* 845 (1999), Nr. 1-2, S. 381–400

[121] PRESS, W.H.; A., Saul; VETTERLING, W.T.; FLANNERY, B.P.: *Numerical recipes example book (in C++)*. 2. Cambridge, UK: Cambridge University Press, 2003

[122] PRESS, W.H.; A., Saul; VETTERLING, W.T.; FLANNERY, B.P.: *Numerical recipes in C++ - The art of scientific computing*. 2. Cambridge, UK: Cambridge University Press, 2003

[123] QUINN, K.: *CSSS 560 lecture 3: Review of the linear regression model (part II)*. Vorlesungsskript. 2002. – URL `http://www.stat.washington.edu/quinn/classes/560/lectures/lec3slides.pdf`. – [Online; Stand 1. Oktober 2009]

[124] REISS, J.D.; SELBIE, J.; SANDLER, B.: Optimised KD-Tree Indexing Of Multimedia Data. In: IZQUIERDO, E. (Hrsg.): *Media processing for multimedia interactive services: Proceedings of the 4th European workshop on image analysis for multimedia interactive services*. London, GB: World Scientific, 2003, S. 47–52

[125] ROSENBLATT, M.: Remarks on some nonparametric estimates of a density function. In: *The Annals of Mathematical Statistics* 27 (1956), Nr. 3, S. 832–837

[126] ROUSSEEUW, P.J.: A diagnostic plot for regression outliers and leverage points. In: *Computational Statistics and Data Analysis* 11 (1991), S. 127–129

[127] ROUSSEEUW, P.J.: Robust regression, positive breakdown. In: KOTZ, S. (Hrsg.); READ, C.R. (Hrsg.); BANKS, D.L. (Hrsg.): *Encyclopedia of Statistical Sciences: Update Volume 1*. New York, NY, USA: Wiley, 1997, S. 481–495

[128] ROUSSEEUW, P.J.; ZOMEREN, B.C. van: Unmasking multivariate outliers and leverage points. In: *Journal of the Amreican Statistical Association* 85 (1990), Nr. 411, S. 633–639

[129] RUBINSTEIN, B.Y.: *Simulation and the Monte Carlo method*. New York, NY, USA: Wiley & Sons, 1981

[130] Ruckstuhl, A.: *Einführung in die robusten Schätzmethoden.* Vorlesungsskript zum Weiterbildungs-Lehrgang in Angewandter Statistik. 2008. – URL http://stat.ethz.ch/teaching/wbl/Skript_RobusteRegression.pdf. – [Online; Stand 1. Oktober 2009]

[131] Rudemo, M.: Empirical choice of histograms and kernel density estimators. In: *Scandinavian Journal of Statistics* 9 (1982), S. 65–78

[132] Schüürmann, G: *Von der Molekülstruktur zur biologischen Wirkung: theoretische Modelle in der chemischen Ökotoxikologie.* 2001. – Universität Leipzig, Habil.-Schr.

[133] Schüürmann, G.; Ebert, R.-U.; Chen, J.; Wang, B.; Kühne, R.: External validation and prediction employing the predictive squared correlation coefficient - Test set activity mean vs training set activity mean. In: *Journal of Chemical Information and Modeling* 48 (2008), S. 2140–2145

[134] Schüürmann, G.; Marsmann, M.: QSAR-Modelle - Interpretation und Prognose der Biokonzentration und aquatischen Toxizität. In: *Umweltwissenschaften und Schadstoff-Forschung* 3 (1991), Nr. 1, S. 42–47

[135] Schultz, T.W.; Cronin, M.T.D.: Essential and desirable characteristics of ecotoxicity quantitative structure-activity relationships. In: *Environmental Toxicology and Chemistry* 22 (2003), Nr. 3, S. 599–607

[136] Schultz, T.W.; Hewitt, M.; Netzeva, T.I.; Cronin, M.T.D.: Assessing applicability domains of toxicological QSARs: Definition, confidence in predicted values, and the role of mechanisms of action. In: *QSAR & Combinatorial Science* 26 (2007), Nr. 2, S. 238–254

[137] Scott, D.W.: *Multivariate density estimation - Theory, practice and visualization.* NewYork, USA: Wiley, 1992

[138] Sedláček, J.: *Einführung in die Graphentheorie.* Frankfurt/Main, D: Harri Deutsch, 1972

[139] Sheridan, R.P.; Feuston, B.P.; Maiorov, V.N.; Kearsley, S.K.: Similarity to molecules in the training set is a good discriminator for prediction ac-

curacy in QSAR. In: *Journal of Chemical Information and Computer Sciences* 44 (2004), Nr. 6, S. 1912–1928

[140] SILVERMAN, B.W.: *Density estimation for statistics and data analysis.* 1. London, GB: Chapman & Hall, 1986 (Monographs on Statistics and Applied Probability 26)

[141] SOBOL, I.M.: *Die Monte-Carlo-Methode.* Berlin, D: VEB Deutscher Verlag der Wissenschaften, 1971

[142] SPYCHER, S.; PELLEGINI, E.; GASTEIGER, J.: Use of structure descriptors to discriminate between modes of toxic action of phenols. In: *Journal of Chemical Information and Modeling* 45 (2005), Nr. 1, S. 200–208

[143] STANFORTH, R.S.; KOLOSSOV, E.; MIRKIN, B.: A measure of domain of applicability for QSAR modelling based on intelligent k-means clustering. In: *QSAR & Combinatorial Science* 26 (2007), Nr. 7, S. 837–844

[144] SUTHERLAND, J.J.; O'BRIEN, L.A.; WEAVER, D.F.: A comparison of methods for modeling quantitative structure-activity relationships. In: *Journal of Medicinal Chemistry* 47 (2004), Nr. 22, S. 5541–5554

[145] SWART, B.; HOLLINGWORTH, J.; CASHMAN, M.; GUSTAVSON, P.: *C++Builder 6 developer's guide.* 2. Indianapolis, IN, USA: Sams Publishing, 2003

[146] TAO, S.; LU, X.: Estimation of organic carbon normalized sorption coefficient (Koc) for soils by topological indices and polarity factors. In: *Chemosphere* 39 (1999), Nr. 12, S. 2019–2034

[147] TETKO, I.V.; BRUNEAU, P.; MEWES, H.-W.; ROHRER, D.C.; PODA, G.I.: Comment on „Can we estimate the accuracy of ADME-tox predictions?“. In: *Drug Discovery Today* 11 (2006), Nr. 15-16, S. 700–707

[148] THADEWALD, T.: *Uni- und bivariate Dichteschätzung.* Berlin, D, Humbold Universität, Dissertation, 1998

[149] TICHÝ, M.; HANZLÍKOVÁ, I.; RUCKI, M.; POKORNÁ, A.; UZLOVÁ, R.; TUMOVÁ, J.: Acute toxicity of binary mixtures: Alternative methods, QSAR and mechanisms. In: *Interdisciplinary Toxicology* 1 (2008), Nr. 1, S. 15–17

[150] TROPSHA, A.; GRAMATICA, P.; GOMBAR, V.J.: The importance of being earnest: Validation is the absolute essential for successful application and interpretation of QSPR models. In: *QSAR & Combinatorial Science* 22 (2003), S. 69–77

[151] VEITH, G.D.: On the nature, evolution and future of quantitative structure-activity relationships (QSAR) in toxicology. In: *SAR and QSAR in Environmental Research* 15 (2004), Nr. 5&6, S. 323–330

[152] VOGEL, F.: *Beschreibende und schließende Statistik.* München/Wien, D: Oldenbourg, 1997

[153] ŽILINSKAS, A.; ŽILINSKAS, J.: On multidimensional scaling with euclidean and city block metrics. In: *Technological and Economic Development of Economy* 12 (2006), Nr. 1, S. 69–75

[154] WALKER, J.D.; CARLSEN, L.; JAWORSKA, J.: Improving opportunities for regulatory acceptance of QSARs: The importance of model domain, uncertainty, validity and predictability. In: *QSAR & Combinatorial Science* 22 (2003), Nr. 3, S. 346–350

[155] WATERBEEMD, H. van d.: The history of drug research: From Hansch to the present. In: *Quantitative Structure-Activity Relationships* 11 (1992), Nr. 2, S. 200–204

[156] WEGNER, J.K.; FRÖHLICH, H.; MIELENZ, H.M.; ZELL, A.: Data and graph mining in chemical space for ADME and activity data sets. In: *QSAR & Combinatorial Science* 25 (2005), Nr. 3, S. 205–220

[157] WEI, G.C.G.; TANNER, M.A.: Calculating the content and boundary of the highest posterior density region via data augmentation. In: *Biometrika* 77 (1990), Nr. 3, S. 649–652

[158] WERTZ, W.: *Statistical density estimation - A survey.* Göttingen, D: Vandenhoeck & Ruprecht, 1978

[159] WIKIPEDIA: *Benzol — Wikipedia, Die freie Enzyklopädie.* 2009. – URL `http://de.wikipedia.org/w/index.php?title=Benzol&oldid=56041575`. – [Online; Stand 1. Oktober 2009]

[160] WILLMS, A.: *C++ Programmierung*. München, D: Addison-Wesley-Longman, 1999

[161] WOHLBERG, T.: *Hypertables: Entwicklung einer Strukturbeschreibungssprache für Tabellen in XML*. Hamburg, D, Universität Hamburg, Diplomarbeit, 1999

[162] XU, Y.; GAO, H.: Dimension related distance and its application in QSAR/QSPR model error estimation. In: *QSAR & Combinatorial Science* 22 (2003), S. 422–429

[163] YALKOWSKY, S.H.; MISHRA, D.S.: Comment on „Prediction of aqueous solubility of organic chemicals based on molecular structure. 2. Application to PNAs, PCBs, PCDDs, etc.“. In: *Environmental Science & Technology* 24 (1990), Nr. 6, S. 927–929

Liste verwendeter Symbole

Die Seitenangabe verweist jeweils auf das erste Auftreten des Symbols (in der angegebenen Bedeutung) im Text. Sofern ein Symbol (bzw. dessen Bedeutung) explizit definiert wird, ist die entsprechende Seitenzahl in Fettdruck dargestellt. Erfolgt die Definition nicht gleichzeitig mit der ersten Verwendung des Symbols, werden beide Angaben getrennt aufgeführt.

Einige Zeichen (insbesondere einfache Buchstaben) sind kontextabhängig mit unterschiedlichen Bedeutungen belegt. Das Symbolverzeichnis listet die wichtigsten Verwendungen auf, wobei kein Anspruch auf Vollständigkeit erhoben wird.

So bezeichnet beispielsweise der Großbuchstabe E in der Form $E(X)$ den Erwartungswert von X, in der Form $G = (V, E)$ hingegen die Kantenmenge des Graphen G. Des Weiteren kann E aber auch als einfacher Variablenname Verwendung finden.

In einigen Fällen wird die besondere Bedeutung eines Symbols durch die Schriftart ausgedrückt. So werden Zufallsvariablen mit den Großbuchstaben $\mathcal{A}, \mathcal{B}, \ldots, \mathcal{Z}$ dargestellt. Im Symbolverzeichnis ist dann nur der am häufigsten verwendete Buchstabe beispielhaft aufgeführt. Für die Zufallsvariablen ist dies $\mathcal{X}$.

$\mathbb{1}$	ausschließlich mit Einsen besetzter Vektor; S. **64**
$\mathbb{F}^d$, $\mathbb{F}_{\mathcal{X}}{}^d$	Menge $\mathbb{F}^d$; S. **36**
$\mathbb{G}$	geordnete Menge; S. **15**
$\mathbb{HI}$	Menge der der halboffenen Intervalle auf $\mathbb{R}^d$; S. **18**
$\mathbb{N}$	Menge der natürlichen Zahlen; S. 15
$\mathbb{Q}$	Menge der rationalen Zahlen; S. 29
$\mathbb{R}$	Menge der reellen Zahlen; S. 14
$\mathbb{R}^d$	d-dimensionaler Vektorraum über $\mathbb{R}$; S. 14
$\mathbb{R}^+$	Menge der positiven reellen Zahlen; S. 182
$\mathbb{R}_0^+$	Menge der positiven reellen Zahlen einschließlich 0; S. 33
$\mathbb{V}$	Vektorraum; S. 148
AD	Anwendungsdomäne; S. **78**
$AD_{(Q,\zeta)}$	Anwendungsdomäne von Q zum Fehlergrenzwert ζ; S. **78**
AD_X	Anwendungsdomäne zum Trainingsdatensatz X; S. **93**
B	Baum; S. **69**
$Bl(B)$	Menge der Blätter des Baumes B; S. **70**
C_n	Kreis der Länge n; S. **68**
D	Diagonalmatrix; S. 103
	Abbildung der chemischen Strukturen in den Deskriptorraum; S. **77**
E	Kantenmenge; S. **67**
$E(\mathcal{X})$	Erwartungswert von $\mathcal{X}$; S. **58**
F	Verteilungsfunktion; S. **33**
$F_{\mathcal{X}}$	Verteilungsfunktion von $\mathcal{X}$; S. **37**
$G := (V, E)$	Graph; S. **67**
H	Hat-Matrix; S. **110**
HDR_α, $HDR_{(f,\alpha)}$	Highest Density Region der Funktion f zum Cutoff α; S. **176**
$HDR(+)$	positive HDR; S. **207**
$HDR(-)$	negative HDR; S. **207**
I	Einheitsmatrix; S. 103
	Indexmenge; S. 23
	Indikatorvariable; S. 233
$Kov(\mathcal{X})$	Kovarianzmatrix von $\mathcal{X}$; S. **60**
$Kov(\mathcal{X}, \mathcal{Y})$	Kovarianz von $\mathcal{X}$ und $\mathcal{Y}$; S. **60**

K	Kern(funktion); S. **119**
K_{AW}	Luft-Wasser-Verteilungskoeffizient; S. 233
K_{OA}	Oktanol-Luft-Verteilungskoeffizient; S. 274
K_{OC}	Boden-Wasser-Verteilungskoeffizient; S. 233
K_{OW}	Oktanol-Wasser-Verteilungskoeffizient; S. 274
$Kind_i(v)$	i-tes Kind des Knotens v; S. **70**
L	labortechnische Bestimmung eines Zielwertes; S. 204
$L,\ L_X$	Leverage zum Datensatz X; S. **110**
L^{W}	Ostwald-Lösungskoeffizient; S. 231
MD_X	Mahalanobis-Norm zur Kovarianzmatrix X; S. **96**
MF	Modellfehler; S. 250
$MISE$	mittlerer integrierter quadratischer Fehler; S. **130**
$Mom_k(\mathcal{X})$	k-tes zentrales Moment von $\mathcal{X}$; S. **58**
MSE	mittlerer quadratischer Fehler; S. 122, **130**
$NN_{x,i},\ NN_{(x,S,i)}$	i-t nächster Nachbar von x in S; S. **140**
$NND_{x,i},\ NND_{(x,S,i)}$	Distanz von x zum i-ten Nachbarn in S; S. **140**
$\widetilde{NND}_i,\ \widetilde{NND}_{(S,i)}$	Median der i-ten Nächster-Nachbar-Distanzen in S; S. **141**
P	Wahrscheinlichkeitsmaß; S. 7, **32**
P_n	Weg der Länge n; S. **68**
$P_{\mathcal{X}}$	Wahrscheinlichkeitsverteilung von $\mathcal{X}$; S. **35**
$P(S\|W)$	bedingte Wahrscheinlichkeit von S unter der Bedingung W; S. **55**
Q	QSAR-Modell (Abbildung des Deskriptorraums in den Zielraum); S. 7
R_2	überschüssige molare Refraktion; S. 232
S	Kovarianzmatrix, siehe $Kov(\mathcal{X})$
	Sensitivität; S. 250
S_Q	(AD-)Schätzung bzw. (AD-)Schätzer von Q; S. **216**
S_Q-$AD(\alpha)$.	Approximation der Anwendungsdomäne eines AD-Schätzers S_Q mit AD-Cutoff-Faktor α; S. **216**
S_{W}	Wasserlöslichkeit; S. 232
$St(v)$	Stufe des Knotens v; S. **70**
$Supp(f)$	Träger von f; S. **66**
$T := T_{tr} \uplus T_{te}$	Trainings(daten)menge; S. **77**

V	Knotenmenge; S. **67**
	externer Validierungsdatensatz; S. 216
$Var(\mathcal{X})$	Varianz von $\mathcal{X}$; S. **59**
$Vater(v)$	Vater des Knotens v; S. **70**
$Vol_d(A)$	Volumen von A (d-dimensional); S. 54, **66**
V_X	McGowan Volumen; S. 232
W	natürlicher Zusammenhang; S. 7
$Wurzel(B)$	Wurzel des Baumes B; S. **69**
X	Realisation der Zufallsvariable X; S. 21
	Beobachtungsmenge, Basismenge, Trainingsdatensatz; S. 92
	abgeschlossene Hülle von X; S. **66**
$\|X\|$	Kardinalität der Menge X; S. 26
$\overline{X}$	Mittelwert von X; siehe auch μ; S. 63
$\widetilde{X}$	Median von X; S. **141**
	autoskalierte Menge X; S. **93**
	um die Spalte $\mathbb{1}$ erweiterte Matrix X; S. **109**
X^t	transponierte Matrix; S. **63**
X_i	i-tes Element der Menge X (in besonderem Kontext), vergleiche auch x_i; S. **99**
X_{ji}, X_{i_j}	Matrixeintrag der i-ten Spalte und j-ten Zeile; S. **99**
$(X_i)_{i \in I}$	Familie von Elementen aus X mit Indexmenge I; S. 23
$agrad$	Ausgangsgrad eines Knotens; S. **69**
$\arg\max$	argumentum maximi; S. 98
$\arg\min$	argumentum minimi; S. 132
c	Konstante; S. 54
	Steigungsparameter der (Standard-)Fehlergewichtsfunktion; S. 204, **206**
c_d	Volumen der d-dimensionalen Einheitskugel; S. **129**
d	Metrik; S. **14**
	Variable für die Dimension; S. 14
$egrad$	Eingangsgrad eines Knotens; S. **69**
$\exp$	Exponentialfunktion; S. 54
f	Kerndichteschätzer; S. **118**
f, f_A	Dichte, Massefunktion; S. **34**

$\hat{f}$	durch f zu schätzende Funktion; S. **122**
$f\big\|_X$	Einschränkung einer Funktion f auf eine Teilmenge X des Definitionsbereichs; S. 22
$f \circ g$	Komposition der Funktionen g und f; S. 37
f^{-1}, X^{-1}	Inverse einer Funktion oder Matrix; S. 34
f^*_α	(KADE-)AD-Cutoff; S. **146**
$f(+)^*_\alpha$	positiver (KADE-)AD-Cutoff; S. **207**
$f(-)^*_\alpha$	negativer (KADE-)AD-Cutoff; S. **207**
g	Gewichtsfaktor der (EKADE-)Gewichtsfunktion; S. **212**
$grad$	Knotengrad; S. **69**
h	Bandbreite(parameter); S. **119**
h-\-stabil	h-differenzmengenstabil; S. **23**
id_X	identische Abbildung auf X; S. 39
$inf(X)$	Infimum der Menge X; S. **16**
$\lim\limits_{x\to g}, \lim\limits_{x\downarrow g}, \ldots$	Limes (vereinfachte Bezeichnung); S. **16**
log	Logarithmus zur Basis 10; S. 274
$\log_k$	Logarithmus zur Basis k; S. 157
max	Maximum; S. 31
min	Minimum; S. 30
p	Projektion; S. 99
	Prädiktivität; S. 250
p, p_X	Dichte, siehe f, f_A
q	Anfragepunkt; S. 93
$\widetilde{q}$	autoskaliertes Tupel, siehe $\widetilde{X}$
q^2	prädiktives Bestimmtheitsmaß; S. 216, **355**
r^2	Bestimmtheitsmaß; S. 216, **355**
$sup(X)$	Supremum der Menge X; S. **16**
x_i	i-tes Element der Menge X; S. **14**
	i-ter Eintrag des Tupels oder Vektors x; S. 15
$x_{(i)}$	$i+1$-größtes Element der Menge X; S. **14**
$\mathscr{A}_\Omega$	Algebra über Ω; S. **24**
$\mathscr{D}_\Omega$	Dynkin-System über Ω; S. **24**
$\mathscr{H}_\Omega$	Halbring über Ω; S. **24**
$\mathscr{M}_\mu$	μ-messbare Menge; S. **43**

$\mathscr{N}_X$	Normalteilung von X; S. **18**
$\mathscr{R}_\Omega$	Ring über Ω; S. **24**
$\mathscr{S}_\Omega$	σ-Algebra (Sigma-Algebra) über Ω; S. 21, **23**
$\mathscr{T}_\Omega$	Urbild von $\mathscr{S}_{\Omega'}$ unter einer Zufallsvariablen $\mathcal{X} : \Omega \mapsto \Omega'$; S. 22
$\mathfrak{B}(X)$, $\mathfrak{B}(X \subset \mathbb{V})$	metrischer Baum; S. **150**
$\mathfrak{C}$	Menge aller theoretisch möglichen chemischen Strukturen; S. **76**
$\mathfrak{D}$	Deskriptorraum; S. **76**
$\mathfrak{E}$	Erzeuger von $\mathscr{L}$; S. **29**
$\mathfrak{E}_i$, $\mathfrak{E}$	normierter Eigenvektor, Eigenmatrix; S. 102
$\mathcal{E}_\zeta$	Fehlergewichtsfunktion; S. **203**, **206**
$\mathcal{G}$	(EKADE-)Gewichtsfunktion; S. **212**
$\mathcal{O}$	Landau-Symbol (Komplexitätsklasse); S. 88
$\mathfrak{U}$	Menge der Überdeckungen; S. **41**
$\mathcal{X}$	Zufallsvariable; S. 21, **34**
$\mathfrak{Z}$	Zielraum; S. **76**
^{c}-stabil	komplementstabil; S. **22**
X^{c}	Komplement der Menge X; S. **14**
$\mathscr{L}$	Borelsche Algebra; S. **29**
$\mathscr{D}_M$	von M erzeugtes Dynkin-System; S. **27**
$\wp(X)$	Potenzmenge der Menge X; S. **14**
$\mathscr{I}_M$	von M erzeugte σ-Algebra; S. **26**
$\aleph$	Aleph-Maß; S. 11, **225**
$\aleph^{random}_{(V,\zeta)}(S_Q)$, $\aleph^{random}$	$\aleph$-Maß des Zufallsschätzers; S. **227**
Γ	Gammafunktion; S. **129**
Ω	Grundgesamtheit (Omega); S. 20, **33**
(Ω, τ)	topologischer Raum; S. **28**
$(\Omega, \mathscr{S}_\Omega, P)$	Wahrscheinlichkeitsraum; S. **33**
α	AD-Cutoff-Faktor; S. **111**, **146**
χ_A	charakteristische Funktion von A; S. 17, **66**
χ^2_d	Chi-Quadrat-Verteilung mit d Freiheitsgraden; S. 92
$^i\chi^{type}$	molekularer Konnektivitätsindex i-ter Ordnung vom Typ „*type*“; S. 232

δ-$\cup$-stabil	delta-vereinigungsstabil; S. **23**
δ-$\setminus$-stabil	delta-differenzmengenstabil; S. **22**
λ	Lagrange-Multiplikator; S. 100
	Eigenwert; S. 101
μ	Mengenfunktion; S. **40**
	Mittelwert; siehe auch $\overline{X}$; S. 54
μ_F	Lebesgue-Stieltjes-Wahrscheinlichkeitsmaß; S. 38, **45**
ϕ	Lagrange-Multiplikator, siehe λ
$\bar{\Phi}$	Polarisierbarkeit; S. 232
π_2^H	Dipolarität/Polarisierbarkeit; S. 232
σ-Algebra	siehe $\mathscr{S}_\Omega$
σ-Subadditivität	Sigma-Subadditivität; S. **40**
σ-Additivität	Sigma-Additivität; S. 32, **40**
σ-$\cup$-stabil	sigma-vereinigungsstabil; S. **23**
σ, $\sigma_{\mathcal{X}}$	Standardabweichung (von $\mathcal{X}$); S. 54, **59**
σ-$\cap$-stabil	sigma-schnittstabil; S. **23**
$\sum \alpha_2^H$	Azidität der Wasserstoffbrückenbindung; S. 232
$\sum \beta_2^H$	Basizität der Wasserstoffbrückenbindung; S. 232
τ	Topologie; S. **28**
$\tau_{]\mathbb{R}[}$	Standard-Topologie im $\mathbb{R}^d$; S. **29**
ζ	Fehlergrenzwert (Zeta); S. 7, **78**
$:=$	„wird definiert durch"; S. 14
$\approx$	näherungsweise; S. 63
$\perp$	„nicht definiert"; S. 224
∞	unendlich; S. 15
$\propto$	„proportional zu"; S. 182
$\emptyset$	leere Menge; S. 14
$\#$	Anzahl; S. 252
$\mathcal{R}, \not\mathcal{R}, >, \overset{\forall}{>}, \leq, \overset{\forall}{\leq}, \ldots$	Ordnungsrelation; S. **15**
$\lightning$	Widerspruch; S. 127
$\forall$	„für alle"; S. 14
$\exists^{=i}$	„es existieren genau i"; S. 14
$\exists$	„existiert"; S. 15

Register

Die Seitenangabe verweist auf das erste Auftreten des jeweiligen Begriffes (oder eines seiner Synonyme) im Text. Sofern darüber hinaus noch ein anderer Textabschnitt wesentlich zum Verständnis des Terminus beiträgt, so ist dieser zusätzlich angegeben. Optionale Wortbestandteile sind in Kursivschrift dargestellt.

In eckigen Klammern stehen Ausdrücke, die synonym gebraucht werden (Syn.) oder Schlagworte, auf die aus anderen Gründen verwiesen werden soll (Verw.). Dabei kann es sich beispielsweise um Wendungen mit einer übergeordneten Bedeutung handeln oder auch ganz schlicht um eng verwandte Begrifflichkeiten.

Es wird kein Anspruch auf Vollständigkeit des Registers erhoben.

Zeitfracht Medien GmbH
Ferdinand-Jühlke-Straße 7
99095 Erfurt, Deutschland
produktsicherheit@kolibri360.de